非晶物质——常规物质第四态

（第二卷）

汪卫华 著

科学出版社

北京

内 容 简 介

本书分三卷，试图用科普的语言，以典型非晶物质如玻璃、非晶合金等为模型体系，系统阐述自然界中与气态、液态和固态并列的第四种常规物质——非晶物质的特征、性能、本质以及广泛和重要的应用，全面介绍了非晶物质科学中的新概念、新思想、新方法、新工艺、新材料、新问题、新模型和理论、奥秘、发展历史、研究概况和新进展，其中穿插了研究历史和精彩故事。本书力图把非晶物质放入一个更大的物质科学框架和图像中，放到材料研究和应用史中去介绍和讨论，让读者能从不同的角度和视野来全面了解非晶物质及其对科技发展和人类文明的影响。

国内目前关于非晶物质科学的书籍偏少，这与蓬勃发展的非晶物质科学和广泛的非晶材料应用形势不相适应。本书可作为学习和研究物质科学和材料的本科生、研究生、科研人员的参考读物，也可供从事非晶物理、非晶材料、玻璃材料研究和产业的科研工作者、工程技术人员、企业家、研究生以及玻璃爱好者参考。

图书在版编目（CIP）数据

非晶物质：常规物质第四态. 第二卷 / 汪卫华著. —北京：科学出版社，2023.6

ISBN 978-7-03-075635-0

Ⅰ. ①非… Ⅱ. ①汪… Ⅲ. ①非晶态-物理学 Ⅳ. ①O751

中国国家版本馆 CIP 数据核字（2023）第 096407 号

责任编辑：钱 俊 郭学雯 / 责任校对：彭珍珍

责任印制：吴兆东 / 封面设计：无极书装

科学出版社 出版

北京东黄城根北街 16 号

邮政编码：100717

http://www.sciencep.com

北京中科印刷有限公司印刷

科学出版社发行 各地新华书店经销

*

2023 年 6 月第 一 版 开本：787×1092 1/16

2025 年 1 月第二次印刷 印张：32 3/4

字数：760 000

定价：298.00 元

（如有印装质量问题，我社负责调换）

前　言

非晶物质是物质世界中最平常、最普遍、最多样化的物质，也是人类应用最古老和最广泛的材料之一。非晶物质涉及我们生活的方方面面，如非晶玻璃曾经对人类的生活、科学的发展、社会的进步，甚至文化、艺术和宗教都产生了极大的影响，还在东西方文化和文明的差异与分歧中起到了至关重要的作用。此外，从科学的角度看，非晶物质也是最复杂和神秘的、最难认识和理解的物质之一，因此至今我们对于非晶物质的认识还非常肤浅。非晶物质甚至还没有科学和明确的定义，它的本质问题一直是一个科学难题和热门话题。

从物质角度看，非晶物质是自然界中最复杂的常规物质之一，可以被看作是与气态、液态和固态并列的第四种常规物质态。自然界中有大量的具有多样性、普遍性的非晶态物质，因为非晶物质有很多特征和特性，所以很难将其归类于晶体固体或者液体。它是复杂的多体相互作用体系，是远离平衡态的亚稳物质，其基本结构特征是微观原子结构长程无序，短程或局域有一定的序，宏观各向同性均匀，微观具有本征的非均匀性；它具有复杂的多重动力学弛豫行为，其物理、化学和力学性质、特征及结构都随时间不停地演化。不稳定、非均匀、非线性、随机性和不可逆是非晶物质的基本要素，自组织、复杂性和时间在非晶物质中起重要作用。非晶态物质的复杂性、多样性和时间相关性导致它的独特和奇异性质。非晶物质体系虽然比生命体系简单得多，但很多方面和生命物质有类似之处，它们都是复杂体系，能量相对很高，受熵的调控，是远离平衡的亚稳态，所以都会随着时间发生性能和结构衰变，通过环境的特定变化也可使得非晶物质体系暂时年轻化。非晶态物质还有类似生命物质的记忆效应、遗传特性、对外界能量反响的敏感性、可塑性及可通过训练来改进某种性能的特征。这使得非晶物质的研究非常重要，同时研究难度也很大。关于非晶物质和体系的解释和认识既丰富又有趣，但理论发展还不成熟。

非晶物质的复杂性、多样性、非线性、非平衡、无序性并没有阻挡住人们对它的兴趣和研究，现在人们把越来越多的目光从相对简单的有序物质体系转移到复杂的、动态的无序非晶体系。2021 年的诺贝尔物理学奖授予意大利科学家 G. Parisi，以表彰他对理解复杂无序系统的开创性贡献，也说明无序体系本身研究的重要科学意义和价值。对非晶物质的探寻，将帮助我们窥探物质的本质，了解物质的奥秘。非晶物质的研究是在混乱和无序中发现规律和序，在纷繁和复杂中寻求简单和美，引领了新的物质研究方向，导致很多新概念、新思想、新方法、新工艺、新材料、新模型、新理论，以及新物质观的产生。同时熵和序调控的理念催生了准晶、高熵材料、高熵金属玻璃、非晶基复合材料等新材料体系，颠覆了传统材料从成分和缺陷出发设计和制备的思路，把结构材料的强度、韧性、弹性、抗腐蚀、抗辐照等性能指标提升到前所未有的高度，促进了功能和结构特性的融合，对材料的研发理念、结构材料、绿色节能、磁性材料、催化、生物材料、能源材料、信息材料等领域产生深刻的影响，改变了材料领域的面貌。性能独特的非晶材料在日常生活和高新技术领域成为广泛使用的材料。另外，非晶物质(如金属、玻璃)作为相对简单的无序体系，为研究材料科学、凝聚态物理、复杂体系中的重要科学问题提供了理想、独特的模型体系，极大地推动了复杂无序体系的研究和发展，并成为凝聚态物理的一个重要和有挑战性的分支学科。遗憾的是国内关于非晶物质的书籍偏少，这和蓬勃发展的非晶物质科学和广泛的非晶材料应用形势不相适应。

本书试图用科普的语言，以典型非晶物质(如玻璃、非晶合金、过冷液体)为模型体系来全面介绍非晶物质在整个物质世界的位置，非晶材料的研发、发展和应用历史，以及对人类历史和社会、科学发展的重大作用，重点阐述非晶物质科学中的主要概念，非晶物质科学研究方法、理论模型、重要科学问题和难题，非晶物质形成机制、结构特征、表征方法和模型，非晶物质的本质、热力学和动力学特征，非晶物质和时间、维度的关系，非晶物质中的重要转变——玻璃转变，非晶物质的流变特征和断裂特征，非晶物质的重要物理和力学性能，以及非晶材料各种应用等方面的概况和最新的重要进展，其中穿插了非晶物理和材料的研究历史和精彩故事。

本书是在非晶物质前沿问题艰难探索过程中和如何解决非晶领域的难题与挑战的思考中完成的。书中回顾了非晶物质材料的研究和研发历程，分析了当前该领域的前沿科学问题、发展方向、重要进展、机遇和挑战及在高新技术领域的应用场景，并探讨了其发展前景。每个章节都介绍了与非晶物质相关的研究动态及趋势，试图回答什么是非晶物质的前沿并提出问题，并用一章节列出了非晶物质科学和技术领域重要的 100 个科学、技术和应用问题与难题。对于这些问题并不试图给出简单和明确的答案，而是希望能引起思考，启发读者能加入到这些问题的对话和研究中来。本书还介绍了有关非晶物质的很多最新的研究进展和新知识，这些新知识或许是浅薄的，但浅薄的新知识尽管是片断、粗浅、有缺陷和不完整的，却代表了本领域的创新。

本书希望把非晶物质研究相容地放入一个更大的物质科学框架和图像中，放入材料研究和应用史中，放入现实世界中去介绍和讨论，让读者能从不同的角度和视野全面了解非晶物质体系及其研究发展历程，以及对技术和科学发展、人类社会和生活的影响。相信读完本书后，读者会对第四类常规物质态非晶物质有更加立体、生动和深入的认知，能像欣赏名画和名曲那样发现非晶物质的美、价值、意义和奥妙。

本书可作为学习和研究非晶物质科学和材料的本科生、研究生的参考读物，也可供从事相关领域的科研工作者以及对玻璃有兴趣的读者参考。

目　录

第 7 章 非晶物质的弹性：认识非晶物质的钥匙

格言

- ♣ 天地与我同根，万物与我一体——古书《碧岩录》
- ♣ 最伟大的真理最简单——黑尔

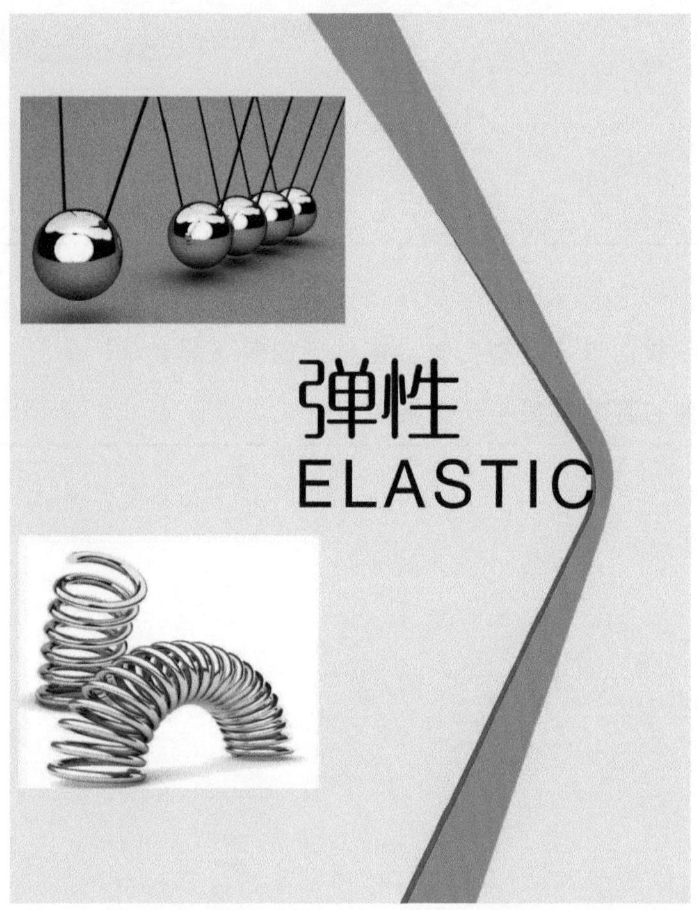

弹性是非晶物质的重要特征和认识非晶物质本质的钥匙

7.1 引　言

奥卡姆剃刀原理告诉我们：用最少的原理和参数去描述一个物理体系。即最简单的解释往往是最正确的。600 年以来，近代科学从牛顿的万有引力到爱因斯坦的相对论，奥卡姆剃刀已经成为重要的科学思维理念。那么，对于复杂的非晶物质，能不能找到少量的简单、容易测量获得的物理参量来对其进行有效描述呢？本章将要介绍的和弹性相关的物理参量——弹性模量，就是描述非晶物质、认识非晶本质的关键物理参量。你将看到物理概念清晰、能方便精确测量的弹性模量和非晶物质的结构、特征、性能密切关联，是描述非晶物质的简单有效物理参量，是认识非晶物质、探索非晶新材料的一把关键的钥匙。

我们知道，所有的凝聚态物质在力的作用下都会改变形状。固体物质在外力的作用下发生的形状变化叫形变，形变分为弹性形变和塑性形变[1-4]。物质的弹性是指物体受外力作用变形后，除去作用外力时能恢复原来形状的性质。图 7.1 是物质弹性的示意图，在外力作用下物体的形状和尺寸发生改变，产生变形，且形变与外加的力成正比，外力卸除后变形完全恢复，这种形变称为弹性形变。如果物质形变的产生与弹性恢复和时间无关，则称为理想的弹性固体；如果与时间有关，则称为非理想的黏弹性。微观上，弹性体内质点的应变与所受应力成正比，应力撤除后质点恢复原来的位置，应变时不发生能量的耗散，外加的能量只是暂时被储存。我们常用的橡皮是典型的弹性体的例子，一块橡皮在外力(压力或拉力)作用下变形，外力撤去后形变立刻消失，橡皮恢复原状。

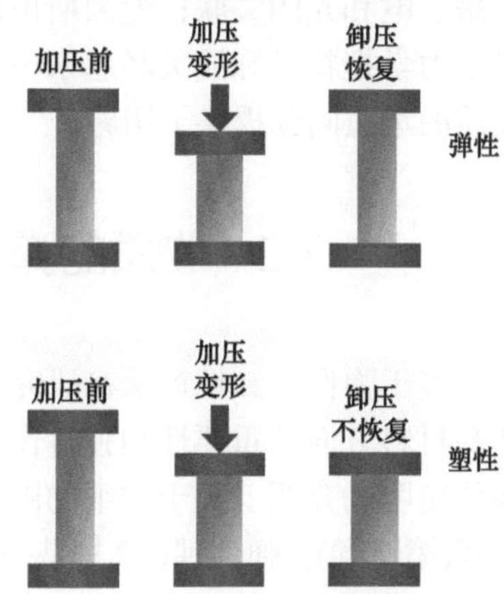

图 7.1　弹性形变和塑性形变

和弹性相反的是塑性。物质的塑性形变是指物体在外力作用下产生的不可逆的永久变形，即外力卸除后，变形不能恢复(见图 7.1 的示意图)。微观上，应力作用下质点位置发生永久性应变(位移)。应力使质点位移时做功，即耗散能量。一块橡皮泥在外力作用下的变形是永久性的，外力撤去后也不能再自动恢复，这是典型的塑性形变的例子。

弹性的本质是物质中组成粒子间相互作用的宏观表现，弹性这个看似寻常的物质性质其实是凝聚态物质的重要物理性质之一，是区分凝聚态物质是固态、非晶态还是液态的关键属性。弹性性质(包括弹性模量)是非晶物质最容易测量的物理参量之一，因为非晶物质各向同性，宏观上均匀，可很方便地采用超声等无损方法测量非晶物质的弹性模量、德拜(Debye)温度等参量以及它们随温度、压力、成分、时间、结构老化等的变化规律。

大量的实验总结表明，弹性是非晶物质最重要的物理性质之一，表征弹性的参数——弹性模量(弹性系数)，作为量度粒子间相互作用的参数，可以有效描述非晶物质。弹性模量与非晶物质的结构、热力学和动力学特征、力学和物理性能密切关联，能够把非晶物质的形成、结构特征、玻璃转变、物理力学性能密切关联在一起。

本章基于大量非晶体系弹性模量的测量，介绍非晶材料的弹性特征，以及弹性模量与其成分、结构、特性及很多其他物理和力学性能的密切关系，并讨论相关机理。介绍非晶材料探索和性能调控的弹性模量判据，介绍从弹性模量角度来预测、调控非晶材料形成能力和性能的思路和方法：这包括从成分出发，根据弹性模量预测与设计原子非晶体系；根据弹性模量揭示非晶物质的结构特征，揭示非晶物质的强度与断裂机理，实现非晶材料的强韧化。试图证明弹性模量是与非晶本质相关的关键物理参量。根据弹性和弹性模量，可实现非晶物质结构和性能的调控，建立描述非晶物质流变和玻璃转变的弹性模型，可认识非晶物质基本科学问题。

科学研究中最激动人心的结果是能将原来看似无关的现象或问题联系起来。因为根据这些关联可以更深刻理解和预测这些现象。科学史上的巨匠都曾建立这类关联。如牛顿建立苹果掉在地上和地球围绕太阳旋转的关联，并发现万有引力定律；麦克斯韦建立了磁、电和光的关联；爱因斯坦建立了时间和空间及能量和物质的关联并提出相对论；量子力学把粒子和波关联起来……模量和非晶物质性能关联的建立，也为人们认识非晶物质的本质问题提供了钥匙。

7.2 物质的弹性和弹性模量概念及其物理本源

鉴于弹性、弹性模量在研究和认识非晶物质本质，控制非晶材料的性能，探索新的非晶材料方面的重要性和独特作用，有必要先对弹性、弹性模量概念以及它们的物理本源作简明的介绍。关于详细的固体弹性理论可参阅专著[2-4]。其中朗道的《理论物理学教程(第 7 卷)：弹性理论》[2]是一本为物理学家撰写的弹性理论参考书。该书系统地讲述了诸如弹性理论的基本方程、半无限弹性介质问题、弹性系统的稳定性等传统弹性力学的基本内容。此外，该书还深入地阐述了一般弹性力学著作较少提及的弹性波以及振动的理论问题、晶体的弹性性质、位错的力学问题、黏性和液晶的弹性力学等。该书是学习固体弹性理论的重要参考书。

7.2.1 物质的弹性

物质的弹性可以储存能量，弹性物体在一定范围内形变越大，弹力就越大，具有的弹性势能就越多(应变×弹力=能量)。人类很早就了解这个道理，并开始利用弹性，例如，利用弹性原理制造出了弹弓、弓箭等武器来捕猎和防卫(图 7.2)。弓箭出现的时间，可以上溯到遥远的旧石器时代晚期，后羿射九曜的传说中就有了弓箭。传说是黄帝姬轩辕发明了弓箭，弓箭的发明是人四肢的一次伟大的延长。在冷兵器时代，弓箭是最可怕的致命武器。人们一直使用它，直到 19 世纪，才完全被火药代替。弓箭拉得越开，储存的弹性能越大，释放后，箭就射得越远。宋应星在 1637 年出版的《天工开物》中就有关于测量弓弩张力方法的记载和插图(图 7.3)。另一种弹性装置——发条，是卷紧的片状钢条，也是利用其弹力逐渐松开时产生的动力来发动机器的一种装置。机械钟、表和发条玩具

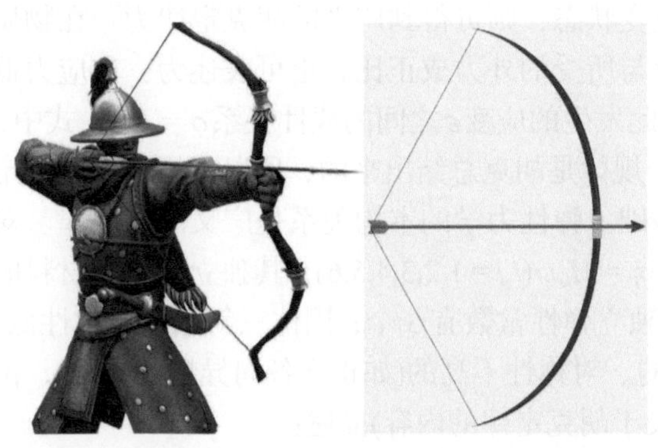
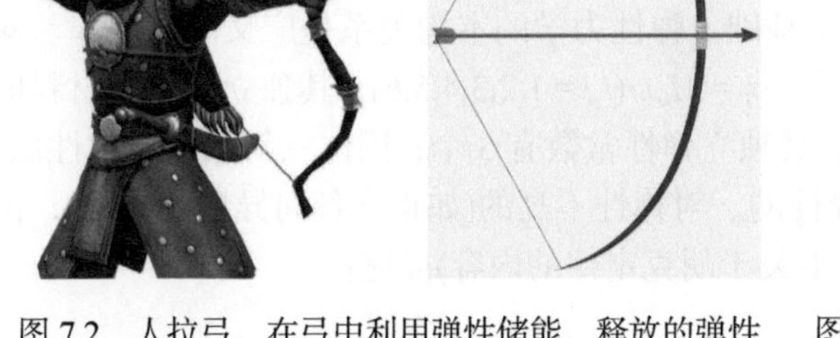

图 7.2　人拉弓，在弓中利用弹性储能，释放的弹性能射出箭

图 7.3　《天工开物》中描述测量弓弩张力的方法

都是靠发条的弹力来驱动的。

弹性理论是关于弹性物体在外力作用下的应力场、应变场以及有关规律的理论。弹性理论首先假设所研究的物体是理想的弹性体(刚体)，即物体承受外力后发生瞬时变形，并且其内部各点的应力和应变之间是一一对应的。外力除去后，物体能瞬时恢复到原有形态。物体单位面积上所受力的大小就是应力σ。当物体受外力作用时其长度、形状及体积都可能发生变化，这种变化与物体原来的长度、形状及体积之比称为应变ε。

初中物理课本就讲过的胡克(Hook)定律，是力学弹性理论中的一条基本定律，该定律表述为：固体受力之后，材料中的应力与应变(单位变形量)之间呈正比(或者线性)关系。胡克定律由胡克于 1678 年提出，他最初是用弹簧做实验发现这个定律的。他发现“弹簧上所加重量的大小与弹簧的伸长量成正比”，并通过多次实验加以验证(图 7.4)。胡克的弹性定律指出：弹簧在发生弹性形变时，弹簧的弹力 F 和弹簧的伸长量(或压缩量，或形变量)Δx 成正比，即 $F=-k\cdot\Delta x$。k 是常数，是弹簧的弹性系数，也称为物体的劲度系数或倔强系数，它只由弹簧本身的性质决定，与其他因素无关。负号表示弹簧所产生的弹力与其伸长(或压缩)的方向相反。在国际单位制中，F 的单位是牛顿，Δx 的单位是米，k 的单位是牛/米。劲度系数在数值上等于弹簧伸长(或缩短)单位长度时的弹力。

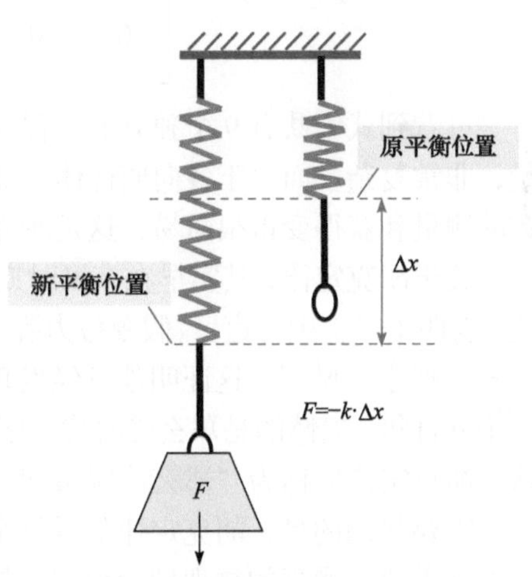

图 7.4　胡克定律推论的示意图

胡克提出该定律的过程颇有趣味性，他于 1676 年发表了一句拉丁语字谜：*ceiiinosssttuv*。两年后他公布了谜底是：*ut tensio sic vis*，意思是“力如伸长那样变化”，这正是胡克定律的中心思想。

把胡克定律推广应用于三向应力和应变状态，则可得到广义的胡克定律为：在物质的一定形变范围内，固体的单向拉伸变形与所受的外力成正比；也可表述为：在应力低于弹性极限的情况下，施加的应力σ和因此发生的应变ε之间的线性关系$\sigma = M\varepsilon$，式中，系数M称为弹性系数或者弹性常数。这个规律是胡克总结出来的，所以习惯称作胡克定律，胡克定律为弹性力学的发展奠定了基础。弹性力学的本构关系是广义胡克定律。对于广义的胡克定律，M是一个四阶张量：$\sigma_i = M_{ij}\varepsilon_j\,(i,j = 1,2,3,4,5,6)$，其独立数目与材料的对称性有关。比如立方晶系对称性高，其独立弹性常数有 3 个；固体三斜晶系对称性低，其独立弹性常数有 21 个。对于各向异性的、对称性不高的(如正交各向异性的)晶体，由下面的复杂公式(可参照弹性力学教材中关于胡克定律的内容)描述：

$$
\begin{bmatrix} \varepsilon_1 \\ \varepsilon_2 \\ \varepsilon_3 \\ \gamma_{23} \\ \gamma_{31} \\ \gamma_{12} \end{bmatrix} = \begin{bmatrix} \dfrac{1}{E_1} & \dfrac{-\nu_{12}}{E_2} & \dfrac{-\nu_{13}}{E_3} & 0 & 0 & 0 \\ \dfrac{-\nu_{21}}{E_1} & \dfrac{1}{E_2} & \dfrac{-\nu_{23}}{E_3} & 0 & 0 & 0 \\ \dfrac{-\nu_{31}}{E_1} & \dfrac{-\nu_{32}}{E_2} & \dfrac{1}{E_3} & 0 & 0 & 0 \\ 0 & 0 & 0 & \dfrac{1}{G_{23}} & 0 & 0 \\ 0 & 0 & 0 & 0 & \dfrac{1}{G_{31}} & 0 \\ 0 & 0 & 0 & 0 & 0 & \dfrac{1}{G_{12}} \end{bmatrix} = \begin{bmatrix} \sigma_1 \\ \sigma_2 \\ \sigma_3 \\ \tau_{23} \\ \tau_{31} \\ \tau_{12} \end{bmatrix}
$$

可看到式中共有 9 个独立的工程弹性常数，3 个弹性模量，3 个泊松比，3 个剪切模量，非常复杂。而对于各向同性体系如非晶态固体，其独立弹性常数只有 2 个。弹性参数的测量和获得变得很简易，这是研究非晶物质弹性的很大优势。

关于胡克定律，其实早在东汉时期，有位学者叫郑玄(公元 127—200)，他在《周礼注疏 · 卷四十二》中写道：“假令弓力胜三石，引之中三尺，驰其弦，以绳缓擐之，每加物一石，则张一尺。”，这证明他已经发现了力与形变呈正比关系。郑玄的发现要比胡克早一千五百年。遗憾的是郑玄受时代的限制，不能把他的发现概念化、数学化。有物理学家认为胡克定律应称为“郑玄-胡克定律”[5]。

需要强调的是，胡克定律乍看是个很简单的定律。实际上，胡克定律的弹性体是一个非常重要、漂亮的物理理论模型。胡克定律的重要性和价值在于它定义、抽象出了一个理想弹性体，现实中并不存在完全满足胡克定律的物质，而实践又证明了它在一定程度上是有效的。胡克定律不只在于它描述了弹性体形变与力的关系，更在于它开创了一种研究的重要方法：将现实世界中复杂的物质非线性现象、非线性本构关系作线性简化，这种方法后来被广泛应用到物理学、材料、工程等各个领域。从这种意义上说，胡克的发现相比郑玄的发现有质的飞跃。

要想知道物质弹性的特点可以进行各种实验。拉伸实验是一个既简单又典型的实验，通过实验可以找到物体内部应力与物体应变之间的关系。图 7.5 是典型的物质弹性应力-应变关系曲线。可以看出在一定范围内应力和应变呈线性关系，这时物质表现为弹性，即在一定范围内，物体内部的应力与物体的应变成正比。应力的这一变化范围称为物体的弹性范围，物体在弹性范围内发生的形变称为弹性形变。

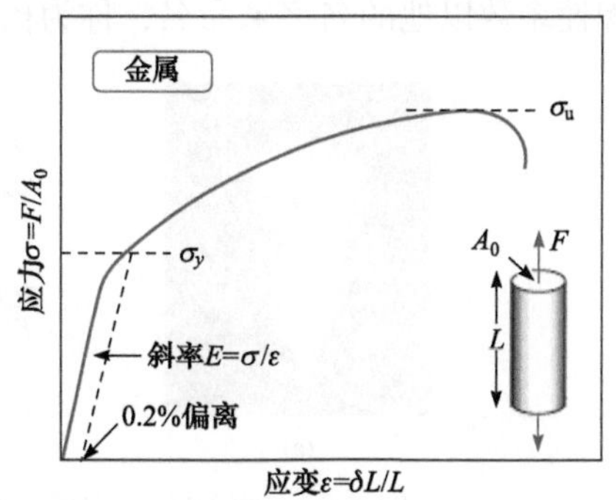

图 7.5　拉伸试验的应力-应变关系[6]

玻璃、非晶合金等的弹性是一种能量弹性，是在外力作用下，晶格、键长或键角的微小变化造成的，弹性是内能 ΔE 变化产生的，熵ΔS 不变；其特点是，弹性形变极限小，符合胡克定律，模量大，绝热恢复时放热；对于橡胶或线性非晶态聚合物的高弹态，变形主要是由原处于卷曲状态的长分子链沿应力方向伸展而实现的，伸展的分子链由于构象数较少，因而熵较小。当外力去除后，熵增大的自发过程将使分子链重新回复到卷曲状态，产生弹性回复。这种由熵变化为主导致的弹性变形称为熵弹性。其内能保持不变，外力使得熵值减小，产生弹力，其特点是模量小，形变大，恢复时吸热。其弹性产生机理是熵的变化，内能不变。高分子在自然状态下处于无序的无规线团状态——高熵；在应力作用下，高分子链伸展，变得有序，熵减少。撤除应力，环境热运动可使分子链恢复到熵最大值，产生弹性力，这是熵弹性的物理本质。

7.2.2　弹性的表征——弹性模量

另一位对物质弹性研究做出卓越贡献的科学家是英国医生兼物理学家托马斯 · 杨[Thomas Young，1773—1829，见图 7.6(a)]。杨是百科全书式的学者，涉猎甚广，被誉为世界上最后一个什么都知道的人。他不仅在物理学领域名享世界，而且还对光波学、声波学、流体动力学、造船工程、潮汐理论、毛细作用、用摆测量引力、虹的理论、力学、数学、光学、声学、语言学、动物学、埃及学、艺术和美术颇有兴趣，他几乎会演奏当时的所有乐器，并且会制造各种仪器。杨也是光的波动说的奠基人之一。1801 年他进行了著名的杨氏双缝干涉实验，证明光以波动形式存在，为光的波动说奠定了基础。该实验被评为“最美的物理实验”之一。20 世纪初，物理学家将杨的双缝实验结果和爱因斯坦的光量子假说结合起来，提出了光的波粒二象性，后来又被德布罗意引申到所有粒子上。“能量”(energy)最早也是托马斯 · 杨在 1807 年引入的。19 世纪初，在胡克等前人大量工作的基础上，英国科学家托马斯 · 杨总结了胡克等的弹性研究成果，将材料的弹性模量定义为“同一材料的柱体在其底部产生的压力与引起某一压缩度的重量之比，等于该材料长度与长度缩短量之比”[图 7.6(b)]。如果把这里的柱体理解为单位底面积柱体的重量，则这个定义就是现在通用的杨氏弹性模量。杨氏模量的引入曾被英国力学家乐甫誉为科学史上的一个新纪元。杨还指出：如果弹性体的伸长量超过一定限度，材料就会断裂，弹性力定律就不再适用了，即发现了胡克定律的适用范围。超出胡克定律适用范围的形变就叫做塑性(或范性)形变。因为托马斯·杨对材料力学和胡克定律研究有重要贡献，所以弹性系数以他的名字来命名，称为杨氏模量。

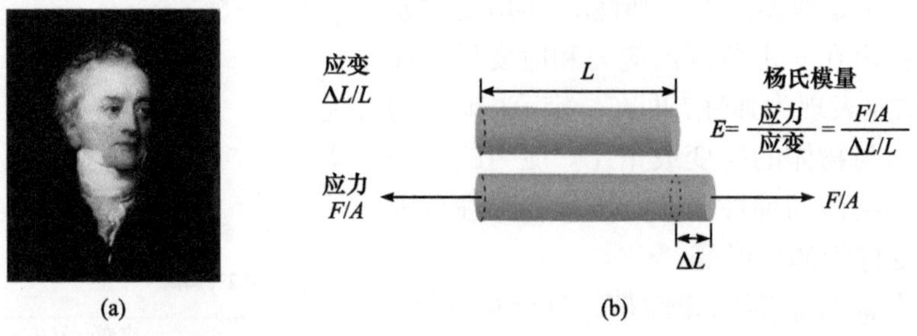

图 7.6 (a)英国科学家托马斯·杨；(b)托马斯·杨定义杨氏模量的示意图

物体在任一应力下都有一对应的应变。应变ε和模量 M 与施加的应力σ的类型有关系。如果σ是拉应力或压应力，ε代表位移，则 M 为杨氏模量 E。杨氏模量 E 表示在拉伸或压缩情况下应力与应变的关系。其数学定义是：物体受线性拉伸或压缩力时应力与应变之比。物理定义是：杨氏模量表示固体对所受作用力的阻力的度量。固体介质对拉伸力的阻力越大，则杨氏弹性模量越大，物体越不易变形；反过来说，坚硬的、不易变形的物体，杨氏弹性模量大。由于应变是无量纲的纯数，所以在国际单位制中弹性模量的单位是牛顿/米^{2}或者帕(Pa)。

物质是由大量的原子/分子组成的，物质的弹性来源于原子/分子间的相互作用力。弹性的物理本质反映了物质中原子/分子结合力的信息。凝聚态物质对所有作用力的反应实质来自原子间相互作用势 $U(r)$，r 是两相邻原子间的间距。可以从原子间的相互作用来理解弹性模量的物理意义。图 7.7 是物质(包括非晶物质)中粒子相互作用势能随粒子间距 r 变化的示意图。如图 7.7 中所示，粒子间作用势分为排斥势和吸引势。排斥势和吸引势在粒子平衡位置 r_0 达到平衡。作用势能对 r 的一阶导数 $\mathrm{d}E_p/\mathrm{d}r$ 是粒子间的相互作用力，$F(r)$ $(=\mathrm{d}E_p/\mathrm{d}r)$。图 7.8 是非晶物质体系中相互作用力和粒子间距的关系。在 $r=r_0$ 位置吸引力和排斥力达到平衡。如图 7.8 所示，弹性模量是作用力 $F(r)$对 r 的一阶导数在平衡位置 $r=r_0$ 的值。在 $r=r_0$ 位置，体系有较陡的斜率，则对应较大的模量。原子键在微扰作用下微力 $\mathrm{d}F$ 和位移 $\mathrm{d}r$ 有如下关系：$\mathrm{d}F=-(\mathrm{d}^2U(r)/\mathrm{d}r^2)_{r=r_0}\mathrm{d}r$。从式中可以看出，弹性系数是[7]

$$-(\mathrm{d}^2U(r)/\mathrm{d}r^2)_{r=r_0} \tag{7.1}$$

因此，弹性模量是原子作用势的二阶导数，它反映物质原子间键合的刚性。从弹性模量的物理本质就不难理解为什么弹性模量是表征凝聚态物质(包括非晶物质)的重要物理量了，因为凝聚成的物质主要取决于粒子间的相互作用势。

弹性模量也是选用材料的依据之一，是工程技术设计中常用的参数。比如杨氏模量 E，E/ρ，$E^{1/2}/\rho$ 和 $E^{1/3}/\rho$ 是判定和选用一种材料的重要判据。剑桥大学的 M. Ashby 教授以模量为重要参数，绘制了一系列不同材料性能的组合图(可参阅他的名著[6])。例如，图 7.9 就是 Ashby 绘制的不同材料 E 和密度ρ 的对比图，该图为材料开发、选择和研究提供了极大的方便。模量的测定对研究金属材料、光纤材料、半导体、纳米材料、聚合物、陶瓷、橡胶等各种材料的力学性质有着重要意义，还可用于机械零部件设计、生物力学、地质等领域。比如弹性系数支配了物质的声波速度，因而控制了声波在其中的传播时间，所以弹性系数对了解岩石、地质力学和地震波有特别的意义。

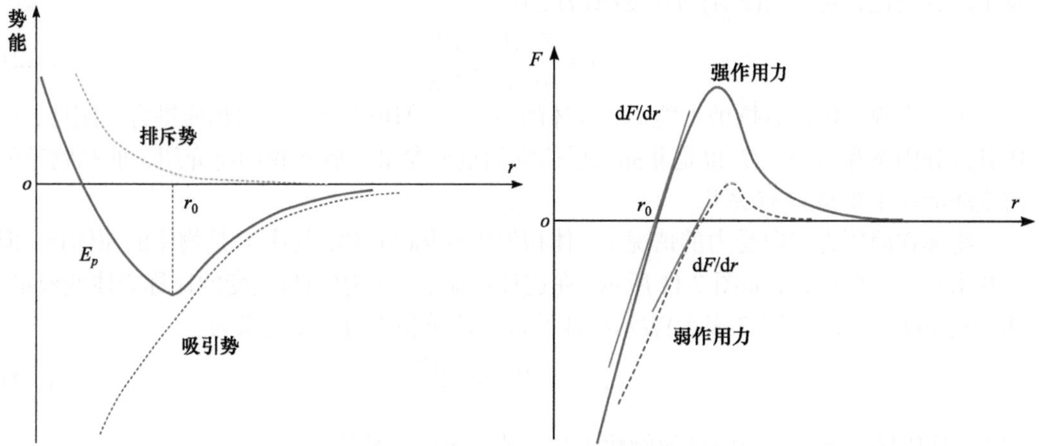

图 7.7　物质粒子相互作用势能随粒子间距 r 变化的示意图　　图 7.8　固体物质中相互作用力和粒子间距的关系

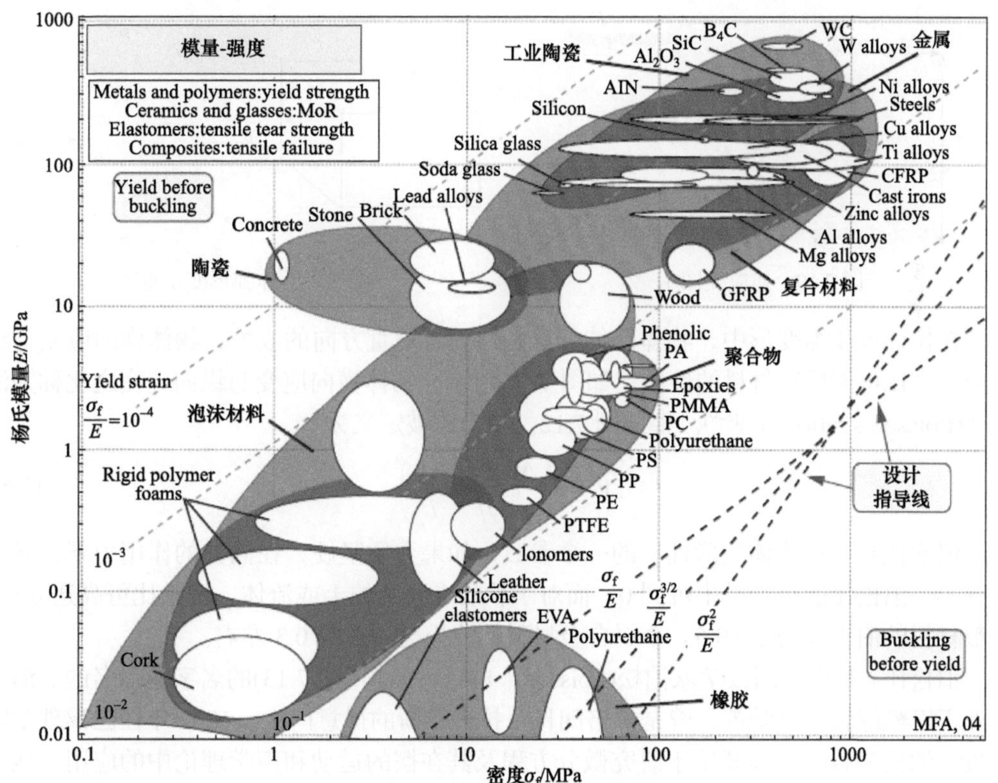

图 7.9　Ashby 绘制的不同材料 E 和密度的对比图[6]

如果外力是切应力，如图 7.10 所示，ε代表扭转角，则 M 为剪切模量(一般用 G 或μ表示)。G 反映物质阻止、抵抗剪切应变的能力。剪切模量 G 指物体受剪切应力作用，并发生形状变化，切应力(F/A)与应变($\Delta x/l$)之比：

$$G = \frac{F/A}{\Delta x/l} = \frac{Fl}{A\Delta x} \tag{7.2}$$

由于常规液体没有抗剪切能力，液体的 $G=0$。剪切模量 G 反映物质键合的刚性，可用其区分固态和液态。G 也是非晶物质研究的重要参量，后面我们将介绍，非晶物质的流变激活能主要与 G 有关[1]。

物体在静压力三向受力的情况下，体积发生变化($\Delta V/V$)，其中 V 是物体的原体积，但形状未发生塑性变化，如图 7.11 所示。在这种情况下，应力(P)与应变的比称为体变模量。体变模量(K，有时也用 B 表示)表示物体的抗压性质和能力。K 定义为

$$K = -V\frac{\mathrm{d}P}{\mathrm{d}V} = \rho\frac{\mathrm{d}P}{\mathrm{d}\rho} \tag{7.3}$$

这里ρ是质量密度。体变模量的倒数 $1/K$ 又被称作压缩系数χ：

$$\chi = \frac{1}{K} = -\frac{1}{V}\left(\frac{\partial V}{\partial P}\right)_T = -\left.\frac{\partial(\ln V)}{\partial P}\right|_T \tag{7.4}$$

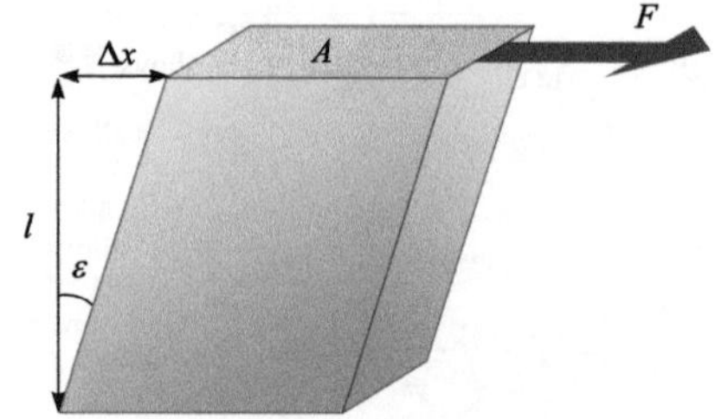

图 7.10 切应变图示

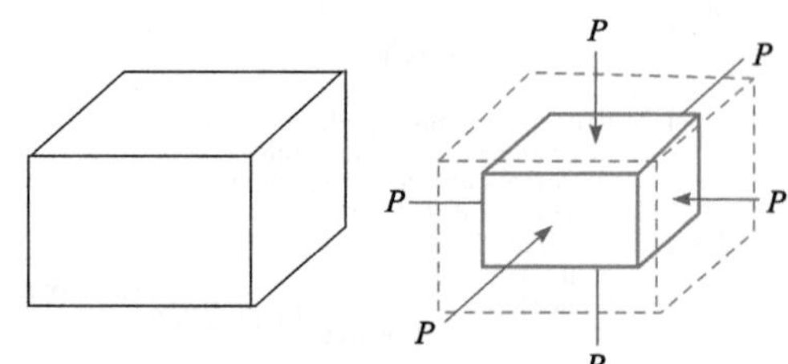

图 7.11 体弹形变示意图

在拉伸或压缩变形中，物体的伸长总是伴随着垂直方向的收缩，物体横向应变与纵向应变之比也能反映材料的性质。如图 7.12 所示，物体横向应变与纵向应变之比称为泊松比(Poisson's ratio，ν)[8-9]。根据图 7.12，泊松比被定义为

$$\nu = -\left(\frac{\Delta w}{w}\right)\bigg/\left(\frac{\Delta L}{L}\right) \tag{7.5}$$

泊松比是表示物体变形性质的一个参数，如果介质坚硬，在同样的作用力下，横向应变小，泊松比就小，最小可到 0。而对于软的未胶结的土或流体，泊松比可高达 0.5。一般材料的泊松比为 0～0.5。金属合金材料的泊松比一般为 0.3 左右。

泊松比ν是以法国数学家泊松(Poisson，1781—1840)(图 7.13)的名字而命名的。泊松毕业于巴黎综合工科学校，曾是拉格朗日、拉普拉斯的得意门生，1802 年任巴黎理学院教授。泊松的科学生涯开始于研究微分方程及其在摆的运动和声学理论中的应用。他工作的特色是应用数学方法研究各类力学和物理问题，并由此得到数学上的发现。他对积分理论、行星运动理论、热物理、弹性理论、电磁理论、位势理论和概率论都有重要贡献。泊松在 1829 年发表的《弹性体平衡和运动研究报告》一文中[9]，用分子间相互作用

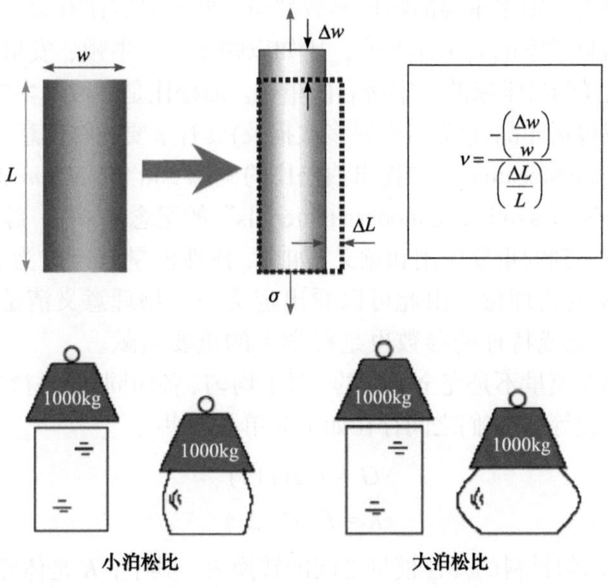

图 7.12　泊松比的定义示意图：在同样作用力下，横向应变大，泊松比就大[1,8,9]

的理论导出弹性体的运动方程，发现在弹性介质中可以传播纵波和横波，并且从理论上推演出各向同性弹性杆在受到纵向拉伸时，横向收缩应变与纵向伸长应变之比是常数，并定义了材料的横向变形系数即泊松比。在数学中以他的名字命名的还有：泊松定理、泊松公式、泊松方程、泊松分布、泊松积分、泊松级数、泊松变换、泊松代数、泊松流等。泊松比概念刚提出的时候，人们对其重要性和唯一性曾有很多争议和质疑[8,9]。到了 20 世纪，随着材料科学和工程的发展，人们逐渐发现泊松比是表征各类材料在不同尺度上力学性能的普适、重要的参量。200 年来，泊松比这个只涉及物质形状变化的简单概念，其应用远远超出原来的范畴，它已被扩展用来表征材料的负泊松比、脆性和韧性、液体的性质、非晶物质的形成等方方面面。泊松比在土木工程领域如打水井、油井的稳定性、穿孔深度以及水力压裂等方面也有重要作用[10]。

图 7.13　法国科学家泊松(Poisson)

从科学发展史看，很多重要的物理参数都与一些著名定律有关，这些物理参量的计量单位都是以著名科学家的名字命名的，比如以帕斯卡、牛顿、安培、库仑、瓦特、高斯、赫兹等耳熟能详的科学家的名字命名的单位。泊松比是为数不多的一个无量纲比值，但是却在很多领域包括非晶领域(后面要多次提及)具有重要的物理意义和作用。为了纪念泊松的论文“Traité de Mécanique”[9]提出泊松比的概念 200 年，*Nature Materials* 杂志 2011 年发表了题为“Poisson's ratio and modern materials”的纪念文章[8]，综述了弹性常数泊松比在各个领域意想不到的重要应用和意义。如今，弹性模量已经成为表征材料和凝聚态物质的基本而重要的物理量。由此可以看出定义一个物理意义清楚、容易实验测量，能有效表征物质性能或特征的参数也是科学上的重要贡献。

四个常用的弹性模量不是完全独立的，对于均匀、各向同性的材料(如非晶玻璃材料、多晶金属材料、陶瓷等)，它们之间存在如下简单关系[4]：

$$G = E/2(1+\nu) \tag{7.6}$$

$$K = E/3(1-2\nu) \tag{7.7}$$

表 7.1 给出了均匀材料的弹性模量之间的转换表。其中，K 是体弹模量，E 是杨氏模量，λ是拉梅第一参数，G 是切变模量，ν 是泊松比，M 是 P 波模量。

表 7.1 结构、成分均匀材料(包括非晶物质)的弹性模量之间的转换表

	K	E	λ	G	ν	M	备注
(K, E)	K	E	$\frac{3K(3K-E)}{9K-E}$	$\frac{3KE}{9K-E}$	$\frac{3K-E}{6K}$	$\frac{3K(3K+E)}{9K-E}$	
(K, λ)	K	$\frac{9K(K-\lambda)}{3K-\lambda}$	λ	$\frac{3(K-\lambda)}{2}$	$\frac{\lambda}{3K-\lambda}$	$3K-2\lambda$	
(K, G)	K	$\frac{9KG}{3K+G}$	$K-2G/3$	G	$\frac{3K-2G}{2(3K+G)}$	$K+4G/3$	
(K, ν)	K	$3K(1-2\nu)$	$\frac{3K\nu}{1+\nu}$	$\frac{3K(1-2\nu)}{2(1+\nu)}$	ν	$\frac{3K(1-\nu)}{1+\nu}$	
(K, M)	K	$\frac{9K(M-K)}{3K+M}$	$\frac{3K-M}{2}$	$\frac{3(M-K)}{4}$	$\frac{3K-M}{3K+M}$	M	
(E, λ)	$\frac{E+3\lambda+K}{6}$	E	λ	$\frac{E-3\lambda+K}{4}$	$\frac{3\lambda}{E+\lambda+K}$	$\frac{E-\lambda+K}{2}$	$R=\sqrt{E^2+9\lambda^2+2E\lambda}$
(E, G)	$\frac{EG}{3(3G-E)}$	E	$\frac{G(E-2G)}{3G-E}$	G	$\frac{E}{2G}-1$	$\frac{G(4G-E)}{3G-E}$	
(E, ν)	$E/3(1-2\nu)$	E	$E\nu/(1-2\nu)(1+\nu)$	$E/2(1+\nu)$	ν	$E(1-\nu)/(1-2\nu)(1+\nu)$	
(E, M)	$(3M-E+S)/6$	E	$(M-E+S)/4$	$(3M+E-S)/8$	$(E-M+S)/4M$	M	$S=\pm\sqrt{E^2+9M^2-10EM}$ (正号导致$\nu\geqslant 0$；负号导致$\nu\leqslant 0$)
(λ, G)	$\lambda+2G/3$	$\frac{G(3\lambda+2G)}{\lambda+G}$	λ	G	$\frac{\lambda}{2(\lambda+G)}$	$\lambda+2G$	
(λ, ν)	$\frac{\lambda(1+\nu)}{3\nu}$	$\frac{\lambda(1+\nu)(1-2\nu)}{\nu}$	λ	$\frac{\lambda(1-2\nu)}{2\nu}$	ν	$\frac{\lambda(1-\nu)}{\nu}$	在$\nu=0$时不适用，因为$\nu=0\Leftrightarrow\lambda=0$

续表

	K	E	λ	G	ν	M	备注
(λ, M)	$\frac{M+2\lambda}{3}$	$\frac{(M-\lambda)(M+2\lambda)}{M+\lambda}$	λ	$\frac{M-\lambda}{2}$	$\frac{\lambda}{M+\lambda}$	M	
(G, ν)	$\frac{2G(1+\nu)}{3(1-2\nu)}$	$2G(1+\nu)$	$\frac{2G\nu}{1-2\nu}$	G	ν	$\frac{2G(1-\nu)}{1-2\nu}$	
(G, M)	$M-\frac{4G}{3}$	$\frac{G(3M-4G)}{M-G}$	$M-2G$	G	$\frac{M-2G}{2M-2G}$	M	
(ν, M)	$\frac{M(1+\nu)}{3(1-\nu)}$	$\frac{M(1+\nu)(1-2\nu)}{1-\nu}$	$\frac{M\nu}{1-\nu}$	$\frac{M(1-2\nu)}{2(1-\nu)}$	ν	M	

7.2.3　弹性模量的测量

声波的纵波和横波在物体中的传播速度取决于物体的性质。超声等声学测量方法可测量固体中的声速。在像非晶物质这类宏观均匀、各向同性的固体中，根据测量得到的横波速度和纵波速度，由下列声波传播的方程可以得到非晶物质的弹性模量值[4]：

$$G=\rho v_s^2 \tag{7.8}$$

$$K=\rho\left(v_l^2-\frac{4}{3}v_s^2\right) \tag{7.9}$$

$$\nu=\frac{v_l^2-2v_s^2}{2(v_l^2-v_s^2)} \tag{7.10}$$

$$E=\rho v_s^2\frac{3v_l^2-4v_s^2}{v_l^2-v_s^2} \tag{7.11}$$

式中 v_l 和 v_s 分别是纵波速度和横波速度(对非晶物质 $v_l\approx 2v_s$)，ρ 是材料的质量密度。

图 7.14 是超声测量模量的仪器原理图。测量方法如下：在两面平行的样品的一面贴上换能片，发出超声并接收从另一端传回的超声，用示波器测出发射声波和回收声波的时间差Δt，样品的长度 L，从比值 $L/\Delta t$ 就得到声速。采用纵波和横波的换能片，就能得

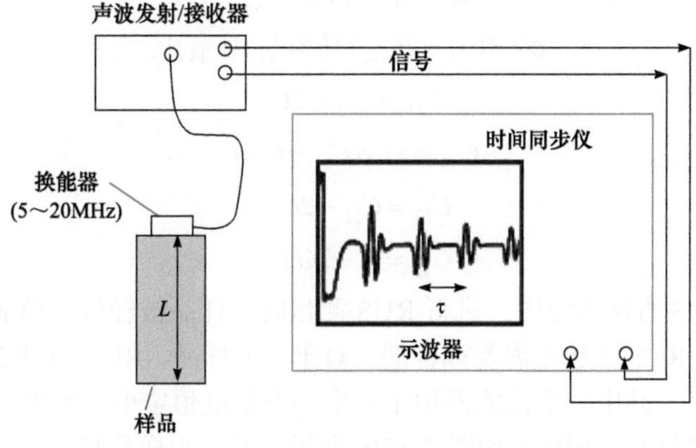

图 7.14　超声测量模量的仪器原理图

到纵波速度 v_1 和横波速度 v_s。超声是测量非晶物质最简易、精确的方法，因此在非晶物质研究中广泛使用。

固体材料的弹性模量也可以利用共振频谱方法进行测定。该方法是美国洛斯阿拉莫斯国家实验室 Migliori A 和其同事发明的[11,12]。对于耗散很低的固体材料，其共振频率峰很尖锐($Q = f / \Delta f \gg 1$，f 是共振频率，Δf 是半高宽)，固体有很确定的弹性模量。但其共振频率和模量的关系需要基于复杂的有限元分析和计算。但是对于简单几何形状的固体材料，如平行六面体、圆柱体、球体，可以采用拉格朗日方法进行分析。还可用计算机来执行这种机械共振的复杂分析，即超声共振频谱(RUS)技术[11-12]。现在 RUS 技术已经在材料(包括非晶材料)的弹性模量测量中得到广泛应用。RUS 技术基于如下的理论基础[11-13]：对于三维弹性固体，位移三维矢量为 $\boldsymbol{\Psi}$，应变为 $\varepsilon_{ij} = \dfrac{\partial \psi_i}{\partial x_j} + \dfrac{\partial \psi_j}{\partial x_i}$，胡克定律表示为 $\sigma_{ij} = \sum_{k=1}^{3}\sum_{l=1}^{3} c_{ijkl}\varepsilon_{kl}$，$c_{ij}$ 是弹性常数，根据牛顿第二定律：$\sum_{j=1}^{3}\dfrac{\partial \sigma_{ij}}{\partial x_j} = \rho\dfrac{\partial^2 \psi_i}{\partial t^2}$，为了确定振动模式，假设样品表面满足无应力边界条件 $\sum_{j=1}^{3}\sigma_{ij}n_j = 0$，式中 n_j 表示表面法线单位矢量。因为张量的特性，质点位移和波动方向的关系相当复杂。如果时间函数为 $\cos(2\pi ft)$，根据样品的形状、无应力边界条件和预设的弹性常数，可通过以上式子得出固有频率 f_c。对于 RUS 技术，需要根据测得的共振频率 f_m 反演得出弹性常数 c_{ijkl}。大多数情况下，测得的共振频率 f_m 数目会比计算得到的样品固有频率 f_c 多，因此，必须通过计算分析使二者匹配。在计算 f_c 时设置一组“预估”的初始弹性常数，然后利用基于拉凡格式迭代方案的最小二乘法来实现二者的最佳匹配：$F = \sum_{i=1}^{N} w_i (f_{mi} - f_{ci})^2$，式中 w_i 代表权重因子，一般设置为 1。实现最佳匹配后，就可得到样品的各个独立弹性常数 c_{ijkl}。以一个各向同性材料(2 个独立弹性常数，C_{11} 和 C_{44})为例，弹性常数和材料的各模量之间有如下关系：

$$E = C_{44}(3C_{11} - 4C_{44}) / (C_{11} - C_{44}) \tag{7.12}$$

$$G = C_{44} \tag{7.13}$$

$$B = C_{11} - (4/3)C_{44} \tag{7.14}$$

$$\sigma = (C_{11} - 2C_{44}) / [2(C_{11} - C_{44})] \tag{7.15}$$

$$C_{11} = C_{12} + 2G \tag{7.16}$$

$$C_{44} = 1/2(C_{11} - C_{12}) \tag{7.17}$$

$$C_{12} = C_{11} - 2C_{44} \tag{7.18}$$

$$C_{12} = B - 2G/3 \tag{7.19}$$

图 7.15 是 RUS 方法示意图。进行 RUS 测量时，样品被轻放在换能器之上，以满足无应力边界条件。RUS 方法不需要耦合剂。对于一般样品，RUS 通过 3 个压电换能器将被测样品支撑起来。其中一个换能器用于产生一个幅度恒定但频率变化的弹性波，另外两个换能器用于测量共振频率，如图 7.15(a)所示；对于小样品则只需一发一收两个换能

器即可，如图 7.15(b)(圆柱体)和(c)(平行六面体)所示。经扫频记录一系列共振峰，根据峰值的位置就可确定频率 f。

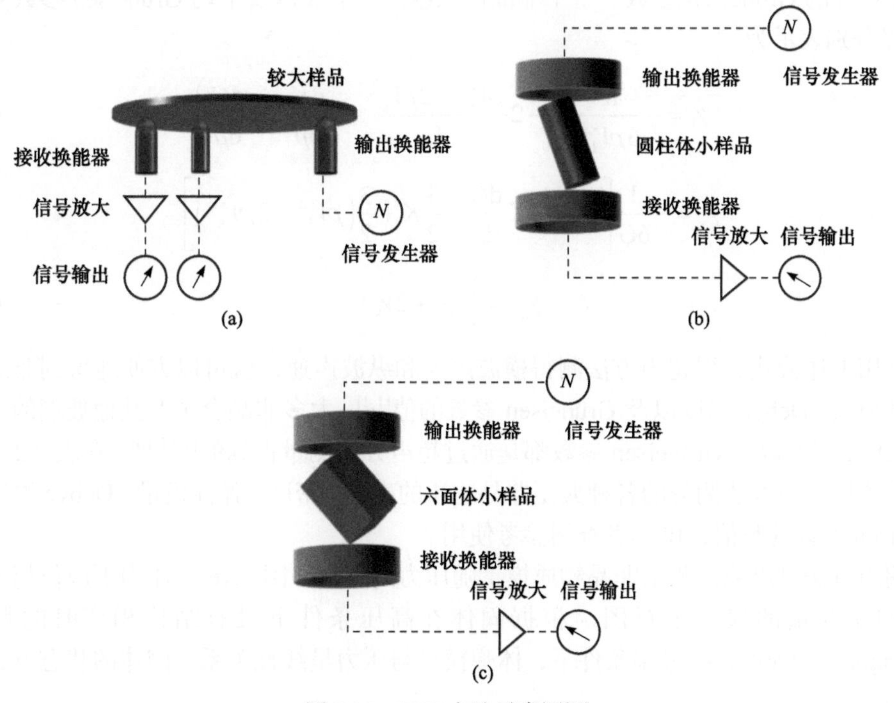

图 7.15　RUS 方法示意图[11]

弹性模量反映的是物质原子结合力和键合的信息，固体的特征温度如 Debye 温度(θ_D)、熔化温度、混合焓也是与原子结合力密切相关的参数。θ_D 和声速有如下关系[4]：

$$\theta_D = \frac{h}{k_B}\left(\frac{4\pi}{9\Omega_0}\right)^{-1/3}\left(\frac{1}{v_l^3}+\frac{2}{v_s^3}\right)^{-1/3}$$

$$\theta_D = \frac{h}{k_B}\left(\frac{4\pi}{9}\right)^{-1/3}\rho^{\frac{1}{3}}\left(\frac{1}{v_l^3}+\frac{2}{v_s^3}\right)^{-1/3} \tag{7.20}$$

式中，Ω_0 是平均原子体积，k_B 是玻尔兹曼常量，h 是普朗克(Planck)常量。需要说明的是，对于声波这样的长波(声波波长(米级)远大于近邻原子间距(纳米级))，非晶固体可以被看成经典的连续弹性介质，符合 Debye 近似的要求，可以根据声速准确得到非晶物质的 Debye 温度值。一般来说，弹性模量越高，熔化温度和 T_g 越高，Debye 温度也越高，因为它们都与原子的结合力密切相关[1]。

通常原子振动的非简谐性是通过格林艾森(Grüneisen)参数γ来表征的[1]。Grüneisen 参数γ的定义为：原子振动频率随体积的变化，即 $\gamma_i = -\mathrm{d}\ln\omega_i / \mathrm{d}\ln V$ ，式中，ω_i 是某种振动模式的频率，V 是体积。γ 如果是正的数值，就意味着在压力下该体系长波声学模的频率会增加，这将会导致声速的增加。大多数金属非晶物质体系都属于这种情况[1]。而 Ce 基非晶合金以及大多数非金属非晶都具有负的 Grüneisen 参数[1]，表明这些体系在高压下，其声子将会表现出软化行为。根据声速测量结果，可以得到表征非晶物质原子振动的非简谐性特征的 Grüneisen 参数。一个非晶体系纵波、横波以及平均 Grüneisen 参数γ_1，γ_s，γ_{av}可以分别表示为

$$\gamma_1=-\frac{K}{6\rho V_1^2}\left(3-2\frac{\rho V_1^2-2\rho V_s^2}{K}-3\frac{\mathrm{d}K}{\mathrm{d}p}-4\frac{\mathrm{d}G}{\mathrm{d}p}\right) \tag{7.21}$$

$$\gamma_s=-\frac{1}{6G}\left[2G-3K\frac{\mathrm{d}G}{\mathrm{d}p}-\frac{3}{2}K+\frac{3}{2}\left(\rho V_1^2-2\rho V_s^2\right)\right] \tag{7.22}$$

$$\gamma_{av}=\frac{1}{3}\left(\gamma_1+2\gamma_s\right) \tag{7.23}$$

利用上述公式，用超声方法测得横波声速和纵波声速，就可以方便地得到非晶物质的弹性模量、Debye 温度以及 Grüneisen 参数的值[1,4]。大多非晶合金及其他玻璃的弹性模量、Debye 温度以及 Grüneisen 参数都是通过超声方法测量得到的[1,14-16]。在表 7.2 中，我们列出了用超声方法测得的各种典型非晶物质的声速、密度、弹性模量、Debye 温度以及 Grüneisen 参数的数值，供读者查阅参考使用。

超声方法可以原位测量非晶物质模量随压力的变化，图 7.16 是压力下原位超声测量非晶物质模量的仪器示意图。根据固体在高压条件下没有结构相变时的默纳汉(Murnaghan)[17]理论，在等温条件下，体弹模量与压力呈线性关系。固体的状态方程可以表示为

$$\ln\left(\frac{V_0}{V_p}\right)=\frac{1}{K_0'}\ln\left(\frac{K_0'}{K_0}p+1\right) \tag{7.24}$$

式中，K_0为常温常压下的体弹模量，K_0'为体弹模量随压强的变化率，V_0为常温、常压下的物质体积，V_p为高压下固体的体积。由式(7.24)及体弹模量随压力的变化率，可以得到非晶物质的状态方程[1,18-21]。

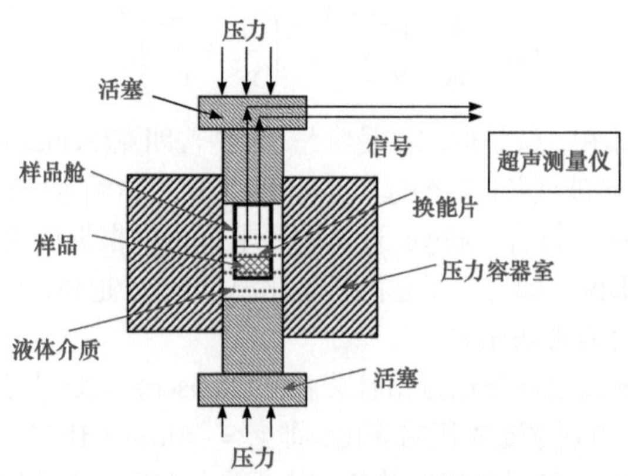

图 7.16 压力下原位超声测量非晶物质模量的仪器示意图

图 7.17 是超声测得的 Zr 基非晶合金和氧化物玻璃的模量随压力的变化。可以看到

金属键的非晶物质模量随压力增加而增加，而氧化物非晶物质模量随压力增大而减小。非晶物质的价键和模量对压力都比较敏感。图 7.18 是根据不同压力下非晶超声测量结果、体弹模量随压力的变化率以及方程(7.24)得到的不同非晶合金(BMG)和其他非晶态固体的状态方程[1]。可以看到对一般的非晶合金材料，在小于 2～3 GPa 的压力下，非晶体积的变化和压力成正比。另外，由于金属的密排结构，所以非晶合金体积随压力的变化比具有共价键的非晶固体(如氧化硅玻璃)要小得多。

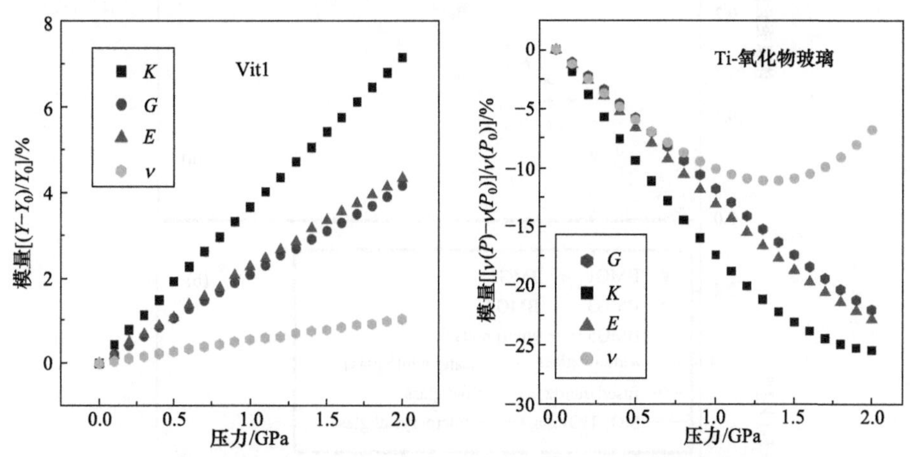

图 7.17 超声测得的 Zr 基非晶合金(Vit1)和氧化物玻璃的模量随压力的变化

根据非晶物质模量随压力的变化，可以对其主要价键进行判断，图 7.19(a)是 $Ce_{70}Al_{10}Ni_{10}Cu_{10}$ 非晶合金 K，G 和泊松比σ随压力的变化以及和其他非晶合金的比较，可以看出 Ce 基非晶随压力变化远比一般的合金大；图 7.19(b)是 Ce 基非晶的状态方程(根据模量随压力的变化得到的)和一般非晶合金以及具有共价键的氧化物玻璃的比较，可以看到 Ce 基非晶的状态方程和其他非晶合金的区别很大，反而和氧化物玻璃的状态方程类似[22]。后来的实验证实 Ce 基非晶合金具有类共价键结构[23,24]。因此，非晶固体的状态方程能反映其结构特点和性质，有助于认识非晶物质的结构和性能。

采用超声方法也可以原位测量低温条件下非晶物质的模量随温度的变化，以及非晶物质模量在低温下的变化和特性。非晶物质的低温模量可提供其低温物理特征的信息。图 7.20 是低温下原位超声测量非晶物质模量的仪器示意图。图 7.21 是 Vit1($Zr_{41}Ti_{14}Cu_{12.5}Ni_{10}Be_{22.5}$ 非晶合金)，$(Cu_{50}Zr_{50})_{95}Al_5$，$La_{68}Al_{10}Cu_{20}Co_2$ 和 $Mg_{65}Cu_{25}Gd_{10}$ 非晶的低温模量曲线，其模量都是随温度降低而升高。

对非晶物质动态模量的测试能获得更多的结构及动力学的信息。如果对固体施加交变的应力，并通过观测其反馈的应变变化，可以得到非晶物质和过冷液体动态模量 $E = E' + \mathrm{i}E''$，其中，存储模量 $E' = \dfrac{\sigma_0}{\varepsilon_0}\cos\delta$，表示物质的弹性部分，即超声测量得到的模量；损耗模量 $E'' = \dfrac{\sigma_0}{\varepsilon_0}\sin\delta$，表示物质的能量消耗也即黏弹性的部分；损耗模量和存储模量的比值：$\tan\delta = \dfrac{E''}{E'}$ 即内耗。损耗模量和内耗都能反映非晶物质细微结构及缺陷的信息，

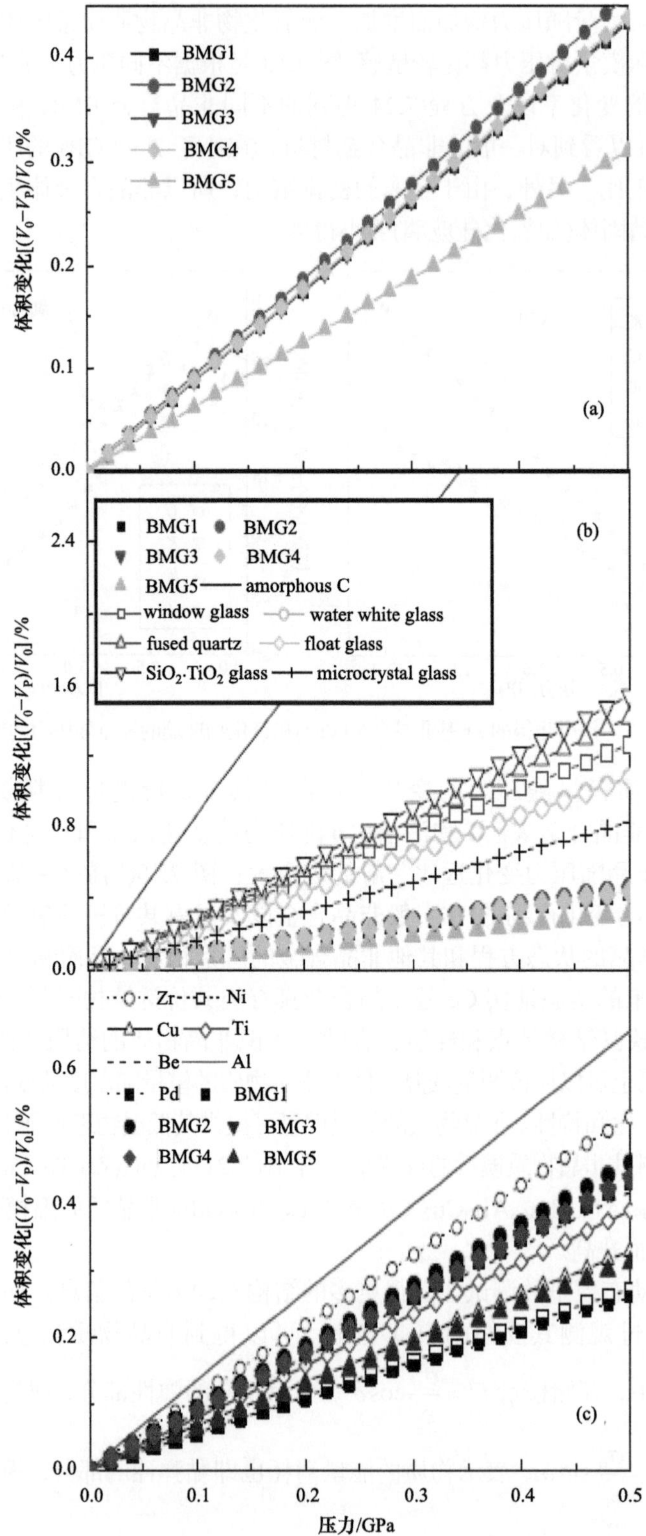

图 7.18 根据不同压力下超声测量结果得到的不同非晶合金(BMG)、非金属非晶材料的状态方程[1]

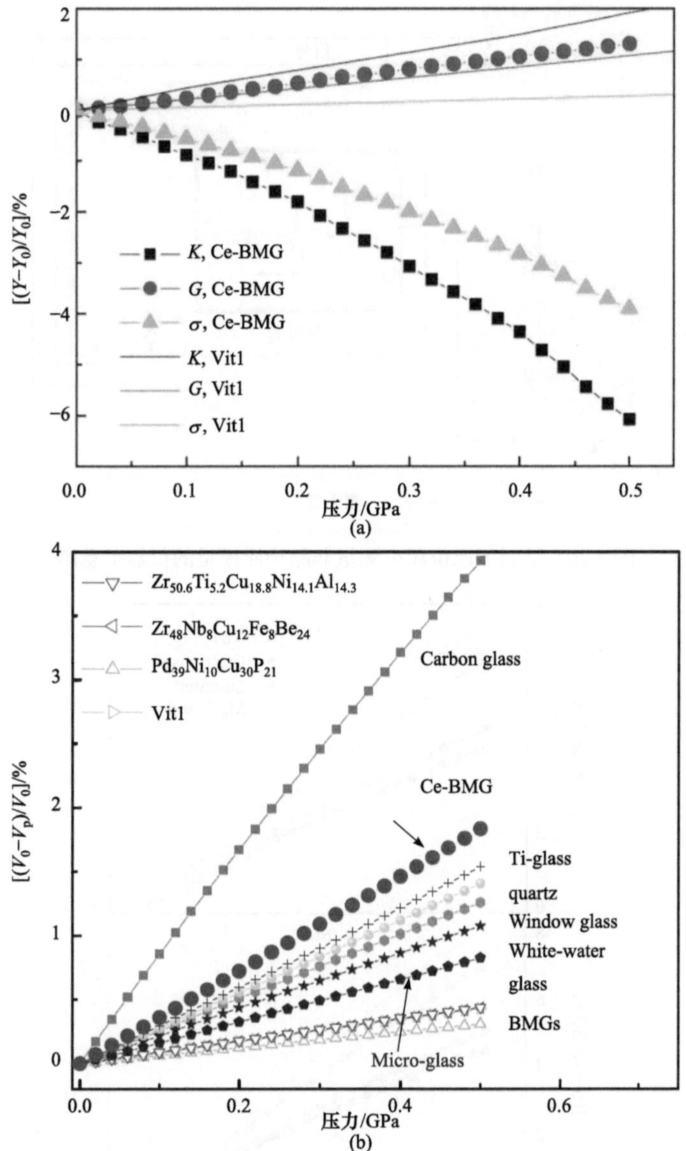

图 7.19　(a) $Ce_{70}Al_{10}Ni_{10}Cu_{10}$ 非晶合金 K、G 和泊松比 σ 随压力的变化以及和其他非晶合金(BMGs)的比较[22]；(b)$Ce_{70}Al_{10}Ni_{10}Cu_{10}$ 非晶的状态方程和一般非晶合金以及具有共价键的氧化物的玻璃比较[1,22]

在研究非晶弛豫、结构非均匀性、形变单元和机制、结构、性能与结构及动力学关系等方面能发挥重要作用。动态力学分析(dynamical mechanical analysis，DMA)测试是一种可以在宽泛的测试温度和频率范围内对样品施加交变的应力，并通过观测其反馈的应变得到非晶物质和过冷液体动态模量信息的测试仪器。图 7.22 是动态机械分析仪器的工作原理。图 7.23 是在过冷液相区(638～668 K)温度范围内 DMA 测量的非晶合金 $Zr_{46.25}Ti_{8.25}Cu_{7.5}Ni_{10}Be_{27.5}$ 的存储模量 E' 和损耗模量 E'' 随着频率 f 的变化关系。

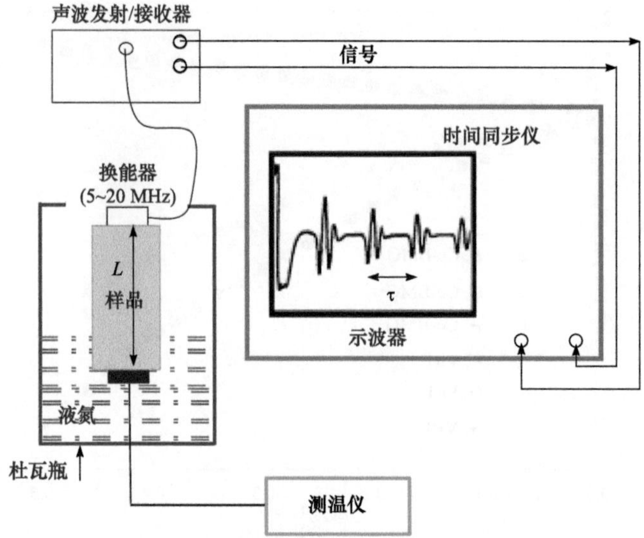

图 7.20　低温下原位超声测量非晶物质模量的仪器示意图

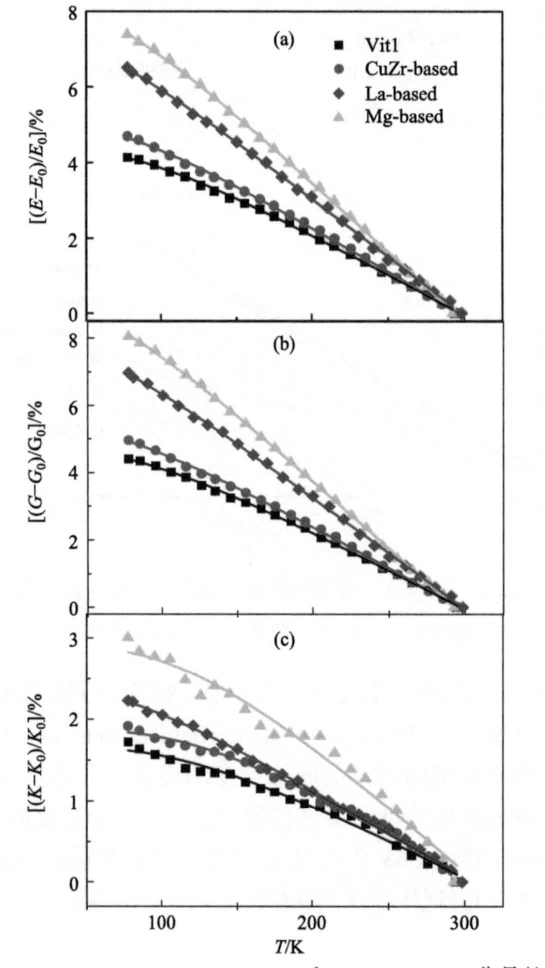

图 7.21　Vit1，$(Cu_{50}Zr_{50})_{95}Al_5$，$La_{68}Al_{10}Cu_{20}Co_2$ 和 $Mg_{65}Cu_{25}Gd_{10}$ 非晶的模量随温度变化

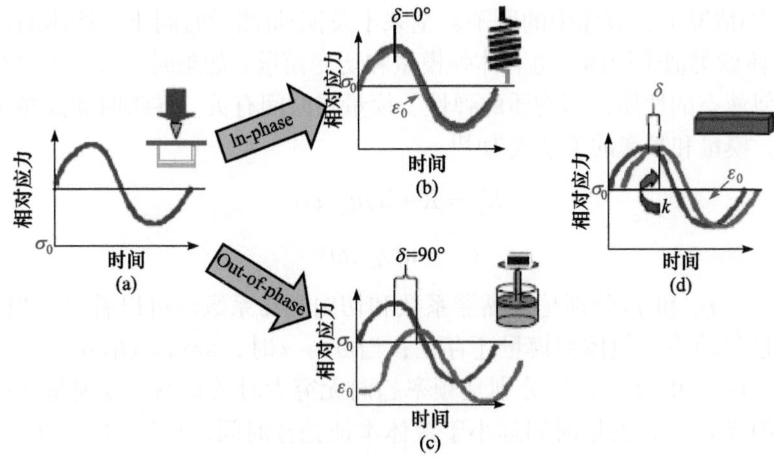

图 7.22　动态机械分析仪器的工作原理

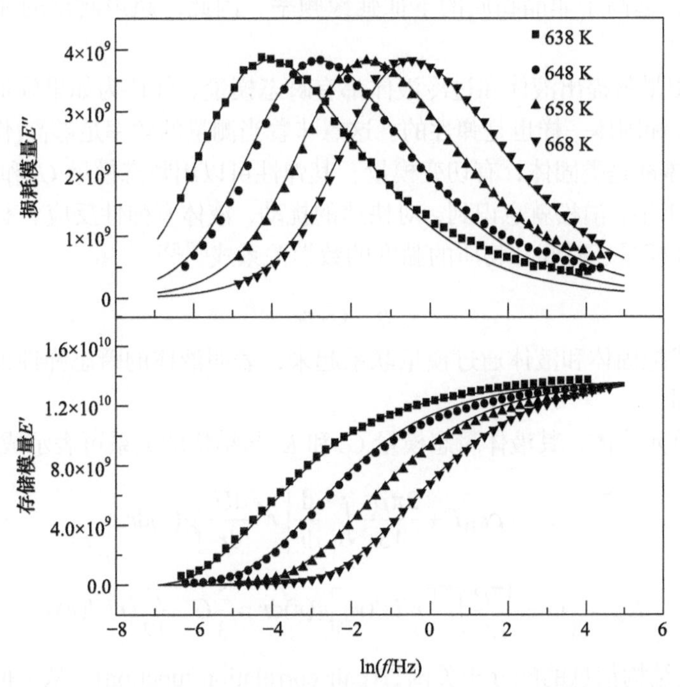

图 7.23　在过冷液相区(638～668 K)，非晶 $Zr_{46.25}Ti_{8.25}Cu_{7.5}Ni_{10}Be_{27.5}$ 的存储模量 E'和损耗模量 E''随着频率 f 的变化关系[30]

存储模量、损耗模量和内耗都是表征材料弹性特征、结构、缺陷、弛豫和动力学信息的参量。因此，DMA 是敏感地探测、研究非晶物质结构演化、动力学、结构非均匀性、性能和结构关系等非常有效的手段[1,25-31]，在动力学一章，将详细介绍动态模量在研究非晶物质动力学中的重要作用。

7.2.4　弹性及弹性模量与时间、温度及压力的关系

物体的弹性性质和模量与频率或时间密切相关[32-34]。在足够高频率或者瞬时作用(应

变速率足够大)情况下，液体中的原子甚至来不及流动(测量时间小于液体的本征弛豫时间)，这时液体就类似于固体，也有体弹模量和切变模量。如果时间尺度足够长，非晶物质也具有类似液态的性质，即物质的弹性、模量与时间有关。在瞬时和高频下的模量称为瞬态模量，模量和频率的关系式为[34]

$$K_{\varpi} = K + \mathrm{i}\omega\eta_K(\omega) \tag{7.25}$$

$$G_{\omega} = \mathrm{i}\omega\eta_G(\omega) \tag{7.26}$$

这里ω是频率，η_K和η_G分别是体黏滞系数和切向黏滞系数。可以看出：当$\omega = 0$时，液体的切变模量消失，但体弹模量还存在；当$\omega \to \infty$时，$\lim_{\omega\to\infty}G(\omega) = G_\infty$，液体变得像固体一样，$G_\infty > 0$。$G_\infty$和$K_\infty$分别是频率趋向无穷大时的瞬态切变模量和体弹模量。在高频和瞬时条件下，测量时间远小于液体本征弛豫时间，原子的移动在如此短的时间内难以发生，从而使得液体在高频下像固体一样，具有切变模量。超声的频率范围是5～30 MHz，远高于非晶物质的本征弛豫频率，因此，超声测得的弹性模量可以等效于瞬态模量[1]。

Frenkel[30]很早就提出液体和过冷液体都有瞬态模量。他认为如果施加的作用力足够快，液体的反应和固体一样也是弹性的。这意味着当测量的频率足够高(作用的时间足够短)时，任何液体都是类固体，有切变模量，其弹性可以用瞬态模量G_∞和K_∞来表征。实际上，早在1831年，泊松就意识到，对快速的扰动，液体有弹性反应。麦克斯韦在1876年首先给出弹性模量、时间和物质的黏度的数学关系式[32,35]：

$$\eta = G_\infty \tau_R \tag{7.27}$$

麦克斯韦关系式把固体和液体通过模量联系起来，表明液体的瞬态弹性模量可以通过高频测量方法得到。

对于简单单元液体，其液体瞬态模量G_∞和K_∞与结构的关系可表示成[36]

$$G_\infty = \rho k_{\mathrm{B}} T + \frac{2\pi\rho^2}{15}\int_0^\infty \frac{\mathrm{d}}{\mathrm{d}r}\left[r^4 \frac{\mathrm{d}U}{\mathrm{d}r}\right] g(r)\mathrm{d}r \tag{7.28}$$

$$K_\infty = \frac{5}{3}G - \frac{4\pi\rho}{12}\int_0^\infty \left[r^3 U'(r)\right] g(r)\mathrm{d}r = \frac{5}{3}G - \frac{\rho}{12}\left\langle rU'(r)\right\rangle \tag{7.29}$$

式中$g(r)$是反映结构信息的配分相关函数(pair correlation function)。从上面两个公式可以得到瞬态模量K_∞和G_∞的关系，即广义的柯西关系式：

$$K_\infty = \frac{5}{3}G_\infty + 2(P - \rho k_{\mathrm{B}} T) \tag{7.30}$$

其中$P = \rho k_{\mathrm{B}} T - \dfrac{2\pi\rho^2}{3}\displaystyle\int_0^\infty r^3 \frac{\mathrm{d}U}{\mathrm{d}r} g(r)\mathrm{d}r$。对于简谐、无缺陷的均匀体系如非晶物质，柯西关系式可简化为$C_{11} = 3C_{44}$(或者等效于$K = 5/3G$)。图7.24是不同非晶物质的体弹模量K和切变模量G的关系，可以看到这些非晶物质并不符合柯西关系式，这也是非晶物质存在非均匀性的一个证明[1]。

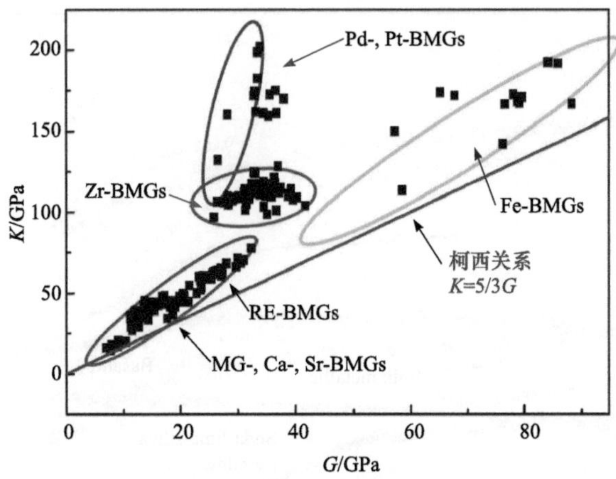

图 7.24　不同非晶物质的体弹模量 K 和切变模量 G 的关系并不符合柯西关系式[1]

从弹性模量的物理本质很容易推断，随温度变化，物质中原子间距也变化，原子相互结合力变化，则物体的模量也会发生变化，这和实验结果是一致的。可以用弹性模量温度系数λ表示弹性模量随温度的变化：

$$\lambda = \frac{1}{M}\frac{\mathrm{d}M}{\mathrm{d}T} \tag{7.31}$$

Krüger 等[37]提出物体相变时弹性系数随温度的变化公式：

$$C_{xx}(T) = C_{xx}(T_0)\left[1 - \alpha(1 + 2\gamma_x)(T - T_0)\right] \tag{7.32}$$

式中，α 为体胀系数，C_{xx} 代表 C_{11} 或者 C_{44}，γ_x 是径向(γ_1)或者切向(γ_s)Grüneisen 参数，T_0 是参考温度。

Varshni 提出一个描述各向同性固体如非晶物质的模量随温度(不在相变区域)变化的关系式[38]：

$$C(T) = C(0) - \frac{s}{\exp(T_{\mathrm{E}}/T) - 1} \tag{7.33}$$

其中，$C(0)$为弹性模量在绝对零度时的数值，T_{E} 为有效爱因斯坦温度，s 是与非简谐作用的强度相关的调整因子。Varshni 理论基于假定非简谐振动是热声子激发的，而这个非谐振动的强弱可以通过有效爱因斯坦温度 T_{E} 来描述。

实验证实非晶物质在低温下的弹性模量随温度的变化关系可用 Varshni 关系来很好地描述[39-41]。图 7.25 是各种非晶材料杨氏模量 E 随温度的变化，其低温部分的变化可以用 Varshni 理论模拟[42]。图 7.26 是非晶物质在玻璃转变附近瞬态切变模量 K_∞和 G_∞随温度的变化。在虚拟温度(fictive temperature，T_{f})，非晶的 K_{glass} 和 G_{glass} 近似等于过冷液体 $K_{\infty\text{-liquid}}(T_{\mathrm{f}})$ 和 $G_{\infty\text{-liquid}}(T_{\mathrm{f}})$。可以看出模量对温度比较敏感，随温度的升高而呈线性降低，在 T_{g} 点附近有个突然转变，可用 Varshni 理论来描述。在过冷液态，模量随温度迅速降低。在非相变温区，模量随温度的变化可用 Varshni 公式很好地描述。玻璃转变点附近模量的变化有助于认识玻璃转变和非晶本质。

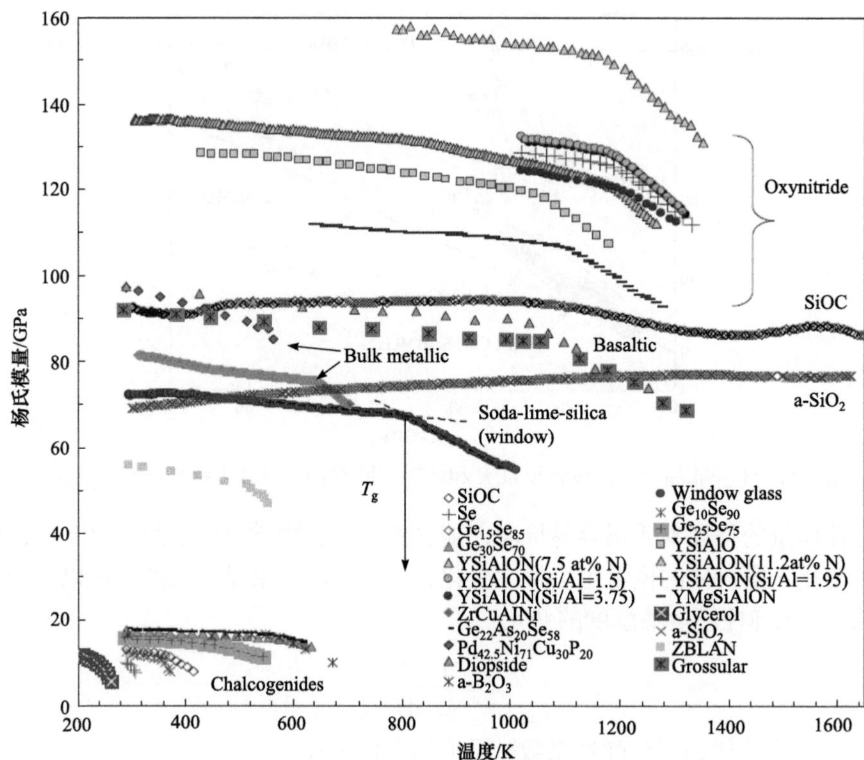

图 7.25 各种非晶材料杨氏模量 E 随温度的变化[42]

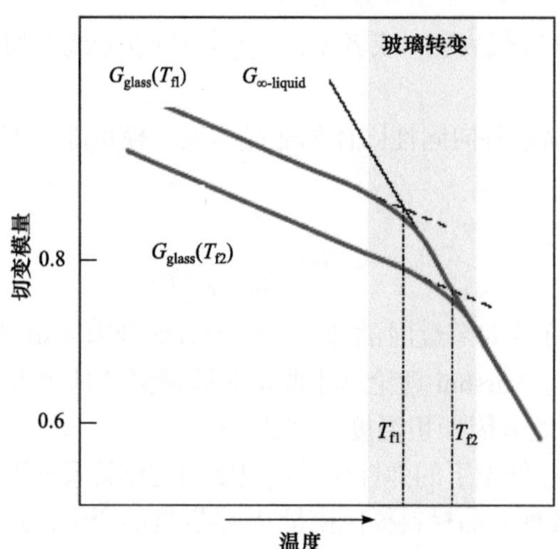

图 7.26 非晶物质瞬态切变模量在玻璃转变过程中的变化[1]

Steinberg-Cochran-Guinan 提出切变模量 G 和压力关系的模型，其形式如下[42]：

$$G(p,T)=G_0+\frac{\partial G}{\partial p}\frac{p}{\eta^{1/3}}+\frac{\partial G}{\partial T}(T-300) \tag{7.34}$$

式中 $\eta=\rho/\rho_0$，G_0 是参考态时($T=300$ K，$p=0$，$\eta=1$)的切变模量，p 是压力，T 是温度，

ρ 是固体的质量密度，ρ_0 是参考态时的密度。该公式也适用于非晶材料。

7.3 非晶物质的弹性和模量

非晶的弹性有哪些特点呢？图 7.27 为比较弹簧钢和非晶合金弹性的演示实验照片。弹簧钢和非晶合金在玻璃管的底端，比较同时落下的两个同样的钢珠的弹跳，可以看出，落在非晶合金上的钢球弹跳得远比落在弹簧钢上的小球高，而且在非晶合金上钢球弹跳的时间要比在钢上长 20 倍左右。这是一个直观的演示，说明非晶的弹性远优于一般的金属合金，高弹性是非晶材料的特性之一。典型例子是玻璃球可以做弹珠，非晶合金可以做高尔夫球杆。从图 7.28 可以看到，非晶合金的弹性范围高达 2%，是一般金属合金的几十倍，强度是晶态合金的几倍，因此，如图所示其能储存的弹性能也是晶态的很多倍。高弹性使得非晶材料有很多应用，如用非晶合金制造高品质的弹簧、体育器械等。

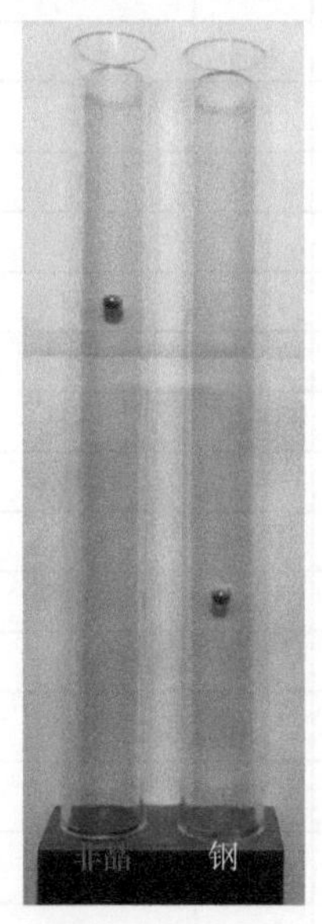

图 7.27　比较弹簧钢和非晶合金弹性的演示实验

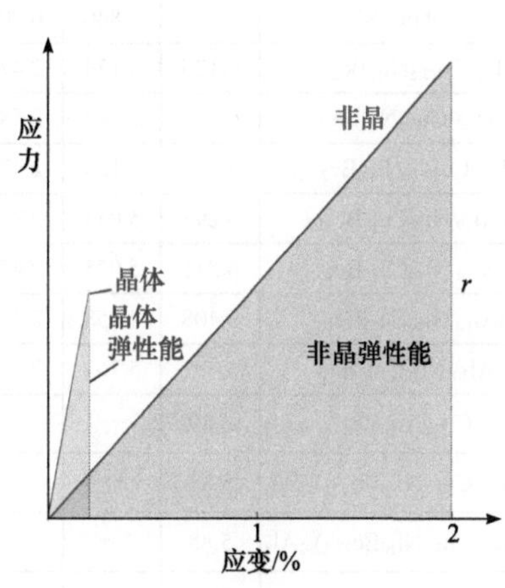

图 7.28　非晶合金弹性以及能储存的弹性能和晶态对比

表征弹性的参数是弹性模量。近十几年来，采用超声方法测量了大量非晶物质体系、玻璃材料的弹性模量，积累了大量的非晶材料的弹性模量数据[1,14,15]。表 7.2 列出各类典型非晶体系，特别是非晶合金体系的超声声速、密度、弹性模量、Debye 温度等数据，可供参考使用。这些数据为建立非晶合金模量和性能的关联发挥了重要作用。一些关于非晶材料的关联和模型都是建立在这些弹性性能数据基础上的。此外，从大量的非晶材料弹性模量数据表中，能总结出一些规律如下。

表 7.2 典型非晶物质弹性模量的数据库：包括各类非晶材料的超声声速(纵波声速 v_l；横波声速 v_s)、密度ρ、弹性模量(杨氏模量 E，切变模量 G，体弹模量 K，泊松比ν)、Debye 温度θ_D等数据

非晶物质	ρ /(g/cm³)	v_l /(km/s)	v_s /(km/s)	v_l/v_s	K /GPa	G /GPa	E /GPa	E/ρ /(GPa · cm³/g)	ν	K/G	θ_D /K
Fused quartz	2.203	5.954	3.767	1.58	36.4	31.26	72.9	33.10	0.166	1.16	496
Amorphous carbon	1.557	3.880	2.407	1.61	11.4	9.02	21.4	13.76	0.187	1.26	338
Microcrystal glass	2.556	6.492	3.667	1.77	61.9	34.36	87.0	3.40	0.266	1.80	—
Breakaway glass	1.053	2.353	1.164	2.02	3.9	1.4	3.82	3.63	0.338	2.75	—
Water-white glass	2.479	5.836	3.423	1.70	45.7	29.1	71.9	29.01	0.238	1.57	—
Window glass	2.421	5.593	3.385	1.65	38.8	27.7	67.2	27.8	0.211	1.40	—
Float glass	2.518	5.850	3.470	1.69	45.8	30.3	74.5	29.6	0.228	1.51	320
Ti- glass	2.196	5.745	3.615	1.59	34.2	28.7	67.3	30.6	0.172	1.19	330
Borosilicate glass	2.32	5.64	3.28	1.72	40.5	24.9	61.9	26.7	0.24	1.60	—
SiO_2 glass	2.20	6.48	3.988	1.63	45.7	35.0	83.6	38.0	0.195	1.31	530.4
B_2O_3 glass	1.792	3.6	1.933	1.86	14.2	6.7	17.4	9.7	0.297	2.14	279.1
Glassy sulfur (at 0℃)	1.940	—	—	—	7.9	2.1	5.8	3.0	0.379	3.81	—
$Se_{70}Ge_{30}$	4.277	2.16	1.2	1.8	11.7	6.2	15.7	3.7	0.277	1.90	128
Amorphous Se	4.3	1.840	0.905	2.04	9.9	3.5	9.4	2.2	0.343	2.85	96.4
$Zr_{41}Ti_{14}Cu_{12.5}Ni_{10}Be_{22.5}$	6.125	5.174	2.472	2.09	114.1	37.4	101.2	16.53	0.352	3.05	326.8
$Zr_{46.75}Ti_{8.25}Cu_{7.5}Ni_{10}Be_{27.5}$	6.014	5.182	2.487	2.08	111.9	37.2	100.5	16.70	0.350	3.01	327.1
$Zr_{45.4}Ti_{9.6}Cu_{10.15}Ni_{8.6}Be_{26.25}$	6.048	5.163	2.473	2.09	111.9	37.0	99.9	16.52	0.350	3.02	325.6
$Zr_{52.5}Al_{10}Ni_{10}Cu_{15}Be_{12.5}$	6.295	5.033	2.384	2.11	112.0	35.9	97.2	15.41	0.355	3.12	306.6
$Zr_{50}Al_{10}Ni_{10}Cu_{15}Be_{15}$	6.311	5.075	2.478	2.05	110.9	38.8	104.1	16.50	0.343	2.86	321.5
$Zr_{55}Al_{10}Ni_{10}Cu_{15}Be_{10}$	6.408	4.958	2.355	2.14	111.6	34.4	93.7	14.62	0.360	3.24	296.9
$Zr_{60}Al_{10}Ni_{10}Cu_{15}Be_5$	6.497	5.763	2.085	2.28	109.7	28.2	78.0	12.01	0.381	3.89	264.0
$(Zr_{46.75}Ti_{8.25}Cu_{7.5}Ni_{10}Be_{27.5})_{98}Al_2$	5.89	—	—	—	110.6	32.8	101.8	17.3	0.347	3.37	—
$(Zr_{46.75}Ti_{8.25}Cu_{7.5}Ni_{10}Be_{27.5})_{95}Al_5$	5.87	—	—	—	115.8	40.5	108.9	18.5	0.343	2.86	—
$(Zr_{46.75}Ti_{8.25}Cu_{7.5}Ni_{10}Be_{27.5})_{92}Al_8$	5.88	—	—	—	91.6	32.3	86.7	14.7	0.342	2.84	—
$(Zr_{46.75}Ti_{8.25}Cu_{7.5}Ni_{10}Be_{27.5})_{90}Al_{10}$	5.89	—	—	—	113.8	44.5	118.1	20.0	0.327	2.56	—
$(Zr_{46.75}Ti_{8.25}Cu_{7.5}Ni_{10}Be_{27.5})_{88}Al_{12}$	5.66	—	—	—	112.6	44.1	117.1	20.7	0.326	2.55	—
$(Zr_{46.75}Ti_{8.25}Cu_{7.5}Ni_{10}Be_{27.5})_{85}Al_5$	5.72	—	—	—	116.9	48.4	117.5	20.5	0.318	2.42	—
$Zr_{41}Ti_{14}Cu_{12.5}Ni_9Be_{22.5}C_1$	6.161	5.097	2.534	2.01	107.3	39.5	105.7	17.15	0.336	2.71	335.7
$Zr_{34}Ti_{15}Cu_{10}Ni_{11}Be_{28}Y_2$	5.778	5.251	2.686	1.95	103.7	41.7	110.3	19.09	0.320	2.49	356.3
$(Zr_{41}Ti_{14}Cu_{12.5}Ni_{10}Be_{22.5})_{98}Y_2$	5.860	5.263	2.619	2.01	108.7	40.2	107.3	18.31	0.340	2.71	339.2
$Zr_{41}Ti_{14}Cu_{12.5}Ni_8Be_{22.5}Fe_2$	6.083	5.135	2.436	2.11	112.3	36.1	97.8	16.08	0.355	3.11	321.5
$Zr_{41}Ti_{14}Cu_{12.5}Ni_5Be_{22.5}Fe_5$	6.108	5.130	2.439	2.10	112.3	36.3	98.4	16.11	0.354	3.09	322.4
$Zr_{41}Ti_{14}Cu_{12.5}Ni_2Be_{22.5}Fe_8$	5.938	4.942	2.427	2.04	98.4	35.0	93.8	15.79	0.341	2.81	317.4
$Zr_{41}Ti_{14}Cu_{12.5}Be_{22.5}Fe_{10}$	6.086	5.151	2.522	2.04	109.8	38.7	103.9	17.08	0.342	2.84	332.8
$Zr_{36}Ti_{14}Cu_{12.5}Ni_5Be_{20.5}Fe_{12}$	6.520	4.933	2.283	2.16	113.4	34.0	92.7	14.21	0.364	3.34	310.2

续表

非晶物质	ρ /(g/cm^3)	v_l /(km/s)	v_s /(km/s)	v_l/v_s	K /GPa	G /GPa	E /GPa	E/ρ /(GPa · cm^3/g)	ν	K/G	θ_D /K
$Zr_{53}Ti_5Cu_{20}Ni_{12}Al_{10}$	6.749	4.7774	2.155	2.22	112.3	31.3	86.0	12.74	0.37	3.58	276.0
$(Zr_{58.9}Ti_{5.6}Cu_{22.2}Ni_{13.3})_{88}Al_{12}$	6.696	4.825	2.232	2.16	111.4	33.4	91.0	13.59	0.36	3.34	286.2
$(Zr_{59}Ti_6Cu_{22}Ni_{13})_{85.7}Al_{14.3}$	6.608	4.890	2.269	2.15	112.7	34.0	92.7	14.03	0.363	3.31	291.1
$Zr_{53}Ti_5Cu_{20}Ni_{12}Al_{15}$	6.572	4.893	2.268	2.16	112.3	33.8	92.1	14.02	0.36	3.32	290.5
$(Zr_{58.9}Ti_{5.6}Cu_{22.2}Ni_{13.3})_{84}Al_{16}$	6.553	4.946	2.319	2.13	113.3	35.3	95.8	14.62	0.36	3.21	297.9
$Zr_{52.5}Ti_5Cu_{17.9}Ni_{14.6}Al_{10}$	6.730	4.833	2.191	2.20	114.1	32.3	88.6	13.16	0.37	3.53	280.7
$Zr_{52.5}Ti_5Cu_{17.9}Ni_{14.6}Al_{10}$ (+1%Carbon nanotube)	6.701	4.843	2.240	2.16	112.3	33.6	91.7	13.68	0.36	3.34	282.3
$Zr_{40}Mg_{0.5}Ti_{15}Cu_{11}Ni_{11}Be_{21.5}Y_1$	6.048	5.081	2.396	2.12	109.9	34.7	94.2	15.58	0.357	3.16	315.3
$Zr_{48}Nb_8Cu_{14}Ni_{12}Be_{18}$	6.700	4.950	2.264	2.19	118.4	34.4	94.0	14.02	0.368	3.45	295.2
$Zr_{45}Nb_{10}Cu_{13}Ni_{10}Be_{22}$	6.523	5.050	2.361	2.14	117.9	36.4	98.9	15.16	0.360	3.24	308.2
$Zr_{45}Nb_8Cu_{13}Ni_4Be_{22}Fe_8$	6.543	4.970	2.315	2.15	114.9	35.1	95.5	14.59	0.361	3.28	304.0
$Zr_{48}Nb_8Cu_{12}Be_{24}Fe_8$	6.436	4.994	2.338	2.14	113. 6	35.2	95.7	14.87	0.360	3.23	305.4
$Zr_{57}Nb_5Cu_{15.4}Ni_{12.6}Al_{10}$	6.690	4.740	2.186	2.17	107. 7	32.0	87.3	13.05	0.365	3.37	274.8
$Zr_{60}Nb_3Cu_{14}Ni_{13}Al_{10}$	6.730	4.780	2.150	2.22	112.3	31.1	85.4	12.69	0.373	3.61	270.8
$Zr_{55}Nb_9Cu_{15}Ni_{11}Al_{10}$	6.875	4.880	2.250	2.17	117.3	34.8	95.0	13.82	0.365	3.37	284.5
$(Zr_{55}Nb_9Cu_{15}Ni_{11}Al_{10})_{99}B_1$	6.76	4.681	2.106	2.22	108.2	30.0	82.3	12.18	0.373	3.61	279.0
$Zr_{57}Nb_5Cu_{15.4}Ni_{12.6}Al_{10}$	6.758	4.755	2.157	2.20	110.9	31. 5	86.2	12.75	0.370	3.53	272.3
$Zr_{52.7}Nb_5Cu_{17.9}Ni_{14.6}Al_{10}$	6.651	4.747	2.129	2.23	109.7	30.2	82.9	12.46	0.370	3.64	—
$Zr_{52.7}Nb_5Cu_{17.9}Ni_{14.6}Al_{10}$ (+1% carbon fibre)	6.703	4.747	2.127	2.23	110.6	30.3	83.4	12.44	0.374	3.65	—
$Zr_{52.7}Nb_5Cu_{17.9}Ni_{14.6}Al_{10}$ (+1.5% carbon fibre)	6.709	4.785	2.132	2.24	113.0	30.5	83.9	12.51	0.376	3.70	—
$Zr_{52.7}Nb_5Cu_{17.9}Ni_{14.6}Al_{10}$ (+2% carbon fibre)	6.622	4.773	2.135	2.24	110.6	30.2	83.0	12.53	0.375	3.66	—
$Zr_{52.7}Nb_5Cu_{17.9}Ni_{14.6}Al_{10}$ (+4% carbon fibre)	6.758	4.804	2.170	2.22	113.5	31.8	87.3	12.92	0.372	3.57	—
$(ZrNb)_{72.8}(CuNiAl)_{27.2}$	6.675	4.604	1.990	2.31	106.2	26.4	73.2	10.97	0.385	4.02	—
$(ZrNb)_{73.4}(CuNiAl)_{26.6}$	6.670	4.437	1.972	2.25	96.7	25.9	71.4	10.71	0.377	3.73	—
$(ZrNb)_{70.7}(CuNiAl)_{29.3}$	6.643	4.633	2.038	2.27	105.8	27.6	76.1	11.46	0.380	3.84	—
$Zr_{58}Ni_{26.6}Al_{15.4}$	6.522	4.922	2.230	2.21	114.8	32.4	88.9	13.63	0.371	3.54	283.0
$Zr_{55.8}Ni_{24.8}Al_{19.4}$	6.328	5.029	2.339	2.15	113.9	34.6	94.3	14.90	0.362	3.29	296.2
$Zr_{53}Ni_{23.5}Al_{23.5}$	6.171	5.169	2.462	2.10	115.1	37.4	101.2	16.41	0.353	3.07	312.1
$Zr_{45.25}Cu_{46.25}Al_{7.5}Sn_1$	—	—	—	—	118.0	37.5	97.3	—	—	—	—
$(Zr_{55}Al_{15}Ni_{10}Cu_{20})_{98}Y_2$	6.56	4.870	2.270	2.14	110.6	33.8	92.1	14.03	0.361	3.27	287.7
$(Zr_{55}Al_{15}Ni_{10}Cu_{20})_{96}Y_4$	6.44	4.774	2.212	2.16	104. 8	31.5	85.9	13.34	0.363	3.32	278.3
$Zr_{65}Al_{10}Ni_{10}Cu_{15}$	6.271	5.050	2.393	2.11	112.0	35.9	97.3	15.52	0.355	3.12	292.9
$Zr_{61.88}Al_{10}Ni_{10.12}Cu_{18}$	6.649	4.704	2.092	2.25	108.3	29.1	80.1	12.05	0.377	3.72	262.9

续表

非晶物质	ρ /(g/cm^3)	v_l /(km/s)	v_s /(km/s)	v_l/v_s	K /GPa	G /GPa	E /GPa	E/ρ /(GPa · cm^3/g)	ν	K/G	θ_D /K
$Zr_{64.13}Al_{10}Ni_{10.12}Cu_{15.75}$	6.604	4.679	2.076	2.254	106.6	28.5	78.4	11.87	0.377	3.75	259.6
$Zr_{65.025}Cu_{14.85}Ni_{10\cdot125}Al_{10}$	6.585	4.648	2.078	2.24	104.4	28.4	78.2	11.87	0.375	3.67	259.2
$Zr_{62.325}Cu_{17.55}Ni_{10\cdot125}Al_{10}$	6.678	4.702	2.100	2.24	108.4	29. 5	81.0	12.13	0.375	3.68	264.1
$Zr_{61.88}Al_{10}Ni_{10.12}Cu_{18}$	6.664	4.693	2.096	2.24	107.7	29.3	80.5	12.08	0.375	3.68	263.5
$Zr_{62.325}Cu_{17.55}Ni_{10\cdot125}Al_{10}$	6.685	4.706	2.113	2.23	108.3	29.9	82.0	12.27	0.373	3.63	266.0
$Zr_{61}Cu_{18.3}Ni_{12.8}Al_{7.9}$	6.824	4.527	2.057	2.20	101.4	28.9	79.1	11.59	0.370	3.50	260.2
$Zr_{61}Cu_{17.8}Ni_{12.8}Al_{7.9}Sn_{0.5}$	6.784	4.537	2.059	2.20	101.3	28.8	78.8	11.62	0.370	3.50	259.6
$Zr_{61}Cu_{17.3}Ni_{12.8}Al_{7.9}Sn_1$	6.801	4.539	2.035	2.23	102.6	28.2	77.4	11.38	0.374	3.64	256.7
$Zr_{61}Cu_{16.8}Ni_{12.8}Al_{7.9}Sn_{1.5}$	6.794	4.387	2.043	2.15	92.9	28.4	77.3	11.38	0.362	3.27	256.9
$Zr_{61}Cu_{16.3}Ni_{12.8}Al_{7.9}Sn_2$	6.779	4.542	2.105	2.16	99.8	30.1	81.9	12.08	0.363	3.32	264.2
$Zr_{61}Cu_{15.8}Ni_{12.8}Al_{7.9}Sn_{2.5}$	6.819	4.561	2.090	2.18	102.1	29.8	81.5	11.95	0.367	3.42	262.7
$Zr_{60.525}Cu_{19.35}Ni_{10\cdot125}Al_{10}$	6.701	4.712	2.110	2.23	109.0	29.8	82.0	12.24	0.374	3.65	266.2
$Zr_{62}Al_{10}Ni_{12.6}Cu_{15.4}$	6.615	4.723	2.090	2.26	109.0	28. 9	79.7	12.04	0.378	3.77	262.3
$Zr_{35}Ti_{30}Cu_{7.5}Be_{27.5}$	5.329	5.172	2.545	2.03	96.5	34.5	92.5	17.36	0.340	2.79	—
$Zr_{33}Ti_{30}Cu_{7.5}Be_{27.5}Al_2$	5.260	5.270	2.640	2.00	97.2	36.7	97.7	18.57	0.332	2.65	—
$Zr_{30}Ti_{30}Cu_{7.5}Be_{27.5}Al_5$	5.134	5.429	2.782	1.95	98.3	39.7	105.1	20.50	0.322	2.48	—
$Zr_{25}Ti_{30}Cu_{7.5}Be_{27.5}Al_{10}$	4.926	5.700	2.980	1.91	101.7	43.7	114.8	23.30	0.312	2.33	—
$Zr_{50}Cu_{25}Be_{25}$	6.12	—	—	—	108.9	35.8	96.8	15.8	0.35	3.04	—
$Zr_{50}Cu_{43}Ag_7$	—	—	—	—	124.7	32.8	90.5	—	0.379	3.80	—
$Zr_{35}Ti_{30}Cu_{8.25}Be_{26.75}$	5.4	—	—	—	113.7	31.8	86.9	16.1	0.370	3.57	—
$Pd_{39}Ni_{10}Cu_{30}P_{21}$	9.152	4.750	1.963	2.42	159.4	35.3	98. 6	10.8	0.397	4.52	279.6
$Pd_{40}Ni_{10}Cu_{30}P_{20}$	9.259	4.874	1.959	2.49	172.6	35.5	99.8	10.77	0.404	4.86	279.4
$Pd_{80}P_{20}$	10.22	4.300	1.630	2.63	160.0	28.2	80.5	7.88	0.416	5.67	—
$Pd_{64}Ni_{16}P_{20}$	10.08	4.560	1.790	2.55	172.0	32.8	93.5	9.26	0.410	5.24	—
$Pd_{40}Ni_{40}P_{20}$	9.405	4.900	1.960	2.50	175.0	36.5	105.0	11.16	0.40	4.79	292
$Pd_{16}Ni_{64}P_{20}$	8.750	5.017	2.080	2.41	169.8	37.9	105.8	12.09	0.396	4.48	—
$Pd_{64}Fe_{16}P_{20}$	10.04	4.530	1.816	2.49	161.9	33.1	93.0	9.26	0.404	4.90	—
$Pd_{56}Fe_{24}P_{20}$	9.90	4.572	1.860	2.45	161.2	34.3	96.0	9.70	0.401	4.90	—
$Pd_{81}Si_{19}$	10.61	4.627	1.775	2.61	182.6	33.4	94.5	8.91	0.414	5.46	246.3
$Pd_{77.5}Si_{16.5}Cu_6$	10.40	4.584	1.779	2.58	174.6	32.9	92.9	8.93	0.411	5.29	252.0
$Pd_{79}Ag_{3.5}P_6Si_{9.5}Ge_2$	—	—	—	—	172.0	31.0	—	—	0.42	5.54	—
$Pt_{60}Ni_{15}P_{25}$	15.71	3.965	1.467	2.67	201.9	33.8	96.1	6.12	0.421	5.94	205
$Pt_{57.5}$Cu14.7$Ni_{5.3}P_{22.5}$	15.02	4.000	1.481	2.70	198.7	33.3	94.8	6.31	0.42	5.97	206
$Pt_{74.7}Cu_{1.5}Ag_{0.3}P_{18}B_4Si_{1.5}$	17.23	—	—	—	216.7	32.4	—	—	0.43	6.69	—
$Au_{49}Ag_{5.5}Pd_{2.3}Cu_{26.9}Si_{16.3}$	—	—	—	—	132.3	26. 5	74.4	—	0.406	5.00	—
$Cu_{50}Zr_{50}$	7.404	—	—	—	101.2	31.3	85.0	11.48	0.360	3.22	231

续表

非晶物质	ρ /(g/cm^3)	v_l /(km/s)	v_s /(km/s)	v_l/v_s	K /GPa	G /GPa	E /GPa	E/ρ /(GPa · cm^3/g)	ν	K/G	θ_D /K
$(Cu_{50}Zr_{50})_{96}Al_4$	7.221	4.661	2.118	2.20	113.7	32.4	88.7	12.3	0.370	3.51	274.6
$(Cu_{50}Zr_{50})_{94.5}Al_{5.5}$	7.174	4.706	2.126	2.21	115.6	32.4	89.0	12.40	0.372	3.56	276.3
$(Cu_{50}Zr_{50})_{94}Al_6$	7.129	4.722	2.179	2.17	113.8	33.8	92.4	12.96	0.365	3.36	282.4
$(Cu_{50}Zr_{50})_{95}Al_5$	—	—	—	—	113.7	33.0	87.0	—	0.365	—	—
$(Cu_{50}Zr_{50})_{92}Al_8$	7.076	4.787	2.202	2.17	116.4	34.3	93.7	13.24	0.366	3.39	286.0
$(Cu_{50}Zr_{50})_{90}Al_{10}$	7.204	4.855	2.246	2.16	121.4	36.3	99.1	13.76	0.364	3.34	294.8
$(Cu_{50}Zr_{50})_{92}Al_7Gd_1$	7.127	4.848	2.148	2.26	123.7	32.9	90.6	12.71	0.38	3.76	278.7
$Cu_{45}Zr_{45}Al_7Gd_3$	7.162	4.731	2.127	2.22	117.1	32.4	89.0	12.42	0.373	3.62	274.1
$Cu_{50}Zr_{45}Al_5$	7.223	4.731	2.147	2.20	117.3	33.3	91.2	12.63	0.370	3.52	278.0
$(Cu_{50}Zr_{50})_{95}Al_5$	—	—	—	—	113.8	33.0	87.0	—	0.365	—	—
$Cu_{46}Zr_{42}Al_7Y_5$	6.946	4.578	2.047	2.24	106.8	29.1	80.0	11.52	0.375	3.67	264.2
$Cu_{46}Zr_{44}Al_7Y_3$	7.026	4.694	2.135	2.20	112.1	32.0	87.7	14.80	0.37	3.50	276.12
$(Cu_{46}Zr_{42}Al_7Y_5)_{96}Cr_4$	7.001	4.719	2.110	2.24	114.3	31.2	85.7	12.24	0.375	3.66	274.1
$(Cu_{46}Zr_{42}Al_7Y_5)_{96}Sn_4$	7.053	4.597	2.209	2.08	103.2	34.4	92.9	13.17	0.350	3.00	283.3
$Cu_{60}Zr_{20}Hf_{10}Ti_{10}$	8.315	4.620	2.108	2.19	128.2	36.9	101.1	12.16	0.369	3.47	282.0
$Cu_{60}Zr_{29}Ti_{10}Sn_1$	7.408	4.472	2.191	2.04	100.7	36.6	95.5	12.89	0.342	2.75	292.0
$Fe_{65.5}Cr_4Mo_4Ga_4P_{12}C_5B_{5.5}$	7.300	5.12	2.83	1.81	113.4	58.5	149. 7	20.50	0.28	1.94	416.9
$Fe_{48}Cr_{15}Mo_{14}C_{15}B_6Er_2$	7.897	6.228	3.296	1.89	191.9	85.8	224.0	28.36	0.305	2.24	488.5
$Fe_{60}Cr_{10}Mo_9C_{13}B_6Er_2$	7.916	5.891	3.163	1.86	169.1	79.2	205.5	25.96	0.30	2.14	471.4
$Fe_{64}Cr_{10}Mo_9C_{15}Er_2$	7.994	5.964	3.321	1.80	166.8	88.2	224.9	28.13	0.275	1.89	489.61
$(Fe_{60}Cr_{10}Mo_9C_{13}B_6Er_2)_{95}Ni_5$	7.934	5.820	3.107	1.87	166.6	76.6	199.2	25.11	0.301	2.18	462.75
$(Fe_{60}Cr_{10}Mo_9C_{13}B_6Er_{298})In_2$	7.752	5.609	3.137	1.79	142.2	76.3	194.1	25.06	0.272	1.86	459.28
$(Fe_{60}Cr_{10}Mo_9C_{13}B_6Er_2)_{98}Be_2$	7.813	5.908	3.183	1.86	167.2	79.2	205.1	26.25	0.296	2.11	474.84
$(Fe_{60}Cr_{10}Mo_9C_{13}B_6Er_2)_{95}Be_5$	7.628	5.982	3.214	1.86	167.9	78.8	204.4	26.80	0.297	2.13	479.83
$(Fe_{60}Cr_{10}Mo_9C_{13}B_6Er_2)_{98}Pb_2$	7.977	5.891	3.159	1.86	170.7	79.6	206.7	25.91	0.298	2.14	463.23
$(Fe_{60}Cr_{10}Mo_9C_{13}B_6Y_2)_{98}V_2$	7.714	5.991	3.183	1.88	172.7	78.1	203.7	26.41	0.303	2.21	475.4
$Fe_{41}Co_7Cr_{15}Mo_{14}C_{15}B_6Y_2$	7.904	6.208	3.262	1.90	192.5	84.1	220.2	27.86	0.309	2.29	487.9
$Fe_{68}Cr_3Mo_{10}P_6C_{10}B_3$	—	—	—	—	172	67.7	180	—	0.326	2.54	—
$Fe_{63}Cr_3Mo_{10}P_{12}C_7B_5$	—	—	—	—	174	65.2	173	—	0.333	2.67	—
$Fe_{70}Mo_5Ni_5P_{12.5}C_5B_{2.5}$	—	—	—	—	150.1	57.31	—	—	—	—	—
$Ni_{80}P_{20}$	8.13	5.060	2.130	2.38	161.0	36.7	102.5	12.61	0.394	4.31	342
$Co_{58}Ta_7B_{35}$	8.960	—	—	—	215.7	91.5	240.6	26.8	0.315	2.38	—
$Co_{56}Ta_9B_{35}$	9.265	—	—	—	224.1	93.8	246.9	26.6	0.315	2.38	—
$Ta_{42}Ni_{36}Co_{22}$	12.98	—	—	—	—	—	170.0	—	—	—	—
$Ti_{40}Zr_{25}Ni_3Cu_{12}Be_{20}$	5.445	5.369	2.554	2.10	109.6	35.5	96.5	17.66	0.354	3.09	338.0
$Ti_{45}Zr_{20}Be_{35}$	4.59	—	—	—	111.4	35.7	96.8	21.0	0.36	3.12	—

续表

非晶物质	ρ /(g/cm³)	v_l /(km/s)	v_s /(km/s)	v_l/v_s	K /GPa	G /GPa	E /GPa	E/ρ /(GPa·cm³/g)	ν	K/G	θ_D /K
$Ti_{45}Zr_{20}Be_{30}Cr_5$	4.76	—	—	—	114.5	39.2	105.6	22.2	0.35	2.92	—
$Ti_{41}Zr_{25}Be_{26}Ni_8$	5.60	—	—	—		38.3	103.6	—	0.354	—	—
$(Ti_{41}Zr_{25}Be_{26}Ni_8)_{92}Cu_8$	5.40	—	—	—		38.5	104.8	—	0.366	—	—
$Hf_{48}Cu_{29.25}Ni_{9.75}Al_{13}$	11.0	—	—	—	128.9	43.1	116.4	—	0.349	—	—
$Hf_{62}Ni_{9.75}Al_{13}$	11.1	—	—	—	128.8	41.3	112.0	—	0.355	—	—
$Hf_{46}Nb_2Cu_{29.25}Ni_{9.75}Al_{13}$	11.8	—	—	—	130.3	43.1	116.5	—	0.351	—	—
$Hf_{49}Ta_2Cu_{27.75}Ni_{9.25}Al_{12}$	11.3	—	—	—	127.6	42.4	114.6	—	0.350	—	—
$Mg_{65}Cu_{25}Y_{10}$	3.284	—	—	—	48.8	18.9	50.1	—	0.329	—	—
$Mg_{65}Cu_{25}Y_9Gd_1$	3.336	—	—	—	34.3	19.5	49.2	—	0.261	—	—
$Mg_{65}Cu_{25}Y_8Gd_2$	3.429	—	—	—	39.9	20.1	51.7	—	0.284	—	—
$Mg_{65}Cu_{25}Y_5Gd_5$	3.650	—	—	—	39.1	19.7	50.6	—	0.284	—	—
$Mg_{65}Cu_{25}Gd_{10}$	3.79	—	—	—	45.1	19.3	50.6	—	0.313	—	—
$Mg_{65}Cu_{25}Tb_{10}$	3.979	4.220	2.220	1.90	44.7	19.6	51.3	12.90	0.309	2.28	272.9
$Mg_{60}Cu_{25}Gd_{15}$	4.220	4.164	2.171	1.92	46.6	19. 9	52.2	12.38	0.313	2.34	261.0
$Mg_{65}Cu_{25}Gd_{10}$	3.794	4.319	2.254	1.92	45.1	19.3	50.6	13.34	0.31	2.34	273.8
$(Mg_{65}Cu_{25}Gd_{10})_{99}Ti_1$	3.940	4.341	2.245	1.93	47.8	19.9	52.3	13.28	0.317	2.41	275.7
$(Mg_{65}Cu_{25}Gd_{10})_{97}Ti_3$	3.811	4.272	2.238	1.91	44.1	19.1	50.0	13.13	0.311	2.31	271.6
$(Mg_{65}Cu_{25}Gd_{10})_{95}Ti_5$	3.936	4.250	2.245	1.89	44.6	19.8	51.8	13.17	0.306	2.25	275.2
$(Mg_{65}Cu_{25}Gd_{10})_{99}Sn_1$	3.881	4.269	2.235	1.91	44.9	19.4	50.8	13.10	0.311	2.32	271.5
$(Mg_{65}Cu_{25}Gd_{10})_{97}Sn_3$	4.027	4.225	2.220	1.90	45.42	19.9	52.0	12.90	0.309	2.29	270.4
$Mg_{58}Cu_{27}Y_{10}Zn_5$	3.558	4.536	2.447	1.85	44.8	21.3	55.2	15.50	0.295	2.10	298.3
$Mg_{60}Cu_{25}Gd_{10}Zn_5$	4.062	4.274	2.254	1.90	46.7	20.6	54.0	13.28	0.307	2.26	275.47
$Mg_{55}Cu_{25}Ag_{10}Gd_{10}$	4.919	4.156	2.189	1.90	53.5	23.6	61.7	12.53	0.308	2.27	273.7
$Mg_{58.5}Cu_{30.5}Y_{11}$	3.547	4.649	2.400	1.94	49.4	20.4	53.9	15.19	0.318	2.42	292.5
$Mg_{57}Cu_{31}Y_{6.6}Nd_{5.4}$	3.809	4.465	2.333	1.91	48.3	20.7	54.4	14.28	0.312	2.42	283.6
$Mg_{57}Cu_{34}Nd_9$	4.1	—	—	—	50.7	20.5	54.2	—	0.322	—	—
$Mg_{64}Ni_{21}Nd_{15}$	3.7	—	—	—	44.8	17.9	47.4	—	0.324	—	—
$Ca_{50}Mg_{20}Cu_{30}$	—	—	—	—	29.0	12.6	33.2	—	0.311	—	—
$Ca_{48}Mg_{27}Cu_{25}$	2.400	3.810	2.240	1.70	18.8	12.2	29.8		0.236	1.56	
$Ca_{65}Mg_{8.54}Li_{9.96}Zn_{16.5}$	1.956	4.050	2.139	1.89	20.2	9.0	23.4	11.95	0.307	2.25	220.7
$Ca_{65}Mg_{8.31}Li_{9.69}Zn_{17}$	1.983	3.915	2.127	1.84	18.5	9.0	23.2	11.69	0.291	2.05	219.6
$Ca_{55}Mg_{25}Cu_{20}$	2.221	—	—	—	22.6	10.81	27.98	12.60	0.294	2.09	—
$(CaCu)_{75}Mg_{25}$	3.149	—	—	—	31.1	14.40	37.4	11.87	0.299	2.16	—
$(CaCu)_{70}Mg_{30}$	3.069	—	—	—	33.3	14.48	37.9	12.36	0.310	2.30	—
$Sr_{60}Mg_{18}Zn_{22}$	3.04	2.862	1.592	1.80	14.6	7.71	19.7	6.48	0.276	1.89	156
$Sr_{60}Li_5Mg_{15}Zn_{20}$	2.990	2.918	1.531	1.91	16.1	7.02	18.4	6.14	0.310	2.29	151

续表

非晶物质	ρ /(g/cm^3)	v_l /(km/s)	v_s /(km/s)	v_l/v_s	K /GPa	G /GPa	E /GPa	E/ρ /(GPa · cm^3/g)	ν	K/G	θ_D /K
$Sr_{50}Mg_{20}Zn_{20}Cu_{10}$	3.26	2.983	1.658	1.80	17.1	8.97	22.9	7.02	0.276	1.91	169
$Sr_{60}Mg_{20}Zn_{15}Cu_5$	3.04	2.905	1.598	1.86	15.3	7.76	19.9	6.46	0.283	1.97	157
$Sr_{40}Yb_{20}Mg_{20}Zn_{15}Cu_5$	3.95	2.668	1.413	1.89	17.6	7.88	20.6	5.22	0.305	2.23	142
$Sr_{20}Ca_{20}Yb_{20}Mg_{20}Zn_{20}$	3.56	2.872	1.580	1.82	17.5	8.89	22.8	6.40	0.283	1.97	158
$Zn_{40}Mg_{11}Ca_{31}Yb_{18}$	4.30	—	—	—	—	—	28.8	—	0.259	—	—
$Zn_{20}Ca_{20}Sr_{20}Yb_{20}Li_{11}Mg_9$	3.60	—	—	—	12.0	6.3	16.0	4.44	0.280	1.90	—
$Sc_{36}Al_{24}Co_{20}Y_{20}$	4.214	5.351	2.770	1.93	77.6	32.3	85.2	20.21	0.317	2.40	336.8
$Ce_{60}Al_{15}Ni_{15}Cu_{10}$	6.669	3.037	1.676	1.81	36. 6	18.7	48.0	7.19	0.281	1.95	188.3
$Ce_{65}Al_{10}Ni_{10}Cu_{10}Nb_5$	6.759	2.589	1.312	1.97	29.8	11.6	30.9	4.57	0.327	2.56	145.6
$Ce_{68}Al_{10}Cu_{20}Nb_2$	6.738	2.601	1.315	1.98	30.1	11.7	31.0	4.59	0.328	2.58	145.0
$Ce_{68}Al_{10}Cu_{20}Co_2$	6.752	2.612	1.322	1.97	30.3	11.8	31.3	4.64	0.328	2.57	146.1
$Ce_{68}Al_{10}Cu_{20}Ni_2$	6.753	2.659	1.332	2.00	31.8	12.0	31.9	4.73	0.332	2.65	147.4
$Ce_{68}Al_{10}Cu_{20}Fe_2$	6.740	2.668	1.352	1.97	31.6	12.3	32.8	4.85	0.327	2.56	149.4
$Ce_{70}Al_{10}Ni_{10}Cu_{10}$	6.670	2.521	1.315	1.92	27.0	11.5	30.3	4.54	0.313	2.34	144.0
$Ce_{70}Al_{10}Cu_{20}$	6.699	2.568	1.296	1.98	29.2	11.3	29.9	4.46	0.329	2.59	142.2
$Ce_{60}Al_{20}Cu_{20}$	6.431	2.857	1.490	1.92	33.5	14.3	37.5	5.83	0.313	2.34	166.7
$(Ce_{0.72}Cu_{0.28})_{90}Al_{10}$	6.70	2.801	1.431	1.96	34.3	17.7	36.3	5.42	0.323	2.50	158.9
$(M)_{67.5}Al_{10}Cu_{22.5}$ M=La,Pr,Nd	6.564	2.743	1.322	2.07	34.1	11.5	30.9	4.71	0.349	2.97	143.6
$Ce_{69.8}Al_{10}Cu_{20}Co_{0.2}$	6.733	2.631	1.309	2.01	31.2	11.5	30.8	4.58	0.335	2.71	144.1
$Ce_{69.5}Al_{10}Cu_{20}Co_{0.5}$	6.744	2.634	1.314	2.01	31.3	11.6	31.1	4.61	0.334	2.68	144.8
$Ce_{69}Al_{10}Cu_{20}Co_1$	6.753	2.629	1.315	2.00	31.07	11.68	31.3	4.63	0.333	2.66	145.1
$(Ce_{0.72}Cu_{0.28})_{85}Al_{10}Fe_5$	6.747	2.836	1.463	1.97	35.7	13.9	36.9	5.47	0.328	2.57	161.5
$(Ce_{0.72}Cu_{0.28})_{75}Al_{10}Fe_{15}$	6.870	2.818	1.434	1.97	35.7	14.1	37.4	5.44	0.325	2.53	165.6
$Pr_{55}Al_{25}Co_{20}$	6.373	3.233	1.650	1.96	43.46	17.36	45.96	7.21	0.324	2.50	188.2
$Nd_{60}Al_{10}Fe_{20}Co_{10}$	7.052	3.242	1.714	1.89	46.53	20.70	54.09	7.67	0.306	2.25	194.9
$Nd_{60}Al_{10}Ni_{10}Cu_{20}$	6.689	—	—	—	42.8	13.5	36.5	5.46	0.358	3.17	159.0
$Pr_{55}Al_{12}Fe_{30}Cu_3$	6.615	3.150	1.659	1.90	41.38	18.20	47.61	7.20	0.31	2.27	188.9
$Pr_{60}Cu_{20}Ni_{10}Al_{10}$	6.900	3.030	1.406	2.15	45.18	13.64	37.17	5.39	0.36	3.31	160.2
$Pr_{60}Cu_{17}Ni_8Al_{15}$	6.548	3.105	1.470	2.11	44.26	14.15	38.36	5.86	0.356	3.13	165.4
$Pr_{55}Cu_{17}Ni_8Al_{20}$	6.426	3.152	1.585	2.22	42.32	16.14	42.97	6.69	0.331	2.62	179.95
$Pr_{55}Cu_{14.3}Ni_{5.7}Al_{25}$	6.355	3.346	1.647	2.16	48.16	17.24	46.20	7.27	0.340	2.79	186.6
$Pr_{60}Al_{10}Ni_{10}Cu_{18}Fe_2$	6.834	3.008	1.429	2.10	43.22	13.96	37.80	5.53	0.354	3.10	162.2
$Pr_{60}Al_{10}Ni_{10}Cu_{16}Fe_4$	6.833	2.996	1.436	2.09	42.56	14.09	38.06	5.57	0.351	3.02	163.0
$Pr_{60}Al_{10}Ni_{10}Cu_{14}Fe_6$	6.804	3.025	1.449	2.09	43.21	14.29	38.61	5.67	0.351	3.02	164.4
$Pr_{60}Al_{10}Ni_{10}Cu_{12}Fe_8$	6.814	3.206	1.568	1.93	47.71	16.75	44.98	6.60	0.343	2.85	177.8
$Pr_{60}Al_{10}Ni_{10}Cu_{10}Fe_{10}$	6.807	3.196	1.589	2.01	46.63	17.18	45.91	6.74	0.336	2.71	180.0
$Pr_{60}Al_{10}Ni_{10}Cu_5Fe_{15}$	6.788	3.191	1.623	1.97	45.29	17.88	47.40	6.98	0.326	2.53	183.7

续表

非晶物质	ρ /(g/cm³)	v_l /(km/s)	v_s /(km/s)	v_l/v_s	K /GPa	G /GPa	E /GPa	E/ρ /(GPa · cm³/g)	ν	K/G	θ_D /K
$Pr_{60}Al_{10}Ni_{10}Cu_2Fe_{18}$	6.800	3.149	1.658	1.90	42.51	18.69	48.89	7.19	0.308	2.27	187.5
$Pr_{60}Al_{10}Ni_{10}Fe_{20}$	6.800	3.143	1.679	1.87	41.63	19.16	49.84	7.33	0.300	2.17	189.7
$Gd_{36}Y_{20}Al_{24}Co_{20}$	6.402	3.720	1.917	1.94	57.22	23.53	62.07	9.69	0.319	2.43	221.4
$Gd_{40}Y_{16}Al_{24}Co_{20}$	6.656	3.664	1.880	1.95	57.99	23.52	62.17	9.34	0.321	2.47	217.9
$Gd_{51}Al_{24}Co_{20}Zr_4Nb_1$	7.314	3.529	1.783	1.98	60.08	23.25	61.79	8.45	0.329	2.58	208.1
$Tb_{55}Al_{25}Co_{20}$	7.488	3.281	1.747	1.87	50.2	22.8	59.5	7.95	0.302	2.20	203.0
$Tb_{36}Y_{20}Al_{24}Co_{20}$	6.630	3.734	1.902	1.96	60.46	23.98	63.55	9.58	0.325	2.52	222.0
$Sm_{40}Y_{15}Al_{25}Co_{20}$	6.276	3.645	1.853	1.97	54.65	21.55	57.14	9.10	0.326	2.54	213.3
$Er_{55}Al_{25}Co_{20}$	8.157	3.445	1.822	1.89	60.70	27.08	70.72	8.67	0.306	2.24	214.8
$Er_{36}Y_{20}Al_{24}Co_{20}$	6.982	3.769	1.951	1.93	63.75	26.58	70.00	10.03	0.317	2.40	229.0
$Er_{50}Y_6Al_{24}Co_{20}$	7.831	3.592	1.856	1.93	65.07	26.98	71.10	9.08	0.318	2.41	218.4
$Ho_{39}Al_{25}Co_{20}Y_{16}$	7.024	3.745	1.931	1.94	63.59	26.19	69.09	9.84	0.319	2.43	226.5
$Ho_{30}Al_{24}Co_{20}Y_{26}$	6.494	3.874	1.996	1.94	62.96	25.87	68.27	10.51	0.319	2.43	233.2
$Ho_{40}Al_{22}Co_{22}Y_{16}$	7.112	3.644	1.885	1.93	60.74	25.27	66.58	9.36	0.317	2.40	220.5
$Ho_{55}Al_{25}Co_{20}$	7.888	3.428	1.795	1.91	58.78	25.43	66.67	8.45	0.311	2.31	210.2
$Dy_{55}Al_{25}Co_{20}$	7.560	3.325	1.764	1.88	52.22	23.53	61.36	8.12	0.304	2.22	204.3
$Dy_{46}Y_{10}Al_{24}Co_{18}Fe_2$	7.211	3.552	1.839	1.93	58.46	24.39	64.23	8.91	0.317	2.40	214.1
$La_{55}Al_{25}Co_{20}$	5.802	3.213	1.630	1.97	39.35	15.41	40.91	7.05	0.327	2.55	180.9
$La_{60}Al_{20}Co_{20}$	6.267	3.056	1.521	2.01	39.17	14.51	38.74	6.18	0.335	2.70	170.2
$La_{66}Al_{14}Cu_{10}Ni_{10}$	6.038	2.958	1.492	1.98	34.91	13.44	35.72	5.92	0.33	2.60	160.9
$La_{55}Al_{25}Cu_{10}Ni_5Co_5$	5.907	3.320	1.621	2.05	44.41	15.52	41.71	7.06	0.343	2.86	181.1
$La_{57.6}Al_{17.5}(Cu,Ni)_{24.9}$	6.004	3.158	1.523	2.07	41.31	13.93	37.56	6.26	0.348	2.97	168. 6
$La_{64}Al_{14}(Cu{=}Ni)_{22}$	6.105	3.022	1.430	2.11	39.11	12.48	33.85	5.54	0.356	3.13	156.2
$La_{68}Al_{10}Cu_{20}Co_2$	6.210	2.971	1.391	2.14	38.77	12.02	32.68	5.26	0.360	3.23	150.5
$Tm_{39}Y_{16}Al_{25}Co_{20}$	7.301	3.806	2.018	1.89	66.1	29.73	77.5	10．62	0.304	2.22	238.1
$Tm_{55}Al_{25}Co_{20}$	8.274	3.457	1.827	1.89	62.0	25.6	72.2	7.49	0.306	2.42	216.0
$Tm_{45}Y_{10}Al_{25}Co_{20}$	7.662	3.589	1.888	1.90	62.3	27.3	71.5	9.33	0.309	2.28	223
$Tm_{27.5}Y_{27.5}Al_{25}Co_{20}$	6.476	3.856	1.996	1.93	61.9	25.8	68.0	10.5	0.317	2.40	234
$Tm_{40}Zr_{15}Al_{25}Co_{20}$	7.695	3.702	1.907	1.94	68.1	28.0	73.8	9.59	0.319	2.43	228
$Tm_{40}Y_{15}Al_{25}Co_{10}Ni_{10}$	8.032	3.687	1.945	1.89	68.7	30.4	79.4	9.89	0.307	2.26	236
$Lu_{39}Y_{16}Al_{25}Co_{20}$	7.593	3.828	1.987	1.92	71.3	30.0	78.9	10.39	0.316	2.37	236
$Lu_{55}Al_{25}Co_{20}$	8.694	3.556	1.875	1.90	69.2	30.6	80.0	9.21	0.307	2.26	223
$Lu_{45}Y_{10}Al_{25}Co_{20}$	8.014	3.747	1.970	1.90	70.2	31.1	79.1	9.87	0.309	2.26	231
$Yb_{62.5}Zn_{15}Mg_{17.5}Cu_5$	6.516	2.272	1.263	1.80	19.78	10.4	26.54	4.07	0.276	1.90	132.1
$(Ce_{10}La_{90})_{68}Al_{10}Cu_{20}Co_2$	6.303	2.836	1.332	2.13	35.77	11.18	30.38	4.82	0.358	3.20	144.8
$(Ce_{20}La_{80})_{68}Al_{10}Cu_{20}Co_2$	6.334	2.815	1.337	2.10	35.07	11.33	30.7	4.84	0.354	3.10	145.5
$(Ce_{30}La_{70})_{68}Al_{10}Cu_{20}Co_2$	6.418	2.812	1.345	2.09	35.3	11.61	31.4	4.89	0.352	3.04	146.9

续表

非晶物质	ρ /(g/cm^3)	v_l /(km/s)	v_s /(km/s)	v_l/v_s	K /GPa	G /GPa	E /GPa	E/ρ /(GPa · cm^3/g)	ν	K/G	θ_D /K
$(Ce_{40}La_{60})_{68}Al_{10}Cu_{20}Co_2$	6.447	2.766	1.320	2.10	34.4	11.2	30.4	4.71	0.353	3.06	144.4
$(Ce_{50}La_{50})_{68}Al_{10}Cu_{20}Co_2$	6.492	2.769	1.337	2.07	34.3	11.6	31.3	4.82	0.348	2.96	146. 5
$(Ce_{70}La_{80})_{68}Al_{10}Cu_{20}Co_2$	6.653	2.707	1.335	2.03	32.9	11.9	31.8	4.77	0.339	2.78	147.2
$(Ce_{80}La_{20})_{68}Al_{10}Cu_{20}Co_2$	6.694	2.659	1.319	2.02	31.79	11.6	31.1	4.65	0.337	2.73	145.6
$Cu_{50}Zr_{50}$	—	—	—	—	101.2	31.25	85.0	—	0.36	—	—
$Pt_{74.7}Cu_{1.5}Ag_{0.3}P_{18}B_4Si_{1.5}$	17.23	—	—	—	216.7	32.4	—	—	0.43	—	—
$Ca_{12}Mg_3Al$	1.03	—	—	—	20.2	6.0	—	—	0.37	—	—
$Cr_{29.4}Fe_{29.4}Mo_{14.7}C_{14.7}B_{9.8}Y_2$	3.91	—	—	—	212.0	91	238	60.8	0.313	2.33	—
$Co_{55}Ta_{10}B_{35}$	8.91	—	—	—	248	95	250	28.0	0.316	2.61	—

首先，我们看到不同非晶材料其弹性模量值相差很大，正如不同非晶物质性能差别很大一样，从弹性角度体现了非晶物质的多样性。先看体弹模量、杨氏模量 E 值在不同非晶体系的数值。图 7.29(a)是不同非晶体系杨氏模量 E 和体弹模量 K 值的比较。可以看到即使对于都是金属键的非晶合金体系，其弹性模量值相差也很大。最低的 CaLi 基非晶合金(BMG)的 E 只有 20 GPa 左右，接近动物骨头的模量(因此 Mg，Ca 基等非晶合金是医用候选材料之一)，而 Fe，Co 基(BMGs)的杨氏模量高达 200 GPa。非晶合金的 K 值分布也从 10 GPa 到 200 GPa。弹性模量大范围分布反映了这些非晶合金性能很大的差异[14]。但是，有趣的是，我们可以看出不同种类的非晶物质的 E-T_g 关系都大致呈线性关系。图 7.29(b)是不同非晶材料的杨氏模量 E 和 T_g 的比较图。虽然斜率不一样，但是这些不同种类的非晶物质的 E-T_g 关系都大致呈线性关系，其中非晶合金的 E-T_g 关系斜率比较大。T_g 是代表非晶物质形成、玻璃转变的参数，这两个参量的关系预示模量 E 对非晶物质的重要性。

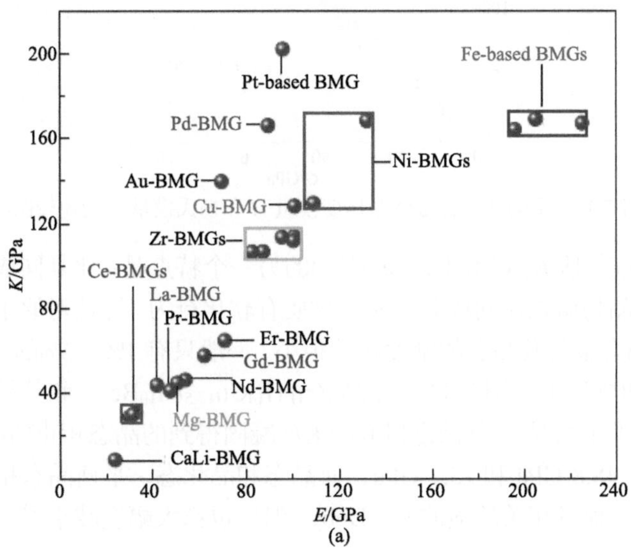

(a)

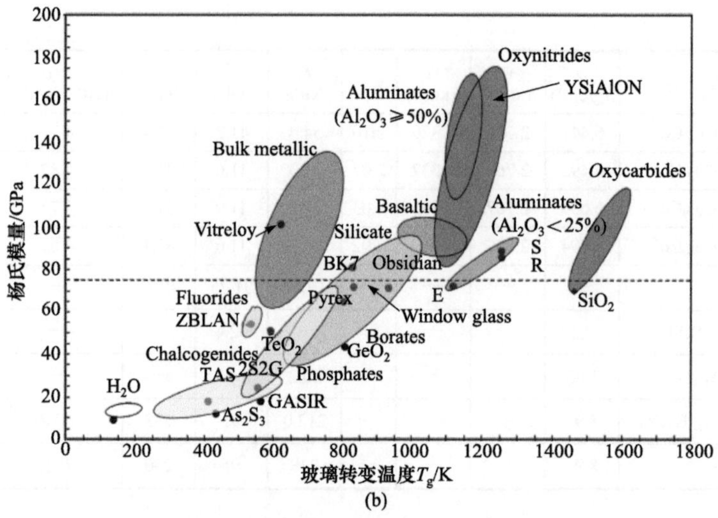

图 7.29 (a)不同非晶合金体弹模量和切变模量的比较图[1]；(b)不同非晶合金以及其他非晶物质杨氏模量和玻璃转变温度的比较图[16]

切变模量 G 也是物质性能表征的重要参数。图 7.30 是不同非晶合金体系切变模量 G 和杨氏模量 E 的比较图。可以看出，对上百种不同成分和性能的非晶合金体系，$E/G\approx 2.61$，即非晶合金的 G 和 E 呈线性关系。其他非晶物质体系的 G 和 E 也有类似的关系。这是因为 G 和 E 都是反映非晶物质键合性质的参数，两者有线性关联性是合理的。图 7.31 是非晶模量密度比以及和硬质材料的比较，可以看出非晶合金有很低的比模量。

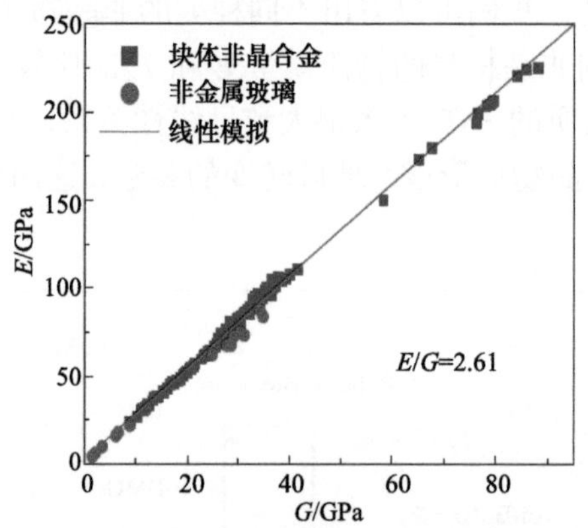

图 7.30 不同非晶合金体系切变模量 G 和杨氏模量 E 的比较图[1]

非晶物质模量(包括 E，G 和 Debye 温度)的另一个特点是：比其同成分晶态的模量低 10%～30%，即非晶物质相比同成分的晶态物质有软化行为。即使对原子密堆积的非晶合金也是如此，非晶合金与其晶态的密度相差很小，一般只有 1%～2%的差别，但其模量和相应的晶体相差 20%以上。图 7.32 是非晶 $Zr_{41}Ti_{14}Cu_{12.5}Ni_{10}Be_{22.5}$ 和其晶化态[773 K(T_x = 712 K)退火 4 h]，准平衡晶态(从液态以 0.03 K/s 凝固得到的晶态相)模量的比较。其 G 值分别是 37.4 GPa，48.8 GPa 和 75.7 GPa，非晶态和晶化态、平衡晶态相的 G 相差 30.3% 和 102%，其与切变模量相关的横波速、Debye 温度也都大幅度减小[42]。这种现象称为非

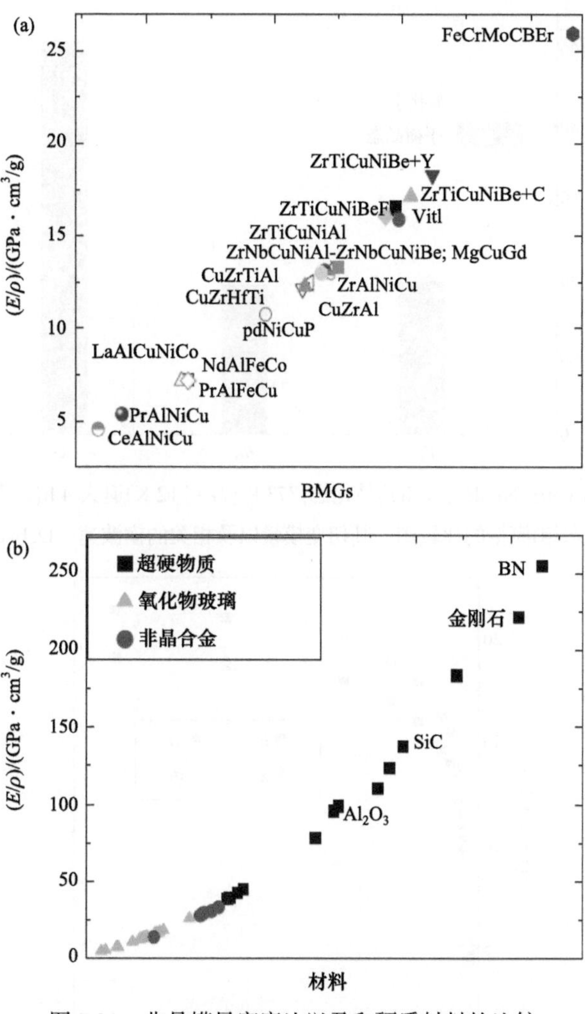

图 7.31　非晶模量密度比以及和硬质材料的比较

晶物质的模量软化行为[42-44]，是非晶物质的普遍行为，是非晶物质的长程无序结构特征的反映[1]。非晶物质低温退火，在保持非晶态的情况下，可以部分消除这种软化行为，如图 7.33 所示。非晶软化行为和非晶的结构非均匀性或者自由体积(流变单元)的存在有关，流变单元减弱非晶中的平均键合作用，造成软化，退火可降低非均匀程度，减少流变单元的浓度，因此非晶的模量随结构弛豫增大。

非晶物质的泊松比值大都在 0.1～0.45，非晶合金的泊松比值大都在 0.25～0.4(图 7.34)，非金属非晶物质的泊松比值大都小于 0.3。非晶物质的泊松比值主要取决于其组成的主组元，比如 Pt 的泊松比较大，Mg 的泊松比较小，则 Pt 基非晶的泊松比就大(0.42)，而 Mg 基非晶的泊松比则较小(<0.3)[1,14-15]。泊松比 ν 的值等效于 K/G，ν 值越大，K/G 值就越大。

从这些模量的特征可以看出，不同非晶物质模量的差异可用于对非晶材料进行分类。比如图 7.31 显示非晶物质可以根据 K, G 以及 ν 来分类，对于一个 K 远大于 G 的体系，其 ν 也很大，如 Pt，Au，Pd 都具有较大的 K 值，较小的 G 值，从而具有很大的泊松比。

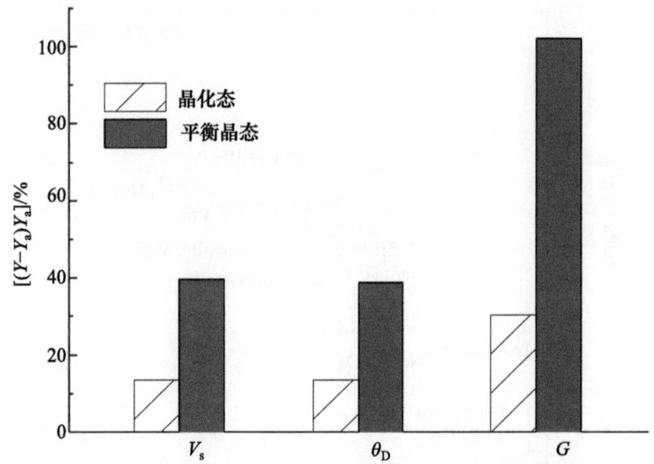

图 7.32 非晶 $Zr_{41}Ti_{14}Cu_{12.5}Ni_{10}Be_{22.5}$ 和其晶化态[773 K (T_x =712 K)退火 4 h]，准平衡晶态(从液态以 0.03 K/s 凝固得到的晶态相)模量的比较图，其切变模量以及相关的横波速、Debye 温度都大幅度减小[42]

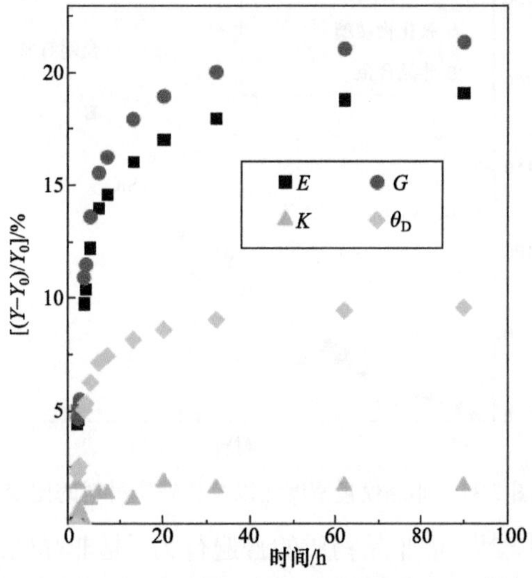

图 7.33 Zr 基非晶合金低温结构弛豫导致的非晶模量的升高[44]

Ashby 的名著《材料选择》(*Materials Selection in Mechanical Design*)[6]，是材料和工程领域的常用书。这本书以弹性模量为参数或判据，绘制了一系列材料的不同性能和这些模量的组合图。读者可以根据科研、工程技术设计中不同材料的需要，以模量为重要参数来探索新材料或者选用合适的材料。以不同模量为参数的对比图也为研制具有不同性能的非晶材料提供了指南。

非晶物质的模量可以较精确地估算。因为非晶物质是成分均匀的材料，很多非晶材料，特别是非晶合金材料的弹性常数 E、G、K 和 ν 以及其组元之间的弹性模量遵循下列的混合准则[1]：

$$M^{-1}=\sum f_i M_i^{-1} \tag{7.35}$$

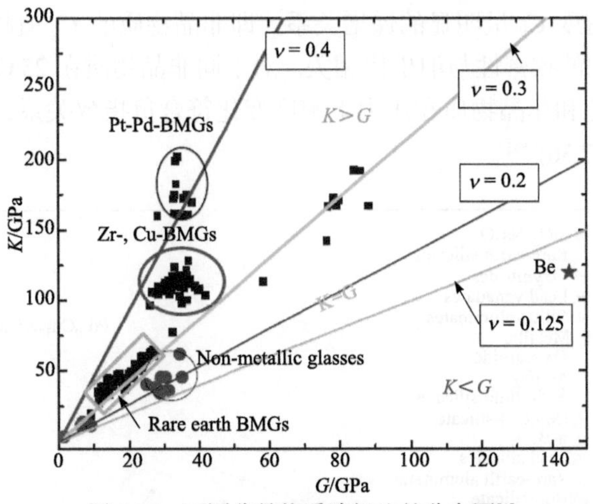

图 7.34　不同非晶物质泊松比的分布图[1]

其中，M 表示非晶物质的弹性常数，f_i 表示第 i 个组成元素的原子百分比，M_i 表示该组成元素的弹性常数(各种元素的弹性模量可以从材料手册中方便查到)。非晶的弹性常数近似等于各个组成元素的弹性常数的加权平均。同样，非晶物质的 Debye 温度 θ_D 也可以由类似的公式得到[1]

$$\theta_D^{-2} = \sum f_i \theta_{Di}^{-2} \tag{7.36}$$

这里 θ_{Di} 表示材料中第 i 个组成元素的 Debye 温度。大量实验研究证明，各种非晶物质，特别是非晶合金的弹性模量的测量值和计算值符合得比较好。因此，非晶物质的模量可以用混合法则来估算，这意味着根据各个组元的弹性模量就可以估算出其任意配比成分的非晶合金的弹性模量。这对于预测非晶材料的性能有实际意义。

7.4　非晶物质模量与结构和特性的关系

弹性模量在非晶物质和材料中的重要性可以通过它和非晶性能、动力学、结构、特征甚至形成能力的关联性体现出来[1]。通过对大量非晶物质的弹性模量及其结构、形成能力、脆度等数据的分析和总结发现，非晶物质弹性模量与其结构、动力学、特征、形成、性能都有简单的关联关系。这些关联关系归纳如下[1,8,14-16,42]。

7.4.1　弹性模量和结构的关联性

不同非晶物质的结构可以用原子密堆密度 C_g 来表征，C_g 定义为一种非晶物质中粒子占有的最小理论体积和其实际有效体积之比[16]：

$$C_g = \rho \sum f_i V_i \Big/ \sum f_i m_i \tag{7.37}$$

式中，ρ 是密度，m_i 是摩尔质量，f_i 是组元粒子的组分，V_i 是组元有效体积。不同类型的非晶物质的 C_g 相差很大，如氧化物玻璃的 C_g 是 0.5 左右，非晶合金的 C_g 一般大于 0.75。图 7.35 是不同非晶物质的泊松比和其原子密堆密度 C_g 的关系图[16,42]，可以看出非晶物质的泊松比与其密堆密度 C_g 呈明显的递增关系，即非晶物质的 C_g 值越大，其泊松比也越大。这说明非晶结构的致密性与泊松比相关。对不同非晶物质在 25 GPa 高压下密度变化的研究，发现泊松比和非晶物质在压力下密度变化符合负指数关系，且和非晶物质的密堆密度直接相关(图 7.36)[45]。

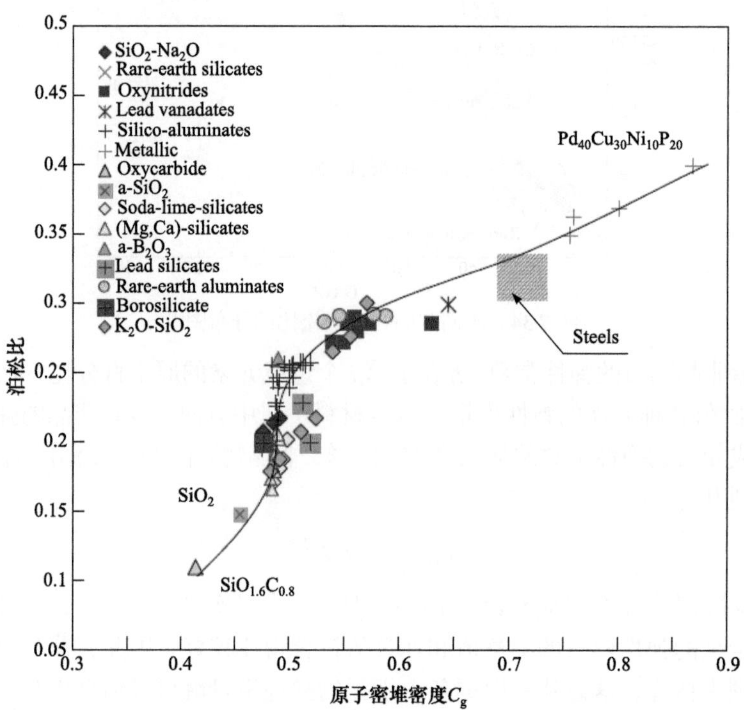

图 7.35　不同非晶物质的泊松比和其原子密堆密度 C_g 的关系[16]

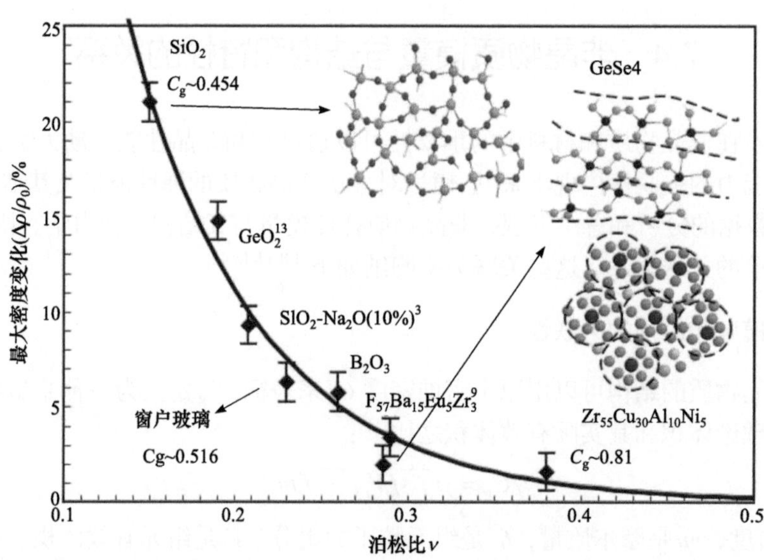

图 7.36　不同非晶物质的泊松比、密堆密度 C_g 的高压下的密度变化的关系[45]

非晶物质的 K、G 和其平均摩尔体积 V_m 呈线性关系。如图 7.37 所示，在非晶合金体系，密度大的体系的模量 K 和 G 大。对于某个特定成分的非晶合金，其结构随压力、时效造成的微小变化也可以通过其弹性模量敏感地表征出来[1]。图 7.38 和图 7.39 显示的是在 Zr 基非晶合金中，压力和远低于 T_g 温度下的退火都会造成其密度的变化，其模量和密度的变化保持相同或相反的变化趋势。密度的变化反映了其结构的变化，这些结果都表明，非晶的结构及其变化与模量密切关联，模量可以敏感地反映非晶物质结构的变化。

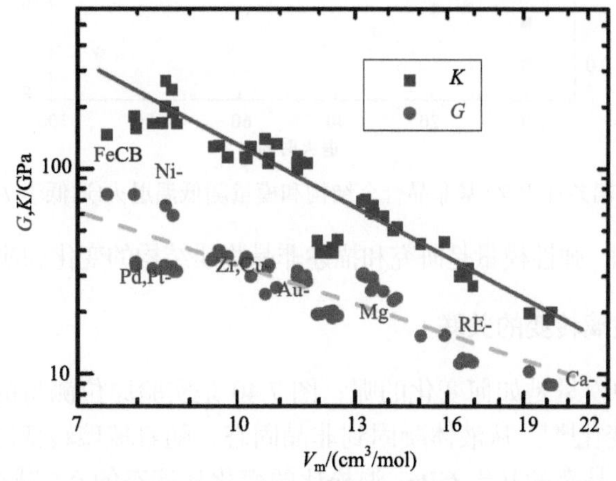

图 7.37　非晶合金的 K 和 G 与非晶平均摩尔体积 V_m 的关系[1]

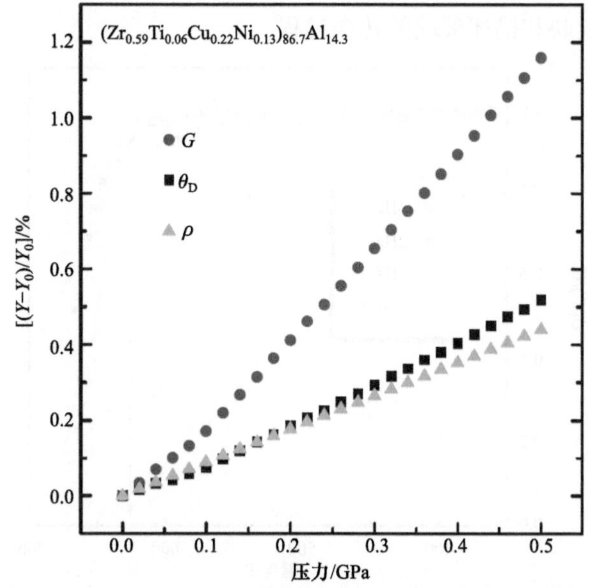

图 7.38　室温条件下 Zr 基非晶合金结构和模量随压力的变化[1]

第 6 章提及非晶物质具有弹性模量遗传性，即非晶物质的模量 M 和其主组元的模量相差无几，非晶合金的弹性模量主要由其主组元决定，尽管其主组元在非晶合金中的含量一般都小于 70%。模量遗传性是结构遗传性的反映，这也进一步证明非晶的模量和

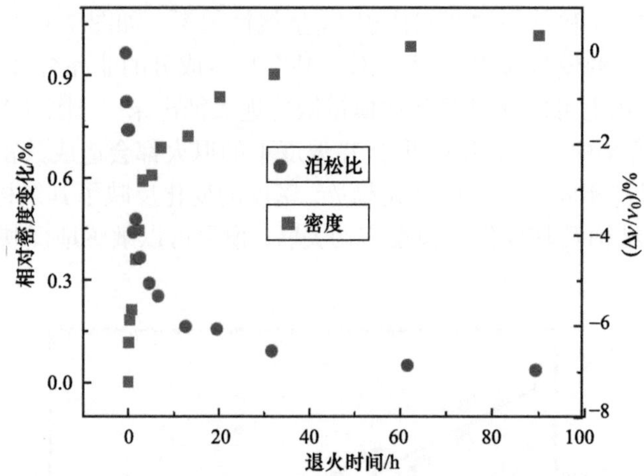

图 7.39　室温条件下 Zr 基非晶合金结构和模量随低温退火(远低于 T_g)的变化[1]

结构的密切关系。因此，弹性模量是研究和描述非晶物质结构的变化和演化规律的重要参数。

7.4.2　弹性模量和玻璃转变的关联

玻璃转变过程中模量是如何变化的呢？图 7.40 是实验原位测量的玻璃转变过程中切变模量 G 随温度的变化[46]。从液体凝固到非晶固态，随着玻璃转变的发生，切变模量 G 从液态的零增大到非晶态的几十 GPa；泊松比的变化从液态的 0.5 减小到非晶态的 0.2 左右；弹性模量的这些变化反映了玻璃转变过程中结构和动力学的巨大变化，这也表明弹性模量可以敏感地反映和描述玻璃的转变过程。

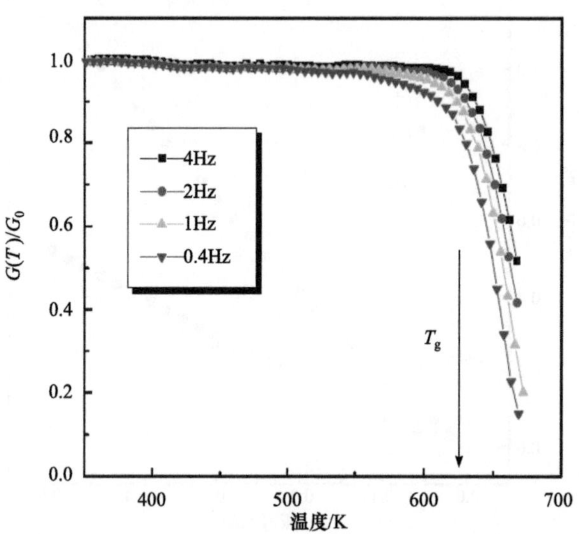

图 7.40　典型的块体非晶合金体系 Vit1($Zr_{46.75}Ti_{8.25}Cu_{7.5}Ni_{10}Be_{27.5}$)切变模量 G 在玻璃转变过程中的变化(G_0 是在室温处的切变模量)[46]

T_g 是玻璃转变温度，也是物质的一种本征参数。图 7.41 是不同种类和成分的非晶合金的杨氏模量和 T_g 的比较。这些非晶合金的 T_g 值相差很大，从 300 K(T_g 接近室温的 Sr

基非晶合金)到 1151 K (W 基非晶合金)，其杨氏模量值也相差很大，从 CaLi 基非晶的 30 GPa 到 Co 基的 309 GPa。这些数据来自不同的研究组，测量方法和条件也不尽相同，但是从图中可清楚看出 T_g 和 E 的如下线性关系[14]：

$$T_g \propto 2.5E \tag{7.38}$$

G 或 K 和 T_g/ρ 的关联还可以反映非晶物质中的键合信息[47]。从图 7.42 可以看到，含

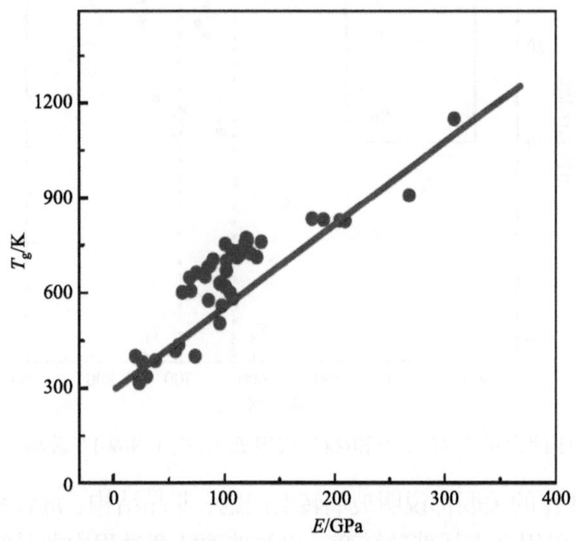

图 7.41　不同种类和成分的非晶合金的杨氏模量 E 和 T_g 的关系图[14]

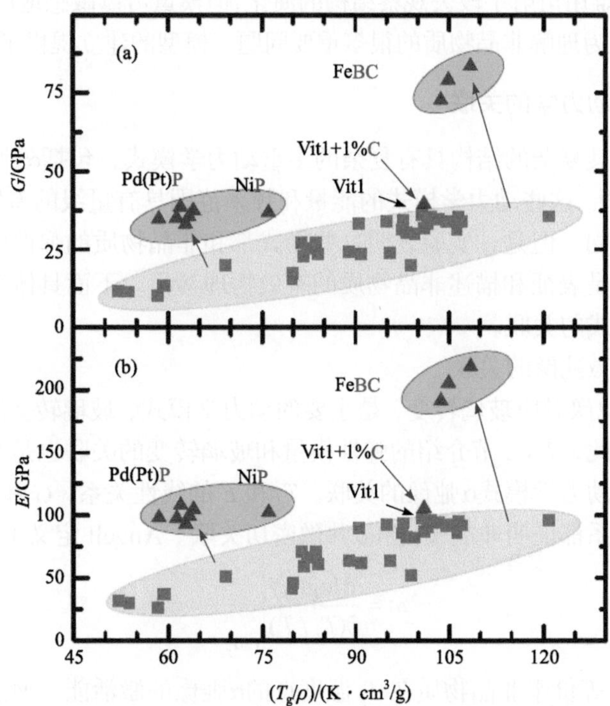

图 7.42　非晶合金体系 G 或 E 与 T_g/ρ 的关联反映非晶物质中的键合信息[47]

有非金属组元的非晶合金体系因为具有类共价键，明显偏离 G 或者 K 与 T_g/ρ 的关联，所以通过比较一种非晶物质的模量和 T_g/ρ 的关联可判断其键合的性质。图 7.43 是玻璃转变过程中非晶模量的演化，清晰地反映了玻璃转变过程中模量的变化趋势。

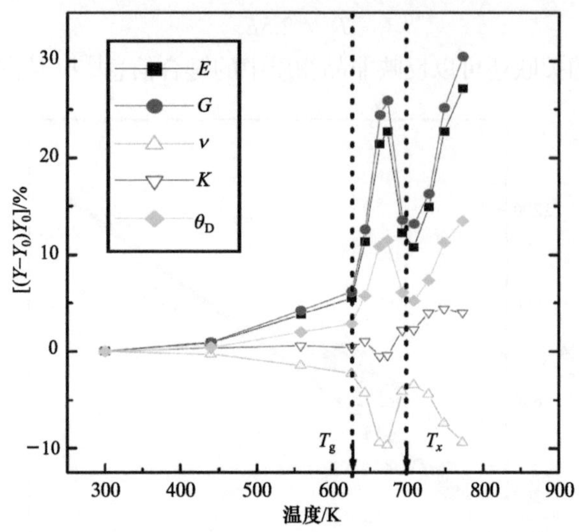

图 7.43 非晶合金 Vit1 的模量 E, G, K, ν 和 θ_D(Y 代表 E, G, K, ν 和 θ_D)在玻璃转变温度区间的变化[1]

以上这些模量和 T_g 的关联都说明玻璃转变问题、非晶结构、键合和弹性模量的深刻联系，证明弹性模量可以用来表征玻璃转变，以及玻璃转变过程中非晶结构的变化。虽然在玻璃转变过程中很难用衍射手段去观察结构的演化，但模量可以敏感地反映结构变化信息。模量和 T_g 的关联也为理解非晶物质的很多重要问题、模型的建立提供了实验基础。

7.4.3 弹性模量和动力学的关联

非晶物质因为其复杂的结构具有复杂的多重动力学模式，包括α弛豫，慢β弛豫，快β弛豫，玻色峰等[48]。这些动力学模式的能量和频率范围具有量级的差别，物理机制和结构起源有很大的不同。但是，实验表明这些模式都和非晶物质的弹性模量有关联，这进一步证明弹性模量是表征和描述非晶物质的有效物理参量。下面具体介绍非晶物质弹性模量和各动力学模式的关联。

1) 弹性模量和α弛豫的关联

非晶物质的α弛豫对应玻璃转变，是主要的动力学模式，玻璃转变温度 T_g 是α弛豫的特征温度参数。因此，7.4.2 节介绍的弹性模量和玻璃转变的关联也是非晶弹性模量和非晶体系中最主要的动力学模式α弛豫的关联。T_g 和 E 的线性关系，G 和α弛豫的激活以及冻结过程的敏感关系都证明非晶模量和α弛豫密切关联。Angell 定义了脆度(m)的概念：

$$m = \left.\frac{\partial \log(\eta)}{\partial (T_g / T)}\right|_{T=T_g} \tag{7.39}$$

非晶物质的脆度 m 等价于非晶物质在 T_g 温度点的α弛豫的激活能。通过对大量不同非晶物质体系脆度 m 和泊松比或者 K_∞ / G_∞ 的分析，发现它们具有如下关联关系[14,49]：

$$m = 29(K_\infty / G_\infty - 0.41) \tag{7.40}$$

对不同键合的非晶物质，其系数会有些不同[14]。图 7.44 给出不同非晶体系的脆度 m 和杨氏模量 E 及 T_g 的关联[49]。这表明α弛豫的 m 值(即激活能)和非晶模量有直接的关联。这个关联有深刻的物理意义：把液体性质(m)和非晶固体性质(E)通过一个简单的公式联系起来，也证明了液态和非晶态之间的遗传性。

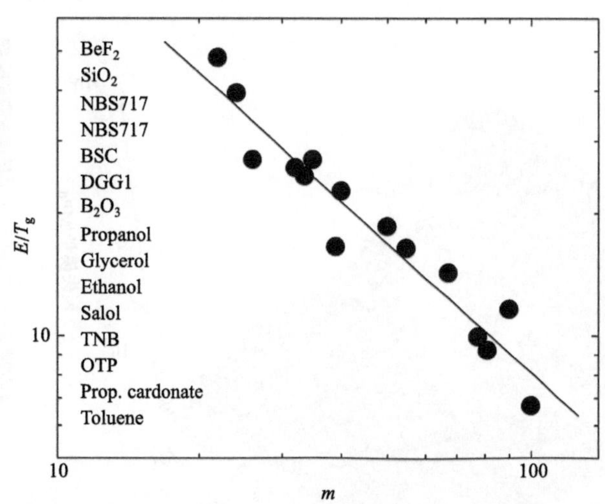

图 7.44　非晶物质的脆度 m(等价于非晶在 T_g 温度点的α弛豫的激活能)和杨氏模量及 T_g 的关联[49]

2) 弹性模量和 β 弛豫的关联

在非晶物质中，主要的动力学模式α弛豫已经被冻结，一种局域的慢β弛豫成为非晶物质中重要的局域动力学模式(在第 10 章将重点介绍)。慢β弛豫只涉及某些纳米级局域区域中的原子的移动，具有局域性，其激活能 E_β可以通过实验测算。实验发现 E_β/RT_g 都在 20～30 之间，不同非晶物质的β弛豫激活能 E_β和玻璃转变温度 T_g 及切变模量 G 间有如下关系[1,14]：

$$E_\beta \approx 26RT_g \approx 0.39GV_m \tag{7.41}$$

其中，R 是气体常数，$V_m = N_0V_a = M/\rho$ 是摩尔体积。这个经验公式表明慢β弛豫和弹性模量也是关联的。另外，β 弛豫的激活能 E_β和 α 弛豫的特征温度 T_g 相关，也说明α弛豫和β弛豫是密切联系的，β 弛豫是 α 弛豫发生的前提条件和前驱体，只有β弛豫被激活后才能进一步发生α弛豫或者玻璃转变[50]。

3) 弹性模量和快弛豫的关联

在非晶物质弛豫谱中，除了存在 α 弛豫和 β 弛豫以外，在更低温或更高频还存在着类似β弛豫，但是能量状态、频率更高的局域动力学模式，称作快 β 弛豫，如图 7.45 所示。快β弛豫在不同非晶体系中表现形式不同，分为 β′ 弛豫和近恒定损耗(near constant loss，NCL)。快弛豫、慢 β 弛豫及 α 弛豫模式具有不同的时间尺度和空间尺度。快β弛豫一般不易用动力学测试设备观测到，特别是对非晶合金体系。只是在某些非晶合金体系中才发现其动力学弛豫谱上有明显的快 β 弛豫[51-53]。通过对快 β 弛豫的研究发现，快 β 弛豫激活能都能够用玻璃转变温度来约化。如图 7.46 所示是非晶物质快、慢 β 弛豫激活能的对比图。从大量实验结果总结出快 β 弛豫激活能 E'_β 与其 T_g 之间的关系为[50,52] $E'_\beta \approx 12RT_g$，$E_{NCL} \approx 12RT_g$，或者[50]：

$$E'_\beta \approx E_\beta / 2 \approx 0.2GV_m \tag{7.42}$$

这表明快 β 弛豫和 β 弛豫及 α 弛豫一样与弹性模量有关联，其激活能可用 G 来表达。

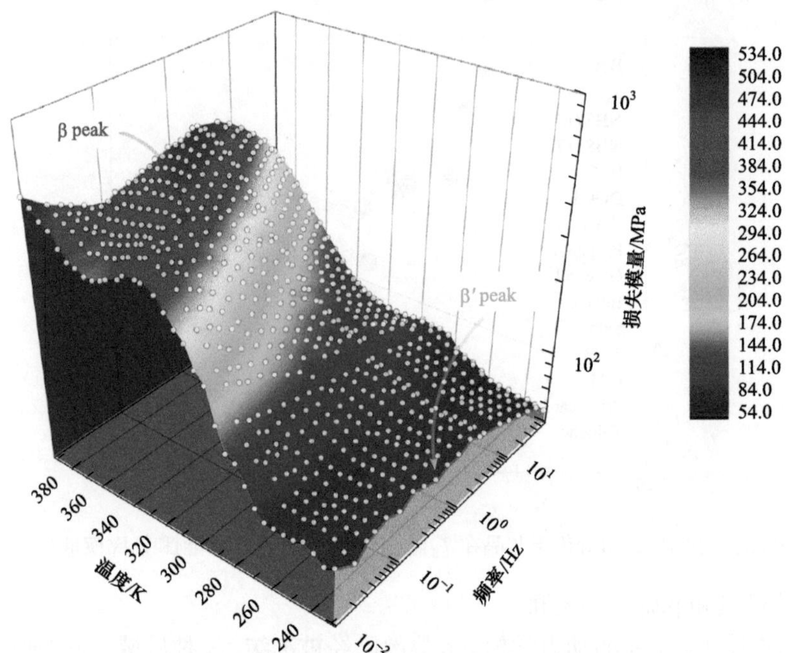

图 7.45　非晶物质中的 β′ 弛豫峰及随温度、频率的变化[52]

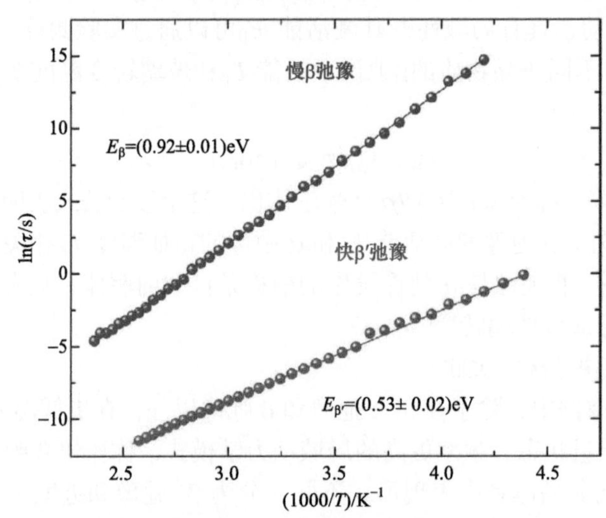

图 7.46　非晶物质快、慢β弛豫激活能的对比[52]

4) 弹性模量和玻色峰的关联

切变模量 G 控制非晶物质中的流变单元和流变事件激活能，是描述非晶流变和弛豫的重要物理量[1,32,54-56]。在不同非晶体系都发现切变模量 G 和其玻色峰有关联[57-59]。作为一个例子，图 7.47 是 La 基非晶 $La_{70}Al_{15}Ni_{15-x}Cu_x(x = 15, 7.5, 0)$和 $La_{70-x}Al_{15}Ni_{15}Cu_x(x = 2, 5, 8)$系列的切变模量 G 和玻色峰值$[(C_p-\gamma T)/T^3]_{max}$的关系，其中 C_p 是比热，γ 是比热的电子温度系数。图中显示非晶物质的 G 值随着$[(C_p-\gamma T)/T^3]_{max}$的下降而上升，呈明显的单调变化关系。当$[(C_p-\gamma T)/T^3]_{max}$从 0.868 mJ/(mol · K^4)增加到 1.165 mJ/(mol · K^4)，G 从 13.4 GPa 降到 11.8 GPa，下降 11.6%[60]。大量类似的实验都证明切变模量 G 和玻色峰有关联。这是因为非晶物质独特的动力学特性，玻色峰和 G 都被普遍认为与其非均匀结构特性、非晶物质软区中的粒子的振动特征有关。

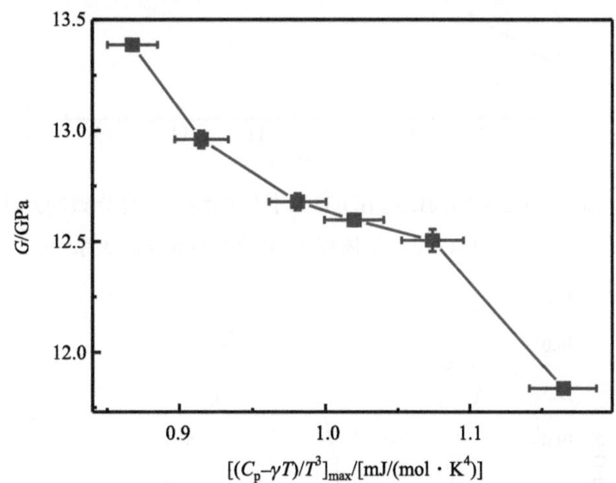

图 7.47　非晶 $La_{70}Al_{15}Ni_{15-x}Cu_x(x = 15, 7.5, 0)$和 $La_{70-x}Al_{15}Ni_{15}Cu_x(x = 2, 5, 8)$的切变模量 G 和玻色峰值$[(C_p-\gamma T)/T^3]_{max}$的关系[60]

5) 弹性模量和老化与回复的关联

非晶物质的老化或者结构弛豫会伴随着切变模量或者杨氏模量的单调增加。图 7.48 是非晶合金 $Zr_{41}Ti_{14}Cu_{12.5}Ni_{10}Be_{22.5}$ 在 633 K 长时间结构弛豫导致的弹性模量的相对变化 $\Delta Y/Y_0(Y = E,G$ 及摩尔体积 $V_c)$和衰变时间 t 的关系[44]。结构弛豫导致非晶切变模量、杨氏模量的单调增加，同时非晶的密度会增加。该非晶合金 K 和 G 随等温衰变时间的变化可用下面公式来描述：

$$K(t) = K(0) + \Delta K\{1-\exp[-(kt)^n]\} \tag{7.43}$$

$$G(t) = G(0) + \Delta G\{1-\exp[-(kt)^n]\} \tag{7.44}$$

这里$\Delta K = K(\infty)-K(0)$和$\Delta G = G(\infty)-G(0)$。$K(0)$，$G(0)$是常数。

弹性模量和结构弛豫的关联是因为结构弛豫使得非晶物质中大量自由体积湮灭，流变单元的数目减少，非晶粒子间平均结合力增强，从而导致模量增加。相反，非晶物质的回复会导致弹性模量 G 和 E 降低[61-63]。图 7.49 是通过高频率捶打方法实现的非晶合金回复和老化交替引起的 G 的变化，可以清楚地看到老化和回复对模量的不同影响：老化 G 上升，回复 G 软化[63]。

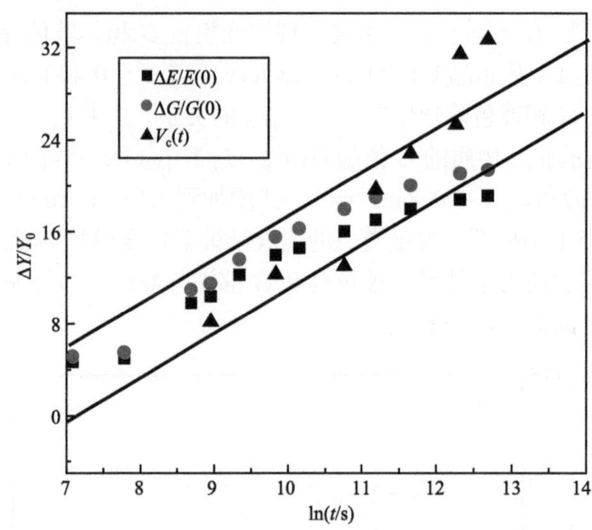

图 7.48 非晶合金 $Zr_{41}Ti_{14}Cu_{12.5}Ni_{10}Be_{22.5}$ 在 633 K 长时间结构弛豫导致的弹性模量的相对变化 $\Delta Y/Y_0$($Y = E, G$ 及摩尔体积 V_c)和衰变时间 t 的关系[44]

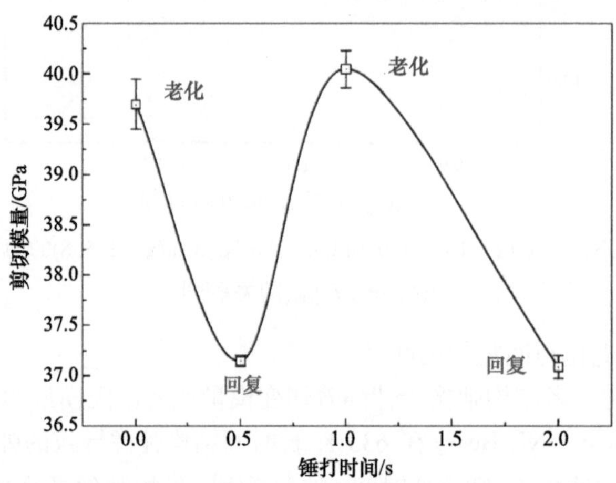

图 7.49 高频率捶打非晶合金导致的其回复和老化交替引起的 G 的变化：老化 G 上升，回复 G 软化[63]

回复会使得非晶体系软化，更加不均匀，自由体积、流变单元增多，组成非晶物质的粒子间平均结合力降低，从而导致 G，E 降低。大量实验数据证明非晶物质的老化和回复也和其模量有关联，可以用模量来描述和表征非晶的老化和回复。

根据非晶物质的弹性模型[1,32]，从动力学弛豫能垒图看，如图 7.50 所示，不同的弛豫模式都可以看成在具有不同势垒的能谷中的跃迁。这些不同弛豫模式被激活需要克服的势垒ΔE 正比于切变模量 G，即各类不同弛豫模式的激发都是受模量 G 控制的。因此非晶物质各种弛豫模式和模量都有关联关系。

7.4.4 弹性模量和非晶形成能力的关系

一个物质体系的本征非晶形成能力(GFA)和玻璃转变、组成粒子间的键合、液体的性质密切相关。非晶形成能力的认知及其调控是材料科学的难题，多年来科学家和工程师

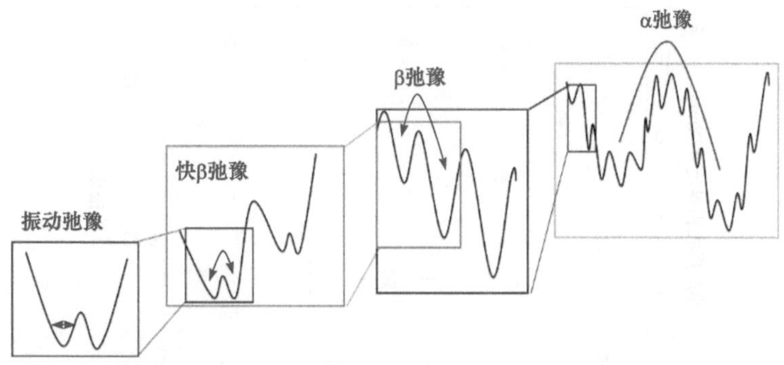

图 7.50　非晶物质中不同动力学模式对应的能垒示意图，图中红线表示各弛豫模式激活需要克服的能垒，能垒的高度和 G 成正比

一直希望找到关于非晶形成能力的有效判据，从而能更有效地探索非晶材料新体系。但至今非晶形成能力还没有一个有效的物理参数来表征。比如非晶合金领域，目前一般采用临界冷却速率 R_c 来表征一个合金体系的非晶形成能力。临界冷却速率 R_c 一般用如下的经验公式估算[64]：

$$R_c = dT/dt(K/s) = 10/D^2(cm) \tag{7.45}$$

这里 D 是能形成非晶的临界尺寸。图 7.51 是不同非晶体系非晶形成能力和泊松比的关系图。可以看出，泊松比小的体系形成能力强，比如氧化物玻璃的泊松比一般在 0.2 左右，其非晶形成能力最强，合金的泊松比较大，一般大于 0.3，形成能力相对弱很多。对于同一个非晶合金体系，其非晶形成能力随成分的敏感变化和泊松比紧密关联。图 7.52 呈现了 CeAlCuCo 和 CuZr 非晶体系 GFA 和泊松比随掺杂成分的变化，可以看出这两个合金体系的 GFA 随掺杂成分的变化趋势和泊松比的变化趋势完全一样，说明泊松比可以用来表征一个合金系的非晶形成能力。这种关联如图 7.53 所示，是由于泊松比大(或者 G 值小)的体系原子流动的激活能小[14]，原子相对更容易流动，这样的体系在同样条件下原子不易被冻结形成非晶态。

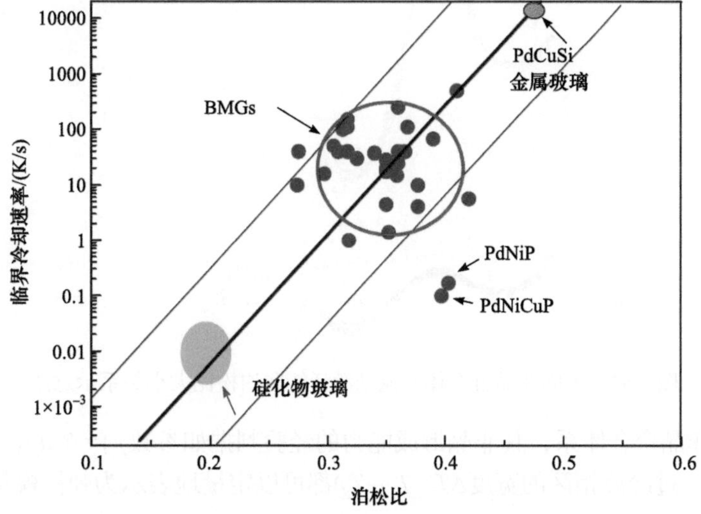

图 7.51　泊松比和不同种类非晶固体的关系(图中 BMGs 代表块体非晶合金)[14]

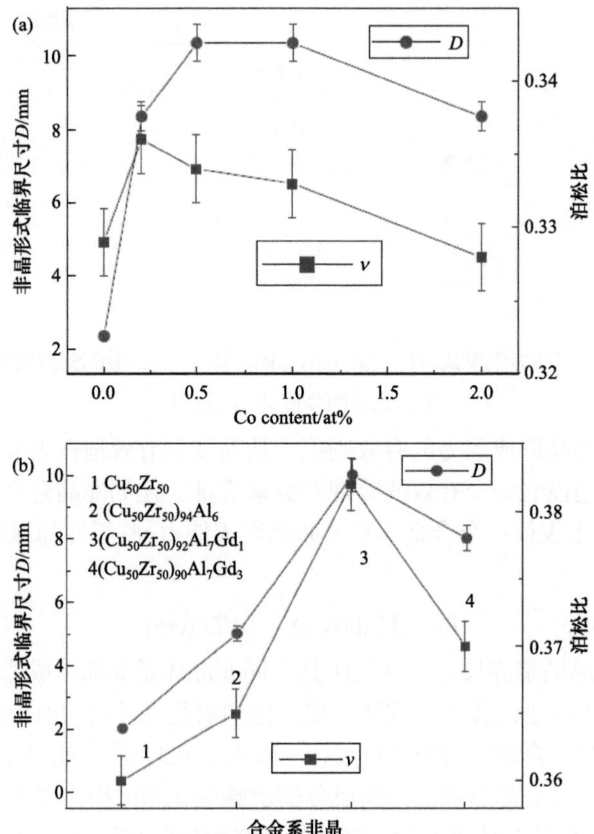

图 7.52 (a)$Ce_{70-x}Cu_{20}Al_{10}Co_x$和(b)CuZr 合金系非晶形成能力和泊松比随掺杂成分的变化趋势[14]

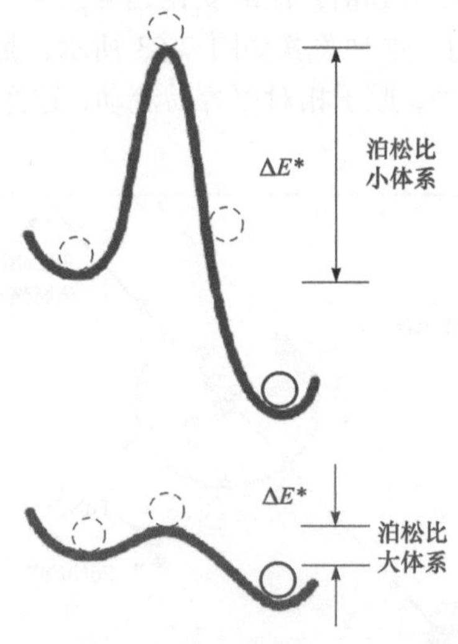

图 7.53 不同非晶合金体系流动激活能和泊松比大小关系示意图

对于很多非晶合金体系，其非晶形成能力的经验判据如参数γ [$= T_x/(T_g + T_l)$]和约化玻璃转变温度 T_{rg}，过冷液相区的宽度$\Delta T(=T_x - T_g)$都可以定量地表示为弹性模量 E 的关系[65]：

$$T_{rg} = T_g/T_1 = (67 + 55.2E)/(482.4 + 88.6E) \tag{7.46}$$

$$\gamma = (215.4 + 59.2E)/(549.4 + 143.8E) \tag{7.47}$$

$$\Delta T = V_m(0.01484 + 0.0004E)/R \tag{7.48}$$

式中，R 是气体常数，T_l 是固-液相温度点，V_m 是摩尔体积。

很多经验的非晶形成能力的判据如 T_{rg}，ΔT，γ 依赖的参数如 T_x 和 T_g 必须在该非晶体系被制备出来以后才能测到，这影响对一个体系和成分的形成能力进行预测。用模量表示非晶形成能力的意义在于一个非晶体系的模量可以在它被制取之前就能被估算出来。这样，在一个成分被制备出来之前就可以对该体系的非晶形成能力进行预判和预测[1]。所以，弹性模量和非晶形成能力的关联，有助于探索新的非晶体系和成分。

7.4.5　弹性模量和脆度系数 *m* 的关系

弹性模量是描述固体的物理参量，脆度系数 $m = \left.\frac{\partial \log \eta(T)}{\partial (T_g / T)}\right|_{T=T_g}$ 是描述液体流变的有效参数。在不同非晶体系中都发现弹性模量和脆度系数 m 的关联[1,14,49,66,67]。这意味着液体和其非晶态固体有本征的共性，或者遗传性。弹性模量和脆度系数 m 的关联关系是非晶物质中最重要和最有争议的关联[1,14,49,66-69]，因为这个关联成立与否对于理解非晶和液体的本质，检验很多关于非晶本质的模型和理论非常关键。

Sokolov 和 Scopigno 等都发现一系列非晶物质的脆度系数 m 和其泊松比有关联[49,66]。如图 7.54(a)所示，Sokolov 等甚至给出 m 和其泊松比 ν (等价于 K/G)的明确关系：

$$(K/G - 0.41) \propto m \tag{7.49}$$

通过对非晶合金泊松比和脆度系数 m 的研究和数据分析，发现 m 和泊松比 ν 有大致的线性变化趋势[图 7.54(b)][14]：

$$m \approx 29(K/G - 0.41) \tag{7.50}$$

脆度系数和泊松比的关联意味着非晶固体和液体有密切的遗传关系，但也有很多人质疑这个关联[66-69]，认为 m 的定义不严格，不是好的物理参数[70]。同时，大多非晶体系的 m 值基本上是用热力学方法间接测量的，不同方法和研究组得到的结果相差很大，这些 m 值有待进一步检验，需要系统、精确地测量不同非晶体系的脆度系数，m 和 ν 的关

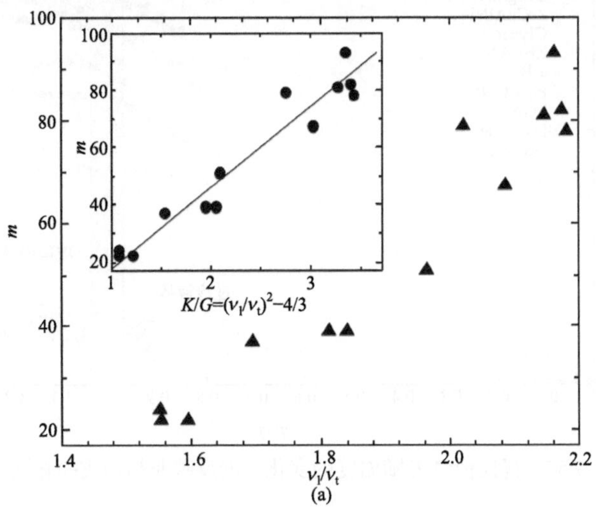

(a)

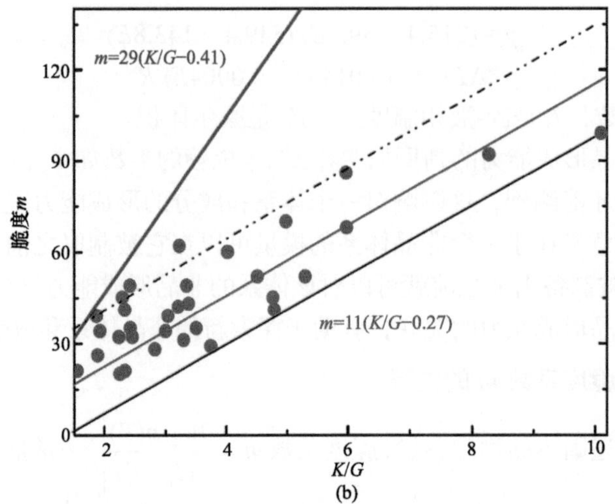

图 7.54 (a)非金属非晶体系脆度 m 和泊松比 ν 的关联关系[44]；(b)非晶合金的 m 和 ν (等价于 K/G)的关联关系[14]

联关系及在不同非晶体系的普适性有待进一步确认。但是，从非晶弹性模型角度理解，这个关联有存在的合理性：m 值等效于体系α弛豫在 T_g 的激活能，根据弹性模型[1,32]，激活能垒$\Delta E(T_g)\sim m$，受控于模量。所以，脆度系数和泊松比的关联是合理的。

图 7.55 为不同非晶体系 E 随温度的变化，能反映非晶物质的脆性[45]。温度高于 T_g

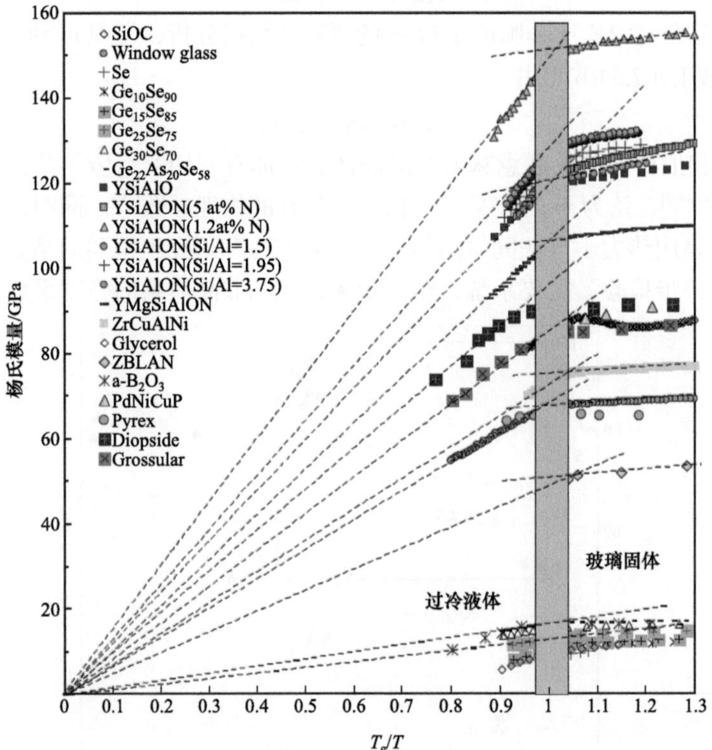

图 7.55 杨氏模量 E 随温度的变化，能反映非晶物质的脆性[45]

后，E 的变化趋势不同，有的快，有的慢，对应于非晶形成液体的脆度(脆度：T_g 黏滞系数对温度变化的快慢)，从这个图也能看出，不同非晶体系，其 m 值和其模量有明显的关联。另外，泊松比随温度变化也能反映非晶物质的脆性[45]，这都证实脆度系数和模量的关联具有合理性。

7.5　非晶物质弹性模量和力学性能的关系

非晶物质由于具有独特的结构和局域流变行为，其力学性能和行为不同于其他材料。例如，非晶合金具有高强度，Co 基非晶合金的强度高达 6.0 GPa[71]，Pd 基非晶合金的断裂韧性高达 200 MPa · m$^{1/2}$[72]，是迄今为止金属材料最高的断裂韧性值。非晶合金材料的许多力学性能，处在各类材料的高端。图 7.56(a)给出不同材料断裂韧性的比较。非晶合金的韧性达到最高值，远远高出一般的材料。这样的非晶合金 3 mm 直径棒就可以支撑 3 t 重的汽车。非晶合金还具有超高弹性极限(～2%)。另外，不同非晶材料的力学性能变化幅度很大，比如不同体系非晶材料的断裂韧性值可以从 Dy 基非晶合金的 1.26 MPa · m$^{1/2}$(接近理想脆性体系如氧化物玻璃)到 Pd 基非晶合金的 200 MPa · m$^{1/2}$；其杨氏模量从 Zn 基非晶的 16.0 GPa 到 Co 基非晶的 246.9 GPa。氧化物玻璃具有很高的强度和耐磨、耐蚀特性。此外，非晶材料在过冷液相区有超塑性，这使得非晶材料具有独特的成型性，很多非晶材料包括非晶合金可以吹制成型，如图 7.56(b)所示。因此，大部分非晶材料如玻璃、非晶合金也是作为结构材料来使用的，非晶材料的力学性能是目前最受关注的性能之一。

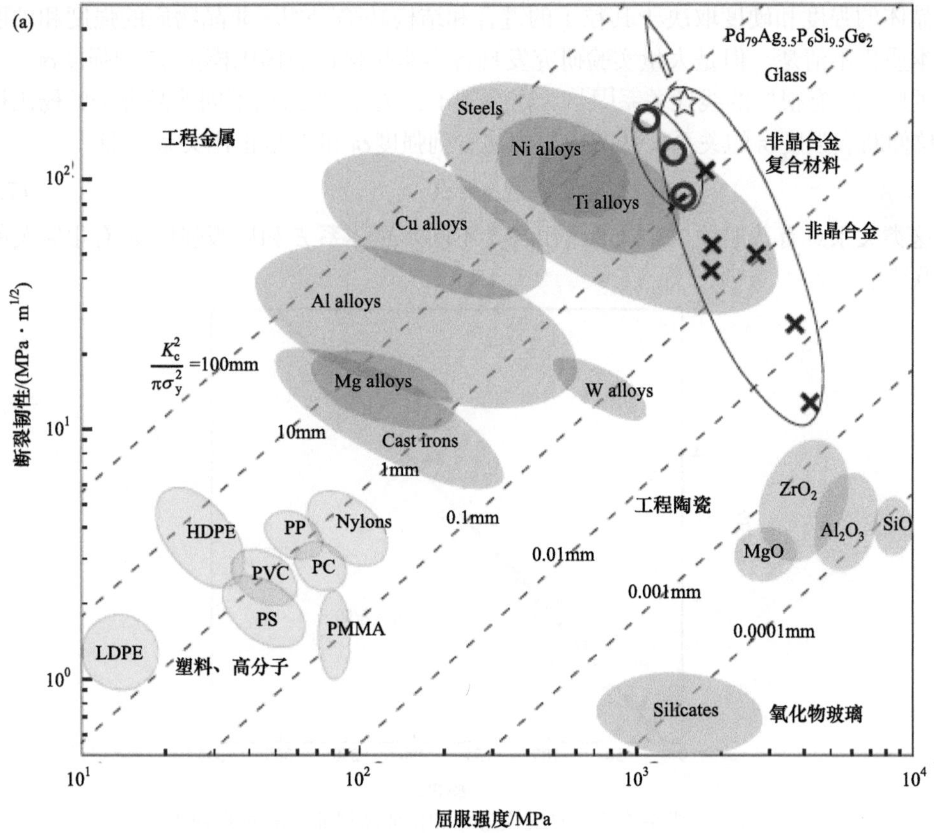

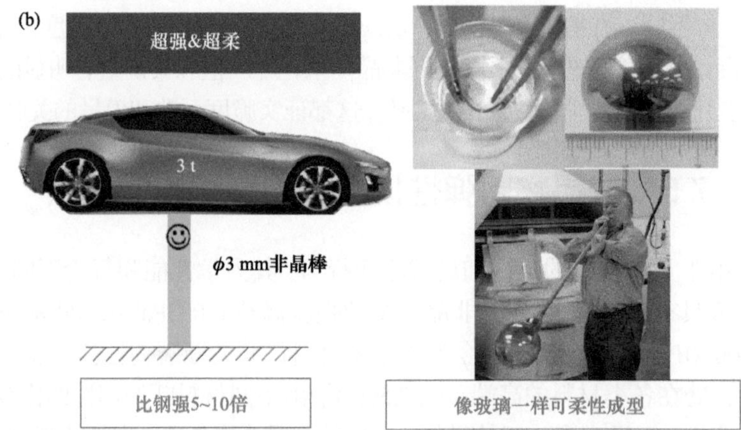

图 7.56 (a)不同材料和非晶合金断裂韧性比较[72]；(b)图示 3 mm 非晶棒可以支撑 3 t 的小汽车，非晶合金在其过冷液相区也具有超塑性

但是非晶材料的力学行为的机制和结构起源，特别是其形变机制、强度的物理本质都没有广泛接受的理论模型。建立弹性模量和非晶材料力学行为的关联将有助于最终建立其力学行为的物理机制和理论。本节介绍实验发现的非晶材料弹性模量和硬度、强度、塑性、断裂韧性、断裂形貌等的关联关系。

7.5.1 弹性模量、强度和维氏硬度的关联

晶体的强度和硬度取决于其粒子的键合和结构缺陷[73,74]。非晶物质的强度和硬度的物理本质仍不清楚。但是大量实验研究发现各类非晶材料的杨氏模量 E 和强度σ_f，以及维氏硬度 Hv 有很好的线性关系[14,16]。作为例子，图 7.57 给出不同非晶合金的杨氏模量 E 和拉伸断裂强度σ_f的关系。从图中很容易看到强度σ_f和 E 呈正比关系，即

$$E/\sigma_f = 50 \tag{7.51}$$

这类关系具有普遍性，图 7.58 给出各类不同非晶体系 E 和屈服强度σ_Y有很完美的线性关联[75]：

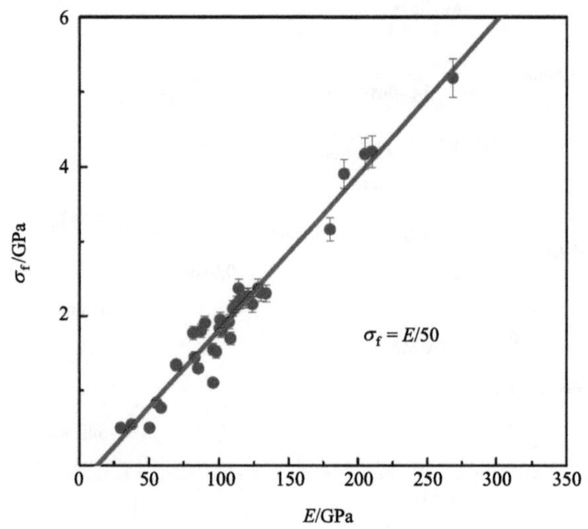

图 7.57 非晶合金的杨氏模量 E 和拉伸断裂强度σ_f的关系[14]

$$\sigma_Y = 3.9E \tag{7.52}$$

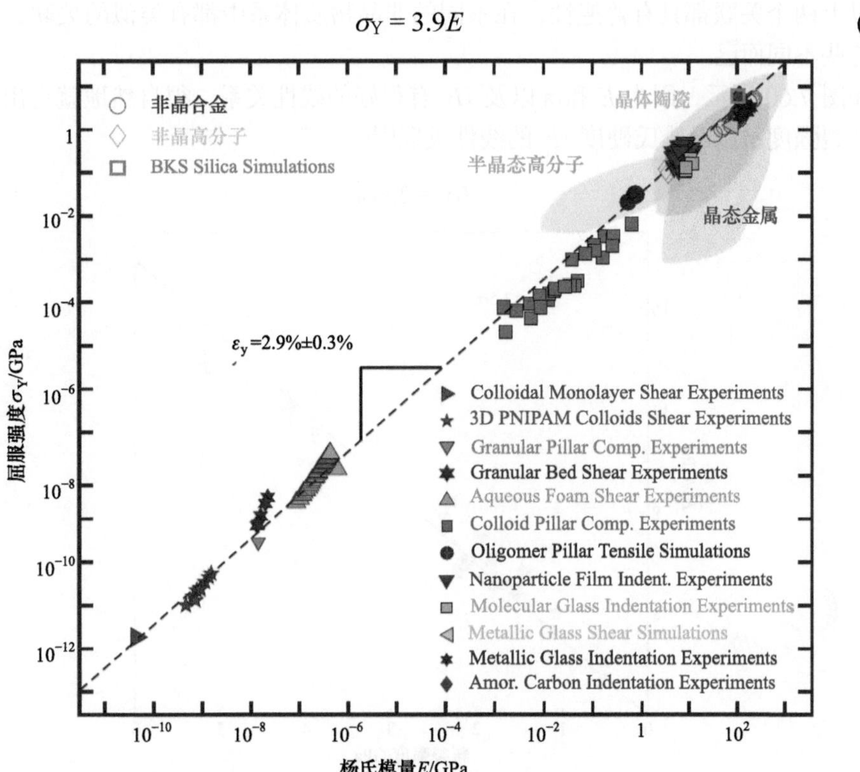

图 7.58 各类不同非晶体系 E 和屈服强度σ_Y的线性关联：$\sigma_Y = 3.9E$[75]

图 7.59 给出非晶合金体系杨氏模量 E 和维氏硬度 Hv 的关系。可以看出 Hv 与杨氏模量 E 呈线性关系，即

$$Hv = E/20 \tag{7.53}$$

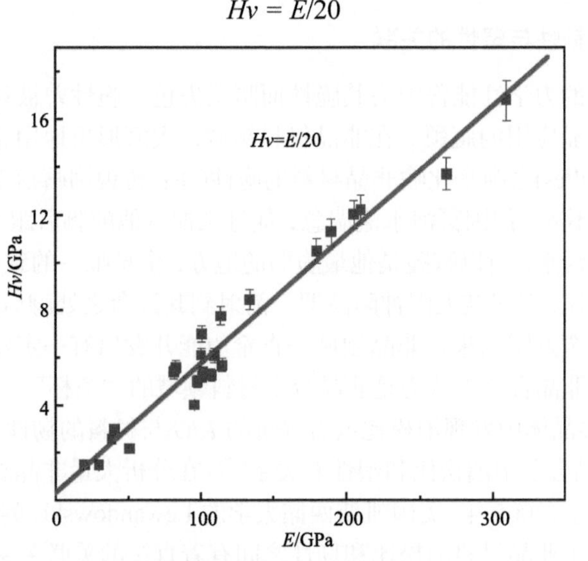

图 7.59 非晶合金的杨氏模量 E 和维氏硬度 Hv 的关系[14]

以上两个关联都具有普遍性，在不同的非晶物质体系中都有类似的关联，只是关联系数有些不同而已。

如图 7.60 所示，因为 E 和σ_f以及 Hv 有很好的线性关系，很自然地就得出金属非晶物质断裂强度σ_f以及维氏硬度 Hv 的线性关联[14]：

$$Hv = 2.5\sigma_f \tag{7.54}$$

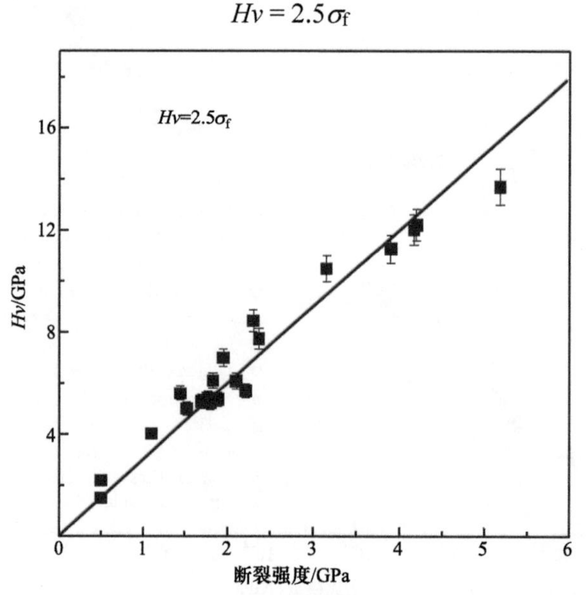

图 7.60 非晶合金断裂强度σ_f以及维氏硬度 Hv 的线性关联关系[14]

由于非晶材料在宏观上均匀、各向同性，所以相比晶态材料，非晶材料的杨氏模量 E 和断裂强度σ_f以及维氏硬度 Hv 有更好的线性关系。这种线性关系对设计和调控非晶材料非常有用。实际上，已经根据这种关联关系研制出一系列独特的非晶合金材料。

7.5.2 弹性模量和韧性与塑性的关联

非晶材料优异的力学性能曾因为其脆性而暗淡失色。脆性曾被认为是非晶材料的本征特性和软肋，非晶应用的瓶颈。在非晶材料领域，大家形象地用希腊神话中的英雄大力神阿喀琉斯(Achilles)之踵来比喻非晶材料的脆性(注：传说阿喀琉斯的母亲曾把他浸在冥河里，使其刀枪不入。但因冥河水流湍急，他母亲捏着他的脚后跟不敢松手，因此他的脚踵没有浸到在冥河水，所以脚踵是他最脆弱的地方，全身唯一的致命之处。长大后，阿喀琉斯作战英勇无比，但终被太阳神阿波罗一箭射到其致命之处脚后跟而身亡)。多年来，特别是大块非晶合金发明以来，非晶领域一直希望能开发出有一定塑性的非晶合金。具有明显拉伸塑性的非晶合金被认为是非晶合金材料领域的“圣杯”。

Pugh 等[76]在多晶体中发现泊松比或者等价的 K/G 与材料的韧性、塑性有关。陈鹤寿等发现在 Pd 基非晶合金中泊松比和塑性有关系[77]。在分析大量非晶材料的弹性模量和力学性能数据的基础上，2005 年，美国凯斯西储大学的 Lewandowski，英国剑桥大学的 Greer 和作者合作，发现了非晶材料泊松比和韧性之间有着直接的关联关系[78]：即泊松比越大的非晶材料，其室温韧性和塑性也越大。如图 7.61 所示，一个非晶体系泊松比ν越小(或

剪切模量 G 与体变模量 K 的比值 G/K 越大)，其断裂能越低，非晶材料越脆，反之则断裂能越高，韧性越好；而且存在一个临界韧脆转变点，韧脆转变的临界泊松比为 0.31～0.32。即使对于同一体系，塑性和泊松比对成分也很敏感，泊松比可以敏感地反映出非晶材料塑性随成分和外加条件的变化(图 7.62)[79-80]。泊松比(包含着材料中原子键的最基本信息)和塑性的关联的发现进一步说明，弹性模量和性能有着直接的关系，泊松比可以用

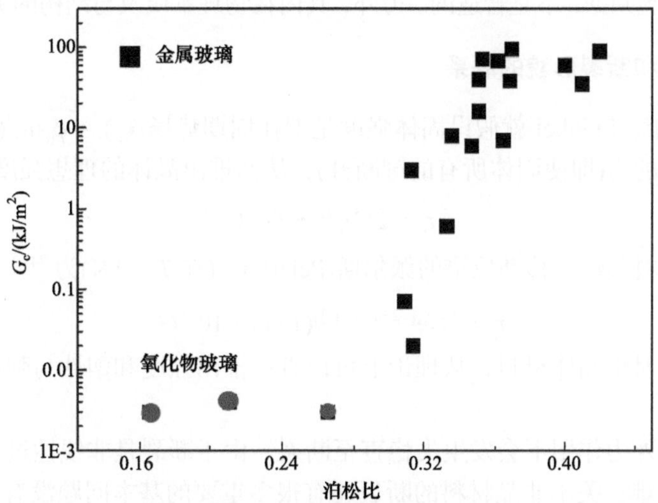

图 7.61　非晶合金包括氧化物玻璃断裂能(和断裂韧性成比例)和泊松比的关系[14,78]

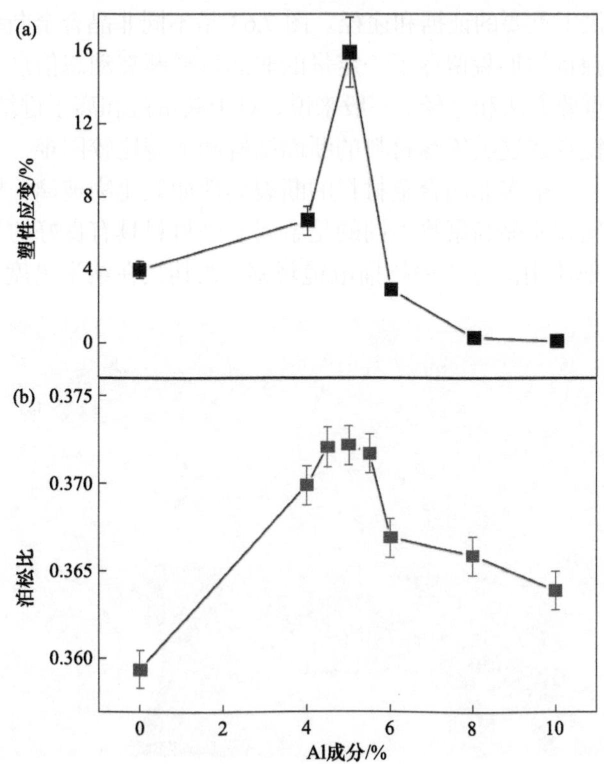

图 7.62　$(Cu_{50}Zr_{50})_{100-x}Al_x$ 非晶合金压缩塑性(a)和泊松比(b)随 Al 成分的变化[79]

来表征非晶材料的塑性变形能力。非晶的弹性模量泊松比和韧性、塑性的关联的发现，在研制塑性非晶合金的工作中发挥了重要的作用，根据此判据开发出了很多具有室温大塑性的非晶合金体系[76]。非晶的弹性模量泊松比和韧性、塑性的关联已成为探索非晶材料塑性的经验判据[14,78]，并得到了广泛验证和应用。

需要指出的是，虽然泊松比判据对探索塑性非晶材料特别是非晶合金有一定的作用，但它只是一个经验判据，不是普适的。另外，其内在物理本质及与结构的关系也有待研究。

7.5.3 弹性模量和断裂形貌的联系

早在 1926 年，Frenkel 就假设固体强度是把在周期势场$\phi(\gamma) = \phi_0\sin^2(\pi\gamma/4\gamma_c)$中的原子移出需要的最小的力(即使固体所有的键断开)，从而推出晶体的理想强度[73]：

$$\tau_c = 2G\gamma_c/\pi \approx G/10 \tag{7.55}$$

决定晶体材料塑性、移动位错的派尔斯(Peierls)力(在 $T = 0$ K)为[74]

$$\tau_P \approx 2G\mathrm{e}^{[-2\pi a/(1-\nu)]}/(1-\nu) \sim 10^{-3}G \tag{7.56}$$

可以看出，对于晶体材料，从理论上可以直接推出强度和塑性与弹性模量直接相关的结论。

非晶物质在外力作用下会发生失稳直至断裂。由于断裂是非线性过程，对断裂的研究和模型化很困难。关于非晶材料的断裂还有很多重要的基本问题没有解决[81,82]。但非晶材料断面有丰富多彩的形貌，这些形貌随着断裂方式和条件有很大的不同，这为研究非晶物质的断裂提供了重要的证据和途径。图 7.63 是不同非晶合金断面上的各种各样的形貌和图样。这些独特的形貌留存了一定量的非晶材料断裂动态信息，断面形貌观测和分析是研究断裂的重要方法和途径。一般来说，对于共价键和离子键结合的氧化物玻璃，使用高分辨扫描电镜观察这类绝缘材料的断面结构和形貌比较困难，尤其很难观测到纳米尺度上的相貌特征。很多非晶合金材料的断裂韧性如氧化物玻璃一样很低，表现为脆性。但与氧化物玻璃和非晶高聚物不同的是金属非晶材料具有良好的导电性，非晶合金的断面结构可方便地使用高分辨率扫描电镜观察，尤其是在纳米尺度上观察。因此非晶

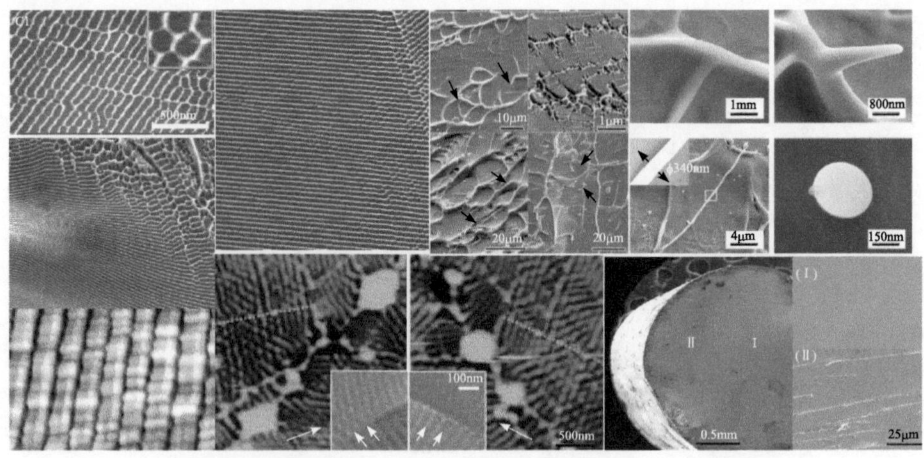

图 7.63 非晶合金在不同动态断裂条件下断面上的各种形貌

合金为研究脆性非晶材料断裂问题提供了一种难得的理想材料[83-85]。Griffith 的断裂模型和理论就是采用完全脆性断裂模式的非晶玻璃作为模型材料来建立的[86]。因为完全脆断时裂纹尖端的原子或原子团之间是一种键与键之间的撕裂或断开从而分离，方便建立断裂模型和理论。

非晶合金断面上韧窝的尺寸和其断裂韧性、弹性模量有密切的关系[83-85]。在相同断裂条件下，不同韧性的非晶合金包括接近理想脆断的非晶体系，都具有不同尺寸的韧窝结构，只是韧窝尺寸大小不一样而已[84]：韧性高的非晶合金，其断面上韧窝尺寸也大，如图 7.63 中 Ti 基非晶合金的韧窝平均尺寸是 20 μm，而接近理想脆性的 Mg 基非晶合金(断裂韧性～2.0 MPa · $m^{1/2}$)断面上也有韧窝结构，不过平均尺寸只有约 100 nm。细致分析发现，不同非晶体系的这些韧窝结构具有分形特征，即自相似性，而且不同非晶合金的形貌的分形维度数值接近，在 1.6～1.8 的狭小范围内[87]。这个结果表明脆性的非晶合金在微观尺度上仍是塑性断裂机制[84,88]。图 7.64 是不同非晶合金韧窝结构平均尺寸与材料机械性能参数如断裂韧性和强度的关系[84]。对于非晶材料，其断面上韧窝平均尺寸 w 和 K_c 及断裂强度 σ_Y 有如下的关系[84]：

$$w = 0.025\left(\frac{K_c}{\sigma_Y}\right)^2 \tag{7.57}$$

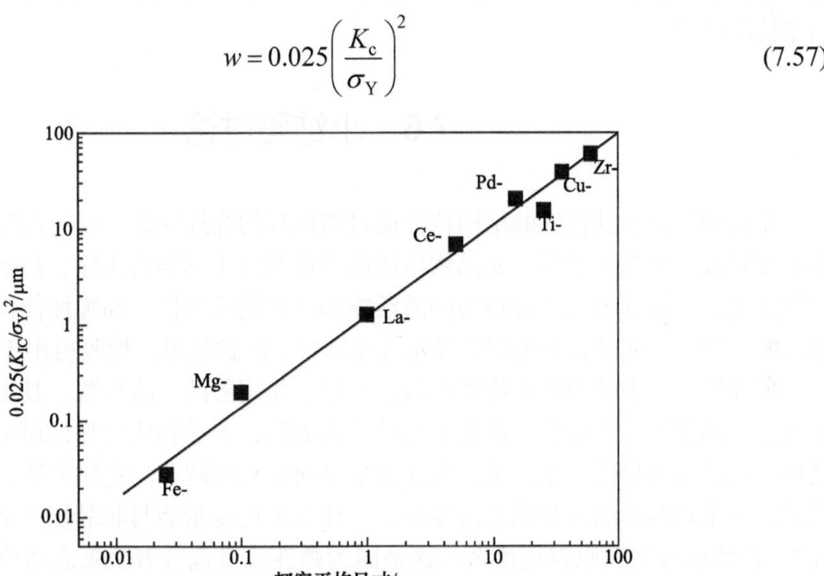

图 7.64　不同非晶合金韧窝结构平均尺寸(等价于塑性形变区)与其断裂韧性和强度的关系[84]

因为 K_c 和泊松比有关联关系，根据式(7.57)，很自然得到韧窝平均尺寸 w 和泊松比也有关联关系。图 7.65 给出不同非晶合金断面上的韧窝结构平均尺寸 w 和泊松比的比较图。可以看出一个非晶体系泊松比 ν 越小，非晶合金越脆，其断面上韧窝会越小，反之则韧窝越大，韧性越好；也存在一个韧脆转变的临界泊松比：大约为 0.33，和泊松比塑性判据非常吻合[14]。这意味着非晶合金形变、断裂与弹性模量及其普适结构特征有深刻的联系。

断裂形貌和泊松比的关联关系有助于深入理解非晶态材料的断裂行为，同时为改进非晶材料的脆性，设计新的具有塑性的非晶材料提供了理论依据。通过在非晶单相基体中引入相应尺寸的强韧相，有效稳定剪切带运动或阻碍裂纹扩展，可以大大提高这类材

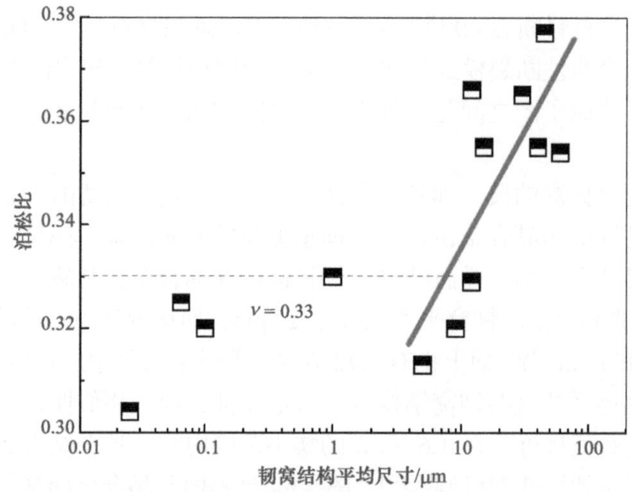

图 7.65 不同非晶合金断面上的韧窝结构平均尺寸和泊松比的关系[14]

料的塑性和断裂韧性。另外，这种关联性还可以帮助在微米或纳米尺度上设计安全可靠的结构部件[84]。

7.6 小结和讨论

非晶物质由于其特殊的结构特征而具有优异的弹性性能，属于高弹材料，其弹性远优于相同成分的晶态材料。非晶物质的高弹性是源于其结构无序、高熵的特征，使得非晶物质耗散能量的单元具有较高的激活能和较低的流动性。高弹性使得非晶物质有很多独特的应用，如非晶合金可用于高尔夫击球杆、防护装甲，橡胶可用于制造轮胎等。

弹性模量是表征弹性的物理参数，是原子作用势的二阶导数，其本质是反映物质原子间键合的刚性。大量实验数据的统计分析表明，非晶物质的弹性模量与其诸多性质、结构和特性有明显的关联关系；弹性模量是研究和理解非晶物质本质，控制非晶材料的性能，探索新的非晶成分的关键参量。为什么弹性模量能与非晶物质诸多物理量有关联呢？ 其背后机制和原因是什么？这是因为弹性模量包含着凝聚态物质中原子键的最基本的信息，非晶物质中的各种运动(包括振动、跃迁、扩散、流变、弛豫)都和粒子之间的键合密切相关。非晶物质中粒子的运动实际上是原子间键合性质的变化，反映在宏观性质上就是弹性模量的变化。这是弹性模量与非晶物质结构、特性和性能的关联性的物理本质。弹性模量和非晶物质的诸多性质和特性的关联关系，也是非晶形成的模量经验判据和关于非晶物质流变以及转变的弹性模型建立的实验基础之一。

这些非晶物质弹性知识、弹性模量的数据以及弹性模量和性能的关联，对认识非晶物质本质、特性等科学问题到底有什么意义和作用呢？下一章(第 8 章)将要介绍建立在弹性、模量-性能关联的基础上的弹性模型，介绍弹性模型是如何帮助我们理解和认识非晶物质的流变，认识非晶物质如何耗散外界施加的能量，认识玻璃转变的本质等基本问题的。

参 考 文 献

[1] Wang W H. The elastic properties, elastic models and elastic perspectives of metallic glasses. Prog. Mater. Sci., 2012, 57: 487-656.

[2] Landau L D, Lifshitz E M. Theory of Elasticity. 3rd ed. Oxford: Reed Educational and Professional Publishing Ltd., 1999.

[3] Zener C. Elasticity and Anelasticity of Metals. Chicago, The Univ. of Chicago Press, Illinois, 1948.

[4] Schreiber D. Elastic Constants and Their Measurement. New York: McGraw-Hill, 1973: (Ch. 3, 35-81).

[5] 刘树勇，李银山. 郑玄与胡克定律——兼与仪德刚博士商榷. 自然科学史研究, 2007, 26: 248-254.

[6] Ashby M F. Materials Selection in Mechanical Design. 3rd ed. Oxford: Butterworth-Heinemann, 2005.

[7] Bourhis E L. Glass: Mechanics and Technology. Wiley-VCH Verlag GmbH & Co. KGaA, Weinheim, 2007.

[8] Greaves G N, Greer A L, Lakes R S, et al. Poisson's ratio and modern materials. Nature Mater., 2011, 10: 823-837.

[9] Poisson S D. Traite de Mecanique, I Paris, II. Courcier Pub, 1811.

[10] Crain E R. Petrophysical Handbook. Elastic Properties of Rocks, 2000.

[11] Migliori A, Sarrao J L. Resonant Ultrasound Spectroscopy: applications to Physics, Materials Measurements and Nondestructive Evaluation. New York: Wiley, 1997.

[12] Migliori A, Sarrao J L, Visscher W M, et al. Resonant ultrasound spectroscopic techniques for measurement of the elastic moduli of solids. Physica B, 1993, 183: 1-24.

[13] Leisure R G, Willis F A. Resonant ultrasound spectroscopy. J. Phys. : Condensed Matter, 1997, 9: 6001-6030.

[14] Wang W H. The correlation between the elastic constants and properties in bulk metallic glasses. J. Appl. Phys., 2006, 99: 093506.

[15] Wang W H. Elastic moduli and behaviors of metallic glasses. J. Non-Cryst. Solids., 2005, 351: 1481-1485.

[16] Rouxel T. Elastic properties of glasses: a multiscale approach. C. R. Mecanique, 2007, 334: 743-753.

[17] Murnaghan F D. The Compressibility of media under extreme pressures. PNAS, 1944, 30: 244-247.

[18] Wang W H, Bao Z X, Eckert J. Equation of state of ZrTiCuNiBe bulk amorphous alloy. Phys. Rev. B, 2000, 61: 3166-3169.

[19] Wang W H, Wen P, Zhang Y, et al. Equation of state of bulk metallic glass studied by ultrasonic method. Appl. Phys. Lett., 2001, 79: 3947-3949.

[20] Zhang Y, Pan M X, Wang W H. Mie Potential and equation of state of $Zr_{48}Nb_8Cu_{14}Ni_{12}Be_{18}$ bulk metallic glass. Chin. Phys. Lett., 2001, 18: 805-807.

[21] Wang W H, Li F Y, Pan M X, et al. Elastic property and its response to pressure in a typical bulk metallic glass. Acta Mater., 2004, 52: 715-719.

[22] Zhang B, WangR J, Wang W H. Unusual responses of acoustic and elastic properties to pressure and crystallization of Ce-based bulk metallic glass. Phys. Rev. B, 2005, 72: 104205.

[23] Sheng H W, Liu H Z, Cheng Y Q, et al. Polyamorphismin ametallic glass. Nature Mater., 2007, 6: 192-197.

[24] Zeng Q S, Li Y C, Feng C M, et al. Anomalous compression behavior in lanthanum/cerium-based metallic glass under high pressure. PNAS, 2007, 104: 13565-13568.

[25] Li Y Z, Zhao L Z, Wang C, et al. Non-monotonic evolution of dynamical heterogeneity in unfreezing process of metallic glasses. J. Chem. Phys., 2015, 143: 041104.

[26] Wang Z, Sun B A, Bai H Y, et al. Evolution of hidden localized flow during glass-to-liquid transition in metallic glass. Nature Communications, 2014, 5: 5823.

[27] Wang Z, Ngai K L, Wang W H. Understanding the changes in ductility and Poisson's ratio of metallic glasses during annealing from microscopic dynamics. J. Appl. Phys., 2015, 118: 034901.

[28] Jiao W, Wen P, Peng H L, et al. Evolution of structural and dynamic heterogeneities and activation energy distribution of deformation units in metallic glass. Appl. Phys. Lett., 2013, 102: 101903.

[29] Yu H B, Shen X, Wang Z, et al. Tensile plasticity in metallic glasses with pronounced β relaxations. Phys. Rev. Lett., 2012, 108: 015504.

[30] Wen P, Zhao D Q, Pan M X, et al. Relaxation of metallic $Zr_{46.25}Ti_{8.25}Cu_{7.5}Ni_{10}Be_{27.5}$ bulk glass-forming supercooled liquid. Appl. Phys. Lett., 2004, 84: 2790-2792.

[31] Yu H B, Wang W H, Bai H Y, et al. The β relaxation in metallic glasses. National Science Review, 2014, 1: 429-461.

[32] Dyre J. The glass transition and elastic models of glass-forming liquids. Rev. Mod. Phys., 2006, 78: 953-972.

[33] Frenkel J. Kinetic Theory of Liquids. New York: Dover, 1955.

[34] Zwanzig R, Mountain R D. High-frequency elastic moduli of simple fluids. J. Chem. Phys., 1965, 43: 4464-4471.

[35] Maxwell J C. On the dynamical theory of gases. Philos. Trans. R. Soc. London, 1867, 157: 49-88.

[36] Knuyt G, Schepper L D, Stals L M. Calculation of some metallic glass properties, based on the use of a Gaussian distribution for the nearest-neighbour distance. Philos. Mag. B, 1990, 61: 965-988.

[37] Krüger J K, Baller J, Britz T, et al. Cauchy-like relation between elastic constants in amorphous materials. Phys. Rev. B, 2001, 66: 012206.

[38] Varshni Y P. Temperature dependence of the elastic constants. Phys. Rev. B, 1970, 2: 3952-3958.

[39] Yu P, Bai H Y. Temperature dependence of elastic moduli in bulk metallic glasses down to liquid nitrogen temperature. Appl. Phys. Lett., 2007, 90: 251904.

[40] Yu P, Wang R J, Zhao D Q, et al. Anomalous temperature dependent elastic moduli of Ce-based bulk metallic glass at low temperatures. Appl. Phys. Lett., 2007, 91: 201911.

[41] Guinan M, Steinberg D. Pressure and temperature derivatives of the isotropic polycrystalline shear modulus for 65 elements. J. Phys. Chem. Solids, 1974, 35: 1501-1512.

[42] Rouxel T. Elastic properties and short-to medium-range order in glasses. J. Am. Ceram. Soc., 2007, 90: 3019-3039.

[43] Wang W H, Li L L, Pan M X, et al. Characteristics of the glass transition and supercooled liquid state of the $Zr_{41}Ti_{14}Cu_{12.5}Ni_{10}Be_{22.5}$ bulk metallic glass. Phys. Rev. B, 2001, 63: 052204.

[44] Wang W H, Wang R J, Yang W T, et al. Stability of ZrTiCuNiBe bulk metallic glass upon isothermal annealing near the glass transition temperature. J. Mater. Res., 2002, 17: 1385-1389.

[45] Rouxel T, Ji L, Hammouda T, et al. Poisson's ratio and the densification of glass under high pressure. Phys. Rev. Lett., 2008, 100: 225501.

[46] Wang W H, Wen P, Wang R J. Relation between glass transition temperature and Debye temperature in bulk metallic glasses. J. Mater. Res., 2003, 18: 2747-2751.

[47] Wang J Q, Wang W H, Bai H Y. Distinguish bonding characteristic in metallic glasses by correlations. J. Non-Cryst. Solids., 2011, 357: 220-222.

[48] 倪嘉陵. 多体相互作用体系中的弛豫与扩散: 一个尚未解决的问题. 物理, 2012, 41: 285-296.

[49] Novikov V N, Sokolov A P. Poisson's ratio and the fragility of glass-forming liquids. Nature, 2004, 431: 961-963.

[50] Wang W H. Dynamic relaxation and relaxation-property relationships in metallic glasses. Prog. Mater. Sci., 2019, 106: 100561.

[51] Zhao L Z, Xue R J, Zhu Z G, et al. A fast dynamic mode in rare earth based glasses. J. Chem. Phys., 2016, 144: 204507.

[52] Wang Q, Zhang S T, Yang Y, et al. Unusual fast secondary relaxation in metallic glass. Nature

Communications, 2015, 6: 7876.
[53] Jiang H Y, Luo P, Wen P, et al. The near constant loss dynamic mode in metallic glass. J. Appl. Phys., 2016, 120: 145106.
[54] Demetriou M D, Harmon J S, Tao M, et al. Cooperative shear model for the rheology of glass-forming metallic liquids. Phys. Rev. Lett., 2006, 97: 065502.
[55] Wang W H. Correlation between relaxations and plastic deformation, and elastic model of flow in metallic glasses and glass-forming liquids. J. Appl. Phys., 2011, 110: 053521.
[56] Johnson W L, Samwer K. A universal criterion for plastic yielding of metallic glasses with a temperature dependence. Phys. Rev. Lett., 2005, 95: 195501.
[57] Baldi G, Fontana A, Monaco G, et al. Connection between Boson peak and elastic properties in silicate glasses. Phys. Rev. Lett., 2009, 102: 195502.
[58] Caponi S, Corezzi S, Fioretto D, et al. Raman-scattering measurements of the vibrational density of states of a reactive mixture during polymerization: effect on the Boson peak. Phys. Rev. Lett., 2009, 102: 027402.
[59] Shintani H, Tanaka H. Universal link between the boson peak and transverse phonons in glass. Nature Mater., 2008, 7: 870-877.
[60] 黄波. 非晶态合金低温物性及玻色峰研究. 北京: 中国科学院物理研究所, 2014.
[61] Ketov S V, Sun Y H, Nachum S, et al. Rejuvenation of metallic glasses by non-affine thermal strain. Nature, 2015, 524: 200-203.
[62] Pan J, Wang Y X, Guo Q, et al. Extreme rejuvenation and softening in a bulk metallic glass. Nature Commun., 2018, 9: 560.
[63] Sohrabi S, Li M X, Bai H Y, et al. Energy storage oscillation of metallic glass induced by high-intensity elastic stimulation. Appl. Phys. Lett., 2020, 116: 081901.
[64] Lin X H, Johnson W L. Formation of Ti-Zr-Cu-Ni bulk metallic glasses. J. Appl. Phys., 1995, 78: 6514-6519.
[65] Zhang S G. Signature of properties in elastic constants of no-metalloid bulk metallic glasses. Intermetallics, 2013, 35: 1-8.
[66] Scopigno T, Ruocco G, Sette F, et al. Is the fragility of a liquid embedded in the properties of its glass? Science, 2003, 302: 849-852.
[67] Dyre J C. Heir of the liquid treasures. Nature Mater., 2004, 3: 749-750.
[68] Yannopoulos S N, Johari G P. Poisson's ratio and liquid's fragility. Nature, 2006, 42: E7-E8.
[69] Sokolov A P, Novikov V N, Kisliuk A. Fragility and mechanical moduli: do they really correlate? Philos. Mag., 2007, 87: 613-621.
[70] Johari G P. On Poisson's ratio of glass and liquid vitrification characteristics. Philos. Mag., 2006, 86: 1567-1579.
[71] Inoue A, Shen B L. Cobalt based bulk glassy alloy with ultrahigh strength and soft magnetic properties. Nature Mater., 2003, 2: 661-663.
[72] Ritchie R O. The conflicts between strength and toughness. Nature Mater., 2011, 10: 817-822.
[73] FrenkelJ. Zur theorie der elastizitatsgrenze und der festigkeit kristallinischer korper. Z. Phys., 1926, 37: 572-609.
[74] Courtney T H. Mechanical Behavior of Materials. Boston: Mc-Graw-Hill, 2000.
[75] Cubuk E D, Liu A J, Ivancic R, et al. Structure-property relationships from universal signatures of plasticity in disordered solids. Science, 2017, 358: 1033-1037.
[76] Pugh S F. Relations between the elastic moduli and the plastic properties of polycrystalline pure metals. Philos. Mag., 1950, 45: 823-843.
[77] Chen H S, Krause J T, Coleman E. Elastic constants, hardness and their implications to flow properties of

metallic glasses. J. Non-Cryst. Solids., 1975, 18: 157-171.

[78] Lewandowski J J, Wang W H, Greer A L. Intrinsic plasticity or brittleness of metallic glasses. Philo. Mag. Lett., 2005, 85: 77-87.

[79] Yu P, Bai H Y. Poisson's ratio and plasticity in CuZrAl bulk metallic glasses. Mater. Sci. Eng. A, 2008, 485: 1-4.

[80] Poon S J, Zhu A, Shiflet G J. Poisson's ratio and intrinsic plasticity of metallic glasses. Appl. Phys. Lett., 2008, 92: 261902.

[81] Fineberg J, Marde M. Instability in dynamic fracture. Phys. Rep., 1999, 313: 1-108.

[82] Sharon E, Cohen G, Fineberg J. Crack front waves and the dynamics of a rapidly moving crack. Phys. Rev. Lett., 2002, 88: 085503.

[83] Sun B A, Wang W H. The fracture of bulk metallic glasses. Prog. Mater Sci., 2015, 74, 211-307.

[84] Xi X K, Zhao D Q, Pan M X, et al. Fracture of brittle metallic glasses: brittleness or plasticity. Phys. Rev. Lett., 2005, 94: 125510.

[85] Xia X X, Wang W H. Characterization and modeling of breaking induced spontaneous nanoscale periodic stripes in metallic glasses. Small, 2012, 8: 1197-1203.

[86] Griffith A A. The phenomena of rupture and flow in solids. Phil. Trans. Royal Soc., 1920, 221A: 163-198.

[87] Gao M, Sun B A, Yuan C C, et al. Hidden order in fracture surface morphology of metallic glasses. Acta Mater., 2012, 60: 6952-6960.

[88] Shen L Q, Yu J H, Tang X C, et al. Observation of cavitation governing fracture in glasses. Sci. Adv., 2021, 7: eabf7293.

第 8 章 非晶物质的流变及流变模型：万物皆流

格言

♣ 万物皆流——赫拉克利特

♣ 盖将自其变者而观之，则天地曾不能以一瞬；自其不变者而观之，则物与我皆无尽也——苏轼《前赤壁赋》

♣ 整个自然界被证明是在永恒的流动和循环中运动着——恩格斯《自然辩证法》

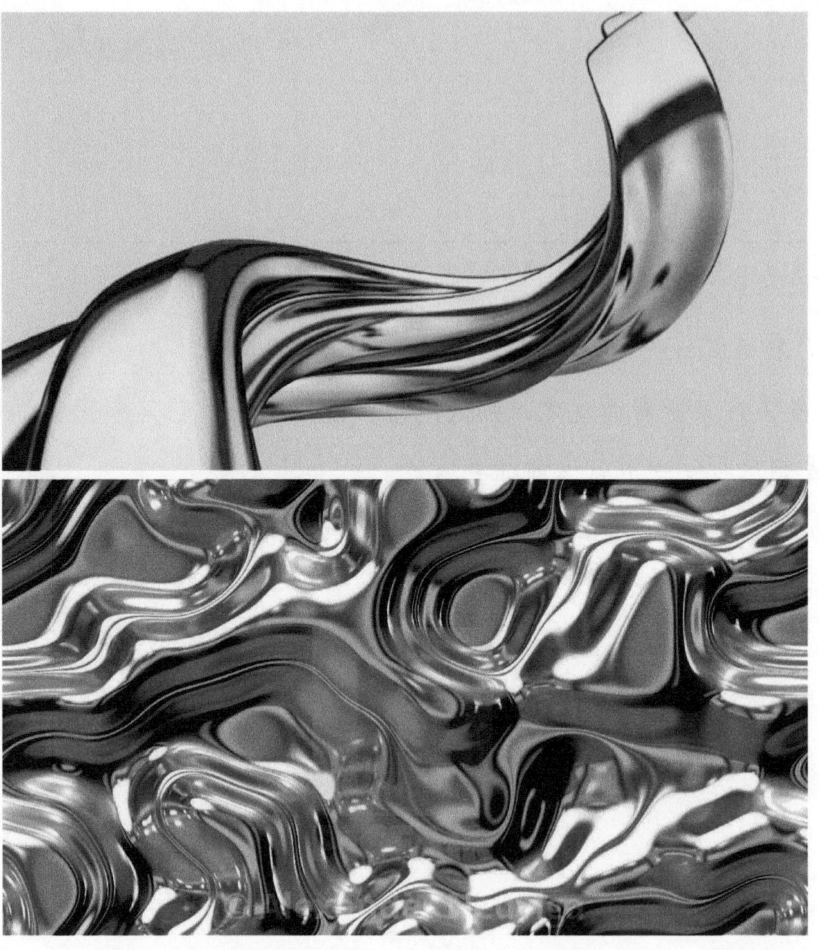

液态金属——非晶物质的流变

8.1 引　言

“流”(flow)可能是最广为人知的自然现象。除了液体，很多物质都可以发生流动，比如空气(气流)、沙堆(流沙)、泥石流、交通(车流)、时间、动物(动物迁徙)和人类(人流)等。流动就是物质的运动变化，有的物质流变缓慢，被称为蠕动。地球上的大山脉如喜马拉雅山脉、落基山脉、阿尔卑斯山脉等都是地球板块经历数千万年缓慢流变形成的。英国社会学家齐格蒙特·鲍曼说：我们这个时代也是“流动的时代”，一切神圣的、坚固的、持存的东西都消失了，整个世界被液态的、偶然的、不确定和不安全的因素所占据。在这个世界上，没有什么东西是坚固不朽的，一切都在变化，唯一可以确定的事件就是变化，唯变不变。流动的物质及其流动现象，如水和水的流动让人着迷，时间和时间的流逝让人感慨并感到神秘。我们儿时都有嬉水的美好经历，长大以后我们都曾注视江河、大海和瀑布沉思。孔子也曾在河边发出“逝者如斯夫！不舍昼夜”的感叹。古希腊哲学家赫拉克利特(Heraclitus)是古希腊具有朴素辩证法思想的“流动派”的卓越代表。他的中心哲学思想就是：万物皆流((παντα αηει)，“All things flow，everything runs，as the waters of river，which seem to be same but in reality are never the same，as they are in a state of continuous flow.”)。他的另一句名言是 “人不能两次走进同一条河流(You cannot step in the same river twice)”，也说明世上万物都处在变化、流动中。《圣经》中记载一位先知 Deborah 唱的歌中有一句和赫拉克利特及孔夫子异曲同工的话：“群山在上帝面前流动……”。

就连最深沉、最复杂的人类感情都可以用“流动”来表达，我国古代诗词名家就颇善于用“流动”来表达各种情感。我们能耳熟能详的诗句，如李白的“君不见黄河之水天上来，奔流到海不复回”；杜甫的“无边落木萧萧下，不尽长江滚滚来”；李煜的“问君能有几多愁？恰似一江春水向东流”；辛弃疾的“千古兴亡多少事？悠悠。不尽长江滚滚流”；等等，都恰到好处地用“流”表达了他们深沉的情感，成为千古名句。流(flow)的概念还被用于社会心理学，称为心流，指人在专注、投入于自己感兴趣的工作中，为之忘我地奋斗，而且又为所取得的进展所激励，那种整体的幸福感。心流会使人具有很强的内在驱动，会相对少地计较工作的经济利益等现实回报[1]。

流体也是科学研究的古老课题，流体的行为在很多方面都出人意料且非常有趣[2]。流变知识自古对生产、生活有很大的作用。自然科学常用比拟流体的流动进行研究。如热学中把热当作热流进行研究；电磁学中将电看作电流，把磁看作磁流体；光学中有比拟流体波动的“波动说”等。在牛顿学说里，微分成为“流数术，fluxion”，积分被称为“逆流数术(the inverse method of fluxion)”。Fluxion 和表示流动的词 flow 是同源词。把位置随时间的变化当作时间的函数，这个函数就是“流数”即速度。可以说物理学的方程本质就是流的方程。

常规的流体如水的流动特点是：流动均匀且各向同性，在实验室观察时间之内很容易被观察研究。牛顿提出了黏性定律，Maxwell 提出了流体弛豫时间和黏滞系数的概念。1822～1845 年纳维、斯托克斯和伯努利等建立了黏性流体的基本运动方程(纳维-斯托克斯方程)及其理论。这些大师已经建立了完整的常规流体的理论体系。现代航空、航海就是建立在常规流体基本运动方程和理论基础之上的。但是，如果常规流体的流速变化极快，就导致湍流，如图 8.1 所示。湍流的流动不稳定，流速的微小变化容易发展、增强，形成紊乱、不规则的湍流流场。湍流的基本特征是流体微团运动的随机性，其轨迹极其紊乱，随时间变化很快。湍流也是经典的物理难题[3]。科学家希望无论是大气湍流还是江海大浪湍流预报，都可以通过纳维-斯托克斯方程的解来描述和解释，但是，破译纳维-斯托克斯方程解，使之能适用于湍流至今仍是世界性难题，也是美国克雷数学研究所公开向世界征求的七大数学难题之一。它的解决将在科技和应用层面带来翻天覆地的突破，提升整个现代文明的等级。

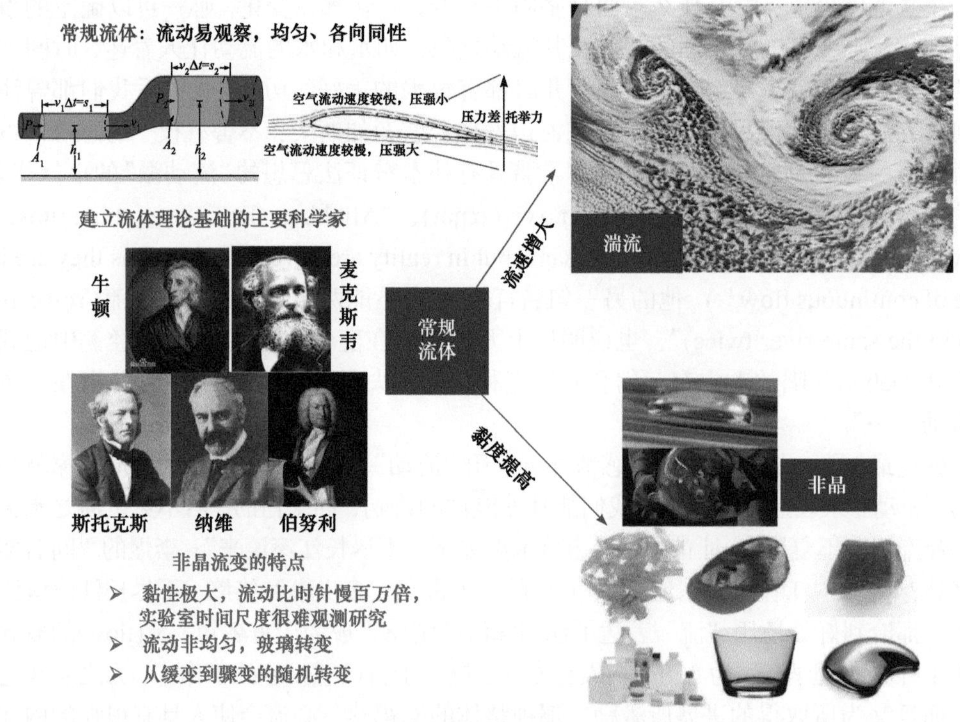

图 8.1 非晶物质体系和常规流体对比图

如果流体的黏性极大，流速极其缓慢，那么这种流速极其缓慢的流变(年的时间量级)也是科学难题。作为常规物质的第四态，非晶物质就是流变极其缓慢的流体，其流变行为完全不同于常规液体、气体等流体以及晶态固体，在很多方面都出人意料、有趣但难以研究、描述和理解，流变行为和规律的不同也是将非晶物质列为常规物质第四态的重要理由。如图 8.1 所示，非晶物质的黏性极大，流动比时针慢百万倍，在实验室时间尺度内很难观测研究。研究表明非晶物质的流动是非均匀的，在流变过程中会随温度或者压力的改变发生黏滞系数的突变，即神奇的玻璃转变，非晶物质这种从极长时间尺度的缓变随机流变过渡到流动的骤变，比如地震、非晶材料的断裂等是难以控制和预测的。非晶物质这个黏性极大的流变体，带来了一系列新的科学问题，是对人类智慧的挑战。这些问题的解决，代表着人类智力活动的巅峰，也意味着找到了一座隐匿着未知真理的巨大宝藏。这些问题激励着一代又一代最杰出的科学家投身其中，以期获得解锁人类未来文明和智慧的密码。

非晶体系组成粒子涉及的尺度变化很大，如图 8.2 所示的是组成粒子不同的非晶体系：非晶合金其组成粒子是原子，牙膏组成粒子是纳米量级，蛋黄酱组成粒子是微米级，咖啡泡沫是几十微米级，黄豆组成的颗粒物质是近厘米级。但是它们的流变行为都有共同的特征[4]。“流”的方法和理念在非晶体系结构变化过程中、在认识非晶的本质和特性中也起着重要的作用。比如非晶态形成和形变过程实际上都是对非晶形成体系中原子或粒子流动的控制问题。从能量地貌图(energy landscape)理论看，非晶物质通常处于复杂能量图景中的一些能谷。非晶物质随着时间的推移会缓慢流变，即非晶在低于玻璃化转变温度的状态下仍然会在能量地貌图中缓慢游走。然而，非晶物质是如何在复杂能量地貌图中游走的，一直是理论和计算模拟的挑战。这主要源于非晶物质的非平衡特性，在能量地貌图中存在数目极大的不同亚稳态。

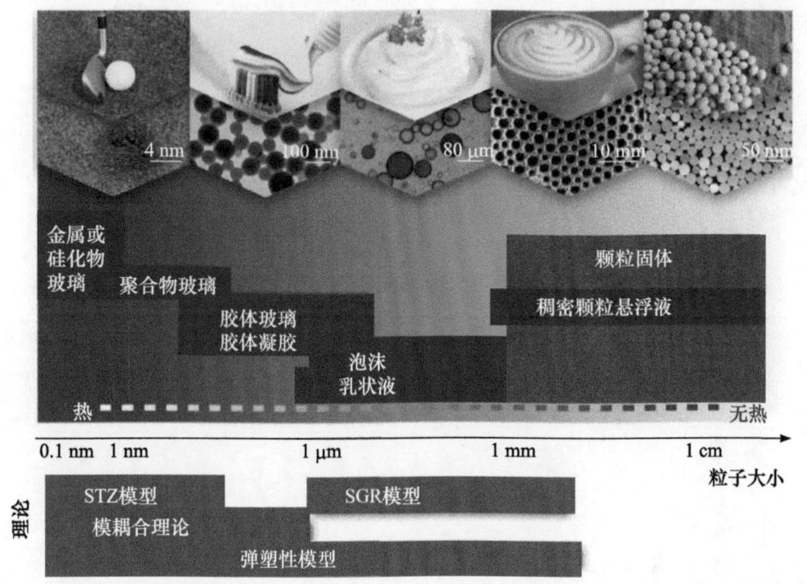

图 8.2　组成粒子不同的各种非晶体系：非晶合金其组成粒子是原子，牙膏组成粒子是纳米量级，蛋黄酱组成粒子是微米级，咖啡泡沫是几十微米级，黄豆组成的颗粒物质是近厘米级。它们的流变行为尺度不同，流变行为特征类似[4]

下面列举两个非晶体系流变的有趣的例子，读者可以从中领略非晶体系流变的不同寻常。

一个例子是埃及金字塔的建设之谜和流变的关系。建设金字塔的巨石是如何在沙漠中搬运的是个千古之谜。最近的研究表明可能就是通过改变沙漠中沙子的流变行为来实现巨石搬运的[5]。图 8.3 是公元前 1880 年出土的法老墓壁上的一幅画。画中一群奴隶正在搬运一座巨型石像，石像是放在木质沙舟上，奴隶们在拉这个沙舟，细心的人会发现沙舟前端站着一位奴隶，这个奴隶在往沙舟前面的沙里浇水。研究人员猜想奴隶给沙子浇水是为了改变沙子的流变行为，使得沙舟和沙子的摩擦力大大减小，实现巨石的搬运。

为了证实这个猜想，科学家在沙盘里做了模拟实验。如图 8.4 所示，图中插图是放在板上的重物，在沙盘里拉动这个小装置，并通过改变沙子的含水量，来模拟在不同含水量(图中的百分比)的沙子中拖重物所需拉力的变化。实验发现，沙子含水量不同，和装载重物的板之间的摩擦力有很大的不同，存在一个最佳沙子含水量，即 5%含水量的沙子最易于流变，摩擦力最小(拉力)[5]。实验证实搬运巨石的奴隶们通过给沙子浇水来改变沙子的流变行为，大大减小了搬运的拉力。该流体研究有助于解开多年来如何在沙漠中搬运建设金字塔的巨石之谜。

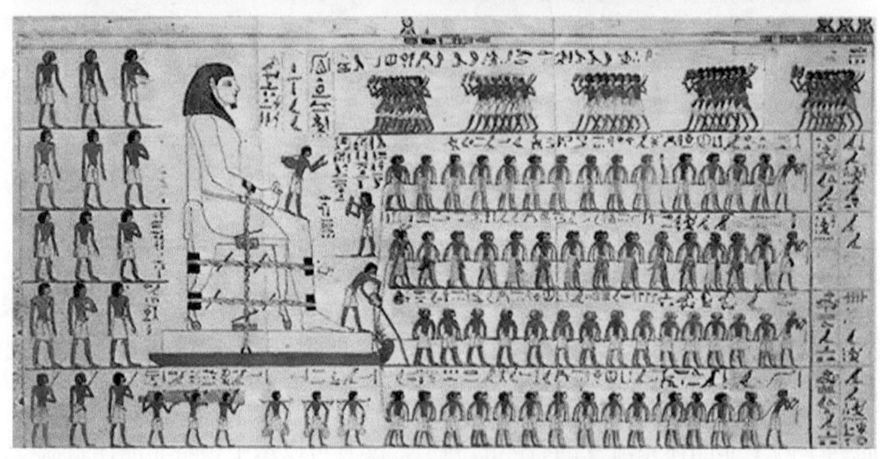

图 8.3 巨石和巨型雕像的搬运过程图[5]

另一个例子是发生在 100 年前的波士顿的糖蜜洪灾(图 8.5)。一个 15 m 高，储存着 12000 t 糖蜜(糖蜜是工业制糖的副产品，是一种黑褐色、高黏度的液体，其黏度是水的 1 万倍，主要成分是糖)的建筑物崩塌，涌出的糖蜜形成 8 m 高的巨浪，以 56 km/h 的速度席卷了附近的街区，造成 21 人死亡，150 人受伤……问题是这么黏稠的液体按照常理来说应该很慢地向四周扩散才对，怎么会达到 56 km/h 的速度，还形成巨浪呢？这和黏稠液体流变行为的特征有关：黏稠液体黏度所受的力越大，它的黏度反而越小。储存罐刚

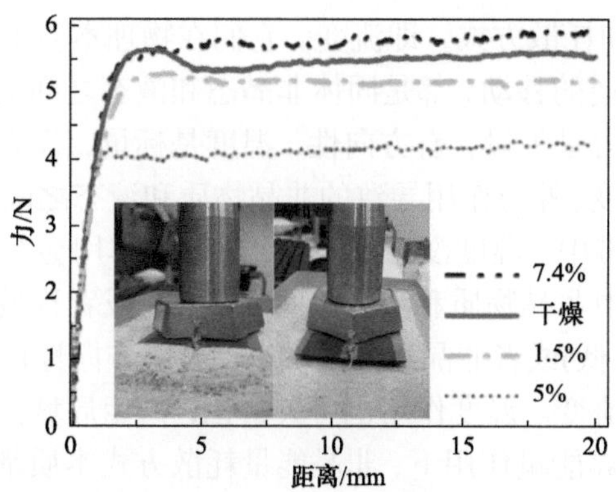

图 8.4　模拟在不同含水量(图中的百分比)沙子中拖重物所需拉力的变化。含水量 5%的沙子易于流变，摩擦力最小(拉力)[5]

刚破裂时，在重力的作用下，糖蜜的黏度大大变小，像洪水一样倾泻出来。这两个例子都说明黏稠流体的流动规律不能简单地用常规的流体思维去理解。

图 8.5　波士顿糖蜜洪灾现场(来自维基百科)

从上面两个非晶体系流变的例子，你可以感受到非晶体系流变行为的神奇和认识它的重要作用。本章就将具体介绍非晶物质的流变行为、流变特征、有趣现象及最新研究进展，特别关注非晶合金这类最简单的非晶态物质的流变，以及流变和玻璃转变、性能的关系，流变的结构根源的研究进展，将论述非晶物质中玻璃转变和受迫条件下的形变这两个基本流变问题。这两个表面上看似完全不同的过程，实际上都是非晶物质对外加能量(温度和力)的反应和耗散方式，即流变。它们在物理本质上没有不同，都是外加能量造成的粒子发生不可逆的移动，都是固体非晶态和液态之间的转变，只是发生转变的区域的尺度不同而已。力是矢量，有方向性，温度是标量，没有方向性。所以，力的作用会在某个方向形成流变，外力作用导致的非晶物质和液态之间的转变发生在纳米尺度的局域区域中，如剪切带中。温度没有方向性，温度的作用会在整个体系形成流变即均匀流变，造成整个体系中非晶物质和液态之间的转变，或者称玻璃转变。如果力作用的时间很长(应变速率足够低)或者非晶尺寸足够小，力的方向性被减弱，力的效应接近温度效应，也会发生均匀流变。温度作用也可矢量化，产生局域流变。所以，形变和玻璃转变物理上说都是在外界能量作用下，非晶能量耗散方式本质都是一样的，只是反应形式和尺度不同而已。实际上，温度、尺寸效应、应力，还有时间，都是外加的不同的能量形式。因此，非晶物质中的玻璃转变、形变这些基本问题都可以归结为流变现象，只是流变的时间尺度和空间尺度不同而已。因此，在此实验和假设的基础上，可以建立关于形变和玻璃转变的统一流变模型——弹性模型。这个模型能给出非晶物质中流变的统一解释[6]。

本章涉及的基本科学问题是：非晶物质中粒子在外力或者温度作用下是如何流变的？非晶物质中原子流变的物理本质是什么？非晶物质中的流变能否用简单的物理量来描述？能否建立合适的模型来描述非晶物质的流变行为？非晶物质流变、玻璃转变、弛豫、动力学以及性能的关系如何？

8.2 非晶物质流变的定义

什么是流体？能任意改变形状，能流动的就是流体，比如气体和液体。一粒黄豆不是流体，但装在仓里成千上万的黄豆就可以看作流体。什么是流动、流变性呢？流变性是指物质在外加能量的作用下的流动和变形。在电梯中小心翼翼地端一杯水，平稳地上到 8 楼，水杯始终没有晃动或旋转。在这个过程中，这杯水发生了运动，但水并没有流动。流动一定伴随着流体内部的相对运动。流动可分为两种：拉伸流动和剪切流动。图 8.6 是小勺蜂蜜在重力拉动下向下流动。越往下，蜂蜜变得越细，但是流速也越快。这种在流动方向上有流速改变的流动，就是拉伸流动。假设在一个湖里，水面在风吹动下向东匀速运动，但这时湖水并不是以相同的速度整体向东运动，而是从水面到水底，水流的速度均匀减小，到池底流速减为零，即流速沿与流动方向垂直的方向改变，这就是剪切流动，如图 8.7 所示。牛顿在 1687 年做了一个实验：用两块平行的木板代替了上面提到的静止的湖底和湖水面，中间的水层中产生剪切流动。牛顿假设，与木板相邻的水层会紧紧贴着木板运动或静止，速度与木板相等。由于流体有一定的黏性，即流体内部有摩擦力，因此，拉动上层木板保持匀速运动需要一定的作用力。牛顿发现，对于是牛顿流体的水来说，拉动木板的力与木板的运动速度是成正比的，这个比值(排除水层的厚度和面积的影响之后)反映了流体本身的性质——黏性。牛顿因此定义了黏度的概念。流体的各种复杂的流动都是由拉伸流动和剪切流动组合而成的。

图 8.6　蜂蜜的拉伸流动

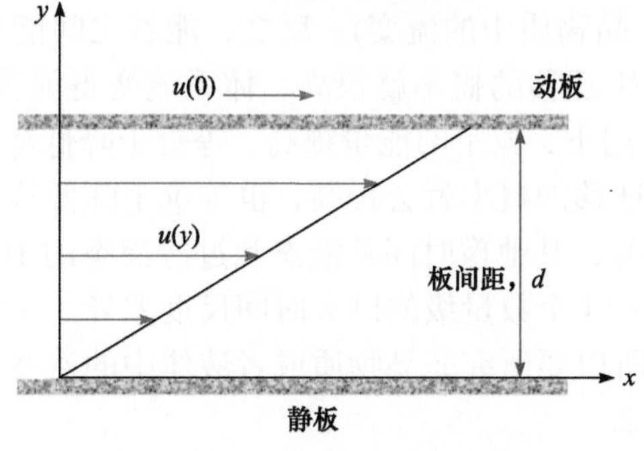

图 8.7　两平行平板间的剪切流动

研究流变的科学叫流变学(rheology)，这个词汇是 E. C. Bingham 受赫拉克利特的名言万物皆流的启发，于 1920 年提出的，流者恒流，变者善变[7]。物理上，流变的经典定义是：粒子离开其平衡位置发生迁移。黏滞系数η是描述流变的最重要的物理量，它表征黏滞液体对切变应力的阻抗[6]。Maxwell 对流体研究有重大贡献，黏滞系数η的概念和精确定义就是由他提出来的[6]。他是这样给出黏度定义的：考虑两块平板(面积为 S)之间的液体，给处于平衡态的液体加上一个剪切力γ，假设液体和平面间没有相对滑动，流动速度的梯度为∇v。这样黏滞系数η定义为

$$\eta = \gamma / \nabla v \tag{8.1}$$

或者：

$$\eta = G_{\infty}\tau \tag{8.2}$$

G_{∞}是瞬态剪切模量，一般的典型值为 1～10 GPa，τ是弛豫时间，在 10^2～10^3 s 的量级上。黏滞系数η是理解非晶物质流变和玻璃转变的最重要的物理量之一。

非晶形成体系发生的流变可以用黏滞系数η随温度变化的经验公式表示为

$$\eta = \eta_0 \exp[E(T)/k_B T] \tag{8.3}$$

这里η_0是前置系数，它相当于液体在接近气化时的黏滞系数，$E(T)$是和温度相关的流变激活能。从该式也可看出非晶物质流变的快慢和黏滞系数主要由激活能决定。

非晶物质和液体中的流变也可以按照能垒地貌图来定义：根据能垒地貌图，非晶物质都处在能量地貌图上的本征态(inherent state，IS)上[8]，本征态对应于能量地貌图上的一个较大的能谷[8]，应力和温度导致的非晶或者液体流变就是在能量地貌图中两个近邻的能谷或本征态之间的跳跃。因此，非晶和液体中流变的时间尺度主要受其能谷之间的峰高，即势垒的控制。流动需要能量，固体或液体中的粒子或原子需要特定的能量才能摆脱其邻居的束缚发生流变，这个逃逸需要的能量即激活能。

Eyring 假设非晶物质任何粒子的移动和流变都是能量激活过程。粒子的移动可以被热和力等外加能量激活发生流变。单个粒子跃迁或移动和激活能Δg的关系是

$$\nu_E \exp(-\Delta g/kT) = \nu_E \exp(-\Delta G/RT) \tag{8.4}$$

这里，ν_E是粒子的体系中的迁移频率，ΔG是自由能差。

如果能垒很大，粒子跃迁需要的激活能量很大，则发生迁移的概率就很低，体系流变得就很慢(如固态非晶物质中的流变)。反之，能谷之间能垒很小，粒子跃迁需要的激活能量很小，则发生迁移的概率就很高，体系流变得就很快(如一般液体中的流变)。在外力或者温度作用下，粒子的能量提高，等价于降低势垒，导致流变发生；足够长的时间，粒子发生迁移的概率就会提高，也等价于降低势垒，导致流变发生。非晶态是从液态凝固得到的，其弛豫时间从液态和过冷液态的 10^{-14}～10^{-1} s 到非晶态的大于 10^2～10^7 s，有 12～14 个数量级的巨大时间尺度差异。这种流变时间尺度的差异主要是其能垒控制的。所以要研究非晶物质或者液体中的流变，关键是要澄清控制流变势垒的物理因素是什么。

8.3 非晶物质在受迫条件下的流变

非晶物质通常情况下看起来和晶态固体没有任何区别，但它们在受迫情况下，比如受热、受力情况下，其原子流变方式和规律完全不同于晶体固体。非晶物质和体系在受迫条件下的流变规律不但对于新型非晶材料的研制、服役和性能优化非常重要，而且能为工程安全性评估以及自然灾害预测和预防等国家重大需求提供理论支持。我国是地质灾害多发的国家，每年因雪崩、山体滑坡、泥石流和地质沉陷等造成大量的物质损失和人员伤亡。大部分地质灾害的主要特征是发生的位置的不确定性和时间上的突发性，即

从极长时间尺度的缓变过渡到骤变具有很大的随机性，比如地震(图 8.8)、山体滑坡(图 8.9)，雪崩和冰崩(图 8.10)等非晶体系的断裂，因此难以预测和控制。这些自然灾害的物理本质对应的就是非晶体系的失稳和流变现象。另外，在我国已有和正在规划建设的水利水电工程中，由块石和颗粒堆积而成的堆石坝因造价便宜和易于建设是现有优选的坝型，其工程的稳定性和安全性问题涉及非晶体系的流变机理与控制。只有深入了解非晶体系流变相关基本规律，才能为预防自然地质灾害、大型工程的和安全施工运行提供指导。

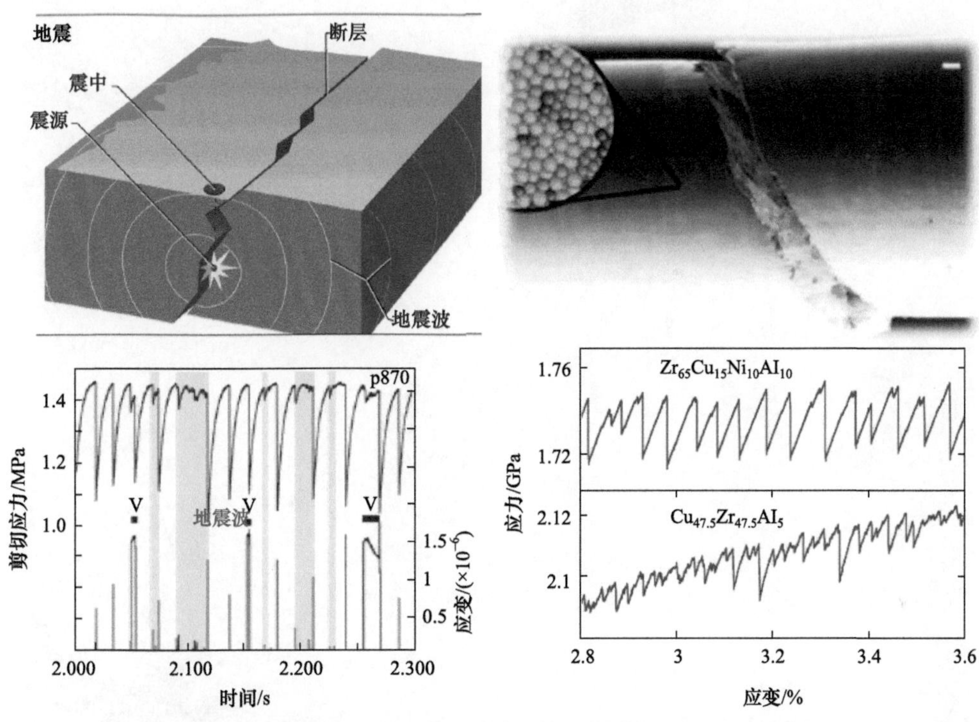

图 8.8　地震断层、地震波和非晶断裂、断裂的锯齿波的类似性

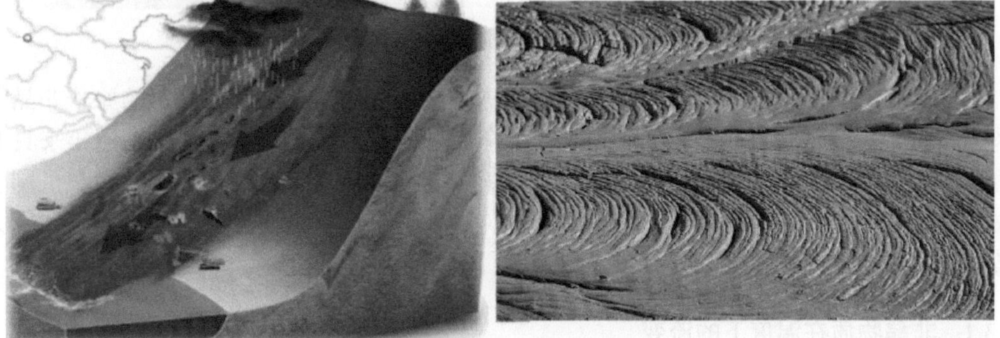

图 8.9　泥石流发生示意图

图 8.10　雪崩、冰崩和非晶物质的失稳和断裂有类似性

非晶物质中流动性的研究也是非晶物理中的重要方向。典型、最简单的原子非晶体系——非晶合金是研究非晶物质中基本流变单元和失稳的模型体系，特别是近年来具有力学性能迥异的大块状非晶合金体系的发现，为非晶体系受迫条件下流变的微观机制、失稳提供了机遇，非晶固体形变和断裂研究得到快速发展。下面介绍非晶在温度和受力条件下的流变及规律和关联性。

8.3.1　非晶物质在温度下的流变

非晶物质在热的作用下会发生流变。当温度达到某个临界值时，流变速度会发生突变：液体和非晶固态之间的转变，即玻璃转变。也就是随着温度的变化，体系大部分原子会发生由流动到不流动(在实验观察的时间范围内)之间的转变。当快速降温时，过冷液体中大部分原子的长程位移运动(translational motion)被冻结，从而液体转变成非晶态；当温度升高时，非晶态中的原子被逐渐解冻，转变成可以流变的液态。这种温度导致的流变可以方便地用动力学弛豫来描述和测量。弛豫的概念可以很好地反映、描述玻璃转变过程体系粒子的动力学的变化。事实上，绝大多数研究是通过动力学弛豫来研究认识非晶物质中的流变以及液体↔非晶转变，即玻璃转变的。

如何去研究复杂、无序非晶物质中的流变呢？动力学谱是目前研究非晶流变的重要方法和途径。非晶物质中的主要动力学弛豫有α和β两种弛豫模式[8-10]。如图 8.11 所示，α弛豫对应于体系多数粒子大范围的运动，主要存在于过冷液体中。经过玻璃转变，过冷液态中大规模粒子的平移运动即α弛豫被冻结。所以，α弛豫的冻结或解冻对应于液体↔非晶态的玻璃转变。但是，即使在非晶态，也不是所有的粒子的运动都被完全冻结，仍有一些粒子可以作短程的移动、扩散和弛豫，这种局域的粒子运动形式对应于慢β弛豫模式[9]。如图 8.11 所示，在α弛豫被冻结后，在非晶态仍然存在弛豫模式，可以在非晶的动力学谱上看到，它和温度的关系仍然符合液态中弛豫满足的阿伦尼乌斯关系，这就是慢β弛豫模式。这种弛豫模式对应于局域的少量粒子的流动，因此，可以根据慢β弛豫随温度的演变来了解非晶态中的局域流变。

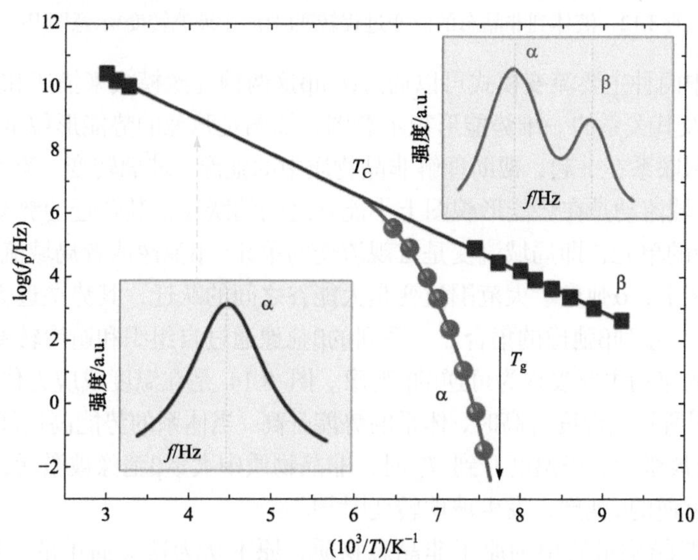

图 8.11　非晶形成液体的介电弛豫峰频率 f_p 和温度的倒数的关系。左下插图：高温时的单一弛豫模式，右上插图：低温时分裂的弛豫谱[10]

图 8.12 是计算机模拟出的液体和非晶态之间流变变化的直观示意图。可以看到α弛豫的突然冻结导致非晶物质结构的不均匀性[11]，即在非晶固态中依然存在一些粒子流动较快的、类似液态的纳米区域(被称为非晶物质中的类液区域，liquid-like sites)，

这些区域中粒子的平移运动没有被完全冻结住。这种本征的非均匀结构和动力学的不均匀性被局域在纳米尺度范围内的，远没有α弛豫过程中粒子平移运动的尺度大[8,12]。β弛豫模式就对应于非晶固态中没有被完全冻结住的纳米区域的原子平移运动[8-9,12-14]。在非晶态，局域流变是主要模式，β弛豫是非晶态局域流变的动力学表达。因此，β弛豫是认识和调制非晶流变的重要动力学方式，和非晶材料的性能、晶化、失稳等性质密切相关[14]。

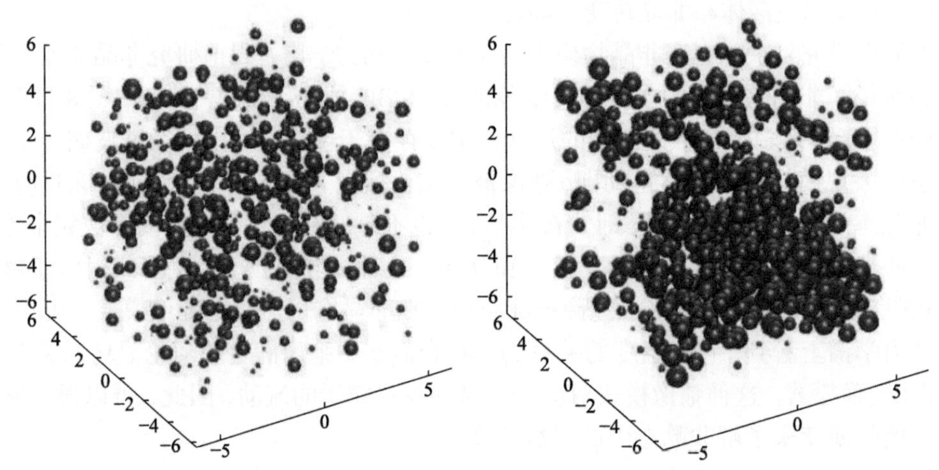

图 8.12 液体到非晶态的流变过程转变(对应于玻璃转变)示意图[11]

非晶物质中两种主要流变模式可以通过α和β这两种弛豫模式来描述和表征。图 8.13 给出α和β弛豫及其关系的一维势能形貌示意图，插图是弛豫的势能形貌全景。该图把弛豫和能量地貌图联系在一起，帮助理解非晶物质中的弛豫、玻璃转变、流变之间的关系。β弛豫，或者局域流动是在势能形貌图上小能谷之间的跃迁，其跃迁的势垒很小，β弛豫可看成是α弛豫的单元，即局域流变是宏观流变的单元。β弛豫或者局域流动非常局域且可逆。在能量图上，α弛豫、大范围流变是大能谷之间的跃迁，其势垒远大于β弛豫。可以看出α弛豫是一系列β弛豫的集合，一系列的β弛豫通过自组织和逾渗转变成α弛豫。在非晶态中粒子的流动主要表现为可逆的β弛豫。图 8.14 是在温度或应力作用下能量地貌图的变化。如图所示当温度升高时，体系的势能升高，当体系的势能高过能垒时，局域流变发生，β弛豫被激活。当温度升到 T_g 时，非晶物质中大量β弛豫被激活，这些β弛豫通过自组织成不可逆的α弛豫，发生玻璃转变[14-15]。

非晶合金是结构最简单的原子非晶态物质，原本认为这类简单的、原子密堆的非晶态可能不存在明显的β弛豫，即非晶合金应该是非常均匀的体系[16]。2004 年中国科学院物理研究所[17]和德国 Goettingen 大学[18]同时独立地在非晶合金中观测到β弛豫。中国科学院物理研究所采用动态力学分析(DMA)测试(类似内耗方法)，在不同非晶合金体系中都观测到了β弛豫，甚至发现一系列具有明显β弛豫峰的非晶合金。非晶合金中β弛豫模式的发现，为研究非晶局域流变以及和动力学β弛豫的关系提供了理想的模型材料。

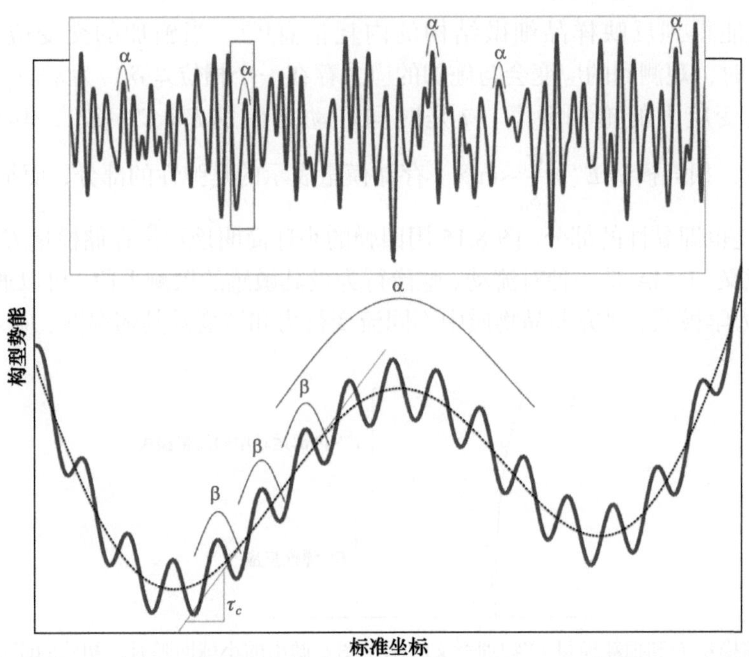

图 8.13　α和β弛豫及其关系的一维势能形貌示意。大量β弛豫通过自组织和逾渗转变成α弛豫。即β弛豫可看成是α弛豫的单元，其跃迁的势垒很小；或者说，α弛豫是由一系列β弛豫组成的，其势垒远大于β弛豫。插图是弛豫的势能形貌全景[12]

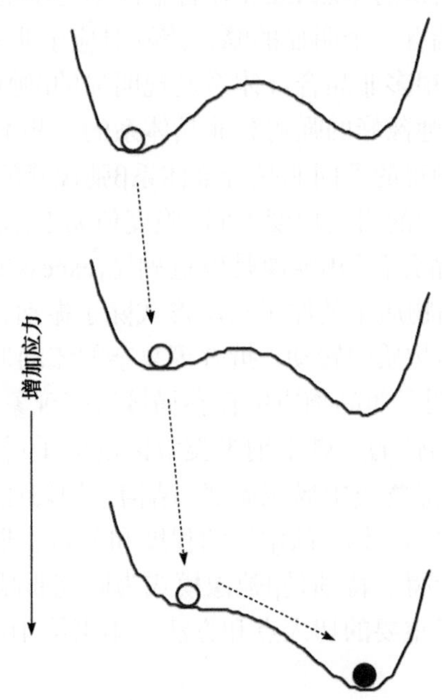

图 8.14　受应力或升温时能量地貌图的变化示意图，应力和温度通过使能垒降低而导致非晶物质流变[15]

DMA 是一种可以在宽泛的测试温度范围和一定的频率范围内对样品施加交变的应力，并通过观测其反馈的应变得到样品动力学和结构信息的测试手段。DMA 在低频低振幅条件下就能得到反映样品细微结构的内耗信息[19]。当施加的交变应力为正弦力 $\sigma=\sigma_0\sin\omega t$ 时，观测到的应变会与施加的应力存在一个相位差 δ，为 $\varepsilon=\varepsilon_0\sin(\omega t+\delta)$，其中 ω 是交变应力的施加频率，t 是时间。动态模量 $E=E'+\mathrm{i}E''$，其中存储模量 $E'=\dfrac{\sigma_0}{\varepsilon_0}\cos\delta$，损耗模量 $E''=\dfrac{\sigma_0}{\varepsilon_0}\sin\delta$。存储模量表示的是弹性的部分，而损耗模量则代表着能量消耗也即黏性的部分。图 8.15 用回弹的小球简明地示意存储模量 E' 和损耗模量 E'' 的物理意义。DMA 是一种对流动、弛豫行为极其敏感的探测手段，可以通过 DMA 敏感地探测动力学模式，研究非晶物质中不同流变行为和转变及其随温度、应力的演化[20]。

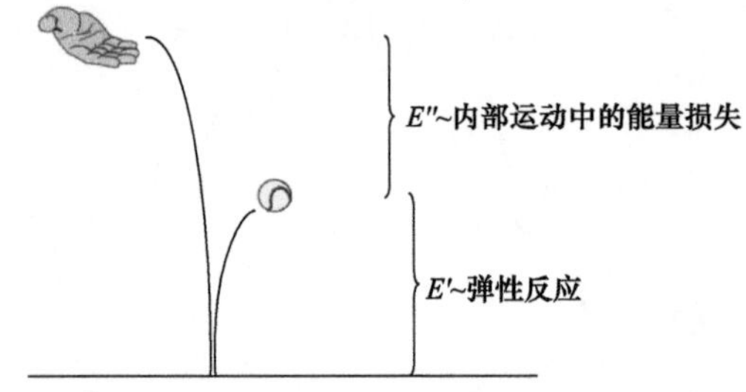

图 8.15 存储模量 E' 和损耗模量 E'' 物理意义的示意图。抛出的小球回弹时，初始的能量会分为两部分，一部分是可回复的(弹起的高度)，可用 E' 描述；另一部分损耗在摩擦和内部运动中的能量(弹起高度和初始高度的差值)被称为损耗模量 E''[19]

图 8.16(a)是用 DMA 测得的非晶 LaNiAl 合金的动力学弛豫谱，可以看到在该非晶合金内耗谱的低温或低频端有一个明显的峰，该峰对应于非晶的β弛豫；高温端的宽大峰对应的是α弛豫。已经在很多非晶合金体系发现明显的β弛豫峰，比如 La 基，Y 基非晶体系[21-27]。实验还发现β弛豫峰的强弱和非晶体系的一些本征特性如脆度系数有关。图 8.16(b)是用 DMA 方法测得的不同非晶合金体系β弛豫峰的比较[21-22]。可以看出不同脆度系数的非晶合金β弛豫峰的明显程度不同，脆度值 m 比较大的 La 基非晶合金的β弛豫峰更明显，一般较强非晶合金的β弛豫是以过剩尾(excess wing)的形式在弛豫谱上体现的。简单原子结构的非晶物质中的原子运动形式除了振动，就只有和局域流动、扩散相关的平动，没有高分子等物质中转动、折叠等复杂的流动形式。所以，在非晶合金中发现存在β弛豫，有力地证明了非晶物质中存在局域流变现象，β弛豫的结构起源是由于非晶固态中没有被完全冻结住的、微小纳米类液区的原子局域平移运动引起的[16]。因此，动力学弛豫可以反映非晶物质中局域流变、结构不均匀性、局域流变的尺度和分布、流变的激活能、非晶物质中的结构“缺陷”的程度和分布、非晶形变能力等信息，这些信息目前很难用其他方法获得。特别是β弛豫模式为研究非晶物质中流变结构起源、形变和玻璃转变的关系提供了重要的切入点和方法。本书第 10 章将详细介绍非晶物质动力学。

利用β弛豫峰能反映非晶物质在不同温度下的流变行为、激活能和规律，甚至可以调控非晶物质中的流变行为[14,29]。例如，根据非晶体系明显的β弛豫峰随温度和频率的变化，可以确定局域流变发生的激活能[21-27]。图 8.17 是测量的 La 基非晶合金在不同频率下β弛

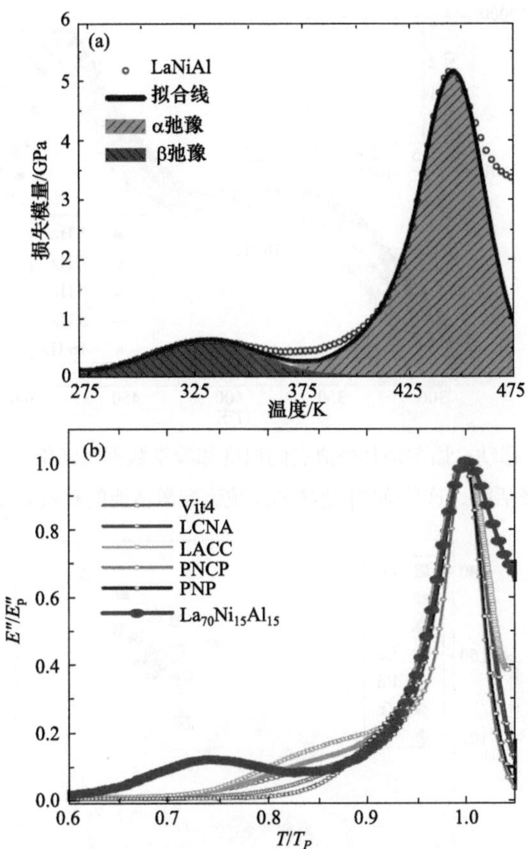

图 8.16 (a)非晶合金的内耗谱，红色峰是β弛豫峰[20]；(b)不同非晶合金体系β弛豫峰的比较[16]

豫峰随温度变化的曲线。随着频率的增加，β弛豫峰向高温方向移动。用弛豫峰值对应的温度和频率数据做阿伦尼乌斯图(见图 8.17 插图)，就可以从中估算出该非晶体系的β弛豫激活能，即局域流变的激活能。通过对很多不同非晶体系激活能的估算发现，β弛豫激活能 E_β和玻璃转变温度 T_g的关联，如图 8.18 所示。即非晶中局域流变激活能 E_c ($\approx E_\beta$)与玻璃转变温度 T_g之间存在如下关系[30]：

$$E_\beta \approx 26RT_g$$

式中，R 是气体常数。这个公式对于很多不同的非晶物质都成立。因为 T_g是α弛豫的特征温度，E_β和 T_g 的关系也进一步证明β弛豫和α弛豫是密切关联的，即α弛豫可能是由很多β弛豫过程自组织而成的。不同非晶体系具有共同的 E_β-T_g 关系还说明，虽然不同非晶物质的β弛豫的表现形式不同，但它们的机制本质上是有一致性的，都是局域流变的动力学行为。

通过液体黏滞系数随温度的变化(参数 m 的测量)测量也可确定 α 弛豫激活能，即非晶固态↔液态转变或者玻璃转变的激活能。实际上，液体的脆度 m 是能量的量纲，根据脆度的定义，可容易地得到α弛豫在 T_g 温度处的激活能 $E_\alpha(T_g)$：

$$E_\alpha(T_g) = mRT_g\ln 10 \tag{8.5}$$

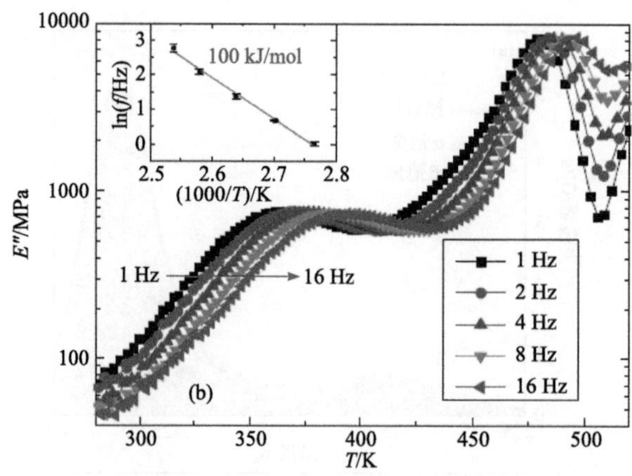

图 8.17 弛豫峰随频率的移动；插图是其峰值点的温度和频率数据做阿伦尼乌斯图，从中可以估算出激活能，这是确定β弛豫和局域流变激活能的有效方法

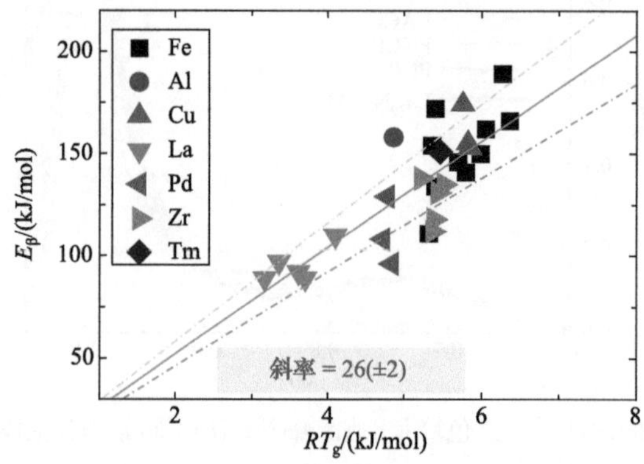

图 8.18 不同非晶合金β弛豫激活能 E_β和 T_g之间的关系，实线是最小二乘法拟合的直线[30]

α弛豫的激活能就是非晶体系中大规模流变的激活能。表 8.1 列出一些常见的非晶合金体系宏观流变(α弛豫)在 T_g 温度处的激活能。从表中可见α弛豫在 T_g 温度处的激活能的值是β弛豫激活能的几倍，这进一步证明α弛豫和β弛豫的密切关系：α弛豫是由很多β弛豫过程自组织而成的，即非晶物质的宏观流变是由很多局域流变的自组织形成的。

表 8.1 几种典型块体非晶合金的脆度系数 m，玻璃转变温度 T_g，α弛豫在 T_g 温度处的激活能 E_g 以及均匀流变时的激活能 Q 数据[31]

非晶体系	Q /(kJ/mol)	T_g/K	m (±5)	E_g /(kJ/mol)
$Zr_{41.2}Ti_{13.8}Cu_{12.5}Ni_{10}Be_{22.5}$	445	613	45	492
$Zr_{52.5}Al_{10}Cu_{22}Ti_{2.5}Ni_{13}$	521	659	40	505
$Pd_{41}Ni_{10}Cu_{29}P_{20}$	871	576	60	662
$Mg_{65}Cu_{25}Y_{10}$	277	425	35	285
$Zr_{55}Cu_{30}Al_{10}Ni_5$	405	678	35	454
$Zr_{49}Cu_{46}Al_5$	660	694	45	598
$Cu_{47.5}Zr_{47.5}Al_5$	654	702	45	605

续表

非晶体系	Q /(kJ/mol)	T_g/K	m (±5)	E_g /(kJ/mol)
$Zr_{65}Cu_{15}Al_{10}Ni_{0}$	375	652	30	374
$Pd_{40}Ni_{40}P_{20}$	665	597	50	571
$La_{55}Al_{25}Ni_{20}$	267	479	40	362
$Ce_{70}Al_{10}Cu_{20}$	130	366	28	195

因此，通过α和β弛豫的研究和表征，就可以了解非晶物质宏观的流变：非晶固态↔液态转变，也可了解非晶物质中的局域微观的流变：形变和衰变。非晶物质中由温度导致的流变起源于局域的β弛豫，扩展成α弛豫，是非晶体系从能量地貌图上一个大能谷到另一个大能谷的跃迁。

8.3.2　非晶物质在应力作用下的流变

固体在外力作用下会发生形变，形变的本质是固体内部组成粒子的某种形式、某种尺度、某种数量的受迫运动。晶体的塑性变形或者能量耗散是通过激活能较低的结构缺陷(如位错、晶界、孪晶等)的滑移、运动进行的。这些缺陷受到切应力后在晶格中运动，如果这样的运动激活能很低，缺陷运动很容易(比如在晶体金属材料的位错滑移)，那么这类材料的塑性变形就很容易，但这种缺陷的运动同时会大幅损失强度和弹性。晶体的形变机制已经建立了比较完备的形变理论和模型[32-33]。非晶物质在外力作用下的流变、形变机制和晶体的完全不同[34]，其力学性能和常见的晶态材料差异也很大。图 8.19 是非晶物质在应力作用下流变的宏观应力-应变曲线，从图中可看到，随应力流变(应变)的演化，其特征是有个过冲峰对应应力最大值Σ_{max}，再是稳态流变(对应的应力Σ_{ss})，再到屈服、断裂[35]。

为了了解非晶物质在外力作用下的流变特性和能量耗散机制，我们先来了解一下非晶固体的宏观力学性能和特征。20 世纪 70 年代初期，Chen 和 Leamy 等首次观察到简单非晶物质——非晶合金在室温下的塑性流变行为[32]。图 8.20 的透射电镜照片给出的是$Pd_{80}Si_{20}$非晶合金在拉伸力作用下断裂的断面上黏性流动的证据：断面上有软化颈缩，表明非晶断裂过程中，在应力作用下有局域流变发生[36]。但是，由于当时非晶合金样品尺寸的限制，非晶合金的力学实验仅限于条带或薄膜的拉伸、弯折或压印，非晶合金的塑性变形行为和内在机理的研究非常困难。20 世纪 90 年代中期随着大量力学性能迥异的块体非晶合金成分的发现，近十年来，人们以块体非晶合金为模型材料，对非晶物质的塑性流变行为开展了广泛而深入的研究[37-39]。

我们以非晶合金为典型体系来介绍非晶物质的宏观力学形变的主要表现行为，其他非晶体系的宏观力学行为和非晶合金类似。

非晶物质具有高强度和高弹性。非晶物质中没有类似晶体的位错、晶界等易滑移的结构缺陷，因而非晶物质相对于和其化学成分一样的晶态物质，具有高强度和高弹性[40]。图 8.21 是非晶合金和一些常见晶态材料的弹性极限和屈服强度的对比图。可以看出和晶态的钢、钛合金，以及高分子和木材相比，非晶合金具有高弹性和高强度，即非晶物质相比同成分晶体物质更难实现宏观流变。

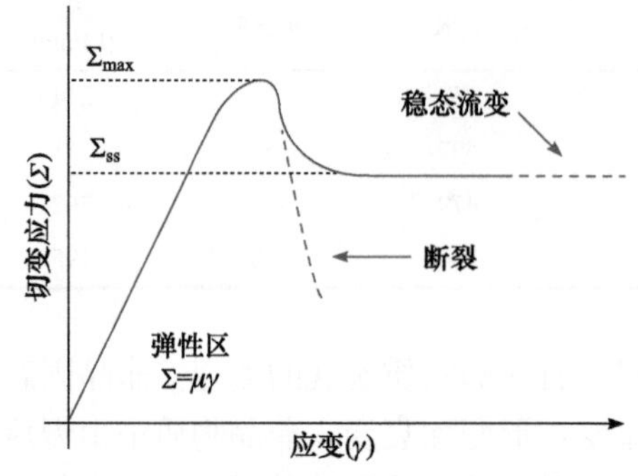

图 8.19　非晶物质形变的宏观应力-应变曲线：切应力随施加的切应变的演化：其特征是有个过冲峰对应应力最大值Σ_{max}，再是稳态流变(对应的应力Σ_{ss})，再到屈服、断裂应力迅速下降[35]

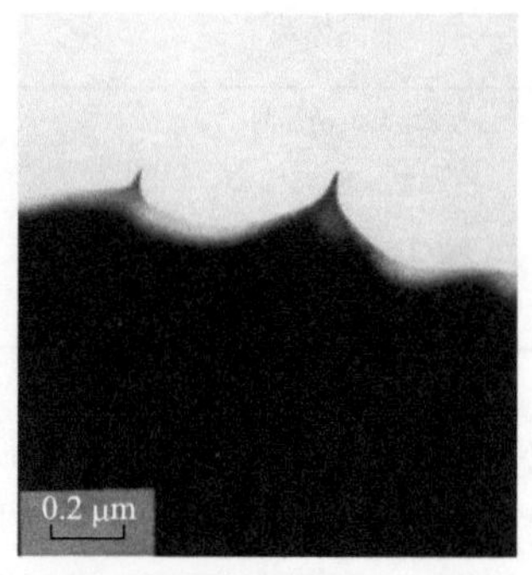

图 8.20　透射电镜照片给出 $Pd_{80}Si_{20}$ 非晶合金拉伸断面上黏性流动的证据[36]

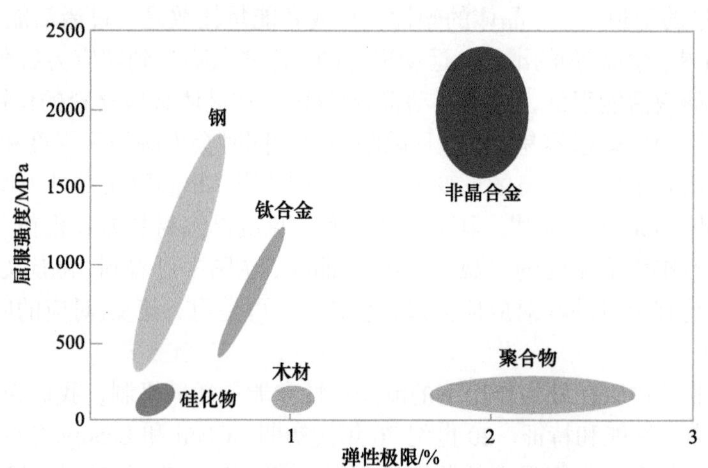

图 8.21　非晶合金和一些常见晶态材料如钢、钛合金、二氧化硅、木材和高分子等的弹性极限和屈服强度的对比图[40]

非晶物质在外力作用下发生局域塑性流变如屈服、塑性变形、断裂，会产生大量的剪切带。即非晶物质在力的作用下的流变或者塑性变形是高度非均匀和高度局域化的[34-41]，流变或变形仅仅局限于纳米尺度的剪切带的形变区域内。图 8.22 和图 8.23 分别是在受压缩和拉伸情况下导致的剪切带。非晶物质的流变或者塑性变形高度局域化的机制很复杂，在剪切带内温度、应力、应变都很高[39]。应力条件下剪切带、局域流变机制是非晶领域的重要研究方向，图 8.24 是非晶剪切带(shear band)形成机制研讨会。法国 Yavari 教授在东北大学召开的非晶会议上，以 SHEAR 乐队(英文：SHEAR band)做引子介绍非晶物质中剪切带和剪切带中的流变机制。

非晶物质的流变行为与温度、应变率、加载方式密切相关。在不同的温度和应变率下，非晶物质表现出不同的变形行为。高温、低应变率下，非晶物质表现为宏观的均匀塑

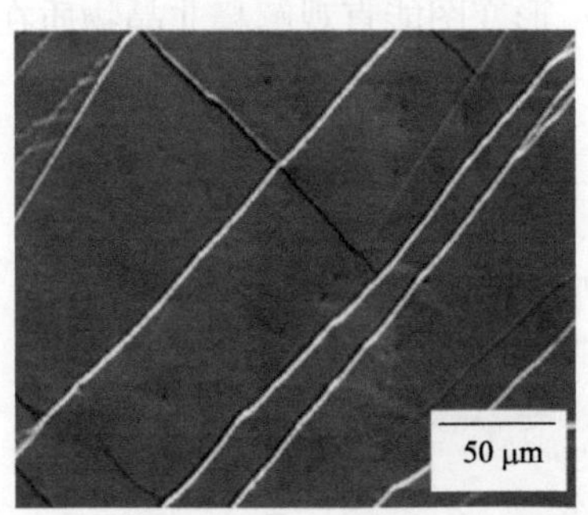

图 8.22　Zr 基非晶合金经压缩屈服后表面的剪切带[34,41]

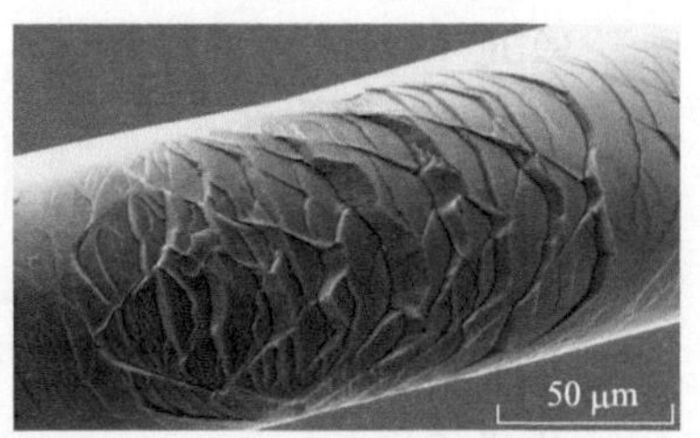

图 8.23　$[(Fe_{50}Co_{50})_{75}B_{20}Si_5]_{96}Nb_4$ (at%)非晶合金线(直径 100 μm)受拉力作用后在试样表面形成的剪切带[39]

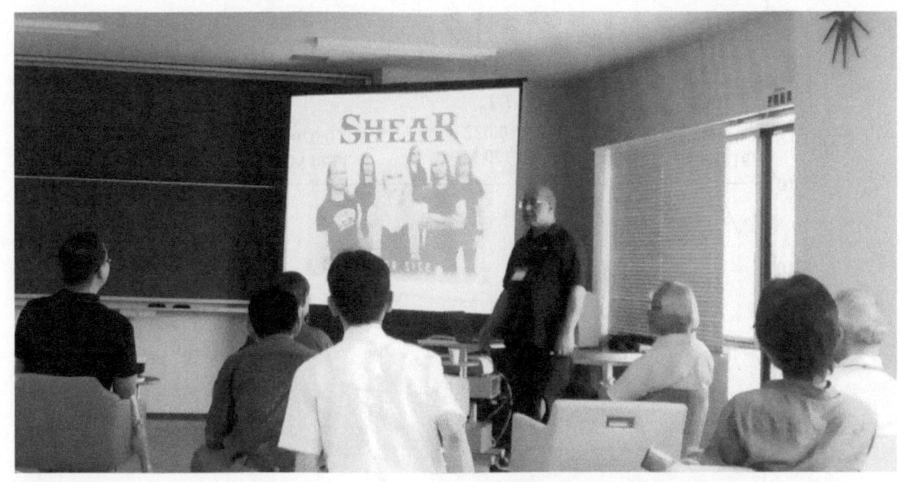

图 8.24　剪切带(shear band)形成机制研讨会。2012 年 8 月 Yavari 教授在东北大学以 SHEAR 乐队(英文：SHEAR band)做引子介绍非晶剪切流变中的剪切带(shear band)形成机制(照片由王军强教授提供)

性形变(黏性流动)；而在低温或者高应变率的条件下，非晶的变形仅仅局限于纳米尺度的剪切带内，流变是非均匀和高度局域化的。图 8.25 是非晶合金形变或流变模式随温度和应变速率的变化图[34]。对于均匀流变行为，依据应变速率 $\dot{\gamma}$ 和应力 τ 的关系分为牛顿流变和非牛顿流变行为，在较低应力下，符合关系式：$\dot{\gamma} = A\tau^n$，其中指数 n 为应力敏感因子，当 n=1 时为稳态牛顿流变行为，应变速率和应力之间符合线性关系，当 n>1 时为不稳定的非牛顿行为，应变速率和应力之间符合指数关系。这里 A 是与温度有关的系数，在低应力下($\tau \ll kT/V$)，$A = \frac{\alpha_0 v_0 \gamma_0 V}{kT} \cdot \exp\left(-\frac{Q}{kT}\right)$，$\alpha_0$，$v_0$，$\gamma_0$ 为非晶初始状态值，Q 为形变单元激活能。关于每个参数的详细描述可见参考文献[33-34]。高应力下的形变行为都为非牛顿行为，满足关系式：$\dot{\gamma} = \frac{1}{2}\alpha_0 v_0 \gamma_0 \cdot \exp\left(-\frac{Q}{kT}\right) \cdot \exp(1 - \tau V)$。非晶物质这种宏观塑性流变行为受到应力、应变速率和实验温度的影响，可用“形变图” (deformation map)

来描述，图 8.26 是非晶物质的形变图或者流变图[42]。形变图能直观解释非晶物质在应力、温度作用下的流变行为。

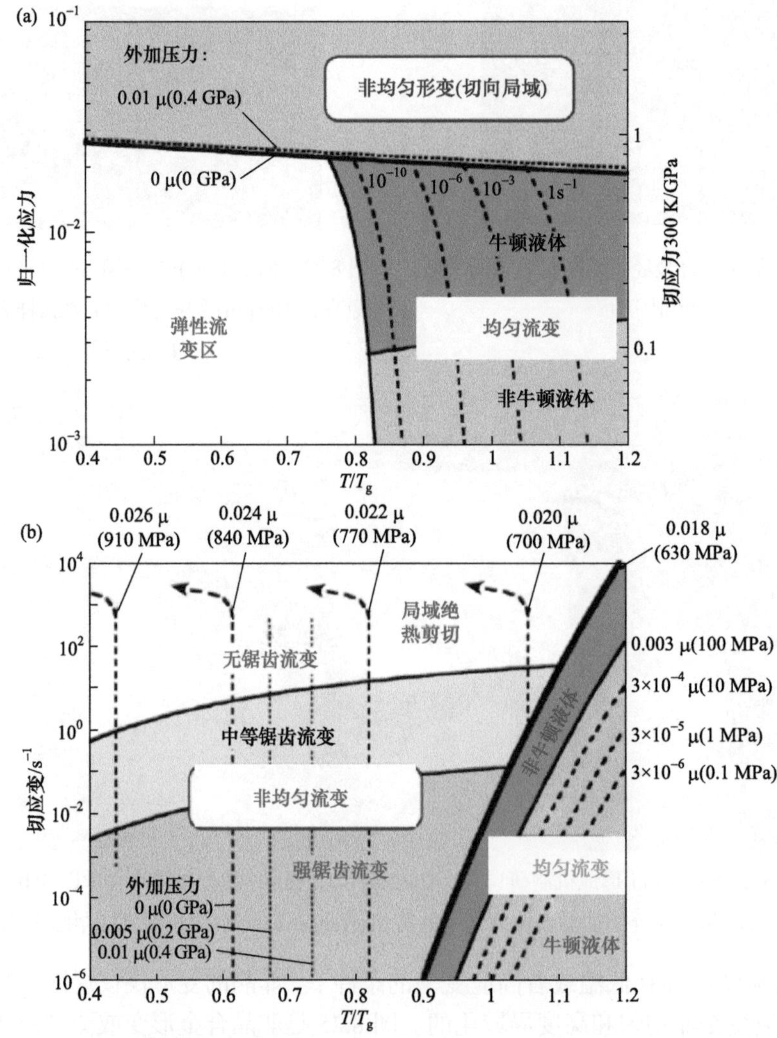

图 8.25 非晶合金的形变模式随温度和应变速率的变化图。(a)不同应力和温度组合下的变形模式；(b)不同温度和应变率组合下的变形模式。图中的数值是根据 $Zr_{41.2}Ti_{13.8}Cu_{12.5}Ni_{10}Be_{22.5}$ 非晶合金得到的[34]

流变图还能解释其他非晶体系流变行为，如人流问题。图 8.27 是计算机模拟人员遇到灾害从建筑物中逃逸的人流问题[43]。图 8.27(a)是 200 人的人群从建筑物的一个通道逃逸(流动)的人流示意图；图 8.27(b)是 200 人从如图建筑物逃逸(流动)出的时间和期望的逃逸速度(流速)关系[43]。可以看到无序体系流变和流速的关系：流速过快(超过 1.5 m/s)，总体逃逸或流出时间反而变长，符合流变图的预测。

根据形变图可以调制、设计非晶材料的流变行为。例如形变图预测在低温、高应变率条件下，可存在高密度剪切带导致的宏观上均匀的变形模式。中国科学院物理研究所在 2007 年报道了室温下通过提高非晶合金的非均匀性，在形变时实现高密度剪切带，从

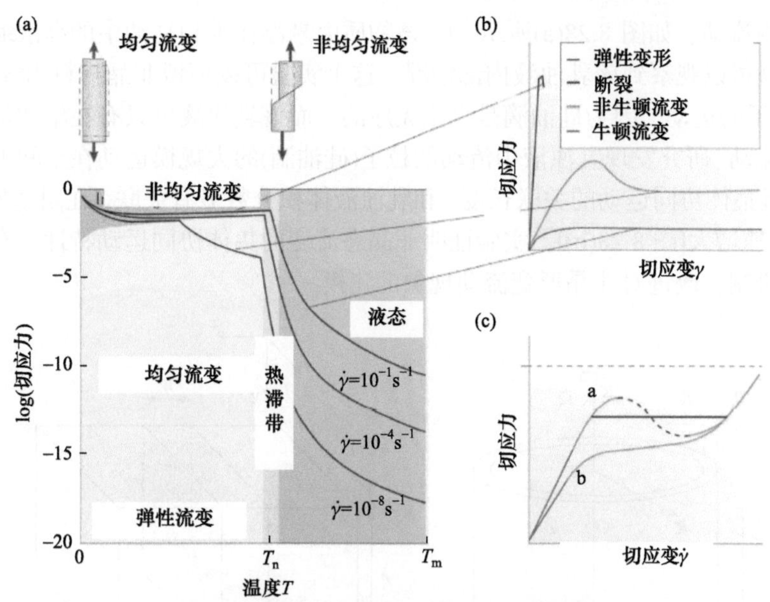

图 8.26　非晶物质在应力、应变速率和温度影响下的宏观塑性流变行为的形变图[42]

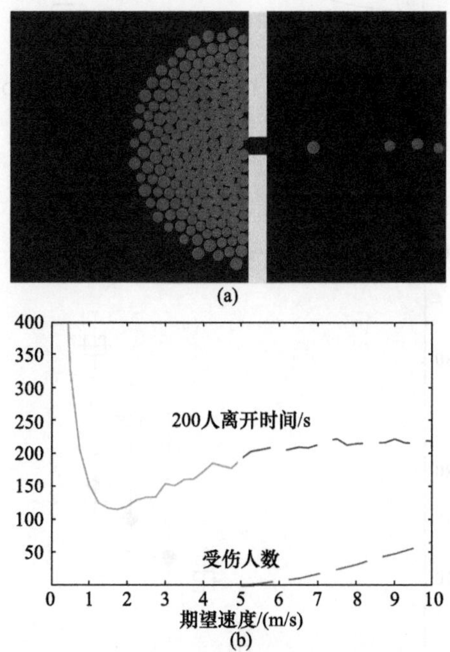

图 8.27　(a)人群逃逸示意图；(b)200 人从如图建筑物逃逸(流动)出的时间和期望的逃逸速度(流速)关系[43]

而导致具有超大压缩塑性的 Zr 基非晶合金[44]。加州理工 Johnson 研究组 2011 年通过高密度剪切带获得断裂韧性高达 200 MPa · $m^{1/2}$ 的 Pd 基非晶合金[45]。

为了认识在受迫情况下非晶物质内部局部区域粒子流动的微观结构根源这一挑战性问题，科学家从不同方面，设计各种实验，采用大规模计算机模拟等来研究非晶固体的流动性。下面就是一例：法国科学家利用微流技术观测高度浓缩的乳浊液如何在不同宽度的微通道内流动，如图 8.28(a)所示[46]。该物质由悬浮在水和甘油中的高浓缩硅油滴构成，用显微镜可以观察到该乳浊液内部情况。这个实验可以模拟非晶材料(用硅油滴模拟粒子)内部原子的运动，因为硅油滴是完全无序的，而该乳浊液也只有在施加足够的外力作用时才会流动。研究发现乳浊液中流动的粒子(硅油滴)的大规模运动在空间上是集体协同运动，而且集体协同运动的关联长度ξ和乳浊液体积分数ϕ有关联，在阻塞发生时，关联长度ξ会迅速增大[图 8.28(b)]。实验证明非晶态流变的集体协同运动特性，有利于认识玻璃转变的机制，改进对非晶形变流动现象的建模。

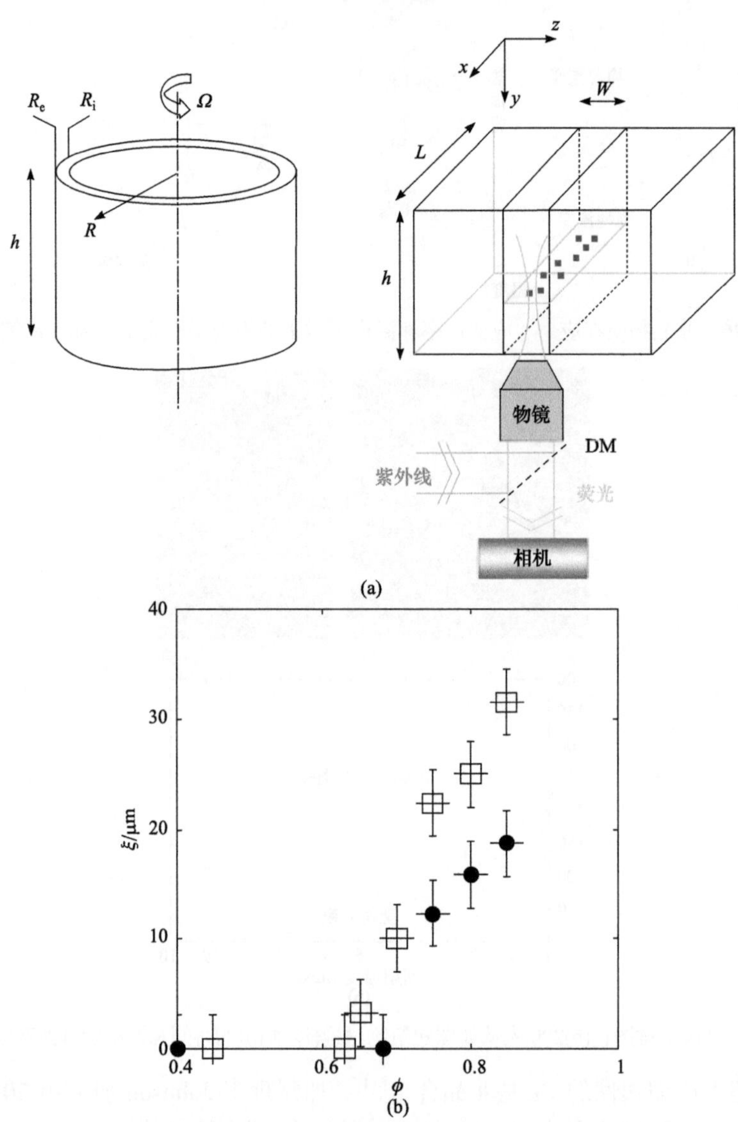

图 8.28 (a)浓缩的乳浊液流动测量装置示意图；(b)乳浊液中流动的粒子空间上集体协同运动的关联长度ξ和乳浊液体积分数ϕ的关系[46]

吴跃等建立了研究非晶物质局域对称性变化的核磁共振(NMR)探测方法[47-48]。该方法通过探测非晶物质中原子团簇的电四极矩的分布(见图 8.29 中的黑虚线圆圈)来了解原子的局域流变行为。在应力和温度作用下，原子团簇发生畸变或重组，其对称性以及其电四极矩的分布就会变化，电四极矩的分布的变化可以通过 NMR 灵敏地探测出来。该方法通过灵敏探测原子团簇在温度或者应力下的变化，从原子层次得到非晶固体局域结构流变的信息及其和性能的关系。如图 8.29 所示，NMR 研究显示非晶 LaNiAl 合金在蠕变作用下 Al 原子(图中紫色球)周围电四极矩的分布发生改变：从对称性很高的圆，变成对称性低的椭圆。这证明外力作用下的蠕变使得 Al 原子周围原子的分布发生变化，即发生了局域的集体协同流动。

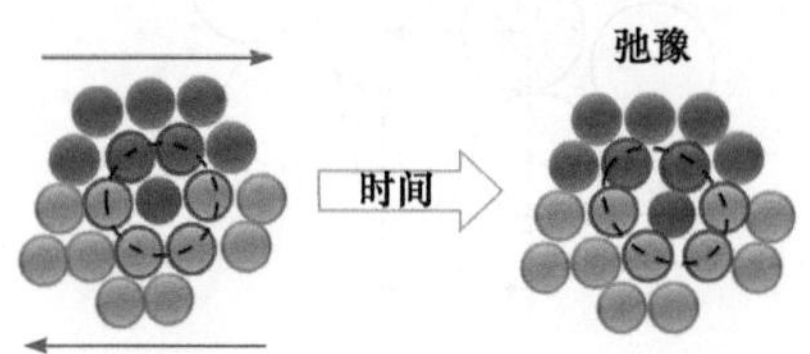

图 8.29　示意 NMR 通过观测 Al 原子周围电四极矩的分布，即团簇对称性的变化，来反映非晶物质局域原子结构在应变和不同温度下的流变[47]

胶体、各种颗粒物质是模拟非晶物质流变的模型体系，因为这些非晶体系的组成粒子的流动可以直接通过显微镜观测[49-55]。对这些体系的研究发现了很多非晶态流变的有趣现象。例如，在胶体中发现低频准局域化的振动模式(软模)是非晶系统中广泛存在的一种独特的动力学振动模式[55]。这种振动模式是准局域化的，与非晶体系中的不可逆形变或流变有着很强的关联性。非晶体系的软模从一个角度证实非晶体系中等效的"缺陷"概念。

由于非晶合金主要是金属键，应变可以通过原子的运动来承载。在应力作用下金属键的打开和形成都不用像共价键固体那样考虑键角，也不用像离子键材料那样要考虑电中性等限制性因素。有一个基本观点已经得到了该领域内的普遍认同：在外力作用下，非晶合金原子的流动在纳米尺度空间也是集体共同运动，非晶合金塑性变形或流变的基本单元是能够承载剪切变形的原子团的局部重排[34]。但是，与晶态纯金属和合金不同，非晶合金没有晶体中的低能量结构缺陷如位错，非晶合金中承担塑性变形的基本运动是一个高能量(需要高温或者高应力激活)的过程。这也是非晶合金强度高、塑性差的原因。

8.3.3　非晶物质流变的经典模型

为了描述非晶物质的局域塑性流变过程，人们提出很多模型，早期两种主要的微观模型是：以单原子跃迁为基础的"自由体积(free volume)涨落"模型[56]；以原子团簇协作剪切运动为基础的"剪切转变区"(shear transformation zone，STZ)模型[57]。

(1) 自由体积模型。图 8.30 给出自由体积涨落模型及非晶物质中原子通过自由体积流变的示意图[56]。自由体积模型认为非晶物质的塑性形变或者流变是通过局部单个原子的跃迁来实现的，类似于原子在非晶物质中的扩散。非晶物质流动与结构重排的前提在于其体系中存在粒子体积之外的过剩体积，即自由体积。显然这种单原子跃迁过程在非晶物质中原子排列较松散的地方，即具有足够多、足够大自由体积的区域容易进行。自由体积模型基于如下几个假设：①可以把液态和固态物质的体积区分为原子或粒子占有体积 V_0 和自由体积 V_f 两部分，即非晶物质总体积 V, $V=V_0+V_f$；②原子跃迁的速率和周围自由体积的数量相关，自由体积的激活能在 $15\sim25k_BT_g$；③自由体积只占非晶系统体积的很小一部分，并且为所有粒子所共有，体系中的自由体积是随机分布的，并可以在不改变系统能量的情况下连续移动；④在无应力条件下，原子沿各个方向跃迁、流变的概率相等，在外加应力的作用下，原子沿应力方向的跃迁所需能量小于其他方向，因为应力降低了其方向上的流变势垒，如图 8.30 所示。

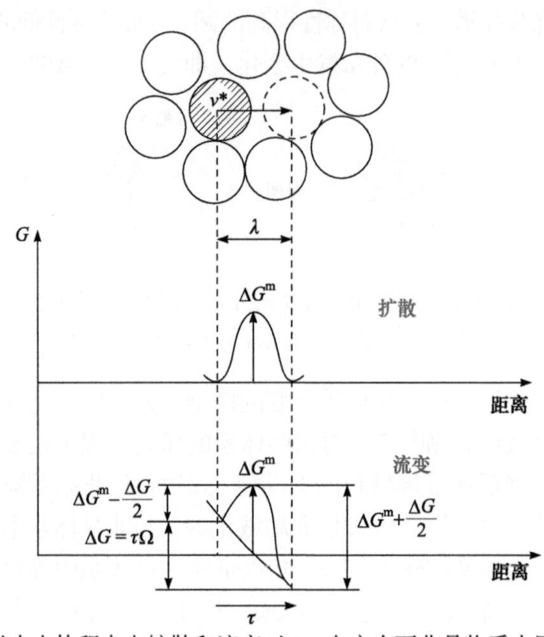

图 8.30 单个原子通过自由体积自由扩散和流变(上)；在应力下非晶物质中原子跃迁(下)的示意图[56]

在从液态逐渐冷却的过程中，整个体系的体积以及自由体积都会随之减小，但当自由体积小于一个临界值时，体系中的基本单元将不能再自由流动，这时发生玻璃转变，非晶固体形成。在非晶态中，自由体积的浓度不再是温度的函数，而是由非晶形成的条件和热历史决定的。一般来说，冷却速度越高，非晶物质中的自由体积越多。

Doolittle[58]、Cohen、Turnbull 首先给出在非晶物质中自由体积的图像[59]。Doolittle 根据自由体积理论，给出非晶物质流变黏滞系数η和自由体积 v_f及温度的半经验关系式[58]：

$$\eta = A\exp(Bv_0/v_f) \tag{8.6}$$

式中，A 和 B 是常数。

Spaepen 进一步发展了自由体积模型，把在应力、温度作用下，自由体积和非晶物质的本身因素弹性模量以及流变速率联系起来，建立了较完善的理论[56]。在液体中，若周围有一个足够大的自由体积，原子会扩散到这个自由体积中。Spaepen 给出非晶物质在外力作用下，流变速率和自由体积 v_f的表达式：

$$\begin{aligned}\dot{\gamma} &= (\text{可能跃迁的百分比})\times(\text{每个可能跃迁点的净跃迁速率})\\ &= \Delta f\exp\left(-\frac{\alpha v^*}{v_f}\right)\times\left\{f\left[\exp\left(-\frac{\Delta G^m-\tau V_a/2}{kT}\right)-\exp\left(-\frac{\Delta G^m+\tau V_a/2}{kT}\right)\right]\right\} \\ &= 2f\Delta f\exp\left(-\frac{\alpha v^*}{v_f}\right)\times\sinh\left(\frac{\tau V_a}{2kT}\right)\times\exp\left(-\frac{\Delta G^m}{kT}\right)\end{aligned} \tag{8.7}$$

其中，f 是 Debye 频率，Δf 是一个体积比例分数，均匀变形时 $\Delta f\sim 1$。V_a 为原子的体积，当自由体积足够大时才能引起原子的移动和跃迁，这时的自由体积大约接近硬球模型原子的大小 v^*，$V_a=1.25v^*$，k 为玻尔兹曼常量，T 是温度。无加载时，在恒定温度 T，非晶物质内部原子克服一个能量势垒 ΔG^m 跃迁的概率相同，不会有宏观上的永久变形，如图 8.30 上图所示。在切应力 τ 的作用下，原子向前跃迁和向后跃迁所要克服的能量势垒不再一样，在切应力作用下能量势垒减小，见图 8.30 的下图。

Spaepen 认为在非晶物质中粒子想要移动或者扩散必须推挤周围的其他原子来产生可以跃迁的自由体积，如图 8.31 所示。Spaepen 根据弹性固体畸变能，推算出一个体积为 v^*的原子挤出一个体积为 $v(v < v^*)$的空穴所必须克服的势垒是[56]

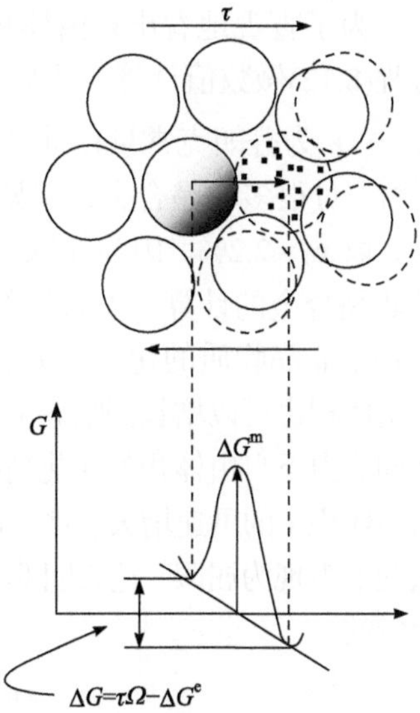

$$\Delta G^e = S\frac{(v^*-v)^2}{v} \tag{8.8}$$

τ

G

ΔG^m

$\Delta G=\tau\Omega-\Delta G^e$

图 8.31　剪应力下非晶合金中单个原子迁移示意图[56]

其中 $S=\frac{2}{3}G\frac{1+\nu}{1-\nu}$，$G$ 为剪切模量，ν 是泊松比。因此，在应力作用下自由体积的增长率为

$$\Delta^+\dot{v}_f = f\frac{\alpha v^*}{v_f}\frac{2kT}{S}\left[\cosh\left(\frac{\tau\Omega}{2kT}\right)-1\right]\exp\left(-\frac{\Delta G^m}{kT}\right)\exp\left(-\frac{\alpha v^*}{v_f}\right) \tag{8.9}$$

而由于扩散湮没造成的自由体积的减小率为

$$\Delta^-\dot{v}_f = f\frac{v^*}{n_D}\exp\left(-\frac{\Delta G^m}{kT}\right)\exp\left(-\frac{\alpha v^*}{v_f}\right) \tag{8.10}$$

这样，得到自由体积的净增加率为

$$\Delta^+v_f-\Delta^-v_f = f\exp\left(-\frac{\Delta G^m}{kT}\right)\exp\left(-\frac{\alpha v^*}{v_f}\right)\left\{\frac{2kT}{S}\frac{\alpha v^*}{v_f}\left[\cosh\left(\frac{\tau\Omega}{2kT}\right)-1\right]-\frac{v^*}{n_D}\right\} \tag{8.11}$$

需要说明的是自由体积 v_f 的绝对值很难直接测量到。目前的实验方法，如正电子湮没技术只能给出自由体积大略的相对统计值。为此，引入约化自由体积：$x=\frac{v_f}{\alpha v^*}$，这样方程就简化为

$$\dot{x} = \frac{f}{\alpha v^*}\exp\left(-\frac{\Delta G^m}{kT}\right)\exp\left(-\frac{1}{x}\right)\left\{\frac{2kT}{S}\frac{1}{x}\left[\cosh\left(\frac{\tau\Omega}{2kT}\right)-1\right]-\frac{v^*}{n_D}\right\} \tag{8.12}$$

以上就是 Cohen、Turnbull 和 Spaepen 建立和完善起来的非晶物质流动的自由体积演化方程。从这个方程可以看出，如果加载的剪应力足够大，则 $\dot{x}>0$，那么 x 就会随时间增加，原子的流动会变得越来越容易，最终必将造成非晶物质的屈服形变或者非晶态到液态的玻璃转变。

为了直观地看出自由体积在非晶物质变形、流变过程中的变化和所起的作用，可对方程(8.12)做数值计算。为此，将原子视为三维各向同性的谐振子，即 $\Delta G^{\mathrm{m}} = nhf(n = 1, 2, 3, \cdots, h$ 为普朗克常量)，其激活能近似为[60-61]$\Delta G^{\mathrm{m}} = (8/\pi^2)G\gamma_{\mathrm{c}}^2\zeta\Omega_{\mathrm{s}}$ ($\gamma_{\mathrm{c}}\sim 0.026, \zeta\sim 3, \Omega_{\mathrm{s}}\sim 2v^*$)。对很多非晶合金，起始自由体积 x_0 的值在 1%～2%(此时取 $\gamma=1$)的量级。实际计算中，取 $x_0 = 2.2\%$。因为如取 x_0 的值小于 2.0%，则 x 的增长非常之慢。通过对几十种常见的非晶合金的计算，发现当约化自由体积 x 在达到一个临界值 x_{C} 时，会陡然增大，且不依赖于非晶物质的化学成分和其他参数。对非晶合金，$x_{\mathrm{C}}\sim 2.4\%$。如果加载时间足够长，自由体积也可以增长到临界值，从而引起样品软化和屈服。图 8.32 是一种 Zr 基非晶合金在不同应力下自由体积的演化情况[62]。根据自由体积和黏度的经验关系式，黏度 $\eta \propto \exp(1/x)$，自由体积 x 的迅速增大会严重降低其黏度和抗剪能力，原子流动性增强，样品将会软化，在宏观上表现为屈服。这表明非晶物质的屈服行为是由内部自由体积值的大小，即流变行为所决定的。

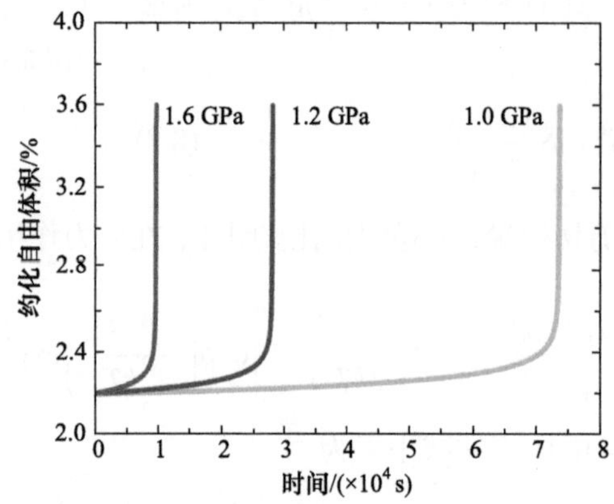

图 8.32　室温时在不同应力下 Zr 基非晶合金中自由体积的演化情况[62]

对于处在玻璃转变温度附近的非晶态，其内部自由体积的演化受以下方程的控制[63]：

$$\dot{c}_{\mathrm{f}} = -k_{\mathrm{r}}c_{\mathrm{f}}(c_{\mathrm{f}} - c_{\mathrm{f,eq}}) + \alpha_x\dot{\varepsilon}c_{\mathrm{f}}\ln^2 c_{\mathrm{f}} \tag{8.13}$$

其中 $c_{\mathrm{f}} = \exp(-1/x)$，为流变缺陷，即自由体积浓度。$k_{\mathrm{r}}$ 是一个与温度有关的常数，$c_{\mathrm{f,eq}}$ 为某一温度下缺陷的浓度，α_x 是塑性应变和流变缺陷集中的比例常数，

$$\dot{\varepsilon} = 2c_{\mathrm{f}}f\sinh\left(\frac{\tau V}{2kT}\right)\exp\left(-\frac{\Delta G^{\mathrm{m}}}{kT}\right) = \dot{\varepsilon}_0 c_{\mathrm{f}}\sinh\left(\frac{\sigma V}{2\sqrt{3}kT}\right) \tag{8.14}$$

是非晶物质高温均匀变形时的应变速率，V 是流变单元的激活体积。

尽管自由体积理论成功地解释了非晶物质许多与玻璃转变和流变相关的实验现象，但它也存在着一些无法克服的根本问题。首先，自由体积在实验中无法直接测量，在理论上无法给出明确的定义，与材料的真实结构也很难建立起直接对应。其次，这个理论对过冷液体以及非晶态中的动力学行为描述很不完善，特别是无法解释过冷液体中的不均匀性和弛豫的分裂等近年发现的重要实验现象。虽然在非均匀变形中，单个原子的跃迁对宏观的剪切变形的贡献很小，大量实验证明非晶物质中的流变是集体协同行为，和

自由体积模型不符，但自由体积模型还是提供了一个描述非晶塑性变形的相对完整、物理图像直观且简单实用的理论体系。

(2) 剪切变形区模型。剪切变形区(shear transformation zone，STZ)模型认为非晶物质可以模型化为：弹性体+流动的缺陷。非晶物质的塑性流动是由非晶物质中基本的流动单元来承载的。这些基本单元是原子团簇或集团而不是单个原子、粒子或自由体积[57,64]。STZ 模型基于以下假设：①非晶物质变形发生在粒子或原子团簇中，这些粒子或团簇处在一个球壳中。这个被包围在球壳中的粒子团簇被定义为剪切形变区，即 STZ。STZ 中多个粒子或原子团簇在温度或者外力作用下(外加能量)一起协同相对基体发生剪切运动。②STZ 内的多粒子协同运动需要激活能，协同变形或流变的概率与激活能和团簇内部的自由体积相关，即与团簇的松散程度有关。在外加剪切应力的作用下发生非弹性的剪切变形，使团簇的形位(configuration)从一个能量态变化到另一个能量较低的状态，这个过程需要跨越一个势垒，即 STZ 运动需要一定的激活能和激活体积。③这个激活过程是可逆的。STZ 的概念及其运动过程如图 8.33 所示。一个 STZ 的塑性流变，会引发非晶物质中更多的 STZ 产生，这些 STZ 能通过自组织耦合在一起，最终演化为宏观尺度的剪切带或者更大范围的类液体区域。

STZ 模型最早由 Argon 等通过对肥皂泡阀的实验观察(图 8.34)而提出[65]，实验非常简单，却为非晶物质流变的微观机制提出有广泛影响的物理图像。这是非晶领域又一个用极其简单的实验做出重要工作的范例。STZ 模型后经 Falk 和 Langer 等 [65]的进一步发展，现已成为非晶物质中特别是非晶合金中广泛应用的塑性流变理论模型。许多研究者通过胶体实验、计算机模拟来捕捉 STZ 运动的详细过程(包括 STZ 的形状、大小、结构和激活机制)。

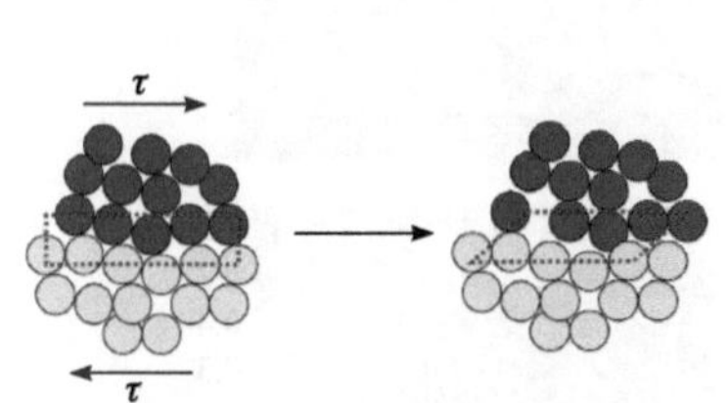

图 8.33　非晶物质塑性变形过程中原子运动的 STZ 模型二维示意图[57]

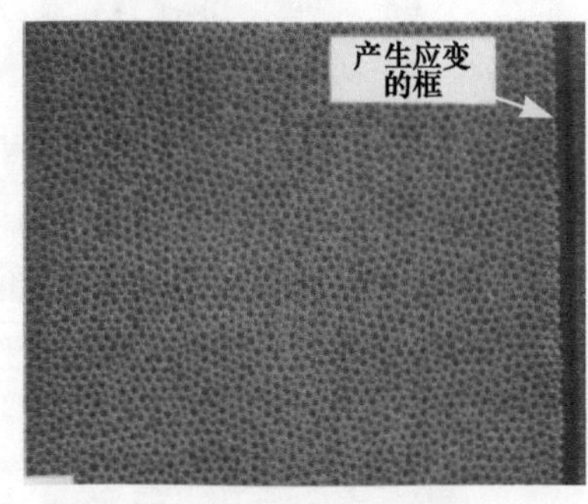

图 8.34　Argon 等的肥皂泡阀的实验，通过这个简单的实验观察到 STZ[65]

STZ 模型有如下几个特点：①STZ 是一种“流动缺陷”的理论模型(flow-defect theory)，它描述非晶固体是如何通过缺陷的运动(晶体中对应的缺陷是位错、晶界等)来表现出流动行为的。STZ 模型不同于液体的流变理论，例如，玻璃转变中的模耦合理论(MCT)，是描述液体如何开始表现固体行为的。STZ 是沿用晶体固体流变研究思路发展起来的。但需要注意 STZ 和晶体中位错等结构缺陷的不同，STZ 是指在外界能量作用下，非晶物质流动时产生的一种动态缺陷(是以流动方式或者速度区分的)，而非结构上的缺陷(结构缺陷是根据序来区分的，是有序结构中的无序排列原子，如位错、空位等)[57,64-65]。②STZ 模型是一种态转变理论(state transition theory)，即认为 STZ 存在两种不同的状态，如图 8.35 所示。通过某种激发，这两种状态可以进行转换，如图 8.36 所示是 STZ 主导的塑性变形

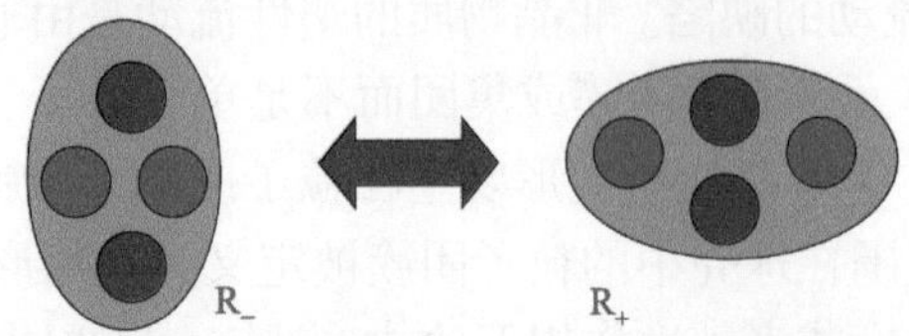

图 8.35　STZ 的两种状态 R₋和 R₊及转换示意图

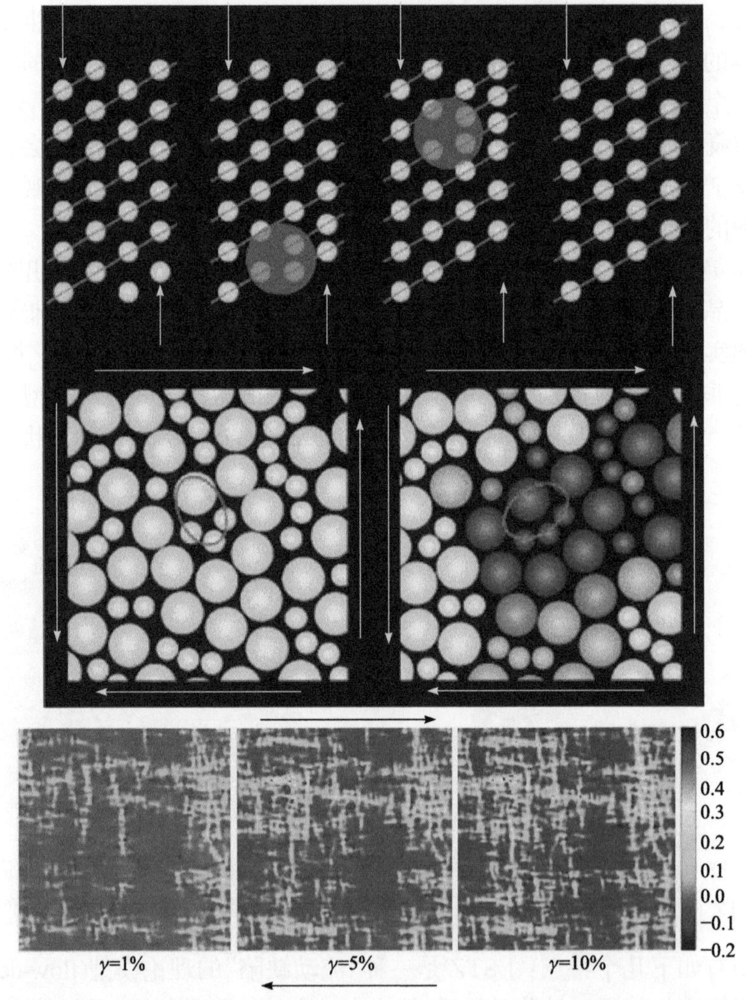

图 8.36　非晶物质塑性变形中的动态"缺陷"STZ 示意图。(上)晶体中位错主导的塑性变形，箭头表示施加的力，红色圆圈表示位错所在位置，斜线表示晶面；(中)非晶物质中剪切转变区 STZ 主导的塑性变形，左右两图分别表示变形前后。椭圆形表示 STZ 所在位置。箭头代表宏观应力的方向，黑色的圆代表形变后非仿射形变比较大的原子，空心的椭圆代表 STZ 在形变前后取向的变化[66]。(下)模拟得到的 STZ 相互作用，发生自组织，产生逾渗，形成剪切带的过程[67]

的示意图及和晶体缺陷承载的流变机制的对比。变形前后 STZ 取向、非仿射形变大小都发生变化，代表两个状态，这两个态是可逆的。这种 STZ 激发可以是外加的力，也可以是无外力条件下热扰动所产生的[57,64-67]。外力和热激发的区别在于：外力激发时，大多数 STZ 的排列方向会和外部应力相一致，对外部应变量的贡献由这两种不同状态的 STZ 数量差决定；热激发时，两种取向的 STZ 数量大致相同，从而对外部宏观应变的贡献为零。③STZ 既能够产生，也能够湮灭，其速率与环境以及外界条件有关。STZ 存在临界饱和值：STZ 一旦沿某个方向产生，会释放出一定量的应力，此时沿这个方向将不能再发生 STZ 转变，即达到了饱和。④STZ 之间可以耦合，自组织，产生逾渗，形成剪切带，或者引起非晶态到液态的玻璃转变，如图 8.36(下)所示。

需要特别强调的是，STZ 不是非晶态材料的结构缺陷，与晶体中的位错不一样，位错既是塑性变形运动的载体，也是静态的缺陷结构，是有序结构背景下的结构无序；STZ 只是塑性流变运动的载体，它是通过粒子的运动来定义的，并不是静态的结构缺陷。因为结构上非晶背底和 STZ 产生区域都是无序结构，从结构上难以区分其不同，不能在某固定时刻从非晶固体的原子图像上事先找到 STZ，它只是通过变形前后原子运动的对比来区别的[57]。STZ 只是定义了一个局部的体积，也不是非晶物质结构的特征，而是在受力状态下那些运动较快的部分。但是，这并不是意味着 STZ 与非晶的结构无关。STZ 的运动是同结构密切联系的。如在应力作用下，原子排列较松散的软区域将会是 STZ 首先激活的位置。大量实验证明 STZ 的激发与非晶物质的非均匀性密切相关[12,14,22,25-28,30,48,52,60,66]。

非晶合金形变或流变的第一个定量模型是 Argon 首先提出的。他将 STZ 看成弹性基体限制下的 Eshelby 等效夹杂，从而得到了 STZ 的激活能ΔF 的表达式[57]：

$$\Delta F = \zeta(\nu) G \gamma_0^2 \Omega \tag{8.15}$$

其中，$\zeta(\nu)$ 是和弹性基体泊松比ν 有关的对 STZ 的限制项，G 是剪切模量，STZ 的特征应变γ_0 依赖于材料和状态，一般为 0.1。Ω是 STZ 的特征体积。很多实验和模拟研究表明，STZ 包含 100～600 个原子，取决于不同的非晶合金材料体系。将非晶合金的典型参数代入方程(8.15)，可以得到 STZ 的激活能，通常为 1～5 eV，也就是 20～120$k_{\mathrm{B}}T_{\mathrm{g}}$。宏观塑性应变率，即流变的本构方程可以表达为

$$\dot{\gamma} = \alpha_0 \nu_0 \gamma_0 \exp\left(\frac{-\Delta F}{kT}\right) \sinh\left(\frac{\tau V}{kT}\right) \tag{8.16}$$

式中，$V = \gamma_0 \Omega$ 是 STZ 的激活体积，α_0 是与发生塑性变形的材料体积分数相关的因子，ν_0 是频率因子，约等于德拜频率。方程(8.16)能够很好地描述非晶合金均匀变形的本构关系，如图 8.37 所示。对于非均匀变形，STZ 理论经过假设和修正，也能预测非晶合金材料剪切过程的局域化。

另根据公式(8.16)可以确定每摩尔 STZ 的激活能 W_{STZ}，结合非晶合金具体情况，可以得到

$$W_{\mathrm{STZ}} \approx 0.39 G V_{\mathrm{m}} \tag{8.17}$$

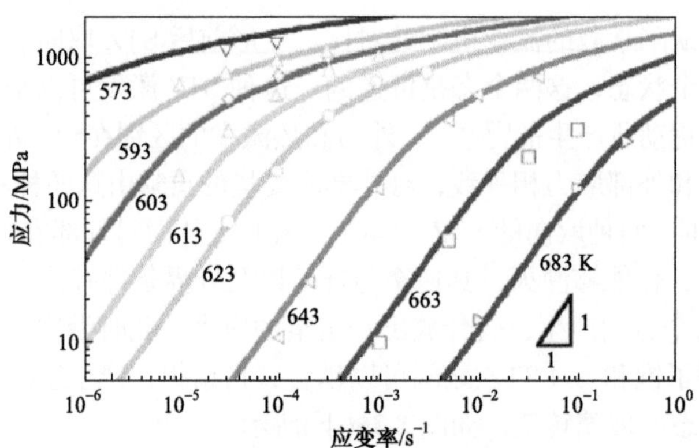

图 8.37 Zr 基非晶合金在高温下的均匀变形时温度、应变率和稳态应力的关系。实线为 STZ 模型的拟合[34]

不同非晶合金体系和成分的 STZ 激活能 W_{STZ} 值分布在 70 kJ/mol (Ca 基非晶合金)到 240 kJ/mol(Cu 基非晶合金)之间[27-28,30-31]。这些数值和实验以及一些计算机模拟的结果一致。

图 8.38 是自由体积和 STZ 模型对比示意图。自由体积模型比 STZ 模型概念上简单，缺点是没有热力学基础，也很难对自由体积进行实验观测和表征，可是自由体积模型简单、物理图像清楚，所以被广泛应用。STZ 模型的图像最近在胶体玻璃中得到了验证。Schall 等[52]在胶体实际流动中直接观察到了 STZ 的三维图像和演化过程。利用这两种模型，人们解释了非晶物质中的很多流变实验现象，如常温下的局域变形和软化现象，高温下的均匀变形等[34]。Argon 的 STZ 模型包含于弹性基体之中，对塑性流动过程(高温、低应变率)是合适的，但是由于弹性基体对 STZ 的限制作用，所以 STZ 有可能恢复到它未转变时的初始状态，这样 STZ 模型就不能描述从滞弹性到屈服的过程。

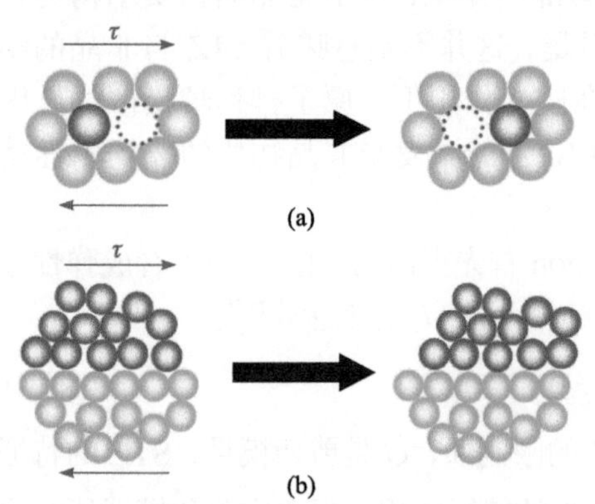

图 8.38 自由体积和 STZ 模型对比示意图[70]

另外，非晶物质的很多力学行为如锯齿流变行为、断裂行为等仍然不能通过这两种模型来解释。主要是因为这两种模型都是建立在平均场基础上的理论，而非晶物质虽然在宏观尺度上是均匀的，但在微观尺度上仍然是不均匀的。因此非晶物质在变形流动时，基本单元之间的相互作用不可避免，基本单元的相互作用有可能对非晶的变形、流变起到非常重要的作用[67]，但是这两个模型都没有考虑基本单元的相互作用。此外，这两种模型都只考虑了剪切膨胀对软化、流动的影响，都忽略了温度的影响。近年来，也有很多学者在这两种模型的基础上考虑了温度对应变的影响，并发现温度确实在其中发挥了重要作用，甚至可能是主导作用。Johnson 和 Samwer 在 STZ 模型和弹性模型的基础上，在非晶合金体系将 STZ 激活所需的能量和切变模量关联起来，提出了协作剪切模型(cooperative shear model)[68]。中国科学院物理研究所在弹性模型的基础上提出了扩展的弹性模型来描述非晶物质中的流变行为和玻璃转变[31,70]。但是，非晶物质的变形、流变理论和模型仍不够完善，有待于进一步的深入研究。

8.4　非晶物质流变和玻璃转变、动力学、塑性形变的关联性

非晶物质的几个主要研究方向包括玻璃转变研究(涉及非晶的形成)，动力学弛豫研究(涉及非晶流变随温度的变化)，形变、屈服和断裂机制(涉及非晶在应力下的结构及力学性能演化)。这几个看似互相独立的研究方向和问题有没有联系呢？能否建立统一的模型来描述和理解这些看似不同的物理问题？大量实验证据和分析证明非晶物质的形变、屈服和断裂、流变，动力学弛豫和玻璃转变有关联性，都可以归结为在外加能量作用下非晶物质的流变问题[31]。这为建立可以描述包括玻璃转变、形变、屈服、断裂、动力学弛豫等诸多非晶物质流变问题的统一弹性模型提供了基础。

要考察非晶物质的变形(包括弹性、塑性、屈服和断裂)和动力学弛豫(包括玻璃转变，α和β弛豫、衰变、结构弛豫以及稳定性)的联系，需要在微观上研究流变的基本单元 STZ 和弛豫单元β弛豫的联系；在宏观上研究塑性流变(包括弹塑性形变、屈服、断裂)和玻璃转变以及α弛豫的联系。

8.4.1　弛豫单元和形变单元的关联

非晶物质中主要动力学模式α弛豫的单元是β弛豫；形变的单元是 STZ 或者流变单元。澄清弛豫单元和形变单元的联系，无疑对认识非晶流变规律包括对β弛豫和形变单元的理解都很关键。

在非晶态中，α弛豫已经被冻结，存在的主要弛豫模式是β弛豫。β弛豫可以通过介电谱、内耗、动态力学谱等方法进行探测。在动力学能量谱上，不同的非晶物质，其β弛豫也表现为不同的形式。β弛豫峰在高分子非晶材料中很明显，所以很早就在高分子非晶材料中观察到明显的β弛豫峰。在非晶合金中，脆度系数 m 大的“弱”体系(如 Pd 基和 La 基非晶合金)的β弛豫表现得较为明显，表现为很宽泛的峰(broad hump)，叠加在α弛豫峰上；而 Zr 和 CuZr 基等脆度系数小的“强”非晶合金的β弛豫表现得很微弱，只在α弛豫峰上呈现一个过剩尾(excess wing)。由于高分子是多级结构，20 世纪 70 年代以前，人们一直认为β弛豫是和高分的支链运动相关的，直到 Johari 和 Goldstein[71]发现在一系列没有支链的有机物玻璃和一些小分子非晶材料中也同样存在β弛豫，人们才改变了对β弛豫的认识。在非晶合金中，在 T_g 温度以下用超声波处理 Pd 基非晶合金[72]，可使得该非晶合金部分区域发生晶化，形成了部分结晶的非晶-晶体复合结构。由此推断出了β弛豫的一种可能的微观结构：非晶合金在微观结构上存在强键合区域和弱键合区域，弱键合区域的原子运动与β弛豫相关。弱键合区域在超声和温度下，原子运动被加速，优先发生晶化。弱键合区域与形变单元、STZ 有关。其他大量理论、模拟和实验也都证明限制在弹性基体中的单个 STZ 事件，流变单元和β弛豫是有密切联系的，可能有共同的微观结构起源。

可以从能量的角度，通过比较弛豫单元和流变单元的激活过程和激活能来分析二者之间的关系[14,30]。这些不同性能的非晶体系的β弛豫激活能可以直接进行实验测量[73]。实验和模拟已经得到不同非晶物质体系大量流变单元的激活能 W_{STZ} 和β弛豫的激活能 $E_β$ 的数据[30,69,73-76]。图 8.39 是不同非晶合金体系的弛豫单元，β弛豫的激活能 $E_β$ 和流变单元激活能 W_{STZ} 值的比较。可以看到对这些性能和成分相差很大的非晶合金体系，其 $E_β$ 和 W_{STZ} 的值是一一对应的，能够明显看到二者之间的线性关系，且截距过原点。这说明在同一非晶合金体系β弛豫的激活能和流变单元、STZ 的激活能相等[30]，即：

$$W_{STZ} = E_β \tag{8.18}$$

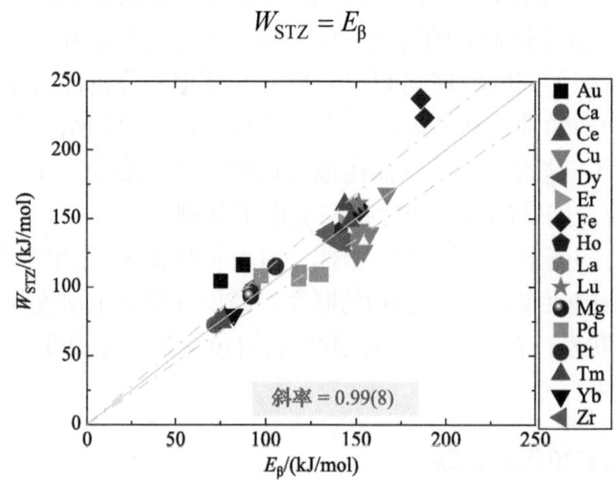

图 8.39 β弛豫激活能 $E_β$ 和 STZ 激活能 W_{STZ} 之间的关系[30]

非晶合金的 $E_β$ 和 W_{STZ} 相等证实弛豫的单元β弛豫和流变单元、STZ 有共同的结构起源。根据非晶物质的非均匀结构特征，可以认为它们都起源于非晶物质中的软区中的粒子的运动。

图 8.40 示意从快β弛豫到慢β弛豫，再到α弛豫的动力学演化过程对应的非晶物质微观结构演化过程及和流变的关系[77]。其物理图像是：β弛豫是和单个流变单元、STZ 的激活相关的。由于受到弹性基体的限制，单个 STZ 的运动及其动力学过程，β弛豫都是可逆的；α弛豫则是相当于整个弹性基体在外力作用下的崩塌，或者是很多 STZ 互相作用达到逾渗。非晶材料发生的屈服和塑性变形则对应于α弛豫过程。另外，β弛豫通过自组织形成α弛豫，对应于能量图景上大的能谷间的跳跃，即塑性形变。弛豫和形变在某种程度上存在等价性，只是二者的激活方式不同，分别是热激活和剪切力激活。

人们很早就发现在高分子非晶材料中，β弛豫和力学性能有密切关系。如果高分子非晶材料具有明显的β弛豫，且其特征温度 $T_β$(测试频率为 1 Hz 时β弛豫峰对应的温度)在室温附近，则该材料会有很好的室温塑性，其断裂模式也是韧性断裂；反之，则材料表现为脆性。许多高分子非晶材料的韧脆转变、断裂模式转变也和β弛豫有明显的关系。研究还发现，如果将力学实验所用的温度和时间(应变率)与β弛豫的温度和频率相匹配，则材料会表现为韧性变形[14]。这一现象类似激活α弛豫，当非晶材料进入过冷液相温区(α弛豫被激活)时，非晶表现出均匀流动变形和超塑性。塑料工业也很早就利用β弛豫和塑性变形的关系来指导生产。比如许多塑料需要拉拔，拉拔的温度是一个关键工艺参数。人们总结

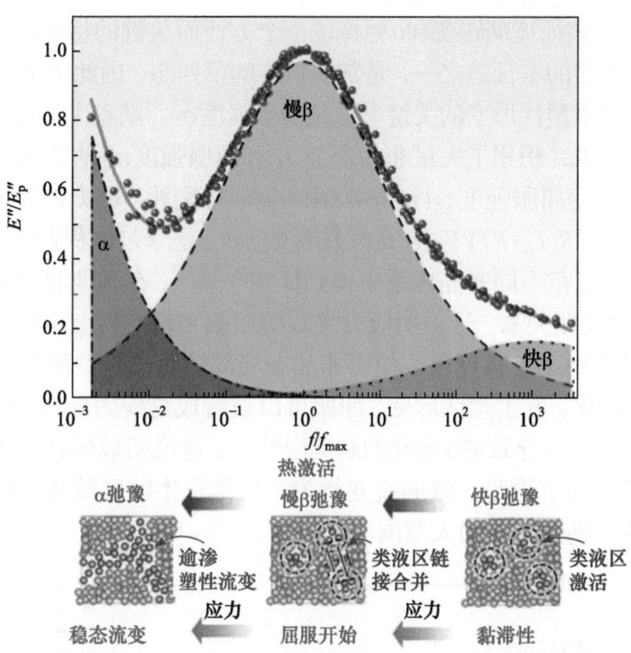

图 8.40　从快β弛豫到慢β弛豫，再到α弛豫的过程对应的非晶物质微观结构演化过程示意图[77]

出如下规律：如果材料有明显的β弛豫，那么拉拔温度就可以选在β弛豫温度与α弛豫温度之间；如果材料没有明显的β弛豫，那么拉拔温度只能选择在α弛豫温度(T_g)以上了。具有明显β弛豫的材料，其拉拔温度低，可以大大节约能源和成本。β弛豫是非晶高分子材料力学性能控制的关键。

α弛豫的基本单元β弛豫和塑性变形基本单元 STZ 的联系也能加深对β弛豫结构起源的理解，说明弛豫的单元β弛豫和 STZ 类似，有如下的共同特征：①局域性：非晶物质中并不是所有粒子都参与 STZ 和β弛豫；②非晶物质中某些特殊形位粒子或原子团(松散区域的原子)容易被激活，β弛豫和剪切力激活的 STZ 运动一样都和结构的非均匀性相关；③协同性质：β弛豫也应该和 STZ、流变单元的激活类似，是若干个粒子的协同运动完成的。

8.4.2　玻璃转变和塑性形变的关联

微观上，流变的单元和动力学单元β弛豫是关联的，β弛豫就是流变单元的动力学行为，流变单元是β弛豫的微观结构起源。宏观上，动力学弛豫、玻璃转变和流变行为之间有什么样的关系呢？即温度控制的玻璃转变(α弛豫)和应力导致的塑性流变包括屈服、塑性变形、断裂等有什么样的关系？我们还是以简单的原子非晶——非晶合金为例来讨论玻璃转变和塑性形变的关系。

首先考察非晶物质的玻璃转变(α弛豫)的特征温度 T_g 和塑性形变的特征值屈服强度 σ_Y 这两个宏观量(非晶物质最容易测量的参量)之间的关联。

1. 玻璃转变温度 T_g 和屈服强度 σ_Y 的关联性

虽然非晶物质的 T_g 随冷却速率和其他外部因素发生变化，但是其变化的幅度较小。因此，T_g一直被认为是表征玻璃转变和α弛豫的一个方便而关键的特征参量[78]。因为非晶态可以看成是凝聚态物质的本征态之一，是常规物质的第四态，因此T_g可以被看作物质的特征参数之一。非晶物质塑性形变的关键参数是屈服强度σ_Y。随着大量性能和成分不同的块体非晶合金被研发出来，积累了大量非晶合金T_g和屈服强度σ_Y的数据[69,79-81]。图 8.41 是不同非晶合金体系切变屈服强度τ_y ($\tau_y=\sigma_Y/2$)和T_g的关系图。可以发现τ_y和T_g之间存在很好的线性关系：$\tau_y = 3R(T_g-RT)/V_m$(R是气体常数，V_m是摩尔体积)[79]。τ_y和T_g之间的线性关系被不同研究组、在不同非晶体系中得到证实[69,79-81]，在其他非金属非晶物质中也得到类似的σ_Y和T_g的线性关系。这说明应力导致的屈服和玻璃转变有密切关联。非晶物质的屈服是外加能量达到一个临界点，使得非晶态局部转化成过冷液体，或者局域流变发生，从而使非晶态软化，发生塑性形变。屈服可以被看成是应力导致的、发生在局域剪切带中的玻璃转变，是应力导致的α弛豫的解冻[31,61,79]。这说明玻璃转变和屈服这两个不同的宏观现象从物理本质上看是一致的流变行为，只是发生的区域和尺度不同而已。玻璃转变和屈服有共性，都是粒子的大范围流变行为。

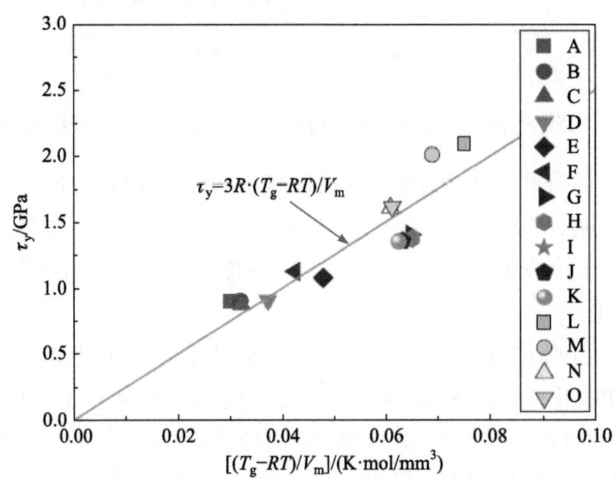

图 8.41 不同非晶合金体系切变屈服强度τ_y($\tau_y = \sigma_Y/2$)和T_g的关系：$\tau_y = 3R(T_g-RT)/V_m$[79]

2. 屈服和玻璃转变的共性

我们进一步讨论非晶物质的屈服过程和玻璃转变过程的相似性和共性，以及它们的共同物理本质。先考察非晶合金在屈服过程中自由体积的变化。图 8.42(a)是计算得出的 Fe 基，Zr 基和 Pt 基典型非晶合金在屈服过程中自由体积随时间的演化曲线[62]。可以清晰地看到约化自由体积(RFV)在屈服点达到一个临界值～2.4%后发生陡然增大(发散)，这种自由体积剧增的现象不依赖于非晶合金的化学成分和相应的力学性能参数，也不依赖于原子跃迁时所需激活能的大小及初始自由体积之值。如图 8.42(b)所示，几十种化学成分完全不同，差异较大，力学性能迥然不同的非晶合金，在屈服过程中的临界自由体积几乎都是～2.4%，其自由体积的变化趋势也一致。即 2.4%的屈服自由体积临界值对于这些非晶合金应该是普适的。因此，根据自由体积理论的观点，自由体积x和黏滞系数η有大致的关系[60]：$\eta\sim\exp(1/x)$。自由体积x增加，原子流动性增强，当x增加到一定大小，

即临界值 x_C～2.4%时，非晶合金宏观上表现为屈服，非晶物质将会软化，即弹性形变到塑性形变的转变。这意味在屈服时η也达到一个临界值。我们知道玻璃转变发生时，η达到一个临界值：$\eta(T_g)$～10^{13} poise(p，1 p = 10^{-1} Pa · s)，与非晶成分无关。在玻璃转变发生时，大量原子开始流动。所以，以上结果说明宏观上非晶物质的屈服和玻璃转变都具有临界现象的特征，都是流变的重要参数η达到一个临界值时候的转变，而且其发生临界现象的特征值有线性关系。

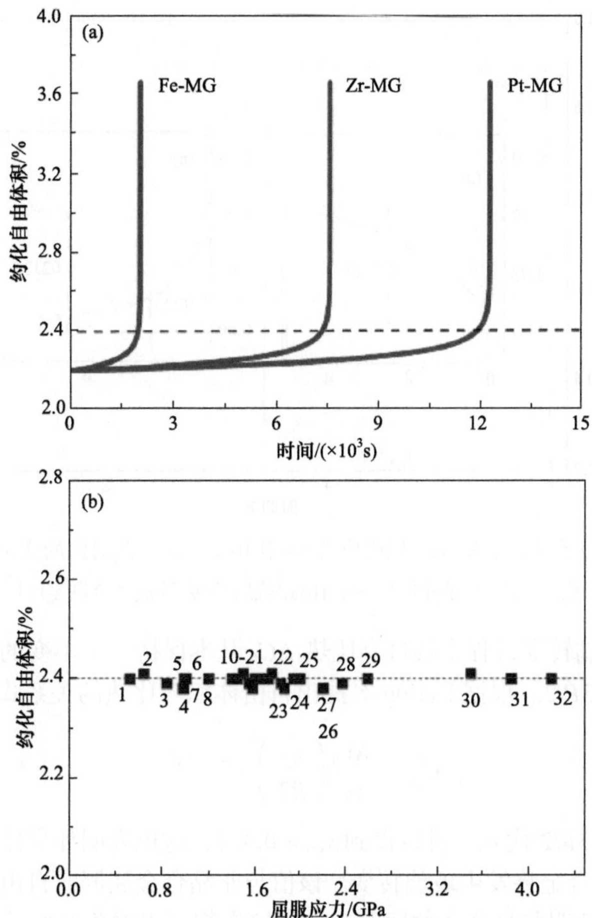

图 8.42　在剪应力下，不同非晶物质中自由体积随时间的演化(T = 300 K)。(a)Fe 基、Zr 基及 Pt 基非晶物质约化自由体积(RFV)的演化情况；(b)30 多种不同非晶合金屈服时的临界自由体积比较[62]

此外，非晶合金的屈服行为与其所承受的应力是否达到屈服应力并无直接联系，而是由内部自由体积值的大小所决定的。根据自由体积理论的方程(8.12)可以推出自由体积达到其临界值 x_C(～2.4%)时的临界剪应力：$\tau_c = \frac{2kT}{\Omega}\cosh^{-1}\left(\frac{x_C S}{2kT}\frac{v^*}{n_D}+1\right)$。将 x_C～2.4%代入可以得到 τ_c 的具体数值。从得到的具体数据看到临界应力σ_c远小于屈服应力σ_Y[62]。实验确实证实只要应力σ大于一个临界值σ_c，σ_c 小于屈服强度σ_Y(这意味着可以产生自由体积，激活原子的流变)，如果加载时间足够长，自由体积就可以增长到临界值，从而引起样品软化和屈服[82-83]。如图 8.43 所示，非晶合金在室温，在屈服应力$\sigma(=80\%\sigma_Y) < \sigma_Y$长时间(5 h)作用下，可在表观弹性范围内，发生滞弹性应变，卸载以后这些应变不能完全恢复[82]。自由体积达到临界值为什么能够导致样品的软化或者屈服？这是因为当自由体积达到某个临界值时，非晶物质发生了某种相“转变”，非晶物质中某些区域(剪切带)实际上进入了过冷液相区，样品软化流变，屈服也随之发生。也就是说，屈服可以被认为是一种应力导致的非晶物质中的局域玻璃转变。

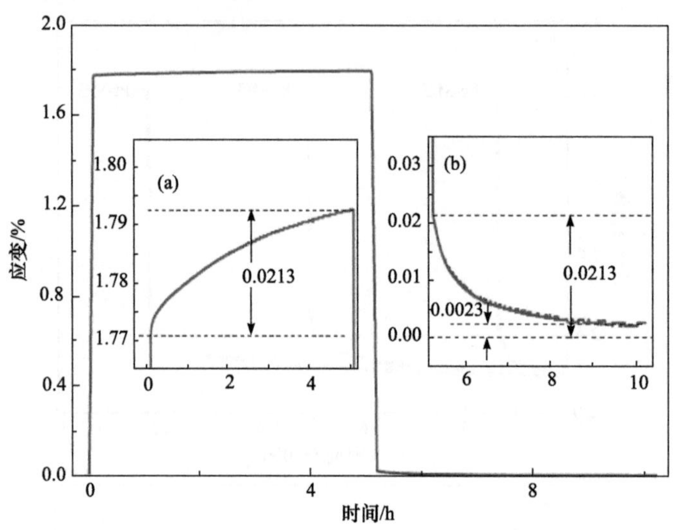

图 8.43 非晶合金 Vit 4 在室温，80%σ_Y屈服应力 5 h 作用下，应变随时间的变化。(a)在表观弹性范围内，发生了滞弹性应变；(b)卸载后应变不能完全恢复[82]

非晶物质在玻璃转变过程中的过剩比热 ΔC_p 基本保持一个不变的数值，在误差允许的范围内(5%)等于 $3R/2$。根据 Eyring 等提出自由体积与比热的关系式[84]：

$$C_{ph} = \frac{R\nu_0}{\upsilon_h}\left(\frac{\varepsilon_h}{RT}\right)^2 e^{-\varepsilon_h/RT} \tag{8.19}$$

将 $\Delta C_p = C_{ph} = 3R/2$ 代入，可以得到 $x_{cri} \approx 0.024$，这也表明如果体系中的自由体积分数达到 2.4%，非晶合金将发生玻璃转变。该值与非晶合金屈服时自由体积达到的浓度一致[62,82]。这进一步证明非晶合金的屈服和玻璃转变都可以看作系统的流变现象，玻璃转变和屈服都具有临界流变现象的特征。本质上它们都是非晶态到过冷液态的转变，只是导致转变的原因、流变的区域大小不一样而已。

对于一个阻塞(jamming)系统(非晶、颗粒、泡沫等无序体系属于阻塞系统)，温度、应力和密度三种方式都能够使之发生阻塞↔流动转变[49]。因此，可以用升温、施加外应力和增加自由体积来使非晶体系发生流动。非晶物质的屈服和玻璃转变都可以看作系统自由体积达到同一临界值时发生的流变现象。即非晶物质的形变和玻璃转变问题都可以归结为流动问题。通过计算机模拟非晶物质的塑性流变行为和机械失稳行为也证明形变和玻璃转变都是应力导致的玻璃转变现象(图 8.44)，也就是说，温度和应力效应对于非晶物质的流动是等效的[85]。

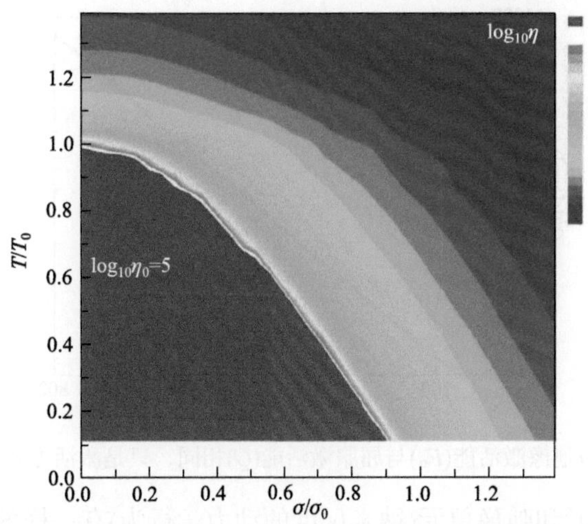

图 8.44　非晶合金的塑性流变和机械失稳行为模拟表明两者都是应力导致的玻璃转变现象[85]

3. 玻璃转变和塑性形变具有相同的激活能

我们进一步从激活能的角度来分析玻璃转变和形变的相关性。玻璃转变的激活能可以通过液体黏滞系数随温度的变化测量来确定[31,74]。另外，过冷液体均匀流变的激活能可以实验测得。对于过冷液体的均匀流变，应变速率 $\dot{\gamma}$ 和切应力 τ 及温度的关系为

$$\dot{\gamma}=\alpha_0\nu_0\gamma_0\exp\left(\frac{-Q}{kT}\right)\sinh\left(\frac{\tau V}{kT}\right) \tag{8.20}$$

式中，Q 是过冷液体均匀流变的激活能。令 $A=\alpha_0\nu_0\gamma_0\exp\left(\frac{-Q}{kT}\right)$，则对给定温度，通过对数据 ln(A)和 $1/T$ 的模拟可以得到 Q 值。图 8.45 是根据 Zr 基非晶合金均匀流变数据拟合得到其均匀流变激活能为(490±20)kJ/mol ≈ $97RT_g$。表 8.1 列出了典型非晶合金体系玻璃转变和过冷液体均匀形变的激活能。图 8.46 给出这些典型非晶合金玻璃转变和形变激活能的比较，可以看出[74]：

$$Q\approx E_\alpha(T_g) \tag{8.21}$$

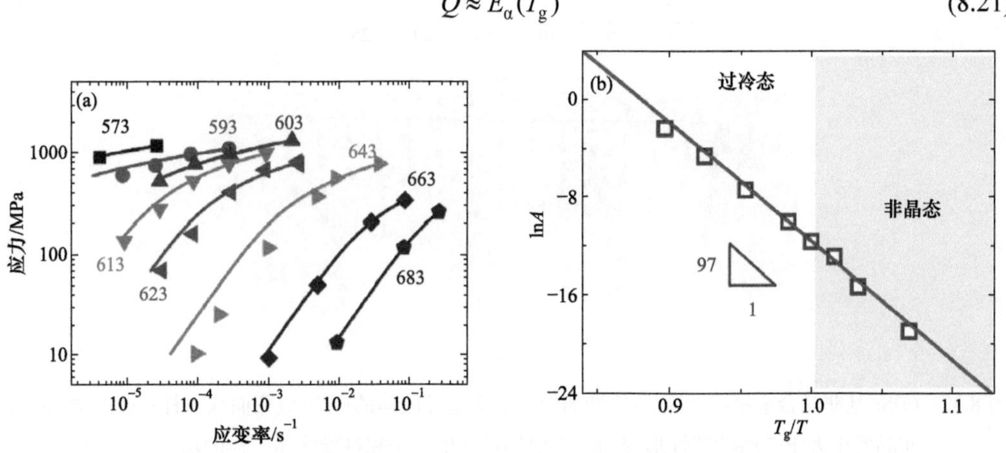

图 8.45　(a)Zr 基非晶合金均匀流变数据；(b)ln$A$ 和 $1/T$ 的关系[34,74,76]

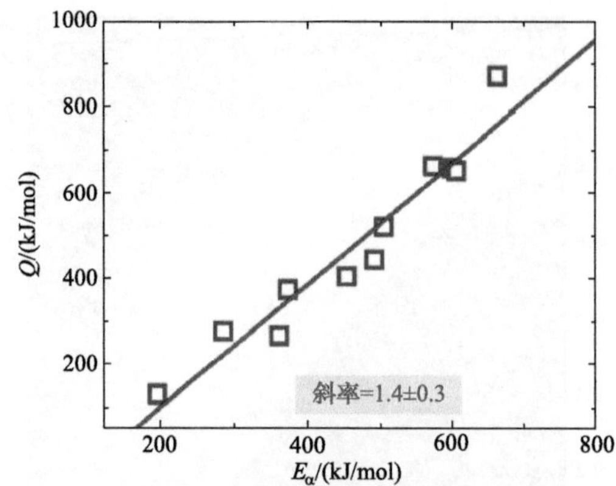

图 8.46 α弛豫激活能(E_α)与屈服激活能(Q)相同，只是激活方式不同[10,74]

即不仅微观的流变单元和弛豫单元(纳米尺度的动力学行为)有一样的激活能，非晶物质的宏观流变、玻璃转变和塑性形变也具有相同的激活能。这进一步证明玻璃转变和塑性形变的关联性和同一性。实际上，玻璃转变和塑性形变关联性的实验证据还有很多，不同的方法和实验都证实玻璃转变和塑性形变的关联性，这里不一一列举。

利用一种 T_g 接近室温(T_g= 323 K)的 Sr 基非晶合金可以直接验证力和温度实现流变的等效性[86]。Sr 基非晶合金的 T_g 很低，该体系流变单元激活能($\propto k_BT_g$)因此很低。如图 8.47 所示，在应变速率小于 $10^{-4}\ s^{-1}$ 时，室温条件下其应力-应变曲线和过冷液体的应力-应变曲线一样，非晶样品电镜照片显示该非晶合金发生大于 70%的塑性形变时都没有剪切带产

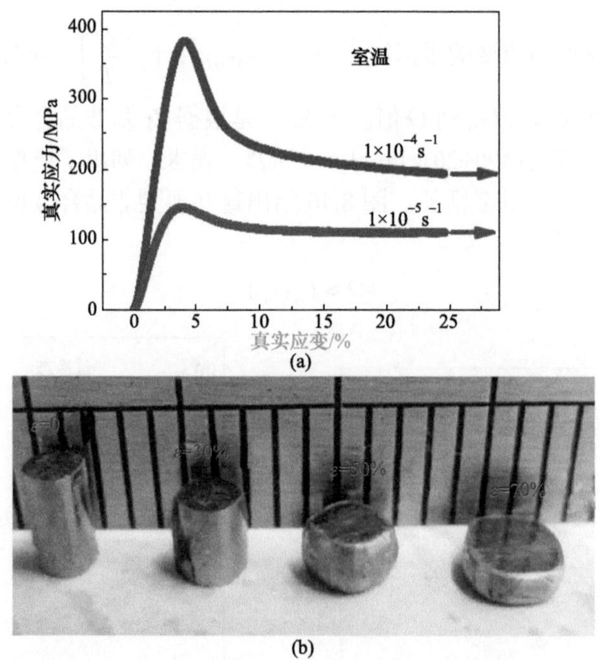

图 8.47 (a)Sr 基非晶合金室温下应力-应变曲线，它和过冷液体的应力-应变曲线一样；(b)照片显示该非晶发生大于 70%的塑性形变而没有剪切带产生，是和过冷液体一样的均匀形变[86]

生，说明在应力作用下该非晶合金发生了均匀流变，相当于在应力作用下，把非晶态转变成过冷液态。这证明通过应力实现了 Sr 基非晶整体由非晶固态向过冷液体的玻璃转变，进一步证明应力等效于温度可以实现非晶的均匀流变甚至玻璃转变。

非晶物质的流变还对应变速率很敏感[87]。图 8.48 显示 Sr 基非晶合金在不同应变条件下的流变规律。可以看到，不同应变率下的压缩曲线不同，说明不同应变率导致不同的流变行为。图中还显示，存在一个临界应变速率点 $\dot{\gamma}_g$ (对应于温度导致的玻璃转变温度点 T_g)，在这个点，应力导致非晶从非均匀流变转变成均匀流变。当$\gamma > \dot{\gamma}_g$ 时非晶是纯脆性断裂，如图中照片显示非晶断裂后形成碎片；当$\gamma < \dot{\gamma}_g$ 时，Sr 基非晶物质表现为和过冷液体一样的均匀形变。这个结果从实验证明玻璃转变和观察时间相关。$\dot{\gamma}_g$ 等价于玻璃转变温度点 T_g。图 8.49 给出温度、应力和观察时间 t 导致玻璃转变的等效相图，图中蓝色部分是非晶区，其他是液态区域。可以看到，应力、温度甚至观察时间对非晶体系的玻璃转变的作用是等效的[87]。

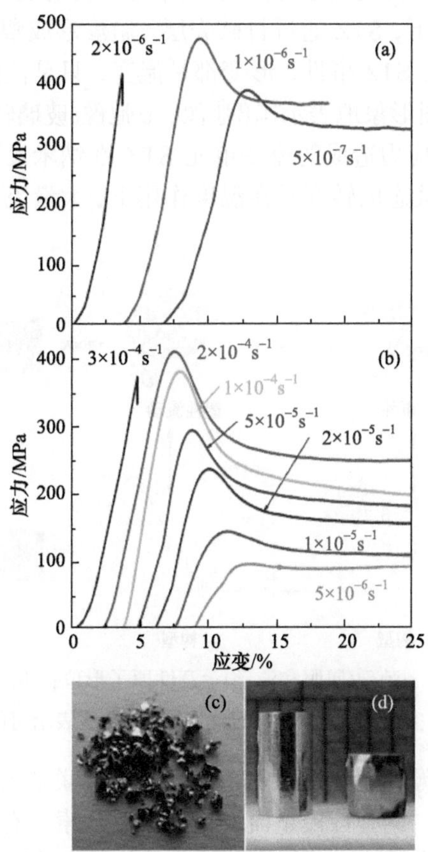

图 8.48　不同应变率下的压缩曲线。(a)非晶 $Sr_{20}Ca_{20}Yb_{20}Mg_{20}Zn_{20}$；(b)非晶 $Sr_{20}Ca_{20}Yb_{20}(Li_{0.55}Mg_{0.45})_{20}Zn_{20}$；(c)照片显示非晶断裂后形成碎片，表示在临界应变速率点 $\dot{\gamma}_g$ 以上，这些非晶是纯脆性非晶态；(d)照片显示 $Sr_{20}Ca_{20}Yb_{20}Mg_{20}Zn_{20}$ 非晶在 $\dot{\gamma}_g$ 以下，发生均匀流变[87]

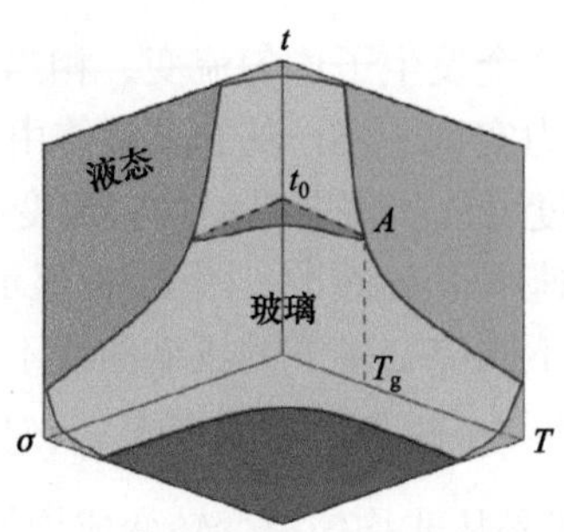

图 8.49 和观察时间 t 相关的玻璃转变 3D 相图，图中蓝色部分是非晶区[87]

实验和模拟证据都说明玻璃转变和塑性形变，β弛豫和 STZ 是密切关联的。非晶物质的屈服和玻璃转变本质上都是非晶态到过冷液态的转变，只是导致转变的原因不一样而已。图 8.50 从能量和结构上表示形变和弛豫的联系。可以清楚看出流变单元、STZ 等效于弛豫单元β弛豫，它们有共同的微结构起源；塑性形变对应于α弛豫，都是非晶态到过冷液态的转变行为。在温度或者应力作用下，β弛豫会自组织形成α弛豫，这个过程对应于在温度或者应力作用下，STZ 通过打破壳层，逾渗形成塑性形变或者玻璃转变。即β弛豫、α弛豫、玻璃转变、STZ 事件、形变都是流变，只是范围和引起流变的因素不同而已[61]。图 8.51 用卡通图形象地表示出β弛豫、α弛豫(玻璃转变)、STZ 事件、形变及剪切带的关系。剪切带是应力造成的流变单元 STZ 在纳米尺度层中的逾渗，在剪切带中发生玻璃转变；非晶到液态的转变是在温度作用下，大量流变单元在整个非晶体系中的逾渗。

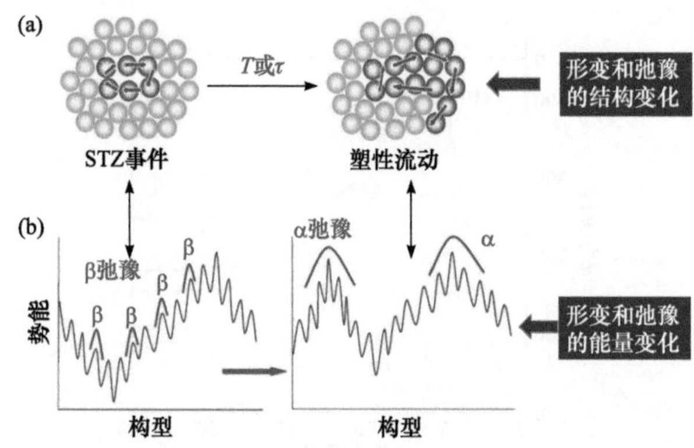

图 8.50 (a)β弛豫(STZ 激活)、α弛豫(屈服和流动)示意性原子形位；(b)对应的能量图景图。实心圆表示运动倾向弱的原子，空心代表运动倾向强的原子，箭头表示可能的原子运动方向[31,61]

这样，非晶物质的弛豫和塑性变形两个核心问题就联系到了一起，这为研究和理解这两个基本问题、建立统一的弹性模量流变提供了新线索。有了这些关联，就可以建立非晶物质流变的弹性模型来描述、理解和调控非晶物质中的流变等基本问题。

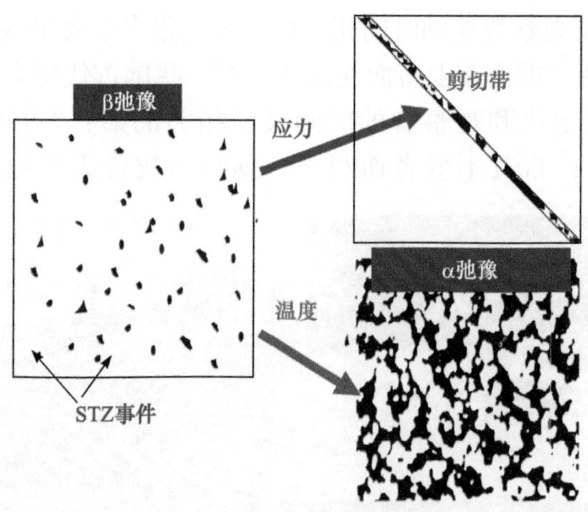

图 8.51 弛豫单元β弛豫、形变单元 STZ 事件、形变、剪切带、α弛豫(玻璃转变)的关系的卡通图

8.5 非晶物质流变的非平衡时空特征及复杂性

作为非平衡的复杂体系，非晶物质流变具有与晶体材料完全不同的时空特性及关联性。非平衡非晶物质随温度变化，其弛豫涉及的时间从液态的皮秒(10^{-12} s)到非晶固态的万年量级，涵盖约 14 个数量级的巨大时间尺度差异，这个差异相当于蚂蚁的大小和寿命与太阳系大小和寿命的差异！非晶物质在微观空间尺度上有纳米和微米尺度的结构不均匀性和动力学不均匀性，其宏观性能与原子尺度特征结构在空间尺度上存在 10^7～10^9 量级的差异[88]。这种时空尺度的巨大差异给非晶物质理论和实验研究带来巨大困难。复杂体系具有普遍性和很强的个性，但是研究方法类似印象派，难以给出严格解。在理论上，对于这样一个非平衡态的多体耗散系统，迄今还没有合适的统计力学理论框架对其进行研究。我们对于非晶体系动态流变行为的整体认知水平就如同 20 世纪 30 年代对固体物理的了解一样，所知仍然非常有限。研究和认识复杂非晶体系的时空特征及关联性对理解非晶物质的本质十分有意义。下面我们分别来介绍非晶体系的复杂性及非平衡时空特征。

8.5.1 非晶体系和时间的关系

流动是这个世界不断变化的原因。不同物质的流动规律及流动时间尺度是大不一样的。比如水在室温下的弛豫时间约是 1 s，高密度聚乙烯在一百多摄氏度的弛豫时间约是 0.1 s，室温下玻璃的弛豫时间长达千百年。图 8.52 给出几个万物皆流的例子，显示的是巨石、沙漠、山峦以及银河系的流动痕迹。图中的山中小溪边的巨石和水其实都在流动，其区别在于它们本身流变的时间尺度差异巨大。如果以万亿年为观察时间尺度，这块巨石也如水一样在流动。同样，自然界中的沙漠、山峦，甚至我们所在的整个银河系都在流动，梵高名画《星和月》中整个世界都在流动。由于我们人类观察的时间尺度的分辨率是分秒的时间量级，人生时间有限，难以看到沙漠、山峦、银河系等流动时间尺度巨大的流变过程。这些物质弛豫时间之所以有如此巨大，是因为它们具有不同微观结构的结果。

这种极其缓慢的流变及观察流变的时间相对性，古代很多学者早就意识到了。圣经就记录了 Deborah 的一句话“群山在上帝面前流动”[89]。我国古代诗人苏轼在《前赤壁赋》中也说过观察实物的变化和观察者的时间尺度相关的话：“盖将自其变者而观之，则天地曾不能以一瞬；自其不变者而观之，则物与我皆无尽也”。

图 8.52 山中的巨石和溪水都在流动；流动沙丘和山、流动的银河系；梵高名画《星和月》中整个世界都在流动

固体和液体流变的区别可以用一个无量纲数 D，即 Deborah 数来表征。这个数是以圣经中的先知 Deborah 的名字命名的，因为 Deborah 认识到群山在上帝面前流动。Deborah 数 D 定义为

$$D = \tau/t_o \tag{8.22}$$

这里，τ是体系的本征弛豫时间，t_o是观察时间。如果你的观察时间足够长，或者被观察的体系弛豫时间非常小，那么你就会看到这个物体是在流动。相反，如果一个体系的τ远大于你的观察时间(人类的观察时间约分钟量级)，你就很难直观感觉到该物体的流动，这个体系就是固体。所以，一个体系是非晶固态或是液体是相对的，取决于观察时间。非晶物质的玻璃转变和观察时间τ相关，就是因为液体和固体的定义是相对的，取决于我们的观察时间尺度。自然界中有很多非晶体系既像固体也像液体的例子。比如沙子之类的所谓颗粒物质(granular material)既像固体，在没有外界干扰的时候能保持静态，形成沙丘之类的景观；也像液体，在外力作用下能够流动，可以用作沙漏计时。玉米等淀粉糊是黏滞性液体，也称非牛顿流体，它“遇强则强”，施加的外力越快(作用时间效应)，它便会表现得越“坚硬”，像固体一样。如图 8.53 所示，人可以在淀粉糊上奔跑，是因为人与淀粉糊作用时间短；如果慢走的话，人就会下沉，因为作用时间长。

图 8.53　在黏滞性液体淀粉糊上奔跑(扫描二维码可看动图)

弹性模型就是基于这样的假设[61,90]：在足够短的时间尺度或者高频条件下，黏滞液体可以被看成是“流动的固体”，或者说任何黏滞液体只要在足够快的时间尺度去探测就会有类似固体的特征。即：

黏滞液体≈流动的固体

液体的弹性可以用瞬态模量 G_∞，E_∞和 K_∞来表征。

另外，如果用足够长的时间去观测一个固体，那么这个固体都会发生流变(即万物皆流，物质都是运动的思想)，即：

固体≈缓慢流变的液体

现有所有的弹性模型都基于这样的思想：非晶固体和非晶形成液体之间的差别在于它们承载切向应力的能力，体系黏滞系数的急剧增加是由于液体中局域弛豫行为的弹性相互作用的增强，即流动激活能主要由其体系瞬态模量决定，而瞬态模量依赖于测量时间。这一思想最早是由 Tobolsky，Powell，Eyring 和 Nemilov 提出的[91-92]。

8.5.2 非晶物质流变的激活能

不同物质的流动规律虽然不同，但其共同点就是流动需要能量来克服流动势垒，即固体或液体中的粒子或原子需要特定的能量才能摆脱其邻居的束缚发生流变。根据能量地貌图理论，非晶物质处于复杂能量地貌图的不同能谷中，其流变就是在能量地貌图的众多能谷中，克服能量势垒游走。Dyre 认为黏稠液体或者非晶物质中原子的流动是“推挤”其他原子的迁移或逃逸的过程[90]。这个逃逸过程需要的能量即激活能。在理解非晶物质“流动”、形成、晶化等现象和问题时，激活能的概念非常重要。所以我们先来了解激活能的概念和其发展历史。

激活能(亦称为“活化能”)的概念是瑞典物理、化学家阿伦尼乌斯[Arrhenius，1859—1927(图 8.54)曾获 1903 年诺贝尔化学奖]在 1889 年首先提出的。激活能是启动某一物理化学过程(如塑性流动、原子扩散、相变、化学反应、形成缺陷等)所需要克服的能量，如图 8.55 所示。一个体系的激活能和其粒子间的相互作用有关。克服此能量可以由体系本身具有的能量起伏提供，也可由外界提供。激活能越小，则该过程就越容易进行。

图 8.54 瑞典物理和化学家，Arrhenius (1859—1927)

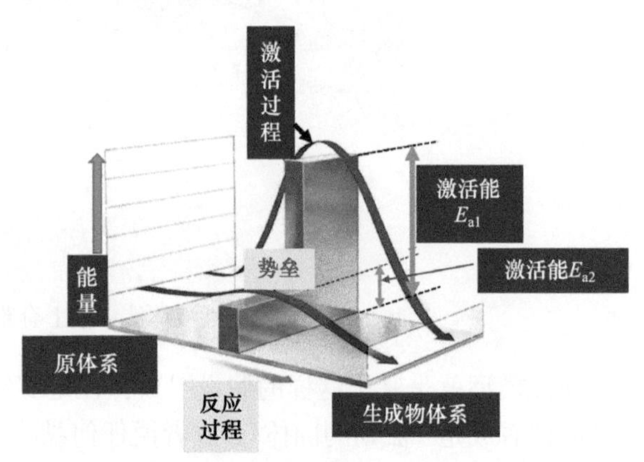

图 8.55 活化过程及能垒、激活能示意图

Arrhenius 方程是 Arrhenius 在 1889 年提出的。他是在研究化学反应速率与温度关系时发现了化学反应速率与温度呈指数关系，即 Arrhenius 反应速率定律，并提出激活能(最初被称作活化能)的概念[93]。Arrhenius 反应速率定律为：简单化学反应的速率以 $\exp(-E_a/k_BT)$的形式依赖于温度，其中 E 是化学反应中不依赖于温度的特征常数——激活能。该方程反映了化学反应速率常数 K 随温度变化的关系，可用于求解激活能。其定量关系为

$$K = A\exp(-E_a/RT) \tag{8.23}$$

式中，K 为反应的速率系数，为常数；E_a 和 A 分别称为活化能和指前因子，是化学动力学中极重要的两个参数；R 为摩尔气体常数；T 为热力学温度。

上式还可以写成

$$\ln K = \ln A - E_a/RT \tag{8.24}$$

$\ln K$ 与 $-1/T$ 呈直线关系，直线斜率为 $-E_a/R$，截距为 $\ln A$，由实验测出不同温度下的 K 值，并将 $\ln K$ 对 $1/T$ 作图，即可求出激活能 E_a 值。

活化能的物理意义一般认为是这样：从原系统到生成物体系(产物)的中间阶段存在一个过渡状态，这个过渡状态和原系统的能量差就是活化能 E_a(图 8.55)，热能 RT 如果小于 E_a，反应就不能进行。也就是原系统和生成物系统之间存在着能垒，其高度相当于活化能。影响激活能、能垒的因素分外因与内因：内因主要是反应物质的性质；在同一反应中，影响因素是外因，主要有温度、应力、时间、浓度、催化剂等。

Arrhenius 是在他的博士论文《电解质的导电性研究》中提出活化能的概念及与反应热的关系。但是，当时他的观点却不被人理解。因此，他 1884 年申请博士学位的答辩只是有保留地获得通过。教授们查看了他大学读书时所有的成绩，发现他的考试成绩都非常好，博士论文材料和数据都很充分。最后认为虽然论文不是很好，但仍然可以以“及格”的三等成绩勉强获得博士学位。这差点使他失去担任乌普萨拉大学讲师的资格。德国著名物理化学家奥斯特瓦尔德慧眼独识，亲自到乌普萨拉请他到德国里加工业大学任副教授，这才迫使乌普萨拉大学同意聘他为该校讲师。Arrhenius 的工作最终还是得到承认，Arrhenius 反应速率定律和激活能概念在很多领域得到广泛应用，他也于 1903 年荣获了诺贝尔化学奖，成为瑞典第一位获此科学大奖的科学家。Arrhenius 方程在非晶物质研究中广泛使用。非晶物质的很多热力学、动力学规律都符合 Arrhenius 关系。过冷液体的性质，玻璃转变以及其他研究和 Arrhenius 数学公式以及激活能有密切关系。Arrhenius 还在其他复杂体系领域有重要贡献，如他利用黑体辐射公式来计算地球表面温度的时候，发现如果地球没有大气，那么地球应该是一个冰球，表面温度为−18℃。他证明正是温室效应让地球表面变得生机勃勃。他还做出推测：如果大气中的二氧化碳含量减半，这将会足以让地球进入一个新的冰河时代；反之亦然，如果二氧化碳的浓度翻倍，将会使地球表面温度升高 5～6℃。Arrhenius 的这一预计非常接近现代大气科学的估计，也预测了温室效应。

另一位科学大师 J Willard Gibbs(图 8.56)推导出相律，建立了统计力学的基本原理，提出、完善了自由能、焓、熵的概念。并把统计力学与热力学结合起来而形成了统计热力学，为理论物理学和物理化学的发展做出重大贡献。但是他的工作更是在他去世后多年才逐渐被人们认识到其重要意义。Gibbs 心灵宁静而恬淡，从不烦躁和恼怒，是笃志于事业而不乞求同时代人承认的罕见伟人。他在耶鲁大学当数学物理教授的第一个 9 年里就根本没有薪水，只是当刚建立的约翰斯 · 霍普金斯大学准备把他挖走时，耶鲁大学才最终同意给他点工资，而且也赶不上约翰斯 · 霍普金斯

图 8.56　美国物理学家 J Willard Gibbs(1839—1903)的照片

大学提供的薪水。Gibbs 还给我们留下一句名言是："数学是一种语言(Mathematics is a language)"。Arrhenius 和 Gibbs 的故事对工作一时不被认可，但仍勇于坚持自己观点的人是很大的安慰和支持。

其后，Eyring 根据 Gibbs 热力学理论和概念，从过渡状态和原系统之间存在着近似的平衡出发，对速度常数 K 导出了如下的关系：

$$K = \kappa(k_B T/h)\exp(-\Delta G^*/RT) \tag{8.25}$$

$$K = \kappa(k_B T/h)\exp(\Delta S^*/R)\exp(-\Delta H^*/RT) \tag{8.26}$$

式中κ为系数，k_B是玻尔兹曼常量，h是普朗克常量，ΔG^*、ΔS^*、ΔH^*分别为激活自由能、激活熵和激活焓。而且激活自由能与激活焓大致相等。

非晶物质流动的黏滞系数符合扩展的 Arrhenius 方程为

$$\eta(T) = \eta_0\left(\frac{\Delta E(T)}{k_B T}\right) \tag{8.27}$$

可以看到不同的是，非晶物质流变的激活能$\Delta E(T)$是随温度变化的函数。非晶流变的激活能与非晶形成液体的脆度系数(Fragility)、晶化激活能、形核激活能、弛豫激活能、形变激活能密切相关。能垒的概念和思想可以帮助我们理解非晶物质中的流动，理解非晶流变本质的一个关键就是澄清影响和决定非晶流变激活能$\Delta E(T)$的物理因素。非晶流变模型建立的关键是给出$\Delta E(T)$的物理表达式。

8.5.3 非晶物质流变的复杂性

非晶物质一般是多组元、粒子无序堆积和多种类型结合键并存的复杂凝聚态物质，非晶在空间结构、相互作用，以及动力学行为特征上都是多体和复杂的。非晶物质的结构、弛豫和扩散、屈服、断裂、玻璃转变、形成等过程都是复杂行为。非晶物质因此具有复杂体系的很多特征。在结构上，非晶物质集结构无序、化学无序、拓扑无序于一体；宏观上非晶物质虽然各向同性、均匀，但是在微观上具有纳米尺度甚至微米尺度的结构不均匀性和动力学不均匀性，其宏观性能与原子尺度特征结构在空间尺度上存在 10^7～10^9 的差异。弛豫是非晶系统的一种基本物理法则，弛豫单元之间非简谐互作用引起非线性效应如混沌效应。非晶体系复杂性也体现在其弛豫和扩散行为的关联函数不符合指数关系，只能用扩展指数方程[$\phi(t) = \exp[-(t/\tau)^{1-n}]$，$0 < n < 1$]来描述。非晶物质中多体弛豫所涉及的时间涵盖 10^{-14}～10^7 s，频率包括 10^{14}～10^{-6} Hz。如此宽的观察时间窗口实验上需要多种技术的结合，包括傅里叶变换红外光谱仪、中子散射、动态光散射、核磁共振等。另外，α弛豫不仅在时间尺度上表现为扩展指数行为，其动力学行为也是不均匀的，在任意时间尺度上，总有一些粒子、分子的运动要快一些，而且粒子间的键角随时间而改变。表征非晶流变主要形式——α弛豫玻璃转变的脆度系数 m 也是一个复杂的量。它取决于影响α弛豫的多个因素，不仅依赖于体积和熵，还与多体弛豫的动力学关联[29]。由平衡态(或液体)转变为非平衡态(或非晶态)的玻璃转变仍是难题的主要原因就在于非晶形成体系是多体相互作用系统。在振动特征方面，其粒子的振动行为偏离德拜模型，出现玻色峰。到目前为止，非晶物质中的多体弛豫的完整求解还难以实现。

非晶物质的复杂性还表现在其形成、形变和断裂等温度和应力导致的宏观流变行为。其流变行为常表现出自组织(self-organization)、自组织临界现象(self-organization critical phenomenon)和混沌(chaos)行为[94-101]。自组织临界性(self-organized criticality)是 20 世纪 80 年代末才提出的，是用来描述复杂动力学系统行为的重要概念[102-104]。其最重要的特征是系统的动力学行为演化在时间和空间上没有特征的尺度分布(scale-free)，内部大量的动力学单元之间的复杂相互作用均呈现出幂律分布(power-law)。

1932 年，哈佛大学的语言学家 Zipf 发现如果把英文单词使用频率按由大到小的顺序排列，则每个单词出现的频率与它的名次的常数次幂存在简单的反比关系：$P(r)\sim r^{-\alpha}$，这种分布就称为 Zipf 定律，它表明只有极少数的英语单词被经常使用，而绝大多数词很少被使用。实际上，几乎所有不同语言都有这种特点。物理世界具有惰性，其动态过程总能找到能量消耗最少的途径，人类的语言经过长期演化，最终也具有了这种特性：使用较少的词汇表达尽可能多的语义，符合“最小努力原则”[104]。19 世纪的意大利经济学家 Pareto 发现少数人的收入要远多于大多数人的收入，提出了著名的 20/80 法则(20%的人口占据了 80%的社会财富)，即个人收入 X 不小于某个特定值 x 的概率与 x 的常数次幂亦存在简单的反比关系：$P[X \geqslant x]\sim x^{-k}$，即为 Pareto 定律[104]。Zipf 和 Pareto 定律就是简单的幂函数，即幂律分布。如图 8.57 所示，幂律分布的特征是有长“尾巴”的累积分布曲线，它与钟形的泊松分布曲线显著不同，这种“长尾”分布表明，绝大多数个体的尺度很小，只有少数个体的尺度很大。其通式可写成[102-104]

$$y = cx^{-r} \tag{8.28}$$

其中 x, y 是正的随机变量，c, r 均为正的常数。这种分布的共性是绝大多数事件的概率很小，只有少数事件的概率相当大。对上式两边取对数，$\ln y$ 与 $\ln x$ 是线性关系：$\ln y=\ln c-r\ln x$，也即在双对数坐标下，幂律分布表现为一条斜率为幂指数 r 的负数的直线，这一线性关系是判断给定的随机变量是否满足幂律的依据。通过求解两者之间的相关系数，利用一元线性回归模型和最小二乘法，可得 $\ln y$ 对 $\ln x$ 的经验回归直线方程，来判断两个随机变量是否满足线性关系，从而得到 y 与 x 之间的幂律关系式。图 8.58 显示的是长尾分布图在双对数坐标下的图形，由于某些因素的影响，图前半部分的线性特性并不是很强，而在后半部分(对应于图 8.58 的尾部)，则近乎为一直线，其斜率的负数就是幂指数。即幂率分布是一个统计量的分布，在其双对数图上是一条直线，该统计量没有一个特征尺度，各种大小的量都会出现。这种状态通常表现为动力学事件在时间或空间上的幂律分布，表现为闪烁效应噪声(flick noise)，也称为 $1/f$ 噪声[104]，即组成复杂波动的各个简单波动的振幅和频率成反比。

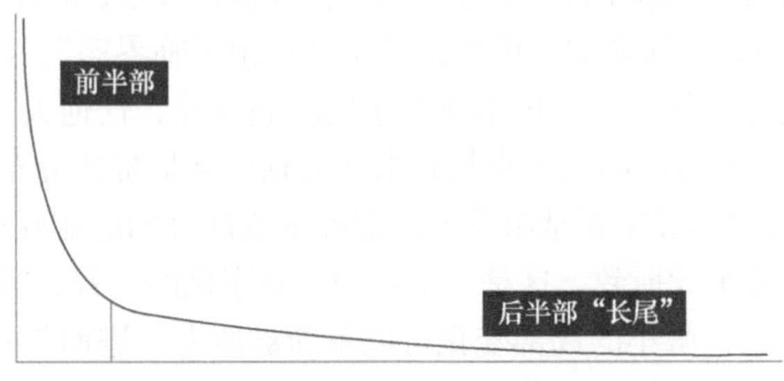

图 8.57　幂律分布图的“长尾”

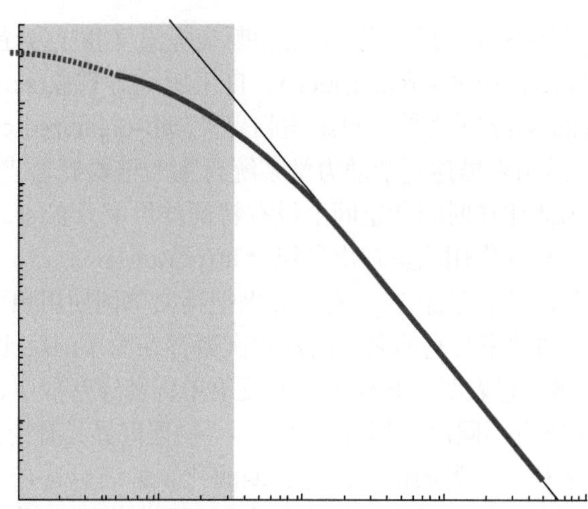

图 8.58 双对数坐标下一个幂律分布的图，其中直线表示对图 8.57 尾部的线性拟合[104]

物理领域习惯于把服从幂律分布的现象称为无标度现象，即系统中个体的尺度相差悬殊，缺乏一个优选的规模。幂律表现出一种很强的不均匀、不平等性，空间上的幂律分布表现为分形结构。幂律分布与分形、非线性、复杂性密切相关，它支配了所有自然演化的具有自相似特性的无标度网络。

幂律是怎样形成的呢？为解释幂律分布的形成原因，人们提出了多种模型。自组织临界理论在复杂体系被认为是产生幂律分布的动力学原因，幂律也可作为自组织临界的证据。所谓自组织临界，是指由大量相互作用的成分组成的系统，会自然地向自组织临界态发展。系统演化到这种状态以后，其时空动力学行为不再具有特征的时间尺度和空间尺度，而是具有非常复杂的性质。系统在这种状态时，即使是很小的干扰事件也可能引起系统发生一系列灾变[104-105]。

沙堆是用来描述自组织临界状态形成的经典模型。布鲁克海文国家实验室的 Bak、加利福尼亚大学圣巴巴拉分校的汤超和佐治亚理工学院的 Wiesenfeld 等用“沙堆模型”形象地说明了自组织临界态的形成和特点[105]，如图 8.59(a)所示：在一平台上缓缓地添加沙粒，逐渐形成一个沙堆。开始时，由于沙堆平矮，新添加的沙粒落下后不会滑得很远，但是，随着沙堆高度的增加，其坡度也不断增加，沙崩的规模也相应增大，但这些沙崩仍然是局部性的。但沙堆的斜度不能无限增大，当沙堆达到一定斜度后，其斜度就不再变化，会达到一个临界值，即系统演化到了一个临界状态。在这个临界状态，每加一粒沙子(代表来自外界的微小干扰)都可能会引起小到一粒或数粒沙子，大到涉及整个沙堆表面所有沙粒的坍塌(avalanche)。这时的沙堆系统处于“自组织临界态”，沙堆的坍塌在时间或空间上没有特征的尺度，除了受沙堆本身大小的限制以外，任何大小的沙堆坍塌都可能出现[图 8.59(b)]。临界态时沙崩的大小与其出现的频率满足幂律分布[103]。在这里所谓的“自组织”是指该状态的形成主要是由系统内部各组成部分间的相互作用产生的，而不是由任何外界因素控制或主导所致，这是一个减熵、有序化的过程；“临界态”是指系统处于一种特殊的敏感状态，微小的局部变化可以不断被放大、进而扩延至整个系统。沙堆中的沙粒虽然只有短程的局域相互作用，却可以引起系统内部的长程相互作用关联，此时的沙堆便处于自组织临界状态。

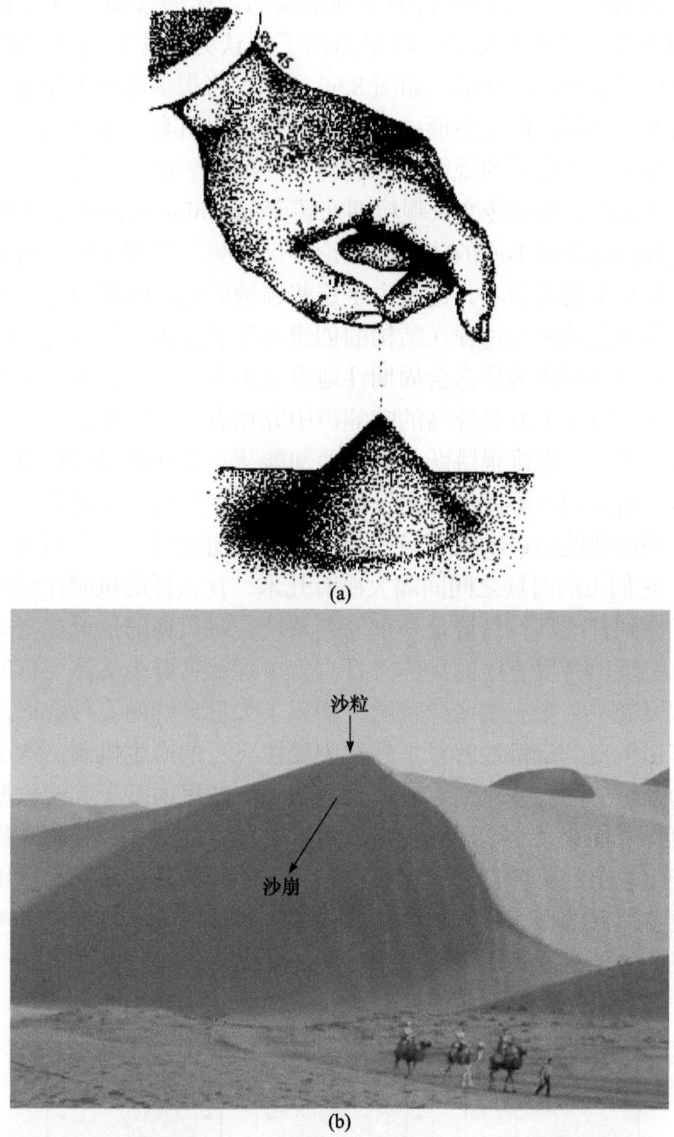

图 8.59　(a)自组织临界行为的沙堆模型示意图[104-105]；(b)沙崩——沙漠中的沙丘的自组织临界行为[103]

在自然界及物理、生物等领域很多复杂动力学系统中都存在自组织临界状态，很多现象都可以用自组织临界性来解释，如自然界各种灾难事件如地震、泥石流等的发生，磁畴动力学、材料的断裂等都很好地符合幂律分布。

瑞典皇家科学院决定将 2021 年的诺贝尔物理学奖授予美籍日裔科学家真锅淑郎(Syukuro Manabe)、德国科学家克劳斯 · 哈塞尔曼(Klaus Hasselmann)和意大利科学家乔治 · 帕里西(Giorgio Parisi)，以表彰他们“对我们理解复杂物理系统的开创性贡献”。这是对复杂体系研究工作的肯定和激励。其中，意大利科学家乔治 · 帕里西因对复杂系统的无序和随机现象理论的革命性贡献而获得了 2021 年一半的诺贝尔物理学奖。所有的复杂系统都是随机、紊乱的，都由许多相互作用的不同部分组成，很难用数学来描述。帕里西是善于从无序中发现有序，在复杂材料中发现隐藏的规律的大师。他的主要贡献就是在无序的复杂材料中发现隐藏的规律，最早给出了被认为是非平衡体系中最简单的数学模型——自旋玻璃模型中的严格解。如图 8.60 所示，将很多小球无序地挤压在一起，虽然以完全相同的方式挤压，但是会形成新的不同规则的图案。帕里西在这个以小球表示的复杂体系中发现了一个隐藏的规律，并找到了一种数学描述方法。他还对随机复杂体系中无序和扰动的关系、玻璃转变及颗粒拥塞转变(jamming transition)等阻挫系统的理解有巨大贡献。他对自旋玻璃本质的认识和理论不仅影响了物理学界，同时影响了数学、生物学、神经科学甚至机器学习，这是由于这些领域研究的问题均与阻挫行为有关。帕里西还研究了许多其他随机的过程在结构的创建和发展过程中起着决定性作用的现象，解决了以下问题：冰河时代为什么会周期性地重复出现？是否有更一般的关于混沌和湍流系统的数学描述？成千上万只椋鸟的喃喃声中究竟有怎样的规律？这些问题似乎与自旋玻璃相去甚远，然而，思维很跳跃的帕里西却能从一个问题很自然地联系到另一个问题。他从事的鸟群研究的故事就很有启发性。帕里西在罗马大学的办公室周围有一群欧椋鸟，这种鸟一到傍晚就会成千上万只一起飞。帕里西就问了一个问题——这些鸟每秒能飞 20～30 m，它们飞的时候之间间隔大概有几米，什么样的机制让欧椋鸟在高速飞行中保持同步、不撞到其他鸟？鸟群是一个复杂系统，每只鸟的位置在空间上是无序的，但鸟群整体可以呈现出高度有序的集体飞行。为了理解鸟群中集体飞行的产生机制，帕里西和他的团队发展了一个三维成像系统，积累了大量鸟群的飞行数据，从而发展了一个鸟群的相互作用模型，定量地解释了鸟群中集体飞行的产生机制。这个简单模型对后期研究各类生物系统中的集体运动有着深远的影响。帕里西基于实验数据和统计物理的模型构造方法也为开展交叉学科研究提供了重要手段。他的大部分研究都涉及这样简单的行为，如何产生复杂的集体行为，这在很多完全不同的复杂系统都适用。他的获奖是对非晶物质、复杂体系的探索者的一个新激励。有兴趣深入了解的读者可以参阅他新近出版的《简单玻璃的理论》,《随椋鸟飞行：复杂系统的奇境》等著作。

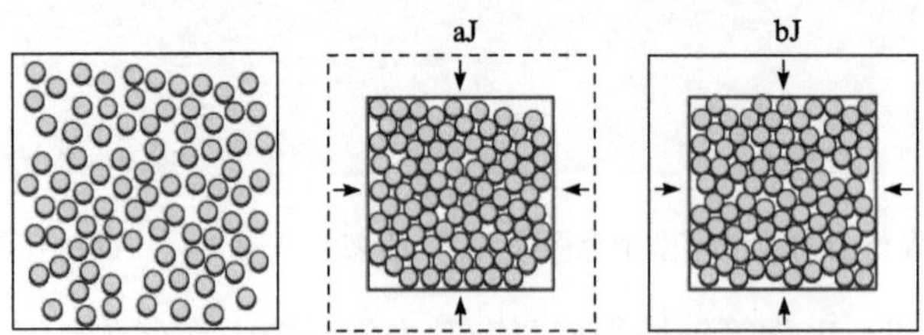

图 8.60　以小球表示的复杂体系中有隐藏的规律

非晶物质中的一些特性和行为也符合普适简单的幂律。我们似乎可以说，非晶物质是如此的复杂，而支配它的物理定律可能是简洁优雅的。这激励我们去发现无序非晶物质中的有序，复杂非晶物质中的简洁。非晶材料的断裂、形变、屈服、玻璃转变、组成粒子的堆砌等流变行为也具有自组织临界性[94-101]。这些现象是在非平衡流变过程中产生的，并生成非常美丽和奇特的图案和结构[94-101]。比如非晶合金在受限的加载(如压缩、纳米压痕等)条件下，通常表现为应力-应变曲线上的锯齿流变现象。一个锯齿通常包括缓慢上升的应力部分和快速下降的部分。一般认为上升的应力部分为弹性的再加载过程，而快速下降的部分代表着剪切带的迅速软化扩展，锯齿状流动现象反映了剪切带的间歇性运动行为，如图 8.61(a)所示。研究证明脆性非晶合金与具有一定塑性非晶合金的锯齿流变行为并不一样[94,100]，如图 8.61(b)所示。用非平衡态统计力学方法，通过采用动力学中常用的时间序列分析方法及统计方法对具有不同塑性的非晶合金在压缩过程中的锯齿行为进行数值分析，发现脆性非晶合金(塑性应变<5%)的剪切带动力学具有混沌行为特点，锯齿分布成峰状[图 8.61(c)]，具有一定的相关作用维数及正的 Lyapunov 维数[94-101]；而具

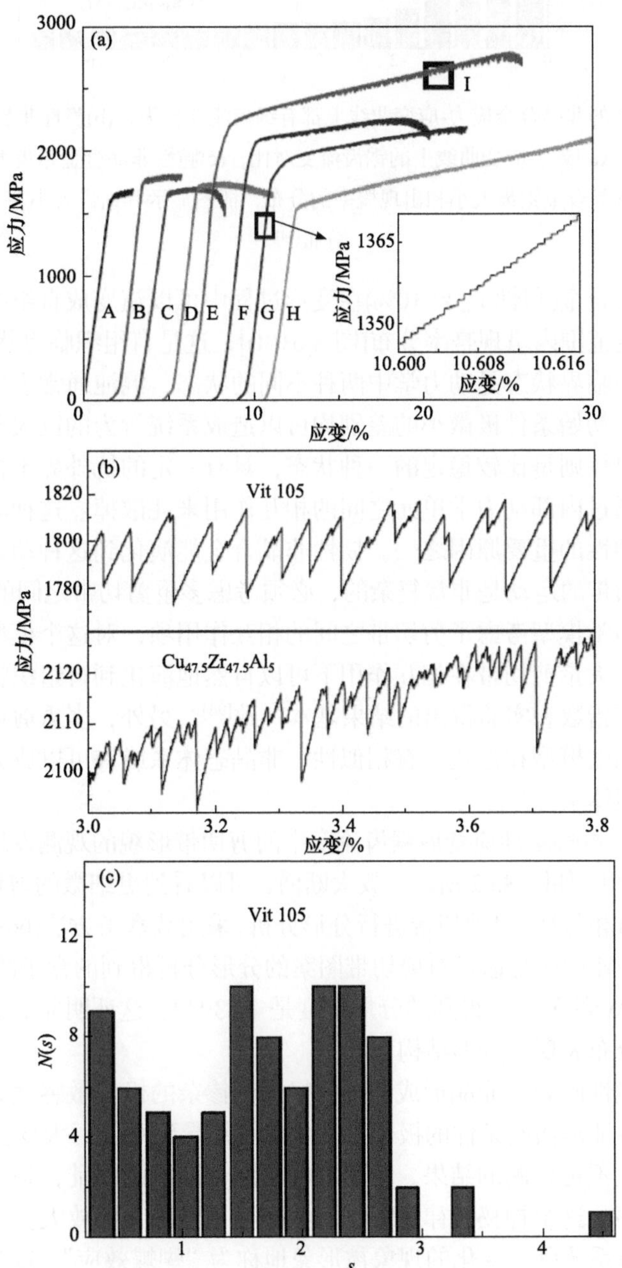

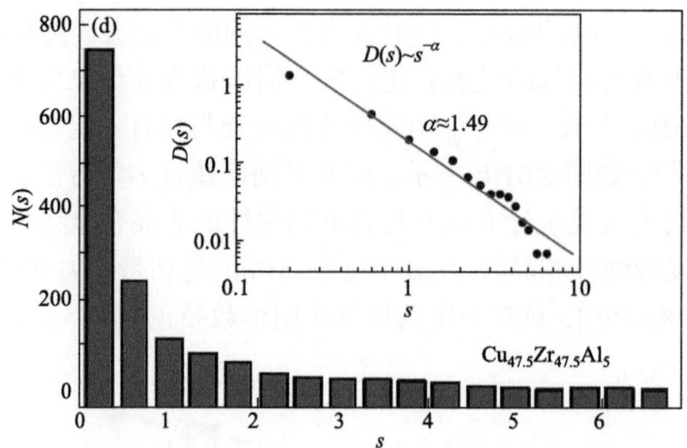

图 8.61 (a)不同塑性的非晶合金应力-应变曲线上都有锯齿流变行为；(b)脆性非晶合金(Vit105)和韧性非晶合金 $Cu_{47.5}Zr_{47.5}Al_5$ 应力-应变曲线上的锯齿流变对比；(c)脆性非晶合金锯齿大小(s)和出现概率的分布 $N(s)$；(d)韧性非晶合金锯齿大小和出现概率的分布，插图显示其锯齿大小在一定范围内呈现幂律分布[94]

有一定塑性的非晶合金(塑性应变>10%)在变形过程中可以演变成自组织临界状态，表现为锯齿大小在一定范围内呈现幂率分布[图 8.61(d)]，这是自组织临界状态的重要特征。

混沌和自组织临界状态是动力学中两种不同的状态，混沌通常表现为系统行为对初始条件特别敏感，初始条件极微小的差别均可以造成系统行为的巨大差异。和混沌状态相比，自组织临界性则是比较稳定的一种状态，具有一定的抗外界干扰能力，因为外界的小的扰动可以通过内部动力学单元之间的相互作用来耗散掉。这种动力学状态的出现是非晶合金具有塑性的重要原因之一。韧性非晶合金能演化到这种动力学状态，说明其在变形过程中剪切带的运动是非常复杂的，必须考虑多重剪切带之间的相互作用[94,100]。多重剪切带的动力学模型考虑了剪切带之间的相互作用项，对这个模型的理论分析及数值计算结果表明，大量剪切带在相互作用下可以自然地演化到自组织临界状态，计算所得到的锯齿分布幂指数和实验得出的结果基本一致[94]。另外，多重剪切带之间的相互作用与描述地壳运动的模型在形式上有相似性，非晶态体系或许可以成为模拟地壳动力学及地震的一个模型体系。

对非晶合金在 40%塑性应变后锯齿流变中的剪切带形貌的观测发现，这些多重剪切带具有自相似性[100]，如图 8.62 所示。放大断面，可以看到更细微的剪切带，其分布和形貌与原来的具有自相似性。对剪切带进行分形分析，采用数盒子方法(box-counting method)来估算分型维度。图 8.63 是通过对剪切带图案的分形分析得到的盒子的边长Δx 和含剪切带盒子的数目 $N(\Delta x)$的关系。得到的分形维度是 1.53[100]。这证明非晶的塑性流变的载体剪切带在空间上分布表现为分形结构。

非晶合金的脆性断裂，非晶形成能力对极微量掺杂的极其敏感性等也符合混沌的特征[38,96]。混沌的特征是初始条件的极微小变化，可能导致系统巨大变化的现象[43]。混沌和混乱虽然都产生不可预测的结果，但是混沌不同于随机的混乱，是一种受其背后神秘规律的操控的有序，这个神秘规律可以把一些极微小事件无限放大。这种初始值的极微小的扰动却会造成系统巨大变化的现象被形象地称为“蝴蝶效应”。这个名词是用以形容

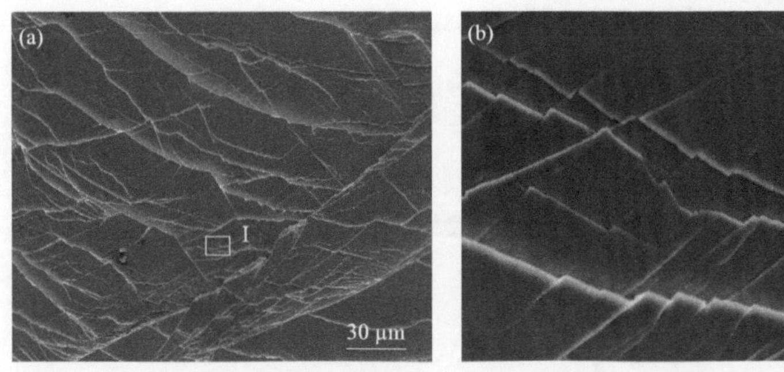

图 8.62　(a)非晶合金在 40%塑性应变后的多重剪切带的 SEM 图；(b)图(a)中黄色方框部分的放大，可见其多重剪切的自相似性[100]

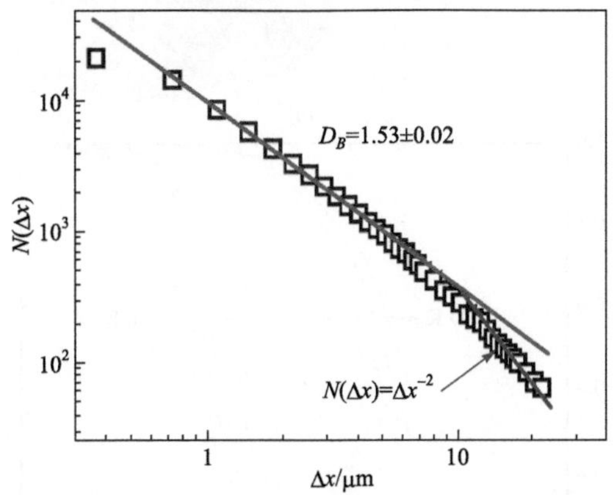

图 8.63　对图 8.61 中剪切带图案的分形分析Δ*x*(盒子的边长)和 *N*(Δ*x*)(盒子的数目)的关系用数格子的方法得到[100]

结果对初值的极其敏感。意思是说，在巴西的一只蝴蝶抖动了一下翅膀，形成了微小气流，这样微小的初始条件被放大成一个小气旋，小气旋进而被放大成附近的一场雨，从而影响大气气流，几个月之后，就有可能引发美国某州刮起不能预测的龙卷风[图 8.64(a)]，形成灾难，进而影响美国总统选举，从而改写现代历史的进程。两个出生条件和环境相同的人，其中一人在少年时期因为偶然的因素产生的某种兴趣，在后来的经历中被不断放大，造成他们的经历和人生轨迹完全不同，这也是蝴蝶效应。混沌和分形关联，分形是混沌的几何表述。法国数学家庞加莱最早发现混沌现象神秘规律的端倪。他在 1880 年发现 3 个星体之间由于互相吸引造成的运动轨道极其复杂，几乎算不清楚。从这个现象，他深刻地认识到两个物体的互动可以用牛顿定律精确描述，但是三体互动经典力学就无能为力了，至今三体问题仍然无解。产生混沌至少需要 3 个条件：一是初始状态对微扰很敏感；二是具有拓扑可传递性(topologically transitive)，即过程重复的“神似”；三是循环过程中关键点不但能重复出现，还能让细节不被忽略。

复杂非晶体系广泛存在于自然界和人类社会生产生活中。在不同时空尺度上，对于复杂非晶体系的动力学、流变规律研究有助于预防防治很多难以预测的地质灾害，提高大型工程和药物的长期稳定性，同时对于了解人类社会活动的稳定机制也有重要的意义。作为多体相互作用的复杂体系，非晶物质的许多特征符合混沌产生的条件。例如不同非晶体系

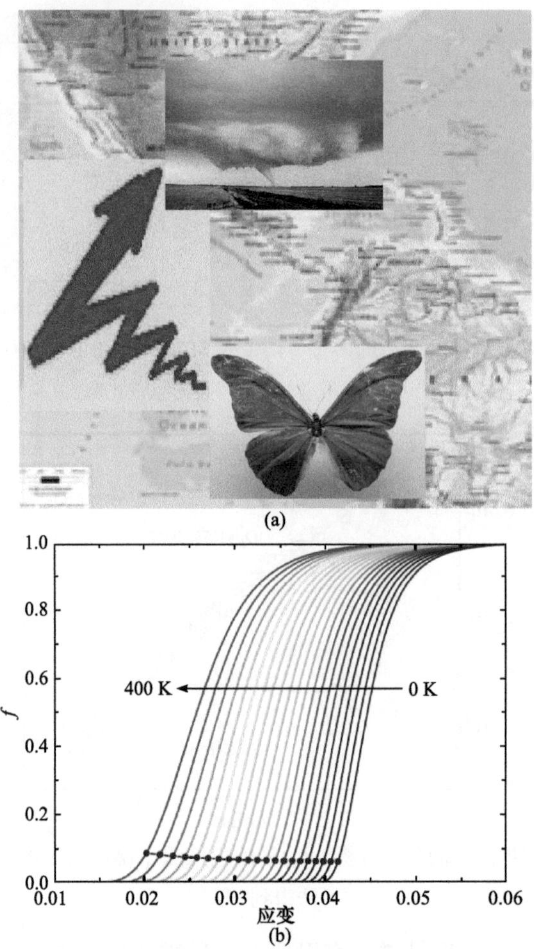

图 8.64 (a)蝴蝶效应示意图；(b)模拟得到的玻璃转变和形变过程中的临界现象，微小外界条件的变化对非晶物质形成和形变有很大、很难预测的影响，类似混沌效应[106]

虽然物理化学性质迥异，但是它们形成过程的玻璃转变、断裂过程、形成 STZ 到剪切带等过程很相似；非晶体系在形成、形变和断裂过程中对初始条件很敏感[图 8.64(b)][106]；非晶物质的近程结构短程序，断面上的韧窝，剪切带的分布等都符合分形特征[38,96,100]等。所以，对非晶物质的研究可能需要引入现代混沌等关于复杂体系的理论，从非线性的角度认识其关键科学问题如流变、动力学微观特征和时空关联性等。

8.6 有趣的非晶体系流变的例子

从这些流变的例子可以体会出流变问题的普遍性、趣味性和重要性。这是关于一团火蚁的集聚或者流变行为[107]。红火蚁是蚂蚁的一种，属于社会性昆虫，会集聚成团，如图 8.65 所示。研究人员研究了红火蚁团(因为火蚁无序集聚，是个非晶体系)在不同形式外力作用下的形变或流变行为。

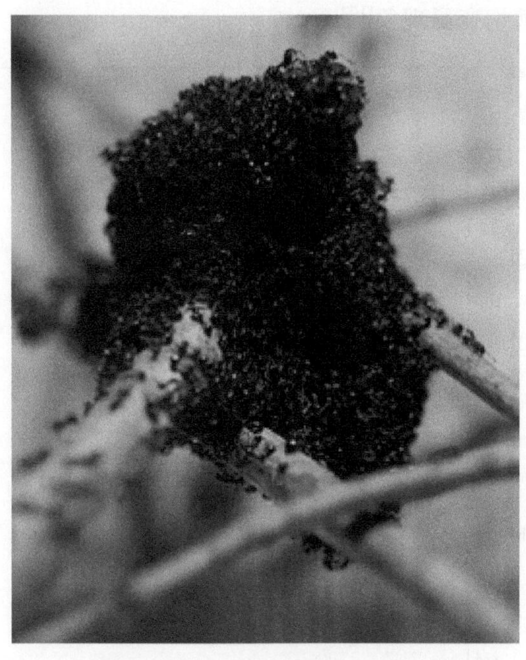

图 8.65　一团集聚的火蚁[107]

如图 8.66 上列出的三个照片所示，如果给这团由工火蚁无序组成的蚁团施加一个有限的力，这个蚁团表现出弹性：施加力后蚁团会变形，撤除力后，蚁团会回复原来的形状。甚至可以估算出蚁团的杨氏模量为 $E=(120\pm60)\mathrm{N/cm^2}$[107]。蚁团也可以展示黏性流变行为，也可用测量液态的黏滞系数的方法测量其黏滞系数。在液体上面放个重球，让其自由下落，测出下落时间和液体密度，就可以估算液体的黏滞系数。对于火蚁团，如图 8.66 下面三个照片所示，可在蚁团的顶部放一个小铅球，铅球会慢慢穿过蚁团，最后落到底部，根据测量的下落时间和蚁团的密度(约 0.34 $\mathrm{g/cm^3}$)，得到这个蚁团黏滞系数为 $\eta=35800\ \mathrm{Pa\cdot s}$[107]。

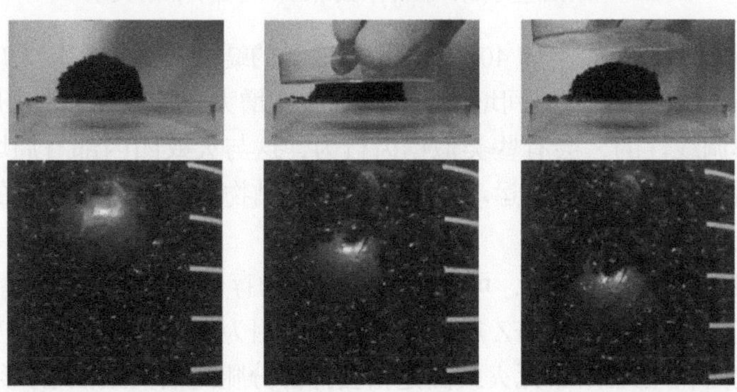

图 8.66　展示一团无序集聚的火蚁非晶体系(上)弹性流变行为和(下)黏性流变性为[107]

研究人员改变施加给蚁团的切向应变率 $\dot{\gamma}$，测量蚁团应力、黏滞系数 η 和应变率的关系，结果如图 8.67 所示，随着应变率的增加，应力开始增加，然后达到饱和[图 8.67(a)]，转化成黏滞系数 η 和应变率的关系。从图 8.67(b)看到黏滞系数 η 随着应变率增大而减小，这是非晶物质典型的剪切变稀现象[107]。

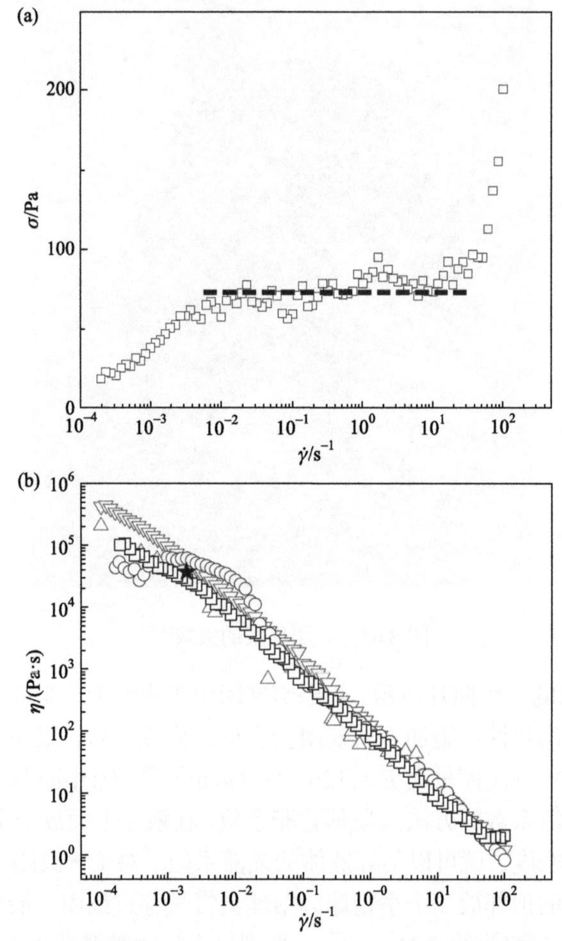

图 8.67　蚁团应力(a)，黏滞系数η(b)和应变率$\dot{\gamma}$的关系[107]

图 8.68 是蚁团在不同应力如 40 Pa 和 100 Pa 下的蠕变行为。在较大应力下，其应变和时间的关系是线性的。随着时间增大，蚁团的应变增大；但是对于较小应力，应变和时间的关系不是单调线性的，会有些类似锯齿行为，这与火蚁团内部有局域运动，即部分火蚁受到压力后在内部会做局域运动有关，类似非晶物质中的流变单元的激活，证实了非晶体系的局域流变行为[107]。

有趣的是如果施加交变应力，可以观测到蚁团的存储模量和损耗模量，如图 8.69 所示。测量证明蚁团内部有类似 STZ 或者流变单元。因为火蚁是通过腿相互作用的，实验通过比较活火蚁团和死火蚁团(死火蚁团是指去掉部分腿的活火蚁团)的形变，进一步证实蚁团内部有局域运动。这个有趣的非晶体系流变实验证明：①万物皆流；②非晶体系的弹性、塑性等流变行为和时间相关；③非晶体系的流变有局域的特点；④非晶体系存在“缺陷”。

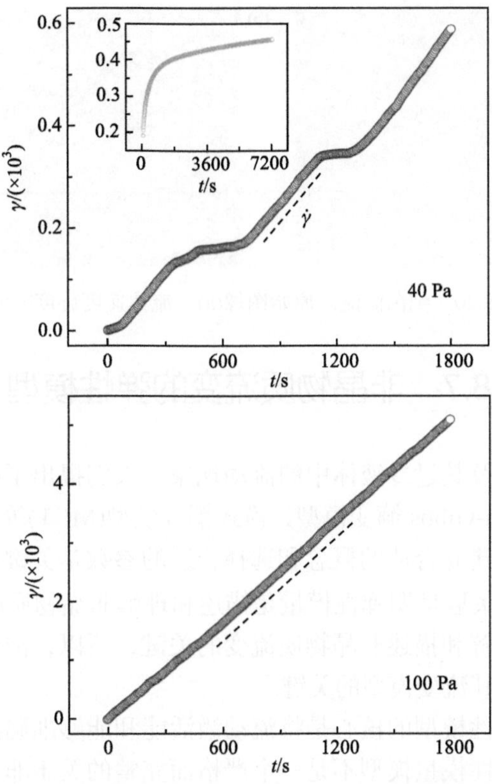

图 8.68　蚁团在不同应力(a)40 Pa；(b)100 Pa 下的蠕变行为[107]

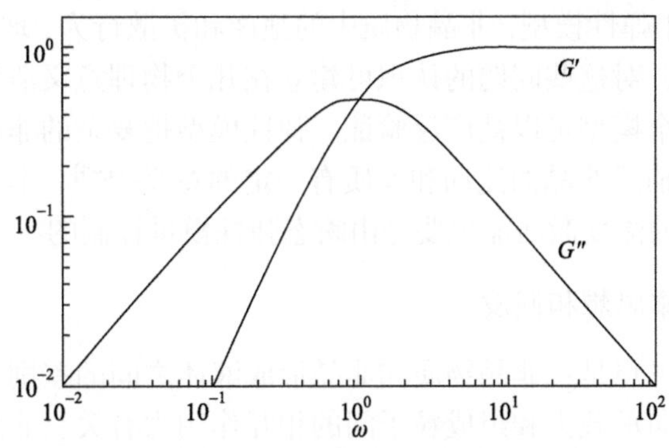

图 8.69　蚁团的存储模量 G' 和损耗模量 G''[107]

生物体在高密度下的运动状态与单个生物体的运动状态有很大不同，会发生集群运动。这种运动在局域发生对称性破缺，并在比个体大几个数量级的尺度上具有长程关联，也对整个体系的物理性质产生巨大改变。例如，高浓度的细胞微管会产生液晶取向序并伴随拓扑缺陷的产生与湮灭；而细菌会产生极向序，在低雷诺数的流体中产生湍流，如图 8.70 所示，并会让流体的等效黏滞系数降为零，即产生“超流”[108]。生物系统中集体运动的研究对于理解许多生物过程至关重要。

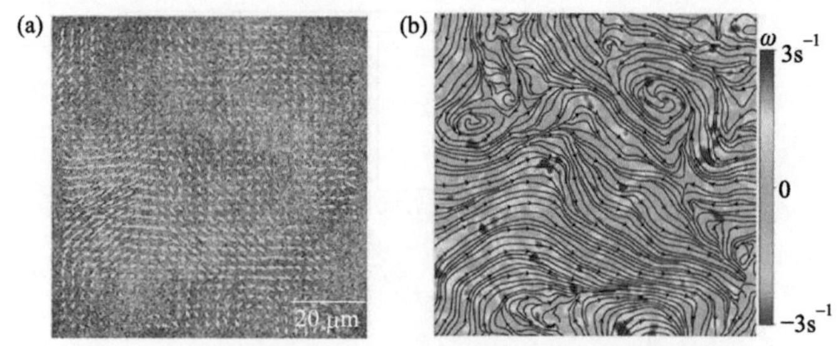

图 8.70　细菌湍流的原始图像(a)、流体速度旋度[108](b)

8.7　非晶物质流变的弹性模型

为了理解非晶物质及其过冷液体中的流动现象，人们提出了很多模型，如自由体积模型，STZ 模型，Adam-Gibbs 熵变模型，模式耦合模型(MCT)等。要准确描述和理解物质结构与性能的关系，建立合适的概念和选择合适的参数是关键。非晶物质的弹性模量与其很多性质和特征的关联证明弹性模量是描述和理解非晶物质的关键物理参量。激活能的概念和思想也是理解和描述非晶物质流变的关键，所以，澄清决定非晶物质流变激活能的物理因素是建立其流变模型的关键。

非晶物质流变的弹性模型的核心是将流动激活能和能够准确测量及定量表征的弹性模量联系起来。尽管弹性模量模型不是一个严格而完整的关于非晶流变的模型，但它能够预测和解释非晶物质及材料中的玻璃转变、弛豫、形变、性能等现象和特征，并且和很多实验结果吻合。基于弹性模型，非晶物质中的弛豫和扩散行为、玻璃转变、形变等基本问题可以被统一起来，对这些问题的认识可建立在几个物理意义清楚、容易测量的弹性模量参量上，使得这个模型可以被广泛验证。弹性模型把复杂的非晶问题简单化、模型化，对准确地认识和描述非晶的流动和本质有一定的意义[66,95]。本节将介绍非晶流变的弹性模型，论证非晶的流变激活能主要是由瞬态弹性模量控制的。

8.7.1　弹性模型的基本思想和假设

弹性模型的基本思想是：非晶物质和非晶形成液体之间的差别在于其承载切向应力的能力的不同，而切向承载力和组成粒子间的相互作用力有关。非晶体系流变的黏滞系数的增加和减少都是由其局域弛豫、流变行为的弹性相互作用决定的，即流动势垒或激活能主要是由其体系瞬态模量决定的[61,90]，这个基本思想可用图 8.70(a)示意。这一思想最早是由 Tobolsky，Powell 和 Eyring 提出的。他们提出流变的能垒或激活能ΔE可以表达成如下形式[91]：

$$\Delta E = \lambda a^3 G_\infty \tag{8.29}$$

其中，a 是原子间平均间距，G_∞是瞬态切变模量，$\lambda(\lambda \approx 1)$是常数。

非晶物质的弹性模型还需要基于下面的假设[20,61,90]：

假设一：在足够短的时间尺度或者高频条件下，黏滞液体可以被看成“流动的固体”，或者说任何黏滞液体只要在足够快的时间尺度去探测就会有类似固体的特征，反之，在足够长的时间尺度，任何固体都表现出流动性，类似液体。即：

$$\text{黏滞液体} \approx \text{流动的固体} \tag{8.30}$$

非晶物质，包括黏滞液体的弹性用瞬态模量 G_∞，E_∞和 K_∞来表征。

Maxwell 早在 1867 年就提出了固体和液体的时间相对性：只要时间尺度足够短，小于液体的本征弛豫时间τ_R，任何液体都可具有弹性，并表现为固体行为[109]。即在远小于其本征弛豫时间τ_R的时间尺度上，液体就表现为固体行为。Maxwell 是第一个通过弹性模量把液体和固体，流变和时间关联起来的人，是他最先敏锐地意识到固体、液体的相对性以及和弛豫时间的关系。图 8.71(b)是陈列在剑桥大学卡文迪许实验室博物馆，由 Maxwell 亲手制作的测量流体黏度的仪器。他利用这台设备研究过液体的流动，并提出了著名的弛豫时间、黏滞系数和瞬态模量的关系式[1,8]：

$$\tau_R = \eta/G_\infty \tag{8.31}$$

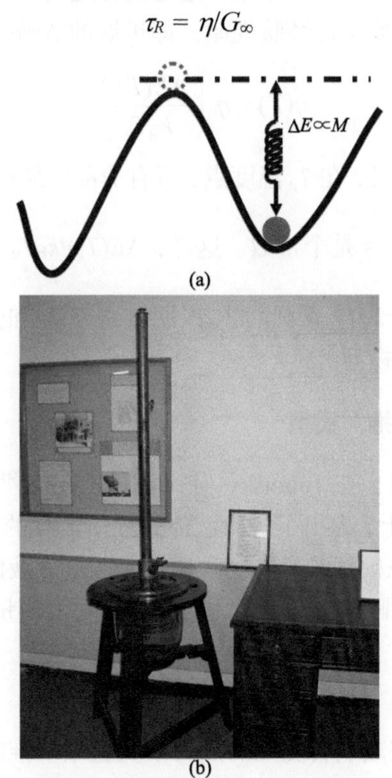

图 8.71　(a)流动需要克服的势垒主要和瞬态模量 M 有关的示意图[60]；(b)Maxwell 亲手制作的，现陈列在剑桥大学卡文迪许实验室博物馆的流体黏度测量仪及 Maxwell 的办公桌

Maxwell 的这个关系式已经暗含弹性模型的基本思想，提出了弛豫的概念，对理解非晶物质和玻璃转变有非常重要的意义。G_∞值的范围在 1～10 GPa。在 T_g 附近η～10^{13} Pa · s，这样可估算出 Maxwell 弛豫时间τ_R的量级(即α弛豫时间)为 100～1000 s。τ_R和η 大致呈正比关系，因为 G_∞相对τ_R和η 受温度的影响很小。

这个假设的合理性在上节非晶态及液体和时间的关系中讨论过。也可以被一些生活经验证实，如人之所以可以在淀粉糊上奔跑，就是因为人与淀粉糊作用时间短，这时黏滞的淀粉糊液体对人来说类似固体；如果慢走的话，人就会下沉，因为作用时间长，淀粉糊就表现出液体性质。另外，经验告诉我们，从几米高的地方跳到水里和跳到水泥地面上(速度低，时间尺度慢)的感觉是不一样的，因为水和水泥一个是液体一个是固体；但是如果从几百米的高空掉到水里和掉到水泥地面上的效果是一样的(速度很高，作用时间尺度快)。在这样短暂的作用时间下，水也相当于固体，和水泥地面对坠落物体的作用是一样的。

假设二：非晶物质可以被等价于冻结住的液态；实际上，实验研究发现即使在非晶物质的表观弹性区进行压缩或者拉伸，即应力远小于屈服应力，非晶物质也表现出黏弹性和滞弹性[82-83]。非晶物质可以被看成弛豫、流变极其缓慢的液体。

假设三：非晶物质流动过程中粒子需要克服的能量主要是弹性能。即原子在流动时，挤推开其他原子只需要克服弹性相互作用，这也是称之为弹性模型的原因。

假设四：流动的黏滞系数符合经验规律，即扩展的 Arrhenius 方程：

$$\eta(T)=\eta_0\left(\frac{\Delta E(T)}{k_{\mathrm{B}}T}\right) \tag{8.32}$$

根据玻璃转变温度的定义，在 T_{g} 温度点，所有非晶物质的 $\eta(T_{\mathrm{g}})=10^{13}\ \mathrm{Pa\cdot s}$[77,90]。即，$\eta(T_{\mathrm{g}})=\eta_0\left(\frac{\Delta E(T_{\mathrm{g}})}{k_{\mathrm{B}}T_{\mathrm{g}}}\right)=10^{13}\ \mathrm{Pa\cdot s}$ 是个常数。这样，$\Delta E(T_{\mathrm{g}})/k_{\mathrm{B}}T_{\mathrm{g}}$ 对所有非晶物质应该是个普适的常数。即激活能 $\Delta E(T_{\mathrm{g}})\propto k_{\mathrm{B}}T_{\mathrm{g}}$。因此，可以通过研究 T_{g} 和弹性模量的关系来验证激活能与弹性模量成正比的弹性模型。

8.7.2 过冷液体流动的“挤推”模型

Dyre[90]基于上面的假设，在 Tobolsky，Powell，Eyring[91]，Nemilov[92]，Mooney[110]和 Bueche[111]等的工作基础上，提出了过冷液体中原子流变的弹性模型——即所谓的“挤推”模型(shoving model)。该模型的基本物理图像是：过冷液体中粒子的流动需推开其周围的其他原子，挤推过程克服弹性能所做的功和瞬态切变模量 G_∞ 成正比，即流变的激活能可以表示成[90]

$$\Delta E=V_{\mathrm{c}}G_\infty(T) \tag{8.33}$$

其中 V_{c} 是特征体积。最近在玻璃转变处的热力学实验结果推断出该特征体积可以由体系组成粒子的平均摩尔体积 V_{m} 替代[112]。挤推模型能较好地解释玻璃转变过程中黏滞系数急剧增大的非晶形成过程等现象，得到了很多验证，如非晶物质中发现的 T_{g} 和弹性模量的关联性就是对推挤模型的验证[90,113]。

8.7.3 协作剪切模型

在非晶固体中，原子流变是局域在纳米尺度的区域中。不同于液体中的大范围原子的流变，非晶态中的局域原子流变是一种非牛顿流变行为。这种局域的流变事件发生所需的激活能与非晶材料的宏观形变和力学性能密切相关。在 Dyre 推挤模型，Argon 剪切形变区模型，能量图景理论和 Frenkel 模型[114]的基础上，Johnson 和 Samwer 提出所谓的协作剪切模型(cooperative shear model)来理解非晶合金的形变及局域流变[68]。根据能量地貌图理论，他们把非晶合金中的局域流变事件(类似 Argon 的 STZ 事件)看成是原子团簇在能量地貌图中两个相邻能谷或者称为本征态(inherent states，IS)之间的跃迁 (类似 Frenkel 的模型将晶体的断裂看成是将原子从周期势井中逃逸)[114]，跃迁需要克服的势垒即两个相邻能谷之间的能垒差ΔE。他们把能量图景理论和 STZ 概念结合起来。假设能量图景两个相邻能谷和切向应变γ之间的关系式为正弦关系(Frenkel 方法[114])，这样就可以估算出两个相邻能谷之间能垒的高度和 G 成正比，即协作剪切模型。该模型能较好地解释非晶合金在远低于 T_g 温度的流变、形变行为。

根据 Frenkel 理论，局域流变事件如 STZ 的弹性能量密度ϕ和应变γ的关系在能量图景两个相邻能谷之间满足下列关系[114]：

$$\phi(\gamma) = \phi_0 \sin^2(\pi\gamma / 4\gamma_c) \tag{8.34}$$

其中γ_c是屈服应变极限，对几乎所有非晶合金γ_c =0.0267 [68]。γ_c和屈服切应力τ_y，屈服应力σ_Y以及杨氏模量的经验关系是$\tau_y = \gamma_c G$，$\sigma_Y = 0.02E$，$\tau_y = \sigma_Y/2$。ϕ_0是总的势垒能量密度。切变模量 G 是能量密度ϕ的二阶倒数：

$$G = \mathrm{d}^2\phi / \mathrm{d}\gamma^2 \Big|_{\gamma=0} = \frac{\pi^2 \varphi_0}{8\gamma_c^2} \tag{8.35}$$

这样就得到 G 和势垒能量密度ϕ_0的关系：

$$\phi_0 = \frac{8}{\pi^2}\gamma_c^2 G \tag{8.36}$$

对于一个有效体积为 Ω 的原子团簇的流变事件，如 STZ 或者流变单元，其发生跃迁或者发生流变需要克服的势垒就可表示为[68]

$$\Delta E = \Omega\phi_0 = \frac{8}{\pi^2}\gamma_c^2 G\Omega \tag{8.37}$$

因为$\tau_c = \phi'\big|_{\max} = \pi\phi_0 / 4\gamma_c$。上面方程又可写成

$$\Delta E \propto G(\tau - \tau_c)^{3/2} \tag{8.38}$$

这就是关于非晶材料形变的协作剪切模型[68]。从式(8.37)可以看出该方程的基本特点也是激活能和切变模量成正比。所以该模型也可称为非晶合金形变的弹性模型，用于描述非晶合金在远低于 T_g 点以下温度的流变行为。

8.7.4　扩展的弹性模型

扩展的弹性模型是关于非晶物质流变的统一的弹性模型，是把非晶物质的塑性形变、弛豫、玻璃转变统一看作流变现象，然后建立其流变激活能(包括α弛豫、β弛豫、玻璃转变、形变激活能)和模量的关系[61]。

一般认为流动和非晶材料的形变和断裂行为都属于剪切运动，但是系统的实验研究发现非晶材料的断裂行为不只是剪切的贡献，非晶物质的流动伴随有体胀效应。同属于密堆结构的颗粒物质(也属于非晶体系)在流动发生时也存在明显的剪胀效应。人走在沙滩

上，细心的人会发现沙滩上的脚印中的水会迅速消失，这是在体重导致的切向力的作用下，无序堆积的沙粒会膨胀造成的(图 8.72)[115]。但是推挤模型和协同切变模型都没有有效考虑体胀效应或者体积变化的作用，需要进一步改进。有理由推测非晶物质的流动行为中既有剪切运动(对应于体积不变的运动行为)，也有体胀效应(体积会变化)，即剪胀效应。扩展的弹性模型的特点是考虑了流变过程中的体胀效应。即扩展的弹性模型激活能包含剪切和体胀两部分：$\rho_E = (10G + K)/11$，其中切变对流变起主要作用，体积效应对流变也有贡献。扩展的弹性模型被很多实验现象所证实，能准确地解释非晶物质即其过冷液态的塑性形变、弛豫、玻璃转变等现象。

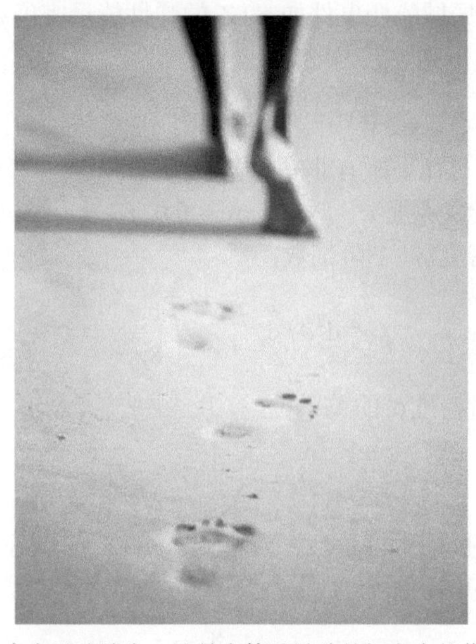

图 8.72　沙滩上的脚印中的水会迅速消失，这是在体重导致的切向力的作用下，无序堆积的沙粒会膨胀造成的[115]

在推导该模型之前，先定义流动激活能密度ρ_E的概念。由于与弹性模量直接相关的不是激活能本身，而是RT_g/V_m或$\Delta E(T)/V_m$，这里V_m是非晶物质的平均摩尔体积。流动激活能密度ρ_E定义为[61,112,116]

$$\rho_E = \frac{\Delta E}{V_m} \tag{8.39}$$

激活能密度表示单位体积的原子发生塑性流动所需要的激活能。这样定义就不用考虑均匀流动(所有原子都参与流变)和非均匀流动单元(部分局域原子参与流变)激活能中所涉及的特征体积因素，因此，可以把该弹性模型的应用范围拓展到同时适用于过冷液体和非晶态固体，适用于大尺度的α弛豫和小区域的β弛豫，也适用于固液转变，玻璃转变，流变单元内、剪切带内的局域流变。

大量实验结果表明非晶物质中的黏弹性和塑性形变，弛豫，玻璃转变都等价于流变现象，因此，可以假设玻璃转变单元(β弛豫)和形变(形变单元或类似 STZ)都对应于纳米尺度的原子团的协同流变。该流变则对应于流变单元在能量地貌图中两个相邻能谷(这两个能谷可大可小，可以是α弛豫，也可是β弛豫的能谷)或者称做本征态(IS)之间的跃迁，跃迁需要克服的势垒即两个相邻能谷之间的能垒ΔE。为简单起见，考虑如图 8.72 所示的一维能量地貌图。接下来，考察估算该能量密度地貌图的两相邻能谷之间的能垒高度，即激活能。

如图 8.73 所示，为了估算两相邻能谷间的势垒高度，可以将能量曲线通过 Taylor 展开表示为两个二次抛物线形式的弹性能密度：$\rho_{\mathrm{E}}=\frac{1}{2}M\gamma^2$，根据假设克服势垒的能量主要是弹性能，这里的 M 表示弹性模量，γ为弹性应变。这就是能量密度的简谐近似。根据统计热力学中的能量均分定理可以得知$\frac{1}{2}M\left\langle\gamma^2\right\rangle\propto\frac{1}{2}k_{\mathrm{B}}T/V_{\mathrm{m}}$，即$\left\langle\gamma^2\right\rangle\propto k_{\mathrm{B}}T/MV_{\mathrm{m}}$。从图 5.70 可以看出，根据简谐近似估计的势垒大小(两个抛物线交点)与实际势垒大小成正比。虽然两个抛物线的交点比实际势垒要大，但是二者的变化趋势是一致的，于是可以用抛物线交点处能量代表实际势垒，势垒大小可以估计为$\frac{1}{2}M\gamma_0^2=\frac{1}{2}\frac{k_{\mathrm{B}}T}{\left\langle\gamma^2\right\rangle V_{\mathrm{m}}}\gamma_0^2$。因为$\gamma_0$为常数，所以$\rho_{\mathrm{E}}\propto\frac{k_{\mathrm{B}}T_{\mathrm{m}}/V_{\mathrm{m}}}{\left\langle\gamma^2\right\rangle}$[116]。

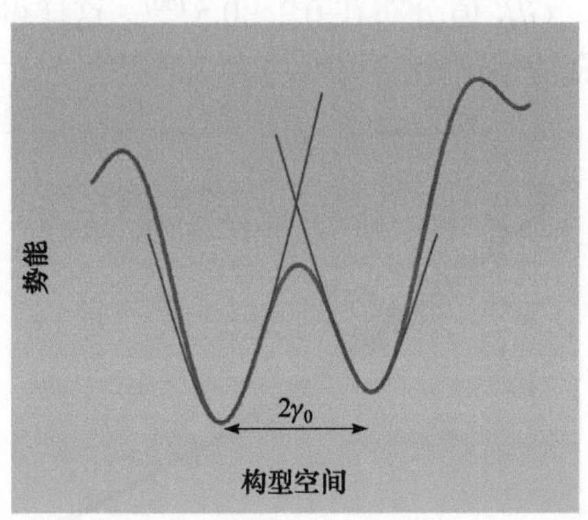

图 8.73　非晶合金能量密度势垒图中两个相邻能谷的距离为 $2\gamma_0$。蓝色曲线为能量极小值处的泰勒二级近似结果，表示弹性能的简谐近似[116]

对于非晶物质来说，发生流变时，意味着此时每个原子都增加了 3 个自由度。在三维空间中，如果体系增加三个自由度，那么$\left\langle\gamma^2\right\rangle=\frac{k_{\mathrm{B}}T}{V_{\mathrm{m}}M_x}+\frac{k_{\mathrm{B}}T}{V_{\mathrm{m}}M_y}+\frac{k_{\mathrm{B}}T}{V_{\mathrm{m}}M_z}$，这里 x, y, z 代表直角坐标系中的三个坐标轴方向。对于非晶这种各向同性的物质，M 所代表的三个方向的弹性模量包含 2 个剪切模量和 1 个纵向模量，即 $M_x=M_y=\rho V_{\mathrm{S}}^2$，$M_z=\rho V_{\mathrm{L}}^2$。于是有

$$V_{\mathrm{m}}\left\langle\gamma^2\right\rangle\propto\frac{2k_{\mathrm{B}}T}{\rho V_{\mathrm{S}}^2}+\frac{k_{\mathrm{B}}T}{\rho V_{\mathrm{L}}^2}\tag{8.40}$$

代入 $\rho_{\mathrm{E}}=\frac{k_{\mathrm{B}}T}{\left\langle\gamma^2\right\rangle V_{\mathrm{m}}}$，可得

$$\rho_{\mathrm{E}} \propto \frac{G(K+4G/3)}{2K+11G/3} \tag{8.41}$$

为了准确衡量 G 和 K 在激活能中所占的比例，可将式(8.41)表示为线性叠加的形式，可以通过研究激活能随温度变化的规律得到，用对数微分形式表示，即引入 $I=\frac{\mathrm{d}\ln\rho_{\mathrm{E}}(T)}{\mathrm{d}\ln T}$。

这样得到，

$$I=\left(1-\frac{KG}{2K^2+\frac{19}{3}KG+\frac{44}{9}G^2}\right)\cdot I_{\mathrm{G}}+\frac{KG}{2K^2+\frac{19}{3}KG+\frac{44}{9}G^2}\cdot I_{\mathrm{K}} \tag{8.42}$$

或者，$I=(1-\alpha)\cdot I_{\mathrm{G}}+\alpha\cdot I_{\mathrm{K}}$，其中 I_{G} 和 I_{K} 是温度指数，

$$\alpha=\frac{KG}{2K^2+\frac{19}{3}KG+\frac{44}{9}G^2} \tag{8.43}$$

这里的 α 表示体弹模量随温度的变化对激活能密度随温度变化量的贡献比例，同时也表示体弹模量对激活能密度的贡献。对于大多数非晶合金，如图 8.74 显示的各向同性物质的泊松比与 G/K 的关系图，G/K 值分布在 0.2～0.5[60]，这样得到 $\alpha=0.07\pm0.01$。这个结果表明体弹模量在非晶合金激活能中的贡献约为 7.0%[116]。

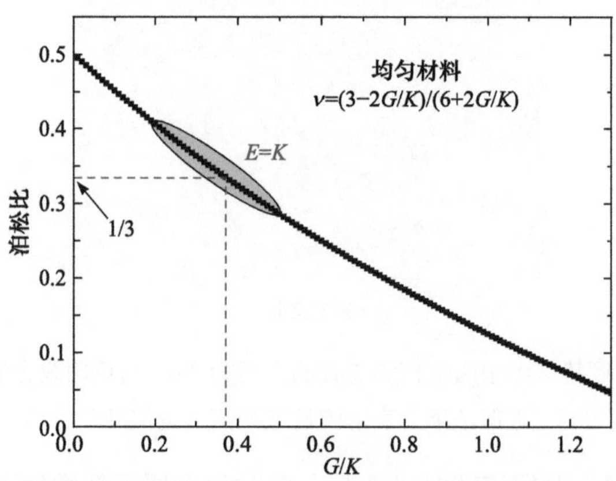

图 8.74 各向同性物质的泊松比与弹性模量比值 G/K 的关系[116]

另外，还可以通过测量玻璃转变时弹性模量 G 和 K 的变化来估算 K 在激活能中的贡献比率 α。弹性模量可以由声速表示为 $G=\rho V_{\mathrm{S}}^2$，$K=\rho {V_{\mathrm{L}}}^2-\frac{4}{3}\rho V_{\mathrm{S}}^2$，根据这两个表达式，可以得到 G 和 K 在玻璃转变处的相对变化量：

$$\frac{\Delta G}{G}:\frac{\Delta K}{K}=\left(\frac{\Delta({V_{\mathrm{S}}}^2)}{{V_{\mathrm{S}}}^2}\right):\left(\frac{\Delta\left({V_{\mathrm{L}}}^2-\frac{4}{3}{V_{\mathrm{S}}}^2\right)}{{V_{\mathrm{L}}}^2-\frac{4}{3}{V_{\mathrm{S}}}^2}\right)=\left(\frac{\Delta V_{\mathrm{S}}}{V_{\mathrm{S}}}\right):\left(\frac{\frac{\Delta V_{\mathrm{L}}}{V_{\mathrm{L}}}}{1-\frac{4}{3}\frac{{V_{\mathrm{S}}}^2}{{V_{\mathrm{L}}}^2}}-\frac{\frac{4}{3}\frac{\Delta V_{\mathrm{S}}}{V_{\mathrm{S}}}}{\frac{{V_{\mathrm{L}}}^2}{{V_{\mathrm{S}}}^2}-\frac{4}{3}}\right) \tag{8.44}$$

根据公式(8.44)，可以估算出 $\frac{\Delta G}{G}:\frac{\Delta K}{K}$ 的大小。由于非晶物质各向同性，其泊松比与声速的关系：$\nu=\frac{1}{2}\times\frac{1-2V_S^2/V_L^2}{1-V_S^2/V_L^2}$，对于非晶合金，其泊松比分布范围为 0.27～0.41，V_S/V_L 的范围(图 8.75)为 0.42～0.55，分布在一个很小的范围内。为了估算方便我们取 $V_S/V_L=0.5$，对应于泊松比 ν 为 1/3。公式(8.44)可以化简为

$$\frac{\Delta G}{G}:\frac{\Delta K}{K}=\left(\frac{\Delta V_S}{V_S}\right):\left(\frac{3\Delta V_L}{2V_L}-\frac{\Delta V_S}{2V_S}\right) \tag{8.45}$$

根据不同非晶物质的声速，很容易得到 $\frac{\Delta G}{G}:\frac{\Delta K}{K}\approx 5:1$。

这样，代入(8.44)式，得到 G 和 K 在流动激活能中的贡献为 10:1，即[116]：

$$\rho_E=\Delta E/V_m=(10G+K)/11 \tag{8.46}$$

式(8.46)就是非晶物质中流变的扩展弹性模型在非晶合金体系的具体形式。该模型说明 G 和 K(体积因素)都对非晶物质的流变有影响。其中 G 的贡献是主要的，K 的贡献只有约 7%。实际上，在非晶物质剪切变形和玻璃转变过程中都实验观察到了体积的变化(1%～2%)，和模型的结果符合。

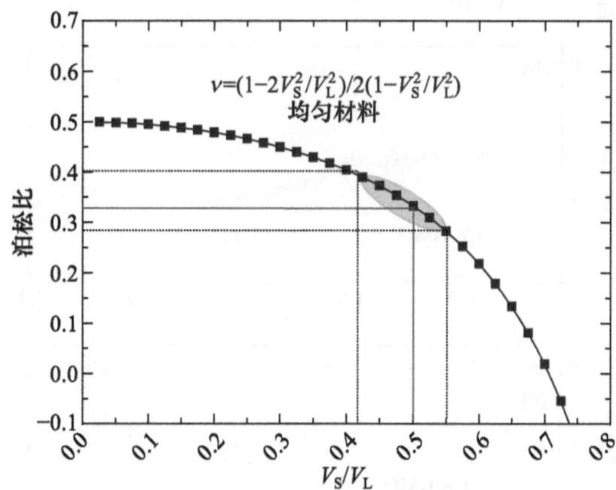

图 8.75　各向同性物质的泊松比和声速的关系图，图中绿色阴影部分为非晶合金的数据分布范围

超声测量非晶物质横波和纵波声速在玻璃转变附近随温度变化的实验可进一步证实扩展弹性模型。图 8.76 为 $NaPO_3$-$Al(PO_3)_3$ 氧化物玻璃的声速在玻璃转变处的变化情况[117]。图 8.77 所示为 Ce 基块体非晶合金及糖玻璃(用于电影拍摄时代替汽车、房屋的玻璃，易碎)的声速在玻璃转变处的变化情况[118]。可以发现这些非晶玻璃在玻璃转变处的声速相对变化量大约为 $\frac{\Delta V_S}{V_S}:\frac{\Delta V_L}{V_L}\approx 2:1$。代入公式(8.45)中，也得到 $\frac{\Delta G}{G}:\frac{\Delta K}{K}\approx 5:1$。考虑到在三维空间中，玻璃转变过程中原子释放了三个自由度的运动，这会包含 2 个剪切模式(对应于 G)和 1 个径向模式(对应于 K)。剪切模量对非晶流动激活能的贡献应该乘以 2。于是，得到 G 和 K 在流动激活能中的贡献应该为 10:1，或者 $\alpha=1/11=9\%$。这样也得到[60]：

$$\rho_E = (10G + K)/11 \tag{8.47}$$

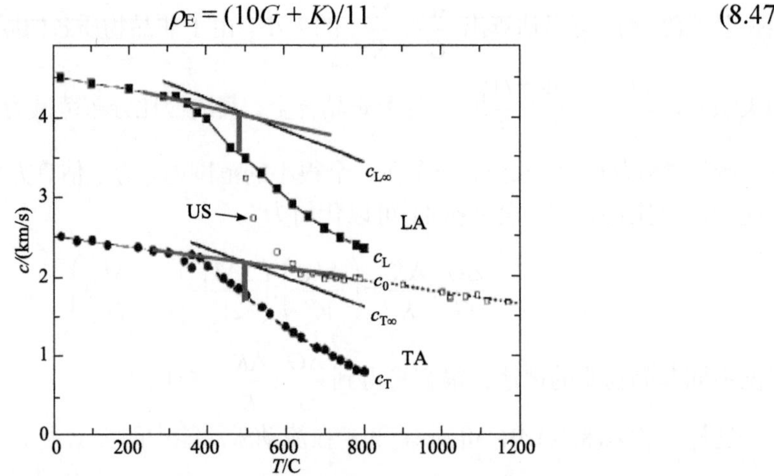

图 8.76 布里渊区散射法测量的 $NaPO_3$-$Al(PO_3)_3$ 氧化物玻璃的纵波(LA)和横波(TA)声速在玻璃转变前后随温度的变化趋势[117]

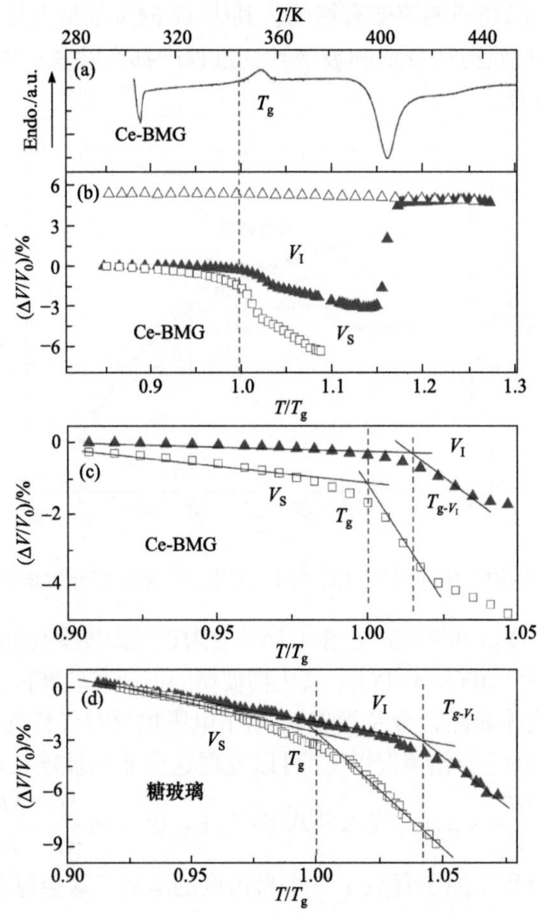

图 8.77 10 MHz 超声波方法测量的 Ce 基非晶合金，糖玻璃(breakaway glass)的纵波和横波声速在玻璃转变前后随温度的变化趋势[118]

这进一步证实了上面推出的扩展模量模型的广泛性。因此，黏滞系数随温度变化的公式可以化简为

$$\eta = \eta_0 \exp\left(\frac{(10G + K)V_m}{11RT}\right) \tag{8.48}$$

通过对弹性模量与 T_g 的关联性的考察可以验证弹性模型。根据 $\Delta E(T_g)/k_B T_g$ 对非晶物质是个普适的常数，应该有 $\frac{\rho_E V_m}{RT_g} = \frac{(0.91G + 0.09K)V_m}{RT_g} \equiv \text{constant}$。如图 8.78 是几十种不同非晶合金 G 和 T_g 的关系图。可以看出对于这些非晶物质，G 和 T_g 没有明显的关联关系。但是，如图 8.79 所示，RT_g/G(和 RT_g/E)与平均原子摩尔体积 V_m 有着非常好的线性关系，线性拟合结果分别为 $RT_g/G = (15.35 \pm 0.16)V_m$ 和 $RT_g/E = (5.74 \pm 0.05)V_m$，而且两个线性拟合的统计线性回归参数也高达 0.994 和 0.996。这说明 V_m 与非晶流动激活能有关。如图 8.80(a)所示，四十多种不同非晶合金的数据表明 $\frac{(0.09K + 0.91G)V_m}{RT_g}$ 的值可以用一个常数 0.0753 很好地拟合，与不同非晶体系的成分没有明显的关系。同时，将 $\frac{(0.09K + 0.91G)V_m}{RT_g}$ 的值与 46 种非晶合金成分的密度及泊松比的关系作比较[图 8.80(b)和(c)]，都没有发现明显的依赖关系，数据点可以用常数很好地拟合。这说明 $\frac{(0.09K + 0.91G)V_m}{RT_g}$ 这个表达方式确实是常数，不依赖于非晶体系的性质。作为对比，图 8.81 给出 GV_m/T_g 和 KV_m/T_g 与泊松比 ν 的关系。可以看出 $KV_m/T_g \propto 8.78 \sim 1.41$ 和 $GV_m/T_g \propto -0.86$ 都和 ν 有依赖关系，而不是常数。这说明单独 G 或 K 都不能很好地表示非晶物质的流动激活能密度。这证实扩展弹性模型：$\rho_E = 0.91G + 0.09K$ 可以很好地描述非晶物质中原子流动的微观机制。

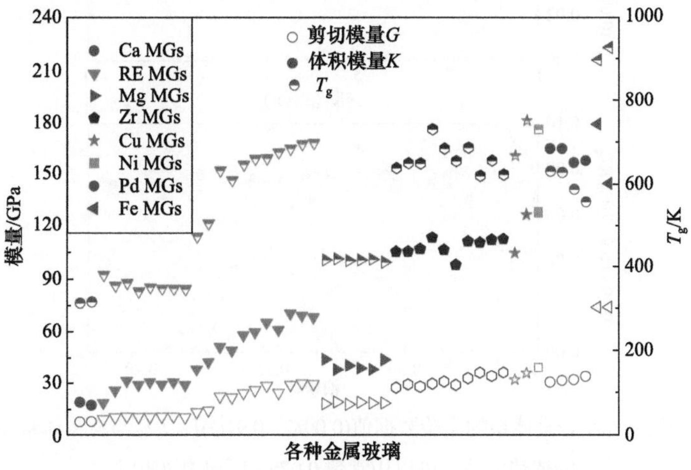

图 8.78 几十种不同非晶合金 G 和 T_g 的关系图[60,113]

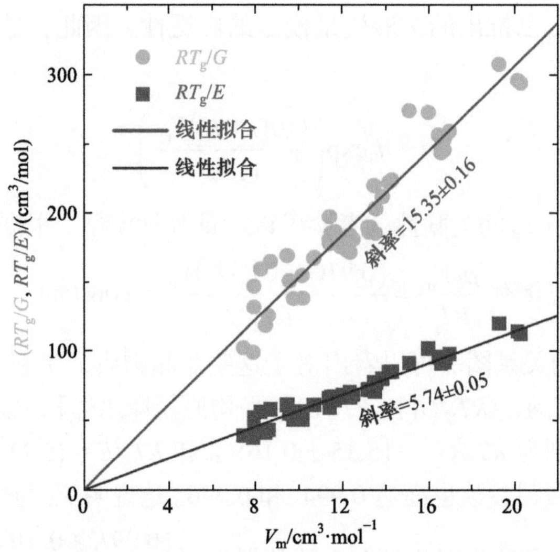

图 8.79 不同非晶物质 RT_g/G(和 RT_g/E)与平均原子摩尔体积 V_m 的关系[119]

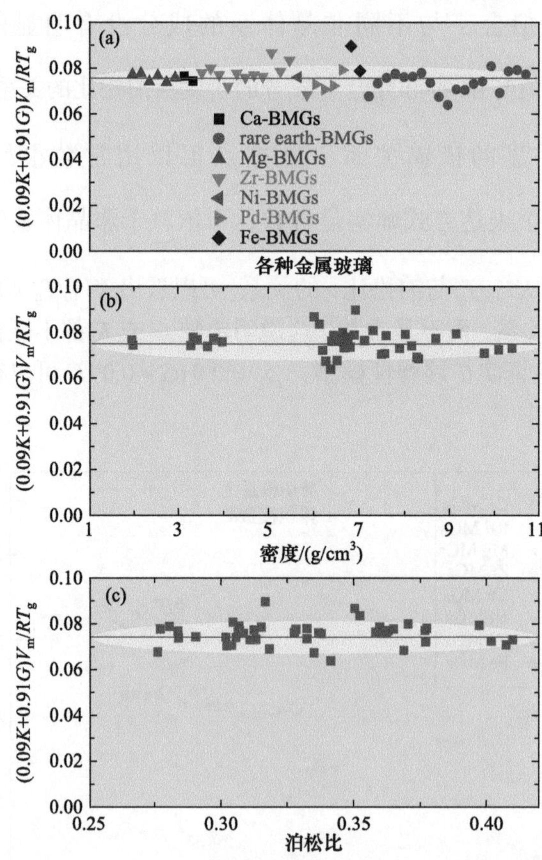

图 8.80 46 种不同块体非晶合金体系的实验数据值$(0.09K + 0.91G)V_m/RT_g$与材料体系及其性质没有明显的依赖关系，可以用常数 0.075 拟合得很好[119]

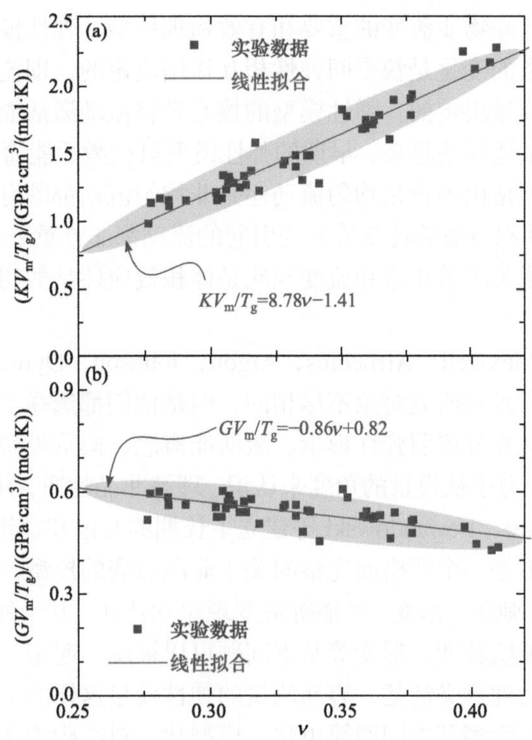

图 8.81　46 种不同非晶合金的(a)KV_m/T_g和(b)GV_m/T_g与泊松比ν的关系图。图中的红色实线为线性拟合结果[118]

大多数关于过冷液体或非晶流动问题的模型只是简单考虑了剪切行为，只涉及剪切应力或剪切模量。扩展的弹性模型提出不论是均匀流动还是非均匀流动都既有剪切运动也有膨胀效应。说明剪切和自由体积对玻璃转变或形变引起的流动都是非常重要的，这和实验现象符合。扩展的弹性模型统一了关于剪切带和流变到底是体积效应还是剪切流变效应的这两个长期争论的观点。需要说明的是剪切带形成过程中是有外加应力场存在的，它包含的膨胀效应或许和无应力态下的玻璃转变引起的自由体积变化现象还有一定的区别[60,118-121]。扩展的弹性模型还需要在更多的非晶物质体系得到验证。

8.8　小结和讨论

万物皆流。作为常规物质的第四态，非晶物质同样发生流变，弛豫是其本征的流变行为。但是非晶物质宏观和微观的流变行为、规律、激发条件不同于晶态固体，也不同于气体和常规液体。通常条件下，非晶物质的流变极其缓慢，是局域化的，其流变规律是非平衡、非线性的。其弹性、塑性等流变行为和时间相关，受能垒控制。非晶体系存在的“缺陷”或结构非均匀性是其流变的结构起源和载体。激活能的概念和思想是理解和描述非晶物质流变的关键。非晶物质的弹性模量与很多非晶的性质和特征关联，弹性模量是描述和理解非晶物质的关键物理参量。

弹性模型是描述非晶物质流变的重要和有效物理模型。弹性模型的基本思想是：非晶物质流变的黏滞系数的变化是粒子间弹性相互作用决定的，即流动势垒或激活能主要是由其体系瞬态弹性模量决定的。弹性模型的核心是将流动激活能和能够准确测量及定量表征的弹性模量定量地联系起来。早期的弹性模型只把激活能简化为只和切变模量 G 相关。扩展的弹性模型指出不论是均匀流动还是非均匀流动都既有剪切运动也有膨胀效应，证明剪切和自由体积对玻璃转变或形变引起的流动都非常重要，并和实验现象符合。扩展的弹性模型统一了关于剪切带和流变到底是体积效应还是剪切流变效应的这两个长期争论的观点。

多位物理学家如 Maxwell，Arrhenius，Argon，Johnson，Dyre，Samwer 等，虽然他们在不同时代，研究背景和研究对象不尽相同，但是他们都选择了从弹性模量、激活能的路径来研究流变，这充分说明弹性模量、激活能概念、模量模型在非晶物质研究的重要性。作者本人也是致力于从模量的角度来认识、理解非晶物质，并以弹性模量会友，和 Johnson，Dyre，Samwer，Lewandowski 等建立了长期的友谊和合作的。

弹性模量模型虽不是一个严格而完整的关于非晶流变的模型，但能够预测和解释非晶物质中的玻璃转变、弛豫、形变、性能等流变现象和特征。基于弹性模型，非晶物质中的弛豫和扩散行为、玻璃转变、形变等基本问题可以被统一起来，并且能够把对这些问题的认识建立在几个物理意义清楚、容易测量的弹性模量这样的参量之上。弹性模型把复杂的非晶物质流变等很多基本问题简单化、模型化，对准确地认识和描述非晶的宏观流动和本质有重要意义。

那么，非晶物质微观上到底是如何流动变化的呢？其流变的结构起源是什么？在下一章(第 9 章)让我们再次进入非晶物质的微观世界，了解非晶物质流变的微观图像以及和宏观流变行为的深刻联系。

参 考 文 献

[1] Csikszentmihalyi M. Flow: The Psychology of Optimal Experience. Harper Perennial, 1991.
[2] Feynman R P. The Feynman Lectures on Physics. Vol. II. The New Millennium Edition. New York: Basic Books, 2011.
[3] Hinze J O. Turbulence. 2nd ed. New York: McGraw-Hill, 1975.
[4] Nicolas A, Ferrero E E, Martens K, et al. Deformation and flow of amorphous solids: insights from elastoplastic models. Rev. Mod. Phys., 2018, 90: 045006.
[5] Fall A, Weber B, Pakpour M, et al. Sliding friction on wet and dry sand. Phys. Rev. Lett., 2014, 112: 175502.
[6] Maxwell J C. On the dynamical theory of gases. Philos. Trans. R. Soc., 1867, 157: 49-88.
[7] 杨卫, 赵沛, 王宏涛. 力学导论. 北京: 科学出版社, 2020.
[8] Debenedetti P G, Stillinger F H. Supercooled liquids and the glass transition. Nature, 2001, 410: 259-267.
[9] Johari G P. Intrinsic mobility of molecular glasses. J. Chem. Phys., 1973, 58: 1766-1770.
[10] Debenedetti P G. Metastable Liquids: Concepts and Principles. Princeton: Princeton Univ. Press, 1996.
[11] Biroli G. Jamming: a new kind of phase transition? Nature Phys., 2007, 3: 222-223.
[12] Harmon J S, Demetriou M D, Johnson W L, et al. Anelastic to plastic transition in metallic glass-forming liquids. Phys. Rev. Lett., 2007, 99: 135502.
[13] Ediger M D. Spatially heterogeneous dynamics in supercooled liquids. Annu. Rev. Phys. Chem., 2000, 51:

99-128.

[14] Yu H B, Wang W H, Bai H Y, et al. The β relaxation in metallic glasses. National Science Review, 2014, 1: 429-461.

[15] Lacks D J, Osborne M J. Energy landscape picture of overaging and rejuvenation in a sheared glass. Phys. Rev. Lett., 2004, 93: 255501.

[16] Johari G P. Intrinsic mobility of molecular glasses. J. Chem. Phys., 1973, 58: 1766-1770.

[17] Wen P, Wang W H. Relaxation of metallic $Zr_{46.25}Ti_{8.25}Cu_{7.5}Ni_{10}Be_{27.5}$ bulk glass-forming supercooled liquid. Appl. Phys. Lett., 2004, 84: 2790-2792.

[18] Rösner P, Samwer K, Lunkenheimer P. Indications for an "excess wing" in metallic glasses from the mechanical loss modulus in $Zr_{65}Al_{7.5}Cu_{27.5}$. Europhys. Lett., 2004, 68: 226-231.

[19] Menard K P. Dynamic Mechanical Analysis: A Practical Introduction. London: CRC Press I Llc., 2008.

[20] Wang W H. Dynamic relaxation and relaxation-property relationships in metallic glasses. Prog. Mater. Sci., 2019, 106: 100561.

[21] Wang Z, Yu H B, Wen P, et al. Pronounced slow β-relaxation in La-based bulk metallic glasses. J. Phys. Condens. Matter., 2011, 23: 142202.

[22] Wang Z, Wen P, Huo L S, et al. Signature of viscous flow units in apparent elastic regime of metallic glasses. Appl. Phys. Lett., 2012, 101: 121906.

[23] Hu L N, Yue Y Z. Secondary relaxation in metallic glass formers: its correlation with the genuine Johari-Goldstein relaxation. J. Phys. Chem. C, 2009, 113: 15001-15006.

[24] Luo P, Lu Z, Zhu Z G, et al. Prominent β-relaxations in yttrium based metallic glasses. Appl. Phys. Lett., 2015, 106: 031907.

[25] Zhu Z G, Wang Z, Wang W H. Binary RE-Ni/Co metallic glasses with distinct β-relaxation behaviors. J. Appl. Phys., 2015, 118: 154902.

[26] Qiao J C, Pelletier J M. Dynamic mechanical relaxation in bulk metallic glasses: a review. J. Mater. Sci. Tech., 2014, 30: 523-545.

[27] Liu S T, Wang Z, Yu H B, et al. The activation energy and volume of flow units of metallic glasses. Scripta. Mater., 2012, 67: 9-12.

[28] Wang Z, Sun B A, Bai H Y, et al. Evolution of hidden localized flow during glass-to-liquid transition in metallic glass. Nature Communications, 2014, 5: 5823.

[29] Ngai K L. Relaxation and Diffusion in Complex Systems. New York: Springer, 2011.

[30] Yu H B, Wang W H, Bai H Y, et al. Relating activation of shear transformation zones to β-relaxations in metallic glasses. Phys. Rev. B, 2010, 81: 220201(R).

[31] Wang W H. Correlation between relaxations and plastic deformation, and elastic model of flow in metallic glasses and glass-forming liquids. J. Appl. Phys., 2011, 110: 053521.

[32] Courtney T H. Mechanical Behavior of Materials. Boston: Mc-Graw-Hill, 2000.

[33] Meyers M, Krishan C. Mechanical Behavior of Materials. 2nd ed. Cambridge : Cambridge Univ. Press, 2009. 中译本: 张哲峰, 卢磊, 等译. 材料力学行为. 北京: 高等教育出版社, 2017.

[34] Schuh C A, Hufnag T C, Ramamurty U. Mechanical behavior of amorphous alloys. Acta Mater., 2007, 55: 4067-4109.

[35] Nicolas A, Ferrero E E, Martens K, et al. Deformation and flow of amorphous solids: insights from elastoplastic models. Rev. Mod. Phys., 2018, 90(4): 045006.

[36] Leamy H J, Chen H S, Wang T T. Plastic flow and fracture of metallic glass. Metallurgical Transactions, 1972, 3: 699-708.

[37] Masumoto T, Maddin R. The mechanical properties of palladium 20 a/o silicon alloy quenched from the

liquid state. Acta Metall., 1971, 19: 725-741.

[38] Sun B A, Wang W H. The fracture of bulk metallic glasses. Prog. Mater. Sci., 2015, 74: 211-307.

[39] Greer A L, Cheng Y Q, Ma E. Shear bands in metallic glasses. Mater. Sci. Eng. R, 2013, 74: 71-132.

[40] Johnson W L. Bulk glass-forming metallic alloys: science and technology. MRS Bull. 1999, 24: 42-56.

[41] Lewandowski J J, Greer A L. Temperature rise at shear bands in metallic glasses. Nature Materials, 2006, 5: 15-18.

[42] Sun Y H, Concustell A, Greer A L. Thermomechanical processing of metallic glasses: extending the range of the glassy state. Nature Review Materials, 2016, 1: 16039.

[43] Helbing D, Farkas I, Vicsek T. Simulating dynamical features of escape panic. Nature, 2000, 407: 487-490.

[44] Liu Y H, Wang G, Pan M X, et al. Super plastic bulk metallic glass at room temperature. Science, 2007, 315: 1385-1388.

[45] Demetriou M D, Launey M E, Garrett G, et al. A damage-tolerant glass. Nature Mater., 2011, 10: 123-128.

[46] Goyon J, Bocquet L. Spatial cooperativity in soft glassy flows. Nature, 2008, 454: 84-87.

[47] Xi X K, Li L L, Zhang B, et al. Correlation of atomic cluster symmetry and glass-forming ability of metallic glass. Phys. Rev. Lett., 2007, 99: 095501.

[48] Sandor M T, Ke H B, Wang W H, et al. Anelasticity-induced increase of the Al-centered local symmetry in the metallic glass $La_{50}Ni_{15}Al_{35}$. J. of Phys: Condensed Matter., 2013, 25: 165701.

[49] Liu A J. Nagel S R. Jamming is not just cool any more. Nature, 1998, 396: 21-22.

[50] Jop P, Forterre Y, Pouliquen O A. constitutive law for dense granular flows. Nature, 2006, 441: 727-730.

[51] Berthier L, Biroli G, Bouchaud J P, et al. Direct experimental evidence of a growing length scale accompanying the glass transition. Science, 2005, 310: 1797-1800.

[52] Schall P, Weitz D A, Spaepen F. Structural rearrangements that govern flow in colloidal glasses. Science, 2007, 318: 1895-1898.

[53] Mueth D M. Debregeas G F, Karczmar G S, et al. Signatures of granular microstructure in dense shear flows. Nature, 2000, 406: 385-389.

[54] Keys A S, Abate A R, Glotzer S C, et al. Measurement of growing dynamical length scales and prediction of the jamming transition in a granular material. Nature Phys., 2007, 3: 260-264.

[55] Chen K, Ellenbroek W G, Zhang Z, et al. Low-frequency vibrations of soft colloidal glasses. Phys. Rev. Lett., 2010, 105: 025501.

[56] Spaepen F. A microscopic mechanism for steady state inhomogeneous flow in metallic glasses. Acta Metall., 1977, 23: 407-415.

[57] Argon A S. Plastic deformation in metallic glasses. Acta Mater., 1979, 27: 47-58.

[58] Doolitle A K. Studdies in Newtonian flow. 2. The dependence of the viscosity of liquids on free space. J. Appl. Phys., 1951, 22: 1471-1475.

[59] Turnbull D, Cohen M H. Free volume model of amorphous phase-glass transition. J. Chem. Phys., 1961, 34: 120-124.

[60] Johnson W L, Demetriou M D, Harmon J S, et al. Rheology and ultrasonic properties of metallic glass-forming liquids: a potential energy landscape perspective. MRS Bull., 2007, 32: 644-650.

[61] Wang W H. The elastic properties, elastic models and elastic perspectives of metallic glasses. Prog. Mater. Sci., 2012, 57: 487-656.

[62] Wang J G, Zhao D Q, Pan M X, et al. Correlation between onset of yielding and free volume in metallic glasses. Scri. Mater., 2010, 62: 477-480.

[63] Bletry M, Guyot P, Bre′chet Y, et al. Transient regimes during high-temperature deformation of a bulk metallic glass: a free volume approach. Acta Mater., 2007, 55: 6331-6337.

[64] Falk M L, Langer J S. Dynamics of viscoplastic deformation in amorphous solids. Phys. Rev. E, 1998, 57: 7192-7205.

[65] Argon A S, Kuo H Y. Plastic flow in a disordered bubble raft (an analog of a metallic glass). Mater. Sci. Eng., 1979, 39: 101-109.

[66] Falk M L. The flow of glass. Science, 2007, 318: 1880-1881.

[67] Maloney C, Lemaitre A. Subextensive scaling in the athermal, quasistatic limit of amorphous matter in plastic shear flow. Phys. Rev. Lett., 2004, 93: 016001.

[68] Johnson W L, Samwer K. A universal criterion for plastic yielding of metallic glasses with a temperature dependence. Phys. Rev. Lett., 2005, 95: 195501.

[69] Wang W H. The correlation between the elastic constants and properties in bulk metallic glasses. J. Appl. Phys., 2006, 99: 093506.

[70] Wang W H, Yang Y, Nieh T G, et al. On the source of plastic flow in metallic glasses: concepts and models. Intermetallics, 2015, 67: 81-86.

[71] Johari G P, Goldstein M. Viscous liquids and the glass transition. II. Secondary relaxations in glasses of rigid molecules. J. Chem. Phys., 1970, 53: 2372-2388.

[72] Ichitsubo T, Matsubara E, Yamamoto T, et al. Microstructure of fragile metallic glasses inferred from ultrasound-accelerated crystallization in Pd-based metallic glasses. Phys. Rev. Lett., 2005, 95: 245501.

[73] Yu H B, Wang Z, Wang W H, et al. Relation between Beta relaxation and fragility in LaCe-based metallic glasses. J. Non-Cryst. Solids, 2012, 358: 869-871.

[74] 于海滨. 金属玻璃塑性变形和β弛豫之间的内在联系. 北京：中国科学院物理研究所, 2011.

[75] 王峥. 金属玻璃中流动单元的探测与表征. 北京：中国科学院物理研究所, 2013.

[76] Yu H B, Shen X, Wang Z, et al. Tensile plasticity in metallic glasses with pronounced beta relaxations. Phys. Rev. Lett., 2012, 108: 015504.

[77] Wang Q, Zhang S T, Yang Y, et al. Unusual fast secondary relaxation in metallic glass. Nat. Commun., 2015, 6: 7876.

[78] Angell C A, Nagi K L, McKenna G B, et al. Relaxation in glassforming liquids and amorphous solids. J. Appl. Phys., 2000, 88: 3113-3157.

[79] Liu Y H, Liu C T, Wang W H, et al. Thermodynamic origins of shear band formation and the universal scaling law of metallic glass strength. Phys. Rev. Lett., 2009, 103: 065504.

[80] Yang B, Liu C T, Nieh T G. Unified equation for the strength of bulk metallic glasses. Appl. Phys. Lett., 2006, 88: 221911.

[81] Zhang S G. Signature of properties in elastic constants of no-metalloid bulk metallic glasses. Intermetallics, 2013, 35: 1-8.

[82] Ke H B, Wen P, Peng H L, et al. Homogeneous deformation of metallic glass at room temperature reveals large dilatation. Script. Mater., 2011, 64: 966-969.

[83] Park K W, Lee C M, Kim H J, et al. A methodology of enhancing the plasticity of amorphous alloys: elastostatic compression at room temperature. Mater. Sci. Eng. A, 2009, 499: 529-533.

[84] Hirai N, Eyring H. Bulk viscosity of polymeric systems. J. Polym. Sci., 1959, 37: 51-71.

[85] Guan P, Chen M W, Egami T. Stress-temperature scaling for steady-state flow in metallic glasses. Phys. Rev. Lett., 2010, 104: 205701.

[86] Zhao K, Xia X X, Bai H Y, et al. Room temperature homogeneous flow in a bulk metallic glass with low glass transition temperature. Appl. Phys. Lett., 2011, 98: 141913.

[87] Gao X Q, Wang W H, Bai H Y. A diagram for glass transition and plastic deformation in model metallic glasses. J. Mater. Sci. Tech., 2014, 30: 546-550.

[88] Hirata A, Guan P F, Fujita T, et al. Direct observation of local atomic order in a metallic glass. Nature Mater., 2011, 10: 28-33.
[89] Reiner M. The Deborah number. Phys. Today, 1964, 17: 62.
[90] Dyre J. The glass transition and elastic models of glass-forming liquids. Rev. Mod. Phys., 2006, 78: 953-972.
[91] Tobolsky A, Powell R E, Eyring H. Elasticviscous properties of matter// Burk R E, Grummit O. Frontiers in Chemistry. New York: Interscience, 1943, 1: 125-190.
[92] Nemilov S V. Viscous flow of glasses correlated with their structure: application of the Rate Theory. Sov. J. Glass Phys. Chem., 1992, 18: 1-27.
[93] Snelders H A M. Arrhenius, Svante August. Dictionary of Scientific Biography. New York: Charles Scribner's Sons, 1970: 296-301.
[94] Sun B A, Yu H B, Jiao W, et al. The plasticity of ductile metallic glasses: a self-organized critical state. Phys. Rev. Lett., 2010, 105: 035501.
[95] Maaß R, Löffler J F. Shear-band dynamics in metallic glasses. Adv. Func. Mater., 2015, 25: 2353-2368.
[96] Sarmah R G, Ananthakrishna G, Sun B A, et al. Hidden order in serrated flow of metallic glasses. Acta Mater., 2011, 59: 4482-4493.
[97] Ren J L, Chen C, Liu Z Y, et al. Plastic dynamics transition between chaotic and self-organized critical states in a glassy metal via a multifractal intermediate. Phys. Rev. B, 2012, 86: 134303.
[98] Gao M, Sun B A, Yuan C C, et al. Hidden order in fracture surface morphology of metallic glasses. Acta Mater., 2012, 60: 6952-6960.
[99] Zhang Y, Liu J P, Shu Y C, et al. Serration and noise behaviors in materials. Prog. Mater. Sci., 2017, 90: 358-460.
[100] Sun B A, Wang W H. Fractal nature of multiple shear bands in severely deformed metallic glass. Appl. Phys. Lett., 2011, 98: 201902.
[101] Dahmen K A, Ben-Zion Y, Uhl J T. A simple analytic theory for the statistics of avalanches in sheared granular materials. Nat. Phys., 2011, 7: 554-557.
[102] Lorenz E N. Designing Chaotic Models. Boston: Massachusetts Institute of Technology, 2005.
[103] Sammonds P. Deformation dynamics: plasticity goes supercriticial. Nature Mater., 2005, 4: 425-426.
[104] 胡海波, 王林. 幂率分布研究简史. 物理, 2005, 34: 889-896.
[105] 帕巴克. 大自然如何工作. 武汉: 华中师范大学出版社, 2001.
[106] Liu S T, Jiao W, Sun B A, et al. A quasi-phase perspective on flow units of glass transition and plastic flow in metallic glasses. J. Non-Cryst. Solids., 2013, 376: 76-80.
[107] Tennenbaum M, Liu Z Y, Hu D, et al. Mechanics of fire ant aggregations. Nature Mater., 2016, 15: 54-59.
[108] Peng Y, Liu Z Y, Cheng X. Imaging the emergence of bacterial turbulence: phase diagram and transition kinetics. Science Adv., 2021, 7: eabd1240.
[109] Lamb J. Viscoelasticity and lubrication: a review of liquid properties. J. Rheol., 1978, 22: 317-348.
[110] Mooney M. A theory of the viscosity of a Maxwellian elastic liquid. Trans. Soc. Rheol., 1957, 1: 63-80.
[111] Bueche F. Mobility of molecules in liquids near the glass temperature. J. Chem. Phys., 1959, 30: 748752.
[112] Wang J Q, Wang W H, Yu H B, et al. Correlation between molar volume and elastic moduli in metallic glasses. Appl. Phys. Lett., 2009, 94: 121904.
[113] Dyre J, Wang W H. The instantaneous shear modulus in the shoving model. J. Chem. Phys., 2012, 136: 224108.
[114] Frenkel J. Zur theorie der elastizitatsgrenze und der festigkeit kristallinischer korper. Z. Phys., 1926, 37: 572-609.
[115] Spaepen F. Metallic glasses: must shear bands be hot? Nature Mater., 2006, 5: 7-8.

[116] Wang J Q, Wang W H, Liu Y H, et al. Characterization of activation energy for flow in metallic glasses. Phys. Rev. B, 2011, 83: 012201.

[117] Sollich P. Rheological constitutive equation for a model of soft glassy materials. Phys. Rev. E, 1998, 58: 738-759.

[118] Zhang B, Bai H Y, Wang R J, et al. Shear modulus as a dominant parameter in glass transitions: ultrasonic measurement of the temperature dependence of elastic properties of glasses. Phys. Rev. B, 2007, 76: 012201.

[119] 王军强, 欧阳酥. 金属玻璃流变的扩展弹性模型. 物理学报, 2017, 66: 176102.

[120] Wang J Q, Wang W H, Bai H Y. Distinguish bonding characteristic in metallic glasses by correlations. J. Non-Cryst Solids, 2011, 357 : 220-222.

[121] 王军强. 密度对金属玻璃流动性质的影响. 北京: 中国科学院物理研究所, 2010.

第 9 章 非晶物质流变的结构起源：流变单元

格言

♣ 材料科学是与缺陷打交道的科学——R. Cahn，剑桥大学材料科学家，《The coming of materials science》

♣ 生命有裂缝，阳光才照得进来——毕淑敏，《愿你与这世界温暖相拥》

♣ To be an error and to be cast out is a part of God’s design(铸成错误并被摈弃，亦属上苍精心设计)——布莱克，《A Vision of the Last Judgment》

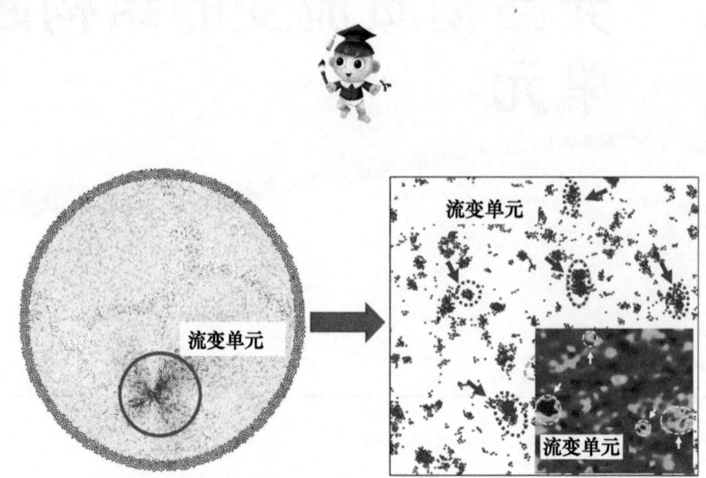

计算机模拟的微观流变事件(Lemaitre A 提供)和流变单元(管鹏飞提供)

9.1 引 言

我们知道物质有单元，元素、分子、晶体的元胞都是物质的不同层次的结构单元。能量也有单元，1877 年玻尔兹曼假设能量有单元，得到了麦克斯韦统计；1900 年普朗克发现电磁波的能量单元为 $h\nu$ 。在此基础上，1905 年爱因斯坦假设光按能量单元被吸收，导致能量量子概念的确立和量子力学的诞生。不仅物质、能量有单元，流变也有单元。非晶物质的流变单元也决定了非晶物质流变行为和规律。第 8 章我们领略了非晶物质宏观流变行为的奇特和复杂。本章将关注非晶物质流变行为在微观尺度上是如何进行的，其粒子的流变行为和规律以及和宏观流变之间的关系，非晶物质中形变和玻璃转变的微观结构起源。将阐述非晶物质的流变被归结于其结构非均匀性和流变单元(flow unit)的存在。通俗地说，非晶物质的流变和其中的某种动力学“缺陷”——流变单元有关。

万物皆有缺陷，那是阳光照进来的地方。缺陷是在物质黑箱引入阳光，是帮助我们认识物质和材料本质的重要途径。对于晶体物质，缺陷位错，界面的存在和发现对认识晶体本质，调控其物性起到重要的作用。所以材料领域著名科学家 Cahn R 说过，材料科学是与缺陷打交道的科学。这说明缺陷或者物质中承载流变的流变单元研究的重要性。

我们知道在晶体中其形变、流变的单元是位错、晶界等结构缺陷，这些晶体结构缺陷有统一的定义，是客观存在的。晶态材料中常见的缺陷有：点缺陷(空位)和间隙原子[图 9.1(a)]，线缺陷(刃位错)[图 9.1(b)]，面缺陷(晶界)[图 9.1(c)]，超导现象中的涡旋线[图 9.1(d)]等，这些缺陷是长程有序原子结构背底上的结构无序，是晶态固体材料塑性形变或流变的单元和载体。晶体材料的流变、很多物理和力学性能以及特征是和其缺陷及缺陷运动紧密联系在一起的，是决定和控制晶态材料的性能特别是力学性

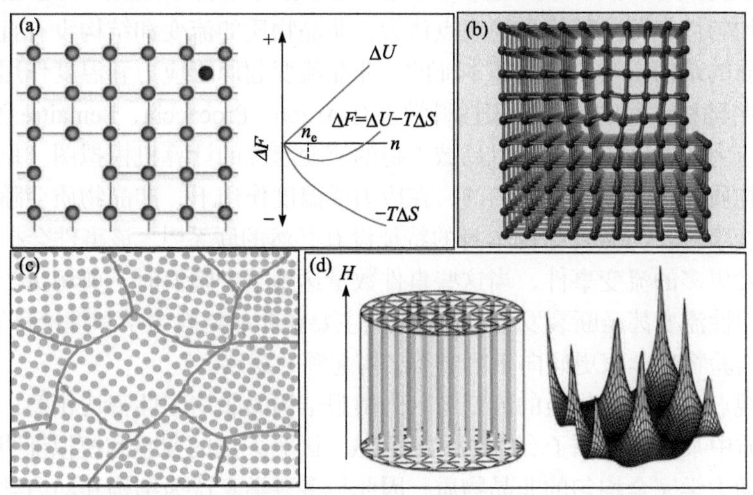

图 9.1 晶态材料中常见的缺陷：(a)点缺陷(空位)和间隙原子；(b)线缺陷(刃位错)；(c)面缺陷(晶界)；(d)超导体中的体缺陷(涡旋线)

能的关键因素。比如铜、钢、铝等金属常温下可以承受弯折、拉伸、扭曲等各种塑性变形，就是因为金属合金中有大量位错、晶界等缺陷，外加的力、能量可以被金属中这些缺陷消耗。我们对晶体中流变的认识已经非常透彻，因为我们对其缺陷的认识已经非常透彻，完善的缺陷模型和理论已经建立，如位错理论。

非晶物质具有复杂、长程无序结构，其形变、流变等力学物理行为不同于晶体材料，但流变同样决定非晶材料的很多性能和特征，同时对于理解地质演化、地质灾难的物理本质也至关重要。非晶物质中存在类似位错那样的“缺陷”即流变单元吗？研究表明非晶物质中可能确实存在类似晶体中的“缺陷”，即流变单元。但是这些缺陷不是结构意义上的缺陷，而是动力学意义上的“缺陷”。即在非晶物质中存在一些局部区域，其动力学行为不同于其他部分和背底，其流变激活能更小，更易被激发。那么这些流变单元的结构特征是什么？这些流变单元在非晶物质中是如何分布的？所需的激活能量多大？流变单元和形变、玻璃转变、弛豫以及性能是什么样的关系？流变的微观物理图像是什么？本章将就这些问题进行综述和讨论。

需要说明的是，这部分内容多是新的研究进展和观点，有待更多实验和时间的检验。非晶物质是否存在类似晶体的缺陷或流变单元，如何发现、表征以及建立非晶物质中流变单元与其性能、性质和特征的关系仍然是凝聚态物理和材料科学的前沿问题和挑战。本章将阐述非晶态物理和材料领域关于流变单元研究的最新进展、质疑和争议，以及今后的研究方向。

9.2 非晶物质流变有没有结构起源

非晶物质在常温、常压下的流变特性和其独特的微观结构有关，这是大量实验和计算机模拟的事实。关于非晶物质流变和结构的关系有两种主要观点：一是随机失稳起源；二是结构非均匀性起源。随机失稳观点认为，非晶物质的流变和结构没有直接的因果关系，非晶物质的结构不均匀性是非本征的。非晶流变起源于应力和温度作用下随机的局域失稳[1-4]。持随机失稳观点的代表性科学家有 Argon，Procaccia，Lemaitre 等。图 9.2 是非晶物质在应力或温度作用下随机局域失稳的流变起源的计算机模拟图。根据随机起源观点，非晶物质被认为是结构均匀的，在应力或温度作用下，非晶物质会随机地在某个区域发生流变事件，与微观结构本身的特征没有必然的联系[4]。该事件会扩展，以弹性波传播，激发更多的流变事件，当这些事件数量达到某个阈值时，剪切带产生，从而导致屈服或者塑性流变甚至断裂发生。这个观点主要在非晶材料力学和理论科学家中流行，非晶材料和实验物理学家更倾向于第二类结构起源的观点。

第二类观点认为非晶物质的流变与其为微观结构的非均匀性密切相关，流变事件起源于非晶物质中某些特殊原子/纳米级的软区域。因为大量的实验和模拟证明还没有找到一个结构和动力学完全均匀的非晶物质，因此很多科学家认为结构和动力学非均匀性是非晶物质的本征特征。其基本思想是：非晶物质本质上存在结构非均匀性，非晶粒子的排列紧密，稀疏环境都不一样。宏观流变起始于局域流变事件(localized events or sites)，

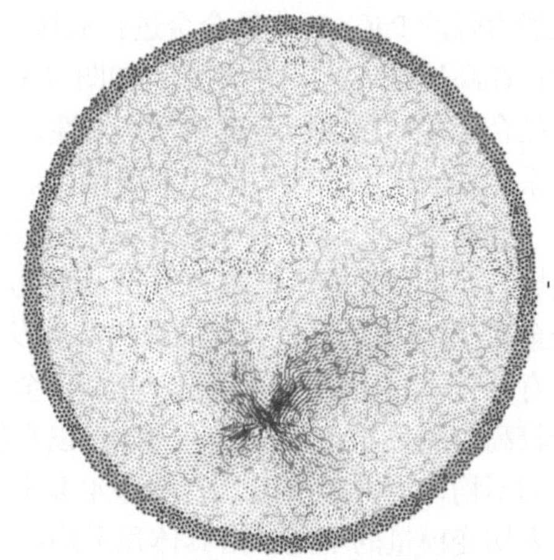

图 9.2　计算机模拟的非晶物质流变起源于应力和温度作用下随机的局域失稳示意图[4]

这些局域流变事件起源于非晶物质中的这些结构松软的区域——流变单元(也称剪切形变区、自由体积、软模、软区等)，流变单元类似晶体中的缺陷。这些被激发的局域流变事件的耦合和相互作用导致宏观流变现象。这类观点是基于近年大量试验和模拟结果，这些结果确实证明非晶物质包括最简单的金属非晶的微观结构和动力学都是非均匀的，存在类液态的纳米区域。

关于非晶物质流变或失稳的微观结构起源是非晶科学领域争议最大的问题之一，至今没有形成统一的理论好模型。我们将从非晶物质的微结构和动力学特征，以及从流变事件和非晶微结构与动力学特征关系两方面来阐述非晶物质流变有微观结构起源，阐述非晶物质微观上是如何流变的以及和宏观流变的关系。

9.2.1　非晶物质微观结构及动力学非均匀性

1. 微观结构非均匀性

非晶物质科学领域渐渐接受这样的观点：非晶物质在纳米甚至微米尺度上，其粒子的排列疏密程度、化学成分分布、相互作用的强弱、价键形式和分布等有较大的不同。有些纳米区域的粒子行为甚至类似液态。这种不均匀性不是非晶物质形成过程偶然造成的，而是非晶物质的本质结构特征。这种现象即微观结构的非均匀性。后面将论述，正是这种不均匀性导致了非晶物质的亚稳、复杂的动力学特性，以及丰富多彩的性质和性能。

大量实验和计算机模拟证据表明，即使在结构简单、原子密堆、宏观上均匀和各向同性的非晶合金中，其微观结构也呈现出明显的非均匀的特征[5-11]。实际上，甚至在流动激活能极小的气体中都存在非均匀性，天上的云朵就是一种气体中的非均匀性。这种隐藏在非晶物质无序混乱排列表象下的结构不均匀性的发现，使人们对非晶态物质的认识进入了一个更深的层次，为很多非晶问题和现象的解决和认识提供了新视角，也对许多理论和模型提出了挑战。

非晶物质微观结构不均匀分布的特点需要采取一些巧妙、精细的实验手段和方法才能分辨。Wagner 等[5]采用原子力超声显微镜(atomic force acoustic microscopy，AFAM)对形成能力强的 PdCuSi 非晶合金进行局域超声模量的测量和扫描，发现该非晶合金在不同区域存在高达 33%的模量差别。如图 9.3 所示，图中不同颜色代表不同的模量，这证明了非晶合金中局域结构的微观不均匀性，其不均匀尺度在 100 nm[5]。在很多其他非晶合金体系，用同样的方法得到类似的结果。通过测量非晶合金表面能量耗散的方式、内耗方法、纳米表面力学技术等也发现在能量耗散较低的基体上分散着一些纳米尺度的高耗散区域，而且这种能量耗散与薄膜表面粗糙度无关，是一种本征的结构“缺陷”[6-8]。非晶合金在 T_g 温度以下超声辅助退火实验发现材料中某些纳米区域晶化了，而大部分区域并没有晶化。这个结果也意味着非晶合金中某些已晶化的区域的结构更加松散，并且是处于较高的能量状态的区域，因此可以在较低的温度下优先晶化，证明非晶合金中存在明显的不均匀的微观结构[12]。图 9.4 是非晶聚合物中结构非均匀性的模拟结果，颜色不同代表切变模量的不同，由其体积平均切变模量 G 随径向 r 分布的变化可以看到，在小尺度内 G 有很大的不同，在 r 大于某个值以后，G 变得均匀了，证明非晶聚合物在纳米尺度是非均匀的[13]。计算机模拟、胶体颗粒的模拟也证实非晶体系中不同的原子或区域运动性(mobility)存在差别[13-16]。如图 9.5 所示，红色区域就意味着运动性较强的区域(mobile)，而蓝色区域则表示运动性较弱的区域(immobile)，这些区域粒子的活动性相差很大[14]。

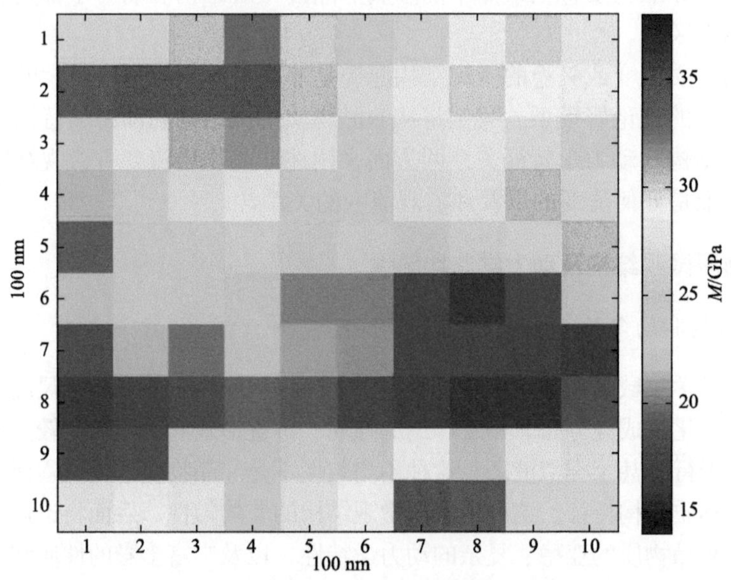

图 9.3 非晶态 PdCuSi 的模量频率分布图(代表模量。其最大模量差超过 30%)[5]

这些实验和模拟证据都表明，在各类非晶物质中都存在着明显的微观尺度上结构的不均匀性，有些纳米区域表现出类似液体的动力学性质，更容易被外部作用力或能量所激活。从能量角度看，非晶物质因为每个微小的区域的粒子堆砌方式和密度不一样，所以其势能也不同,图 9.6 给出通过计算机模拟得到的非晶物质中不同区域势能的分布示意图。其实，能量地貌图体现了非晶物质的能量随构型的不均匀分布，也是其结构和动力学不均匀性的反映。Egami 用微观内应力、应变的不均匀来描述非晶的结构不均匀性。

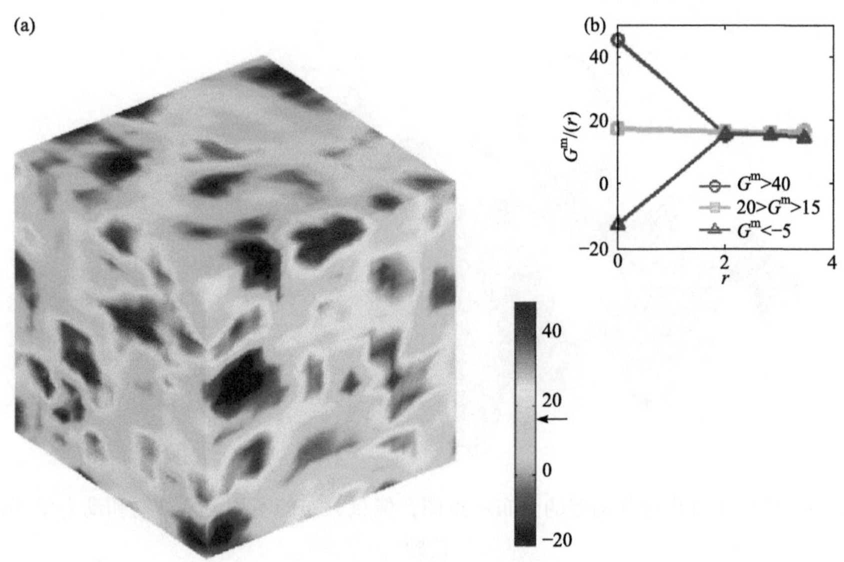

图 9.4　非晶聚合物中结构非均匀性。(a)颜色代表切变模量的不同；(b)体积平均切变模量(G^m)随径向 r 分布的变化[13]

图 9.5　模拟非晶态的颗粒流体中的颗粒运动性差别，颜色不同体现非晶结构的非均匀性[14]

他拟人化地用人脸表情代表非晶物质中堆积密度不同的微小区域，如图 9.7 所示。原子密堆的区域局部内应力大，很拥挤，不舒服，用难受的表情表示；松散堆积的区域，内应力小，宽松舒适，用笑脸表示。他也用实验证实在非晶合金中确实存在内应力分布很不均匀，这种不均匀性对应于结构的不均匀性[17]。

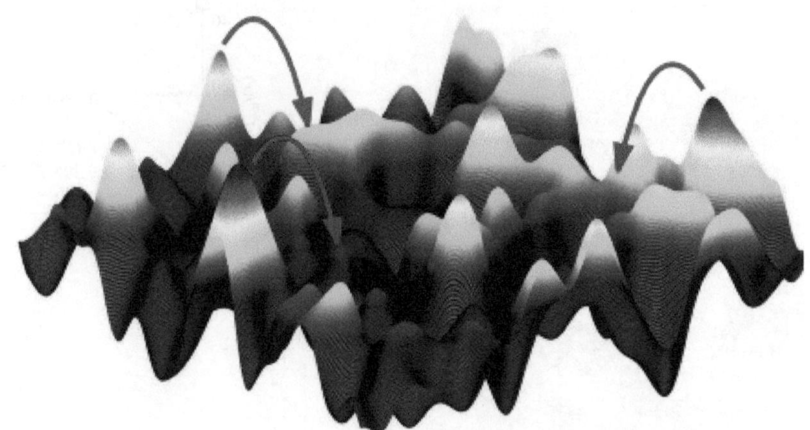

图 9.6 非晶物质的能量相对其构型的分布示意图，能量分布的不均匀是结构和动力学不均匀性的反映

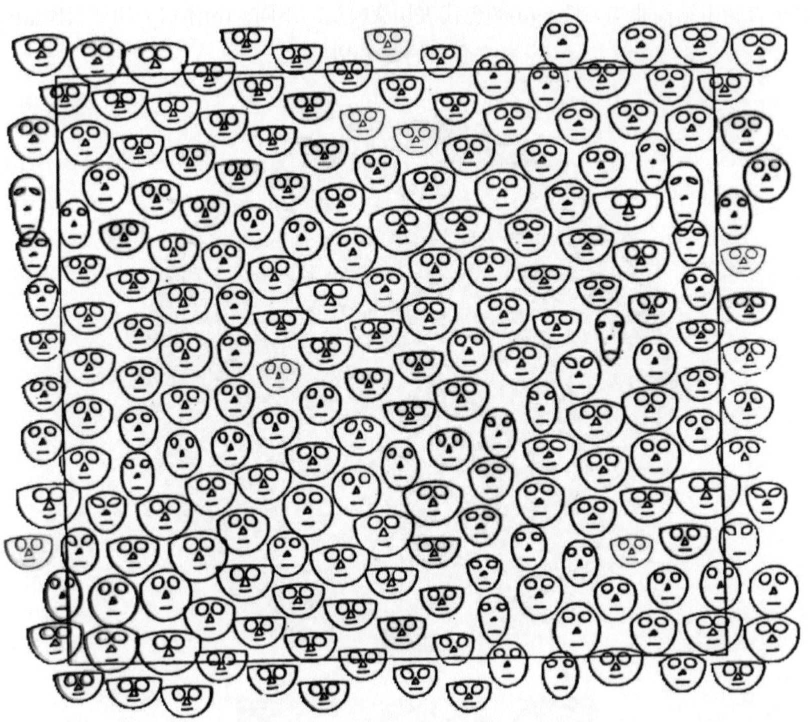

图 9.7 Egami 拟人化地用人脸表情代表非晶物质中内应力不同的微小区域。原子密堆的区域局部内应力大，用难受的表情表示；松散堆积的区域，内应力小，用笑脸表示。可以看出非晶的结构不均匀性造成内应力分布很不均匀，人脸表情不一

2. 动力学非均匀性

对于非晶物质而言，因为其微观结构的实验观察、测量和描述还极其困难，对其结构的非均匀性的直接观察和探测还是个挑战。结构不均匀性会表现为动力学不均匀性。

因此非晶领域往往通过测其动力学行为来考察其结构非均匀性。但是，目前的动力学实验手段往往只能采集到静态或者说统计的信息，而这些信息都不易体现出动力学的差异。要直接观察到动力学不均匀性，必须采集一系列静态的结构信息，通过时间累积用动态的方式加以呈现，这就要求实验手段既具有很高的时间分辨率，同时又要有相对宽泛的时间测量窗口，这都是对现有实验技术的挑战。

目前，通过各种动力学谱仪和计算机模拟等手段，已经可以观察和分析在过冷液态下的动力学不均匀性。动力学的不均匀性会反映在展宽的非指数弛豫行为中，具有不同动力学特性的区域具有不同的特征频谱，各个区域互相叠加，会形成一个展宽的弛豫谱[18]。通过对弛豫频谱变化的研究，也可以得到动力学不均匀性的信息。图 9.8 就是非晶物质碳酸丙酯展宽的动力学弛豫谱。对于非晶合金，由于其导电性，多采用动态力学分析(DMA)的方式进行测量。但其频率范围要窄得多，只有 3～4 个数量级，但在时温等效原理适用的条件下，可以将不同温度下的曲线通过平移的方式画到一条主曲线上。DMA 的方法也有其独到的优势：在外力激发条件下得到的弛豫信息可直接与样品的结构和动力学非均匀性信息相关联。图 9.9 是非晶合金的动力学频谱[19]。很多不同的非晶物质都有类似的动力学谱。可以看出，非晶物质包括简单的原子非晶合金，都有很宽的动力学谱，并且在低温区有明显的附加弛豫峰，这说明非晶物质有很多不同的运动模式，运动模式不同是因为其结构环境不同，有力地证明了非晶物质的动力学非均匀性。

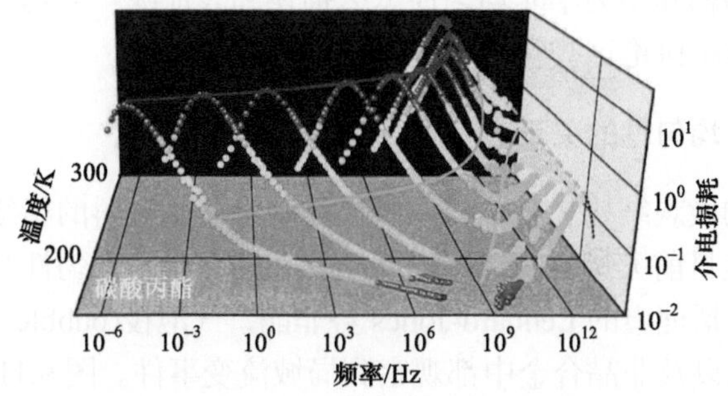

图 9.8　碳酸丙酯展宽的动力学频谱显示该非晶体系的动力学非均匀性[18]

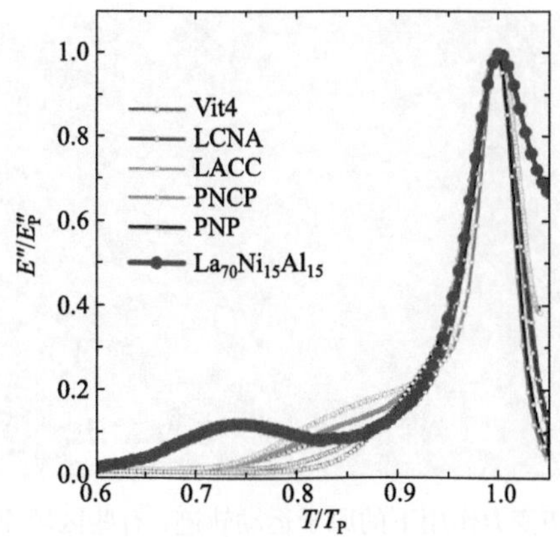

图 9.9　常见非晶合金体系动力学弛豫谱，展宽和复杂的谱证明动力学非均匀性[19]

总之，实验和模拟的结果都证明非晶物质在动力学、微观结构上、组成粒子构型能量分布上是非均匀的，非均匀是非晶体系的本征特性和结构特点[20]，如图 9.10 所示。因此，非晶物质的结构和动力学特点可归纳为：长程无序，短程有序，宏观均匀，微观非均匀。

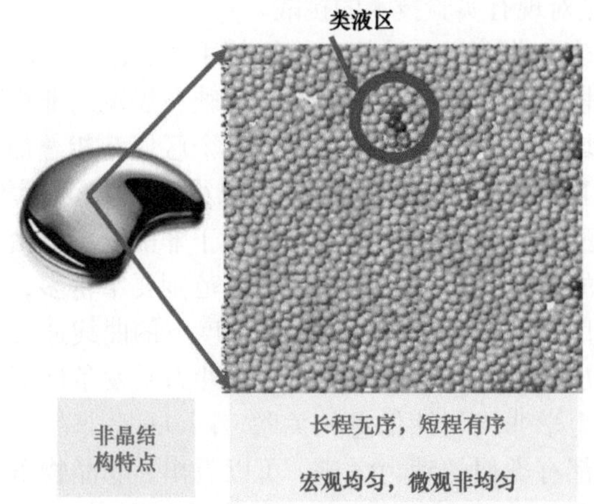

图 9.10 非晶物质结构和动力学非均匀性示意图。红色代表活动性最大的粒子，深绿代表活动性最小的粒子

那么这种微观结构和动力学非均匀性怎么描述和表征呢？非均匀性和流变的关系又是怎样的呢？下一节将讨论这些问题。

9.2.2 流变事件和非均匀性的关系

虽然非晶物质的微观结构复杂，在原子尺度测量非晶材料的精细结构目前尚没有有效的实验手段，但是目前大量实验证据表明结构和动力学非均匀性与形变、流变事件关联[21-26]。非晶物质包括理想的 Lennard-Jones 势非晶，气泡筏(bubble raft)，硅化物非晶玻璃，胶体，颗粒物质以及非晶合金中都观察到局域流变事件。图 9.11 是球差电镜原位观测给出的二维 SiO 玻璃体系在切变力作用下的流变照片。在应力作用下，空位多的松散

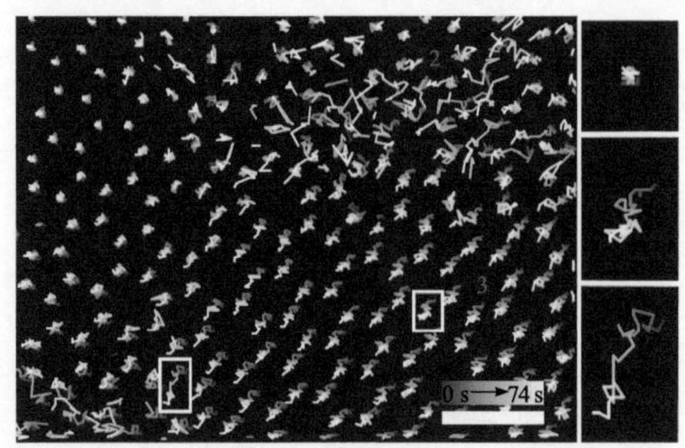

图 9.11 二维 SiO 玻璃体系在切变力作用下的原子运动轨迹，有些区域原子移动，有些区域原子只是在原来位置振动[21]

区域(见图中的 2,3 区域)，在 74 s 的时间内原子迁移了曲折的长轨迹，相比较在一些密堆区域，相同时间内的原子基本在原位振动[21]。这直观证明了非晶物质的非均匀性，以及流变或形变事件主要发生在非晶中的类液区或者松散的软区中，是软区中的粒子承载了外加的应力或温度。

胶体、颗粒物质等模型体系是研究非晶流变等问题的重要体系，在胶体体系中通过光学方法能够以“亚原子”的精度测量粒子的位置[23,27]。通过周期性光致加热原位诱发二维胶体玻璃中的局域形变，采用光学显微和数字图像处理的方法可精确测量非晶胶体中形变团簇的结构特征[27]。图 9.12 是颗粒物质的形变，可以明显看到其流变(即流变速率)的不均匀和局域性[24]。

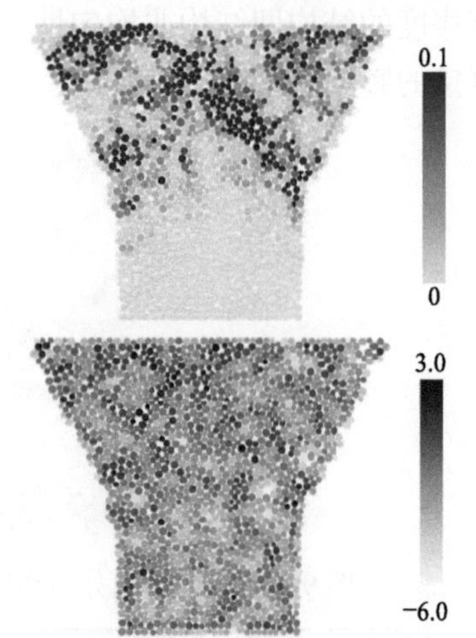

图 9.12 颗粒物质的形变中的局域流变(颜色深浅代表流速的不同)[24]

在胶体玻璃中，粒子的局域结构熵(local structural entropy)S_2 与形变团簇之间表现出高度的相关性，局域形变几乎总是发生在局域结构熵高的区域(更无序的类液区)。由于局域结构熵与形变团簇的高度相关性，S_2 可以用来定义非晶体系中的“结构缺陷”。因为 S_2 是结构无序度的度量，S_2 值高的“缺陷”区域的结构较其他区域更加无序，即是类液区。实验上，高 S_2 区域的形变概率比低 S_2 区域的形变概率高近 100 倍(图 9.13)。局域结构熵 S_2 是描述液体中由于粒子间结构关联造成的状态数(熵)减

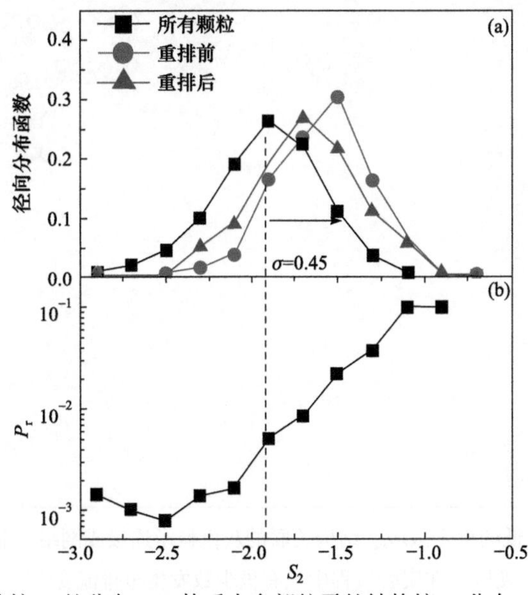

图 9.13 非晶胶体中结构熵 S_2 的分布。(a)体系中全部粒子的结构熵 S_2 分布，和重排粒子在重排前后结构熵的分布；(b)重排概率(P_r)随形变前初始结构熵值的变化[27]

小的物理量，是基于位置关联的统计特征，而非几何特征的结构参数，反映了非晶结构在粒子层面的中长程相关性。S_2 与形变团簇之间关联，表现出对局域形变区域极高的预测能力。在样品周期性扰动之前的 S_2 分布能够相当准确地预测 10 个扰动周期中发生的大部分形变团簇的分布区域(图 9.14)。实验中还发现低 S_2(结构相关性强，即硬区或类固区)的区域表现出十分高的稳定性(图 9.15)。胶体玻璃的实验证实了非晶体系中不仅存在不同有序度的结构即结构非均匀性，而且局域结构的相关度或者有序度对非晶的流变行为有直接的影响[27]。

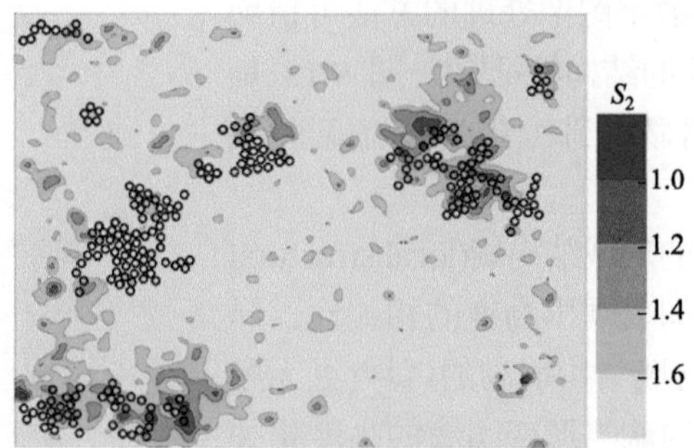

图 9.14　S_2 的空间分布和形变区的对比。S_2 和大部分形变团簇的分布区域对应[27]

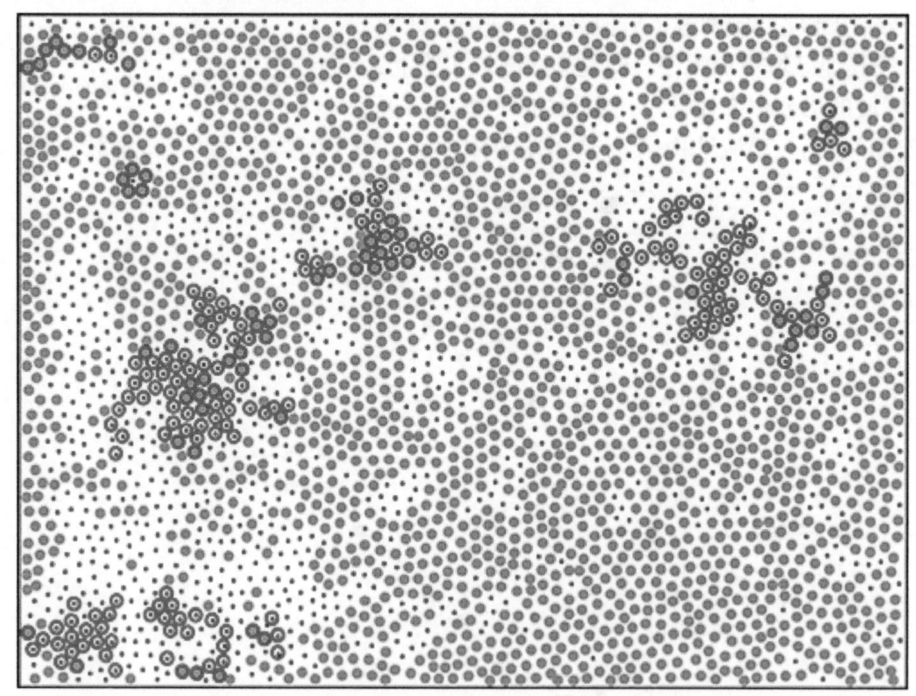

图 9.15　非晶玻璃中的 S_2 低的稳定区域。结构关联的灰色粒子连接成网络，非常稳定，类似非晶中的硬区，在实验过程中只有极少数发生重排流变[27]

计算机模拟也被广泛用于研究非晶体系对外加应力的耗散机制即流变机制和微观原子结构的关系。和实验上的各种非晶研究方法相比，分子动力学模拟方法能够更好地表征出原子在玻璃转变或者受力形变过程中的结构变化。在非晶合金中，人们比较关注的结构单元是原子团簇，如二十面体团簇。这些多面体有一个非常重要的对称性特征——局部的五次对称性(LFFS)。它在非晶材料中是广泛存在的。而且非晶物质中这种团簇的相互连接作用，使得这种局部的五次对称性结构在空间中也不是均匀分布的。模拟发现非晶物质的塑性形变的局域化特征，或者称作非晶形变的结构单元，能很好地用这个 LFFS 结构参数描述[15]。局域化的塑性流变是在 LFFS 强度很低的区域即更无序的类液区产生的，见图 9.16。

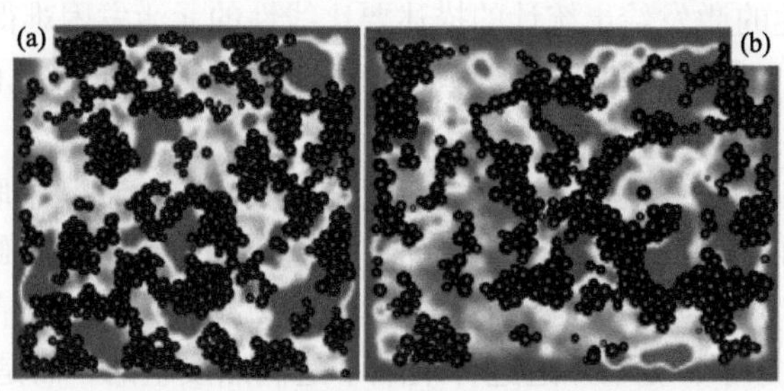

图 9.16　非晶体系切面图，其中红色的区域表示发生塑性形变的区域，黑色的小球代表局部五次对称强度大于 0.5 的原子，黑色原子链对红色区域的阻挡表明五次对称强度高的区域对塑性形变有着抑制和阻碍的作用。(a)形变为 5%的时刻；(b)形变为 10%的时刻。形变基本发生在类液区[15]

非晶合金、聚合物、胶体和计算机模拟都说明微观流变事件起源于非均匀性，流变事件起源于非晶体系中这些纳米尺度动力学、物理性能不同的类液区，即软区，或者流变单元。

从非晶物质的微结构和动力学特征，以及从流变事件和非晶微结构与动力学特征关系两方面都证明非晶物质流变有微观结构起源。问题是如何在结构无序的体系建立模型来表征微观结构和流变的关系呢？流变单元的思路是基于非晶物质结构的非均匀性，利用非晶物质某些局域区域动力学或者物理性能的不同(相比弹性非晶基底，其具有较高的能量、较低的模量和强度、较低的黏滞系数和较高的原子流动性等)来表征非晶物质的“缺陷”，这类缺陷可称为“流变单元”。这些区域可以形象看作性能、动力学不同于弹性基底的类液相[8-9,28]。流变事件起源于这些纳米尺度区域即流变单元。

9.3　什么是流变单元

在介绍非晶流变单元之前，先回顾晶体中的缺陷概念及其提出、发展的过程。

9.3.1　结构缺陷

物理上对固体缺陷的精确定义如下[29]：集体性元激发对应于有序结构非局域性的微扰，如果有序结构遭到严重破坏，则导致在某些局域内序参量发生突变，甚至具有奇异性(singularity)，这些序参量具有奇异性的区域对应于缺陷[29]。凝聚态物理中常见的缺陷有：晶体中点缺陷空位、间隙原子，线缺陷位错及面缺陷界面，孪晶；超导、超流中量子涡旋线；磁体中的磁畴界；铁电体中的电畴界等。缺陷，顾名思义是贬义的，但是固体材料中的缺陷却是控制和决定材料性能的关键因素之一。如晶体材料的强度和塑性主要取决于其位错和界面的调制作用；磁畴壁在磁化过程中起重要作用。对固体缺陷的研究也是固体物理和材料科学的重要分支。

需要指出的是，缺陷在物理中的作用不易被人们所认识[30]。直到近几十年，才建立了晶态固体物质的缺陷物理理论，包括晶体缺陷理论[31]，缺陷拓扑学理论[29]和孤立子(soliton)理论[32]等。缺陷的问题是一个非线性的物理问题，其完全描述必然要用非线性方程，对这类非线性的激发给出统计的描述要比线性的元激发困难得多。Krumhansl 与 Schrieffer 提出了孤立子的动态畴界模型[33]，发展了初步的缺陷统计理论。现在，缺陷已是凝聚态物质中具有共性的问题。

晶体物质的很多性能，特别是其力学性能是和其缺陷运动紧密联系在一起的。但是人们迟迟没有发现和认识到缺陷在固体特征、性能中的作用，晶体缺陷的发现以及缺陷理论的确立经历了曲折坎坷的历程[31]。在 20 世纪初，还没人知道在晶体中少量原子会缺失，固体中会有间隙原子，更不知道这种缺陷不是偶然发生的，而是热力学平衡的必然。在 20 世纪 20 年代，是统计热力学学派的科学家包括俄国的 Frenkel，德国的 Jost，Wagner 和 Schottky 最先意识到“空穴”必须存在于平衡态中。这些空位是一种“点缺陷”，它本身就是一种实体，具有其本征的特征。另一种被逐渐认识到的、非常重要的缺陷是微量杂质即一种化学缺陷。根据热力学观点，在一定温度下，晶体体系总自由能变化为$\Delta F = \Delta U - T\Delta S$。点缺陷会引起熵 S 的增加，并且会引起内能ΔU 变化，如图 9.17 所示。可以看出存在一个使体系能量最低的缺陷浓度 n_c，如果低于或者高于这个浓度 n_c，系统的自由能反而升高，系统会变得不稳定。这意味着按照热力学基本原理的要求，晶体要达到热力学平衡就必须存在一定平衡浓度的点缺陷。即实际晶体材料中存在缺陷是热力学平衡的必要条件。但是，晶体中点缺陷的发现、性质的逐渐澄清、最后实验证实和表征，来自于对晶体大量、长期的研究的结果。

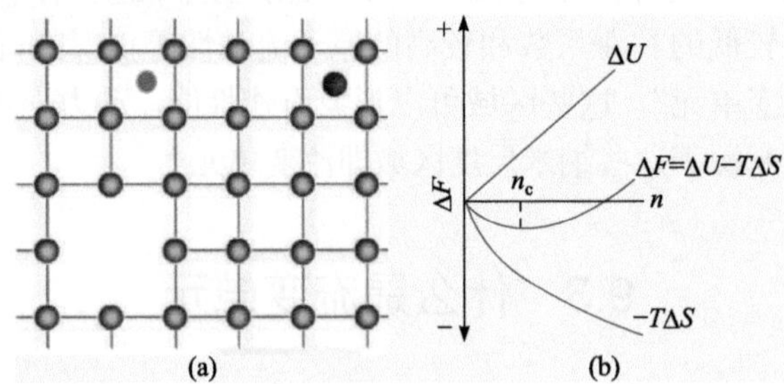

图 9.17 (a)晶体中点缺陷空位和间隙粒子的示意图[3]；(b)晶体中点缺陷-体系能量曲线

位错是晶体中的线缺陷，现在已经知道它也是固体材料塑性形变的“单元和载体”。但是位错概念的产生到证实经历了半个多世纪的艰难历程。位错的概念最初是 1934 年由三个人，应用数学家 Geoffrey Taylor，工程师 Egon Orowan 和物理化学家 Michael Polanyi 同时独立地提出的。位错被设想成一条线，但仅具有几个原子的有效直径。对晶体强度物理本质的研究导致了位错概念的提出。当时人们发现计算的金属晶体点阵对塑性滑移的阻抗和实际测量到的单晶金属晶体的屈服强度严重不符，测量到的晶体强度相比理论预见结果要低几个数量级，金属晶体的测量强度和它的理论“理想”强度之间的差异直接导致了位错概念的提出。因为这个实验事实表明晶体受力后会发生局域的滑移，而不是马上发生键的完全断裂，这种局域的滑移是通过缺陷的移动和扩展造成的。线缺陷一个很形象的类比是：要在地板上把一块大地毯移动几英寸，可通过把地毯的皱褶从一头赶到另一头来克服移动的摩擦力，实现大地毯的移动。这样的滑移需要的力很小。Peierls 估算出移动位错的力($T = 0$ K)约 $10^{-3}G$[31]，这里 G 是切变模量。

然而，位错概念提出很多年之后，仍没有人真的观察到位错。因为当时主要的微结构表征工具——光学显微镜在研究位错中很难发挥作用。位错的概念曾因此受到很多的质疑甚至非议。但是，当时有一批科学家在还没有位错存在证据的情况下，对位错实体的存在性始终保持信心，并尝试把位错的概念运用到解释固体的力学性能的研究中，如用位错概念理解脆性断裂等。最终，因为电子显微镜等现代微观结构表征工具的发明，位错被直接观察到了。但这已是位错概念提出几十年以后的事情了。从晶体研究发展史可知晶体结构中存在缺陷的概念、认知和验证与理想晶体结构一样，对创建真正的材料物理学是极其重要的，也极其困难。

非晶物质是和气态、液态、固态相并立的第四种常规物质状态，其微观粒子排列没有长程序，其形变和断裂规律与晶体物质完全不同，但是有很多实验证据表明非晶物质在形变和断裂过程中与纳米尺度的局域流变以及结构不均匀性密切相关，即非晶固体中可能存在类似晶体中的“缺陷”即流变单元。目前，非晶固体是否存在类似晶体的缺陷，如何发现、表征以及建立非晶物质中的流变单元及其与性能、性质和特征的关系仍然是凝聚态物理和材料科学的难题。因为相对在结构有序的晶体物质中发现和表征无序的缺陷，在复杂、无序的非晶态物质中定义、表征“缺陷”的难度更艰巨[1-10]。但是，无论如何，和晶体一样，对非晶结构和非晶结构“缺陷”——流变单元的研究对非晶态物理乃至凝聚态物理都极其重要。

9.3.2　流变单元的定义和图像

弹性模型给出理解非晶物质中流变的简单物理图像。弹性模型是建立在弛豫的单元β弛豫和形变的基本单元具有相同的结构起源这个假设基础上的。需要弄清楚β弛豫和形变的基本单元的微结构特征是什么，有什么关联？流变是不是存在微观结构起源？因为也有否认存在流变单元的观点和模拟证据[34-36]。

关于形变的结构起源有大量研究，也有一些模型，比如基于 Turnbull 和 Cohen 的自由体积概念，Spaepen，Steif 和 Huang 完善的自由体积理论和模型[37]；Argon，Falk，Langer 等基于自由体积物理图像发展了“剪切转变区”(STZ)模型[1,38]。Egami 提出的“瑞士奶酪”模型的示意图见图 9.18。该模型认为即使在远低于 T_g 的非晶物质中也存在不稳定的、类液态的纳米级区域(类液区)，这些均匀分布在非晶物质中的类液点类似瑞士奶酪中均匀分布的孔洞[图 9.18(a)]。这些类液区的体积分数在原子密堆的非晶合金中甚至可以达到 25%。这些类液点被认为是弛豫和形变的结构起源[39]。但是，随着非晶合金材料研究的不断深入，这些基于平均场理论和均匀性假设建立的相关非晶“缺陷”理论和模型越来越难以解释许多发现的新现象。

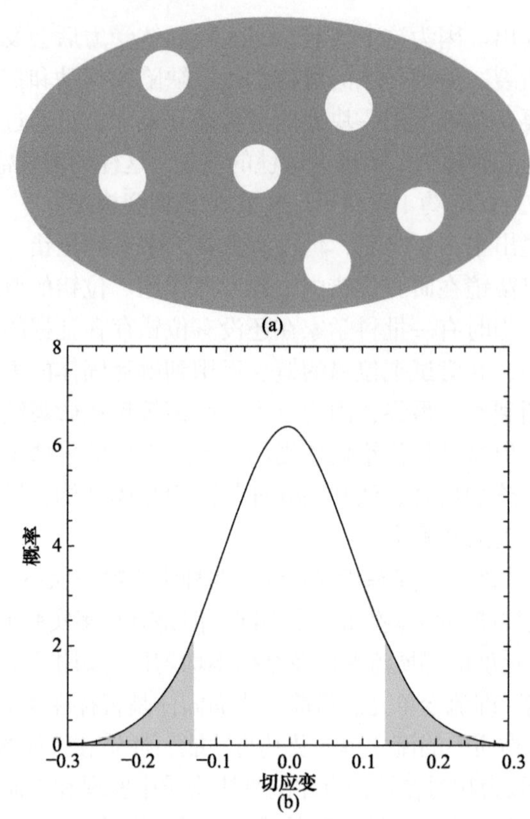

图 9.18　(a)“瑞士奶酪”模型，白色圆圈代表类液区；(b)具有不同应变的类液区在非晶合金中的分布[39]

动态拉伸测试、应力弛豫，纳米压痕等方法都间接验证了非晶合金中类液区的存在。通过精确测量块体非晶合金在变形中的应力-应变曲线，发现非晶合金在其弹性阶段进行准静态循环压缩时，存在应力-应变响应滞后环[8]。这说明非晶合金展现出滞弹性行为，其内部存在着依赖于时间的局域变形，即局域黏性流动，非晶合金内发生了应力导致的局域的非晶态-过冷液态转变，这与其内部存在着一些“缺陷”区域有关(图 9.19)。这些局域的纳米级单元是在应力或者温度作用下形成的，相比弹性非晶基底，其具有较高的能量、较低的模量和强度、较低的黏滞系数等，可以看成类液相[7-9,40-42]。通过调制非晶物质中类液区的密度可以大大改进其塑性形变能力、强度等力学性能，甚至得到具有室温拉伸塑性的非晶合金[43]。

可以从非晶物质局域能量耗散和局域模量的角度探测非晶物质的非均匀性。如原子力显微镜从实验上直接观察到了非晶合金的类液区。从图 9.20 可看出，该非晶合金薄膜在能量耗散较低的基体上分散分布着一些能量耗散较高的区域，且这种能量耗散与薄膜的表面粗糙度无关，统计上符合高斯分布[6]。从能量耗散谱半高全宽与平均值的比率看，有近 12%的差别。若将图中能量耗散较高的红色区称为非晶合金的“缺陷”的话，则非晶合金薄膜的这种能量耗散不均匀性说明，原子力显微镜的针尖与样品相互作用时，各处的黏弹性性能有较大的差别，某些区域的力学行为更像液体，有着相对较低的

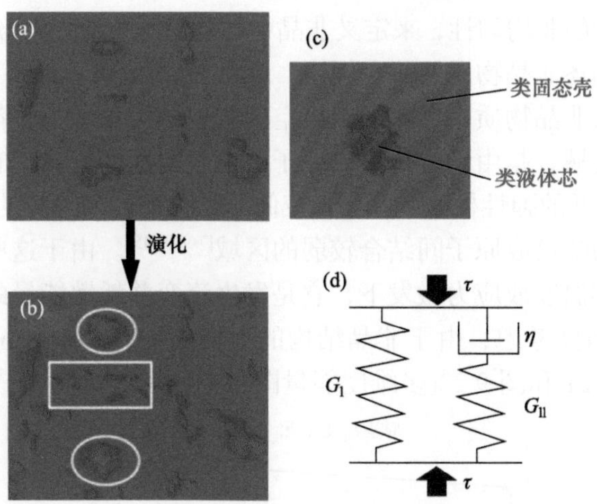

图 9.19　(a)非晶合金中在应力下被激活的局域非均匀结构区示意图(红色区代表类液体区，蓝色区表示弹性基体)；(b)随着应力水平的增加，非晶中非均匀结构演化示意图；(c)非晶中类液的流变区示意图；(d)三参量滞弹性变形模型[42]

黏度和弹性模量[6]。这些实验都说明非晶物质中存在类液区，为流变单元模型提供了实验依据。

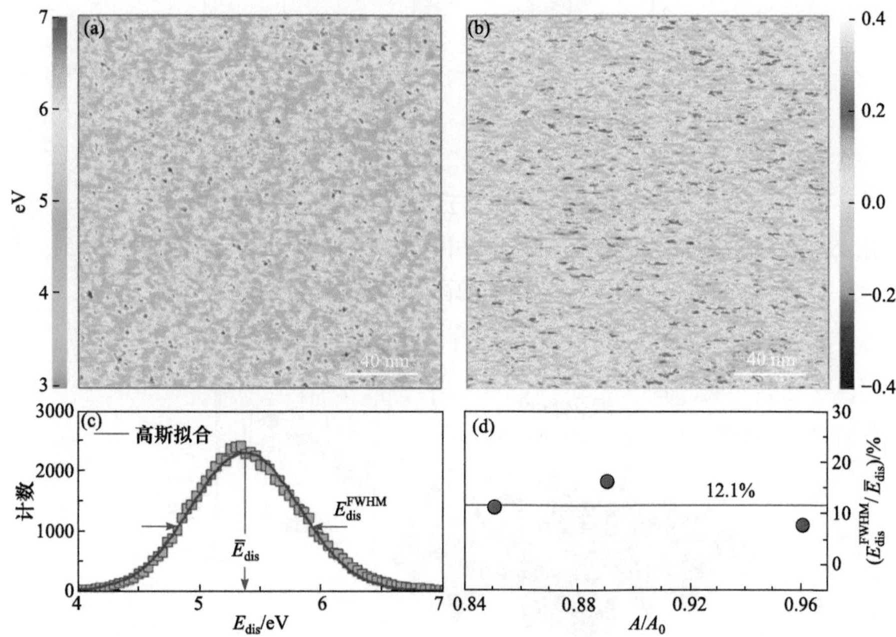

图 9.20　(a)利用振幅调节动态原子力显微镜(AM-AFM)测得的 $Zr_{55}Cu_{30}Ni_5Al_{10}$ 非晶合金薄膜的局域能量耗散图；(b)薄膜样品表面高度微分图，与能量耗散图显示出明显的形貌区别；(c)能量耗散分布图，实线是对实验数据点的高斯拟合；(d) $E_{dis}^{FWHM}/\overline{E}_{dis}$ 随振幅比率 A/A_0 的变化。(E_{dis}^{FWHM} 代表能量耗散谱的半高全宽，$\overline{E}_{dis}$ 是能量耗散的平均值，A 为测试时的针尖振幅，A_0 为针尖样品无接触时的自由振幅)[6]

在大量实验工作的基础上，“流变单元” (flow unit，FU)的概念被引入表征、模型化非晶的结构和动力学的非均匀性，来定义非晶中的动力学“缺陷”，建立非均匀结构和性能的关系[7-9,40-45]，描述非晶物质的流变规律。

流变单元就是指非晶物质中存在的，在空间微观结构和动力学都异于基体的、类似晶体中缺陷的微观区域，是由纳米尺度的原子、粒子团簇构成的，它相比非晶态结构中的其他区域，具有较低的弹性模量和强度、较低的黏滞系数和较高的能量及原子流动性，对应于粒子排布较为疏松或原子间结合较弱的区域[7-9,40-45]。由于这些区域表现为类似液体的性质，在受外部温度或应力激发下，它是发生流变并耗散能量的起始点和基本流变的单元。从能量的角度考虑，由于非晶结构的不均匀性，其不同位置所具有的势能也有高低差异，如图 9.21 和图 9.22(多维度能量图景)中所示的起伏不平的能量图景图，而

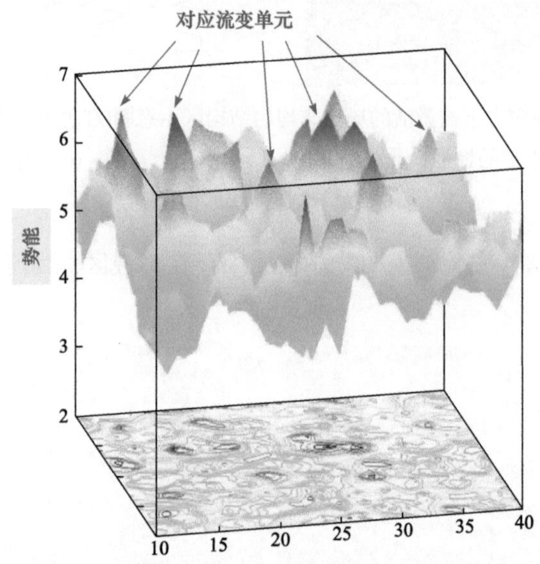

图 9.21 流变单元在能垒地貌图中对应于非晶物质中高能量、不稳定的尖峰位置。在相应的二维图中对应于红色高能区域

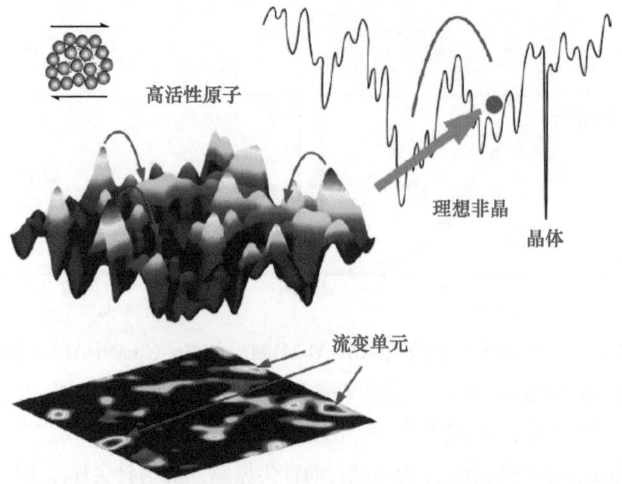

图 9.22 1D，2D 和 3D 的非晶物质的能量图景。如图中所示流变单元对应于高能量、动力学行为快的区域

流变单元总是会处于那些能量较高的、不稳定的能峰位置[44-45]。图 9.23 给出非晶物质中流变单元的各种不同示意图，简单说来，流变单元是非晶物质中纳米大小的类液态的软区域。

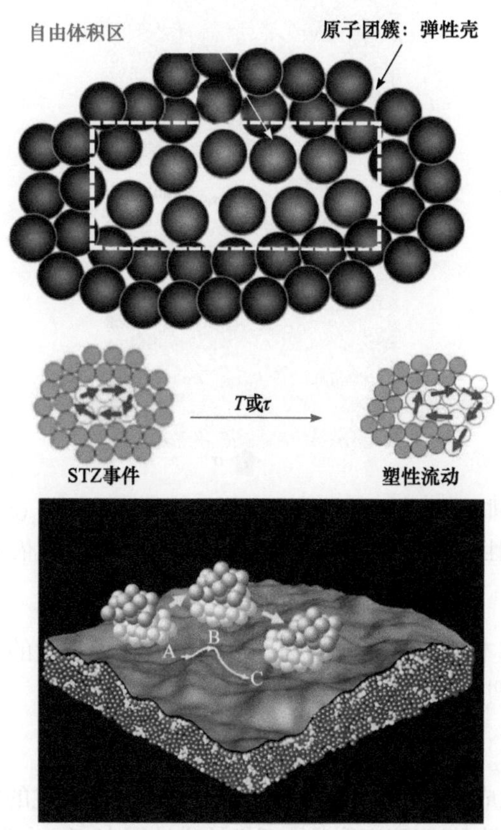

图 9.23　非晶物质中各种的流变单元模型示意图(分别来自文献[1,7,28,44-45,50])

图 9.24(a)给出非晶合金内原子尺度的非均匀结构及流变单元示意图，蓝色小球代表排列较紧密而且均匀的基体原子，紫色和粉红色小球代表排列相对较松散的非均匀区原子。紧密排列的基体与非均匀区没有明显的分界线，即原子的堆垛密度是逐渐由高变低的，图中只是用三种颜色的小球来示意性地表示。非均匀区原子由于排列松散而具有较高的活动性，如图中的粉红色原子区。流变单元中的原子/原子团可发生构型之间的转变，而表现出一定的类液体性[43]。在应力或温度作用下，这些原子/原子团构型转变的势垒被降低，导致其转变的概率大大增加，产生两种效果：①原本具有类液体性质的区域，其液体性质变得更为明显，如图中原本粉红色的原子在应力下转变为能量和活动性更高的红色原子；②介于类固和类液之间的区域，在应力作用下会被激活，开始表现出类液性，如图 9.24(a)中原本紫色的原子在图(b)中转变为粉红色原子。这样变化的宏观表现即为流变单元黏度的下降。随着应力或温度的增加，已被激活流变单元周围的原子/原子团构型不断地被激活，即有新的流变单元被激活，导致内部黏性区的体积分数增大。若加载能量低于非晶屈服或玻璃转变的临界能量，上述变化是可逆的。从平均场的角度看，非晶

微结构演化的整体效果，可以被模型化为流变单元的演化。

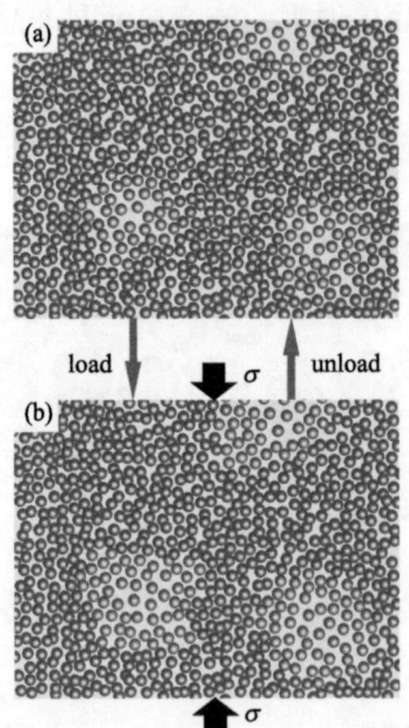

图 9.24 非晶合金的局域非均匀结构在应力下流变单元演化的示意图。(a)非晶合金的固有非均匀结构，(b)在应力下形成的黏性区。图中小球代表原子，能量状态由低到高依次为蓝色、紫色、粉红色、红色[43]

流变单元模型的基本思想是：非晶物质可以模型化为弹性的理想非晶基底和流变单元的组合[7-8,15,21-23,28,39-50]，即：

$$非晶合金=理想弹性基底+流变单元 \tag{9.1}$$

这个模型可以简化成如图 9.25(a)所示，其中红色原子所在的区域代表流变单元，其他部分是弹性基底。弹性基底可以看成是理想的弹性固态相，力学模型可用小弹簧表示；流变单元可以看成是准液态项，力学模型可用黏壶表示[44-45]。固态基底相可储存外加能量，液态流变单元相可耗散外加能量。图 9.25(b)是流变单元的艺术效果图，其中红色原子团就是流变单元。

热力学上，流变单元的激发、演化等过程可以看成是类液的流变单元相在基底相上的形核、长大过程(图 9.26)[51]。流变单元模型可以解释流变和玻璃转变的很多现象、模量软化问题、结构弛豫、塑性形变、非晶弹性模量结构起源等，能够预测和解释屈服、玻璃转变等临界现象，屈服、玻璃转变可视为流变单元的激发、演化、相互作用发生逾渗(percolation)过程[33]，并和实验观察符合。

目前流变单元模型还不能被直接的实验观察到，实验也不能直接观察到流变单元及其随外力以及温度的演化过程和流变的关系等。原因在于(结构、组元和结合键)缺乏对非晶态本征微观组织结构(是认知凝聚态体系的基础和出发点之一)的清晰认识。

晶体中流变单元如位错等缺陷的发现是在有序中发现无序，是在有序体系中区分无序的结构缺陷，概念清楚，而且在现在的技术条件下能够实验直接观测；而在非晶物质中观察、寻找流变单元是在无序中表征无序，是要在混乱无序的体系中甄别出另外一种

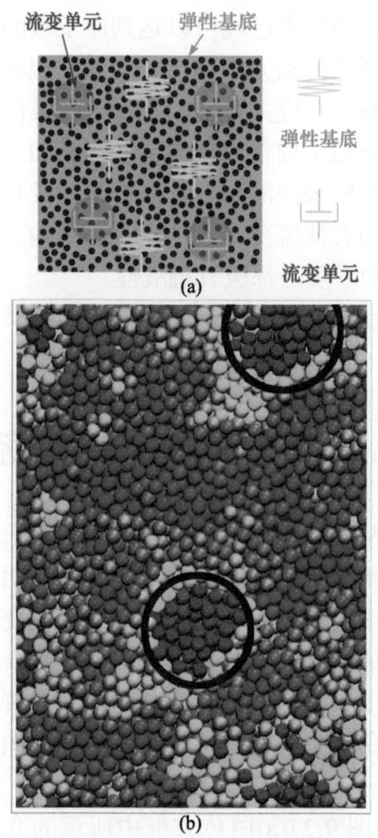

图 9.25　(a)流变单元结构及力学模型示意图[45]；(b)流变单元的艺术效果图

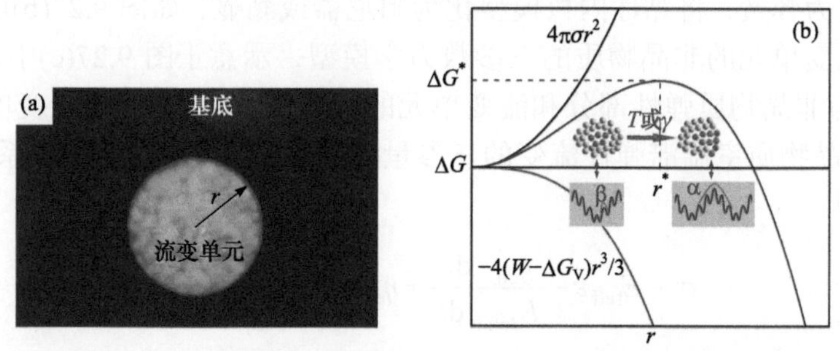

图 9.26　(a)流变单元；(b)流变单元的激发过程可以看成非晶中类液相的形核过程[51]

无序程度有所差别的区域(主要是动力学上的差别)，所以困难很大。流变单元长期悬而未决的根本原因之一就是非晶物质结构以及结构与时间的关联性尚无法进行有效实验表征。实验技术上，现代微观结构分析手段主要依赖于同步辐射、电子显微镜、中子散射等，对非晶结构的分析能力非常有限，很难同时实现高时间(皮秒)和空间(1～2 Å 到米区域)分辨。而非晶物质中的流动单元则需要在空间和时间两个维度上加以分辨，加之非晶体系自身结构的复杂性，现有的实验技术包括同步辐射、电子显微镜、中子散射等，都很难同时满足如此高的时间(～ps)和空间(1～2 Å)的分辨能力。超快 X 射线和自由电子激光能保证足够高的时间分辨，但是获取到的平均结构信息很难反映出非协同的、局部的原子动力学行为。现代电子显微技术已经可以达到原子级的空间分辨能力，但时间分辨能力还不足以获得足够的局域结构动力学信息。而且，现在的微观分析手段也无法建立非晶结构和动力学之间的准确的对应关系，因为基于一维信息重构出的三维原子结构，很难准确反映出复杂无序的非晶结构在成分微量变化和加工过程中引起的细微变化。因此，目前还只能通过间接的手段来探测和表征流变单元及其与非晶物质中性能和玻璃转变之间的联系。因此，发现和表征流变单元的探测、结构、演化、结构与性能及玻璃转变的相关性从基本理论到实验手段上都极具挑战性。

9.4 节我们根据现有实验结果，主要是动力学探测的结果，介绍流变单元的本构关系、特征及和性能的关系。

9.4 流变单元的本构关系

非晶物质结构非均匀，内部存在着依赖于时间的流变，即其内部存在着一些“缺陷”区域即流变单元，流变单元相对于周围的基体来说，有更明显的黏弹性，即黏性流动，因此展现出滞弹性行为。基于流变单元模型：非晶物质的变形或流变可简化为理想弹性体与黏性夹杂复合物的变形或流变，假设非晶物质在受力σ时，其弹性的基体内会形成黏弹性流变单元，如图 9.27(a)所示，其中红色部分表示黏弹性区，周围蓝色包围的区域表示弹性基体。从平均场的角度来看，其流变是由类似于图中白色方框所圈出来的流变单元承载的[8,42]。

流变单元可以模型化为图 9.27(a)白色方框中所示的变形单元。在应力σ作用下，黏性区域和弹性部分对于应力的响应肯定是不同的。在 Vogit 模型的基础上，将其弹性部分模型化为弹簧，将黏性内核模型化为阻尼器或黏壶，如图 9.27(b)所示。这样就引入了包含流变单元的非晶物质的三参数力学模型，示意于图 9.27(c)中，其中，$E_{1\mathrm{eff}}$ 和 $E_{2\mathrm{eff}}$ 分别为非晶物质弹性部分和流变单元的有效模量，η_{eff} 代表流变单元的有效黏度。这就是非晶物质室温滞弹性流变的三参量模型，其应力和应变的关系方程(也称本构方程)为[8,42]

$$\sigma = E_{1\mathrm{eff}}\varepsilon - \frac{\eta_{\mathrm{eff}}}{E_{2\mathrm{eff}}}\frac{\mathrm{d}\sigma}{\mathrm{d}t} + \eta_{\mathrm{eff}}\frac{E_{1\mathrm{eff}}+E_{2\mathrm{eff}}}{E_{2\mathrm{eff}}}\frac{\mathrm{d}\varepsilon}{\mathrm{d}t} \tag{9.2}$$

该本构关系还可写成

$$E_{2\mathrm{eff}}\sigma + \eta_{\mathrm{eff}}\frac{\mathrm{d}\sigma}{\mathrm{d}t} = E_{1\mathrm{eff}}E_{2\mathrm{eff}}\varepsilon + \eta_{\mathrm{eff}}(E_{1\mathrm{eff}}+E_{2\mathrm{eff}})\frac{\mathrm{d}\varepsilon}{\mathrm{d}t} \tag{9.3}$$

其中，σ、ε 和 t 分别为施加的应力、与应力相对应的应变和作用时间。其中 $E_{1\mathrm{eff}}$ 和 $E_{2\mathrm{eff}}$ 分别代表基底和流变单元贡献的杨氏模量，η_{eff} 是流变单元激活后的黏度，都是流变单元的每一部分对整体的有效参数。

本构方程可模拟非晶物质的实验应力-应变滞后回线，得到大部分非晶合金中的流变单元激活后的黏度η值范围在 1.5～4 GPa · s[8]。这个值和非晶合金过冷液体的黏滞系数类似，证明流变单元的确表现出类似液体的行为。图 9.28 表明流变单元密度及其性质存在很

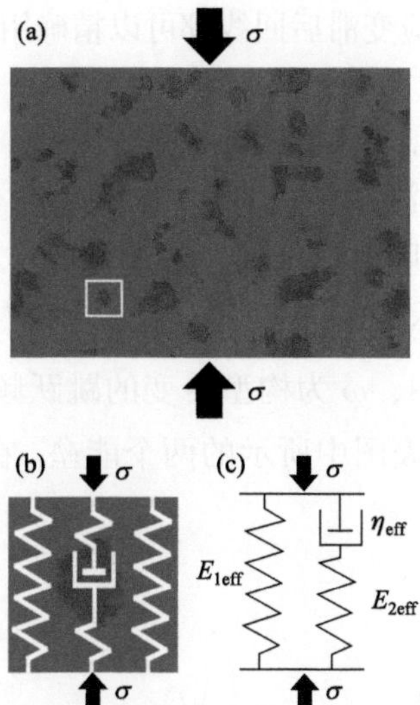

图 9.27　由非晶的变形单元模型导出其滞弹性流变模型的示意图。(a)非晶在应力σ下流变单元的二维分布示意图；(b)对单个流变单元的力学模型描述；(c)在 Vogit 模型的基础上，引入的流变单元的三参数力学模型[42]

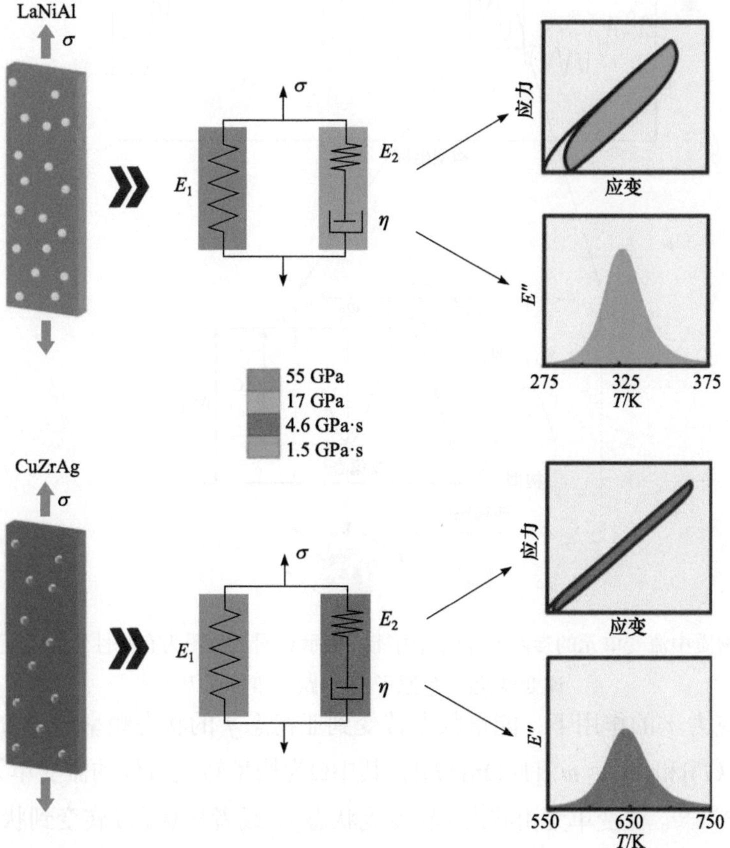

图 9.28　流变单元密度及其性质存在很大差异的非晶合金体系，其应力-应变曲线都可以精确地用本构方程(9.2)描述[8]

大差异的非晶合金体系的应力-应变滞后回线都可以精确用本构方程(9.2)描述[8,42]，证明非晶流变单元模型的有效性。

图 9.29 显示的是流变单元在能量地貌图中的表示。主能垒对应局域的塑性流变，对应于流变单元的扩展和其他流变单元的合并，在主能垒上的无数个次级小能垒则对应流变单元的激活、结构重排的可逆过程。在无应力作用时，流变单元在两个相邻亚稳态 i 和 j(如图 9.29 中插图所示)之间相互转变的频率 ω_{ij}^0 和 ω_{ji}^0 为 $\omega_{ij}^0=\omega\exp[-\Delta G_{ij}/(kT)]$ 和 $\omega_{ji}^0=\omega\exp[-\Delta G_{ji}/(kT)]$，其中，$\omega$ 为构型转变的跳跃频率，k 为玻尔兹曼常量，T 为环境温度，ΔG_{ij} 和 ΔG_{ji} 分别代表图中所示的两个能垒。在热平衡的情况下，$\Delta G_{ij}\approx\Delta G_{ji}$ 或 $\omega_{ij}^0\approx\omega_{ji}^0$ [52]。

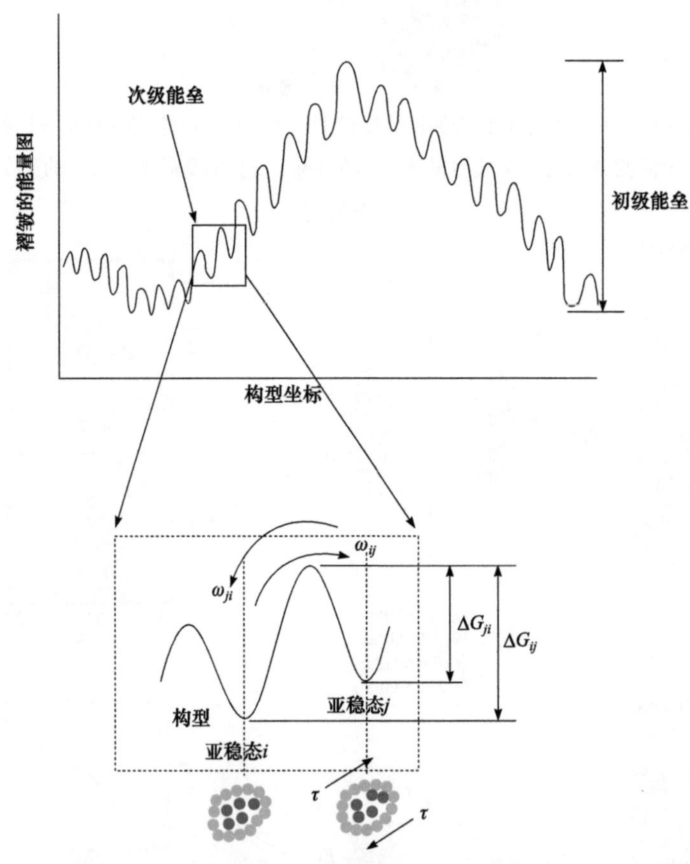

图 9.29 非晶物质中流变单元的参差不齐的自由能形貌示意图。插图为有弹性外壳(蓝色原子)所包围的流变单元(红色原子)势垒跃迁事件图[43,52]

在剪切应力 τ 的作用下，能量状态转变到亚稳态 j 的状态频率的一阶近似是 $\omega_{ij}\approx\omega_{ij}^0[1+\Omega\tau/(kT)]$和 $\omega_{ji}\approx\omega_{ji}^0[1-\Omega\tau/(kT)]$，其中$\Omega$为构型转变事件的流变单元激活体积，$\Omega\tau/(kT)\ll 1$[43,52-53]。流变单元由状态 i 转变到状态 j，或者从状态 i 转变到状态 j 的数目分别为 N_i 和 N_j，则有

$$\frac{\mathrm{d}N_i}{\mathrm{d}t} = -\omega_{ij}N_i + \omega_{ji}N_j \tag{9.4}$$

和

$$\frac{\mathrm{d}N_j}{\mathrm{d}t} = -\omega_{ji}N_j + \omega_{ij}N_i \tag{9.5}$$

转变在沿着应力方向上的净“流动”的动力学方程为[53]

$$\frac{\mathrm{d}p}{\mathrm{d}t} + (\omega_{ij} + \omega_{ji})p = \omega_{ij} - \omega_{ji} \tag{9.6}$$

其中，$p = (M-N_i)/M = (N_j-M)/M$ 是净转变的分数，$M = (N_i + N_j)/2$ 在整个变形过程中保持为常数。将 ω_{ij} 和 ω_{ji} 的表达式代入式(9.6)中，得到

$$\frac{\mathrm{d}p}{\mathrm{d}t} + 2\omega p\mathrm{e}^{-\frac{\Delta G}{kT}} = 2\omega\mathrm{e}^{-\frac{\Delta G}{kT}}\frac{\tau\Omega}{kT} \tag{9.7}$$

其中，$\Delta G = \Delta G_{ij} \approx \Delta G_{ji}$[47]。非晶物质的局域非弹性流变是由很多流变单元中同时发生不平衡的构型转变导致的，p 是一个统计的量[52]，可认为是类液体发生构型转变的概率。

在应力 τ 作用下，流变单元总应变 γ 依赖于其弹性壳中的弹性应变 γ_e 和流变单元黏性核中的非弹性应变 γ_i，即 $\gamma = \gamma(\gamma_e, \gamma_i)$。这里的 $\gamma_e = \tau/\mu$，其中 μ 为弹性外壳的剪切模量；$\gamma_i = \int \mathrm{d}\gamma_i$，其中 $\mathrm{d}\gamma_i$ 为非弹性应变的增量，与构型转变的概率 p 应该成正比：$\mathrm{d}\gamma_i \sim p$。在非晶物质发生屈服之前，$|\gamma_i|$ 应该是远小于 1 的。通过泰勒展开，得到总应变的线性关系式：

$$\gamma \approx \gamma_e + \beta \mathrm{d}\gamma_i \tag{9.8}$$

或

$$\gamma \approx \tau/\mu + \beta p \tag{9.9}$$

其中 $\beta = \partial\gamma/\partial\gamma_i$，表示总应变 γ 对其非弹性部分 γ_i 的敏感程度。考虑两种极端的情况，若核-壳单元表现出完全弹性的力学行为($\gamma \approx \tau/\mu$)，则有 $\beta \sim 0$；相反，若它表现出明显液体的行为($\gamma \approx \beta p$)，则会有 $|\beta| \gg \tau/(\mu p)$[52]。对于非晶物质 β 值是介于上述两种极端值之间的，β 值越大，流变单元在变形中表现得越像液体。这样，可以根据上面关于 γ 的表达式，得出在应力变化时，流变单元总应变的变化：

$$\dot{\gamma} = \frac{\dot{\tau}}{\mu} + \beta\frac{\mathrm{d}p}{\mathrm{d}t} \tag{9.10}$$

其中，$\dot{\gamma}$ 和 $\dot{\tau}$ 分别为总应变和应力的变化率。结合上面的公式，消去中间变量 p 和 $\mathrm{d}p/\mathrm{d}t$，得到流变单元的总应变 γ 随着应力 τ 变化的关系式：

$$\dot{\gamma} + 2\omega\mathrm{e}^{-\frac{\Delta G}{kT}}\gamma = \frac{\dot{\tau}}{\mu} + 2\omega\mathrm{e}^{-\frac{\Delta G}{kT}}\left(\frac{\beta\Omega}{kT} + \frac{1}{\mu}\right)\tau \tag{9.11}$$

因此，通过将非晶物质在弹性区域的局域剪切形变看作流变单元的统计激活过程，就可推出流变单元所受的剪切应力 τ 和应力速率 $\dot{\tau}$ 与产生的剪切应变 γ 和应变速率 $\dot{\gamma}$ 之间

的本构关系。如果流变单元构型转变的能垒非常高(即 $G \gg T$)，那么这些激活事件就被严重地抑制住，$e^{-\frac{\Delta G}{kT}} \sim 0$，对应于非晶中几乎没有局域的非弹性流变，本构方程式(9.11)就退化成 $\dot{\gamma} = \frac{\dot{\tau}}{\mu}$，即线弹性体中常用的应力-应变关系。这也证明该模型表征了非晶物质的非均匀微观结构特征。

公式(9.11)与唯象的三参量黏弹性模型[图 9.30(a)]的应力-应变本构关系具有完全一样的形式，图 9.30(a)中模型的应力-应变关系为

$$\dot{\gamma} + \frac{G_{\text{I}} G_{\text{II}}}{\eta(G_{\text{I}} + G_{\text{II}})} \gamma = \frac{\dot{\tau}}{G_{\text{I}} + G_{\text{II}}} + \frac{G_{\text{II}}}{\eta(G_{\text{I}} + G_{\text{II}})} \tau \tag{9.12}$$

式中 G_{I} 和 G_{II} 分别代表与阻尼器并联和串联的两个弹簧的剪切模量，η 为阻尼器的黏度。这样，从非晶物质内流变单元的统计激活出发，从物理上推出了唯象的三参量滞弹性模型[52]。

三参量滞弹性模型有多种形式(图 9.30)，但其应力-应变关系方程的形式是完全相同的[54-55]。和试验对比的结果证明图 9.30(a)所示的三参量滞弹性模型能很好地描述在变应力下非晶物质流变、变形的模型[42]。另外，Kelvin 模型是图 9.30(a)中三参量模型的一种特殊形式，若弹簧 G_{II} 上的应变衰减得足够快，以致测试设备无法探测到时，则 G_{II} 对于探测设备来说就是刚体，这样三参量模型就退化为 Kelvin 模型了。

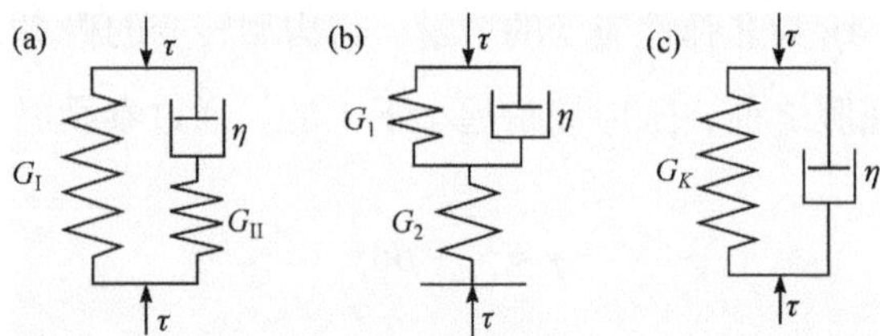

图 9.30 几种常见的滞弹性变形模型。(a)由结构非均匀性、流变单元模型推导出的三参量模型；(b)应力-应变关系方程另一个三参量滞弹性模型；(c)Kelvin 模型[53,55]

由于公式(9.11)和(9.12)是相互等同的，将两个式子相应的各个部分一一对应，这样根据平均场理论和三参数模型可以推出非晶物质体系的模量和流变单元的关系[42]：

$$G_{\text{I}} = \frac{\mu}{1+\alpha} \tag{9.13}$$

$$G_{\text{II}} = \frac{\alpha\mu}{1+\alpha} \tag{9.14}$$

$$\eta = \frac{\alpha\mu}{2\omega e^{-\Delta G/kT} \cdot (1+\alpha)^2} \tag{9.15}$$

其中 $\alpha = \beta\Omega\mu/(kT)$，$\alpha$ 表示所有被激活的流变单元总体效果的一个因子，它随着构型转变激活体积 Ω 或敏感因子 β 的增大而变大，如若假设 Ω 在整个变形过程中不变，则 α 与 β 成正比。可以看出 β 值越大，代表非晶物质中被激活的流变单元越多，非晶物质越像液体。因此，α 可代表非晶物质内被激活的流变单元即流变单元的多少。G_{I} 是非晶在准静态变形条件下所测得的剪切模量，μ 是流变单元的弹性外壳的剪切模量，即非晶物质中紧密排

列的类固硬区的剪切模量(接近理想非晶的模量)；G_{II}是主要来自于流变单元的模量。从式(9.13)～(9.15)可以容易地看出，如果α趋向于无穷大，也就是非晶物质接近于完全液体，G_{I}就近于 0。这时，三参量模型退化成弹簧 G_{II}和阻尼器串联的两参量黏弹性模型，这就是 Maxwell 模型(是过冷液体常用的流变模型)；如果α趋于 0，也就是非晶物质是没有任何类液体区即流变单元的完全弹性体，这时三参量模型就变成了一根弹簧，就趋向于理想非晶；对于通常情况的非晶物质，α是介于上述二者之间的一个有限值，可以被看成是由三参量模型来描述的弹性体/黏性夹杂复合物。因此，可以通过比较α的改变来判断样品中流变单元的变化趋势。

通过低温退火的方法可直接从实验数据模拟得出公式(9.13)～(9.14)，并给出一个流变单元浓度α和某些性能 P 的更普适的关系式[56-58]：

$$P = \frac{P_\infty}{1+\alpha} \tag{9.16}$$

式中，P_∞是对应的理想非晶的某些相对应的性能。这些性能 P 包括弹性模量、玻璃转变温度、密度、维氏硬度、塑性等，和公式(9.13)是一致的。根据公式(9.16)，由某些性能的变化就可以确定非晶流变单元的变化。

三参量模型中的 G_{I}、G_{II} 和η都有重要的物理含义。当图中所示的三参量模型被缓慢地加载时，G_{I} 就成为其唯一的承载单元，它是相当于非晶物质在准静态变形条件下所测得的剪切模量。μ、G_{I} 和 G_{II} 关系式如下：

$$G_{\text{I}} = \mu - G_{\text{II}} \tag{9.17}$$

根据公式(9.17)，可以很好地解释非晶弹性模量对热处理历史的敏感性和相对于相近成分晶态合金的软化现象。非晶物质的准静态模量 G_{I} 比其内部紧密排列区(即弹性基体)的模量μ要低，这与实验测得的非晶声子软化结果符合：用超声测得的非晶合金宏观样品的剪切模量和杨氏模量都比它们晶化后多晶样品的模量要低～30%[59-61]，而且非晶的弹性模量都对其热处理历史和力学处理历史很敏感[62-64]。如图 9.31(a)就显示出了非

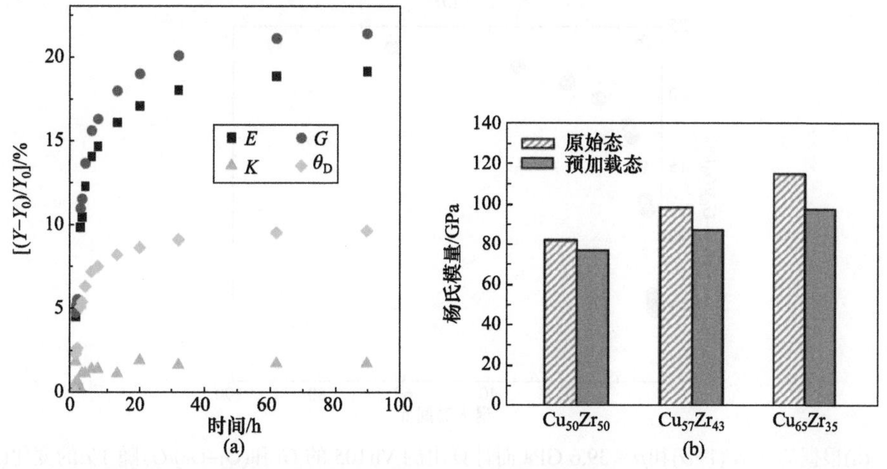

图 9.31　(a)Vit1 非晶的弹性常数和德拜温度随退火时间延长的相对变化$(Y-Y_0)/Y_0$($Y = E$, G, K 和 θ_D；Y_0为铸态样品的参数值)[62]，(b)铸态的 $Cu_{50}Zr_{50}$、$Cu_{57}Zr_{43}$ 和 $Cu_{65}Zr_{35}$ 非晶合金与在 90%屈服强度的应力下室温保载 12 h 样品的杨氏模量变化[65]

晶 $Zr_{41.25}Ti_{13.75}Ni_{10}Cu_{12.5}Be_{22.5}$ 的弹性模量(E 为杨氏模量，G 为剪切模量，K 是体弹性模量)以及德拜温度(θ_D)随退火时间延长的增长趋势[62]；图 9.31(b)则给出了几种非晶 CuZr 合金在弹性阶段进行保载压缩后的弹性模量下降[65]。这是因为非晶物质的准静态剪切模量 G_I 由μ和 G_{II} 两项共同决定，对于同一成分的非晶材料，其模量 μ 是基本相等的，因为这是由它们的原子键合决定的，跟相同(或相近)化学成分的晶态物质的剪切模量相接近；G_{II} 与样品内局域非均匀区相关联——随流变单元的增多而增大，而非晶物质的局域非均匀性却与处理历史有着密切的联系，比如退火使其流变单元减少，静态加载处理使得流变单元增多[64]。

式(9.17)也被热处理实验证实，比如等温退火对非晶合金局域非均匀性的影响体现在流变单元的减少，即α减小，根据$G_I = \mu/(1+\alpha)$，G_I就会随退火而增加，但是其最大值又应该受到μ的限制。图 9.32(a)显示 G_I 对α的依赖关系，随着α的减小即退火程度的加深，计算出的 G_I 先是呈现出快速的增大，但当退火至一定程度时，G_I 便基本接近其最高限制μ而不再有明显增加。图 9.32(b)中给出的非晶合金在等温退火至不同程度(但保持其完全非晶结构)时，其剪切模量的相对变化，和计算结果趋势完全一致[42]。

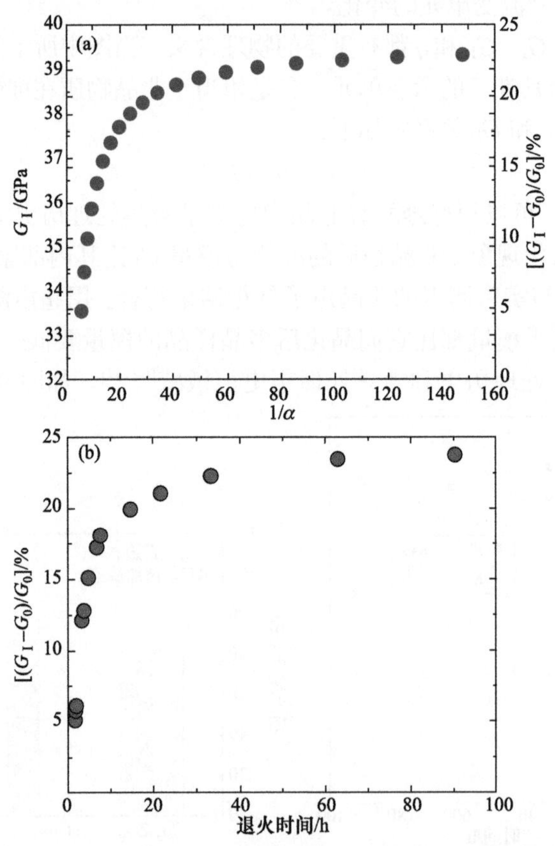

图 9.32 (a)根据 $G_I = \alpha/(1+\alpha)$和μ = 39.6 GPa 而计算出的 Vit105 的 G_I和$(G_I-G_0)/G_0$随 1/α的变化(此处的参考模量 G_0 取为 32 GPa)；(b)实验测出的 Vit1 的$(G_I-G_0)/G_0$随退火时间的变化，此处 G_0 为合金退火前的剪切模量

Makarov 等提出格隙理论，认为非晶相对于晶态在弹性模量上的降低是由快速冷却过程中冻结在合金内部的流变单元造成的，也给出材料中缺陷浓度与其弹性模量的关系式[66]：

$$G(c,T)=G_x(T)\exp(-\beta' c) \tag{9.18}$$

其中 $G(c, T)$为非晶合金在温度 T 下内部缺陷浓度为 c 时的剪切模量，G_x 为晶态的剪切模量，β'表示模量随 c 的增加而降低的无量纲系数。在室温下$\beta' c\approx 0.3$，若对上式取一阶近似，得到$G(c,T)\approx G_x-\beta' cG_x$。式(9.17)中的$\mu$和晶态的剪切模量相近，即$\mu\approx G_x$，而该式中的第二项($\beta' cG_x$)同样随非晶物质中流变单元或缺陷的增多而增大。所以，公式(9.17)和(9.18)是等价的，都给出流变单元随温度的演化。

Makarov 等[66]通过对原始非晶态、弛豫后和完全晶化的 PdCuNiP 合金模量的研究，验证了格隙理论。同时说明，基于缺陷理论得到的结果在力学形式上跟三参数模型是一致的，这些都间接证明流变单元的存在，是一种非晶物质内部的缺陷。

9.5　流变单元的性质及演化

表征晶体缺陷的内耗、应力弛豫等动力学方法也是研究和表征流变单元的有效方法。应力弛豫方法可以确定流变单元激活能的大小及分布，能够估算其尺寸的大小和分布[9,40,45]。计算机、胶体玻璃可以模拟流变单元的起源、激活、演化、集聚和相互作用等过程。

计算机可以模拟随着应力增加，非晶物质中流变单元的变化、扩展和相互作用。图 9.33 是简单 CuZr 非晶体系流变单元在应力作用下的激活、演化过程。可以看到流变单元(红色小球代表流变单元中的原子)体积变大、含量逐渐增多，反映了外加应力导致流变单元的激活、扩展及和宏观流变的关系[15,67]。图 9.34 是计算机模拟比较非晶 CuZr 中原子的振动行为。可以看到流变单元中的原子的振幅要远大于类固区的原子振幅，而且流变单元中原子的振幅位移已经超过 Lindermann 熔化准则的阈值δ(=0.07)，和液体中的原子类似[67]，这说明流变单元确实是类液状态。

图 9.33　模拟形变单元(红色小球代表流变单元中的原子)的含量随着应力增加逐渐增多，每个单元会扩展的过程[15]

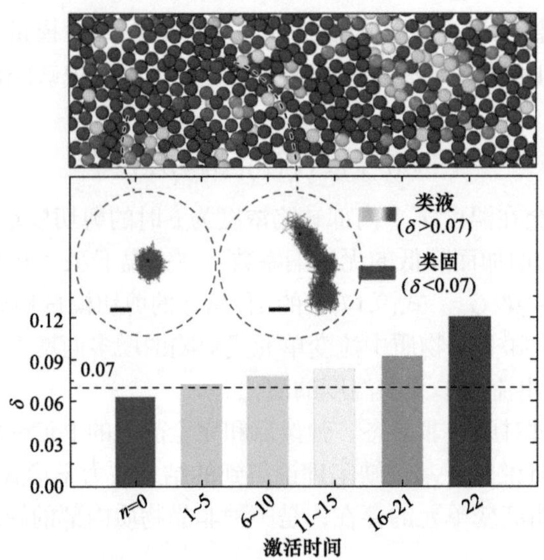

图 9.34 (上)非晶态原子构型，(下)流变单元和弹性背底中的 Cu 原子轨迹；流变单元 CuZr 非晶中 Cu 原子在不同区域，包括流变单元中的 Lindemann 振幅位移参数δ[67]

胶体、颗粒物质这些非晶体系是研究流变单元的模型体系，从胶体和颗粒物质中也能观察到流变区及其演化。图 9.35 是在不同应变条件下胶体的流变过程[23]。实验清晰展示在应力作用下，流变单元(红颜色胶体颗粒)激活、扩展、演化、逾渗成剪切带的过程[23]。胶体中的低频准局域化的声子模式(软模)也可以帮助寻找无序体系的流变单元。软声子模式是非晶系统中广泛存在的一种独特的振动模式，这种声子模式能量较低，并且在空间上是准局域化的，在几乎所有非晶固体中都被观测到，造成了非晶体系中异常的声子态密度曲线和异常的低温比热曲线。在非晶体系中，低频准局域化的“软声子”模式与体系中的不可逆流变有着很强的关联性[68]，软声子模式代表着非晶系统流变所须跨越的最低势垒[69]，因此，可利用非晶体系的软模来定义等效“流变单元”的概念[68-72]。

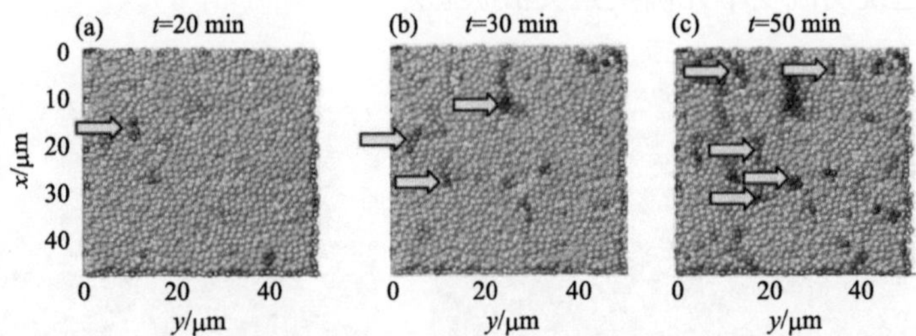

图 9.35 非晶胶体在应力作用下，流变单元(红颜色胶体颗粒)激活、扩展、演化、逾渗成剪切带的过程[23]

采用动态循环和应力弛豫等动力学试验手段可以测量非晶物质中的流变单元的信息，又可以有效地探测非晶物质中的动力学弛豫信息，可以对流变单元及其随温度、应力的演化进行研究。动态力学测试的方法类似内耗探测方法，通过施加一个外力的微扰，用动力学把流变单元与其他区域区分开来。因为流变单元中原子非晶中的流动性更强，这些区域的弛豫时间更短，即流变单元在动力学频谱上对应着那些弛豫相对较快，并且远离主弛豫峰的区域，这正好符合β弛豫的特征。如图 9.36 所示，在动态力学频谱上，远低于 T_g 温度(α弛豫峰附近)下的β弛豫峰就反映了流变单元区域的动力学性质，β弛豫峰越强，意味着非晶物质中流变单元的密度越高[9]。随温度或频率的升高，β弛豫峰增强，显示被激活的流变单元的增多。从这类实验不仅能得到流变单元在不同温度下的特征频率还能得到其临界的激活能。通过与α弛豫强度进行归一化对比，还能得到不同非晶体系或者材料在不同状态下流变单元区域所占的相对比例差异。例如通过这样的实验发现在 $La_{70}Ni_{15}Al_{15}$ 非晶合金中流变单元区域的密度比非晶 $Cu_{45}Zr_{45}Ag_{10}$ 中要高约 30%[8]。

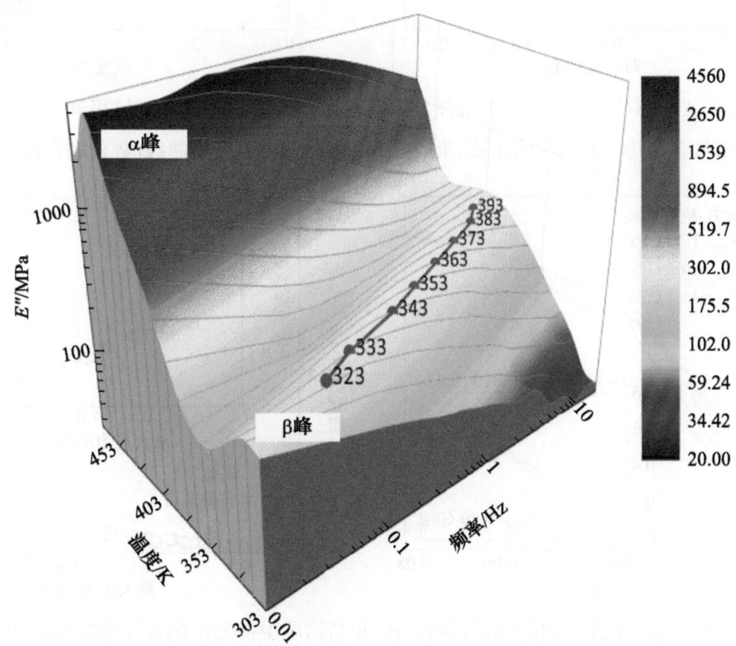

图 9.36　非晶合金 LaNiAl 的三维动态力学弛豫图，其中β峰的变化(图中数字代表其峰位温度点，随温度和频率的移动)就反映了流变单元的密度、特征频率随温度的变化[8]

通过在非晶物质弹性区的动态循环加载测试，能得到流变单元的本构关系，这样可以和理论推出的本构关系对比。图 9.37(a)是动态拉伸测试测得的较脆(fragile)的 $La_{70}Ni_{15}Al_{15}$ 和较强(strong) 的 $Cu_{45}Zr_{45}Ag_{10}$ 非晶合金体系在其弹性形变范围内的拉伸循环实验结果。随着应力加卸载速率的增加，应变跟应力也从几乎线性的对应关系变为出现明显的相位滞后，两非晶合金在弹性区内的拉伸循环都有明显的滞后回线[7]。这个现象即使在准静态加载循环也能观察到。还可以看出，脆度大的 $La_{70}Ni_{15}Al_{15}$ 具有较大的滞后回线，较强的 $Cu_{45}Zr_{45}Ag_{10}$ 非晶合金的滞后回线较小。说明它们非均匀性或者流变单元密度不同。用流变单元的三参数模型能很好地模拟实验得到的回线[图 9.37(a)]。根据模拟可得到流变单元的黏滞系数η的值为 1.5～4.0 GPa·s，这个值和非晶合金过冷液体的黏滞系数类似，证明流变单元确实有类似液体的性质。如图 9.37(b)所示，用流变单元模型可以很好地模拟非晶合金的应力-应变曲线。如图 9.38 所示是计算机模拟得到的循环加载的滞后回线，和实验结果一致[67]。

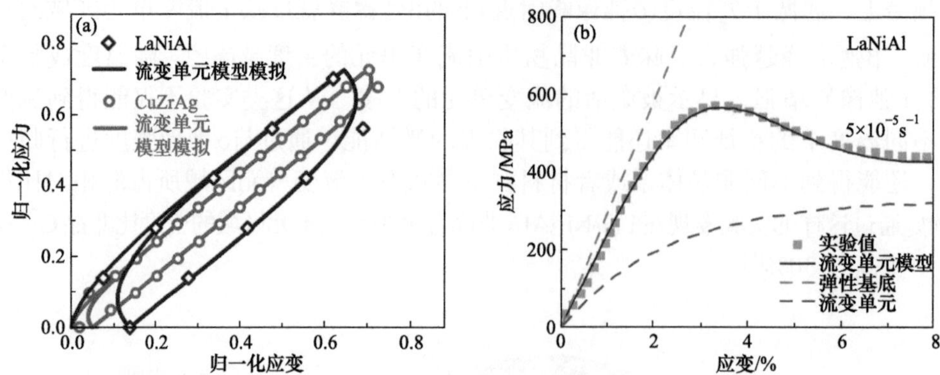

图 9.37 (a)$La_{70}Ni_{15}Al_{15}$ 和 $Cu_{45}Zr_{45}Ag_{10}$ 非晶合金体系在弹性区间动态拉伸测试得到的动态力学滞后回线，图中实线是三参数模型模拟的结果[7]；(b)LaNiAl 应力-应变曲线(数据取自[43,73])

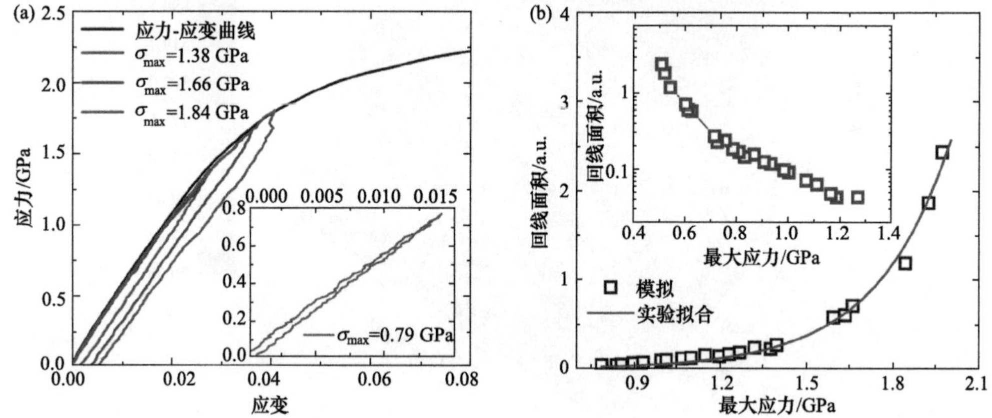

图 9.38 (a)模拟循环加载得到的滞后回线；(b)非晶物质中被激活的原子随施加应力的增加[67]

9.5.1 流变单元与动力学不均匀性

流变单元可以表征非晶物质的动力学不均匀性。动力学不均匀性可以通过展宽的非指数弛豫行为来表征。对α弛豫峰进行 KWW 方程，$\sigma(t)=\sigma_0\exp[-(t/\tau)^\beta]$拟合，其中$\tau$为平均弛豫时间，$\beta(0<\beta<1)$为与动力学非均匀性有关的非均匀性参量，可以得到代表其不均匀性分布的指数β值[74]。图 9.39 是非晶$(Na_2O)_x(SiO_2)_{1-x}$ 物质动力学弛豫谱。体系损耗模量随温度变化的α弛豫谱很宽，从 10^{-3} 到 10^3 Hz，跨越 6 个量级，曲线可以用 KWW 很好地拟合，得到的系数β值为 0.53 < 1，这表明其动力学不均匀性分布[74]。α弛豫是一个展宽的非指数弛豫行为的原因如图 9.40 所示，是因为非晶物质的弛豫是由很多弛豫单元(对应于β弛豫和更次级弛豫)组成的，每个单元的弛豫行为对应于指数行为，其弛豫时间τ_i 不同，每个弛豫单元对应一个流变单元，这些弛豫单元的集合得到的平均弛豫行为就是α弛豫。所以，α弛豫的非指数弛豫行为表征了非晶物质的非均匀性，对应于非晶物

质中有不同流变单元的分布。而且β值越偏离 1，体系越不均匀，即β值是一个有效的动力学参数，可以表征非均匀性或流变单元的信息。指数β值随温度、压力和时间的变化可以反映流变单元的演化。

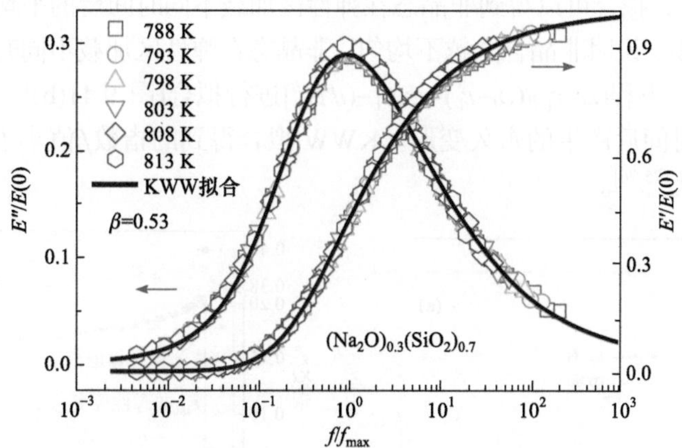

图 9.39　非晶$(Na_2O)_x(SiO_2)_{1-x}$损耗模量随温度变化的曲线；实线是α弛豫谱的 KWW 拟合，KWW 系数β值为 0.53，表明其不均匀性分布，即β值可以表征非均匀性或流变单元的信息[74]

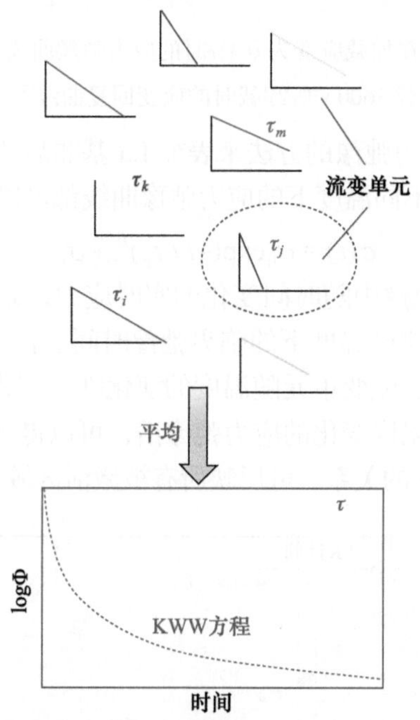

图 9.40　非晶物质弛豫非指数行为和结构及动力学非均匀性关系示意图

非晶物质在不同温度的应力σ弛豫曲线也可以反映非均匀性，以及流变单元激活、演化随温度的变化[9,40]。图 9.41(a)是 Zr 基非晶合金(Vit1b)弹性区加载时典型的应力弛豫曲线，施加的应变为 0.4%，试验温度为 453 K。随着加载时间的增加，应力发生非线性非指数型衰减。图 9.41(b)为 Vit1b 非晶应力弛豫 3600 s 以后卸载时典型的应变回复曲线。从图中可以看出，从卸载后的回复情况推断出初始弹性应变可以分为两个部分：弹性应变和非弹性应变。其中非弹性应变又可以分为两个部分：滞弹性应变和塑性变形(永久变形)。随着卸载时间的增加，非晶合金的滞弹性应变逐渐减小。非晶及其形成液体的应力弛豫及回复行为可以很好地用扩展指数方程即 KWW 方程$\sigma(t)=\sigma_0\exp[-(t/\tau)^\beta]$进行拟合[图 9.41(a)][9]，拟合可以得到非晶态在弹性区加载不同时间后的平均弛豫时间及非指数因子β。β值越小，说明非晶合金越不均匀。非晶态在弹性区加载不同时间后的回复曲线也可以利用 KWW 方程$(\varepsilon_t-\varepsilon_p)/(\varepsilon_0-\varepsilon_p)=\exp[-(t/\tau)^\beta]$进行拟合[图 9.41(b)]。其中$\varepsilon_p$为非晶在弹性区加载不同时间后产生的永久变形。KWW 拟合得到的指数β值小于 1，证明非晶合金中存在流变单元[75-76]。

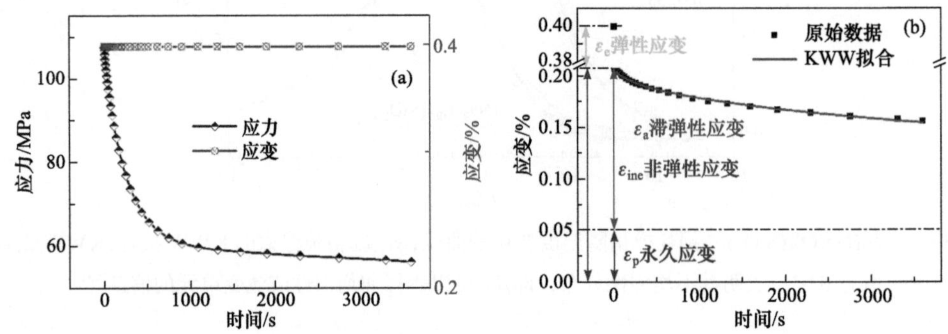

图 9.41 (a)Zr 基非晶(Vit1b)条带在加载应变为 0.4%时的应力弛豫曲线。(b)非晶条带在 0.4%的应变下加载 3600 s 后卸载时的应变回复曲线[75]

图 9.42 所示的是采用应力弛豫的方法来表征 La 基非晶动力学不均匀性和流变单元从室温到过冷液相区的演化。不同温度下的应力弛豫曲线都可以用 KWW 方程拟合：

$$\sigma(t)=\sigma_0\exp(-t/\tau_c)^\beta+\sigma_r \tag{9.19}$$

σ_0是初始应力，$\sigma(t)$是应力弛豫中随时间变化的实时应力，σ_r是在无限长时间下可能的残余应力，τ_c是被激活区域在测试温度下的临界弛豫时间。拟合得到的β值随温度的变化，可反映非晶动力学非均匀性、流变单元随温度的演化[9]。从图中可以看到，应力弛豫随温度的升高越来越大，根据随温度变化的应力弛豫谱，可以得到β值，即流变单元、非均匀性随温度的演化。β值和温度的关系，可反映所有被激活区域不均匀性、流变单元的信息。

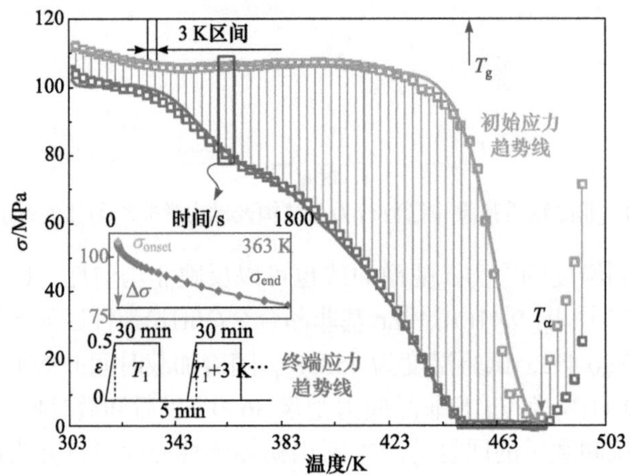

图 9.42　非晶合金 LaNiAL 在不同温度下流变的应力弛豫谱，这些谱线随温度的变化类似竖琴琴弦[9]

图 9.43 是从应力弛豫谱得到的 La 基非晶合金从室温到过冷液相区的β值，即动力学不

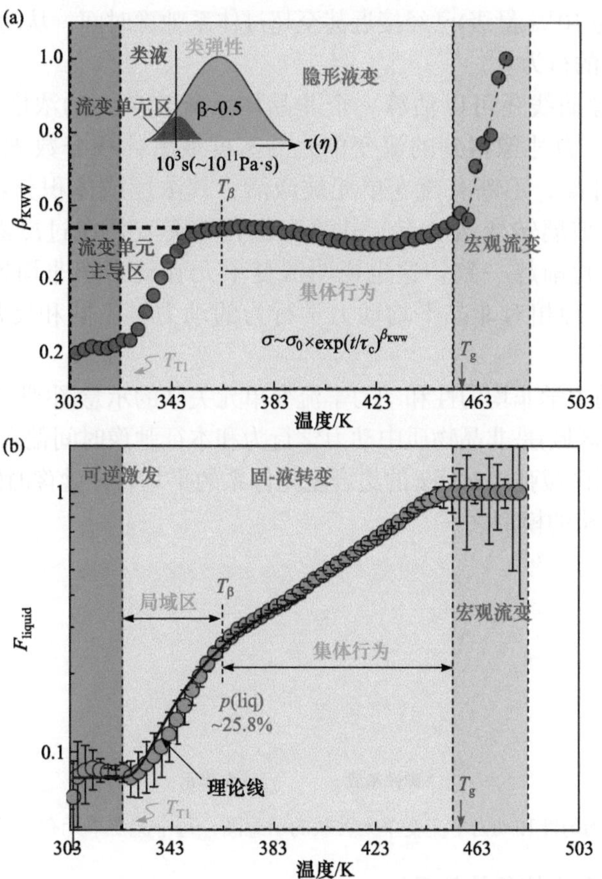

图 9.43　非晶 $La_{60}Ni_{15}Al_{25}$ 反映不均匀性的β值(a)和流变单元浓度 F_{liquid}(b)随温度从室温到过冷液相区的变化[9]

均匀性和流变单元演化的比较图。如果非晶物质均匀性不随温度变化，那么无论在哪个温度下进行应力弛豫测试，应该都可以用一个β值进行拟合。但实际实验得到的结果是β值在室温下随温度的升高逐渐升高，当温度接近 T_g或高于 T_g的时候再迅速升高至接近 1[9,74]。在低温下，表征不均匀性的β值明显偏离整个体系的平均值 0.5，说明这时样品中并不是所有的区域都对外力做出响应，而只有一部分能量比较高的流变单元在这个温度下被激活，这一部分区域在弛豫谱上又远离系统整体的正态分布，就使得采用系统平均弛豫时间进行拟合得到的不均匀性程度较大(反映为β值偏低)，而且不能很好地拟合。利用流变单元模型进行修正，引入一个弛豫时间明显较快的弛豫过程，则可以很好地拟合在低温下的实验数据，这进一步证明非晶态中动力学的非均匀性是和动力学流变单元存在密切关联的[9,74-76]。

随着温度升高，体系中被激活的流变单元逐渐增多，β值也逐渐趋近于系统的平均值，在 T_g以上，可以只用一个反映整个体系平均弛豫时间和反映不均匀性的 KWW 公式进行较好的拟合，说明这时体系中已经从孤立的个别流变单元的激活过程，转变为整个流变单元互相之间协同作用的过程。温度接近 T_g时，β趋近于 1，是因为这时应力弛豫的时间尺度(一般为 10^3 s 量级)已经接近甚至超过体系弛豫时间，从动力学上，整个体系这时就表现为均一的行为。

根据应力弛豫曲线还可以估算一个非晶体系流变单元的浓度和激活能[9,75-76]。图 9.43(b)是根据应力弛豫得到的流变单元的密度或者体积分数 F_{liquid}随温度变化的趋势。随着温度升高，不断有流变单元被激活，其浓度或体积分数随温度升高，在β弛豫峰值温度、玻璃转变温度点，其浓度都有个突变，在过冷液区达到饱和。这和β值随温度的变化渐趋一致。这也说明流变单元和动力学非均匀性的关联，流变单元可以看成是一种相对非晶平均动力学行为的动力学不同和反常，可认为是一种动力学的“缺陷”。

图 9.44 给出动力学非均匀性和动力学流变单元关联的示意图[40]。实际上流变单元(图中弛豫时间为τ_i 的区域)是非晶物质中动力学行为和本征弛豫时间偏离体系平均弛豫时间τ的区域，这些不同区域弛豫时间τ_i的集合就是体系的平均特征弛豫时间τ，流变单元是表征非晶动力学和结构的模型之一。

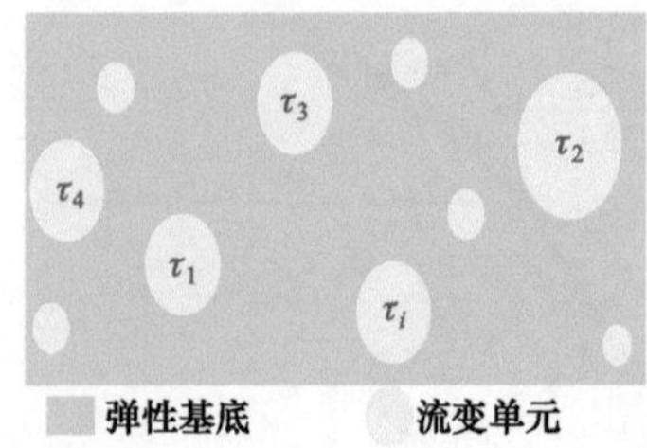

图 9.44　动力学非均匀性和动力学流变单元关联的示意图，每个流变单元有自己的本征弛豫时间[40]

9.5.2　流变单元和自由体积的关系

我们知道以单原子跃迁为基础的自由体积模型是早期描述非晶物质局域塑性流变过程的主要模型[37]，至今仍广泛用来定性理解非晶体系中的各种问题。其方便之处是可以采用热分析的实验手段如差热分析仪(DSC)估算其浓度、激活能及演化[77]。

通过调节冷却速率制备出具有不同热历史的非晶合金，然后以焓和虚化温度 T_f 为参量可以估算其流变单元及自由体积的浓度随热历史和条件的变化，进而得到流变单元及自由体积浓度与冷却速率的关系[78]。下面通过一个具体的例子说明自由体积和流变单元的关系。图 9.45 是具有不同冷却速率的 $La_{60}Ni_{15}Al_{25}$ 和 $Pd_{40}Ni_{10}Cu_{30}P_{20}$ 非晶合金的 DSC 曲线，这两种非晶合金形成能力强，热稳定性高，适合研究其流变单元和自由体积的变化。从图中可以看出，对于铸态的样品(直接从合金熔体快速凝固得到的非晶态)，在玻璃转变之前均存在一个明显的、与结构弛豫有关的放热峰。然而，对于把铸态非晶升温到过冷液区，再以不同速率凝固下来得到的样品，在玻璃转变温度以前，均不存在明显的放热行为。但是，在玻璃转变温度附近，所有的非晶样品的 DSC 曲线上均存在一个明显的吸热峰，称为过载(overshoot)峰。冷却速率越低，过载峰越高，因为冷却速率越低，得到的非晶态能量越低，热力学稳定性越高，需要吸收更多的能量才能达到平衡态。

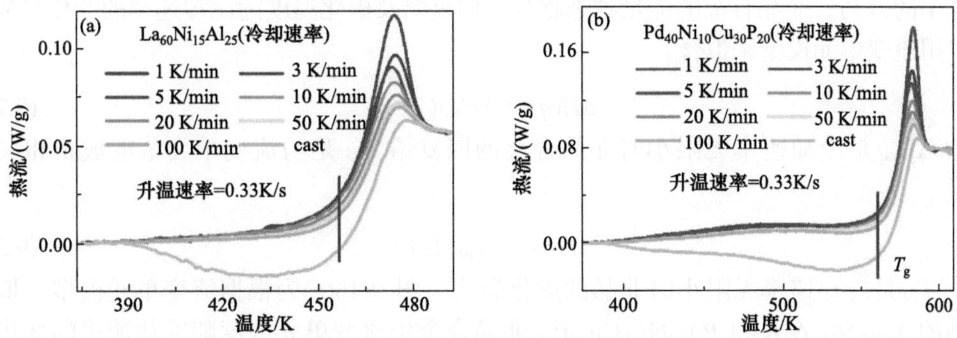

图 9.45　不同冷却速率及铸态(从熔体直接凝固得到的非晶态)的 $La_{60}Ni_{15}Al_{25}$ 和 $Pd_{40}Ni_{10}Cu_{30}P_{20}$ 非晶合金样品的 DSC 曲线，升温速率为 20 K/min[78]

不同冷却速率制备得到的非晶态的能量可以用回复焓 ΔH[77]以及虚化温度 T_f[79-81]表征。非晶物质的回复焓 ΔH 的计算方法如图 9.46(a)所示

$$\Delta H = (S_2 - S_1)/q_h \tag{9.20}$$

其中 S_1 和 S_2 分别代表红色曲线包含部分的面积，q_h 代表升温速率，T_1 代表非晶态开始吸热或者放热的温度，T_2 代表过冷液相区的温度点。

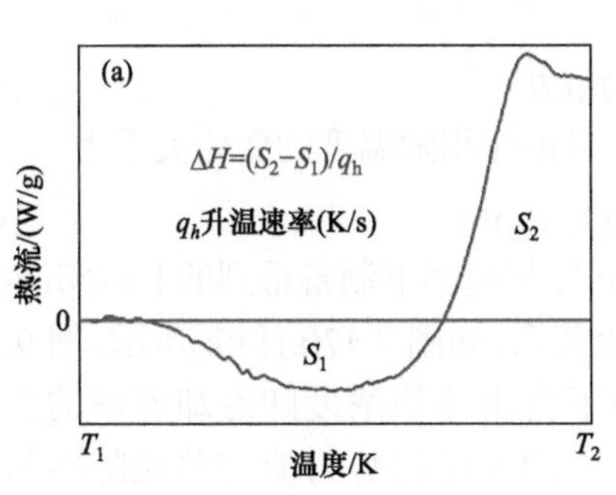

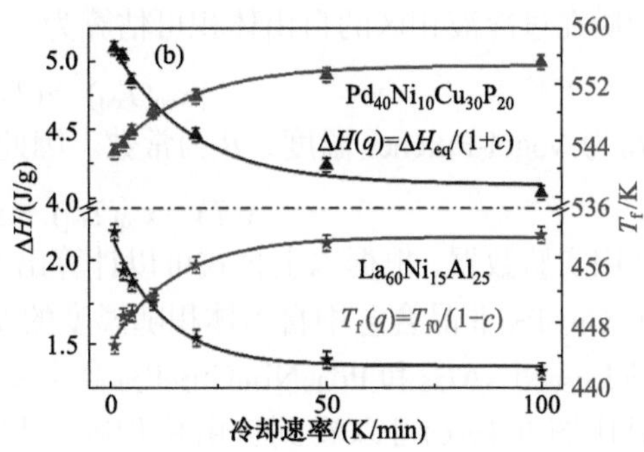

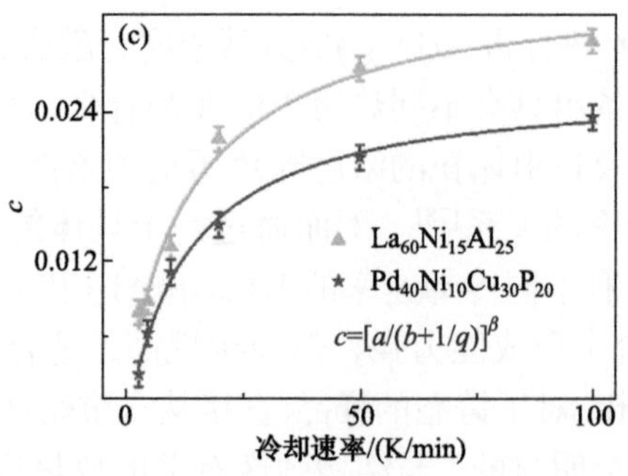

图 9.46 (a)计算回复焓ΔH的示意图，其中S_1和S_2分别代表红色曲线包含部分的面积，q_h代表升温速率。(b)$La_{60}Ni_{15}Al_{25}$和$Pd_{40}Ni_{10}Cu_{30}P_{20}$非晶的回复焓$\Delta H$及虚化温度$T_f$随冷却速率的变化趋势。(c)$La_{60}Ni_{15}Al_{25}$和$Pd_{40}Ni_{10}Cu_{30}P_{20}$非晶合金中流变单元浓度$c$随冷却速率的变化趋势[78]

图 9.46(b)为$La_{60}Ni_{15}Al_{25}$和$Pd_{40}Ni_{10}Cu_{30}P_{20}$非晶合金的回复焓$\Delta H$及虚化温度$T_f$随冷却速率的变化趋势。随着冷却速率的增加，回复焓$\Delta H$逐渐降低，$T_f$逐渐升高。随着冷却速率的升高，非晶合金的能量越来越高。回复焓及虚化温度随冷却速率的变化趋势也可以用流变单元模型来拟合。

$$\Delta H(q) = \Delta H_{eq}/(1+c) \tag{9.21}$$

其中ΔH_{eq}是冷却速率无限小时非晶合金的回复焓。c是与流变单元浓度成正相关的参量。

$$T_f(q) = T_{f0}/(1-c) \tag{9.22}$$

其中T_{f0}是冷却速率无限小时非晶的虚化温度。图 9.46(c)为根据流变单元模型，拟合得到的$La_{60}Ni_{15}Al_{25}$和$Pd_{40}Ni_{10}Cu_{30}P_{20}$非晶合金中流变单元浓度随冷却速率的变化趋势。从图中可以看出，随着冷却速率增加，流变单元浓度逐渐增加，非晶物质越来越不均匀。

同样，可以利用回复焓计算非晶合金中自由体积含量随冷却速率的变化规律[77,82]：

$$\Delta H = A\Delta x \tag{9.23}$$

其中A为常数。Δx代表非晶合金在温度T_1到T_2之间的回复焓ΔH对应的自由体积的变化。根据自由体积理论，非晶物质的比热与自由体积随温度的变化关系为

$$x(T) = x_{eq}(T_{eq}) + \Delta H(T, T_{eq})/A \tag{9.24}$$

非晶物质在过冷液相区的自由体积可估算为

$$x_{eq}(T_{eq}) = (T_{eq}-T_0)/B \tag{9.25}$$

其中T_0为 Vogel-Fulcher 温度，B为常数。因此，自由体积随温度的变化关系为

$$x(T) = x_{eq}(T_{eq}) + \Delta H(T, T_{eq})/A \tag{9.26}$$

利用实验数据，根据以上公式可以计算出不同冷却速率下制备得到的$La_{60}Ni_{15}Al_{25}$和$Pd_{40}Ni_{10}Cu_{30}P_{20}$非晶合金中自由体积随温度的变化关系，如图 9.47(a)和(b)所示。图 9.47(c)为非晶$La_{60}Ni_{15}Al_{25}$和$Pd_{40}Ni_{10}Cu_{30}P_{20}$合金室温下自由体积浓度随冷却速率的变化趋势。对比图 9.46(c)可以看到自由体积随冷却速率的变化趋势与流变单元随冷却速率

的变化趋势相同，并且自由体积、流变单元与冷却速率的关系都可以用类似的公式进行拟合。图 9.48 所示为 $La_{60}Ni_{15}Al_{25}$ 和 $Pd_{40}Ni_{10}Cu_{30}P_{20}$ 非晶中自由体积浓度与流变单元浓度之间的关系。非晶物质中自由体积浓度与流变单元浓度的变化有着简单的线性关系：

$$c = kx + b \tag{9.27}$$

其中 k，b 为拟合参数。

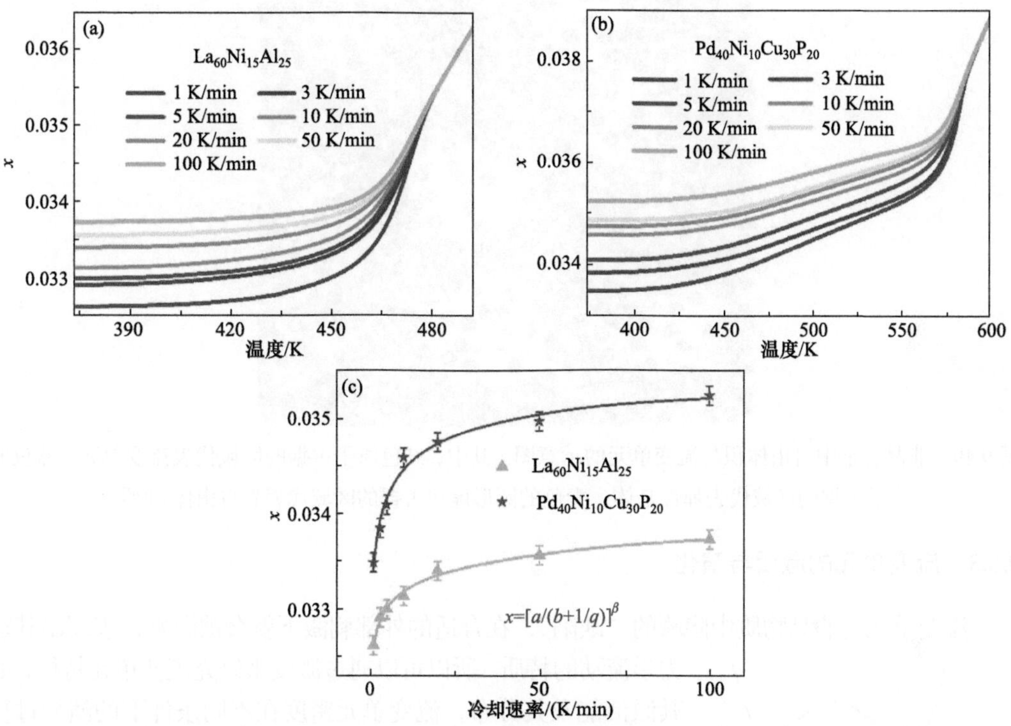

图 9.47　(a)$La_{60}Ni_{15}Al_{25}$ 非晶合金中自由体积浓度 x 随温度的变化趋势。(b)$Pd_{40}Ni_{10}Cu_{30}P_{20}$ 非晶合金中自由体积 x 随温度的变化趋势。(c)$La_{60}Ni_{15}Al_{25}$ 和 $Pd_{40}Ni_{10}Cu_{30}P_{20}$ 非晶合金中自由体积浓度 x 随冷却速率的变化趋势[78]

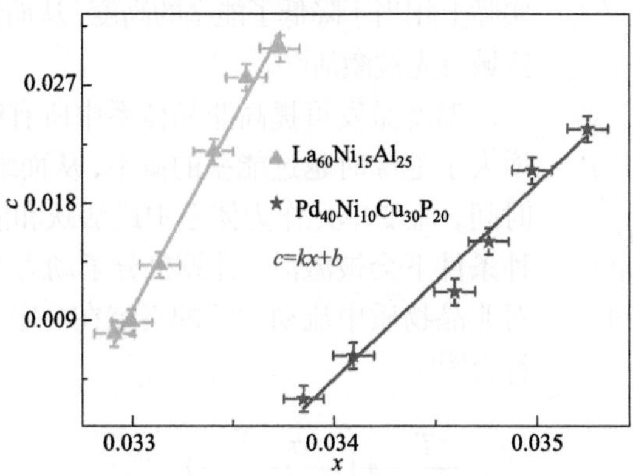

图 9.48　非晶合金 $La_{60}Ni_{15}Al_{25}$ 和 $Pd_{40}Ni_{10}Cu_{30}P_{20}$ 中自由体积浓度 x 与流变单元浓度 c 之间的关系[78]

上面的例子说明非晶物质中的自由体积含量与流变单元的含量存在着线性关系。但两个模型之间存在着本质的差异，如图 9.49 所示。根据自由体积模型，非晶物质中存在着均匀分布的自由体积。然而，非晶物质中的流变单元并不是均匀分布的，并且不同的流变单元之间也存在着能量的差异[9,40]。因此，这说明非晶物质中的自由体积并不是均匀分布的，而是主要分布在流变单元中。

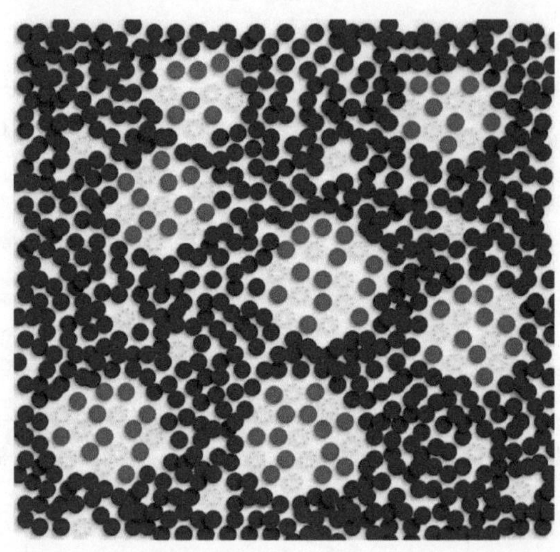

图 9.49 非晶合金中自由体积与流变单元的示意图。其中，红色原子占据的区域代表流变单元，蓝色原子占据的区域代表弹性基体，青色的圆形虚线占据的区域代表着自由体积[78]

9.5.3 流变单元的激活与演化

流变单元是非晶物质中隐藏的“缺陷”，在合适的外部刺激下就会被激发，表现出其动力学流动的特质。所以可以通过激发来研究流变单元特征，如其激活能及其分布，流变单元密度在不同条件下的演变过程等。一般可通过施加外力和温度来激活非晶体系中的流变单元，不过这两种外部刺激所产生的效果不完全相同。采用外力激发，其作用在于使体系中的能垒发生倾斜，如图 9.50 所示，实际上相当于降低了能垒的高度，从而使能量较高的流动单元区域首先被激活[83]。

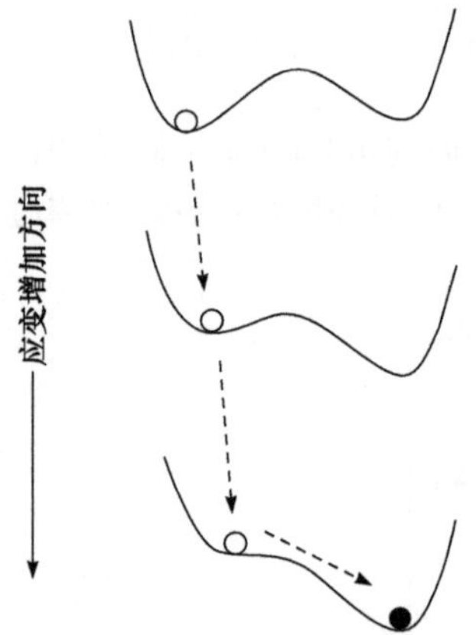

图 9.50 应力下能量地貌图中流变能垒的变化示意图[83]

温度激发可提高非晶体系中所有组成原子的本征能量，增大了弛豫时越过能垒的概率，从而缩短了体系平均的弛豫时间，流变单元作为体系中最活跃和能量最高的区域，在这种条件下会被激活。计算机分子动力学模拟证明，力和温度对非晶物质中流动激活的贡献在一定条件下可以相互转化，符合[84]：

$$\frac{T}{T_0(\eta)}+\left(\frac{\sigma}{\sigma_0(\eta)}\right)^2=1 \tag{9.28}$$

其中 $\dfrac{T}{T_0(\eta)}$ 和 $\dfrac{\sigma}{\sigma_0(\eta)}$ 分别代表归一化后的温度和应力效应。流变单元的激活还可看成是一个类似形核长大的过程，如图 9.51 所示，得到的结果支持力和温度对流变单元进行激活是等效的，并且可以解释屈服和玻璃转变都是一种等效的临界现象[83-84]。

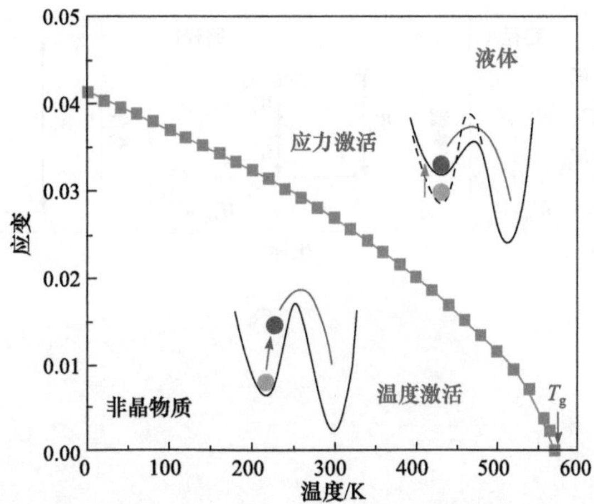

图 9.51　温度或应变导致的非晶物质中的玻璃转变、流变单元激活的相图，插图用能量地貌图表示力和温度导致的玻璃转变的差异[51]

根据流变单元的特征激活能，结合协同剪切模型，可以进而得到流变单元的临界特征体积及所包含的原子数 n 的公式[28]

$$n = \Omega \rho N_0 / (C_f M) \tag{9.29}$$

其中 C_f 是一个跟自由体积有关的常数，Ω 是特征尺寸，ρ 是密度，N_0 是阿伏伽德罗常量，M 是摩尔质量。大部分非晶合金体系中流变单元都由约 200 个原子构成，其特征体积在 2～10 nm^3。这个尺寸与其他方法及理论估算得到的流变单元的大小很接近[86-87]。不同非晶体系中流变单元特征体积与泊松比以及材料性能有关联[28]。

1. 流变单元的激活能

假设流变单元在非晶物质中类似 Eshelby 夹杂(Eshelby's inclusion)问题，其激活需要激活能。如图 9.52 所示，流变单元的激活类似于在切应力 τ 作用下夹杂在非晶物质基底上

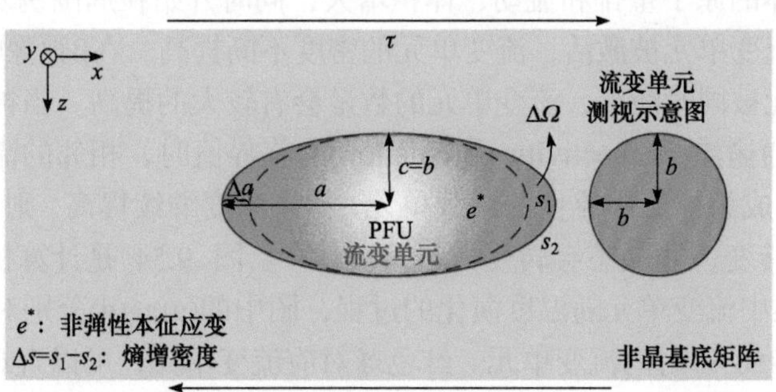

图 9.52　流变单元在非晶物质中类似 Eshelby 夹杂。在 x 方向，在切应力 τ 作用下，发生变形，变形后流变单元熵变为 Δs[88]

的生长。图 9.53 是流变单元激发过程三维的势能图和 3 种不同的激活路径，对应不同的熵增加 W_{en} 和弹性限制能 W_c。当 $W_{en} = W_c$ 时，流变单元的激活能 W_0 最低[88]。根据此假设，可以推出流变单元的激活能，具体步骤可参阅文献[88]。得到的流变单元的激活能为 $W_0 = (10G + K)/11$。这个结果和用弹性模型推出的结果一致。

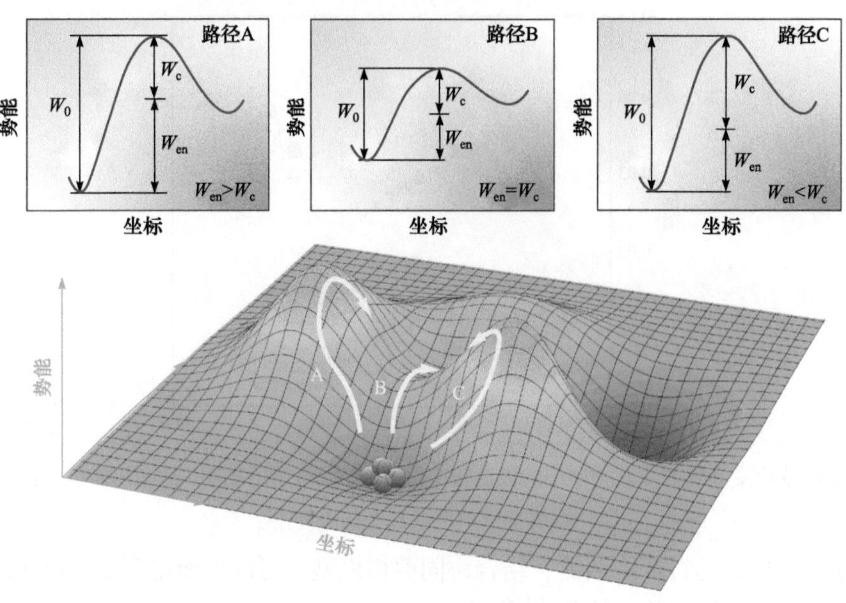

图 9.53 流变单元激发过程三维势能图和 3 种不同的激活路径，对应不同的熵增加 W_{en} 和弹性限制能 W_c。当 $W_{en} = W_c$ 时，流变单元的激活能 W_0 最低[88]

2. 温度条件下流变单元的激活与演变特征

温度可以较均匀地在非晶物质中激活流变单元。非晶体系在温度作用下典型的流变单元数量的演化过程是(图 9.43)：在相对低温区间($T \ll T_g$)，在动力学弛豫谱上只能观察到近乎恒定的损耗(也称 nearly constant loss，NCL)，这种现象在很多非晶物质中普遍存在。这对应于流变单元区域里的部分原子在能量地貌图的能谷做没有能量损耗的来回跳跃[89,90]，这时整个体系中流变单元的密度并不会发生改变。随着温度的升高，流变单元内部开始发生整体的原子重排和流动，体积增大，同时开始在周围诱发新的流变单元，导致不断有新的流变单元被激活，流变单元的密度不断提高。在β弛豫峰值温度 T_β 附近，有大量的流变单元被同时激活，流变单元的数量会有较大的提高。当被激活的流变单元比例达到一个联通逾渗(connectivity percolation)的临界值时，相邻的流变单元开始互相影响、协同作用，成为样品中流变的承载单元，如果温度继续提高，则流变单元会联通、逾渗，发生玻璃转变，非晶态会转变成过冷液体[9]。图 9.54 是计算机模拟的非晶合金 $Cu_{50}Zr_{50}$ 模型体系中流变单元随温度演化的过程，图中的(a)～(d)分别对应温度 200 K，600K，700 K 和 750 K 时的流变单元。红色球对应流变单元，可以直观地看到非晶物质中流变单元的激活、长大和合并的演化过程[91]。

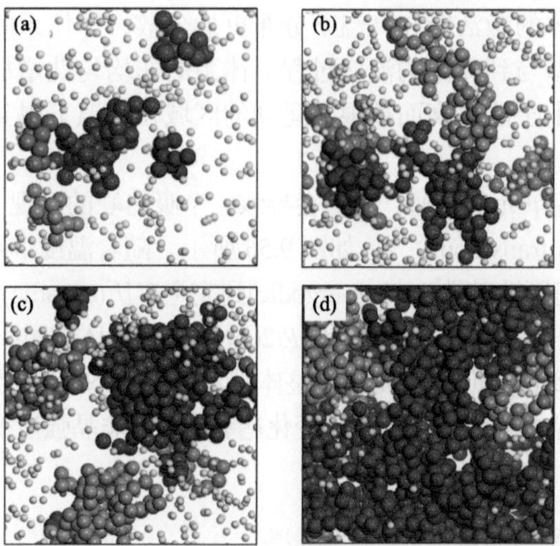

图 9.54　模拟非晶合金中流变单元随温度演化的过程，(a)～(d)分别对应温度 200 K，600 K，700 K 和 750 K。红色球对应流变单元，可以看到流变单元的激活、长大和合并过程[91]

图 9.55 是不同温度下流变单元的激活能分布图谱以及流变单元分布峰半高宽随温度的变化[40]。可以看到随着温度升高，激活能谱半高峰宽逐渐增加，尤其是在β弛豫发生的

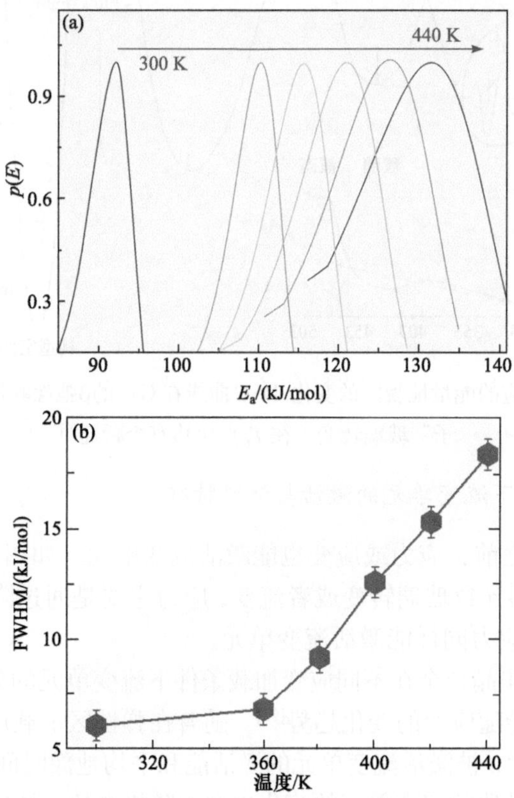

图 9.55　(a)$Pd_{40}Ni_{10}Cu_{30}P_{20}$ 非晶合金在不同温度下流变单元的激活能谱；(b)激活能谱的半高峰宽随温度的变化[40]

范围。这表明流变载体的激活能在高温下分布更加分散，即体系的非均匀性增加，更多不同能量的流变单元参与到高温的流变过程。体系的非均匀性增加是由于高温下类液态区域的扩展，即原先由于能垒高而被限制运动的区域在高温下得到了激活，激活能谱随着β弛豫的启动迅速展宽。

在热力学上，流变单元的联通、逾渗会导致一个吸热峰的出现，通常被称为“影子”玻璃转变(shadow glass transition)[9,92]，如图 9.56 所示。随着温度继续升高到接近玻璃转变点 T_g，体系会经历从遍历性破缺(broken-ergodic)到完全遍历(ergodic)的转变，同时平移自由度的增加也会在热力学上出现一个比热为 $3R/2$(这里 R 是气体常数[93])的吸热台阶，这时非晶物质中流变单元逾渗(rigidity percolation)整体进入液体状态。基于流变单元的模型，可以计算非晶材料的强度等力学参数随温度的变化趋势，解释非晶强度等力学性能在 T_g 附近快速变化的原因[94]。

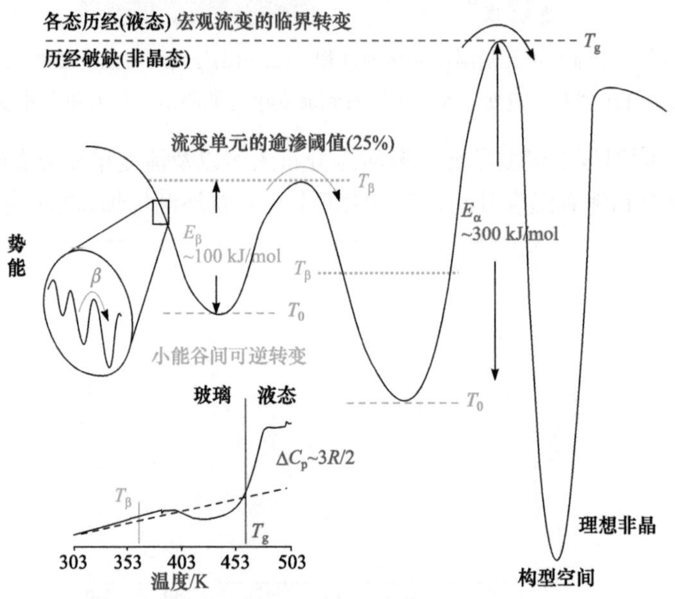

图 9.56　流变单元演化对应的能量地貌图的变化。DSC 曲线在对应的β弛豫峰值温度 $T_β$附近显示一个“影子”玻璃转变。在 T_g 点比热有个跃迁[9]

3. 应力-应变作用下流变单元的激活与演变特征

在非晶材料屈服之前，应力或应变也能激活流变单元。如图 9.57 所示，宏观上，应力等效于温度，能够导致玻璃转变或者流变，应力主要是通过降低流变势垒诱导流变的[84]。因此微观上，应力同样能激活流变单元。

如图 9.58 所示是非晶合金在不同应变加载条件下流变单元的分布、激活能大小分布的半高宽及平均激活能随应变的变化趋势[95]。随着在弹性区加载应变的增加，越来越多的流变单元逐渐被激活，被激活流变单元的激活能和平均弛豫时间越来越大。可以看出，类似温度激活，应变导致的流变单元的演化也存在随机激活、协同运动以及逾渗三个阶段[95]。图 9.59 是计算机模拟非晶物质在应变(从(a)～(d)应变分别为 1%，5%，8%和 15%)

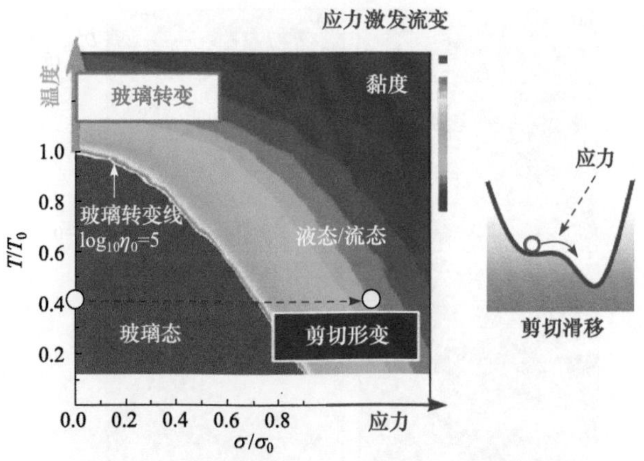

图 9.57　宏观上，应力等效于温度，能够导致玻璃转变或者流变[84]

或应力作用下，流变单元激活、演化到逾渗的过程[96]。图中红色小球代表流变单元中的原子，其动力学时间快。可以直观地看到随着应变的增加，流变单元激活、演化最后连接在一起形成宏观局域流变的过程。

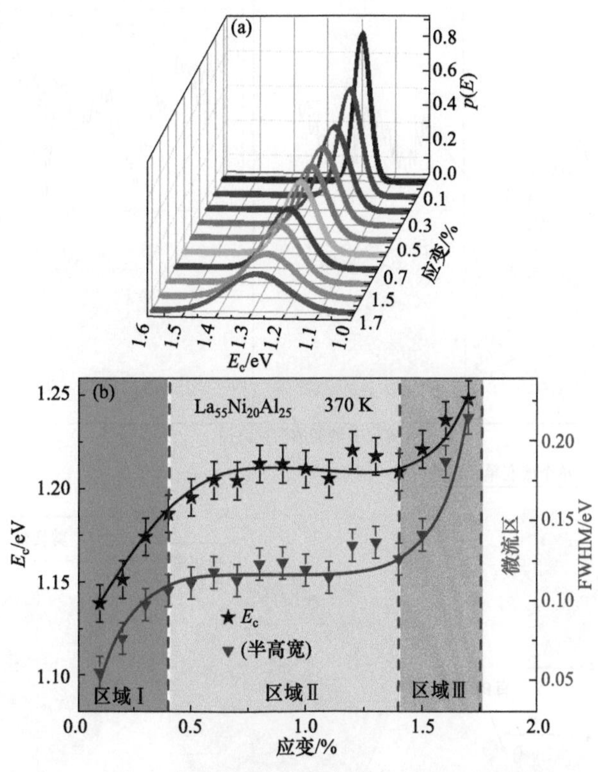

图 9.58　$La_{55}Ni_{20}Al_{25}$非晶合金中流变单元的激活能分布随应变的演化规律(a)；平均弛豫时间随应变变化的演化规律(b)[95]

图 9.60(a)是从能量地貌图的角度给出非晶物质在屈服之前的弹性区的缓慢流动图像与流变单元的关系。在随机激活阶段，非晶物质中势垒比较低，原子排列比较疏松，能

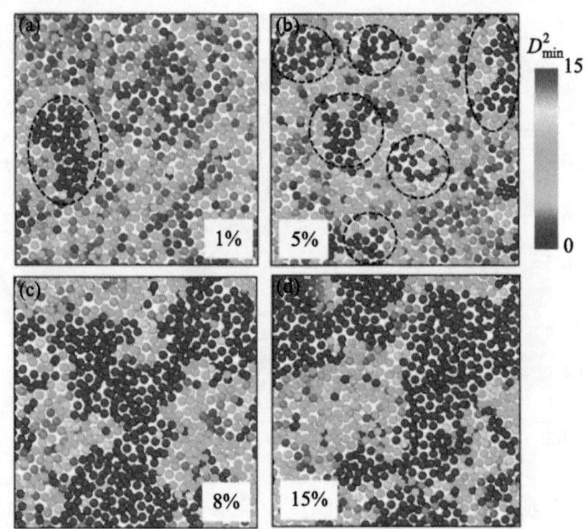

图 9.59　计算机模拟非晶物质在应变(从(a)～(d)应变分别为 1%，5%，8%和 15%)或应力作用下，流变单元激活、演化到逾渗的过程(图中红色小球代表流变单元中的原子，其动力学时间快)[96]

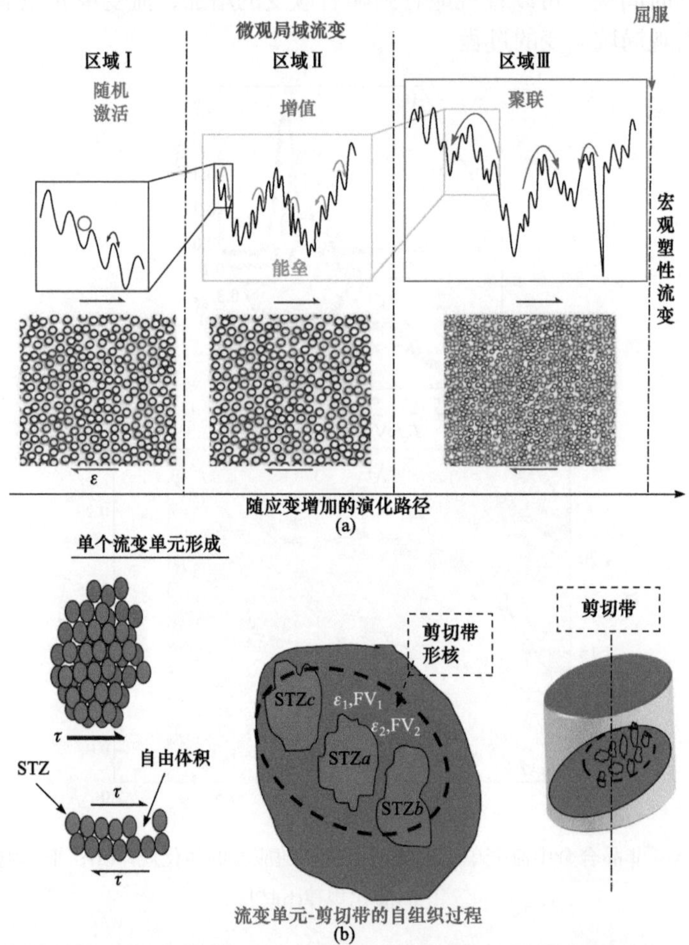

图 9.60　(a)从能量地形图角度描述随着施加应变的增加，非晶物质中流变单元及局域流变到塑性流变的转变过程的示意图[95]；(b)流变单元到剪切带的演化过程示意图

量比较高，活动能力比较强的区域的流变单元最先被随机激活，这些流变单元是可逆的，对应于能量地形图中能量差异非常小的势阱之间的可逆跳跃。随着更多的流变单元被激活，相互临近的流变单元之间开始协同运动，对应于能量地形图中能量差异比较大的势阱之间的可逆跳跃。随着这些流变单元的进一步增多，这些被激活的流变单元开始相互作用、贯通，连接为一个整体。从而导致宏观局域流动，也即是开始产生剪切带、发生永久塑性变形[9.60(b)]。这一阶段中流变单元的贯通对应于能量势垒图中能量差异非常大的势阱之间的不可逆跳跃。

图 9.61 是用能垒图对比总结温度和力造成流变单元激活过程的异同。温度和应力在激活流变单元方面是等价的，其激活过程也类似。不同点在于应力激活具有方向性，应力主要是通过降低能垒来实现流变的，导致的流变是屈服和局域的塑性流变；而温度的激活没有方向性，主要通过提高粒子的能量来实现流变，导致的流变是固态到液态的玻璃转变。

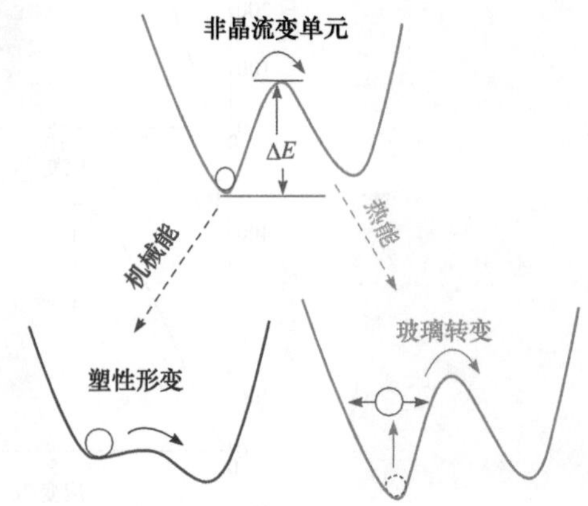

图 9.61　用能垒图对比总结温度和力造成流变单元激活过程的异同(管鹏飞等提供)

4. 流变单元在不同应变速率下的激活与演变特征

非晶物质在某一温度、不同的应变速率下也会表现出不同的流变、力学行为。在非常慢的加载速率下，脆性的非晶材料甚至也能表现出很大的塑性和流变[97-99]。如图 9.62 所示，力学行为和应变速率(时间)的关系与流变单元的激活有关，非晶材料总的应力弛豫行为可以表示为

$$\Delta\sigma(t)=\int_0^{\infty} p(E)\theta(E,T,t)\mathrm{d}E \tag{9.30}$$

式中 $p(E)$表示激活能为 E 的流变单元在非晶物质中所占的比例，$\Delta\sigma(t)=\sigma_0-\sigma(t)$表示非晶物质的应力衰减，$\theta(E,T,t)=1-\exp(-t/\tau)=1-\exp[-\nu_0 t\exp(E/kT)]$，其中$\nu_0$是德拜频率，约为 $10^{-13}\ \mathrm{s}^{-1}$。假设在恒温应力弛豫的过程中，只有激活时间 τ 小于观察时间 t 的流变单元能够被激活，而激活时间 τ 大于观察时间 t 的流变单元不能被激活。这样可以得到对于特定的激活能 E 的流变单元所占比例：

$$p(E)=-\frac{1}{kT}\frac{\mathrm{d}\sigma(t)}{\mathrm{d}\ln t} \tag{9.31}$$

式中 k 为玻尔兹曼常量。根据这一公式可以根据测量得到的应力弛豫谱计算出非晶材料中流变单元的激活能分布，即激活能谱。图 9.63 中(c)和(d)即为从应力弛豫实验曲线(a)和(b)中计算得出的激活能谱。图中激活能谱是按照总面积为 1 约化的，非晶材料越均匀，激活能的分布越集中，则激活能谱的峰值也就越高。峰的位置则代表非晶物质中激活能最集中的位置，峰值位置处的激活能越大，代表平均激活能越大，流变单元越难以被激活。图 9.63(c)展示出了流动变形过程中的应变速率对非晶变形后激活能的影响。应变速率越快，流动变形后材料中的平均激活能越低。图 9.63(d)对比温度对流动变形后激活能的影响，温度越高，变形后的非晶材料的激活能分布越均匀，其平均激活能也越高。应变速率和温度对非晶物质中流变单元的激活有类似的趋势[96-98]。

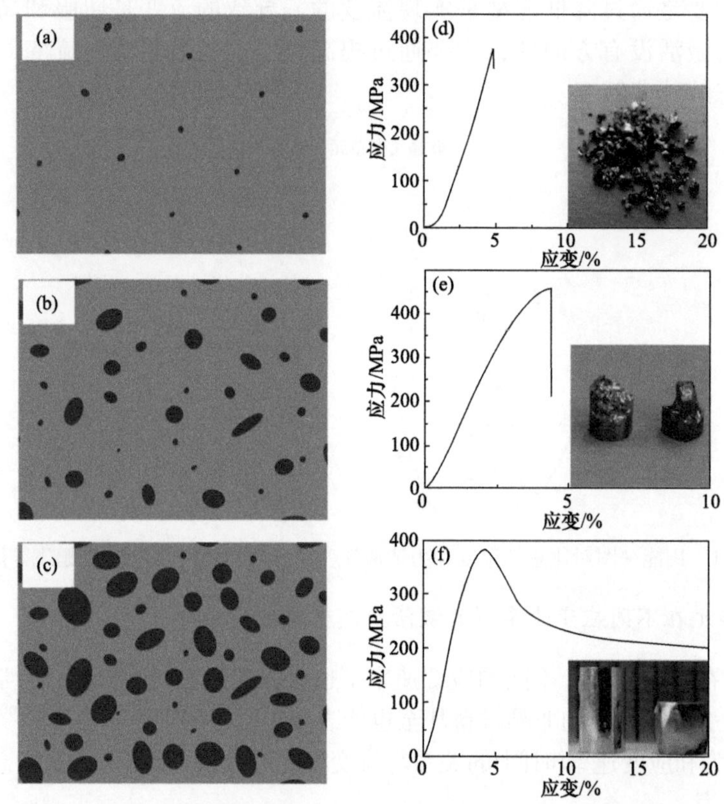

图 9.62 Sr 基非晶合金的宏观流变(即塑性行为)随应变速率的变化：从完全脆性到均匀流变行为[97]

为了更形象地展示非晶物质的不均匀性对其流变单元的影响，温度和应变激活的异同，图 9.64 的激活能谱被平均分成面积相等的五部分，如图中间插图所示。从 1 到 5 的五个区域用从红到蓝的五种颜色表示，分别对应于非晶材料中激活能最低，较低，中间，较高，最高的 20%的区域，其中红色点的激活能最低。对比可进一步看出应变速率和温度对非晶物质中流变单元的激活过程的类似性[97-99]。

在应力-应变曲线上，总应力由非晶基底和流变单元两部分贡献，符合

$$\sigma = (1-c)\sigma_{\mathrm{e}} + c\sigma_{\mathrm{f}} \tag{9.32}$$

其中，c 代表流变单元的密度，$\sigma_e = \varepsilon E_1$ 是理想非晶对应力的贡献部分[如图 9.65(a)所示蓝色实线]，$\sigma_f = \sigma_s[1-\exp(-\varepsilon E_2 / \sigma_s)]$ 是流变单元对应力的贡献部分[如图 9.65(a)所示红色实线][97-98]。

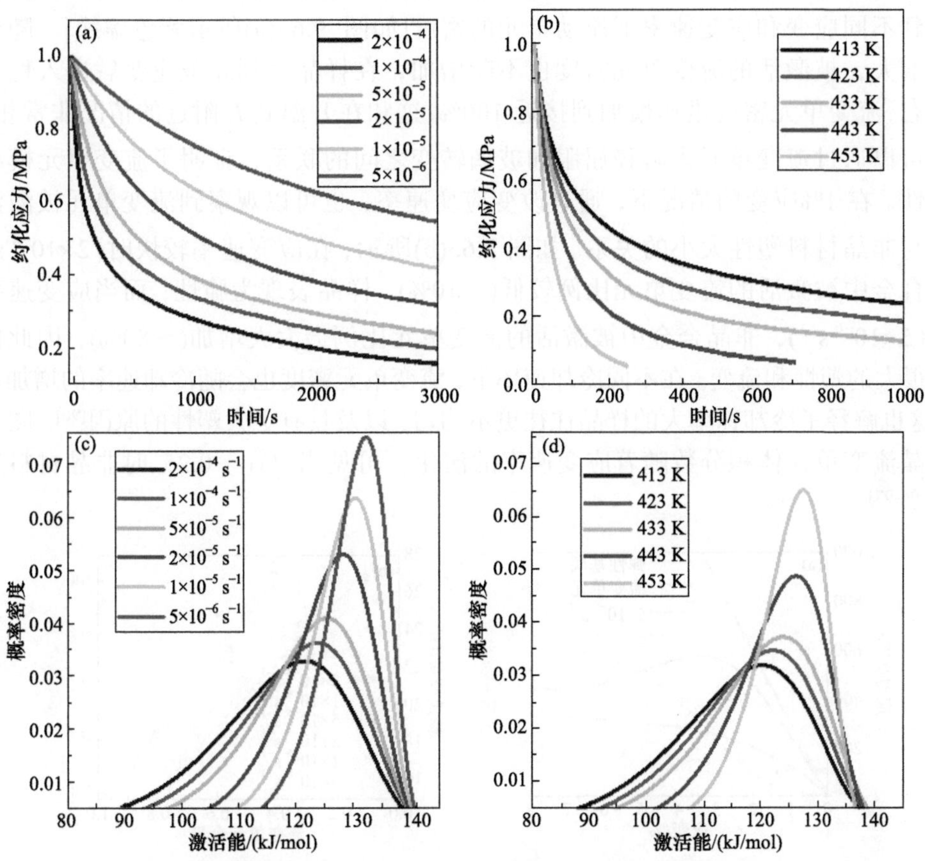

图 9.63　非晶合金在应变速率和温度作用下弛豫行为及其激活能谱的对比图。(a), (b)：弛豫过程中的约化应力曲线；(c), (d)：图(a)和(b)中的弛豫行为的激活能谱[97-98]

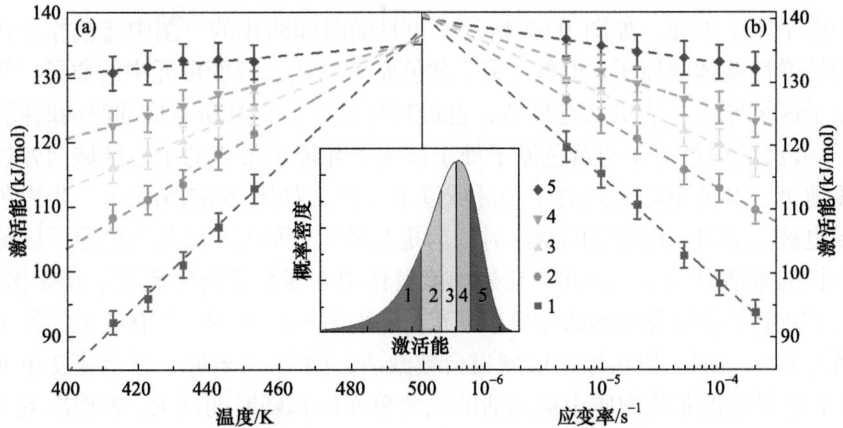

图 9.64　在温度和应变导致的流动变形后非晶合金材料中的五个不同区域的激活能。如插图所示，这些区域是按照激活能从小到大将激活能谱平均分成的五个区域[97-98]

流动单元的密度在不同的应变速率下符合如下关系[98]：

$$\mathrm{d}c / \mathrm{d}t = -k(c - c(0))(c - c(\infty)) \tag{9.33}$$

$c(0)$和$c(\infty)$分别是起始和终止时的流变单元密度。用方程(9.32)和(9.33)拟合实验曲线得到不同应变和应变速率下流动单元的密度[如图 9.65(a)所示紫色虚线]。随着应变的增大，被激活的流变单元密度也不断增加，在样品达到屈服应变后进入稳定流动状态，流变单元密度迅速增加到接近 100%，这和在升温到T_g附近的情况非常相似，说明可以通过流变单元来解释屈服和玻璃转变之间的联系，证明了流变单元模型的有效性。在 1%应变的情况下，通过改变应变速率，也可以观察到流变单元被激活的比例与非晶材料塑性大小的关系。如图 9.65(b)所示，在应变速率较快时($2\times10^{-4}\ \mathrm{s}^{-1}$)，非晶合金中被激活的流变单元比例较低(～10%)，样品表现为脆性；而当应变速率较慢时($5\times10^{-6}\ \mathrm{s}^{-1}$)，非晶合金中被激活的流变单元比例会大大增加(～80%)，因此样品具有很大的塑性和流变。在不同冷却速率下，流变单元密度也会随冷却速率的增加而增大，这也解释了冷却速率大的样品往往更不均匀，以及具有更大塑性的原因[96]。图 9.66 是非晶流变单元体积分数随着应变速率的演化，可见当 F_{FU}～0.25 时非晶材料发生屈服[96-97]。

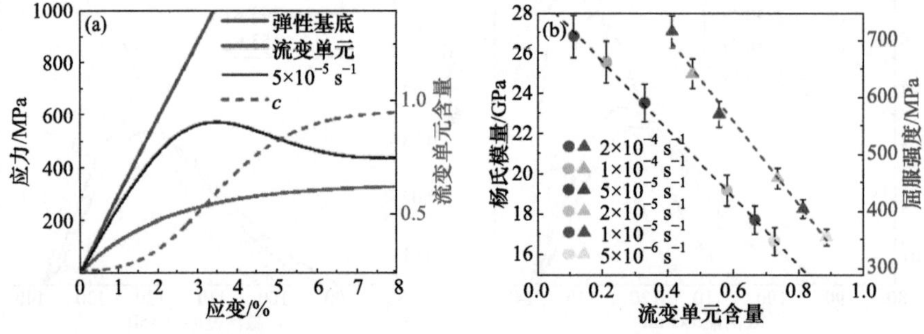

图 9.65 (a)不同应变下流变单元密度的演变；(b)不同应变速率下杨氏模量、屈服强度和流变单元密度的关系[98]

对于单个流变单元，如图 9.67 所示，也是随时间演化的。图中蓝色原子代表流变单元周围的弹性基体的原子，而红、橙、黄色原子则代表流变单元中的原子。其中中心的红色原子区域原子的能量状态最高，也最容易被激活，其所对应的激活时间 τ_1 也最短；而较靠外层的橙色原子与黄色原子处于流变单元能量最高的中心区域向弹性基体扩展的连接地带，其能量随着远离中心区域逐渐下降，如图 9.67(b)所示。当橙色原子所在的区域也被激活时，其对应的激活时间为更长的 τ_2，而更外层的黄色原子区域被激活则需要更长的激活时间 τ_3。因此，在外加能量作用下观察系统中流变单元变化的时候，观察时间 t 决定了能够观察到的流变单元尺寸：当 $\tau_1 < t < \tau_2$ 时，只有红色的原子区域被激活；当 $\tau_2 < t < \tau_3$ 时，橙色原子区域也会被激活；而当 $t > \tau_3$ 时，整个流变单元都会被激活。这个过程使得非晶物质中被激活的流变单元体积随时间增大，表现出流变单元的时间相关性。

流变单元随时间的演化导致了非晶材料的时间相关性。对于非晶材料，在短时间尺度下只有很少的流变单元被激活，从而使非晶物质表现出类固体的性质；而长时间尺度下激活的流变单元尺寸和数量都随之增加，从而使非晶物质表现出类液体的性质。非晶物质在发生从类固体性质到类液体性质转变的行为，如玻璃转变、剪切形变、屈服等时，会伴随有应力、温度或时间的增加。图 9.68 描述了非晶材料随着观察时间或外加能量的增加，其内部被激活的流变单元也越来越多，从而使该材料表现出由类固体性质向类液体性质转变的过程。图中的外加能量如果是温度，则这一转变过程表示在热学上的玻璃转变行为，图中黑色曲线即代表不同观察时间下玻璃转变温度的变化。如果图中的外加能量是应力，则这一转变过程表示非晶材料在力学上的屈服过程，图中黑色曲线即代表在不同观察时间(不同应变速率)下非晶的屈服应力的变化。

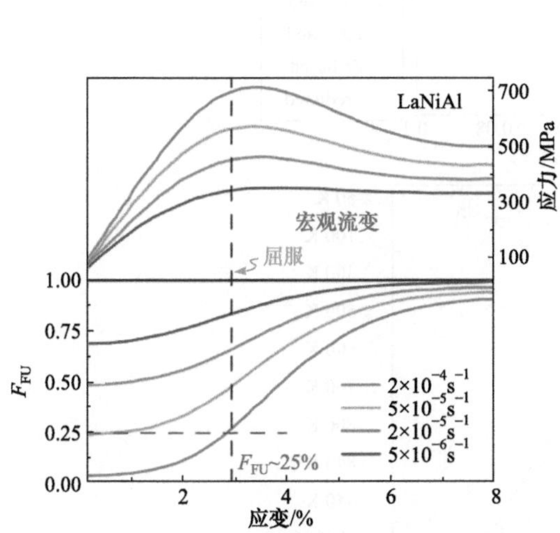

图 9.66 流变单元体积分数 F_{FU} 随着应变的演化，当 F_{FU}～0.25 时非晶材料发生屈服[97-98]

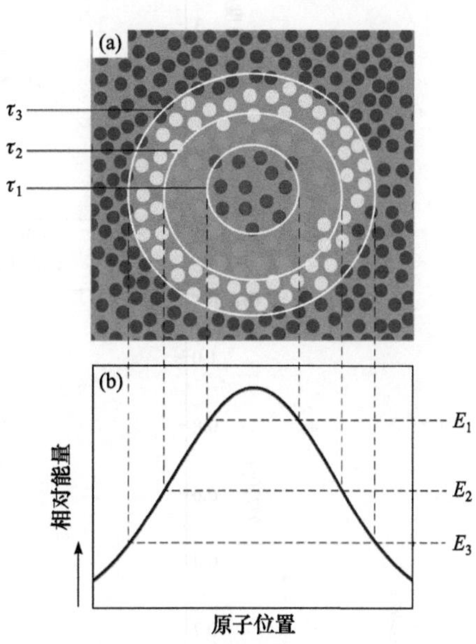

图 9.67 (a)非晶物质中流变单元示意图；(b)流变单元中原子的能量分布[97]

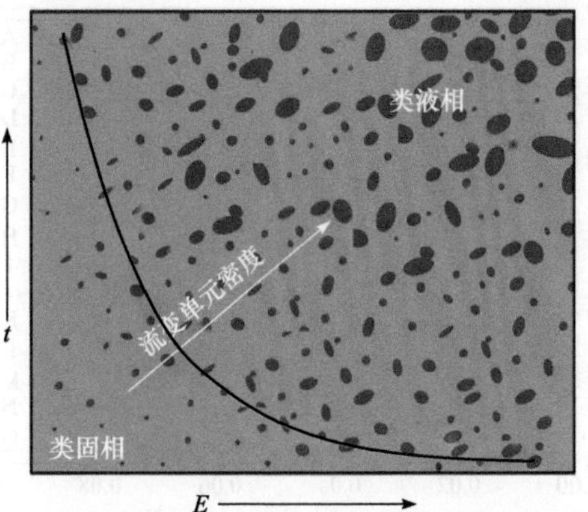

图 9.68 描述非晶中流动单元、激活时间和外加能量关系的示意图。背景展示了非晶材料中被激活的流变单元体积分数变化，箭头指示时间或能量增加的方向，黑色曲线是非晶由类固体性质向类液体性质转变的分界线[98]

5. 温度-应力-时间(应变速率)激发流变单元的等效性

通过总结分析大量不同非晶体系的研究数据，发现非晶物质的屈服和玻璃转变温度存在着重要联系，如图 9.69 所示[100-103]。室温下的屈服强度是由体系的玻璃转变温度和摩尔体积共同决定的，非晶物质最终发生塑性流动以及力学失效是由于剪切导致的玻璃

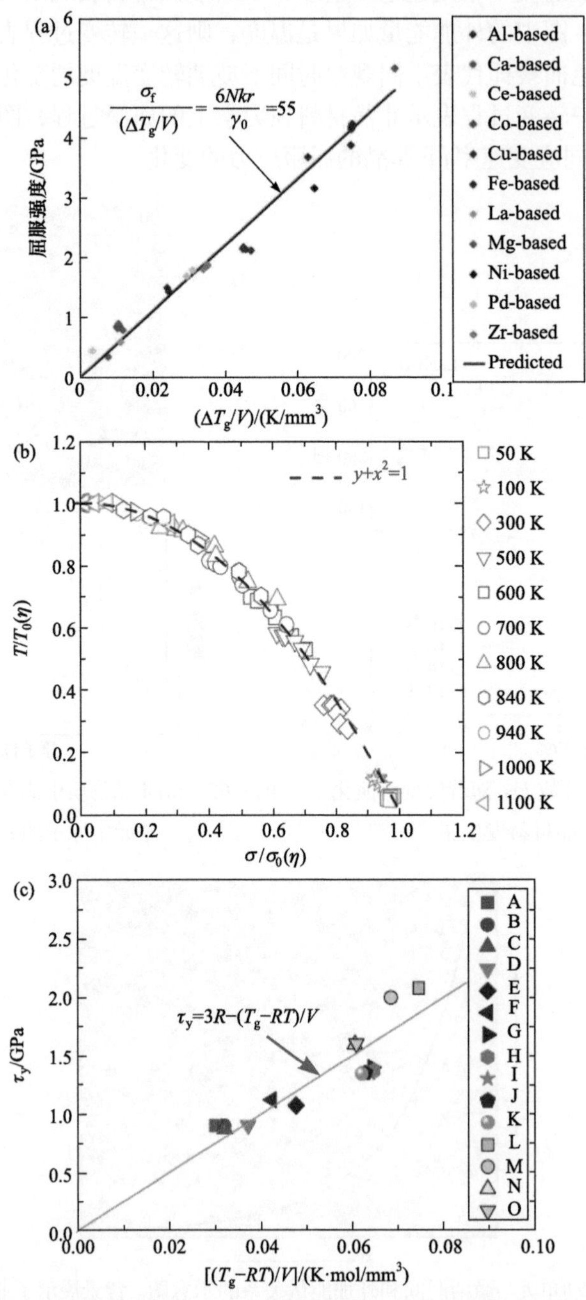

图 9.69 (a)多种非晶合金体系的屈服强度(strength)和玻璃转变 T_g 及摩尔体积 V 之间的关系[100]；(b)非晶归一化的屈服强度(σ/σ_0)和温度之间的关系[84]；(c)剪切屈服强度 τ_y 和玻璃转变温度 T_g 之间的关系[102]

转变，玻璃转变温度和屈服强度之间存在着定量关系，非晶的力学性质和热学量有密切的联系，可以给出一个统一的公式，根据玻璃转变温度和其摩尔体积来预测非晶体系的屈服强度，也可根据屈服强度来预测其玻璃转变温度[84,100-103]。

在非晶体系中，应变可以加速弛豫动力学行为，并且在不同弛豫模式下，应变加速行为不同。其应变、温度和阻塞(jamming)的相图如图 9.70 所示。当体系处于动态加载的情况(dynamical mode)下，应变加速行为主要体现在高温段。也就是应变会有效加速高温非阻塞(unjamming)过程，即流变单元大量产生过程，但是对低温弛豫过程的影响几乎可以忽略不计。然而在准静态加载过程中(quasi-static mode)，应变可以大大加速低温流变单元的激发过程，但是随着温度升高，体系流变单元激活过程逐渐被温度主导。

总之，应变、温度和应变速率(时间)对非晶物质流变单元的激发具有等效作用，也能共同激发流变单元和非晶物质的流变。应变激发具有方向性，被激发的流变单元主要沿应力集中的方向；温度可以比较均匀地在非晶物质中激发流变单元。

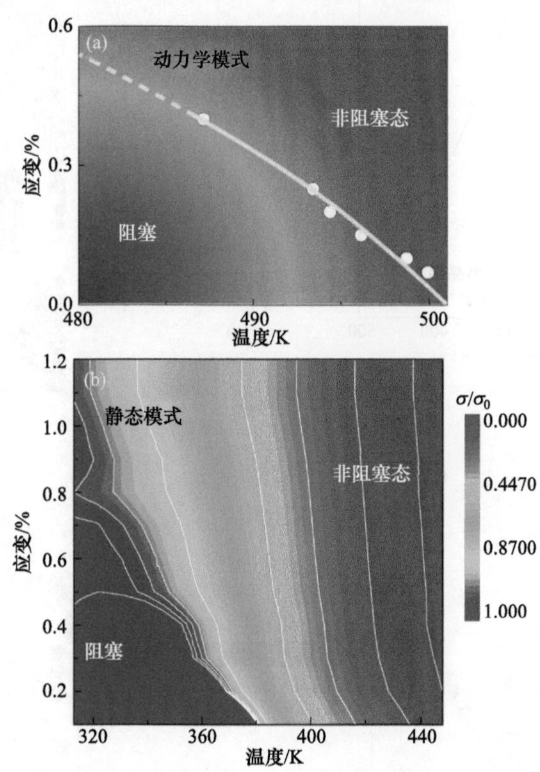

图 9.70　非晶体系中应变、温度和应力加载模式(图中白线为等应力线)对流变、流变单元、阻塞的影响[100]。(a)动态模式下；(b)准静态模式下

9.6　流变单元与动力学及性能的关联性

流变单元是描述非晶物质非均匀性的模型，非均匀性是非晶物质的本征特性，因此，流变单元与非晶物质的动力学、局域弛豫、特征和物理、化学和力学性能密切关联。

9.6.1 流变单元与动力学的关联

1. 流变单元和次级弛豫的关系

流变单元和次级的局域β弛豫的关系前几章有论述。流变单元是β弛豫及其他次级局域弛豫的结构起源。如图 9.71 所示，流变单元相当于晶体中的晶界，β弛豫相当于多晶体的内耗峰，都是反映固体材料中的“缺陷”。内耗峰对应于晶体中的晶界[104]，同样非晶物质中流变单元对应β弛豫等局域弛豫(包括快β弛豫)。β弛豫是流变单元的动力学行为的表现，非晶物质中流变单元可以通过动力学β弛豫以及其他快弛豫模式来表征、调控。

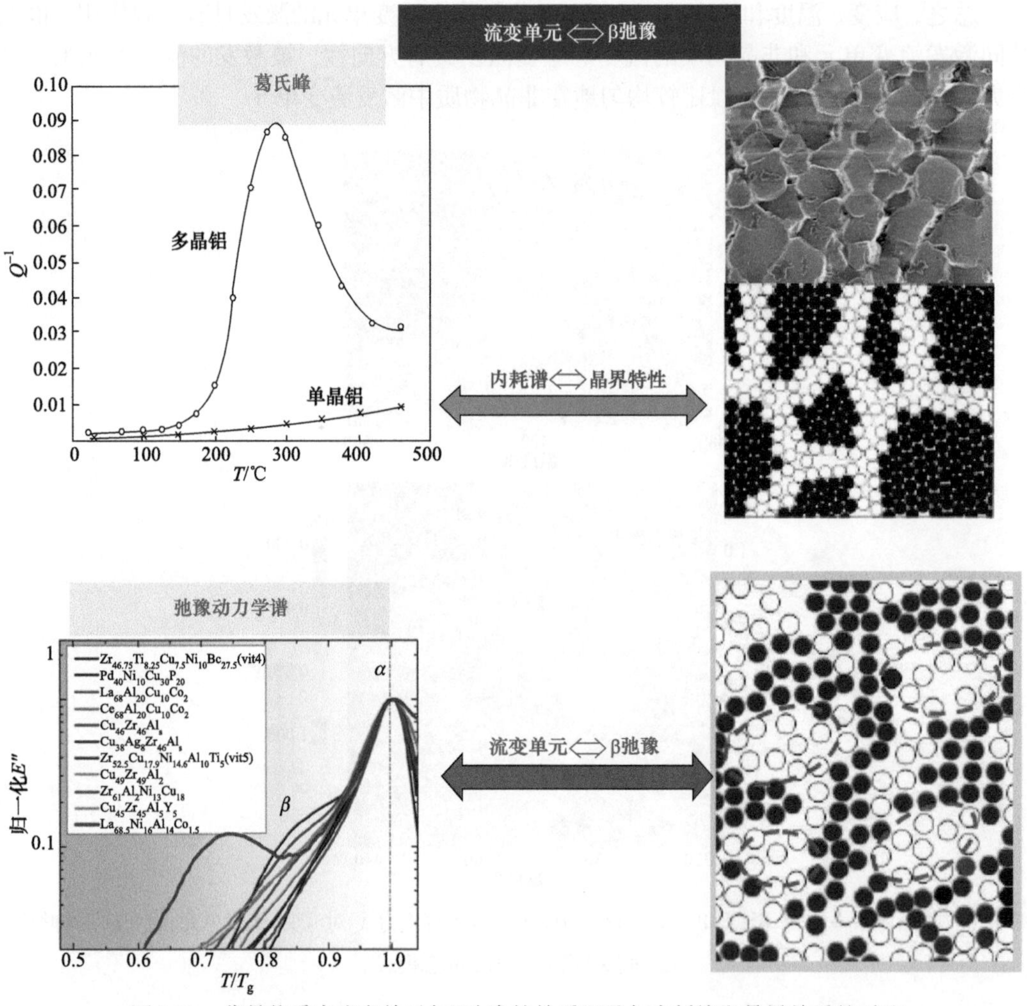

图 9.71 非晶物质中流变单元与β弛豫的关系以及与内耗峰和晶界关系的对比

2. 流变单元和玻色峰的关系

玻色峰(Boson peak)的机制虽然有很大的争议，但是普遍接受的观点认为，玻色峰和非晶物质的结构非均匀性有关。实验结果证明，在非晶物质中，流变单元会随着流变单元密度的变化而变化，说明玻色峰很可能也是由流变单元中的原子振动所贡献的[105]。

图 9.72 是 Vit105 非晶体系(成分 $Zr_{52.5}Ti_5Cu_{17.9}Ni_{14.6}Al_{10}$)玻色峰随该体系制备条件和热处理条件的变化。冷速 R_c 不同的铸态(2 mm 和 5 mm 直径的铸态 R_c 不同)，5 mm 直径的在 600 K 退火 15 min、1 h、8 h 和 32 h 情况下，非晶 Vit105 的流变单元含量逐渐降低[105]。可以看出流变单元含量不同的非晶合金的玻色峰$(C_p-\gamma T)/T^3$ 在半对数坐标系中的变化。比热玻色峰的最大值$[(C_p-\gamma T)/T^3]_{max}$ 和峰值位置 T_{max} 随着流变单元数目的降低而降低。对于冷速 R_c 更小的铸态和退火时间更长的 5 mm 直径的 Vit105 非晶合金，玻色比热峰的强度更低，峰位向着温度更高的地方移动。

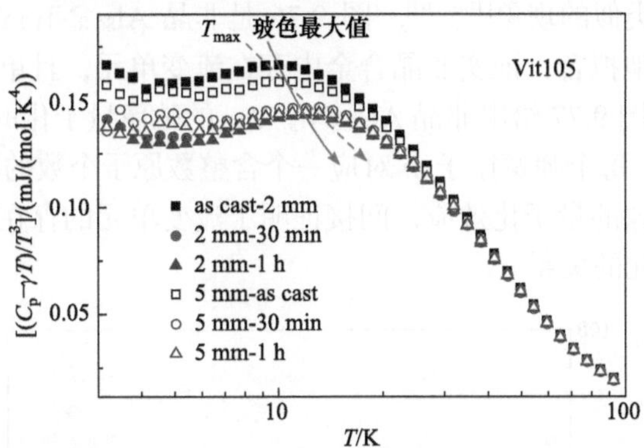

图 9.72 流变单元含量不同的 Vit105 非晶合金的玻色峰$(C_p-\gamma T)/T^3$ 在半对数坐标系中的变化[105]

可以用过剩爱因斯坦振动模来拟合 Vit105 的玻色比热峰。如图 9.73 所示，流变单元多的样品有更多的低频过剩振动模数 N。流变单元的减少使得过剩振动模的平均能量增

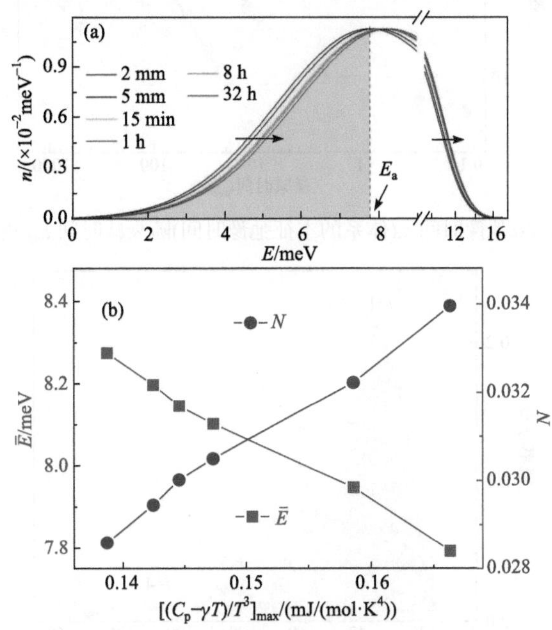

图 9.73 (a)不同的流变单元含量的 Vit105 的过剩模的振动态密度 n；(b)不同的流变单元的 Vit105 的过剩振动模$[(C_p-\gamma T)/T^3]_{max}$ 的平均能量 $\bar{E}$ 和能量低于 E_a(7.793 meV)的过剩振动模的数目 N[105]

加，玻色比热峰强度降低。即流变单元的变化可以敏感地用玻色峰的变化来反映，二者有密切的关联关系。

3. 流变单元的量子化效应

根据非晶物质和非晶形成液体的弛豫实验和模拟研究发现[106-110]，非晶物质衰减模式，流变事件对应的流变单元大小是量子化的。如图 9.74 所示，典型 CuZr 液体α弛豫时间τ_α(体系的本征弛豫时间)随衰减时间的变化不是连续的[106]，其弛豫过程涉及很多不同大小的团簇(图 9.75)，且这些团簇的大小或者说原子的个数是量子化的。在非晶态合金结构弛豫过程中观察到类似的现象[106-110]。图 9.76 是非晶 $Al_{86.8}Ni_{3.7}Y_{9.5}$ 的弛豫谱，可以用分立的弛豫模式很好地拟合，证实非晶合金中存在流变单元，且单元的尺寸或者原子个数是量子化的[106]。如图 9.77 给出非晶 $Al_{86.8}Ni_{3.7}Y_{9.5}$ 的弛豫量子化的流变行为，可以用量子化的弹簧振子描述，每个弹簧振子 m 对应一个含整数原子个数的流变单元[107]。非晶物质及其形成液体的弛豫的量子化效应，间接证明了流变单元的存在，以及动力学弛豫或者流变行为和流变单元的关系。

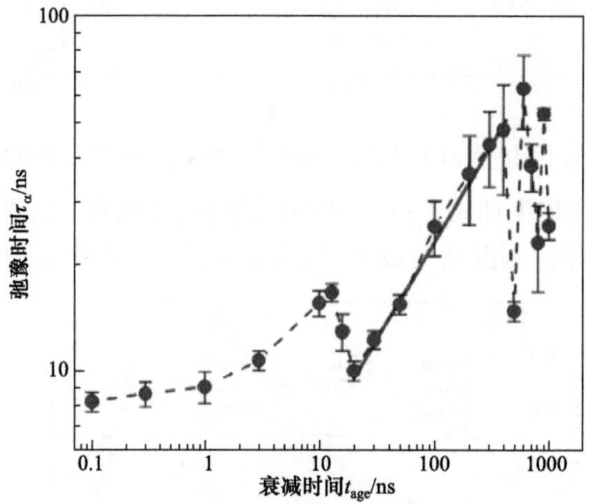

图 9.74　CuZr 液体α弛豫时间τ_α(体系的本征弛豫时间)随衰减时间 t_{age} 的不连续变化[106]

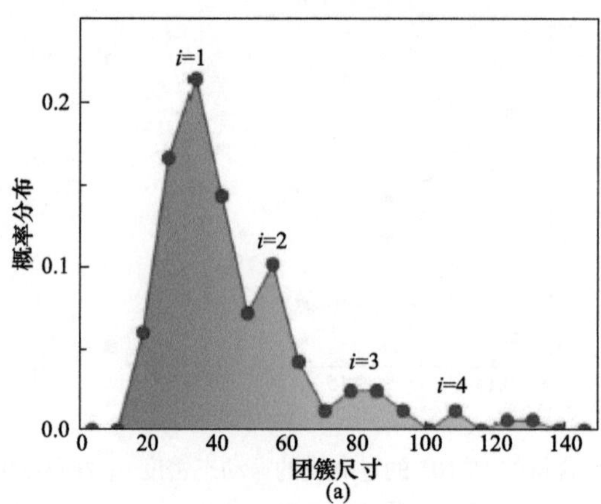

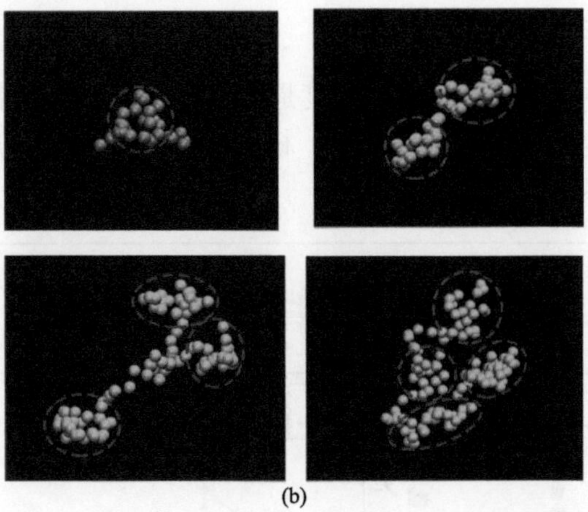

图 9.75　(a)CuZr 液体衰减中不同的动力学模式对应的团簇大小；(b)图(a)4 种模式对应团簇的形状[106]

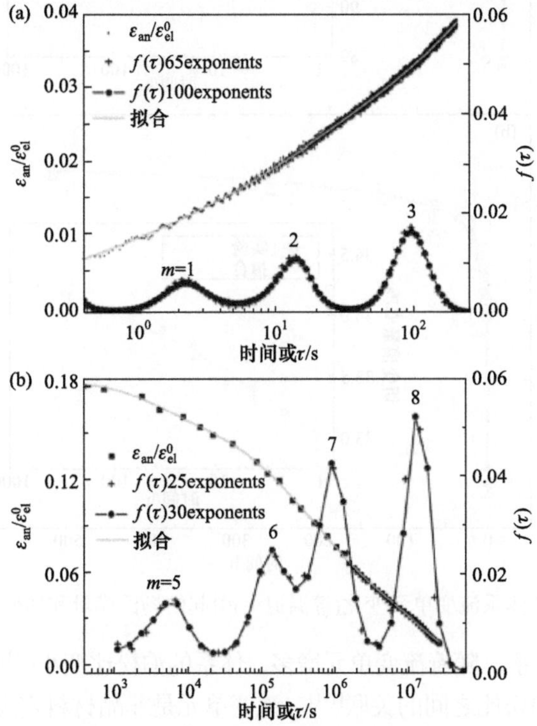

图 9.76　非晶 $Al_{86.8}Ni_{3.7}Y_{9.5}$ 的弛豫谱可以用分立的弛豫模式很好地拟合，说明非晶合金中存在的流变单元的尺寸或者原子个数是量子化的[107]

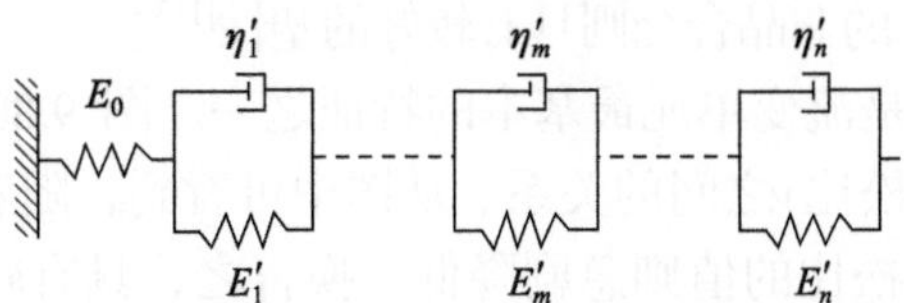

图 9.77　非晶 $Al_{86.8}Ni_{3.7}Y_{9.5}$ 的弛豫流变行为可以用量子化的弹簧振子描述，每个弹簧振子 m 对应一个含整数原子个数的流变单元[107]

9.6.2 流变单元和弹性模量的关联

非晶物质中流变单元和弹性模量及密度是关联的。图 9.78 是非晶 Vit105 退火后杨氏模量和切变模量随流变单元湮灭的变化[56]。杨氏模量和切变模量随着流变单元的湮灭会增加，呈单调增加关系。

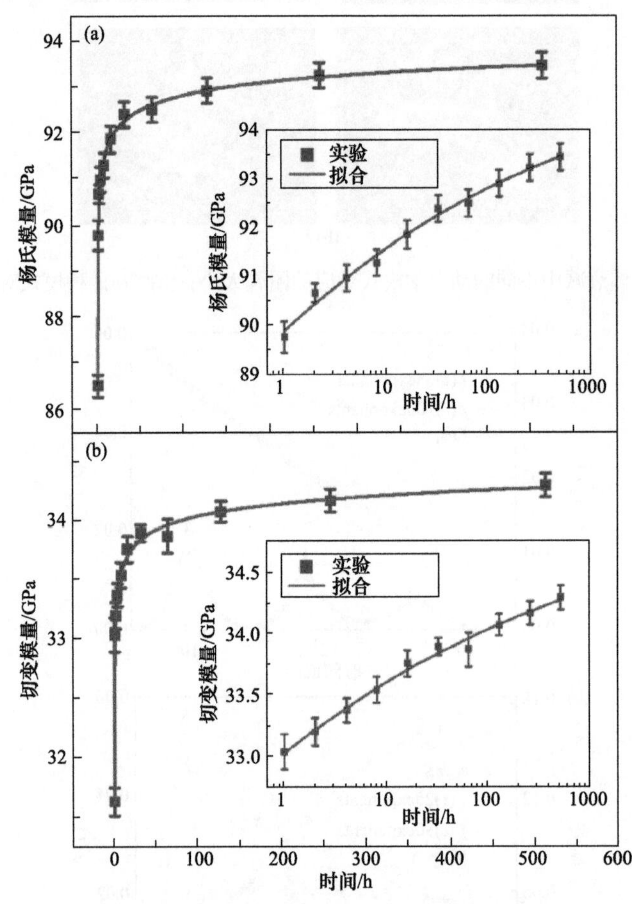

图 9.78 Vit105 体系流变单元变化(等温退火)引起的杨氏模量和切变模量的变化[56]

至少在非晶合金体系，随着流变单元增多，体系的泊松比变小[111]。如图 9.79 所示是流变单元的相对密度和泊松比之间的关联[111]。流变单元是非晶材料宏观塑性以及力学行为演化的基本微观起源，非晶材料的塑性可以由其泊松比的值定量反映，其塑性和泊松比之间存在一个临界值$\nu = 0.34$，这个临界值将非晶合金分为塑性和脆性两类：$\nu < 0.34$ 的非晶合金表现出脆性行为，而$\nu \geqslant 0.34$ 的非晶合金则具有较好的塑性[112]。

流变单元的体积Ω也是流变单元最基本的特征之一。图 9.80 是不同非晶合金体系微观流变单元的体积Ω和泊松比ν之间的关系。从图中可看到，随着非晶物质中流变单元体积Ω的增加，其相应的泊松比的值则急剧降低。换言之，具有较小流变单元体积的非晶合金(如 Pd 基、Zr 基和 Cu 基非晶)，它们表现出良好的塑性行为；而另一些如稀土基的非晶合金，它们的流变单元的体积较大，其宏观力学行为较脆[85]。

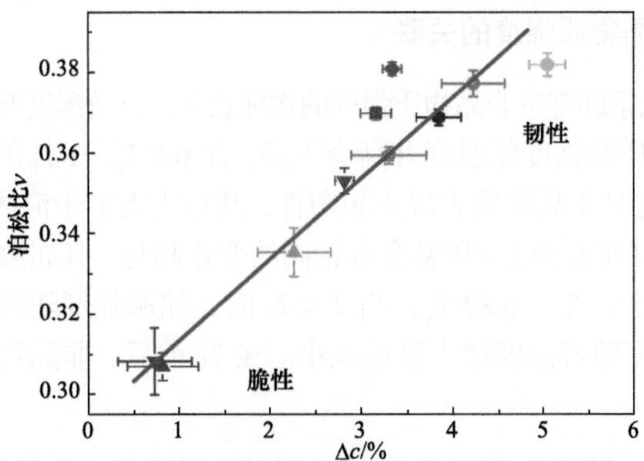

图 9.79　典型非晶合金体系流变单元相对密度Δc 和泊松比ν的关联关系[111]

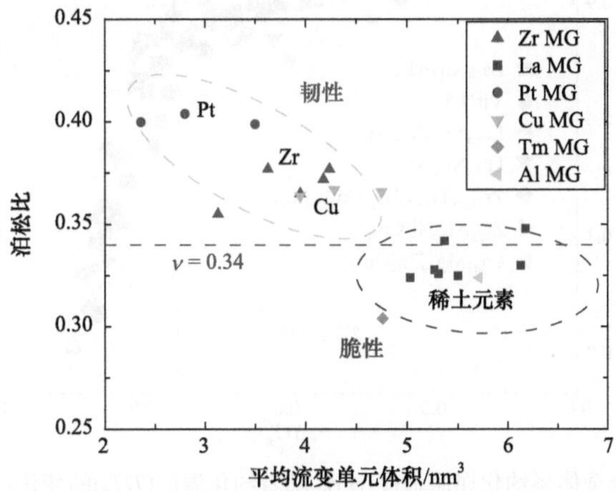

图 9.80　不同非晶合金流变单元体积和泊松比的关系图[85]

非晶物质的流变单元和密度变化有密切关系。图 9.81 是非晶合金流变单元随密度的变化关系。对于同一非晶体系，密度增加，流变单元减少；密度减小，流变单元增多[58]。

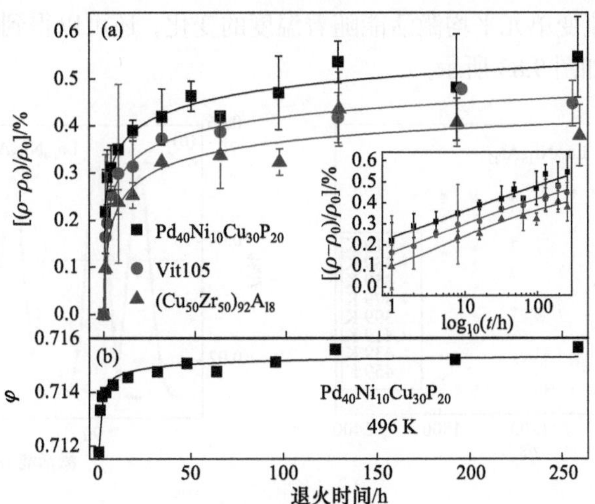

图 9.81　非晶合金流变单元随密度的变化关系[58]

9.6.3 流变单元和非晶物质强度的关联

流变单元模型可以帮助理解非晶物质强度的物理意义，以及温度对强度的影响[94,113]。如图 9.82 所示，非晶物质的强度随温度升高会下降，在 0.8 T_g～1 T_g 的温区，其屈服强度迅速减小并接近于 0，这时非晶物质表现为超塑性，其行为类似于流体。可以看到，对于不同体系的非晶合金，其屈服强度σ和温度有相同的变化趋势。其屈服强度随着温度的变化都存在着一个临界温度，$T_C \approx 0.82\ T_g$，当 $T < T_C$ 时，屈服强度随着温度增大缓慢减小；当 $T > T_C$ 时，屈服强度随着温度增大迅速减小。在 T_C 前后，非晶物质的流变从脆性变成超塑性[94]。

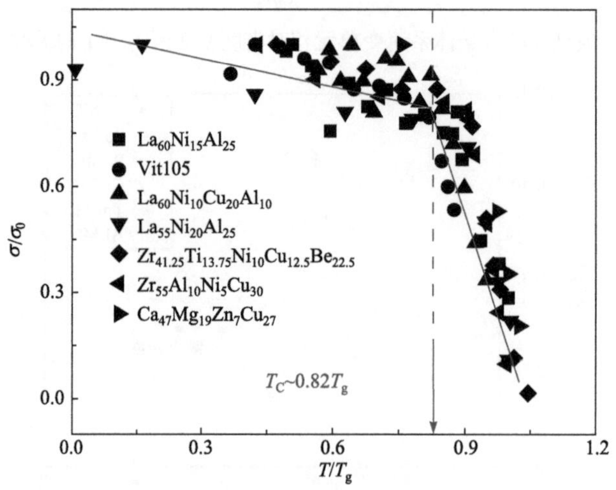

图 9.82 多种不同非晶合金体系约化屈服强度(σ/σ_0)随着约化温度(T/T_g)的变化：存在这样一个临界温度 T_C，强度在 T_C 前后有不同的变化规律[94]

为了从流变单元的角度来理解非晶物质的强度的力学性质，利用应力弛豫来确定非晶中流变单元、强度随着温度的变化。通过研究非晶物质从室温到玻璃转变温度点的应力弛豫，可以得到流变单元平均激活能随着温度的变化，还可以得到流变单元含量 F_{liquid} 随着温度的变化，如图 9.83 所示。

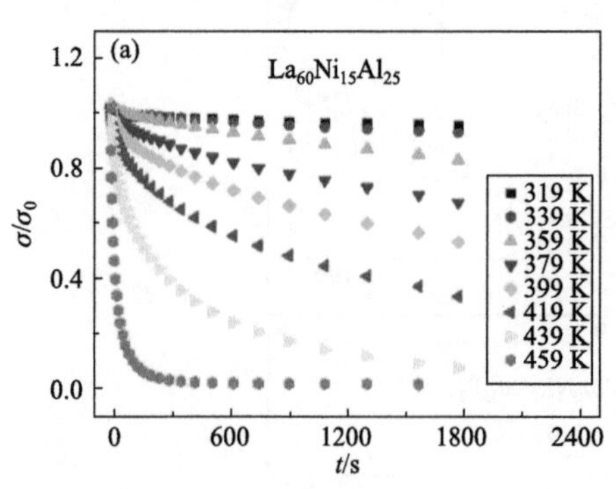

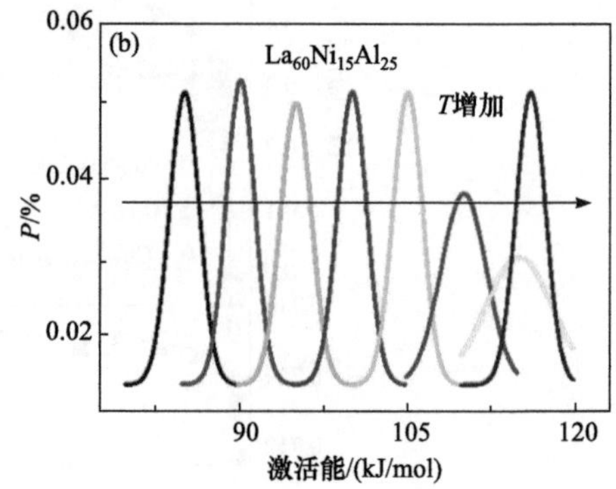

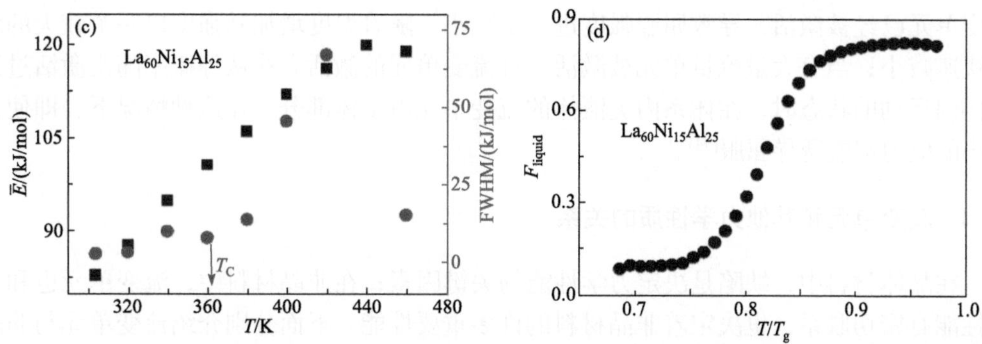

图 9.83　(a)非晶 $La_{60}Ni_{15}Al_{25}$ 体系应力σ弛豫曲线；(b)体系在不同温度的激活能谱；(c)体系的平均激活能和半高宽(FWHM)随温度的变化；(d)体系中流变单元浓度随着温度的变化[94]

根据流变单元模型，当体系发生屈服时，体系中的流变单元和弹性基底屈服强度 σ_Y 为

$$\sigma_Y = F(t)_{\text{liquid}}\,\sigma_{\text{liquid}} + \left(1 - F(t)_{\text{liquid}}\right)\sigma_{\text{solid}} \tag{9.34}$$

其中 σ_{liquid} 是流变单元的强度，设为当温度达到 T_g 时体系的屈服强度，σ_{solid} 是弹性基体的屈服强度，设为当 T 为绝对零度时的屈服强度。将上述数据代入得到拟合后的屈服强度，与实验值对比，如图 9.84 所示。实验值和理论值能够较好地符合，它们具有相同的变化趋势。

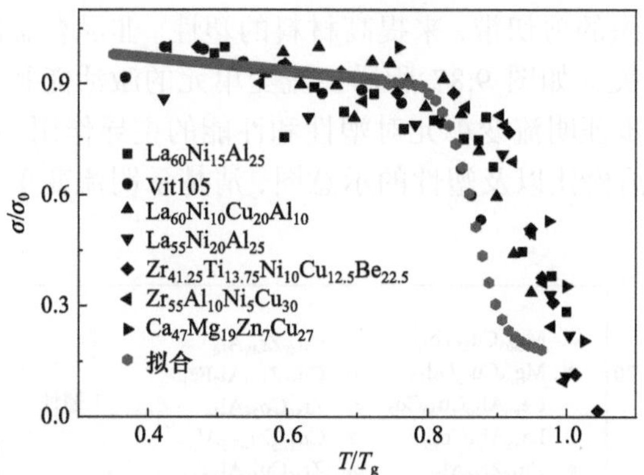

图 9.84　用流变单元模型拟合非晶约化屈服强度(σ/σ_0)随约化温度(T/T_g)的变化和实验结果比较基本一致[94]

因此，可以从流变单元的角度来理解非晶强度的性质，并给出在非晶物质强度的物理图像。当温度低于临界温度 T_C 时，体系中只存在着少量的微小激活能和体积的孤立的流变单元。当外部温度或压力达到一定值时或者等于流变单元的平均激活能时，大量流变单元将被激活，强度下降。当流变单元的体积分数达到一定值时，这些被激活的流变单元开始发生逾渗并且能够形成剪切带，最终导致屈服。当体系处于较低温度时，其流变单元的浓度在 10%以下，需要更大的应力才能使非晶物质发生屈服，随着温度的增加，其强度以一个较低的斜率减小；而当体系在较高的温度并超过临界温度时，这些孤立的

流变单元已经被激活，导致屈服强度进一步减小，随着温度增加其强度以一个较大的斜率快速减小；当有大量流量单元被激活，且流变单元的激活方式从等概率随机激活过渡到协同运动的状态时，在体系内类液体的流变单元占主体部分。在这种情况下，即使是很小的应力都能诱导屈服[94]。

9.6.4 流变单元和其他力学性质的关系

在晶体材料中，缺陷是决定力学性能的关键因素；在非晶材料中，流变单元也和力学性能有密切联系，也决定着非晶材料的许多重要性能。下面分别介绍流变单元与非晶材料力学参量如塑性、硬度、断裂等之间的关联。

1. 流变单元和塑性的关系

流变单元和非晶物质形变、流变有着密不可分的关系。非晶物质的塑性可以用其泊松比来预测[112]，如图 9.85 所示，泊松比大的非晶材料往往塑性也越好。这个塑性判据在非晶合金材料探索中广泛使用，但是其结构起源和动力学原因还不清楚。流变单元模型可以解释这个塑性经验判据。因为流动单元的密度Δc 与泊松比具有非常好的线性关系，流动单元密度越大，材料的泊松比也越大，对应的力学塑性也越好，反之亦然。图 9.86 给出典型非晶合金塑性和其流动单元的密度Δc 的关系[111]。可以看出流动单元作为运动的起始单元，其起始密度越高，非晶材料的塑性越好。这是因为更多的流变单元为非晶材料的形变提供了更多可以耗散能量的区域，所以非晶材料有更大的可能形成多重交织的剪切带，来提高材料的塑性。非晶合金随温度的韧脆转变也和流变单元的激发有关，如图 9.87 所示。流变单元的激活能和非晶韧脆转变的激活能几乎等同，这进一步证明流变单元对塑性和性能的主导作用。作为总结图，图 9.88 给出非晶流变单元、泊松比以及塑性的示意图，清楚示明流变单元和非晶材料塑性的关系。

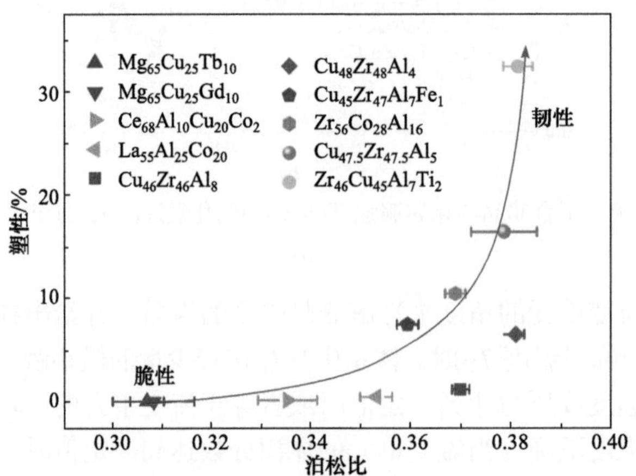

图 9.85 不同塑性的非晶合金和泊松比之间的关联[111]

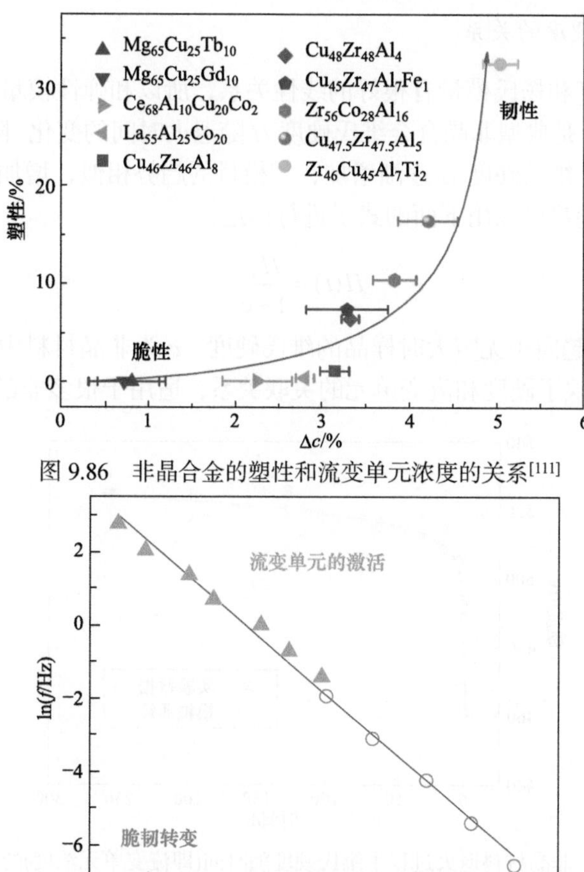

图 9.86　非晶合金的塑性和流变单元浓度的关系[111]

图 9.87　非晶材料中流变单元的激发和韧脆转变的关系[45]

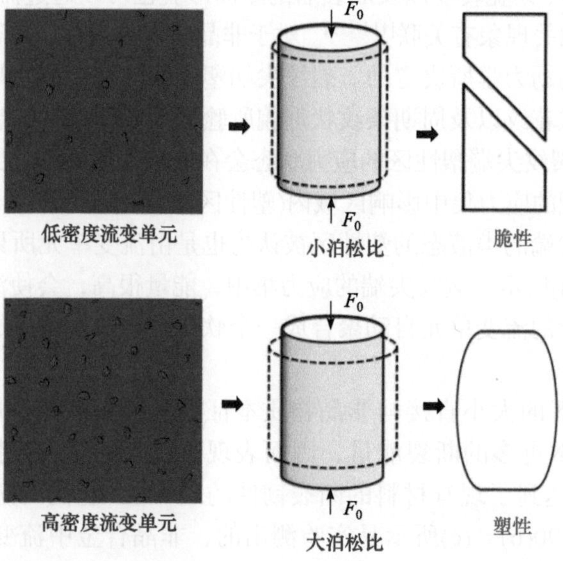

图 9.88　非晶中流变单元、泊松比和塑性的关系示意图

2. 流变单元和硬度的关系

非晶材料的硬度和杨氏模量有很好的线性关系，所以和弹性模量一样，硬度也和流变单元关联。图 9.89 是典型非晶合金维氏硬度 H 随退火时间的变化。随退火时间的增加，流变单元浓度减少，维氏硬度 H 逐渐增加，与模量的趋势相似，增加主要发生在退火的初始阶段，其变化趋势可以用下面的式子进行描述：

$$H(t)=\frac{H_{\infty}}{1+c} \tag{9.35}$$

式中 H_{∞}为退火时间趋向于无穷大时样品的维氏硬度。c 为非晶材料中流变单元的有效浓度。式(9.35)基本反映了硬度和流变单元的关联关系，适用于很多非晶体系。

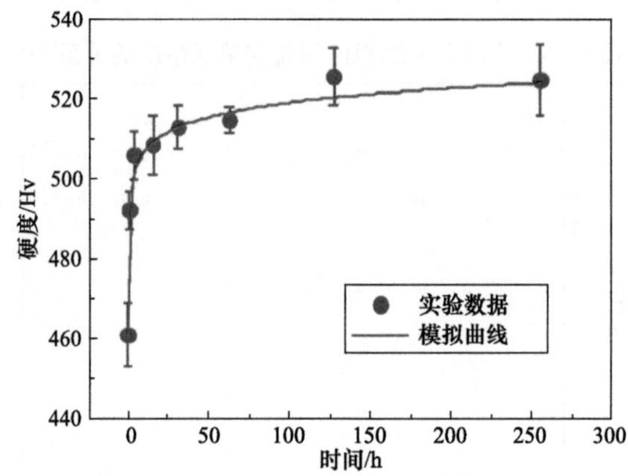

图 9.89 非晶材料退火过程中维氏硬度随时间(即流变单元浓度)的变化[56]

3. 流变单元和断裂的关系

非晶材料的断裂、韧脆转变以及断裂后的断面形貌也可以通过流变单元模型来解释，流变单元和断裂及相关现象有关联[114-115]。对于非晶材料来说，其动态断裂过程是由裂纹及裂纹尖端塑性区的动力学所决定的。裂纹尖端塑性区的存在被非晶材料断面上特征的断面形貌——脉络状花纹以及周期条纹状形貌所验证。非晶材料的裂纹尖端通常在微米甚至纳米尺度[116]，裂纹尖端塑性区的应力状态会在极短的时间内达到屈服状态，导致与裂纹尖端形状相匹配的应力集中影响区域内(塑性区)，快速进入类液体状态。非晶合金在断裂过程中的裂纹尖端的类液态的塑性区被认为也是由流变单元所聚合而成的，具体的物理图像如图 9.90(a)所示。裂纹尖端的应力集中，能量很高，会使潜在的流变单元被快速激活。这些被激活的流变单元自动聚合成一个软化的类似于液体的区域，即为裂纹尖端塑性区。

裂纹尖端塑性区的大小直接与非晶物质本征的断裂韧性相关联[116]，塑性区大的非晶材料一般会耗散更多的断裂能量，因而表现出更大的断裂韧性，例如，Pd 基和 Zr 基非晶合金甚至达到了现有材料的断裂韧性的最大值，它们的塑性区甚至达到了毫米级别[117]。如图 9.90(b)～(c)所示是实验测出的，非晶合金中流变单元和裂纹尖端塑性区尺寸的关系。裂纹尖端的韧窝(dimple)的大小 w 与材料的断裂韧性 K_c 有如下关系

$w=\frac{1}{6\pi}\left(\frac{K_c}{\sigma_Y}\right)^2$ [115]，这意味着可以通过韧窝大小的变化来判断材料的韧性。通过对典型的 Zr 基非晶 Vit05 在 543 K 进行等温退火，观察不同退火时间下韧窝大小及分布的变化，发现随着退火时间的延长，韧窝的分布从幂律(power law)型变为高斯型(Gaussian-like)，韧窝的尺寸也在变小。韧窝尺寸 D 的分布也可以用流变单元的密度 $c_{M/m}(t_a)$ 得出，符合如下关系：

$$D_{M/m}(t_a)=\frac{D^0_{M/m}}{1+c_M(t_a)} \tag{9.36}$$

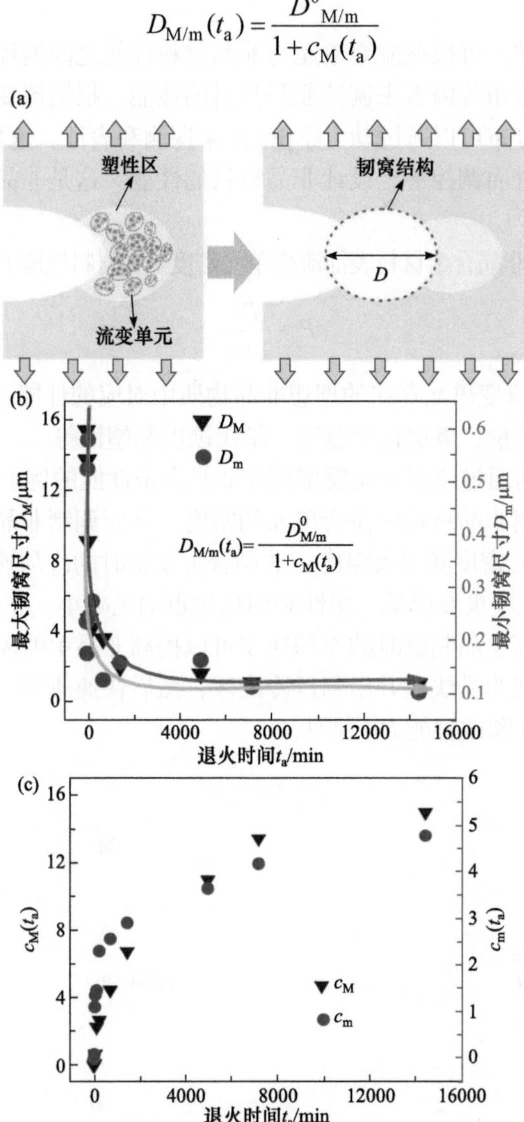

图 9.90　(a)基于流变单元(flow unit)模型的非晶材料裂纹尖端塑性区(plastic zone)、韧窝(dimple)模型；(b)非晶合金断面上最大(M)和最小韧窝(m)结构的尺寸 D_M 随着退火时间(t_a)的演化。红色箭头曲线给出了拟合曲线 $D_{M/m}(t_a)=\frac{D^0_{M/m}}{1+c_M(t_a)}$；(c)流变单元密度 c_M 随退火时间(t_a)的变化[116]

随着起始流动单元密度的降低和流动单元之间相互作用的减弱，韧窝的分布就会呈现从幂律型到高斯型的转变，同时发生了韧脆转变。

总之，非晶合金的断裂韧性、动态断裂行为等断裂行为与非晶本征的结构不均匀性、流变单元存在着紧密的联系。

9.7 基于流变单元的非晶材料性能调控

基于流变单元模型，可根据流变单元与非晶材料性能之间的经验定量关系，通过调制流变单元的密度、分布等因素来调控非晶材料的性能。根据流变单元模型，非晶物质中流变单元的密度和分布可以通过动力学β弛豫来探测和表征。这样就可以通过调控β弛豫来调控流变单元，进而调控甚至设计非晶材料的性能。这是非晶材料中调控材料性质的基本思想和思路[45,118]。

根据实验数据得到非晶合金材料表征流变单元密度 c 和材料性能 P 的普适的关系[45,56-58]：

$$P = \frac{P_\infty}{1+c} \tag{9.37}$$

P_∞ 就是没有任何流变单元存在的理想非晶物质中对应的性能。符合这个普适关系的性能包括密度、弹性模量、玻璃转变温度、维氏硬度和塑性等。

下面是几个典型的通过流变单元模型调控非晶合金性能的例子。

低温退火可以调制非晶材料中流变单元的密度，从而调制非晶材料的性能[56-58]。如图 9.91 所示是流变单元密度随退火温度、非晶合金制备时的冷却速率的变化。随着退火时间的延长，流变单元密度在降低，塑性和泊松比也随之减小，非晶的性能如塑性变差、强度和硬度提高。提高非晶制备时的冷却速率可以提高非晶中的流变单元浓度，从而可以改善非晶的塑性，把非晶快速升温到过冷液区，然后快速成型，可以保留更多的流变单元，提高非晶的塑性和成型能力[119,120]。

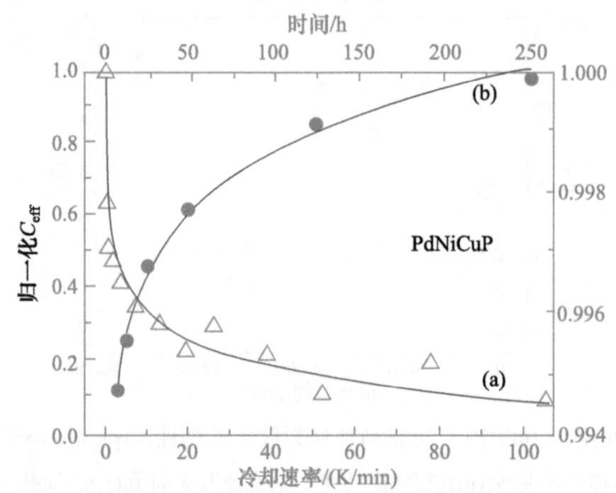

图 9.91 归一化的有效流变单元密度 C_{eff} 随(a)不同冷却速率的变化；(b)随退火温度的变化[45]

用一种室温缠绕方法(mandrel winding method)可以调制非晶合金中流动单元的浓度[121]。图 9.92 给出两种室温下的缠绕方式：螺旋式缠绕(helical mandrel winding)方法和发条式缠绕(clockwork spring winding)方法的示意图。可以看到，螺旋式缠绕 24 h 后释放的 $La_{75}Ni_{7.5}Al_{16}Co_{1.5}$ 非晶合金已经发生变形。这个缠绕导致的室温均匀变形是塑性变形，缠绕 24 h 后释放的样品放置 40 天后的照片仍然保持螺旋状[121]。即这种方法可以实现非晶合金中的室温塑性变形，同时在缓慢形变过程中，避免产生剪切带，是一种均匀流变。这种室温流变不是由剪切带来承载的，而是一种只有形变单元承载形变的均匀形变过程。这个方法提供了足够的时间窗口来测量流动单元浓度的变化与宏观性能变化的关系，可以用这种方法研究和确定一个非晶体系流变单元的激活能、体积、激活时间分布和弛豫时间等重要参量。图 9.93 是 $La_{75}Ni_{7.5}Al_{16}Co_{1.5}$ 非晶合金缠绕导致的塑性应变 ε 随缠绕时间的变化。缠绕时间越长，均匀流变导致的塑性形变越大。塑性应变 ε 随缠绕时间的变化可以用流变单元浓度和性能关系式 $\varepsilon(t) = \varepsilon_0/(1 + c)$很好地模拟[118]。图 9.94 是应变、退火时间、β弛豫和流变单元密度之间的关系。缠绕导致的流变单元、材料的塑性流变以及β弛豫强度的演化的趋势完全一致。这样就得到了非晶合金中流变单元浓度随外加能量(温度或应力)E，作用时间的变化的规律图(图 9.95)，根据这个图可以调制非晶的性能[121]。

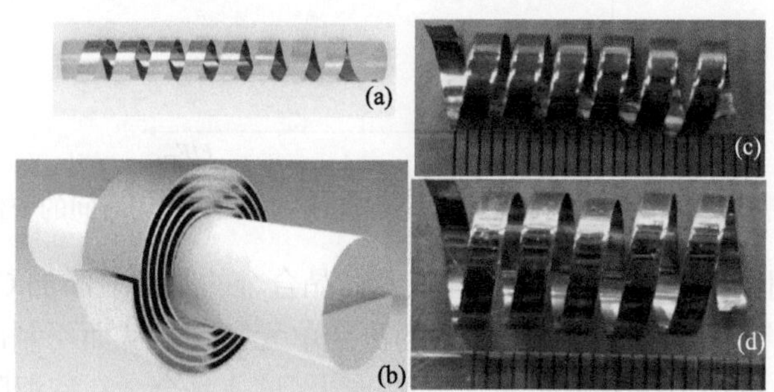

图 9.92　(a)螺旋式缠绕方法示意图；(b)发条式缠绕方法示意图；(c)螺旋式缠绕 24 h 后释放的 $La_{75}Ni_{7.5}Al_{16}Co_{1.5}$ 非晶合金；(d)缠绕 24 h 后释放的 $La_{75}Ni_{7.5}Al_{16}Co_{1.5}$ 非晶合金室温下放置 40 天后的照片[121]

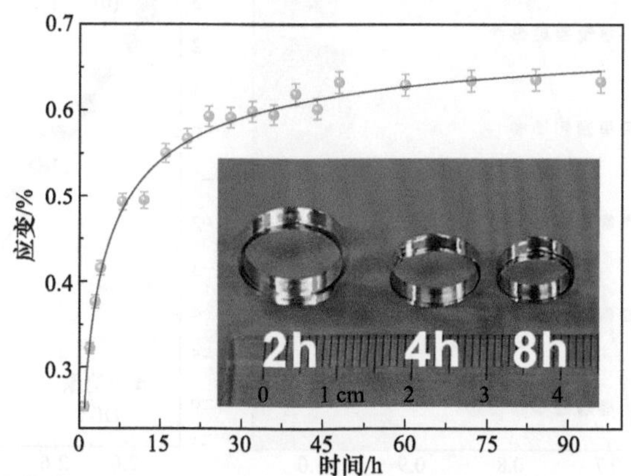

图 9.93　$La_{75}Ni_{7.5}Al_{16}Co_{1.5}$ 非晶合金缠绕导致的塑性应变 ε 随缠绕时间的变化。插图照片是缠绕 2 h，4 h 和 8 h 时间样品半径的变化。红线是用流变单元浓度和性能关系式 $\varepsilon(t) = \varepsilon_0/(1 + c)$模拟的结果[121]

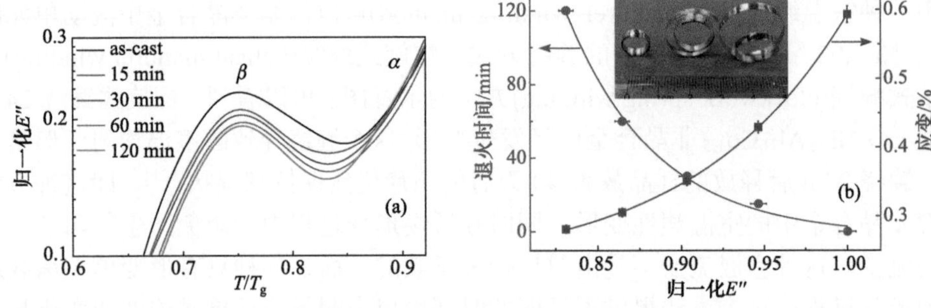

图 9.94 (a)非晶缠绕不同时间后β弛豫的变化；(b)应变、退火时间和流变单元密度之间的关系。插图是缠绕后的非晶样品[121]

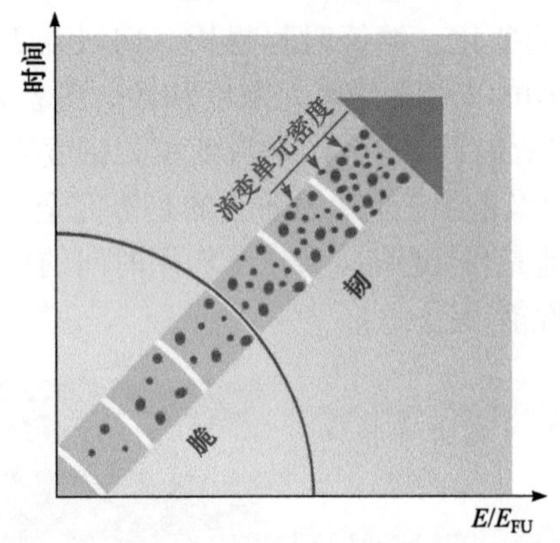

图 9.95 非晶中流变单元浓度随外加能量(温度或应力)E，作用时间的变化示意图[121]

图 9.96 是采用微掺杂方法，在 La 基三元非晶合金的基础上添加 Co 元素，明显增强了该体系的β弛豫峰强度，即提高了体系的流变单元密度，从而研制出一种在室温下具有拉伸塑性的 $La_{68.5}Ni_{16}Al_{14}Co_{1.5}$ 非晶合金成分[43]，该非晶合金在室温附近具有 30%的拉伸塑性。

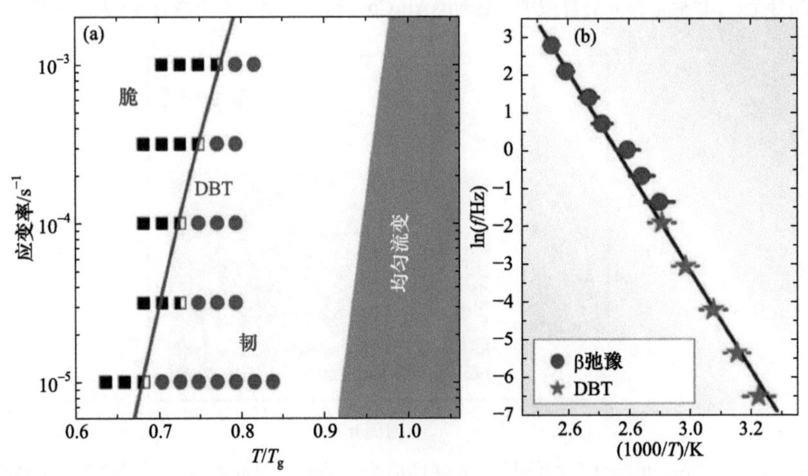

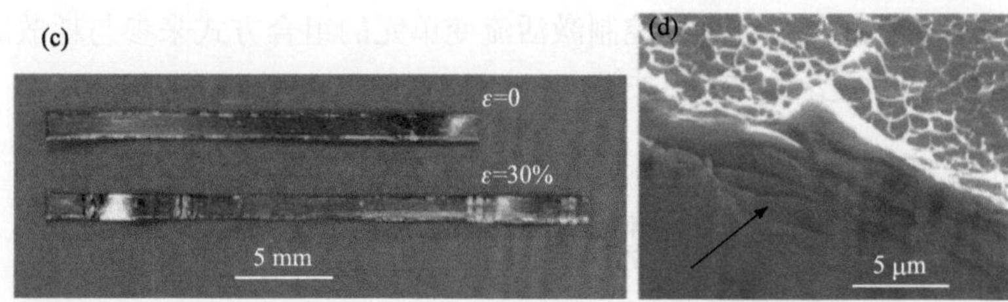

图 9.96　(a)非晶形变应变和温度关系图；(b)La 基非晶的β弛豫和韧脆转变激活能对比；(c)初始和拉伸样品对比照片；(d)拉伸变形后样品表面的剪切带[43]

冷热循环的处理也是一种通过调制流变单元来改善非晶塑性的方法[122]。图 9.97 所示为冷热循环方法示意图及与流变单元的对应关系。在室温(293 K)和液氮温区(77 K)进行冷热循环处理的非晶合金样品，经过数十次循环之后，非晶合金整体能量升高，流变单元的数量显著增加，非晶合金的结构更加不均匀，使合金发生回复(rejuvenation)效应。温度循环改变了流变单元密度，这使得非晶合金的硬度有明显降低，压缩塑性增加到 7%以上，表面剪切带的数量增加。这个简单的流变单元调控方法可有效改变非晶合金的力学性能。

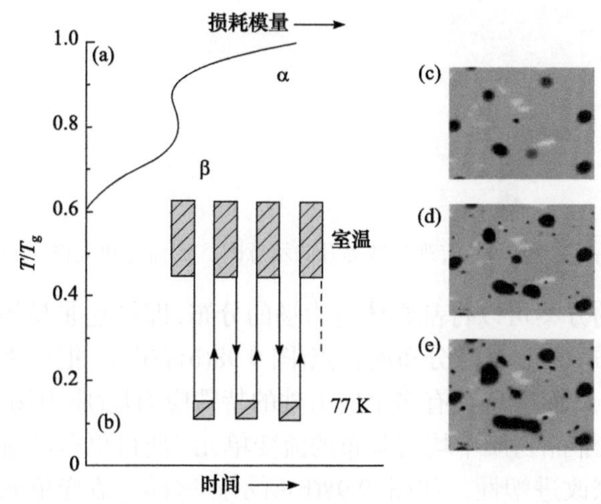

图 9.97　非晶合金冷热循环和对应流变单元分布变化示意图[122]

根据流变单元模型，如何在非晶物质中激活更多的流变单元，怎样组合分布流变单元来耗散形变的能量是提升其宏观塑性的关键，如图 9.98(a)所示。在单轴拉伸应力状态下，由于各个单元部分的应力是呈矢量化分布的，因此，如图 9.98(b)左图所示，整体的应力可以用一个等价的应力张量来描述，可以分为一个沿主剪切面的剪切力和垂直于主剪切面的法向力[123]。在这种应力张量的作用下，只能激活非晶材料最大主剪切应力所在的主剪切面附近的流变单元，而且这些流变单元只能沿主剪切面进行组织和关联(图 9.98(a)左图)。因此，很容易发生力学失稳，这是造成块体非晶材料不具有宏观拉伸塑性的根源。在较高温度下发生的均匀流变行为，根据流变单元模型可以认为不仅是主剪切面附近的流变单元被激活，材料中几乎每一部分内的潜在流变单元都能被激活，因此，流变单元以整体关联的形式来耗散能量，表现为均匀流变行为。因此，在室温下，怎么激活更多的流变单元，有效地控制激活流变单元的组合方式来参与耗散能量是解决非晶材料室温宏观拉伸塑性难题的关键。

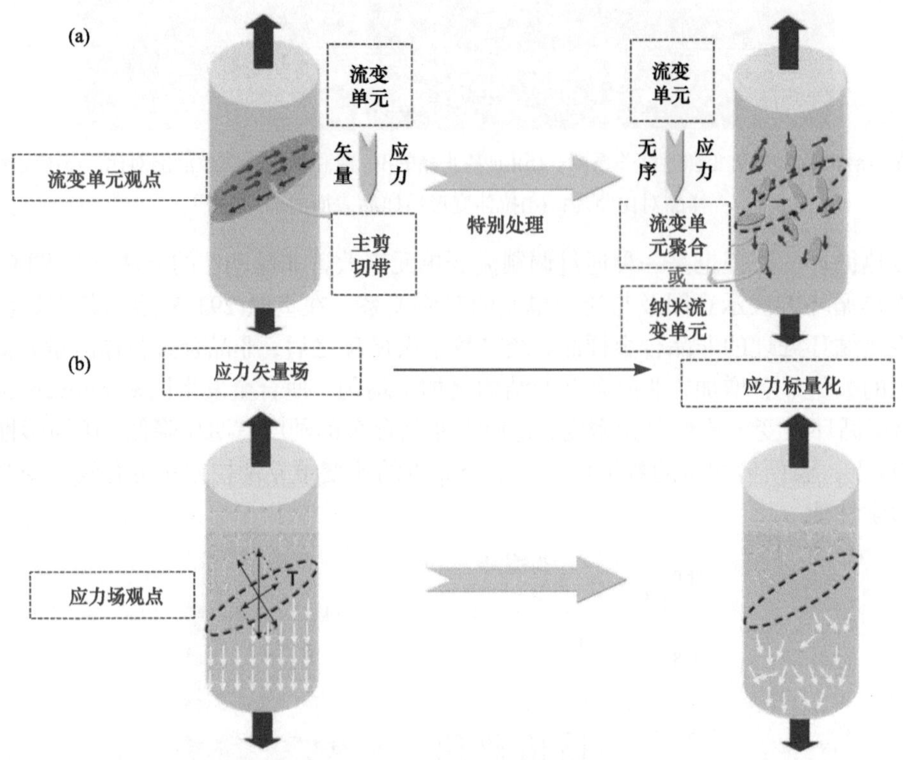

图 9.98 应力场标量化实现非晶宏观塑性提升的示意图。(a)流变单元图示；(b)应力场图示[123]

应力场标量化的方案可以打乱整体应力场的分布，即打乱非晶物质内部原有的沿主剪切面的应力场分布“矢量化”分布的特点(图 9.98(b)右图)，把原来的单轴拉伸应力场打乱成多轴应力场，从而实现具有多个应力轴的特殊应力场(应力场“标量化”)。因此，可以激活更多的、在非晶物质中均匀分布的流变单元，使得更多的流变单元通过参与到变形过程中的方式来改进塑性，如图 9.98(b)所示。这样，流变单元被激活后，就不是形成主剪切带，而是形成多个纳米尺度的微小“剪切带”(nano-scale shear band)或者成为流变单元的聚合体(flow unit aggregation)。因此，这些被激活的流变单元的聚合体相对比于主剪切带就能承受更多的塑性变形，从而实现非晶宏观拉伸塑性的提升，这为非晶的力学性能提升提供了不同的思路。实验证实了这样的应力标量化的方法。例如，通过设计一种特殊的缺口，可以实现双轴应力状态，在这种应力状态下，缺口附近的材料可以直接发生应力诱发的玻璃转变，进入到类液态屈服状态，从而导致宏观拉伸塑性的提高[124]。

在接近理想非晶态的超稳非晶材料中，代表流变单元存在的β弛豫峰几乎消失了[125]，这进一步验证了非晶物质是理想非晶和流变单元结合的模型。另外，高压可以使流变单元区域协同重排，原子间结合更紧密，具有更高的密度和强度，得到超稳非晶材料[126]。通过调节压力甚至还可以得到原子排列密度高于基底的所谓“负流变单元”，能大大提高非晶合金的能量状态从而制备出高能量、稳定的非晶合金[127]。

总之，根据流变单元模型，流变单元的激发、演化等过程可以看成是类液相在基底上的形核、长大。可以解释形变和玻璃转变的很多现象，帮助理解流变单元的激发、演化、相互作用发生逾渗(peculation)。以上几个例子证明基于流变单元模型可初步实现对非晶合金材料性能进行的调控，对非晶材料在未来的应用具有一定的指导意义。

流变单元对性能的调制[即公式(9.37)]可以形象地用一个跷跷板来表示(图 9.99)：一般非晶物质的很多性能是理想非晶态性能受其流变单元调制、平衡的结果，比如流变单元的密度或含量的提高就会降低非晶物质的强度和模量，但是非晶物质的塑性会提高；流变单元的密度或含量的降低就会提高非晶物质的强度和模量，但是其塑性会降低，好比玩跷跷板一样。

图 9.99　非晶跷跷板：形象说明非晶物质性能和理想非晶态以及流变单元的关系

9.8　流变单元和理想非晶态

根据流变单元模型，非晶物质可模型化为弹性的理想非晶和流变单元的组合(图 9.100)：非晶物质=理想非晶态+流变单元。重要的问题是[128-133]：是否存在理想非晶态(又称理想玻璃态)？是否存在热力学上的理想玻璃转变温度 T_K(Kauzmann 转变温度)或者动力学上的理想玻

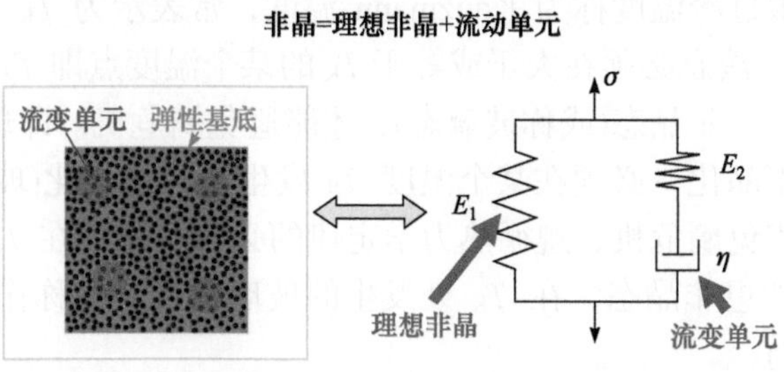

非晶=理想非晶+流动单元

流变单元　弹性基底

σ　E_1　E_2　η

理想非晶　流变单元

图 9.100　非晶物质的简化模型。其中大弹簧 E_1 代表非晶物质理想弹性基底(理想非晶态)，阻尼器代表流变单元，E_2 代表流变单元对整个非晶物质模量的贡献

璃转变温度 T_0？理想非晶态如果存在，其主要特征和性能是什么？能否、如何实验合成出理想非晶态物质？理想非晶态以及理想玻璃转变是否存在的问题关系到对非晶本质、玻璃转变、非晶态固体形变机制甚至凝聚态物质的本质等非晶物理和材料中最基本和最重要的科学问题的认识。近年来，超稳定非晶玻璃材料的发现[132-136]，再次引起人们对理想非晶玻璃研究的广泛关注。

9.8.1 流变单元和理想非晶的关系

原子或分子集合体随温度降低，液体可以连续地、非平衡过冷，凝固成非晶固态或者玻璃态。在有限的时间内，由于其周围其他原子的限制和牢笼效应(cage effect)很难发生迁移形成新的构型，从而基本保持其在液态的构型。关于非晶物质的形成过程和转变，Kauzmann 提出一个著名的问题[137]：液体是否可以被无限过冷？是否存在一个过冷极限温度？在这个极限温度，液体必须发生玻璃转变？即对于一个液态体系，是否存在一个最低的玻璃转变温度？在这个最低的玻璃转变温度发生的玻璃转变称为理想玻璃转变，通过理想玻璃转变温度得到的非晶态称为理想玻璃转变。

为什么能想到提出理想非晶物质的概念呢？这需要从西方哲学的鼻祖柏拉图说起。在柏拉图哲学体系中，感性世界、一般概念或理念、绝对概念或理念构成世界的基本图式。感性世界处于最底层，绝对概念或理念处于最高层，一般概念或理念居中。每个一般概念或理念是感性世界中相应的一种个别实物的因或本原；而绝对概念或理念，或者说理想概念和理念是一般概念或理念的因或本原。柏拉图认为在现象世界的背后存在一个更真实的理念世界。按照柏拉图的观点，人只有认识到一般理念的因和本原，即认识到绝对、理想理念，才能彻悟本体。可能是在这种理念的支持下，Kauzmann 提出了理想非晶态的概念。

理想玻璃转变，理想非晶态问题的提出使得 Kauzmann 的名字和非晶物理这个领域同在。通过理论推理，Kauzmann 认为过冷液体存在一个温度极限[137]，如图 9.101 所示，如果液态被继续不断的过冷，其熵会不断降低，由图 9.101 中 T_g 点以上的过剩熵 $\Delta S(T) = S(T)_{液体}-S(T)_{晶体}$ 随温度 T 变化曲线外推，将会得到对应着 $\Delta S = 0$ 的温度，此温度点以下，$\Delta S < 0$，这意味着液相的熵和稳定的结构有序的晶体相的熵相等甚至比它还低。通过这样的思想实验，Kauzmann 发现液体的无限过冷将导致熵危机，违反了热力学第三定律。所以，Kauzmann 认为外推的曲线不能超越过剩熵消失的温度极限，液体不能被无限过冷。这个极限过冷温度称为 Kauzmann 温度，常表示为 T_K。物理上，过冷液态不能在 T_K 以下存在，液态必须在大于或等于 T_K 的某个温度点即 T_g 点发生玻璃化转变，产生一种新的状态——非晶态(或称玻璃态)，才能避免熵危机。即玻璃转变是液态的本征特性，液态如果不晶化，必须在某个温度 T_g 发生非平衡固化(玻璃化)。物理上可以认为非晶态是液体避免熵危机、遵循热力学定律的必然产物。在 T_K 处发生玻璃化转变得到的非晶态就是理想非晶态，在 T_K 处发生的玻璃化转变被称作理想玻璃转变(又称 Kauzmann 玻璃转变)。

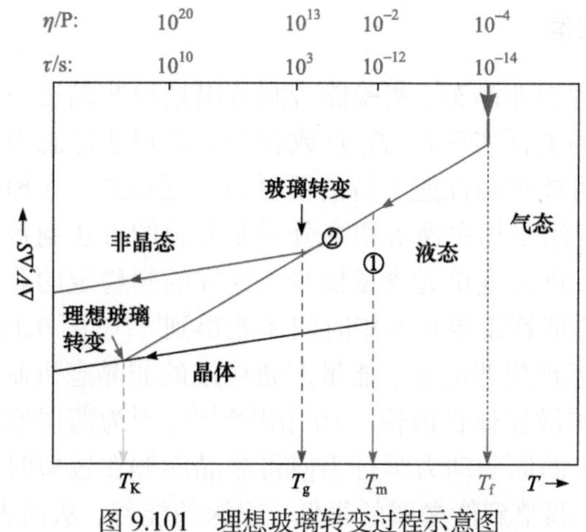

图 9.101　理想玻璃转变过程示意图

描述非晶动力学玻璃转变的 VFT 公式也预示有理想玻璃转变。即在 VFT 公式中，当 $T \to T_0$ 时，黏滞系数 $\eta \to \infty$。T_0 是理想玻璃转变的动力学玻璃转变温度点，T_0 近似等于 T_K。理想玻璃转变和 Adam-Gibbs 关系 $\left(\tau = \tau_B \exp\dfrac{C}{TS_c}\right)$ 是 $TS_c \propto T-T_0$。现有的证据表明原子关联特征长度 ζ_a 随温度降低而增加。动力学不均匀性的扰动表明在 T_0 处有个奇异，$\zeta_a \sim (T-T_0)^{-2/3}$。这种特征长度在 T_0 处的奇异表明 T_0 在某种意义上也是“理想玻璃转变温度”。即 $\zeta_a \to \infty$ 对应于协同区域将没有缺陷。在 T_0 处液体是均匀的，理想玻璃转变所得的非晶态没有动力学不均匀性。

类比晶体，理想非晶态可以看成是非晶物质的基态，通常的非晶物质中因为存在流变单元所以是激发态，但是非晶激发态不能各态遍历，如图 9.102 所示。非晶态中激发出足够的流变单元就能使得非晶态转化成过冷液态；如果能把非晶物质中的流变单元完全清除干净就得到理想非晶态。通常的非晶可以看成是理想非晶和流变单元的复合。

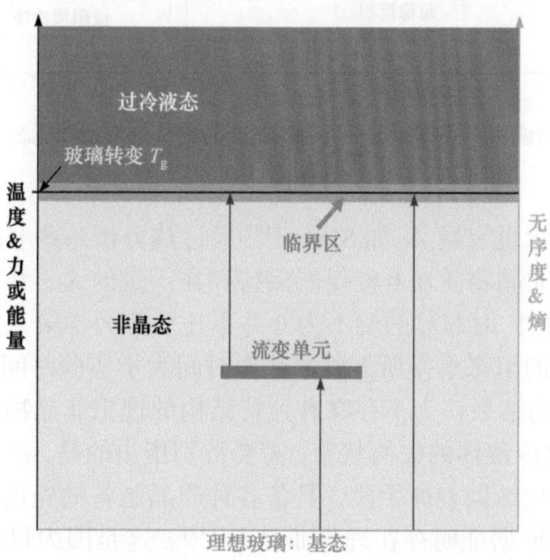

图 9.102　流变单元、理想非晶态、非晶态、过冷液体之间的关系示意图

9.8.2　理想非晶态的探索

现实中是否存在理想非晶态，实验能否制备出理想非晶态一直是非晶领域争议和研究的焦点。能在实验上证实存在 T_K 点或者得到理想非晶态不仅对澄清非晶态的物理本质很重要，同时可能得到性能奇特的新材料。近年来，在理想非晶探索方面取得了进展。Ediger 等研究组采用慢速沉积高分子非晶膜的方法制备得到接近理想非晶态的、超稳定的非晶态，即流变单元含量极少。这样的超稳定的非晶态如果利用低温退火弛豫方法，根据理论估算需要几万年时间才能得到[134]。图 9.103 定性地给出通过沉积纳米级薄膜得到接近理想非晶态、能量态超稳定的非晶态机制。研究发现几个纳米级的非晶层的原子的扩散比体扩散快～10^6 倍[138-140]，因为薄层原子的运动受周围其他原子限制小。超快的表面原子动力学行为使得非晶能够在较短时间内弛豫到稳定的低能态，即较容易选择、调整到能垒图的很低、很深的能谷，从而表现出很高的稳定性。这类接近理想非晶态的玻璃转变温度大约比一般的非晶态高十几到几十开尔文。这些超稳定非晶膜表现出优异的物理性能。另外，用球磨方法也可能获得接近理想非晶态的非晶合金。

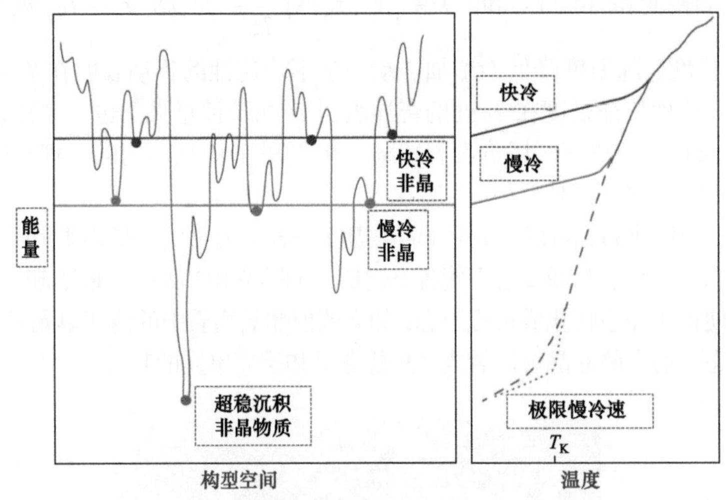

图 9.103　通过能量势垒图说明不同冷却速率可以控制非晶的结构构型和能态，以及超稳定非晶态的形成机制[128]

对理想非晶的概念也有疑义。如 Simon[141]通过热分析一些非晶形成液体和其非晶态的过剩熵 S_c，发现非晶物质在 0 K 仍能保持存在一定的 S_c，并且指出因为非晶物质是非热力学平衡态，0 K 时非晶的熵不为 0 并不违反热力学第三定律。过剩熵是由于非晶物质形成后系统的组态重排所需要的弛豫时间大于实验时间，从而保留在非晶中的。Simon 根据他们的结果认为不存在有独特结构的理想非晶物质，非晶物质的结构和性能取决于 T_g 处过冷液体的失衡状态。需要特别指出的是，虽然当今已经有了具有原子分辨能力的现代化结构表征手段，具备各种非晶制备的先进方法，但是至今仍然没有非常确切的实验证据证明存在理想非晶态[142]。这是因为目前实验上也无法直接观测到理想玻璃转变，这需要极其缓慢的冷却速率。但是，理想非晶可以趋近，对理想非晶的探索和理解可以帮助我们认识非晶的本质，有助于探索高性能的非晶材料。可以预言的是：今后无论最终发现存在还是不存在理想非晶态都将是非晶领域的重要进展。

9.8.3　负流变单元

在结构密排的非晶合金高压退火样品中发现了反常结构非均匀性：即具有高原子堆积密度的区域散布在具有相对较低堆积密度的弹性基体上[143]。如图 9.104 所示，高压退火可以有效连续地提高非晶合金的能量状态，并能将非晶合金回复到高能态。具有高能量状态的非晶合金密度、模量增大，压缩塑性变差，并且其密度随常压退火时间的增加而减小，如图 9.105 所示。电镜分析表明，高压退火样品的微观结构存在反常非均匀性，

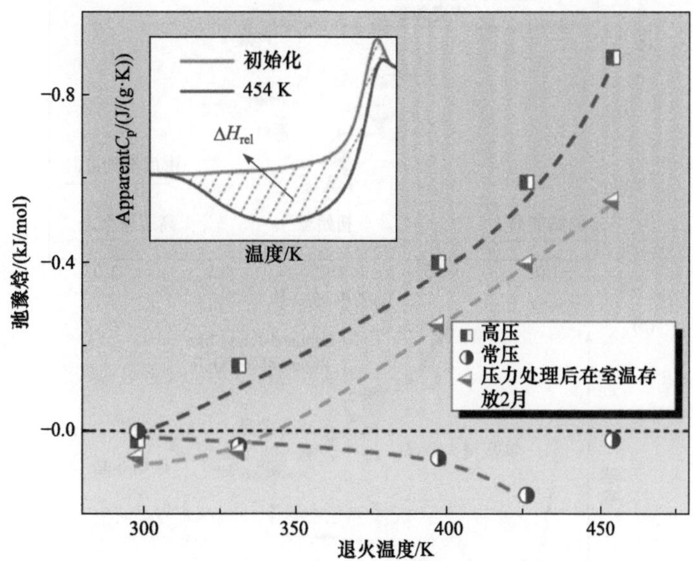

图 9.104　高压弛豫对非晶物质能量状态的影响[127]

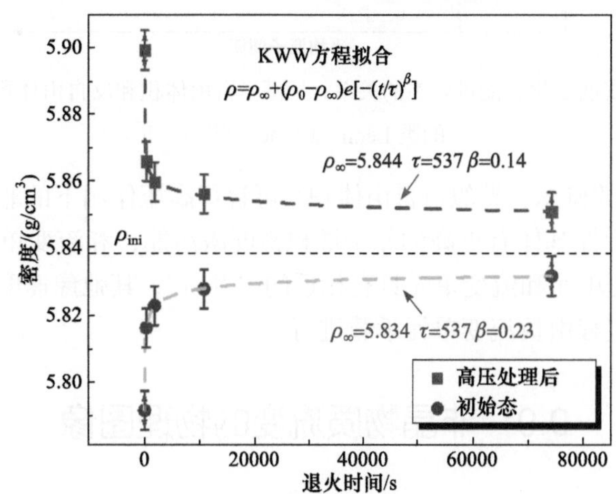

图 9.105　铸态非晶合金和高压处理样品(等初始化)的密度随退火时间的变化和相应的 KWW 方程拟合结果

即具有高堆积密度的区域散布在具有相对较低堆积密度的区域中。该反常非均匀性是高压非晶合金同时拥有高密度和高能量状态的结构起源[143]。如图 9.106 所示，非晶合金能量状态随密度的变化是非单调的，其能量状态刚开始随着密度的增加而下降并在等初始化样品初达到极小值，之后随着密度的进一步增加而提高。这种非单调变化可以类比于描述理想气体的 Lennard-Jones 势。

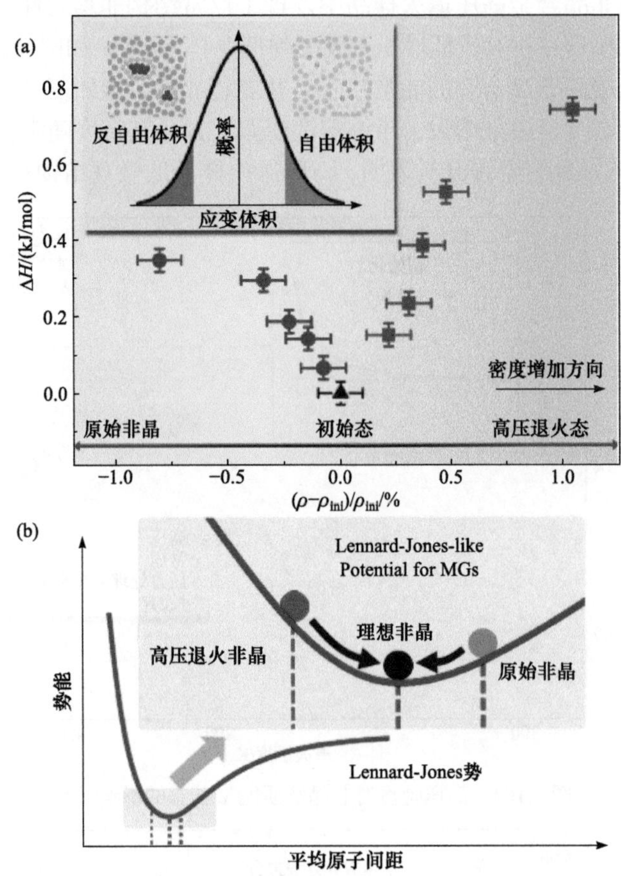

图 9.106 (a)非晶合金密度变化和能量状态的关系，插图：自由体积和反自由体积的定义；(b)非晶合金的类 Lennard-Jones 势[143]

“负流变单元”的概念，类似负自由体积，可解释高压作用下的非晶物质的变化。负流变单元结构上较弹性基体有更高的原子堆积密度激活能，和流变单元有着完全不同的动力学特征，负流变单元和流变单元具有相近的“寿命”，其弛豫速度相差不大。高压下非晶合金的慢弛豫过程由负流变单元承载进行。

9.9 非晶物质流变的物理图像

流变单元模型的最大优点是可以形成直观图像，将流变单元热力学、弛豫、形变、玻璃转变、流变机制的变化还有能量地貌图联系到一起。图 9.107 是非晶物质流变单元、形变、弛豫、非晶-液态转变和能量地貌图的关系示意图[9]。该图形象地表达了非晶物质流变的过程。非晶物质的流变是非均匀的，是通过流变单元来承载的。流变单元可以被外界的能量激活，消耗能量，其在动力学上表现为局域的β弛豫或者更高次的局域弛豫，对应于能量地貌图上的小能谷之间的可逆跃迁。不同的外加能量如温度、应力以及不同的加载方式会影响流变单元的激发、尺寸、分布及演化方式。流变单元随外界施加能量的变化可以被激发、扩展、相互作用、逾渗，从微观流变扩展到宏观的剪切变形和非晶到液态的宏观流变，动力学上对应于大规模粒子运动的α弛豫和能量景观图上大能谷之间的不可逆跃迁。非晶材料力学性能随温度和应力的演化是由流变单元的激发、扩展、逾渗决定的，具有很好的对应关系，如图 9.107 所示。

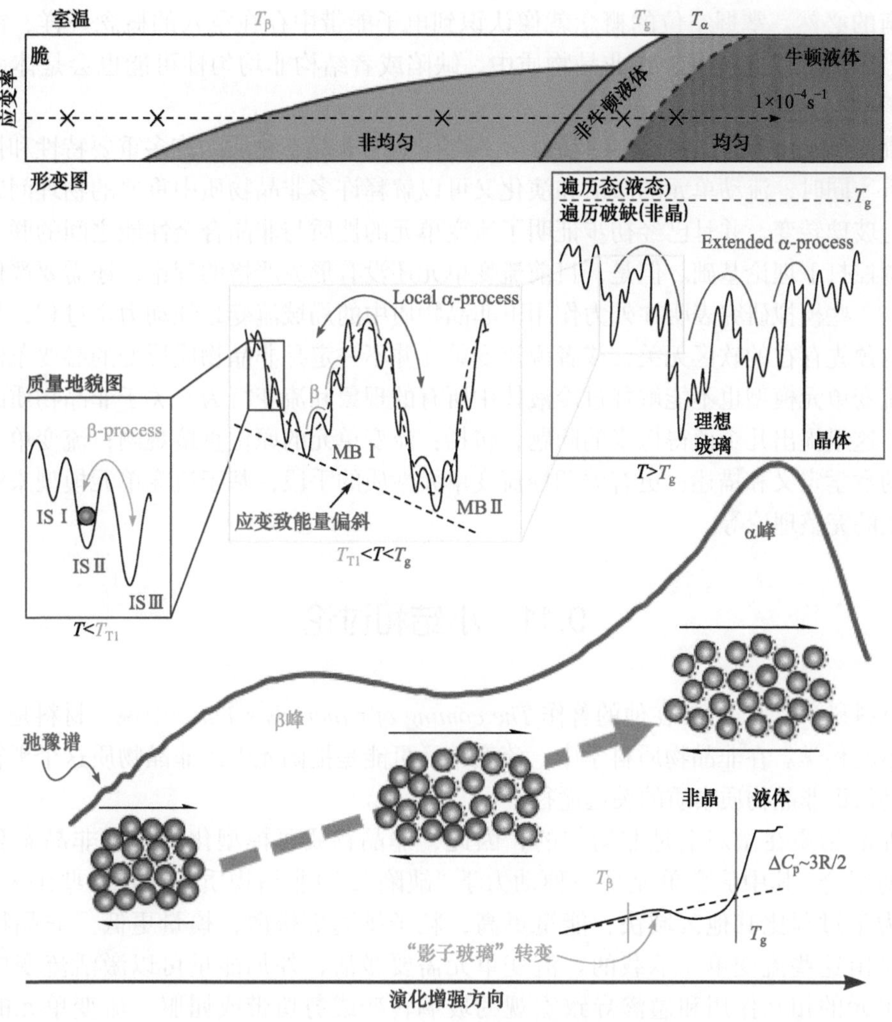

图 9.107　流变单元、形变、弛豫、非晶-液态转变和能量地貌图的关系示意图[9]

9.10 流变单元模型存在的问题

流变单元模型是个经验模型。特别需要说明的是，虽然已经有了原子分辨能力的现代化结构表征手段，但是流变单元还没有被直接的实验进行广泛验证，实验还无法直接观察到流变单元。其根本原因在于非晶态系统包括其结构、组元和结合键都极其复杂、多元化。发现和表征流变单元，流变单元的探测、结构特征和演化以及与玻璃转变和形变的相关性从基本理论到实验手段上都极困难。直到现在，非晶物质中到底是否存在“缺陷”和结构非均匀性还有争议。这让人想起 20 世纪初晶体缺陷的发展历史。在 20 世纪初，没人知道在晶体中少量原子会缺失，更不知道晶体缺陷是热力学平衡的必然。掌握空位的概念就像认识到电子能带中存在空穴的概念一样，在理解上相当困难。以此类推，在非晶物质中，缺陷或者结构非均匀性可能也会是体系热力学平衡的必然。

流变单元作为非晶物质中的动力学“缺陷”，与非晶态物质的许多重要特性和性能紧密联系。同时，流动单元的激活和演化又可以解释许多非晶物质中重要的物理问题，如形变与玻璃转变，并且已经初步证明了流变单元的性质与非晶合金性能之间的联系，为性能调控打下理论基础。但是，目前流变单元还没有形成严格的理论，还需要严格完善理论。一些模拟研究表明在外力作用下非晶物质中的局域流变是纯动力学过程，与非晶物质内预先存在的软区无关，或者说流变单元并不一定是非晶物质形变的必要条件。另外，流变单元模型也不能解释过冷液体中所有的现象和流变行为。关于非晶物质的流变单元，这里提出几个值得探索的问题，包括：流变单元的原位直接观测；流变单元更加准确的数学定义和描述；更有效调控流变单元性质的手段；基于流变单元模型来解释玻璃转变的完整理论等。

9.11 小结和讨论

材料科学家 Cahn R 在他的著作 *The coming of materials science* 中说，材料是与缺陷打交道的科学。在非晶物质科学中，流变单元可能是把阳光引入非晶物质这个黑箱的狭缝，是认识非晶物质本质的关键途径。

非晶物质在微观上是非均匀的，因此，非晶物质可模型化为理想非晶态和流变单元的组合。其中流变单元是一种动力学“缺陷”，即非晶物质中存在一些纳米区域，其动力学过程比其他区域快，能量更高，粒子排列更松散，模量更低。非晶物质的流变是由这些流变单元承载的。流变单元需要激活，外加能量可以激活流变单元。流变单元的相互作用和逾渗导致宏观的玻璃转变或剪切带或屈服。流变单元的动力学表现是β弛豫或高次局域弛豫，通过对β弛豫的测量和控制可以控制非晶物质的流变单元的密度、分布、能量等，从而实现对非晶物质性能的调控和改进，这个思路总结于图 9.108。

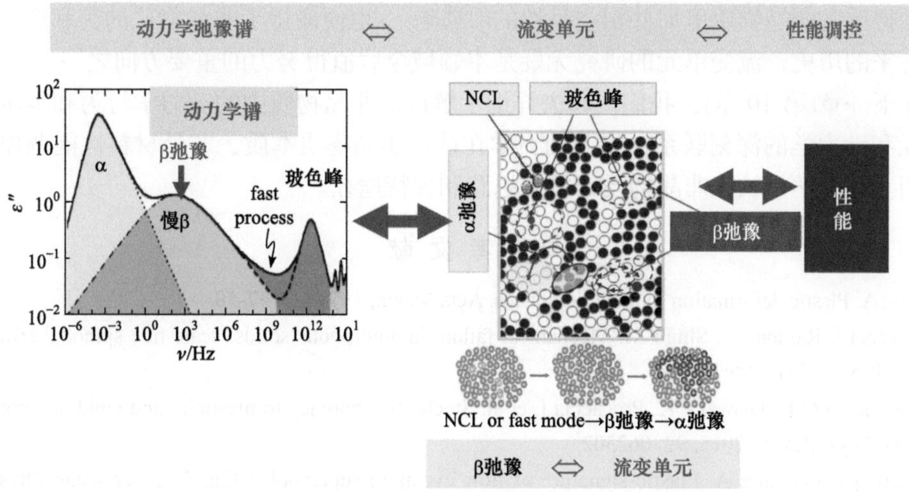

图 9.108 流变单元、β弛豫及性能调控思路示意图

流变单元还只是非晶物质中的动力学缺陷的经验唯象模型，围绕非晶流变单元结构特征及演化以及与性能的关系这个核心科学问题的研究涉及：非晶物质亚纳米尺度结构特征及其与液态结构及动力学特性的相关性；在应力作用下非晶物质剪切形变单元的结构起源及与微观剪切带的本征关系；形变单元及其扩展和相互作用与宏观力学性能的相关性，包括流变单元在力的作用下如何演化、相互作用规律、扩展形成剪切带的过程。研究流变单元和玻璃转变的相关性，包括流变单元随温度的演化和扩展规律；流变单元的结构起源和结构非均匀性的关系等。

回顾、审视晶体物质的主要流变单元-位错的研究历史对研究非晶物质的流变单元非常有益。位错是晶体中的线缺陷，现在已经知道它是晶体塑性形变的“单元和载体”。位错的概念是 1934 年提出的，是因为计算的金属晶体点阵对塑性滑移的阻抗和实际测量到的单晶金属晶体的屈服应力相差几个量级(小插曲：当时为了测量金属的强度，需要长单晶。在当时，从工业和应用的角度来看，这个研究项目是完全无用的，因而受到轻视)，实际测量应力和理论“理想”值之间的差异直接导致了位错概念的提出。但是位错概念提出之后，由于当时实验观测条件的限制(当时主要的微结构表征工具——光学显微镜在研究位错中显然不能发挥作用)，很多年都没有人真的观察到位错。位错的概念因此曾受到很多的质疑甚至非议，因为科学家信奉的核心原则是质疑，是“眼见为实”。但是，当时有一批科学家对位错实体的存在性始终保持信心，认为寻找位错是有价值的，并坚持把位错的概念运用到诸如脆性断裂的研究中去。最终，位错在其概念提出二十几年以后，因为电子显微镜等工具的发明被直接观察到了。由晶体中缺陷研究发展史可知，非晶物质结构或动力学“缺陷”——流变单元的研究对非晶态物理乃至凝聚态物理也同样极其重要，但难度更大。

需要说明的是，科学上很多理论、模型都不能给出直接的实验证据，比如原子论并非因为实验上拍到了原子的照片，而是因为它管用所以得到认可。同样，在非晶物质科学领域很多模型只要好用就行。

懂得欣赏非晶物质里那些司空见惯的“缺陷”，也便懂得了非晶物质的美和序。现在就是将来的历史，流变单元的研究无疑是本领域今后值得努力的重要方向之一。

在下一章(第 10 章)，我们一起去详细了解认识非晶物质中的动力学行为和本质，流变单元和动力学的深刻联系，以及动力学在认识非晶物质本质、非晶材料性能调控方面的作用。动力学是认知非晶物质的重要思路和独特途径。

参 考 文 献

[1] Argon A. Plastic deformation in metallic glasses. Acta Mater., 1979, 27: 47-58.

[2] Procaccia I, Rainone C, Singh M. Mechanical failure in amorphous solids: scale-free spinodal criticality. Phys. Rev. E, 2017, 96: 032907.

[3] Hentschel H G E, Jaiswal P K, Procaccia I, et al. Stochastic approach to plasticity and yield in amorphous solids. Phys. Rev. E, 2015, 92: 062302.

[4] Chattoraj J, Lemaitre A. Elastic signature of flow events in supercooled liquids under shear. Phys. Rev. Lett., 2013, 111: 066001.

[5] Wagner H, Bedorf D, Küchemann S, et al. Local elastic properties of a metallic glass. Nat. Mater., 2011, 10: 439-442.

[6] Liu Y H, Wang D, Nakajima K, et al. Characterization of nanoscale mechanical heterogeneity in a metallic glass by dynamic force microscopy . Phys. Rev. Lett., 2011, 106: 125504.

[7] Ye J C, Lu J, Liu C T, et al. Atomistic free-volume zones and inelastic deformation of metallic glasses. Nature Mater., 2010, 9: 619-623.

[8] Wang Z, Wen P, Huo L S, et al. Signature of viscous flow units in apparent elastic regime of metallic glasses. Appl. Phys. Lett., 2012, 101: 121906.

[9] Wang Z, Sun B A, Bai H Y, et al. Evolution of hidden localized flow during glass-to-liquid transition in metallic glass. Nature Communications, 2014, 5: 5823.

[10] Liu Y H, Wang G, Wang R J, et al. Super plastic bulk metallic glasses at room temperature. Science, 2007, 315: 1385-1388.

[11] Wang J G, Zhao D Q, Pan M X, et al. Mechanical heterogeneity and mechanism of plasticity of metallic glasses. Appl. Phys. Lett., 2009, 94: 031904.

[12] Ichitsubo T, Matsubara E, Yamamoto T, et al. Microstructure of fragile metallic glasses inferred from ultrasound-accelerated crystallization in Pd-based metallic glasses. Phys. Rev. Lett., 2005, 95: 245501.

[13] Yoshimoto K, Jain T S, Workum K V, et al. Mechanical heterogeneities in model polymer glasses at small length scales. Phys. Rev. Lett., 2004, 93: 175501.

[14] Keys A S, Abate A R, Glotzer S C, et al. Measurement of growing dynamical length scales and prediction of the jamming transition in a granular material. Nature Phys., 2007, 3: 260-264.

[15] Peng H L, Li M Z, Wang W H. Structural signature of plastic deformation in metallic glasses. Phys. Rev. Lett., 2011, 106: 135503.

[16] Ediger M D. Spatially heterogeneous dynamics in supercooled liquids. Annu. Rev. Phys. Chem., 2000, 51: 99-128.

[17] Egami T. Atomic level stress. Prog. Mater. Sci., 2011, 56: 637-653.

[18] Lunkenheimer P, Schneider U, Brand R, et al. Glassy dynamics. Contemporary Phys., 2000, 41: 15-36.

[19] Wang Z, Yu H B, Wen P, et al. Pronounced slow β-relaxation in La-based bulk metallic glasses. J. Phys. Condens. Matter., 2011, 23 : 142202.

[20] Kegel W K, Blaaderen A V. Direct observation of dynamical heterogeneities in colloidal hard-sphere

suspensions. Science, 2000, 287: 290-293.

[21] Huang P Y, Kurasch S, Alden J, et al. Imaging atomic rearrangements in two-dimensional silica glass: watching silica's dance. Science, 2013, 341: 224-227.

[22] Lee H N, Paeng K, Swallen S F, et al. Direct measurement of molecular mobility in actively deformed polymer glasses. Science, 2009, 323: 231-234.

[23] Schall P, Weitz D A, Spaepen F. Structural rearrangements that govern flow in colloidal glasses. Science, 2007, 318: 1895-1898.

[24] Cubuk E D, Liu A J, et al. Structure-property relationships from universal signatures of plasticity in disordered solids. Science, 2017, 358: 1033-1037.

[25] Argon A, Kuo H. Plastic flow in a disordered bubble raft (an analog of a metallic glass). Mater. Sci. Eng., 1979, 39: 101-109.

[26] Durian D J, Weitz D A, Pine D J. Multiple light-scattering probes of foam structure and dynamics. Science, 1991, 252: 686-688.

[27] Yang X, Liu R, Yang M, et al. Structures of local rearrangements in soft colloidal glasses. Phys. Rev. Lett., 2016, 116: 238003.

[28] Liu S T, Wang Z, Yu H B, et al. The activation energy and volume of flow units of metallic glasses. Scripta Mater., 2012, 67: 9-12.

[29] Mermin L D. The topological theory of defects in ordered media. Rev. Mod. Phys., 1979, 51: 591-648.

[30] 冯端. 凝聚态物理的回顾和展望. 物理, 1984, 13: 193-211.

[31] Nabarro F R N. Theory of Dislocations. Clarendon Press, 1967.

[32] Bishop A R, Schneider T. Solitons and Condensed Matter Physics. New York: Springer, 1978.

[33] Krumhansl T, Schrieffer J R. Dynamics and statistical mechanics of a one-dimensional model Hamiltonian for structural phase transitions. Phys. Rev. B, 1975, 11: 3535-3545.

[34] Dasgupta R, Karmakar S, Procaccia I. Universality of the plastic instability in strained amorphous solids. Phys. Rev. Lett., 2012, 108: 075701.

[35] Lemaıtre A, Caroli C. Rate-dependent avalanche size in athermally sheared amorphous solids. Phys. Rev. Lett., 2009, 103: 065501.

[36] Karmakar S, Lemaitre A, Lerner E, et al. Predicting plastic flow events in athermal shear-strained amorphous solids. Phys. Rev. Lett., 2010, 104: 215502.

[37] Spaepen F. A microscopic mechanism for steady state inhomogeneous flow in metallic glasses. Acta Metall., 1977, 23: 407-415.

[38] Falk M L, Langer J S. Deformation and failure of amorphous, solidlike materials. Annual Review of Condensed Matter Physics, 2011, 2: 353-373.

[39] Dmowski W, Iwashita T, Chuang C P, et al. Elastic heterogeneity in metallic glasses. Phys. Rev. Lett., 2010, 105: 205502.

[40] Jiao W, Wen P, Peng H L, et al. Evolution of structural and dynamic heterogeneities and activation energy distribution of deformation units in metallic glass. Appl. Phys. Lett., 2013, 102: 101903.

[41] Wang W H, Yang Y, Nieh T G, et al. On the source of plastic flow in metallic glasses: concepts and models. Intermetallics, 2015, 67: 81-86.

[42] Huo L S, Zeng J F, Wang W H, et al. The dependence of shear modulus on dynamic relaxation and evolution of local structural heterogeneity in a metallic glass. Acta Mater., 2013, 61: 4329-4338.

[43] Yu H B, Shen X, Wang Z, et al. Tensile plasticity in metallic glasses with pronounced beta relaxations. Phys. Rev. Lett., 2012, 108: 015504.

[44] 汪卫华. 非晶中“缺陷”—流变单元研究. 中国科学: 物理学 力学 天文学, 2014, 44: 396-405.

[45] 王峥, 汪卫华. 非晶合金中的流变单元. 物理学报, 2017, 66: 176103.

[46] Shi Y, Falk M L. Strain localization and percolation of stable structure in amorphous solids. Phys. Rev. Lett., 2005, 95: 095502.

[47] Goyon J, Colin A, Ovarlez G, et al. Spatial cooperativity in soft glassy flows. Nature, 2008, 454: 84-87.

[48] Pan D, Inoue A, Sakurai T, et al. Experimental characterization of shear transformation zones for plastic flow of bulk metallic glasses. PNAS, 2008, 105: 14769.

[49] Mayr S G. Activation energy of shear transformation zones: a key for understanding rheology of glasses and liquids. Phys. Rev. Lett., 2006, 97: 195501.

[50] Fujita T, Wang Z, Liu Y H, et al. Low temperature uniform plastic deformation of metallic glasses during elastic iteration. Acta Mater., 2012, 60: 3741-3747.

[51] Liu S T, Jiao W, Sun B A, et al. A quasi-phase perspective on flow units of glass transition and plastic flow in metallic glasses. J. Non-Cryst. Solids, 2013, 376: 76-80.

[52] Liu Z Y, Yang Y. A mean-field model for anelastic deformation in metallic-glasses. Intermetallics, 2012, 26: 86-90.

[53] Falk M L, Langer J S. Dynamics of viscoplastic deformation in amorphous solids. Phys. Rev. E, 1998, 57: 7192-7205.

[54] Granato A V. Interstitialcy model for condensed matter states of face-centered-cubic metals. Phys. Rev. Lett., 1992, 68: 974-977.

[55] Johnson K L. Contact Mechanics. Cambridge: Cambridge University Press, 1985.

[56] Wang D P, Zhu Z G, Xue R J, et al. Structural perspectives on the elastic and mechanical properties of metallic glasses. J. Appl. Phys., 2013, 114: 173505.

[57] Zhu Z G, Wen P, Wang D P, et al. Characterization of flow units in metallic glass through structural relaxations. J. Appl. Phys., 2013, 114: 083512.

[58] Xue R J, Wang D P, Zhu Z G, et al. Characterization of flow units in metallic glass through density variation. J. Appl. Phys., 2013, 114: 123514.

[59] Golding B, Bagley B G, Hsu F S L. Soft transverse phonons in a metallic glass. Phys. Rev. Lett., 1972, 29: 68-70.

[60] Wang W H, Li L L, Pan M X, et al. Characteristics of the glass transition and supercooled liquid state of the $Zr_{41}Ti_{14}Cu_{12.5}Ni_{10}Be_{22.5}$ bulk metallic glass. Phys. Rev. B, 2001, 63: 052204.

[61] Safarik D J, Schwarz R B. Elastic constants of amorphous and single-crystal $Pd_{40}Cu_{40}P_{20}$. Acta Mater., 2007, 55: 5736-5746.

[62] Wang W H, Wang R J, Yang W T, et al. Stability of ZrTiCuNiBe bulk metallic glass upon isothermal annealing near the glass transition temperature. J. Mater. Res., 2002, 17: 1385-1389.

[63] Lind M L, Duan G, Johnson W L. Isoconfigurational elastic constants and liquid fragility of a bulk metallic glass forming alloy. Phys. Rev. Lett., 2006, 97: 015501.

[64] Ke H B, Wen P, Peng H L, et al. Homogeneous deformation of metallic glass at room temperature reveals large dilatation. Scripta Mater., 2011, 64: 966-969.

[65] Park K W, Lee C M, Wakeda M, et al. Elastostatically induced structural disordering in amorphous alloys. Acta Mater., 2008, 56: 5440-5450.

[66] Makarov A S, Khonik V A, Mitrofanov Y P, et al. Interrelationship between the shear modulus of a metallic glass, concentration of frozen-in defects, and shear modulus of the parent crystal. Appl. Phys. Lett., 2013, 102: 091908.

[67] Liu S T, Li F X, Li M Z, et al. Structural and dynamical characteristics of flow units in metallic glasses. Scientific Reports, 2017, 7: 11558.

[68] Widman-Cooper A, Perry H, Harrowell P, et al. Irreversible reorganization in a supercooled liquid originates from localized soft modes. Nature Physics, 2008, 4: 711-715.

[69] Xu N, Vitelli A, Liu A J, et al. Anharmonic and quasi-localized vibrations in jammed solids—Modes for mechanical failure. Euro. Phys. Lett., 2010, 90: 56001.

[70] Chen K, Manning M L, Yunker L P, et al. Measurement of correlations between low-frequency vibrational modes and particle rearrangements in quasi-two-dimensional colloidal glasses. Phys. Rev. Lett., 2011, 107: 108301.

[71] Manning M L, Liu A J. Vibrational modes identify soft spots in a sheared disordered packing. Phys. Rev. Lett., 2011, 107: 108302.

[72] Ghosh A, Chikkadi V, Schall P, et al. Connecting structural relaxation with the low frequency modes in a hard-sphere colloidal glass. Phys. Rev. Lett., 2011, 107: 188303.

[73] Hu L N, Yue Y. Secondary relaxation behavior in a strong glass. J. Phys. Chem. B, 2008, 112: 9053-9057.

[74] Li Y Z, Zhao L Z, Sun Y T, et al. Contribution of dynamical heterogeneity to heat capacity jump at glass transition. J. Appl. Phys., 2015, 118: 244905.

[75] Jiao W, Sun B A, Wen P, et al. Crossover from stochastic activation to cooperative motions of shear transformation zones in metallic glasses. Appl. Phys. Lett., 2013, 103: 081904.

[76] Jiao W, Wen P, Bai H Y, et al. Transiently suppressed relaxations in metallic glass. Appl. Phys. Lett., 2013, 103: 161902.

[77] Beukel A V, Sietsma J. The glass transition as a free volume related kinetic phenomenon. Acta Metall. Mater., 1990, 38: 383-389.

[78] Zhao L Z, Xue R J, Zhu Z G, et al. Evaluation of flow units and free volumes in metallic glasses. J. Appl. Phys., 2014, 116: 103516.

[79] Moynihan C T, Easteal A J, Tran D C, et al. Heat capacity and structural relaxation of mixed-alkali glasses. Journal of the American Ceramic Society, 1976, 59: 137-140.

[80] Hodge I M. Enthalpy relaxation and recovery in amorphous materials. Journal of Non-Crystalline Solids, 1994, 169: 211-266.

[81] Kumar G, Neibecker P, Liu Y H, et al. Critical fictive temperature for plasticity in metallic glasses. Nature Communications, 2013, 4: 1536.

[82] Bletry M, Guyot P, Blandin J J, et al. Free volume model: high-temperature deformation of a Zr-based bulk metallic glass. Acta Mater., 2006, 54: 1257-1263.

[83] Lacks D J, Osborne M J. Energy landscape picture of overaging and rejuvenation in a sheared glass. Phys. Rev. Lett., 2004, 93: 255501.

[84] Guan P, Chen M, Egami T. Stress-temperature scaling for steady-state flow in metallic glasses. Phys. Rev. Lett., 2010, 104: 205701.

[85] Choi I C, Zhao Y, Kim Y J, et al. Indentation size effect and shear transformation zone size in a bulk metallic glass in two different structural states. Acta Mater., 2012, 60: 6862-6868.

[86] Sun Y T, Cao C, Huang K, et al. Real-space imaging of nucleation and size induced amorphization in PdSi nanoparticles. Intermetallics, 2016, 74: 31-37.

[87] Krausser J, Samwer K H, Zaccone A. Interatomic repulsion softness directly controls the fragility of supercooled metallic melts. Proc. Natl. Acad. Sci. U. S. A., 2015, 112: 13762.

[88] Yu J H, Shen L Q, Sopu D, et al. Critical growth and energy barriers of atomic-scale plastic flow units in metallic glasses. Scripta Mater., 2021, 202: 114033.

[89] Wang Z, Ngai K, Wang W H. Understanding the changes in ductility and Poisson's ratio of metallic glasses during annealing from microscopic dynamics. J. Appl. Phys., 2015, 118: 034901.

[90] Jiang H Y, Luo P, Wen P, et al. The near constant loss dynamic mode in metallic glass. J. Appl. Phys., 2016, 120: 145106.

[91] Wang B, Wang L L, Wang W H, et al. Understanding the maximum dynamical heterogeneity during the unfreezing process in metallic glasses. J. Appl. Phys., 2017, 121: 175106.

[92] Yue Y, Angell C A. Clarifying the glass-transition behaviour of water by comparison with hyperquenched inorganic glasses. Nature, 2004, 427: 717-720.

[93] Ke H B, Wen P, Zhao D Q, et al. Correlation between dynamic flow and thermodynamic glass transition in metallic glasses. Appl. Phys. Lett., 2010, 96: 251902.

[94] Cao X F, Gao M, Zhao L, et al. Microstructural heterogeneity perspective on the yield strength of metallic glasses. J. Appl. Phys., 2016, 119: 084906.

[95] Zhao L Z, Xue R J, Li Y Z, et al. Revealing localized plastic flow in apparent elastic region before yielding in metallic glasses. J. Appl. Phys., 2015, 118: 244901.

[96] Wu Y C, Wang B, Hu Y C, et al. The critical strain - a crossover from stochastic activation to percolation of flow units during stress relaxation in metallic glass. Scripta Mater., 2017, 134: 75-79.

[97] Ge T P, Gao X, Huang B, et al. The role of time in activation of flow units in metallic glasses. Intermetallics, 2015, 67: 47-51.

[98] Ge T P, Wang W H, Bai H Y. Revealing flow behaviors of metallic glass based on activation of flow units. J. Appl. Phys., 2016, 119: 204905.

[99] Zhao L Z, Li Y Z, Xue R J, et al. Evolution of structural and dynamic heterogeneities during elastic to plastic transition in metallic glass. J. Appl. Phys., 2015, 118: 154904.

[100] Lu Z, Yang X, Sun B A, et al. Divergent strain acceleration effects in metallic glasses. Scr. Mater., 2017, 130: 229-233.

[101] Yang B, Liu C T, Nieh T G. Unified equation for the strength of bulk metallic glasses. Appl. Phys. Lett., 2006, 88: 221911.

[102] Liu Y H, Liu C T, Wang W H, et al. Thermodynamic origins of shear band formation and universal scaling law of metallic glass strength. Phys. Rev. Lett., 2009, 103: 065504.

[103] Wang W H. Correlation between relaxations and plastic deformation, and elastic model of flow in metallic glasses and glass-forming liquids. J. Appl. Phys., 2011, 110: 053521.

[104] 冯端, 等. 金属物理学 第三卷: 金属力学性质. 北京: 科学出版社, 1999.

[105] Huang B, Bai H Y, Wang W H. Relationship between boson heat capacity peaks and evolution of heterogeneous structure in metallic glasses. J. Appl. Phys., 2014, 115: 153505.

[106] Lu Y J, Guo C C, Huang H S, et al. Quantized aging mode in metallic glass-forming liquids. Acta Mater., 2021, 211: 116873.

[107] Ju J D, Jang D, Nwankpa A, et al. An atomically quantized hierarchy of shear transformation zones in a metallic glass. J. Appl. Phys., 2011, 109: 053522.

[108] Atzmon M, Ju J D. Microscopic description of flow defects and relaxation in metallic glasses. Phys. Rev. E, 2014, 90: 042313.

[109] Lei T J, Rangel DaCosta L, Liu M, et al. Composition dependence of metallic glass plasticity and its prediction from anelastic relaxation - A shear transformation zone analysis. Acta Mater., 2020, 195: 81-86.

[110] Lei T J, Rangel DaCosta L, Liu M, et al. Shear transformation zone analysis of anelastic relaxation of a metallic glass reveals distinct properties of α and β relaxations. Phys. Rev. E, 2019, 100: 033001.

[111] Wang D P, Zhao D, Ding D, et al. Understanding the correlations between Poisson's ratio and plasticity based on microscopic flow units in metallic glasses. J. Appl. Phys., 2014, 115: 123507.

[112] Lewandowski J J, Wang W H, Greer A L. Intrinsic plasticity or brittleness of metallic glasses. Philosophical Magazine Letters, 2005, 85: 77-87.

[113] Johnson W, Samwer K. A universal criterion for plastic yielding of metallic glasses with a temperature dependence. Phys. Rev. Lett., 2005, 95: 195501.

[114] Gao M, Ding D, Zhao D, et al. Fracture morphology pattern transition dominated by the crack tip curvature radius in brittle metallic glasses. Mater. Sci. Eng. A, 2014, 617: 89-96.

[115] Gao M, Cao X, Ding D, et al. Decoding flow unit evolution upon annealing from fracture morphology in metallic glasses. Mater. Sci. Eng. A, 2007, 686: 65-72.

[116] Xi X K, Zhao D Q, Pan M X, et al. Fracture of brittle metallic glasses: brittleness or plasticity. Phys. Rev. Lett., 2005, 94: 125510.

[117] Ritchie R O. The conflicts between strength and toughness. Nature Mater., 2011, 10: 817-822.

[118] Wang W H. Dynamic relaxations and relationships of relaxation-property in metallic glasses. Progress in Materials Science, 2019, 106: 100561.

[119] Zhang Q D, Zu F Q, Xue R J, et al. Towards plastic metallic glasses by manipulating their supercooled liquid. To be published.

[120] Johnson W L, Kaltenboeck G, Demetriou G M D, et al. Beating crystallization in glass-forming metals by millisecond heating and processing. Science, 2011, 332: 828-833.

[121] Lu Z, Jiao W, Wang W H, et al. Flow unit perspective on room temperature homogeneous plastic deformation in metallic glasses. Phys. Rev. Lett., 2014, 113: 045501.

[122] Ketov S, Sun Y, Nachum S, et al. Rejuvenation of metallic glasses by non-affine thermal strain. Nature, 2015, 524: 200-203.

[123] Gao M, Dong J, Huan Y, et al. Macroscopic tensile plasticity by scalarizating stress distribution in bulk metallic glass. Sci. Report, 2016, 6: 21929.

[124] Wang Z T, Pan J, Li Y, et al. Densification and strain hardening of a metallic glass under tension at room temperature. Phys. Rev. Lett., 2013, 111: 135504.

[125] Yu H B, Tylinski M, Guiseppi-Elie A, et al. Suppression of relaxation in vapor-deposited ultrastable glasses. Phys. Rev. Lett., 2015, 115: 185501.

[126] Xue R J, Zhao L Z, Shi C, et al. Enhanced kinetic stability of a bulk metallic glass by high pressure. Appl. Phys. Lett., 2016, 109: 221904.

[127] Wang C, Yang Z Z, Ma T, et al. High stored energy of metallic glasses induced by high pressure. Appl. Phys. Lett., 2017, 110: 111901.

[128] Parisi G, Sciortino F. Structural glasses: flying to the bottom. Nature Mater., 2013, 12: 94-97.

[129] Stachurski Z H. Definition and properties of ideal amorphous solids. Phys. Rev. Lett., 2003, 90: 155502.

[130] Sun D, Shang C, Liu Z, et al. Intrinsic features of an ideal glass. Chin. Phys. Lett., 2017, 34: 026402.

[131] 汪卫华. 理想非晶研究进展. 安徽师范大学学报(自然科学版), 2013, 36: 409-413.

[132] Guo Y, Morozov A, Schneider D, et al. Ultrastable nanostructured polymer glasses. Nature Mater., 2012, 11, 337-343.

[133] Singh S, Ediger M D, de Pablo J J. Ultrastable glasses from in silico vapour deposition. Nature Mater., 2013, 12: 139-144.

[134] Swallen S F, et al. Organic glasses with exceptional thermodynamic and kinetic stability. Science, 2007, 315: 353-356.

[135] Luo P, Cao C R, Zhu F, et al. Ultrastable metallic glasses formed on cold substrates. Nature Commun., 2018, 9: 1389.

[136] Yu H B, Luo Y S, Samwer K. Ultrastable metallic glass. Adv. Mater., 2013, 25: 5904-5908.

[137] Kauzmann W. The nature of the glassy state and the behavior of liquids at low temperatures. Chem. Rev., 1948, 43: 219-256.

[138] Zhu L, Brian C W, Swallen S F, et al. Surface self-diffusion of an organic glass. Phys. Rev. Lett., 2011, 106: 256103.

[139] Cao C R, Lu Y M, Bai H Y, et al. High surface mobility and fast surface enhanced crystallization of metallic glass. Appl. Phys. Lett., 2015, 107: 141606.

[140] Zhang P, Maldonis J J, Liu Z, et al. Spatially heterogeneous dynamics in a metallic glass forming liquid imaged by electron correlation microscopy. Nature Comm., 2018, 9: 1129.

[141] Simon F. Ergebnisse der exakten. Naturwiss, 1930, 9: 222.

[142] Martinez L M, Angell C A. A thermodynamic connection to the fragility of glass-forming liquids. Nature, 2001, 410: 663-667.

[143] 王超. 金属玻璃的高压退火改性及其结构起源. 北京: 中国科学院物理研究所, 2017.

第 10 章 非晶物质的动力学：原子分子的舞蹈

格言

♣ 静止就是死亡，只有运动才能敲开永生的大门。——泰戈尔

♣ 如果爱因斯坦关注的是 1854 年 Kohlrausch 的发现，而不是 1827 年布朗的实验结果，多体关联系统的弛豫和扩散是否早已被解决了呢？机缘巧合，爱因斯坦没有关注这一问题，从而这一问题一直保留至今。——K L Ngai

梵高《玻璃杯中的杏花枝》(左)；花瓶(非晶玻璃)，花(软物质)和水(液体)(右)：从动力学上看它们都是等价的，只是时间尺度不同

10.1　引　言

非晶物质为什么能形成？为什么会衰变和失稳？非晶物质为什么会表现出独特的物理化学性质？为什么我们人或者生命会衰老？这些现象都和非晶物质的动力学有关。

物理学的一个基本思想是：热使得所有物体中的微观粒子不停地运动。非晶物质也不例外，非晶物质的故事就是其组成粒子运动的故事，组成非晶物质的各种粒子在不停地运动和舞蹈。其运动和舞蹈的方法和特征，以及随温度和压力发生的变化规律非常独特。在非晶物理和材料领域，把组成非晶物质的各种粒子不停地运动和舞蹈用专业词汇“弛豫”来描述，对非晶物质中粒子的各种运动和弛豫过程、演化、特征、规律、结构起源以及机理的研究就是非晶动力学。动力学及其演化决定了非晶物质的形成、特性和性能。

在非晶物质中，所有的原子都做着永不停歇的运动。当液体状态冷却并开始向非晶固体转变时，其粒子平动速度就会减慢，最终变得极其缓慢，体系这时转变成为非晶态。非晶物质就是液体的动力学急剧变慢，最后导致结构弛豫时间大于实验观察时间尺度而失去平衡态后形成的固体，又称冻结的液体。非晶物质中的动力学弛豫是一个复杂的原子、分子级的运动，其运动规律复杂，科学家还在探索其中的奥秘。非晶物质动力学是其复杂和非均匀微观结构及多体相互作用的表现。亚稳、非均匀是造成非晶物质具有多重、复杂动力学谱的原因。

动力学是从时间域来认识非晶物质的，是理解非晶物质态的本质、玻璃转变、形成物理机理、调制和设计非晶材料的性能的重要途径和窗口。如图 10.1 所示，目前对非晶物质的研究主要是在空间域(非晶物质的结构、组成非晶粒子的位置和排列方式)和能量域

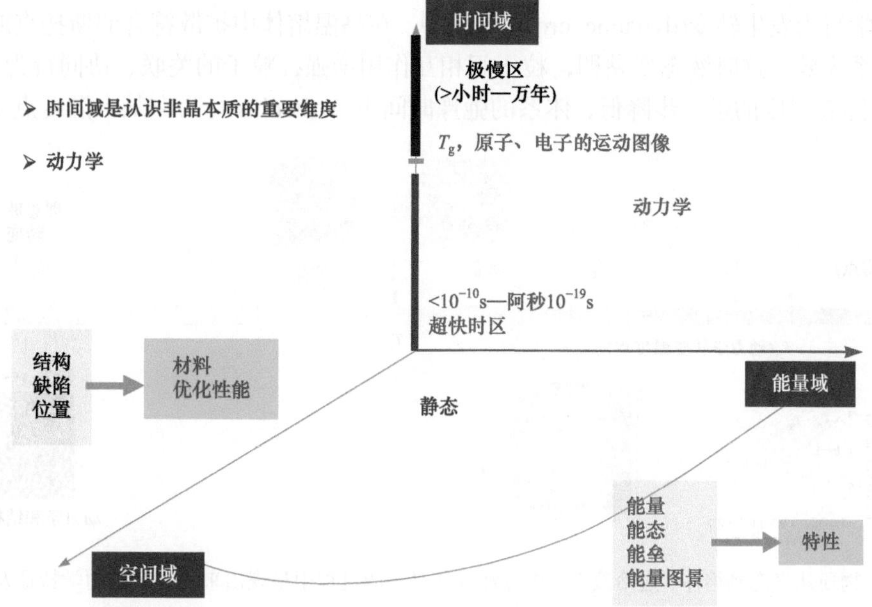

图 10.1　研究非晶物质的空间域、能量域和时间域，从时间域研究即非晶动力学课题

(非晶物质的熵、能态和能垒等)。由于非晶物质中粒子要么运动太快：在液态粒子运动时间尺度很快，<10^{-10} s；要么极慢：在非晶态，其粒子运动平均时间在～10^{9} s尺度；要么转变过程时间尺度跨度巨大：在非晶形成过程中粒子平均弛豫时间很快在T_g温度点附近从～10^{-10} s转变成10^{9} s，时间尺度跨度约20个量级。因此，对非晶动力学的研究非常困难。近年来，超高时间分辨的超快实验手段如自由电子激光，阿秒光源，一些具有缩时效应的超重离心机、应力弛豫等动力学研究方法的发展，为非晶物质动力学研究的突破带来希望和可能。

10.1.1 物质从气态凝聚到非晶态的动力学图像

首先看看物质从气态随温度降低凝聚成非晶物质的过程中，其组成粒子的动力学行为、模式、特征等随温度的演化的图像。

我们以相对简单的金属(如CuZr合金)随温度从气态凝聚到非晶态作为例子，来概述动力学演化图像全貌。图10.2是金属从气态到熔体，再到过冷液态，再冷却成非晶态的过程中呈现出来的复杂动力学行为和特征的演化图像示意图，以及对应的动力学重要转变温度点。物质从气态(温度$T > T_b$，凝结温度)随着温度降低在凝结温度T_b附近凝聚成液态。进一步冷却，熔体由高温(高于T_m)快冷到玻璃转变温度(T_g)时，体系表现出不同的复杂动力性特征，对应多个重要的动力学转变温度点，如图10.2所示。在T_b温度以上，气体中粒子之间除了碰撞，几乎没有相互作用，粒子做随机的无规热运动，其运动符合经典微观统计理论。在高温熔体中($T_b > T > T_A$)，因为粒子能量高，相互作用不强，其动力学仍近似是一个单体问题，即布朗运动，其动力学符合斯托克斯-爱因斯坦关系(Stokes-Einstein relation，SE)。爱因斯坦通过解释布朗运动，对证实分子、原子的存在做出重要贡献。爱因斯坦对布朗运动的新见解包括：黏性和扩散存在一定的关系，并建立了黏度和扩散的关系，即斯托克斯-爱因斯坦关系。在高于熔点T_m某一个温度T_A，熔体中动力学行为发生转变(dynamic crossover)[1-3]，在高温熔体中扩散符合的斯托克斯-爱因斯坦关系失效，这时液态变黏稠，粒子间相互作用增强，粒子的关联、协同行为大大增强[4-7]。随着温度的进一步降低，体系的弛豫时间由Arrhenius行为在某个温度点T_c转变

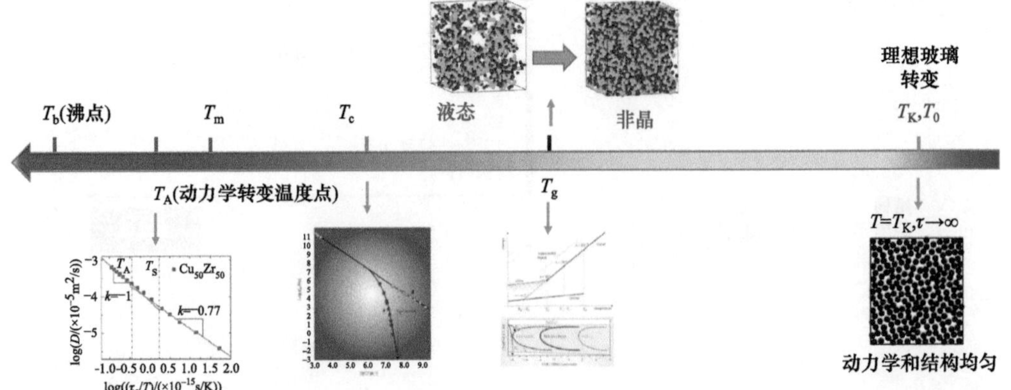

图10.2 物质从气态到熔体、过冷液态，再冷却成非晶态的过程中呈现出来的复杂动力学特征及其对应的动力学重要转变温度点

为非 Arrhenius 行为[8-9]，弛豫机制解耦，弛豫从单一的弛豫模式分裂成α和β两个弛豫模式。由于这些动力学现象都发生在玻璃转变之前，其结构起源，它们之间的关系，以及对玻璃转变的影响，对认识非晶物质本质、玻璃转变现象具有重要的意义。大量模拟和实验研究认为这些动力学行为都和动力性不均匀性有关[10-13]。关于 SE 规律和动力学不均匀性的关系，这些动力学现象之间(如 SE 关系失效和模态脱耦的关系)具有什么联系，这些复杂的动力学行为的结构起源，都是饱受争议的热点非晶物理问题。

当熔体由高温快冷到 T_g 时，最奇特的动力学现象发生了，体系的主要动力学行为会骤然停顿，其弛豫时间突然增加十几个量级，同时，体系从液态转变成非晶玻璃态。在非晶态，粒子间有更强的相互作用，但动力学行为实际上并没有停止，只是其时间尺度大大超过人们实验室观察时间尺度(分钟量级以上，甚至年的量级)，同时动力学行为变得更加不均匀。理论推测，玻璃转变点 T_g 和冷却速率有关，存在一个理想玻璃转变点 T_K 或者 T_0，在这个临界点动力学温度点弛豫时间趋向无穷大。

在非晶态，粒子间有更强的相互作用，这导致复杂的、多样的动力学行为。此外，非晶物质粒子的振动行为也具有不同于晶体的反常动力学行为，有一个特征玻色峰，甚至有更高能量的动力学模式。

图 10.3 给出简单的原子非晶物质体系(非晶合金)动力学行为随温度演化相对应的原子结构变化的示意图。对于合金熔体，由于较强的相互作用，每个原子都被一堆其他原子紧紧包围着，类似笼子的囚禁作用。在高温下，$T \gg T_m$，已经测量出熔融金属液体中原子的平均弛豫时间，即一个原子从一团原子(笼子)中弹跳出来或失去相邻原子的平均时间为 $\tau < 10^{-13}$ s(约十万亿分之一秒)。即原子每 1 皮秒(10^{-12} s，万亿分之一秒)时间后它们就有了一组新“邻居”。这时原子的运动类似布朗运动，其关联函数是最为简单的时间指数方程，其弛豫时间符合 Arrhenius 关系，即 $\phi(t) = \exp(t/\tau)$。其扩散系数 D 符合斯托克斯-爱因斯坦关系[4-7]：

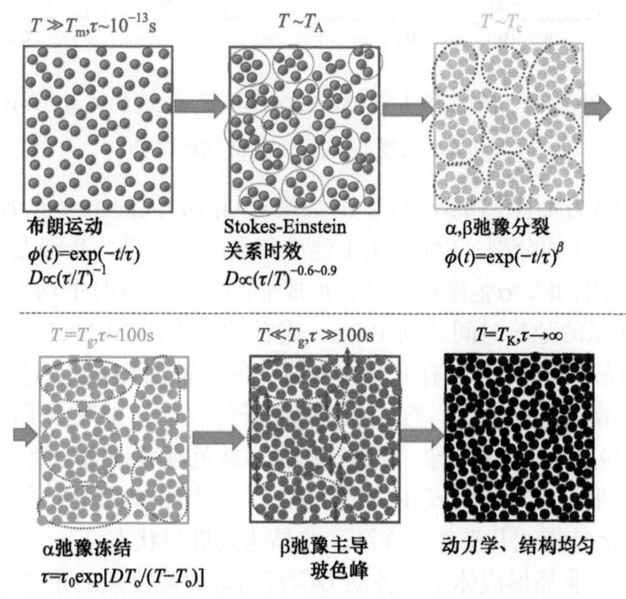

图 10.3　非晶物质体系动力学行为随温度演化相对应的原子结构变化的示意图

$$D \propto (\tau/T)^{-1} \tag{10.1}$$

随着温度的进一步降低，原子和“邻居”原子的联系变得越来越紧密，即笼子囚禁的越来越紧。液体温度越低，原子移动得越慢。在温度靠近 T_A 附近，原子已经稠密到使单个原子运动很困难了。这时原子最理想的方法是和周围原子一起做减速运动，同时保持相同的速度(图 10.3)。即当熔体的温度降低到 T_A 时，具有相似对称性的原子在空间上开始相互关联，也称集体协同运动(collective motion)，动力学行为变得不均匀了。粒子无法再做布朗运动[14]，SE 关系因此失效。即扩散系数和弛豫时间的关系变成

$$D \propto (\tau/T)^{-0.6\sim0.9} \tag{10.2}$$

同时，液体动力学由简单液体的 Arrhenius 关系过渡到过冷液体的非 Arrhenius 关系，即 KWW 关系：$\phi(t) = \exp(t/\tau)^{\beta}$ $(0<\beta<1)$。

随着温度的进一步降低，液体的动力学行为变得越来越不均匀，原子关联越来越强，协同运动的原子数越来越多，即关联尺度越来越长。图 10.4 是模拟给出的弛豫时间与静态和动态关联长度 ξ_s 和 ξ_d 之间的关系，以及弛豫时间和关联长度随着温度的演化规律[15]。随着弛豫时间的增加，静态和动态关联长度都呈指数规律增加：$\tau_\alpha \sim \xi^{\gamma}$。弛豫时间、静态和动态关联长度也都随温度降低而增加，ξ_s 和 ξ_d 随温度的变化规律可以由 $\xi \sim (T/T_c - 1)^{\varepsilon}$ 描述。

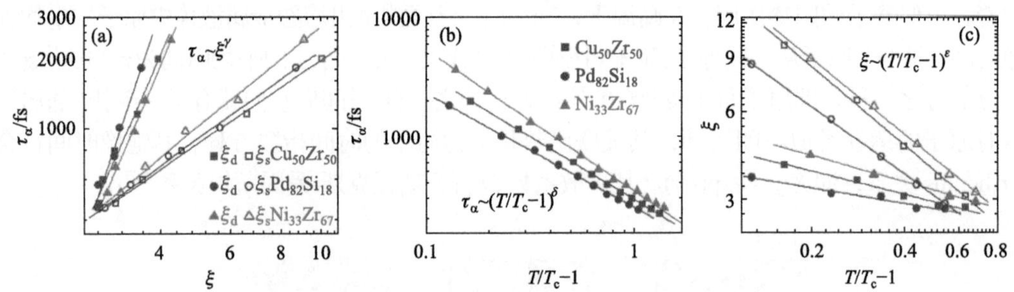

图 10.4 非晶物质(a)弛豫时间 τ_α 与静态和动态关联长度(ξ_s 和 ξ_d)之间的关系；(b)和(c)分别是弛豫时间 τ_α 和关联长度 ξ 随着温度的演化规律[15]

随着温度降低到 T_c 时(图 10.3)，体系的弛豫时间降到大约 10^{-9} s，原子相互关联尺度足够大，发生弛豫模式的分裂，β弛豫从主弛豫分裂出来；进一步降温到 T_g 温度点，大部分原子的平移运动停止，α弛豫被冻结，形成非晶固体，这时平均弛豫时间 $\tau \gg 10^2$ s，通常公认在 T_g 处体系的弛豫时间达到 100 s，或者黏度达到 10^{13} P(1 P = 10^{-1} Pa · s)。

实际上在非晶态，α弛豫并没有完全被冻结，在局部纳米区域，还存在扩散、原子笼子结构的破坏，松散原子的移动，类液态区域原子的移动，松散原子的振荡行为等多种原子运动模式。这些运动对应β弛豫、高次快弛豫、玻色峰等动力学弛豫模式。理论推测，当温度达到 T_K 时，平均弛豫时间 τ 趋向∞，非晶态在结构和动力学完全均匀，原子除了振动以外，其他局域运动模式几乎都被冻结，非晶达到理想状态。

图 10.5 示意原子非晶形成体系在各动力学行为临界温度点的主要原子运动模式。非晶体系在高温熔体的动力学模式是布朗运动，体系的势能垒较为平坦；当温度降低到 T_A

附近时，出现集体协同运动，在势能垒中出现了一些较浅的低谷；到 T_c 附近，动力学关联区域的形成，原子运动高度局域化，液体的结构达到一种临界状态，以至于势能垒中出现具有不同深度的低谷，体系中同时出现较多运动快和运动慢的原子，导致体系动力学表现为显著的非均匀性；随着协同运动的程度以及结构弛豫激活能的增加，体系的动力学会在降温时进一步变慢，降温到 T_g 温度点，大部分原子的平移运动停止，α弛豫被冻结，平移原子运动只发生在松散的纳米尺度的类液区——流变单元中；最后在 T_K 温度，原子的运动几乎停止，非晶物质达到理想状态。以上是非晶物质动力学的简化图像及随温度的演化，实际动力学问题比这个图像要复杂很多。

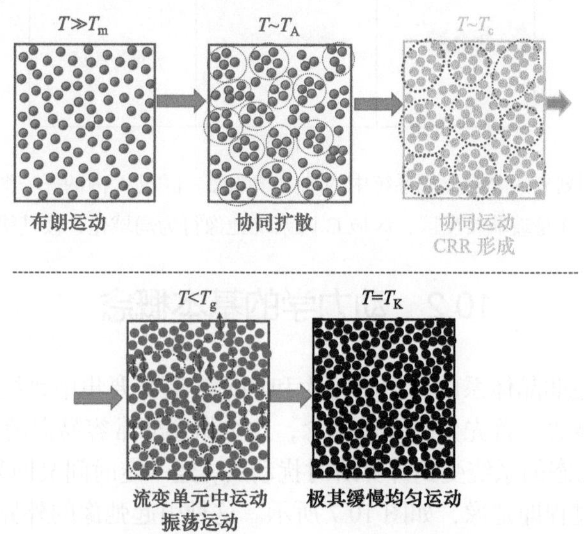

图 10.5　原子非晶形成体系在各动力学行为临界温度点的主要原子运动模式

10.1.2　非晶物质不同温度区间的动力学

为了方便研究和描述非晶态物质中的动力学，动力学弛豫现象的研究一般按照温度范围从过冷液体冷却最终得到非晶态的过程，大致分为三个区域：A-过冷液体中的弛豫，C-非晶态中的弛豫，以及 B-玻璃转变过程，如图 10.6 所示。图中区域 A 是熔点到 T_g 点以上温区，在这一温区内的任一温度下系统都处于平衡，系统都是各态历经的。α弛豫是这一温区主要动力学模式；B 是玻璃转变区，在该区动力学发生最剧烈的变化，在实验观察的时间尺度内系统无法达到平衡态从而形成非晶态，α弛豫被冻结；区域 C 内系统弛豫行为局域化，极其缓慢，系统处于非平衡态。但是，在这极其缓慢的时间尺度下也存在着丰富的动力学行为，如和振动相关的玻色峰、衰变、β弛豫等，甚至比β弛豫更快的高次局域动力学模式。这些行为对非晶物质的性质影响很大。

本章系统介绍非晶物质各种动力学的基本概念，各种动力学行为、特征，目前研究动力学的各种实验和模拟手段，详细介绍非晶物质中丰富多彩的各种动力学模式及其特征、结构起源、它们之间的关联和耦合，特别是这些动力学模式和非晶物质特征以及性能的关联。还证明了动力学研究的意义和作用，特别是对认识非晶物质本质、非晶性能调控和优化的作用。本章希望传递的主要思想是：动力学是目前认识非晶物质的主要窗口和途径，动力学和非晶材料性能的关联，类似晶体材料中的构效关系，能够帮助调控、优化和设计非晶物质的性能，帮助高性能非晶材料的研发。

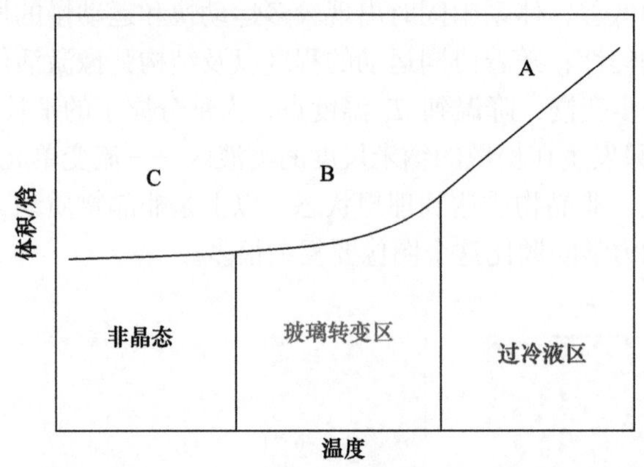

图 10.6 按照温度范围划分的非晶形成系统中的动力学弛豫。区域 A 内的任一温度下系统都处于内平衡，B 是玻璃转变区，区域 C 内系统弛豫行为局域化，极其缓慢

10.2 动力学的基本概念

为了认识和描述非晶体系的动力学行为和特征，有必要集中系统表述非晶物质动力学一些重要的基本概念。首先介绍弛豫概念，这个概念非常容易混淆。

弛豫：处于平衡态的系统受到外界瞬时扰动后，经一定时间又回复到原来的平衡态，系统所经历的这一过程即弛豫，如图 10.7 所示。这种引起弛豫的外界瞬时扰动可以是应力、电场、磁场、温度等，造成的弛豫可以相应地通过测量应变、电位移、磁输出、焓等来研究[16-17]。需要说明的是，引起弛豫的外界瞬时扰动必须足够小，小到不至于改变系统本征状态。通常采用周期性的外界瞬时扰动 $I = I_0\cos(\omega t)$，其中 ω 是频率，I_0 是初始强度。非晶物质弛豫的载体可以是颗粒(particles)、原子、分子、粒子、聚合物链等。弛豫和时间密切相关，所以常用平均弛豫时间 τ 来表征它。

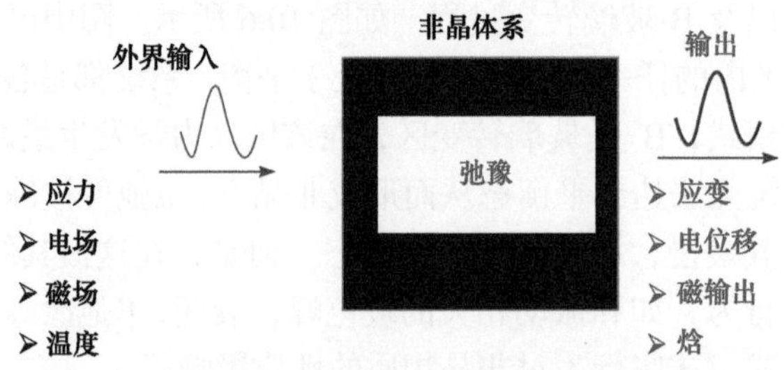

图 10.7 非晶物质系统弛豫的示意图

平均本征弛豫时间 τ：处于平衡态的系统受到外界瞬时微小扰动后，经一定时间回复到原来的平衡态所经历的这一段时间即本征弛豫时间 τ。它是系统因扰动平衡态失衡后，重新达到动力学平衡所需的时间。平均本征弛豫时间 τ 是动力学系统的一种特征时间，是系统的某种变量由暂态趋于某种稳定态所需要的时间。在统计力学和热力学中，弛豫时

间表示系统由不稳定态趋于某稳定的定态所需要的时间。物理上，弛豫时间就是系统调整自己随环境变化所需的时间。对于一个非晶形成体系，在特定温度具有不同的本征弛豫时间τ，或者称作剪切弛豫时间τ_s。即该体系原子或粒子平衡运动的平均时间尺度，也即粒子平均速度。例如，液体在T_m时，原子的τ_s大概是10^{-13} s，表明粒子迁移速度很快。弛豫时间尺度是描述非晶无序体系的重要概念。一个非晶体系的很多性质由其平均本征弛豫时间τ决定。例如，如果观察时间小于τ_s的话，每种液体都可以被看作固体或者是非晶态。另外，由于非晶物质处于非平衡态，它的性质会随着时间发生改变。

黏滞系数η：黏滞系数又称为内摩擦系数或黏度，是描述物质包括非晶、液体内摩擦力性质的一个重要物理量。在非晶物质中，它表征物质反抗形变或流变的能力，是表征非晶形成能力、动力学行为的重要参量。黏滞系数因材料而异，对温度和压力都很敏感，液体的黏滞系数随着温度升高而减少。为了对黏滞系数有个量级的印象，这里给出水的黏滞系数，$\eta = 8.0 \times 10^{-4}$ Pa · s；在玻璃转变处的所有非晶形成液体的黏滞系数是$\eta = 10^{13}$ Pa · s。什么流体的黏滞系数最小？1957 年，美国加利福尼亚理工学院宣布：在液氦Ⅱ里，黏性系数小的测量不到，它是黏滞系数为零的理想流体，即超流体。什么流体的黏滞系数最大？理想非晶物质态的黏滞系数达到无穷大。其他所有物质的黏滞系数介于其间。

激活能ΔE：日常生活经验告诉我们，如果对一锅水加热(增加水分子的动能)，当温度升高到某个临界点时，水会蒸发，但锅里的水不会一起全部蒸发掉，另外，蒸发会使剩余的水冷却，这是为什么呢？因为水分子需要特定的能量ΔE_b才能摆脱它的邻居的束缚，即任何一个水分子要离开锅，都必须拥有一定的能量才能成功逃逸，这个能量就是该分子的激活能。按照玻尔兹曼分布律，水中分子的动能有个分布，即玻尔兹曼分布：$P \propto \exp[-\Delta E/k_BT]$。蒸发掉一部分的效果是“修剪”了玻尔兹曼分布。去掉了其中的高能分子，剩下的平均动能要小一些，导致水不会继续蒸发掉。一般来说，一个过程的激活能和温度的依赖关系都符合 Arrhenius 关系：$\exp[-\Delta E_b/k_BT]$。激活能或能垒的概念是表征相变、转变或者与化学反应有关的重要概念。

对非晶物质，激活能就是使非晶体系粒子离开平衡位置迁移到另一个新的平衡或非平衡位置，即某个动力学模式被激活所需要的能量。任何一种动力学行为和模式的启动都需要克服能量势垒。激活能数值大小反映动力学过程的难易程度。动力学激活能的物理意义是某个动力学模式产生过程中必须克服周围粒子对其的阻碍，即必须克服势垒。激活能数值大小也和物质的键合、模量、成分、结构等因素有密切的关系。因此，对一种动力学模式激活能的研究是理解该动力学的主要途径和方法。

均方位移(mean-squared displacement)：是原子经过一段时间运动的位移大小的平方[18,19]：

$$\left\langle \Delta r^2(t) \right\rangle = \frac{1}{N}\left\langle \sum_{j=1}^{N}\left[\boldsymbol{r}_j(t)-\boldsymbol{r}_j(0)\right]^2 \right\rangle \left\langle \Delta r^2(t) \right\rangle = \frac{1}{N}\left\langle \sum\nolimits_{j=1}^{N}\left[\boldsymbol{r}_j(t)-\boldsymbol{r}_j(0)\right]^2 \right\rangle \tag{10.3}$$

其中N是原子数目，$\boldsymbol{r}_j(t)$代表j原子在t时刻的位置。非晶形成液体的均方位移如图 10.8(a)所示[20]。当时间间隔很小时，原子在其初始位置振动。随着时间的延长，均方位移先会经历一个台阶然后继续增大，最后表现为扩散运动模式。随着温度的降低，平台的高度会有所降低，而且持续的时间增加。图 10.8(b)是过冷液体中原子在结构弛豫时间间隔的运动位移的空间分布特征，其分布是不均匀的。

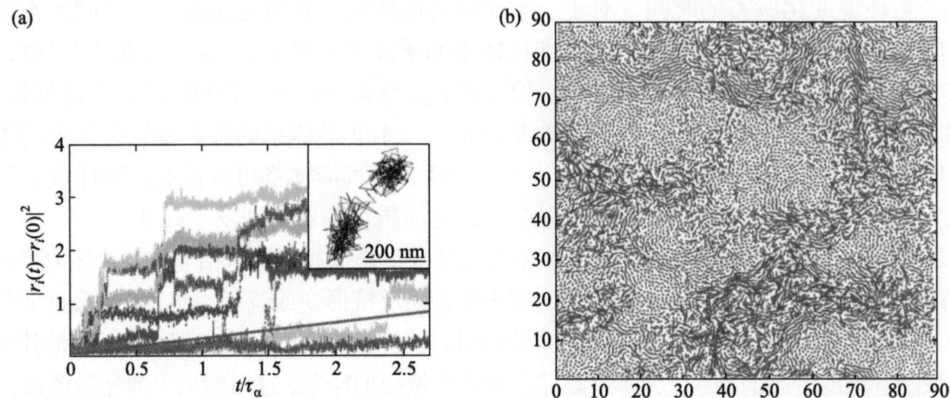

图 10.8 (a)过冷液体单原子的均方位移随时间的演化规律，横轴时间被结构弛豫时间约化。实线为整体平均的均方位移，插图为单原子在空间的运动轨迹；(b)过冷液体中原子在结构弛豫时间间隔的运动位移的空间分布特征[18-19]

笼效应(cage effect)：笼效应概念是形象表达非晶物质中粒子运动物理图像的一种模型。卢梭说过：人生而自由，却无往不在枷锁中。在凝聚态物质中的原子也是这样。在温度较低时，强关联的相互作用使得非晶体系中每个原子的运动不是自由的，而是被其周围的近邻原子所限制，这些近邻原子像一个笼子一样束缚着原子的运动，同时这个原子和其他原子也形成对其他原子的囚笼作用。只有经历过一定的时间，该原子才有一定的概率逃脱周围原子的束缚，但会落入另一个笼子。随着温度的降低，原子排列的致密度会增加，笼效应或者囚禁作用会增强。笼效应的出现被认为是非晶动力学不均匀的标志性特征。计算模拟表明，在一般的液体中，原子的振动周期为 10^{-12} s；原子在一个笼里要反复经历～10000次碰撞，最后才能随机地从笼中逸出，并掉进另一个笼中，在那里它又要停留同样长的时间，进行千百次的碰撞。这种过程不断重复，形成宏观非晶物质的动力学行为。

自散射关联函数(self-intermediate scattering function)：非晶物质、过冷液体的动力学的演化一般用其弛豫时间表征，而弛豫行为通常可用中间散射函数来描述[18]。在光散射和 X 射线衍射，中子等散射、电镜实验中，也通常用中间散射函数(intermediate scattering function)来表征体系的弛豫行为。在计算机模拟中，自关联部分的中间散射函数也经常用来表征非晶物质的弛豫行为。中间散射函数与密度-密度关联函数的傅里叶变换相关，其定义如下：

$$F(q,t)=\frac{1}{N}\left\langle \rho_{-\boldsymbol{q}}(0)\rho_{\boldsymbol{q}}(t)\right\rangle=\frac{1}{N}\left\langle \sum_{ij}\mathrm{e}^{-\mathrm{i}\boldsymbol{q}\cdot\boldsymbol{r}_i(0)}\mathrm{e}^{\mathrm{i}\boldsymbol{q}\cdot\boldsymbol{r}_j(t)}\right\rangle \tag{10.4}$$

该函数给出了体系中粒子在波矢 $\boldsymbol{q}$ 所给定的空间尺度内的所有动力学信息。当公式中的求和部分有 $i=j$ 时，公式退化为该函数的非相干部分，又称为非相干散射函数(incoherent intermediate scattering function)或自散射函数(self-intermediate scattering function，SISF)，通常标记为 $F_s(q_p\ t)$或者 $F_s(q,t)$，它表征两点密度-密度关联随时间的演化关系，即：

$$F_s(\boldsymbol{q}_p,t)=\frac{1}{N}\left\langle\sum_j^{N_p}\exp\left[\mathrm{i}\boldsymbol{q}_p(\boldsymbol{r}_j(t)-\boldsymbol{r}_j(0))\right]\right\rangle \tag{10.5}$$

其中 $\boldsymbol{q}$ 为波矢，其波数通常对应于体系结构因子主峰的位置。自散射函数 $F_s(q, t)$ 可直接从散射实验得到。均方位移中平台持续的时间代表着笼效应的作用时间尺度，如图 10.9 所示。整个体系原子的平均结构弛豫时间可以通过计算过冷液体自散射关联函数在不同温度下的 $F_s(q,t)$ 得到，如图 10.9(b)所示。它的变化趋势对应着均方位移的变化。当温度降低时，在某一温度和压强下，$F_s(q,t)$ 中也会出现一个平台，体系的弛豫行为由单步弛豫模式演化为两步弛豫，$F_s(q,t)$ 表现出两步弛豫行为，分为短时间的 β 弛豫和长时间的 α 弛豫。平台的长度会随着温度的降低而增加。在计算机模拟中，结构弛豫时间通常根据 $F_s(q,t)$ 来定义，比如 $F_s(q,\tau_\alpha)=1/e$。$F_s(q,t)$ 的另外一个重要特征是 α 弛豫的非指数型。如果用方程 $F_s(q,t)=A\exp\left[-(t/\tau_\alpha)^\beta\right]$ 来拟合 α 弛豫，指数 β 在具有明显平台的温度区间始终小于 1.0。这表明整个体系不同，原子的弛豫时间是不同的，它们在空间有一个分布。即体系呈现动力学不均匀性。有两种情况都可以造成整体的不均匀性：①每个区域的弛豫都是指数型的，但是分布是不均匀的，所以造成整体的非均匀性；②除了弛豫时间在空间的不均匀分布，每个区域的弛豫本身就是非指数型的。

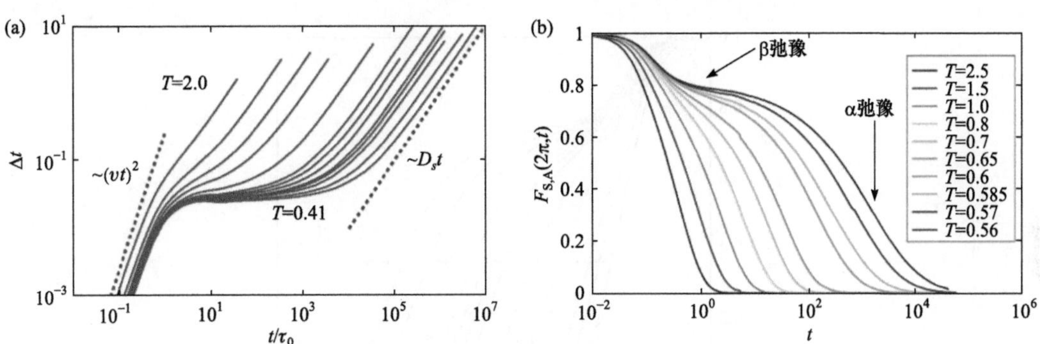

图 10.9　(a)非晶形成液体的均方位移Δt 随着温度降低的演化规律；(b)不同温度下，非晶形成液体的自散射函数 F 随时间 t 的演化规律[20]

图 10.10 是自散射关联函数在简单金属液体中随温度的变化，反映了不同的弛豫过程[21]。在高温，动力学涉及的是粒子的自由运动，该函数快速衰减，对应于只有单一的α弛豫；在低温黏滞温区，笼子效应出现，粒子在笼子中作 Rattle 铃铛振荡，快β弛豫出现，该函数变成扩展的指数衰减关系。在非晶态，密度函数在实验观察时间尺度内被固化。

图 10.11 是三维非晶体系的自中间散射函数 $F_s(q_p,t)$。可以看到，在高温下，体系动力学的衰减呈指数形式；低温下，出现了衰减的平台区，这时的弛豫行为表现为两步弛豫模式。随着温度的降低，体系需要更长的时间才能使中间散射函数弛豫到 0，即体系的动力学变得越来越慢。通常定义体系的弛豫时间 τ 为中间散射函数衰减到 1/e 的时间。每个粒子在相邻粒子组成的笼子(cage)中有两个内禀时间：粒子从初始位置运动到牢笼边

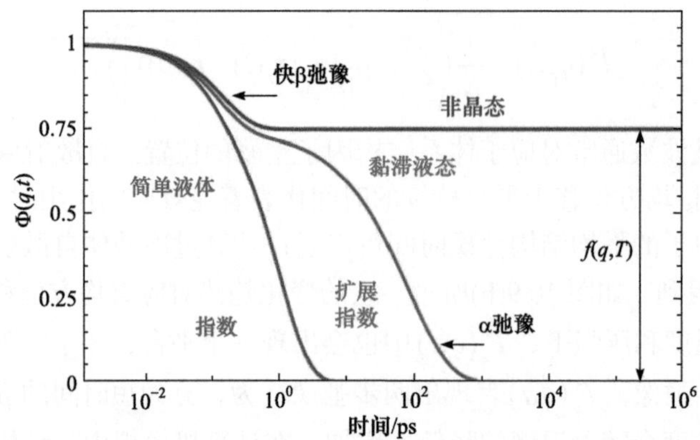

图 10.10　自散射关联函数在简单金属液体中随温度的变化及对应的不同的弛豫过程[21]

界的平均时间 τ_β 和跳出牢笼的平均时间 τ_α。在过冷液体中 $\tau_\alpha \gg \tau_\beta$，因此出现两个衰减并间隔一个平台。对于多个独立粒子的跳出笼子，可看作多个泊松随机过程的叠加，在 τ_α 时有不到一半粒子曾跳出过笼子，因为有的粒子跳出不止一次。稠密的过冷液体粒子不完全独立，一个粒子跳出笼子容易触发临近粒子也跳出笼子。也造成在 τ_α 时有不到一半粒子的局部结构发生改变导致与初始结构丧失关联，因此在数量级上对应于结构弛豫时间。

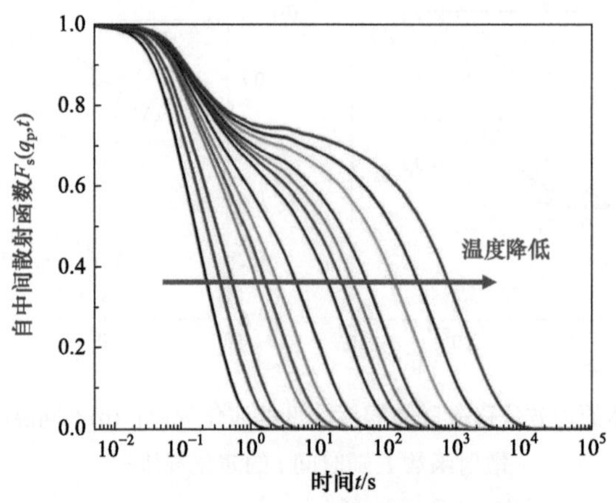

图 10.11　三维非晶体系的自中间散射函数 $F_s(q_p, t)$

图 10.12 是光散射获得的胶体硬球组成的非晶体系在不同体积分数ϕ下的中间散射函数 $F_s(q,t)$[22]。深度过冷液体的弛豫逐渐出现一个平台，对应短时间的快 β 弛豫，此时粒子在牢笼碰壁一次，所以基本忘掉了笼子内的初始位置，之后粒子在笼子里多次碰壁并未导致更多的结构失忆，因此 $F_s(q,t)$出现一个平台，直至后来此粒子跳出牢笼，此时约一半粒子也跳出牢笼，即 α 弛豫。对于非晶态，视场中的胶体粒子在实验观测的时间里几乎没有粒子能跳出牢笼造成结构变化，所以 $F_s(q,t)$没有 τ_α 弛豫。因此，通常只研究玻璃化转变之前过冷液体一侧的行为，再外推出玻璃化转变点。随着等效温度下降(比如增加ϕ)，过冷液体 τ_α 增加，并在靠近玻璃化转变点处发散。

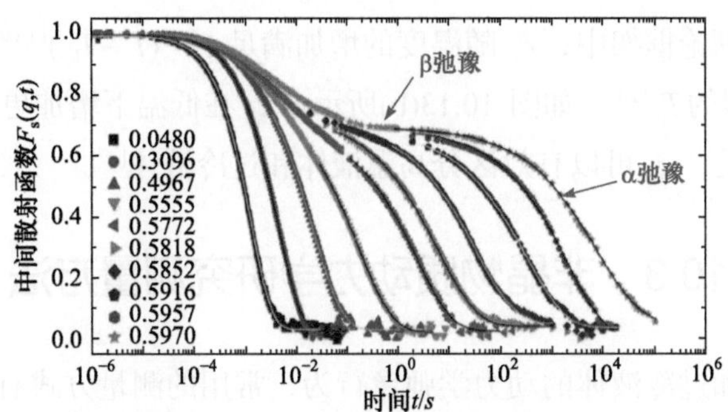

图 10.12　光散射获得的胶体硬球组成的非晶体系在不同体积分数ϕ下的中间散射函数 $F_s(q,t)$[22]

动力学黏度系数η正比于 τ_α，η(或 τ_α)随温度密度的急剧增加，以及在玻璃转变温度点的发散，可用模耦合理论公式 $\tau_\alpha(T)\propto(T-T)c^{-\gamma}$ 或 $\tau_\alpha\left(\dfrac{1}{\phi}\right)\propto\left(\dfrac{1}{\phi}-\dfrac{1}{\phi_c}\right)^{-\gamma}$ 拟合，得到模耦合临界点 T_c(或ϕ_c)；或者用 Vogel-Fulcher-Tammann(VFT)经验公式，$\tau_\alpha(T)\propto\tau_0\exp[DT_0/(T-T_0)]$来拟合，得到理想玻璃化转变点 T_0。VFT 公式给出的玻璃化转变点等效温度更低、更准确，因为模耦合理论主要反映粒子扩散造成的弛豫，不包括热激发的协同运动带来的弛豫，所以在深度过冷液体区失效。

动力学关联长度ξ：非晶物质的动力学演化是由其关联长度 ξ_c 控制的。根据无序一级相变理论(RFOT)，过冷液体具有马赛克(mosaic)结构，不同区域对应于不同的亚稳态，这些亚稳态对应于自由能能垒中的局域最小值(local minima)，或能量地貌图的能谷。这些亚稳态之间具有界面能。在过冷液体中，亚稳态的数目巨大但是随着温度下降快速降低，导致构型熵 S_c 降低。物理上，ξ_c 是在一种亚稳态形核生成，可以稳定存在的最大尺寸。新相的形成需要保持自由能的平衡，即要平衡熵变化带来的自由能变化 $TS_c\xi_c^d$ 和不同相的界面能带来的自由能变化 $\Upsilon\xi_c^\theta$。其中 d 是维度，Υ 是表面张力，θ是界面能指数。因此，ξ_c 类似于一级相变中的临界形核尺寸[23]。在冷却过程中，ξ_c 不断增加，导致结构弛豫激活能增加，从而诱导动力学急剧变慢。RFOT 理论认为时间尺度和空间关联尺度之间满足 $\tau_\alpha\sim\exp\left(\xi_c^\psi/T\right)$，其中结构弛豫激活能正比于 ξ_c^ψ (ψ 为未知指数)[24-25]，如图 10.13(a)

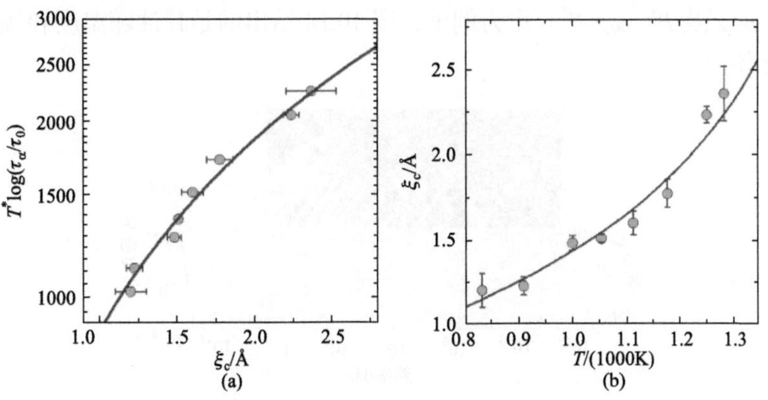

图 10.13　(a)结构弛豫时间和ξ_c的关系；(b)ξ_c随温度的变化规律[15]

所示。在 RFOT 的理论框架中，ξ_c 随温度的增加满足 $\xi_c \sim (T-T_K)^{11/(d-\theta)}$ ($\theta=\psi \leqslant d-1$)，$T_K$ 等价于 VFT 方程的 T_0 [26]，如图 10.13(b)所示。ξ_c 在低温下增加更快，与 RFOT 理论相符。值得一提的是，ξ_c 可以有效区分高温液体和过冷液体[27]。

10.3 非晶物质动力学研究测量方法

研究非晶物质和过冷液体的动力学弛豫行为，常用的测量方式有介电、中子散射、光散射谱、核磁共振、低温比热、超声、内耗、原子力显微镜、隧道扫描显微镜(scanning tunneling microscopy，STM)、动态力学方法等。计算机模拟也越来越多地用于非晶动力学研究[28-29]。动力学测量的基本原理是给予体系一定的微小扰动，如图 10.7 所示，同时探测体系的某些宏观物理量的响应和变化。这些观测的物理量包括和频率相关的介电常量、弹性模量、比热、压缩系数、黏滞系数等。根据这些物理量的变化可以表征非晶物质的弛豫动力学行为。其中介电弛豫谱仪和动态力学方法是目前研究非晶动力学行为最常用、方便的方法。介电弛豫谱仪的有效频率范围非常宽，在 $10^{-2}\sim10^8$ Hz，广泛用于研究不导电的氧化物、小分子和高分子等非晶物质的动力学研究[16-17]，非晶合金导电一般采用动态力学、内耗方法。动态力学方法有效频率范围比较窄，一般在 $10^{-2}\sim10^3$ Hz。这两种方法都无法直接用于研究长时间尺度下非晶物质的动力学弛豫现象。下面对主要动力学实验测量方法进行逐一介绍。

10.3.1 介电谱仪

介电谱仪是可以在极宽的频率范围和测试温度范围内对样品施加交变的电场，并通过观测其反馈的电位移得到样品动力学信息的测试手段。该技术应用的前提是观察体系中结构组成基本单元具有一定强度的介电性。其结构组成基本单元可近似于单个介电极子，基本单元的运动将映射到介电谱上。从介电谱能得到反映样品细微结构的内耗信息，给出动态复数介电常量 $\varepsilon^*=\varepsilon'-\mathrm{i}\varepsilon''$。这里 ε^* 由 $D^*(\nu)=\varepsilon^*\varepsilon_0E^*(\nu)$ 公式定义，其中 D^* 是介电位移，E^* 是电场，ε_0 是真空的介电系数[16-17]。实部 ε' 是和频率 ν 相关的介电常量；虚部 ε'' 代表施加外场后样品的能量消耗，称作损耗介电。这些量和电介质极化率 χ^*，极化率 P^* 的关系是 $\varepsilon^*=1+\chi^*$ 及 $P^*=\varepsilon_0\chi^*E^*$。作为例子，图 10.14 给出的是甘油随温度和频率变化的三维介电损失谱[17]。

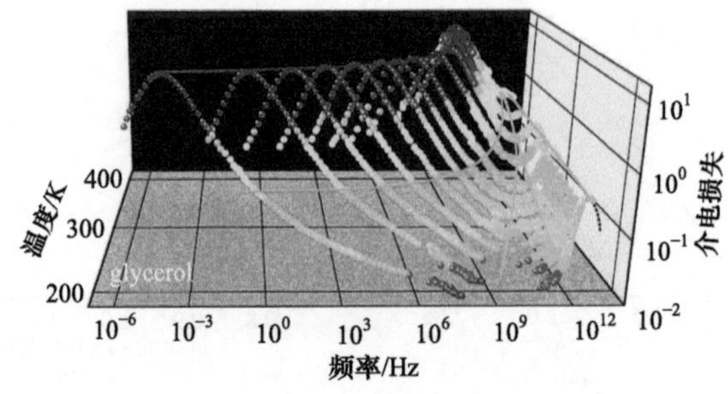

图 10.14 实验测得的甘油(glycerol)的三维介电损失谱[17]

10.3.2 动态力学分析测试

动态力学分析(DMA)测试是一种可以在宽泛的测试温度范围内、一定的频率范围内对样品施加恒定或交变的应力，并通过观测其反馈的应变得到样品信息的测试手段。该方法在低频低振幅条件下就能得到反映样品细微结构的内耗信息[30-34]。如施加的交变应力为正弦力 $\sigma=\sigma_0\sin\omega t$ 时，观测到的应变会和施加的应力存在一个相位差 δ，为 $\varepsilon=\varepsilon_0\sin(\omega t+\delta)$，其中 ω 是交变应力的施加频率，t 是时间。得到的复数动态模量，$E=E'+\mathrm{i}E''$，其中存储模量 $E'=\dfrac{\sigma_0}{\varepsilon_0}\cos\delta$，损耗模量 $E''=\dfrac{\sigma_0}{\varepsilon_0}\sin\delta$。内耗为 $\tan\delta=\dfrac{E''}{E'}$。存储模量表示的是非晶物质的弹性部分，损耗模量则代表非晶物质对施加能量的耗散部分，也即黏性的部分，表征由内部原子相对运动导致的内摩擦损耗。DMA 是一种对非晶物质微观流变行为极其敏感的探测手段，是研究非晶动力学的有力工具。动态力学分析已经有商业化的设备，如美国 TA 公司生产的动态力学分析仪(DMA Q800)。图 10.15 是 DMA 设备结构示意图。其温度范围为液氮温度到 600℃，频率范围为 0.01～200 Hz，可施加 10^{-4}～18 N 的载荷。该仪器的载荷分辨率为 10^{-5} N，位移分辨率为 1 nm，应变控制(1 nm)，其最大升/降温速率可达到 20～10 K/min，温度稳定性优于±0.1℃。DMA 提供了剪切、单/双悬臂、拉伸、三点弯曲等不同形式的测试模式。

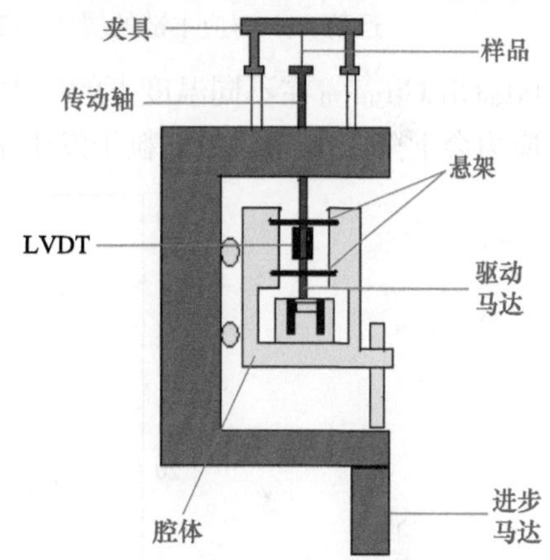

图 10.15 DMA 设备结构示意图[35]

用 DMA 可以探测到非晶材料中各种运动和转变的发生，而且动力学测量比其他的热力学手段要敏感和明显得多[36]。图 10.16 是非晶聚合物体系中存储模量随温度变化的理想谱图。可以明显地看到对于各种不同类型的运动，DMA 都能很敏感地捕捉到并反映在谱图上。每一种微观特征流动事件的发生都能观察到 E' 的明显下降，对应的 E'' 会出现相应的一个峰(图中未显示)。

DMA 动力学测量常用的测试模式主要有以下几种。

(1) 低频低振幅模式：针对块体非晶样品采用单悬臂振动的方式，振幅设定为常数，应力为正弦波，采用连续升温扫频和步进等温扫频两种方式。在非晶物质中，因为时温等效原理(time temperature superposition，TTS)成立，这两种模式测量得到的结果在一定条件下可以互相转换。图 10.17 是 DMA 测得的 $La_{68.5}Ni_{16}Al_{14}Co_{1.5}$ 非晶合金存储模量 E'和损耗模量 E''随温度的变化(测量频率 1 Hz)。该 DMA 谱图上有典型的α和 β 弛豫峰[33]。

(2) 蠕变和应力弛豫模式：采取单轴拉伸的方式，通过施加一定应力/应变，观察对应的应变/应力随时间的变化，结合改变温度或样品条件，可以反映非晶物质的宏观流动行为。图 10.18 是应力弛豫和应变回复实验中的控制模式[37]。图 10.19 是非晶合金

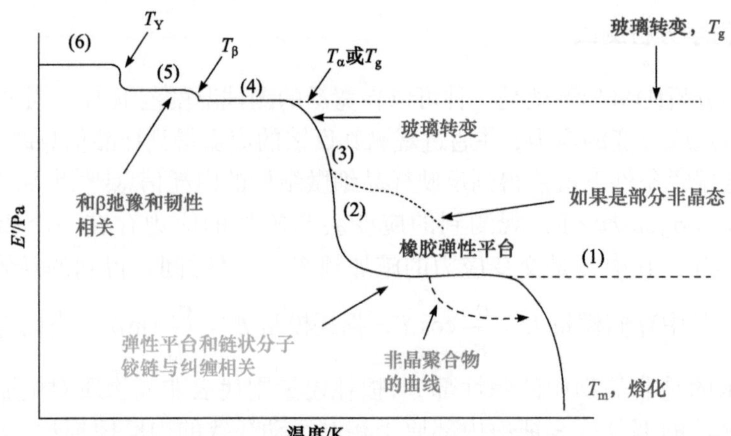

图 10.16 理想高分子材料模量 E'温度扫描谱。随温度升高，模量随自由体积的增多而下降，从而导致分子移动性的增强[35]。图中(6)对应局域运动(local motion)，(5)对应弯曲和拉伸，(4)对应侧基(side groups)运动，(3)对应主链的缓变，(2)对应大尺度链，(1)对应链的滑动(chain slippage)

$Pd_{40}Ni_{10}Cu_{30}P_{20}$ 在不同温度下的应力随时间变化的弛豫图，非晶在恒定应变下，其对应的应力会下降，因为其内部粒子发生了局域运动[37]。

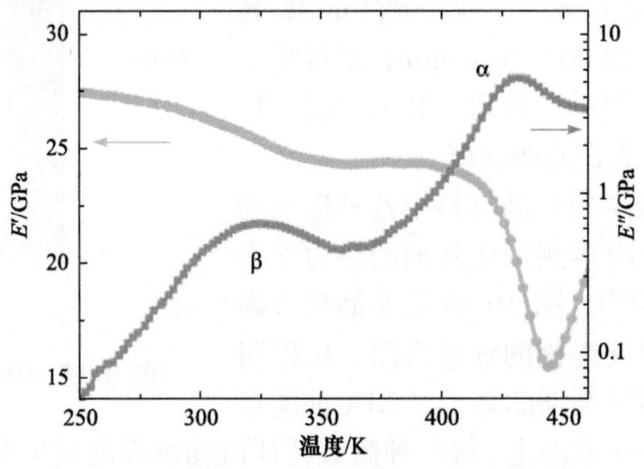

图 10.17 DMA 测得的 $La_{68.5}Ni_{16}Al_{14}Co_{1.5}$ 非晶合金存储模量 E'和损耗模量 E''随温度的变化(测量频率 1 Hz)。该 DMA 谱图上是典型的α和 β 弛豫峰[33]

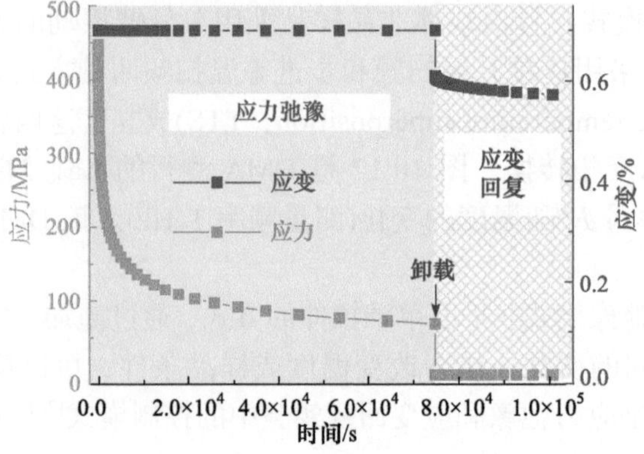

图 10.18 应力弛豫和应变回复实验中的控制模式[37]

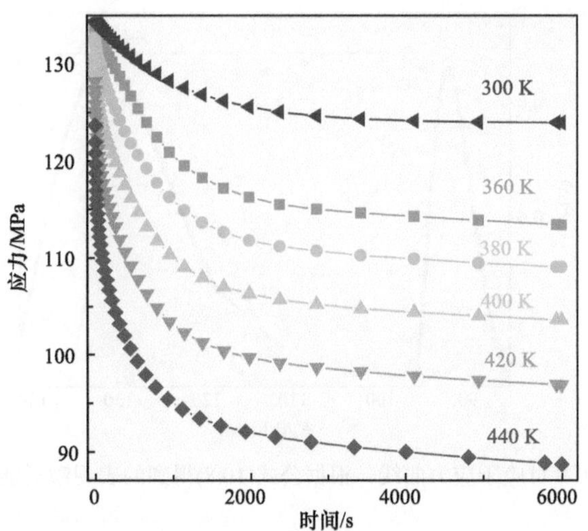

图 10.19　非晶合金 $Pd_{40}Ni_{10}Cu_{30}P_{20}$ 在不同温度下的应力随时间变化的弛豫图[37]

根据激活能谱模型[38-39]，在温度 T，应力σ随时间 t 的变化可以写成如下形式：

$$\Delta\sigma(t)=\int_0^{+\infty}p(E)\theta(E,T,t)\mathrm{d}E \tag{10.6}$$

其中 $p(E)$是能量范围在 E～E+dE 的能垒数目。$\Delta\sigma(t)=\sigma_U-\sigma(t)$表示应力随时间的相对变化，$\theta(E,T,t)$是特征的退火函数：

$$\theta(E,T,t)=1-\exp(-t/\tau)=1-\exp(-\nu_0 t\exp(-E/kT)) \tag{10.7}$$

其中 ν_0 是有效的碰撞振动频率，大体与 Debye 频率相同[38-39]。所有弛豫时间 τ 小于实验进行时间 t 的弛豫过程都参与了等温应力弛豫，而所有弛豫时间 τ 大于实验进行时间 t 的弛豫过程不会在应力弛豫曲线中得到体现。与弛豫时间对应，也存在一个临界的激活能 E_c，体系中仅 $E<E_c$ 的变形载体对应力弛豫过程有贡献。因此，可采用阶跃函数近似求得

$$p(E)=-\frac{1}{kT}\frac{\mathrm{d}\sigma(t)}{\mathrm{d}\ln t} \tag{10.8}$$

根据 Arrhenius 关系：$E=kT\ln(\nu_0 t)$，其中 ν_0 近似取作 Debye 频率 10^{-13} s。这样从应力弛豫曲线就可以得到表观激活能谱，如图 10.20 所示是根据应力弛豫实验得到的非晶合金的流变单元的激活能谱。其中各个温度下的 $P(E)$分别被相应的激活能谱波峰值所归一化，从而弱化了峰强的变化，谱位、峰宽随温度的变化得到进一步凸显。从图中可以看到激活能谱的形状类似于 Gaussian 分布，和实验结果符合[39]。

把非晶物质模型化为弹性基底和随机分布在其上的流变单元(变形载体)，设变形载体之间的差异可用弛豫时间 τ_i 来区分，如图 10.21(a)所示，则非晶物质非均匀结构模型可进一步抽象成广义的 Maxwell 模型(线性固体模型)，即将变形载体看作黏壶，而将弹性基底看作弹簧，如图 10.21(b)所示。

在应力弛豫实验中，每个 Maxwell 单元都承载相同的应变 ε_0，由弹簧上的弹性变形 ε_E 和黏壶上的非弹性部分 ε_{inE} 两部分组成。因此，每个 Maxwell 单元的本构关系如下：

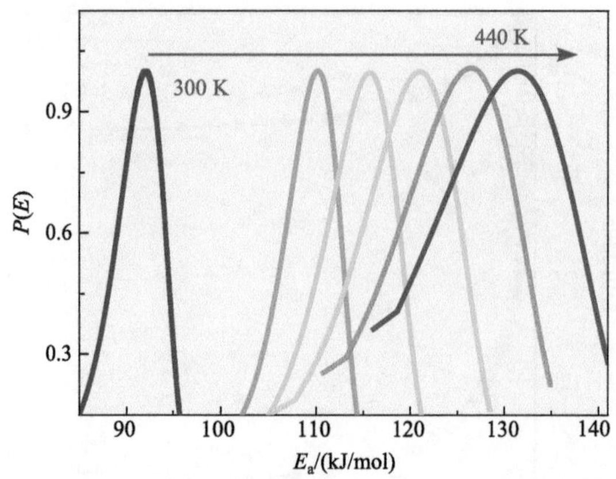

图 10.20　对应于应力曲线，根据公式(10.8)得到的表观激活能谱[37,39]

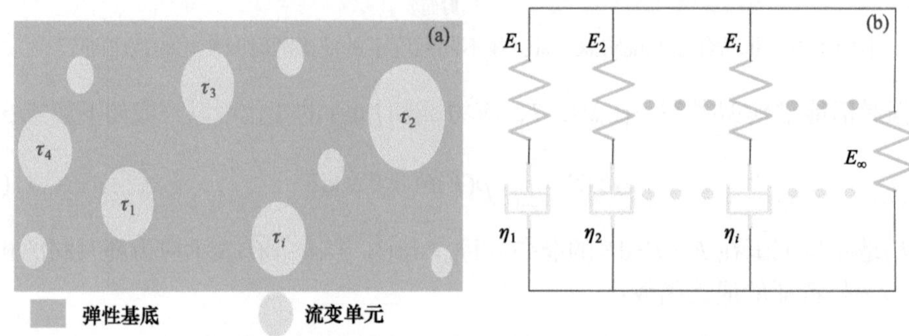

图 10.21　(a)非晶材料结构示意图，其中黄色的区域表示软区(流变单元)——变形载体，每个单元(黄色)的弛豫时间为 τ_i；(b)等效的广义 Maxwell 模型[39]

$$\frac{1}{E_i}\frac{\mathrm{d}\sigma_i}{\mathrm{d}t}+\frac{\sigma_i}{\eta_i}=0 \tag{10.9}$$

对于由 N 个 Maxwell 单元与 1 个弹簧并联构成的非晶体系，其应力随时间的演化可写成如下形式：

$$\sigma(t)=\varepsilon_0 E_\infty+\varepsilon_0\sum_{i=1}^{N}E_i\mathrm{e}^{-\frac{t}{\tau_i}} \tag{10.10}$$

其中弛豫时间 τ_i 由第 i 个 Maxwell 单元决定，$\tau_i = \eta_i/E_i$。由于非晶物质的随机本质，其弛豫时间是连续分布的，则应力弛豫函数 $\sigma(t)$变为如下形式：

$$\sigma(t)=\sigma_R+\int_{-\infty}^{+\infty}H(\ln\tau)\mathrm{e}^{-\frac{t}{\tau}}\mathrm{d}\ln\tau \tag{10.11}$$

其中 $H(\ln\tau)$是τ的对数分布函数。弛豫时间τ与能垒 E_a 满足 Arrhenius 关系：$\tau=\tau_0\exp(E_a/KT)$，同时非晶的激活能分布近似为 Gaussian 函数。因此，非晶变形载体的弛豫时间满足对数正态分布，即：

$$H(\ln\tau)=k\exp\left(-\frac{(\ln\tau-\ln\tau_{\mathrm{m}})^2}{s^2}\right) \tag{10.12}$$

其中 τ_m 是最可几弛豫时间，s 表示弛豫时间谱的宽度，k 为指前因子。由此得到的广义 Maxwell 模型可以描述非晶物质的应力弛豫数据。图 10.22(a)中的原始数据可以很好地由公式(10.9)～(10.12)所拟合[39]，同时得到了对应温度下的弛豫时间谱 $H(\ln\tau)$，如图 10.22(b)所示。激活能谱以及弛豫时间谱可帮助理解非晶物质的结构特征、非均匀性以及性能演化。

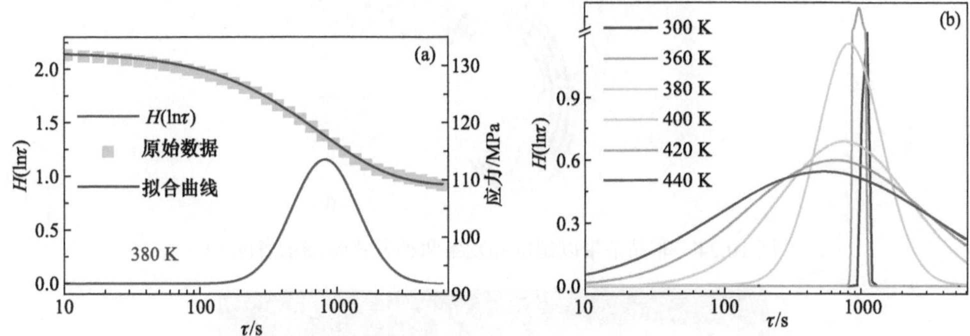

图 10.22　(a)广义的 Maxwell 模型可以很好地描述 380 K 下的应力弛豫数据，同时得到弛豫时间谱；(b)$Pd_{40}Ni_{10}Cu_{30}P_{20}$ 非晶在一系列温度下的弛豫时间谱 $H(\ln\tau)$[39]

(3) 高速循环加载模式：采取单轴拉伸的方式，施加循环应力加载。例如，图 10.23 所示的是一种循环加载应力及对应的应变实验曲线。

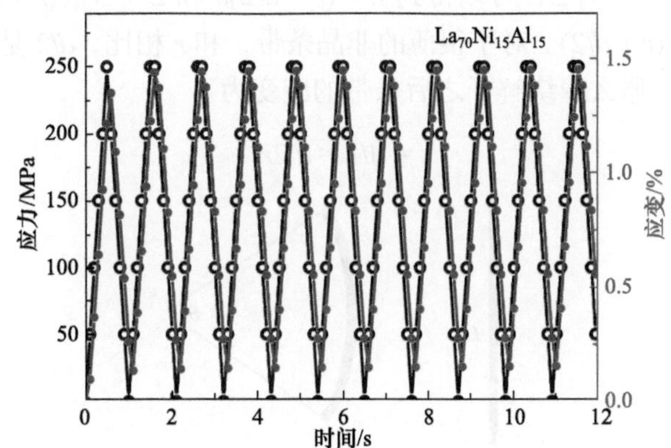

图 10.23　高速循环加载模式下加载应力及对应的应变实验曲线[40]

10.3.3　芯轴缠绕应力弛豫法

对于非晶带或者片，可采用紧密缠绕，然后长时间弛豫的方法。如图 10.24 所示，将非晶条带紧密缠绕到直径不等的不锈钢芯轴上，固定两端，置于恒温退火炉，为保证温度控制精确稳定。经过一定时间释放条带，非晶样品会发生形变，如图 10.25 所示。通过测试螺旋状条带外径，并计算样品的应变，得到不同温度下应变随时间的变化，从而得到样品的流动图谱[38]。

缠绕之后样品的塑性形变可以通过图 10.26 分析计算[41]。假设未变形条带的总长度为 L，厚度为 d，发生塑性形变释放之后，条带弯曲成弧状，弧的半径为 r，圆心角为 θ。从图 10.26 可知弧内侧条带处于压缩状态，弧外侧处于拉伸状态，并且中心的长度仍然为

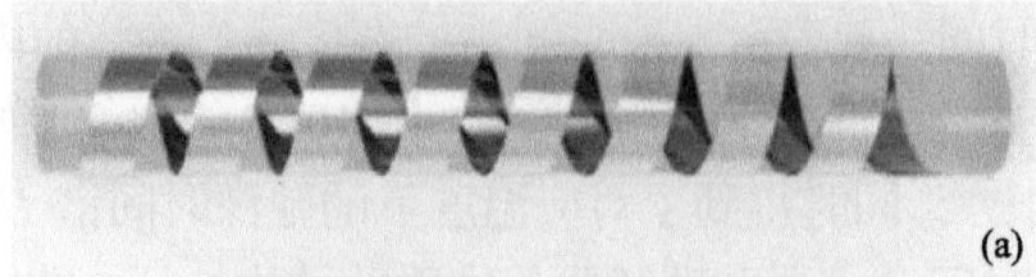

图 10.24　非晶条带以螺旋和发条两种方式缠绕示意图[41]

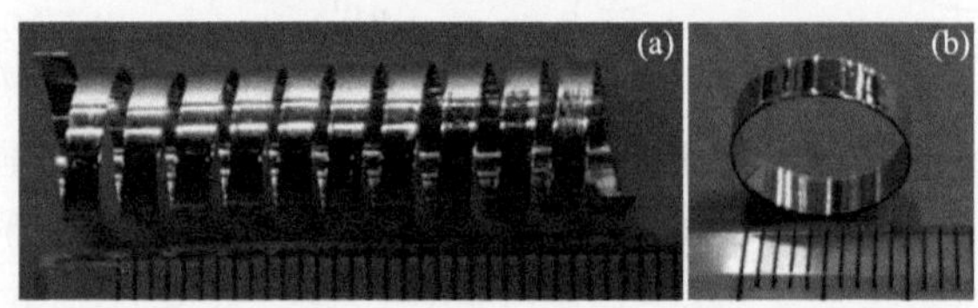

图 10.25　非晶合金条带以螺旋和发条两种方式在室温缠绕 24 h 解开后图片

L。假设拉伸应变增加量为 Δ，可以得到 $L = (r + d/2)\theta$ 和 $L + \Delta = (r + d)\theta$。两式消去 θ，可以得到 $\Delta = (Ld/2)/(r + d/2)$。对于很薄的非晶条带，和 r 相比，$d/2$ 是个小量，所以近似可以得到 $\Delta = Ld/2r$，那么缠绕解开之后条带的应变为

$$\varepsilon = \Delta/L = d/2r \tag{10.13}$$

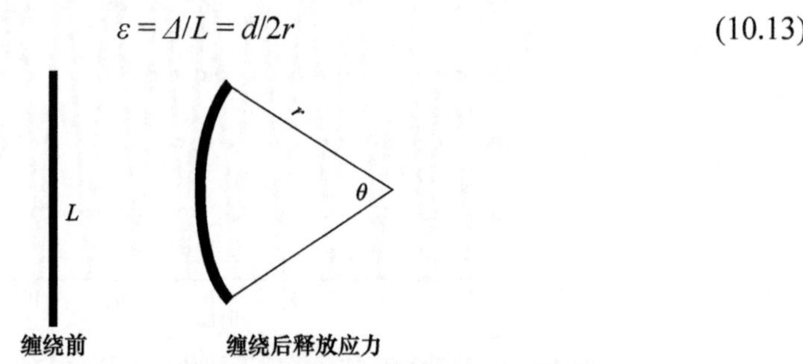

图 10.26　缠绕后非晶条带应变计算示意图

以 $La_{75}Ni_{7.5}Al_{16}Co_{1.5}$ 为例，从公式(10.13)可以估算出条带缠绕在玻璃棒上施加的初始应变为 0.943% (预加应变在非晶物质弹性范围内)，条带在室温中通过螺旋方式缠绕 24 h 后释放，形变半径 r =4.51 mm，应变为 0.554%[42]。

10.3.4　量热方法

差示扫描量热仪(DSC)是通过表征动力学弛豫过程中热焓的变化来表征动力学弛豫及其演化的。DSC 测量通常采用内加热功率补偿的方式使实验样品与参比物达到相同的温度。其测量温度范围为室温到 600℃，升温速率范围为 3～160 K/min。温度和热流采用 In 和 Zn 标准样品的熔化进行校正。实验时，样品放在高纯度标准铝坩埚内，通入 20 mL/min

的高纯氩气作为保护气体。在一定升温速率的热扫描过程中，可以观察非晶物质的吸/放热情况、玻璃转变以及晶化过程，得到基本的玻璃转变温度、晶化温度等特征参数。

图 10.27 是非晶合金 $La_{65}Ni_{15}Al_{20}$ 在 T_g 温度以下退火不同时间后弛豫过程的 DSC 曲线。可以看到初始非晶样品玻璃化转变温度之前有个漫散的放热峰，这个峰标志着非晶物质的能量状态：这个峰的面积越大，代表非晶的能量状态越高。退火使得非晶物质发生结构弛豫，玻璃化转变温度之前宽化的放热峰逐渐减小，代表非晶随退火时间的延长向更稳定的低能态过渡。同时玻璃化转变温度之后的过冲(overshoot)峰变大。这些过冲峰代表玻璃转变的激活过程，非晶体系能态越低，所需要的玻璃转变激活能越大，过冲峰就越大。

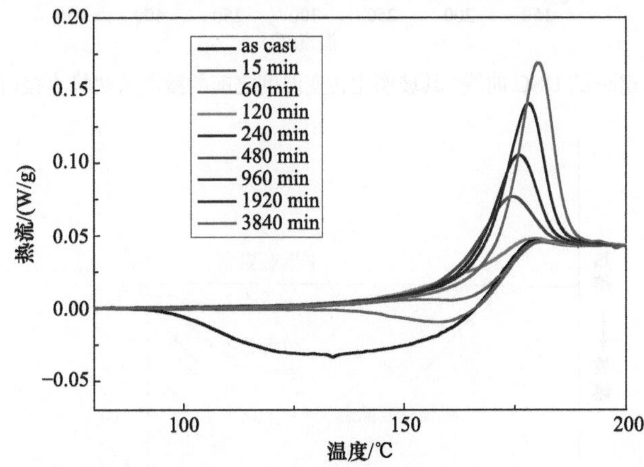

图 10.27　铸态非晶合金 $La_{65}Ni_{15}Al_{20}$ 和在 T_g 温度以下退火不同时间后非晶样品的 DSC 曲线反映退火对结构弛豫的影响

图 10.28 是 $La_{60}Ni_{15}Al_{25}$ 非晶合金在 426 K 不同压力下的 DSC 曲线。DSC 曲线能反映非晶在高压下的反向弛豫，即能量升高，体系回复[43-45]。有的非晶体系，如非晶合金 $Cu_{57}Zr_{43}$，玻璃化转变温度之前的漫散放热峰可以直接给出α和β弛豫峰，如图 10.29 所示。图 10.30 示意总结 DSC 曲线和动力学弛豫的关系，可供用 DSC 研究非晶动力学行为时参考。

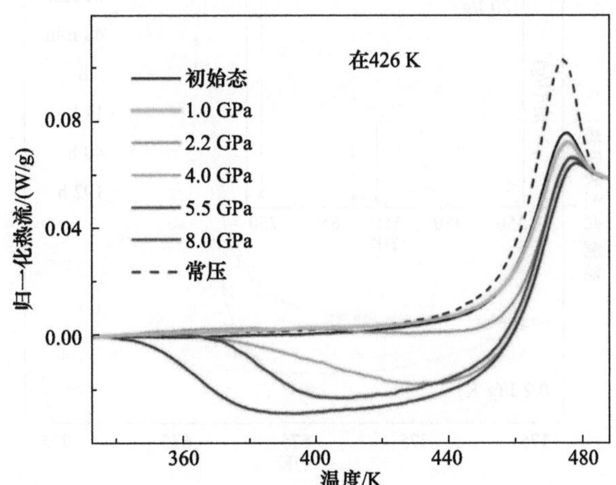

图 10.28　$La_{60}Ni_{15}Al_{25}$ 非晶合金在 426 K 不同压力下的 DSC 曲线，DSC 曲线反映非晶在高压下反向弛豫，能量升高[43]

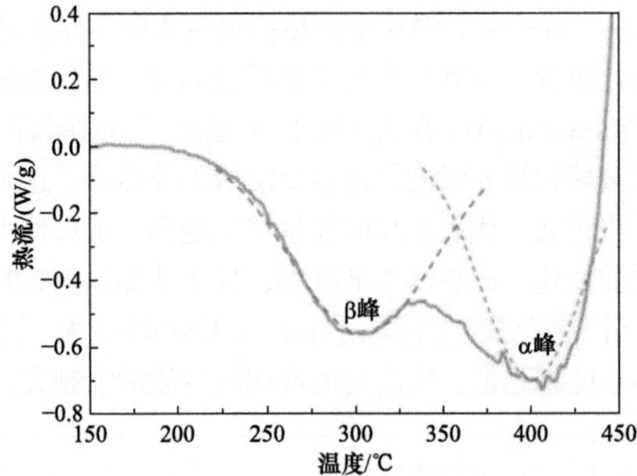

图 10.29 非晶合金 $Cu_{57}Zr_{43}$ 的 DSC 曲线。其玻璃化转变温度之前的漫散放热峰直接可以显示α和β弛豫峰[44]

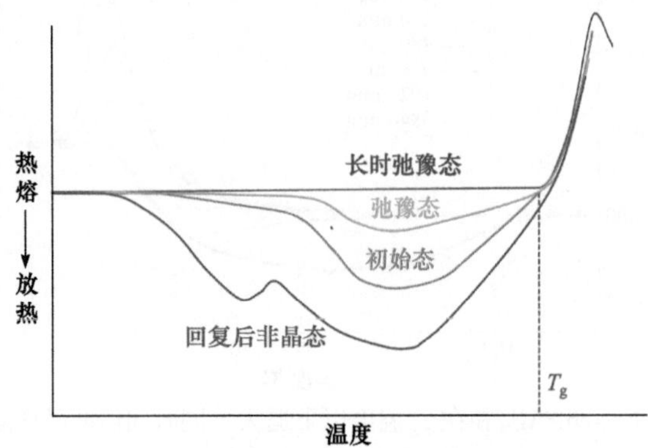

图 10.30 示意总结非晶物质不同动力学弛豫状态的 DSC 曲线

量热方法还可以用来确定非晶物质动力学参数虚拟温度 T_f(fictive temperature)。图 10.31 是一个例子，说明如何用 DSC 确定非晶物质 T_f 的方法。例如，铸态和在 559 K(0.9T_g)下预退火不同时间的 $Zr_{44}Ti_{11}Cu_{10}Ni_{10}Be_{25}$ 非晶合金，DSC 过剩焓在退火过程中逐步释放，相应地

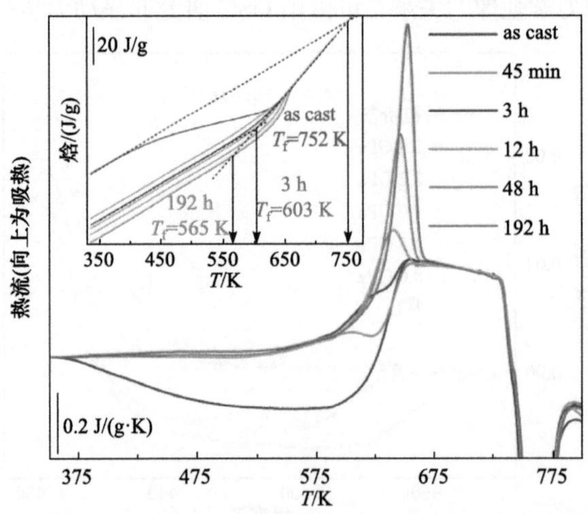

图 10.31 在 20 K/min 升温速率下，铸态和在 559 K 下预退火不同时间的 $Zr_{44}Ti_{11}Cu_{10}Ni_{10}Be_{25}$ 金属玻璃的 DSC 曲线，插图为积分热流曲线得到的焓，玻璃态与过冷液态外推的焓(虚线)的交点即给出 T_f[46]

在 T_g 以上出现与焓回复过程有关的吸热峰，且逐渐增强。通过对 DSC 热流曲线进行积分可得到图 10.31 插图所示的各样品的焓随温度的变化。通过非晶态与外推的过冷液态的焓的交点可定出样品的 T_f。退火过程中焓和 T_f 显著降低，意味着玻璃历经能垒图上更低的能态，稳定性提高。

总之，DSC 也是研究动力学和相关参数的简便、有效和常用的方法。

10.3.5　表面动力学测量方法

表面扩散作为材料低维动力学问题对于凝聚态物质诸性质如：晶体生长、催化、烧结、蠕变、薄膜制造等有重要的影响。表面动力学行为对认识非晶物质的动力学、玻璃转变、流变等诸多核心科学问题，对于制备高稳定非晶材料、低维非晶材料都非常重要。

有很多种方法可以估算、测量非晶材料表面的扩散系数和动力学行为。如图 10.32(a) 所示的金球沉降方法就是简单有效地测量非晶表面扩散系数的方法[47]。Forrest 等利用金纳米颗粒在有机非晶玻璃表面制造出小坑，利用原子力显微镜探测坑在退火后随时间的

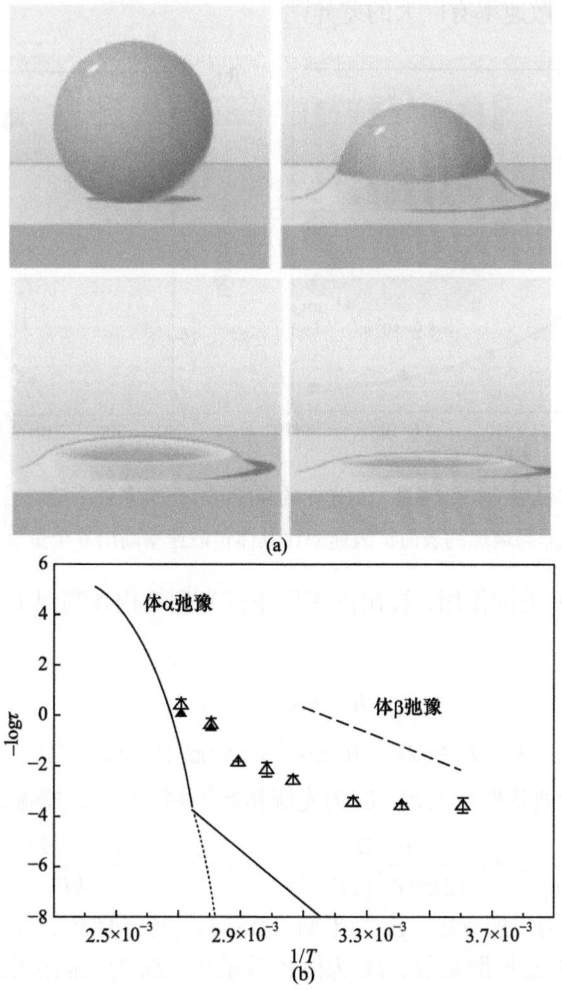

图 10.32　(a)测量非晶物质表面扩散系数的金球沉降方法；(b)测得的表面动力学弛豫时间 τ 随温度的变化[47]

变化，获得了非晶表面弛豫随温度演化的信息和黏滞系数[47]。图 10.32(b)是用该方法测得的在 T_g 附近退火小坑的弛豫行为与块体材料在此温度附近的 α 和 β 弛豫的对比，该方法测得非晶表面黏滞系数,证明非晶表面在 T_g 以下温度范围内的动力学行为类似于液体。该方法还可以估算非晶表面原子扩散激活能，发现非晶表面原子扩散激活能仅为体扩散激活能的一半[47]。

Mullins 建立了表面毛细行为的定量化模型[48]，利用该模型，通过实验观测在表面能作用下各种参量对材料表面微纳米结构弛豫的影响，包括表层黏性流动，蒸发与凝结，体扩散以及表面扩散几个主要参量，可以测量各种不同材料在退火条件下的表面动力学行为。该模型已经被用于观测晶体材料的表面结构的衰减与动力学参数测量。Ast 等 [49] 利用微加工技术在氧化物玻璃表面制造了周期性正弦光栅结构，并通过退火测量了氧化物玻璃表面正弦光栅结构随退火时间和温度的衰减，从而得到其表面动力学行为。采用该方法发现网络状原子链接使得氧化物玻璃表面的动力学状态与体内差异不明显，在 T_g 附近表面黏度与体黏度仅有大约一个量级的差别。但如图 10.33 所示，有机小分子玻璃表面的扩散速率与体扩散速率有巨大的差异[50]。

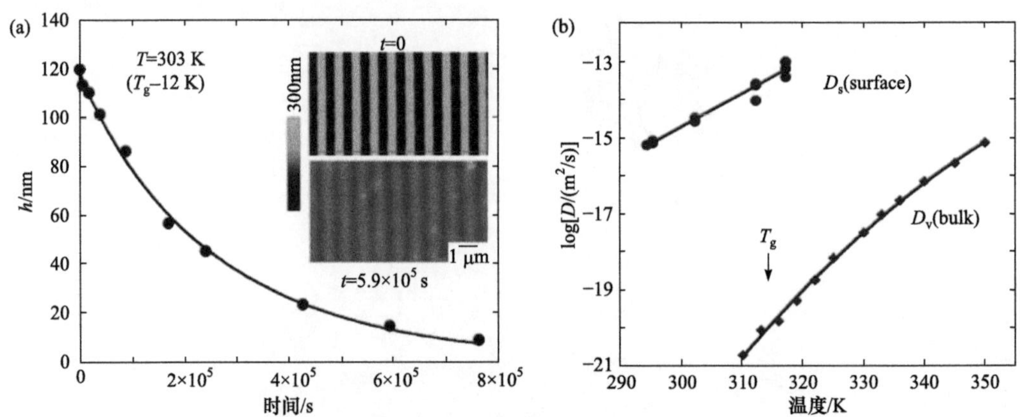

图 10.33 有机小分子非晶表面扩散测量。(a)光栅的高度 h 在退火条件下随着时间衰减；(b)在 T_g 附近有机非晶玻璃的表面扩散速率比其体扩散速率高出 6 个量级[50]

Mullins 根据表面毛细作用，提出的表面正弦光栅结构在高温下衰减指数与其波长的定量关系为[48]

$$h = h_0\exp(-Kt) \tag{10.14}$$

$$K = F(2\pi/\lambda) + A(2\pi/\lambda)^2 + D(2\pi/\lambda)^3 + B(2\pi/\lambda)^4 \tag{10.15}$$

式中 h 为退火后光栅波状形貌振幅，h_0 为光栅初始振幅，K 为光栅振幅衰减系数，t 为退火时间；$q=\dfrac{2\pi}{\lambda}$，$F=\dfrac{\gamma}{2\eta_s}$，$A=\dfrac{p_0\gamma\Omega^2}{(2\pi m)^{1/2}(kT)^{3/2}}$，$D=A'+C=\dfrac{\rho_0 D_G\gamma\Omega^2}{kT}+\dfrac{D_v\gamma\Omega}{kT}$，$B=\dfrac{D_s\gamma\Omega^2\nu}{kT}$ (γ为表面自由能，η_s 为表层黏度，p_0 为平衡气压，Ω为原子体积，m 为原子质量，ρ_0 为平衡气体密度，D_G 为挥发扩散系数，D_v 为体扩散系数，D_s 为表面扩散系数，ν 为表面原子密度)。衰减指数 K 与表面黏流(F)、挥发凝聚(A 和 A')、体扩散(C)以及表面扩散(B)有着

密切的定量关系。在 Mullins 模型中，表面扩散项仅与最表层几个原子层有关，黏度项讨论的也是近表层原子，另外，因为可以认为表面原子处于密排状态，所以$\Omega\nu$可大致被等同认为是单原子直径 r。

在 600 K 左右温度范围内，很多物质如合金体系的挥发与凝聚几乎可以被忽略，所以 A 和 C 项式对衰减系数的贡献近似为 0，体扩散项的测量值对很多非晶体系已经有数据，该公式的未知量是表面能与两个分立项η_s和D_s。

对于非晶材料，在 T_g 附近的表面能可以利用纳米压痕原位退火方法估算出。例如，为了测量非晶体系的表面能，先用金刚石压头在该光洁的块体非晶合金表面做出微米尺度凹坑，随后将样品放入高真空退火炉中退火，快速降温冷却并取出测量，由 AFM 可测量凹坑的初始深度 H_0，凹坑退火后的深度 H，然后利用下面的公式可得到非晶表面的黏度η[51]：

$$\gamma=\frac{3\eta H_0}{t}\ln\frac{H}{H_0} \tag{10.16}$$

图 10.34 是用 AFM 测量的 $Pd_{40}Cu_{30}Ni_{10}P_{20}$ 退火前后的 H_0 和 H，从而可得非晶 $Pd_{40}Cu_{30}Ni_{10}P_{20}$ 在 593 K 时的黏度约为 10^9 Pa · s，表面能γ约为 2.1 J/m^2[52]。

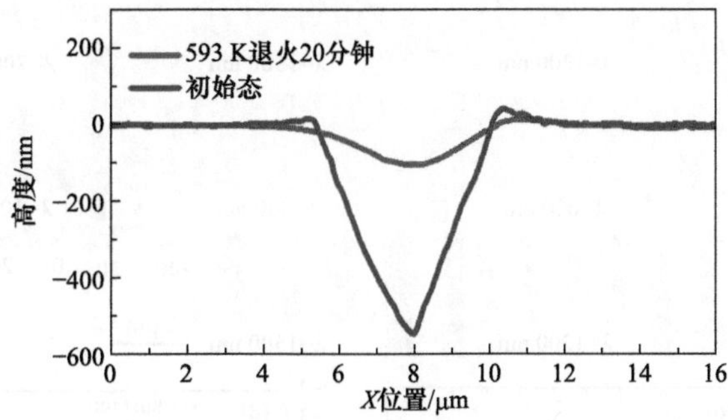

图 10.34　$Pd_{40}Cu_{30}Ni_{10}P_{20}$ 非晶表面凹坑在 593 K 退火 20 min 后深度衰减的形貌轮廓图[51-52]

图 10.35 是通过电子束曝光方法刻蚀制备的非晶合金 $Pd_{40}Cu_{30}Ni_{10}P_{20}$ 表面 600 nm 周期的正弦光栅 AFM 形貌图以及其剖面轮廓线，可以看出得到的是较理想的正弦光栅[52]。

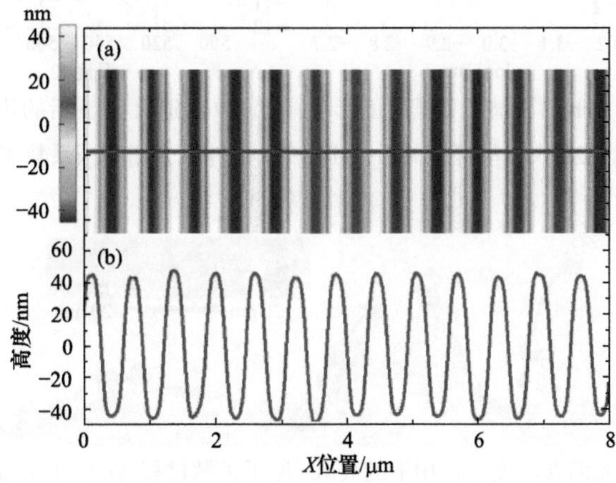

图 10.35　非晶合金 $Pd_{40}Cu_{30}Ni_{10}P_{20}$ 表面 600 nm 周期正弦光栅初始样品表面形貌以及其剖面轮廓线[53]

将有光栅的非晶表面置于 T_g 附近不同温度下保温一段时间。图 10.36(a)为非晶合金 $Pd_{40}Cu_{30}Ni_{10}P_{20}$ 表面在 543 K，(b)为在 519 K 退火后各波长光栅衰减后形貌。由 AFM 测量得到在 543 K 下退火的样品光栅衰减系数 K 与波长 λ 的 1.22 次方呈正相关幂律关系，由公式(10.15)可知在该温度下表面黏流 F 项对光栅的衰减起了主导作用，由图 10.36(b)分析可得在 519 K 条件下光栅衰减系数 K 与波长 λ 的 4.21 次方呈幂律关系，所以可以判断在该温度下表面扩散 B 项对其衰减起了主导作用[52-53]。取 1000 nm 光栅为例，由公式(10.15)可得在 543 K(T_g − 23 K)条件下 $Pd_{40}Cu_{30}Ni_{10}P_{20}$ 表层黏度 η_s 大概在 5.83×10^{11} Pa · s，比块体在玻璃转变温度 566 K 时的体黏度低了近 2 个量级，而 519 K 时表面扩散速率 D_s 大概在 1.23×10^{-16} m^2/s，比同温度下块体内最快元素 P 的扩散速率还高出 5 个量级[53]。实验证明，可以排除体扩散[公式(10.15)中 F 项与 C 项]对表面光栅衰减所造成的误差影响。图 10.37 示意非晶物质表面光栅在温度等作用下的衰减、原子扩散，即表面动力学过程。

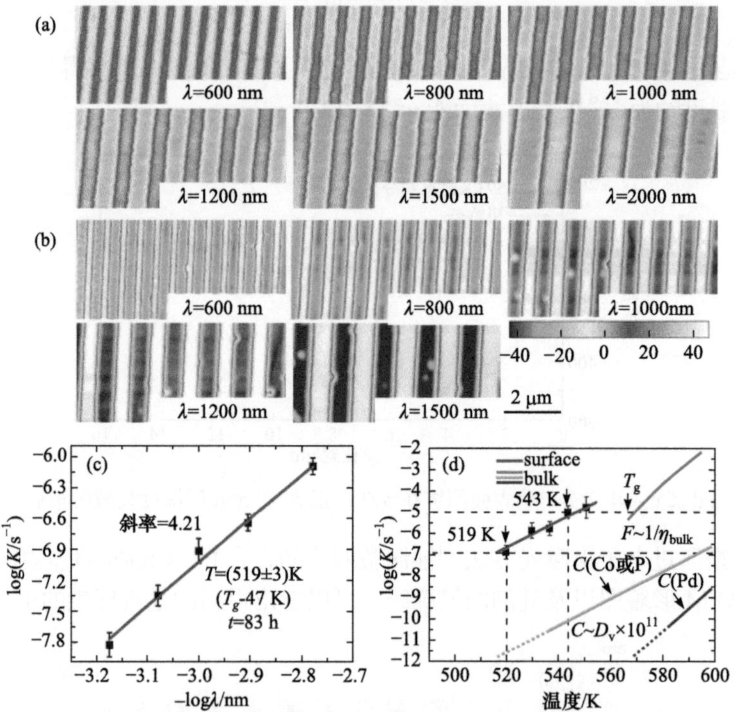

图 10.36 (a)543 K 退火 16 h 后各波长光栅表面形貌，(b)519 K 退火 83 h 后的状态，(c)543 K 条件下光栅衰减系数 K 与波长 λ 的 1.22 次方呈幂律关系，(d)519 K 条件下光栅衰减系数 K 与波长 λ 的 4.21 次方呈幂律关系[52]

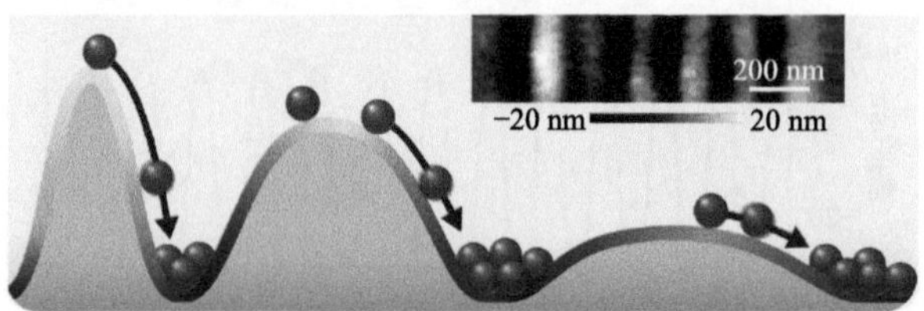

图 10.37 非晶物质表面光栅在温度等作用下的衰减、原子扩散过程(Yu L，Perepezko J，Voyles P，Ediger M. University of Wisconsin-Madison 提供)

Forrest 等巧妙地利用了有机薄膜台阶衰减的方法估算在临近 T_g 时非晶材料表面一定厚度的流动层的黏滞系数[54]，如图 10.38(a)～(c)所示。表面扩散行为主要涉及表面 1 nm 厚的层。

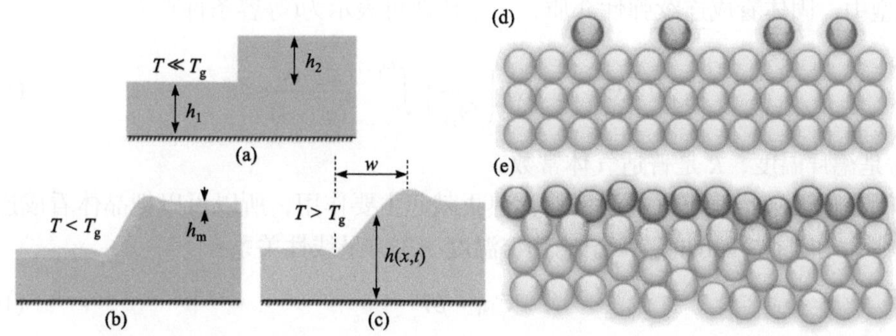

图 10.38 (a)～(c)在不同温度条件下非晶表面扩散层的变化，(d)和(e)为晶体与非晶表面扩散行为差异[54]

此外，利用隧道扫描显微镜等其他方法也可以观察研究非晶表面动力学行为[55-56]。

10.3.6 低温比热方法

比热是凝聚态物质重要的宏观参量之一。爱因斯坦说过：如果要你研究一种物质的性质，并且只允许你使用一种测量方法，请选用比热方法(If you should understand the nature of a substance，but are allowed only one type of measurement to understand it，choose the heat capacity.)。即使在日常生活中，很多现象如食品的冷冻、室温的调控等，都与物质的比热密切相关。热力学上，定容热容 C_V 的定义为[57]

$$C_V = \left(\frac{\partial U}{\partial T}\right)_V \tag{10.17}$$

其中 U 是固体的内能。定压热容 C_p 的定义为

$$C_p = \left(\frac{\partial H}{\partial T}\right)_p \tag{10.18}$$

其中 H 是固体的焓。定压热容和定容热容的差为

$$C_p - C_V = \frac{VT\alpha^2}{\kappa_T} \tag{10.19}$$

其中 α, κ_T 分别是固体的体胀系数和等温压缩系数。在低温下，固体的定压热容和定容热容的差远小于定容热容(在 0.1% C_V 以下)。可近似认为实验测得的 C_p 和实际的 C_V 相等($C_p \approx C_V$，误差<2%)。

非磁性固体的热容主要有两部分贡献：一是来源于晶格热振动，称为晶格热容；二是来源于电子的热运动，称为电子热容。除非在很低的温度下，电子热运动的贡献往往是很小的。对于磁性物质，磁振子、磁集团、自旋涨落、Kondo 杂质等对热容也有贡献。低温热容中还会存在晶体场或外场导致的基态能级劈裂、合作现象等反常效应的贡献。

和其他固体一样，非晶物质固体的热容可以表示为

$$C_p = C_{lat} + C_e + C_{ex} \tag{10.20}$$

其中，C_{lat}是声子的贡献，C_e是电子的贡献，C_{ex}包括磁性(自旋玻璃、铁磁性)以及超导态等低能激发态对比热的贡献。声子比热C_{lat}可用爱因斯坦模型和德拜模型来近似解释。在德拜模型中，固体看成连续弹性介质，声子比热可表示为(等容条件)[57]

$$C_{lat}(T/\Theta_D) = 9R \times \left(\frac{T}{\Theta_D}\right)^3 \int_0^{\Theta_D/T} \frac{\xi^4 \times e^{\xi}}{(e^{\xi}-1)^2} d\xi \tag{10.21}$$

其中Θ_D是德拜温度，R是普适气体常数。

因为在低温下长波声子的激发对比热贡献起主要作用，所以可以把晶体看成连续的介质。在大约$T < \Theta_D/30$时，声子比热与温度三次方呈线性关系：

$$C_{lat} = \beta T^3 \tag{10.22}$$

其中$\beta = 12\pi^4 R/(5\Theta_D^3)$。

电子对比热的贡献C_e在高温时远小于声子比热C_{lat}，在低温下与温度呈线性关系：

$$C_e = \gamma T \tag{10.23}$$

其中$\gamma = \pi^2 k_B^2 N(E_F^0)$，$k_B$为玻尔兹曼常量，$N(E_F^0)$为0 K时系统在费米面附近的能态密度[57]。

爱因斯坦模型中则假设晶格中各个原子的振动相互独立并以同一频率振动，其主要结果为(等容条件)[57]

$$C_{lat} = 3R\left(\frac{\theta_E}{T}\right)^2 \frac{e^{\theta_E/T}}{(e^{\theta_E/T}-1)^2} \tag{10.24}$$

其中$\theta_E = \hbar\omega_0/k_B$为爱因斯坦温度，$\omega_0$为原子振动频率。

虽然非晶物质在结构上不同于晶体，处于没有长程序的无序状态，但在低温下非晶材料同样可以看作连续的介质。所以，理论上德拜模型在低温下同样适合非晶固体。实际上，由于非晶固体无序的特点，所以它的低温比热偏离德拜模型。在1 K以下和在1 K以上，分别受到二能级隧穿效应和玻色峰的影响，比热都要比德拜模型预测的大。

一个粒子总自旋为J，它可能有$2J+1$个取向，在这些取向上的自由状态的能量是简并的。晶场中的粒子能级可以部分或全部去除简并，使能级分裂。晶场分裂后离子基态仍然与激发态相距很远，一般在低温下离子不可能跳到激发态。当$T=0$时，所有离子都在最低能态，$T>0$时，粒子有一定的概率跳到基态能级的较高能态上，因此升高温度时离子吸收能量，对比热有贡献。当温度较高时，系统温度$T \gg \Delta E/k_B$(ΔE为基态能级分裂的宽度)，离子几乎等概率分布在分裂后具有微小能量差别的各能态上，温度的改变不影响离子的能级分布，系统不吸收能量，比热又趋于零。由于基态能级分裂引起的比热贡献是两头小，中间大的鼓包，叫Schottky比热[58]。在非晶固体中，由于不均匀的晶体场效应，近藤温度T_k存在一个分布，离子不同能级间的能量差也不是固定值，近藤杂质引起的比热和Schottky比热会十分复杂。

通过比热测量，可以获得材料晶格、电子以及磁性等方面的大量信息。比热，特别是低温下的比热，能够直接反映电子和磁矩的能级等，使实验和理论能够进行对比。通常测量比热的方法主要有绝热量热法和非绝热量热法。传统绝热法测量比热是对一个绝热样品施加一定量的热量ΔQ后，测量其温度的变化ΔT，比热即为$C=\Delta Q/\Delta T$。这是比较准确的测量方法。

低温比热可由综合物性测量系统(quantum design physical propertymeasurement system)测量，实验温度范围为 0.3～40 K，样品为直径 2 mm、质量 20 mg 的薄片。温度涵盖了 0.53～400 K 温区；控温精度在 10 K 以下为≤0.2%，在 10 K 以上为≤0.02%。样品表面经过仔细抛光处理，以实现更好的热接触。测试样品用热胶黏在蓝宝石样品台上，以进一步确保良好的热接触。为了扣除样品以外的背底信号，在实验前先测量黏有热胶的蓝宝石样品台的比热。关于低温侧的技术细节可参照《低温物性及测量》一书[59]。

在低温下，非晶态物质存在偏离德拜弹性模型的过剩比热，这是玻色峰造成的。因此，比热测量可以研究非晶物质高频动力学模式玻色峰的行为及随温度压力的演化。

10.3.7　X 射线光子关联谱

图 10.39 是 X 射线光子关联谱(XPCS)和其他散射手段涉及的频率和波矢范围的比较。可以看出 XPCS 相比其他动力学研究手段可覆盖更小的空间尺度和更慢的时间尺度，为原子尺度慢动力学的研究提供了强有力的手段[60]。相干 X 射线透过样品时发生散射，每一种原子排列方式都产生相应的特征散射斑纹，如果发生原子重排导致排列方式变化，那么散射斑纹也发生相应的改变，通过研究散射斑纹随时间的演化，可得到原子尺度的弛豫动力学信息。图 10.40 是 XPCS 实验原理图和欧洲同步辐射光源 ID10 线站的 XPCS 实验装置。

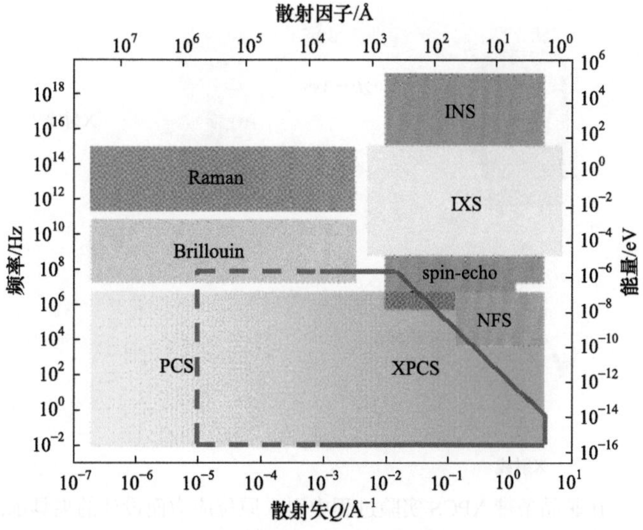

图 10.39　XPCS 以及其他测试手段所覆盖的频率-散射矢量范围，包括光子关联谱(PCS)，拉曼(Raman)和布里渊(Brillouin)散射，非弹性中子散射(INS)和 X 射线散射(IXS)，中子自旋回声(spin-echo)以及核前向散射(NFS)[60]

XPCS 实验得到的信息为衍射强度自关联函数，$g_2(q,t)=\dfrac{\left\langle\left\langle I_p(q,t_1)I_p(q,t_1+t)\right\rangle_p\right\rangle}{\left\langle\left\langle I(q,t_1)\right\rangle_p\right\rangle\left\langle\left\langle I(q,t_1+t)\right\rangle_p\right\rangle}$，

$I_p(q,t_1)$ 和 $I_p(q,t_1+t)$ 为 t_1 到 t_1+t 时间内像素点 p 处收集的，对应于同一个波向量 q 的衍射强度，$\langle\cdots\rangle_p$ 为 CCD 探测器上所有像素点收集到的衍射信号的总体平均，$\langle\cdots\rangle$ 为 t_1 时间内的时间平均。

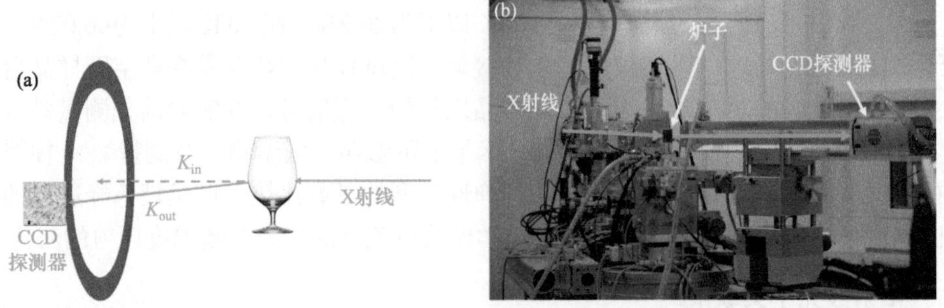

图 10.40 (a)XPCS 实验原理图；(b)欧洲同步辐射光源 ID10 线站的 XPCS 实验装置[61]

XPCS 可直接得到温度、应力对微观动力学及其随时间演化的信息，探测温度和应力导致的原子尺度的动力学行为。如图 10.41 所示的是应力弛豫导致的动力学演化的 XPCS 观测方法。在实验过程中采用夹具实现原位应力，如非晶样品被紧贴固定在直径 $\phi = 4$ mm 的芯轴上，芯轴中央有 1 mm 宽的狭缝使 X 射线(线束尺寸为 10 μm × 10 μm)到达并穿透非晶样品。该弯曲条件下样品表面处应变可达 1%，从而在 XPCS 实验中引入有效的原位应力。实验过程中还可将夹具与样品一起安装在实验使用的加热炉内进行温度处理。

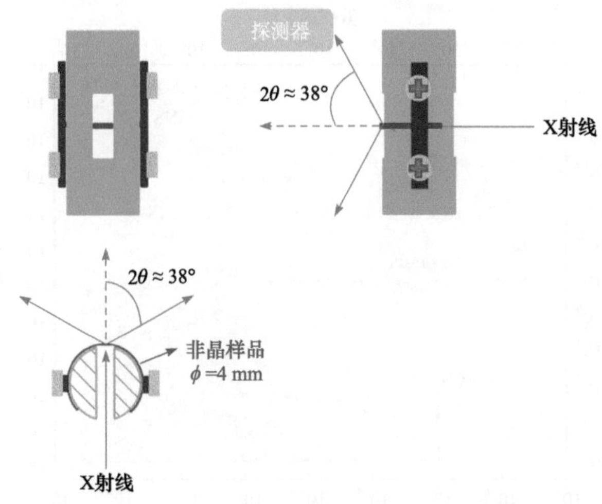

图 10.41 在非晶条带 XPCS 实验过程中引入原位应力而设计的夹具示意图[61]

科学技术发展中出现了一个新的态势，即许多科学领域已经发展到这样一种地步，它们的进一步发展，或者说它们的研究前沿的突破，都离不开大科学装置。因此，世界各强国以巨大的投入建立大科学装置。现有的物质和材料结构分析研究手段难以满足非晶物质动力学的探测和分析的需求。下面介绍的先进的科学大装置如自由电子激光装置、阿秒激光实验装置等将在动力学研究中发挥越来越重要的作用，为非晶物质的动力学研究提供了强有力的先进手段。

10.3.8 自由电子激光装置

自由电子激光(free electron laser，FEL)是相对论性电子束团在周期性横向静磁场中振荡运动产生的相干辐射。FEL 于 20 世纪 70 年代诞生于美国斯坦福大学的高能物理实验室，目前是最先进的可利用 X 射线光源[62-65]。自由电子激光的原理基于同步辐射[64-65]，具有亮度高、波段宽、高偏振、高准直、高相干性等特点，可以根据需求调制特定波长的光，脉冲间隔为几十纳秒至微秒量级，满足了激光器光源的需求。自由电子激光在科学研究、国防应用和国民经济等重要领域都具有极大的应用价值。目前世界各个主要发达国家都在发展和建造软 X 射线到硬 X 射线等相关装置。上海硬 X 射线自由电子激光装置已于 2018 年在张江综合性国家科学中心正式开工建设。

自由电子激光器由电子加速器、磁摆动器以及光学谐振腔三个主要部分组成(图 10.42)。磁摆动器由多对相邻磁场方向上下交替变化的扭摆磁铁组构成。光学谐振腔主要由反射镜和半透半反镜构成。工作时，相对论电子束从激光共振腔的一端注入经过摆动器时，受到空间周期性变化的横向静磁场作用在平面内左右往复摆动。当带电粒子在磁场中沿弧形轨道运动时放出同步辐射。在一定的条件下在不同位置处向 Z 方向发射的电磁波可以有相同的相位，并且还能够从电子束中获得能量，使它们的能量得以增加。其中的一部分电磁波可以在由反射镜和半透半反镜构成的谐振腔内往返运动，使它们的能量反复放大，最后从半透半反镜输出激光。X 射线的波长与常见晶体的原子间距相近，是研究物质微观结构的有力工具。而通过自由电子激光产生的 X 射线(XFEL)具有高亮度、短脉冲和全相干性等优越特性，可以在原子层面研究物质在飞秒级别的动力学过程。

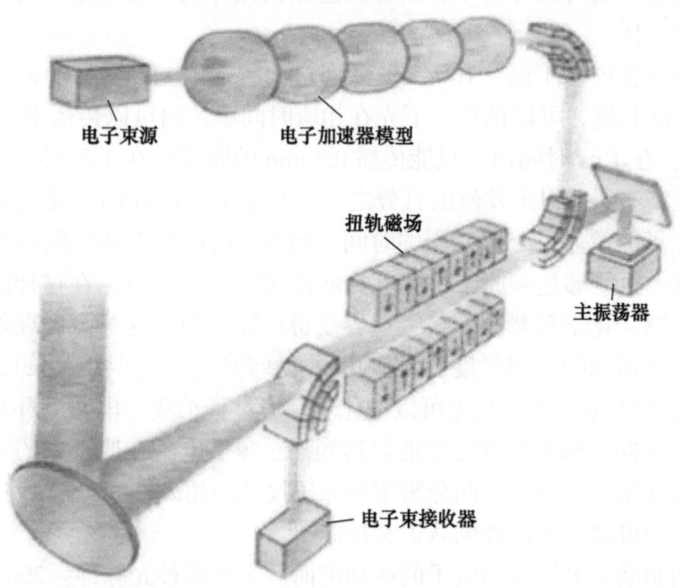

图 10.42 自由电子激光中电子束和波荡器的相互作用的示意图[64]

非晶态材料作为一种亚稳态物质，其内部结构易受温度或力等外部作用的影响，而 X 射线自由电子激光为在高空间分辨率和高时间分辨率下研究非晶态物质的动力学行为提供了可能[64-65]。大量的实验和模拟表明非晶物质在外场作用下的动力学行为在纳米尺度上是空间非均匀性的，这种性能的不均匀性预示了非晶物质结构的不均匀性。空间非均匀性与非晶材料的力学性能、弛豫行为以及过冷液体的动力学行为密切相关。很多非晶物质的模型都是基于非晶的结构和动力学非均匀性。然而一般的衍射技术无法提供这些非均匀区域的结构信息。现有的理论和实验数据都不足以将非晶物质不均匀结构中特定的结构参量与宏观性能之间建立起一个定量关系。X 射线光子相关光谱法可用来研究非晶物质的空间非均匀动力学行为(spatially heterogeneous dynamics)，如 X-ray Cross Correlation Analysis 和 XPCS 技术的高阶的动力学时间相关函数将会帮助解决上述问题，为观测非晶材料在原子尺度下的结构以及其在极端条件下的动力学过程提供关键的技术手段。

10.3.9 阿秒光脉冲激光装置

高时间分辨技术为科学发展提供了重要、关键的手段。例如，提高照相机的快门速度(即时间分辨能力)，能把对事物的认识提高到更高水平。如人们始终不清楚马在奔跑过程中是四脚腾空，还是始终有一蹄着地。直到快速照相技术出现后，人们用快速照相技术解决了这一问题。一个“快门”时间内可以曝光并记录一个动作，动作发生时间越短，需要记录它的“快门”就相应地要求越短，否则图像就会出现虚影。空间的分辨率在时间上也要求更高的分辨率(更快的快门)。阿秒光脉冲是一种发光持续时间极短的光脉冲，其脉冲宽度小于 1 fs。2001 年，奥地利克劳茨研究组利用气体高次谐波产生了脉宽为 650 as 的单个光脉冲，使光脉冲宽度达到阿秒量级。超短的光脉冲有助于提高人们观察微观粒子高速运动的时间分辨率，就像高速相机允许人们记录爆炸的气球或高速的子弹等更快的事件一样。

为了理解和感受皮秒(1 ps = 10^{-12} s)、飞秒(1 fs = 10^{-15} s)和阿秒(1 as = 10^{-18} s)量级的时间分辨率和时间长度，可以估算一下光在相应时间单位内可以传播多长距离：1 s 内光传播 30 万公里；在 1 ps 时间内，只能传播 0.3 mm 的距离；在 1 fs 时间内，则只能传播 0.3 μm，这个距离不到一根头发丝的百分之一；而在 1 as 时间内，光只能传播 0.3 nm，还不够光绕氢原子的“赤道”跑一圈的时间。当观察时间尺度达到阿秒量级时，人们可观察的空间分辨率也能够达到原子尺度(0.1 nm)和亚原子尺度了。在这样的时间和空间尺度范围，使得生物、化学和物理的研究边界变得模糊，因为这些微观现象的根源在于电子的运动，而电子运动的时间尺度可以从几十飞秒到更小几十阿秒，如氢原子中电子绕核一周的时间为 152 as。飞秒激光可以把化学反应过程拍成“电影”并对整个过程进行研究。而阿秒光脉冲的脉冲宽度已经能够达到甚至短于电子在原子中的运动周期，使得人们能够结合阿秒量级的超高时间分辨率和原子尺度的超高空间分辨率，实现对原子-亚原子微观世界中的极端超快过程的认识和控制[66]。

一般通过调制激光电场控制电子的运动进而产生单阿秒光脉冲。2008 年，古尔利马基斯等利用了高次谐波产生过程对激光强度高度非线性依赖的特性，采用载波包络相位稳定的 3.3 fs 超短激光脉冲，测量获得 80 as 的单阿秒光脉冲。2017 年，产生了 43 as 的单阿秒光脉冲。具有极端超快特性的阿秒光脉冲，结合泵浦探测技术已经可以探测数十阿秒的超快电子动力学过程，并且能够在原子尺度内实时控制电子的运动。图 10.43 是采用阿秒脉冲串联合红外激光电场对氖原子的阿秒电子波包的成像。阿秒激光的应用不仅能帮助分析原子和分子内超快电子的运动过程(包括电子电离、多电子俄歇衰变、电子激发弛豫和成像，分子的解离过程和控制、分子的振动和转动与超快电子运动的耦合)等基础物理学问题，也在为材料科学和生命科学等提供全新的研究手段。

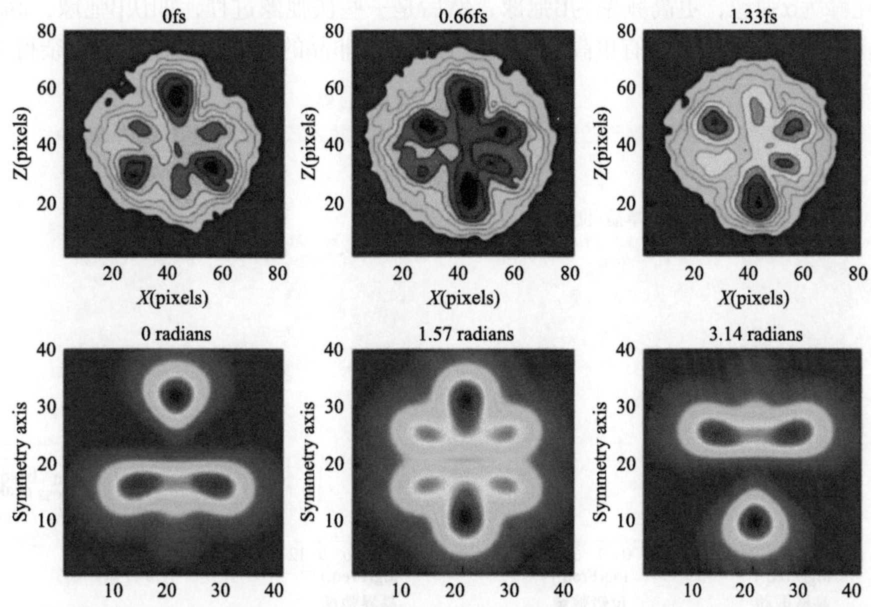

图 10.43　采用阿秒光脉冲串联合红外激光电场对阿秒电子波包成像的实验结果(上)和理论结果(下)[66]

天下武功，唯快不破。阿秒光脉冲在凝聚态物质方面主要是研究表面电子瞬态结构、表面电子屏蔽效应、热电子、电子空穴动力学等，实时检测和控制这些凝聚态中的超快电子过程将有助于改进基于电子的信息技术。阿秒光脉冲结合瞬态吸收谱技术，结合阿秒光脉冲的超快时间分辨和超宽的光谱范围，有可能为凝聚态物质这种复杂体系的电子动力学研究发展新的技术手段。阿秒光脉冲的高能 X 射线与凝聚态物质中紧密束缚的电子相互作用还可以探测特定原子中电子的空间位置以及瞬间的运动状态，这为研究具有化学元素特异性材料中电子的快速过程提供另类方法。阿秒光脉冲应用还可以从凝聚态延伸到非晶、液体、有机分子和生物分子等更加复杂的体系。如阿秒光脉冲可用于液体到非晶转变过程中原子、电子动力学演化的高时空分辨图像，破解玻璃转变的世纪难题。阿秒光脉冲可用于对活体生物物质进行 X 射线显微，探测生命科学中的量子过程，对活细胞中生物分子的电子和原子制作慢动作视频，观测光电转换过程中亚原子尺度的电子动力学过程，为复杂的生物分子的建模、理解和控制奠定基础[66]。

10.4　非晶物质多重动力学弛豫谱

非晶物质动力学的一个显著特征就是多重弛豫模式。图 10.44 是单晶晶体、有缺陷的晶体、多晶、非晶物质的动力学谱比较。如图 10.44 所示，完美的单晶只有一个动力学特征谱：声子谱；晶体中的结构缺陷如空位、位错、界面也产生动力学谱，并对研究晶体中的缺陷起到重要作用。由于非晶物质结构的无序、复杂性、非均匀性和强相互作用，所以非晶物质具有复杂的动力学谱，多种动力学模式，涉及的频率域很宽，从 10^{-7} 到 10^{16} Hz，涉及至少 23 个量级。图 10.45 是非晶物质(包括其过冷液体)的多种动力学模式在频率域的示意图[17,33]。相比晶态物质只有动力学振动声子谱，非晶物质在同一温度，在低频范围对应的损耗峰为α弛豫，更高频率为β弛豫，然后是一些快弛豫过程，如快β弛豫，高频率的动力学模式则为玻色峰，还有更高频率的模式等。即非晶的动力学谱比晶态复杂得多[17,33]。

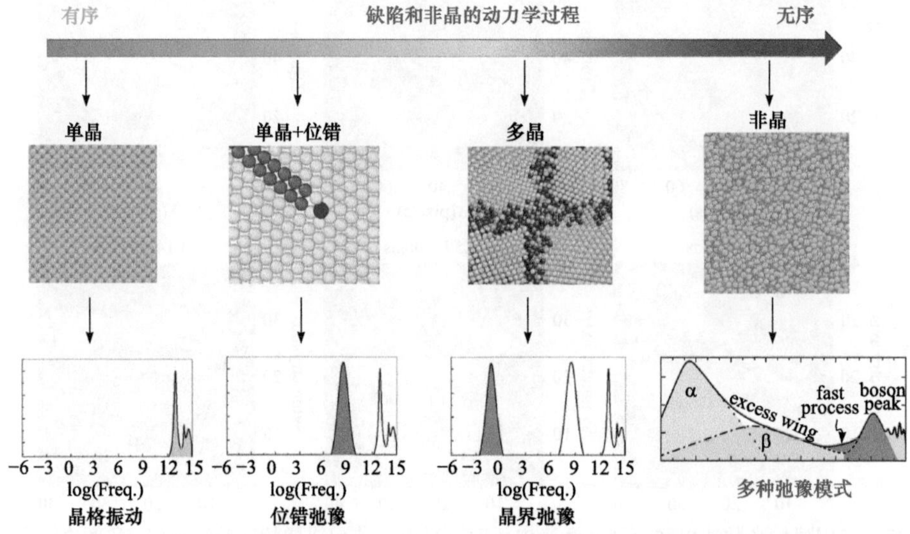

图 10.44　单晶晶体、有缺陷的晶体、多晶、非晶物质的动力学谱比较(于海滨提供)

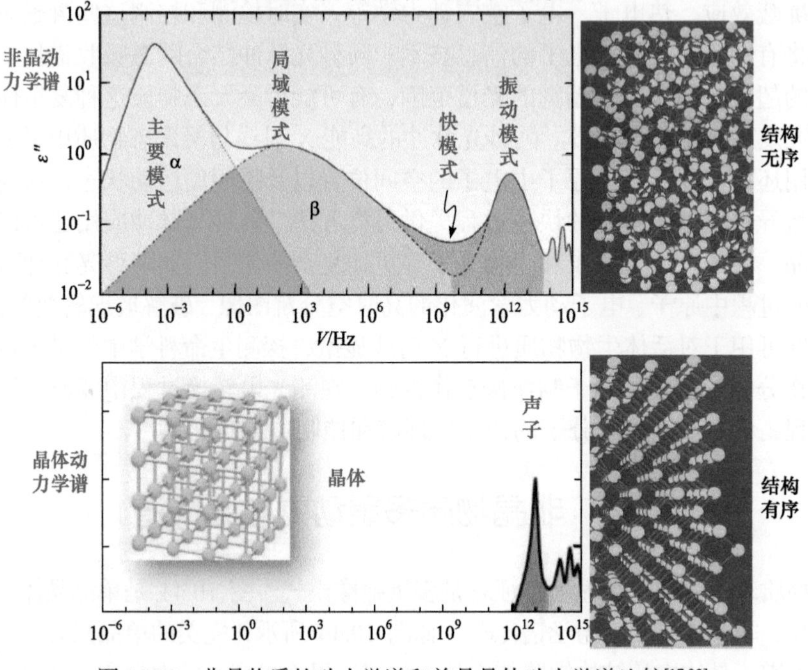

图 10.45　非晶物质的动力学谱和单晶晶体动力学谱比较[17,33]

当温度足够高时($T > T_m$)，结构均匀的液体当中只有单一的弛豫过程：α弛豫。这个主要动力学峰很宽，即α弛豫的特征时间 τ_α 在过冷液相区变化很大(图 10.45)，代表粒子在高温下的平移运动，可用一个经验的 Vogel-Fulcher-Tammann(VFT)方程进行描述：$\tau_\alpha = \tau_\alpha^\infty \exp\left[\dfrac{B}{T-T_0}\right]$，其中 τ_α^∞、B 和 T_0 为拟合参数。当温度降低到某个临界温度 T_c 以下时，这时体系中的粒子动力学和结构变得不均匀了，这个单一的弛豫过程就会分离为α和β两个主要弛豫模式。当温度进一步降低到玻璃转变温度 T_g 以下时，与α弛豫对应的粒子平移运动方式被冻结，导致α弛豫峰消失，而β弛豫成为主要的动力学模式。β弛豫的特征时间符合 Arrhenius 温度依赖关系，可使用动态力学方法或者介电弛豫方法测量弛豫。β弛豫表现出显著的成分依赖，在不同非晶体系，同一非晶体系的不同成分，它的表现形式也不同。如在非晶合金中，只有极少数体系具有明显的β弛豫峰，大部分体系都表现为一个肩膀甚至过剩翅的形式。在非晶固态，还有些较弱的高频快动力学模式，对应于非晶物质中某些未被完全冻结的残留局域粒子或者粒子团的局域运动；在更高频段，有玻色峰(Boson peak)，对应于各类非晶体系在太赫兹范围出现的过剩振动态密度，是非晶无序体系的本征特性。研究发现即使在长达一亿一千万年的古老琥珀中，玻色峰依然稳定存在。在更高的能态，还有一些特征不甚清楚的动力学模式。

上帝关上一扇门，就会打开另一扇窗户。当我们在为非晶物质结构无序复杂，表征困难烦恼的时候，却发现它们有很丰富的动力学特征谱，这些特征谱反映了非晶物质的很多本质信息，这正是我们认识非晶物质的另一扇窗户。

10.5　非晶物质动力学的主要特征

非晶物质的动力学弛豫可以形象地看成是原子或分子在能量地貌图上的无规行走，或者是原子或者分子的舞蹈。非晶物质的弛豫模式有很多有趣和重要的特征。下面列举几个最重要的非晶动力学特征。

10.5.1　骤停现象

非晶物质的动力学随温度和压力的变化，会发生骤停现象(slow-down)，也称为冻结过程，或者称为玻璃转变。非晶形成液体随着温度的降低，如果液体冷却的足够快则可以避免晶化而进入过冷液态。随着温度的降低，液体中的运动或者动力学变得越来越缓慢，平均弛豫时间越来越长，而且变化越来越急剧，最终在冷速允许的实验观察时间尺度内，体系无法达到平衡态而在某个特定的温度或压力下被“冻结”成非晶态固体，即动力学骤停。

伴随着动力学的“冻结”过程，体系的体积或焓随温度的变化率也会有突然但连续的降低。过冷液体的弛豫时间随着温度的降低而逐渐增大，并在接近玻璃转变温度的较窄的温度范围内增加十几个量级，但材料的结构没有明显的变化。所以这个动力学冻结过程不是传统意义的相变，一方面其特征温度，玻璃转变温度 T_g 与制备和测量有关，T_g 随冷却速率等条件明显变化。T_g 点随升温速率φ的变化可以理解为实验观察的时间尺度和物质的组成单元回到平衡态的动力学时间尺度之间的相互影响。这种变化是玻璃化转变的动力学的主要表现；另一方面，从过冷液态到非晶态，没有显著的、现在结构分析手段能够观测到的结构变化，所以非晶物质的结构也被认为是冻结的液体结构。玻璃转变研究的核心问题就是由流动到不流动过程背后的动力学冻结的物理机制。

动力学的这个奇特的过程，在不同类型的材料(包括共价键、离子键、氢键及金属键等)中都存在。关于动力学冻结的本质至今还没有公认的理论描述，通常有两大类观点：第一类观点的核心思想是认为玻璃化转变是一个动力学过程(液态结构的冻结)而非相变过程。大量实验和模拟表明动力学及结构不均匀性和玻璃转变密切关联，动力学骤停和动力学不均匀性关联，即动力学骤停是因为随着原子、分子运动的变慢，体系中的动力学行为也变得越来越不均匀，存在很多纳米区域，这些纳米级区域虽然相隔距离很小，但动力学行为(如原子移动速度)的差别较大，而且随温度降低会变得越来越大。图 10.46 是用颗粒物质对动力学骤停过程和动力学不均匀性进行的模拟[67]。实验说明颗粒物质中存在运动速度快和运动速度慢的颗粒形成团簇结构，它们分布也是不均匀的，并进一步证明动力学骤停和动力学不均匀性的关系。

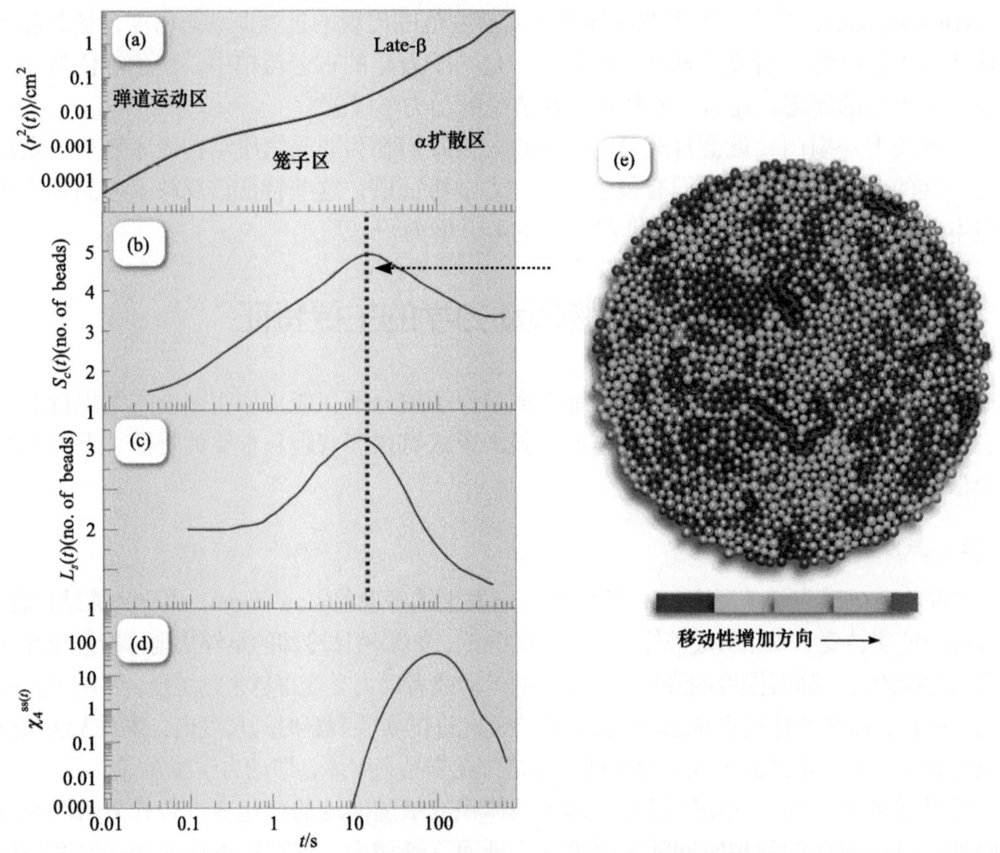

图 10.46 面积占有率为 0.773 时，颗粒物质的动力学。(a)均方位移随时间变化；(b)运动团簇所包含平均原子数目随时间变化；(c)运动团簇的平均大小随时间变化；(d)四点关联函数自相关部分随时间变化；(e)运动颗粒的瞬间图像，显示动力学不均匀性[67]

分子动力学模拟显示动力学非均匀性和一种“中程键角方向序”静态结构有密切关

系[68]，是这种静态结构的涨落导致了动力学非均匀性和运动越来越慢这一性质。并阐述动力学骤停的过程和二级相变的临界现象相似。通过考察多种非晶合金转变前后比热的变化，发现过冷液体和非晶态的比热之差是一个恒定值：$C_p = 3/2R$。按照统计物理的能量均分定理，这说明从液态经过玻璃转变转变成非晶态后系统减少了 3 个平动自由度，即液体中平动的原子大多数都能在三维空间中被冻结[69]。

第二类观点的核心思想则是认为动力学骤停是因为任何非晶形成体系中存在着过冷极限，或称理想玻璃转变，或者是因为玻璃转变是一个体系本征的特性。动力学骤停是理想玻璃转变受动力学因素调制的结果。Kauzmann 认为过冷液体存在一个温度极限[70]，该极限温度可由 T_g 点以上的过剩熵 $\Delta S(T) = S(T)_{液体} - S(T)_{晶体}$随温度 T 变化曲线外推得到，对应着$\Delta S = 0$ 的温度，此温度点以下($\Delta S < 0$)液相的熵比稳定的晶体相的熵还低，这违背物理基本定律，所以外推的曲线不能超越过剩熵消失的温度极限。通常将该温度称为 Kauzmann 温度，用 T_K 表示。这种观点认为液体在冷却过程中存在一个潜在的热力学转变，它与 T_g 密切相关。尽管动力学的介入会影响到在特殊实验条件下 T_g 的位置，但 T_g 与相应的基本转变点的值相差不大。过冷液态绝不能在 T_K 以下存在，而要在 $T_g \geqslant T_K$ 时发生不可避免的固化即玻璃化转变，这个 T_g 被动力学效应调制后从 T_K 上移了。实验测量发现非晶态的剩余熵是较小的，相比晶体的大得不多。

描述动力学骤停、玻璃转变的理论有很多[71]，主要包括自由体积理论(free volume theory)[72-73]，能量图景模型(energy-landscape model)[74]，Adam-Gibbs 熵理论[75]，模态耦合模型(mode coupling model，MCT)[76]，两参量模型(two order parameter model)[77]，动力学促进模型(dynamic facilitation theory)[78]，以及无序一级相变理论(random first-order transition theory，RFOT)[79]。在第 5 章，我们已经介绍了玻璃转变的几种主要模型。这里再介绍几个和动力学相关的玻璃转变模型。

自由体积理论的基本思想是假定液体中存在类似固体和类似液体的部分，当非晶形成液体中自由体积密度减小到某个临界值时，粒子的运动变得很困难，体系的动力学就会骤停。Adam 和 Gibbs 模型是描述动力学骤停特征的熵模型[75]。该模型认为随着温度降低，决定体系动力学变慢的根本原因是构型熵的降低。在微观上，Adam 和 Gibbs 提出了协同重排区(cooperatively rearranging region，CRR)的概念。Adam-Gibbs 理论可以说是建立在协同(cooperation)这一概念的基础上的，并由此得到弛豫时间与温度和构型熵的关系。该模型认为，在过冷液体中，原子的运动不是单一自由的，而是协同式运动。随着温度的降低，CRR 的尺寸增加，导致其重排激活能增加，重排所需时间增加，进而导致弛豫时间增大。CRR 概念的提出是研究过冷液体动力学不均匀性的先河，然而这个想法直到三十年后才被证实。熵模型有一些固有缺陷，例如，熵模型并没有为 CRR 的尺寸提供任何信息，而且不同 CRR 的差异也并没有考虑。另外，构型熵的计算较为复杂，很难得到准确的数值[80-81]。模式耦合理论能够很好地描述 T_c附近及以上的高温部分，但对较低温度下液体行为的描述却存在困难。另外，模式耦合理论是基于非线性动力学方程，不涉及液体中的动力学非均匀性，因而不能解释许多实验证明存在着的非均匀性。两序参量模型与以往的模型中过冷液体在冷却过程中会自动避免晶化最终形成玻璃的思想不同，认为晶化是一个很重要的过程。该模型认为液体虽然是长程无序的，但局部存在短程的键有序结构(图 10.46)，其结构上完全不同于系统完全晶化后的晶体长程有序结构。两参量模型认为除了描述液体常规使用的密度序参量外，还有一个基于键对取向的序参量同样重要。取向的序参量会促使体系形成一些局域稳定结构，并且这些结构的对称性与长程晶体序不兼容，因此有助于阻碍晶化而促进动力学骤停，比如硬球体系中(如非晶合金体系)的二十面体结构。这两种序之间会产生一些阻挫(frustration)，因为密度序倾向于使体系密堆，而键对取向序倾向于使体系产生一些局域稳定的结构。产生的阻挫大小就决定了一个体系的玻璃形成能力和脆度。如图 10.47 中阴影区域表示不同程度接近晶体有序的亚稳岛，其特征关联长度为 ξ，阴影区的颜色越深则表示其结构越接近晶态，其密度也就越大。亚稳岛对应于 T_m 以下系统自由能的局域极小值。每个亚稳岛的存在都有一定的时间，其平均存在周期就是系统的结构弛豫时间 τ，亚稳岛的湮灭和新亚稳岛的产生过程对应的就是 α 弛豫过程[77]。这种局部有序结构的数密度会随着温度的降低而增加。因此在液体冷却的过程中就会出现晶体长程序和液体固有的短程序这两种有序结构的竞争，且最终决定了动力学骤停。

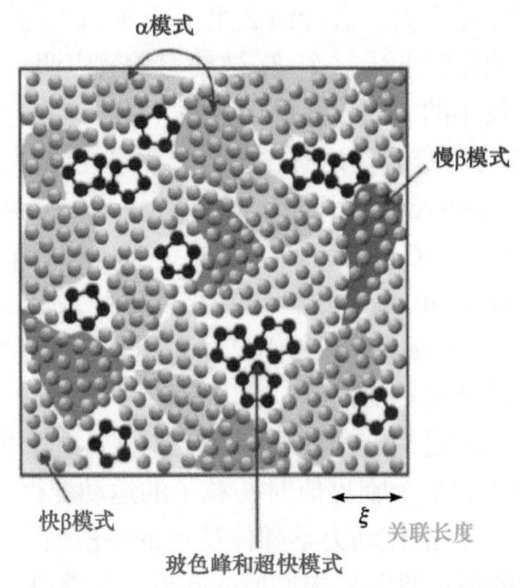

图 10.47 熔点 T_m 以下过冷液态的示意图。图中灰色的球体代表正常液体结构的分子，黑色五角形代表局部有序结构，阴影区域表示不同程度接近晶体有序的亚稳岛，其特征关联长度为 ξ，阴影区的颜色越深则表示其结构越接近晶态，其密度也就越大。亚稳岛的平均生命周期就是系统的结构弛豫时间，玻色峰则是局部有利结构或其团簇的局域振动模式特征。快β模式是出于笼中分子的振动运动造成的，慢β模式则是由亚稳岛内的转动运动导致的[77]

通过在单质自旋液体(spin liquid)中控制五次对称性即阻挫的程度，可实现对晶化和动力学的控制[82]，如图 10.48 所示。当阻挫较小时，体系会发生晶化，然而当阻挫增加到一定程度时，体系呈现出非晶质液体的特性并最终形成非晶态。与阻挫限制区域模型(frustration limited domain model)不同，两参量模型认为阻挫原子主要是对晶化产生阻力，虽然它们的动力学也会较慢，但具有类晶体序的区域才对应着慢动力学[83]。主要原因是阻挫原子由于特殊的对称性无法在空间长大，因此很难在空间延展，无法对应于快速增大的动力学关联长度，比如二十面体无法填满三维空间。而类晶体序原子可以随着温度的降低，其关联长度增加，又由于这些区域需要协同运动才能发生重排，因而动力学较慢。所以，结构关联长度的增长速度与动力学关联长度等同，这建立了动力学与结构的直接关联。即两参量模型是将玻璃转变过程中动力学和几何空间结构耦合起来的模型。

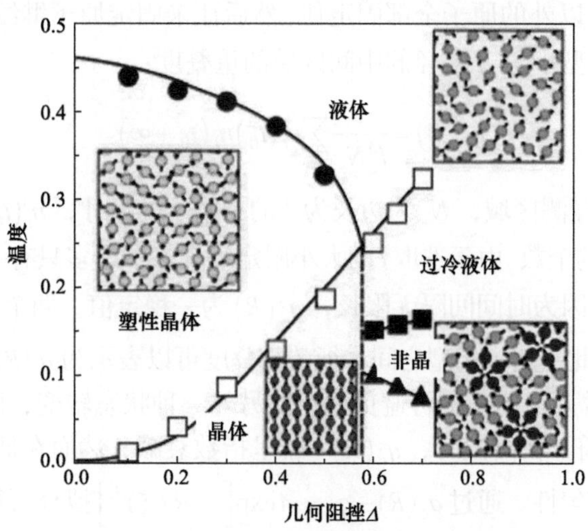

图 10.48　单质自旋液体模型的相图[80,83]

无序一级相变理论认为在较低温度时(低于模态耦合理论温度)，过冷液体中存在着大量的亚稳态。这些亚稳态在自由能景观图谱上代表着局域最小值(local minima)。这些亚稳态的数目决定了体系构型熵的大小。由于这些大量亚稳态的存在，过冷液体被认为具有纳米级马赛克结构(mosaic structure)，不同区域处于不同的亚稳态[79]。这些不同区域的平均长度代表着亚稳态的关联长度。体系的熵效应会促进不同亚稳态之间的转变，或者说是一种亚稳态从另外一种亚稳态中形核，也称为熵滴效应(entropic droplet)。然而，不同亚稳态之间存在的界面能又抑制亚稳态的形核和长大。当体系的熵效应和界面效应达到平衡时，亚稳态达到临界尺寸，这个临界尺寸为[79]

$$\xi_{\mathrm{s}}=\left(\Upsilon/TS_{\mathrm{c}}(T)\right)^{1/(d-\theta)} \tag{10.25}$$

其中 Υ 为单位面积表面能，$S_{\mathrm{c}}(T)$ 是某一温度下单位体积构型熵，d 为维度，而 θ 代表表面张力指数(表面张力为 $\Upsilon\xi_{\mathrm{s}}^{\theta}$)。如果一个区域尺寸小于 ξ_{s}，该亚稳态稳定存在而不能向其他状态转变。反之，体系将会转变到其他的状态直至再次达到平衡。过冷液体的结构弛豫时间由不同亚稳态转变所需要克服的自由能垒决定。由于需要通过协同重排进行结构弛豫，这个自由能垒又取决于协同重排区的大小，即 ξ_{s} 的大小。所以时间尺度和空间尺度的关系为[79]

$$\tau(T)=\tau_0\exp\left(\frac{\Delta\xi_{\mathrm{s}}^{\varphi}}{k_{\mathrm{B}}T}\right)=\tau_0\exp\left(\frac{\Delta}{k_{\mathrm{B}}T}\left(\frac{\Upsilon}{TS_{\mathrm{c}}(T)}\right)^{\frac{\varphi}{d-\theta}}\right) \tag{10.26}$$

随着温度降低，亚稳态尺寸增加，亚稳态个数减少，体系构型熵降低，导致弛豫时间急剧增加。当温度趋近于 T_{K} 时，体系将会发生一个热力学相变，转变为具有单一构型的理想玻璃。与 Adam-Gibbs 理论相比，RFOT 理论最大的进步是考虑了体系协同重排区的尺寸以及不同亚稳态之间存在界面能。

采用原子钉扎(atom pinning)方法可探测 ξ_s 的大小[84]，即在一个平衡态的过冷液体构型中将中心半径为 R 以外的原子全部固定住，然后让未固定原子继续演化，并根据 $q_c(R)$ 探测不同时刻两个构型小于 R 半径的中间区域的重叠度：

$$q_c(R)=\frac{1}{l^3 N_v}\sum_{i\in v} n_i(t_0)n_i(t_0+\infty) \tag{10.27}$$

其中 v 代表球中心被探测区域，N_v 为边长为 l 的小格子的尺寸，$n_i(t_0)$ 表明某一时刻边长为 l 的小格子中原子的个数。由于选取 l 的大小限定每个格子最多只有一个原子，所以 $n_i(t_0)$ 只能等于 0 或者 1。因为时间间隔无限长，$q_c(R)$ 为一稳定值。两个无关联的构型之间的重叠度为 $q_0=l^3$。因此，两个构型之间本征的重叠度可以表示为 $q_c(R)-q_0$，如图 10.49(a) 所示[85]。随着 R 的增大，体系不可避免地要向另外一种状态转变，因此，重叠度将会为 0，与 RFOT 理论相符。在高温时，$q_c(R)-q_0$ 呈指数衰减，然而在低温时变成非指数性，证实了动力学的不均匀性。通过 $q_c(R)-q_0=A\exp\left[-(R/\xi)^{\vartheta}\right]$ 拟合可得到关联长度 ξ_s。如图 10.49(b)所示，随着温度降低，ξ_s 逐渐增加，而且不同体系大小不同[86]。但是弛豫时间和 ξ_s 之间存在着指数约化关系 $\tau\sim\exp\left(\xi_s^{\varphi}\right)$，如图 10.49(c)所示。这些结果与 RFOT 理

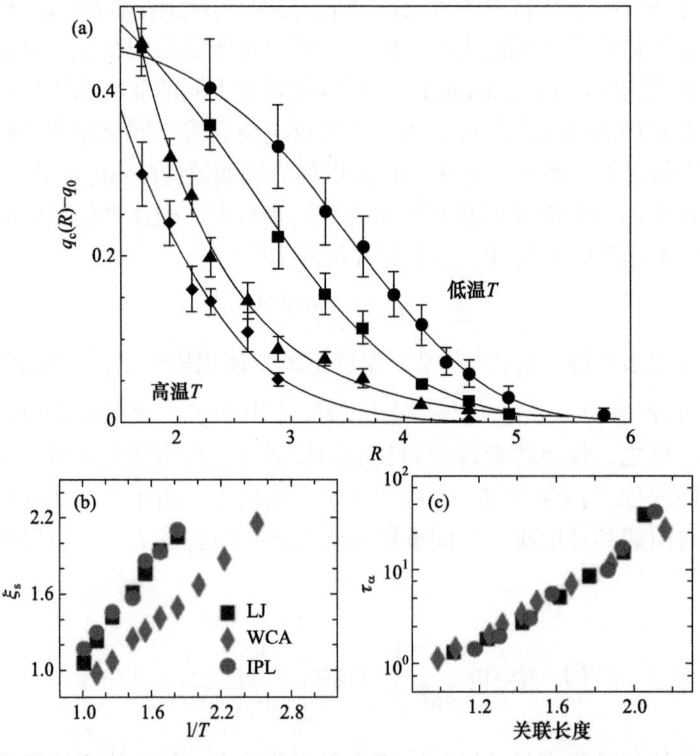

图 10.49 (a)过冷液体 $q_c(R)-q_0$ 随着 R 在不同温度下的演化[85]；(b)不同体系亚稳态关联长度 ξ_s 随温度的变化规律；(c)不同体系弛豫时间与关联长度 ξ_s 的标度关系[86]

论相符。由于ξ_s的定义不需要预先定义任何结构序，它适用于各种非晶体系。RFOT 理论还预测在T_K处发生理想玻璃转变。因此，RFOT 是一个较为普适的理论。但是，由于ξ_s在实验上较难探测，而且 RFOT 理论中不同亚稳态的界面能也较难定义和探测，RFOT 理论还未走到实验阶段，因此它目前也饱受争议。

Tool，Narayanaswamy，Moynihan，Hodge 等提出了动力学玻璃转变或者弛豫的另一个重要的概念——虚拟温度T_f，用来描述玻璃转变附近的弛豫动力学[87]。其定义如下：$H(T)=H_e(T_f)-\int_T^{T_f}C_{pg}\mathrm{d}T'$，其中$H_e(T_f)$是出于平衡态的系统在$T_f$处所具有的焓，$C_{pg}$是非晶态的比热。当系统处于平衡态时$T_f=T$。如图 10.50 所示，系统在温度$T$所对应的$T_f$即可由温度$T$作$H_g$-$T$的平行线与$H_e$的交点来得到，这样就可以用$T_f$来区分、表征非晶系统的状态。

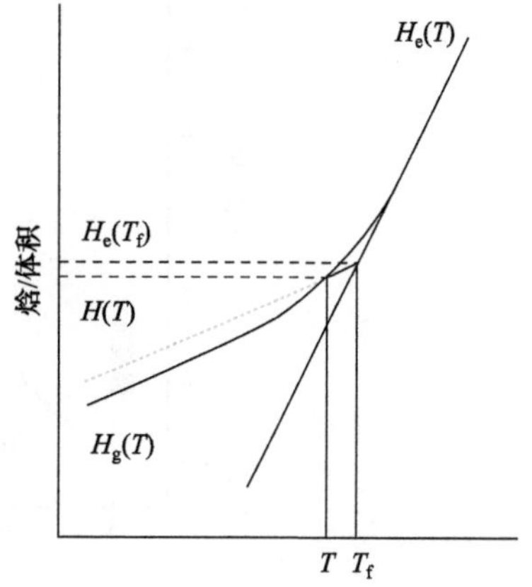

图 10.50　虚拟温度T_f的定义

10.5.2　弛豫模式的解耦

列夫 · 托尔斯泰有句名言：幸福的家庭都是相似的，不幸的家庭各有各的不幸。有趣的是，在非晶体系有类似的动力学行为：在高温区，粒子都处在高能态，自由度很大(幸福态)，粒子的动力学模式只有一种——α弛豫(相似)；随着温度降低，粒子的自由度受到越来越多的限制(不幸状态)，这时不同的粒子动力学模式可能大不一样，即动力学模式多样化(不同粒子的动力学不一样，即自由程度不一样)。下面我们来具体看看体系动力学模式随温度的分化情况。

当温度足够高($T>T_m$)时，非晶形成液体中粒子相互作用很弱，粒子的自由度很大，动力学形式简单，只有一个单一的弛豫过程和一种动力学机制，各种动力学模式在高温时耦合成一体了。当温度降低到一个临界温度T_c时，粒子之间开始有较强的互作用，动力学模式会分裂。如图 10.51 所示，在T_c点分裂解耦为两个模式，原来的α弛豫呈现非 Arrhenius 特征，新分裂出来的β弛豫的特征时间比α弛豫要短。当温度降到T_g以下时，主要的α弛豫很快被冻结，但β弛豫仍存在于非晶态中，它是一个热激活过程，符合 Arrhenius 关系：

$$\tau_\beta=\tau_{\beta 0}\exp(E_\beta/RT) \tag{10.28}$$

其中E_β是β弛豫的激活能，R为气体常数。

对于升温过程，如图 10.51 所示，非晶态从室温随温度升高，在T_g以上的过冷液体中，α和β弛豫逐渐靠近，最后耦合到一起成为单一模式。

另外一种弛豫模式的分裂或解耦发生在平移扩散系数与黏度，以及转动扩散系数与平动扩散系数之间[4-7]。在较高的温度，平移扩散系数和转动扩散系数都与黏度呈反比的关系，分别符合 Stokes-Einstein 和 Debye 方程。大约在$1.2T_g$以下平动扩散系数与黏度之间的关系不再符合 Stokes-Einstein 方程：$D=k_BT/6\pi\eta r$(其中k_B为玻尔兹曼常量，r为颗粒半径)，即发生颗粒自身平移运动和体系弛豫的分裂或解耦，但转动扩散系数与黏度之

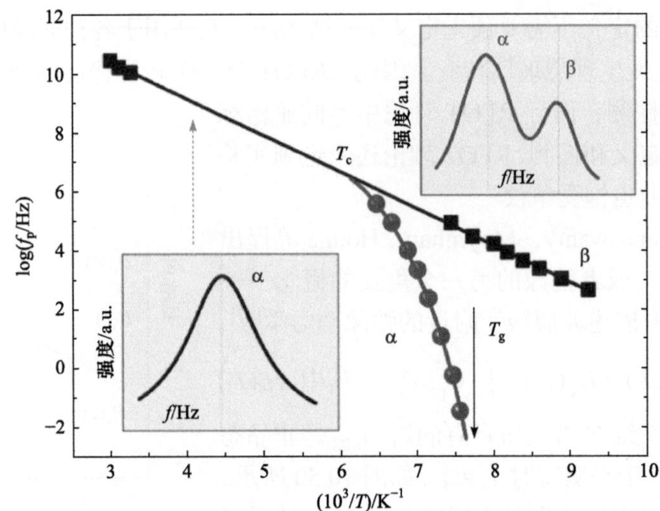

图 10.51　氯苯/萘烷混合玻璃形成液体的介电弛豫峰频率 f_p 和温度 T(的倒数)的关系。左下插图：高温时候的单一弛豫模式，右上插图低温时候分裂的弛豫[9]

间的关系没发生变化。在 T_g 附近，分子平动速度要比 Stokes-Einstein 方程预测的快大约 2 个数量级。

随着更多先进研究手段的使用和研究的不断深入，人们发现在非晶态，蕴含着极长的时间跨度和不同空间尺度的丰富动力学行为，这些动力学模式之间彼此关联、耦合。如在非晶合金中，采用应力弛豫方法发现结构弛豫模式有分裂现象[88-89]。如图 10.52 所示，在 T_g 附近较高的温度，应力 $\sigma(t)$ 均以单步的形式平滑地衰减；当温度降低至 T_g 以下 20～30 K 以后，应力弛豫曲线出现一个肩膀，弛豫逐渐分裂为快弛豫和慢弛豫两个过程；随着温度的进一步降低，这种分裂愈发明显。这两种弛豫模式表现出不同的动力学特征(图 10.53)[88-89]：快弛豫特征时间很短、激活能极小且不依赖于非晶体系(≈0.1 eV)，弛豫特征指数大于 1，弛豫时间和指数均不随样品退火状态变化；慢弛豫的特征时间较长、激活能很大且依赖于玻璃体系(≈$52k_BT_g$)，弛豫特征指数小于 1，而非晶老化程度增加导致该弛豫过程显著变缓。快弛豫对应于原子尺度内应力驱动的类弹道运动，慢弛豫则对应于更大尺度下的原子重

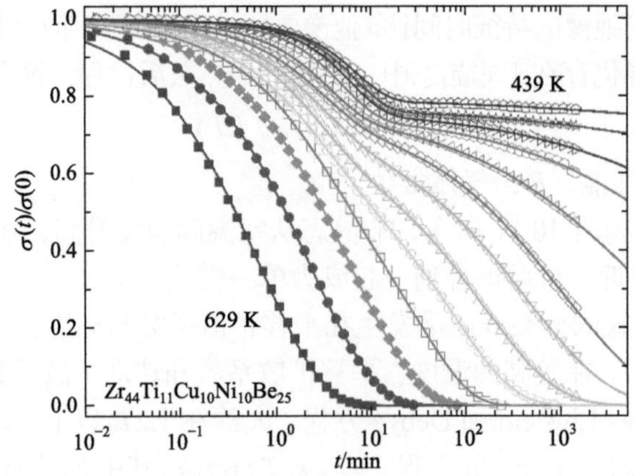

图 10.52　$Zr_{44}Ti_{11}Cu_{10}Ni_{10}Be_{25}$ 非晶合金在不同温度下的应力 σ 随时间 t 的弛豫曲线[89]

排，与动力学不均匀性有关。这种非晶态中动力学模式的分裂现象说明，在非晶态极大的时间跨度下，隐藏着比之前的认识更为丰富的动力学现象，非晶态的弛豫动力学行为不仅仅是其过冷液体的简单延续，而是具有其自身的独特性和复杂性的。

图 10.53 展示出非晶体系目前发现的各种动力学解耦行为，相信以后还会发现更多类似的解耦行为。解耦行为也是非晶体系非均匀性随温度降低，牢笼效应增强(苦难增加)，性能多样化的反映。

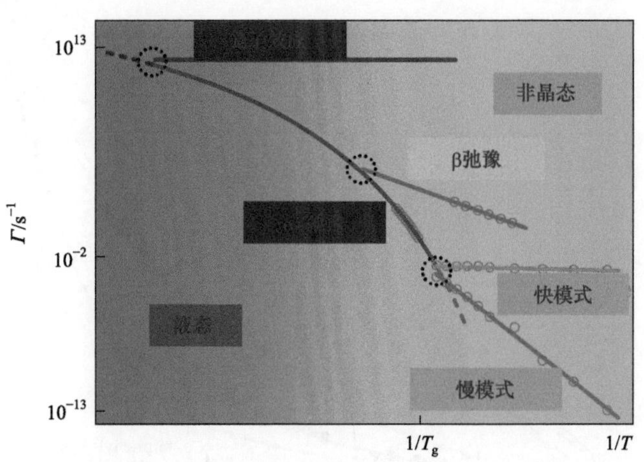

图 10.53　非晶合金及其高温液体的动力学行为的 Arrhenius 图，展示非晶体系中的各种解耦动力学行为[89]

10.5.3　三个“非”

非晶物质动力学弛豫第一个“非”(NON's)是非 Arrhenius 特性。过冷液体是热力学上各态遍历的稳定状态，黏性流动应是一个动力学激活过程，是在一定的温度条件下克服相应势垒的过程。因此，黏度与温度的关系应被写为 Arrhenius 公式的形式：$\eta=\eta_0\exp\left(\dfrac{\Delta E}{k_\mathrm{B}T}\right)$，但事实证明只有极少数体系的黏度-温度关系接近 Arrhenius 关系。大量实验发现各类过冷液体的弛豫时间或者黏滞系数随温度倒数 T_g/T 的关系是非 Arrhenius 关系。图 10.54 是不同非晶玻璃形成液体的黏度η与温度倒数 T_g/T 的关系图[90]。从图中看出只有 SiO_2 和 GeO_2 液体的黏度η与温度倒数 T_g/T 的关系符合热激活的 Arrhenius 关系：

$$\eta=\eta_0\exp(E/RT) \tag{10.29}$$

绝大部分非晶体系的η与 T 的关系是远偏离于 Arrhenius 关系的非 Arrhenius 关系。如类似 o-Terphenyl 非晶合金这样的非晶体系，η与 T 的关系远偏离于 Arrhenius 关系式，即η与 T 的关系表现为非 Arrhenius 关系。为了表征这种对 Arrhenius 的偏离，Angell 定义了脆度(fragility，m)的概念：$m=\left.\dfrac{\partial\log(\eta)}{\partial(T_g/T)}\right|_{T=T_g}$。从 m 值定义可以看出，对于 m 值大的体系，非晶物质中粒子的运动更偏离热激活过程即 Arrhenius 关系，更体现协同运动。m 值越大则液体越弱(fragile)，表现在 Angell 图中就是偏离 Arrhenius 关系越远。非晶合金的 m 值一般在 25～100。一般认为 m < 40 的非晶合金为强非晶合金，包括一般的 Zr 和 CuZr 基非

晶合金；$m > 40$ 的为弱非晶合金，主要包括 Pd 和 La 基非晶合金。实验还发现，非晶态许多性质都是和其形成液体的 m 值有关联的。

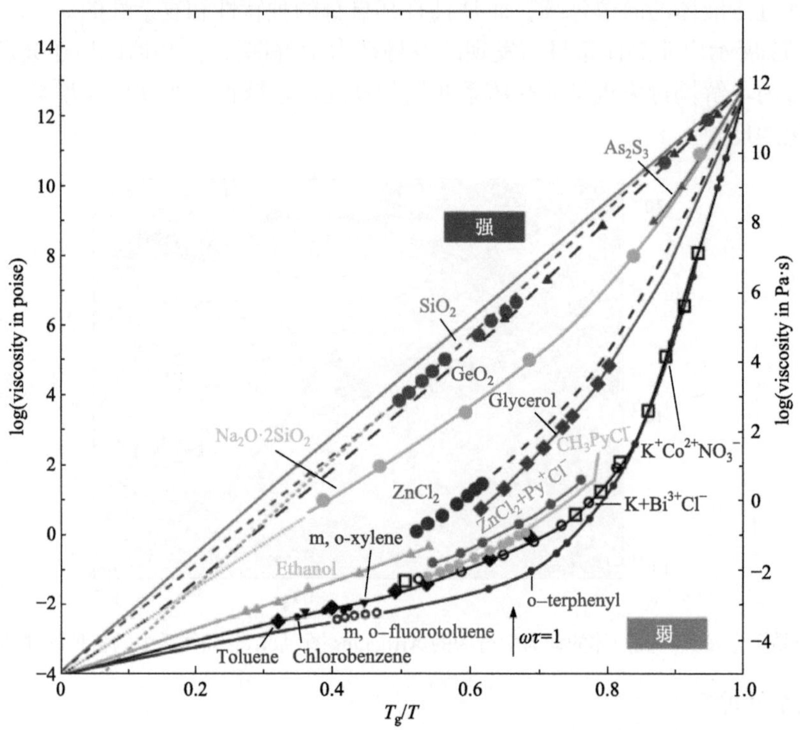

图 10.54　不同非晶形成液体的黏度η与 T_g/T 的关系图，可以看出大部分非晶体系η与 T 的关系是非 Arrhenius 关系[90]

非晶物质动力学弛豫第二个“非”是非指数性。对于某一个具体的弛豫过程，非晶体系满足非指数性弛豫的特征，即过冷液体呈现非指数性的弛豫行为，非指数性是非晶物质及其过冷液体在α弛豫区域的普遍特征。对稳态的过冷液体，加一个小的扰动，如电场、应力等，它们的响应函数 $\Phi(t)$通常可以用扩展指数弛豫函数来有效地描述：

$$\Phi(t) = \Phi_0 \exp\left[-\left(\frac{t}{\tau}\right)^{\beta}\right] \tag{10.30}$$

该公式最先被 Kohlrausch 发现，后被 Williams 和 Watts 等应用于非晶体系，因此被称为 KWW 公式[16]，其中 $\Phi(t)$是响应函数，$\Phi(t)=[\sigma(t)-\sigma(\infty)]/[\sigma(0)-\sigma(\infty)]$，$\sigma$ 为响应变量(如应力的响应变量为应变)，τ 为特征弛豫时间，扩展指数 $\beta(0<\beta<1)$称为形状因子。用来表示弛豫时间分布的宽度。对于正常液体响应函数 $F(t)$是指数行为，即 $\beta=1$。该公式可被直接用来描述体系的某种响应函数随着时间的演化，它的傅里叶变换则被用来描述非晶物质的动力学弛豫谱。在频率域中则需要用 KWW 公式的傅里叶转换形式。对于指数性弛豫来说，动态弛豫谱中的峰形应为对称形式，而非指数性弛豫则是非对称的。非指数性是非晶动力学中最重要的现象之一。Ngai 等从这一现象出发，提出描述非晶及复杂体系弛豫行为的多体相互作用机制[16]，并认为扩展指数 β 是非晶物质中最重要的特征

参数之一。

通常认为，非指数行为是由于液体的动力学非均匀性造成的，在液体中存在弛豫时间 τ 不同的弛豫单元，单个弛豫单元的响应仍然是指数的，但它们相互耦合叠加后就变成了非指数性的弛豫行为。同时，实验也发现 β 值也和 m 值是关联的：m 值越大，β 值越小。Phillips 等则根据扩展指数在不同非晶体系中的规律提出低温非晶固体弛豫时的幻数现象[91]，并指出非晶动力学过程应具有某种拓扑结构。对于非指数性弛豫的长期研究，才使得学者们提出了非晶体系动力学非均匀性的猜想，而这个猜想后来被许多实验与计算机模拟工作所证明，使得动力学非均匀性成为近二十年来非晶物理中最重要的成果之一[92-94]。

非晶动力学弛豫第三个“非”是弛豫非线性。即在不同的温度点，几摄氏度的升温引起的弛豫变化会有量级的差别[27]。如在玻璃转变附近温度引起的动力学变化远远大于其他温区。这导致很难用统一、简洁的数学公式在宽温区来描述弛豫的变化。

10.5.4　弛豫时间的发散

经验的 Vogel-Fulcher-Tammann(VFT)方程被广泛用于定量描述动力学参数 $\eta(\tau)$ 和温度 T 之间的关系：

$$\tau(T)=\tau_0\exp\left(\frac{B}{T-T_0}\right) \tag{10.31}$$

其中 η_0 和 B 是拟合常数。可以看到，VFT 公式在 T_0 处是发散的。事实上，随着温度降低，非晶形成液体的动力学弛豫时间会在某个温度急剧增大，趋向无穷大(黏滞系数发散)，形成弛豫时间极其缓慢，趋向无穷的非晶固态。大多数研究者认为，存在弛豫时间的发散，存在理想玻璃态和本质为二级相变的理想玻璃转变，T_0 称为理想玻璃动力学转变温度。丹麦物理学家 Dyre 及其同事[95]分析了 42 种玻璃形成液体的弛豫时间 τ(与黏度等效)随温度的变化，将 VFT 公式和其他拟合方式比较后，发现并没有明显的证据来证明 τ 在低温会发散，也就是说目前的实验数据都不支持理想玻璃转变的存在。

实际上，VFT 公式只能对脆性不太弱的液体的弛豫行为进行描述，对于很弱的液体，VFT 也无法描述。在图 10.54 中可以看到，当温度靠近 T_g 时，不论 m 值大小，其弛豫行为都很接近 Arrhenius 关系，脆性液体在 T_g 以上时弛豫行为变化较大。Mallamace 等[96]将 84 种过冷液体的数据画在 Arrhenius 图中(图 10.55)，发现在 $\eta\sim10^3$ Pa 对应的温度 T_x 附近，液体动力学性质发生了明显的转变，由 $T>T_x$ 时的非 Arrhenius 过程，变化到 $T<T_x$ 时的 Arrhenius 过程，包括类似 SiO_2 这样的强液体。同样在 T_x 附近，有动力学行为的变化(见图 10.55 的上插图)。结果说明在动力学过程中，T_x 是和 T_g 一样重要的特征温度，同时它也挑战了用 m 值分类液体的方法，因为在 T_g 附近所有液体都符合 Arrhenius 关系。

目前，对于非晶态，即使在室温附近都观测到复杂的动力学弛豫行为。所以弛豫时间的发散问题存在很大的争议。需要更多的工作来证实和澄清这一关键问题。

10.5.5　缓慢弛豫行为

一个广为流传的关于中世纪教堂玻璃流动的传说引发了人们的思考：玻璃到底是一

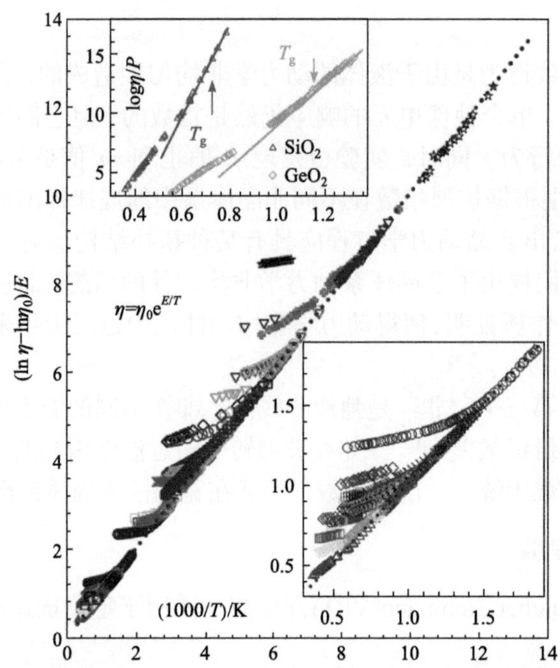

图 10.55　过冷液体的黏度随温度变化的 Arrhenius 图。所分析的 84 种液体都显示了动力学由高温非 Arrhenius 过程到低温 Arrhenius 过程的转变。上插图：最强的玻璃 SiO_2 和 GeO_2 中也存在这样的动力学转变。下插图：主图左下角附近的放大部分[96]

种固体还是一种液体？从实际应用的角度来说，毫无疑问，非晶玻璃是一种固体材料。然而在 12 世纪欧洲古老大教堂里，距今已有 800 多年的彩色玻璃窗(图 10.56[97])总是下半部分比上半部分要厚。人们由此认为，非晶玻璃在重力作用下发生着沿重力向下的缓慢流动。为此，巴西联邦大学圣卡洛斯分校的 Zanotto 教授和美国俄亥俄州立大学的 Gupta 教授通过计算发现，在常温条件下如果教堂玻璃($T_g \approx 550\sim600$℃)真的发生了“流动”，所需要等待的时间将会比宇宙存在的时间还长[98]。他们认为之所以看到教堂玻璃上边薄下边厚可能是因为在浮法玻璃制造工艺(1959 年发明)之前制造的玻璃很有可能出现厚度不均匀，而工匠在安装窗户玻璃的时候自然倾向于把厚的一头装在下面[99]。

美国玻璃生产商康宁公司的科学家 Mauro 等[100]在室温环境下观察到一种工业硅酸盐玻璃(大猩猩玻璃，Corning® Gorilla® Glass，$T_g = 620$℃)中极为缓慢的流动现象，即可观察到室温下玻璃的弛豫行为。大猩猩玻璃是一种柔韧、高强度、耐刮擦，甚至具有抗菌性能的新型非晶玻璃，它完全打破了我们对玻璃的固有印象，已经使用在全球超过 30 亿件产品上(如手机屏幕)。大猩猩玻璃性能可以如此优异的一个关键处理步骤是对其进行离子交换处理，即将玻璃置于 400℃熔融的 KNO_3 中，熔液中较大的 K^+进入玻璃替换出原有的较小的 Na^+，从而在玻璃表面引入压应力层，达到强化的目的。Mauro 等对一块 1050 mm × 1050 mm × 0.7 mm 的大猩猩玻璃板进行了长达一年半的室温($T = 20$℃)测量，如图 10.57 所示，研究发现玻璃中发生了约十万分之一的尺寸变化[100]。其弛豫过程符合扩展指数衰减方程 $\exp[-(t/\tau)^{\beta}]$，t 为时间，τ 为弛豫时间，而指数$\beta = 3/7$，符合 Phillips 提出的“扩散-陷阱”模型预测的幻数(magic number)[101]。他们还直接印证了表面内应力

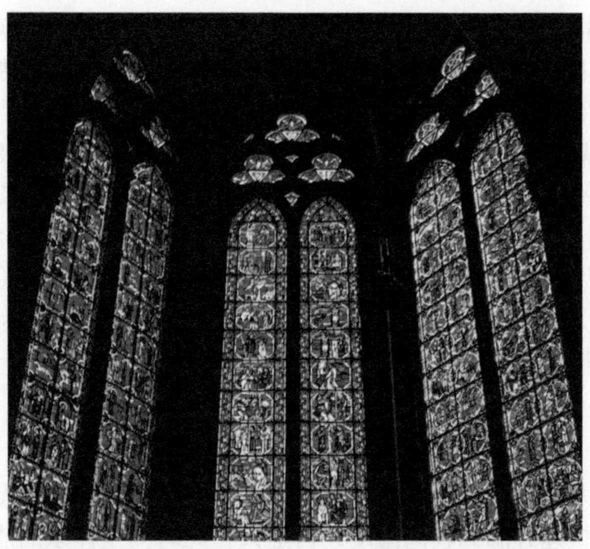

图 10.56　中世纪教堂的彩色玻璃(stained-glass)窗[97]

的存在，证明均匀分布的不同类型的碱离子提供了弛豫激发源(excitations)和陷阱(trap)弛豫扩散通道。欧洲同步辐射光源的 Ruta 等用 X 射线光子关联谱(X-ray photon correlation spectroscopy，XPCS)直接观测到与离子扩散有关的快的弛豫行为[102]。

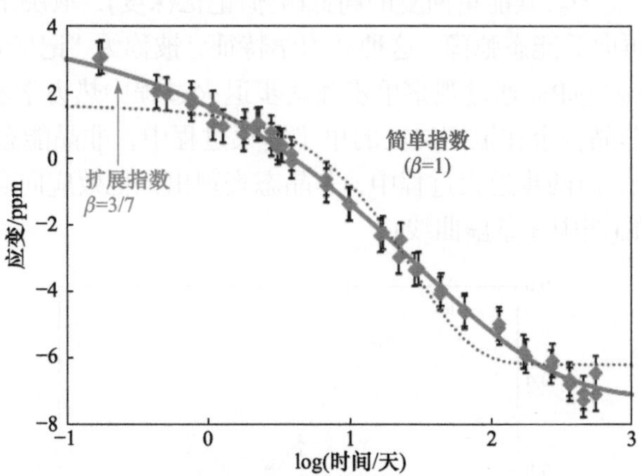

图 10.57　康宁®大猩猩®(Corning®Gorilla®)玻璃的室温弛豫。红色虚线是简单指数规律曲线；蓝线是β=3/7 幻数的扩展指数曲线[100]

如果将时间或者空间尺度加以拓展，你会发现非晶态弛豫动力学并不像通常认为的那样单调稳定的演化，而是存在一些复杂、异常的行为。研究发现非晶物质在弛豫的过程中尽管焓和密度等一阶热力学性质单调变化，但是其涨落在弛豫过程中却是非单调的。XPCS 研究发现 $Pd_{43}Cu_{27}Ni_{10}P_{20}$ 非晶合金微观上的原子弛豫行为表现出时快时慢的间歇性，和宏观测量的物理性质的稳定演化完全不同[103]。在另外一项长时间的实验中，Cangialosi 等[104]通过对聚合物玻璃在 T_g 附近进行长达一年的退火发现，当温度较低时，玻璃趋向于平衡态的长时间结构弛豫过程分为两步，意味着存在两个趋于平衡态的时间尺度。这些实验都揭示了动力学非均匀性和密度涨落之间的紧密关联，而且这意味着并不是退火时间越长非晶物质越均匀，而是可以通过设计非晶材料的热历史来达到最低程度的密度涨落，从而获得更均匀的非晶材料，实现更优异的性能[105-106]。

以上列举的非晶玻璃态弛豫动力学研究的一些典型例子说明，极其缓慢的非晶态动力学的长时间、非平衡、非均匀本质使得其弛豫过程远比想象的复杂，存在丰富而独特的动力学特征。对极其缓慢非晶态弛豫动力学的研究不仅对于理解非晶材料的老化(physical aging)尤为重要，而且有助于理解β弛豫和结构弛豫之间的关联、动力学不均匀性等非晶物理中的关键问题。而只有深入理解玻璃的弛豫动力学行为，才有可能进一步设计和优化非晶材料的性能。

10.5.6 记忆效应

非晶体系的动力学行为有记忆效应(memory effect)。如果先在较低温度($<T_g$)对非晶物质进行退火，随后快速升温到较高温度，再退火，此时测量体系的能态变化(如用 DSC 测量其热焓)会发现，升温后，非晶能态不但没有因退火而降低，而是反常地先向高能态转变，即向原来的高能量状态回复，回复到一定的能态才开始降低。这表明在结构弛豫过程中，经过适当退火处理而具有一定热历史的非晶物质，其动力学变化往往会短暂地忽略其本来朝平衡态弛豫的这一目标，而保留对过去状态的记忆，表现出具有历史依赖的非单调演化行为[107-112]。其能量回复的高低(类似记忆深度)，取决于升温条件。之后非晶体系的能量又会再向低能态弛豫。这种动力学特征，被称为“记忆效应”[111]。图 10.58 是非晶合金 $Pd_{40}Ni_{10}Cu_{30}P_{20}$ 通过观察单步和两步退火过程中热力学能态(热焓)的变化表现出的记忆效应。非晶合金在恒定温度的单步退火过程中，非晶能态均朝着降低的方向弛豫(图中曲线实线)；而两步退火过程中，非晶态表现出记忆效应向高能态回复，之后又随着能态降低而降低(图中 3 条虚曲线)。

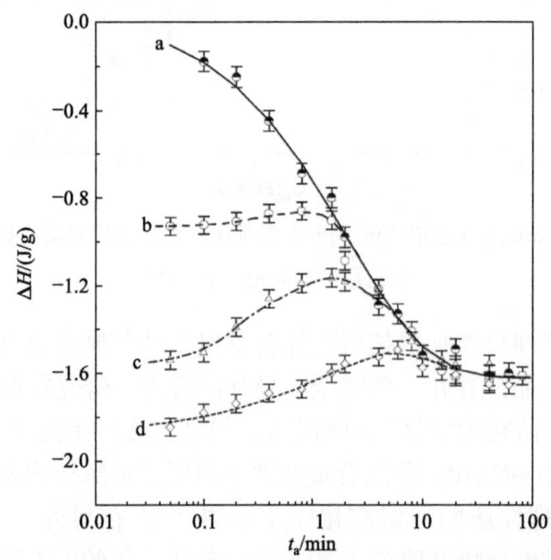

图 10.58 单步和两步退火条件下非晶合金热力学能态(热焓ΔH 随处理时间 t_a 的变化)表现出记忆效应

记忆效应还普遍存在于自旋玻璃、颗粒体系、无序力学系统等其他复杂体系[113-115]。记忆效应是非平衡态动力学的典型特征，意味着体系的状态不能仅仅依靠宏观测量来进行描述，还存在额外的自由度保留体系的历史状态[107-112]。

关于弛豫动力学记忆效应有一些唯像的或者半定量的模型，如双弛豫时间模型[107]、化学和拓扑结构弛豫[109]、激活能谱模型[38]等。这些模型大都是基于局域结构的空间随机分布，基于非晶结构的非均匀本质，即认为不同的局部区域表现出相对于体系平均弛豫时间更快或者更慢的动力学过程。在动力学非均匀性的框架下，记忆效应能够由所谓的非指数弛豫描述[116]，但是还缺乏清晰的物理图像。

流变单元模型可唯像解释非晶合金中的动力学记忆效应[33,117-119]：动力学流变单元作为可进行热(或机械)激活的局域重排事件，在较低温度 T_0 退火，具有较低激活能的流变单元被逐渐消耗(趋于亚稳平衡态)；当温度跳跃到较高温度 T_a 时，这些流变单元被重新激活以响应外界的温度变化。具有较高激活能的流变单元，在较低温度 T_0 下，它们仍然处于未被激活状态；而当温度升高到 T_a 时，这些流变单元被激活，加上低激活能的流变单元的重新激活，从而导致观察到的焓的增加。随后，这些流变单元都趋向于平衡态弛豫，从而导致非单调的演化过程。更高的预退火温度 T_0 或者更长的预退火时间 t_0 导致更多的具有高激活能的流变单元被消耗，在温度 T_a，这些流变单元需要更多的时间被重新激活，从图 10.58 可看到焓需要更多时间 t_a 达到峰值。

一个关键的问题是，温度的升高是如何导致已经发生弛豫的流变单元再次被激活的？由于相邻区域的流变单元具有不同的热膨胀系数，在温度升高之后相邻流变单元的膨胀程度不同，导致本来已经趋于平衡态的流变单元再次被置于不匹配的内应力环境，额外的内应力导致体系具有更高的本征结构能，重新激活更多流变单元。在低温，结构弛豫非常慢，重新激活的流变单元不易再次发生弛豫回到平衡态。从这个角度来看，记忆效应是非晶物质非均匀本质的必然结果，来源于短暂的局域无序度的增加，相应于原子尺度的结构回复(rejuvenation)。

以上是非晶物质的主要动力学弛豫特征。非晶物质动力学相比晶体的一个特点是复杂性，非晶物质具有多种动力学模式，下面将详细介绍非晶物质的各种动力学模式和行为。

10.6 非晶物质主要动力学模式：α弛豫

本节介绍非晶物质体系中主要动力学弛豫模式：α弛豫，包括α弛豫的定义、现象描述、主要特征、机制，以及α弛豫和非晶物质特性的关联。

10.6.1 什么是α弛豫

动力学玻璃转变和α弛豫是同义词。Alpha-(α-relaxation)，或者基本动力学弛豫(primary dynamic relaxation)，或者结构弛豫，是指非晶体系的大规模粒子流动和迁移，它反映体系扩散和流动平均时间尺度，是非晶体系主要的动力学行为和模式。α弛豫的时间尺度在很窄的温度区间可以跨越十几个量级，从高温的皮秒到低温非晶态的小时甚至年的量级。α弛豫表现为一个很宽的非对称的吸收谱，它随时间的关系是非指数关系，弛豫时间对温度的变化也偏离 Arrhenius 关系[120-123]。

当一个非晶体系受到一个外场 $\boldsymbol{a}$ 的扰动时，其导致的变化可以通过测量共轭变量 $\boldsymbol{A}$ 描述。外场 $\boldsymbol{a}$ 振幅为 a_0，变化频率为ω。当扰动的 a_0 足够小时，只考虑线性变化部分，$\delta A = \chi(\omega)a$，其中$\chi(\omega)$是线性响应函数，能反映体系的本征动力学。函数$\chi(\omega)$有实部$\chi'(\omega)$和虚部$\chi''(\omega)$，即$\chi(\omega) = \chi'(\omega) + \chi''(\omega)$[124]。

$$\chi'(\omega) = -\int_0^{\infty} \mathrm{d}t \sin(\omega t)\phi(t)\,,\quad \chi''(\omega) = \int_0^{\infty} \mathrm{d}t\cos(\omega t)\phi(t) \tag{10.32}$$

DMA 和介电谱仪都是测量非晶体系α弛豫有效和常用的方法。图 10.59 是铸态的 $Pd_{40}Ni_{10}Cu_{30}P_{20}$非晶($T_g$为 567 K，晶化温度 T_x为 640 K，过冷液相区宽度$\Delta T \approx 73$ K)在 573～593 K 作频率扫描得到的 $Pd_{40}Ni_{10}Cu_{30}P_{20}$ 的储存模量 E'和损耗模量 E''随着频率f的变化关系[31,125]。测量的 E'和 E''随着频率f的变化通常可以用 Kohlrausch-Williams-Watts (KWW) 公式：$\Phi(t) = \Phi_0 \exp[-(t/\tau)^{\beta}]$ [其中$\beta(0 < \beta < 1)$用来表示弛豫时间分布的宽度]来描述。

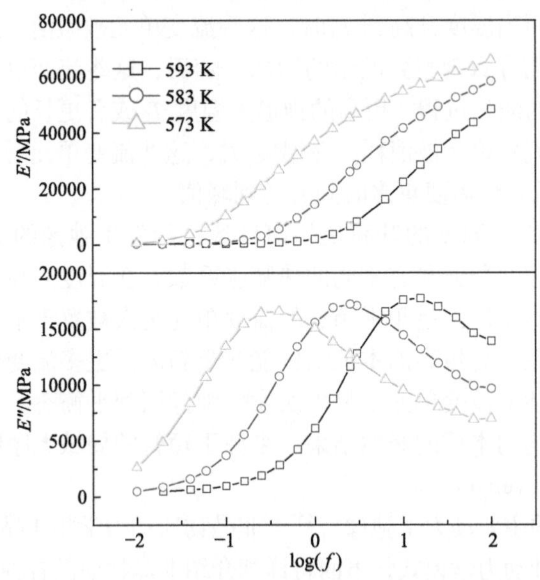

图 10.59　$Pd_{40}Ni_{10}Cu_{30}P_{20}$在过冷液相区(573～593 K)的储存模量$E'$和损耗模量$E''$随着频率$f$的变化关系，给出典型α弛豫峰[31,125]

从 E'曲线可以明显看出在测量的频率范围内存在一个台阶状的转变过程，即玻璃转变过程或者α弛豫启动，同时这个过程会随着测量温度的升高而向高频端移动。在 E'的低频端模量值很小，表明在此测量温度下由于低频测量的实验观察时间τ_M大于样品的平均弛豫时间τ_R，因此弛豫有充分的时间表现出过冷液体的行为；但随着测量频率f的增加，实验的观察时间越来越短，$\tau_M < \tau_R$，样品就没有足够的时间弛豫，故而会表现出非晶态固体的性质。这是玻璃转变动力学性的体现。另外，τ_R 会随着温度的升高而变小，这时就需要更短的观察时间τ_M即更高的测量频率f才能观察到玻璃转变过程。但当$\tau_M \ll \tau_R$时，模量的测量值就会变得对测量频率不敏感。

同时，图 10.59 中 E''曲线上出现一个耗散峰，这就是典型的α弛豫峰。这个非对称的峰对应的是玻璃转变过程中材料会吸收的能量，即由非晶固态进入过冷液态的过程所要吸收的能量。随着测量频率 f 的增加，在某个特定的频率范围内，外加振动的频率与材料内的某种运动方式频率相同而发生共振，从而吸收更多的能量。所以，损耗峰分布的频率范围就代表着该温度下材料中弛豫运动的频率分布范围。随着温度的增加，这个峰会向高频方向移动。这表明温度升高导致非晶物质中运动频率也增加，因而就需要更高的外加振动频率来激发。

通过升温可以研究在时间域内过冷液体的α弛豫行为。图 10.60 是不同频率下(2～16 Hz)$Pd_{40}Ni_{10}Cu_{30}P_{20}$ 过冷液体的储存模量 E'和损耗模量 E''随着温度 T 的变化关系。从图中可以看出，在进入过冷液相区后体系的 E'会明显的下降，而且这个过程的起始温度会随着测量频率的升高而逐渐向高温偏移，表明对于特定的测量频率 f(即一定的实验观察时间 τ_M)，随着温度的升高，体系的平均弛豫时间 τ_R 减小，当 $\tau_M > \tau_R$ 后就会观察到体系明显软化。测量频率 f 越高(τ_M 越小)，软化过程出现的温度就越高。E''对应的是材料内的某种运动方式随着温度的升高而被激发进而与一定频率的外加激励共振导致的能量吸收。E''随温度变化情况类似，这种弛豫运动的频率具有较宽的分布，因而能量吸收是在一定温度范围内出现而不是一个峰。这是非晶体系典型的主要弛豫行为，即α弛豫峰。

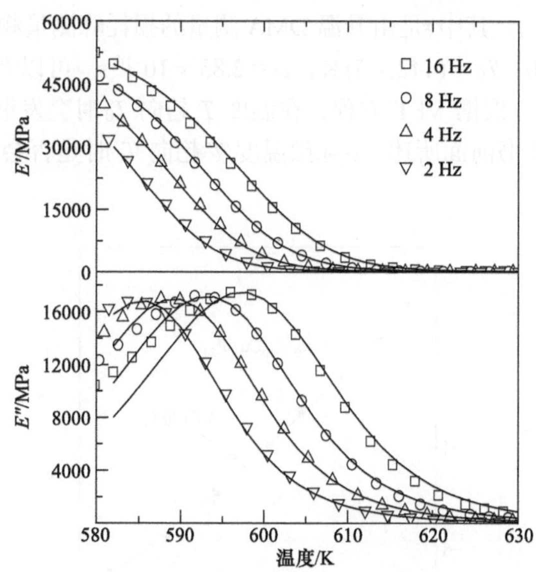

图 10.60　不同频率下(2～16 Hz)$Pd_{40}Ni_{10}Cu_{30}P_{20}$ 过冷液体的储存模量 E'和损耗模量 E''随着温度 T 的变化关系。图中的实线为 KWW 函数拟合的结果[31,125]

10.6.2　α弛豫的主要特征

微观上，笼子效应(cage effect)是α弛豫的基本特性。由于非晶物质粒子间的强相互作用，组成粒子都被限制局域在由其周围邻居粒子组成的笼子(cage)中(类似法国哲学家萨特的名言：他人即地狱：我努力把我从他人的支配中解放出来，反过来也力图控制他人，而他人也同时力图控制我。)，只有有限的构型空间为粒子的运动提供可能。α弛豫的各种特性都与笼子效应有关。下面是α弛豫的基本特征。

1. 随温度的发散

大多数情况下，无法直接得到平均α弛豫时间τ的数据，α弛豫平均时间都是由损耗峰的峰值频率f_p计算得到的，实验证明这是一个很好的近似。平均弛豫时间τ和峰值频率间存在如下的对应关系：

$$\tau = \frac{1}{2\pi f_p} \tag{10.33}$$

α弛豫时间τ随温度T的变化关系明显地偏离 Arrhenius 关系，在某个特征温度，α弛豫时间τ随温度T会急剧增大，10℃的范围，弛豫时间会增大十几个量级。对于大多数非晶物质，α弛豫时间τ随温度T的变化关系通常可以用 VFT 方程描述：

$$\tau(T) = \tau_0 \exp\left[\frac{B}{T - T_0}\right] \tag{10.34}$$

其中τ_0是常数，$B = DT_0$，D是强度因子，T_0是动力学理想玻璃转变温度。

图 10.61 给出了 $Pd_{40}Ni_{10}Cu_{30}P_{20}$ 过冷液体的平均弛豫时间τ随着温度T的变化关系，并用 VFT 方程作了拟合。其中τ是由升温 DMA 测量的损耗峰测量频率计算得到的。拟合的结果为$B = 4063 \pm 20$，$T_0 = (442 \pm 5)$ K，$\tau_0 = 2.85 \times 10^{-14}$ s。可以看出α弛豫时间可以很好地被 VFT 方程描述。根据 VFT 方程，在温度T趋向T_0时会发散，即α弛豫会在某个温度趋向无穷大。如本书前面所述，α弛豫温度T趋向T_0时是否会发散是目前有广泛争议的问题。

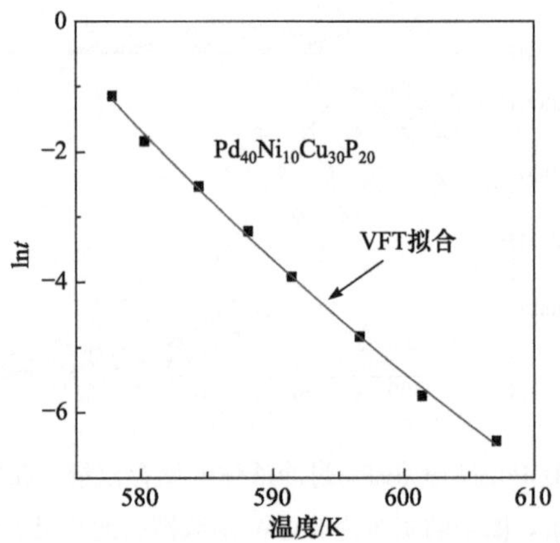

图 10.61 $Pd_{40}Ni_{10}Cu_{30}P_{20}$ 过冷液体的平均弛豫时间τ(由升温过程的f_p确定)随着温度T的变化关系，在T_0温度时会发散。图中的实线为 VFT 方程拟合的结果

2. 偏离 Arrhenius 关系及标度行为

绝大多数非晶体系其α弛豫时间随温度的关系偏离 Arrhenius 关系式，这是α弛豫的重要特征之一。只有为数个别非晶体系满足 Arrhenius 关系式。

非晶体系偏离 Arrhenius 关系的程度，即脆度参数m是表征液体的弛豫行为偏离 Arrhenius 关系式的程度的一个特征量。它表示的是液体的平均α弛豫时间与温度的关系

对于 Arrhenius 关系的偏离程度：偏离程度越大则液体越脆，m 值越大；反之则液体越强，m 值越小。脆度参数值的大小反映了液体的弛豫对温度变化的敏感程度。通常脆度参数定义[126]：$m=\left.\frac{\mathrm{d}\log\langle\tau\rangle}{\mathrm{d}(T_g/T)}\right|_{T=T_g}$，其中$\langle\tau\rangle$为平均α弛豫时间。$m$ 值实际上就是弛豫时间τ对 T_g/T 曲线在 T_g 点的斜率。实验上 m 值的确定通常是由黏度测量求得弛豫时间来得到动力学的脆度参数值，或者由不同升温速率下玻璃转变温度随升温速率的变化关系来得到热力学上的脆度参数值。

图 10.62 是 DMA 测量的几种典型的非晶合金的α弛豫峰值温度$-T_p^1/T_p$随频率f的变化关系，T_p^1是在 1 Hz 的测量频率下 E''峰值对应的温度。从图中可以看出几种典型大块非晶合金偏离 Arrhenius 关系的程度不一样，从 Vit4，$Zr_{65}Cu_{15}Ni_{10}Al_{10}$，$(Cu_{50}Zr_{50})_{92}Al_8$ 然后到 $Pd_{40}Ni_{40}P_{20}$，最后再到 $Pd_{40}Ni_{10}Cu_{30}P_{20}$，其偏离的程度越来越明显。其脆度参数的值 m 可由下式计算得到

$$m=\frac{BT_g}{(T_g-T_0)^2\ln 10} \tag{10.35}$$

具体得到的这些非晶合金脆度参数值 m 见表 10.1。

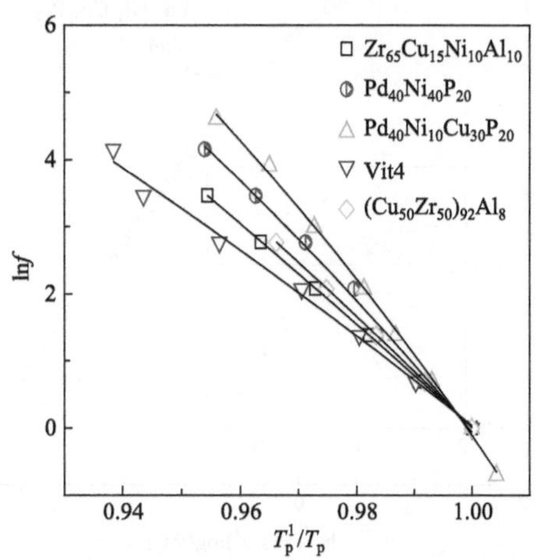

图 10.62 几种典型非晶合金的升温(3 K/min)DMA 测量的约化损耗峰温度$-T_p^1/T_p$随频率f的变化关系。图中的实线为 VFT 方程拟合的结果，偏离 Arrhenius 关系式[125]

表 10.1 几种典型非晶系统脆度参数值 m 及用其他测量方法测得的脆度参数值对比。用其他测量方法计算得到的脆度参数值 m_{ref} 取自参考文献[127]

非晶合金	B	T_0/K	m	m_{ref}
Vit4	9954.7	345±10	34.4	34～44
$Zr_{65}Cu_{15}Ni_{10}Al_{10}$	20016.1	258±10	36	～35
$(Cu_{50}Zr_{50})_{92}Al_8$	16222.5	354±10	41	—
$Pd_{40}Ni_{40}P_{20}$	5380.7	419±10	53	51

续表

非晶合金	B	T_0/K	m	m_{ref}
$Pd_{40}Ni_{10}Cu_{30}P_{20}$	4062.5	442±10	57.7	52～59
$La_{57.5}(Cu_{50}Ni_{50})_{25}Al_{17.5}$	1548.7	356±10	60	—

参量 m 的物理意义是α弛豫的激活能。大量实验证明非晶物质偏离 Arrhenius 关系式的程度的特征量 m 和非晶体系的很多本征特性、物理及力学性能密切相关。

Dixon 等提出了一种标度非晶物质α弛豫行为的方法，即 Dixon-Nagel 标度[128]。这种标度方法只需要三个参数：ν_p，W 和$\Delta\varepsilon$就可以把不同的非晶形成的液体的介电弛豫谱和 DMA 谱的α弛豫画到单一的标度曲线上。其中ν_p是损耗模量的峰值频率，W 是损耗峰的半高宽，$\Delta\varepsilon = \varepsilon'(\nu = 0) - \varepsilon'(\nu = \infty)$，图 10.63 是几种典型的非晶合金体系α弛豫作 Dixon-Nagel 标度的结果[125]。在高频部分($\nu > \nu_p$)不同非晶合金的α弛豫行为可以归一到一条线上。但是在ν_p以下的低频部分并不能像 Dixon 等的实验结果那样最终趋近于 0，而是出现了比较明显的偏离，这是由于局域的β弛豫的干扰造成的。

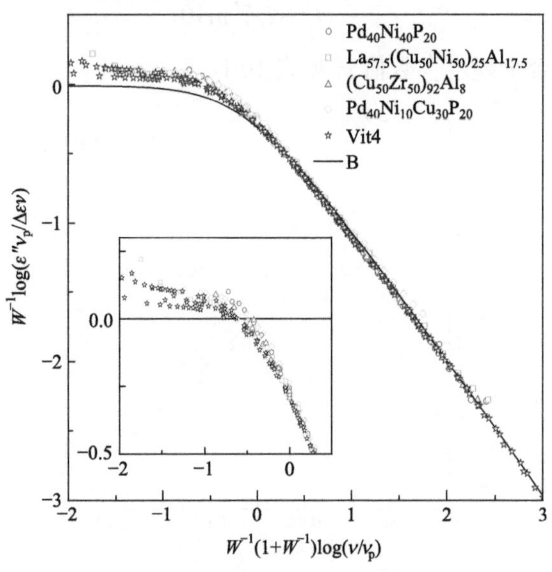

图 10.63　几种典型的大块非晶合金体系α弛豫作 Dixon-Nagel 标度的结果。图中的实线是 Dixon 等对实验数据的标度结果[125]

图 10.64(a)是采用静电悬浮无容器技术(目前测量金属液态黏滞系数的最佳实验方法)在高真空环境测量的 ZrNi 金属液体的黏滞系数随温度的变化[129]。可以看到在高温区黏滞系数随温度的变化符合 Arrhenius 关系：$\eta \propto \exp(-E/k_BT)$。而在过冷液区，黏滞系数随温度的变化明显偏离 Arrhenius 关系，其对应的转变点是 T_A(如图中所示)，T_A 是液态动力学行为从均匀到非均匀的转变点。通过对不同非晶合金液态体系黏滞系数随温度变化的分析，发现不同非晶合金液态体系符合一个普适的标度率$\eta/\eta_0 \equiv S(T_A/T)$，如图 10.64(b)所示。计算机模拟也发现类似的偏离 Arrhenius 关系和普适的标度率：$\eta/\eta_0 \equiv F(T^*/T)$，如

图 10.65 所示[130]。在胶体玻璃体系，也发现类似的偏离 Arrhenius 关系式，符合普适的标度率：$\tau/\tau_0 \equiv H(p\sigma^3/T)$，如图 10.66 所示[131]。值得注意的是，在合金体系，液态动力学行为从均匀到非均匀的转变点 T_A 和 T_g 有很好的关联关系：$T_A = 2.02T_g$[132]，如图 10.67 所示。这些实验结果都表明非晶物质弛豫时间随温度的变化关系偏离 Arrhenius 关系式。

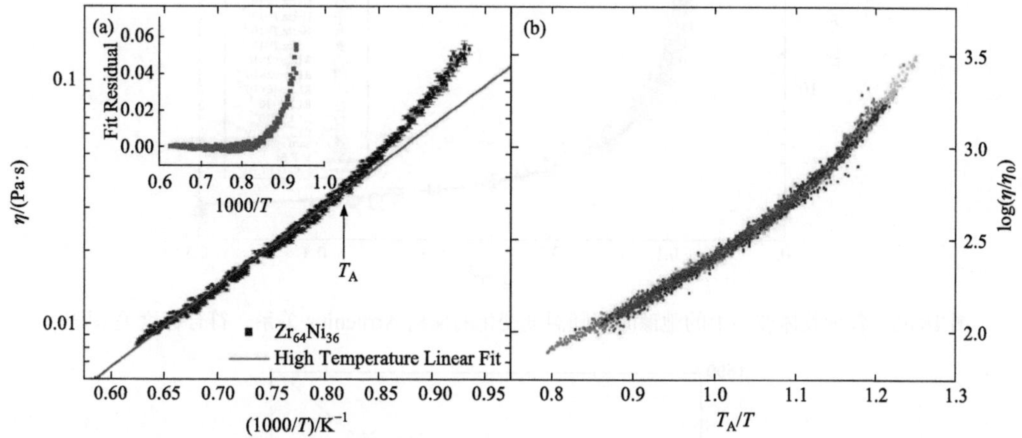

图 10.64　(a)采用静电悬浮技术在高真空环境测量的 ZrNi 金属液体的黏滞系数随温度的变化；(b)不同非晶合金液态体系动力学行为偏离 Arrhenius 关系，符合一个普适的标度率 $\eta/\eta_0 \equiv S(T_A/T)$[129]

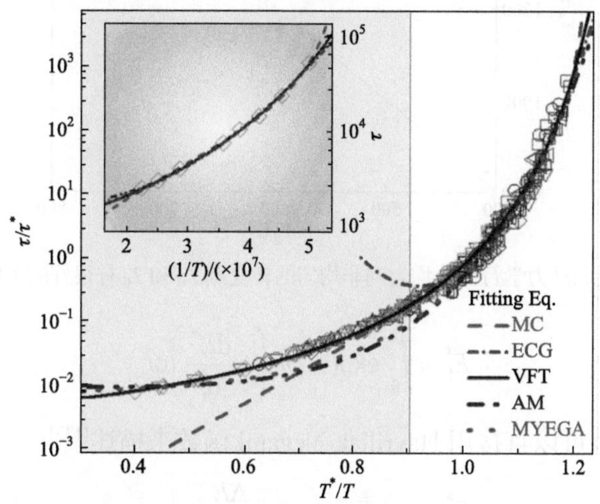

图 10.65　模拟不同的非晶体系黏滞系数随温度变化的偏离 Arrhenius 关系，符合普适的标度率[130]

3. 非指数行为

非晶物质α弛豫另一个主要特征是非指数行为(nonexponential behavior)，通常α弛豫行为符合扩展指数(stretched exponential)关系，即符合 KWW 方程：$\exp(t/\tau)^\beta$，$0 < \beta < 1$[90,101]。但是频率域内则需要 KWW 函数的傅里叶变换形式，KWW 函数的傅里叶变换没有解析解[31,125]，故只能用数值解拟合实验数据。在时间域 KWW 函数可以写成

$$E^*(t) = \Delta E \exp[-(t/\tau)^\beta] \tag{10.36}$$

其中ΔE 是弛豫强度(relaxation strength)，转换到频率域的形式则为

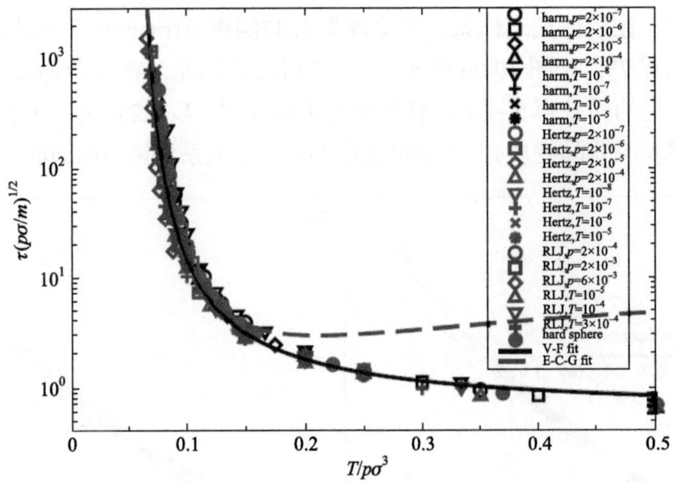

图 10.66 各种胶体玻璃中的弛豫时间随温度变化的偏离 Arrhenius 关系，符合标度关系[131]

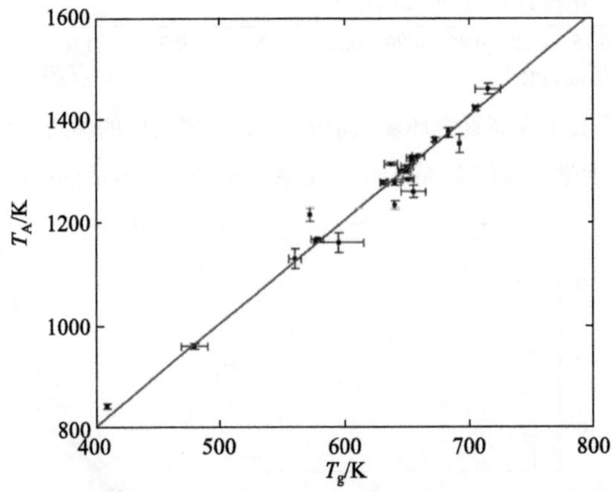

图 10.67 合金体系中液态动力学行为从均匀到非均匀的转变点 T_A 和 T_g 有很好的关联关系：$T_A = 2.02T_g$[132]

$$E_f^* = \int_0^{\infty} \exp(-i\omega t)\left(-\frac{dE^*}{dt}\right)dt \tag{10.37}$$

频率域的测量数据也可以直接用 Havriliak-Negami 函数来描述[133]：

$$E^*(\omega) = E_{\infty} + \frac{\Delta E}{[1+(i\omega\tau_{HN})^{\alpha}]^{\gamma}} \tag{10.38}$$

其中ΔE是弛豫强度，E_{∞}为高频极限下的模量，α和γ均为形状参数。与 KWW 函数相比，HN 函数多了一个形状参数。

图 10.68 是 DMA 测得的 Vit4 非晶合金在不同温度下随频率f变化的G'和G''曲线。其中实线是 KWW 方程拟合。可以看出这些曲线能很好地被 KWW 方程拟合[30,134]。

非晶体系的非指数行为与非晶物质的结构及动力学非均匀性密切相关[120,125]。图 10.69 给出非指数行为与非晶物质的结构及动力学非均匀性关系示意图。由于非晶物质中每个区域的弛豫不同，每个小区域的弛豫行为甚至可能是线性的 Arrhenius 关系，但是其平均得到的宏观弛豫行为则是扩展的 Arrhenius 关系。

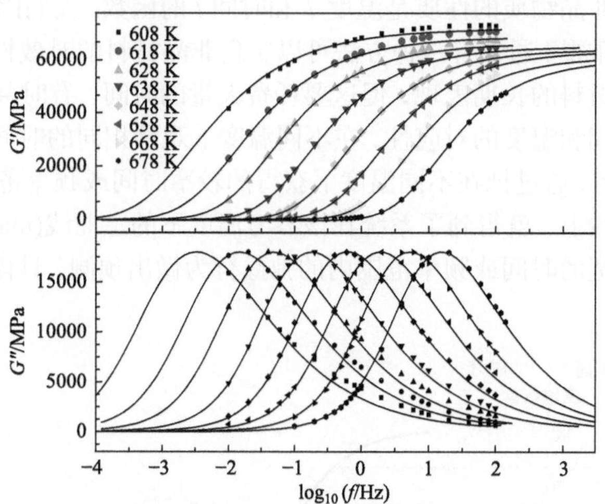

图 10.68　DMA 测得的 Vit4 非晶合金在不同温度下随频率 f 变化的 G' 和 G'' 曲线，这些曲线能很好地被 KWW 方程拟合[30,134]

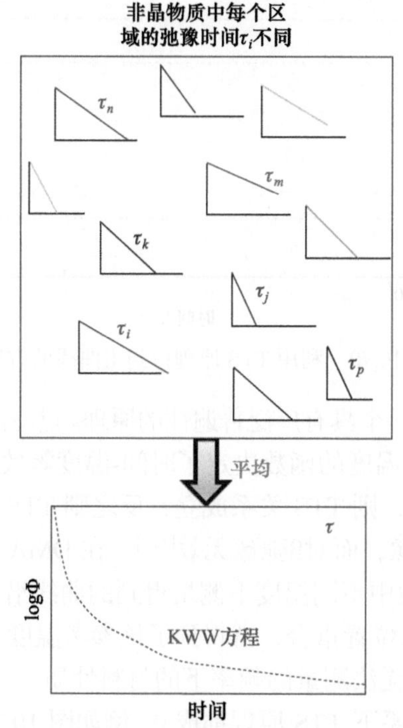

图 10.69　非晶弛豫非指数行为和非均匀关系示意图

4. 时间-温度等效原理

对于同一个体系的α弛豫，既可在较高的温度下、较短的时间内获得，也可以在较低的温度下、较长的时间内得到。因此，升高温度与延长时间对于弛豫和黏弹性都是等效的。这就是时间-温度等效(time-temperature superposition，TTS)原理。

处于亚稳态的非晶物质的性质是温度 T 和时间 t 的函数。人们因此对非晶材料的长期使役行为表现很重视。通常有两种方法可以实现非晶材料的时效性研究：一种方法是在特定温度下观察材料的长期表现，但这要耗费大量的时间，有时甚至无法实现；另一种方法就是利用时间和温度的对应性，在不同温度下观察相同的时间，从而获得更宽时间范围内材料的属性。通过把在不同温度下获得的较窄时间或频率范围内的曲线叠加到某个参考温度的曲线上，就得到了系统在该参考温度下的主曲线(master curve)，这样就可以对非材料在较宽的时间或频率范围内的弛豫行为做出预测，具体做法如图 10.70 的示意。

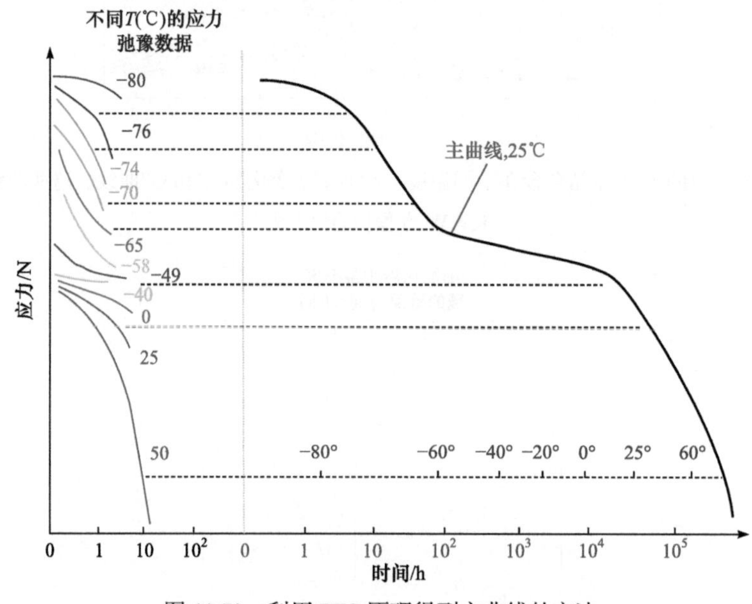

图 10.70　利用 TTS 原理得到主曲线的方法

TTS 原理是非晶物理中一个具有广泛普遍性的原理。过冷液体的形状因子β($0<\beta<1$，KWW 方程的幂指数)是否是温度的函数决定了时间-温度等效原理能否成立：如果过冷液体的形状因子不随温度变化，则 TTS 关系成立，反之则 TTS 关系不成立。

TTS 原理只适用于α弛豫，而对β弛豫无效[124]。在 DMA、介电谱测量中，通常将频率扫描(frequency sweep)实验中不同温度下测量得到的曲线沿频率轴平移，以使损耗峰的位置与某个参考温度 T_0 的峰位置重合，就得到了该参考温度下的主曲线。这样通过改变测量温度就可以得到实验上无法测量的频率下的材料性质。

研究证实在各类非晶体系下 TTS 原理都成立。例如图 10.71 是通过对 $Pd_{40}Ni_{10}Cu_{30}P_{20}$ 非晶合金在 563～593 K 范围内不同温度下的 E''数据的标度处理：将不同温度的 E''数据沿着横坐标平移使其峰值位置都重合在 f=1 Hz 的位置上，同时将 E''的强度归一化，得到的是平均弛豫时间为 1/2π所对应的温度下的主曲线。可以看到不同温度下的数据点的变化趋势吻合得非常好，这说明在 563～593 K 温度范围内，TTS 原理在 $Pd_{40}Ni_{10}Cu_{30}P_{20}$ 非晶物质中是成立的[31,125]。

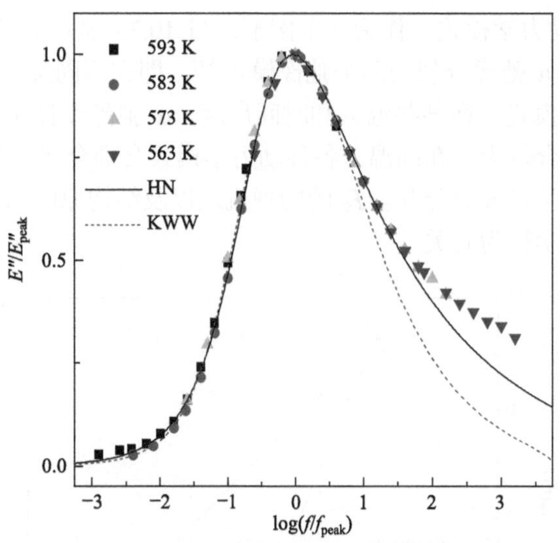

图 10.71　$Pd_{40}Ni_{10}Cu_{30}P_{20}$ 非晶合金利用 TTS 原理得到的主曲线(563～593 K)。图中的实线为 HN 拟合的结果，虚线为 KWW 拟合的结果，TTS 原理对于此非晶成立[31,125]

另一个例子如图 10.72[135]所示，$(Na_2O)_{0.2}(SiO_2)_{0.8}$ 非晶物质在 788～813 K 温区的 E' 和 E''曲线数据的标度处理表明，不同温度下的数据点的变化趋势吻合得非常好，这说明在该温度范围内，TTS 原理在该氧化物非晶系统中是成立的[136]。

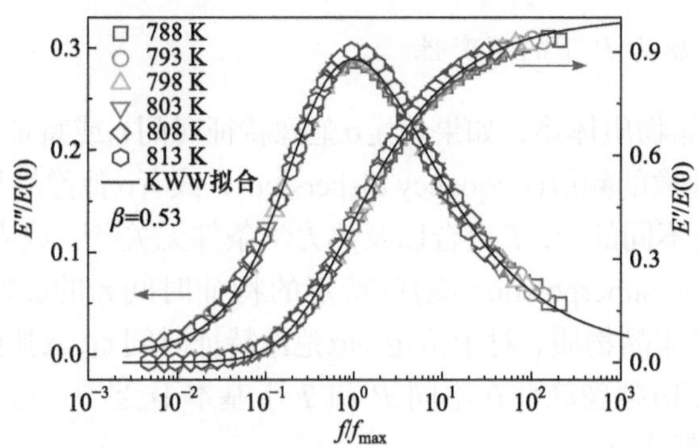

图 10.72　$(Na_2O)_{0.2}(SiO_2)_{0.8}$ 非晶物质在 788～813 K 温区的 E'和 E''曲线数据的标度处理。$\beta = 0.53$ 是 KWW 方程模拟系数[135]

需要说明的是，TTS 关系并不是在所有非晶玻璃系统中都成立，或者说 TTS 关系只是在某一特定的范围内成立。造成这种现象的部分原因是其他弛豫模式如β弛豫的存在和影响。由于α弛豫和β弛豫的弛豫时间随温度的变化遵从不同的定律，且一般β弛豫的强度比α弛豫的要小得多，这很可能就会造成 TTS 关系失效，出现形状因子β随温度变化的现象。

5. 退耦温度点 T_c

α弛豫随温度降低显示退耦合效应：即α弛豫随温度降低在某个温度点 T_c 会分裂成两个弛豫模式。这个温度点 T_c 称为α弛豫的交叉或退耦温度点。在 T_c 以下α弛豫很快被冻结，β弛豫成为主要动力学模式。作为一个例子，图 10.73 显示的是 $La_{60}Ni_{15}Al_{25}$ 非晶合金的退耦行为，单一 α 弛豫分裂为两个弛豫模式[52]。即在不同温区和时间尺度内，α 弛豫并不都是主要弛豫模式，在某些温区和时间尺度，α 弛豫要让位于其他动力学模式，从而造成所谓的退耦合行为。在高温，各种动力学模式会耦合在一起，在低于 T_c 以下温度，这些耦合的动力学模式会分开。T_c 的物理机理以及结构原因与非晶非均匀性、多体相互作用及复杂动力学行为有关。

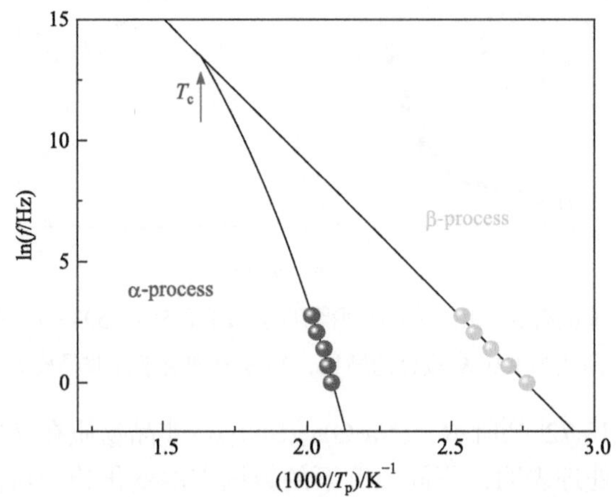

图 10.73 $La_{60}Ni_{15}Al_{25}$ 非晶合金的动力学退耦行为，单一的 α 弛豫分裂为两个弛豫模式[52]

6. 不同温度 T 和压力 P 下的不变性

对于很多不同非晶物质体系，如果给定α弛豫特征时间τ_α或特征频率ν_α，变化不同的温度和压力组合，α弛豫的频散(frequency dispersion)，或者α弛豫峰形，或者 KWW 方程的系数β是个常数，与不同的 P，T 组合以及热力学条件无关[16]。或者说温度-压力等效原理(temperature-pressure superpositioning)对特定的特征时间 τ_α的α弛豫峰形状成立。图 10.74 是一些典型分子非晶物质，对于给定的α弛豫特征时间τ_α，α弛豫峰随不同温度压力组合的变化。可以看出α弛豫峰形在不同 P 和 T 下基本不变[16]。这个特征对很多不同非晶包括非晶合金体系都成立。

7. 脆度系数 m 和 KWW 方程指数β的关联

大量实验及理论分析表明，KWW 方程的指数β是非晶物质的一个关键参数[16]。α弛豫的很多特征和指数β有关。大量的数据分析表明，衡量一个非晶体系趋向α弛豫时间τ_α～100 s(对应于 T_g 温度点)的快慢程度的参数：脆度 m，$m \equiv \mathrm{d}\log_{10}\tau_\alpha / \mathrm{d}(T_g/T)\big|_{T_g/T=1}$ 和指数β关联。非晶体系 m 值的范围从 16～200，对金属非晶材料，m 值的范围更小，为 20～60[137]。参数 m 由α弛豫时间τ_α、结构、熵及动力学弛豫决定，而β只是由弛豫决定。m 和非晶体系结构和动力学非均匀性有关，β反映α弛豫在能量或者频率上的分布。指数β 和非晶的脆度 m 关联认识有助于对α弛豫机理的认识[138]。

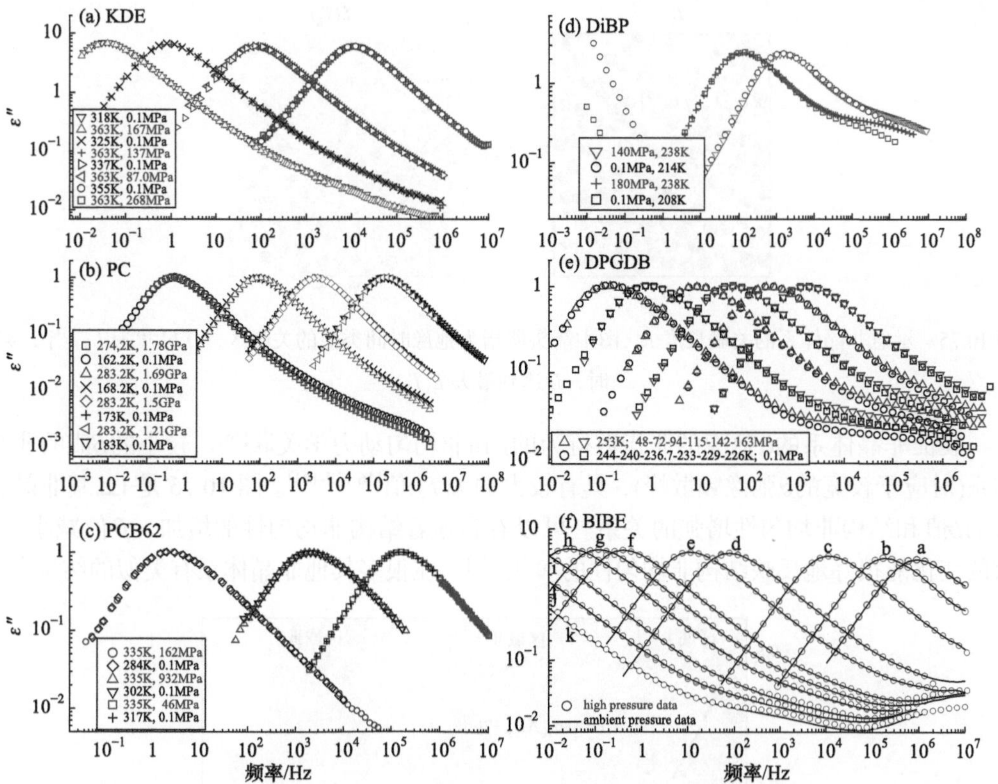

图 10.74　不同分子玻璃体系在不同温度和压力组合下的α弛豫峰。对于固定的ν_α或τ_α，不同的 T 和 P 下的α弛豫峰型基本不变。(a)Cresolphthalein-dimethylether(KDE)；(b)Propylene carbonate(PC)；(c)polychlorinated biphenyl(PCB62)；(d)Di-isobutyl phthalate(DiBP)；(e)Dipropyleneglycol dibenzoate(DPGDB)；(f)Benzoyn isobutylether(BIBE)[16]

8. 普适的关系 $Q^{-2/\beta}$

准弹性中子散射和分子动力学模拟发现在高分子非晶形成体系α弛豫时间τ_α和散射矢量 Q 有如下的关系[16]：

$$\tau_\alpha \sim Q^{-2/\beta} \tag{10.39}$$

Q 和τ_α的关系受α弛豫峰型或者β控制。在极限情形$\beta \to 1$，该关系式变成$\tau_\alpha \propto Q^{-2}$，即著名的布朗扩散关系式。

9. 动力学非均匀性和β的关系

α弛豫的峰宽和分布，其弛豫时间具有扩展的指数关系都意味着α弛豫，以及非晶体系的粒子的运动是不均匀的。即非晶物质中一些粒子运动快，一些粒子运动慢，这些过程在不断的演变。在温度 T 或者弛豫时间τ_α，运动程度相同的粒子形成的区域的大小定义为关联长度 L，当温度趋向 T_g 时，L 达到最大值 $L(T_g)$。L 的定义如图 10.75 所示。

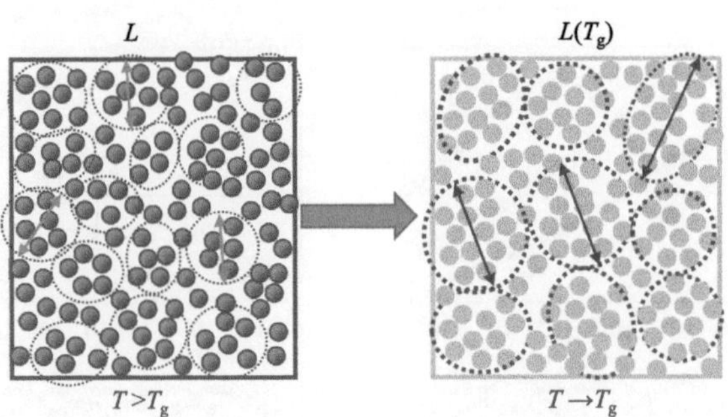

图 10.75　示意非晶体系的关联长度 L。图中箭头所指为弛豫时间类似的关联区，其尺寸为 L，当 $T\to T_g$ 时，L 达到最大 $L(T_g)$

表征非晶体系的α弛豫的非指数行为的β和非均匀动力学关联[16]。较小的β值的非晶体系(对应于较宽的α弛豫频散峰)，具有较大的 $L(T_g)$值[16,139-141]。图 10.76 是 La 基非晶合金的β值和结构非均匀性增强的关系。可以看到随着结构非均匀性的增加，β值减小，β值的变化能很好地反映结构非均匀性的演化[141]。在很多其他非晶体系有类似的结果[16]。

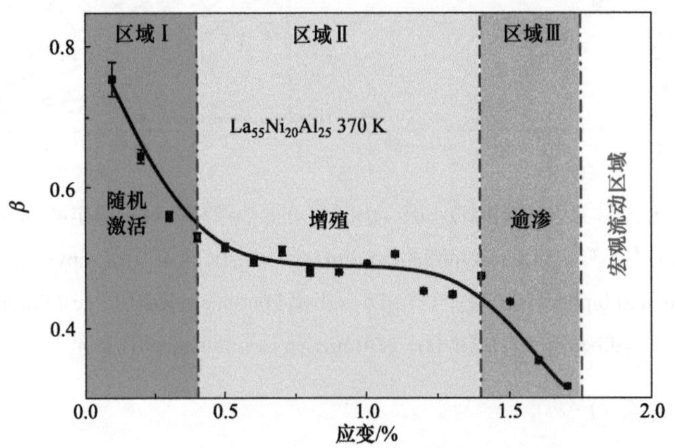

图 10.76　非晶合金中 KWW 方程系数β和结构非均匀性增强的关系[141]

$L(T_g)$和非晶非均匀性、玻璃转变、非晶本质密切关联，但是对实际非晶体系 $L(T_g)$很难直接测量。特别说明一下，在 Ngai 提出的耦合模型中，$\beta = 1-n$ 是关键参数[16]。$L(T_g)$和β的关联关系对认识非晶的动力学及非晶本质很重要。

图 10.77 形象说明了非晶物质的 KWW 系数β和动力学非均匀性的关系。非晶物质如果是均匀的，则说明每个小区域的弛豫都是扩展 Arrhenius 指数规律；如果是非均匀的，即使每个小区域的弛豫都满足线性的 Arrhenius 指数规律，或者是各不相同的扩展的 Arrhenius 指数形式，但其平均也会是扩展的 Arrhenius 指数规律，其系数$\beta < 1$。即非晶物质的 T_g 是各非均匀小区域(设有 N 个区域)的 T_g 之平均，即：$T_g = \Sigma T_{gi}/N$；或者$\alpha = \Sigma\alpha_i/N$，$\alpha$是代表α弛豫，$\alpha_i$ 代表各不同区域的α弛豫，其平均弛豫时间是各区域平均弛豫时间τ_i之平均：$\tau = \Sigma\tau_i/N$[142]。

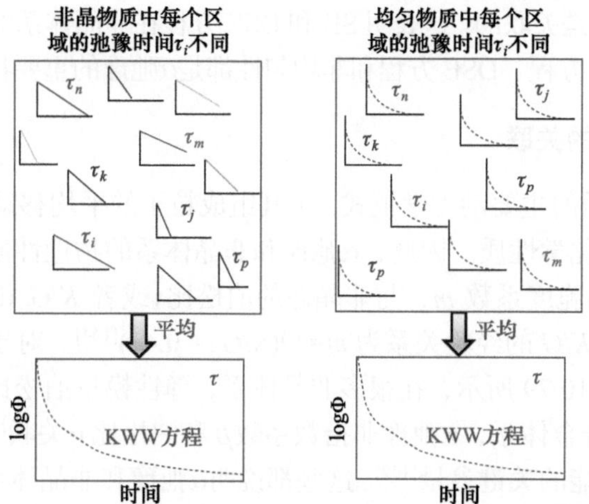

图 10.77　形象说明均匀和非均匀，β和非均匀性的关系。上面每个曲线代表非晶物质中不同区域不同的动力学弛豫时间

10. *扩散系数和β系数的关联*

非晶体系旋转扩散系数 D_r 和温度的关系符合 Debye-Stokes-Einstein (DSE)方程[143]：

$$D_r \equiv 1/6\langle\tau_c\rangle = kT/8\pi\eta r_s^3 \tag{10.40}$$

η是切向黏滞系数，$\langle\tau_c\rangle$是平均旋转关联时间，r_s是分子半径。分子平动扩散系数 D_t 符合 Stokes-Einstein (SE)关系[143]：

$$D_t = kT/6\pi\eta r_s \tag{10.41}$$

从这两个方程得到 $D_t t_c = 2r_s^2/9$。从测量得到的扩散系数远大于 $D_t\tau_c$ 值，这说明在非晶体系 SE 和 DSE 方程已经不适用[16,143]。时间相关的旋转时间相关函数 $r(t)$可以被 KWW 方程很好地描述。T=T_g 的比值 $D_t\tau_c/(D_t\tau_c)_{SE,DSE}$ 可以表征一个非晶体系偏离 SE 和 DSE 的程度[16]。图 10.78 是典型非晶体系在 T_g 处，$D_t\tau_c/(D_t\tau_c)_{SE,DSE}$ 和β的关联[16]。可以看出扩散系

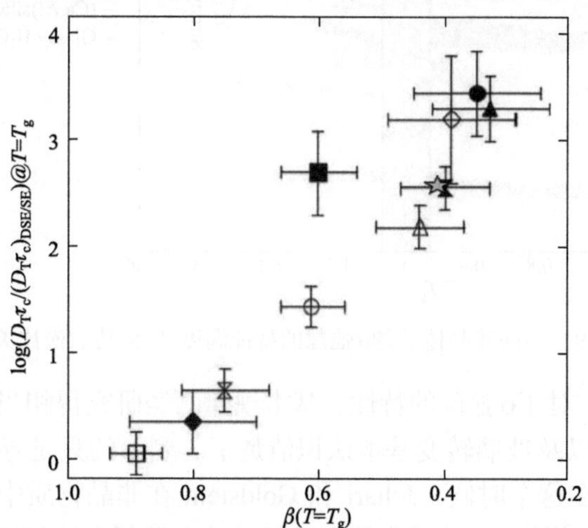

图 10.78　OTP, TNB, polystyrene(PS)和 polysulfone(PSF)等非晶体系在 T_g 温度，$\log[D_t\tau_c/(D_t\tau_c)_{SE,DSE}]$和$\beta(T_g)$的关联。$\beta(T_g)$是这些非晶体系在 T=T_g 时的 KWW 指数[16]

数和β在很多非晶体系是关联的。这表明 SE 和 DSE 方程在非晶体系的失效是和非均匀性密切相关的。不符合 SE 方程、DSE 方程和非均匀性都是α弛豫的重要特征。

10.6.3 α弛豫和物性的关联

α弛豫是非晶物质的主要动力学模式，是其组成粒子的平均移动的时间，直接影响和决定非晶材料的物理化学性质。因此，α弛豫和非晶体系的物理性质有关联。衡量α弛豫在 T_g 点激活能大小的脆度系数 m，与非晶态的泊松比ν或者 K/G 相关联[137,144-146]。在非金属非晶体系，m 和 K/G 的经验关系为 $m=29(K/G-0.41)$[144]。对于非晶合金体系，$m=11(K/G-0.27)$。如图 10.79 所示，在很多非晶体系，弹性模量泊松比和α弛豫的特征温度 T_g 相关[147]。在非晶合金体系，α弛豫非指数系数β和泊松比ν关联[148]，而泊松比是衡量一个非晶体系力学性能的关键参量[149]。这些都说明α弛豫和非晶体系的物理性能相关联。需要说明的是，α弛豫和非晶体系的物性的关联不是很紧密，少有严格的线性关系，这和α弛豫因为非均匀性而分布很宽泛有关[150]，另外，α弛豫和β弛豫的耦合会影响其和物性的关联性。

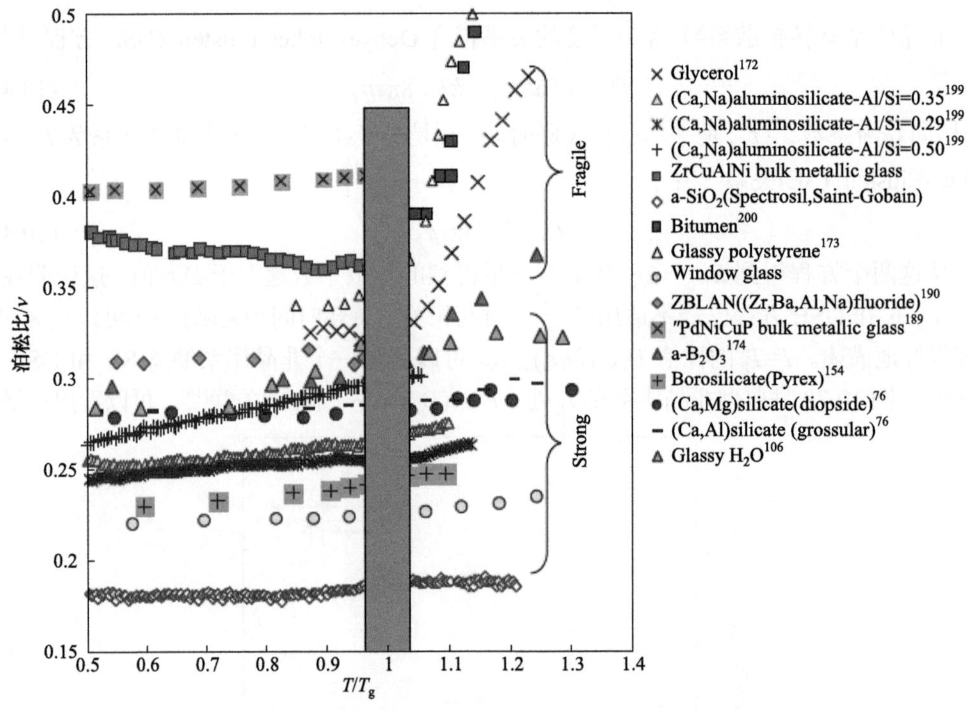

图 10.79 不同非晶体系的α弛豫的特征温度 T_g 和其泊松比关联[147]

20 世纪 60 年代，对于α弛豫的特性、基本规律已经研究得相当系统和透彻。很多科学家认为非晶动力学以及玻璃转变基本认识清楚了。剩下的只是寻找更好的非晶材料的具体技术工作了。就在这个时候，Johari 和 Goldstein 在非晶物质中又发现主要弛豫之外的次级弛豫动力学模式[151]，开辟了非晶物质复杂动力学研究的新天地，推动非晶本质研究向更深入的方向发展。所以 10.7 节，我们要详细介绍非晶物质中仅次于α弛豫的第二个弛豫模式：β弛豫。β弛豫和非晶物质的性能关联更紧密，理解了β弛豫才能更好地把动力学和非晶物理的性能联系起来。

10.7　非晶物质局域动力学过程：慢β弛豫

对于结构无序复杂的非晶物质，动力学模式是认识其本质的重要途径。因此发现新的动力学模式就意味着发现了认识非晶物质奥秘的新窗口。大量的研究表明绝大多数非晶体系的α弛豫时间τ随温度T变化偏离 Arrhenius 关系。这种偏离是α弛豫的一个重要动力学特性，能用单一参量脆度指数m——“fragility”来描述。人们还提出了众多理论描述非 Arrhenius 关系的模型，采用的物理参量大相径庭，物理图像上也存在明显差异。随着研究的深入，这些物理参量之间的关联越来越清晰，众多理论模型似乎逐渐趋向统一[147]。然而，20 世纪 70 年代，人们意外地发现，随着温度降低，当温度趋近T_g时，还存在另一种次级弛豫模式。这种次弛豫在非晶固态成为其主要的动力学模式，而且与α弛豫、非晶物质的物理力学性能存在密切联系，这种次弛豫以发现人姓氏命名为“Johari-Goldstein”(JG)弛豫，又称为慢β弛豫或β弛豫[151-152]。次级慢β弛豫动力学模式的发现，引发了对玻璃转变、动力学和非晶物质本质更为深入的探索和重大进展[16]。

10.7.1　什么是β弛豫

简单通俗地说，β弛豫也是非晶物质中组成粒子在微纳米尺度局域的本征移动。名词“β 弛豫”没有什么特别的含义，只是表达这是非晶物质弛豫谱上仅次于α弛豫的第二级弛豫。实验观测显示β弛豫是与α弛豫相伴出现在深过冷液体区域(图 10.80)。如图所示，由于α弛豫在温度交叉点(crossover region)分裂为β弛豫和α弛豫。如果在温度T_1处测量弛豫谱，会显示在α弛豫主峰边还有个次峰——β弛豫峰。所以β弛豫隶属于次结构弛豫。

实际上，在慢β弛豫发现之前，已有多种类型次结构弛豫被发现，但并不受关注。这是因为那些次结构弛豫对应的是分子液体中基本单元(分子)内部存在若干个支链或官能

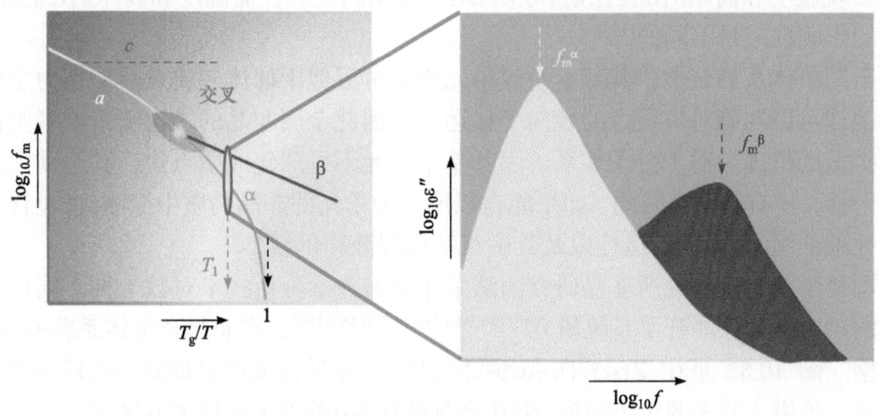

图 10.80　(左)典型非晶体系弛豫随温度演化示意图；(右)温度T_1处介电结构弛豫谱显示在α弛豫主峰边还有个次峰——即β弛豫峰

团的运动模式，对分子整体运动做贡献的α弛豫没有影响，这些次结构弛豫被认为和非晶物质本征动力学弛豫机理关系不大。Johari 和 Goldstein 发现的β弛豫是在由刚性分子组成的非晶形成体系中[16,151-152]。刚性分子的内部运动可以忽略，因此，他们的发现证明β弛豫只可能与分子或分子间的运动模式有联系，进而与α弛豫有着必然的联系。他们的工作使得人们意识到，对于非晶物质这样的复杂多体相互作用体系，无论分子是刚性与否，分子或分子间的运动模式是必然存在的，理论上，β弛豫应该像α弛豫一样具有普适性。

但是，关于β弛豫存在的普适性有激烈争论[16]，因为大量的弛豫实验研究表明众多非晶形成体系中存在α弛豫的同时，没有明显的β弛豫，只是在α弛豫峰的高频端显现出一个 KWW 方程无法描述的过剩尾(excess wing)[16,153]，如图 10.81 所示。目前，大量实验证明：在各类非晶体系中，过剩尾是β弛豫存在普适性的佐证，是α弛豫峰与β弛豫峰相互重叠造成的[16,94]。Ngai 依据他的耦合模型(coupling model)，理论上推出对于β弛豫，在一定条件下将被主导地位的α弛豫谱掩盖，其结果是β弛豫峰消失，β弛豫只能以对应谱高频端的过剩尾显现[16]。实验上，通过适当处理如低温等温，剩尾能够逐渐演化成明显的β弛豫峰[154]。这些结果都支持过剩尾就是β弛豫，而且β弛豫的存在是普适的。

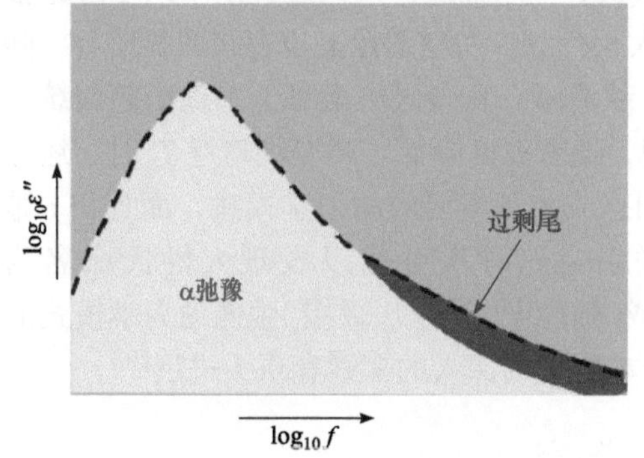

图 10.81 介电谱中α弛豫和其高频的过剩尾的示意图，过剩尾被视为被α弛豫掩盖的β弛豫[150]

需要说明的是，也有研究结果认为过剩尾与β弛豫无关，它只是α弛豫复杂性的一种表现。例如，采用一种数学方法——Nagle 标度可将多种体系中不同温度下的α弛豫和过剩尾谱重叠成单一曲线[128]。这种处理的物理含义并不明确，但其结果隐含着α弛豫和过剩尾有内在相同的物理机制，即过剩尾就是α弛豫谱的一部分，与β弛豫无关。高压研究结果也发现温度和高压对α弛豫谱和过剩尾具有相同效应，而温度和高压对α弛豫谱和β弛豫谱的影响理应是不同的[155]。

对于简单体系如合金，其基本组成单元原子可近似于球体或质点，动态力学谱得到的结构弛豫可以明确对应质点的径向平移运动，因此金属非晶的结构涨落或者弛豫都只是径向扩散的机理。对于分子体系，因其基本单元不可球化或质点化，其运动模式不仅有径向平移，还有转动。因此，如果能在以原子为单元的非晶物质中探测到β弛豫，就能够判定性地证明β弛豫的普适性以及其微观结构起源和机制。

中国科学院物理研究所非晶研究团队采用动态力学分析技术对数十种不同块体非晶合金中的动力学弛豫展开了系统研究[30-34,94,125,134,136,156-159]，在非晶合金体系普遍发现β弛豫的证据。图 10.82 是在 $Zr_{46.75}Ti_{8.25}Cu_{7.5}Ni_{10}Be_{27.5}$ 非晶合金首次观测到的较为完整的结构弛豫谱，该谱主要来源于α弛豫，但在高频端存在α弛豫无法描述的区域，类似于介电弛豫研究中分子非晶形成体系的过剩尾。过剩尾在大量不同类型的非晶合金形成体系中不断被发现和证实，显示过剩尾是非晶合金体系结构弛豫的一个基本特征[33,94,160]。此后，中国科学院物理研究所研究团队以及其他研究小组都在 La 等稀土基非晶形成体系弛豫谱上发现了明显的β弛豫峰[94,160-171]，如图 10.83 所示。非晶合金中难以观察β弛豫的可能原因是该类体系绝大多数的脆度系数 m 值偏小(20～40)，其液体属于偏强型。La 稀土基非晶形成液体的 m 值高达 60，所以β弛豫峰能够存在。研究进一步证明过剩尾就是β弛豫，支持β弛豫晶形成体系中的普适性。实验还发现β弛豫起源于非晶合金形成体系中部分特定原子较快的扩散运动[33]。相对简单的原子非晶合金体系中β弛豫普遍性的证实，进一步促进了对β弛豫的研究和深入认识。

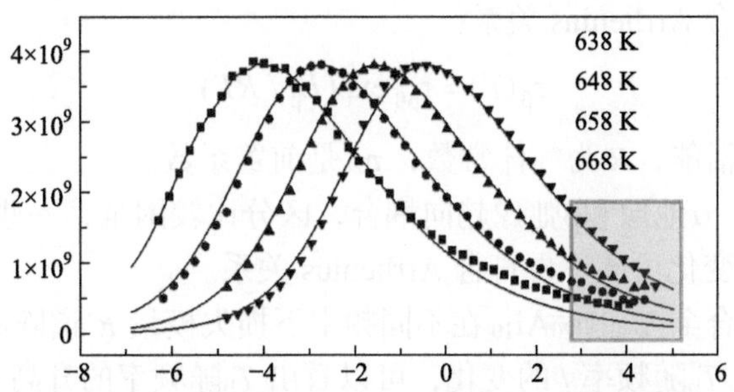

图 10.82　$Zr_{46.75}Ti_{8.25}Cu_{7.5}Ni_{10}Be_{27.5}$ 非晶合金中首次观测到的过剩尾——β弛豫(图中方框部分)[30]

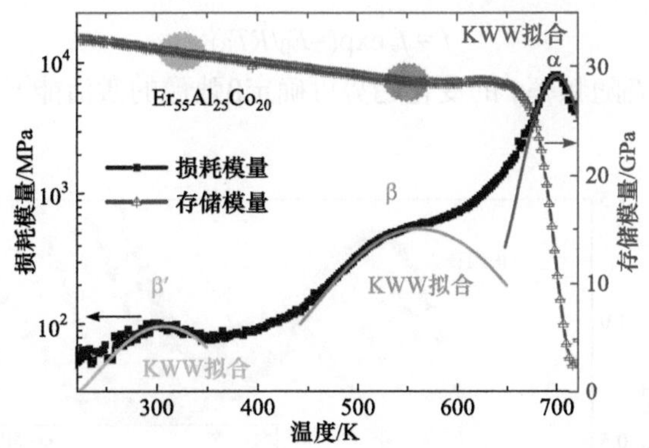

图 10.83　$Er_{55}Al_{25}Co_{20}$ 非晶体系β弛豫峰和快 β′峰，证实β弛豫的普适性[159]

10.7.2　β弛豫的主要特征

β弛豫有很多不同于α弛豫的独特特征。从α和β弛豫的比较中可以发现，β弛豫是一种比α弛豫更局域，平均弛豫时间更短的二级弛豫，与α弛豫相比，β弛豫的弛豫时间的分布要宽。其基本特征是[16,33,120]：①β弛豫是非晶物质的一种动力学内禀特征，具有普遍性；②β弛豫是一个热激活过程，其平均弛豫时间与温度符合 Arrhenius 关系；③β弛豫时间要比α弛豫更快；④β弛豫峰频率范畴要比α弛豫更宽，峰的强度更低；⑤在实验时间尺度下α弛豫只明显存在于液体，而β弛豫不仅存在于液体，还能存在于非晶固态；⑥β弛豫可逆；⑦和α弛豫密切关联。下面较详细地介绍β弛豫的这些特征。

1. β弛豫峰强及随温度的变化

非晶物质的β弛豫峰强远低于α弛豫的峰强。α弛豫的峰强随温度变化较大，但是β弛豫的峰强随温度变化很小。在非晶合金体系，β弛豫峰强大约只是α弛豫的峰强的 1/10[33]。弛豫峰强度代表体系中粒子参与动力学过程的数目，β弛豫峰强很低说明非晶体系中只有少部分粒子参与β弛豫过程，而非晶物质中几乎所有原子都参与了α弛豫。因此，β弛豫是相当局域的弛豫模式。

2. β弛豫符合 Arrhenius 关系

通常认为在玻璃转变温度 T_g 以下，非晶物质的β弛豫是一个热激活过程，其弛豫时间 τ_β 随温度的变化符合 Arrhenius 关系：

$$\tau_\beta(T) = \tau_{\beta 0}\exp(E_\beta / RT) \tag{10.42}$$

其中 E_β 是β弛豫的激活能，R 为气体常数，$\tau_{\beta 0}$ 是前置系数。

在 T_g 温度以上，α弛豫和β弛豫趋向耦合，区分比较困难，一些结果表明在 T_g 以上的温度，τ_β 随温度的变化可能不再符合 Arrhenius 关系。

图 10.84 是非晶合金 $Y_{70}Ni_{20}Al_{10}$ 在不同频率下损失模量 E'' 谱随温度的变化。插图是β弛豫峰对应的温度点 T_β 随频率 f 的变化，可以看出 T_β 随频率的升高而升高，而且 f 和 T_β 的关系符合 Arrhenius 方程：

$$f = f_\infty \exp(-E_\beta / RT_\beta) \tag{10.43}$$

f_∞ 是前置系数。根据 T_β 随频率 f 的变化趋势可确定β弛豫的激活能[150]。E_β 是表征β弛豫的重要参数。

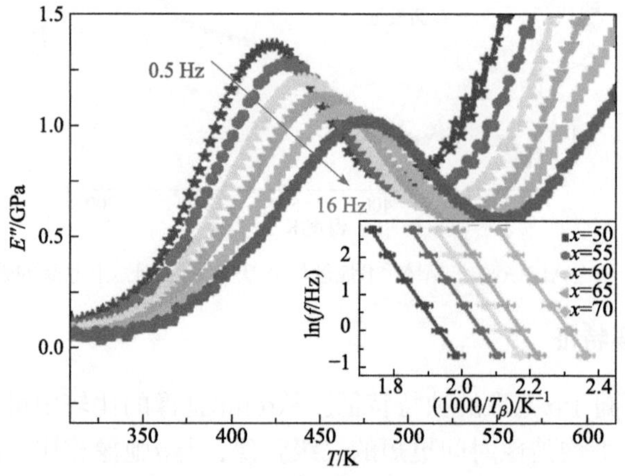

图 10.84　非晶合金 $Y_{70}Ni_{20}Al_{10}$ 不同频率下损失模量 E'' 谱随温度的变化。插图是β弛豫峰对应的温度点随频率的变化，从这个变化趋势可确定β弛豫的激活能[158]

β弛豫的激活能 E_β 比α弛豫的激活能 E_α 小很多。对很多非晶物质，如非晶合金，β弛豫激活能 $E_\beta \approx (24\text{–}26)RT_g$[32]。

在一些非金属非晶体系中，如图 10.85 所示，E_α 和 E_β 呈非常好的线性关系，而且和 KWW 方程的幂指数 $\beta(=1-n)$(这里 n 是 Ngai 耦合原理的系数)符合如下关系：

$$E_\beta = \beta E_\alpha \quad 或者 \quad E_\beta = (1-n)E_\alpha \tag{10.44}$$

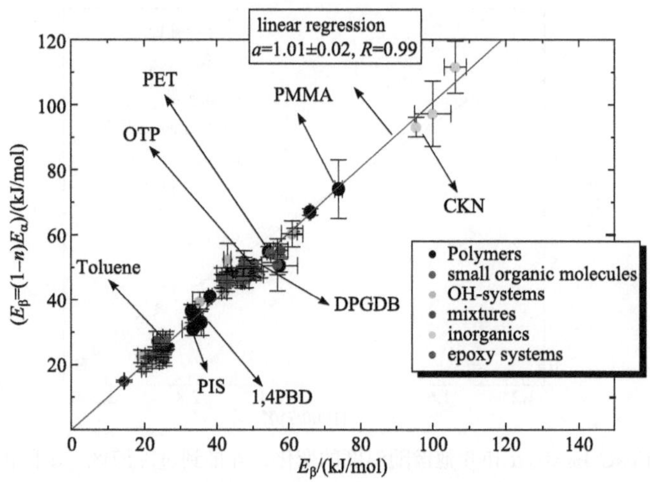

图 10.85　一些非晶体系β弛豫的激活能 E_β与α弛豫的激活能 E_α的线性关联[16](来自 S. Capaccioli 的工作)

3. 和 α 弛豫在高温耦合

β弛豫存在于非晶态，随着温度的升高，β弛豫和α弛豫会在过冷液区的某个温度点合并成一个动力学模式[9,16,33]。图 10.86 是非晶山梨醇(sorbitol)体系 α 和 β 弛豫模式的合并过程[162]。可以看到 α 和 β 弛豫时间随温度的升高，逐渐靠近，在过冷液区的 T_c点耦合在一起。在非晶合金中，同样能观察到 α 和 β 弛豫模式的合并，如图 10.87 所示[160]，只是在非晶合金体系，因为测量的困难，在过冷液区还没有 β 弛豫的数据。当温度足够高时，大量的 β 弛豫被激活，在 T_c点对应于大量的类液态流变单元连成一片，β 和α弛豫难以分辨，发生逾渗，引起玻璃转变，动力学上表现为 β 和α弛豫耦合在一起。

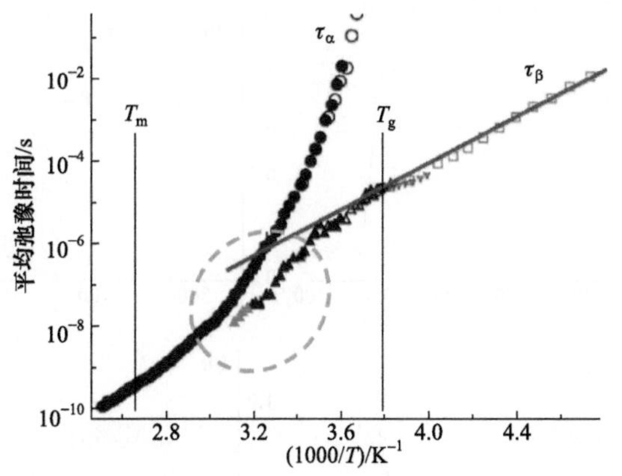

图 10.86　非晶山梨醇体系 α 和 β 弛豫时间的合并[162]

4. 多样化 β 弛豫谱

对于不同的非晶体系，甚至具有不同成分的同一非晶体系，其 β 弛豫在弛豫谱上具有多种形式[33]。即使在相对简单的原子非晶体系——非晶合金体系，β 弛豫在弛豫谱上也以不同的形式表现出来。图 10.88 是不同非晶物质表现出不同的 β 弛豫形式。非晶高

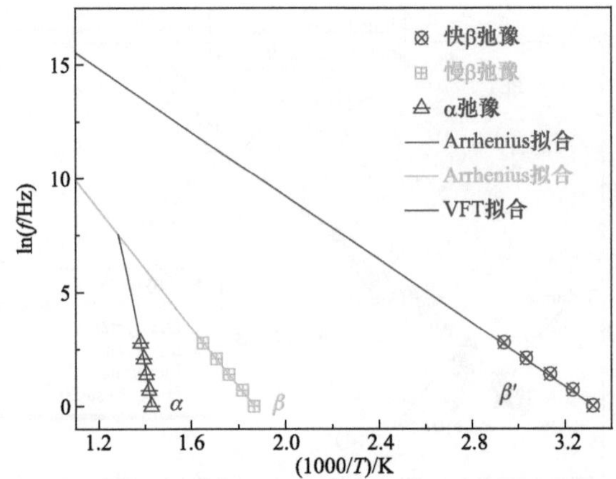

图 10.87 非晶 $Er_{55}CO_{20}Al_{25}$ α 和 β 弛豫随温度的变化，外推到过冷液区，α 和 β 弛豫会合并[160]

分子 PET 有明显的β弛豫峰，而 Pd 基等非晶合金β弛豫是以肩膀状峰形式出现，在大多非晶合金中，如 Ce 基非晶中，β弛豫是以过剩尾形式出现的。图 10.89 是不同非晶合金的 β 弛豫在 DMA 模量损失谱上的形态。可以看到，无论是在温度域还是在频率域，其β弛豫都具有不同形式，包括过剩尾(excess wing)，波包(hump)，峰(peak)。大多数非晶合金的 β 弛豫在 DMA 模量损失谱上是过剩尾或者波包。少数体系有明显 β 弛豫峰[163-164]。有一种观点认为过剩尾和波包是另一类 β 弛豫[16]。β 弛豫在弛豫谱上以不同的形式表现出来也可能和α，β弛豫峰位的远近有关，如果它们离得很近，就会是过剩尾，2 个峰离的稍远一点，就是波包，当α，β弛豫峰位足够远时，β弛豫峰就不会被α弛豫峰掩盖，变成一个清晰独立的峰。具有明显 β 弛豫峰的非晶体系是研究非晶物质中动力学等基本科学问题的模型体系。明显 β 弛豫峰也可以用来调控非晶材料的性能。

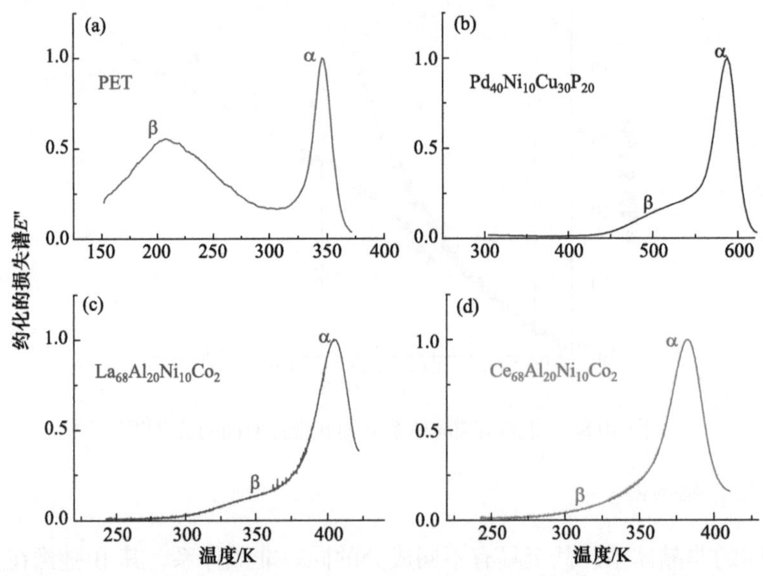

图 10.88 动态力学谱上，β弛豫的不同表现形式。(a)高分子 PET 中明显的β弛豫峰；(b)Pd 基非晶合金β弛豫的肩膀状峰；(c)La 基非晶合金中不明显的β弛豫肩膀状峰；(d)Ce 基非晶中的过剩尾[33]

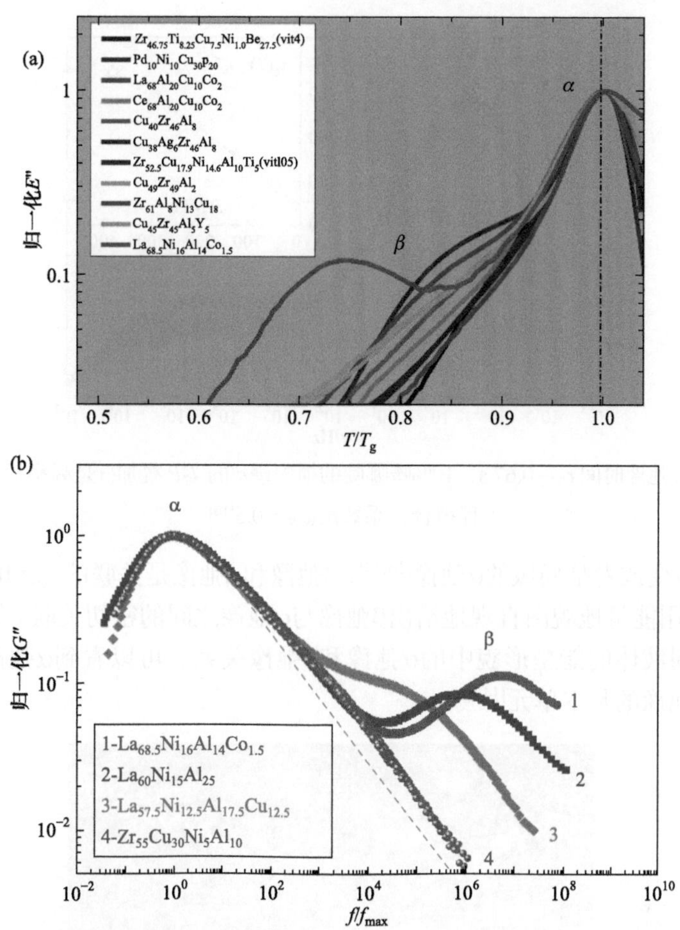

图 10.89　不同非晶合金的 β 弛豫在 DMA 模量损失谱 E'' 上具有不同形式，包括过剩尾(excess wing)，肩膀型(shoulder)，峰(peak)。(a)在温度域[163]；(b)在频率域[164]

5. β 弛豫时间 τ_β 随温度 T 和压力 P 的不变性

对很多不同非晶体系，β 弛豫时间 τ_β 和α弛豫时间的比值 τ_β/τ_α 对于不同的 T 和 P 组合是个不变量。图 10.90 是 10%喹哪啶在α弛豫时间 $\tau_\alpha = 0.67$ s 时的损失谱的 T-P 叠加。实线是 KWW 方程拟合，系数 $\beta_{\mathrm{KWW}} \equiv 1-n = 0.5$[16]。可以看出在很宽的 T 和 P 组合情况下，τ_β 基本不变。

6. 与α弛豫强关联

很多关于玻璃本质和玻璃转变的理论和模型主要关注α弛豫，并且认为次级β弛豫对玻璃转变无关紧要。新近大量实验结果证明β弛豫和α弛豫具有强关联[16,33,117,157]。该强关联意味着β弛豫在玻璃转变中也起着重要作用。不同非晶体系的大量实验数据表明，在 T_g 处，β弛豫的特征时间 τ_β 和α弛豫的 KWW 指数 β 有很强的关联，β弛豫和α弛豫很多性质很类似[16,33]。另外，β弛豫的激活能和α弛豫的特征温度 T_g 有很明确的线性关系。根据流变单元模型，起源于流变单元的β弛豫被认为是α弛豫的基本单元[16,33,117,157]。流变单元

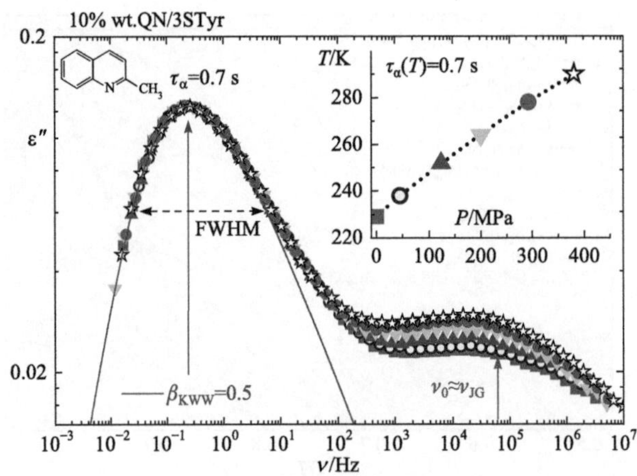

图 10.90 在同一α弛豫时间τ_α = 0.67 s，10%喹哪啶的损失谱ε''的 T-P 叠加(ν是频率)，实线是 KWW 方程拟合，系数$\beta_{KWW} \equiv 0.5$[16]

是局域的玻璃转变或者是局域的α弛豫[16,33]，β弛豫和α弛豫是关联的。Stillinger 等依据计算机模拟[9]，采用能量地貌图直观地给出β弛豫与α弛豫之间的密切关联。如图 10.91 所示的是典型强和弱液体的能垒形貌中的α弛豫和β弛豫关系。可以看到α弛豫是β弛豫组成的，β弛豫是α弛豫的基本单元[147]。

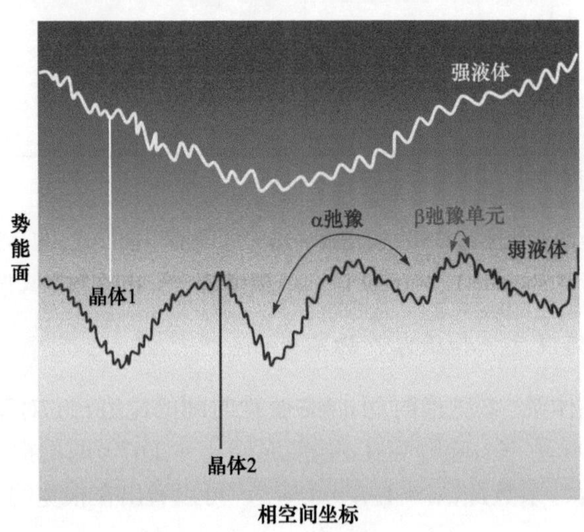

图 10.91 典型强和弱液体的能量地貌图中的α弛豫和β弛豫关系。可以看到α弛豫是β弛豫组成的，β弛豫是α弛豫的基本单元[147]

7. 可逆和不可逆性

本征的β弛豫，对应于能量地貌图中的小峰，是可逆的。但是我们通常测到的动力学谱中的β弛豫峰很宽，其可逆特性不是很明显，为什么呢？根据流变单元模型，β弛豫起源于流变单元，而非晶物质中流变单元的尺寸、激活能也有个分布。其中有些流变单元是本征可逆的，有些是非本征的，即这些非本征的流变单元在升降温过程中不可逆。DSC

可以有效探测β弛豫，而且通过在 T_g 温度以下的预退火来纯化β弛豫过程，使得β弛豫更明显。如图 10.92 所示，非晶 $La_{60}Ni_{15}Al_{25}$, $(La_{0.8}Ce_{0.2})_{68}Al_{10}Cu_{20}Co_2$ 和 $Zr_{50}Cu_{40}Al_{10}$ 在 $0.8T_g$ 预退火一段时间后，在 DSC 曲线上有个明显的β弛豫峰。从图 10.93 可以看出这个β弛豫的演化，随着预退火时间的延长，β弛豫峰和α弛豫耦合在一起了，预退火温度越高，耦合地越快[165]。这也证明了β弛豫和α弛豫的深刻联系。

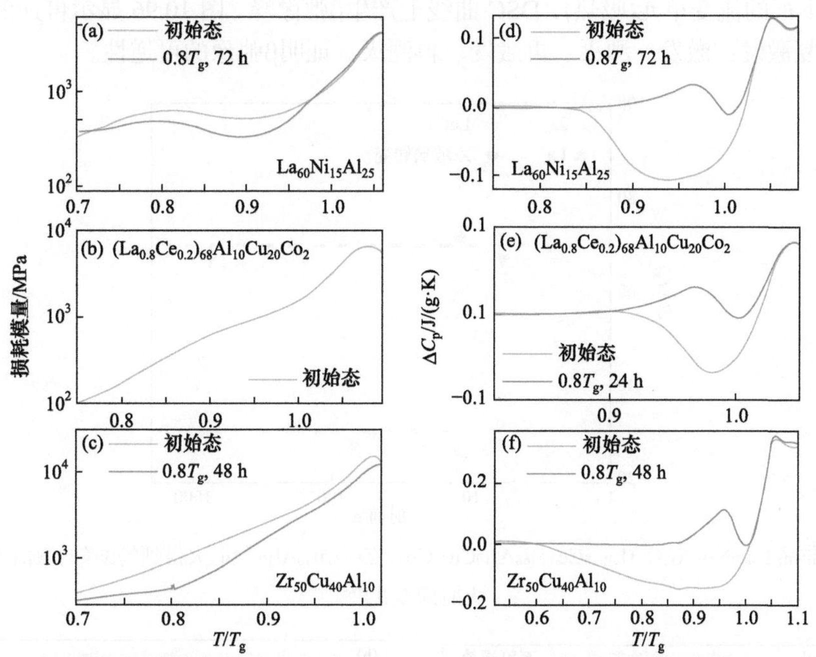

图 10.92　(a)～(c)分别是非晶 $La_{60}Ni_{15}Al_{25}$，$(La_{0.8}Ce_{0.2})_{68}Al_{10}Cu_{20}Co_2$ 和 $Zr_{50}Cu_{40}Al_{10}$ 的 $E''(f = 1\ Hz)$曲线；(d)非晶 $La_{60}Ni_{15}Al_{25}$ 铸态和在 $0.8T_g$ 预退火 72 h 的 DSC 曲线对比(升温速率 40 K/min)；(e)非晶$(La_{0.8}Ce_{0.2})_{68}$-$Al_{10}Cu_{20}Co_2$ 铸态和在 $0.8T_g$ 预退火 24 h 的 DSC 曲线对比(升温速率 20 K/min)；(f)非晶 $Zr_{50}Cu_{40}Al_{10}$ 铸态和在 $0.8T_g$ 预退火 48 h 的 DSC 曲线对比(升温速率 80 K/min)[165]

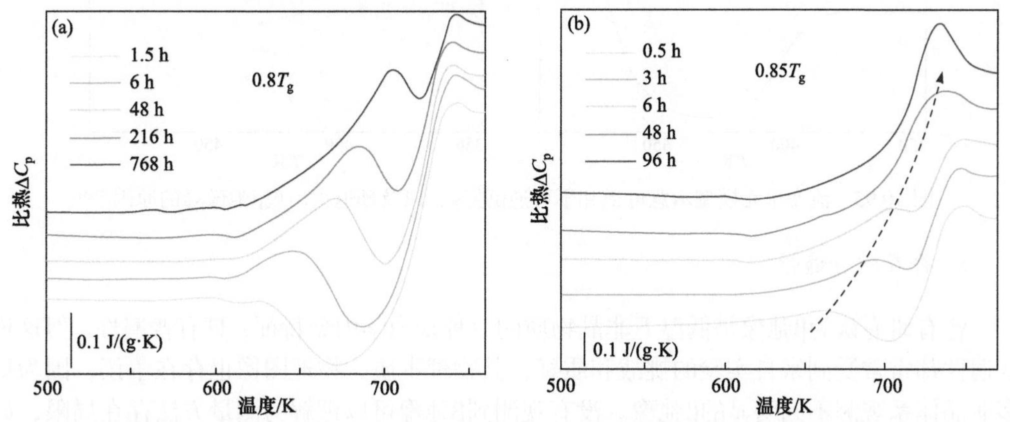

图 10.93　非晶 $Zr_{50}Cu_{40}Al_{10}$ 在 $0.8T_g$(a)和 $0.85T_g$(b)预退火不同时间β弛豫峰的演化[165]

DSC 上预退火出现的峰是β弛豫本征的部分，是可逆的[165]。预退火出现的峰的激活能和其他方法测量的β弛豫值相当(图 10.94)，也证明预退火出现的峰是β弛豫。图 10.95 是用流变单元模型解释可逆和不可逆β弛豫，以及预退火出现β弛豫峰的原因。流变单元分成本征(可逆)和非本征(不可逆)两部分，见图 10.95(a)。预退火湮灭掉本征的和非本征的流变单元，铸态 DSC 的宽预峰是因为包含可逆和不可逆的β弛豫；对预退火的非晶样品再做 DSC，非本征的流变单元这时不能再次被激活[图 10.95(b)]，升温过程只再次激活可逆的、本征的流变单元(吸热)，DSC 曲线上产生β弛豫峰。图 10.96 显示可逆的β弛豫峰可以被反复激发：激发、湮灭、再激发、再湮灭。证明β弛豫的可逆性。

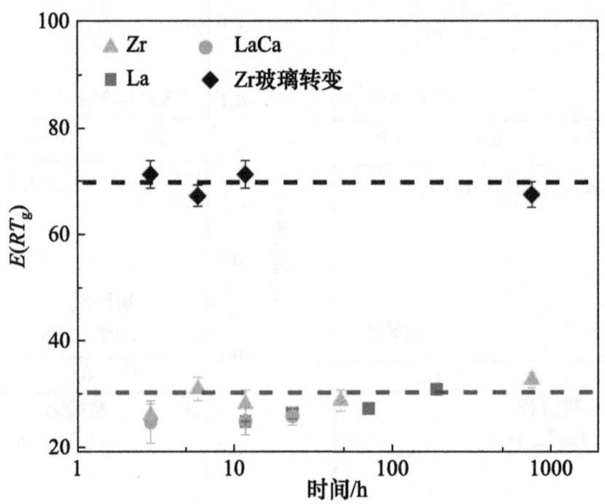

图 10.94 非晶 $La_{60}Ni_{15}Al_{25}$，$(La_{0.8}Ce_{0.2})_{68}Al_{10}Cu_{20}Co_2$，$Zr_{50}Cu_{40}Al_{10}$ 预退火得到的β峰的激活能 E 不随退火时间变化[165]

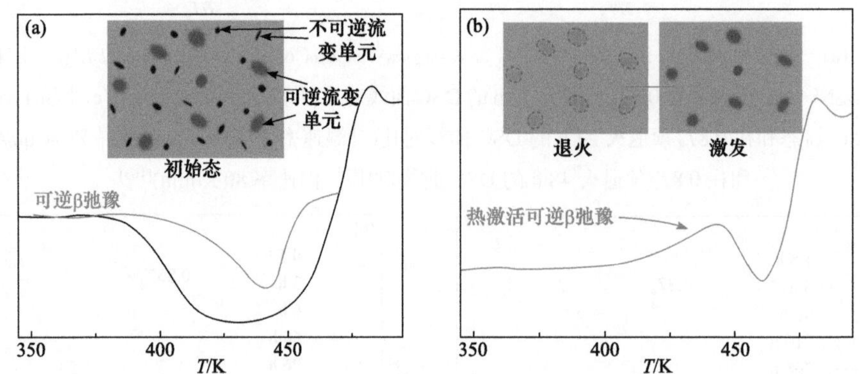

图 10.95 流变单元模型示意可逆和不可逆β弛豫，以及预退火出现β弛豫峰的原因[165]

8. *存在的普遍性*

曾有研究认为β弛豫是低温下非晶物质的一种动力学内禀特征，具有普遍性。但这种普遍性却常常受到来自实验的挑战和质疑，其物理本质、物理图像也存在争议，因为很多非晶体系观测不到明显的β弛豫。没有观测到β弛豫可以理解为测量方法存在局限，如介电谱和动态力学谱，因其测量原理的限制，两者都不可能适用于所有非晶体系。其次，现有绝大多数玻璃转变主流模型和理论支持或预测了β弛豫存在的必然性。基于第一性原

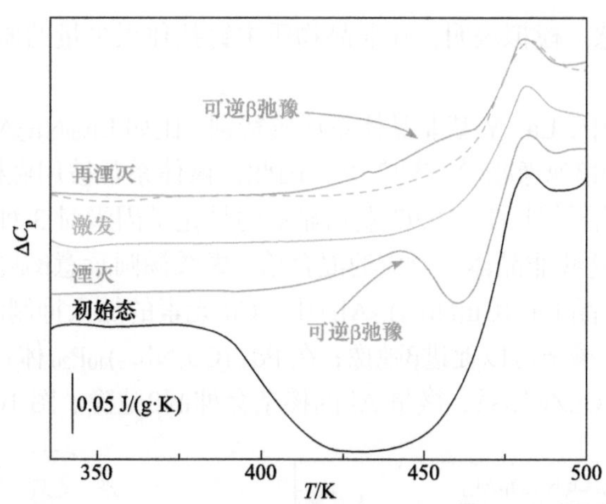

图 10.96　本征的β弛豫峰可逆，可以被反复激发：激发、淬灭、再激发、再淬灭，证明β弛豫的可逆性[165]

理建立的模耦合理论以及其扩展理论预言了深过冷液体是一类特殊液体。能量地貌图模型也证明β弛豫存在的必要性[9]。如图 10.91 所示，β弛豫对应的是能量地貌图中相连势能极小值，小谷之间的基本弛豫，而α弛豫则是大/巨谷底之间的弛豫。大/巨谷之间的弛豫—α弛豫需要大的激活能，需要连续小谷之间的基本弛豫—β弛豫的激活才得以产生。故而α弛豫在 T_g 以下的非晶态中被冻结，而β弛豫却可以继续存在。这一理论明显支持了β弛豫的存在对玻璃转变理解的必要性。至于β弛豫与α弛豫分离则也是非晶形成体系自身能量形貌图决定的。对于 SiO_2 液体，其能量地貌图中存在一个巨谷底，β弛豫与α弛豫完全耦合。而越脆的玻璃形成液体，能量形貌图中存在的巨谷数量就越多，β弛豫与α弛豫差异越大，故而β弛豫与α弛豫能够分离。

此外，β弛豫存在普遍性的另一个主要原因是基于一种观点：β弛豫与α弛豫之间有着内在关联，β弛豫快于α弛豫，在时间范畴上可认为是α弛豫的先导或前驱体，β弛豫是α弛豫的基本单元，而α弛豫物理图像是玻璃转变研究的核心。换而言之，β弛豫的存在和研究更为重要，因为只有理解了β弛豫才有可能认知α弛豫。此外，β弛豫和非晶材料性能联系更紧密。

10.7.3　影响 β 弛豫的主要因素

很多因素可以影响一个非晶体系的β弛豫的行为和强度，这些因素包括化学成分、结构、非晶形成历史、时效和回复、外力或辐照作用等。各种因素对β弛豫影响的研究可以加深对β弛豫及非晶动力学的认识。下面是对影响β弛豫的主要因素及机理的总结，主要以简单的非晶合金体系为研究对象。

1. 化学成分对β弛豫的影响

β弛豫对成分和化学因素非常敏感，在非晶合金中尤其如此。非晶合金中的所有组元包括大原子、小原子、组元尺寸差，溶质或溶剂原子都参与了β弛豫[33-34,158,163,166-168]。例如非晶 $Pd_{40}Cu_{30}Ni_{10}P_{20}$ 中的最小和溶质原子 P 和非晶 $Zr_{55}Cu_{30}Ni_5Al_{10}$ 中的最大和溶剂原子 Zr 都参与β弛豫[163]。不同非晶合金的 β 弛豫在 DMA 模量损失谱上具有不同行为就表明β弛豫对成分很敏感。模拟表明，在非晶物质中钉扎住很少量的原子就可以改变β弛豫行为[169]。

在非晶合金体系中，La，Y 基非晶体系比较特别，比如 $La_{60}Ni_{15}Al_{25}$ 具有非常明显的、和α弛豫峰分得很开的β弛豫峰[157-158,166-168]，因此，该体系常被用做模型体系来研究成分等因素对β弛豫的影响[33,170]。图 10.97 左列显示的是化学因素对 3 种典型非晶合金体系β弛豫的影响，右列是这些非晶体系对应的混合焓。虚线椭圆示意β弛豫明显的非晶成分体系[167]。可以看到在非晶 $La_{70}(Cu_xNi_{1-x})_{15}Al_{15}$ 中，Cu 元素的加入抑制β弛豫，使得β弛豫峰变得不明显，但是 Ni 掺杂可以促进β弛豫；在 $Pd_{40}(Cu_xNi_{1-x})_{40}P_{20}$ 体系中，Cu 促进β弛豫，而 Ni 抑制β弛豫；在 CuZr 体系，微量 Al 的掺杂会抑制β弛豫。图 10.98 是不同非晶合金

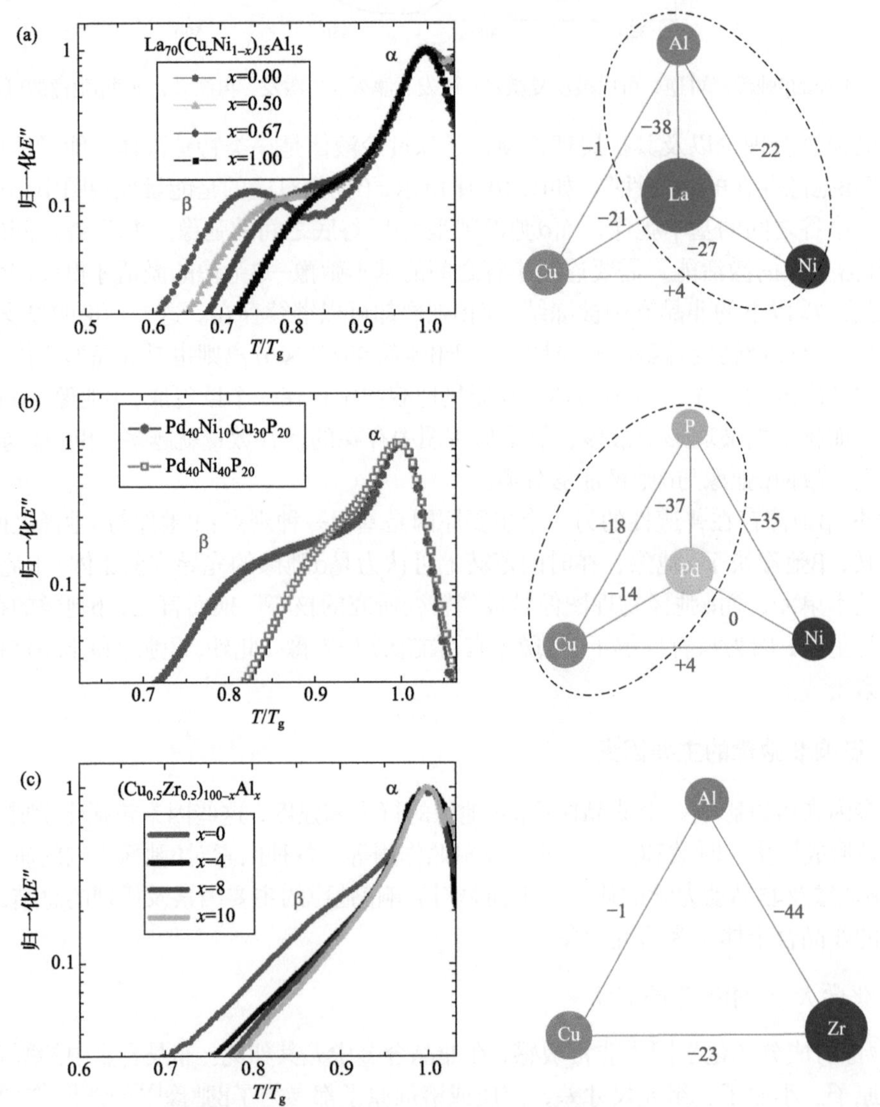

图 10.97 (左列)化学因素对典型非晶合金体系β弛豫的影响，(a)La 基，(b)Pd 基和(c)CuZr 基非晶合金；(右列)这些非晶体系对应的混合焓，虚线椭圆示意β弛豫明显的成分[167]

体系 $La_{60-x}Ni_{15}Al_{25}Cu_x$，$La_{60}Ni_{15-x}Al_{25}Cu_x$ 和 $La_{60}Ni_{15}Al_{25-x}Cu_x$ 模量损失 G''谱随成分的变化，可以看到成分的变化能明显影响β弛豫的行为。这些还说明化学因素对β弛豫的影响很复杂。例如 Ni 和 Cu 的影响不是单一的，取决于特定的化学成分环境、组元之间的相互作用。

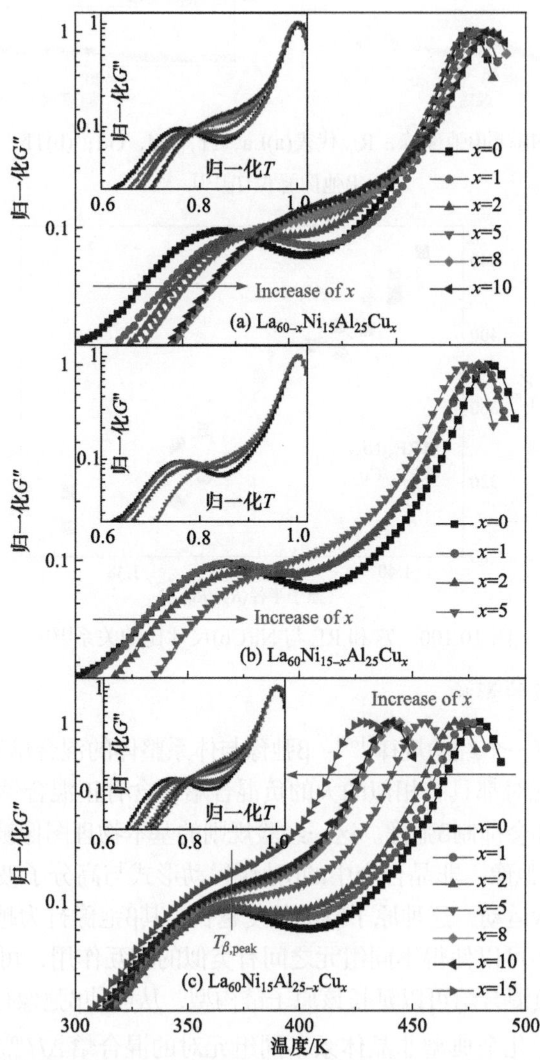

图 10.98　不同非晶合金体系模量损失 G''谱随成分的变化。(a)$La_{(60-x)}Ni_{15}Al_{25}Cu_x$；(b)$La_{60}Ni_{(15-x)}Al_{25}Cu_x$；(c)$La_{60}Ni_{15}Al_{(25-x)}Cu_x$。各插图是把α弛豫归一化，反映β弛豫随成分、温度 T 的变化，箭头方向表示 Cu 含量增加的方向[170]

在一系列稀土(RE)基 RE-Ni/Co 非晶合金中发现很强的β弛豫[160,168,171]。图 10.99 是具有明显β弛豫的二元稀土基 $RE_{65}Ni_{35}$(Co)非晶合金。这里 RE 分别代表 La，Pr，Nd，Gd，Tb，Dy，Ho 和 Er。而且β弛豫峰位 T_β 和 RE 及 Ni(Co)的尺寸比有线性关系，如图 10.100 所示。随着 RE 及 Ni(Co)的尺寸比减小，T_β 移向高温端。这些结果都证明β弛豫对化学、成分因素很敏感。

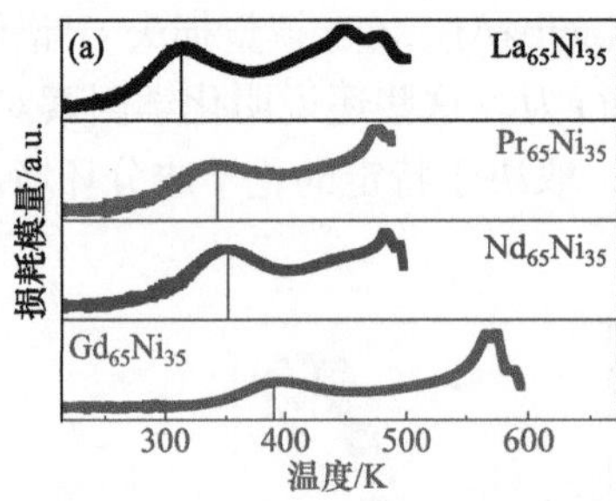

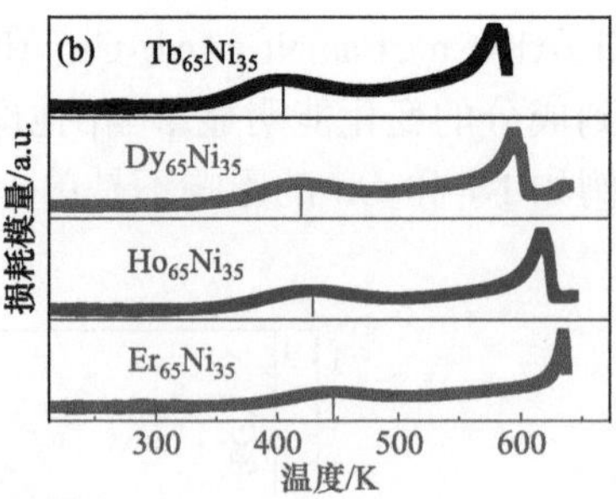

图 10.99 非晶合金 $RE_{65}Ni_{35}$的β弛豫峰，RE 代表(a)La，Pr，Nd，Gd；(b)Tb，Dy，Ho，Er。实线表示β弛豫峰位 $T_β$[171]

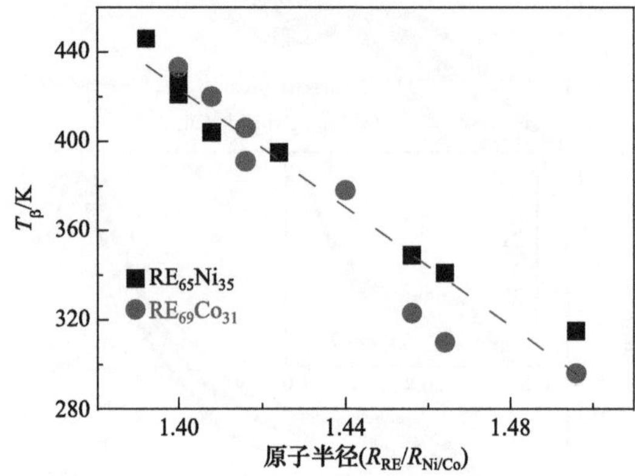

图 10.100 $T_β$和 RE 与 Ni(Co)尺寸比的关系[171]

2. 混合焓对β弛豫的影响

对于非晶合金，有一个经验规律[167]：β弛豫与体系整体的混合焓有密切联系，β弛豫明显的体系，其所有组元对都具有相似的大的负混合焓；含有正混合焓组元对、不同组元对混合焓值相差比较大都会抑制β弛豫。这一经验规则的基本物理图像被认为是：较大的负混合焓可以促进体系的β弛豫。非晶合金中的β弛豫运动形式与高分子玻璃有相似性，是一种由多个原子构成的链状运动，这种原子链的长度越长，其β弛豫行为越明显。组元对都具有相似的大的负混合焓，可以使得不同组元之间有类似的相互作用，可以维持较长链状原子构型。因此，较大的负混合焓可以延长该原子链构型，从而使β弛豫行为愈加明显[94,167]。

图 10.97 右列展示几个典型非晶体系不同组元对的混合焓 $\Delta H_{AB}^{\text{mix}}$ 。体系整体的混合焓可以由下面的公式进行计算：

$$\Delta H^{\text{chem}} = 4\sum\nolimits_{A\neq B} \Delta H_{AB}^{\text{mix}} c_A c_B \tag{10.45}$$

其中，$\Delta H_{AB}^{\text{mix}}$ 为元素 A 与 B 的二元混合焓，c_A 和 c_B 分别为原子百分比。在具有明显β弛豫峰的 La-Ni-Al 体系，La-Ni，La-Al 和 Ni-Al 组元对的 $\Delta H_{AB}^{\text{mix}}$ 分别是−28 kJ/mol，−37 kJ/mol 和−22 kJ/mol，数值相近，都是比较负的混合热值。而β弛豫不太明显的 La-Cu-Al，Al-Cu 的 $\Delta H_{AB}^{\text{mix}}$ 是−1 kJ/mol，比另外 La-Cu 和 La-Al 组元对的值(分别是−21 kJ/mol 和−37 kJ/mol)小很多。在 $La_{70}(Cu_xNi_{1-x})_{15}Al_{15}$ 和 $Pd_{40}(Cu_xNi_{1-x})_{40}P_{20}$ 体系，ΔH^{chem} 和成分 x 的变化符合β

弛豫随成分的变化趋势，如图 10.101(a)所示。即混合焓越负，β弛豫越明显。但是对$(Cu_{0.5}Zr_{0.5})_{100-x}Al_x$趋势不一样，因为其混合焓值起伏较大，如图 10.101(b)所示。图 10.102 是 LaGa 基非晶合金平均混合焓 ΔH 随 Ga 成分的变化[168]。插图是不同组元对直接的混合焓，可以看出该体系很好地符合这个经验原则。

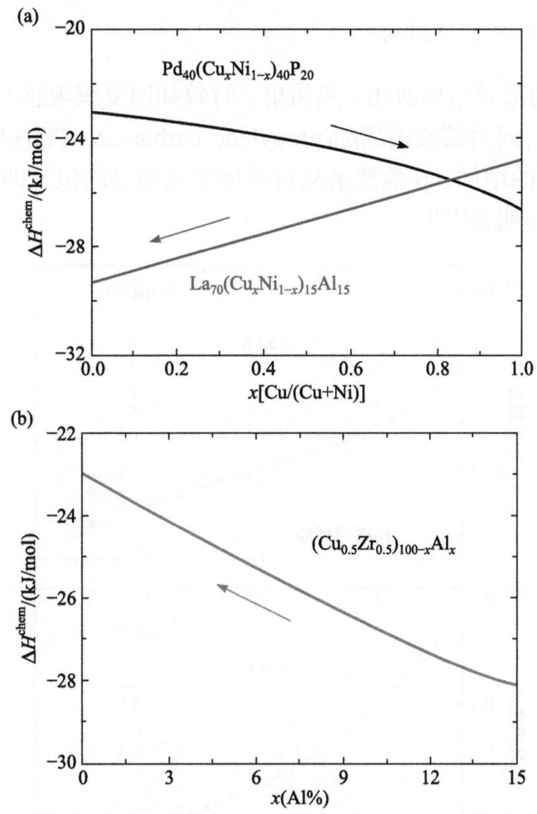

图 10.101　成分和化学混合焓 ΔH^{chem} 的关系。(a)$La_{70}(Cu_xNi_{1-x})_{15}Al_{15}$ 和 $Pd_{40}(Cu_xNi_{1-x})_{40}P_{20}$ MGs，(b)$(Cu_{0.5}Zr_{0.5})_{100-x}Al_x$ 体系。箭头指向β弛豫更为明显的方向[167]

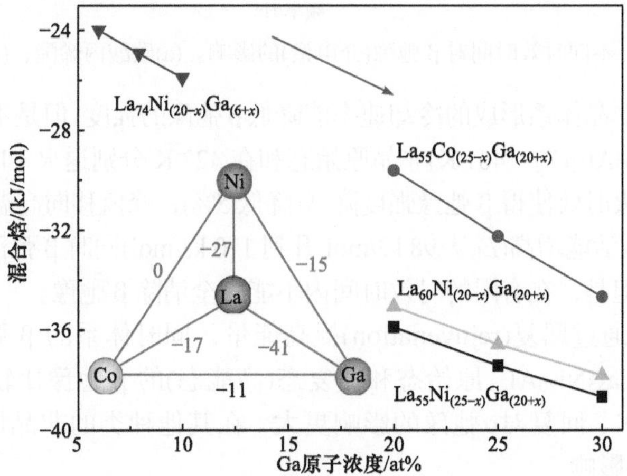

图 10.102　LaGa 基非晶体系平均混合焓 ΔH 随 Ga 成分的变化[166]

混合焓经验规律对很多非晶合金体系都适用，在一些有机非晶体系中也适用。但是，这种混合焓的化学效应对于不同非晶合金体系的β弛豫有例外，比如在 Y_xNi_{1-x}，$Cu_{1-x}Zr_x$，$Ni_{1-x}Zr_x$，$Cu_{1-x}Ti_x$，$Cu_{1-x}Hf_x$ 和 $Ni_{1-x}Nb_x$ 二元非晶体系中这个规则不适用[168]。另外，目前也不能解释为什么较大的负混合焓可以延长非晶物质中的原子链。

3. 热历史、时效和回复的影响

β 弛豫对非晶态的微观结构演化、热历史、时效和回复很敏感[172-173]。图 10.103 是介电谱测量的不同时效时间对碳酸丙烯酯(propylene carbonate，PC)和甘油体系 β 弛豫的影响[154]。随着时效时间的增加，β 弛豫谱从过剩尾变成明显的包，即 β 弛豫随时效增强，证明时效对 β 弛豫作用明显[154]。

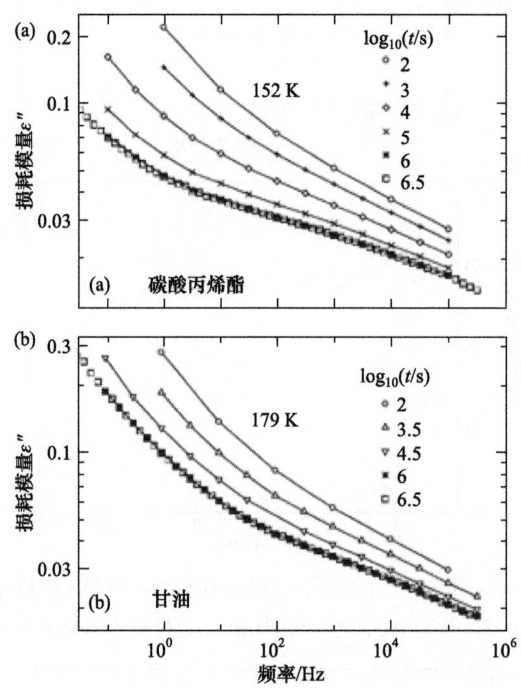

图 10.103 不同时效时间对 β 弛豫(介电谱)的影响。(a)碳酸丙烯酯；(b)甘油[154]

时效或者降低非晶体系形成的冷却速率能降低β弛豫的强度，但是不能消除β弛豫[119]。图 10.104 是 $La_{60}Ni_{15}Al_{25}$(T_g = 461 K)非晶原始态和在 423 K 分别退火 1 h，6 h，12 h 及 24 h 的 β 弛豫变化。退火时效使得 β 弛豫强度降低(降低 5%)，峰值移向高温端($T_{\beta p}$ 从 364 K 升到 377 K)，β 弛豫激活能增高(E_β从 98 kJ/mol 升到 110 kJ/mol)同时 β 弛豫峰变窄，而α弛豫未受时效的影响。但是，在有限的时效时间内不能完全消除 β 弛豫。

非晶物质可以通过回复(rejuvenation)提高能量，同时体系的 β 弛豫也发生变化。图 10.105 是非晶 $La_{55}Ni_{20}Al_{25}$ 原始态和回复态(高能态)的 β 弛豫比较[174]。回复使得 β 弛豫峰位降低 2.3 K，回复对α弛豫的影响更大。在其他种类的非晶体系中也观察到类似的时效和回复的影响。

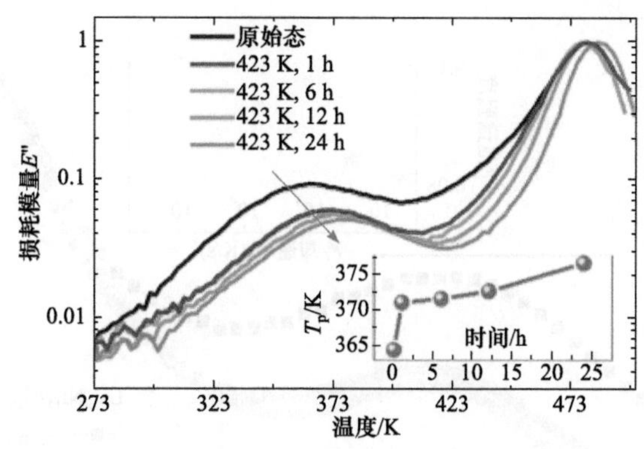

图 10.104 时效对 La 基非晶 β 弛豫的影响[119]

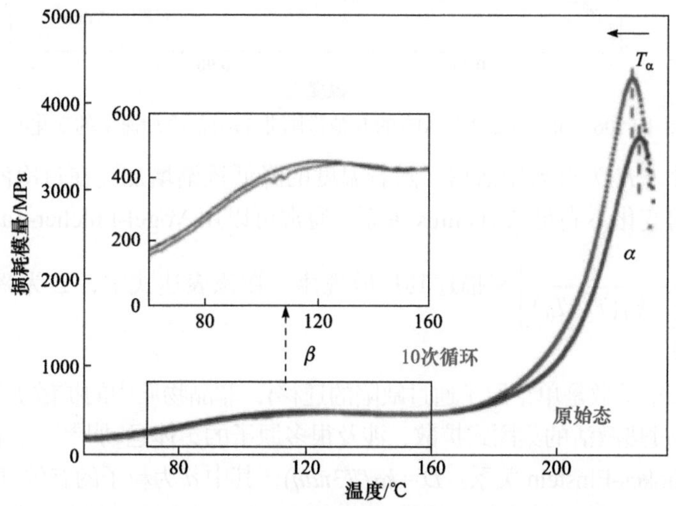

图 10.105 非晶合金 $La_{55}Ni_{20}Al_{25}$ 原始态和回复态的 β 弛豫及α弛豫的比较[174]

非晶物质形成的冷却速率对 β 弛豫有显著的影响。图 10.106 给出 La 基非晶合金冷却速率对 β 弛豫的关系[175]。可以看到对于不同冷却速率，β 弛豫在强度、峰位有很大的差别，而α弛豫几乎不变。这是因为冷却速率能有效改变非晶的非均匀性和流变单元的密度，从而可极大地改变 β 弛豫的行为，这证明 β 弛豫对结构非均匀性的敏感。

此外，高压、蠕变、变化高分子链、聚合、力学处理、辐照等都可以影响 β 弛豫[176-177]。

10.7.4 β弛豫和非晶物质特性的关联

β弛豫对应于非晶体系局域粒子的运动，和非晶物质许多特征及物理力学性质(包括流变、力学性质、玻璃转变、形核长大、晶化、稳定性、输运特性以及一些物理性能)有比α弛豫更紧密的关联。下面介绍β弛豫和非晶物质一些重要特性的关联关系。

1. β 弛豫和输运特性的关联

扩散是材料最基本的输运特性之一。在平衡熔体中，原子扩散系数 D 随温度 T 的变化满足 Arrhenius 关系：$D = D_0\exp\left(-\dfrac{H}{k_BT}\right)$，式中，$D_0$ 是指前因子，也称为扩散常数。k_B

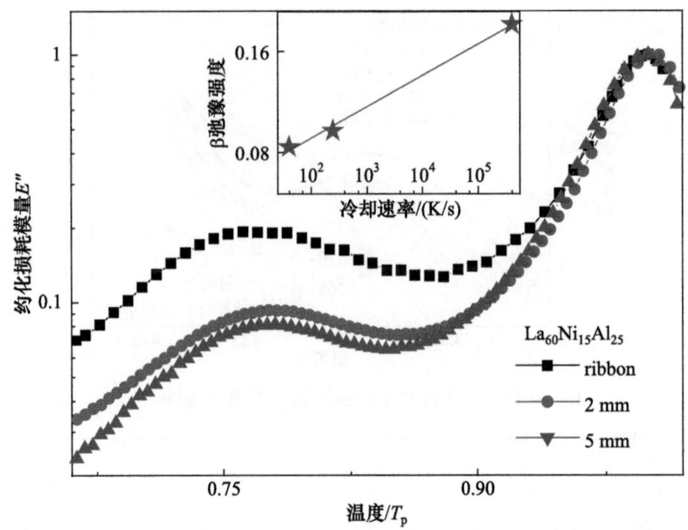

图 10.106 非晶 $La_{60}Ni_{15}Al_{25}$ 的 β 弛豫随非晶制备冷却速率的变化[175]

为玻尔兹曼常量，H 为有效激活焓，随着温度的降低逐渐增加。在过冷液相区，扩散系数 D 随温度 T 的变化不满足 Arrhenius 关系，通常可以用 Vogel-Fulcher-Tammann(VFT)方程：$D = D_0\exp\left[-\dfrac{E}{k_B\left(T - T_0\right)}\right]$ 来描述其扩散规律。在该表达式中，E 为激活能，T_0 是与成分有关的常数。

相比晶态材料(扩散是单个原子通过缺陷的迁移)，非晶物质中的扩散更复杂，非晶态中的扩散方式是通过热激活的集团式扩散，涉及很多原子的集体运动[178-184]。在高温液区，扩散系数 D 符合 Stokes-Einstein 关系：$D = k_BT/(3\pi d\eta)$，其中 d 为粒子的有效直径，η 和 τ_α 符合麦克斯韦关系：$\eta = G_\infty\tau_\alpha$。但是在 T_g 附近过冷液区，有一些有趣的扩散现象，如在一些有机非晶体系中，T_g 附近扩散比根据 τ_α 或者黏滞系数 η 得出的扩散系数要大 6 个量级[33,178]。

通过比较 β 弛豫和非晶合金中小原子的自扩散现象发现，小原子的自扩散和 β 弛豫是关联的[163]。图 10.107 是非晶合金 Vit4 和 $Pd_{40}Ni_{10}Cu_{30}P_{20}$ 体系在不同频率下的损失谱和对应的 NMR 测量的小原子的和温度相关的扩散跃迁率的对比[163]。NMR 测得的相应温度下的小原子扩散跃迁率，在温度域和频率域，和 β 弛豫一致。而且 β 弛豫的激活能 E_β 和最小原子自扩散激活能 $Q_{s.d.}$ 在不同非晶体系相同，尽管测量方法各不相同[163]。这个结果表明，非晶合金中最小原子扩散是β弛豫事件的主因，在流变单元中也只有少量原子参与β弛豫[163]。也就是说非晶体系组元的扩散行为不一样，即组元的扩散有退耦效应。组元扩散的退耦效应和弛豫的α，β分裂有关联[163,183]。这也说明β弛豫决定了非晶物质中扩散、Stokes-Einstein 关系的失效[184]。在相对简单的非晶合金中，组元尺寸效应和其动力学关系很大。理论和模拟表明与β弛豫相关的小组元的扩散一直保持到温度远低于 T_g 的非晶态[185-187]。β弛豫和扩散的关系有助于理解β弛豫的本质、结构起源。

2. β 弛豫和晶化的关系

由于非晶物质是亚稳非平衡态，总是趋向于结构弛豫和晶化。晶化和结构弛豫都会

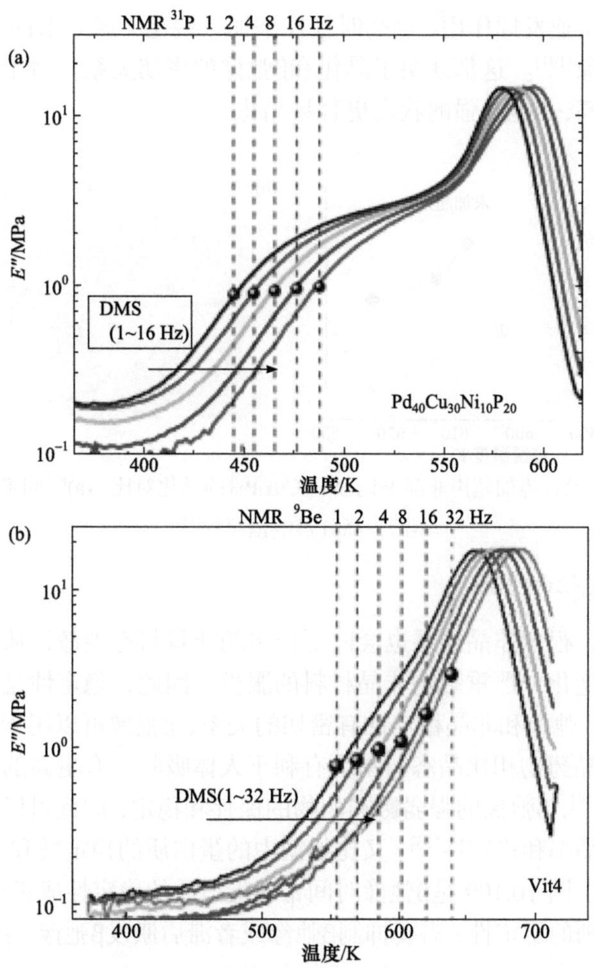

图 10.107　(a)$Pd_{40}Ni_{10}Cu_{30}P_{20}$ 非晶在频率为 1 Hz，2 Hz，4 Hz，8 Hz 和 16 Hz 时的 β 弛豫，虚线是 NMR 测量的小原子 P 在相应温度的扩散跃迁率；(b)Zr 基非晶中 β 弛豫，虚线是 NMR 测量的小原子 Be 在相应温度的扩散跃迁率[163]

严重地改变非晶物质的特性和性能。外加的能量如温度、应力、辐照等都会导致或促进非晶物质的晶化[186-189]。外加周期场、高压能够显著加速非晶体系在 T_g 温度以下的晶化，其原因是晶化和β弛豫有关，晶化起始于非晶物质中的软区或流变单元，而这些流变单元也是β弛豫发生的地方[189-190]。作为一个例子，图 10.108 是施加超声和没有施加超声非晶 $Pd_{42.5}Ni_{7.5}Cu_{30}P_{20}$ 晶化结果的对比[189]。在超声的辅助作用下，晶化显著加快。图 10.108(a)是该非晶时间-温度转变图，可以看出施加超声和没有施加超声的晶化时间-温度转变图的差别。图 10.108(b)是在超声作用下样品 T_g 温度以下部分晶化的高分辨电镜照片[189]。照片显示非晶区域被晶化区域包围，这是因为超声使得β弛豫发生的区域——软区先开始晶化，因为软区原子的能量高、原子移动性大，所需晶化的激活能小。施加的超声能量与退火温度提供的能量和β弛豫的激活能相当，这些因素都促进了非晶物质中部分区域在 T_g 温度以下晶化。很多实验都表明，β弛豫控制非晶物质中晶体形核和初始的晶化过程[16]。

这个发现能在制药工业发挥作用，制药时往往添加一些化学成分来抑制β弛豫，进而抑制非晶药物的晶化现象[191]。这都证明了晶化和β弛豫的密切关系。对于相同成分的非晶物质，流变单元密度高，β弛豫强的状态更容易晶化。

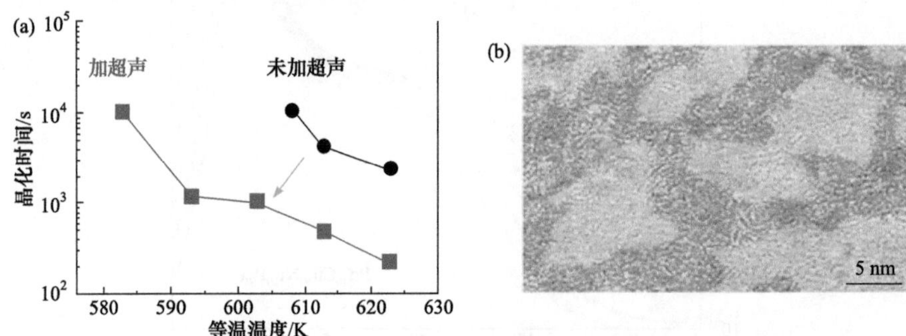

图 10.108　施加超声和没有施加超声非晶 $Pd_{42.5}Ni_{7.5}Cu_{30}P_{20}$ 的晶化对比。(a)时间-温度转变图；(b)施加超声后，高分辨电镜照片[189]

3. β 弛豫和稳定性的关系

即使在室温下，很多非晶体系也会向更稳定的能量状态弛豫，从而改变其性能，比如非晶塑料会因此老化，严重影响非晶材料的服役。因此，稳定性是非晶材料应用的重要指标。研究发现 β 弛豫和非晶稳定性有密切的关系，β弛豫可以用于控制和表征非晶的稳定性。例如，非晶药物相比晶态药物更有利于人体吸收，有更高的疗效。但非晶药物中广泛存在 β 弛豫[16]，β弛豫的强弱影响药物的保存和稳定，因此可以通过控制 β 弛豫来控制非晶药物的结晶率和稳定性[16]。又比如糖中的蛋白质的稳定性和其β弛豫有关，而不是和α弛豫有关[192]。图 10.109 是β弛豫时间 τ_β 和蛋白质的稳定性成正比的关系图[192]，这意味着要提高非晶糖的稳定性，需要抑制β弛豫或者滞后激发β弛豫。具有明显β弛豫的非

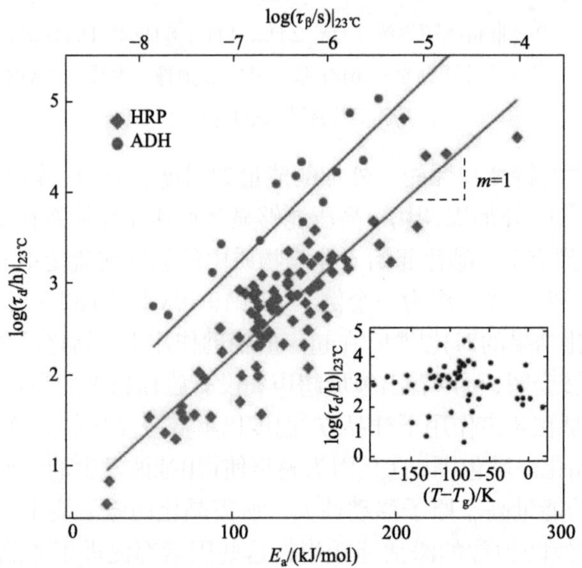

图 10.109　比较室温下 β 弛豫时间 τ_β 和酶(enzyme)在几百种不同塑化和反塑化糖玻璃中的降解率[192]

晶体系具有更不均匀的结构和软区结构，因而具有更低的稳定性。

近年来，超稳定非晶体系，超稳定玻璃(ultrastable glasses，SG)被制备出来[193-198]。研究发现脆度、β弛豫和稳定性(以$\delta T_g/T_g$代表稳定性，这里δT_g是超稳定非晶相对常规非晶增加的玻璃转变温度 T_g)有一个经验关联关系[198]，如图 10.110 所示，β弛豫的强度和稳定性(即$\delta T_g/T_g$)有相同的变化趋势。在超稳定非晶物质中，β弛豫能被抑制。如在非晶甲苯中约 70%的 β 弛豫被抑制。如图 10.111 所示，超稳定非晶(图中 Run 1)和常规非晶甲苯比β弛豫被明显抑制了[195]。但是退火不能完全抑制非晶物质的β弛豫，图 10.112 显示非晶甲苯在 110 K 退火β弛豫的介电谱强度随退火逐渐降低，但是 210 h 的退火只能使β弛豫的强度降低 20%。这样外推，要退火 3500 年才能把β弛豫降到超稳定甲苯的程度[195]。此外，高压也能通过调制β弛豫来调制非晶物质的稳定性[197]。

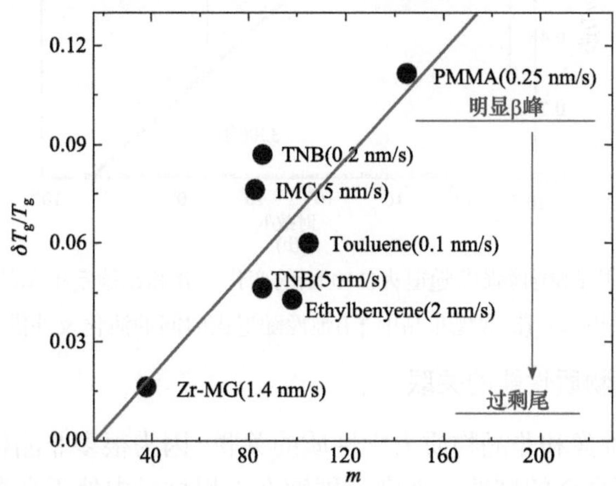

图 10.110　不同超稳定玻璃的脆度 m，$\delta T_g/T_g$ 以及β弛豫的变化趋势，括号中的值是超稳定玻璃的沉积速率[197]

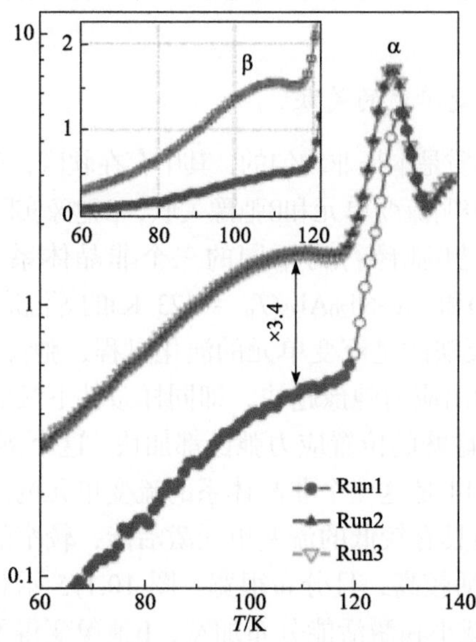

图 10.111　超稳定(Run 1)和常规非晶甲苯介电谱中β弛豫的比较[195]

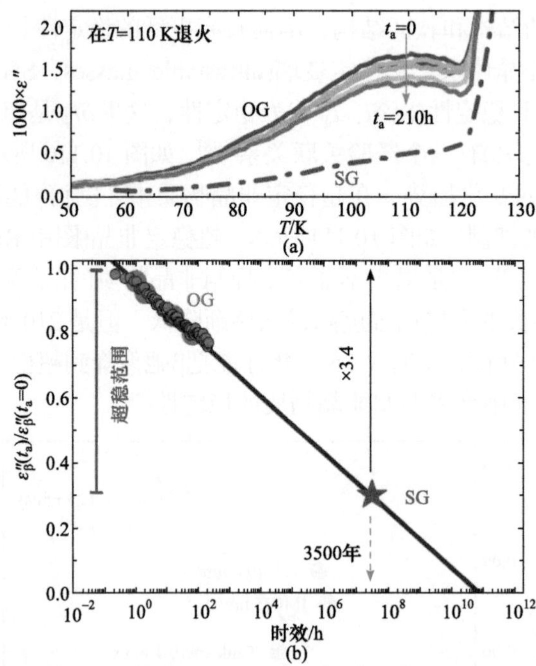

图 10.112 (a)常规非晶甲苯β弛豫强度随退火(110 K)的变化，并和超稳定甲苯的比较，SG 代表超稳定非晶甲苯；(b)常规非晶甲苯β弛豫随退火时间的演化及外推[195]

10.7.5 β弛豫和非晶物质性能的关联

我们主要介绍β弛豫和非晶物质力学性质的关联。因为很多非晶材料最突出的性质是其力学性能。如非晶合金的韧性、强度、硬度在工程材料中处于高端。另外，非晶物质可以在远低于熔点的温度下具有超塑性[199]，但由于其复杂无序结构，其流变机制还不清楚。β弛豫和非晶物质力学性质的关联为认识其形变机制，调控甚至设计非晶材料的力学性能起到重要的作用。

1. β弛豫和非晶物质流变单元的关联

前面章节介绍过非晶物质是本征非均匀的，其中存在软区，存在流变单元。流变单元是非晶形变的载体[117]。研究表明流变单元和β弛豫关联，β弛豫实际上就是流变单元中粒子的动力学行为。图 10.113 是β弛豫行为不同的三个非晶体系 $Cu_{46}Zr_{46}Al_8$ (T_g=700 K)，$Pd_{40}Ni_{10}Cu_{30}P_{20}$($T_g$ = 566 K)和 $La_{55}Ni_{20}Al_{25}$(T_g = 473 K)的等温应力弛豫(施加的恒定应变是0.6%)行为[200]。应力弛豫反映的是流变单元的演化过程，弛豫的越快，意味着激活的流变单元越多[117-119]。可以看出应力弛豫越快，即同样条件下激活流变单元越多的体系，β弛豫也越明显。而且在β弛豫峰的位置应力弛豫都加快。这个例子表明流变单元的演化和β弛豫的对应关系。图 10.114 是这三个非晶体系的流变单元的激活能谱。具有最明显β弛豫的非晶 $La_{55}Ni_{20}Al_{25}$ 体系具有较低的流变单元激活能，较窄的激活能分布，β弛豫最不明显的 $Cu_{46}Zr_{46}Al_8$ 体系激活较高，且分布很宽。图 10.115 示意流变单元和β弛豫行为的关系。随着流变单元密度减小和激活能分布加宽，β弛豫变得不明显[200]。总之，非晶物质中流变单元密度高的体系β弛豫强，流变单元和β弛豫关联。

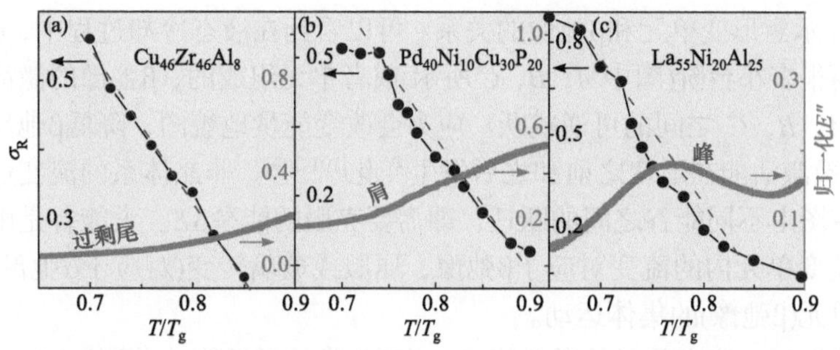

图 10.113　β弛豫行为不同的三个非晶体系 $Cu_{46}Zr_{46}Al_8$(T_g = 700 K)，$Pd_{40}Ni_{10}Cu_{30}P_{20}$($T_g$ = 566 K)和 $La_{55}Ni_{20}Al_{25}$(T_g = 473 K)的等温应力σ_R弛豫行为。红色虚线指示弛豫快慢程度[200]

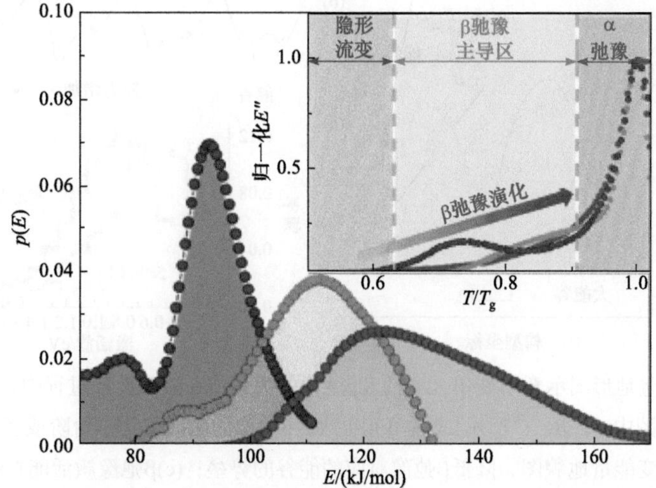

图 10.114　三个非晶体系 $Cu_{46}Zr_{46}Al_8$，$Pd_{40}Ni_{10}Cu_{30}P_{20}$ 和 $La_{55}Ni_{20}Al_{25}$ 的激活能谱，插图是对应的β弛豫行为[200]

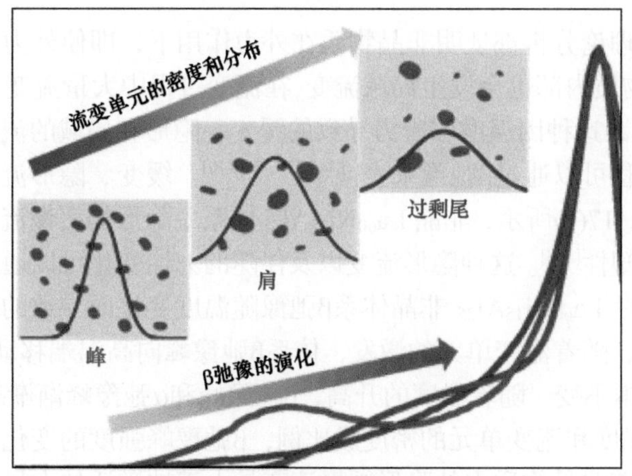

图 10.115　示意β弛豫行为和流变单元分布的关系：随着流变单元密度减小和激活能分布加宽，β弛豫变得不明显[200]

图 10.116 示意形变单元和β弛豫的关系。可以看到在液态冷却过程中，α弛豫对应的大能量谷是由很多小台阶(图中 A，B，C 所示)或者单元组成的，β弛豫的激活就是小台阶或者小能谷 A，B，C 之间的可逆跳跃。应力会改变能量地貌图，降低β弛豫对应的能谷的势垒，β弛豫激活能在形变之前和之后发生变化[201-203]。非晶体系的流变过程可以模型化成能量形貌图上不同能谷之间的跃迁，即需要克服的能垒ΔE。大能谷是由一系列小能谷组成的。流变单元内的流变对应于β弛豫，屈服或玻璃转变(对应于α弛豫)对应于大量被激活流变单元(β弛豫)的集体运动。

从激活能上看，流变单元的激活能 W_{FU} 和β弛豫的激活能 E_β 相当：$W_{FU} \approx E_\beta$[33,157]。这从激活能角度证明β弛豫和流变单元关联：β弛豫就是激活流变单元的动力学过程。

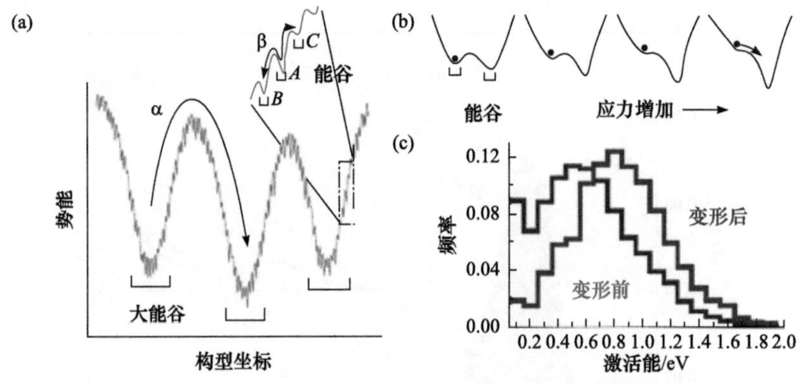

图 10.116 (a)用能量地形图示意形变单元激活和β弛豫的关系，在液态冷却过程中，α弛豫对应大能量谷，由很多小台阶(图中 A，B，C 所示)或者单元组成，β弛豫的激活就是小台阶或者小能谷之间的可逆跳跃；(b)应力会改变能量地貌图，降低β弛豫对应的能谷的势垒；(c)β弛豫激活能在形变之前和之后的变化[201-203]

2. β弛豫在表征和调控非晶物质流变及力学性能中的作用

实验、模拟和理论分析都证明非晶物质在外力作用下，即使外力远低于屈服强度，温度在 T_g 下，非晶物质内部也会发生局域流变，在流变过程中大量流变单元被激发[204-209]。如图 10.117(a)所示，这种因温度和应力导致的缓变、隐形和局域的流变过程中的流变单元的激活、演化过程可以通过β弛豫来表征[41,118,139-140]。缓变、隐形流变过程对力学性能影响很大，如图 10.117(b)所示，非晶 $La_{60}Ni_{15}Al_{25}$ 体系中隐形的缓慢流变导致了其力学性能从脆性转变到超塑性[118]。这种隐形流变以及伴随的力性变化可以通过β弛豫反映出来。图 10.118 是相应的 $La_{60}Ni_{15}Al_{25}$ 非晶体系β弛豫随温度变化而导致的缓慢隐形流变的演化。可以清楚看到，随着流变单元的激发，体系β弛豫峰向高温端移动，强度提高，α弛豫峰峰位、峰强基本不变。随着温度的升高，β弛豫峰和α弛豫峰渐渐靠拢，在 T_g 点附近会合并。β弛豫峰强度和流变单元的密度成比例，β弛豫峰强度的变化意味着流变单元的密度在变化，意味着非晶物质中的隐形缓慢流变是由于被激活的大量流变单元的贡献，而这些流变单元的演化可以通过β弛豫的演化表现出来。根据β弛豫的演化，能给出流变单元随温度、应力、弛豫时间导致的演化的半定量规律[118]。

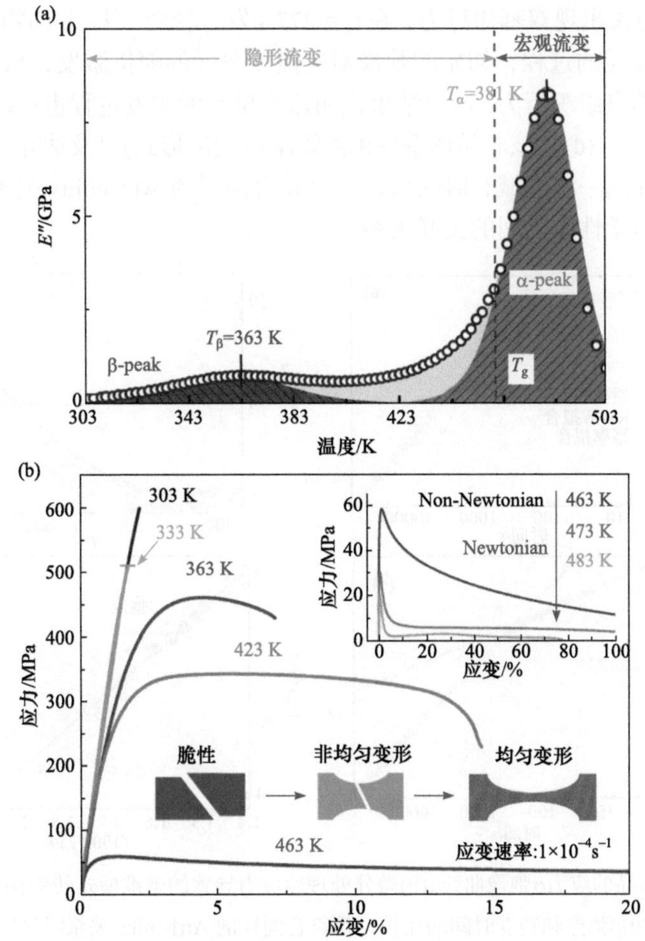

图 10.117　(a)非晶 $La_{60}Ni_{15}Al_{25}$ 隐形流变区及 β 弛豫；(b)不同流变区域对应的力学性能变化[118]

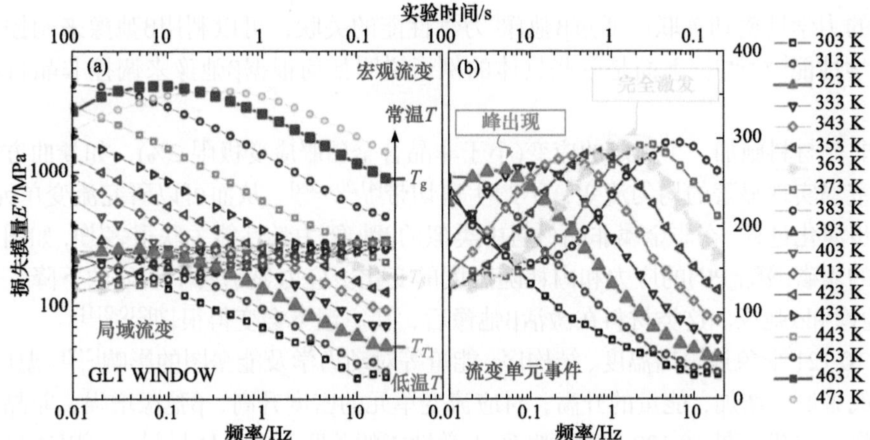

图 10.118　$La_{60}Ni_{15}Al_{25}$ 非晶体系β弛豫随温度变化而导致的缓慢隐形流变随频率的演化[118]

图 10.119(a)，(b)是 $Zr_{52.5}Ti_5Cu_{17.9}Ni_{14.6}Al_{10}$ 非晶合金在固定温度 540 K 下的应力弛豫

曲线，随着时间弛豫出现双幂律行为，在$\tau_c = 277$ s 发生转变[206]。非晶物质的应力弛豫就是不断激发流变单元的过程，初始的弛豫对应流变单元的随机激发，后面的幂率行为对应的是流变单元的自组织行为。这个结果说明流变单元的激发过程也可以通过β弛豫来表征[33]。图 10.119(c)，(d)是该非晶体系的β弛豫谱(过剩尾形式)以及估算出的弛豫时间。β弛豫和转变时间在同一温度域和时间域，并且符合同样的 Arrhenius 关系，这也证明β弛豫和流变单元、力学性能之间的关联关系。

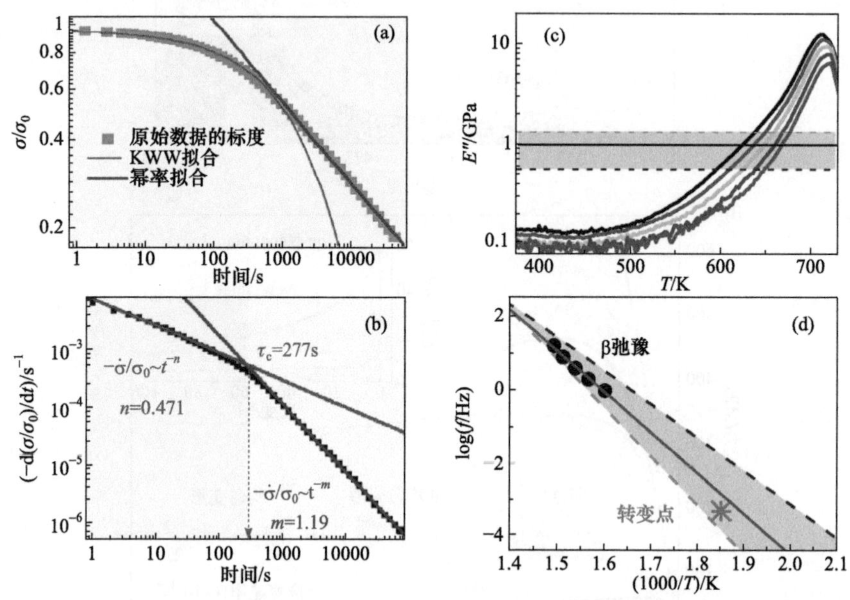

图 10.119 (a)Zr 基非晶的应力σ弛豫曲线；(b)微分处理后应力导致的弛豫模式转变；(c)相应的 DMA 谱；(d)β弛豫和转变时间的比较，都符合同样的 Arrhenius 关系[33,206]

β弛豫的结构基础是流变单元，流变单元决定非晶材料的力学行为。因此，β弛豫和非晶的力学性密切关联。通过β弛豫-力学性能的关联，可以利用β弛豫来调控非晶材料的力学性能[207-209]。下面是一些具体的例子说明如何根据β弛豫来调控非晶材料的力学性能。

给非晶材料施加一个恒定的应变(小于非晶合金屈服应变极限 2%)，如卷曲方法[41]，可以在室温实现显著的均匀流变，不产生剪切带[41,204,209]。从而可以研究流变单元和β弛豫的同步演化过程。在非金属非晶材料中类似的β弛豫-力学性能关联很多[16]，如图 10.120 是典型的聚碳酸酯(PC)的应力和内耗随温度的变化。应力显示两个明显的下降，分别对应于β弛豫和α弛豫。这类材料在激活β弛豫后，在室温下会变得很韧[210-211]。

图 10.121 形象地给出温度、结构序、能量等对动力学及能垒图的影响[212]。温度升高，无序度或者熵的增加，能量的升高，对应流变单元的密度升高，β弛豫增强，非晶材料流变性增强、增塑。图 10.122 示意β弛豫-力学性能的关联，在晶体材料，可以通过结构缺陷来调控、设计其材料的性能。和晶体材料类比，代表流变单元的β弛豫与非晶材料的力学性能关联，β弛豫类似晶体的结构缺陷，可以用来调控和设计非晶材料的力学性能。在非晶合金中β弛豫是调控甚至设计其力学性能的有效手段[94]。

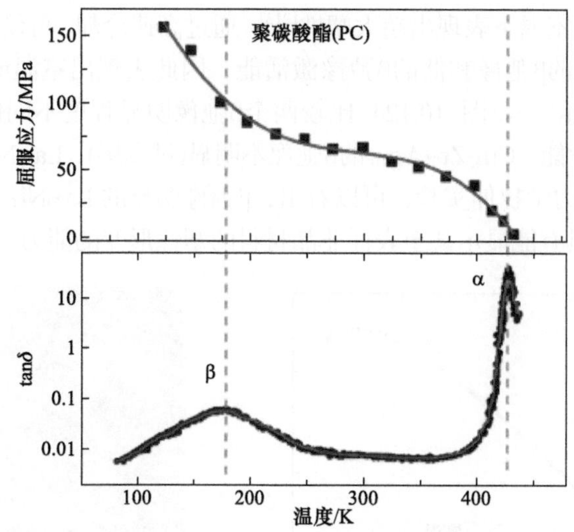

图 10.120 比较聚碳酸酯的(a)屈服应力和(b)内耗 $\tan\delta$[210-211]

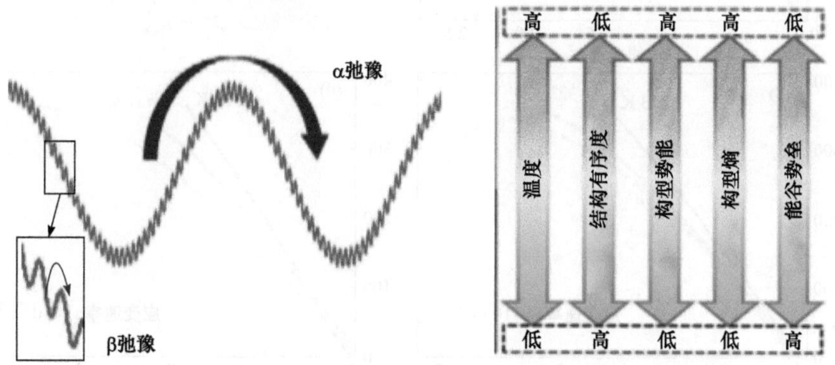

图 10.121 温度、结构序、能量等对动力学及能垒图的影响[212]

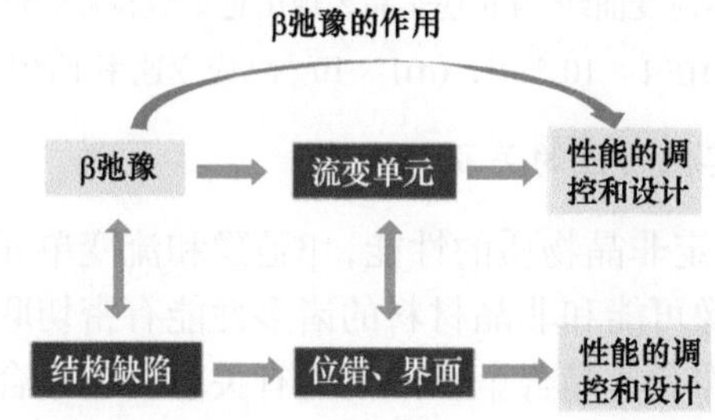

图 10.122 β弛豫在性能调控和设计中的作用

3. β弛豫和非晶材料的塑性关系

脆性是限制非晶合金等非晶材料广泛应用的瓶颈之一。β弛豫-力学性能的关联可以用来调控和设计非晶材料的塑性，甚至获得具有大塑性的非晶材料。具体方法就是通过各种手段(如高速率冷却、冷热循环、高压、蠕变等)使得非晶体系具有更明显的β弛豫和低的β弛豫激活能 E_β，这样的体系往往具有大塑性。因为 $E_\beta = E_{FU} = 26RT_g$，可以通过寻求 T_g 比较低的体系获得大塑性。例如，采用这种方法得到的 $Zn_{20}Ca_{20}Sr_{20}Yb_{20}(Li_{0.55}Mg_{0.45})_{20}$ 非晶体系，T_g低至 323 K，在室温下表现出超大塑性[213]。通过高速冷却，可使得 $La_{68.5}Ni_{16}Al_{14}Co_{1.5}$ 非晶体系具有更明显的β弛豫和低的β弛豫激活能，因此表现出室温或者近室温的拉伸塑性，如图 10.123 所示[214]。图 10.124 比较两个β弛豫明显程度不同体系 $La_{70}Ni_{15}Al_{15}$ 和 $Cu_{45}Zr_{45}Ag_{10}$ 的力学性能。$Cu_{45}Zr_{45}Ag_{10}$ 的β弛豫不明显(过剩尾)，$La_{70}Ni_{15}Al_{15}$ 很明显，它们在各自的 $0.75T_g$ 进行力学拉伸实验，可以看出，β弛豫明显的 $La_{70}Ni_{15}Al_{15}$ 具有明显的拉伸塑性。这证明β弛豫具有能显示甚至表征非晶材料的塑性形变的能力。

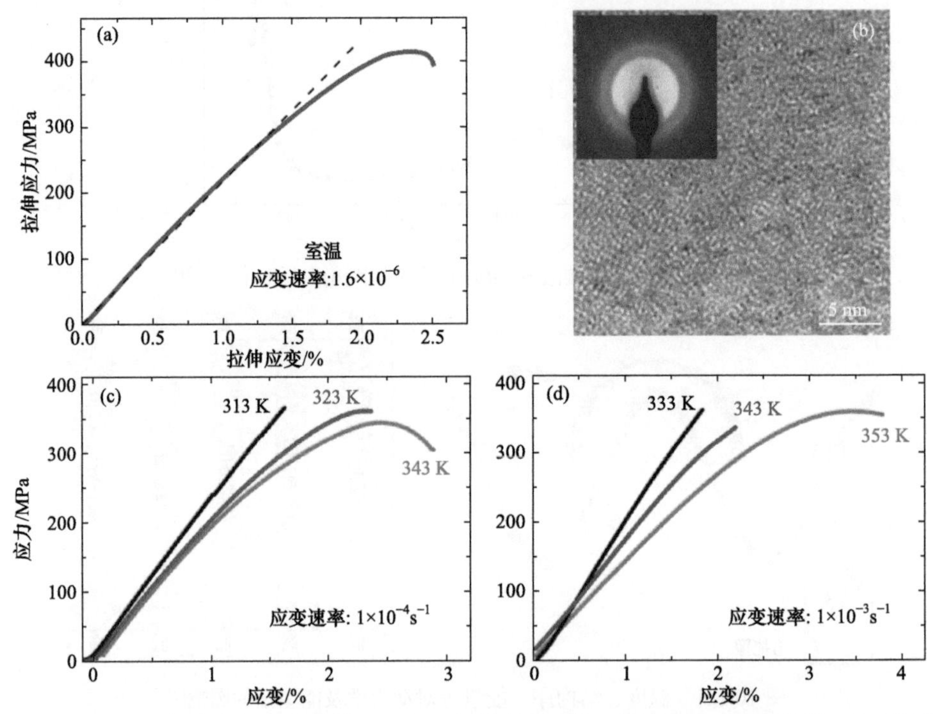

图 10.123 (a)室温下拉伸应力-应变曲线，La 基非晶表现出近室温拉伸塑性；(b)高分辨电镜证明其是完全非晶态；(c)在 $1\times10^{-4}\ s^{-1}$，(d)$1\times10^{-3}s^{-1}$ 应变速率下的拉伸塑性[214]

4. β弛豫和非晶材料其他物性的关联

结构无疑会影响和决定非晶物质的性能，β弛豫和流变单元以及非晶结构的非均匀性密切相关，因此，β弛豫可能和非晶材料的诸多性能有密切联系，但是相关的研究还不多。最近研究发现β弛豫和非晶合金软磁性能有关联。非晶合金软磁性能是目前非晶合金最主要的应用。退火去应力可以显著提高铁基非晶合金的软磁性能，然而，退火往往使得非晶合金变脆，以及铁芯可加工性变差。为了解决磁性能和力学性能退火过程中顾此失彼的问题，人们亟须揭示等温退火过程中弛豫规律及其对性能的影响机制。高精度闪速扫描量热仪研究发现，等温退火过程先激活β弛豫(图 10.125)，β弛豫阶段主要影响软磁性能[215-216]，其微观机制是由于磁畴壁的移动能力与纳米尺度的不均匀性(β弛豫)密切相关(图 10.126)，磁畴壁厚度与不均匀性特征尺度相近[216]，纳米尺度的结构不均匀性是表征非晶合金应力状态及磁弹耦合强度的重要序参量，调控不均匀性或β弛豫可调控非晶合金软磁性能。随着研究的发展和深入，β弛豫和其他性能的联系会不断被发现，这也是非晶动力学研究的方向之一。

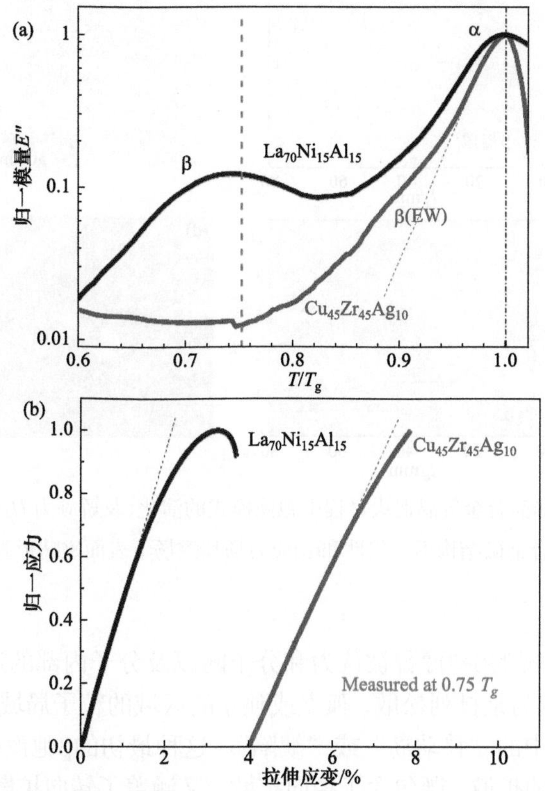

图 10.124　比较 La 基和 CuZr 基非晶的(a)DMA 谱；(b)拉伸曲线[33]

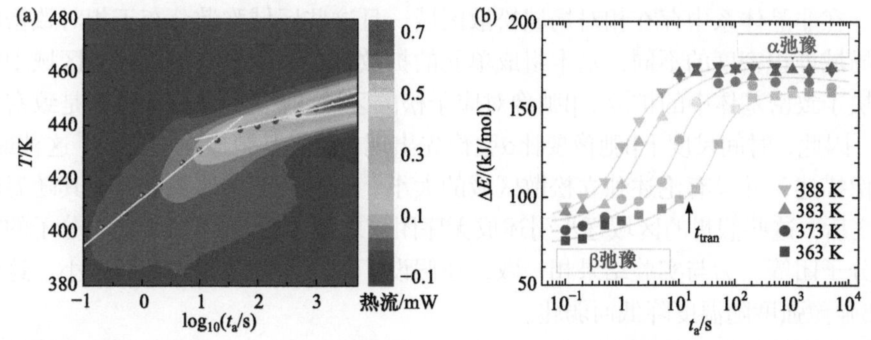

图 10.125　等温退火中的弛豫热流峰(a)和激活能ΔE(b)的变化，说明等温退火过程中先影响 β 弛豫[215-216]

10.7.6　β弛豫的机制

β弛豫的机制或物理图像研究的目的在于建立宏观性能的演化与微观组成单元运动或微结构涨落的关联[16]。目前，β弛豫的微观解释还不统一。这是因为无序结构以及原子/分子运动的探测描述困难，现有β弛豫机理或物理图像常常依赖于猜想和理论假设。这些图像在能描述特定现象的同时，也引发了很多问题。不同的β弛豫机理/物理图像之间也存在不可调和的冲突。下面列举主要的几种β弛豫机制。

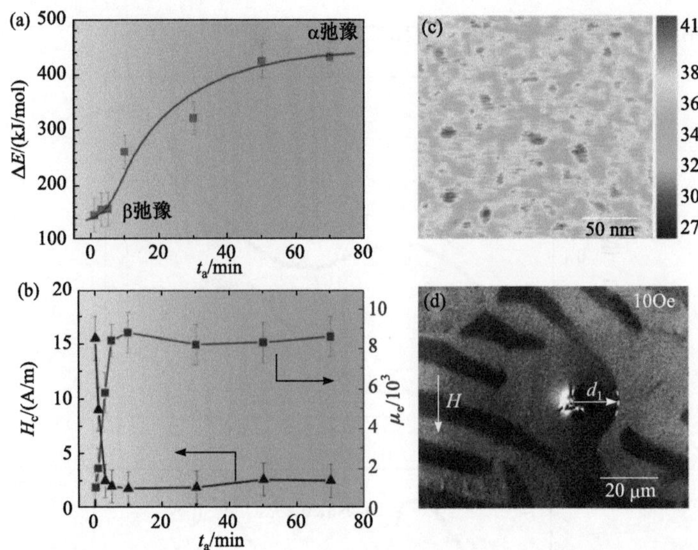

图 10.126 (a)和(b)Fe基非晶合金等温退火过程中弛豫模式的演化，及矫顽力H_c和磁导率μ_e的变化规律；(c)非晶合金微结构不均匀性和(d)应力场和磁场下表面磁畴形貌[215-216]

1. 非均匀性

Johari[108,151-152]发现的β弛豫曾被认为和分子间以及分子内部的运动有关[16]。非金属非晶物质中β弛豫被认为是排列松散、孤立或独立的区域的粒子局域运动，这些孤立区域被称作非晶刚体基底中的“移动岛”或“缺陷”。这种最初的β弛豫机制认为结构弛豫起因于体系中特定区域的扩散，既包含了径向扩散，又涵盖了转向扩散[16,108,151-152]。简单地讲，深过冷液体不再是通常意义上的液体，其结构是不均匀的，非晶物质结构同样是不均匀的。在非晶体系中存在相对局域松散区域，且这些区域弥散分布于相对致密的基体中。因局域堆积密度的不同，基本组成单元的扩散就存在差异。松散独立区域中的局域扩散要快于致密基体中的扩散。β弛豫对应于松散区域的扩散，而α弛豫则是致密基体中的扩散。因此，时间尺度上β弛豫要比α弛豫先出现，而且其弛豫强度要弱。这种最初的β弛豫图像描述，并没有论述独立松散区域的大小、与非晶结构的关系以及其随温度的演化等。之后，这些假想的区域逐步引述成无序团簇之间的“缝隙”、简化为分子的松散堆积或者分子团等。为与实验结果相一致，还假设了其尺寸随温度降低而减小，这样能定性解释β弛豫强度随温度降低而弱化。

与结构不均匀机理相反，Williams 和 Watts[217]提出了β弛豫的旋转机制。旋转机制认为在非金属非晶物质中宏观结构弛豫对应体系组成单元即分子的内禀运动之一：转动，而且转动又可以分为小角度和大角度两种类型。分子小角度转动引发的结构重排对应β弛豫，而因分子大角度转动产生的结构弛豫则为α弛豫。小角度转动是一个简单的局域热激活过程，所有分子小角度转动的统计叠加也是一个热激活过程，并具有一个激活能分布，所以实验中观测到的β弛豫是一个热激活过程，其弛豫时间随温度变化符合 Arrhenius 关系，是宽化的弛豫谱。直观上，热驱动下小角度转动要比大角度更容易发生。即小角度重排发生后，那些分子才得以进行大角度重排，从而在时间尺度上，小角度重排要快于大角度重排，所以β弛豫时间要快于α弛豫。另外，小角度转动对应的弛豫强度要比大角度转动的低，α弛豫的大角度转动需要分子之间协调，由此推断出β弛豫的强度要远弱于α弛豫。这一定性推论与实验观测相吻合。β弛豫的旋转机制涉及的是所有组成单元以及它们的小角度转动，这隐含认为非晶体系结构是均匀的。但该机制没有考虑液体或非晶物质中是否同时存在堆拓松散以及致密区域，结构不均匀性是否影响β弛豫。液态的核磁共振研究支持结构弛豫是均匀性的，所有分子都参与小角度以及大角度重排过程，也就是所有分子转动对β弛豫和α弛豫都有贡献，β弛豫和α弛豫的本质差异只在于转动的角度大小不同。但是此后很多实验证据不支持所有分子都参与β弛豫。而且核磁共振和介电谱测量获得的转动信息是综合性的，包含了所有的转动以及影响转动的其他运动模式，如径向运动(Brownian 扩散)，不能直接提供有关液体和非晶态中确切的分子运动信息，也就无法明确β弛豫具体起源于分子的特定运动模式。

目前更为普遍接受的β弛豫的机理是建立在非晶物质空间结构堆垛不均匀性基础上的。非晶合金体系中的β弛豫研究表明，径向扩散运动的参与是β弛豫的主要来源[94]。非晶合金中广泛存在β弛豫，这毋庸置疑地证明β弛豫涉及组成单元——原子的径向扩散运动。对于金属体系，其液体和非晶态的基本结构单元为原子，可近似为相同尺度/或不同尺寸的球体。此时，弹性原子的重排只与径向扩散运动有关，与转动没有关系。非晶合金中观测到的β弛豫通常存在于非晶态温区，且其弛豫强度远低于深过冷液体的α弛豫，意味着深过冷液体、非晶态的空间堆垛也是不均匀的，并且只有少部分原子参与β弛豫，不是所有原子都参与β弛豫。同时，近年来大量实验和模拟结果证明包括相对简单的非晶合金普遍存在结构非均匀性，非晶合金中本征存在纳米级软区[189,217-221]，图 10.127 就是采用纳米级 CT(computed tomography，计算机断层扫描)技术观察到的非晶 $Zr_{41.2}Ti_{13.8}Cu_{12.5}Ni_{10}Be_{22.5}$ 的结构，颜色深浅代表密度的大小，可以明显看到纳米级的不均匀性[219]。结构不均匀性还在胶体玻璃中观察到[222-223]。大量实验和模拟证明β弛豫和结构非均匀性关联。例如，拥有明显界面特征的金属纳米玻璃具有比普通熔体快淬的非晶合金更明显的 β 弛豫峰，如图 10.128 所示[224]。

图 10.127　非晶 $Zr_{41.2}Ti_{13.8}Cu_{12.5}Ni_{10}Be_{22.5}$ 的纳米级 X 射线 CT 技术成像，颜色深浅代表密度的大小[219]

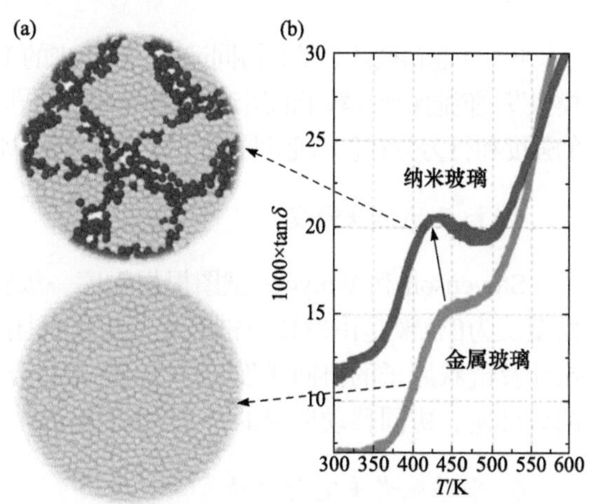

图 10.128　同成分纳米非晶合金(nano glass)和普通熔体快淬的非晶合金(metallic glass)的 β 弛豫峰比较[224]

尽管如此，β弛豫是由结构不均匀性引起的仍有争议，有待进一步证实。因为现有具有宽深过冷液相区的块体非晶合金形成体系是多组元体系，不同元素之间化学特性的明显差异会造成扩散的显著不同，即少部分原子参与的β弛豫并非一定起源于结构的不均匀性。此外，理论上结构不均匀性常常与熵模型中的协调重排区联系在一起，但是协调重排区的直接验证极其困难，现有实验手段难以直接观测整体无序结构中存在无序致密堆垛和无序松散堆垛区域。而且，对于大多数分子非晶体系，理论预测的协调重排区尺寸只能含有 3～4 个分子，这不符合理论中的假设前提——协调重排区是不受周围环境影响的独立结构弛豫单元。

2. β弛豫的尺度

如果β弛豫起源于非均匀性或流变单元，它将涉及一定的尺度(length scale)。不同研究者报道的β弛豫相关的典型尺度范围从非常局域(第一原子近邻)到几十纳米[157,223,225-227]。在分子非晶体系，β弛豫涉及的关联长度很小[228]。在非晶合金体系，β弛豫涉及的尺度用不同的方法得到的结果不尽一致，大约在 200 个原子到几十个纳米[157,223,225-227]。值得一提的是，当非晶合金体系的尺度降到一个临界值——十几个纳米左右时，β弛豫和α弛豫会简并到一起[226,229-230]，这既证明β弛豫的尺度在纳米量级，又证明β弛豫和α弛豫是关联的。在低维非晶体系，会详细介绍动力学弛豫和维度的关系。

3. 能量地貌图观点

根据能量地貌图模型，如图 10.121 所示，α弛豫对应的大能量谷是由很多小台阶或者小能谷组成的，β弛豫的激活就是对应于组成这些大能谷的小台阶或者小能谷之间的随机、可逆跳跃。这些小能谷需要跨越的能垒较小。α弛豫对应于大量被激活β弛豫的集体运动和逾渗[201-203]。能量地貌图能给出β弛豫机制的能量图像，但不能给出其结构起源。

4. 协同运动

β弛豫起初被认为是非协同运动，近年来的工作表明β弛豫涉及粒子的协同运动[225,228,231-232]。模拟发现β弛豫涉及粒子的运动是链状运动[231-232]。另外，还发现存在一个阈值，超过阈值β弛豫的强度和行为会有急剧变化[225,228,234]。这些都是β弛豫涉及粒子的协同运动的证据。

5. 粒子的链状激发

Stevenson 和 Wolynes 试图根据无序一级转变理论给出β弛豫的统一解释[234-235]，链状模型认为β弛豫是由树枝形链状粒子组成的团簇(图 10.129)控制的。模拟研究也证实β弛豫涉及链状原子的协同激发[236-237]。在非晶合金中，实验证据也支持β弛豫是链状原子的前后可逆、协同移动造成的[167,225]。

6. 平移或者重定向运动

β弛豫最初被认为是在独立松散区的局域的旋转和平移扩散。在有机非晶材料中，β弛豫涉及分子的大/小角重定向运动(reorientation motion)。但是对非晶合金显然不适应。

非晶合金中β弛豫的广泛存在说明β弛豫应该涉及平动。

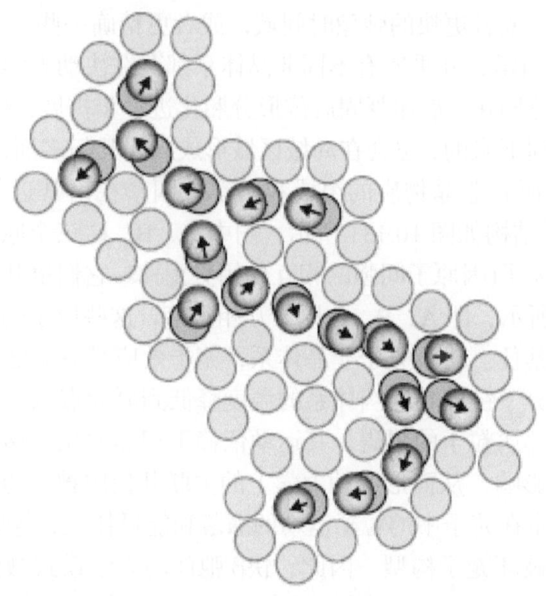

图 10.129　模拟显示的非晶软区中粒子的链状的协同激发和运动[236]

7. 流变单元观点

根据流变单元观点，β弛豫的结构起源是非晶物质中流变单元中原子的运动。β弛豫可以表征流变单元的密度、激活能及尺寸大小、演化等[40-42,117-119,205,227]。但是，流变单元目前还没有直接的实验证据，一些模拟实验认为非晶的形变随机发生，和预先存在的“缺陷”没有直接的关系。

此外，还有一些β弛豫机理的解释，如 Tanaka 提出β弛豫与非晶物质具有再取向的起伏有关[239]。其模型认为在非晶中α弛豫和亚稳岛的产生和湮灭有关，而β弛豫对应于亚稳岛之间的再取向和振动运动(跳跃运动)。

总之，对β弛豫的机理认识仍存在争议，关于β弛豫有很多未解之谜，包括β弛豫与α弛豫的关联性？如何建立β弛豫与α弛豫关联性的基本范式？β弛豫对于玻璃转变的影响？为何大多数玻璃形成液体在 $1.2T_g$ 处才出现β弛豫，并且与α弛豫分离？为何β弛豫能存在于非晶固态等。

10.8　快动力学模式

在非晶物质体系复杂的动力学谱上，α弛豫之后是β弛豫，β弛豫之后还有更快的动力学模式。其中快β弛豫是非晶体系的第三种动力学模式，在各非晶物质体系中普遍存在。这种快局域模式更难被实验探测到，但是它与其他动力学模式、非晶特性都有密切关联，也是认识非晶本质的重要动力学模式和窗口。

10.8.1 快β弛豫的描述

在更低的温度域，或者更快的弛豫时间域，或者更精确一些，在 10^7～10^{10} Hz 频率范围内，如图 10.130 所示，几乎所有不同非晶体系都存在快动力学模式。物质凝聚现象的本质在于相空间的分厢化，液体凝固后位形分厢化进一步扩展，粒子被囚禁于原胞中，非晶固体是从液体凝固下来的，也会在局域区域形成封闭几何多面体，即在慢β弛豫模式还没有被激发之前，所有非晶物质的组成粒子都被囚禁在由其近邻粒子组成的“笼子(cage)”中。这种笼子结构如图 10.131 所示，图中 A，B，C 三个原子，像鸟一样，被它周围邻居原子形成的笼子(因原子间强的相互作用势)囚禁，它们也和其他原子形成笼子囚禁，如图中圆形虚线所示，即 A，B，C 原子互相囚禁，这些原子的旋转和平移扩散、原子的移动都几乎被囚禁住。对于分子非晶体系，笼子效应是分子之间的囚禁，有机非晶体系，分子链被周围分子链囚禁。当体系的温度降低到凝固点以下时，任意单个粒子的运动都会受到其周围邻居粒子的阻碍，其运动依赖于相邻的粒子移动，而邻居粒子的运动又受其自身邻居的影响，从而形成动力学上的关联几何阻挫，也就是笼子效应。快β′弛豫动力学模式是发生在笼子中的粒子运动的涨落和能量耗散，类似鸟笼子中鸟的运动，这种涨落和耗散并不破坏笼子构型。因此，快β′弛豫动力学模式激活能小、时间短、频率高(相对于慢β弛豫)、可逆，发生在慢β弛豫动力学模式之前。快β弛豫模式在弛豫谱上也有不同的形式，主要有快 β′峰和近恒定损失(nearly constant loss，NCL)两种模式。

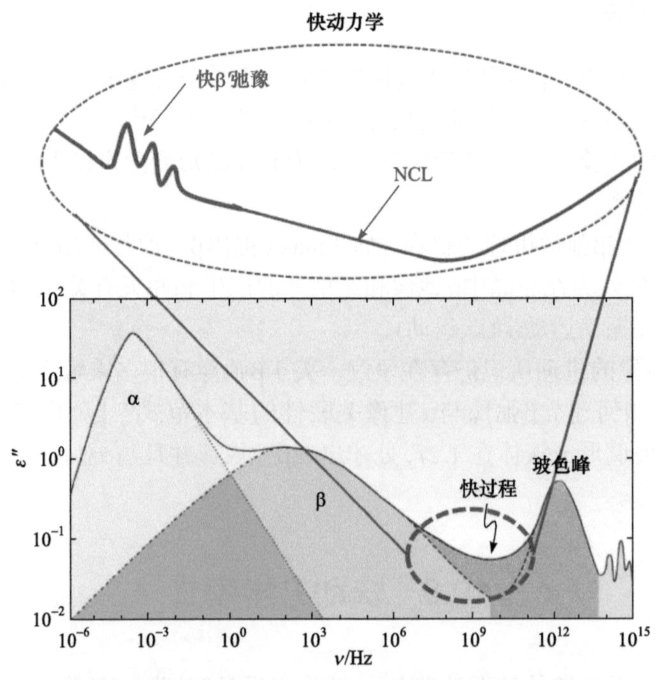

图 10.130 非晶体系动力学谱上快动力学模式的位置

快 β′弛豫模式是慢β弛豫的前驱，快 β′弛豫和慢β弛豫模式又都是α弛豫即玻璃转变的前驱。基于凝聚态物质密度涨落非线性耦合的模式耦合理论(mode coupling theory，MCT)能很好地描述这种笼子动力学[239]。下面我们分别介绍这两种模式。

图 10.131　笼子结构。图中 A，B，C 三个原子被它周围邻居原子形成的笼子囚禁，它们也和其他原子形成笼子囚禁其他原子，如图中圆形虚线所示

1. 快β′弛豫峰

在非晶体系弛豫谱上，在主要弛豫模式α弛豫峰，第二弛豫模式β弛豫之后，如图 10.132 所示，可以清晰地看到某些非晶合金的快 β′弛豫峰[160]。这个峰的强度远低于α弛豫峰和慢β弛豫峰，在力学谱的低温部分，这意味着快 β′弛豫模式更容易被激发。快 β′弛豫模式普遍存在于各类不同的非晶物质体系中。图 10.133 是 EPON828 或 Tactix742 体系在室温下的介电损失谱。慢β弛豫之后可见明显的快弛豫峰，即γ弛豫峰[16]。图 10.134 是分子非晶 EPON828/EDA 体系α弛豫时间τ_α，慢β弛豫时间τ_β，以及γ弛豫即快β弛豫时间τ_γ随温度的变化。慢β弛豫时间及快β(图中称作γ弛豫)时间都符合 Arrhenius 关系，但是两者演化不同，说明它们是不同的动力学模式。

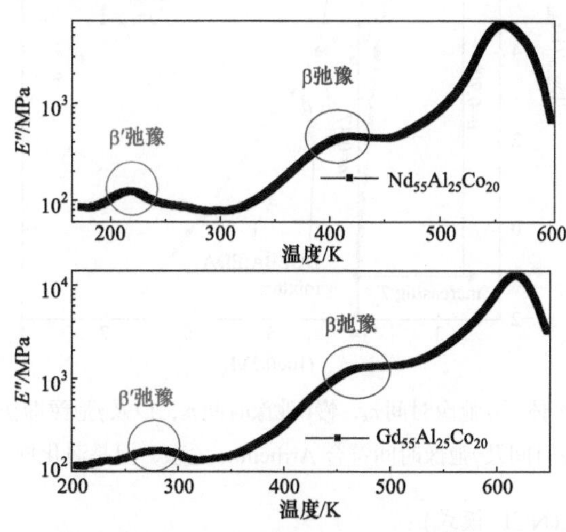

图 10.132　非晶合金在很宽温度范围内的力学弛豫谱，除了α和β弛豫模式，可以清晰地看到快 β′弛豫峰[160]

在非晶合金体系很难实验观测到笼子动力学行为。随着越来越多的非晶合金体系被研制出来，在某些体系(如稀土基非晶体系)中实验观察到明显的快β弛豫峰，被称作快 β′弛豫，以区别慢β弛豫[160-161]。图 10.135 是一系列稀土基非晶合金的损失模量谱，这些体系都有明显的 β′弛豫峰，但是峰位 $T_{\beta'}$对应的温度比 β 弛豫峰位 T_β 更低，宽化的 β′弛豫峰类似 β 弛豫峰，而且随着稀土原子的半径和 Co 元素半径比 R_{RE}/R_{Co} 的递减，$T_{\beta'}$和 T_β 都移

向高温[160]。β′峰的强度和激活能都明显低于 β 弛豫。这些都表明快 β′弛豫是不同于 β 弛豫和α弛豫的动力学模式。

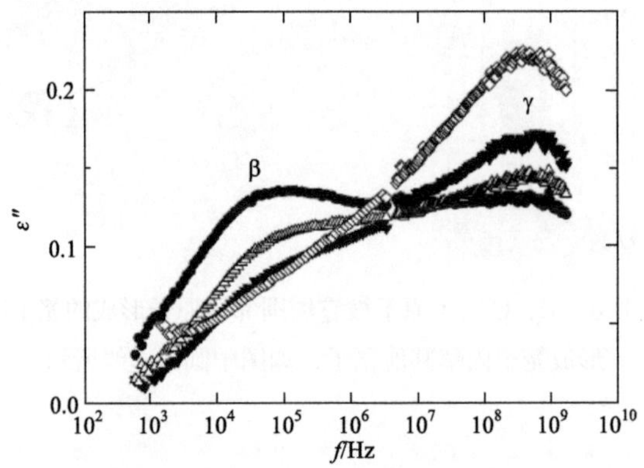

图 10.133　EPON828/EDA 体系在室温下的介电损失ε''随温度的变化，在其介电损失谱上，慢β弛豫之后，可见明显的快弛豫峰[16]

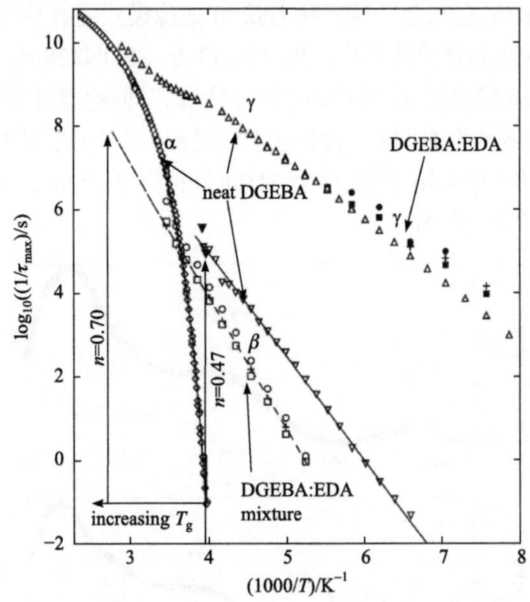

图 10.134　EPON828/EDA 体系α弛豫时间τ_α，慢β弛豫时间τ_β，以及γ弛豫即快β弛豫时间τ_γ随温度的变化。慢β弛豫时间及γ弛豫时间符合 Arrhenius 关系，但是演化规律不一样[16]

2. 近恒定损失模式(NCL 模式)

非晶体系笼子被囚禁的粒子的涨落运动也会产生快弛豫，这种动力学模式没有特征时间标度[16,240-246]，但是在非晶体系包括分子非晶、离子导体体系、胶体以及非晶合金体系中普遍存在。在介电谱或者模量损失谱的低温段，NCL 是一段随频率 f 缓慢变化的曲线，可以被如下公式描述[16,240-243]：

$$\chi''(T,f)=B(T)(f)^{-\lambda(T)} \tag{10.46}$$

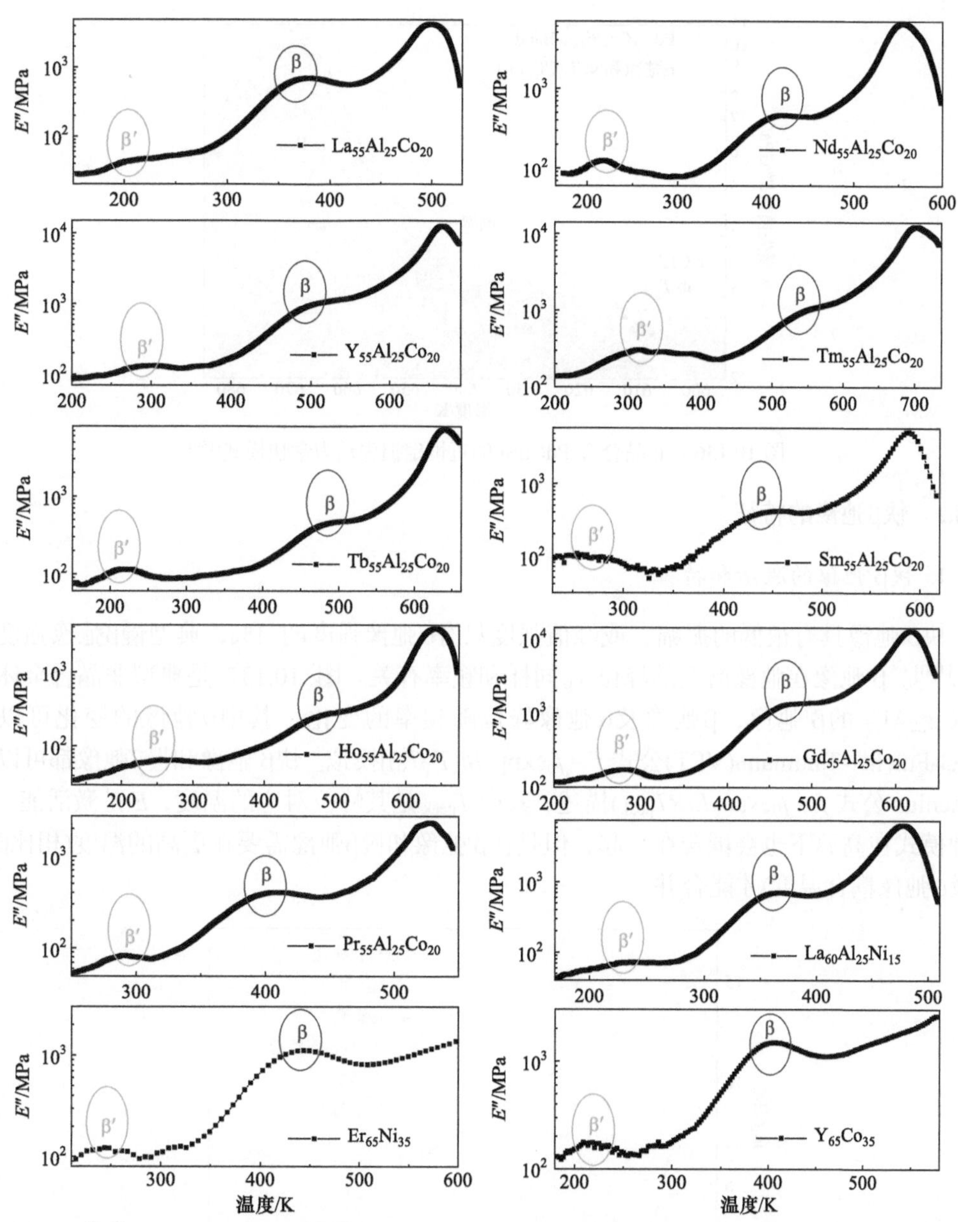

图 10.135　非晶 $RE_{55}Al_{25}Co_{20}$(RE 表示 La, Y, Tm, Sm, Tb, Nd, Gd, Pr, Ho), Er 稀土元素, $La_{60}Ni_{15}Al_{25}$, 及二元 RE-Co/Ni 非晶的快 β′弛豫峰[160]

这里 $B(T)$是振幅，λ是指数，由非简谐分子间相互作用势决定。随着温度的降低，笼子中涨落的振幅逐渐减弱，$B(T)$和$\lambda(T)$逐渐减小，所以，$\chi''(T, f)$约等于近恒定损失模式，即 NCL 模式。图 10.136 是用 DMA 测得的非晶合金 PdCuSi 的近恒定损失谱[159]。对于非晶合金，NCL 是远低于 T_g 温度以下，温度弱相关的机械损失谱 $E''(T)$。

NCL 是和快 β′弛豫等同的快局域动力学模式，也是慢 β 弛豫的前驱，慢 β 弛豫的起始点 τ_β，是 NCL 的终结点，这时笼子被打破。笼子囚禁严密的体系其快β弛豫模式容易表现为 NCL 模式，笼子囚禁稀松的体系其快β弛豫容易表现为 β′弛豫模式。

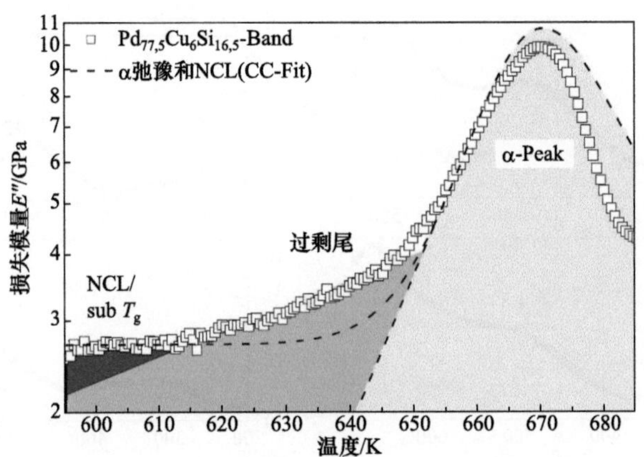

图 10.136 非晶合金 PdCuSi 的近恒定损失动力学快模式[159]

10.8.2 快β弛豫的特征

1. 快β′弛豫的激活和特征

快β′弛豫具有很低的振幅，或峰值强度只有α弛豫强度的 1%，典型慢β弛豫强度的 10%[160]。β′弛豫在弛豫谱上的峰位 $T_{\beta'}$同样和频率有关。图 10.137 是典型非晶合金体系 $Er_{55}Co_{20}Al_{25}$ 的β′弛豫，β弛豫及α弛豫峰位随频率的变化。其中α弛豫的变化可以用 Vogel-Fulcher-Tammann(VFT)公式$f = f_0\exp[-B/(T-T_0)]$模拟。快β′弛豫和慢β弛豫都可以被 Arrhenius 公式$f = f_0\exp(-E/RT_{peak})$描述，其中 T_{peak}是其峰位对应的温度，E 是激活能。这三种模式在高温下也会耦合在一起，但是快β′弛豫和慢β弛豫需要在更高的温度(相比β弛豫及α弛豫耦合温度)才能合并。

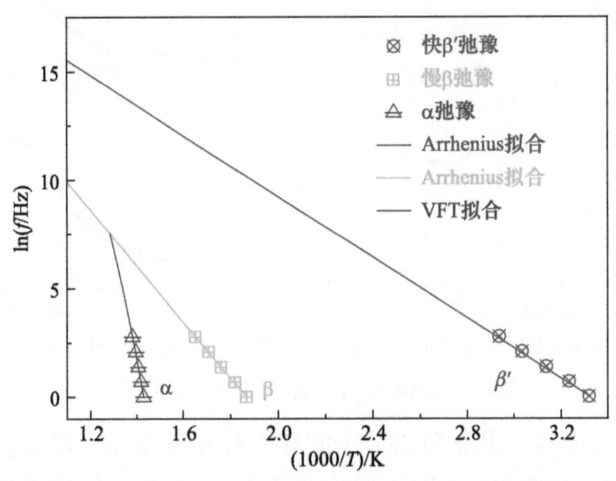

图 10.137 非晶合金体系 $Er_{55}Co_{20}Al_{25}$ 的β′弛豫，β弛豫及α弛豫峰位随温度的变化[160]

根据快β′弛豫峰位对应的温度 $T_{\beta'}$和温度频率的相关性，可以确定这种动力学模式的激活能。图 10.138(a)是确定典型非晶合金体系 $Er_{55}Co_{20}Al_{25}$ 的快β′弛豫激活能 $E_{\beta'}$的例子[160]。快β′弛豫和β弛豫峰(分别是 $T_{\beta'}$和 T_β)随测试频率f的提高向高温端移动，这样快β′弛豫和β弛豫的激活能 $E_{\beta'}$和 E_β，就可以通过作 ln$f$ 对 $1000/T_\beta$作图得到。插图即用 Arrhenius 公式模拟测量的数据点，得到 $E_{\beta'}$ ($Er_{55}Co_{20}Al_{25}$ 非晶是 55 kJ/mol)。图 10.138(b)是不同非晶的 $E_{\beta'}$ 和 RT_g(R 是气体常数)的经验关系：

$$E_{\beta'} \approx 12RT_g \tag{10.47}$$

对于大多数非晶体系，β弛豫激活能 $E_\beta \approx (24\text{–}26)RT_g$[33]。因此得到 $E_{\beta'}$和 E_β 的关系如下：

$$E_\beta \approx 2E_{\beta'} \tag{10.48}$$

这些动力学模式的 $E_{\beta'}$和 E_β 都和 α 弛豫的特征温度 T_g 有关，表明快β′弛豫、慢β弛豫以及α弛豫之间的关联和耦合关系。从快β′弛豫和慢β弛豫的耦合，再到和α弛豫的耦合是一种自相似的自组织过程或逾渗过程[245]。快β′弛豫和慢β弛豫可以被看成是实现主要弛豫模式——α弛豫的局域“小台阶”，或者是α弛豫的前驱。从另一个角度看，随着温度降低，非晶体系会从单一动力学模式解耦出不同动力学模式，意味着非晶体系越来越不均匀。

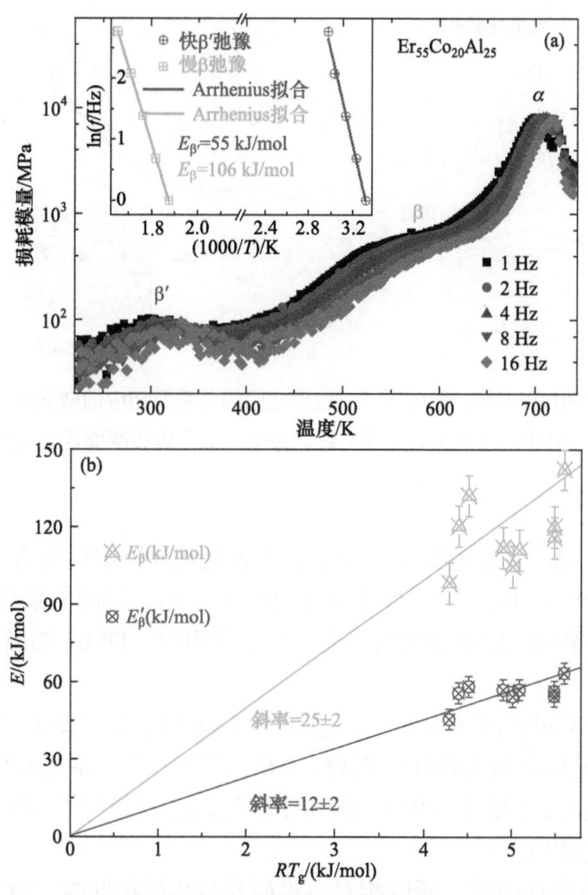

图 10.138　(a)非晶 $Er_{55}Co_{20}Al_{25}$ 的快β′弛豫和β弛豫谱随不同频率(1 Hz，2 Hz，4 Hz，8 Hz 和 16 Hz)的变化，插图是快β′弛豫和β弛豫峰峰位的变化；(b)快β′弛豫和β弛豫激活能 E_β 和 $E_{\beta'}$与 RT_g 的关系[160]

2. 快β′弛豫、慢β弛豫及α弛豫之间的耦合关系

非晶体系中快β′弛豫、慢β弛豫及α弛豫这些动力学模式之间不是孤立的，而是密切

联系的。随着温度的增加，首先出现的是笼子中的快β′弛豫模式，是流变单元中部分粒子参与的微小移动，其特点是可逆、激活能小、强度低；随着外加能量的继续增加，流变单元中所有粒子被激活，参与微小的运动，即慢β弛豫被启动和激活。快β′弛豫是其前驱模式，慢β弛豫是一系列快β′弛豫事件的集合和自组织。所以慢β弛豫的强度、激活能都大于快β′弛豫，而且分布更宽。紧接着是具有不同能量的流变单元或者说慢β弛豫被大量激活，慢β弛豫自组织成更大规模的α弛豫。快β′弛豫是通过慢β弛豫和α弛豫关联和耦合的。

在非晶合金中，激发局域流变事件的激活能约为 32 kJ/mol 到 50 kJ/mol[33]，和快β′弛豫的激活能相当，说明快β′弛豫和单个局域流变事件的关联，涉及流变单元中最活跃的粒子。图 10.139 示意非晶合金中的快β′弛豫、慢β弛豫及α弛豫之间的关系及相应的微观结构图像。在能量地貌图上，其势能曲线是分层次的。慢β弛豫的能量曲线也包含更微小的能谷，这些细微能谷之间的可逆跃迁对应于β′弛豫[157]。

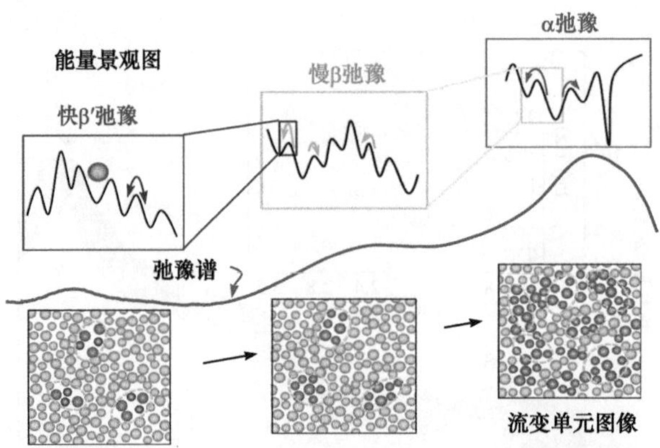

图 10.139　非晶合金中的快β′弛豫、慢β弛豫及α弛豫之间的关系及相应的微观结构图像和能量地貌图上的关联。其中红色球代表动力学活跃的原子，绿色虚线圆圈代表流变单元[157]

3. NCL 的特征

对于多数非晶体系，快β弛豫在弛豫谱上的表现是近恒定损失谱，即 NCL。这也是典型的笼子动力学行为。NCL 的强度在 T_g 以下温区，与温度的关系很弱，大致呈线性关系，其在 T_g 附近斜率可以用中子散射、光散射、介电谱、DMA 测出。NCL 对频率 f 的敏感性是幂率关系：$\sim f^{\lambda}$。

NCL 和 Debye-Waller 因子 f_0 关联，这和 NCL 起源于笼子动力学中粒子间非简谐相互作用势有关，越是偏离简谐相互作用势，$1/f_0(T)$越大，会造成更强的 NCL。在很多非晶体系，NCL 和描述α弛豫的 KWW 方程的系数β_{KWW}关联[247]。和慢β弛豫一样，NCL 的强度也和密度及熵相关。

由于 NCL 没有特征时间，所以相对较难研究其特征和性能。NCL 的激活能可以估算，图 10.140 是非晶 $La_{60}Ni_{15}Al_{25}$ 的激活能的估算。该图表示非晶 $La_{60}Ni_{15}Al_{25}$ 的模量损失谱随频率的变化。NCL 的终结温度 T_{NCL} 随频率移向高温端，其应力弛豫对应的 NCL 终结温度 T_{NCS} 随升温速率变化也有类似的变化趋势[245]。根据 Kissinger 方程，$\ln\left(\dfrac{T^2}{\alpha}\right)$

$=\frac{E}{kT}+C$，可以确定 NCL 的激活能，如图 10.141 所示。得到的各种非晶合金的 NCL 激活能约为

$$E_{\mathrm{NCL}} \sim 13.7(\pm 1)kT_g \tag{10.49}$$

NCL 激活能和β弛豫激活能的关系：

$$E_{\mathrm{NCL}} = E_\beta/2 \tag{10.50}$$

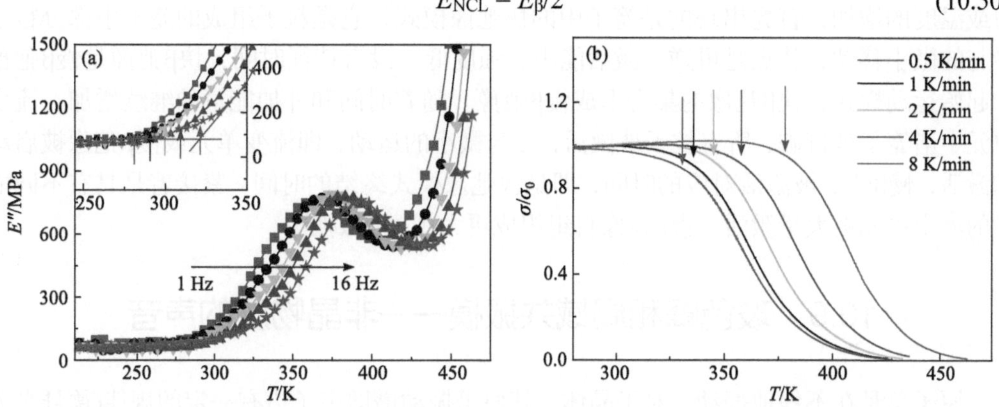

图 10.140　(a)非晶 $La_{60}Ni_{15}Al_{25}$ 的 E''随频率(1～16 Hz)的变化；(b)应力弛豫随升温速率的变化[245]

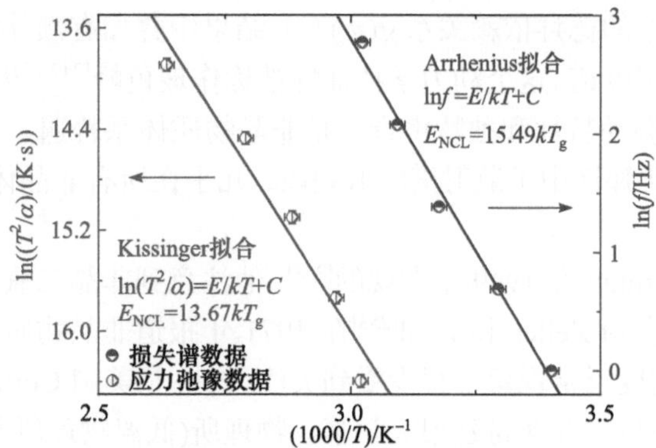

图 10.141　通过非晶 $La_{60}Ni_{15}Al_{25}$ 的 NCL 终止温度 T_{NCL} 随升温速率的 Kissinger 方程模拟，可以估算出 NCL 的激活能[245]

4. NCL 和慢β弛豫以及α弛豫的耦合

NCL 和慢β弛豫的激活能都和α弛豫的特征温度 T_g 相关，此外，NCL 和描述α弛豫的 KWW 方程的系数β_{KWW}关联，这意味着 NCL 和α弛豫耦合[246]。另外，慢β弛豫时间τ_β和 NCL 的上限时间相差不大，这意味着慢β弛豫造成笼子动力学行为的衰减，相当于 NCL 弛豫模式的终结，或者 NCL 的终结是慢β弛豫的起始。即慢β弛豫和 NCL 耦合，因此 NCL 的变化会引起慢β弛豫及α弛豫的变化。慢β弛豫的起始温度 $T_{g\beta}(<T_{g\alpha}$或 $T_g)$也被认为是第二玻璃转变温度，在该温度点，β弛豫时间$\tau_\beta(T_{g\beta})\sim 10^3$ s[248]，在通常的玻璃转变点 $T_{g\alpha}$或 T_g，$\tau_\alpha(T_g)\sim 10^2$ s。在非晶合金体系，$\tau_\beta(T_{g\beta})\sim 10^3$ s 也是 NCL 模式终结的时间[241]。这些

都是 NCL 和慢β弛豫及α弛豫耦合的实验证据。

10.8.3 快β弛豫的机制

快β弛豫难以实验探测，所以对快β弛豫研究的数据较少，认识不深入。快β弛豫的机制也是没有解决的问题。一般认为，快β弛豫和笼子动力学行为有关，是笼子内粒子的局域运动(非振动)行为。在非晶物质中，快β弛豫和慢β弛豫及α弛豫关联密切。随着外加应力或温度的增加，首先出现的是笼子中的快弛豫模式，它是粒子组成的笼子中部分粒子参与的微小移动，特点是可逆、激活能小、强度低，没有特征时间，快β弛豫是慢β弛豫的起始运动模式，快β弛豫的集合形成慢β弛豫。随着时间和外加能量的继续增加，流变单元中诸笼子被打破，所有粒子被激活，参与微小的运动，即流变单元或慢β弛豫被启动和激活，慢β弛豫被激活对应的时间，即是快弛豫模式终结的时间。紧接着是具有不同能量的流变单元被大量激活，慢β弛豫自组织成更大规模的α弛豫。

10.9 玻色峰和局域共振模——非晶物质的声音

原子总是在不停地振动，对于晶体，其原子振动谱即声子谱有一定的规律(德拜平方规律)。非晶物质也有其独特的声音，其原子振动的声子谱不同于晶体的声子谱。非晶物质的振动态密度对频率的德拜依赖关系 $g(\varpi)/\omega^2$ 结果中叠加有额外的振动态密度峰，不同于晶态固体振动态密度谱。这个动力学特征峰被称作玻色峰[249-251]。非晶声子谱的反常，玻色峰是非晶物质的振动特性和独特声音，是非晶物质体系普遍、基本的动力学特征之一。在非晶拉曼或者非弹性中子散射谱的低频段，几乎在所有非晶体系甚至过冷液体中，都观察到了玻色峰。

玻色峰最早是 Berman 在 1949 年发现的[252]，他注意到非晶二氧化硅的热胀系数和晶态的比的反常。但是直到 Zeller 和 Pohl[253]在 1971 年报道非晶物质中的玻色峰现象和特点之前，这种振动态密度反常现象都很少受到关注。Pohl 是美国 Cornell 大学的教授。2005 年笔者有幸和 Pohl 教授一起在哥廷根大学第一物理所(低温物理研究所)和 Samwer 所长一起合作研究非晶合金中的玻色峰现象。Pohl 的父亲曾任哥廷根大学第一物理所所长。

如图 10.142 所示，玻色峰是非晶动力学谱快动力学过程之后高频端的第四种动力学模式。其频率范围在太赫兹。玻色峰的机制是非晶物理中争议最大的问题之一[249-266]。近

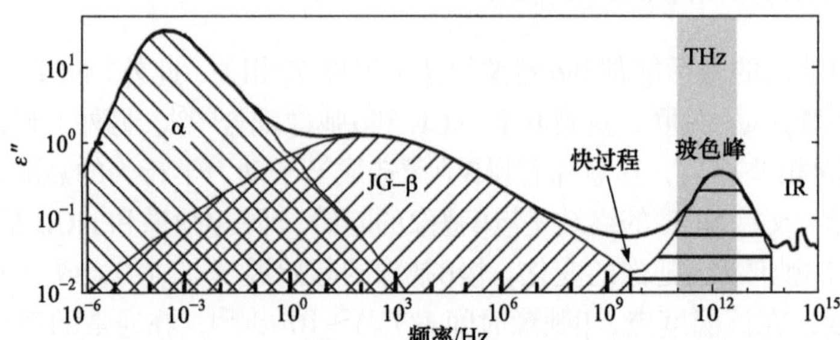

图 10.142 玻色峰在非晶动力学谱中的位置(图来自 http://www.physik.uni-augsburg.de/)

年来，块体非晶合金的出现为研究玻色峰的本质提供了新的模型体系，因为非晶合金结构相对其他非晶体系如玻璃更简单，可以看成是硬球堆积，而大块状体积有利于对非晶进行精确的低温比热等物性测量，得到玻色峰及其演化规律，为玻色峰研究带来新的契机。比热方法作为认识物质本质的重要方法在研究玻色峰中发挥了重要作用。

10.9.1　玻色峰的描述

在晶态固体，声子是量子化的振动激发。在非晶态甚至到过冷液态，类似声子的高频激发也同样存在，频率在太赫兹范围(terahertz；10^{12} Hz)，其振动态密度在几个毫电子伏能量域偏离德拜振动态密度，形成一个反常峰，这个峰称作玻色峰。玻色峰是在非晶物质振动谱的高能端叠加在德拜谱上的非对称宽峰。“玻色峰”的命名来源于温度标度的色散光谱强度的形状与服从玻色-爱因斯坦统计量的体系之间的相似性[265]。玻色峰最先是在 Raman 光散射谱测量中观察到的，图 10.143 是非晶 As_2S_3(1)和 SiO_2(2)的 Raman 谱[255]。可以看到一个峰出现在被频率ω^2 约化的 $I(\omega)/\omega[n(\omega)+1]=g(\varpi)C(\omega)/\omega^2$ 强度中。随后在这个德拜振动态密度上叠加的多余的振动模即玻色峰。通过非弹性中子或者光散射以及热力学实验方法如比热和热导，在各类非晶体系中都能观察到类似的玻色峰[253-264]。

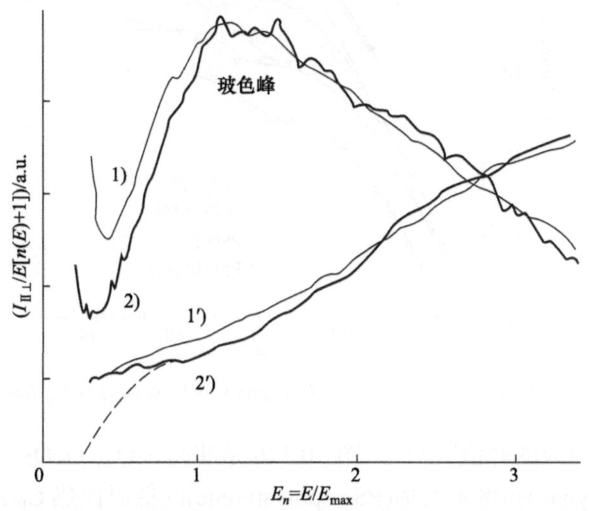

图 10.143　非晶 As_2S_3(1)和 SiO_2(2)的 Raman 谱，图中结果对玻色峰高度和位置进行了归一，同时给出了对应的耦合系数 $C(\omega)$ [255]

用非弹性中子散射可直接测量非晶物质的振动态密度(VDOS)，玻色峰会更直观，如图 10.144 是非晶合金 ZrTiCuNiBe 和其晶化态室温下的振动谱的对比，非晶态在 5 meV 处有一个明显的玻色峰[258]。

也可用热导测量非晶物质的玻色峰[259]。在低温下，热导率κ和 T^2 随温度的增加会出现一个平台，这个平台对应于玻色峰，如图 10.145 所示。

振动态密度德拜模型是指振动态密度 $g(\omega)$对频率ω的依赖关系是平方关系，从而得出低温比热对温度的依赖关系是 $C_{\text{v}}^{\text{D}}\propto T^3$。因此，$g(\omega)/\omega^2$ 结果中出现的额外的振动态密度，可以在比热的测量结果中观察到，其表现方式就是在 $C(T)/T^3$ 的曲线中，在温度

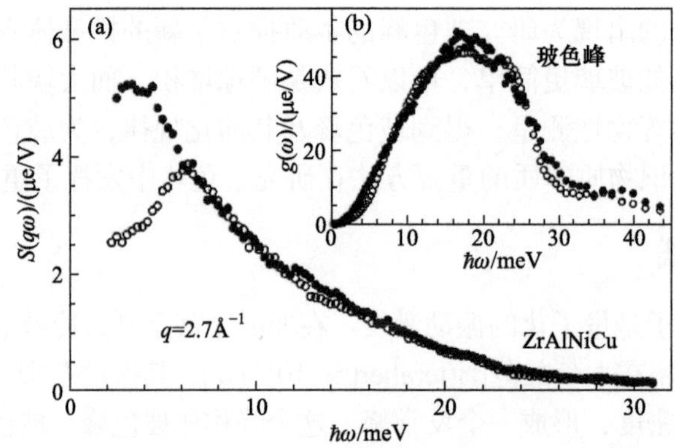

图 10.144 非晶合金 ZrTiCuNiBe 和其晶化态室温振动谱的对比[257]

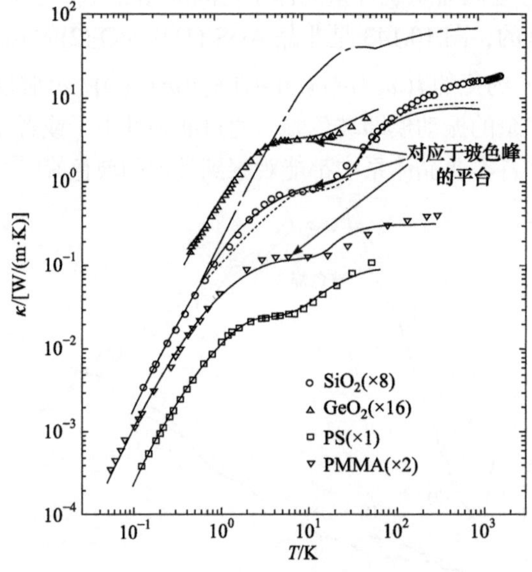

图 10.145 非晶 SiO_2，GeO_2，PS 和 PMMA 热导率κ随温度 T 的变化[259]

10 K 附近出现一个对应的峰值[258-263]。图 10.146 是非晶 SiO_2、GeO_2、有机玻璃(PMMA = poly(methyl methacrylate)和聚苯乙烯(PS = polystyrene)的低温比热 C_p/T^3 曲线[258]。可以看出，在$C(T)/T^3$表示的曲线图中，低于 1 K 的比热曲线的上升是因为其对温度的线性依赖，而随后的 10 K 附近出现的峰则是玻色峰。

图 10.147 是典型非晶合金 $Pd_{40}Ni_{10}Cu_{30}P_{20}$ 的 C_p/T^3 曲线，和 Debye 关系(红色虚线)相比玻色峰很明显[261]。随着低温物性测量设备的普及和测量精度的提高，用低温比热测量玻色峰变得越来越方便。

10.9.2 玻色峰的特征

对于不同非晶体系的玻色峰，可以用玻色峰对应的温度 T_M、峰强度以及峰宽来表征，非晶体系的 T_M 在 1～15 K。T_M 以及玻色峰强度受成分掺杂、温度、压力等诸多物理因素影响。图 10.148 是非晶 60%SiO_2-40%Na_2O 在不同温度下的中子散射动力学因子谱。可以看出其玻色峰位于 6 meV 位置，其强度和宽度随温度的增加而增加，表明温度对玻色峰的影响[266]。

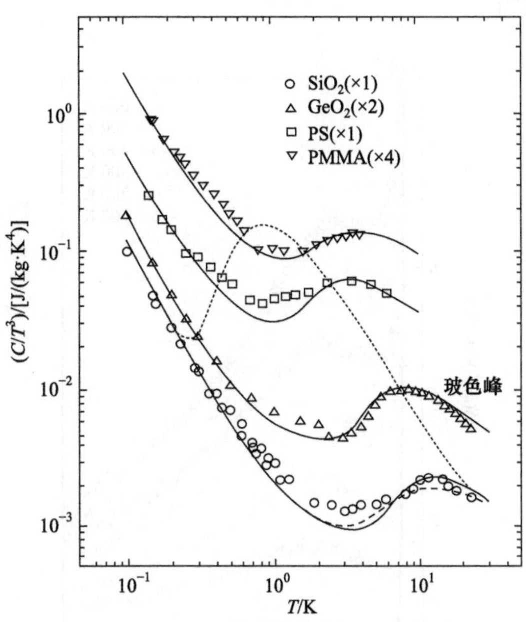

图 10.146　非晶 SiO_2、GeO_2、有机玻璃和聚苯乙烯的低温比热 C_p/T^3 曲线[259]

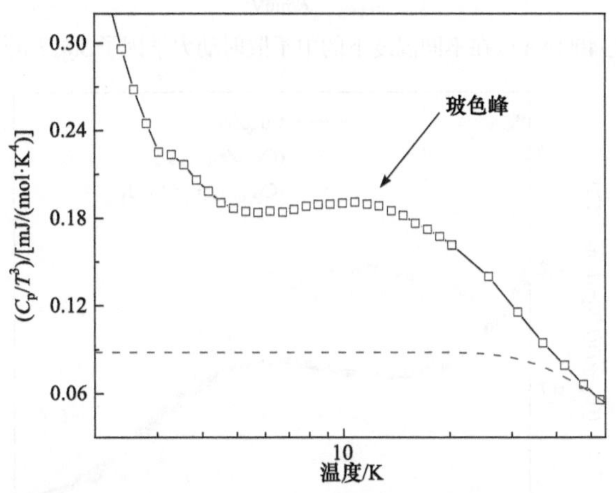

图 10.147　测量的典型 PdNiCuP 非晶合金的玻色峰的峰值高度 C_p/T^3 和位置[261]

微量掺杂也能敏感地改变非晶物质的玻色峰[263,267]，微量掺杂能显著改变非晶物质的微结构和性能，因此，这也说明玻色峰和非晶体系的微结构、特征和性能密切关联。图 10.149 是典型 $Cu_{50}Zr_{50}$ 非晶体系玻色峰随着 Al，Gd 元素的微量掺杂的变化[267]。Al 和 Gd 的掺杂使得非晶 $Cu_{50}Zr_{50}$，$(Cu_{50}Zr_{50})_{96}Al_4$ 和$(Cu_{50}Zr_{50})_{90}Al_7Gd_3$ 的玻色峰的峰强、峰位及峰宽明显不同。掺杂使得玻色峰移向高温端，峰强也提高。

图 10.150 是各种不同非晶体系包括非晶合金的玻色峰强度(即 C_p/T^3 最大值)P_C 和峰对应的温度 T_M 的关系[268]。数据拟合说明玻色峰峰强和峰位有如下关系[267-268]：$P_C \propto (T_M)^{-1.6}$。

图 10.151 是表征非晶形成能力的参数 W [$W = (T_X - T_g)/(T_m - T_X)$]、代表玻色峰特征的 T_M 及强度 P_C 的关系[268]。可以看出非晶体系的形成能力和玻色峰密切相关。玻色峰还和非晶体系的模量关联[266,270-271]。

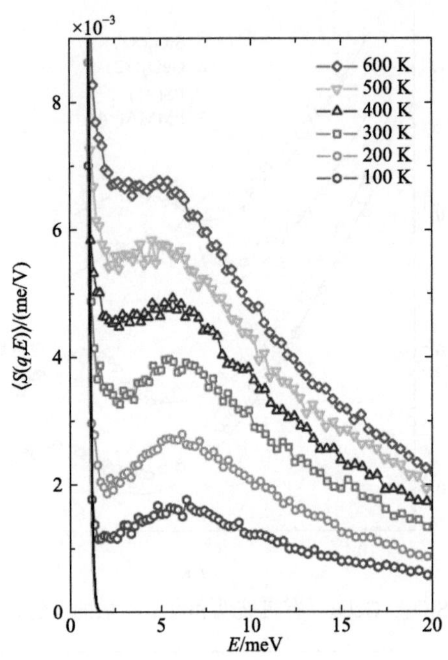

图 10.148　非晶 60%SiO_2-40%Na_2O 在不同温度下的中子散射动力学因子 $S(q, E)$谱($0.08 < q < 0.54$ nm^{-1})[266]

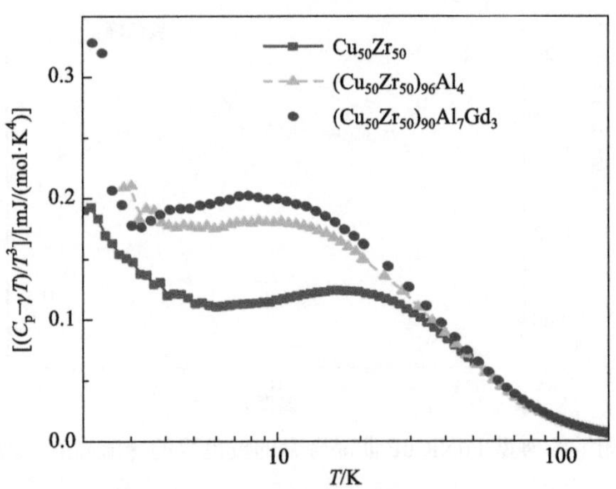

图 10.149　$Cu_{50}Zr_{50}$，$(Cu_{50}Zr_{50})_{96}Al_4$ 和$(Cu_{50}Zr_{50})_{90}Al_7Gd_3$ 的$(C_p-\gamma T)/T^3$ 曲线，显示玻色峰随 Al 和 Gd 的掺杂的变化[267]

非晶体系如非晶合金体系玻色峰还具有记忆效应[112]。记忆效应是非平衡态动力学的典型特征，很多非平衡动力学行为具有记忆效应(关于非晶的记忆效应的细节参见本书前面相关章节)。通过对非晶物质单步退火和两步退火后 DSC 测得的玻色峰峰强的比较，见图 10.152，可知玻色峰峰强对单步退火和两步退火很敏感。图 10.153 是不同退火条件

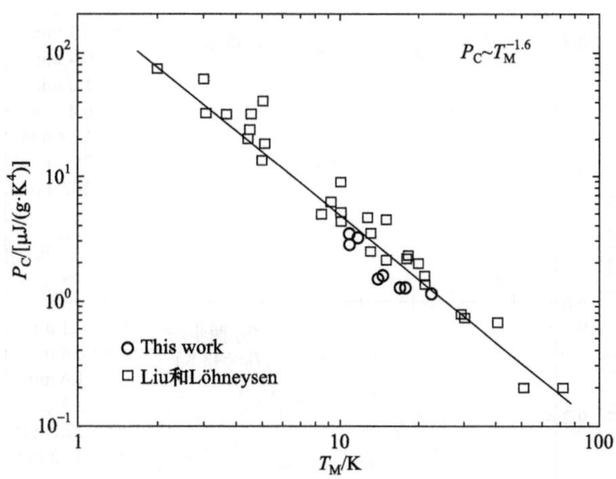

图 10.150　各种非晶体系 C_p/T^3 玻色峰强 P_C 和其对应的温度 T_M 的关系[268]

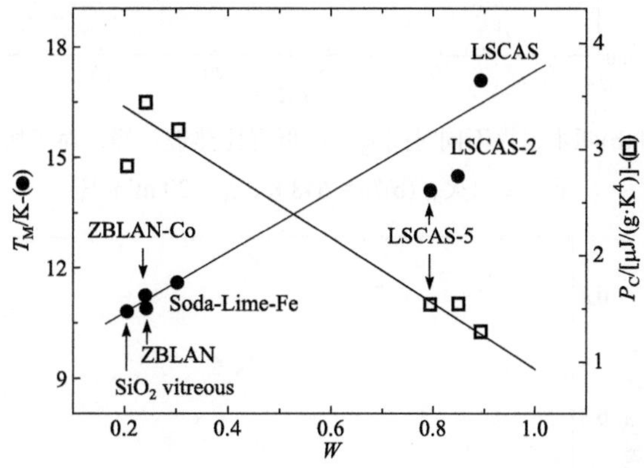

图 10.151　表征非晶形成能力的参数，W[$W = (T_X - T_g)/(T_m - T_X)$和玻色峰位置 T_M 及 P_C(对应于 C_p/T^3 曲线的最大值，或者玻色峰峰强)的关系[268]

下玻色峰强度(即$(C_p-C_p^{cryst})/T^3$ 的最大值)随退火时间 t_a 的变化规律。当样品预先在较低温度 T_0 退火一段时间时，也就是说，具有了一定的热历史，从图中玻色峰强度变化曲线Ⅱ和Ⅲ可以看出，两步退火过程中的玻色峰强度，先增加达到峰值，然后再逐渐减小并最终与单步退火过程的曲线Ⅰ重合。玻色峰强度达到最大值，与相同退火条件下恢复焓变化趋势一致。说明玻色峰与 ΔH 的演化过程一一对应，表现出记忆效应[112]。

图 10.154 比较单步和两步退火条件下的玻色峰强度和相对焓变 ΔH。玻色峰强度和 ΔH 大致满足线性依赖关系。ΔH 越大，非晶所处能态越高，那么玻色峰就越强。这说明玻色峰与结构弛豫表现出完全一致的非单调演化行为，具有热历史依赖性。直接说明玻色峰和结构弛豫紧密关联。记忆效应是非晶非均匀本质的必然结果，来源于短暂的局域无序度的增加，伴随着玻色峰的增强。

10.9.3　影响玻色峰的因素

很多因素诸如非晶形成的热历史、退火、时效、回复、晶化、辐照、高压以及外加的应力等都能够改变非晶物质的玻色峰的行为。下面介绍几种常见物理因素的影响。

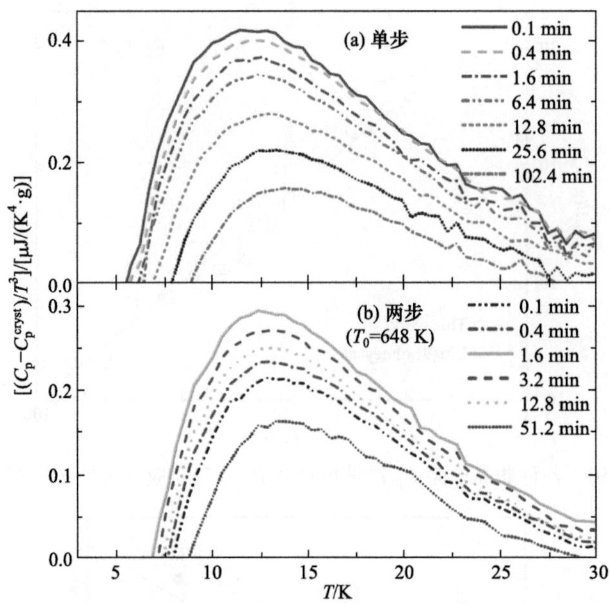

图 10.152 经过(a)单步和(b)两步退火不同时间 t_a 后的低温比热玻色峰，对于所有情况，$T_a = 688$ K。对于两步退火，(b)$T_0 = 648$ K，$t_0 = 20$ min[112]

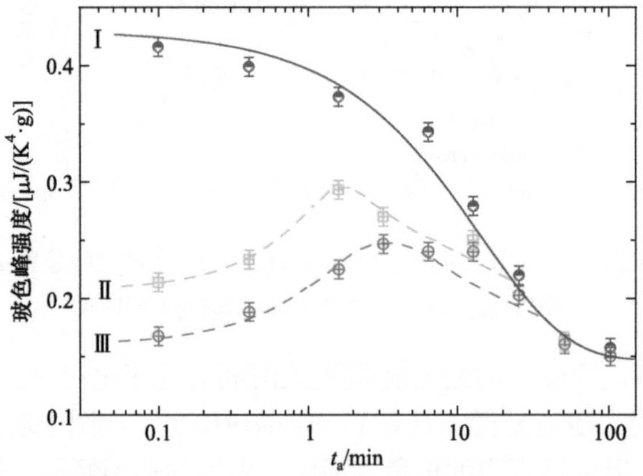

图 10.153 单步(曲线 I)和两步(曲线 II 对应 $T_0 = 648$ K，曲线 III 对应 $T_0 = 668$ K，$t_0 = 20$ min)退火过程中玻色峰强度随退火时间 t_a 的变化[112]

1. 热历史的影响

非晶物质的热历史，特别是低于 T_g 温度以下的退火，非晶形成时的冷却条件、微量掺杂等对玻色峰行为影响很大[112,261]。图 10.155 给出典型$(Cu_{50}Zr_{50})_{92}Al_8$非晶($T_g = 701$ K)和其退火态(673 K 退火 1 h，4 h 及 20 h)的比热玻色峰[即$(C_p-\gamma T-C_D)/T^3$曲线]的对比。这里γ是电子比热贡献项的系数，C_D是 Debye 贡献项。如图所示，玻色峰强度随退火时间增加下降，同时峰位 T_{max} 移向高温端。某个特定的温度退火对玻色峰的影响有个饱和值，如图 10.155 所示，4 h 和 20 h 退火的效果几乎相同。

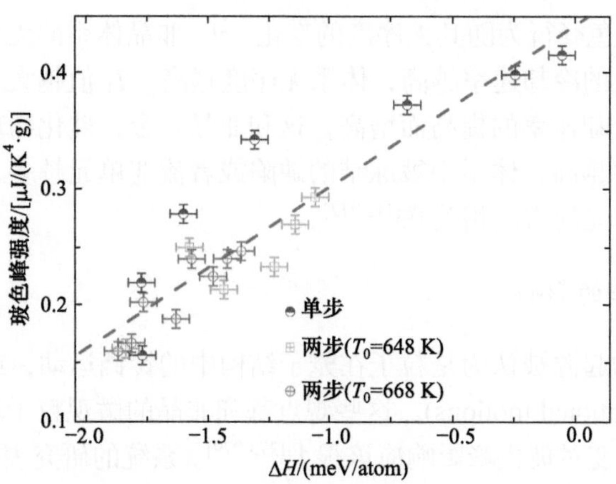

图 10.154　玻色峰强度与相对焓变 ΔH 的关系，包括单步和两步退火的数据。虚线起到视觉引导作用[112]

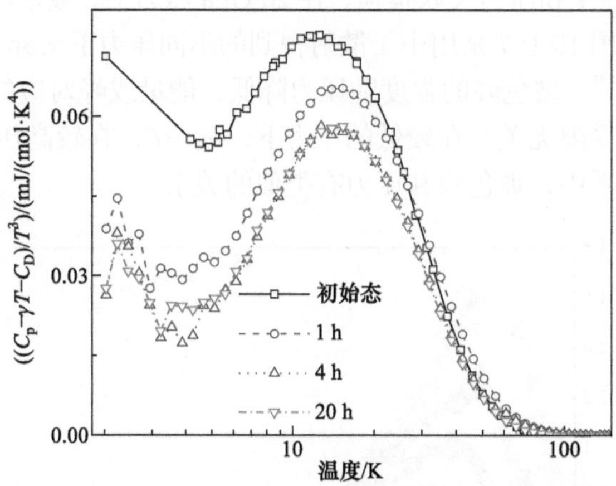

图 10.155　非晶$(Cu_{50}Zr_{50})_{92}Al_8$($T_g$ = 701 K)和其退火态(673 K 退火 1 h，4 h 及 20 h)的$(C_p-\gamma T-C_D)/T^3$曲线对比。γ是电子比热贡献项的系数，C_D是 Debye 贡献项[260]

制备非晶材料的凝固速率也同样影响玻色峰的行为[261,272]。图 10.156 是非晶邻三联

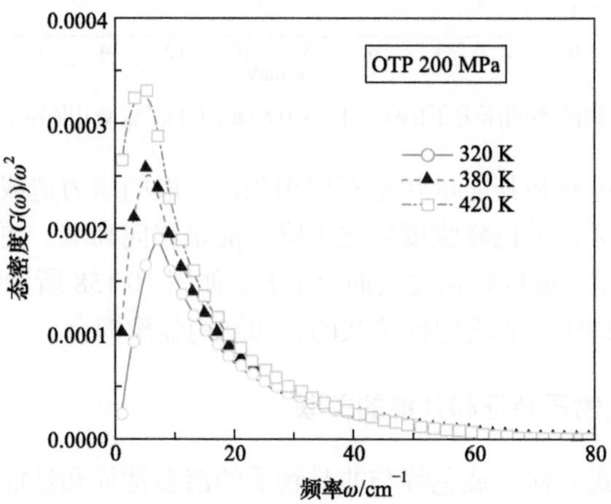

图 10.156　邻三联苯(ortho-terphenyl)玻色峰行为随其无序度(正比于冷却速率)的变化[272]

苯(ortho-terphenyl)玻色峰行为随其无序度的变化[272]。非晶体系的无序度和其形成的冷却速率成正比，其形成的冷却速率越高，体系无序度越高，T_f 值越大。如图所示，玻色峰的强度随着形成的冷却速率的提高而增高。这和非晶合金，硅化物玻璃观察到的结果类似。形成的冷却速率越高，体系中被冻结的缺陷或者流变单元越多，玻色峰强度越高，因为玻色峰和流变单元的密度相关联[112,272]。

2. 压力对玻色峰的影响

玻色峰的微结构起源被认为是粒子在笼子结构中的铃铛运动，或在不对称双势阱中的构象运动(conformational motions)。这些观点都和非晶的微观粒子堆砌的致密度即密度相关，因此密度的改变对玻色峰影响应该很大[273-279]。系统的研究表明，压力对各类非晶体系的玻色峰影响都很大。高压的一般影响是把玻色峰移向高能方向，强度减小。如在非晶 GeO_2 中玻色峰强度和压力关联很强，在 20 GPa 压力下，玻色峰几乎消失，Ge 的配位数从 4 变成 6[276]。图 10.157 是用中子散射得到的不同压力下聚异丁烯(polyisobutylene)振动态密度$[g(E)E^2]$[275]。玻色峰的强度随压力降低，能量或峰对应的频率ω_b 升高，这说明玻色峰与低频模的受限无关。在较低的压力下，$\omega_b \sim P$，在较高压力下，$\omega_b \sim P^{1/3}$[274]。在非晶合金等其他体系中，玻色峰和压力有类似的关系。

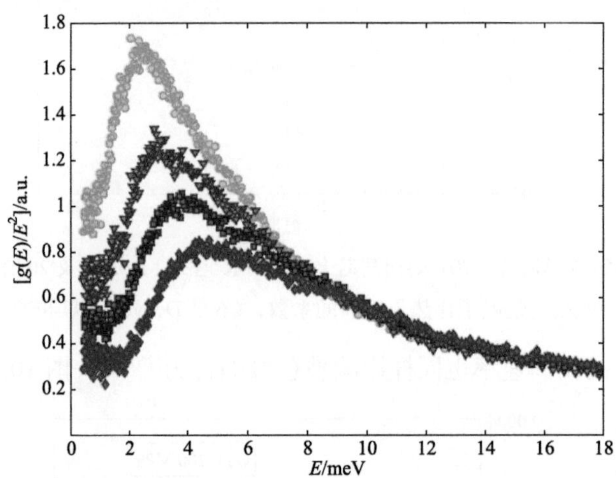

图 10.157 用中子散射得到的不同压力下[(●), 0.4 (▾), 0.8 (■), 1.4 GPa(◆)]聚异丁烯振动态密度$[g(E)E^2]$[274]

实质上，非晶玻色峰和其能量状态密切相关，一般的压力造成结构弛豫，非晶变得更致密，体系能量下降，玻色峰强度随之下降，能量移向高端。更高的压力会造成非晶物质的能量提高即回复，玻色峰强度反而会上升，如图 10.158 所示[278]。这个结果说明玻色峰实质上是和非晶物质的非均匀性关联的，和结构弛豫耦合。

10.9.4 玻色峰与非晶物质特征和性能的关联

和其他动力学模式一样，玻色峰与非晶物质的诸多特征和性能相关。玻色峰和性能的关联关系可以帮助理解玻色峰机制，也有助于调控非晶材料的性能。

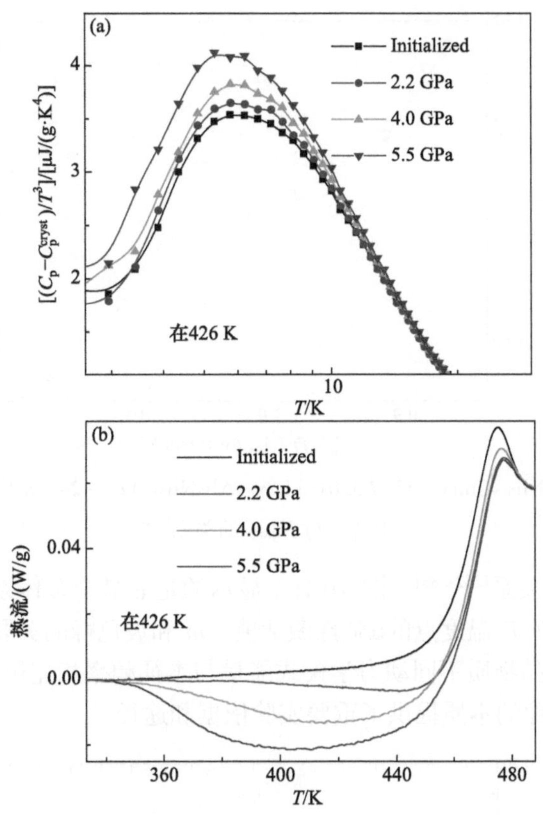

图 10.158　(a)非晶 $La_{60}Ni_{15}Al_{25}$ 在压力 2.2 GPa, 4.0 GPa 及 5.5 GPa，426 K 下的玻色峰；(b)相应的非晶能量变化的 DSC 曲线[278]

1. 剪切模量和玻色峰的关系

剪切模量 G 是表征非晶物质流变和性能的关键参量[137]。G 和流变单元的流变激活能、非晶物质中“缺陷”密度、结构非均匀性相关[280]。大量实验表明 G 和“缺陷”密度 c 的关系为[280] $G = G_0\exp(-\lambda c)$，或者 $G = G_0/(1 + c)$[117,280]，这里λ是无量纲系数，G_0是缺陷为零(相当于非晶物质对应的单晶的切变模量)对应的切变模量。

玻色峰也和非晶物质中“缺陷”密度相关。例如，在非晶合金中，G 和玻色峰的强度直接关联。如图 10.159 所示，在非晶 $La_{70}Al_{15}Ni_{15-x}Cu_x$ ($x = 15, 7.5, 0$)和 $La_{70-x}Al_{15}Ni_{15}Cu_x$($x = 2, 5, 8$)中随着 G 的下降，比热玻色峰的强度$[(C_p-\gamma T)/T^3]_{max}$升高，$G$ 和$[(C_p-\gamma T)/T^3]_{max}$呈单调变化关系[279]。这进一步证明玻色峰和非晶体系“缺陷”或流变单元密度相关。

2. 玻色峰和脆度的关系

在各类非晶物质中，玻色峰和脆度存在关联关系[145,261,282-283]。高频(高能量)的玻色峰和脆度(与低频(低能量)的α弛豫的激活能相关的参数)的关联是最让人不可思议的关系。图 10.160 是表征各种非晶物质(远低于 T_g 温度以下)振动特性的因子α(和玻色峰有关)与脆度值的关系。非晶脆度系数 m 和玻色峰相关的非遍历性因子α的关系：$m = 135\alpha$[145]。图 10.161 是不同非晶体系的反常振动贡献和德拜贡献项比值(对应玻色峰)与脆度 F 的关系，也反

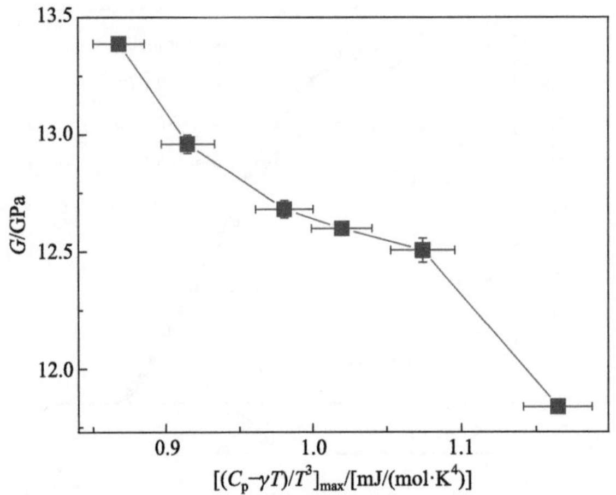

图 10.159　非晶 $La_{70}Al_{15}Ni_{15-x}Cu_x(x = 15, 7.5, 0)$和 $La_{70-x}Al_{15}Ni_{15}Cu_x(x = 2, 5, 8)$切变模量 G 和比热玻色峰强$[(C_p-\gamma T)/T^3]_{max}$的关系[279]

映出两者的线性关联关系[282-283]。图 10.162 显示的是非晶合金体系中 m 和玻色峰的关联[260]。脆度 m 表征在 T_g 温度点的α弛豫激活能，m 和玻色峰的关联说明α弛豫和玻色峰是有耦合关系的。非晶物质不同动力学模式能量与本征频率相差很大，但是都有关联关系。这为认识非晶弛豫的本质提供了重要实验依据和途径。

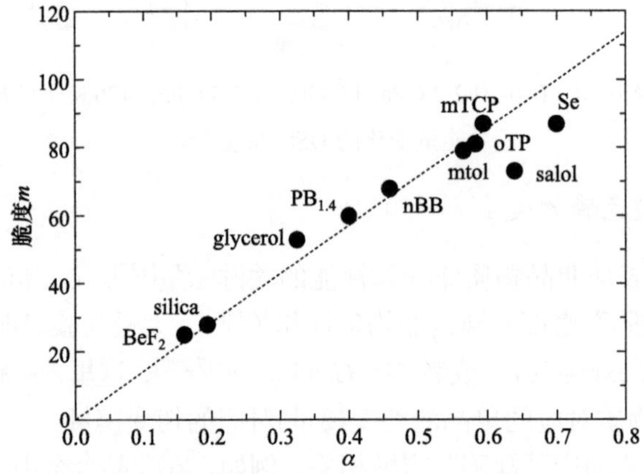

图 10.160　非晶脆度系数 m 和玻色峰相关的非遍历性因子α 的关系：$m = 135\alpha$[136]

3. 玻色峰和非均匀性的关系

结构非均匀性已经被大量实验证明是非晶物质的本征特性。非晶合金的结构甚至可以被模型化为原子致密堆积的弹性基底和松散堆积的流变单元[94]。关于玻色峰的物理机制虽然有很多模型和争议，但是目前一个基本共识是玻色峰和非晶物质的非均匀性关联[263,284-288]。图 10.163 是典型非晶 $Zr_{52.5}Ti_5Cu_{17.9}Ni_{14.6}Al_{10}$(Vit105)合金比热玻色峰$[(C_p-\gamma T)/T^3]_{max}$和虚拟温度(等价于玻璃转变温度)$T_f$，泊松比$\nu$(二者都是表征非晶结构非均匀性的参数)的关系[263]。通过改变 Vit4 的制备方法、冷却速率、退火来改变其结构非均匀性或者 T_f，同时测量 Vit4 玻色峰随不同条件的变化。如图所示，玻色峰和 T_f 以及泊松比ν变化趋势一致。T_f、泊松比ν大，意味着非晶体系非均匀程度高，玻色峰的强度也高。这些关联表明玻色峰和结构非均匀地密切关联。

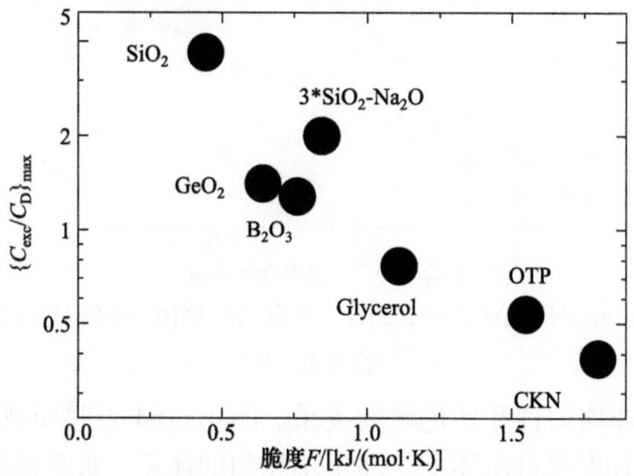

图 10.161　不同非晶体系玻色峰的强度 C_{exc}/C_D 和脆度 F 的关系[282-283]

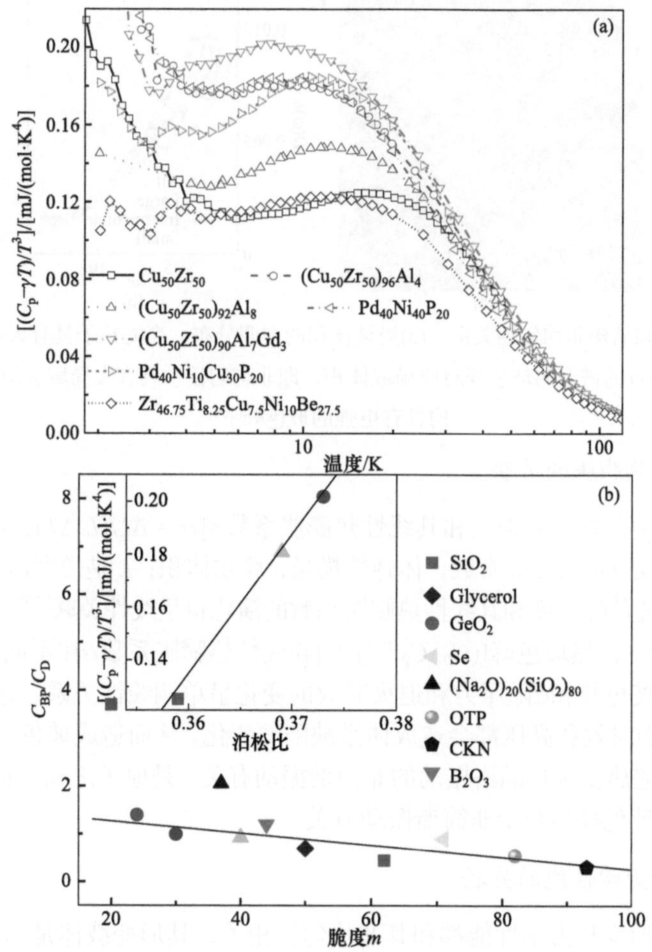

图 10.162　(a)非晶合金中比热玻色峰(C_{BP}/C_D)随脆度系数的变化[239]；(b)$Cu_{50}Zr_{50}$(■)，$(Cu_{50}Zr_{50})_{96}Al_4$(▲)，$(Cu_{50}Zr_{50})_{90}Al_7Gd_3$(●)非晶玻色峰和脆度 m 的关系[261]

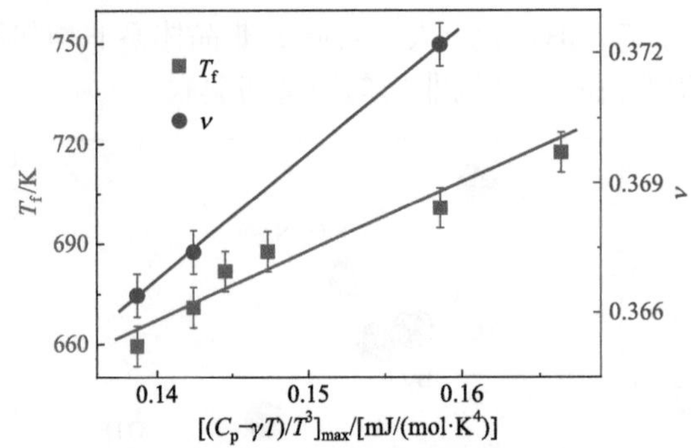

图 10.163 非晶 $Zr_{52.5}Ti_5Cu_{17.9}Ni_{14.6}Al_{10}$ (Vit105)合金比热玻色峰$[(C_p-\gamma T)/T^3]_{max}$和虚拟温度 T_f，泊松比ν的关系[263]

模拟研究也证明非均匀性和玻色峰的关系。图 10.164 表明局域密度的不同和分布与玻色峰关联。体系含有更多自由体积，即更不均匀的体系，玻色峰强度更高[270]。

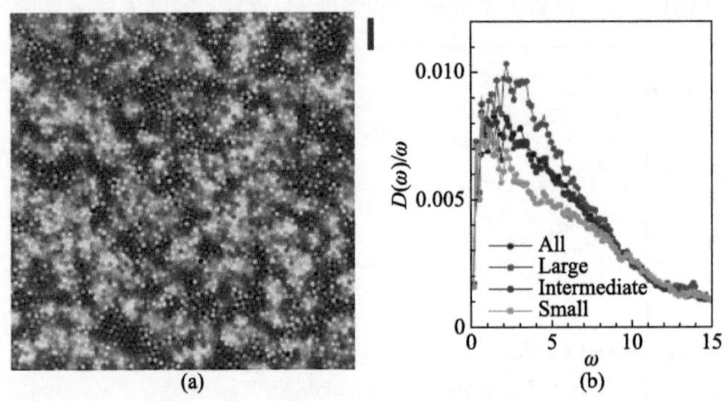

图 10.164 玻色峰和结构非均匀性关系。(a)局域体积的空间分布，亮的粒子具有大的局域体积；(b)态密度 $D(\omega)/\omega$ 随频率ω的谱上的玻色峰对应局域体积，即非均匀性、具有大局域空间即高非均匀性的结构具有更强的玻色峰[269]

4. 玻色峰和热膨胀的关联

在非晶合金中，玻色峰强度和其线性热膨胀系数α[$\alpha = \Delta L/(L_0\Delta T)$，$\alpha = \gamma C_V/3BV$，这里$\gamma$, B 和 V 分别是 Grüneisen 常数，体弹性模量，摩尔体积；L 是长度]呈线性关联，高压或者低温退火下玻色峰强度和其线性热膨胀系数的演化也呈线性关联[289]。图 10.165 是非晶 $Pd_{40}Ni_{10}Cu_{30}P_{20}$ 比热玻色峰$[(C_p-C_p^{cryst})/T^3]$和线性热膨胀系数α在不同压力和时效下的演化。可以看出玻色峰和α随压力和退火时效的变化呈单调线性关系。这说明玻色峰和α都与缺陷有关，而时效和高压都会造成体系缺陷的变化，从而造成玻色峰和α有类似的变化趋势。我们知道热膨胀与晶格振动的非简谐振动有关，是原子之间非简谐作用引起的。这个关联也说明玻色峰与粒子非简谐振动有关。

5. 玻色峰和力学性能的关联

非晶材料的形变和力学性能都和其非均匀性相关，其形变载体是形变单元。实验表明玻色峰和流变单元、剪切带、力学性能都密切关联。图 10.166(a)是非晶 $Zr_{50}Cu_{40}Al_{10}$ 在不同状态：铸态、退火态以及形变后玻色峰的比较[289-290]。通过对非晶合金的轧制，引

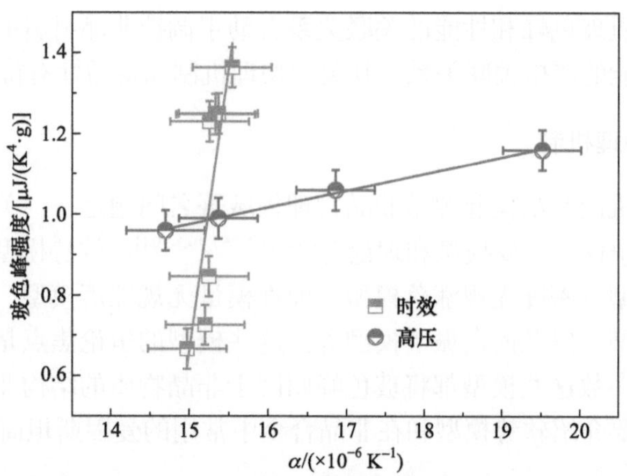

图 10.165　玻色峰[$(C_p-C_p^{cryst})/T^3$]和线性热膨胀系数α在高压和时效下的同步演化[289]

入大量剪切带和应变，如图中显示，这些引入形变的非晶材料的比热玻色峰强度明显增强，且峰位移向低温温度。剪切带的密度和玻色峰有明显的关系，剪切带越密，玻色峰越强。图 10.166(b)是铸态和形变后(应变 $\varepsilon = 57\%$)的非晶 $Pd_{38.5}Ni_{40}P_{21.5}$ 玻色峰峰位温度 T_B 和退火温度 T_a 的关系[280]。对于变形的非晶材料，其 T_B 增加更快，另外，存在一个退火临界温度 $T_{cr}(T_a = 700\ K)$，在这个温度之上退火，T_B 增加到约 20 K，这也证明玻色峰和剪切带、力学性能有明显的关联。

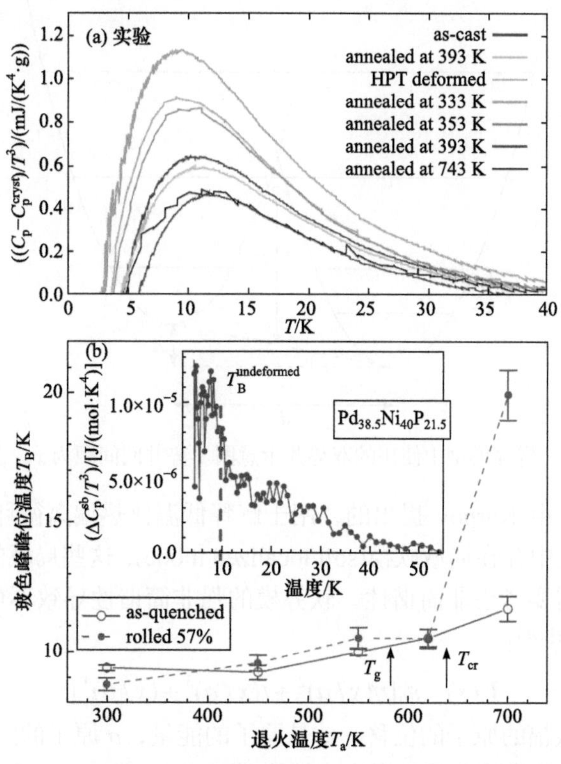

图 10.166　(a)非晶 $Zr_{50}Cu_{40}Al_{10}$ 在铸态、退火态以及形变后玻色峰的比较[280]，(b)铸态和形变后(应变 $\varepsilon =$ 57%)的非晶 $Pd_{38.5}Ni_{40}P_{21.5}$ 的玻色峰峰位温度 T_B 和退火温度 T_a。插图是剪切带对比热的影响[290-291]

总之，非晶物质玻色峰和性能的关联关系有助于调控非晶材料的性能。但是，还没有建立玻色峰和性能的严格关联关系，其关联物理机制和普适性有待进一步研究。

10.9.5 玻色峰的物理机制

玻色峰的物理机制和结构起源是非晶物理领域著名问题之一。关于玻色峰的机制有多个模型、假设和争议。主要模型和理论有[260-261,267,290-294]：软势模型、能量景观图能谷间强非简谐转变模型、密度无规涨落模型、弹性模量无规涨落模型、低维原子链或弦模型、间隙式缺陷模型，以及简谐振子模型等。这些模型的争论焦点是玻色峰原子尺度的结构起源。但是大多数这些模型都将玻色峰归因于非晶物质的结构非均匀性对振动态密度的影响。下面主要介绍软势模型和在非晶合金中常用的爱因斯坦简谐振子模型。

1. 软势模型

软势模型(soft anharmonic potential model，SPM)是在隧穿模型(tunneling model)基础上发展出来的。隧穿模型假设在非晶物质存在两能级体系。两能级体系如图 10.167 所示，是个双势井，两个势井的能量差为Δ，这两个能级之间可以发生隧穿行为。隧穿模型能解释非晶体系在低温下很多热力学和动力学的特征和现象[295]。

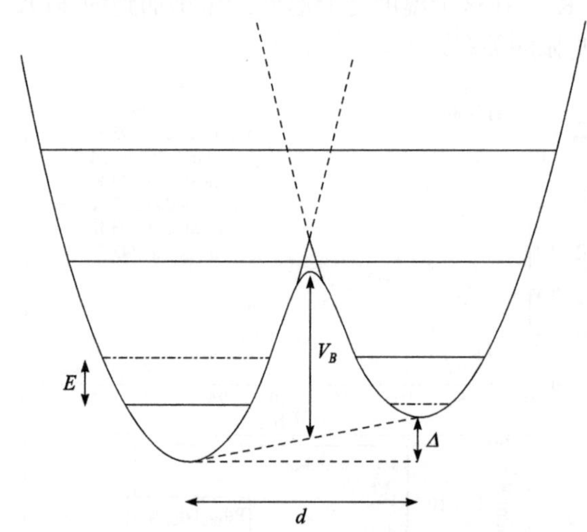

图 10.167 隧穿模型中使用的双势井示意图。势井间间距为 x，或者 d[295]

隧穿模型最早是由 Karpov 提出的，用于解释低温比热偏离德拜理论的行为[296]。该模型假设在非晶物质中存在局域软模(soft localized mode)，这些局域的隧穿态之间有相互作用。在无序体系需要考虑非简谐性，软势模的强非简谐性导致不可忽略的局域激发，其单个的非简谐软模[296]：

$$V(x)=\varepsilon_0[\eta(x/a)^2+t(x/a)^3+(x/a)^4] \tag{10.51}$$

这里 x 是具有最大振幅的原子的位移，ε_0 是原子的能量，a 原子的间距，系数η和 t 是随机参数，它们表征软势模的非简谐强度。软势对应于$|\eta|$和$|t|\ll 1$。该公式可以描述单一或者双势井。当$\eta>0$ 时，公式给出单势井，这样非简谐性可以被描述为单一势井中的准简

谐振动，如图 10.168 所示。当$\eta < 0$时，给出双势井，$W = \varepsilon_0 h_{\mathrm{L}}^2$，跃迁能量 W 可以描述比热和热导系数的低温反常。

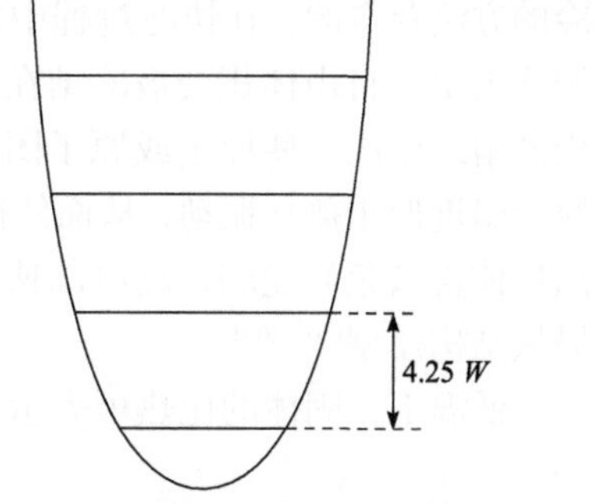

图 10.168　单势井的准局域非简谐振子[295]

软势模型可以解释 2 K 以下非晶物质中的隧穿态、软准简谐振动等低温比热行为。但是软势模型不能用来很好地解释非晶态在较宽温度范围内的低温比热反常，即软势模型不能用来很好地解释非晶物质的特征峰——玻色峰。

2. *局域简谐振子模型*

局域简谐振子模型假设在非晶体系存在软区或者流变单元，在软区或者流变单元中，存在以准简谐局域形式振动的独立松散粒子、原子或者原子团，类似铃铛[260-261,263-264,267]。图 10.169 是以典型的三元非晶合金为例，给出局域简谐振子模型的微结构图像。位于较大的笼子结构中或很大的空位中的松散“铃铛”原子或者原子团都可能像铃铛一样，产生局域振动模。至少在微观结构本征不均匀的非晶合金中，实验证明可能存在某种类似于晶体中存在的笼子结构或者空位。以溶质原子为中心的密堆、类似球体的团簇结团簇(0.7～1.0 nm)并不能有效地堆满整个空间，密堆团簇之间也会有空隙、空位存在，形成笼子结构。占据团簇之间的空隙的松动原子或原子团，相当于笼子中的“铃铛”。这些笼子中的“铃铛”原子或原子团独立于其他原子，受周围原子的作用小，可以像个“铃铛”一样振动，类似化合物中发现的“铃铛”原子，“铃铛”原子的振动可用爱因斯坦局域振子模型来描述，其产生独立的简谐局域振动模形成玻色峰[261]。这是局域振子简谐模型的基本思想。

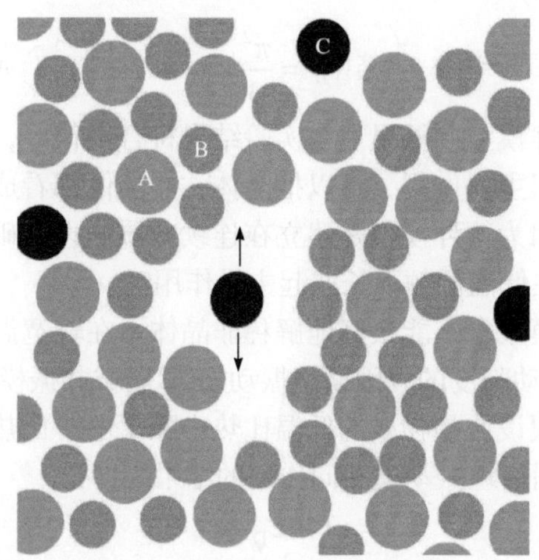

图 10.169　爱因斯坦局域简谐振子模型的二维示意图：以溶质原子为中心的密堆团簇结构构成的笼子结构和松散“铃铛”原子(以典型的三元大块非晶合金为例)。黄色和蓝色的圆球代表溶剂原子，黑色的圆球代表溶质原子或原子团。后者担任松散原子的角色，产生独立的简谐局域振动模[261]

从非晶合金结构和制备过程看，局域共振模的存在也是合理的。非晶物质是通过快冷的方法获得的，在快冷过程中，可能液态中的一些较大尺寸的“笼”状结构、大的孔洞或大量的自由体积会被冻结在非晶合金中，形成非晶合金中的类液态的软区。在这些松散组织中的一些原子或原子团受它们周围原子的作用力很弱，导致这些松散原子或者原子团近似于孤立振动，从而使得非晶物质中存在大量的局域共振模。非晶合金热处理、高压使得玻色峰变弱，高冷却速率得到的非晶合金的玻色峰变强，都证实上述玻色峰的局域结构模型[263-264]。

低温下，固体的比热可表示为[57,297]

$$C_p = C_L + C_e + C_{EX} \tag{10.52}$$

其中 C_L 是声子贡献，C_e 是电子贡献，C_{EX} 包括磁性(自旋玻璃，铁磁性)以及超导态等低能激发态对比热的贡献。声子比热 C_L 可用爱因斯坦(Einstein)模型或德拜(Debye)模型来解释。爱因斯坦模型假设晶格中各个原子的振动相互独立并以同一频率振动，其结果为(等容条件)

$$C_E = 3N \times k_B \times \frac{\theta_E^2}{T^2} \times \frac{e^{\theta_E/T}}{(e^{\theta_E/T}-1)^2} \tag{10.53}$$

其中 $\theta_E = \hbar\omega_0 / k_B$ 为爱因斯坦温度(ω_0 为原子振动频率)。

德拜模型则把固体看成连续介质，其结果为(等容条件)

$$C_L(T/\theta_D) = 9R \times \frac{1}{\theta_D^3} \times \int_0^{\theta_D/T} \frac{\xi^4 \times e^{\xi}}{(e^{\xi}-1)^2} d\xi \times T^3 \tag{10.54}$$

其中 θ_D 为德拜温度；R 为气体常数。在低温下声子比热与温度三次方呈线性关系：$C_L = \beta \times T^3 \left(其中\beta = \frac{12\pi^4}{5} \times \frac{R}{\theta_D^3} \right)$。而电子对比热的贡献 C_e 在高温时远小于声子比热 C_L，在低温下与温度呈线性关系：$C_e = \gamma \times T \left(其中\gamma = \frac{\pi^2}{3} \times k_B^2 \times N(E_F^0) \right)$，$N(E_F^0)$ 为 0 K 时系统在费米面附近的态密度。德拜模型在低温下与实验结果符合得很好，这是因为在低温下长波声子的激发对比热贡献起主要作用，可以把晶体、非晶体都看成连续的介质，而与固体内原子的排布无关。正因为德拜模型是建立在连续介质假设基础上的，所以它能够应用于非晶态材料，特别是在低温低频下长波起主导作用时。

但是，传统的德拜模型也不能很好地解释非晶体系在较宽温度范围内的低温比热结果。研究发现引入一定振动强度的爱因斯坦振动模(即局域共振模)能很好地解释非晶合金的低温比热的反常。即假设非晶物质的低温比热中除了电子比热的贡献外，声子比热主要是由德拜振动模和爱因斯坦振动模共同作用的结果，即：

$$C_p = \gamma T + C_D + n_E \cdot C_E \tag{10.55}$$

其中 γT 是电子比热；C_D 是德拜振动模；C_E 是爱因斯坦局域共振模；n_E 是每摩尔的爱因斯坦振子强度。C_E 为

$$C_E = 3R\left(\frac{\theta_E}{T}\right)^2 \frac{e^{\theta_E/T}}{(e^{\theta_E/T}-1)^2} \tag{10.56}$$

通过引入局域共振模，总的比热拟合结果在较宽温度范围内与实验结果符合得很好。图 10.170 是典型非晶合金 $Cu_{50}Zr_{50}$ 比热用德拜模和爱因斯坦模的拟合结果(实线)。可以看出引入爱因斯坦振动模能很好地模拟非晶合金的比热实验曲线。爱因斯坦局域共振模在总的振动态密度中呈现明显的峰值，对应于玻色峰。各种非晶合金的玻色峰都能够用爱因斯坦局域振子模型描述，这也证实非晶物质中存在爱因斯坦类型的局域振动模。

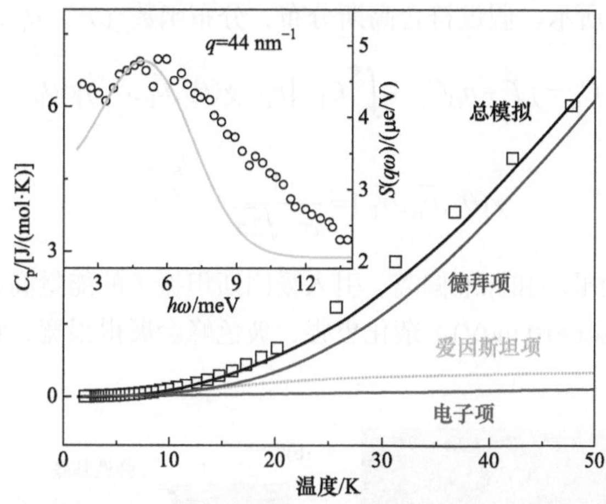

图 10.170　非晶 $Cu_{50}Zr_{50}$ 比热 C_p 的拟合结果(实线)，包括德拜模和一个爱因斯坦模。插图是$[(C_p-\gamma T)/T^3]$的表示形式，是非晶低温振动态密度和中子衍射的结果比较[267]

可根据比热的低温拟合结果推演出非晶低温振动态密度[267]。假设局域共振模的态密度服从高斯分布：

$$g_E = \frac{n_E}{\sigma\sqrt{2\pi}}\exp\left[-\frac{(T-\theta_E)^2}{2\sigma^2}\right] \tag{10.57}$$

其中σ是高斯分布的宽度(假设$\sigma=\theta_E/3.4$)。图 10.171 及插图显示的是非晶合金总的单位摩

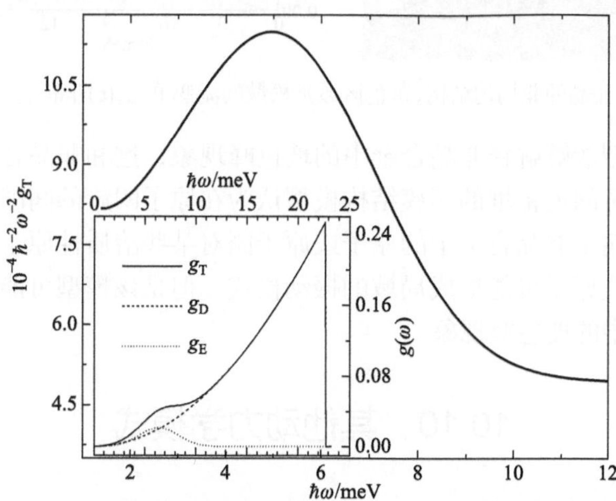

图 10.171　非晶 Vit4 由低温比热推导出的振动态密度，在 4.9 meV 的峰值对应无序结构中的玻色峰。插图：不同振动态的振动态密度：总的振动态密度 g_T(固态线)，德拜振动态密度 g_D(折线)和爱因斯坦振动态密度 g_E(点线)[267]

尔振动态密度 $g_T(=g_D + g_E)$。其中德拜振动态密度 g_D 服从 ω^2 分布，并且总的振动态密度在 22.7 meV 存在最大值，对应德拜温度。在 4.9 meV 的峰值对应无序结构中的玻色峰，与中子衍射结果符合得很好。

需要说明的是，由于非晶结构的复杂性，每个爱因斯坦振子的能量不尽一致。这些笼中原子要受到周围原子一定的杂化作用。所以实际非晶体系中爱因斯坦振子的能量有个分布，如图 10.172 所示。假设符合高斯分布，分布函数 $\chi(\theta_E, \bar{\theta}_E, \sigma_E)$，即

$$C_p = \gamma T + n_D C_D + \int_0^{\infty} C_E \cdot [n_E \cdot \chi(\theta_E, \bar{\theta}_E, \sigma_E)] d\theta_E \tag{10.58}$$

$$\chi(\theta_E, \bar{\theta}_E, \sigma_E) = \frac{1}{\sigma_E \sqrt{2\pi}} e^{-\frac{(\theta_E - \bar{\theta}_E)^2}{2\sigma_E^2}} \tag{10.59}$$

这里 $\bar{\theta}_E$ 和 σ_E 是分布的平均和标准偏离。引入爱因斯坦振子的能量高斯分布，和实验结果符合得更好。在高温区(>10 meV)，杂化更强，玻色峰会展得很宽，强度下降，符合实验观测。

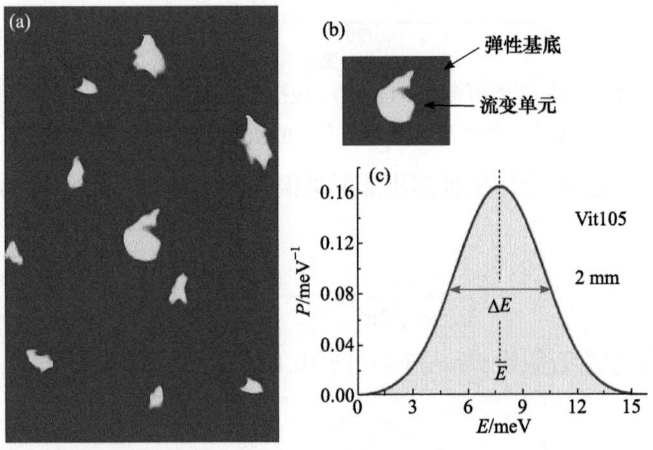

图 10.172 (a)和(b)图示非晶的非均匀结构，黄色区域是松散的流变单元；(c)非晶中过剩振动模式的分布[263]

局域谐振子模型能够解释非晶合金中的玻色峰现象，这和非晶合金独特的原子结构特征有关。非晶合金的近密堆的团簇结构模型认为在原子团簇的间隙中间存在溶质性小原子。该模型也说明了非晶合金中的原子或原子团对某些溶质性原子束缚力很弱，从而使得这些松散的溶质原子可能形成局域的振动模式。但是该模型可能并不能用来很好地解释传统玻璃体系中的玻色峰现象。

10.10 其他动力学模式

在非晶物质的弛豫谱的高频端还存在红外波带(频率范围 GHz ± THz)[17]。在红外区，有各种共振特征峰，类似声子模、分子的振动或旋转激发，可以被红外谱仪器探测到。采用非弹性中子散射和分子动力学拟合，在 Zr-Cu-Al 非晶合金中观察到高频切向声子

(transverse phonon)[298]。到目前为止，还没有关于这些动力学特征微观结构的解释。超低、超高频端的非晶弛豫研究极少。

另外，物理时效(physical aging)和回复(rejuvenation)也是非晶物质中的动力学过程。物理时效是非晶体系向平衡态弛豫，且在此过程中不会发生相变和化学反应，也称为结构弛豫。物理时效同样影响非晶材料的诸多物理性质如：密度、焓、熵、模量、介电性质及电导等。物理时效具有可逆性的特点。可逆性是指如果将经过时效处理的非晶态材料加热到过冷液相区，之前的时效处理的影响将会被完全消除。回复就是物理时效的反过程。

非晶物质中的物理时效和回复都可以用焓的变化来表征。在玻璃转变温度以下的温度(T_g−100 <T < T_g)退火会使非晶向更低能态弛豫，即发生物理时效，这通常可以用焓和体积的减少以及密度的增加表现出来。而当把非晶物质加热到玻璃转变温度以上的温度时，系统又恢复到平衡态的体积和焓，即回复发生。这种弛豫-恢复过程是可以在 T_g 以下的温度反复进行的，即这个过程具有可逆性。这和通常的 T_g 以下温度弛豫要在过冷液相区内才能得到完全恢复的情况完全不同。这种 T_g 以下的弛豫-恢复过程是玻璃转变动力学的非指数性导致的记忆效应所致。关于非晶的时效和回复在其他章节会详细介绍。

10.11　非晶物质超长时间尺度下的动力学

非晶物质也被看作冻结的液态，这意味着非晶物质中的组成粒子在进行极其缓慢的流动。因此，极其缓慢的弛豫动力学研究是认识非晶物质非常重要的途径，也一直是凝聚态物理和材料科学领域的核心问题[299]。随着更多先进研究手段的使用和研究的不断深入，人们发现在非晶态物质超长时间跨度和不同空间尺度下蕴含着丰富的缓慢动力学行为，这些动力学和上面介绍的这些动力学模式之间彼此关联，同时也具有独特性，对非晶物质的特性和性能有重要影响。

其实非晶物质中极其缓慢的弛豫、流变行为很早就被意识到。上百年的沥青滴漏实验证明，非晶态沥青看上去虽是固体，但实际上它在室温环境下一直不停地在极为缓慢地流动。焦耳也注意到非晶玻璃材料的缓慢弛豫现象，他用了 38 年研究了热效应造成的温度计非晶玻璃管的缓慢弛豫对温标的影响。确实发现氧化硅玻璃的缓慢流变对其温度计的“零点温度”有影响。中世纪教堂的古老窗户玻璃总是下部比上部厚，就是非晶玻璃在重力长时间(几百年)作用下的流动导致的。通过对一块硅酸盐玻璃——大猩猩玻璃®(T_g = 620 ℃)进行长达一年半的室温测量，观测到约十万分之一的尺寸变化，即在室温环境下观察到极为缓慢的流动[100]。这种流变可能与玻璃内部不同类型碱离子之间的长程相互作用有关。

随后，一种远比黏度对应时间尺度快的、与离子扩散有关的弛豫行为被 X 射线光子关联谱(X-ray photon correlation spectroscopy，XPCS)直接观测到[102]。利用同步辐射光源的 XPCS 可对非晶物质的慢弛豫动力学过程进行直接观测，将非晶弛豫动力学的研究推向原子尺度和长时间尺度。与光子关联谱、拉曼和布里渊散射、非弹性中子和 X

射线散射以及中子自旋回声等其他微观动力学研究手段相比，XPCS 能覆盖更小的空间尺度和更慢的时间尺度，为原子尺度慢动力学的研究提供了强有力的手段[300-301]。在 XPCS 实验中，相干 X 射线透过样品时发生散射，每一种原子排列方式都产生相应的特征散射图样，如果发生原子重排导致排列方式变化，散射图样也发生相应的改变，通过对散射图样进行系综平均和时间平均，就能够得到相应的原子尺度的弛豫动力学信息[301]。诸如 XPCS 这样强有力的弛豫动力学的手段的出现，非晶物质在微观原子尺度下一些独特的动力学行为会被发现。特别是随着 X 射线自由电子激光装置的问世和普及使用，微观尺度的弛豫动力学研究将得到极大的推动。下面介绍非晶物质中宏观超长时间尺度反常动力学行为，需要说明的是，这些行为只是非晶物质长时间尺度下流变行为的冰山一角。

10.11.1 非晶物质中宏观超长时间尺度反常动力学行为

我们知道在 KWW 方程 $F(t)=F(0)\exp[-t/\tau]$ 中，弛豫指数β在绝大多数情况下是小于 1 的，非晶物质弛豫扩展指数被认为与动力学不均匀性有关。研究发现，非晶合金原子尺度的弛豫过程表现为异常的β大于 1 的压缩指数弛豫(图 10.173)，这是因为非晶物质微观上的弛豫过程与粒子间很强的内应力有关[300,302]。

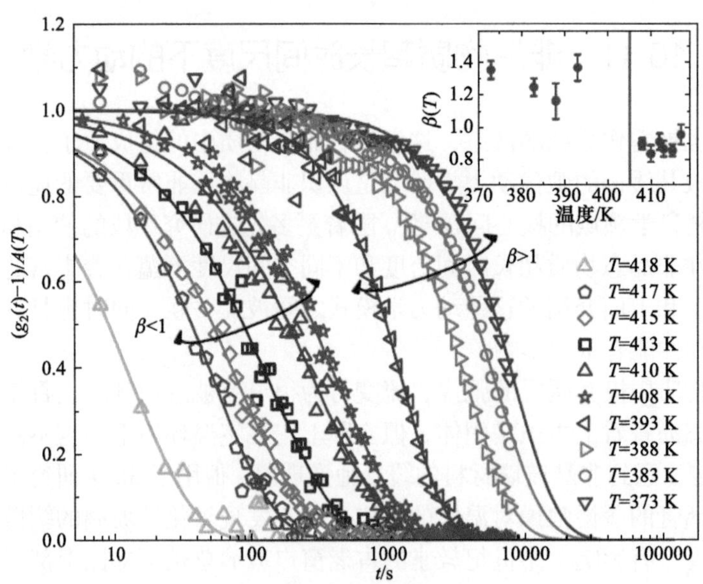

图 10.173 XPCS 实验测量的 $Mg_{65}Cu_{25}Y_{10}$ 非晶合金在不同温度下的关联函数 $g(t)$ 和弛豫指数，在低温下，$\beta>1$[300]

在非晶合金体系也发现缓慢流变的反常快弛豫行为。图 10.174 是通过芯轴缠绕实验(等效施加恒定应变小的应力弛豫)得到的几种非晶合金体系在不同温度下约化应变 $\varphi_T(t)$ 随时间 t 的演化[88]。可以看出，在相同的约化温度，这些非晶合金符合一致的演化规律：$\varphi_T(t)$ 的变化很明显地分为两个阶段，在大约前 10 min 的短时间内，流动很快，然后进入更为缓慢的长时间过程。

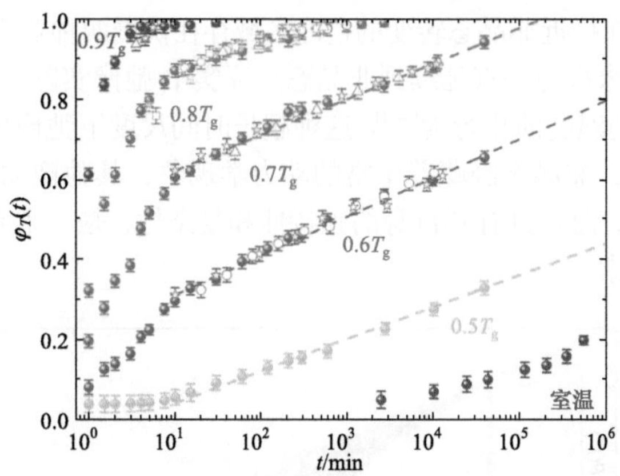

图 10.174　四种非晶合金在不同温度下的两步流变规律[88]

采用应力弛豫方法进行细致的研究也发现非晶合金的结构弛豫模式有分裂现象。如图 10.175 所示，在 T_g 附近较高的温度，应力$\sigma(t)$均以单步的形式平滑地衰减；当温度降低至 T_g 以下 20～30 K 后，应力弛豫曲线出现一个“肩膀”，弛豫逐渐分裂为快弛豫和慢弛豫两个过程；随着温度的进一步降低，这种分裂愈发明显。这两种弛豫模式表现出不同的动力学特征。如图 10.176 所示，快弛豫特征时间很短、激活能极小且不依赖于非晶体系(≈0.1 eV)，弛豫特征指数β大于 1，弛豫时间和指数均不随样品退火状态变化[303]；慢弛豫的特征时间较长、激活能很大且依赖于非晶体系(≈52k_BT_g)，弛豫特征指数β小于 1，而样品老化程度增加导致该弛豫过程显著变缓[88-89]。理论分析表明，快弛豫对应于原子尺度内应力驱动的类弹道运动，慢弛豫则对应于更大尺度下的原子重排，与动力学不均匀性有关[88]。分子动力学模拟对模型体系非晶 CuZr 合金薄膜的弛豫动力学行为研究也揭示了二

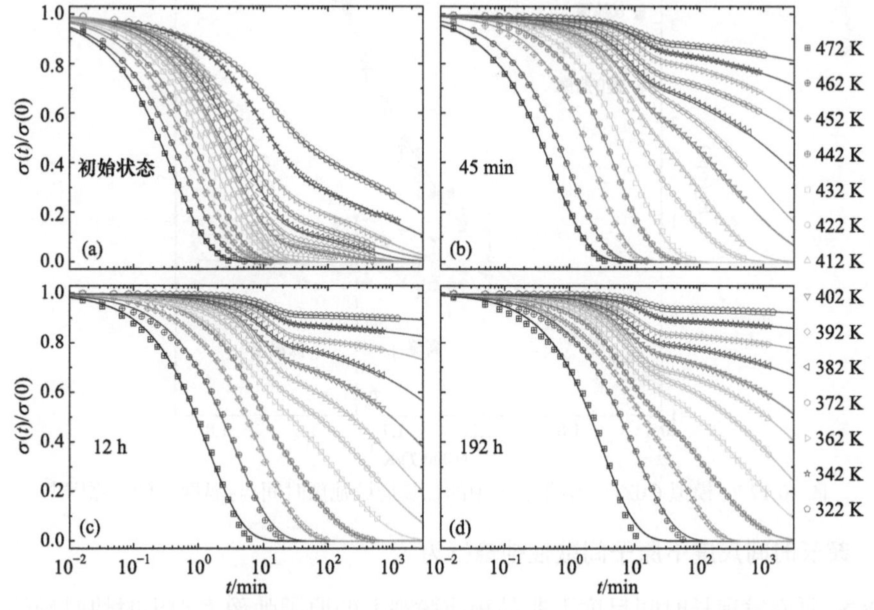

图 10.175　几种非晶合金在不同温度下的应力σ随时间 t 的弛豫曲线[303]

维非晶合金薄膜材料在接近非晶态转变的过冷区域存在快慢两种亚模式，如图 10.177 所示。这种多尺度的弛豫行为一直延续到非晶态。证实 β 弛豫实际上由快、慢两个亚过程构成，两者具有类似的温度演化行为[304]。这种超长时间尺度下弛豫模式的分裂现象说明，在极大的时间跨度下，非晶态隐藏着丰富的动力学现象，其弛豫动力学行为不仅仅是其过冷液体的简单延续，而是具有其自身的独特性和复杂性，是一个有待开发的新的领域，值得进一步的研究探索。

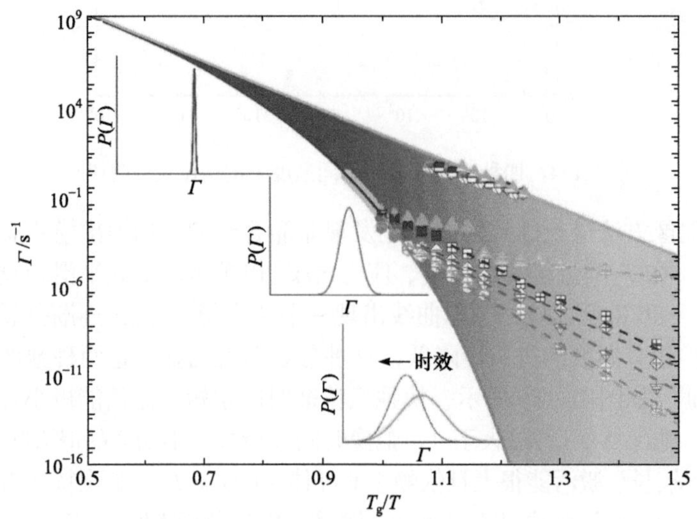

图 10.176　非晶合金及其高温前驱液体的动力学行为的 Arrhenius 图[303]

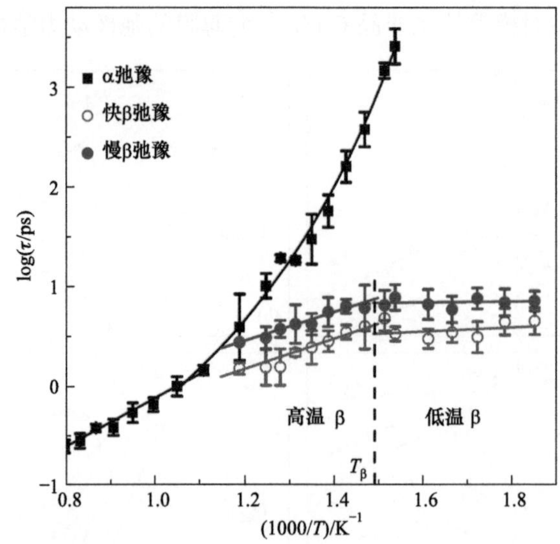

图 10.177　模拟 CuZr 二维非晶态中的二步局域弛豫时间 τ 与温度 T 的关系[304]

10.11.2　超长时间尺度下原子间歇性弛豫行为

XPCS 研究发现长时间尺度下非晶物质微观上的原子弛豫表现出时快时慢的间歇性行为，完全不同于宏观测量的物理性质随时间的稳定演化[46,103]。图 10.178 给出了 XPCS

测量的铸态非晶合金 $Zr_{44}Ti_{11}Cu_{10}Ni_{10}Be_{25}$ 在原位应力状态下，在 539 K 长时间等温过程中，具有代表性的关联函数 $g_2(q_0,t)$[305]。由 Siegert 公式 $g_2(q,t)=1+c|f(q,t)|^2$ 可知，关联函数与体系密度涨落有关，从而其衰减过程直接提供了原子运动的相关信息。式中，c 为与实验装置有关的常数，$f(q,t)$为中间散射函数。图 10.178(a)中的数据能够用 KWW 模型进行拟合：$g_2(q_0,t)=1+c\cdot f_q^2(t_w)\exp\left[-2\left(t/\tau(t_w)\right)^{\beta(t_w)}\right]$。拟合参数都随实验等温过程中的等待时间 t_w 变化，反映整个原子运动过程中各方面的信息。$\tau(t_w)$为弛豫时间，$\beta(t_w)$为弛豫特征指数，$f_q(t_w)$为中间散射函数 $f(q,t)$的非各态历经平台，与发生结构弛豫之前粒子被其最近邻形成的笼子限制而未逃出的过程有关[46,306]。从图中可以看到，关联函数随着等待时间 t_w 的增加，首先连续地向右侧长时间尺度移动，之后却反常地左移到更快的时间尺度。这意味着体系经历了弛豫时间首先快速增加，而后却自发地缩短的过程。这与宏观测量中在恒定温度随着等待时间增加，弛豫时间稳定地增大的现象完全相反。此外，当关联函数的衰减过程经历这一快速变缓而后紧接着加快的时候，其初始平台突然降低到更低的值，如图 10.178(b)所示。

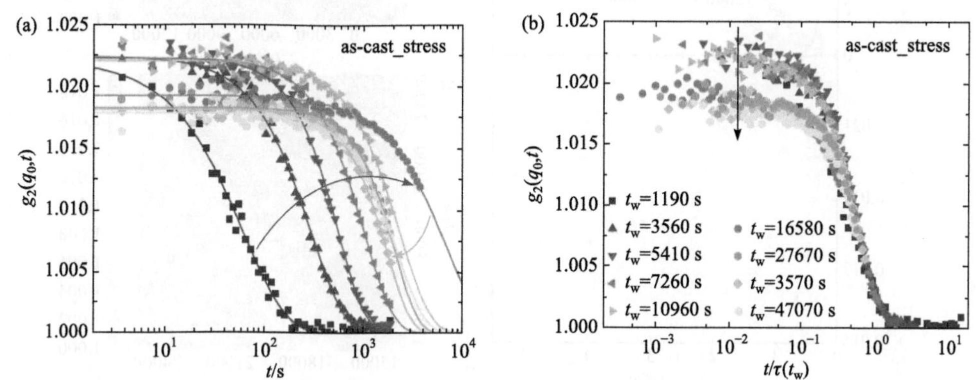

图 10.178　(a)原位应力状态下，铸态样品在 539 K 的长时间等温过程中，不同等待时间的关联函数 $g_2(q_0,t)$，XPCS 测量波矢 $q_0=2.81$ Å^{-1}。曲线为 KWW 模型拟合，数据的符号标注：(a)与(b)中一致；(a)中箭头方向为 $g_2(q_0,t)$随等待时间的非单调演化；(b)时间坐标为 $t/\tau(t_w)$的关联函数 $g_2(q_0,t)$，黑色箭头突出显示了初始平台的下降[46,305]

图 10.179(a)为非晶合金 $Zr_{44}Ti_{11}Cu_{10}Ni_{10}Be_{25}$ 铸态样品在原位应力和自由状态下，在 539 K 等温过程中，弛豫时间 $\tau(t_w)$以及关联函数初始平台 $c\cdot f_q^2(t_w)$ 的时间演化过程[305]。应力状态下的样品在 $t_w<1.7\times10^4$ s 的初始阶段弛豫时间 $\tau(t_w)$快速增加到 1.1×10^4 s，意味着发生了非常快速的老化，随后其迅速减小并最终进入 $\tau(t_w)=3\times10^3$ s 的稳定阶段。也就是说，在等温过程中原子弛豫表现出显著的间歇性动力学行为(intermittent dynamic behavior)。该间歇性事件持续了将近 1.3×10^4 s 的时间跨度，伴随的弛豫时间起伏$\Delta\tau(t_w)=8.8\times10^3$ s。微观动力学随时间的演化过程可由双时间关联函数 $C(t_1,t_2)$(two-time correlation function)直观描述。双时间关联函数代表在时间段 t_1 和 t_2 之间平均构型的瞬时自关联性。图 10.179(b)和(c)给出了应力状态下铸态样品的双时间关联函数。左下角到右上角的中心

对角线代表实验的等待时间，而沿中心对角线的橙色脊状区域的宽度与弛豫时间成正比。从图中可以看到，随着时间延长，脊状区域首先逐渐变宽(图 10.179(b))，随后突然变窄并最终保持在一定宽度(图 10.179(c))，直观地显示出弛豫过程的快速变缓和随后的突然加速过程。从图 10.179(a)的洋红色阴影区域可以看到，弛豫时间的起伏同时伴随着 $c \cdot f_q^2(t_w)$ 的快速下降，这表明间歇性动力学事件与额外的次级弛豫过程有关。对于自由状态的铸态样品，即使在初始的快速老化阶段，仍然可以看到尖锐的弛豫时间的起伏，而且同样伴随着 $c \cdot f_q^2(t_w)$ 的快速下降[见图 10.179(a)蓝绿色阴影区域]。

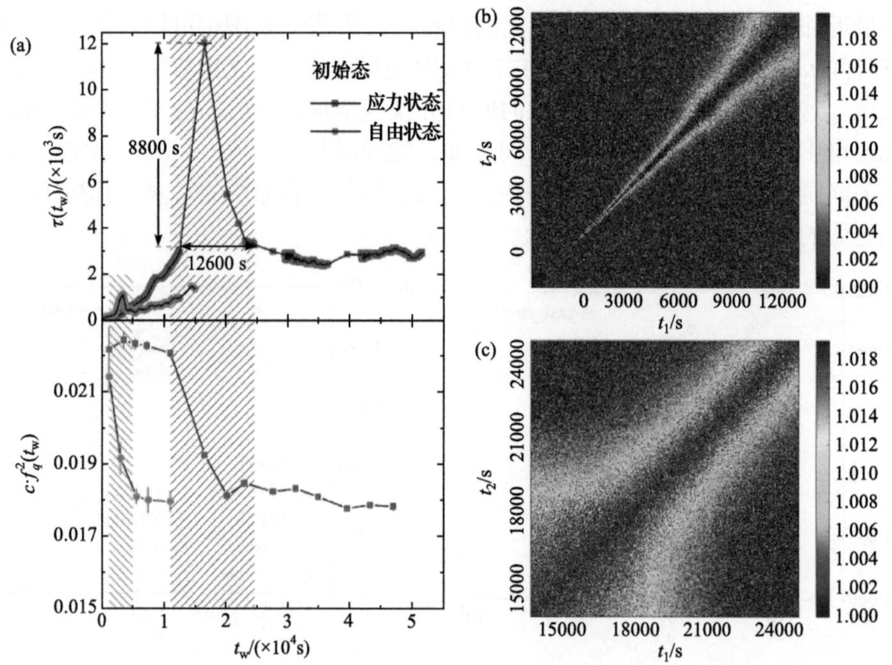

图 10.179　铸态样品的弛豫动力学。(a)在 539 K 等温过程中自由和应力状态下弛豫时间 $\tau(t_w)$以及关联函数 $g_2(q_0, t)$的初始非各态历经平台 $c \cdot f_q^2(t_w)$ 的时间演化过程。阴影区域突出了间歇性事件的范围，等温初始时刻的弛豫时间 $\tau(t_w = 0\ s) \approx 100$ s。(b)铸态样品在应力状态下的双时间关联函数。沿对角线橙色脊状区域的宽度正比于 $\tau(t_w)$。$t_1 = 0$ s 时 T 达到 539 K，随后在 539 K 等温。(c)为(b)的 539 K 等温测量过程的延续[305]

图 10.180 是非晶合金 $Zr_{44}Ti_{11}Cu_{10}Ni_{10}Be_{25}$ 预退火 3 h 后，在 539 K 等温过程中弛豫时间 $\tau(t_w)$以及关联函数初始平台 $c \cdot f_q^2(t_w)$ 的时间演化过程。自由状态下样品表现出明显的间歇性动力学行为，即弛豫时间快速地增加直到 $t_w = 1.1 \times 10^4$ s，然后突然停止增加并进入一个稳定的阶段，$\tau(t_w)$保持在 4×10^3 s 左右基本不变，随后又快速减小到另外一个 $\tau(t_w) = 1 \times 10^3$ s 的稳定阶段。这里的间歇性事件不如应力状态下铸态样品的显著，其持续时间更短，为 $\Delta t_w = 1.1 \times 10^4$ s，而且弛豫时间起伏 $\Delta\tau(t_w) = 3.0 \times 10^3$ s，远小于铸态样品。自由状态下弛豫时间间歇性演化同样可以由图 10.180(b)和(c)所示的双时间关联函数直观地显示出来。随着时间延长，沿中心对角线的橙色脊状区域首先逐渐变宽(图 10.180(b))，在随

后一段时间宽度保持不变，最终突然变窄并保持在一定宽度(图 10.180(c))。在图 10.180(a)蓝绿色阴影区域可以看到，与铸态样品中出现间歇性事件的情况一致，弛豫时间的起伏同时伴随着显著的 $c\cdot f_q^2(t_\mathrm{w})$ 减小。而在应力状态下，弛豫时间仅仅缓慢地增加，而且起伏非常小，同时 $c\cdot f_q^2(t_\mathrm{w})$ 也几乎保持不变。原位应力的存在显著抑制了原子弛豫过程中间歇性事件的发生。

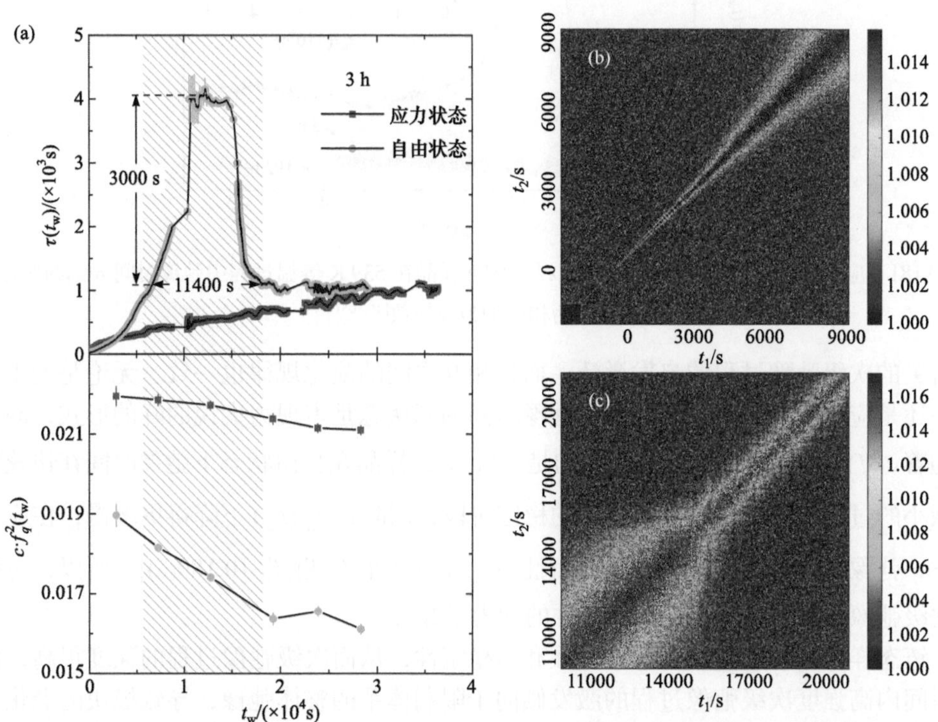

图 10.180　预退火 3 h 样品的弛豫动力学。(a)自由和应力状态下 539 K 等温过程中弛豫时间 $\tau(t_\mathrm{w})$以及关联函数 $g_2(q_0, t)$的初始非各态历经平台 $c\cdot f_q^2(t_\mathrm{w})$ 的时间演化过程。阴影区域突出了间歇性事件的范围，等温初始时刻的弛豫时间 $\tau(t_\mathrm{w} = 0\ \mathrm{s}) \approx 100$ s。(b)预退火 3 h 样品在自由状态下的双时间关联函数。沿对角线橙色脊状区域的宽度正比于 $\tau(t_\mathrm{w})$。$t_1 = 0$ s 时 T 达到 539 K，随后在 539 K 等温。(c)为(b)的 539 K 等温测量过程的延续[46]

从图 10.181 中不同退火状态非晶合金的对比可以很清楚地看到，间歇性弛豫被预退火显著抑制。铸态样品由高达 10^6 K/s 的冷却速率制备，往往保留了大量从液体冻结下来的高度不稳定的构型，处于能垒图上的高能态且结构极不均匀。相比之下，经过 3 h 和 192 h 的预退火处理之后样品的虚拟温度 T_f 分别降低达 149 K 和 187 K 之多，这意味着其能态远低于铸态样品，且结构更加均匀。不同退火状态的非晶中间歇性事件截然不同的表现形式意味着其与体系的整体稳定性密切相关，而且受内应力、结构非均匀性的显著影响。

XPCS 得到的是 X 射线探测的样品体积内所有原子的平均贡献，相应的 $c\cdot f_q^2(t_\mathrm{w})$ 变化的大小即代表了次级弛豫过程的弛豫强度。间歇性弛豫事件总是伴随着与 $c\cdot f_q^2(t_\mathrm{w})$ 下

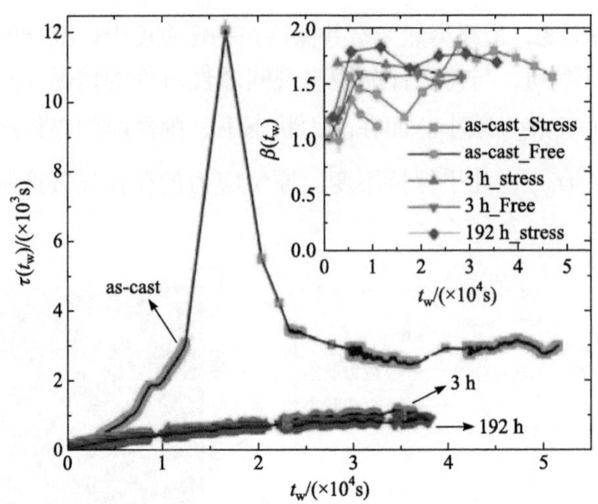

图 10.181 应力状态下铸态、预退火 3 h 以及 192 h 样品在 539 K 等温过程中弛豫时间 $\tau(t_w)$的对比，插图为相应的弛豫指数[46,305]

降有关的次级弛豫过程的自发激活，而且相互之间的演化规律也一致。无论是处于自由状态还是应力状态下，铸态样品中弛豫时间的起伏总是表现为尖锐的峰的形式，同时都伴随着 $c\cdot f_q^2(t_w)$ 的快速下降。不同的是，3 h 退火样品在自由状态下弛豫时间在快速增加和减小的过程中间存在一个长时间的稳定阶段，同时 $c\cdot f_q^2(t_w)$ 下降得更缓慢；在应力状态下，弛豫时间仅有微小的起伏，而且 $c\cdot f_q^2(t_w)$ 几乎不变[图 10.180(a)]。所以，可以认为次级弛豫的激发构成了间歇性事件的动力学起源。

铸态样品有较大的结构不均匀性和不稳定性，从而次级弛豫过程的强度很高，因此短时间内高强度次级弛豫过程的激发倾向于限制体系的整体弛豫，导致极快的老化，即弛豫过程迅速变缓。另外，次级弛豫的继续激发又导致体系动力学失稳，消除慢区域原子的动力学限制，弛豫再次加快。从而导致间歇性事件。非晶物质经过退火处理之后，结构更加均匀且具有更高稳定性和更弱的次级弛豫强度，从而动力学间歇性事件变得相对平缓和微弱(图 10.181)。图 10.181 插图可看出关联函数的指数 $\beta(t_w)\approx1.5\pm0.3$，与弛豫时间一样也表现出波动性。原位应力为基底提供了额外的方向性应力场，使原子的结构重排趋向于沿外界应力场方向，局域重排的随机性降低，从而抑制了间歇性事件的发生。因此，间歇性事件的出现受非晶物质的热历史影响显著。

宏观弛豫和微观动力学过程的区别是显著的。在恒定温度弛豫过程中，非晶物质宏观上表现为稳定地趋于平衡态，是朝着弛豫时间不断增加的方向稳定地逐步演化。而在原子尺度，弛豫时间表现出剧烈的波动，出现间歇性。非晶物质宏观整体稳定性以及外界加载应力状态的改变显著影响微观上的间歇性动力学涨落，说明它们之间也具有密不可分的联系。

总之，非晶物质微观原子尺度弛豫过程表现出间歇性，弛豫时间急剧增加而后雪崩式地突然减小的间歇性事件往往更容易发生在不稳定的铸态样品中。出现间歇性事件的同时关联函数初始非各态历经平台下降，而且间歇性起伏越尖锐，该平台下降越快。预退火处理、原位应力的外部条件能显著地抑制间歇性弛豫的发生。间歇性弛豫过程在一系列非晶体系被发现，是普遍存在的非晶微观弛豫动力学特征。

10.12 动力学模式的耦合

大量实验及理论研究证明，非晶体系的各种动力学模式有密切的联系，互相耦合。一种模式是另一种的前驱，或者是由另一种模式的集合、协同造成的。这种耦合深刻反映了非晶物质的本质、特征和结构特点。下面详细介绍这些模式的各种耦合以及 Ngai 提出的耦合模型。

10.12.1 α弛豫和β弛豫的耦合

α弛豫和β弛豫都在玻璃转变过程中起重要作用，只是发生区域、能量、时间尺度不同而已。β弛豫只发生在局域，时间尺度更短，只需要较低的温度或较低的应力来激活，β弛豫是α弛豫的前驱体和组成单元。在一个非晶体系，α弛豫和β弛豫在温度 T 和压力 P 下的弛豫时间 $\tau_\alpha(T, P)$和 $\tau_\beta(T, P)$符合[16]：

$$\log[\tau_\alpha(T,P)/\tau_\beta(T,P)] \approx n\log[\tau_\alpha(T,P)/t_c] \tag{10.60}$$

其中，$n(T, P)$是扩展因子，$\beta_{KWW} \equiv (1-n)$是描述α弛豫的 KWW 方程$\varphi(t) = \exp[-(t/\tau_\alpha)^{1-n}]$的系数。$t_c$ 是体系从不关联(短时)到关联(长时)的交叉时间，对非晶合金，$t_c \approx 0.2$ ps，对于分子非晶玻璃，$t_c \approx 2$ ps[16]。在 T_g 点，$\tau_\alpha(T_g, P) = 100$ s，对于特定的 T 和 P，$\tau_\alpha(T, P)/\tau_\beta(T, P)$只和 n 相关，如图 10.182 所示，在不同非晶合金系统，β弛豫时间 $\log[\tau_\beta(T_g)]$和描述α处于时间分布的系数(KWW 方程系数)$\beta_{KWW} \equiv (1-n)$关联[307]。当 $n \to 0$，τ_α 和 τ_β 的差别可以忽略不计，两个动力学模式耦合在一起，在动力学谱上看类似过剩尾[16,307]。说明α弛豫和β弛豫有内在本质的关系，是耦合关系。另外，β弛豫和描述α弛豫的脆度 m 关联，如图 10.183 所示，在这个非晶合金体系，其β弛豫随成分的演化和其脆度系数完全一致。这也反映了α弛豫和β弛豫的耦合关系[33]。

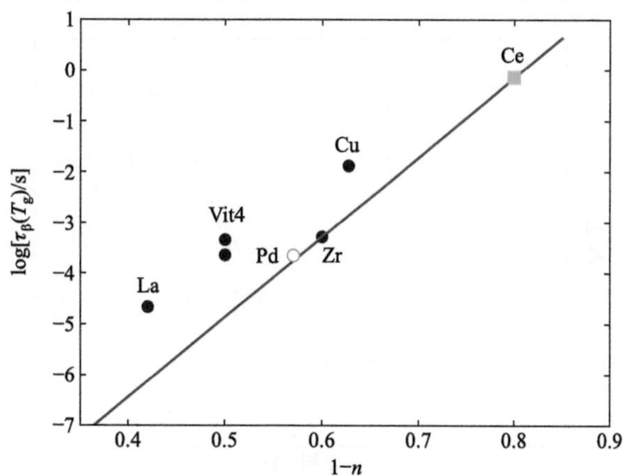

图 10.182 不同非晶合金β弛豫时间 $\log[\tau_\beta(T_g)]$和描述α处于时间分布的系数(KWW 方程系数)$\beta_{KWW} \equiv (1-n)$的关系[307]

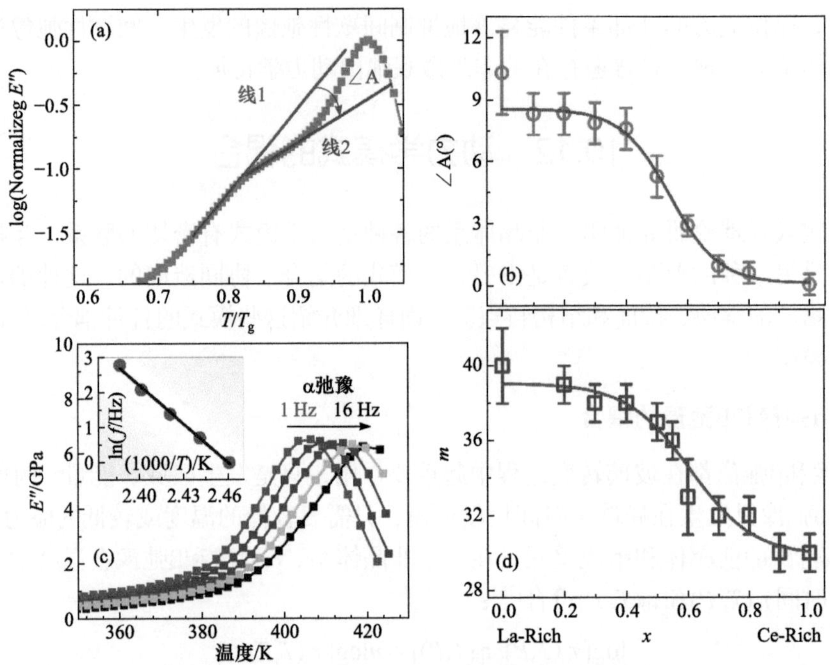

图 10.183 非晶$(Ce_xLa_{1-x})_{68}Al_{10}Cu_{20}Co_2$体系β弛豫和表征α弛豫的脆度系数 m 的关系。(a)定义∠A 表征β 明显程度；(b)α弛豫明显程度∠A 和 Ce 含量 x 的关系；(c)该体系α弛豫脆度系数 m 的测量；(d)m 和 x 的关系[33]

另外，β 弛豫激活能 $E_β$ 和 T_g 呈线性关系，即：$E_β = 26RT_g$，而 T_g 是α弛豫的特征温度。而且α弛豫时间$\tau_α$和β弛豫时间$\tau_β$符合一样的标度函数 $T^{-1}V^{-\gamma}$或者ρ^{γ}/T，其系数γ相同(这里 V 是体积，ρ是密度，γ和分子间相互作用势有关)[16]，这说明α弛豫的很多现象起源于β弛豫，密切关联。β弛豫起始温度 $T_{gβ}$，甚至被称作第二玻璃转变温度，也即非晶体系的局域玻璃转变温度[16]。这些都说明两种主要模式的耦合关系。

图 10.184 是从能量地貌图的角度直观给出α弛豫和β弛豫的耦合关系。从这个一维势

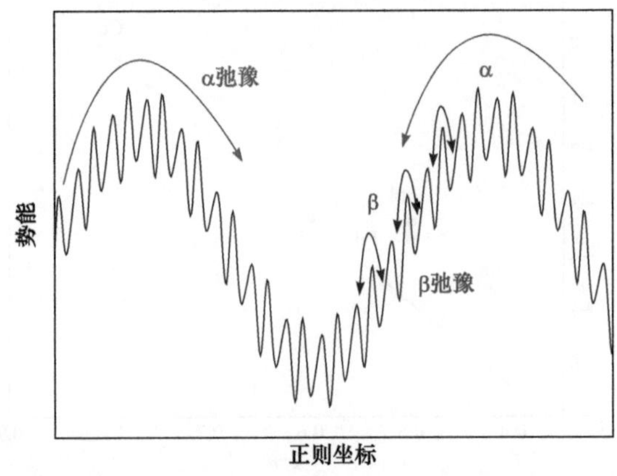

图 10.184 非晶α和β弛豫耦合关系的一维势能形貌示意。β弛豫通过自组织和逾渗转变成α弛豫，即β弛豫可看成是α弛豫的单元和前驱，其跃迁的势垒很小；α弛豫是由一系列β弛豫组成的，其势垒远大于β弛豫[246,308]

能形貌上可看出，β弛豫可看成是α弛豫的单元和前驱，地貌图上的大能谷α弛豫是小能谷β弛豫通过自组织和逾渗组成的。β弛豫跃迁的势垒很小，α弛豫的激活是通过一系列β弛豫而激活实现的，其总的势垒远大于β弛豫[246,308]。

基于随机以及相变理论，Wolynes 等[309]提出α弛豫的发生是通过激活很多的非晶物质中的局域区(compact regions)来实现的。β弛豫涉及链状原子团簇的运动，在动力学激活能谱上形成低能尾，α弛豫和β弛豫有内在本质的关系。

α弛豫涉及的协同运动与尺寸、维度有关。随着尺寸的降低，α弛豫和β弛豫的区别变得很小，τ_α趋向于τ_β或者τ_0[16,94]。当非晶物质从三维变成二维或一维时，α弛豫和β弛豫合并在一起，类似温度造成的α弛豫和β弛豫合并，如图 10.185 所示。也证明α弛豫和β弛豫的关联[94]。

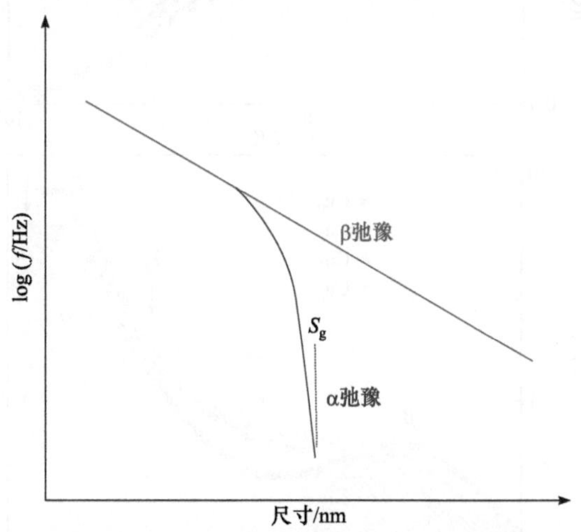

图 10.185　维度或尺寸导致的α弛豫和β弛豫合并，S_g类似玻璃转变点[94]

总之，α弛豫和β弛豫是密切关联的，在一定条件下可以耦合在一起，都在玻璃转变和形变过程中起到重要作用。

10.12.2　β弛豫和玻色峰的耦合

慢β弛豫和玻色峰是能量、频率、时间尺度相差很大的动力学模式，但是研究表明慢β弛豫和玻色峰密切关联，互相耦合。在非晶合金中发现慢β弛豫和玻色峰有共同的微观结构起源，即都起源于非晶中的软区流变单元。玻色峰和软区的松散粒子的振动行为有关，而慢β弛豫是软区中粒子的协同运动。这两个模式之间的关联正是由于它们都有共同的结构起源。作为一个例子，图 10.186 是非晶合金体系 $La_{70-x}Ni_{15}Al_{15}Cu_x$($x$=0, 2, 5, 8)，$La_{70-x}Ni_{15}Al_{15}Pd_x$($x$=2, 5)，$La_{70-x}Ni_{15}Al_{15}Ti_x$($x$=2, 5)，$La_{68}Ni_{15}Al_{15}Si_2$，$La_{68}Ni_{15}Al_{15}Sn_2$ 和 $La_{60}Ni_{15}Al_{15+x}Cu_{10-x}$($x$=0, 5, 8, 10)通过替代组元，用不同元素替代 La 改变慢β弛豫和玻色峰的实验结果[264]。图 10.186(a)是 La 系非晶玻色峰随 Cu 含量的变化，玻色峰移向高温端，强度降低。图 10.186(b)，(c)是β弛豫随 Cu 含量的变化，β弛豫峰也移向高温端渐渐和α弛豫合并，α弛豫几乎没有变化。β弛豫和玻色峰随 Cu 含量的变化趋势一致。图 10.187 反映了 La 系非晶玻色峰和β弛豫随 La 分别被 Pd，Ti，Si，Sn，以及 Al 替代含量的变化。玻色峰和β弛豫都表现出一致的变化行为，玻

色峰对应的温度 T_{max} 和β弛豫峰对应的温度 $T_{β,peak}$ 随替代的变化趋势呈线性关系。这些都证明玻色峰和β弛豫的关联和耦合关系[264,309-310]。

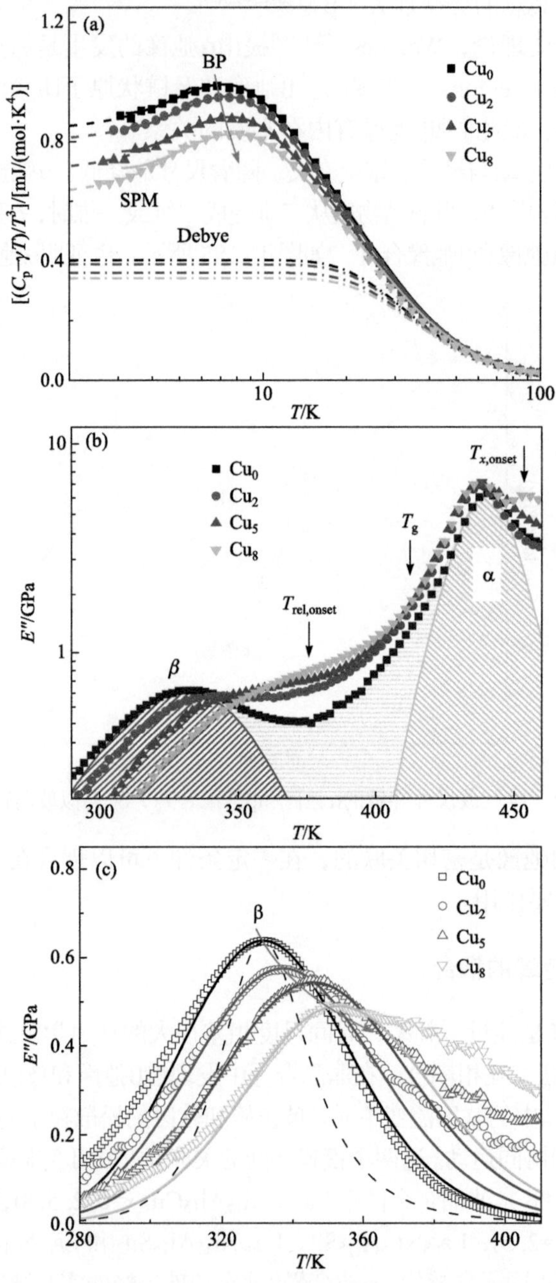

图 10.186　(a)非晶 $La_{70-x}Ni_{15}Al_{15}Cu_x$($x$=0, 2, 5, 8)比热玻色峰$(C_p-\gamma T)/T^3$随 Cu 含量 x 的变化；(b)非晶 $La_{70-x}Ni_{15}Al_{15}Cu_x$($x$ = 0, 2, 5, 8)的α,β弛豫随 Cu 含量 x 的变化；(c)β弛豫峰随 Cu 含量 x 的变化[264]

β弛豫和玻色峰及耦合可以从非晶物质中流变单元的角度来解释。如图 10.188 所示，流变单元的数量、密度决定β弛豫和玻色峰的强度、位置和变化趋势。慢β弛豫和玻色峰有

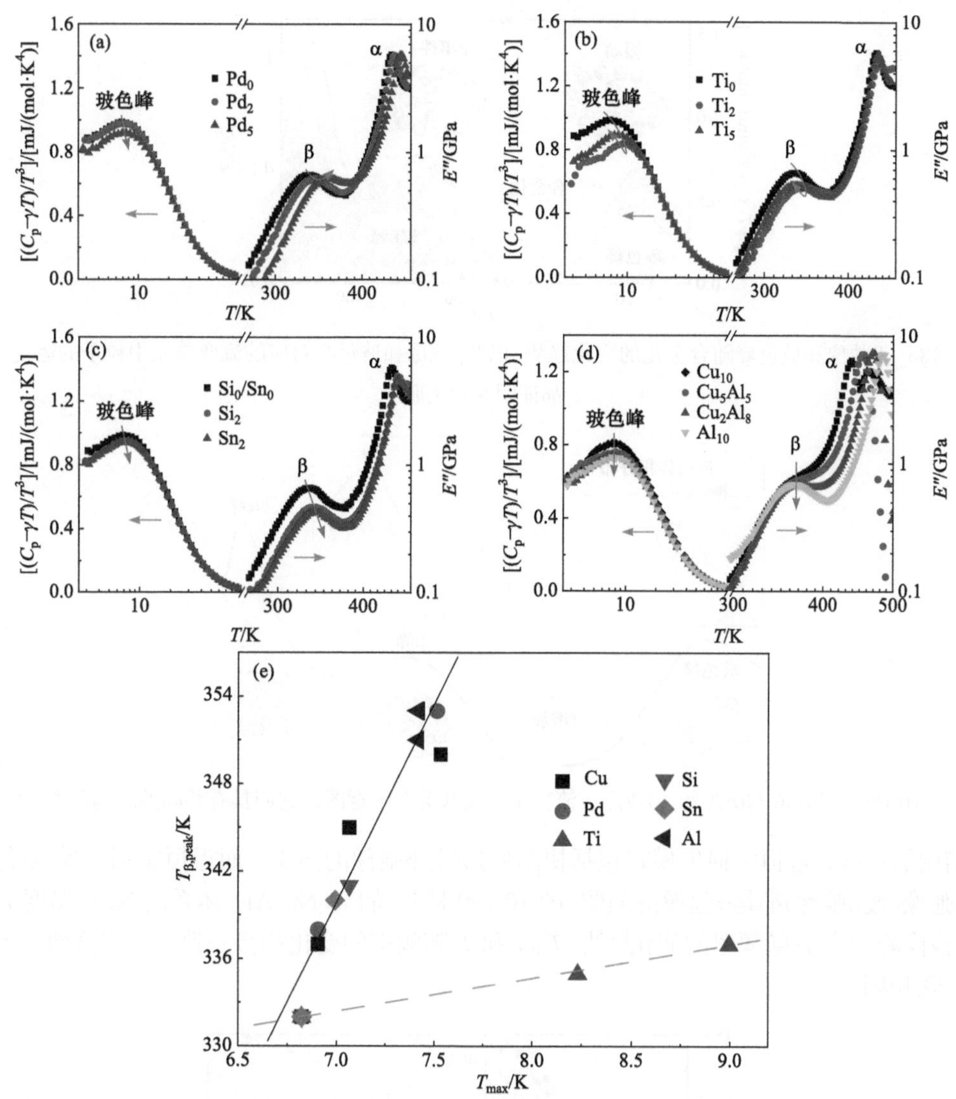

图 10.187　(a)～(d)La 系中非晶的 La 分别被 Pd, Ti, Si，Sn 以及 Al 替代造成的玻色峰和β弛豫的变化，左侧是比热玻色峰$(C_p-\gamma T)/T^3$，右侧是β弛豫峰；(e)玻色峰对应的温度 T_{max} 和β弛豫峰对应的温度 $T_{\beta,peak}$ 随替代的变化呈线性关系[264]

共同的微观结构起源即流变单元。玻色峰和软区的松散粒子的振动行为有关，慢β弛豫是非晶软区中粒子的协同运动。流变单元增多，激活能的变化对慢β弛豫和玻色峰的影响是一致的。模拟和其他实验也证实非晶合金中声子的太赫兹奇异即玻色峰与局域弛豫、局域剪切转变可能具有共同的结构起源[264,311-312]，如图 10.189 所示就是这几种动力学模式关联以及其结构起源和流变单元关系的示意图，可以形象地给出这几种动力学模式的关系。

10.12.3　近恒定损失模式和慢β弛豫的耦合

近恒定损失模式(NCL)包括快β弛豫涉及笼子结构中的粒子运动，而慢β弛豫涉及笼

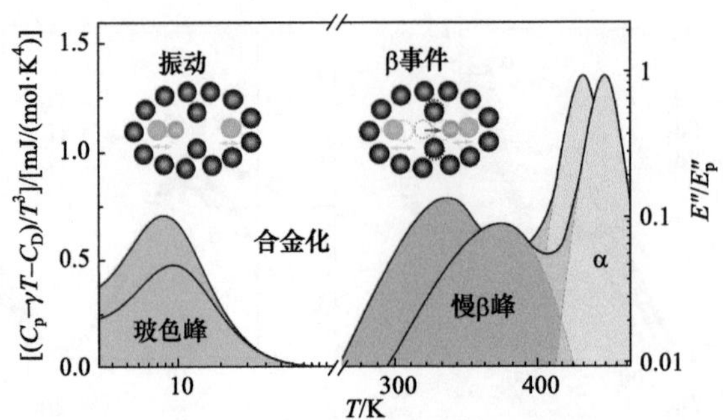

图 10.188 β弛豫和玻色峰随合金化的变化趋势，以及β弛豫和玻色峰对应的流变单元中粒子的运动形式都证明它们关联

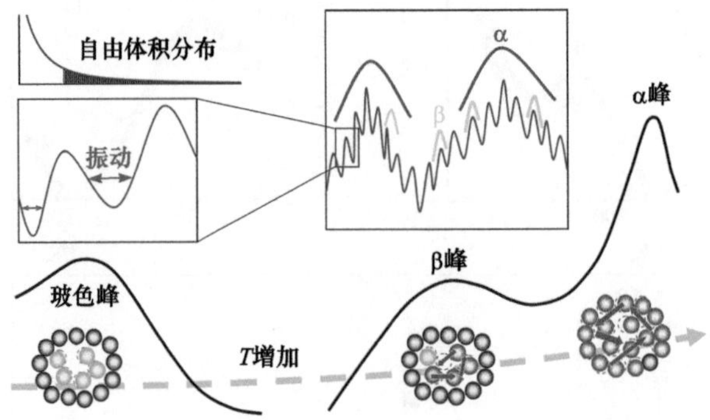

图 10.189 玻色峰与α弛豫、β弛豫、流变单元关联关系示意图，它们具有共同的结构起源[264]

子结构的打破，近恒定损失模式包括快β弛豫是慢β弛豫的前驱。而近恒定损失模式(包括快β弛豫、慢β弛豫)都是α弛豫的前驱。图 10.190 是非晶 $La_{60}Ni_{15}Al_{25}$ 体系的 NCL 温度 T_{NCL} 和β弛豫峰温度 T_β随频率的演化[245]。T_{NCL} 和 T_β随频率的变化趋势一致，表明这两个模式的关联和耦合。

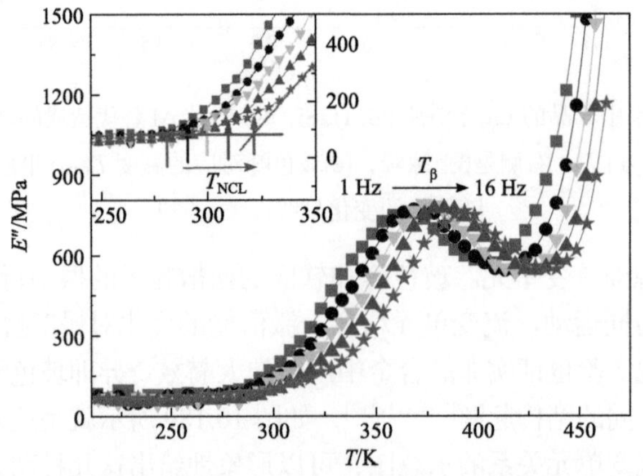

图 10.190 NCL 温度 T_{NCL} 和β弛豫峰温度 T_β随频率的演化[245]

此外，快β弛豫、NCL、慢β弛豫、α弛豫这些动力学模式的激活能 E 都和 RT_g 呈线性关系[94]：

$$E \propto nRT_g \tag{10.61}$$

这里 R 是气体常数，n 是系数，对不同动力学模式，该系数不同。根据弹性模型，α弛豫、β弛豫也都和模量有关[308]：

$$\Delta E / V_m = (10G + K)/11 \tag{10.62}$$

V_m是激活的体积。这些动力学模式之间的激活能(E_α ，E_β ，$E_{\beta'}$ ，E_{NCL} 分别对应α弛豫、慢β弛豫、快β弛豫和 NCL 的激活能)有如下关系[94]：

$$E_\beta \approx 26RT_g \tag{10.63}$$

$$E_\alpha \approx (2-3)E_\beta \tag{10.64}$$

$$E_\beta \approx 2E_{\beta'} \tag{10.65}$$

$$E_\beta \approx 2E_{NCL} \tag{10.66}$$

可以用两个图总结各类弛豫模式耦合的图像如下：如图 10.191 所示是快β弛豫、NCL、慢β弛豫、α弛豫相互耦合的能量景观图：表示随着温度和频率的演化，非晶体系动力学过程始于笼中的粒子或分子，笼子中的粒子的运动导致 NCL 或者快β弛豫，随着时间或者能量的积累，这个笼子破裂，这个笼子过程的结束意味着笼子的打破和慢β弛豫的开始，紧接着是空间和动力学的非均匀性的弛豫过程，最后是α弛豫的激活。

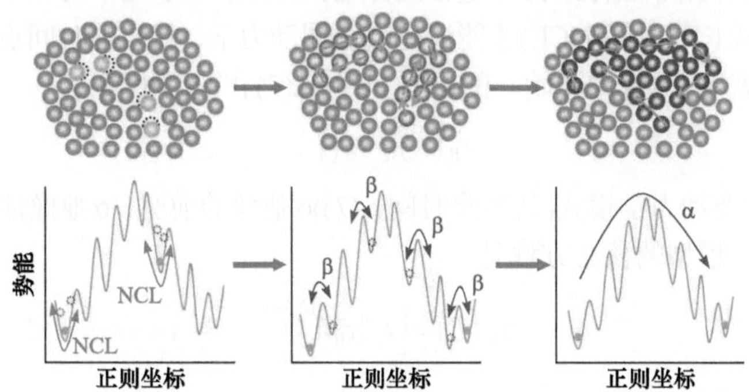

图 10.191　NCL，β弛豫，α弛豫关联的二维示意图，以及对应一维能量景观图[245]

图 10.192 直观给出玻色峰、快β弛豫、NCL、慢β弛豫、α弛豫在能量地貌图是耦合关系[313]。每级弛豫模式都是次级弛豫模式组成的，这些弛豫模式有机组合在一起。快弛豫模式是主要弛豫过程的开端，其随能量、时间的积累而演化成主要的α弛豫模式。

10.12.4　倪氏耦合模型

K.L.Ngai(倪嘉陵)在非晶领域的代表性工作是提出了不同动力学模式的倪氏耦合模型 (coupling model，CM)。该模型可描述不同动力学耦合过程和机制[16]。倪氏耦合模型的主要内容和观点总结如下：

(1) 在各类非晶物质中，存在各种不同的动力学模式，具有不同的特征。这些模式是α弛豫、慢β弛豫、快β弛豫、NCL、玻色峰以及更高频率的动力学模式。

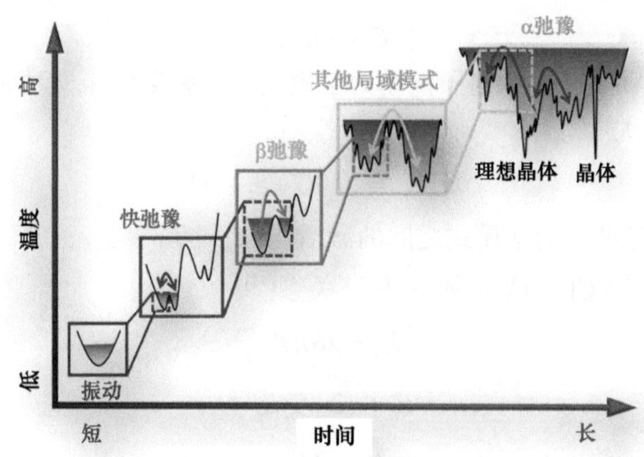

图 10.192 各种弛豫模式及其关联的能量地貌图的表示[313]

(2) α弛豫、慢β弛豫和笼子动力学模式(包括快β弛豫和 NCL)都是相互关联和耦合的。

(3) 慢β弛豫、笼子动力学模式都是多体相互作用非晶体系弛豫过程的组成部分，都和α弛豫密不可分，要解决玻璃转变问题，必须考虑这些弛豫模式。β弛豫是弛豫过程的开端，其随能量、时间积累演化成α弛豫。α弛豫的分布可以用非指数的关系式 KWW 方程描述，其扩展的指数为 $n(T)$。β弛豫时间 τ_β 或 τ_{JG} 和α弛豫初始时间 τ_0 等同。

(4) 多体相互作用非晶体系弛豫过程图像是：动力学始于笼中的粒子或分子。笼子动力学会持续一个较长的时间(NCL)才能演化成协同动力学，其结束时间点 $\tau_0(T)$，也是最初始的协同动力学就是β弛豫的开始。β弛豫的时间 $\tau_\beta(T)$ 和 $\tau_0(T)$ 相当：

$$\tau_\beta(T) \approx \tau_0(T) \tag{10.67}$$

慢β弛豫是主要动力学模式(其弛豫时间 $\tau_\alpha(T)$)α弛豫的前驱，α弛豫涉及大范围、大量粒子的运动。耦合模型的核心方程是

$$\tau_\alpha(T) = \left[t_c^{-n}\tau_0\right]^{1/(1-n)} \tag{10.68}$$

或者

$$\tau_0 = (\tau_\alpha)^{1-n}(t_c)^n \tag{10.69}$$

其中 $1-n=\beta_{KWW}$ 是描述α弛豫的 KWW 方程 $\varphi(t)=\exp[-(t/\tau_\alpha)^{1-n}]$ 的系数。$n(T, P)$ 是扩展因子，$\beta_{KWW} \equiv (1-n)t_c$ 体系从不关联(短时)到关联(长时)的起始时间，对非晶合金，$t_c \approx 0.2$ ps，而对于分子非晶玻璃，$t_c \approx 2$ ps [16]。在 T_g, $\tau_\alpha(T_g, P)=100$。

(5) 对于特定的温度 T 和压力 P，非晶体系的α弛豫时间 $\tau_\alpha(T, P)$ 和β弛豫时间 $\tau_\beta(T, P)$ 有如下关系：$\log[\tau_\alpha(T, P)/\tau_\beta(T, P)] \approx n\log[\tau_\alpha(T, P)/t_c]$。当 $n \to 0$ 时，τ_α 和 τ_β 的差别可以忽略不计，两个动力学模式耦合在一起，证明α弛豫和β弛豫有内在本质的耦合关系[16]。

倪嘉陵先生出生于中国广东省，在美国的芝加哥大学取得博士学位后，曾在麻省理工学院、美国海军研究实验室等地工作，2010 年退休后仍然在意大利比萨大学担任教授，坚持学术研究。他从 1978 年开始一直致力于非晶物质的研究，在非晶物质的扩散、弛豫和动力学方面取得了一系列研究成果，他的模型适用于非晶合金、分子玻璃、高分子、

离子液体等诸多复杂体系。他很早就意识到了玻璃转变和玻璃弛豫行为的多体本质，提出倪氏耦合模型，在理解动力学机制中发挥了重要作用。此外倪嘉陵先生的治学精神也值得学习。因为非晶物理领域模型众多，常有争议，倪嘉陵多年来一直坚持不断完善耦合模型，图 10.193 是他在国际会议上为他的耦合模型进行辩论。几十年来，他不断寻找更多的实验证据来验证他的模型，不去盲目跟风做一些热门课题。他曾给笔者讲述一个故事：阿根廷一位篮球明星在美国 NBA 打球，并入选参加奥林匹克运动会的美国国家队，美国篮球水平很高，如果加入了美国国家队，那么他获得奥林匹克冠军几乎是确定的事情。但是当他得知其祖国阿根廷也让他回国加入阿根廷国家队参加奥林匹克运动会的时候，他毫不犹豫地选择回国加入阿根廷国家队，放弃了个人获得奥林匹克运动会冠军的机会，这对运动员个人来说是很大的损失。有人问他为什么这样做，他回答说：他宁可在自己国家队里输，也不愿意在别的国家队去赢。倪先生用这个故事表明自己宁可坚持自己的理论模型，哪怕最终失败，也不愿意去盲目跟从热点，跟捧别人的理论去获得一时的利益。表现出学者的气节。倪嘉陵教授咬定青山不放松，瞄准一个重大问题进行长达四十多年不懈努力的科学精神，类似焦耳的温度计实验、澳洲沥青滴漏实验，体现了长时间尺度的非晶精神。这对从事基础科学研究的人富有启示。

图 10.193 K. L. Ngai 先生在国际会议上为他的耦合模型进行辩论

10.13 动力学模式和物理时效及回复的关系

物理时效及回复是非晶物质向不同能态演化的过程，时效和回复会引起非晶能量状态、结构、非均匀性、结构构型和性能的显著变化，因此也必然和非晶动力学即各种动力学模式有密切关系。下面分别讨论各动力学模式和物理时效及回复的关系。

10.13.1 动力学模式和物理时效的关系

1. 物理时效和α弛豫的关系

非晶物质的物理时效可以被α弛豫擦除，即非晶体系的时效可以通过把体系温度升高

到 T_g 以上，激发α弛豫来消除。这预示物理时效和α弛豫(玻璃转变)两者的密切关联关系。图 10.194 是铸态非晶 $Zr_{55}Cu_{30}Ni_5Al_{10}$，经过极长时间时效得到的超稳定非晶，以及重新激活α弛豫的超稳定非晶态的 DSC 曲线比较。可以看到超稳非晶升温到 T_g 以上的过冷液区，再冷却下来的 DSC 曲线，几乎和普通非晶合金一样。可以看出激活的α弛豫(升温到过冷液区)可以把超稳非晶的极长时间时效效果消除掉[314]。

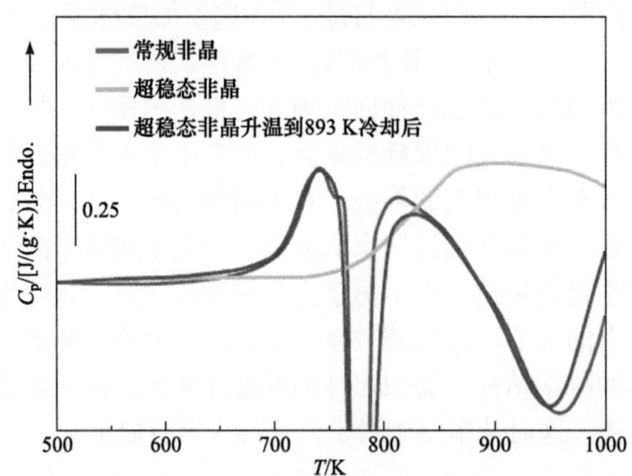

图 10.194　非晶 $Zr_{55}Cu_{30}Ni_5Al_{10}$ 的 DSC 曲线：红线是常规非晶合金；绿线是超稳定非晶(对应极长时间物理时效的非晶态)；蓝线是超稳非晶升温到过冷液区，再冷却下来的非晶的 DSC 曲线，和普通非晶合金一样。激活的α弛豫可把超稳非晶的时效效果消除[314]

实际上，目前物理时效是依据α弛豫动力学模型来解释的，结构原因就是结构非均匀性，时效就是流变单元湮灭的过程。图 10.195 给出物理时效和α弛豫关系示意图。α弛豫激发实际可以看成是物理时效的相反过程。从非晶态到过冷液态是α弛豫激发过程，时效是反过程，造成非晶能量降低，流变单元湮灭，结构更加均匀。所以α弛豫可以擦除物理时效过程，这个过程实际上是把时效消除的流变单元又重新激活。

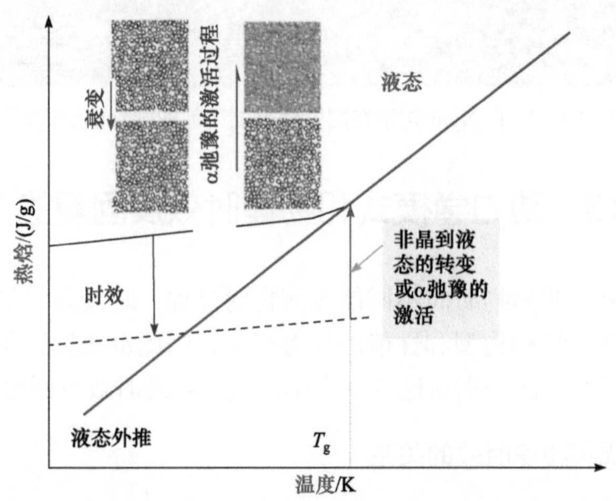

图 10.195　示意时效和α弛豫的关系。时效可以湮灭自由体积和流变单元，降低体系能量。α弛豫是其反过程，可以激发更多流变单元，提高能量

2. β弛豫和物理时效的关系

β弛豫是非晶固态物质最主要的动力学模式，涉及非晶物质软区中粒子的协同运动，与各种物理、力学性能有关。实验发现物理时效对β弛豫最主要的影响是造成β弛豫强度的变化[172]。在非晶合金中发现时效和β弛豫都发生在流变单元中(在短程序范围内)[315]。β弛豫和力学性能关联，一个β弛豫很强、容易激活的非晶体系具有更好的塑性，而时效使得非晶材料变脆，和β弛豫有相反的作用。如图 10.196 所示，在非晶体系的 DSC 曲线上，靠近 T_g 的峰表征的是α弛豫，温度更低的另一个峰表征的是β弛豫[316]。图 10.197 可以直观反映退火导致的时效对非晶 $Pd_{40}Cu_{30}Ni_{10}P_{20}$ 表征β弛豫的 DSC 峰的影响。可以看到时效使得β弛豫峰渐渐减弱了，在通常的实验时间尺度内，可以使β弛豫峰强减弱 10%[317]。对于超稳定非晶体系(对应于千年的退火时效效应)，可以使得β弛豫峰强降低到 70%，但是也不能完全消除β弛豫[195]。这些都证明时效和β弛豫的关联。

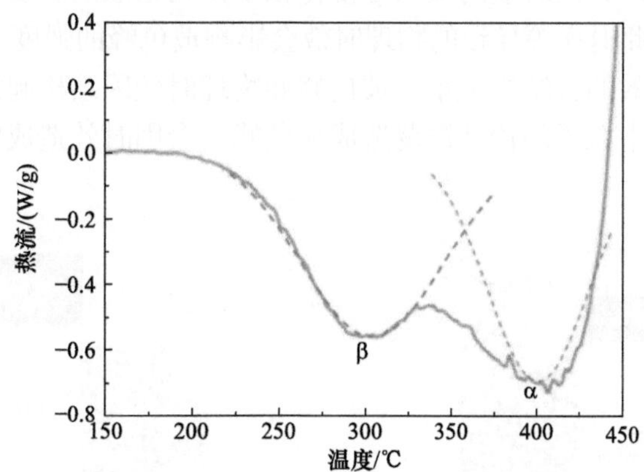

图 10.196　非晶 $Pd_{40}Cu_{30}Ni_{10}P_{20}$ 的 DSC 曲线，两个放热峰分别对应α弛豫和β弛豫[317]

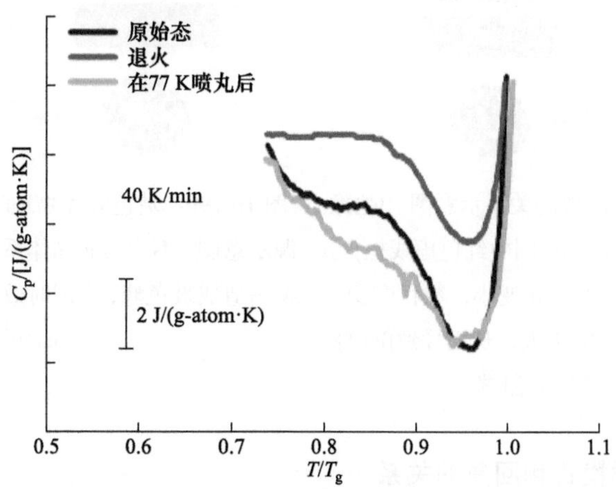

图 10.197　退火导致的时效(图中红线)、喷丸处理(图中绿线)对非晶 $Pd_{40}Cu_{30}Ni_{10}P_{20}$ DSC 弛豫谱的影响，β弛豫峰强度降低[317]

图 10.198 总结了β弛豫和物理时效的关系示意图。β弛豫和物理时效都起源于流变单元(图中红色虚线框)。退火引起的时效会使得流变单元变小，数目变少，激活流变单元所

需的激活能更大，从而导致β弛豫强度减小，移向高温端。

3. 玻色峰和物理时效关系

在非晶固态，笼子中的粒子的“铃铛”振荡运动(玻色峰)的时间尺度是皮秒量级(10^{-12} s)，而时效的时间尺度大于$\tau(T_g) \approx 100$ s。对玻色峰和时效的关系作了大量的研究表明：能反映玻色峰行为的 Debye-Waller 因子$\langle u^2 \rangle$和时效有关联[318]。非晶物质物理时效的一个重要特征是记忆效应。通过对非晶体系时效时玻色峰和热力学能态的变化，发现玻色峰强度与非晶热力学能态一致，表现出记忆效应。这说明尽管非晶物质的结构弛豫和原子振动在时间尺度上相差十几个量级，能量尺度上相差约三个量级，但是这两种动力学行为之间却密切关联[112]。

玻色峰和时效的关联也是由于其微结构的起源都和流变单元有关。玻色峰是流变单元中粒子的振动造成的，而时效的效果是使得粒子排列松散的流变单元的数量、尺寸减小，激活能增大。因此退火等导致的物理时效会影响玻色峰的强度。图 10.199 总结、示意了玻色峰和物理时效的微结构关系。玻色峰和物理时效因结构起源相同而关联，不均匀非晶体系流变单元中粒子的铃铛振荡造成玻色峰，会因时效造成的流变单元的减少而变弱。

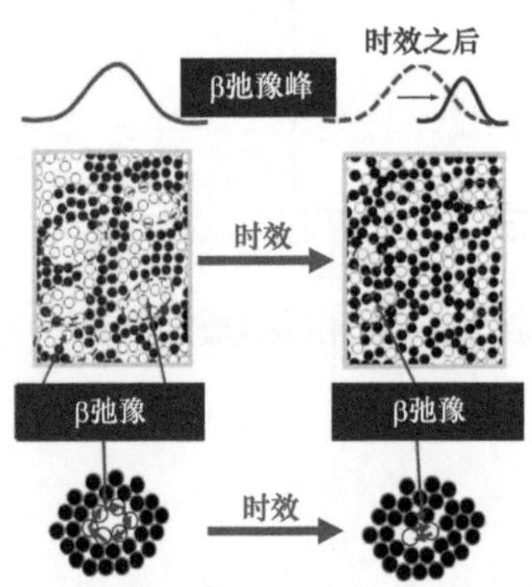

图 10.198　β弛豫和物理时效的关系示意图。β弛豫和物理时效都起源于流变单元(图中红色虚线框)。退火引起的时效会使得流变单元变小，数目变少，激活流变单元所需的激活能更大，从而导致β弛豫强度减小，移向高温端

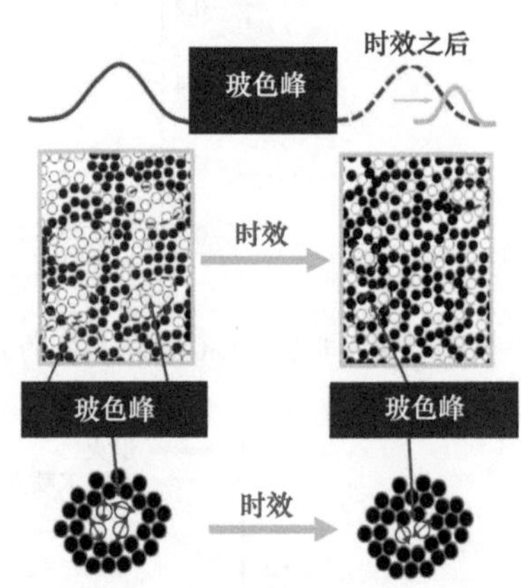

图 10.199　玻色峰和物理时效的关系的微结构起源示意图。不均匀非晶体系流变单元中粒子的铃铛振荡造成玻色峰，会因时效造成的流变单元的减少而变弱

10.13.2　各种动力学模式和回复的关系

回复是非晶体系能量升高的过程，也是物理时效的逆过程，可以通过 DSC 测量其随温度升高的放热焓来确定其回复过程。在微观上，回复是非晶体系流变单元的激活过程[317]。因此，回复和各种动力学模式、性能都有关联，因为其微结构起源都与非晶结构非均匀性、流变单元有关[319-320]。

1. α弛豫和回复的关系

回复过程是指激活局域α弛豫，提高体系非均匀性的过程。如图 10.200 所示，从 A 到 B 的回复过程，非晶物质吸收能量，从非晶态转变成过冷液态，是α弛豫的激活过程。

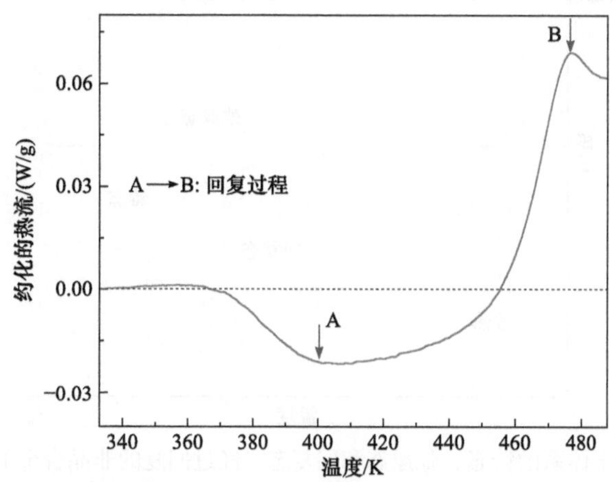

图 10.200　DSC 曲线反映温度导致的 A→B 的回复过程：A 到 B，非晶态趋向于 T_g，过冷液态的过程，即流变单元激活，体系回复的过程

实验证明温度、应力、蠕变等都可以导致回复，而应力导致的回复也是局域的α弛豫。图 10.201 是回复、微结构和α弛豫之间的关系示意图，以及和能量景观图的关系。回复是非晶体系从一个能量低的势井跃迁到能量高的势井的过程。从微结构上看，回复是大量激活流变单元的过程。温度和应力造成的回复的不同点是激活的区域范围不同而已。

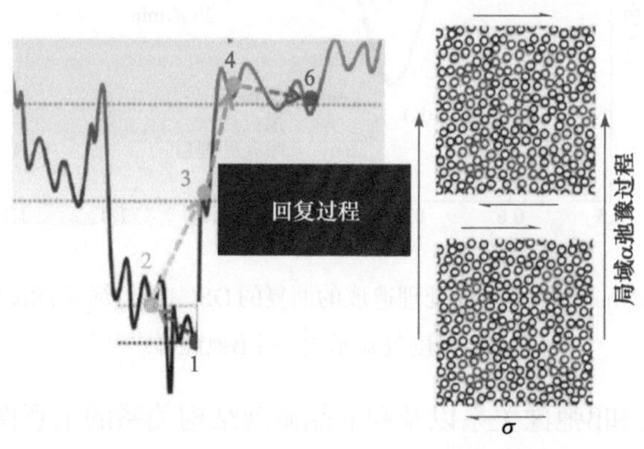

图 10.201　回复、微结构和α弛豫之间的关系示意图，以及和能量景观图的关系

2. 回复和β弛豫的关系

β弛豫对应于非晶物质中流变单元的激活，而回复是通过不断激活β弛豫和流变单元来实现的，因此回复往往能改变非晶材料的宏观塑性。这表明回复和β弛豫有密切的联系。图 10.202 给出回复和β弛豫有密切关系的直观证据。由该非晶合金体系的铸态和回复态

比较可以看出，经过回复的非晶合金 DSC 曲线的放热峰面积增大，能量更高，同时经过回复的非晶合金 DSC 曲线在更低的温度区域有个新的和β弛豫相关的放热峰[45]，回复的非晶物质有更明显的β弛豫。图 10.203 是非晶 $Pd_{40}Cu_{30}Ni_{10}P_{20}$ 喷丸表面处理造成的回复的 DSC 曲线和原始铸态非晶 DSC 曲线以及经过时效的样品的对比，在 $0.6T_g$ 温度处显示出一个β弛豫峰[45,317]。这些都证明回复激活了大量的流变单元和β弛豫，回复和β弛豫关联。

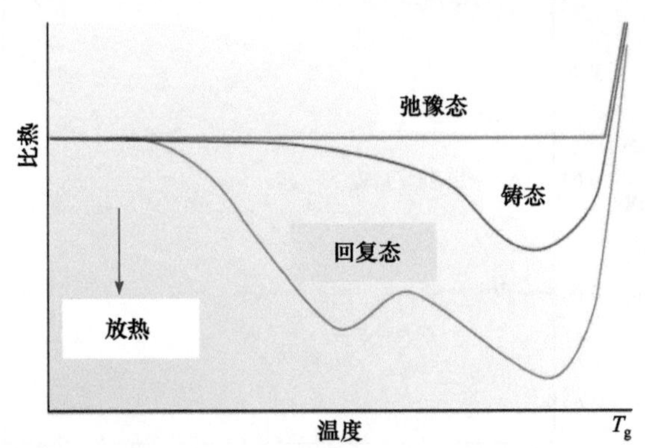

图 10.202 比较非晶合金体系的铸态、弛豫态和回复态。经过回复的非晶合金 DSC 曲线的放热峰面积增大，能量更高，在更低的温度区域($0.55T_g$)有个新的和β弛豫相关的放热峰，该峰和β弛豫相关。即回复的非晶物质有更明显的β弛豫[45]

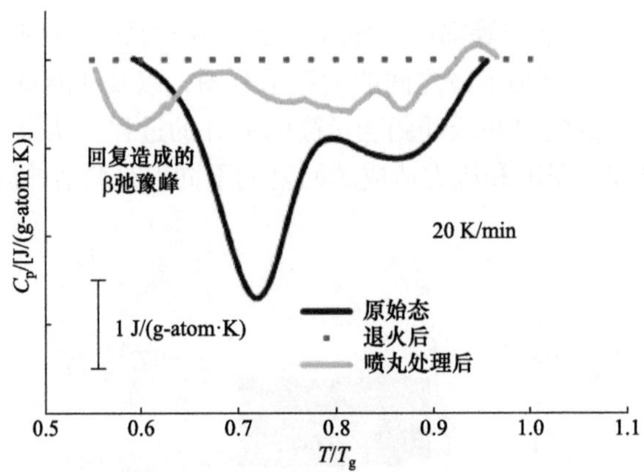

图 10.203 非晶 $Pd_{40}Cu_{30}Ni_{10}P_{20}$ 喷丸表面处理造成的回复的 DSC 曲线(绿线)和原始铸态非晶(黑线)对比，在 $0.6T_g$ 温度处显示出一个β弛豫峰[45,317]

图 10.204 是回复和β弛豫关系以及和非晶微观结构关系的示意图。从微结构角度看，回复和β弛豫都和流变单元有关，回复是启动、激活流变单元的过程，β弛豫是流变单元的激活动力学过程。所以回复和β弛豫密切关联，可用β弛豫来表征回复。

3. 回复和玻色峰的关系

经过回复的非晶物质的玻色峰强度增强。图 10.205 为比较铸态、塑性形变造成的回复态以及经过时效的典型 Zr 基非晶合金体系比热玻色峰[290]。高压强变形(形变 ε =

57%)会导致非晶体系回复到高能态，并具有高密度的流变单元和更强的玻色峰，而退火导致的时效使得流变单元大量减少，玻色峰因此明显减弱。这证明玻色峰和回复的密切关系。

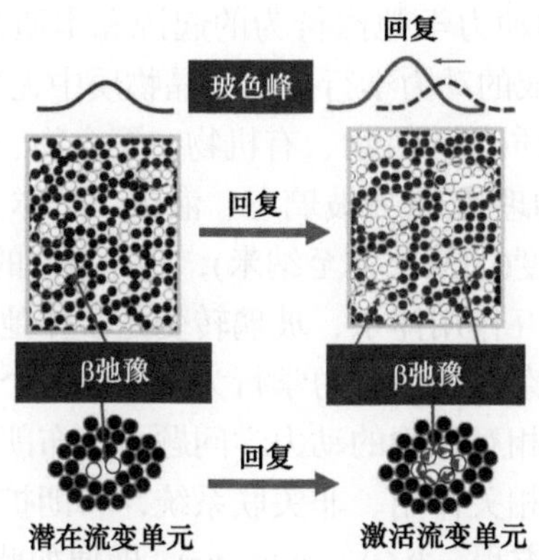

图 10.204　回复和β弛豫的关系以及和非晶微观结构关系的示意图[94]

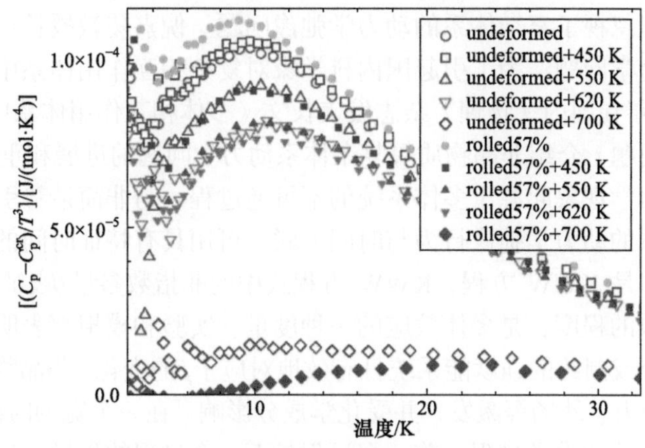

图 10.205　比较回复的非晶态和原始态的玻色峰[290]

图 10.206 是回复和玻色峰关系以及和非晶微观结构关系的示意图。回复增加非晶体系流变单元的数量，从而提高玻色峰的强度。

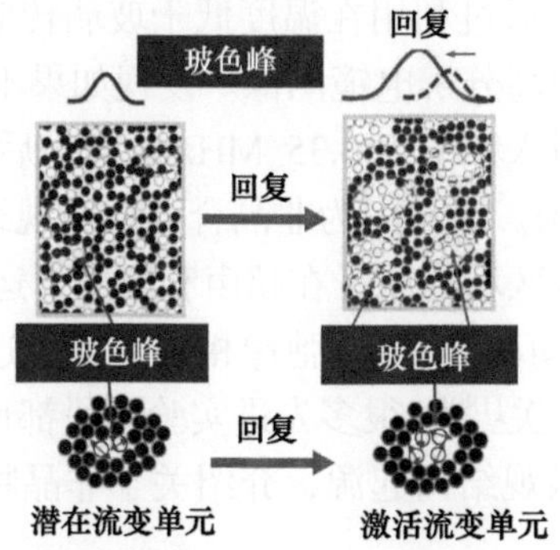

图 10.206　回复和玻色峰关系以及和非晶微观结构关系的示意图[94]

10.14 非晶物质动力学的起源

非晶物质等复杂系统的动力学弛豫行为的起源和本质是一个重要未解决的物理问题。这种因多体相互作用造成的动力学行为在非晶物质中无处不在，具有广泛的普遍性。无论是不同的化学结构的物质(如无机物、有机物、聚合物、生物分子、胶体、金属和离子导电材料)，还是不同的物理状态(如玻璃态、液体、熔体、混合体系和含水系统)，以及不同的维度(1～3 维)和尺度(如从块体至纳米)，都有类似的动力学弛豫行为。非晶形成体是最为庞大的复杂多体相互作用体系，玻璃转变是多体弛豫动力学在时间上逐步慢化的结果，玻璃转变问题是复杂系统的动力学行为问题的一个最为充分的展示例子。爱因斯坦解决了相对简单的单体相互作用的动力学问题——布朗运动问题。布朗运动因为颗粒之间相距很远，是一个非相关作用、非关联系统，布朗扩散是一个单体问题，其关联函数是最为简单的时间指数方程，$\Phi(t) = \exp(-t/\tau)$。即便如此，布朗运动的动力学问题也已超越牛顿力学，因而受到爱因斯坦的关注，并于 1905 年得以解决[321]。不知是有意还是无意，爱因斯坦忽视了复杂体系的动力学弛豫问题。倪嘉陵教授长期坚持研究非晶物质的复杂体系动力学问题，为了引起国内科学家对复杂相互作用体系中的动力学问题的关注，他于 2012 年在国内《物理》杂志发表长文《多体相互作用体系中的弛豫与扩散：一个尚未解决的问题》介绍非晶物质等复杂体系动力学问题的进展和重要性[321]。

非晶物质动力学现象起源于多体系统的不可逆过程，与非简谐势引发的经典混沌有关。非晶物质体系的动力学弛豫行为与时间关联，可用具有特征时间的关联方程描述。最著名的描述方程是 KWW 方程，KWW 方程式中的非指数参量β表征了偏离一维弛豫/扩散指数关联函数的程度，是多体效应的一种度量。实验和模拟都表明，非晶物质粒子间相互作用或耦合或制约的强度能系统且有效地对应于β的变化。非晶物质的动力学过程可以通过温度、应力、外场等激发，并受化学成分影响。在一个宽的时间或频率范围内，会发现存在多个相关动力学过程。前一个过程是下一个过程的先导，机理上这些动力学模式存在关联，通过一些统计力学处理，非晶物质这种强关联体系中不可逆过程的动力学是能够被表征和认知的[16,321]。

非晶物质动力学还取决于其复杂微观结构、长程无序、短程不均匀、亚稳的特征，这被很多实验所证实。例如，通过利用在温度低于玻璃转变温度下的超声波退火，得到了部分区域结晶的非晶合金的高分辨电镜图像。发现如果不加超声，在该温度下 75 h 退火样品仍然是非晶结构，但引入频率为 0.35 MHz 的超声后，样品在 18 h 左右就形成了部分结晶的非晶-晶体复合结构。这是因为非晶合金在微观结构上是非均匀的，包括强键合区域和弱键合区域。弱键合区域的原子在超声和温度下运动加速，这些弱键合区域(流变单元或称为软区)的原子运动和动力学β弛豫相关，类似这样的很多实验都证实动力学弛豫和非晶结构的非均匀性相关[189]。很多先进实验手段都证实非晶物质微观上的非均匀性。本节主要讨论动力学的微观结构起源，介绍关于非晶物质动力学起源的新发现、理论和进展。

10.14.1　动力学元激发

元激发是固体理论中一个重要的概念。固体物理中把体系在能量最低时的状态定义为所谓基态。比如没有任何缺陷、每个组成原子都固定在平衡位置、具有完整晶格的周期性的晶体就是基态。真实的晶体因为有缺陷处于激发状态。对于能量靠近基态的低激发态，可看作一些独立基本激发单元的集合，这些基本激发单元就是元激发，它们具有确定的能量和波矢[322]。所有元激发能量量子的总和，即为体系所具有的激发态能量。引进元激发的概念，可以使复杂的多体问题简化为接近于理想气体的准粒子系统，从而使固体理论的大部分问题得以用简单统一的观点和方法加以阐述。元激发概念成功地解释了晶体的许多性质[322]。

关于非晶物质或者液体中动力学最基本的粒子运动模式，也有人提出类似固体中元激发的概念。非晶物质中的元激发是认识非晶动力学行为的不同思路。例如 Egami 提出了“键交换”(bond exchange)元激发模型，如图 10.207 所示。这种元激发模式认为，非晶合金熔体中最基本的运动单元：组元之间键的交换即一个原子和其他原子的链接和断开过程可以看作一种元激发[323]。这是一种涉及网络结构链接的局域构型的激发(local configurational excitation)。这种元激发思路可以解释非晶体系中很多动力学行为如黏滞系数随温度的变化，动力学骤停，cross-cover 等。

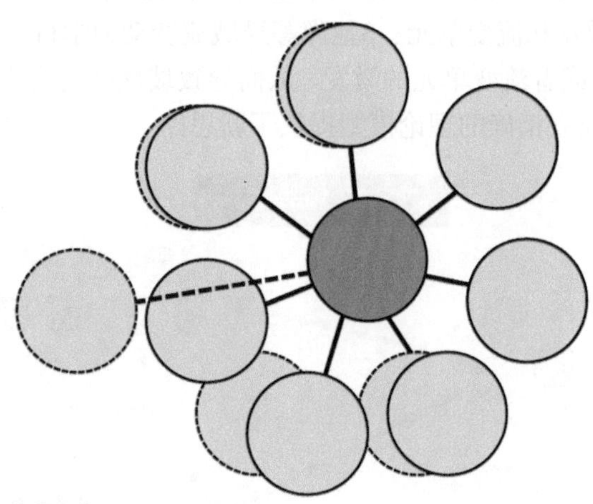

图 10.207　合金熔体中的元激发模式：一个原子和其他原子的链接和断开过程[323]

另一种著名的元激发模式是弦模型(string model)。该模型认为非晶物质或液体中元激发是由一串链状粒子组成的团簇运动[236-237]，如图 10.208 所示。这一串链状粒子会来回运动，形成最基本的非晶或液体物质中粒子基本的运动模式。弦状元激发模型可以解释非晶动力学的各类弛豫模式及其耦合。

另外，局域对称性的变化，如图 10.209 所示，也是一种元激发模式。该模型认为在外力或者能量作用下，局域团簇的对称性会发生变化。这个激发会造成原子核周围电四极距的变化，能够用 NMR 直接测量[205]。该模式可以解释非晶物质的形变，液态到液态的动力学转变，过冷液态中扩散现象等动力学行为[179,324]。

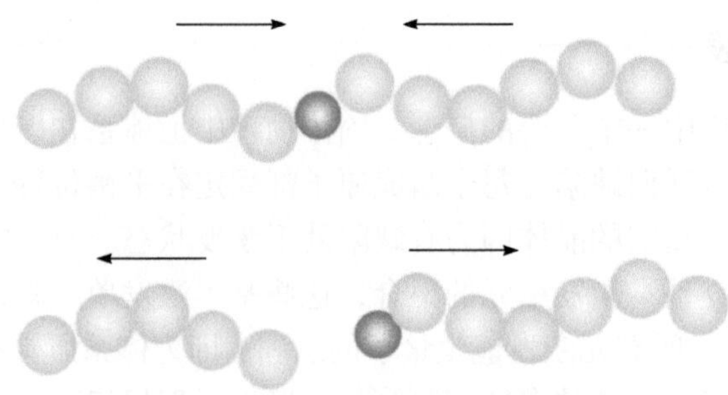

图 10.208　弦状元激发模式[155]

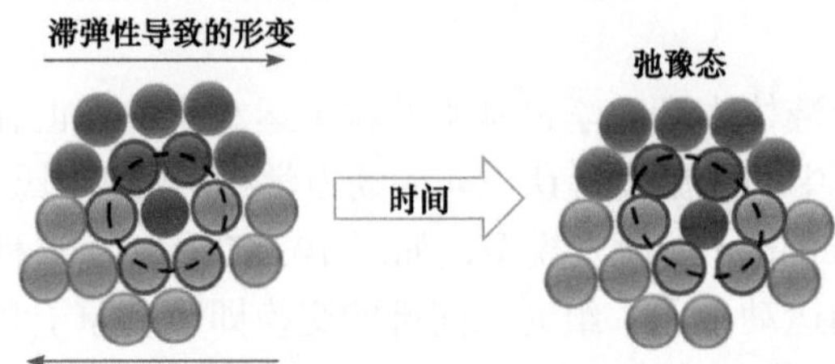

图 10.209　在外加能量的作用下，非晶合金团簇的对称性的变化，这个激发会造成原子核周围电四极距的变化，能够用 NMR 直接测量[205]

需要指出的是，对于不同非晶体系，其元激发模式会有所不同。

图 10.210 是元激发和流变单元、β弛豫等局域流变动力学行为的关系。元激发的协同和逾渗就导致β弛豫或者流变单元的激发，从而导致玻璃转变或形变。非晶元激发为理解非晶动力学行为，建立精确的理论模型提供了新思路。

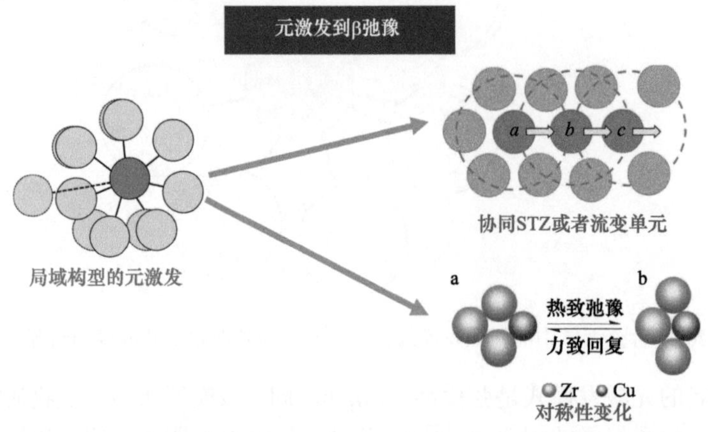

图 10.210　元激发和流变单元、β弛豫等局域流变动力学行为的关系

10.14.2　动力学的量子化效应

在非晶态合金结构长时间弛豫过程中观察到类似量子化的现象。动力学实验和模拟研究发现[325-329]非晶物质及其形成液体的弛豫模式，流变事件对应的流变单元大小是量子化的。图 10.211 是两种 La 基非晶合金的弛豫谱。可以看到α弛豫时间随衰减时间的变化由一系列分立的峰组成，这些峰对应的流变单元含有不同原子的个数 m, m=1, 2, 3, 4,⋯,

这说明动力学行为是量子化的[329]。拟合也得到类似的结果，如图 10.212 所示，典型 CuZr 液体α弛豫时间 τ_α(体系的本征弛豫时间)随衰减时间的变化可以采用不连续的动力学模式

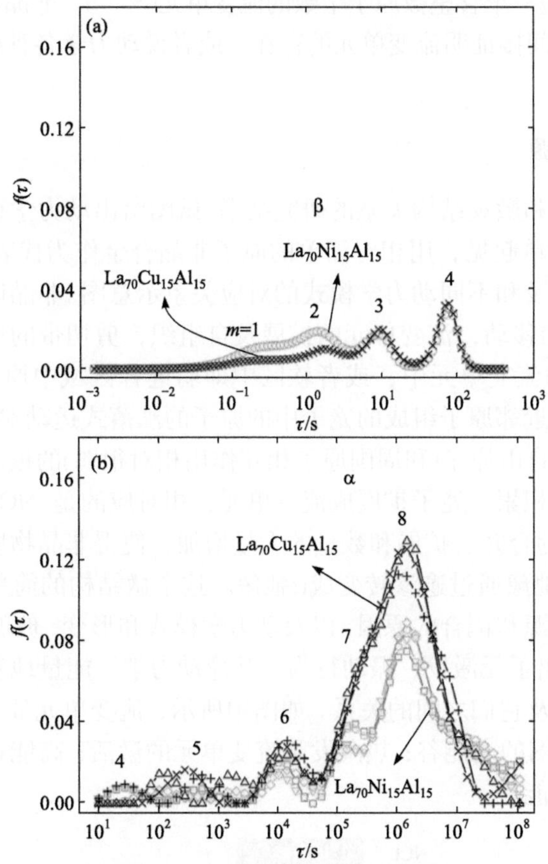

图 10.211　La 基非晶合金的弛豫谱，其弛豫时间随衰减时间的变化由一系列分立的峰组成[328]

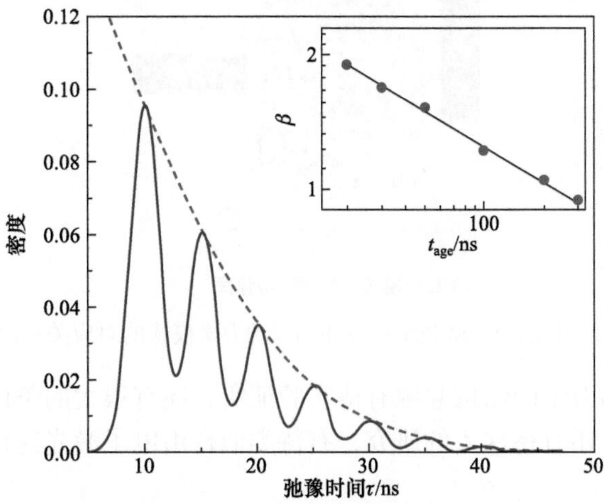

图 10.212　典型 CuZr 液体α弛豫时间 τ_α(体系的本征弛豫时间)随衰减时间的变化可以采用不连续的动力学模式来很好地拟合(虚线是 KWW 拟合)[325]

来很好地拟合[325]。进一步分析表明，其弛豫过程涉及很多不同大小的团簇，说明非均匀液体的弛豫是量子化的。此外，非晶合金的弛豫流变行为可以用量子化的弹簧振子描述，每个弹簧振子 m 对应一个含整数原子个数的流变单元[326-327]。非晶物质及其形成液体的弛豫的量子化效应也间接证明流变单元的存在，或者说动力学各种模式与非晶物质微观结构密切相关。

10.14.3　微观结构起源

我们总结动力学和微观结构关系的研究结果，试图给出动力学行为和模式的简单微观结构图像，为了简单起见，用相对简单的原子非晶合金作为代表性例子。图 10.213 是非晶合金微观结构及和不同动力学模式的对应关系示意图。非晶体系中大规模原子的运动(涉及大量原子的移动，流变单元的扩展及自组织，剪切带的形成)对应于α弛豫；图中红色虚线标出的流变单元中，或者软区中即弱键合区域中原子的运动对应于β弛豫；在流变单元中，近邻原子组成的笼子中的原子的涨落式运动对应于 NCL 和快β弛豫；流变单元中接近自由原子(和周围原子相互作用相对很弱)的振动对应于玻色峰。随着外加能量的升高和积累，笼子扩展成流变单元，相对应的是 NCL 和快β弛豫扩展成慢β弛豫，流变单元的合并、扩展和数量的大量增加，使得非晶物质在更大的区域转变成类液态，对应于β弛豫通过逾渗转变成α弛豫。这个微结构的简单图像能帮助直观理解这些弛豫模式的起源和耦合的原因，以及动力学模式和形变、玻璃转变、性能的关系。图 10.214 形象地给出了元激发、振动行为、弛豫动力学、能量地貌图、地貌图中各种能量状态的分布，以及它们之间的关系。如图中所示，流变单元处于高能态，是类液态的，对应于能量新貌图的高能谷；热激发是流变单元的激活；高能谷的分布和密度决定非晶体系的塑性和性能。

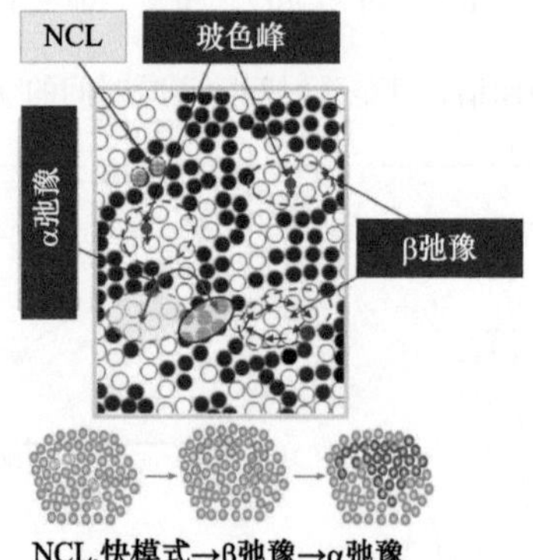

图 10.213　非晶合金微观结构及和不同动力学模式的对应关系示意图[94]

需要说明的是动力学的结构起源有待实验证实，还有很大的争议，最终统一的动力学机制和结构起源，还有待深入的研究，有待类似自由电子激光这样的先进手段应用于非晶动力学研究[330]。

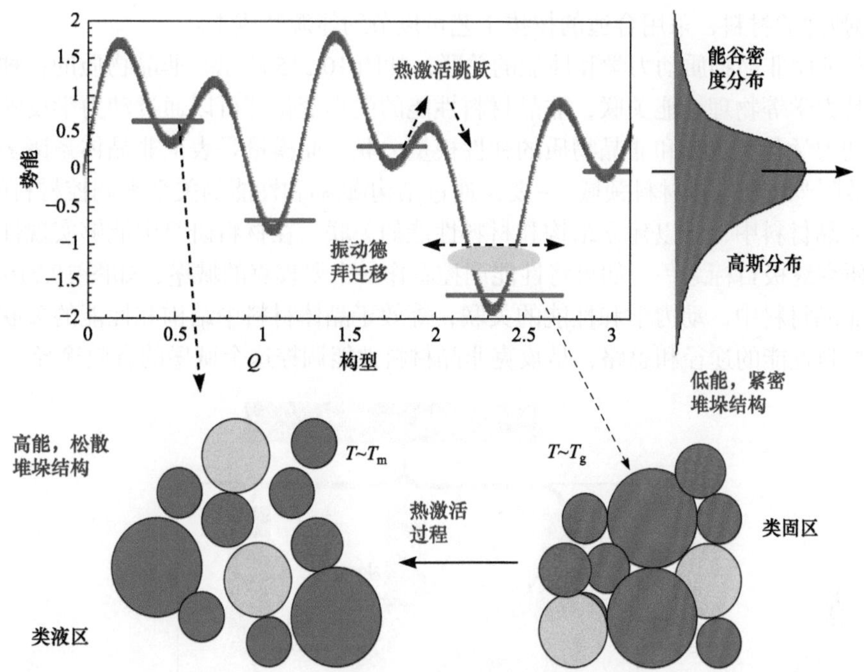

图 10.214　元激发、振动行为、弛豫动力学和能垒图的关系(图片由 K. Samwer 教授提供)

10.15　研究动力学的意义

动力学不仅是研究和认识非晶物质本质，认识多体相互作用体系普遍规律的重要途径，而且对调制、设计非晶材料的性能，甚至对认识更复杂的物质体系，如生物细胞的转移运动，甚至一些重要的复杂社会现象都具有重要意义。动力学研究的意义实际上涉及很多方面。下面仅举两个完全不同、典型的例子来说明非晶物质中动力学研究的重要性。一是动力学对调控非晶性能的意义，另一个是对生物学研究如细胞的转移运动的作用。

10.15.1　动力学对性能的调控作用

在高分子非晶材料领域，人们很早就发现动力学弛豫和力学性能有关联：如果高分子材料，具有明显的β弛豫，且β弛豫的特征温度在室温附近或室温以下，那么该非晶材料会有很好的室温塑性，其断裂模式是韧性断裂；相反则材料表现为脆性。在许多高分子材料中，韧脆转变、断裂模式转变也和β弛豫有明显的关系。如果将力学实验所用的温度和时间(应变率)与β弛豫的温度和频率相匹配，那么材料会表现为韧性变形[331]。因为这样可以大量激活β弛豫，使得材料中产生高密度类液的流变单元，从而表现出均匀流动变形。

在非晶塑料工业和高分子领域，β弛豫和塑性变形相关性也早就被利用了，人们已经利用动力学和性能的关联来改进、调控高分子材料的力学性能和稳定性。例如，许多高分子材料需要拉拔，拉拔的温度是一个关键参数，人们根据动力学和力学性质的关联总结如下规律：如果材料有明显的β弛豫，那么拉拔温度就可以选在β弛豫温度与α弛豫温度之间；如果材料没有明显的β弛豫，那么拉拔温度只能选择在α弛豫温度(T_g)以上；对于具有明显β弛豫的材料，采用合适的拉拔工艺可以节约能源和成本。

实验证明非晶物质动力学和性能的关联，如图 10.215 所示，非晶物质的各种动力学模式和其力学等物理性能关联，非晶材料性能的微小变化都可以通过动力学反映出来。此外，动力学各模式都和非晶物质的弹性模量关联，而模量是表征非晶体系诸多性能的重要参数[94,308]。在晶体材料领域，主要是通过结构\缺陷和性能的关系来调控材料的性能，但是在非晶材料中，难以建立结构和材料性能的关联。在材料研究中能够实现性能调控是材料研究终极目标之一，如果将性能调控看作一个要攻克的城堡，如图 10.216 所示，那么在非晶材料中，动力学和性能的关联，等效于晶体材料中结构和性能的关联，是调控非晶材料性能的途径和思路，是攻克非晶材料性能调控这个城堡的有效途径。

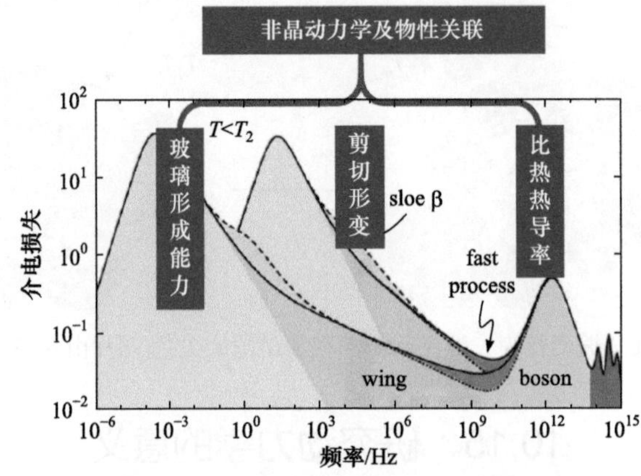

图 10.215　动力学模式和物性、特征的关联

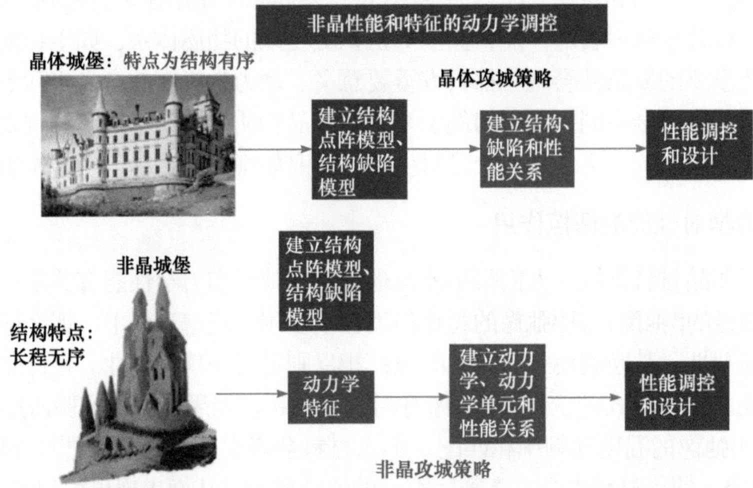

图 10.216　非晶材料中，动力学和性能的关联，等效于晶体材料中结构和性能的关联，是调控非晶材料性能的途径和思路

研究表明，非晶材料的动力学和结构、制备工艺、性能之间有密切的关联关系，这些关联可以作为调控非晶材料性能，甚至设计非晶材料的重要关系，类似晶体材料中结构(缺陷)-性能的关系，如图 10.217 所示。在非晶材料中，利用动力学和性能的关联(等效于结构

和性能的关联)调控性能类似曹冲称象使用的方法。如图 10.218 所示，由于条件限制很难直接称象(很难直接从结构得到构效关系)，可以用一堆石块，石块的重量和象的重量等效(动力学和性能的关联等效于结构和性能的关联)，称石块的重量，就能知道象的重量。建立了动力学和性能的关系，而且与结构和性能是等效关系，就能从动力学角度等效地调控性能。下面是几个根据动力学调控非晶材料力学性能的例子，说明动力学调控性能的有效性。

图 10.217　非晶物质中动力学、结构、制备工艺、性能之间的关系

图 10.218　非晶材料中，利用动力学和性能的关联(等效于结构和性能的关联)调控性能类似曹冲称象使用的方法

第一个例子，利用力学性能和β弛豫的关联，可通过微量 Mo 掺杂来控制非晶 $Zr_{50}Cu_{44.5-x}Al_{5.5}Mo_x$ ($x = 0, 0.5, 1.5, 3$)合金的β弛豫变化，就能调控该体系的塑性性能。如图 10.219 所示，适量的 Mo 掺杂，可以使得β弛豫更明显，这样使得非晶合金压缩塑性应变从脆性提高到 22%[332-333]。

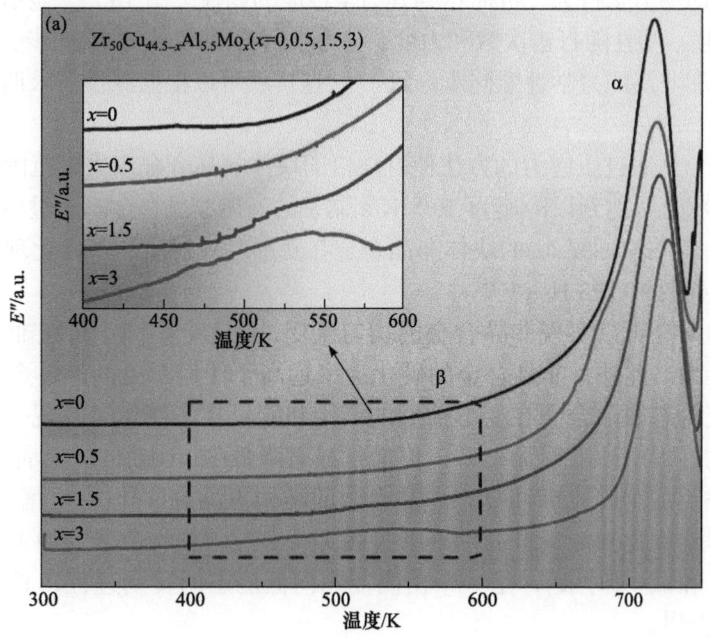

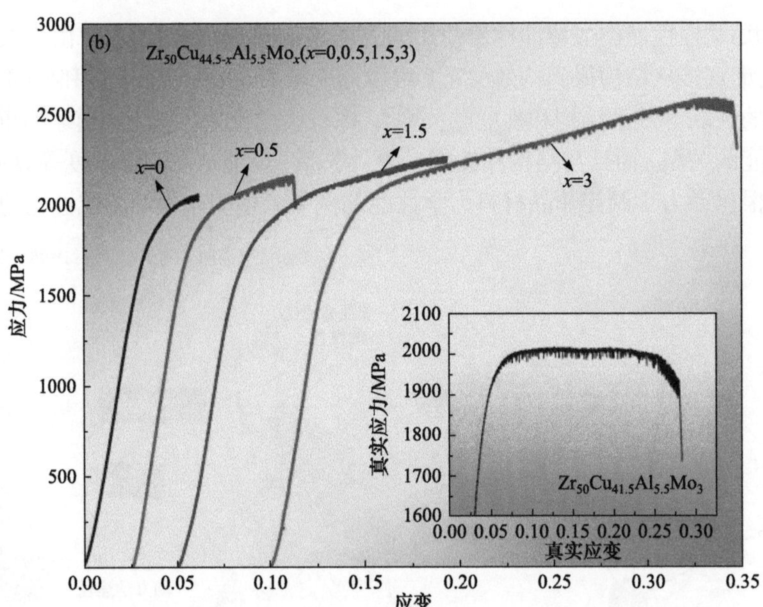

图 10.219 (a)微量 Mo 掺杂导致非晶 $Zr_{50}Cu_{44.5-x}Al_{5.5}Mo_x(x = 0, 0.5, 1.5, 3)$β弛豫的变化，DSC 的曲线反映体系β弛豫越来越明显；(b)$Zr_{50}Cu_{44.5-x}Al_{5.5}Mo_x(x = 0, 0.5, 1.5, 3)$非晶合金体系塑性的变化，其压缩塑性应变从脆性提高到 22%[332]

第二个例子是超声击打调制动力学行为，达到改善非晶材料性能的方法，如图 10.220 所示。这个方法可以改变、调制非晶合金的构型、非均匀性和动力学行为，从而调控非晶的力学性能[334]。超声打击类似打铁，可以调控非晶能量状态。如图 10.221 所示，通过超声打击次数等参数的控制，可实现非晶材料的回复或者时效行为的调控，从而调制非晶的能量状态即动力学行为，进而达到其力学性能的调控。图 10.222 显示了非晶合金的剪切模量、强度、塑性随打击次数和力度，动力学行为(回复或时效)同步变化，可以看出动力学的变化和非晶的力学性能同步一致[334]。这样就可以根据服役需求调制非晶合金的力学性能。

第三个例子是通过压应力的方法使有缺口的块体非晶合金产生大范围、高程度的回复，最高能量状态可达到以冷速为 10^{10} K/s 制备的高能非晶合金。通过单轴拉伸或压缩测试发现高能量状态(回复态)的块体非晶合金在变形时表现出加工硬化现象和优异的塑性变形能力，如图 10.223 所示[335]。

高程度的回复可以实现非晶合金的均匀流变，这完全不同于传统非晶合金依靠剪切带的变形行为。此外，非晶合金的硬化速率远高于任何常见的晶体金属体系。对比回复态和传统铸态非晶合金在变形前后的结构和能量状态变化时发现，回复态非晶合金在加工硬化过程中硬度明显上升，但能量显著降低(图 10.224)。非晶合金的径向分布函数结果表明加工硬化后回复态非晶合金的结构更加有序化(密度增加)，与传统铸态非晶合金形变软化和能量升高的变形过程完全相反。非晶合金的加工硬化伴随着材料缺陷的湮灭和减少(时效)，是一个由高能态向低能态的转变过程，具有完全不同的加工硬化机制[335]。

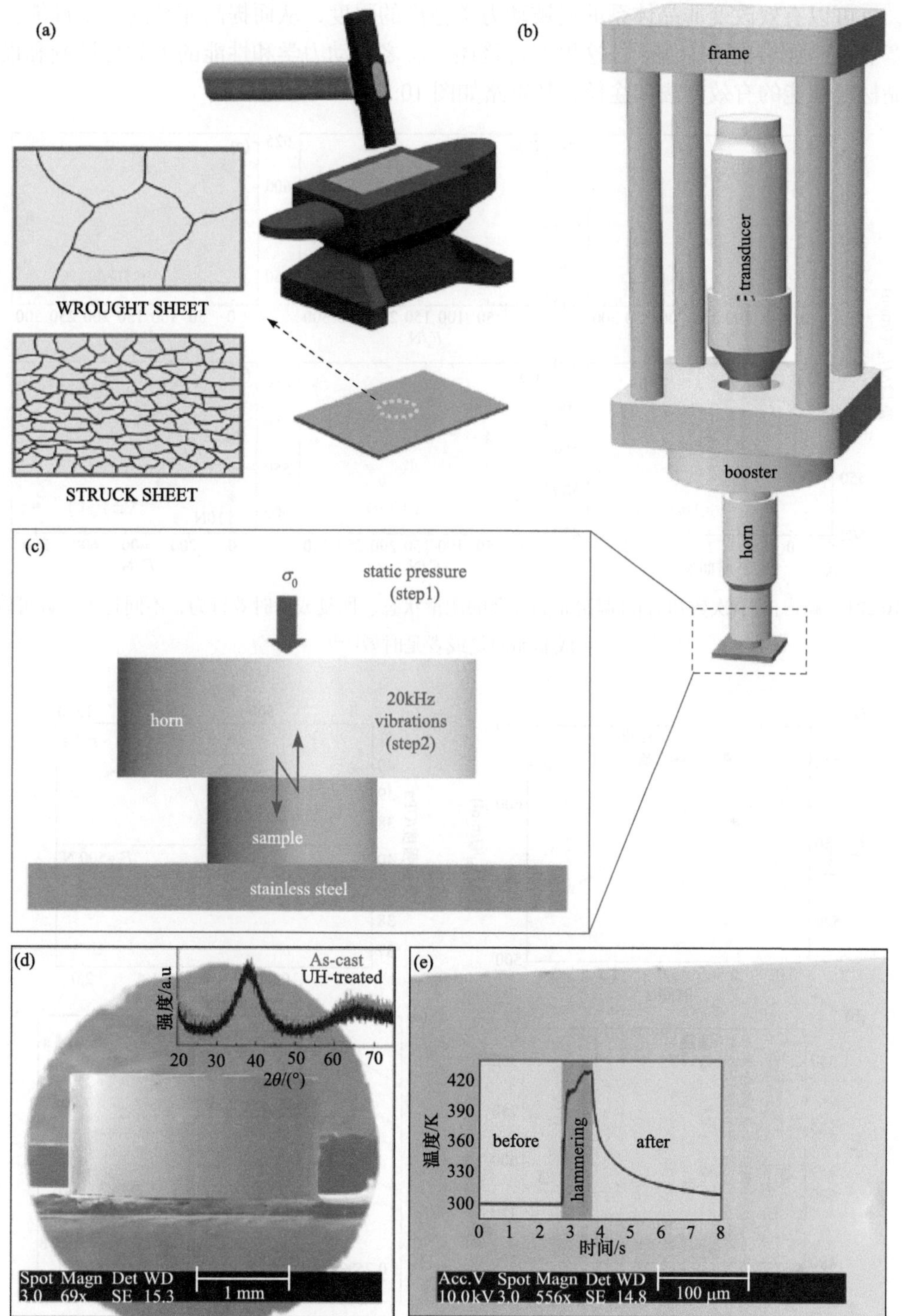

图 10.220　超声打击的方法，可以改变、调制非晶合金的构型、非均匀性和动力学行为，从而调控非晶的力学性能[334]

此外，通过快速升温，或者非晶材料制备过程中冷却速率的控制，或者通过预变形等，也可以有效改变非晶体系的局域动力学弛豫的强度，从而提高非晶的力学性能。前面章节也已经给出不少例子，这里不再赘述。总之，动力学和性能的关联是调制和设计非晶材料性能的有效方法和途径，其思路如图 10.224 所示。

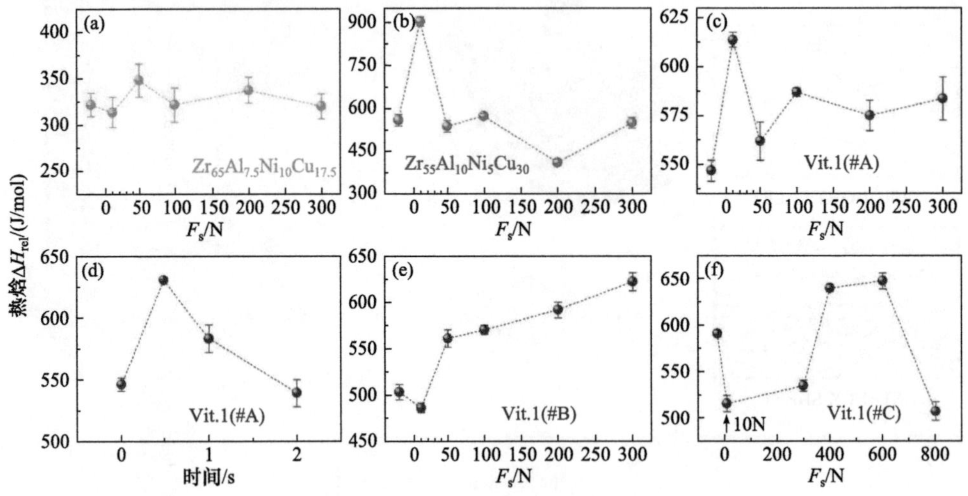

图 10.221 超声击打(次数和力)可调制非晶合金的能量状态、回复或者时效行为，不同打击次数可以造成非晶回复或者是时效[334]

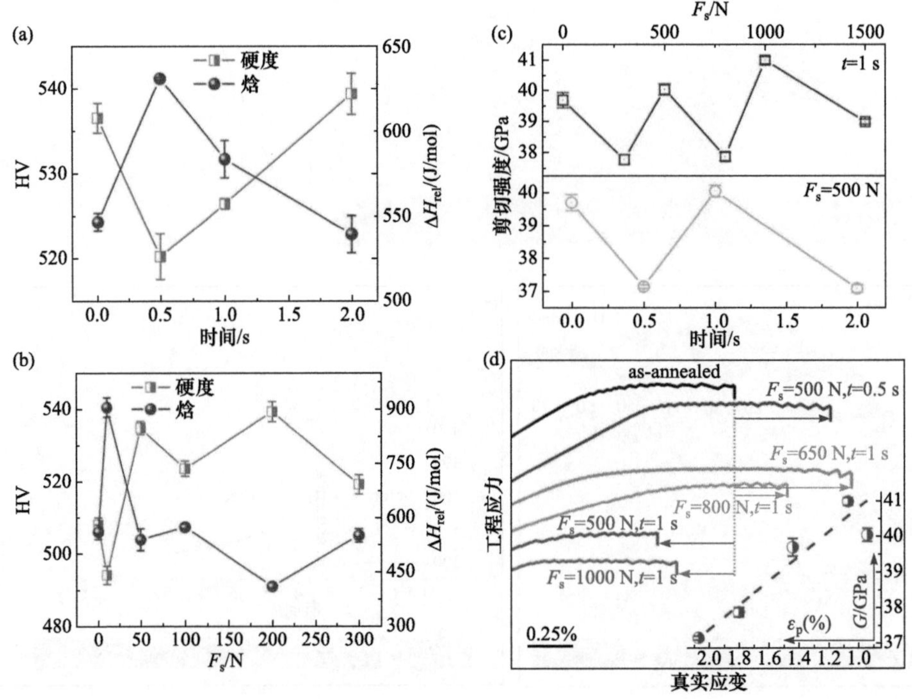

图 10.222 非晶的硬度、剪切模量、强度、塑性随打击次数和力度，动力学行为发生(回复或时效)同步变化[334]

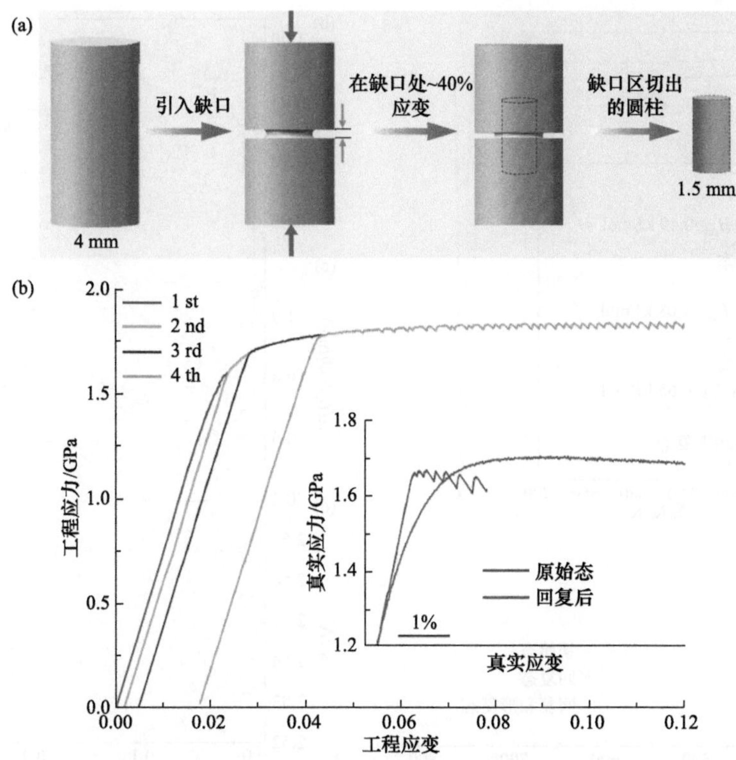

图 10.223　(a)利用制造缺口方法使块体非晶合金产生大范围、高程度的回复，获得高能态的块体非晶合金；(b)回春态块体非晶合金在单轴压缩时的加载-卸载-再加载曲线和真实应力-应变曲线(插图)[335]

10.15.2　动力学和细胞运动

我们知道细胞的运动很重要，如癌细胞的转移、创口的愈合、胚胎的发育都和细胞的迁移、转移及运动密切相关。细胞在组织中的运动是无序的(cell motions are glassy)，非常类似非晶物质体系中的动力学行为。图 10.225 是单个细胞在细胞组织中的运动方式过程示意图[336]。它是一种笼子逃逸(caging jumping)方式，非常类似快β弛豫的逃逸笼子的过程。图 10.226 是细胞阻塞和流动的过程，类似玻璃转变。如果细胞之间堆积的很紧密，细胞运动就很困难(jamming)，细胞可以通过改变形状，来调整堆积密度实现流动(unjamming)或移动，这是一种形状主导的玻璃转变。细胞的形状(shape)是这类玻璃转变的结构序参量[337]。图 10.227 是细胞组织的玻璃转变相图，右边的彩色线是细胞运动轨迹。阻塞以后细胞运动局域化了，和非晶物质中的原子轨迹变化类似[338]。图 10.228 是细胞体系的玻色峰，和非晶物质的高频动力学行为一样 [339]。这些都说明细胞在组织中的运动行为和非晶动力学基本类似。因此，非晶动力学研究可能为认识细胞的运动转移、癌症转移病理、胚胎的发育、生命过程提供重要物理支撑，为生物学研究提供了新的途径和窗口。

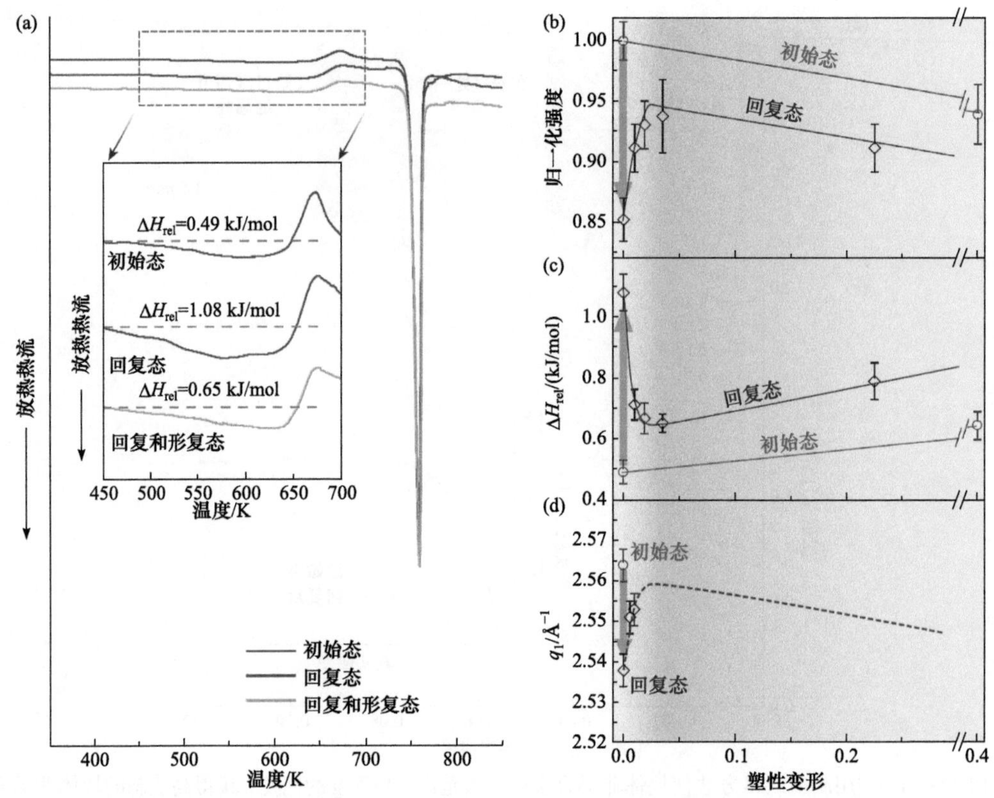

图 10.224 变形过程中非晶合金的能量状态和结构的变化。(a)回复态非晶合金在变形前后的 DSC 曲线和弛豫焓；铸态和回复态非晶合金的(b)归一化硬度，(c)弛豫焓，以及(d)主衍射环位置 q_1 与塑性变形量间的关系。回复态非晶合金在最初变形阶段(<5%)表现出显著的加工硬化，伴随着硬度升高和能量的降低，以及结构的有序化[335]

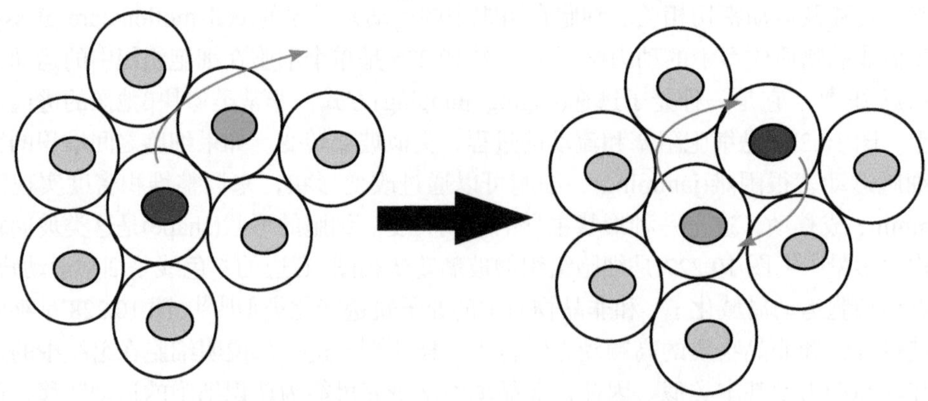

图 10.225 细胞运动方式：笼子逃逸过程示意图[336]

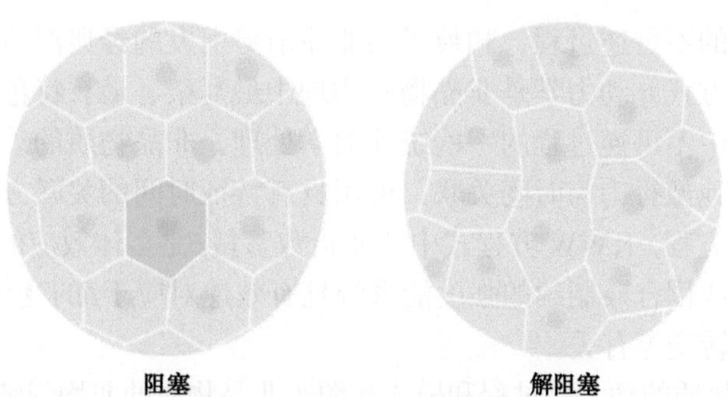

图 10.226　细胞形状变化导致的玻璃转变：阻塞(jammed)和解阻塞(unjammed)[337]

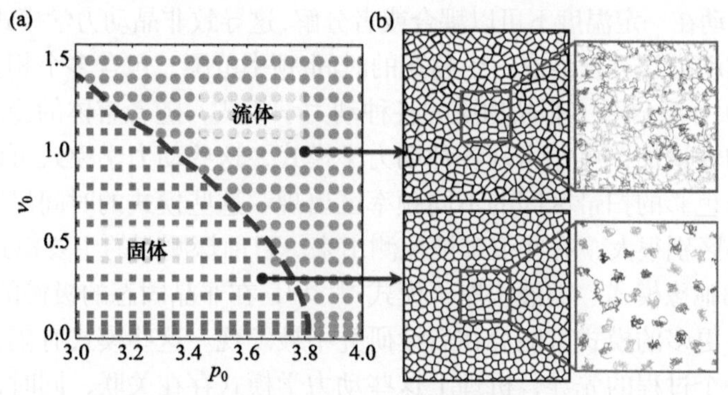

图 10.227　细胞组织的玻璃转变相图，右边的彩色线是细胞运动轨迹：阻塞以后细胞运动局域化了，和非晶物质中的原子轨迹变化类似[338]。

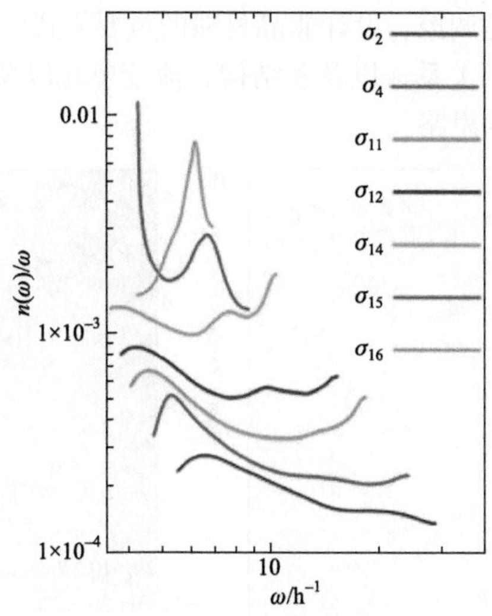

图 10.228　细胞体系的玻色峰[339]

10.16　小结和讨论

第四态常规物质，非晶物质中的粒子运动行为复杂而有规律，其动力学现象起源于物质多体相互作用的不可逆过程，和粒子间非简谐势引发的经典混沌有关，是亚稳非晶物质中的粒子运动方式。动力学是非晶物质物理中最复杂、最有特色的部分之一。研究表明通过关联体系中不可逆过程的一些统计力学处理，非晶物质的动力学能够被表征。非晶物质的动力学弛豫行为与时间关联，可用具有特征时间的关联方程描述。最著名的描述方程是 KWW 方程，KWW 方程式中的非指数参量β是多体效应的一种度量，非晶物质粒子间相互作用或耦合或制约的强度能系统且有效地对应于β的变化，β还和非晶物质的非均匀性、玻璃转变等有关。

微观上，非晶物质的动力学过程和模式起源于非晶物质的非均匀结构。非晶物质中非均匀结构导致非晶物质存在复杂的微观运动模式，从而导致了复杂多样的动力学模式，这些不同的微观运动在一定温度下可以耦合或者分解，这导致非晶动力学模式的耦合和分解。

非晶物质的动力学过程涉及一个超宽的时间/频率范围，包含多个相关动力学过程和模式。图 10.229 总结示意了非晶物质的各种动力学模式，随着熔体的冷却，粒子相互作用增强，不均匀性增加，可能出现各种动力学模式，这些动力学模式可以在图中红色曲线和蓝色曲线有色彩的扫帚区间的不同频率区出现。这些模式的时间尺度、能量和参加粒子的数量大小区别很大，有些很难被探测出来。目前探测到的主要模式有α弛豫模式，β弛豫模式、快β弛豫模式、类液快原子模式[340-341]，在非晶固态的极慢的各种弛豫模式，以及玻色峰等，更多的模式可能会在后续研究中被发现。这些模式有耦合关系，其前一过程可能是下一个过程的先导，机理上这些动力学模式存在关联，同时，这些模式也可以耦合，也可以解耦。这些模式都可以通过热、应力、外场等激发，并受化学成分影响，这些模式都和非晶物质的性能和特征关联，所以，动力学类似于微观结构成为认识非晶物质本质的重要途径，也是调控、设计非晶材料的重要方式。图 10.230 示意总结了非晶物质动力学多重模式之间的关系，以及和结构、流变单元以及和性能的关联，示意了从动力学调制非晶物质性能的思路。

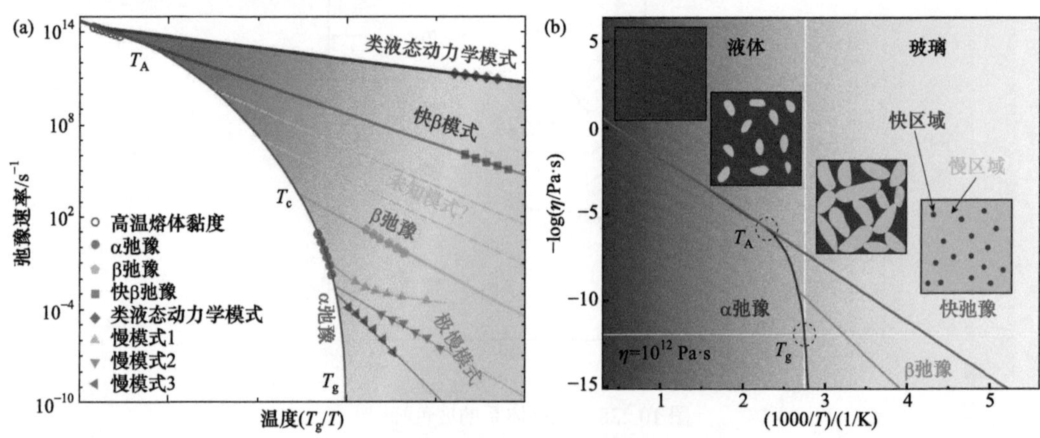

图 10.229 (a)非晶物质的各种动力学模式示意图；(b)伴随动力学模式变化的体系结构演化。方框中红色代表液体，蓝色代表类固态玻璃[341]

下一章(第 11 章)，我们将了解非晶物质的另一面：热力学。热力学既是一门基础坚实的学科，也是很生活化的学科，比如其中最重要的第二定律被物理学家麦克斯韦表达

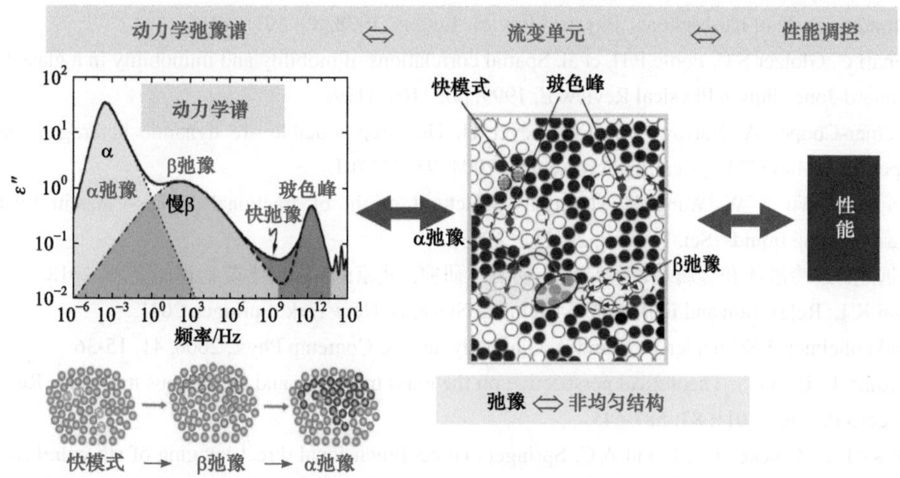

图 10.230　非晶物质动力学谱和结构、流变单元及性能的关联，以及动力学性能调控的思路

为："当你把一杯水倒入大海之后，不可能再从大海里取回这杯水"；被克劳修斯(Clausius)表达为："不可能使热量由低温物体传递到高温物体而不引起其他变化，即热量不可能自动地由低温物体向高温物体传递"。热力学中最重要的概念熵和能量也是非晶物质科学中永恒的主题，是决定非晶物质状态、形成、转变、动力学的重要参量。第 11 章就让我们一起从熵、能量、焓、自由能、温度等热力学参量的角度来了解常规物质第四态——非晶物质。

参 考 文 献

[1] Ediger M D. Spatially heterogeneous dynamics in supercooled liquids. Annual Review of Physical Chemistry, 2000, 51: 99-128.

[2] Mallamace F, Branca C, Corsaro C, et al. Transport properties of glass-forming liquids suggest that dynamic crossover temperature is as important as the glass transition temperature. Proceedings of the National Academy of Sciences, 2010, 107: 22457-22462.

[3] Martinez-Garcia J C, Martinez-Garcia J, Rzoska S J, et al. The new insight into dynamic crossover in glass forming liquids from the apparent enthalpy analysis. The Journal of Chemical Physics, 2012, 137: 064501.

[4] Tarjus G, Kivelson D. Breakdown of the Stokes-Einstein relation in supercooled liquids. The Journal of Chemical Physics, 1995, 103: 3071-3073.

[5] Becker S R, Poole P H, Starr F W. Fractional Stokes-Einstein and Debye-Stokes-Einstein relations in a network-forming liquid. Physical Review Letters, 2006, 97: 055901.

[6] Xu L, Mallamace F, Yan Z, et al. Appearance of a fractional Stokes-Einstein relation in water and a structural interpretation of its onset. Nature Physics, 2009, 5: 565-569.

[7] Han X, Schober H. Transport properties and Stokes-Einstein relation in a computer-simulated glass-forming $Cu_{33.3}Zr_{66.7}$ melt. Physical Review B, 2011, 83: 224201.

[8] Tanaka H, Kawasaki T, Shintani H, et al. Critical-like behaviour of glass-forming liquids. Nature Materials, 2010, 9: 324-331.

[9] Debenedetti P G, Stillinger F H. Supercooled liquids and the glass transition. Nature, 2001, 410: 259-267.

[10] Kob W, Donati C, Plimpton S J, et al. Dynamical heterogeneities in a supercooled Lennard-Jones liquid. Physical Review Letters, 1997, 79: 2827-2830.

[11] Doliwa B, Heuer A. Cage effect, local anisotropies, and dynamic heterogeneities at the glass transition: a

computer study of hard spheres. Physical Review Letters, 1998, 80: 4915-4918.

[12] Donati C, Glotzer S C, Poole P H, et al. Spatial correlations of mobility and immobility in a glass-forming Lennard-Jones liquid. Physical Review E, 1999, 60: 3107-3119.

[13] Widmer-Cooper A, Harrowell P, Fynewever H. How reproducible are dynamic heterogeneities in a supercooled liquid? Physical Review Letters, 2004, 93: 135701.

[14] Pan S P, Wu Z W, Wang W H, et al. Structural origin of fractional Stokes-Einstein relation in glass-forming liquids. Sci. Reports, 2017, 7: 39938.

[15] 胡远超. 过冷液体和金属玻璃的结构与动力学研究. 北京: 中国科学院物理研究所, 2018.

[16] Ngai K L. Relaxation and Diffusion in Complex Systems. New York: Springer, 2011.

[17] Lunkenheimer P, Schneider U, Brand R. Glassy dynamics. Contemp Phys., 2000, 41: 15-36.

[18] Berthier L, Biroli G. Theoretical perspective on the glass transition and amorphous materials. Reviews of Modern Physics, 2011, 83: 587-645.

[19] Weeks E R, Crocker J C, Levitt A C, Springer, Three-dimensional direct imaging of structural relaxation near the colloidal glass transition. Science, 2000, 287: 627-631.

[20] Royall C P, Williams S R. The role of local structure in dynamical arrest. Physics Reports, 2015, 560: 1-75.

[21] Ruta B, Pineda E, Evenson Z. Relaxation processes and physical aging in metallic glasses. J. Phys. Condens. Matter., 2017, 29: 503002.

[22] 张会军, 章琪, 王峰, 等. 利用胶体系统研究玻璃态. 物理, 2019, 48: 69-81.

[23] Berthier L, Kob W. Static point-to-set correlations in glass-forming liquids. Physical Review E, 2012, 85: 011102.

[24] Cammarota C, Cavagna A, Gradenigo G, et al. Numerical determination of the exponents controlling the relationship between time, length, and temperature in glass-forming liquids. The Journal of Chemical Physics, 2009, 131: 194901.

[25] Kirkpatrick T R, Thirumalai D, Wolynes P G. Scaling concepts for the dynamics of viscous liquids near an ideal glassy state. Physical Review A, 1989, 40: 1045-1054.

[26] Biroli G, Karmakar S, Procaccia I. Comparison of static length scales characterizing the glass transition. Physical Review Letters, 2013, 111: 165701.

[27] Biroli G, Bouchaud J P, Cavagna A, et al. Thermodynamic signature of growing amorphous order in glass-forming liquids. Nature Physics, 2008, 4: 771-775.

[28] Dyre J C. Colloquium: the glass transition and elastic models of glass-forming liquids. Rev. Mod. Phys., 2006, 78: 953-972.

[29] Li M Z, Peng H L, Hu Y C, et al. Five-fold local symmetry in metallic liquids and glasses. Chin. Phys. B, 2017, 26: 016104.

[30] Wen P, Zhao D Q, Pan M X, et al. Relaxation of metallic $Zr_{46.25}Ti_{8.25}Cu_{7.5}Ni_{10}Be_{27.5}$ bulk glass-forming supercooled liquid. Appl. Phys. Lett., 2004, 84: 27902792.

[31] Zhao Z F, Wen P, Shek C H, et al. Measurements of slow β-relaxations in metallic glasses and supercooled liquids. Phys. Rev. B, 2007, 75: 174201.

[32] Wen P, Zhao Z F, Wang W H. Mechanical relaxation in supercooled liquids of bulk metallic glasses. Phys. Status Solidi A, 2010, 207: 2693-2703.

[33] Yu H B, Wang W H, Bai H Y, et al. The β relaxation in metallic glasses. National Science Review, 2014, 1: 429-461.

[34] Yu H B, Wang W H, Samwer K. The β relaxation in metallic glasses: an overview. Mater. Today, 2013, 16: 183-191.

[35] http: //en. wikipedia. org/wiki/Dynamic_mechanical_analysis.

[36] Menard K P. Dynamic Mechanical Analysis: A Practical Introduction. Boca Raton: CRC Press, 2008.
[37] Jiao W, Wen P, Peng H L, et al. Evolution of structural and dynamic heterogeneities and activation energy distribution of deformation units in metallic glass. Appl. Phys. Lett., 2013, 102: 101903.
[38] Gibbs M R J, Evetts J E, Leake J A. Activation energy spectra and relaxation in amorphous materials. J. Mater. Sci., 1983, 18: 278.
[39] 焦维. 金属玻璃变形载体的应力弛豫法研究. 北京: 中国科学院物理研究所, 2013.
[40] 王峥. 金属玻璃中流动单元的探测与表征. 北京: 中国科学院物理研究所, 2013.
[41] Lu Z, Jiao W, Wang W H, et al. Flow unit perspective on room temperature homogeneous plastic deformation in metallic glasses. Phys. Rev. Lett., 2014, 113: 045501.
[42] 鲁振. 金属玻璃室温塑性变形及弛豫机制研究. 北京: 中国科学院物理研究所, 2016.
[43] Wang C, Yang Z Z, Ma T, et al. High stored energy of metallic glasses induced by high pressure. Appl. Phys. Lett., 2017, 110: 111901.
[44] Lee J C. Calorimetric study of β-relaxation in an amorphous alloy: an experimental technique for measuring the activation energy for shear transformation. Intermetallics, 2014, 44: 116-120.
[45] Sun Y H, Concustell A, Greer A L. Thermomechanical processing of metallic glasses: extending the range of the glassy state. Nature Rev. Mater., 2016, 1: 16039.
[46] 罗鹏. 金属玻璃态弛豫动力学研究. 北京: 中国科学院物理所, 2018.
[47] Fakhraai Z, Forrest J A. Measuring the surface dynamics of glassy polymers. Science, 2008, 319: 600-604.
[48] Mullins W W. Flattening of a nearly plane solid surface due to capillarity. J. Appl. Phys., 1959, 30: 77-83.
[49] Wang L, Ellison A J G, Ast D G. Investigation of surface mass transport in Al-Si-Ca-oxide glasses via the thermal induced decay of submicron surface gratings. J. Appl. Phys., 2007, 101: 023530.
[50] Zhu L, Brian C W, Swallen S F, et al. Surface self-diffusion of an organic glass. Phys. Rev. Lett., 2011, 106: 256103.
[51] Packard C E, Schroers J, Schuh C A. *In situ* measurements of surface tension-driven shape recovery in a metallic glass. Scripta Mater., 2009, 60: 1145-1148.
[52] 曹乘榕. 非晶合金表面与低维行为及相关应用研究. 北京: 中国科学院物理研究所, 2017.
[53] Cao C R, Lu Y M, Bai H Y, et al. High surface mobility and fast surface enhanced crystallization of metallic glass. Appl. Phys. Lett., 2015, 107: 141606.
[54] Chai Y, Salez T, McGraw J D, et al. A direct quantitative measure of surface mobility in a glassy polymer. Science, 2014, 343: 994-999.
[55] Ashtekar S, Scott G, Lyding J, et al. Direct imaging of two-state dynamics on the amorphous silicon surface. Phys. Rev. Lett., 2011, 106: 235501.
[56] Ashtekar S, Nguyen D, Zhao K, et al. An indestructible glass surface. J. Chem. Phys., 2012, 137: 141102.
[57] Kittel C. Introduction to solid state physics. 6th ed. New York: John Wiley & Sons, Inc., 2018.
[58] Enss C, Hunklinger S. Low-Temperature Physics. Berlin: Springer, 2005.
[59] 苏少奎. 低温物性及测量. 北京: 科学出版社, 2019.
[60] Grubel G, Zontone F. Correlation spectroscopy with coherent X-rays. J. Alloys Compd., 2004, 362: 3-11.
[61] 汪卫华, 罗鹏. 金属玻璃中隐藏在长时间尺度下的动力学行为及其对性能的影响. 金属学报, 2018, 54: 1479-1489.
[62] 姜伯承, 邓海啸. 自由电子激光. 科学, 2012, 64: 13-16.
[63] 谢家麟. 自由电子激光发展概况. 原子能科学技术, 1988, 22(1): 22.
[64] O'shea P G, Freund H P. Free-electron lasers: status and applications. Science, 2001, 292: 1853-1858.
[65] McNeil B W, Thompson N R. X-ray free-electron lasers. Nat. Photonics, 2010, 4: 814-821.

[66] 周胜鹏, 刘爱华. 探索亚原子世界的利器——阿秒光脉冲. 现代物理知识, 2019, 31: 50-55.

[67] Keys A S, Abate A R, Glotzer S C, et al. Measurement of growing dynamical length scales and prediction of the jamming transition in a granular material. Nature Phys., 2007, 3: 260-264.

[68] Tanaka H, Kawasaki T, Shintani H, et al. Critical-like behaviour of glass-forming liquids. Nature Mater., 2010, 9: 324-331.

[69] Ke H B, Wen P, Zhao D Q, et al. Correlation between dynamic flow and thermodynamic glass transition in metallic glasses. Appl. Phys. Lett., 2010, 96: 251902.

[70] Kauzmann W. The nature of the glassy state and the behavior of liquids at low temperatures. Chem. Rev., 1948, 43: 219-256.

[71] Jackle J. Models of the glass transition. Rep. Prog. Phys., 1986, 49: 171-231.

[72] Turnbull D, Cohen M H. Free-volume model of the amorphous phase: glass transition. J. Chem. Phys., 1961, 34: 120-125 .

[73] Spaepen F. A microscopic mechanism for steady state inhomogeneous flow in metallic glasses. Acta Metall., 1977, 23: 407-415.

[74] Stillinger F H. A topographic view of supercooled liquids and glass formation. Science, 1995, 267: 1935-1939.

[75] Adam G, Gibbs J H. On the temperature dependence of cooperative relaxation properties in glass-forming liquids. J. Chem. Phys., 1965, 43: 139-146.

[76] Das S P. Mode-coupling theory and the glass transition in supercooled liquids. Reviews of Modern Physics., 2004, 76: 785-851.

[77] Tanaka H. Bond orientational order in liquids: towards a unified description of water-like anomalies, liquid-liquid transition, glass transition, and crystallization. The European Physical Journal E, 2012, 35: 1-84.

[78] Keys A S, Hedges L O, Garrahan J P, et al. Excitations are localized and relaxation is hierarchical in glass-forming liquids. Phys. Rev. X, 2011, 1: 021013.

[79] Kirkpatrick T R, Thirumalai D. Colloquium: random first order transition theory concepts in biology and physics. Reviews of Modern Physics, 2015, 87: 183-209.

[80] Karmakar S, Dasgupta C, Sastry S. Growing length and time scales in glass-forming liquids. Proceedings of the National Academy of Sciences, 2009, 106: 3675-3679.

[81] Sengupta S, Karmakar S, Dasgupta C, et al. Adam-Gibbs relation for glass-forming liquids in two, three, and four dimensions. Physical Review Letters, 2012, 109: 095705.

[82] Shintani H, Tanaka H. Frustration on the way to crystallization in glass. Nature Physics, 2006, 2: 200-206.

[83] Leocmach M, Tanaka H. Roles of icosahedral and crystal-like order in the hard spheres glass transition. Nature Communications, 2012, 3: 974.

[84] Bouchaud J P, Biroli G. On the Adam-Gibbs-Kirkpatrick-Thirumalai-Wolynes scenario for the viscosity increase in glasses. The Journal of Chemical Physics, 2004, 121: 7347-7354.

[85] Biroli G, Bouchaud J P, Cavagna A, et al. Thermodynamic signature of growing amorphous order in glass-forming liquids. Nature Physics, 2008, 4: 771-775.

[86] Hocky G M, Markland T E, Reichman D R. Growing point-to-set length scale correlates with growing relaxation times in model supercooled liquids. Physical Review Letters, 2012, 108: 225506.

[87] Hodge I M. Effects of annealing and prior history on enthalpy relaxation in glassy polymers. 6. Adam-Gibbs formulation of nonlinearity. Macromolecules, 1987, 20: 2897-2908.

[88] Luo P, Lu Z, Li Y Z, et al. Probing the evolution of slow flow dynamics in metallic glasses. Phys. Rev. B, 2016, 93: 104204.

[89] Luo P, Wen P, Bai H Y, et al. Relaxation decoupling in metallic glasses at low temperatures. Phys. Rev.

Lett., 2017, 118: 225901.

[90] Lubchenko V, Wolynes P G. Theory of structural glasses and supercooled liquids. Annual Review of Physical Chemistry, 2007, 58: 235-266.

[91] Phillips J C. Stretched exponential relaxation in molecular and electronic glasses. Rep. Prog. Phys., 1996, 59: 1133-1207.

[92] Bohmer R, Ngai K L, Angell C A, et al. Nonexponential relaxations in strong and fragile glass formers. J. Chem. Phys., 1993, 99: 4201-4209.

[93] Ediger M D, Harrowell P. Perspective: supercooled liquids and glasses. J. Chem. Phys., 2012, 137: 080901.

[94] Wang W H. Dynamic relaxations and relaxation-property relationships in metallic glasses. Prog. Mater. Sci., 2019, 106: 100561.

[95] Hecksher T, Nielsen A I, Olsen N B, et al. Little evidence for dynamic divergences in ultraviscous molecular liquids. Nature Phys., 2008, 4: 737-741.

[96] Mallamace F, Branca C, Corsaro C, et al. Transport properties of glass-forming liquids suggest that dynamic crossover temperature is as important as the glass transition temperature. Proc. Natl. Acad. Sci. U. S. A., 2010, 107: 22457-22462.

[97] Capaccioli S, Ruocco G. Relaxation is a two-step process for metallic glasses. Physics, 2017, 10: 58-59.

[98] Zanotto E D. Do cathedral glasses flow? Am. J. Phys., 1998, 66: 392-395.

[99] Stokes Y M. Flowing windowpanes: fact or fiction? Proc. R. Soc. Lond. A, 1999, 455: 2751-2756.

[100] Welch R C, Smith J R, Potuzak M, et al. Dynamics of glass relaxation at room temperature. Phys. Rev. Lett., 2013, 110: 265901.

[101] Scherer G W. Theories of relaxation. J. Non-Cryst. Solids, 1990, 123: 75-89.

[102] Ruta B, Baldi G, Chushkin Y, et al. Revealing the fast atomic motion of network glasses. Nat. Commun., 2014, 5: 3939.

[103] Evenson Z, Ruta B, Hechler S, et al. X-ray photon correlation spectroscopy reveals intermittent aging dynamics in a metallic glass. Phys. Rev. Lett., 2015, 115: 175701.

[104] Cangialosi D, Boucher V M, Alegría A, et al. Direct evidence of two equilibration mechanisms in glassy polymers. Phys. Rev. Lett., 2013, 111: 095701.

[105] Mauro J C, Uzun S S, Bras W, et al. Nonmonotonic evolution of density fluctuations during glass relaxation. Phys. Rev. Lett., 2009, 102: 155506.

[106] Richert R. Physical aging and heterogeneous dynamics. Phys. Rev. Lett., 2010, 104: 085702.

[107] Greer A L, Leake J A. Structural relaxation and crossover effect in a metallic glass. J. Non-Cryst. Solids, 1979, 33: 291-297.

[108] Aji D P B, Wen P, Johari G P. Memory effect in enthalpy relaxation of two metal alloy glasses. J. Non-Cryst. Solids, 2007, 353: 3796-3811.

[109] Beukel van den A, Zwaag van der A, Mulder A L. A semi-quantitative description of the kinetics of structural relaxation in amorphous $Fe_{40}Ni_{40}B_{20}$. Acta Metall., 1984, 32: 1895-1902.

[110] Volkert C A, Spaepen F. Crossover relaxation of the viscosity of $Pd_{40}Ni_{40}P_{19}Si$ near the glass transition. Acta Metall., 1989, 37: 1355-1362.

[111] Li M X, Luo P, Sun Y T, et al. Significantly enhanced memory effect in metallic glass by multistep training. Physical Review B, 2017, 96: 174204.

[112] Luo P, Li Y Z, Bai H Y, et al. Memory effect manifested by a boson peak in metallic glass. Phys. Rev. Lett., 2016, 116: 175901.

[113] Berthier L, Bouchaud J P. Geometrical aspects of aging and rejuvenation in the Ising spin glass: a

numerical study. Phys. Rev. B, 2002, 66: 054404.
[114] Knight J B, Fandrich C G, Lau C N, et al. Density relaxation in a vibrated granular material. Phys. Rev. E, 1995, 51: 3957-3963.
[115] Lahini Y, Gottesman O, Amir A, et al. Nonmonotonic aging and memory retention in disordered mechanical systems. Phys. Rev. Lett., 2017, 118: 085501.
[116] Hodge I M. Enthalpy relaxation and recovery in amorphous materials. J. Non-Cryst. Solids, 1994, 169: 211-266.
[117] Wang W H, Yang Y, Nieh T G, et al. On the source of plastic flow in metallic glasses: concepts and models. Intermetallics, 2015, 67: 81-86.
[118] Wang Z, Sun B A, Bai H Y, et al. Evolution of hidden localized flow during glass-to-liquid transition in metallic glass. Nat. Commun., 2014, 5: 5823.
[119] 王峥, 汪卫华. 非晶合金中的流变单元. 物理学报, 2017, 66: 176103.
[120] Donth E. The Glass Transition. Berlin Heidelberg: Springer -Verlag, 2001.
[121] Iida T. The Physical Properties of Liquid Metals. Oxford: Clarendon Press, 1988.
[122] Richert R, Duvvuri K, Duong L T. Dynamics of glass-forming liquids. VII. Dielectric relaxation of supercooled tris-naphthylbenzene, squalane, and decahydroisoquinoline. J. Chem. Phys., 2003, 118: 1828-1836.
[123] Wang Z, Wang W H. Flow units as dynamic defects in metallic glassy materials. National Science Review, 2019, 6: 304-323.
[124] Götze W, Sjögren L. Relaxation processes in supercooled liquids. Rep. Prog. Phys., 1992, 55 : 241-376.
[125] Zhao Z F, Wen P, Wang W H. Observation of secondary relaxation in a fragile $Pd_{40}Ni_{10}Cu_{30}P_{20}$ bulk metallic glass. Appl. Phys. Lett., 2006, 89: 071920.
[126] Angell C A. Relaxation in liquids, polymers and plastic crystals — strong/fragile patterns and problems. J. Non-Crys. Solids, 1991, 131-133: 13-31.
[127] Perera D N. Compilation of the fragility parameters for several glass-forming metallic alloys. J. Phys. Condens. Matter., 1999, 11: 3807-3812.
[128] Dixon P K, Wu L, Nagel S R, et al. Scaling in the relaxation of supercooled liquids. Phys. Rev. Lett., 1990, 65: 1108-1111.
[129] Blodgett M E, Egami T, Nussinov Z, et al. Proposal for universality in the viscosity of metallic liquids. Sci. Rep., 2015, 5: 13837.
[130] Wang L J, Xu N, Wang W H, et al. Revealing the link between structural relaxation and dynamic heterogeneity in glass-forming liquids. Phys. Rev. Lett., 2018, 120: 125502.
[131] Xu N, Haxton T K, Liu A J, et al. Equivalence of glass transition and colloidal glass transition in the hard-sphere limit. Phys. Rev. Lett., 2009, 103: 245701.
[132] Egami T. Local dynamics in liquids and glassy materials. J. Phys. Soc., 2019, 88: 081001.
[133] Havriliak S Jr, Negami S. Comparison of the Havriliak-Negami and stretched exponential functions. Polymer, 1996, 37: 4107-4110.
[134] Wang W H, Liu X F, Wen P. The excess wing of bulk metallic glass forming liquids. J. Non-Cryst. Solids, 2006, 352: 5103-5109.
[135] Tanaka H. Origin of the excess wing and slow β-relaxation of glass formers: a unified picture of local orientational fluctuations. Phys. Rev. E, 2004, 69: 021502.
[136] Wang Z, Yu H B, Wen P, et al. Pronounced slow β relaxation in la-based bulk metallic glasses. J. Phys. Condens. Mat., 2011, 23: 142202.
[137] Wang W H. The correlation between the elastic constants and properties in bulk metallic glasses. J. Appl.

Phys., 2006, 99: 093506.
[138] Roland C M, Fragiadakis D, Coslovich D, et al. Correlation of nonexponentiality with dynamic heterogeneity from four-point dynamic susceptibility chi(4)(t) and its approximation. J. Chem. Phys., 2010, 133: 124507.
[139] Zhao L Z, Li Y Z, Xue R J, et al. Evolution of structural and dynamic heterogeneities during elastic to plastic transition in metallic glass. J. Appl. Phys., 2015, 118: 154904.
[140] Li Y Z, Zhao L Z, Wang C, et al. Non-monotonic evolution of dynamical heterogeneity in unfreezing process of metallic glasses. J. Chem. Phys., 2015, 143: 041104.
[141] Zhao L Z, Li Y Z, Xue R J, et al. Revealing localized plastic flow in apparent elastic region before yielding in metallic glasses. J. Appl. Phys., 2015, 118: 244901.
[142] Richert R. Homogeneous dispersion of dielectric responses in a simple glass. J. Non-Cryst. Solids, 1994, 172-174: 209-213.
[143] Faupel F, Frank W, Macht M P, et al. Diffusion in metallic glasses and supercooled melts. Rev. Mod. Phys., 2003, 75: 237-280.
[144] Novikov V N, Sokolov A P. Poisson's ratio and the fragility of glass-forming liquids. Nature, 2004, 431: 961-963.
[145] Scopigno T, Ruocco G, Sette F, et al. Is the fragility of a liquid embedded in the properties of its glass? Science, 2003, 302: 849-852.
[146] Martinez L M, Angell C A. Athermodynamic connection to the fragility of glass-forming liquids. Nature, 2001, 410: 663-667.
[147] Rouxel T. Elastic properties and short- to medium-range order in glasses. J. Am. Ceram. Soc., 2007, 90: 3019-3039.
[148] Ngai K L, Wang L M, Liu R, et al. Microscopic dynamics perspective on the relationship between Poisson ratio and ductility of metallic glasses. J. Chem. Phys., 2014, 140: 044511.
[149] Lewandowski J J, Wang W H, Greer A L. Intrinsic plasticity or brittleness of metallic glasses. Philo. Mag. Lett., 2005, 85: 77-87.
[150] 闻平. 玻璃形成体系中的β弛豫. 物理学报, 2017, 66: 176407.
[151] Johari G P, Goldstein M. Viscous liquids and the glass transition. II. Secondary relaxations in glasses of rigid molecules. J. Chem. Phys., 1970, 53: 2372-3288.
[152] Johari G P. Glass transition and secondary relaxations in molecular liquids and crystals. Annals of the New York Academy of Sciences, 1976, 279: 117-140.
[153] Viot P, Tarjus G, Kivelson D. A heterogeneous picture of α relaxation for fragile supercooled liquids. J. Chem. Phys., 2000, 112: 10368-10378.
[154] Schneider U, Brand R, Lunkenheimer P, et al. Excess wing in the dielectric loss of glass formers: a Johari-Goldstein relaxation? Phys. Rev. Lett., 2000, 84: 5560-5563.
[155] Hensel-Bielowka S, Paluch M. Origin of the high-frequency contributions to the dielectric loss in supercooled liquids. Phys. Rev. Lett., 2002, 89: 025704.
[156] Liu X F, Zhang B, Wen P, et al. The slow beta-relaxation observed in Ce-based bulk metallic glass-forming supercooled liquid. J. Non-Cryst Solids, 2006, 352: 4013-4016.
[157] Yu H B, Wang W H, Bai H Y, et al. Relating activation of shear transformation zones to β relaxations in metallic glasses. Phys. Rev. B, 2010, 81: 220201.
[158] Luo P, Lu Z, Zhu Z G, et al. Prominent β-relaxations in yttrium based metallic glasses. Appl. Phys. Lett., 2015, 106: 031907.
[159] Zhao L Z, Xue R J, Zhu Z G, et al. A fast dynamic mode in rare earth based glasses. J. Chem. Phys.,

2016, 144: 204507.

[160] Rosner P, Samwer K, Lunkenheimer P. Indications for an "excess wing" in metallic glasses from the mechanical loss modulus in $Zr_{65}Al_{7.5}Cu_{27.5}$. Europhys Lett., 2004, 68: 226-232.

[161] Wang Q, Zhang S T, Yang Y, et al. Unusual fast secondary relaxation in metallic glass. Nature Communications, 2015, 6: 7876.

[162] Fujima T, Frusawa H, Ito K. Merging of α and slow β relaxations in supercooled liquids. Phys. Rev. E, 2002, 66: 031503.

[163] Yu H B, Samwer K, Wu Y, et al. Correlation between β-relaxations and self-diffusions of the smallest constituting atoms in metallic glasses. Phys. Rev. Lett., 2012, 109: 095508.

[164] Qiao J C, Pelletier J M. Dynamic mechanical analysis in La-based bulk metallic glasses: secondary β and main α relaxations. J. Appl. Phys., 2012, 112: 083528.

[165] Zhao R, Jiang H Y, Luo P, et al. Reversible and irreversible β-relaxations in metallic glasses. Phys. Rev. B, 2020, 101: 004200.

[166] Xue R J, Zhao L Z, Zhang B, et al. Role of low melting point element Ga in pronounced β-relaxation behaviours in LaGa-based metallic glasses. Appl. Phys. Lett., 2015, 107: 241902.

[167] Yu H B, Samwer K, Wang W H, et al. Chemical influence on β relaxations and formation of molecule-like metallic glasses. Nature Comm., 2013, 4: 2204.

[168] Gao X Q, Sun Y T, Wang Z, et al. The pinning effect on the β-relaxation in the binary metallic glasses. Chin. Phys. B, 2017, 26: 018106.

[169] Cohen Y, Karmakar S, Procaccia I, et al. The nature of the β-peak in the loss modulus of amorphous solids. EuroPhys. Lett., 2012, 100: 36003.

[170] Zhu Z G, Li Y Z, Wang Z, et al. Compositional origin of unusual β-relaxation properties in La-Ni-Al metallic glasses. J. Chem. Phys., 2014, 141: 084506.

[171] Zhu Z G, Wang Z, Wang W H. Binary RE-Ni/Co metallic glasses with distinct β-relaxation behaviours. J. Appl. Phys., 2015, 118: 154902.

[172] Casalini R, Roland C M. Aging of the secondary relaxation to probe structural relaxation in the glassy state. Phys. Rev. Lett., 2009, 102: 035701.

[173] Yardimci H, Leheny R L. Aging of the Johari-Goldstein relaxation in the glass-forming liquids sorbitol and xylitol. J. Chem. Phys., 2006, 124: 214503.

[174] Ketov S V, Sun Y H, Nachum S, et al. Rejuvenation of metallic glasses by non-affine thermal strain. Nature, 2015, 524: 200-203.

[175] Zhao L Z, Wang W H, Bai H Y. Modulation of β-relaxation by modifying structural configurations in metallic glasses. J Non-Cryst. Solids, 2014, 405: 207-210.

[176] Reiser A, Kasper G, Hunklinger S. Effect of pressure on the secondary relaxation in a simple glass former. Phys. Rev. Lett., 2004, 92: 125701.

[177] Pronin A A, Kondrin M V, Lyapin A G. Glassy dynamics under superhigh pressure. Phys. Rev. E, 2010, 81: 041503.

[178] Faupel F, Frank W, Macht M P, et al. Diffusion in metallic glasses and supercooled melts. Rev. Mod. Phys., 2003, 75: 237-280.

[179] Tang X P, Geyer U, Busch R, et al. Diffusion mechanisms in metallic supercooled liquids and glasses. Nature, 1999, 402: 160-162.

[180] Zhang B, Griesche A, Meyer A. Diffusion in Al-Cu melts studied by time-resolved X-ray radiography. Phys. Rev. Lett., 2010, 104: 035902.

[181] Wang W H, Bai H Y, Zhang M, et al. Interdiffusion phenomena in multilayers investigated by *in situ* low

angle X-ray diffraction method. Phys. Rev. B, 1999, 59: 10811-10822.
[182] Bartsch A, Rätzke K, Meyer A, et al. Dynamic arrest in multicomponent glass-forming alloys. Phys. Rev. Lett., 2010, 104: 195901.
[183] Richert R, Samwer K. Enhanced diffusivity in supercooled liquids. New J. Phys., 2007, 9: 36.
[184] Voigtmann T, Horbach J. Double transition scenario for anomalous diffusion in glass-forming mixtures. Phys. Rev. Lett., 2009, 103: 205901.
[185] Kurita R, Weeks E R. Glass transition of two-dimensional binary soft-disk mixtures with large size ratios. Phys. Rev. E, 2010, 82: 041402.
[186] Ngai K L, Capaccioli S. An explanation of the differences in diffusivity of the components of the metallic glass $Pd_{43}Cu_{27}Ni_{10}P_{20}$. J. Chem. Phys., 2013, 138: 094504.
[187] Perepezko J H. Nucleation-controlled reactions and metastable structures. Prog. Mater. Sci., 2004, 49: 263-284.
[188] Schroers J. Processing of bulk metallic glass. Adv. Mater., 2010, 22: 1566-1597.
[189] Ichitsubo T, Matsubara E, Yamamoto T, et al. Microstructure of fragile metallic glasses inferred from ultrasound-accelerated crystallization in Pd-based metallic glasses. Phys. Rev. Lett., 2005, 95: 245501.
[190] Gulzar A, Zhao L Z, Xue R J, et al. Correlation between flow units and crystallization in metallic glasses. J. Non-Cryst. Solids, 2017, 461: 61-66.
[191] Capaccioli S, Paluch M, Prevosto D, et al. Many body nature of relaxation processes in glass-forming system. J. Phys. Chem. Lett., 2012, 3: 735-743.
[192] Cicerone M T, Douglas J F. β-relaxation governs protein stability in sugar-glass matrices. Soft Matter, 2012, 8: 2983-2991.
[193] Swallen S F, Kearns K L, Mapes M K, et al. Organic glasses with exceptional thermodynamic and kinetic stability. Science, 2007, 315: 353-356.
[194] Singh S, Ediger M D, de Pablo J J. Ultrastable glasses from in silico vapour deposition. Nat. Mater., 2013, 12: 139-144.
[195] Yu H B, Tylinski M, Guiseppi-Elie A, et al. Suppression of β-relaxation in vapor-deposited ultrastable glasses. Phys. Rev. Lett., 2015, 115: 185501.
[196] Luo P, Cao C R, Zhu F, et al. Ultrastable metallic glasses formed on cold substrates. Nature Commun., 2018, 9: 1389.
[197] Xue R J, Zhao L Z, Shi C L, et al. Enhanced kinetic stability of a bulk metallic glass by high pressure. Appl. Phys. Lett., 2016, 109: 221904.
[198] Yu H B, Luo Y, Samwer K. Ultrastable metallic glass. Adv. Mater., 2013, 25: 5904-5908.
[199] Zhang B, Zhao D Q, Pan P X, et al. An amorphous metallic thermoplastic. Phys. Rev. Lett., 2005, 94: 205502.
[200] Lu Z, Shang B S, Sun Y T, et al. Revealing β-relaxation mechanism based on energy distribution of flow units in metallic glass. J. Chem. Phys., 2016, 144: 144501.
[201] Zink M, Samwer K, Johnson W L. Plastic deformation of metallic glasses: size of shear transformation zones from molecular dynamics simulations. Phys. Rev. B, 2006, 73: 172203.
[202] Tennenbaum M, Liu Z, Hu D, et al. Mechanics of fire ant aggregations. Nature Mater., 2016, 15: 54-59.
[203] Hufnagel T C, Schuh C A, Falk M L. Deformation of metallic glasses: recent developments in theory, simulations, and experiments. Acta Mater., 2016, 109: 375-393.
[204] Park K W, Lee C M, Wakeda M, et al. Elastostatically induced structural disordering in amorphous alloys. Acta Mater., 2008, 56: 5440-5450.
[205] Sandor M T, Ke H B, Wang W H, et al. Anelasticity-induced increase of the al-centered local symmetry

in the metallic glass $La_{50}Ni_{15}Al_{35}$. J. Phys. Condens. Mater., 2013, 25: 165701.
[206] Jiao W, Sun B A, Wen P, et al. Crossover from stochastic activation to cooperative motions of shear transformation zones in metallic glasses. Appl. Phys. Lett., 2013, 103: 081904.
[207] Schwabe M, Bedorf D, Samwer K. Influence of stress and temperature on damping behaviour of amorphous $Pd_{77.5}Cu_{6.0}Si_{16.5}$ below T_g. Eur. Phys. J. E., 2011, 34: 1-5.
[208] Ke H B, Wen P, Peng H L, et al. Homogeneous deformation of metallic glass at room temperature reveals large dilatation. Scr. Mater., 2011, 64: 966-969.
[209] Ju J D, Jang D, Nwankpa A, et al. An atomically quantized hierarchy of shear transformation zones in a metallic glass. J. Appl. Phys., 2011, 109: 053522.
[210] Boyer R F. Dependence of mechanical properties on molecular motion in polymers. Polym. Eng. Sci., 1968, 8: 161-185.
[211] Martinez-Garcia J C, Martinez-Garcia J, Rzoska S J. The new insight into dynamic crossover in glass forming liquids from the apparent enthalpy analysis. J. Chem. Phys., 2012, 137: 064501.
[212] Cheng Y Q, Ma E. Atomic-level structure and structure-property relationship in metallic glasses. Prog. Materi. Sci., 2011, 56: 379-473.
[213] Zhao K, Xia X X, Bai H Y, et al. Room temperature homogeneous flow in a bulk metallic glass with low glass transition temperature. Appl. Phys. Lett., 2011, 98: 141913.
[214] Yu H B, Shen X, Wang Z, et al. Tensile plasticity in metallic glasses with pronounced β relaxations. Phys. Rev. Lett., 2012, 108: 015504.
[215] He N N, Song L J, Xu W, et al. The evolution of relaxation modes during isothermal annealing and its influence on properties of Fe-based metallic glass, J. Non-Cryst. Solids, 2019, 509: 95-98.
[216] Ouyang S, Song L J, Liu Y H, et al. Correlation between the viscoelastic heterogeneity and the domain wall motion of Fe-based metallic glass. Phys. Rev. Mater., 2018, 2: 063601.
[217] Williams G, Watts D C. Molecular motion in the glassy state. The effect of temperature and pressure on the dielectric β relaxation of polyvinyl chloride. Faraday Soc., 1971, 67: 1971-1979.
[218] Wagner H, Bedorf D, Küchemann S, et al. Local elastic properties of a metallic glass. Nat. Mater., 2011, 10: 439-442.
[219] Huang B, Ge T P, Liu G L, et al. Density fluctuations with fractal order in metallic glasses detected by synchrotron X-ray nano-computed tomography. Acta Mater., 2018, 155: 69-79.
[220] Liu Y H, Fujita T, Aji D P B, et al. Structural origins of Johari-Goldstein relaxation in a metallic glass. Nature Communications, 2014, 5: 4238.
[221] Huang P Y, Kurasch S, Alden J S, et al. Imaging atomic rearrangements in two-dimensional silica glass: watching silica's dance. Science, 2013, 342, 224-227.
[222] Lee H N, Paeng K, Swallen S F, et al. Direct measurement of molecular mobility in actively deformed polymer glasses. Science, 2009, 323: 231-234.
[223] Sillescu H. Heterogeneity at the glass transition: a review. J. Non-Cryst. Solids, 1999, 243: 81-108.
[224] Yang Q, Pei C Q, Yu H B, et al. Metallic nanoglass with promoted β relaxation and tensile plasticity. Nano Letters, 2021, 21: 6051-6056.
[225] Bedorf D, Samwer K. Length scale effects on relaxations in metallic glasses. J. Non-Cryst. Solids, 2010, 356: 340-343.
[226] Pan D, Inoue A, Sakurai T, et al. Experimental characterization of shear transformation zones for plastic flow of bulk metallic glasses. Proc. Nat. Acad. Sci. U. S. A., 2008, 105: 14769-14772.
[227] Liu S T, Wang Z, Peng H L, et al. The activation energy and volume of flow units of metallic glasses. Scripta Mater., 2012, 67: 9-12.

[228] Micko B, Tschirwitz C, Rossler E A. Secondary relaxation processes in binary glass formers: emergence of "islands of rigidity". J. Chem. Phys., 2013, 138: 154501.

[229] Li Y Z, Li M Z, Bai H Y, et al. Size effect on dynamics and glass transition in metallic liquids. J. Chem. Phys., 2017, 146: 224502.

[230] Sun Y T, Cao C R, Huang K Q, et al. Real-space imaging of nucleation process and size induced amorphization in PdSi nanoparticles. Intermetallics, 2016, 74: 31-37.

[231] Sanyal A, Sood A K. Cooperative jump motions in colloidal glass. Prog. Theoretical Phys. Supp., 1997, 126: 163-170.

[232] Schober H R. Isotope effect in the diffusion of binary liquids. Solid state commun., 2001, 119: 73-77.

[233] Yu H B, Wang Z, Wang W H, et al. Relation between beta relaxation and fragility in LaCe-based metallic glasses. J. Non-Cryst Solids, 2012, 358: 869-871.

[234] Stevenson J D, Schmalian J, Wolynes P G. The shapes of cooperatively rearranging regions in glass-forming liquids. Nature Phys., 2006, 2: 268-274.

[235] Biroli G, Bouchaud J P. The random first-order transition theory of glasses: a critical assessment// Wolynes P G, Lubchenko V. Structural glasses and supercooled liquids. John Wiley & Sons, Inc., 2012: 31-113.

[236] Schober H. Soft phonons in glasses. Physica A, 1993, 201: 14-24.

[237] Keys A S, Hedges L O, Garrahan J P, et al. Excitations are localized and relaxation is hierarchical in glass-forming liquids. Phys. Rev. X, 2011, 1: 021013.

[238] Tanaka H. Origin of the excess wing and slow β-relaxation of glass formers: a unified picture of local orientational fluctuations. Phys. Rev. E, 2004, 69: 021502.

[239] Goetze W. Recent tests of the mode-coupling theory for glassy dynamics. J. Phys. Condens. Matter., 1999, 11: A1-A45.

[240] León C, Rivera A, Várez A, et al. Origin of constant loss in ionic conductors. Phys. Rev. Lett., 2001, 86: 1279-1282.

[241] Wang Z, Ngai K L, Wang W H, et al. Coupling of caged molecule dynamics to Johari-Goldstein β-relaxation in metallic glasses. J. Appl. Phys., 2016, 119: 024902.

[242] Weeks E R, Crocker J C, Levitt A, et al. Three-dimensional direct imaging of structural relaxation near the colloidal glass transition. Science, 2000, 287: 627-631.

[243] Sokolov A P, Kisliuk A, Novikov V N, et al. Observation of constant loss in fast relaxation spectra of polymers. Phys. Rev. B, 2001, 63: 172204.

[244] Rizos A K, Alifragis J, Ngai K L, et al. Near constant loss in glassy and crystalline from conductivity relaxation measurements. J. Chem. Phys., 2001, 114: 93.

[245] Jiang H Y, Luo P, Wen P, et al. The near constant loss dynamic mode in metallic glass. J. Appl. Phys., 2016, 120: 145106.

[246] Wang W H. Correlation between relaxations and plastic deformation, and elastic model of flow in metallic glasses and glass-forming liquids. J. Appl. Phys., 2011, 110: 053521.

[247] Ngai K L, Capaccioli S, Prevosto D, et al. Coupling of caged molecule dynamics to JG β-relaxation III: van der Waals glasses. J. Phys. Chem. B, 2015, 119: 12519-12525.

[248] Ngai K L, Capaccioli S. Relation between the activation energy of the Johari-Goldstein β-relaxation and T_g of glass formers. Phys. Rev. E, 2004, 69: 031501.

[249] Buchenau U, Nucker N, Dianoux A J. Neutron scattering study of the low-frequency vibrations in vitreous silica. Phys. Rev. Lett., 1984, 53: 2316-2319.

[250] Sette F, Krisch M H, Masciovecchio C, et al. Dynamics of glasses and glass-forming liquids studied by

inelastic X-ray scattering. Science, 1998, 280: 1550-1553.

[251] Schirmacher W, Ruocco G, Scopigno T. Acoustic attenuation in glasses and its relation with the boson peak. Phys. Rev. Lett., 2007, 98: 025501.

[252] Berman R. Thermal conductivity of glasses at low temperatures. Phys. Rev., 1949, 76: 315-316.

[253] Zeller R C, Pohl R O. Thermal conductivity and specific heat of noncrystalline solids. Phys. Rev. B, 1971, 4: 2029-2041.

[254] Pohl R O. Lattice vibrations of glasses. J. Non-Cryst. Solids, 2006, 352: 3363-3367.

[255] Malinovsky V K, Novikov V N, Parshin P P, et al. Universal form of the low-energy (2 to 10 meV) vibrational spectrum of glasses. Europhys. Lett., 1990, 11: 43-47.

[256] Parshin D A, Laermans C. Interaction of quasilocal harmonic modes and boson peak in glasses. Phys. Rev. B, 2001, 63: 132203.

[257] Grigera T S, Mayer V M, Parisi G, et al. Phonon interpretation of the 'boson peak' in supercooled liquids. Nature, 2003, 422: 289-292.

[258] Meyer A, Wuttke J, Bormann R, et al. Harmonic behaviour of metallic glasses up to the metastable melt. Phys. Rev. B, 1996, 53: 12107-12111.

[259] Yu C C, Freeman J J. Thermal conductivity and specific heat of glasses. Phys. Rev. B, 1987, 36: 7620-7624.

[260] Tang M B, Bai H Y, Pan M X, et al. Einstein oscillator in highly-random-packed bulk metallic glass. Appl. Phys. Lett., 2005, 86: 021910.

[261] Li Y, Yu H B, Bai H Y. Study on the boson peak in bulk metallic glasses. J. Appl. Phys., 2008, 104: 013520.

[262] Guerdane M, Teichler H. Short-range-order lifetime and the "boson peak" in a metallic glass model. Phys. Rev. Lett., 2008, 101: 065506.

[263] Huang B, Bai H Y, Wang W H. Relationship between boson heat capacity peaks and evolution of heterogeneous structure in metallic glasses. J. Appl. Phys., 2014, 115: 153505.

[264] Huang B, Zhu Z G, Bai H Y, et al. Hand in hand evolution of boson heat capacity anomaly and slow β-relaxation in La-based metallic glasses. Acta Mater., 2016, 110: 73-83.

[265] Masciovecchio C, Ruocco G, Sette F, et al. Observation of large momentum phononlike modes in glasses. Phys. Rev. Lett., 1996, 76: 3356-3359.

[266] Baldi G, Fontana A, Monaco G, et al. Connection between Boson peak and elastic properties in silicate glasses. Phys. Rev. Lett., 2009, 102: 195502.

[267] Li Y, Bai B H, Wang W H, et al. Low-temperature specific-heat anomalies associated with the boson peak in CuZr-based bulk metallic glasses. Phys. Rev. B, 2006, 74: 052201.

[268] Astrath N G C, Steimacher A, Medina A N, et al. Low temperature heat of doped and undoped glasses. J. Non-Cryst Solids, 2006, 352: 3572-3576.

[269] Liu X, Loehneysen H V. Specific-heat anomaly of amorphous solids at intermediate temperatures (1 to 30 K). Europhys. Lett., 1996, 33: 617-622.

[270] Shinyani H, Tanaka H. Universal link between the boson peak and transverse phonons in glass. Nature Mater., 2008, 7: 870-877.

[271] Granato A V. Interstitial resonance modes as a source of the boson peak in glasses and liquids. Physica B, 1996, 219&220: 270-272.

[272] Angell C A. Boson peaks and floppy modes: some relations between constraint and excitation phenomenology, and interpretation, of glasses and the glass transition. J. Phys. C, 2004, 16: S5153-S5164.

[273] Hong L, Begen B, Kisliuk A, et al. Influence of pressure on quasielastic scattering in glasses:

relationship to the boson peak. Phys. Rev. Lett., 2009, 102: 145502.

[274] Gurevich V L, Parshin D A, Schober H R. Pressure dependence of the boson peak in glasses. Phys. Rev. B, 2005, 71: 014209.

[275] Niss K, Begen B, Frick B, et al. Influence of pressure on the boson peak: stronger than elastic medium transformation. Phys. Rev. Lett., 2007, 99: 055502.

[276] Foret M, Courtens E, Vacher R, et al. Scattering investigation of acoustic localization in fused silica. Phys. Rev. Lett., 1996, 77: 3831-3834.

[277] Hong L, Begen B, Kisliuk A, et al. Pressure and density dependence of the boson peak in polymers. Phys. Rev. B, 2008, 78: 134201.

[278] 王超. 金属玻璃的高压退火改性及其结构起源. 北京：中国科学院物理研究所, 2017.

[279] 黄波. 非晶态合金低温物性及波色峰研究. 北京：中国科学院物理研究所, 2014.

[280] Huo L S, Zeng J F, Wang W H, et al. The dependence of shear modulus on dynamic relaxation and evolution of local structural heterogeneity in a metallic glass. Acta Mater., 2013, 61: 4329-4338.

[281] Granato A V. Interstitialcy model for condensed matter states of face-centered-cubic metals. Phys. Rev. Lett., 1992, 68: 974-977.

[282] Sokolov A P, Calemczuk R, Salce B, et al. Low-temperature anomalies in strong and fragile glass formers. Phys. Rev. Lett., 1997, 78: 2405-2408.

[283] Sokolov A P, Rössler E, Kisliuk A, et al. Dynamics of strong and fragile glassformers: differences and correlation with low-temperature properties. Phys. Rev. Lett., 1993, 71: 2062-2065.

[284] Zhou Z, Uher C, Xu D, et al. On the existence of Einstein oscillators and thermal conductivity in bulk metallic glass. Appl. Phys. Lett., 2006, 89: 031924.

[285] Keppens V, Zhang Z, Senkov O N, et al. Localized Einstein modes in Ca-based bulk metallic glasses. Philos. Mag., 2007, 87: 503-508.

[286] Marruzzo A, Schirmacher W, Fratalocchi A, et al. Heterogeneous shear elasticity of glasses: the origin of the boson peak. Sci. Rep., 2013, 3: 1407.

[287] Baggioli M, Milkus R, Zaccone A. Vibrational density of states and specific heat in glasses from random matrix theory. Phys. Rev. E, 2019, 100: 062131.

[288] Zorn R. The boson peak demystified? Physics, 2011, 4: 44-45.

[289] Xue R J, Zhao L Z, Bai H Y, et al. Correlation between boson peak and anharmonic vibration manifested by aging and high pressure. Sci. China Phys, Mechanics & Astronomy, 2022, 65: 246111.

[290] Mitrofanov Y P, Peterlechner M, Divinski S V, et al. Impact of plastic deformation and shear band formation on the boson heat capacity peak of a bulk metallic glass. Phys. Rev. Lett., 2014, 112: 135901.

[291] Bünz J, Brink T, Tsuchiya K, et al. Low temperature heat capacity of a severely deformed metallic glass. Phys. Rev. Lett., 2014, 112: 135501.

[292] Nakayama T. Boson peak and terahertz frequency dynamics of vitreous silica. Rep. Prog. Phys., 200, 65: 1195-1242.

[293] Parisi G. On the origin of the boson peak. J. Phys. : Condens. Matter., 2003, 15: S765-S774.

[294] Pohl R O, Liu X, Thompson E. Low-temperature thermal conductivity and acoustic attenuation in amorphous solids. Rev. Modern Phys., 2002, 74: 991-1013.

[295] Phillips W A. Tunneling states in amorphous solids. J. Low Temp. Phys., 1972, 7: 351-360.

[296] Vladar K, Zawadowski A. Theory of the interaction between electrons and the two-level system in amorphous metals. ii. second-order scaling equations. Phys. Rev. B, 1983, 28: 1582-1595.

[297] 曹烈兆, 闫守胜, 陈兆甲. 低温物理学. 合肥：中国科学技术大学, 1999.

[298] Li X Y, Zhang H P, Lan S, et al. Observation of high-frequency transverse phonons in metallic glasses.

Phys. Rev. Lett., 2020, 124: 225902.

[299] Phillips J C. Stretched exponential relaxation in molecular and electronic glasses. Rep. Prog. Phys., 1996, 59: 1133-1207.

[300] Ruta B, Chushkin Y, Monaco G. Atomic-scale relaxation dynamics and aging in a metallic glass probed by X-Ray photon correlation spectroscopy. Phys. Rev. Lett., 2012, 109: 165701.

[301] Grubel G, Zontone F. Correlation spectroscopy with coherent X-rays. J. Alloys Compd., 2004, 362: 3-11.

[302] Giordano V M, Ruta B. Unveiling the structural arrangements responsible for the atomic dynamics in metallic glasses during physical aging. Nat. Commun., 2016, 7: 10344.

[303] Luo P, Li M X, Jiang H Y, et al. Temperature dependent evolution of dynamic heterogeneity in metallic glass. J. Appl. Phys., 2017, 121: 135104.

[304] Bi Q L, Lü Y J, Wang W H. Multiscale relaxation dynamics in ultrathin metallic glass-forming films. Phys. Rev. Lett., 2018, 120: 155501.

[305] Luo P, Li M X, Jiang H Y, et al. Nonmonotonous atomic motions in metallic glasses. Phys. Rev. B, 2020, 102: 054108.

[306] Cavagna A. Supercooled liquids for pedestrians. Phys. Rep., 2009, 476: 51-124.

[307] Ngai K L, Wang Z, Gao X Q, et al. Connection between the structural alpha-relaxation and the beta relaxation found in bulk metallic glass-formers. J. Chem. Phys., 2013, 139: 014502.

[308] Wang W H. The elastic properties, elastic models and elastic perspectives of metallic glasses. Prog. Mater. Sci., 2012, 57: 487-656.

[309] Stevenson J D, Wolynes P G. A universal origin for secondary relaxations in supercooled liquids and structural glasses. Nature Phys., 2010, 6: 62-68.

[310] Cui B, Milkus R, Zaccone A. Direct link between bosonpeak modes and dielectric β-relaxation in glasses. Phys. Rev. E, 2017, 95: 022603.

[311] Manning M L, Liu A J. Vibrational modes identify soft spots in a sheared disordered packing. Phys. Rev. Lett., 2011, 107: 108302.

[312] Ding J, Patinet S, Falk M L, et al. Soft spots and their structural signature in a metallic glass. Proc. Natl. Acad. Sci. U. S. A., 2014, 111: 14052-14056.

[313] Wang B, Wang L J, Shang B S, et al. Revealing the ultra-low-temperature relaxation peak in a model metallic glass. Acta Mater., 2020, 195: 611-620.

[314] Aji D P B, Hirata A, Zhu F, et al. Ultrastrong and ultrastable metallic glass. Physics, 2013, 1306: 1575.

[315] Evenson Z, Naleway S E, Wei S, et al. β relaxation and low-temperature aging in a Au-based bulk metallic glass: from elastic properties to atomic-scale structure. Phys. Rev. B, 2014, 89: 174204.

[316] Lee J C. Calorimetric study of β-relaxation in an amorphous alloy: an experimental technique for measuring the activation energy for shear transformation. Intermetallics, 2014, 44: 116-120.

[317] Greer A L, Sun Y H. Stored energy in metallic glasses due to strains within the elastic limit. Philos. Mag., 2016, 96: 1643-1663.

[318] Larini L, Ottochian A, de Michele C, et al. Universal scaling between structural relaxation and vibrational dynamics in glass-forming liquids and polymers. Nature Phys., 2008, 4: 42-45.

[319] Fan Y, Iwashita T, Egami T. How thermally activated deformation starts in metallic glass? Nature Commun., 2014, 5: 5083.

[320] van den Beukel A, Sietsma J. The glass transition as a free volume related kinetic phenomenon. Acta Metall. Mater., 1990, 38: 383-389.

[321] 倪嘉陵. 多体相互作用体系中的弛豫与扩散: 一个尚未解决的问题. 物理, 2012, 41: 285-296.

[322] 黄昆, 韩汝琦. 固体物理学. 北京: 高等教育出版社, 1988.

[323] Iwashita T, Nicholson D M, Egami T. Elementary excitations and crossover phenomenon in liquids. Phys. Rev. Lett., 2013, 110: 205504.

[324] Xi K X, Li L L, Zhang B, et al. Correlation of atomic cluster symmetry and glass-forming ability of metallic glass. Phys. Rev. Lett., 2007, 99: 095501.

[325] Lu Y J, Guo C C, Huang H S, et al. Quantized aging mode in metallic glass-forming liquids. Acta Mater., 2021, 211: 116873.

[326] Ju J D, Jang D, Nwankpa A, et al. An atomically quantized hierarchy of shear transformation zones in a metallic glass. J. Appl. Phys., 2011, 109: 053522.

[327] Atzmon M, Ju J D. Microscopic description of flow defects and relaxation in metallic glasses. Phys. Rev. E, 2014, 90: 042313.

[328] Lei T J, Rangel DaCosta L, Liu M, et al. Composition dependence of metallic glass plasticity and its prediction from anelastic relaxation — A shear transformation zone analysis. Acta Mater., 2020, 195: 81-86.

[329] Lei T J, Rangel DaCosta L, Liu M, et al. Microscopic characterization of structural relaxation and cryogenic rejuvenation in metallic glasses. Acta Mater., 2019, 164: 165-170.

[330] Kou B Q, Cao Y X, Li J D, et al. Granular materials flow like complex fluids. Nature, 2017, 551, 360-363.

[331] Xiao C D, Jho J Y, Yee A F. Correlation between the shear yielding behavior and secondary relaxations of bisphenol a polycarbonate and related copolymers. Macromolecules, 1994, 27: 2761-2768.

[332] Wang T, Wang, L, Wang Q, et al. Pronounced plasticity caused by phase separation and beta-relaxation synergistically in Zr-Cu-Al-Mo bulk metallic glasses. Sci. Reports, 2017, 7: 1238.

[333] Wang C, Cao Q P, Wang X D, et al. Intermediate temperature brittleness in metallic glasses. Adv. Mater., 2017, 29: 1605537.

[334] Sohrabi S, Li M X, Bai H Y, et al. Energy storage oscillation of metallic glass induced by high-intensity elastic stimulation. Appl. Phys. Lett., 2020, 116, 081901.

[335] Pan J, Ivanov Y P, Zhou W H, et al. Strain-hardening and suppression of shearbanding in rejuvenated bulk metallic glass. Nature, 2020, 578: 559-562.

[336] Schoetz E M, Lanio M, Talbot J A, et al. Glassy dynamics in three dimension embryonic tissues. J. R. Soc. Interface, 2013, 10: 20130726.

[337] Bi D, Lopez J H, Schwarz J M, et al. A density-independent rigidity transition in biological tissues. Nat. Phys., 2015, 11: 1074-1080.

[338] Bi D, Yang X, Marchetti M C, et al. Motility-driven glass and jamming transitions in biological tissues. Phys. Rev. X, 2016, 6: 021011.

[339] Angelini T E, Hanezzo E, Trepat X, et al. From the cover: glass-like dynamics of collective cell migration. Proc. Natl Acad. Sci. U. S. A., 2011, 108: 471447-471466.

[340] Chang C, Zhang H P, Zhao R, et al. Liquid-like atoms indense-packedsolidglasses. Nature Mater., 2022, 21: 1240-1245.

[341] Wang Q, Shang Y H, Yang Y. Quenched-inliquidinglass. Mater. Future, 2023, 2: 0175501.

第 11 章 非晶物质的热力学：序和能量的竞争

格言

♣ Any method involving the notion of entropy, the very existence of which depends on the second law of thermodynamics, will doubtless seem to many far-fetched, and may repel beginners as obscure and difficult of comprehension. ——Josiah Willard Gibbs

♣ Nobody knows what entropy really is, and if you use the word 'entropy' in an argument, you will win every time. ——John von Neumann

♣ If you should understand the nature of a substance, but are allowed only one type of measurement to understand it, choose the heat capacity. ——Albert Einstein

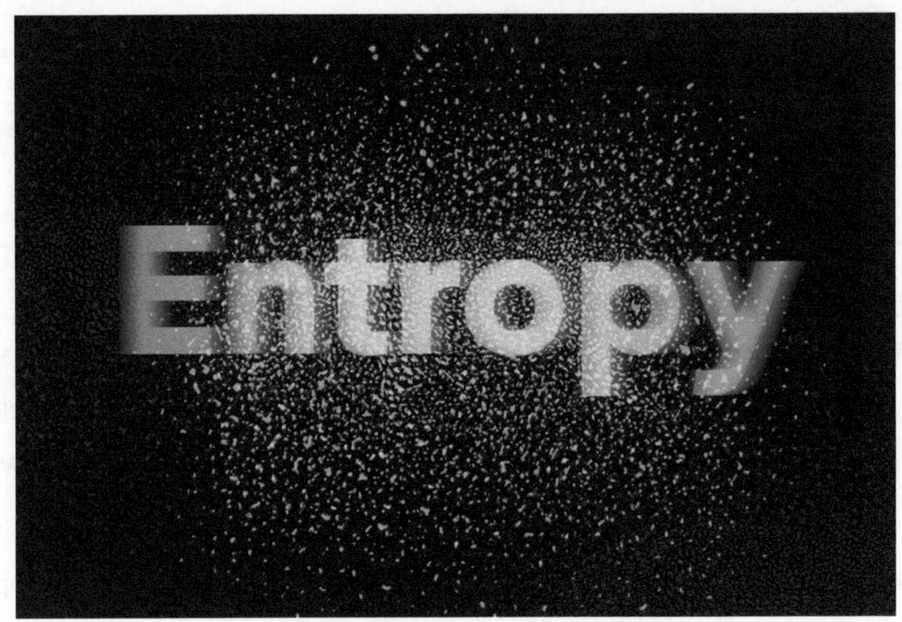

熵，表征非晶物质的重要参量

11.1 引 言

热力学(thermodynamics)是研究宏观多体体系运动与演化的科学，是专门研究有时间方向的、不可逆过程的一门学科。它是从宏观角度研究物质的热运动性质及其规律的科学。热力学关心的是建立可观测的量之间的必要关系而不做详细解释。它是一门基础坚实、定义和概念明晰的学科，同时与我们的日常生活密切相关。

在热力学中，能量是重要的物理参数，热力学主要从能量转化的观点来研究物质的热性质，表征物质形式和相的转换，总结物质的宏观现象。不同于统计物理学从微观角度研究物质的热运动性质及其规律，热力学并不细究由大量微观粒子组成的物质的微观结构，只聚焦系统在整体上表现出来的热现象及其变化发展所必须遵循的基本规律。热力学只用少数几个能直接观测的宏观状态量诸如温度、压强、体积、浓度等来描述和确定系统所处的状态，遵循的基本的热学规律，如热力学第零定律、热力学第一定律、热力学第二定律、热力学第三定律等。热力学以实验观测得到的基本定律为基础和出发点，应用数学方法，通过逻辑演绎，得出有关物质各种宏观性质之间的关系和宏观物理过程进行的方向和限度，属于唯象理论，由它得出的结论具有高度的可靠性和普遍性[1]。

热力学是一百多年前就基本建成的经典学科，是自然科学最辉煌的成就之一。在 20 世纪建立起来的平衡态热力学与统计物理的理论框架是近代凝聚态科学及相关技术的重要基础。牛顿方程之所以能精密描述行星的运动，是因为这是个简单体系，仅有几个少量的自由度。气体中的分子，液体中的小颗粒，它们的数目是巨大的，运动是杂乱无章的，似乎也被偶然的因素所左右。而统计物理把这些杂乱无章的个体运动提高到整个系统的行为，那些偶然的因素在统计平均中消失了，提炼出了热力学能量守恒与熵增的普适规律，使得偶然走向了必然。爱因斯坦曾经说过：“在知识的未来，牛顿力学、相对论、量子力学都会被修改，而热力学统计力学的定律却是永恒的。”

人类对于新的物质的探索往往都是从简单的热力学测量开始的，而只有当对一个体系的热力学有了深刻、清晰的理解后才算是真正掌握了这门科学的规律。历史上，热力学为人类生产力的发展提供了强大的科学工具，如 19 世纪热力学的进步促进了热机的广泛应用，成为“工业革命”的重要推动力。因此，爱因斯坦这样评价热力学：“对于一个理论而言，它的前提越简单，所关联的不同事物越多，应用的领域越广泛，它给人留下的印象就越深刻。因此经典热力学给我留下了深刻的印象。它是唯一具有普遍性的物理理论。这使我相信在经典热力学的应用领域之内它永远也不会被抛弃[2]。”实际上，爱因斯坦的科研工作始于热力学统计物理。很多人认为爱因斯坦对热力学做出过重要贡献，但是他自己在 1949 年出版的自传中认为自己贡献不多。因为 Gibbs 已经完善了热力学理论框架，他深知热力学已经是很完善的学科，所以他在 1910 年写道：如果他知道 Gibbs 的书的话，那么，除了稍加评论，他就不会发布自己的相关工作[3]。英国爱丁顿爵士也曾说：“我认为，熵增原则是自然界所有定律中至高无上的。如果有人指出你的宇宙理论与麦克斯韦方程不符，那么麦克斯韦方程可能不对；如果你的宇宙理论与观测相矛盾，嗯，观测的人有时也会把事情搞错；但是如果你的理论违背了热力学第二定律，我就敢说你没有指望了，你的理论只有丢尽脸、垮台。”

常规物质第四态——非晶物质的故事也是有温度的故事，也是能量和熵的故事。非晶物质这个物态的形成、制备、结构转变、相变、动力学、成型、晶化、稳定性等都和温度、热力学密切相关。能量、自由能、熵、焓、比热、温度等都是描述和表征非晶物质的重要参量。其中，能量和熵也是非晶物质研究中两个永恒的主题，比热是研究非晶物质的重要物理量。

物质是能量的载体，所以物质的很多物理量参数都和能量量纲有关。比如强度和弹性模量的量纲[Pa] = [N/m^2] = [J/m^3]，都和焦耳 J 有关，相当于单位体积的能量；比热的量纲[J/(m$^3\cdot$K)]，和焦耳 J 有关，相当于单位体积升高 1 K 所需要的能量；熵的量纲是[J/K]，和焦耳有关。非晶物质是亚稳态，对于固定成分的非晶物质，其能量是变化的，不同制备工艺条件，非晶物质会引入不同种类和数量的流变单元，或者不同的结构非均匀性，或者不同的微观结构构型，从而改变了非晶物质的弹性能。如图 11.1 非晶物质能量书架所示，非晶物质的能量书架形象地表示出同成分、结构类似的非晶体系可以具有很大的能量差别。可以通过回复或者弛豫(物理时效)，也可以通过无序度和熵来调节其能量变化。因此，非晶态可以用能量地貌图来描述，和能量相关的参量如强度和弹性模量、比热、熵和焓都是描述非晶物质的关键有效参量。

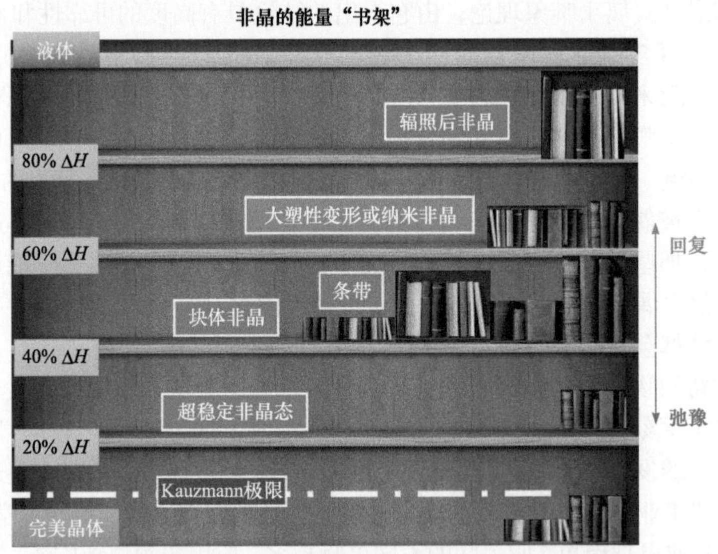

图 11.1 非晶的能量书架。同成分、结构类似的非晶体系可以具有很大的能量差别，可以通过无序度、回复或者弛豫(物理时效)来调节其能量变化(孙永昊提供)

热是一种特殊形式的能量，它起源于构成非晶物质的分子和原子的运动。这些组成粒子的振动、旋转等随机移动越剧烈，相应的平均动能就越高，它们所构成的非晶物质的能量和温度就越高。

熵是另一个和能量及无序关联的，对非晶物质极其重要的物理量。熵的概念被 Kauzmann, Adam 和 Gibbs 引入复杂的非晶态和液态体系。Kauzmann 因此提出了非晶物质熵危机、理想玻璃转变等问题和概念；Adam 和 Gibbs 建立了描述非晶物质流变和玻璃转变的熵模型。理想玻璃转变、熵模型已成为认识非晶物质本质、玻璃转变、无序结构特征、动力学的有力工具。热力学第二定律和熵、序密切相关，第二定律指出：经过足够长的时间重新达到平衡以后，熵增加，系统熵不守恒，一个系统增加有序性的代价是必须使得一些有序能量耗散掉(如转化为热能)。熵和能的竞争的平衡导致无序的非晶物质的产生。

能量和熵通过序联系起来。无序和有序之间的转变，需要能量的导入和导出。熵不能够独立存在，必须依托载体和能量。例如，生物体的新陈代谢就是让能量携带着有序(负熵)进入，携带着无序(熵)流出，从而使生物体自身获得秩序和结构。非晶物质中序的变化同样伴随着能量和熵的变化。

比热也是认识非晶物质的重要概念，也是一个可直接测量的物理量。根据熵理论，体系的熵 S 是直接跟比热关联的，两个不同温度间熵的变化为

$$S(T_2)-S(T_1)=\int_{T_1}^{T_2}\frac{C_{\mathrm{p}}(T)}{T}\mathrm{d}T \tag{11.1}$$

这里 C_{p} 是比热。这意味着比热是直接决定物质体系的熵变。玻璃转变伴随着许多物性的变化，其中比热台阶现象(液体的比热大，相对于其非晶态有着大于 0 的过剩比热)最具有代表性。现有众多玻璃转变理论和模型无法定量解释这一过剩比热现象。系统研究玻璃转变相关的过剩比热，得到定量的非晶、液体比热模型是非晶物理领域的重要目标。原子非晶合金体系作为最简单和最典型的非晶形成体系，为研究玻璃转变、非晶物质热力学提供了一个良好体系。典型非晶合金在非晶固态的比热近似等于其相应晶态比热，符合固体比热理论，即比热主要由原子振动引起。过冷液体比热不随温度变化，趋近 $4.5R$(R 是气体常数)。在玻璃转变处，液态比热相对于非晶态增加了 $1.5R$ 或者 $3R/2$。此过剩比热可认为是由于体系中原子发生平移运动所贡献的。这进一步证实了原子平移运动是非晶合金过剩比热的本质，玻璃转变是在实验时间尺度上液体中平移运动冻结的过程。但凝聚态分子体系比热与原子体系存在明显差异。

近年来，大量试验和模拟提供大量证据证明存在液体到液体，甚至非晶态到非晶态的一级相变。在各种非晶体系中都发现了这种相变，但是关于液体到液体，非晶-非晶的相变从概念到实验证据争议很大。非晶到非晶(包括液体到液体)的相变对传统的相变理论、物质结构模型都提出了挑战，将促进物质科学的发展。

非晶物质的形成过程是远离平衡态的过程。远离平衡态的系统的运动规律和热力学是现代物理学的前沿和未知领域，动力学和非平衡都是凝聚态物质包括非晶物质的未来方向，在这一方向的突破将有望再次带来科学技术与生产力的飞跃。本章主要讨论、介绍非晶物质的主要热力学特征，远离平衡态的热力学过程，热力学玻璃转变，理想玻璃转变，能量、熵在非晶物质形成、转化、动力学及稳定性中的作用，非晶物质及液态的比热问题，非晶物质的能量及表征和调控，以及液态到液态，非晶态到非晶态的相变、非晶中相分离等非晶物质的热力学行为、现象及相关的机理。

11.2　非晶物质的热力学特征

非晶物质在形成过程中，体系从液态到过冷液态，再经过玻璃转变，在温度点 T_{g} 转变成非平衡的常规物质第四态——非晶态，其动力学急剧变慢，且呈现动力学和微观结

构的不均匀性。在热力学上，非晶物质形成过程发生什么变化呢？图 11.2 是非晶物质随温度的热力学演化过程的典型热力学曲线。非晶物质在玻璃转变，弛豫过程中都有能量变化，非晶和晶态之间会发生类似一级相变的晶化放热。总之，非晶物质从液态到非晶态，从非晶态升温到过冷液态，或者晶化都伴随着热力学的能量、熵的变化过程[4]。

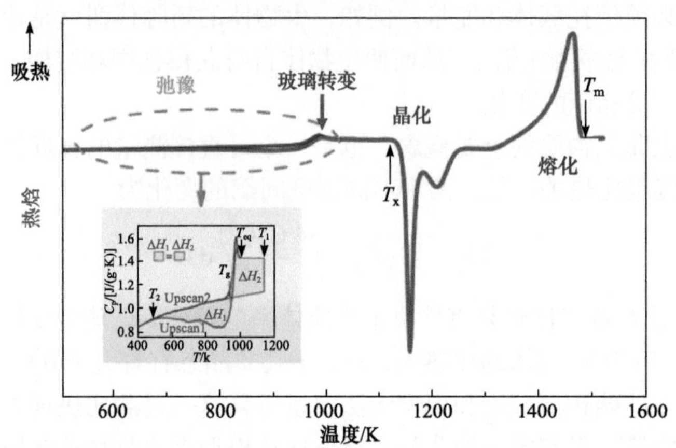

图 11.2　非晶物质热力学演化过程的热力学曲线[4]

非晶体系形成过程的热力学行为特征主要包括非平衡过程、比热跃迁与过剩熵悖论(也称熵危机)三方面，详细分析如下。

11.2.1　非平衡

平衡态热力学与统计物理作为凝聚态科学的主要理论工具取得了巨大的成功，但是统计物理当前面临的一个主要的困难是如何处理远离平衡态的体系，例如开放系统、生命现象以及非晶态物质系统。相对于复杂相互作用系统而言，远离平衡态的现象是一个更为棘手的问题，因为对于前者至少目前理论框架仍然成立，而对于后者尚没有适用的研究范式，甚至很多平衡态下重要的物理概念都失去了明确的定义。过去几十年中，很多研究者包括诺贝尔奖获得者普利高津，尝试通过扩展现有平衡态的理论框架来处理远离平衡态的系统，都未能成功。因为远离平衡态体系的物理规律和平衡态或近平衡态系统存在本质的不同，例如，远离平衡态的体系中会自发地产生有序结构，即所谓的耗散结构，这与平衡态体系的演化规律是刚好相反的。远离平衡态体系的热力学研究更是处于基础前沿科学的“无人区”，没有适用的基础理论也无有效的实验调控手段。同时，这个领域是处在重要突破的边缘，如果能在大量实验现象的基础上找到普适的状态方程将为发展新的非平衡统计理论提供关键的科学基础。非晶体系和物质是研究远离平衡态的实验模型，对于远离平衡态体系进行系统的热力学测量，可望通过对实验数据进行分析和整理提炼出建立理论模型的关键物理量和物理原理，建立具有一定普适性的远离平衡态体系的状态方程。

非晶物质及其形成最显著的热力学特征是非平衡，其过程远离平衡态。玻璃转变是非平衡过程，非晶态是远离平衡态的物质形态。如图 11.3 所示，图中粗红线是平衡相线，在凝聚过程中，平衡液态在 T_g 点通过非平衡转变转变成远离平衡相的粗黑线，形成的非晶相远离平衡物态。这也是非晶物质区别于其他三个常规物态晶体、液体和气体的重要热力学特征。热力学参量如温度是描述平衡态的，为了利用广泛接受的热力学参量来描述非晶态物质，科学家提出了虚拟温度 T_f的概念，如图 11.3 所示，非晶态能量和平衡态相等点对应的温度被定义为虚拟温度，用以近似描述非晶物质的状态。正因为非晶态是非平衡态，非晶物质是亚稳的，所以非晶物质是时间的函数，即随时间发生弛豫和衰变。非晶物质形成是远离平衡态的过程，也可以理解为，凝聚过程中熵逐渐减小，为了不违反热力学第三定律，解决办法就是，打破这种平衡态，远离平衡态。

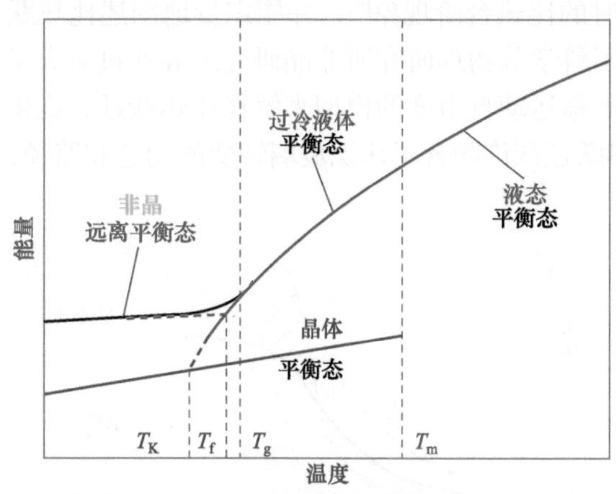

图 11.3　图中红线是平衡相线，非晶物质是远离平衡的物态，区别于其他三种常规物态

非晶物质非平衡转变具有如下一些热力学特征：①T_g/T_m～2/3 规则，即对于大多非晶形成体系，正常实验冷速下(如 10 K/min)的玻璃转变温度 T_g 与熔点 T_m 之比基本为 2/3[5]；②物质发生非平衡转变时的玻璃转变热容差ΔC_p 与稳定晶体的熔化熵ΔS_m 之比为 1.5，即$\Delta C_p/\Delta S_m \approx 1.5$[6]；③玻璃转变温度处，液体过剩熵$\Delta S_e$ 与熔化熵之比$\Delta S/\Delta S_m \approx 1/3$，或者液体过剩焓$\Delta H_e$ 与熔化焓ΔH_m 之比$\Delta H_e/\Delta H_m \approx 1/2$[7]。此外，一个重要的热力学特征是，玻璃转变时会出现比热台阶现象，这个热力学特征包含重要的物理信息，下一节将详细分析。

11.2.2　玻璃转变的比热台阶

玻璃转变过程中的某些热力学参量如体积和熵是连续变化的，而它们的导数如热胀系数$\alpha_T = (\mathrm{dln}V/\mathrm{d}T)_P$，压缩系数$\kappa_T = (\mathrm{dln}V/\mathrm{d}P)_T$，比热 $C_p = T(\mathrm{d}S/\mathrm{d}T)_P$ 在转变点是不连续的。比热跃迁是指过冷液体与非晶态发生相互转变时，测得的比热曲线会表现出一个台阶ΔC_p 的现象。如图 11.4 所示，这个比热跃迁不受升降温和变温速率的影响。其他的二级热力学参量，包括热膨胀系数、等温压缩系数等在玻璃转变处也会出现台阶。所有的非晶形成体系在发生玻璃转变时都会出现比热台阶现象，只是不同体系的台阶大小不同而已[8-10]。

关于比热台阶现象的解释，人们提出了许多不同的观点。有人认为，比热跃迁现象代表着某种相变的发生。例如，随机一级转变理论从自由能的密度泛函出发，认为随着液体进入深过冷状态，体系会产生很多局部性质不同的区域，每一个局部区域会随机进入自由能上的亚稳状态，即这是一种相变[11-12]。但是每个局部区域进入的亚稳状态是相互有差别、随机的。尽管每个局部区域的转变是一级转变，但由于这许许多多的随机亚稳相在结构和在空间上的分布不同，整体体系在转变时不表现出潜热的吸收或释放，而是表现出比热的台阶。关于比热台阶的相变观点有诸多争议，尤其是这些相变相关理论都无法确定产生的新相是什么，因为玻璃转变前后，体系的结构基本没有可实验观测到的变化。而且，实验上测量玻璃转变的比热曲线时，往往观察到降温与升温曲线的非对称性，见图 11.4，升温有个过冲现象(图中粗红线峰)，降温则没有。这种非对称性是动力学现象而非热力学现象的典型特征[13]。因此，有人认为比热台阶现象仅仅是因为过冷液体在降到某个温度时，体系弛豫时间太长，无法达到平衡态而产生的动力学现象。弹性模型可解释玻璃转变时的比热台阶现象[9]，并能定量地阐述比热跃迁在不同体系表现出的数量上的差别。中国科学院物理研究所非晶研究组等通过对大量非晶合金中比热跃迁数据的总结，提出用平移运动自由度的模型来解释比热跃迁，提供了理解玻璃转变的新视角[9,14]。总之，比热跃迁或许隐含了认识玻璃转变的钥匙和路径，值得深入研究。

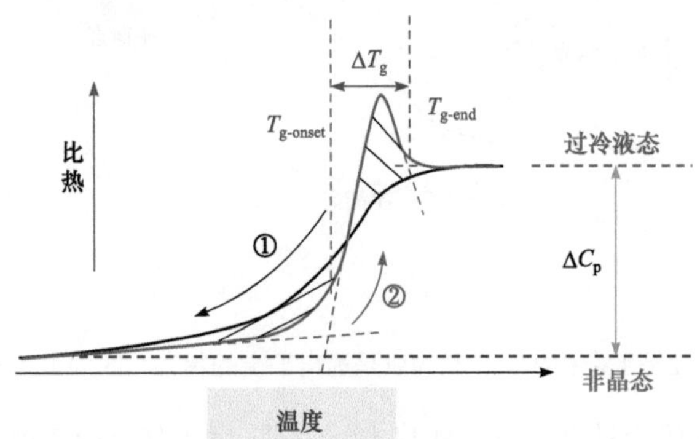

图 11.4 非晶物质在玻璃转变过程冷却(路径①)-加热(路径②)循环中热熔的变化：非晶态和过冷液态之间有个比热台阶

11.2.3 玻璃转变的过剩熵悖论

我们知道热力学第三定律是：绝对零度下，系统都处于完全有序的状态。由此引起了一个有趣而深刻的问题：常规物质第四态非晶态、液态物质和热力学第三定律的关系是什么？在 $T=0$ K 时，非晶物质的熵是零吗？显然，在 $T=0$ K 时，非晶物质的结构还是无序的，其熵不会为零，这样似乎就违背了第三定律。对这个问题的思考和研究导致发现非晶体系的另一个重要热力学特征：过剩熵演化的熵危机，或者称过剩熵悖论。

在介绍讨论之前，我们介绍一个在科学史上做出重要发现、提出重要问题的途径和思路：当你发现一些看似违背热力学定律的事件时，就意味着会有重要发现。即热力学定律为很多重要发现提供了指导(Thermodynamics laws provide great guidance for important discoveries)。中微子(neutrino)的发现就是一个很好的例子。当时人们从核反应实验发现一个核反应式：${}_{Z}^{A}\text{X} \longrightarrow {}_{Z+1}^{A}\text{Y} + \text{e}^{-} + \bar{\nu}$，这个反应似乎不遵守能量守恒定律(当时还不知道有中微子 $\bar{\nu}$)。这意味着要么能量守恒定律(热力学第一定律)不成立了，要么就是该反应有新的粒子产生。因为科学家认定热力学定律一定是正确的，于是猜想是反应中有新的粒子(命名为中微子 $\bar{\nu}$)把能量带走了。最终中微子的存在被实验证实，即这个似乎违反热力学定律的实验导致了中微子的发现。

另一个例子是 Nernst(图 11.5)发现热力学第三定律。Nernst 考虑凝聚相系统不同状态随

温度 $T \to 0$ K 的熵差ΔS。他的思想实验发现如果在 $T=0$ K 系统状态间有熵差，就会违反热力学第二定律[15-16]。状态的熵差ΔS外推到 $T=0$ K，必须等于 0(图 11.6)，才不违反热力学第二定律。他提出假想卡诺热循环，在温度 T_1 和 T_2 之间的卡诺循环的效率为 $1-T_1/T_2$，如果 $T_1=0$，就导致循环可以实现 100%的效率将热转化为功，这和热力学第二定律矛盾。所以，这导致绝对零度不可及定律，即热力学第三定律。热力学第三定律还可以表述为：绝对零度时，所有纯物质的完美晶体的熵值为零。即如果要形成有序排列的完美无缺的晶体，其熵值为零。

图 11.5　发现热力学第三定律的能斯特(Nernst，1864—1941)

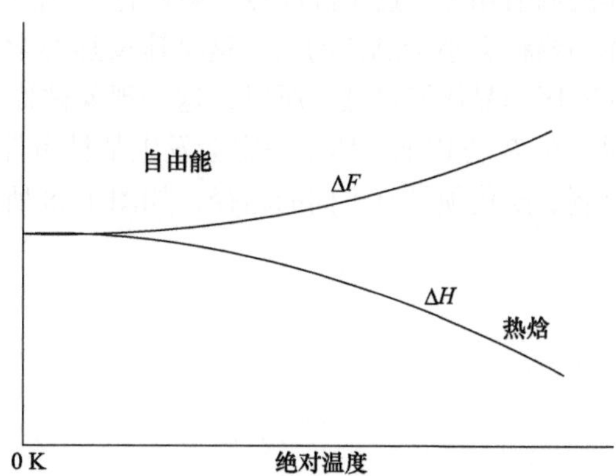

图 11.6　状态的熵差ΔS外推到 $T=0$ K，必须等于 0，才不违反热力学第二定律，这导致绝对零度不可及定律，即热力学第三定律[15-16]

热力学的三定律的发现给非晶物质科学研究的启示是：任何物质都不可能是绝对的有序或绝对的无序，在有序的物质中，往往存在着破坏其原有规则的排列或运动的因素和缺陷；在无序的物质中，也有序的存在。有序和无序在一定的条件下可以相互转化。Nernst 因发现热力学第三定律获诺贝尔化学奖。以上两个例子都证明一些看似违背热力学定律的事件能导致重大发现和深刻的问题。

再回到本节开始提出的问题，关于热力学第三定律和非晶态、液态物质的关系是什么？在 $T=0$ K 时，非晶物质显然是无序的，其熵是多少？Nernst 的学生 Simon 从实验和理论上深入研究了这些问题，Simon 重新表述热力学第三定律如下：处于内部热力学平衡的系统所有状态间的熵差消失[17]。Simon 还强调不能期望热力学第三定律可用于非晶物质，因为非晶状态不是平衡态，而是远离平衡的冻结态。

普林斯顿大学的 Kauzmann 也注意到非晶形成液体在温度趋向 0 K 时，其熵随温度是如何演化的问题。他注意到液体的低温熵和热力学第三定律的冲突，这个冲突同样导致了非晶物质科学领域最深刻的问题之一：过剩熵悖论。Kauzmann 提出熵危机、极限过冷、理想玻璃转变、理想玻璃转变温度点等重要概念，也解释了非晶物质为什么是物质凝聚的必然：因为非晶态形成是避免熵危机的必然。同时，熵危机也从不同角度即从热力学上进一步证明非晶态是不同于晶体、液体和气体的新的常规物态。下面我们来具体介绍非晶物质中的熵危机现象。

经典热力学理论告诉我们，在熔点时液体的熵比晶体的熵大，因此，它们的熵的差异在液体结晶时会释放的这部分熵，一般被称为熔化熵 S_m(melting entropy)。但是过冷液体转变成非晶态时并没有结晶，因此其熵对比于晶体来讲要大，如图 11.7 所示。过冷液态和晶体熵的差被称为过剩熵ΔS。如图 11.8(a)所示是非晶物质过剩熵随温度的演化的三种可能路线。由于过冷液体的比热比晶体比热大，因此在降温的过程中，过冷液体的熵减小得比晶体快得多[18]。图 11.9 是不同非晶物质过剩熵随温度的演化[19]。如果过冷液体在继续降温时其熵变保持这种趋势的话，就会存在某个温度点，使得过冷液体的熵与晶体的熵值相等，这个温度点一般被称为 T_K 点[20]。如果温度降到低于 T_K 点，那么过冷液体的熵将会小于晶体的熵，这是违反热力学基本定律的，因为无序状态的过冷液体不会比有序的晶体熵更低。所以，这一现象被称为熵悖论或者熵危机(entropy crisis)。也就是说，在 T_K 点以前，体系一定会发生某种事件，否则就会违背基本物理规律，或者液态的过剩熵演化须具有不同的路径，如图 11.8 所示。

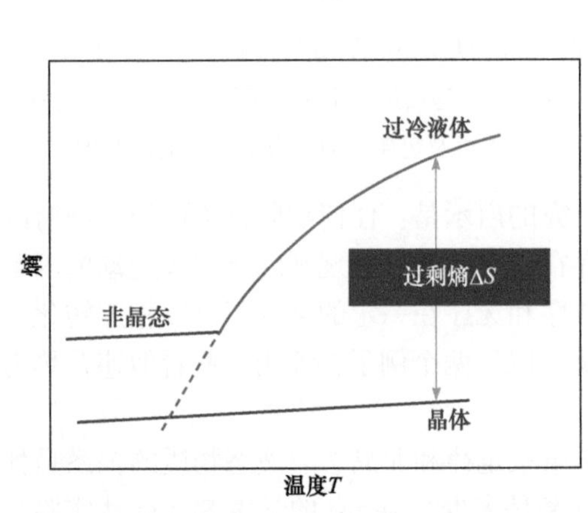

图 11.7　过冷液态的过剩熵及随温度的变化

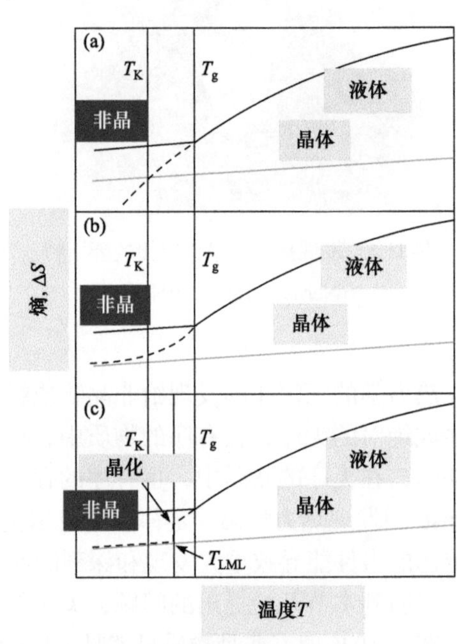

图 11.8　非晶物质过剩熵随温度的演化的三种可能路线[18]

熵危机的发现对深入理解非晶物质本质及玻璃转变的本质起到了巨大的作用。为了解决熵危机问题，科学家做了大量的研究，提出了各种各样的熵演化的可能性。熵危机也成为非晶物理领域最深刻的问题之一。Kauzmann 首先意识到液体的熵危机，并提出要避免熵危机，必须认定：①液体不能无限过冷；②液体存在一个极限温度点，这个极限温度点现在用 Kauzmann 名字命名为 Kauzmann 温度点，T_K。T_K 是一个相变温度点，在该温度点上，过冷液体的过剩熵为零，如图 11.9 所示。这个温度点是过冷液体存在的低温极限，过冷液体在这个温度点以上的某个温度($T_g > T_K$)一定会发生热力学相变转变，转变为具有单一构型的非晶态[20]。T_K 也被称作热力学理想玻璃转变温度点，是一个体系能发

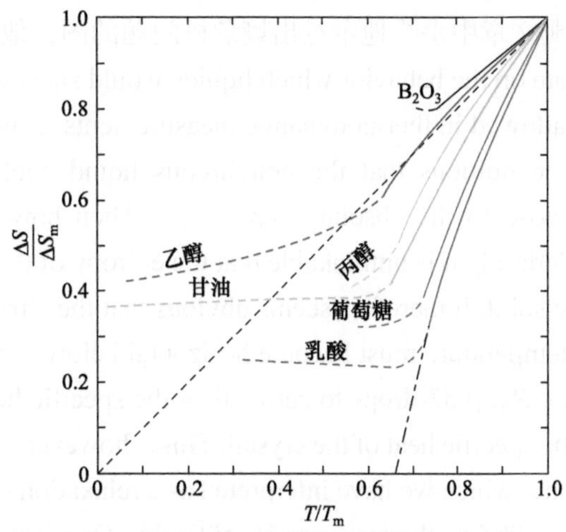

图 11.9　不同非晶物质过剩熵随温度的演化[19]

生玻璃转变的最低温度点。相比于 T_g，T_K 具有明确的物理意义，因此被视为非晶物质的一个重要性质。

在现有的实验条件下，人们还没有在任何体系观察到这样的理想玻璃转变，因为在 T_K 点附近，非晶体系的弛豫时间已经超出了通常实验的时间尺度。实验上报道的、观察到的玻璃转变只是因这种理想玻璃转变而产生的一个表象[13]。T_K 常常只能通过外推构型熵随温度的变化规律得到。关于理想玻璃转变本章下面还将详细讨论。

从熵危机出发得出的理想玻璃转变以及理想非晶态，已经成为众多玻璃转变理论模型的出发点，特别是熵模型与随机一级转变理论。但是否存在理想非晶态，理想非晶态是什么，微观结构上有什么特征？它的熵可以与晶体一样吗？这些都是未知之谜。此外，一些研究者也提出另外的图像来避免熵危机。其中一种是，认为过冷液体的熵演化趋势是不能简单外推的，它会在某一个温度后变得越来越平滑，一直到 0 K，过剩熵才变为零，达到和晶体一样的值[21]。还有一种观点是认为，在到达 T_K 点以前，过冷液体就会在某一个过冷极限温度 T_{LML} 晶化，如图 11.8(c)所示。熵危机至今都是非晶物质理论中的一个核心问题。

笔者每每读 Kauzmann 这篇在非晶领域唯一的一篇经典文章，总是掩卷感叹，感慨他的神来想法和问题。Kauzmann 为什么能提出理想玻璃转变、理想非晶态的概念和想法呢？这可能要追溯到西方科学思想的发源地，古希腊柏拉图的思想。柏拉图认为物质、国家、社会都存在一个理想态，他的名著就是《理想国》。他认为现实的实体、物质、精神、社会可以无限接近这些理想态，但是永远不能达到理想态。建立一种物质或者概念的理想态，研究趋近理想态都是科学研究的目标之一。物理学上就有基态、理想强度、理想气体、理想晶体等很多类似理想非晶物质的概念，这些概念都在相关学科发展过程中起到重要的作用。提出理想态、追求理想态是科学研究，甚至是人类社会进步的目标。Kauzmann 很可能就是在古希腊科学思维理念的影响下，提出了理想非晶态和理想玻璃转变的概念，并极大地丰富、深刻了非晶物质科学。这也证明科学传统和哲学思想在科研中的力量。

在结束这节之前，让我们一起欣赏一下 Kauzmann 经典文章的原图和提出问题的原文。图 11.10 是这篇经典文章中手绘地示意出熵危机问题的图；他提出问题的原文如下：It is interesting to speculate on the behavior which liquids would show at very low temperatures if enough time could be allowed in thermodynamic measurements to avoid vitrification. Would it be found under these conditions that the nonvitreous liquid could exist in any kind of metastable equilibrium close to the absolute zero? .... Then how are these curves to be extrapolated below T_g? Certainly it is unthinkable that the entropy of the liquid can ever be very much less than that of the solid. It therefore seems obvious that the "true" or "non-vitreous" curves of $S_{liq} - S_{cryst}$ vs. temperature must become horizontal below some temperature not very far from T_g. But if a $(S_{liq} - S_{cryst})/dT$ drops to zero, then the specific heat of the liquid must of course become equal to the specific heat of the crystal. This, however, is exactly what happens in the glass transformation, which we have interpreted as a relaxation phenomenon having little to do with the "true" equilibrium thermodynamics of liquids. Or might the glass transformation, at least in some if not all instances, really be a thermodynamic phenomenon? [20]。Kauzmann 这篇文章发表于 1948 年，至今一直被广泛应用。剑桥大学教授 Cahn 曾赞扬道[22]："一篇科技文献发表几十年以后仍然是关注的中心确实非常罕见"。我们也由此能体会到在一个领域提出重要科学问题是多么重要和有意义。

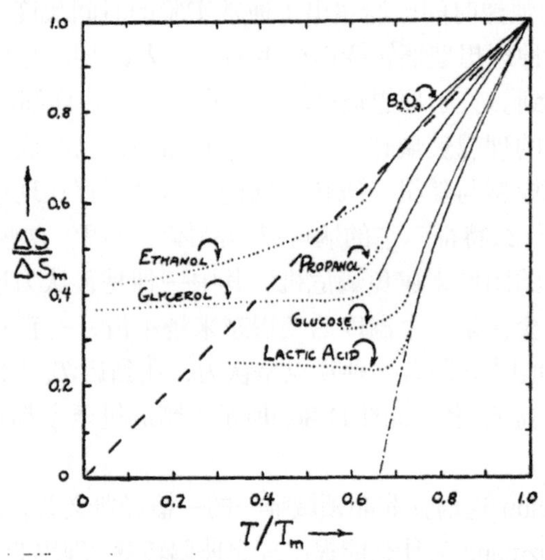

图 11.10 Kauzmann 经典文章中手绘地示意出熵危机问题的图[20]

11.3 热力学玻璃转变

11.3.1 什么是热力学玻璃转变

动力学玻璃转变形成的非晶区域和热玻璃转变后形成非晶态区域有着很大的区别。动力学玻璃转变非晶区中对应的是观察测试频率高于液体平均弛豫时间，在此测试频率下观测不到系统的弛豫过程，这时体系可以看成动力学固化的非晶态，其对应的玻璃转化温度点是 T_c，实际上，在 T_c 附近体系还存在过冷液态。然而，从液态到非晶态的转变是由平衡液体向非平衡态非晶物质的热玻璃转变(玻璃转变温度是 T_g)，是变温过程。非晶态对应的系统弛豫时间非常巨大，以至于任何实验频率都难以观察到非晶态中的弛豫和动力学过程。因此，热力学上，非晶态中组态的变化(平动固化)对热熔不再有贡献，非晶态物质不再像过冷液体一样具有各态历经状态。两者的转变温度也有很大的不同，$T_c \gg T_g$。

热力学玻璃转变涉及两个问题。第一个问题是：在 T_g 处的非平衡转变是否可以用热力学公式表述？第二个问题是：如果熔体冷速足够慢，是否有真正的热力学转变发生？它的热力学特征是什么？

首先分析第一个问题：在 T_g 处的非平衡转变是否可以用热力学公式表述。对 T_g 点以下远离平衡态的非晶物质进行退火会造成结构弛豫，结构弛豫通常伴随着物理性能的变化，如模量、密度的增加，组成分子、原子运动的动力学降低等，这种结构弛豫是非线性的。Ritland-Kovacs 实验表明了相同的跳跃温度的幅度趋近平衡是不对称的[23-24]，如膨胀(升温)要慢于收缩(降温)过程，升温和降温的热焓变化也不一样。因此，对于非线性结构弛豫，只能用虚拟温度 T_f 概念来描述其热力学变化。在复杂的实验中，$T_f(t') \neq T(t')$。在 $t > t'$时，实际状态 $T_f(t)$是 $T_f(t')$和 $T(t')$的函数。收缩过程中 $T_f - T > 0$；而膨胀过程对应的是自由体积增加，则 $T_f - T < 0$ [24]。但是单个参量例如 T_f描述非平衡态是不充分的。因为低于 T_g 温度的时间-状态问题非常复杂。一系列不同冷速下形成的非晶物质具有不同的结构和不同的构型熵 $S^{\mathrm{Cryst}}(T) + \Delta S'(T)$，其中$\Delta S'(T)$是与冷速有关的，冷速越大，$\Delta S'(T)$也越大。这些不同热历史的非晶态将在 $T \to 0$ 时有着不同的熵$\Delta S'(T)$。这与 Nernst 热力学第三定律，即 $T \to 0$ 时熵将不依赖于任何参量趋于零的定律相矛盾。Simon 对此进行了分析并提出著名的 Nernst-Simon 热力学第三定律[25-26]：即凝聚态体系在温度趋近于 0 K 时与任何等温可逆过程有关的熵趋近于 0。该定律对于 T_g 点以下的任何非晶体系都是适合的。

关于第二个问题：如果熔体冷速足够慢，是否有真正的热力学转变发生，现有的大量实验结果是支持玻璃转变动力学模型的，但是，除动力学玻璃转变外，关于玻璃转变的另一种观点是相变，即低于 T_g 的温度下存在一个真实的(理想)热力学玻璃转变。对于热玻璃转变本质也有两种看法：一种看法认为热玻璃转变是过冷液体的动力学随温度降低而连续急剧减慢的结果[27]；另一种看法是热玻璃转变表明可能存在理想玻璃转变，热玻璃转变是理想玻璃转变的一个动力学先兆和前驱[28-29]。

非平衡态不可逆热力学可将非平衡的非晶物质性能与其母相亚平衡液体的性能联系起来[30-32]。其中膨胀系数：$\alpha_{\mathrm{liq}} = \dfrac{1}{V}\left(\dfrac{\partial V}{\partial T}\right)_{\mathrm{p}}$，压缩系数：$\kappa_{\mathrm{liq}} = -\dfrac{1}{V}\left(\dfrac{\partial V}{\partial P}\right)_{\mathrm{T}}$，其中下标 liq 表示液体，$V$ 是体积，P 是压力。对于液体该表示是充分的。因为 $V_{\mathrm{liq}} = V_{\mathrm{liq}}(P,T)$。当对非晶物质进行描述时，至少要再引入一个参数 z。z 对于给定的非晶态是确定的，对于液体它是温度 T 和压力的函数。这样，对于非晶态：

$$V = V(P, T, z) \tag{11.2}$$

对于液体：

$$V = V(P, T, z) \tag{11.3}$$

$$z = z(P, T) \tag{11.4}$$

参量 z 是可以测量的，其物理意义可以是有序度、黏度、自由体积或是虚构温度 T_f，都可简单地看作"有序参量"。上面的公式表明对于非晶态需要定义一个有序量。也就是在一定压强下通过不同过程获得的相同体积和温度的两个非晶态可以具有相同的热力学状态。

据此，de Donder 推出了不可逆热力学公式[30,33-34]：

$$\frac{dT_g}{dP}=\frac{\Delta k}{\Delta\alpha} \tag{11.5}$$

$$\frac{dT_g}{dP}=\frac{TV\Delta\alpha}{\Delta C_p} \tag{11.6}$$

其中$\Delta k = k_{lig}-k_g$，$\Delta\alpha = \alpha_{liq}-\alpha_g$和$\Delta C_p = C_{p,liq} - C_{p,g}$。由两式可以得到

$$\frac{\Delta C_p\Delta k}{TV\Delta\alpha^2}=1 \tag{11.7}$$

这三个公式也可以从平衡热力学二级相变的一般处理推导出来，称为埃伦菲斯特(Ehrenfest)方程[33-35]。保罗 · 埃伦菲斯特(Paul Ehrenfest)对热力学做出过重要贡献，他首先对相变进行了分类，其分类标志是热力学势以及其导数的连续性，在此基础上提出埃伦菲斯特方程。埃伦菲斯特是玻尔兹曼的博士生，爱因斯坦的好朋友，爱因斯坦最感人的悼念文章就是纪念这位科学家的[3]。

埃伦菲斯特公式对认识玻璃转变、非晶相的热力学描述起着重要的作用[33-34]。非晶态热力学的一个发现是上述公式的适用性[36-37]。按照热力学相变的经典理论，热力学二级相变中转变温度与压力的关系需要满足埃伦菲斯特方程，即满足熵连续$\Delta S=0$ 和体积连续$\Delta V=0$ 条件下的两个方程。然而，基于大量非晶物质的实验研究发现，玻璃转变只满足热力学二级相变中的熵连续方程，但不满足体积连续方程。dT_g/dP 一般为 10^{-9} K/Pa 的数量级，所以，压强对玻璃转变的作用并不明显。由于玻璃转变的特征高压实验很难原位进行测定，所以相关实验数据一直缺乏。从现有的少量的实验数据来看，对于非晶物质，公式(11.6)是正确的，而公式(11.5)和(11.7)不成立。公式(11.7)(也称为 Prigogine-Deafy 比[33,37])不是等于 1 而是大于 1，一般在 2～5。埃伦菲斯特等式不成立是因为玻璃转变的非平衡性。同时也暗示着一个参量描述非平衡非晶状态是不够的，即通过不同的方法获得的相同体积和温度的不同非晶态的热力学熵不一定相同。

图 11.11 是计算得到的玻璃转变过程中自由能ΔG、熵ΔS 和焓ΔH 随温度的变化。路径 2 是这些参量液态和晶态的差值的变化；路径 3 是降温过程非晶物质和晶体差值的变化；路径 4 是升温过程非晶物质和晶体差值的变化。可以看出从液体到非晶态，和从非晶态到过冷液态的热力学过程是不对称的；液态到非晶态是非平衡转变；从非晶态到液态是从非平衡向平衡态转变，导致回路的产生[38]。

11.3.2 热力学玻璃转变相变模型

根据 Kauzmann 温度 T_K 是亚稳态过冷液体区存在的最低温端，是液体过冷的极限温度点的观点，人们提出了一些热力学玻璃转变相变理论。Gibbs 和 DiMarzio 提出的玻璃

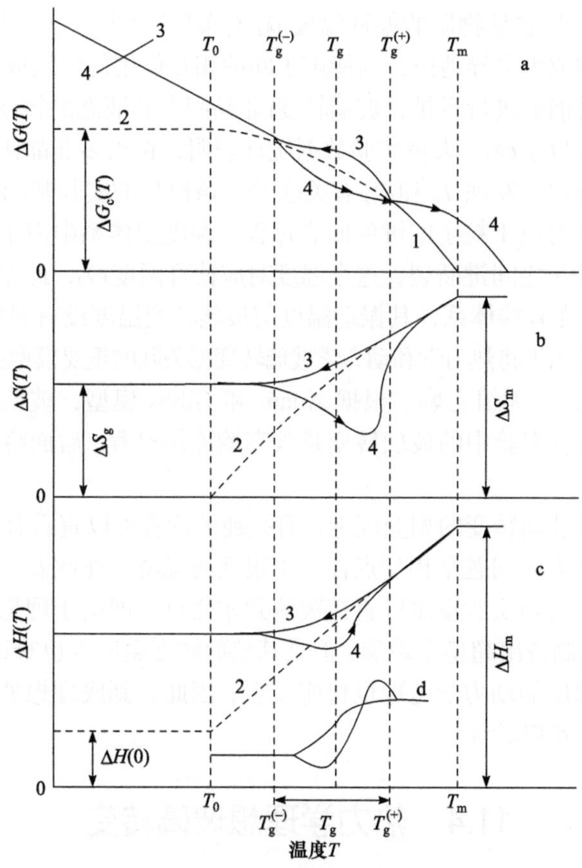

图 11.11　玻璃转变过程中自由能ΔG、熵ΔS和焓ΔH随温度的变化。路径 2 是这些参量液态和晶态的差值的变化；路径 3 是降温过程非晶和晶体差值的变化；路径 4 是升温过程非晶和晶体差值的变化[38]

转变相变模型[39]认为液体的物性随温度变化的关系是系统中组态熵的变化决定的。预测在某个温度点 T_0，T_0是一个相变温度点，在该温度液体的组态熵将消失，即$\Delta S=0$，此温度处二级相变将发生，即在 T_0处发生玻璃转变，T_0是 T_g的极限温度。该理论成功地预测了 T_g的变化趋势以及聚合物液体的其他性能，理论证明 T_g与模耦合理论 T_c有一定的比例关系。该模型的问题是 T_0无法在实验中观测到。

另一个玻璃转变的形变理论模型是 Edwards-Anderson-Ising 模型[40]，该模型描述的是 N个 Ising spin 在点阵上，近邻间存在随机的相互耦合。其三维计算结果表明存在一个有限的相变点。

关于玻璃转变相变理论，Grest 和 Cohn 提出了扩展自由体积模型[41]，该模型把自由体积和渗流理论结合在一起，假设体系中有 p 部分的分子或原子带有一个自由体积，形成“类液体”团簇。降温对应于团簇种类和数目的增多，带自由体积的团簇数目的减少，当带有自由体积的团簇分数达到一个临界值 p_c时，团簇将不能在系统中运动，形成非晶态。相变发生在团簇临界值处，为一级相变。该理论定性地符合很多实验结果。

升温过程中的热玻璃转变与冷却过程的热玻璃转变非常类似。所以可以从固态角度来理解热玻璃转变。从固体角度上，可以认为玻璃转变是与固体的振动特征相连的，所以玻璃转变温度应该与非晶物质的德拜温度Θ_D有关联[42-43]。该模型认为在德拜温度附近，声子间相互作用成为主导地位，高能声子间的相互作用使得组成非晶态的分子/原子可以越过势垒，组态能够进行重排，玻璃转变(非晶固态到液态的转变)随之发生。因此，玻璃转变温度可以等价于Θ_D。大量实验数据统计表明，在很多非晶体系，如非晶合金、网状结构硅化物玻璃中，发现T_g和Θ_D有关联[43]。该模型的实验基础$T_g\sim\Theta_D$关联的微观结构解释是玻璃转变对应于粒子间键的断裂过程，温度使体系中声子的能量高于键间的临界振动能E时，粒子之间键断裂，这个温度对应德拜温度Θ_D，此温度下键间振动频率为$\nu_D = kT/h$。但是存在有些体系，其振动温度与玻璃转变温度没有对应关系。

Adam 和 Gibbs 提出了将热力学和动力学玻璃转变相关联的重要模型：$\tau = A\exp(B/TS_c)$，公式中τ为弛豫时间，S_c为组态熵。根据 Adam 和 Gibbs 模型，玻璃转变的本质是由于组态熵的降低。热分析实验中的玻璃转变是液态熵冻结过程。后面将详细介绍这个重要模型。

还有一些其他的玻璃转变的相变理论，有兴趣的读者可以查看有关文献。

玻璃转变相变观点的问题是相变点存在于很低的温度，在此温度下非晶物质的弛豫时间增加到无穷大，目前实验室难以直接观测到相变点。即由于理想玻璃转变在实验中难以达到，虽然已经制备出超稳定玻璃，但是其玻璃转变温度点也难以达到T_K温度。即使相变存在，更高温度的动力学弛豫也将掩盖它。因此，到底理想玻璃转变温度是不是热力学二级相变依然难以验证。

11.4 热力学理想玻璃转变

热力学理想玻璃转变是非晶物理中最著名的思想实验的产物。该思想实验为认识非晶本质打开了新的思路，开辟了新的方向，展现了思维的巨大力量。它起源于下面这些问题：液体可以有多大的过冷度？液体是否可以无限过冷(或者液体过冷有没有极限？)？液体冷却过程中体积、熵、焓、能量是如何演化的？液体到非晶的转变是不是一个相变过程？是否存在理想的无序非晶态物质？是否存在理想的玻璃转变？

Kauzmann 思考了上述问题，并提出非晶物质熵演化的思想实验[20]，该思想实验过程如图 11.12 所示：假设一个液态体系，随温度降低而过冷，液态的熵随温度的降低比同成分的晶态更快。这样液态的熵随着温度降低的曲线会和晶体的熵随温度的变化曲线有个交点，即液态熵变将面临和晶态熵变等熵点的悖论。根据熵的定义和热力学定律，液态的熵不能等于或低于其晶态的熵。另外，如果液体可以无限过冷，在$T\to 0$ K 时，液体的熵会趋向零，而液态熵不会是零。所以，该思想实验证明液体不能无限过冷！过冷液体一定存在一个温度极限，此温度点以下液体由于熵的危机是不可能存在的。此极限温度点为等熵点温度，也称为 Kauzmann 温度T_K。在T_K点以上温度，最低在T_K点液态一定要发生相转变，即液体转变成非晶态，其熵变演化大大降低，否则将违背热力学定律。在T_K点发生的这种必然转变——液态到非晶的玻璃转变称作热力学理想玻璃转变(又称 Kauzmann 玻璃转变)，T_K点因此也称为理想热力学玻璃转变温度，通过理想玻璃转变得到的非晶态称为理想非晶态。热力学理想玻璃转变可以表述为液体的无限过冷是不可能的；或者液态的熵不可能随温度无限降低；或者液态凝聚过程中为了避免违反热力学第三定律必然发生的转变。过冷液态物理上不能在 T_K 以下存在，液态必须在大于或等于 T_K 的某个温度点即 T_g 发生玻璃化转变，即玻璃转变是液态的本征特性，液态必须在 T_g 发生非平衡固化(非晶化)。这一现象也被称为熵悖论(Kauzmann paradox)或者熵危机(entropy crisis)。

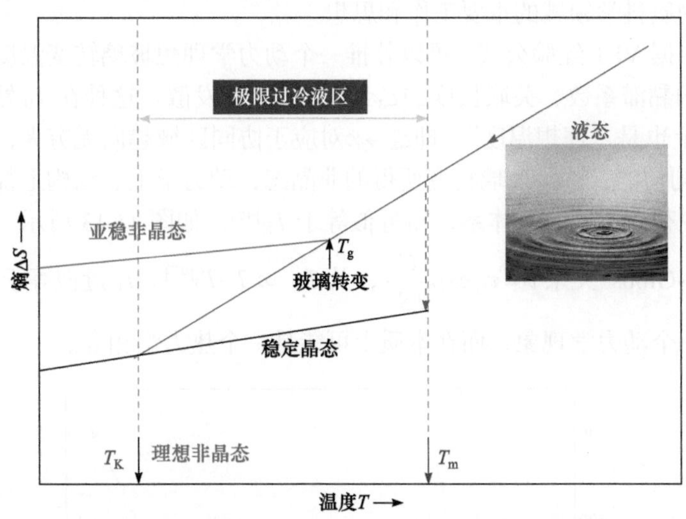

图 11.12　液体过冷思想实验、热力学理想玻璃转变示意图

实际上，关于玻璃转变的本质通常有两大类观点：第一类观点的核心思想是玻璃转变过程就是过冷液体的动力学随温度降低而变得缓慢的连续动力学过程；第二类观点的核心则是认为非晶态物质中存在着理想玻璃转变，玻璃转变只是理想玻璃转变受动力学因素调制和限制的结果，即我们通常观测到的玻璃转变温度点 T_g 是被动力学效应调制后从 T_K 上移。理想玻璃转变观点认为存在一个潜在的热力学转变(理想玻璃转变)，它与 T_g 密切相关，虽然动力学的介入会影响到在特殊的实验环境中 T_g 的位置，影响 T_K 的达到(到一定温度动力学过程太慢)。但 T_g 不会与相应的基本转变点的值 T_K 相差很远。实际试验也证明非晶态的剩余熵是较小的，只比晶体的大一些。

在温度 T_K 处发生的理想玻璃转变得到的非晶态是过冷液体及非晶物质的基态。理论上可以预计，对于同一成分的理想非晶态，其密度最高，结构是完全均匀的，完全不同于一般非晶态的本征结构不均匀；其强度接近理想强度，弹性极限很大，弹性模量高，理想非晶的断裂表现为理想脆性；理想非晶没有声子软化行为，玻色峰不明显；T_g 和强度线性关联关系对理想非晶失效(因为其 $T_g \to T_K$，达到最低，但是强度达到最高)。理想非晶物质的形成能力应该是趋向无穷大，这样它才能以趋向无穷小的冷却速率形成非晶。理想非晶应该超稳定等[44-45]。总之，理想态非晶应该具有很多极限物理以及力学性能和特性，采用各种方式制备趋向理想非晶的非晶态具有重要科学和应用价值。

值得一提的是，在物理学中很多重要定律的表达方式是“否定式”陈述方式。如热力学三大定律都可以用这种“不可能”的否定式表述方式。例如，热力学第一定律可表达为：永动机是不可能存在的；热力学第二定律可以表述为：任何机器都不可能具有 100% 或者大于 1 的效率；热力学第三定律可以表达为：绝对零度是不可能达到的。其他物理中也经常有这种否定式表述方式，如相对论中，超过光速是不可能的，量子力学中不可能同时测量粒子的位置和动量等。热力学、相对论和量子力学都起源于发现了这些不可能性，并以此为基础来表述自然界的规律。因此，“不可能性”的发现也是一个领域的重要发现，不可能是某个领域所能达到的探索极限。液体不可能无限过冷、理想玻璃转变、熵危机是非晶物质科学领域的重要工作和思想。

我们知道根据 VFT 经验公式，可以外推一个动力学理想玻璃转变温度点 T_0，表明在 T_0 处非晶物质的黏滞系数、关联长度$\zeta_a[\zeta_a \sim T-T_0)^{-2/3}]$都发散。这种在 T_0 处的奇异性表明 T_0 在某种意义上也是“理想温度”。即$\zeta_a \to \infty$对应于协同区域趋向无穷大，将没有缺陷。在 T_0 处液体是均匀的，这是玻璃转变所得的非晶态，动力学上、结构上都是均匀的。大量实验证明，在很多不同非晶体系，T_0 近似等于 T_K[46]，如图 11.13 所示。这符合理想玻璃转变和 Adam-Gibbs 关系 $\tau = \tau_B \exp\dfrac{C}{TS_c}$，及 $TS_c \propto T-T_0$[47]。T_0 近似等于 T_K，暗示玻璃转变不纯粹是一个动力学现象，而在本质上可能是一个热力学相变。

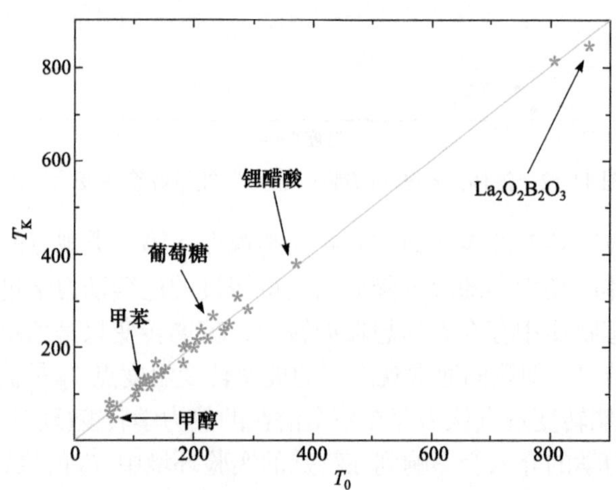

图 11.13　不同非晶体系热力学理想玻璃转变点 T_K 和 VFT 动力学理想玻璃转变点 T_0 的关联关系[46]

需要指出的是：如果冷却速率足够慢，是否一定在某个非 0 K 温度发生理想热力学平衡玻璃转变？熵悖论是不是违反热力学第三定律？这些都是一直有争论的问题。它与过冷液体和非晶的组态熵(或过剩熵)S_c 有紧密的关联。Simon[25,48]通过热分析计算了一些非晶形成液体和其非晶态的 S_c。发现非晶物质中存在一定的过剩 S_c(大约为 5 eV)，并且能够保持到 0 K。因为非晶态是非热力学平衡态，这并不违反热力学第三定律。过剩 S_c 是由于非晶形成后系统的组态重排所需要的弛豫时间大于实验时间，从而保留在非晶态中。Simon 认为不存在有着唯一的结构的理想非晶态，非晶物质的结构和性能取决于 T_g 处过冷液体的失衡状态。

有几点值得说明一下：首先，Tammann[49-50]实际上早于 Kauzmann 二十多年就提出过类似的熵问题。Tammann 认为液态和晶态的熵差随温度的降低可能等于 0，甚至小于 0。但是 Tammann 没有考虑这种行为是否违反热力学基本物理定律，他认为低于某个温度(类似 Kauzmann 温度)，液体会转变成非晶态。此外，Kauzmann 本人并没有明确认为液态熵随温度降低会有危机出现，他在文章的脚注中写到："当然，液态的熵能够比晶体固态熵小很多是难以想象的。液态熵在某个温度以下变化会很小，因为这时液体具有应变的结构，分子之间相互作用很强。"（"Certainly，it is unthinkable that the entropy of the liquid can ever be very much less than that of the solid. It could conceivably become slightly less at finite temperatures because of a 'tighter' binding of the molecule in the highly strained liquid structure..."）

其次，Kauzmann 本人实际上并不喜欢 Kauzmann 熵悖论(Kauzmann paradox)这个词。最早是 Angell 引入了 Kauzmann 熵悖论这个术语，并进一步强调了熵悖论的意义[51-52]。

最后，在实验中，现有的设备和技术还无法观测这种理想玻璃转变，这使得理想玻璃转变是否真实存在一直是长期争论的问题。但是提出一个问题比解决一个问题更重要。热力学理想玻璃转变问题无疑是非晶领域最重要、最富有启发性的问题之一，引发了大量的问题、工作和思考。对熵悖论有进一步兴趣的读者可以参阅相关综述和原始文献[20,49-56]。

11.5　非晶物质形成的热力学

一种液态物质能否通过玻璃转变或者其他方法形成非晶物质，一个体系的非晶形成能力都与其热力学条件有关。热力学条件是一种物质体系能否形成非晶物质的必要条件。液固 Gibbs 自由能差、焓与熵的竞争是决定材料非晶转变的热力学关键因素，这些参量在预测玻璃转变、非晶形成能力和指导非晶成分设计方面有重要作用(图 11.14)。经典形核理论与晶体生长理论也强调在热力学上液固 Gibbs 自由能差和界面能的作用，实际应用中多元体系的非晶合金成分设计就经常根据相图寻找深共晶组分，而相图完全取决于液相与固相的 Gibbs 自由能。除了经典形核理论所涉及的 ΔG 和界面能外，非晶形成热力学参量还包括键能、形成焓、混合焓、错配熵、熔化熵和构型熵等一系列参量。这些参量都与非晶形成在一定范围或一定程度上存在关联[57-58]。

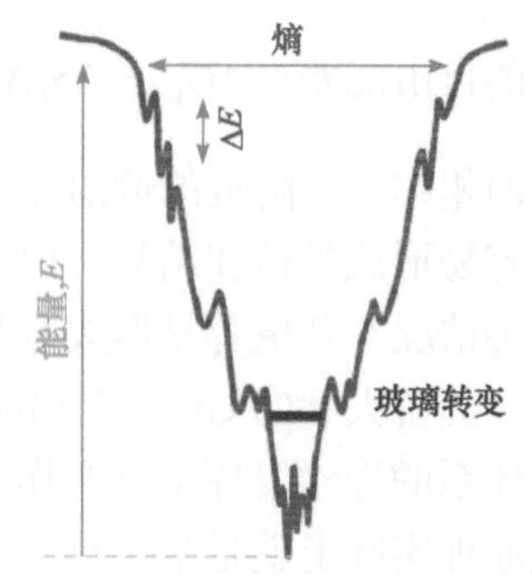

图 11.14　能垒图中的熵和焓[57]

从大量的实验数据中，人们总结出了一些经验的非晶物质形成的热力学规则和判据，发现热力学参量和非晶形成能力有关[59-60]。例如非晶合金形成能力的判据都和热力学参量 T_g、T_x、T_m、T_l(T_x, T_m, T_l 分别是晶化温度、熔点和液相线温度点)有关，如图 11.15 所示。如 $T_{rg} = T_g/T_l$[60]，$\gamma = T_g/(T_x + T_l)$[59]被广泛用于判断一个体系的非晶形成能力，T_{rg} 或 γ 值越大，非晶形成能力越强；对于单组元非晶形成体系，玻璃转变温度与熔点之比大约为 2/3：$T_g/T_m \sim 2/3$(T_m 是熔点)；而对于多组元体系，尤其是金属多组元非晶形成体系，$T_g/T_l \sim 1/2$；非晶形成能力也与其熔点的黏度密切相关，物质发生玻璃转变时的玻璃转变热容差与稳定晶体的熔化熵之比约为 1.5：$\Delta C_p/\Delta S_m \sim 1.5$；在玻璃转变温度处，则有液体过剩熵与熔化熵之比 $\Delta S/\Delta S_m \sim 1/3$ 的规则，或者液体过剩焓与熔化焓之比 $\Delta H/\Delta H_m \sim 1/2$ 的规则；此外，过冷液区的稳定性 $\Delta T = T_x - T_g$ 与非晶形成能力有关。

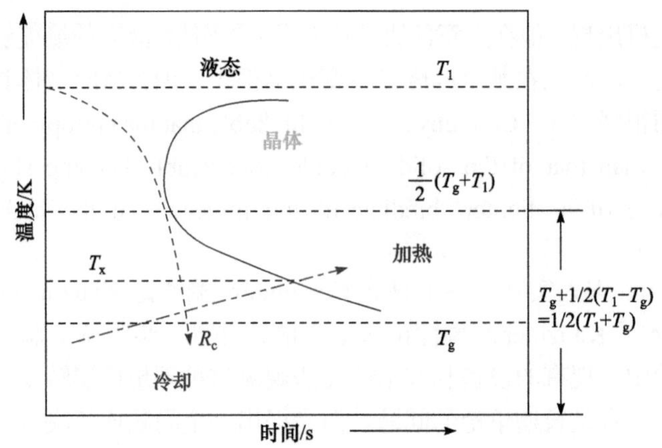

图 11.15　非晶形成能力和热力学特征参数关系[59]

非晶形成能力还取决于过冷液体的形核。过冷液体的形核涉及固-液两相的自由能差和二者的界面能，与构型熵和振动熵也密切相关。要避免晶核的长大，涉及原子的扩散能力。随着温度降低，液态过冷度逐渐增大，从过冷液体到晶态固体的相变驱动力亦逐渐增大，形核临界半径逐渐减小，这意味着形核愈来愈容易，但是原子的扩散随着温度的降低而变得困难，晶核的长大被抑制。要想增加非晶形成能力，就要减小固液两相之间的自由能差：$\Delta G_{\text{l-s}} = \Delta S_{\text{f}} \Delta T \dfrac{2T}{T_{\text{m}} + T}$，其中 ΔT 表示过冷度，ΔS_{f} 表示熔化熵，也就是固液两相在熔点附近的熵值差。由此可知，过冷度越大，固液两相自由能差 $\Delta G_{\text{l-s}}$ 越大，此时容易形成晶核和结晶。但如果减小固液两相之间的熵值差 ΔS_{f}，就会使 $\Delta G_{\text{l-s}}$ 减小，在这种情况下就更容易形成非晶物质。

剑桥大学的 Greer 提出的“混乱原理”在很长一段时间内，对指导高非晶形成能力合金体系的探索发挥了重要作用，该原理指出：合金组元越多，非晶形成能力越强[61]。混乱原理实际上就是基于热力学条件下熵对非晶形成过程的促进作用。N 种元素组成的理想熔体的构型熵可以表达为 $S_{\text{c}} = -R\Sigma_i c_i \ln c_i$，其中 c_i 表示原子分数。假设当合金为等原子比时，各元素的原子分数都相等，即 $c_i = 1/N$，因此 $S_{\text{c}} = -R\Sigma N$。也就是说组元越多，混合熵越高，非晶形成能力可能越强。即多组元和高混合熵对非晶态形成有促进作用。从热力学上讲，可以通过熵值的增加来提高非晶形成能力和非晶的稳定性，即调控熵值可控制非晶无序组织结构的形成。

非晶物质的形成是液体冷却过程中多相竞争、形核长大过程被充分抑制的结果，这一过程的影响因素多且复杂。从熵的角度讲，混合熵值的增将改变固液两相自由能差，从而影响非晶形成能力的提高。从动力学方面，混合熵值增加会使黏度增大，影响非晶形成能力[62]。多组元高熵合金在不同条件下可以形成固溶体、金属间化合物、高熵合金或非晶相，热力学条件只是必要条件，只有满足由原子尺寸差、混合焓和混合熵限定的成分区域、动力学等多种条件才能形成非晶相。

从能量的观点来看，平衡态自由能 $G = U - TS$，非晶相的获得是体系内能 U 和熵 S 竞争的结果。非晶相的形成是熵和内能这些热力学参量竞争导致的。

从热力学相图来看，一种体系是否存在深共晶点与该体系的非晶形成能力密切相关。如图 11.16 所示，在共晶温度点附近，非晶的形成能力往往最强[63]。因为一个体系熔体在共晶温度点附近最低，从液相温度 T_l 到凝固温度间隔最小，容易抑制晶相的形核和长大。

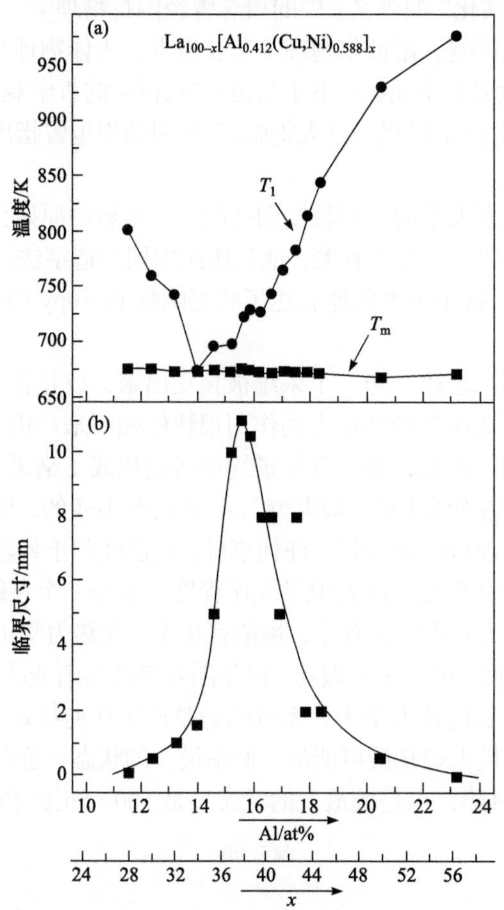

图 11.16 典型合金相图中共晶点对非晶形成能力的影响，可以看到在共晶温度点附近，同样制备条件下，得到的非晶临界尺寸(对应于非晶形成能力)要大很多[63]

需要说明的是，热力学条件只是非晶物质形成的必要条件。很多体系具有很大的热力学驱动力和很深的共晶点，但是非晶形成能力却很差。根据热力学参数能够给出非晶物质形成的简洁判据，有助于理解非晶物质的形成规律。

11.6 非晶物质的熵、熵调控及熵模型

11.6.1 非晶物质的熵

物理学家喜欢用尽可能少的、不可简约化的概念去缔造简洁的物理世界。熵就是这样的热力学概念。热力学是研究有时间方向的不可逆过程，是研究熵的一门学科，熵及相关的理论和概念是热力学的一个重要组成部分。克劳修斯提出了熵(entropy，符号 S)的

概念，熵概念的提出是物理学史上一个重要的里程碑。按照热力学第二定律，不可逆过程产生熵，熵的增加为发生在自然界的不可逆过程所致。熵是表述热力学第二定律中的重要状态函数。克劳修斯关于熵的著名表述是："宇宙的能量守恒。宇宙的熵增加。"

熵在希腊文中有"演化"的含义。熵的概念曾经困扰物理学一个多世纪，对人们的世界观产生了极其深刻的影响。诺贝尔物理学奖获得者、天体物理学家爱丁顿(Eddington，1882—1944)在《物理世界的本质》一书中写道："从科学的哲学观点来看，与熵相联系的概念应被列为 19 世纪对科学思想的巨大贡献。"爱因斯坦也曾指出："熵理论，对整个科学来说是第一法则。"

中文"熵"字是南京大学胡刚福教授创造的，根据熵的原始公式：$dS = dQ/T$，熵是热量和温度之商，而且此概念与火有关，他就按照中国的造字法，在商字边加个火字旁，构成了一个新字"熵"。这个字形象地表达了状态函数 Entropy 的物理含义，是物理名词翻译的典范[64]。

熵来自于热力学第二定律。当一个系统被独立出来，或是将它置于一个均匀环境里时，所有运动就会由于周围各种摩擦力的作用很快停顿下来。由于热传导的作用，系统的温度也逐渐变得均匀。由此，整个系统最终慢慢退化成了毫无生气、死气沉沉的一团物质。这时系统达到了热力学上的"最大熵"，一种持久不变的，与时间无关的平衡状态，在该系统中再也不会出现可以观察到的任何事件，它已经归于死寂。如图 11.17 所示，熵也代表了一个系统的混乱程度，或者说是无序程度，熵是一个系统无序的量度。系统越无序、均匀，熵值就越大；系统越有序，熵值就越小。在热力学中，熵也是无用的度量，例如，温差这类能量梯度，可以用来做功。但是随着梯度逐渐变缓，能量转化为与周围环境平衡的无用的热量。在统计力学中，系统的熵是产生任何特定宏观状态的所有微观状态的可能排列的数量。最大熵是最可能的、概率最大的状态，也是最无序的状态。例如，抛 1000 枚硬币，最有可能，也是熵最大的状态，是 500 个正面和 500 个反面。

熵和无序

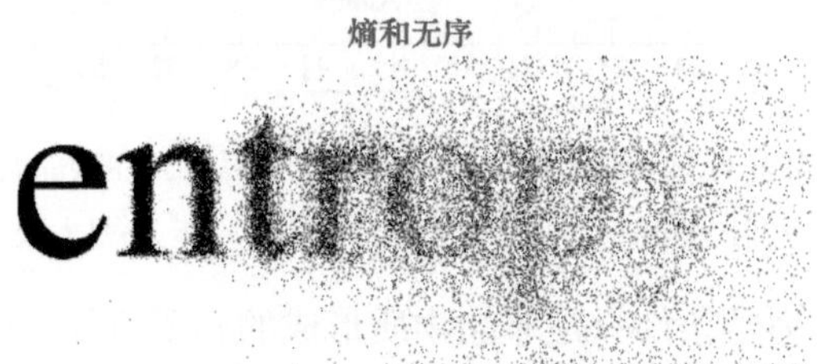

图 11.17　熵和无序

熵也能用以度量物质体系不能做功的能量总数，是一个体系不可用能量的量度。根据 $G = U-TS$，当系统的熵增加时，其做功能力(也就是自由能 G)下降，即熵能作为一种能量退化的指标，用于表征一个系统中的失序、退化现象，或者它标志着一个系统的能量转化为有用功的能力、做功的效率，熵值越大，系统做功的能力和效率越低。也可以将熵看作衡量体系不能做功的能力的量，体系无序的量度。燃料燃烧做功就是通过减少自身的序，增大自身的熵来实现的。

玻尔兹曼首先给出熵是无序程度的解释，并定量地定义了熵。他把宏观量熵 S 和微

观状态数 W 联系起来，给出了熵的统计和微观解释：

$$S = k_{\mathrm{B}}\ln D \tag{11.8}$$

这里，k_{B} 是玻尔兹曼常量，D 是物质的原子无序性的定量度量，一部分是热运动的无序，另一部分是来自不同原子或分子的随机混合。熵的统计和微观解释 $S = k_{\mathrm{B}}\ln D$ 关系式也说明热力学第二定律只有宏观和统计上的可靠性。热力学第二定律所禁止的过程，并不是绝对不可能发生的，只是概率极小而已。小系统(纳米体系)涨落现象、长时间尺度会出现小概率事件。

熵概念的引入和定量的定义，带来了科学的深刻变化，大大拓展了物理研究的内容和方向。几个不同的物理学分支已经能够独立地表述热力学第二定律，其他领域如信息学、生态学和生命中也可以使用熵的概念，所以熵在不同的系统中有不同的形式。复杂系统科学所关注的系统的复杂度(complexity)或者复杂性程度，本质上也是广义的熵。

在信息论中，熵是不确定性的度量，也可以是无知的量度。熵最大的系统是人们对其知之最少、最不确定接下来会发生什么的系统。在非常有序的信息中，例如，一串相同的字母，下一个字母是可预测的，这样的系统没有熵。而一串随机的字母非常杂乱，没有携带任何信息，就具有最大的熵。数学家克洛德 · 香农(Claude Shannon)提出了信息领域熵的公式，他还以自己的名字命名了一种衡量生物多样性的指数——香农指数(Shannon index)。这个指数表示在许多类别中个体分布的均匀程度。种类越多，个体数量越均等，生物多样性就越大。这在数学上等价于熵的度量。在最多样化的生态系统中，博物学家几乎不知道下一步会发现什么物种。

如果一个系统是非常有序的，就不需要太多的信息来描述它。例如，你可以用一句话来描述冰块中分子的规则排列，但是要精确描述分子随机地飞来飞去的气体，你需要知道每个分子的精确位置和速度才能完全描述整个系统，这需要很多信息。无序越多，熵越高，描述系统所需的信息就越多。或者说信息熵越大，信息的不确定性就越高。这也是无序的非晶物质比晶态物质更难描述的“熵原因”。

熵的概念将发动机的效率与无序，信息和无序联系起来。熵也包含在热力学定律中：孤立系统的熵永远不会减少，它只能保持不变或增加。对于发动机，这意味着任何发动机永远不会自动提高自己的效率。就有序性而言，这意味着任何系统只会变得更加混乱(想想你的办公室、实验室或厨房)。也如我们非晶物质研究所意识到的，混乱的事物比有序的事物更难描述，这也从信息角度给出了对热力学第二定律的理解。

薛定谔(Schrödinger)是思考生命中熵问题最早的一批物理学家之一，他将食物描述为负熵，并认为“有机体新陈代谢的关键在于，能够成功地将自己的生命从生产无益的熵中解放出来[65]”。他说：“自然万物都趋向从有序到无序，即熵值增加。而生命需要通过不断抵消其生活中产生的正熵，使自己维持在一个稳定而低的熵水平上。生命以负熵为生[65]。”如果 D 的倒数 $1/D$ 可以作为有序的量度，那么可以把玻尔兹曼关系式写成

$$-S = k\log_{\mathrm{e}}(1/D) \tag{11.9}$$

这里取负号的熵被称为“负熵”。负熵是有序的量度。如果一个系统获得了负熵，就意味着创造或者捕获了有序。有序的体系蕴含着高的有用能量。能量[=序(熵)+对外做功的能力(即自由能)流过系统可以使系统有序性增加。即能量流过一个系统可以使系统有序性增加，熵减少。这是生命的诀窍：生命、生物就是通过捕获有序(负熵)，处理输入的高品质能量，消耗有序，而不是消耗能量(能量是守恒的)，输出低品质能量(如热的形式)。生命从物理上说就是在利用高品质能量创造有序、耗散有序。

热力学第二定律指出，随着时间的推移，任何系统都会倾向于达到熵的最大值，这意味着系统的秩序和可用能量都达最低值，这个世界倾向于无序。热力学第二定律意味着自然界中存在一个量，它总是在所有自然过程中以同样方式变化。例如，在一个封闭的房间里打开一瓶香水，最后香气也会消散，宇宙倾向于无序意味着自然选择不能使生物变得更加复杂。但是生物体可以通过一种输出熵的方式维持内部秩序并建立复杂性，即以一种形式吸收能量并以另一种更高水平的熵的形式辐射出来。这种有序、自组织的系统就像专门设计出来的用于平衡能量梯度的引擎——当自组织系统持续存在时，它们产生熵的速度，比无序分子混合物产生熵的速度更快。如天气系统将热量从热带地区传递到极地的速度远远快于均匀的静态大气层，生命也是如此。人们都认为，自组织系统不仅仅比无序的系统更快地平衡能量梯度，而且它的速度是所有可能中最快的一种。向物理系统中增加生命将增加产生的熵。一个充满浮游生物的池塘或一片草地吸收了更多的太阳能量，因此比无菌池或裸露的岩石产生更多的熵。地球比火星或金星更高效地将太阳光转变为微波辐射，与宇宙背景辐射更接近平衡。在进化的过程中，生物体往往能更好地吸收能量，使用了太阳光中约 40%的能量，同时不断释放化石燃料中的能量并将其转化为熵。所以玻尔兹曼说：“生物为了生存而作的一般斗争，既不是为了物质，也不是为了能量，而是为了熵而斗争。”

熵也是时间之矢，熵把演化引入物理学，引入到非晶体系。非晶物质是无序体系，熵的概念对认识、描述非晶物质非常重要。非晶体系粒子间的相互作用会导致 U 降低，倾向于有序化，即位置序；温度 T 和熵使得体系无序化；所以熵和内能的竞争导致晶态或者非晶相的形成。如果 U 足够大，即粒子间关联很强，若关联范围→∞，系统有长程序，即得到晶态相；如果 U 较小，关联作用只限于近邻粒子，则系统只有短程序，这是形成长程无序的非晶物质。但是需要说明的是熵、有序和无序都是难以普遍定义、准确度量的概念。如何利用熵、序的概念来研究非晶物质是一个重要方向。

在非晶物质中，熵包括构型熵(configuration entropy，S_c)、混合熵 S_{mix}、振动熵(vibrational entropy，S_{vib})、电子熵 S_{elec}、磁性熵 S_{mag}、过剩熵(excess entropy)S_{ex}、构型熵、熔化熵ΔS_{fus}：$S = S_c + S_{mix} + S_{vib} + S_{elec} + S_{mag} + \cdots$。如图 11.18 所示为振动熵、混合熵，过剩熵 S_{ex}、构型熵、熔化熵ΔS_{fus}以及它们随温度和玻璃转变的演化的示意图[66]。其中 S_c 表示体系可以遍历的状态数。液体和晶体的熵的差异主要在于构型熵。可以看到，随着温度的降低，过冷液体的热激活能下降，原子运动能力变弱，体系所能经历的状态数减少，S_c 构型熵降低，其在能量地貌图上对应的能谷也越深。即非晶物质形成的玻璃转变可以用熵的演化来描述。

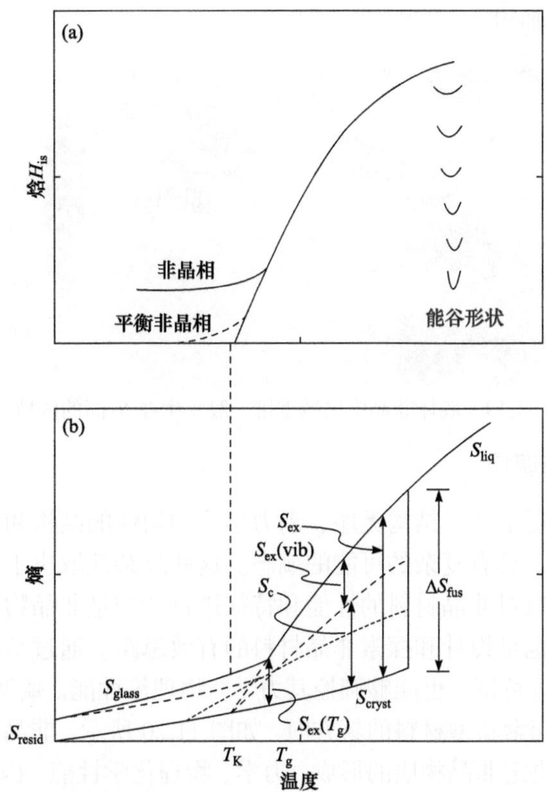

图 11.18　非晶体系的熵，包括振动熵 S_{vib}、混合熵 Smix、过剩熵 S_{ex}、构型熵 S_c、熔化熵ΔS_{fus}，以及它们随温度和玻璃转变的演化的示意图[66]

上面已经谈到非晶物质的形成、非晶相的获得是体系内能 U 和熵 S 竞争的结果。非晶物质的形成能力、特性、稳定性、动力学、玻璃转变、性能的调控都和熵概念密切相关。混合熵、熔化熵、构型熵都和非晶形成能力密切相关，是非晶形成判据中的重要参量。

如何在非晶物质中定义、描述熵呢？不同的熵，定义方法不一样。比如，通过径向分布函数 $g(r)$，可以定义非晶物质中第 i 个粒子的结构熵，即局域结构熵 S_2，表示由于关联存在相比自由体积减小的熵，其精确定义如下[67]：

$$S_{2,i} = \frac{1}{2}\sum_{\nu}\rho_{\nu}\int \mathrm{d}\boldsymbol{r}\left\{g_i^{\mu\nu}(\boldsymbol{r})\ln g_i^{\mu\nu}(\boldsymbol{r}) - \left[g_i^{\mu\nu}(\boldsymbol{r}) - 1\right]\right\} \tag{11.10}$$

式中，μ，ν表示粒子的种类或大小，ρ_ν表示ν粒子的数密度。在胶体非晶中发现 S_2 可以定义非晶形变中的缺陷——流变单元，即高 S_2 对应流变单元，如图 11.19 所示。研究表明 S_2 还和非晶物质的扩散系数关联，即和动力学关联；S_2 还和非晶物质的形变、力学性能关联[68]。

根据熵的玻尔兹曼定义式中，N 种元素组成的理想熔体的非晶物质的混合熵可以表达为 $S_c = -R\sum_i c_i \ln c_i$，其中 c_i 表示原子分数。假设当合金为等原子比时，各元素的原子分数都相等，也就是说 $c_i = \frac{1}{N}$，因此，$S_c = R\ln N$，即组元越多，混合熵越高，这等效于设计非晶材料的混乱原理[61]。

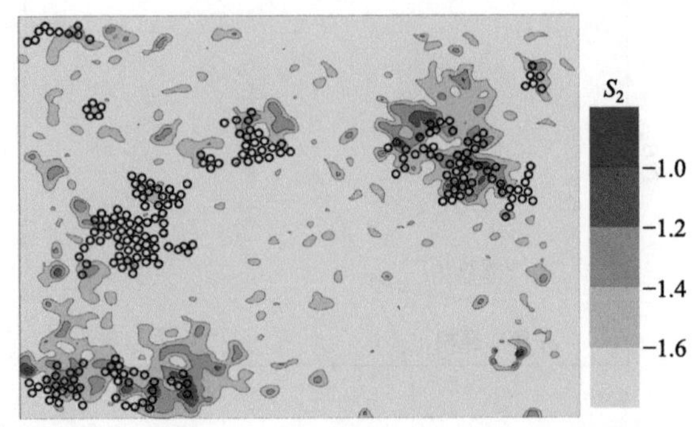

图 11.19 胶体非晶中局域重排一般发生在 S_2 高的区域[68]

11.6.2 非晶物质的熵调控

非晶物质由于其复杂性、结构无序、动力学非均匀性的结构和动力学特征，具有复杂的能垒图或者熵图，具有复杂的可能的熵态。这些复杂性取决于其形成历史和条件。找到合适的参量来实现对非晶材料的性能和特征进行调控是非晶物质和材料研究的目标之一。提高体系的熵也是设计和探索非晶材料的有效思路。通过熵的调控可以调控非晶的形成能力、稳定性等特征，也能够调控其力学、物理等性能。熵调控(即序调控)，和结构、成分调控一样是探索新型材料的新方向。如图 11.20 所示，非晶物质的不同构型对应不同的熵态，而构型决定非晶物质的形成、力学、物理化学性能。因此，可以通过调控熵来调控非晶材料的稳定性和性能。

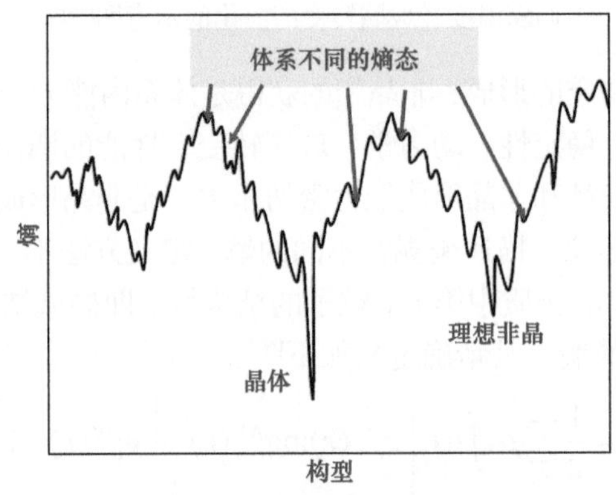

图 11.20 复杂的非晶物质具有很多种可能的熵态，取决于其形成历史和条件、微结构构型

首先，熵在非晶物质形成过程中起到关键作用，高熵是形成非晶物质的必要热力学条件之一。提高体系的熵是设计非晶合金等无序材料的有效思路。高熵合金、高熵非晶、非晶形成能力的提高、块体非晶合金的获得，实际上都是通过熵设计实现的，如图 11.21 所示。如设计非晶合金的混乱原理实际上就是提高体系的熵，从而获得高非晶形成能力的非晶合金成分。高熵合金是具有 5 种及 5 种以上等原子比成分的合金体系，它表现出四大突出效应：高混合熵效应、迟滞扩散效应、晶格畸变效应和鸡尾酒效应。高熵合金复杂的成分、多组元使得凝固瞬间满足晶体相的成分形成要求比较困难，严重的晶格畸变

和迟滞扩散效应阻碍了原子扩散，所以高熵合金体系理论上存在形成非晶相的倾向。但是实验证明，高熵合金通常会形成以简单的面心立方或体心立方为主的固溶体结构。因为高熵效应在物质形成过程中具有多样性。因此，适当的熵调控可以获得不同类型的、性能优异的新材料如块体非晶、高熵合金、高熵非晶、非晶纳米晶复合材料等。图 11.22(a)是通过微量掺杂来调控熵和序，得到非晶材料的示意图。图 11.22(b)是通过变形，引入结构无序，提高系统的熵，形成非晶态[69]。

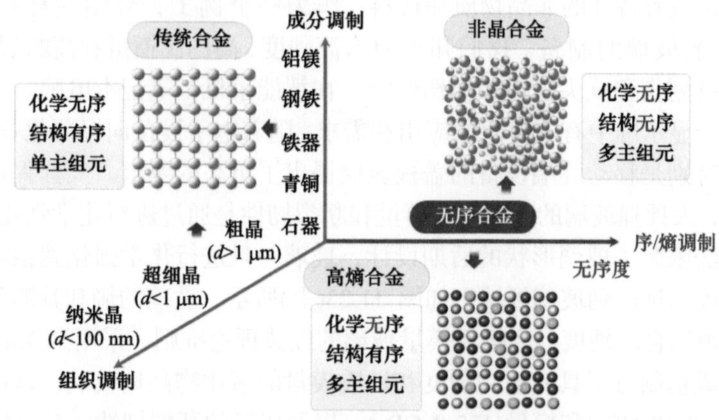

图 11.21　熵和序是探索无序材料的新途径

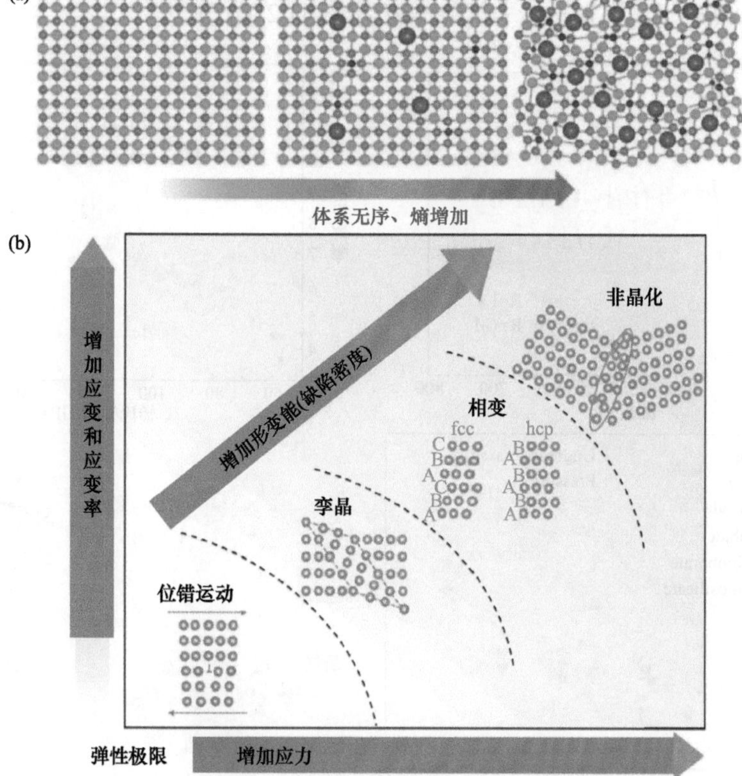

图 11.22　(a)通过微量掺杂引入熵和无序，形成非晶物质；(b)通过变形引入无序/熵形成高熵非晶[69]

如何调控复杂的非晶物质熵态呢？由于非晶物质对其形成热历史、形成工艺条件、成分比较敏感，此外，非晶物质的熵态对压力、热处理、弛豫、外场、辐照等外部条件敏感。因此，可以通过两大类方式进行熵调控。一是通过对非晶材料形成、凝固条件、组元和成分的选择和控制来改变熵态，从而调控非晶材料的性能；二是通过对非晶物质进行微量掺杂、退火、高压、超声、辐照、冷热循环等来改变非晶物质的熵，调控其物性。

从图 11.20 也可直观看出，通过熵的控制可以调控非晶材料的稳定性，制备出高熵、高能或者超稳定或有特性的非晶物质和材料。作为一个例子，介绍一种超高硬度和模量的氧化物高熵玻璃的制备。我们知道具有高硬度、高杨氏模量和高断裂韧性的玻璃，因为其优异的抗划伤和抗尖锐接触损伤性能，在智能手机、笔记本电脑、平板电脑和可穿戴设备的电子显示屏中有着广泛的应用和需求。随着电子设备向轻薄化及小型化发展，对电子设备，特别是移动终端设备的盖板玻璃提出了更高的要求。大猩猩玻璃是著名的手机屏幕玻璃，大猩猩玻璃的高硬度、模量和断裂韧性是通过进行化学强化处理得到的。这种后处理方法限制了玻璃形状的后期设计，玻璃一旦进行化学强化就很难再加工。将高熵调控设计理念推广到玻璃领域，如图 11.23(上)所示，玻璃的熵和其断裂韧性、模量有关联关系，再结合高硬度、高杨氏模量玻璃的经典理论准则，采用激光加热熔化-无容器凝固方法，成功制备了具有超高硬度和杨氏模量的氧化物高熵玻璃，该高熵玻璃具有破纪录的硬度(12.58 GPa)和模量(177.9 GPa)，以及优异的断裂韧性(1.52 MPa · $m^{0.5}$)和良好的可见光-近中红外波段透过性(最大 86.8%)。在硬度、模量和断裂韧性上远超目前康宁公司的主流产品——大猩猩六代手机屏幕玻璃(图 11.23(下))[70]。

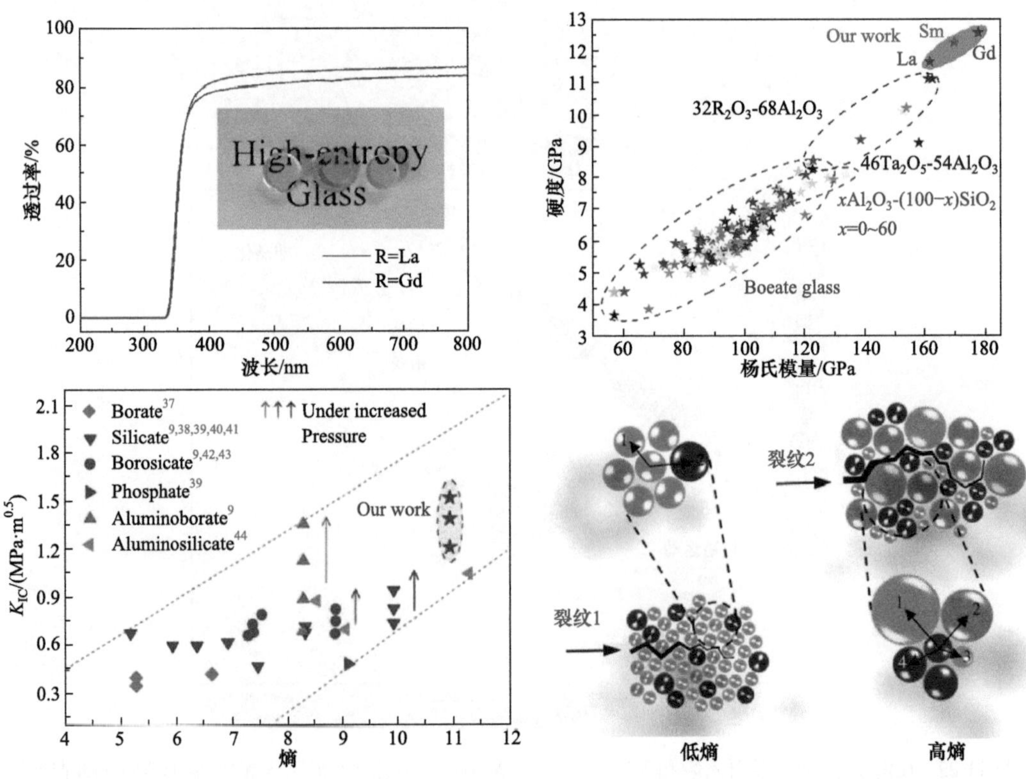

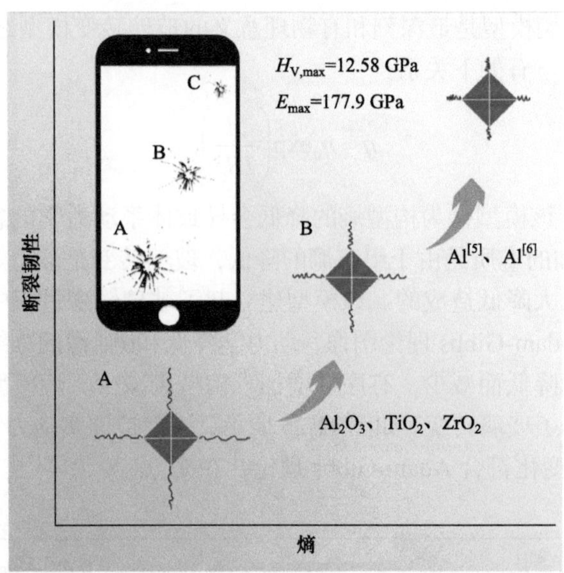

图 11.23 (上)氧化物高熵玻璃性能：样品在可见光-近中红外波段透过性；样品硬度(hardness)和杨氏模量与现有氧化物玻璃对比；(中)断裂韧性(K_{IC})与熵关系，及与现有氧化物玻璃对比；(下)熵和玻璃断裂韧性、杨氏模量、硬度形象对比[70]

更多具体通过熵调控设计非晶材料、优化非晶材料的稳定性，调控非晶材料性能的例子，在其他章节有详细介绍，这里不再赘述。

怎么样能让非晶物质更复杂，达到复杂程度的新层次，从而开发出更多奇异性能的非晶物质呢？我们知道物质复杂到一定程度，就产生突变，达到新的层次。生命就是生物物质不断复杂，达到新层次的产物。安德森当年振臂一呼“More is different”迎来了凝聚态物理的大发展。在非晶物质，complex is different！通过物质的结构、化学、构型的复杂性，增加熵是设计和探索非晶材料的一个思路，并取得重要成就，例如得到高熵、非晶合金等物质和新材料。无机非晶材料的新特性和性能不够丰富。如何通过复杂化，熵和序的调控，获得更多、更新奇的特性，是非晶物质的方向，新特性可能带来非晶物质革命性的变化和影响，如图 11.24 所示。需要研究的问题是：如何使得复杂化物质(熵调控)更具体化、可操作化？如何通过进一步复杂化物质，达到新的复杂层次，制造出具有崭新性质的物质？另外，复杂化、熵调控能否达到新的层次，得到新的、性能奇特的非晶物质？

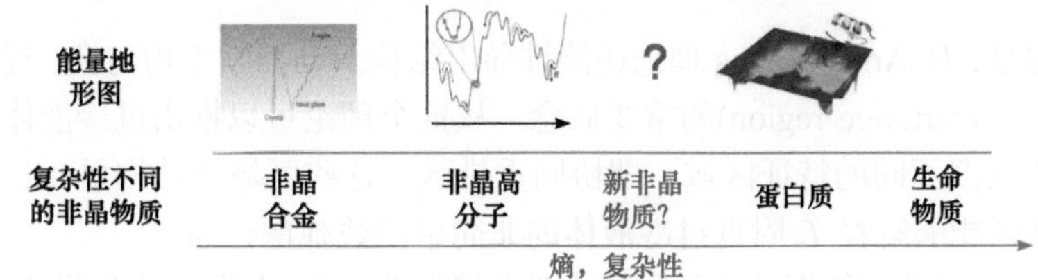

图 11.24 非晶物质复杂化能否达到新层次，得到新物质

11.6.3 非晶物质的熵模型

Adam 和 Gibbs 提出了玻璃转变的熵模型，该理论是 20 世纪玻璃化转变理论的重大

研究成果，笔者认为熵模型是最深刻和有物理意义的玻璃转变模型之一。Adam-Gibbs 理论认为构型熵与动力学有如下关系：

$$\eta = \eta_0 \exp\left(\frac{A}{TS_c}\right) \tag{11.11}$$

其中，S_c 是构型熵。该模型认为构型熵的降低会导致体系动力学的急剧变慢，液体黏度在趋近 T_g 时急剧增加的本质是由于组态熵的降低，玻璃转变是液态熵冻结的过程，非晶态的形成是组态熵大大降低造成的。该模型建立起了玻璃转变过程中热力学与动力学的深刻关联[47]。根据 Adam-Gibbs 理论图像，动力学降低和α弛豫的冻结起源于体系所能遍历的构型数目随温度降低而减少，有序性增加，构型熵减少。熵模型从熵和结构不均匀性的角度描述和解释了玻璃转变。如图 11.25 所示，该模拟证实动力学扩散系数 D，构型熵 S_c 随温度(T/T_K)的变化符合 Adam-Gibbs 理论，在 T_K 点 S_c 为零[71]。

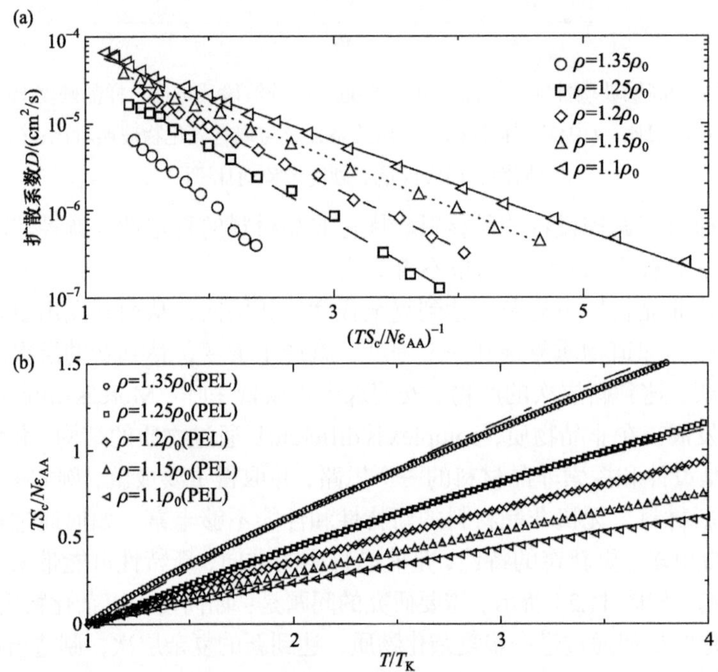

图 11.25 模拟体系扩散系数 D、构型熵 S_c 随温度(T/T_K)的变化，在 T_K 点 S_c 为零，符合 Adam-Gibbs 理论[71]

更重要的是，从 Adam-Gibbs 理论还能推导出结构及动力学不均匀性，提出协同重排区(cooperatively rearrange region)的重要概念。从这个理论可以推出过冷液体的结构是不均匀的，存在众多不同的特征区域，即协同重排区。这些区域中结构单元运动具有协同性，协同重排区能够解释 T_g 附近过冷液体的非简单指数弛豫行为。

Adam-Gibbs 熵模型能把动力学和热力学关联起来，这也是其他模型做不到的。Adam-Gibbs 熵模型可描述熵随时间的演化，在特定温度 T_g 附近的非晶化行为。也可以推导出和描述理想玻璃转变，如果过冷液体与其晶态比热差值是温度的反比例函数，那么由 Adam-Gibbs 公式可以直接推导出 VFT 公式。在 T_g 处，由于体系弛豫时间趋向极长，液体在有限实验时间窗口内失去平衡和流动性，转变为非平衡的非晶态物质。因此非平衡的非晶态还可以通过长时间结构弛豫经历其他的状态(aging)。然而，当温度进一步降低到 T_K 时，液体将会只有一种构型状态，无法再向其他状态演化，此时 S_c 等于 0，体系的黏度发散至无穷大。如果 S_c 在冷却过程中随温度的倒数呈线性变化，那么可以通过 Adam-Gibbs 公式得到 VFT 公式：$TS_c = K_{AG}(T/T_K-1)$，其中 K_{AG} 是和比热相关的常数。热力学上，该公式也意味着在 T_K 时发生理想玻璃转变。我们知道，VFT 公式从动力学上暗示出在 T_0 时发生动力学玻璃转变。在很多非晶体系中，特别是对于弱过冷液体，实验发现 T_0 近似等于 T_K，这暗示玻璃转变既是一个动力学现象，也是一个热力学相变。但是，T_0 非常接近于 T_K 只是存在于弱过冷液体中，而对于强液体却不成立。通常的过冷液体的 T_0 要明显大于 T_K。因此，有关研究认为 Adam 和 Gibbs 公式中的 S_c 在描述强过冷液体的黏度时需要进行修正，因为强过冷液体中存在很强的化学短程作用。这些强的化学短程作用将影响强过冷液体相对于其晶态的过剩熵 S_{ex}，也就是强过冷液体的 S_{ex} 不再近似于 S_c，而脆性过冷液体 S_{ex} 则近似于 S_c[72]。

Adam-Gibbs 模型被很多实验证实。例如，非晶物质在形成，即玻璃转变过程中，不同的形成体系，其液体到非晶态的过剩熵 S_{ex}(包含振动熵和构型熵)变化很大。如图 11.26 所示，很多不同非晶体系过剩熵 S_{ex}(被熔化熵标度)随温度(用 T_g 标度)的变化和动力学弛豫时间随温度的演化完全一致，证明热力学和动力学的关联性，符合 Adam-Gibbs 模型[66,73]。

图 11.27 比较了从图 11.26 得到的动力学脆度(fragility, $F_{1/2}$)和热力学脆度($F_{3/4}$)的关系[64]。其中动力学、热力学脆度的特殊定义可参阅文献[64]，$F_{1/2} = 2(T_g/T_{1/2})-1$，$T_{1/2}$ 对应于 $1/2\Delta S_m$ 的温度。可以看出动力学和热力学脆度基本呈线性关联，这也证实了 Adam-Gibbs 熵模型。因为脆度和构型熵关联，所以对脆度的热力学解释是构型熵随温度变化的快慢。

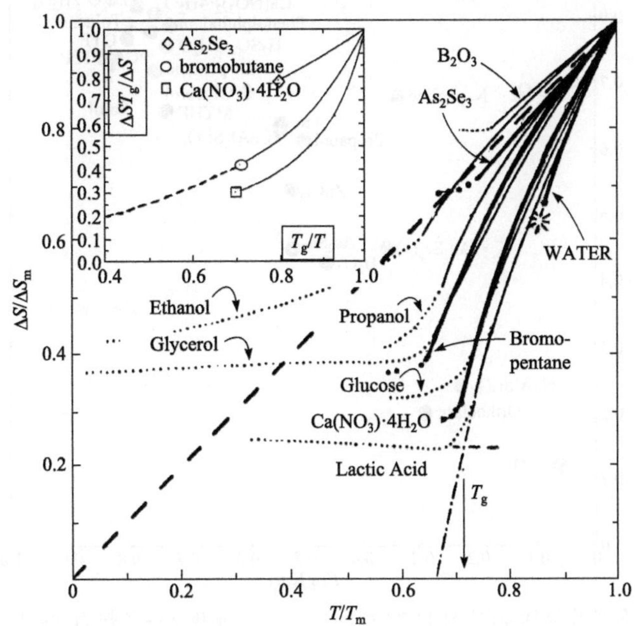

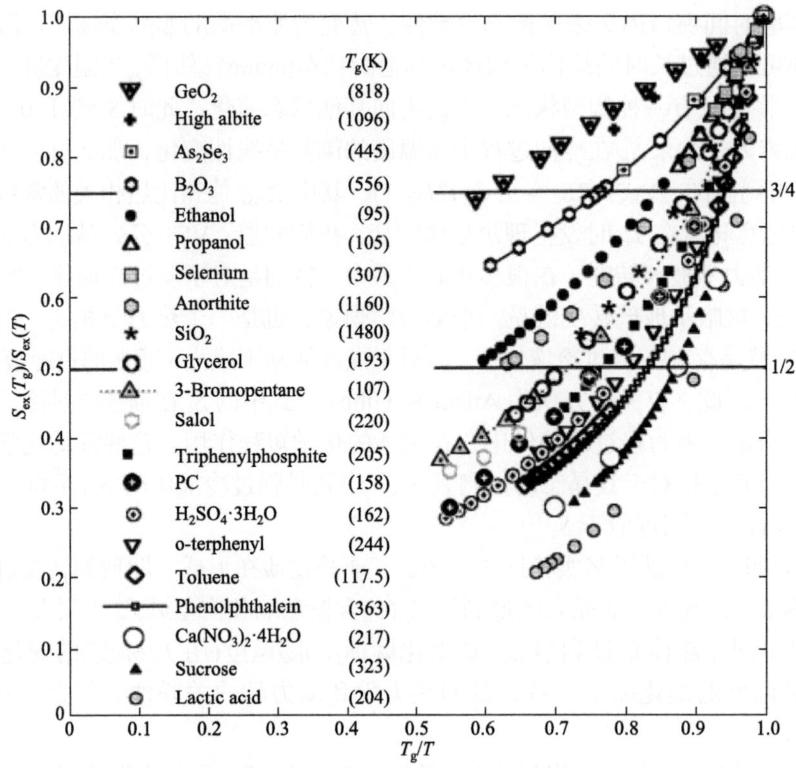

图 11.26 不同非晶物质过剩熵(被熔化熵标度)随温度(用 T_g 标度)的变化，其变化规律和动力学弛豫时间完全一致，符合 Adam-Gibbs 理论[64,73]

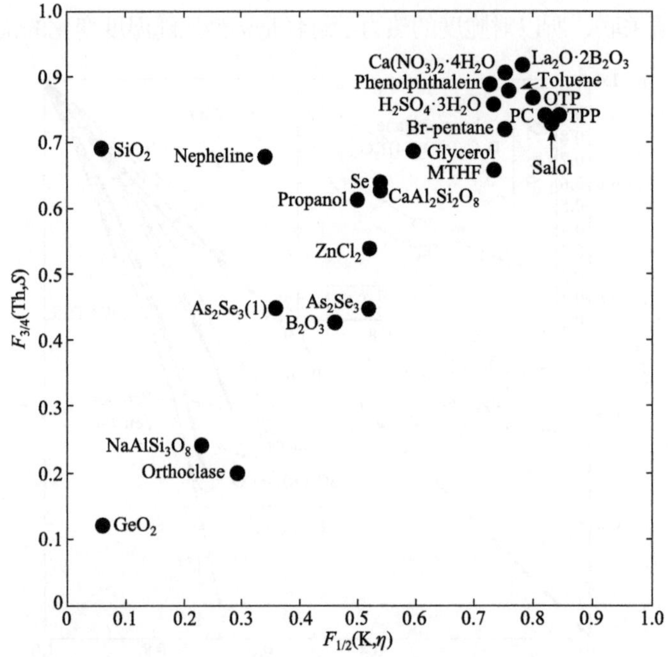

图 11.27 比较各种非晶体系(从图 11.22 得到的)动力学脆度 $F_{1/2}$ 和热力学脆度 $F_{3/4}$ 的关系[64]

相信从上面这些关于 Adam-Gibbs 的熵模型作用的讨论，读者会认同笔者关于熵模型是最深刻和最有物理意义的非晶物质模型之一的观点。

11.7　非晶物质的比热

比热是凝聚态物质包括非晶物质最重要的宏观热力学参量之一，是理解相变、低能激发等固态性质的有力工具。爱因斯坦曾说过："如果你想研究一种物质的本质，但是只有一种研究方法可以选择，那就选择比热方法。(If you should understand the nature of a substance，but are allowed only one type of measurement to understand it，choose the heat capacity.)" 物理学史上，在气体和晶体本质认知历程中，比热的重要性广泛得到证实。19 世纪，统计物理和牛顿力学的结合，确立了气体比热模型，从而认清了气体的物理本质；20 世纪，在量子力学和统计物理基础上建立了晶体的比热理论，从而认识了晶体的本质。所以，很多研究凝聚态物理和材料科学的工作都是从比热入手的。

比热 C 这个重要的物理参量的定义为

$$C_{\mathrm{v}} = \mathrm{d}Q/\mathrm{d}T = T\mathrm{d}S/\mathrm{d}T \tag{11.12}$$

其中，$\mathrm{d}Q$ 是物质体系升温 $\mathrm{d}T$ 所需要的热量，$\mathrm{d}S$ 是体系熵的变化。体系微观状态的任何变化，都会引起熵变，这可以通过比热反映出来。物质体系的熵是其各子系统如晶格系统、电子系统、磁矩系统等的总和。

在统计物理中，能量均分定理将系统的比热与运动的自由度直接关联起来[74-75]，如果某种运动对应的自由度为 f，那么该种运动对比热的贡献即为

$$fR/2 \quad 或者 \quad fk_{\mathrm{B}}/2 \tag{11.13}$$

这里 R 是气体常数。

20 世纪 70 年代初期，人们开始关注非晶固体的比热行为。研究发现非晶物质包括非晶绝缘体、非晶半导体和非晶合金在低温下的原子振动行为、比热本质上都有别于晶体的原子振动行为和比热行为，表现出反常性。很多关于非晶或者无序固体的非同寻常的特性热学和现象，都是温度 50 K 以下的比热测量得到的。非晶物质在低温下的原子振动行为也可以通过测量比热、热传导、热膨胀系数和热弛豫行为等获得相关信息。

比热是理解低能激发等性质的有力工具。在低温下，晶格振动变弱，其他子系统对比热的贡献变得越来越突出，这样可以通过比热研究很多现象的微观机制，认识各类相变及临界点附近的标度规律等。研究比热与温度的依赖关系能够得到被测量系统许多有用的信息。比热与温度的依赖关系能够提供认识非晶很多现象微观机制的有价值的信息。下面我们分析非晶固体比热的行为。

在低温下，非晶固体的比热与其他固体一样可表示为

$$C_{\mathrm{p}} = C_{\mathrm{L}} + C_{\mathrm{E}} + C_{\mathrm{EX}} \tag{11.14}$$

其中 C_{L} 是声子贡献；C_{E} 是电子贡献；C_{EX} 包括磁性(自旋玻璃、铁磁性)以及超导态等低能激发态对比热的贡献。声子比热 C_{L} 可用爱因斯坦模型和德拜模型来解释。爱因斯坦模

型则假设晶格中各个原子的振动相互独立，并以同一频率振动，根据此模型可知

$$C_L = 3N \times k_B \times \frac{\theta^2}{T^2} \times \frac{e^{\theta/T}}{(e^{\theta/T}-1)^2} \tag{11.15}$$

其中$\theta = \hbar\omega_0 / k_B$为爱因斯坦温度($\omega_0$为原子振动频率)。

在德拜模型中，因为长波声子(波长远大于晶格尺寸)的激发是对比热的主要贡献，所以晶体和非晶在长波下都可以看成连续介质，与其微观粒子排布无关。假定德拜温度Θ不随温度变化，同时忽略自由电子对比热的贡献，则固体的C_P为

$$C_P(T) \approx C_V(T) = 9R\left(\frac{T}{\Theta}\right)^3 \cdot \int_0^{\Theta/T} \frac{x^4 e^x}{(e^x-1)^2} dx \tag{11.16}$$

其中Θ是德拜温度；R为气体常数。在低温下，声子比热与温度三次方呈线性关系：$C_L = \beta \times T^3$(其中$\beta = \frac{12\pi^4}{5} \times \frac{R}{\Theta_D^3}$)。而电子对比热的贡献$C_E$在高温时远小于声子比热$C_L$，因而可以被忽略不计。在低温下，电子对比热的贡献，才能显现出来，C_E与温度呈线性关系：$C_E = \gamma \times T$(其中$\gamma = \frac{\pi^2}{3} \times k_B^2 \times N(E_F^0)$；$k_B$为玻尔兹曼常量；$N(E_F^0)$为0 K时系统在费米面附近的态密度)。对于非晶体系，比热的德拜模型[公式(11.16)]和实验结果符合得很好。

在温度接近0 K时，非晶物质的比热是接近于0，随着温度的增加，固态物质的C_P值都接近于3 R，这就是经典的Dulong-Petit定律。

比热是研究非晶物质的重要工具。通过低温比热的测量，可以得到非晶物质动力学行为玻色峰的信息、电子结构、磁结构信息。对于非晶绝缘体，在0.1 K<T<1 K，其比热可以为两项：

$$C_v = \alpha T + \beta T^3 \tag{11.17}$$

其中线性项αT和非晶结构特征有关，这说明非晶物质中存在一种低能激发态，和声子无关。两能级模型能解释这种低能激发对比热的影响。非晶态由于无序结构，某些原子可以具有两个能量极小位置，原子在两个能级间的运动是一种高阶、非简谐振动，这种运动模式对比热的贡献和温度呈线性关系，解释了这种非晶物质中独特的低能激发态。

过冷液体与非晶态发生相互转变时的比热跃迁是非晶物质的热力学行为的主要特征，也是很多非晶理论模型和理论的出发点。由于比热跃迁处于动力学现象与热力学现象的结合点，所以理解它的本质是理解玻璃转变的关键。

实验上液态到非晶态转变过程中比热跃迁的数据积累也越来越多，结果发现不同体系动力学参数脆度与ΔC_P值之间有关系[66,71,73,76]。如图11.28所示，对于一系列脆度值(用$F_{1/2}$表示)相差非常大的非晶体系，过剩比热和脆度有很好的关联。图中用$\Delta T_g / T_g [= (T_g - T_g) / T_g']$来表征过剩比热(见图中左下插图)，可以看到比热跃迁和脆度呈单调变化关系。图11.29显示对于非晶合金，微量掺杂可以显著改变比热台阶和脆度，可以看到比热台阶和脆度随掺杂的变化趋势一致[76]。比热和一个体系运动模式多少有关，比热差越大，说明体系中动力学模式越多，不均匀性越大，因此其脆度值也越大。

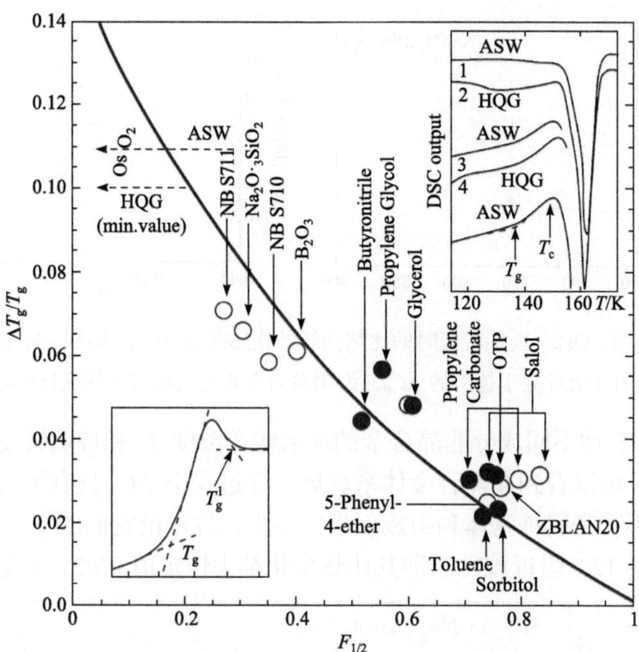

图 11.28　不同脆度值的非晶体系过剩比热和脆度($F_{1/2}$)有很好的关联。图中用 $\Delta T_g/T_g[=(T_g-T_g)/T_g']$ 来表征过剩比热(见图中左下插图)[73]

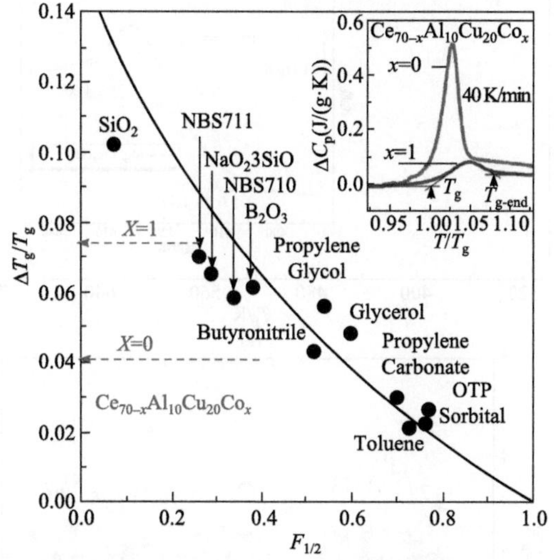

图 11.29　对于非晶合金，微量掺杂可以显著改变比热台阶和脆度，比热台阶和脆度($F_{1/2}$)随掺杂的变化趋势一致[76]

动力学非均匀性也与 ΔC_p 值有明显的正相关关系。图 11.30 是$(Na_2O)_{0.3}(SiO_2)_{0.7}$ 玻璃转变时的比热曲线的比热跃迁 ΔC_p 随着 Na_2O 含量的变化，$(Na_2O)_x(SiO_2)_{1-x}$ 过冷液体的动力学非均匀性(用 KWW 方程的指数 β 值表征)也会随之发生变化。越小的 β 值对应于越大的 ΔC_p，即动力学非均匀性越强，ΔC_p 越大[77]。实际上，β 值和脆度都是表征非均匀性的参数，它们和 ΔC_p 的关联都表明非均匀性和 ΔC_p 的关联性。

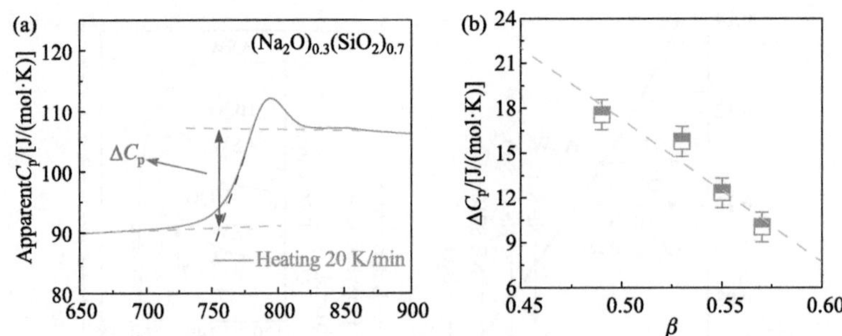

图 11.30 (a)$(Na_2O)_{0.3}(SiO_2)_{0.7}$ 玻璃转变时的比热曲线的比热跃迁 ΔC_p；(b)ΔC_p 与非指数性参数 β 的对应关系，越小的 β 值对应于越大的 ΔC_p，说明动力学非均匀性与比热跃迁的正相关关系[77]

图 11.31 是 45 种不同成分非晶合金的玻璃转变温度 T_g 和玻璃转变过程中过剩比热 ΔC_p 的关系图[78]。可以看到非晶合金体系玻璃转变过程中 ΔC_p 具有不变性，即这些不同的非晶合金体系不管是何种基体和组成元素的多少，也不论它们的 T_g 点的大小，其过剩比热围绕在参考线 12.8 附近波动。即其比热变化都为恒定值 $3R/2$，R 是气体常数。也就

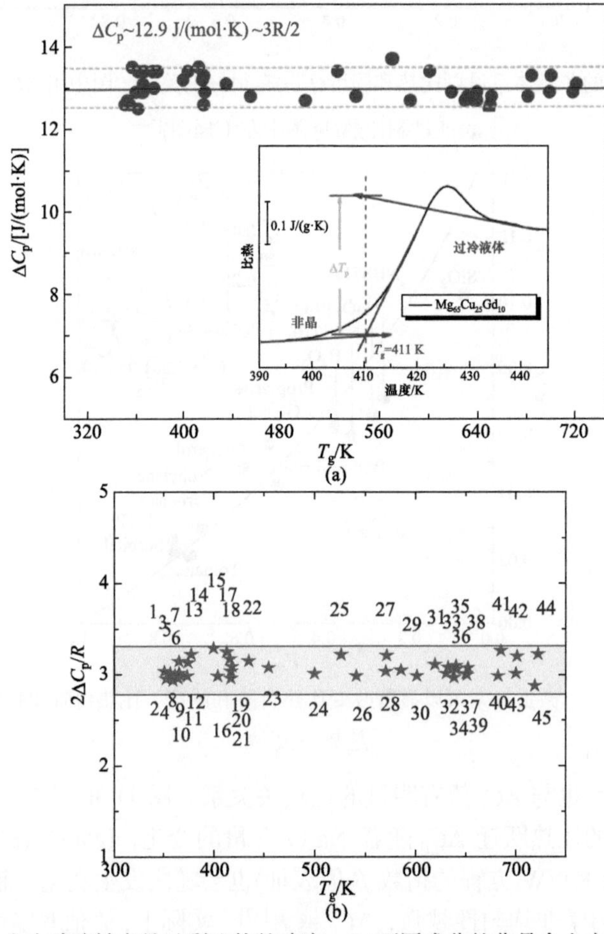

图 11.31 (a)非晶合金中玻璃转变是过剩比热的确定；(b)不同成分的非晶合金在玻璃转变点的过剩比热基本相同(≈12.8≈$3R/2$，R 是气体常数)[78]

是说在非晶固态到过冷液态转变过程中系统增加了 3 个运动自由度。我们知道液体和固体最大的区别在于其中的原子能否流动，即原子能够进行平移扩散运动，而每个原子进行平移运动的自由度正好为 3，由此可以推测玻璃转变过程中体系增加的比热贡献来自于原子的平移运动行为。这说明非晶合金发生玻璃转变是原子的平移扩散运动被激活或者被冻结的一种动力学过程。

以上的例子都说明过剩比热可以帮助加深对玻璃转变的理解，测量比热是研究非晶物质的重要手段和途径，比热是认识和研究非晶本质的重要参量和窗口。

11.8　非晶物质的能量

一个宏观的物理体系随着温度的逐步降低，从一种序相变到另一种序相，我们称为热力学相变。相变的微观机制是构成系统的微观粒子之间的相互作用和微观粒子本身无规热运动相互竞争的结果，即是能量、熵和序的竞争的结果。非晶物质是有序和无序、能量和熵竞争的产物。无序和有序的竞争，等价于熵和能的竞争。根据热力学，对一个非晶体系，其自由能ΔG由两项构成

$$\Delta G = \Delta U - T\Delta S \tag{11.18}$$

U是系统总能量包括各原子相互作用能的总和，S是熵(系统无序的程度)，T是温度，对应系统热运动剧烈程度。能量是有序结构的支柱，熵决定系统的无序结构。体系的最终结构取决于U和S的竞争。因此，完全同一成分的非晶物质，可以具有不同的能量态，如图 11.32 所示，不同的冷区速率，得到的非晶态能量相差很大[79-80]。如图 11.33 显示高

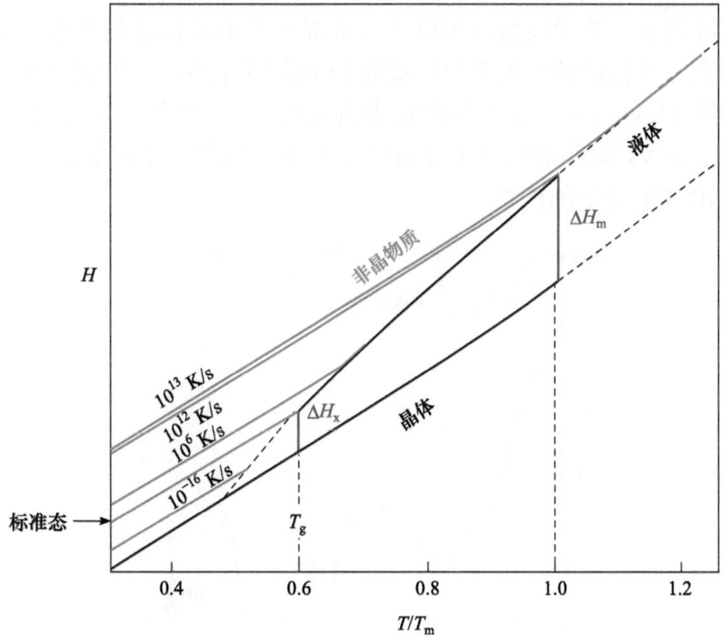

图 11.32　在不同冷却速率下得到的非晶能量状态示意图，H是热焓，代表体系的能量[79]

能量结构构型(具有更明显的局域弛豫，如β弛豫)只能用高速率冷区捕获。超稳定、低能量的非晶态，需要极低的冷区速率才能得到，对应于能垒图上的能量低的能谷，靠近 T_K 对应的理想非晶态。具有很多能态是非晶体系的一个特征，这是能和熵的竞争、纠缠、平衡的结果，是其无序结构多样性决定的。

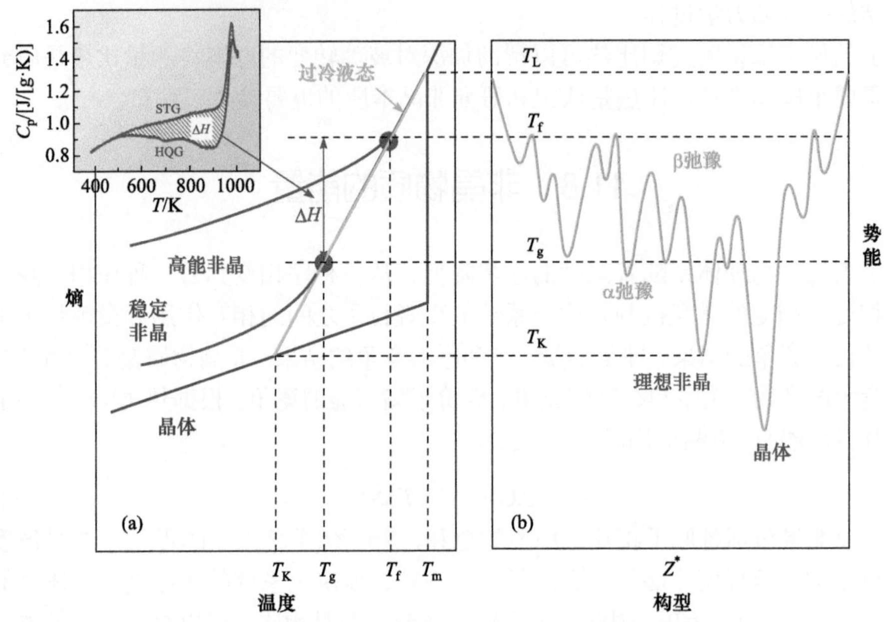

图 11.33 冷却速率、焓(能量)和能量地貌图之间的关系[4]

所以，可以用能量地貌图来形象地表征非晶体系，描述能和熵的竞争、纠缠。如图 11.33、11.34 所示，能量地貌图可以表示非晶物质的不同能量状态以及能量状态和动力学弛豫过程、亚稳特性等关系[81]。能量地貌图以非晶物质组成粒子不同构型的自由能展开。如图 11.34 所示，箭头分别代表自由能、熵、序增加的方向。自由能最低，熵最小，有序度最大。能和熵的竞争导致能量起伏形成很多小的能谷，类似锯齿现象，能量地貌图是能和熵竞争的产物。

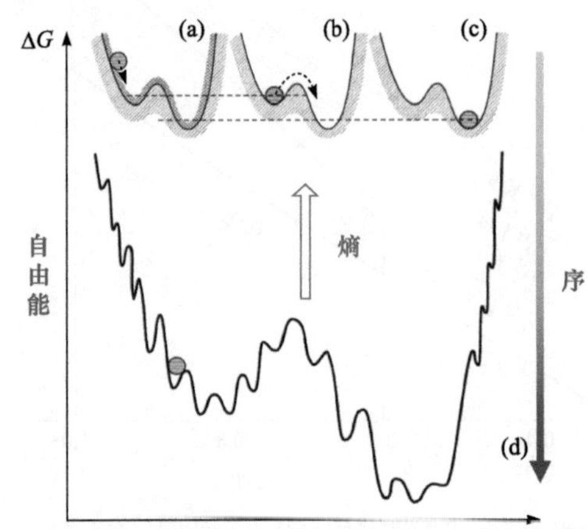

图 11.34 能量地貌图可以表示非晶物质的不同能量状态、动力学弛豫过程、亚稳特性等[81]

下面较详细讨论能量地貌(energy landscape theory)。Anderson[82]和 Goldstein[83]在 20 世纪六七十年代利用能量势垒对多组元的复杂体系的能量分布(或组态熵)$V\left(\sum x_i\right)$进行了研究。$V\left(\sum x_i\right)$是多参量的函数，其分布图有如地貌图形，如图 11.35 所示，在一定温度和压力下存在众多的自由能极点。这些极点像被不同山脉(势垒)分割的山谷，不同条件形成的非晶态、不同能量的非晶态对应不同的能谷。

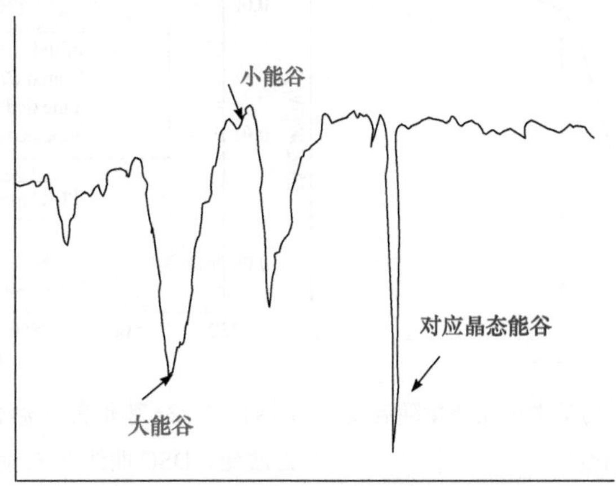

图 11.35　能量地貌图及能量势垒示意图

根据能量地貌图模型，在一定条件下，一个由 N 个单元组成的非晶体系，其能量势垒谱是确定的，一定压力下作为温度函数的能量势垒谱能够描述系统的动力学、热力学行为。温度等条件的改变对应于非晶体系的密度、构型发生变化，从而使得能量地貌图也随之变化。图 11.36 显示的是非晶形成液体平均能量随温度变化的关系图。高温下体系的平均能量完全是温度的函数，能够达到一个相对的平衡值，图中显示出一个平台。随着温度降低，系统将受到越来越明显的动力学效应的影响。系统可能的能量极值将受到限制而变少。也就是随着温度降低，系统的可能能谷变得越来越少，而且越来越深和窄。当温度降低到一定值 T_g 时，体系将不能遍历所有能谷而只能存在若干个能谷时，系统结构弛豫特征将由简单的指数弛豫转变为扩展指数弛豫。模型还表明在足够低的温度下系统将存在于一个能谷中。随着冷却速率的降低，能谷越低、越深，表明体系的能量越低。借助于计算机强大的计算能力，能量地貌图模型在处理玻璃转变等问题上显得越来越有用。能量势垒理论还可以提供低温下原子的扩散、动力学和原子振动分裂的信息。原子的扩散不仅仅与能谷有关，更重要的是与能谷间的势垒有关。能量势垒理论还成功地解释了 Adam 和 Gibbs 公式，表明能谷与能谷间的势垒间存在一个可以标度的关系。这种关系不是一个数学必然性，而是由于真实体系中结构单元的相互作用结果。目前能量地貌图中能谷与能谷间的势垒间的关系仍是不清楚的，这种关系将能够解释玻璃转变领域中的一个长期争论的问题：为何非晶形成液体的动力学特征与热力学特征存在明显的联系？

实验上，非晶物质的能量状态可以用 DSC 等实验仪器来表征。DSC 可以测量非晶热焓的变化，从而表征非晶的能量状态。图 11.37 是 Zr 基非晶合金经过退火处理，DSC

曲线在 T_g 前的放热峰面积改变，面积的大小表征热焓的变化，即非晶物质能量状态的改变[84]。退火使得非晶体系能量降低，其 DSC 曲线在 T_g 前的放热峰面积减小，在玻璃转变时，需要吸收更多的能量才能转变成高能量的过冷液态，因此会有个更大的过冲锋(overshoot)。

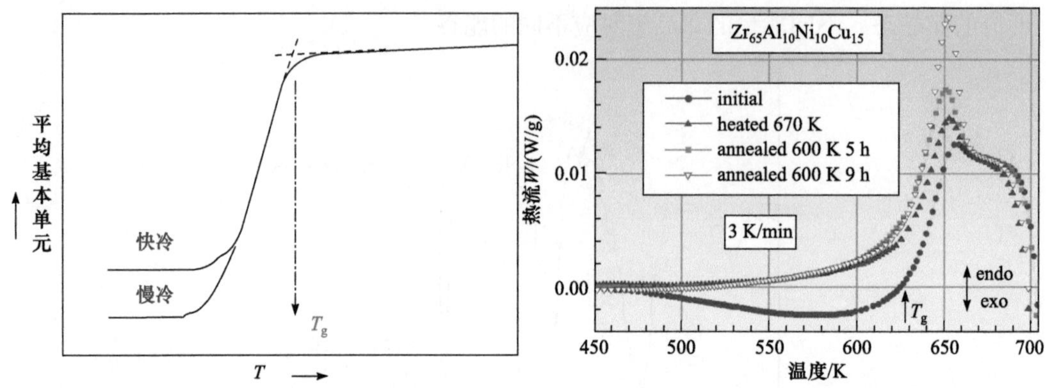

图 11.36 混合体系中平均基本单元能量随温度的变化图

图 11.37 Zr 基非晶合金经过退火处理，能量状态改变，DSC 曲线在 T_g 前的放热峰面积改变[84]

能量是认识、研究非晶物质的一个重要视角。非晶物质的能量状态可以通过制备工艺如冷却速率、机械加工、高压、退火、回复等来调控。非晶物质的能量状态和性能密切相关，因此也可以通过能量来调控性能。例如，图 11.38 是超声敲击非晶材料参量导致的能量改变的例子；图 11.39 示意了其他各种机械加工方法改变非晶物质能量状态的方法。所以，可以根据能量来调控非晶材料的性能。

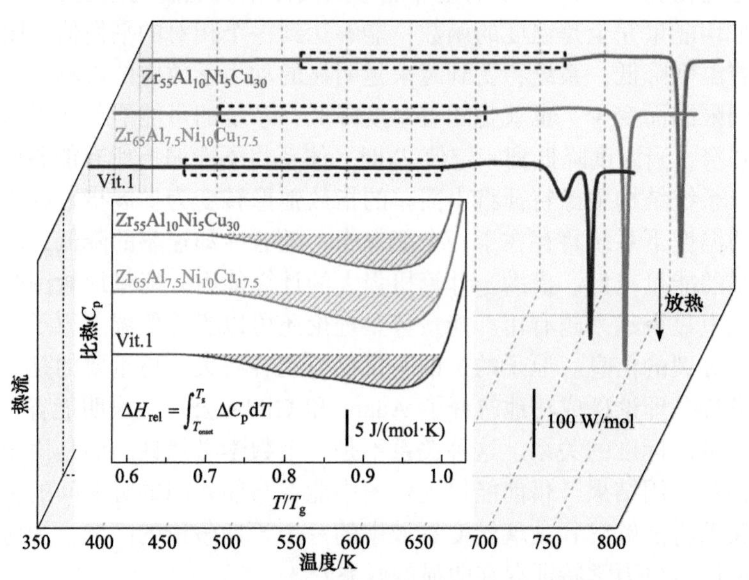

图 11.38 不同的超声敲击改变非晶合金的能量(阴影面积代表能量随超声打击的变化)

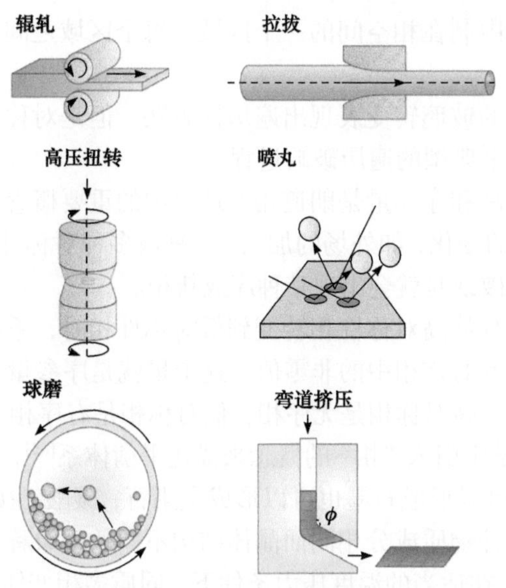

图 11.39　图示几种可以改变非晶物质能量状态的机械方法[80]

11.9　非晶物质的相变

首先介绍描述相变的三个重要凝聚态物理概念：各态遍历、对称破缺和序参量。这三个概念对描述非晶物质的相转变也有用。

各态遍历：玻尔兹曼引入了统计物理的一个假说，即各态遍历假说：只要时间足够长，系统可以经历它所有可能存在的微观态。非晶体系是由大量粒子组成的，体系的微观态就是某一微观瞬间各个微观粒子位置、能量和运动状态的总和。其中任一个粒子状态的改变，也会引起系统的微观态的改变。Gibbs 引入系综理论代替遍历性假设，遍历性意味着系综平均。

复杂无序的、N 个粒子组成的非晶物质系统具有极大数量的可能结构组态，而且瞬息万变。一个组态和一个微观态对应。能量景观图示意性给出非晶的各种组态对应的势能 $V(x)$(x 是所有自由度的广义位形坐标)有很多峰和谷的多维曲面。如果温度足够高，如在高温液态，系统是各态遍历的，非晶体系可以随机地选择任何一个微观态，即每个组态都可能被访问到。但是在特定温度、压力下，每种状态出现的概率和该态的能量 E 有关，正比于玻尔兹曼因子 $\exp(-E/k_BT)$，k_B 是玻尔兹曼常量。在液态($T \geqslant T_m$，熔化温度)，各微观态的能量 E 相差很小，系统是各态遍历的。当温度进入过冷液态温区($T < T_m$)，各微观态的能量 E 差别变大，某些组态的能量很高，出现的概率很小。这时系统的能量景观图变得起伏很大，有峰有谷，系统一旦落入某个谷里，就难以翻越势垒进入另一个谷。需要较高的激发能量，或者足够长的时间，系统才有可能有概率从一个谷到另一个谷，各态遍历变得很困难了。当 $T \ll T_m$ 时，非晶系统各态能量 E 的差别变得更大，能量景观图峰更高，谷更深，系统只能在某个能谷中变动，已不能遍历各个组态了，体系遍历性丧失，这称作遍历破缺。温度越低，遍历的范围越小，遍历破缺程度越大。不能满足各态遍

历的系统，各个相点被限制在相空间的一个区域，每个区域之间存在势垒，这对应于能量景观图中的峰和谷。

从液态到非晶固态的玻璃转变表现出遍历性破缺，但是对称性不破缺。玻璃转变与对称性改变无关，是一个典型的遍历破缺过程。

对称破缺：对称破缺和序参量是朗道相变理论中的重要概念。相变常伴随着某种对称性的破缺。宏观条件的变化，如外场的加入，一种或多种对称性可能会消失，这种现象为对称破缺。当对称性破缺时就会出现某种序或新相。

序参量：当一个系统从高对称性相转变到低对称性相时，系统的某个物理量将从高对称相中的零值转变为低对称相中的非零值，这个量就是序参量 X。可以用序参量来表示系统的对称性和相变，高对称相是无序相，低对称相是有序相。

Gibbs 首先在热力学中引入“相”的概念来描述平衡体系[85]，朗道进一步发展了相变理论。我们知道，碳既可以形成石墨也可以形成金刚石，碳酸钙($CaCO_3$)既可以形成方解石也可以形成文石。这种物质成分相同而晶体结构不同的现象称为多晶型现象，又称同质多相(polymorphism)。在适当的温度压力条件下，同质多相变体可以发生一级相变，从一种晶相经过两相共存转换到另一晶相。

根据非晶物质的定义，非晶不是一个相，玻璃转变不是相变[86]。那么类似的同质多相现象及相应的相变是否也能于液体、非晶物质里发生呢？近年来，在液体和非晶相中大量报道了液体到液体，非晶到非晶的一级相变[87-101]。如果一个同一成分的复杂液体或者非晶物质具有不同的相，它们之间能互相转变，那么这种现象称为液-液相变(LLT)或者非晶到非晶的相变(AAT)。图 11.40 是采用同步辐射测得的液态磷结构因子随压力的变化[90]。可以看到，随着压力的变化，液态磷在 1 GPa，1050℃下结构因子发生突变，同时还伴随

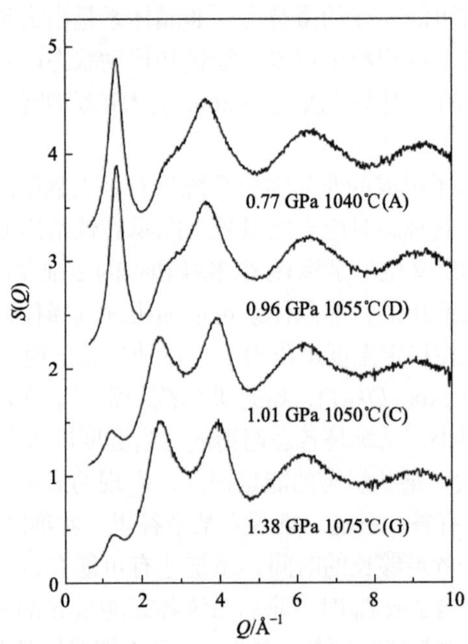

图 11.40 液态磷结构因子 $S(Q)$随压力的变化，显示从一种液体相到另一种的转变(Q 是波矢)[90]

密度的变化。意味着液态磷在这个温度和压力下发生结构相变。类似的现象在水、液态 Si、硫、氧化物玻璃中都可以观察到，甚至在原子密排的非晶合金及其形成液体中也报道观察到类似的相变[92-95]。一些科学家认为熔点以下的深过冷亚稳态水可以发生液-液相变，并且推测它是水的许多奇异特性的根源所在[88,101]。

图 11.41 是用核磁共振的 Knight 位移和弛豫时间对 $La_{50}Al_{35}Ni_{15}$ 非晶合金液体的研究，发现该体系在熔点温度以上存在液-液相变，并且具有一级相变特征的过冷现象。如图所示，熔体相变过程中密度未发生明显变化，但与五重对称性相关的局域结构却发生了突变，证实了该液-液相变是由局域结构序参量决定的一级相变。研究结果表明局域结构序参量对决定液体结构和动力学性质具有重要影响。

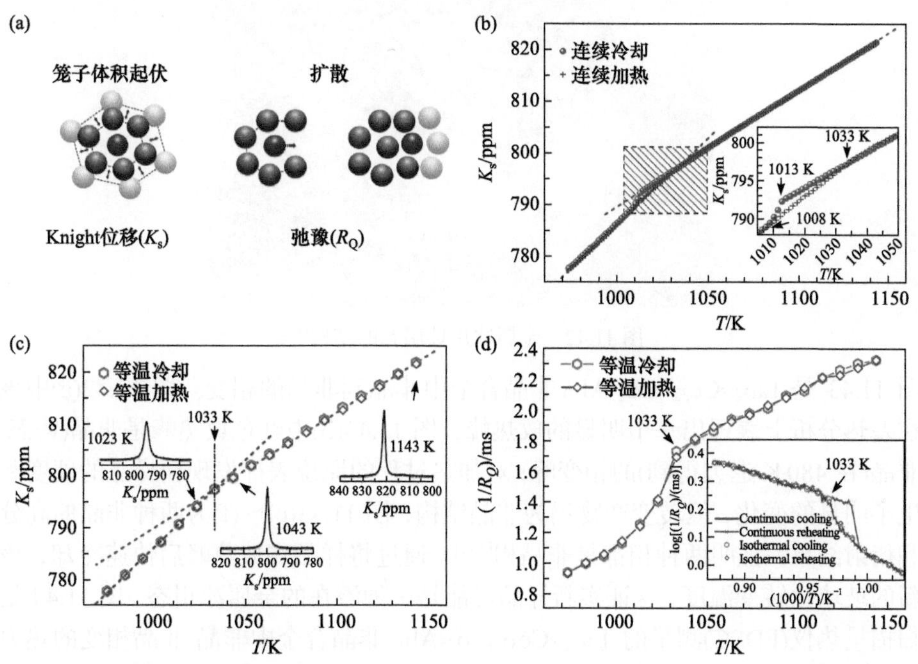

图 11.41　(a)NMR 技术测量笼子效应和扩散弛豫随温度变化的 Knight(K_s)，四极矩弛豫率 R_Q 的原理；(b)在 973～1143 K 区间，熔体的 K_s 升温和降温的变化，在 1033 K 有个明显的拐点和回线(插图)；(c)在 973～1143 K 区间，熔体的 K_s 步进式升温和降温的变化，也存在明显的拐点；(d)四极矩弛豫率 $1/R_Q$ 随温度的变化[92]

在 Pd，La 基非晶合金中也观察到非晶-非晶的相变[102-103]。图 11.42 是镧铈基非晶合金为前驱体的金属冰川玻璃态的结构(图中显示了冰川相的二十面体结构序)。冰川玻璃态作为一种新型非晶亚稳态，它的提法最早出现于 1996 年。美国加州大学洛杉矶分校的 Kivelson 研究组发现，如果在一种分子液体——亚磷酸三苯酯(TPP)的过冷液体区间内的特定温度下进行保温，TPP 会转变成一种能量介于非晶态和晶态之间的新物态，即冰川玻璃态。这种转变被称为冰川化过程，它属于同成分下一种液体向另一种液体的结构转变(液-液相变)，其相变产物是冰川玻璃态。冰川玻璃态既有非晶的结构，又像晶体一样能够熔化；冰川玻璃态具有与玻璃态完全不同的玻璃化转变温度、脆度、密度、反射率和分子结构。非晶合金的形成液体属于简单原子体系，有实验工作认为它具有“超稳定”性质，但也有工作认为这是纳米晶效应。分子动力学模拟工作发现银液体在其玻璃化转变温度附近等温退火后会转变为一种新的 G 相，该相在径向分布函数中表现为非晶态；同时在升温过程中 G 相会出现一个明显的“吸热峰”；这些都是冰川玻璃态的特征。

图 11.42 金属冰川玻璃态的结构[102]

图 11.43 是 $La_{32.5}Ce_{32.5}Co_{25}Al_{10}$ 非晶合金中非晶到非晶的相变。图 11.43(a)中该非晶合金在差热分析上表现出一个明显的放热峰；图 11.43(b)中红色放热峰是非晶(铸态)到另一种非晶(在 480 K 退火得到)的相变峰；对加热过程的原位表征发现新样品的硬度和结构都发生了明显的变化，但转变产物仍为非晶结构，图 11.43(c)～(f)为两种非晶的高分辨电镜像和衍射结果，证明两种相都是非晶相[102]。通过将样品在放热峰后快速冷却，该样品具有新的玻璃化转变温度，这证实新样品可能是一种潜在的金属冰川态。图 11.44 是闪速差示扫描量热仪(FDSC)测量的 $La_{32.5}Ce_{32.5}Co_{25}Al_{10}$ 非晶合金中非晶-非晶相变的热力学和动力学行为。发现当升温速率达到 400～2000 K/s 时，放热峰后会出现一个面积相当的吸热峰。通过调控吸/放热峰后的冷却可以实现冰川玻璃态到初始玻璃态的可逆转变，排除了纳米晶效应。证明非晶到非晶相变是可逆的，有一级相变的特征[102]。

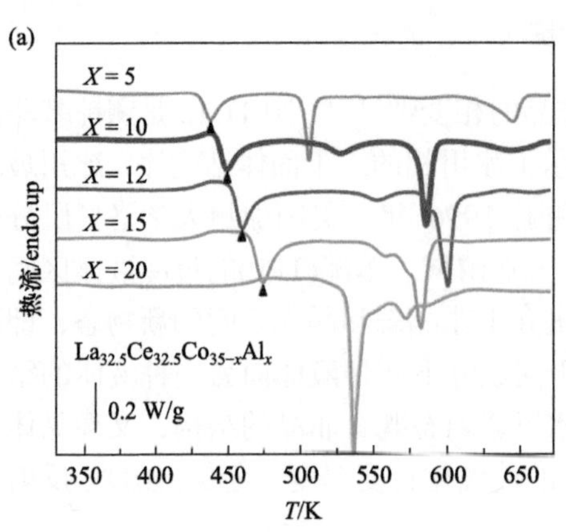

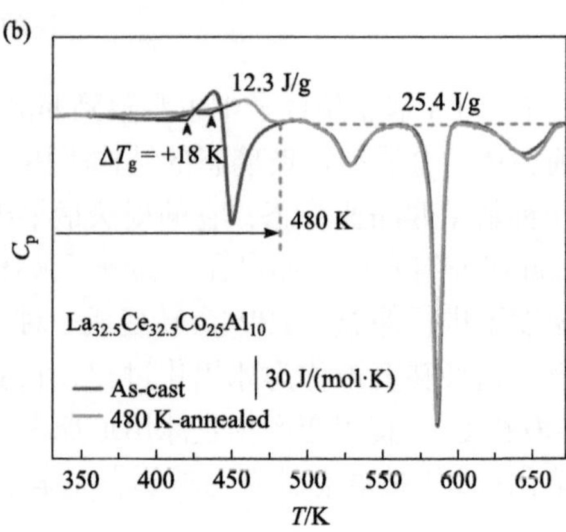

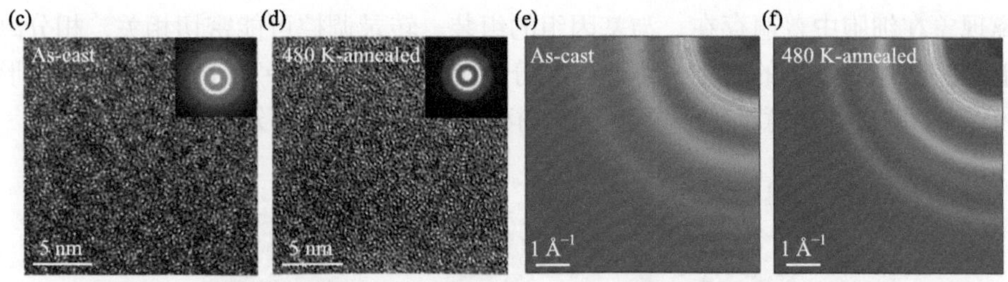

图 11.43　La 基非晶合金中非晶到非晶的相变。图(b)中红色放热峰是非晶(铸态)到另一种非晶(在 480 K 退火得到)的相变峰；(c)～(f)两种非晶的高分辨电镜像和衍射结果[102]

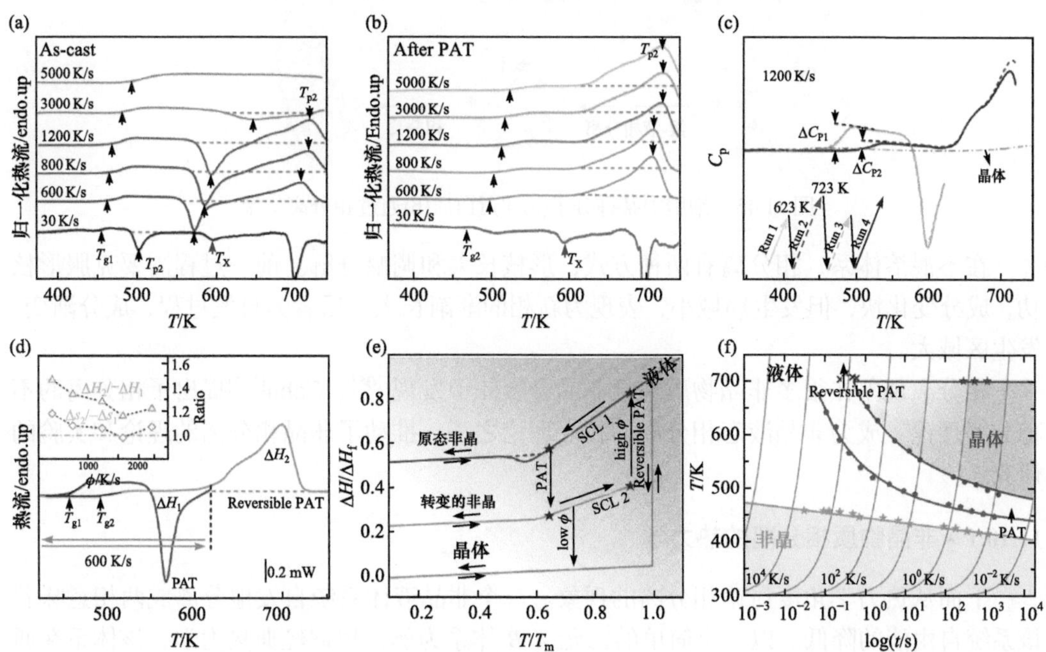

图 11.44　快速 DSC 测量非晶-非晶相变的热力学和动力学行为。证明非晶到非晶相变是可逆的[102]

需要指出的是目前关于是否存在液-液相变、非晶-非晶相变，特别是在非晶合金中是否存在非晶到非晶的相变还有很多的争议，因为很难给出判定性结构变化的实验证据。

11.10　非晶物质的相分离

在大多是多组分的复杂体系的非晶物质中，相分离是重要现象，对非晶物质的性能及调控，对非晶形成能力、形成机制的认知都具有重要意义[104]。在 20 世纪 30 年代，Greig 提出，在复杂的氧化物非晶物质中(如 BaO-BaO · SiO_2)存在 S 形的自由能液相线[105]，这种液相线下面有不混溶区，导致液态相在凝固过程中自发地分离成两相，这使得获得的非晶相有明显不同的相区域，可以通过显微镜观测到两相分离的细微结构。这种由一个非晶液体系统自发地分离成两相的现象称作相分离。举一个日常生活中相分离的例子：汤里飘着的油，油滴漂浮在汤表面不与汤互溶，形成一片一片的油花，就是一种液-液相分离。

相分离现象在细胞中普遍存在，与基因组的组装、转录调控可能密切相关，相分离的失调可能是一些疾病发生的病因，细胞内相分离可以让细胞内特定分子集聚起来，形成一定的秩序。图 11.45 示意细胞中某种分子(a)和蛋白质(b)通过相分离集聚。

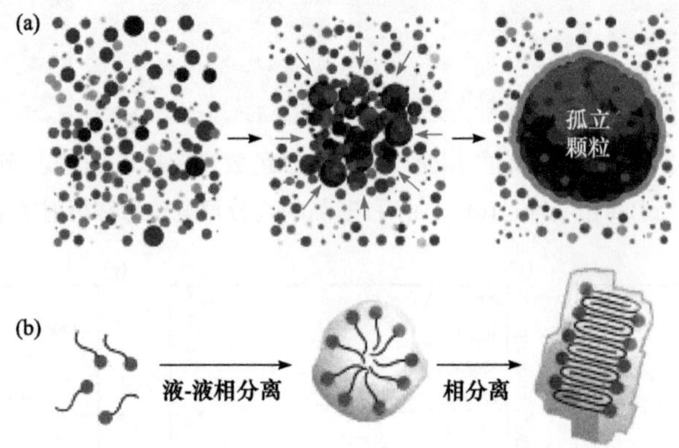

图 11.45 细胞中某种分子(a)和蛋白质(b)通过相分离集聚

在不混溶体系，相分离有两种方式，形核长大和调幅分解。前一过程需要克服形核功，成分变化快，但发生局域小，表现为新相的渐渐长大；后者为自发过程，成分渐变，发生区域大。

相分离现象在很多非晶物质包括非晶合金体中发现[106]。Cahn[107]提出了相分离的不稳分解理论，成为非晶液态相分离的相变理论之一，推动了非晶相分离的理论和实验的研究。

11.10.1 非晶物质相分离的热力学

下面从热力学角度讨论相分离的现象。一个非晶液体系统自发地分离成两相意味着该系统自由能的降低。以一个简单的二元 A-B 体系为例，根据经典热力学，该体系在通常环境下的自由能函数ΔG 可以表示为$\Delta G = \Delta H - T\Delta S$。由该公式可以得到该体系不同温度的自由能图。当体系的焓为负值，或者微小的正值时，其自由能图如图 11.46 所示[104,108]，这样的系统不会自发发生相分离。

如果焓为正值$\Delta H > 0$，则液体系统的自由能曲线为 S 形曲线，如图 11.47 所示。两个箭头之间的系统成分的相热力学上是不稳定的，相分离会促使其自由能降低因而系统会自发地相分离。

一个系统 S 形自由能曲线会随温度变化而变化。温度升高，$-T\Delta S$ 项起主导作用，自由能曲线的两拐点靠近，直至重合。温度降低，两拐点分开，趋近 A 和 B 组元。这样可以得到图 11.48 所示的不混溶区相图。设 A 和 B 形成非晶相的浓度分别为 X_A 和 X_B，分离成α和β两相，其中β相形成过程中能量变化分析如下：β相核心能量随 A 组元浓度起伏ΔX_A 的变化$\Delta G(X_A)$为

$$\Delta G(X_A)=\frac{1}{2}\left(\frac{\partial^2 G}{\partial X_A^2}\right)_{X_A}\overline{(\Delta X_A)^2} \tag{11.19}$$

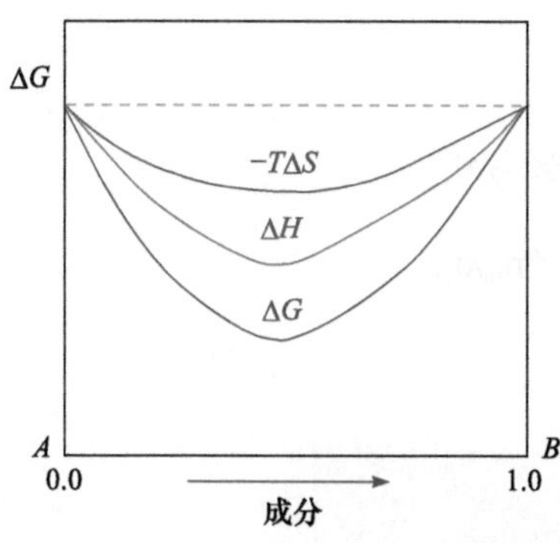

图 11.46 液体自由能组分图(当焓$\Delta H < 0$时)

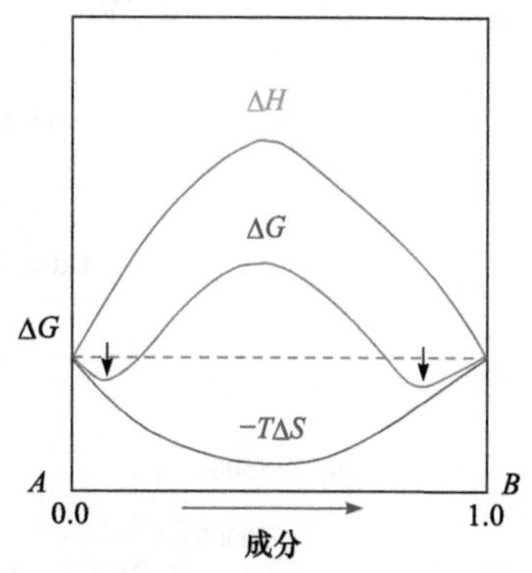

图 11.47 当焓$\Delta H > 0$时，液体自由能组分图，这时其自由能曲线是 S 形

如果$\left(\dfrac{\partial^2 G}{\partial X_A^2}\right)_{X_A} < 0$，浓度起伏将造成系统自由能下降，非晶物质发生相分离，自发分解成两个相。如果$\left(\dfrac{\partial^2 G}{\partial X_A^2}\right)_{X_A} > 0$，则浓度涨落使系统自由能升高，涨落被抑制，这种情形下系统不会发生自发相分离。

如图 11.48(a)所示，在X_B^{s1}和X_B^{s2}之间，$\left(\dfrac{\partial^2 G}{\partial X_A^2}\right)_{X_A} < 0$，相分离发生。$X_B^{s1}$和$X_B^{s2}$这两点是极不稳定点(又称 spinode 点)，在这两点，$\left(\dfrac{\partial^2 G}{\partial X_A^2}\right)_{X_A} = 0$。这样得到相分离的相图：图 11.48(b)曲线上方是稳定区，中间是不稳定区，两边是亚稳定区，两条虚线是不稳定线。

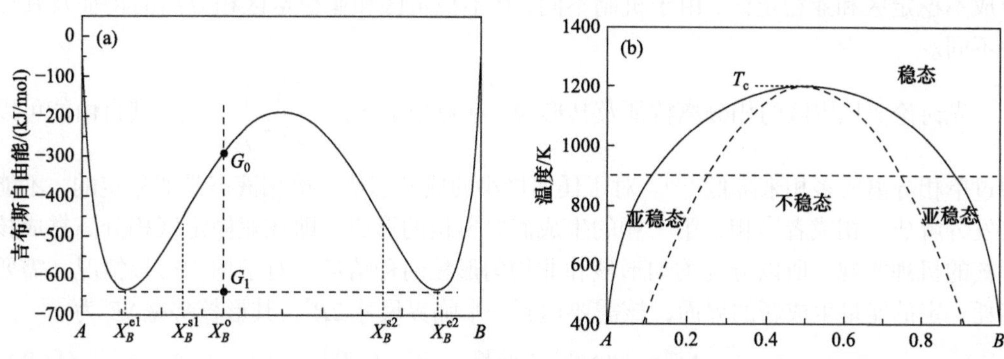

图 11.48 (a)发生相分离的复杂液体的 S 形自由能曲线；(b)溶体的相图及其不混溶区和 Spinodal 线[106]

图 11.49 是金属合金 Gd-Ti-Al-Co 的 3 维自由能示意图，可以看出合金体系在 1000 K 的 3 维自由能有两个自由能极小谷，该体系可以发生相分离[109]。

总之，具有 S 形自由能曲线是体系发生相分离的热力学条件。在各类非晶物质中都可以观察到相分离现象。

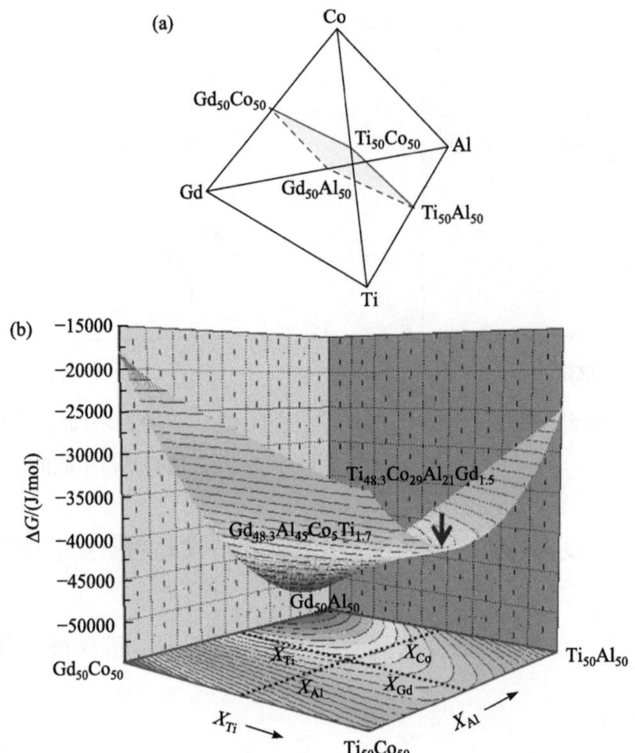

图 11.49 金属合金 Gd-Ti-Al-Co 的 3 维自由能示意图。(a)合金的成分选择 Ti 和 Gd 不固溶；(b)合金体系在 1000 K 的 3 维自由能示意图，其特点是有两个自由能极小谷，意味着该体系可以发生相分离[109]

11.10.2 非晶物质相分离的特征及机制

热力学上，在稳定区，成分的起伏是可逆的。对于可相分离的体系，可将相分离区分成不稳定区和亚稳定区，由于机制不同，在不稳定区和亚稳定区相分离的特征及其形貌不同。

先讨论亚稳定区的相分离特征及其形貌。在亚稳定区，$\left(\dfrac{\partial^2 G}{\partial X_A^2}\right)_{X_A} > 0$，其自由能可以通过单相分离成多相来降低[110]。对于任何极小的成分起伏，单相液态是亚稳定的，不能自发分解成二相或者多相，第二相的生成需要形核的形成。即在亚稳定区相分离靠成核形核的机理实现。所以分为均匀形核和非均匀形核两种情形：对于均匀形核情况，需要消耗一定的能量生成新的界面，核需要达到一个临界尺寸 $2R^*$。其形核势垒ΔE^*为

$$\Delta E^* \sim 1/(\Delta T)^2 \quad 或者 \quad R^* \sim (\Delta T)^2 \tag{11.20}$$

形核主要受过冷度ΔT 的影响。ΔT 越大，形核势垒越小，越容易分解[104-106]。图 11.50 是形核机制相分离的示意图。当液态进入亚稳定区，成分涨落使得某个小区域的某种溶剂组元的成分富集(即核形成，使得该区域自由能低)，当该核达到临界尺寸 $2R^*$时，其成分和基底成分明显不同，并形成界面，具有正的曲率。相分离通过核的长大来实现，其长大过程是通过溶剂组元从高浓度的基底向低浓度的核周围扩散、完成的，扩散控制长大。

形成的小球状相和基底成分区别很大。图 11.50 示意给出形核长大机制的相分离随时间的成分变化、分离相的空间变化，以及相和相分离的形貌特征的演化[106]。导致的微观形貌特征是在基地中均匀分布的球状颗粒。

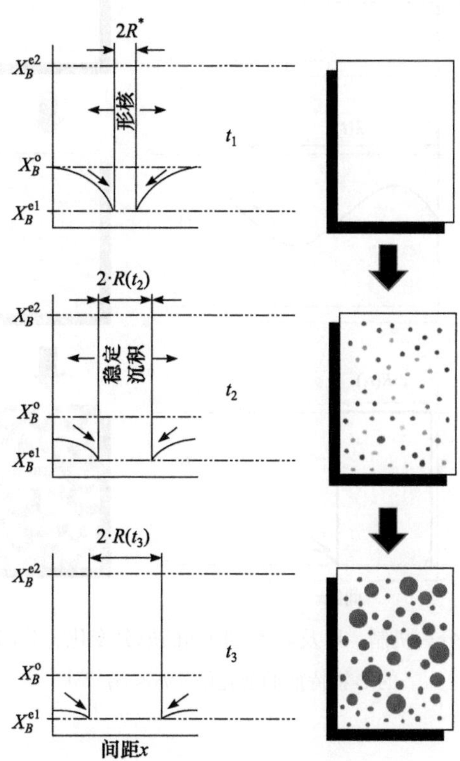

图 11.50 示意在亚稳定区形核长大机制，及体系随时间的成分变化、分离相的空间变化，以及相和相分离的形貌特征的演化($t_1 < t_2 < t_3$)[106]

再看不稳定区的相分离特征及形貌。在不稳定区，$\left(\dfrac{\partial^2 G}{\partial X_A^2}\right)_{X_A} < 0$，任何极小的成分起伏，单相液态不稳定，都会分解成二相或者多相。而且分相是瞬时、自发的，没有形核势垒需要克服，没有势垒及调幅分解或者 spinodal 分解。某些成分涨落一旦形成，则很快成为向外伸展的正弦波成分变化中心，具有特征波长，振幅随时间呈指数规律增加($\sim t^{1/3}$)，形成的两相具有互相渗透的特征[111-112]，如图 11.51 所示。图 11.51 示意在不稳定区的调幅分离机制，以及体系随时间的成分变化、分离相的空间变化，相和相分离的形貌特征的演化。某组元浓度在第二相达到平衡成分之前不断增高，其扩散方向如图中箭头所示，由低浓度区域向高浓度区域扩散，即其扩散行为是上坡扩散。可以看出在两个区域的相分离机制完全不同，形貌也完全不同。在不稳定区，两相没有明显的界面，是互相高度纠缠、蠕虫状、具有特征长度的互联网结构。

图 11.52 总结非晶体系相分离相图以及分离的两相的形貌特征。需要注意的是，在实际实验过程中，不能单独凭形貌来判断是否发生了相分离。

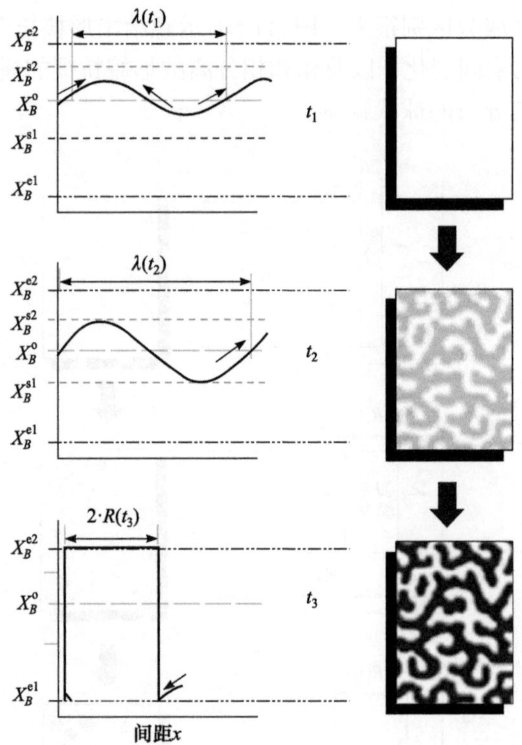

图 11.51　在不稳定区的调幅分离机制，以及体系随时间的成分变化、分离相的空间变化，相和相分离的形貌特征的演化($t_1 < t_2 < t_3$) [106]

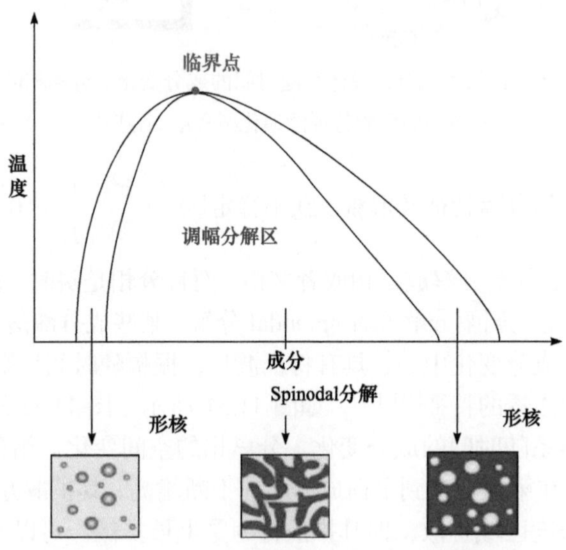

图 11.52　相分离相图以及分离的两相的形貌特征

下面是几个非晶中相分离的例子。图 11.53 是 $Zr_{41}Ti_{14}Cu_{12.5}Ni_{10}Be_{22.5}$ 体系相分离的电镜衍射结果，可以看到，经过退火，单一非晶相分离成两个非晶相[113]，这两个相的晶化产物也不同，图 11.54 给出相分离自由能解释。图 11.55 中的 TEM 照片是相分离非晶 $Ti_{28}Y_{28}Al_{24}Co_{20}$ 体系典型的调幅分解相的照片。

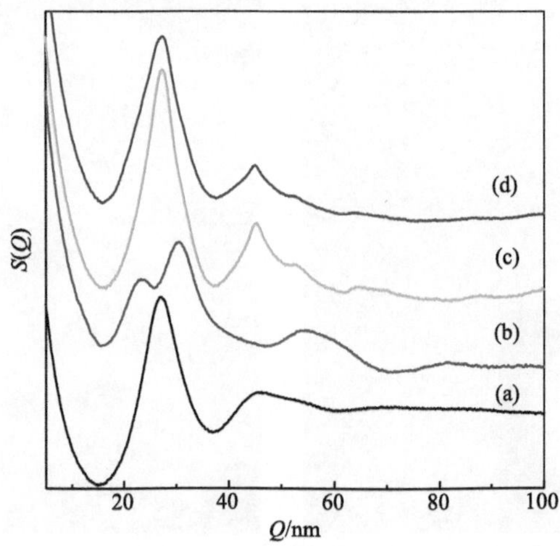

图 11.53　$Zr_{41}Ti_{14}Cu_{12.5}Ni_{10}Be_{22.5}$ 体系相分离的电镜衍射结果[113]

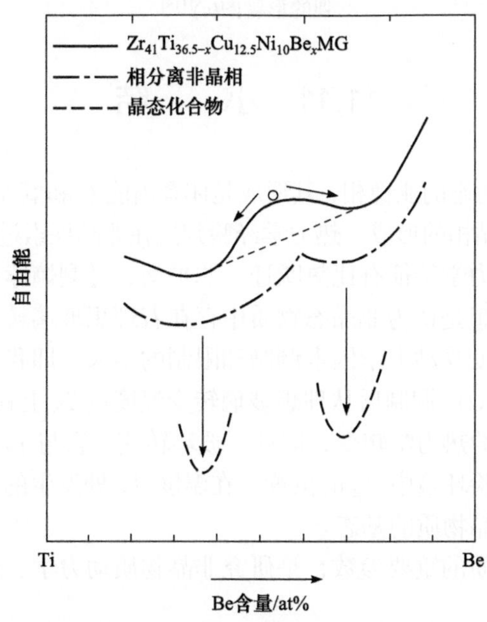

图 11.54　$Zr_{41}Ti_{14}Cu_{12.5}Ni_{10}Be_{22.5}$ 体系相分离，以及对应的晶化[113]

相分离对非晶材料的物理、力学性能有重要影响。相分离对具有迁移特性的性能如黏度、电阻、化学稳定性，对相加特性的性能如密度、膨胀系数、弹性模量、强度等，对分解物质的特征如玻璃转变温度都有明显影响。在非晶合金中可以利用相分离实现结构非均性或者硬软结构，改善非晶合金的塑性[106]。

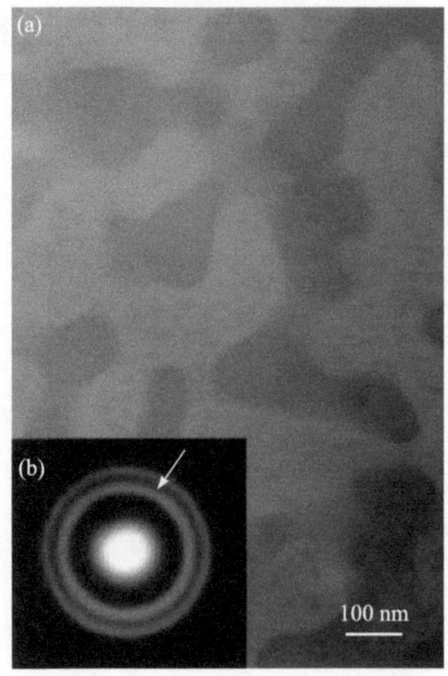

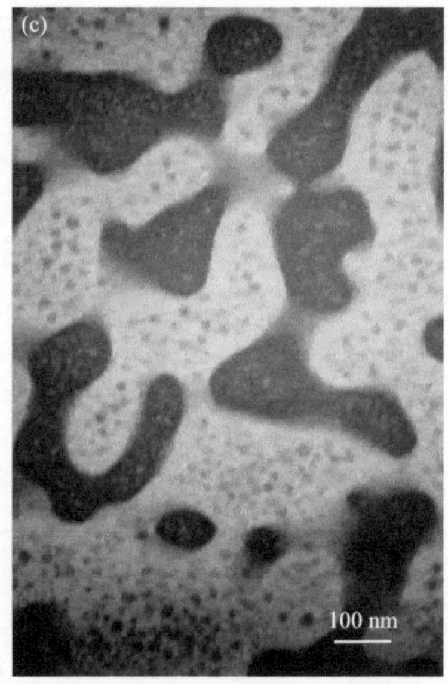

图 11.55 相分离非晶 $Ti_{28}Y_{28}Al_{24}Co_{20}$ 体系的 TEM 照片(a)，对应的衍射环具有双环(b)，从(b)中内环得到的形貌图(c)[114]

11.11 小 结

非晶物质是远离平衡态的亚稳相，其形成是体系内能 U 和熵 S 竞争的结果，熵和能量的竞争导致晶态或者非晶相的形成。热力学经验判据在非晶探索过程中发挥了重要作用。

非晶物质的主要热力学特征有比热跃迁、非平衡、过剩熵悖论以及熵危机。关于玻璃转变热力学的核心思想是认为非晶态物质中存在着理想玻璃转变，而实验观测到的玻璃转变只是理想玻璃转变受动力学因素调制和限制的结果，即我们通常观测到的玻璃转变温度点 T_g 是被动力学效应调制后从理想玻璃转变温度点 T_K 上移的结果。理想玻璃转变观点认为存在一个潜在的热力学转变，即理想玻璃转变，它与 T_g 密切相关，是动力学的介入影响到在特殊的实验环境中 T_g 的位置。在温度 T_K 处发生的理想玻璃化转变得到的非晶态是过冷液体和非晶物质的基态。

比热是认识非晶本质的重要参数，是研究非晶物质动力学、热力学、电子特性的重要途径。

熵和序是表征非晶物质的重要概念，熵和序在非晶物质形成、性能调控中发挥重要作用，可以通过调控熵来调控非晶物质的性能。

在复杂的非晶物质中会发生相分离现象，相分离对非晶物质的性能及调控，对非晶形成能力、形成机制的认知都具有重要意义。复杂化、熵调控是发现非晶新物质的重要途径。

大量实验证据表明：液体到液体，非晶到非晶相之间存在一级相变。近年来，在原子非晶合金体系也观察到非晶-非晶一级相变，这预示局域结构对相变的作用，对传统相变理论提出了挑战。

正因为非晶物质是非平衡亚稳态，是体系能量和熵的竞争的暂时平衡，所以非晶物质类似生命体，一旦形成会随时间演化、衰老甚至改变性能和特征。随着能量和熵的竞争的不断拉锯，时间赋予非晶物质很多问题和特点，也赋予非晶物质以神秘感。下一章(第 12 章)，我们要考察非晶物质是如何面对时间的，了解非晶物质和时间的关系，从时间角度去看非晶物质的面貌、行为和本质。

参 考 文 献

[1] 包科达. 中国大百科全书 74 卷(第二版)物理学 词条: 热力学. 北京: 中国大百科全书出版社, 2009: 382-383.
[2] Schilpp P A. In the Library of Living PhilosophersVol. VII. Albert Einstein: Philosopher-Scientist, 1973.
[3] Pais A. Subtle is the lord…The Science and the Life of Albert Einstein. Oxford: University Press, 1982.
[4] Zheng Q J, Zhang Y F, Montazerian M, et al. Understanding glass through differential scanning calorimetry. Chem. Rev., 2019, 119: 7848-7939.
[5] Sakka S, Mackenzie J D. Relation between apparent glass transition temperature and liquids temperature for inorganic glasses. Journal of Non-Crystalline Solids, 1971, 6: 145-162.
[6] Wunderlich B. Study of the change in specific heat of monomeric and polymeric glasses during the glass transition. The Journal of Physical Chemistry, 1960, 64: 1052-1056.
[7] Gutzow I, Dobreva A. Structure, thermodynamic properties and cooling rate of glasses. Journal of Non-Crystalline Solids, 1991, 129: 266-275.
[8] Angell C A. Formation of glasses from liquids and biopolymers. Science, 1995, 267: 1924-1935.
[9] Ke H B, Wen P, Wang W H. The inquiry of liquids and glass transition by heat capacity. AIP Advances, 2012, 2: 041404.
[10] Trachenko K, Brazhkin V V. Heat capacity at the glass transition. Phys. Rev. B, 2011, 83: 014201.
[11] Xia X, Wolynes P G. Fragilities of liquids predicted from the random first order transition theory of glasses. Proc. Natl. Acad. Sci. U. S. A., 2000, 97: 2990-2994.
[12] Lubchenko V, Wolynes P G. Theory of ageing in structural glasses. J. Chem. Phys., 2004, 121: 2852-2865.
[13] Biroli G, Garrahan J P. Perspective: the glass transition. J. Chem. Phys., 2013, 138: 12A301.
[14] Ke H B, Wen P, Zhao D Q, et al. Correlation between dynamic flow and thermodynamic glass transition in metallic glasses. Appl. Phys. Lett., 2010, 96: 251902.
[15] Nernst W. Ber. Kon. Preuss. Acad. February. 1912.
[16] Lewis G N, Randall M. Thermodynamics and the free energy of chemical substance. London : MacGraw-Hill publishing Co., 1923: 437.
[17] Fowler R H, Guhgenheim E A. Statistical Thermodynamics. Cambridge: University Press, 1939.
[18] Tanaka H. Possible resolution of the Kauzmann paradox in supercooled liquids. Phys. Rev. E, 2003, 68: 011505.
[19] Schmelzer J W P, Tropin T V. Glass transition, crystallization of glass-forming melts, and entropy. Entropy, 2018, 20, 103.
[20] Kauzmann W. The nature of the glassy state and the behavior of liquids at low temperatures. Chem. Rev., 1948, 43: 219-256.
[21] Johari G P. A resolution for the enigma of a liquid's configurational entropy-molecular kinetics relation. J. Chem. Phys., 2000, 112: 8958-8969.
[22] Cahn R W. Missing atoms and melting. Nature, 1992, 356: 108-109.

[23] Kovacs A J. Transition vitreuse dans les polymères amorphes. Etude phénoménologique. Fortschr. Hochpolym. –Forsch, 1963, 3: 394-507.

[24] Ritland H N. Density phenomena in the transformation range of a borosilicate crown glass. J. Am. Ceram. Soc., 1954, 37: 370-377.

[25] Simon F. Fünfundzwanzig Jahre Nernstscher Wärmesatz. Ergebn. Exakt. Naturwiss., 1930, 9: 222-274.

[26] Zemansky M W. Heat and Thermodynamics. 5th ed. New York : McGraw-Hill, 1968.

[27] Donth E. The glass transition: relaxation dynamics in liquid and disordered material . Berlin Heidelberg : Springer-Verlag, 2001.

[28] Gibbs J H. Nature of the glass transition in polymers. J. Chem. Phys., 1956, 25: 185-186.

[29] Krueger J K, Mesquida P, Baller J. Existence of an intrinsic glass transition in a silicon rubber: hypersonic versus calorimetric properties. Phys. Rev. B, 1999, 60: 10037.

[30] Davies R O, Jones G O. Thermodynamic and kinetic properties of glasses. Adv. Phys., 1953, 2: 370-410.

[31] Goldstein M. Some thermodynamic aspects of the glass transition: free volume, entropy, and enthalpy theories. J. Chem. Phys., 1963, 39: 3369-3374.

[32] Gupta P K, Moynihan C T. Prigogine–Defay ratio for systems with more than one order parameter. J. Chem. Phys., 1976, 65: 4136-4140.

[33] Prigongine I, Defay R. Chemical Therodynamics. London : Longmans, 1954.

[34] Pippard A B. The Elements of Classical Thermodynamics. Cambridge: Cambridge University Press, 1957.

[35] Ehrenfest P. Proc. Kon. Akad. Wetensch. Amsterdam, 1933, 36: 153; Ehrenfest P. Leiden Comm. Suppl. 1933, 756.

[36] Nieuwenhuizen T M. Ehrenfest relations at the glass transition: solution to an old paradox. Phys. Rev. Lett., 1997, 79: 1317-1320.

[37] Samwer K, Busch R, Johnson W L. Change of compressiblity at the glass transition and Prigogine-Defay ratio in ZrTiCuNiBe alloys. Phys. Rev. Lett., 1999, 82: 580-583.

[38] Gutzow I, Schmelzer J W P. The Third Principle of thermodynamics and the zero-point entropy of glasses: history and new developments. J. Non-Cryst Sol., 2009, 355 : 581-594.

[39] Gibbs J H, DiMarzio E A. Nature of the glass transition and the glassy state. J. Chem. Phys., 1958, 28: 373-383.

[40] Binder K, Yong A P. Spin glasses: experimental facts, theoretical concepts, and open questions. Rev. Mod. Phys., 1986, 58: 801-976.

[41] Cohen M H, Grest G S. Dispersion of relaxation rates in dense liquids and glasses. Phys. Rev. B, 1981, 24: 4091-4094.

[42] Angell C A, Smith D L. Test of the entropy basis of the Vogel-Tammann-Fulcher equation. Dielectric relaxation of polyalcohols near T_g. J. Phys. Chem., 1982, 86: 3845-3852.

[43] Wang W H, Wen P, Wang R J. Relation between glass transition temperature and Debye temperature in bulk metallic glasses. J. Mater. Res., 2003, 18: 2747-2751.

[44] Sun D Y, Shang C, Liu Z P, et al. Intrinsic features of an ideal glass. Chin. Phys. Lett., 2017, 34: 026402.

[45] Jund P, Caprion D, Jullien R. Is there an ideal quenching rate for an ideal glass? Phys. Rev. Lett., 1997, 79: 91-94.

[46] Angell C A. Structural instability and relaxation in liquid and glassy phases near the fragile liquid limit. J. Non-Cryst. Solid., 1988, 102: 205-221.

[47] Adam G, Gibbs J H. On the temperature dependence of cooperative relaxation properties in glass - forming liquids. J. Chem. Phys., 1965, 43: 139-146.

[48] Simon F. Über den Zustand der unterkühlten Flüssigkeiten und Gläser (On the state of undercooled liquids

and glasses). Z. Anorg. Allg. Chem., 1931, 203: 219-227.

[49] Tammann G. Die entropien eines kristalls und seiner Schmelze in abhängigkeit von der temperatur (The entropies of a crystal and its melt in dependence on temperature). Ann. Phys., 1930, 397: 107-112.

[50] Tammann G, Jenckel E. Die Kristallisationsgeschwindigkeit und die kernzahl des glycerins in Abhängigkeit von der temperatur (rate of crystallization and the number of nuclei in dependence on temperature). Z. Anorg. Allg. Chem., 1930, 103: 76-80.

[51] Kauzmann W. Reminiscences from a life in protein physical chemistry. Protein Sci., 1993, 2: 671-691.

[52] Schmelzer J W P, Abyzov A S, Fokin V M, et al. Kauzmann paradox and the crystallization of glass-forming melts. J. Non-Cryst. Solids, 2018, 501: 21-35.

[53] Gutzow I S, Schmelzer J W P. The Vitreous State: Thermodynamics, Structure, Rheology, and Crystallization. 2nd ed. Heidelberg, Germany: Springer 2013.

[54] Zanotto E D, Mauro J C. The glassy state of matter: its definition and ultimate fate. J. Non-Cryst. Solids, 2017, 471: 490-495.

[55] Stillinger F H, Debenedetti P G. Glass transition: thermodynamics and kinetics. Annu. Rev. Condens. Matter. Phys., 2013, 4: 263-285.

[56] Gupta P K, Cassar D R, Zanotto E D. Role of dynamic heterogeneities in crystal nucleation kinetics in an oxide supercooled liquid. J. Chem. Phys., 2016, 145: 211920.

[57] 王利民，刘日平，田永君. 论材料非晶形成中的焓与熵：竞争亦或协同？物理学报, 2020, 69: 196401.

[58] 金肖，王利民. 非晶材料玻璃转变过程中记忆效应热力学. 物理学报, 2017, 66: 176406.

[59] Lu Z P, Liu C T. Glass formation criterion for various glass-forming systems. Phys. Rev. Lett., 2003, 91: 115505.

[60] Turnbull D. Under what conditions can a glass be formed. Contem. Phys., 1969, 10: 473-488.

[61] Greer A L. Confusion by design. Nature, 1993, 366: 303-304.

[62] 李蕊轩，张勇. 熵在非晶材料合成中的作用. 物理学报, 2017, 66: 177101.

[63] Tan H, Zhang Y, Ma D, et al. Optimum glass formation at off-eutectic composition and its relation to skewed eutectic coupled zone in the La based La-Al-(Cu, Ni) pseudo ternary system. Acta Mater., 2003, 51: 4551-4561.

[64] 冯端，冯少彤. 熵的世界. 北京：科学出版社, 2016.

[65] Schrödinger E. What Is Life? Cambridge: Cambridge University Press, 1942: 2.

[66] Martinez L M, Angell A C. A thermodynamic connection to the fragility of glass-forming liquids. Nature, 2001, 410: 663-667.

[67] Tanaka H, Kawasaki T, Shintani H, et al. Critical-like behaviour of glass-forming liquids. Nature Mater., 2010, 9: 324-931.

[68] Yang X, Liu R, Yang M, et al. Structures of local rearrangements in soft colloidal glasses. Phys. Rev. Lett., 12016, 16: 238003.

[69] Zhao S T, Li Z Z, Zhu C Z, et al. Amorphization in extreme deformation of the CrMnFeCoNi high-entropy alloy. Sci. Adv., 2021, 7: eabb3108.

[70] Guo Y C, Li J Q, Zhang Y, et al. High-entropy R_2O_3-Y_2O_3-TiO_2-ZrO_2-Al_2O_3 glasses with ultrahigh hardness, Young's modulus, and indentation fracture toughness. Science, 2021, 24: 102735.

[71] Sastry S. The relationship between fragility, confgurational entropy and the potential energy landscape of glass-forming liquids. Nature, 2001, 409: 164-167.

[72] Tanaka H. Relation between thermodynamics and kinetics of glass-forming liquids. Phys. Rev. Lett., 2003, 90: 055701.

[73] Ito K, Moynihan C T, Angell C A. Thermodynamic determination of fragility in liquids and a fragile-to-strong liquid transition in water. Nature, 1999, 398: 492-495.
[74] 闫守胜. 固体物理基础. 北京: 北京大学出版社, 2000.
[75] Huang K. Statistical Mechanics. 2nd ed. New York: Wiley, 1987.
[76] Zhang B, Wang R J, Zhao D Q, et al. Superior glass-forming ability through microalloying in cerium-based alloys. Phys. Rev. B, 2006, 73: 092201.
[77] Li Y Z, Zhao L Z, Sun Y T, et al. Effect of dynamical heterogeneity on heat capacity at glass transition in typical silicate glasses. J. Appl. Phys., 2015, 118: 244905.
[78] Ke H B, Wen P, Wang W H. The inquiry of liquids and glass transition by heat capacity. AIP Advanced, 2012, 2: 041404.
[79] Greer A L, Sun Y H. Stored energy in metallic glasses due to strains within the elastic limit. Philos. Mag., 2016, 96: 1643-1663.
[80] Sun Y H, Concustell A, Greer A L. Thermomechanical processing of metallic glasses: extending the range of the glassy state. Nature Rev. Mater., 2016, 1: 16039.
[81] Schmelzer J W P, Tropin T V. Reply to "Comment on 'Glass Transition, Crystallization of Glass-Forming Melts, and Entropy" ' by Zanotto and Mauro. Entropy, 2018, 20: 704.
[82] Anderson P W. Ill-Condensed Matter (Balain R, Maynard R, Toulouse G.), Lectures on Amorphous systems, Couse 3, 161, North-Holland Publishing Company, Amsterdam, 1979.
[83] Goldstein M. Viscous liquids and the glass transition: a potential energy barrier picture. J. Chem. Phys., 1969, 51: 3728-3739.
[84] Mitrofanov Y P, Afonin G V, Makarov A S, et al. A new understanding of the sub-T_g enthalpy relaxation in metallic glasses. Intermetallics, 2018, 101: 116-122.
[85] Gibbs J W. The Collected Works; Thermodynamics; Longmans & Green: New York; NY, USA; London, UK; Toronto, ON, Canada, 1928: 96.
[86] Schmelzer J W P, Tropin T V. Glass transition, crystallization of glass-forming melts, and entropy. Entropy, 2018, 20: 103.
[87] Harrington S, Zhang R, Poole P H, et al. Liquid-liquid phase transition. Evidence from simulations. Phys. Rev. Lett., 1997, 78: 2409-2412.
[88] Mishima O, Stanley H E. Decompression-induced melting of ice IV and the liquid-liquid transition in water. Nature, 1998, 392: 164-168.
[89] Poole P H. Polymorphic phase transitions in liquids and glasses. Science, 1997, 275: 322-323.
[90] Katayama Y, Mizutani T, Utsumi W, et al. A first-order liquid-liquid phase transition in phosphorus. Nature, 2000, 403: 170-173.
[91] Angell C A. Formation of glasses from liquids and biopolymers. Science, 1995, 267: 1924-1935.
[92] Xu W, Sandor M T, Yu Y, et al. Evidence of liquid-liquid transition in glass-forming $La_{50}Al_{35}Ni_{15}$ melt above liquidus temperature. Nature Commun., 2015, 6: 7696.
[93] Wei S, Yang F, Bednarcik J, et al. Liquid-liquid transition in a strong bulk metallic glass-forming liquid. Nat. Commun., 2013, 4: 2083.
[94] Sheng H W, Liu H Z, Cheng Y Q, et al. Polyamorphism in a metallic glass. Nat. Mater., 2007, 6: 192-197.
[95] Zeng Q, Yang D, Mao W L, et al. Origin of pressure-induced polyamorphism in $Ce_{75}Al_{25}$ metallic glass. Phys. Rev. Lett., 2010, 104: 105702.
[96] Saika-Voivod I, Poole P H, Sciortino F. Fragile-to-strong transition and polyamorphism in the energy landscape of liquid silica. Nature, 2001, 412: 514-517.
[97] Aasland S, McMillan P F. Density-driven liquid-liquid phase separation in the system Al_2O_3-Y_2O_3. Nature,

1994, 369: 633-636.

[98] Greaves G N, Wilding M C, Fearn S, et al. Detection of first-order liquid/liquid phase transitions in yttrium oxide-aluminum oxide melts. Science, 2008, 322: 566-570.

[99] Morishita T. High density amorphous form and polyamorphic transformations of silicon. Phys. Rev. Lett., 2004, 93: 055503.

[100] Sen S, Gaudio S, Aitken B G, et al. A pressure-induced first-order polyamorphic transition in a chalcogenide glass at ambient temperature. Phys. Rev. Lett., 2006, 97: 025504.

[101] Tanaka H. General view of a liquid-liquid phase transition. Phys. Rev. E, 2000, 62: 6968-6976.

[102] Shen J, Lu Z, Wang J Q, et al. Thermally-reversible, first-order poly-amorphic transformation in metallic glasses. J. Phys. Chem. Lett., 2020, 11: 6718-6723.

[103] Na J H, CoronaS L, Hoff A, et al. Observation of an apparent first-order glass transition in ultrafragile Pt-Cu-P bulk metallic glasses. Proc. Natl. Acad. Sci. U. S. A., 2020, 117: 2779-2787.

[104] 郭贻诚, 王震西. 非晶态物理学. 北京: 科学出版社, 1984.

[105] Greig J W. Immiscibility in silicate melts. Amer. J. Sci., 1927, 13: 133-154.

[106] Kim D H, Kim W T, Park E S, et al. Phase separation in metallic glasses Prog. Mater. Sci., 2013, 58: 1103-1172.

[107] Cahn J W. Phase separation by spinodal decomposition in isotropic systems. J. Chem. Phys., 1965, 42: 93-99.

[108] Stevens H J. Introduction to Glass Science. New York-London : Plenum Press, 1972.

[109] Chang H J, Yook W, Park E S, et al. Synthesis of metallic glass composites using phase separation phenomena. Acta Mater., 2010, 58: 2483-2491.

[110] Nakanishi K. Sol-gel process of oxides accompanied by phase separation. Bull. Chem. Soc., 2006, 79: 673-691.

[111] Cahn J W. Phase separation by spinodal decomposition in isotropic systems. J. Chem. Phys., 1965, 42: 93-99.

[112] Hashimoto T, Itakura M, Hasegawa H. Late stage spinodal decomposition of a binary polymer mixture. I. Critical test of dynamical scaling on scattering function. J. Chem. Phys., 1986, 85: 6118-6128.

[113] Wang W H, Wei Q, Friedrich S. Microstructure and decomposition and crystallization in metallic glass ZrTiCuNiBe alloy. Phys. Rev. B, 1998, 57: 8211-8217.

[114] Park B J, Chang H J, Kim D H, et al. In situ formation of two amorphous phases by liquid phase separation in Y-Ti-Al-Co alloy. Appl. Phys. Lett., 2004, 85: 6353-6355.

第 12 章 非晶物质与时间：非晶态的相对性

格言

♣ 空间和时间本身，注定会消退成阴影，只有两者的某种结合会保持独立的实在。——H. Minkowski(闵可夫斯基)

♣ 世界上最快而又最慢，最长而又最短，最平凡而又最珍贵，最易被忽视而又最令人后悔的就是时间。——高尔基

♣ 时间最不偏私，给任何人都是二十四小时；时间也是偏私，给任何人都不是二十四小时。——赫胥黎

♣ Life is not what one lived, but what one remembers and how one remembers it in order to recount it. ——《百年孤独》Gabriel Garcia Marquez

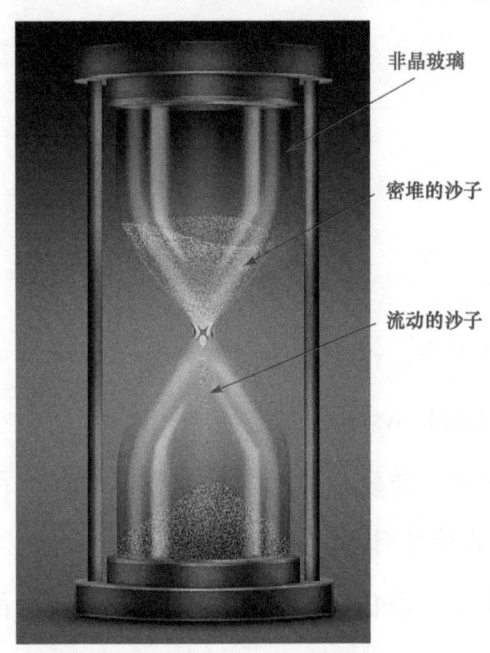

记录时间的沙漏：其组成部分木头、玻璃、沙子包括正在流动的沙子从时间域看都是非晶态

12.1 引　言

人类在远古时代也没有时间观念，他们信奉永恒、“无时间”的自然观，相信过去与现在以“无时间”的方式紧密相连。后来随着文明的进步，人类用日月周期与季节流逝来构建时间。如今，物理学家制造出了精确的锶原子光晶格钟，原子钟在宇宙年龄的时间尺度上的误差都小于一秒。但是时间究竟是什么？它始于何处，又流向何方？时间有没有起始，有没有终结？过去和现在意味着什么？时间的本质是什么？时间是个概念还是具有物质性？时间和物质的关系？这些终极问题自文明伊始，始终困扰着人类，引无数先哲为之绞尽脑汁。虽然人类一直在探索和理解时间，但是时间始终是科学和哲学关注的中心问题。对哲学家而言，在人类存在的最基本意义上，时间是认识论的中心问题；对科学家而言，时间是认识世界的关键维度；对普通人而言，在悠远绵长的时间面前，一切似乎都失去意义。

时间也是现实世界存在的基本维度。伽利略首先把时间结合到物理学概念体系之中，标志着近代科学的起源。当今科学和文化方面正在进行的深远革命，其部分内容之一就是重新审视时间的本质。我们都知道对一个问题，一个人，一种物质，一个国家，甚至一个物种用不同的时间尺度来看，得出的结论是不一样的。时间这个概念，很平常也很深奥伟大，时间能改变很多问题，能淡化很多问题，也能解决很多问题。2012 年，Frank Wilczek 把晶体的概念推广到了时间维度，提出量子时间晶体概念[1]。Wilczek 用量子力学中的路径积分方法揭示了温度与时间这两个重要的基本物理概念之间的深刻联系：一个温度为 $T=1/\beta$的量子系综的配分函数在形式上等价于一个量子动力学系统在(欧几里得空间)虚时间$\tau\in[0,\beta]$上的传播子。通俗地说：时间和历史都是有温度的。

所有的物质和精神世界都以时间和空间为基础。现实世界处于物理的时空，甚至在精神世界，如文学和艺术世界，也有其时间和空间。非晶物质同样也处在物理的时间和空间中。那么对于非晶物质，如果从时间角度去认识，会是什么样子的呢？时间和非晶物质的关系如何？相对论诞生之后，时间成为现代科学的一个重要概念。但是，在非晶物质科学中，对非晶态和时间的关系研究得很少，在非晶物质科学中似乎还没有“时间”的位置，非晶物质本身是和时间密切相关的非平衡亚稳态，尽管非晶物质类似生命，一旦生成就随时间衰变，非晶物质科学中的很多公式、规律、现象、性能，甚至非晶物质的形成都和时间密切相关。

在整个宇宙中，能量和物质的相互作用带来了规则的结构和序，无论是星系、恒星、流体中的漩涡、动物和植物，还是晶体材料都是如此。其中生物是迄今所了解的最复杂、最有序的系统。自然选择是一种被称为“自组织”的高度复杂的物理过程，自组织是一种至今仍不为人认识和理解的方式，通过这种方式，能量与物质相结合生成秩序[2]。序的形成和维持需要能量，序本身会随时间演化和衰变，表征无序的熵会朝着增大方向自发演化，即系统会趋向无序，演化和时间相关，并由时间主导。第二定律可以解读为“熵总是增加”，即熵增大定律，也可理解为所有自然进程都会有衰退、失序的普遍趋势，失序的趋势也产生、标定了时间。

结构无序和动力学复杂是非晶物质的主要特征，非晶物质形成是远离非平衡态下，时空上物质在能量、结构和序方面的再组织过程，具有随机性、复杂性、高熵、非线性和时效性，是和空间域、能量域以及时间域都相关的物质态。如图 12.1 所示，晶态物质，主要涉及空间域，和空间域相关的因素如结构、缺陷、对称性等决定晶态的物理、化学及力学性能。而对于非晶物质，由于其无序和亚稳特性，其结构、特征和性能与时间密切相关，即非晶物质的结构、性能随着时间不停地在变化，其变化的时间尺度从超快的阿秒(10^{-19} s)到超慢的年时间尺度。因此，从时间域研究非晶物质非常必要，其实非晶物质的故事也是时间的故事。

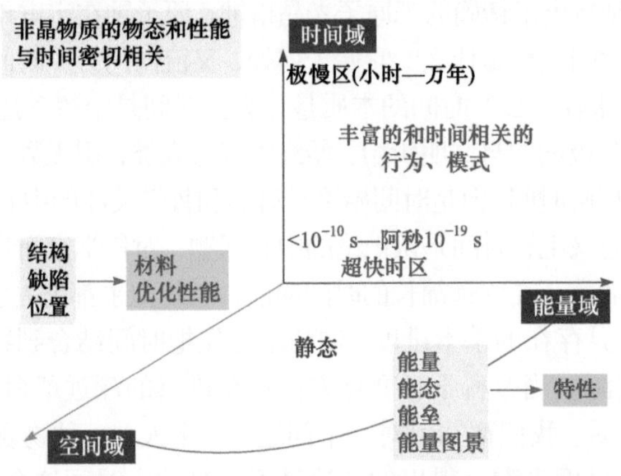

图 12.1 非晶物质在时间域以及空间域和能量域

史学家布劳得把时间分为 3 个尺度：地质时间尺度，其事件发生在千万年的过程中；社会时间尺度，其事件在几百年的时间尺度中进行；个人时间尺度，其事件是在年的时间中进行。对于非晶物质，其时间尺度也可以大致分成三段：液态时间尺度，即 10^{-19} s 到小于秒的范围；玻璃转变附近时间尺度，即分钟的时间尺度；超长时间尺度，时间从小时到年的时间尺度。有些非晶物质非常稳定，比如月球上的玻璃存在了十几亿年，保存了月球上远古的重要信息，类似月球上的天然照相机、近乎永久的天然容器和时钟，非晶物质可谓是面对时间的强者。非晶物质的超大的时间跨尺度也是研究认识它的挑战。

时间是认识和描述非晶物质的基本物理量之一。非晶物质即使在同一温度和压力下，其性能、能量状态、结构都会随时间变化。实际上，很多关于非晶物质的模型、规律和理论都和时间相关，如非晶物质黏滞系数(流动性)、形变、弛豫行为、力学行为、时效和回复、稳定性、弹性模量等性质的演化过程和规律都和时间有关。因此，研究非晶物质在时间上的挑战一方面是我们看到的很多现象，其实只是非晶物质的一个快照，只是其瞬时的状态；另一方面，非晶物质中的很多过程和现象，比如结构弛豫或时效，极其缓慢，其运动过程远比人的指甲生长速度还慢很多，超出人的实验室观察时间尺度。据说观察研究一个生物体演化的最好对象是果蝇，很多诺贝尔生理学或医学奖都和果蝇研究有关，因为果蝇的生命周期相对观察者人的时间尺度很短，对于人来说，果蝇能快速呈现一个生物体从出生、生长、繁殖到死亡的过程(成虫果蝇在 25℃下一般存活 37 天，即生命周期约 1 个月)。可以快速地呈现一个生物从生到死的过程，其生命演化各种精彩、复杂的片段都压缩在一个非常短的时间内。相对果蝇，人的寿命很长，但是相对非晶物质的演化，人的寿命太短，非晶物质时间尺度太长，人们难以久等去观察、欣赏、研究非晶物质的很多演化过程。因此，目前对非晶物质和时间的关系及其本质、非晶性能随时间的衰变规律了解甚少。很多关于非晶物质本质的理论和模型的真伪，也唯有让时间来判断。总之，非晶物质的表述需要一个观测者。观测者的这种时间相对性的作用，给非晶物质科学涂上了主观色彩，这也引起了很多的争论。

此外，很多非晶物质如玻璃自带计时功能，类似同位素。从玻璃形成那一刻起，它就按照一定规律随时间衰减，从不停止。很多行星地质事件和演化如火山爆发、小行星撞击、板块运动、太空风化等都会伴随玻璃物质的产生，玻璃物质在地球各地质年代，在各类行星上普遍、大量存在，所以，非晶玻璃物质可以用来评估行星和地质的年代，以及发生在行星上的重要地质事件的年代。

本章试图从时间的角度，在时间域来介绍常规物质第四态非晶态物质。类似生物研究(观察一个生物体演化的时间尺度也比较大)选择生命周期很短的模型生物体系果蝇，非晶物质科学领域也选取一些模型体系，采用独特的方法，来缩减或加速非晶物质演化和熵/序演化过程，考察非晶物质性能和特征随时间的演化、玻璃转变、衰老和回复以及它们的规律，考察不同时间尺度特别是超慢时间尺度和相对论时间尺度非晶物质的行为特征，探究非晶物质和时间的关系，汇总非晶物质和时间相关的公式、规律、性能等。并试图对非晶物质的时间相对性进行讨论、阐述和归纳总结。

12.2 时 间

什么是时间？时间的本质是什么？这是个古老、平常又是最深奥的科学问题[3]。李白说：“夫天地者，万物之逆旅也；光阴者，百代之过客也。”圣奥古斯丁在《忏悔录》中说：“何谓时间？如果无人发问，我自知晓；若开口解说，我却无言以对。”圣奥古斯丁的话表达了通常人们对时间的感觉。人类一直在思考时间的本质和意义(图 12.2 是人类设计的各种记录、研究时间的设备)。从古希腊的柏拉图、亚里士多德，中国古代的庄子、老子，到近代的牛顿、康德，再到现代的爱因斯坦、霍金，一代代哲人和科学家为认识、理解时间付出了卓绝的努力，进行了大量的头脑风暴，留下了丰硕的遗产和思考。柏拉图在《蒂迈欧篇》中认为：“时间作为天体运动的周期。”亚里士多德在其物理学第四卷中定义：“时间是相对于前后变化的次数。”

图 12.2 人类用于研究和思考时间的本质和意义的设备

时间是永恒的科学、哲学和艺术课题，是一个抽象的概念，是物质的运动、变化的持续性、顺序性的表现，是运动、变化的产物。图 12.3 表达了宇宙中的时间概念的深奥和神秘。但是要科学地给时间下定义很难。这是因为时间在我们的经历和思维方式中已经根深蒂固。时间将我们拥有的“现在”和以前拥有的“现在”联系起来；时间也关乎未来，以及我们如何将它与过去和现在的经历联系起来，我们身在其中。时间也深深、自然地嵌入在物理的定义中。百科全书是这样定义物理学的：物理学是一门自然科学，它涉及对物质及其在空间和时间中的运动和行为的研究。实际上，物理学的基本工作是利用过去来理解未来。因此，没有时间，物理学就没有意义。

图 12.3　宇宙中的时间

时间概念包含时刻和时段两个概念。时间是人类用以描述物质运动过程或事件发生过程的一个参数，确定时间，是靠不受外界影响的物质周期变化的规律。例如月球绕地球周期、地球绕太阳周期、地球自转周期、原子振荡周期等。时间是地球(其他天体理论上也可以)上的所有其他物体(物质)三维运动(位移)、变化对人的感官影响形成的一种量。我们通常的感觉是时间在流逝，即过去是确定的，未来是不确定的，真实的现实就在当下，如图 12.4 所示。也有些物理学家认为时间及时间在流逝是一种错觉，时间是个虚无的概念，其实根本没有流动，是人在这个没有时间的世界依据物质的变化引入时间概念。我们意识涉及的时间或者时间流逝也许是热力学或量子力学过程，这些过程给人提供了每时每刻的生活印象，如图 12.5 所示。牛顿曾给时间一个定义，他认为：“绝对的，真实的以及数学的时间，按其自身及其本性均匀地流逝，与任何外在事物无关；相对的、表观的以及普遍的时间是可感知的和外在的，是借助运动对任意延续的量度。”爱因斯坦对时间的认识最深刻。他曾说时间和空间是人们认知的一种错觉。他认为：“现在、过去和将来之间的差别只是一种错觉。”时间倒流或回到过去，其实是建立在一个不存在的逻辑基础上的。

否认时间流动并不是说过去和未来在物理上没有区别。自然界发生的事件构成了一种单向序列，因为自然中充满了不可逆的、由热力学第二定律主导的物理过程，这导致时间轴上过去和未来两个方向出现了明显的不对称，时间之矢指向未来，如图 12.5 所示。但是这种不可逆性不意味着时间之矢是“飞向”未来的。就像罗盘指向北方并不表示罗盘向北运动。这两种时间箭头指示的其实都是一种不对称性，而不是一种运动。我们是用“过去”、“现在”和“未来”指示时间的方向而不是运动。时间上的不对称性是这个客观世界的一种性质，而不是时间本身的性质。物理学中热力学第二定律的不可逆过程使得时间流动成了错觉。

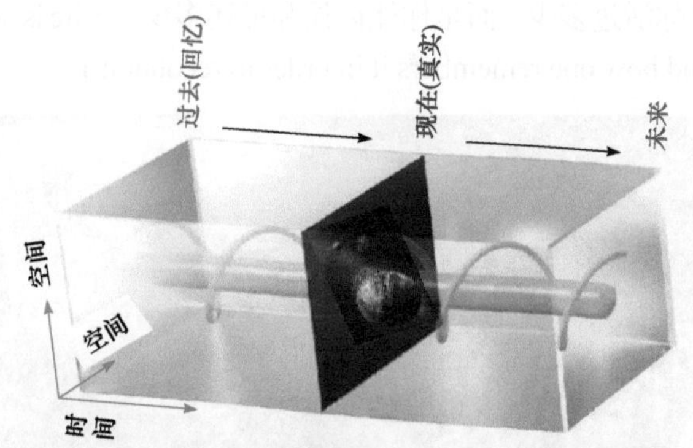

图 12.4　传统观念的时间及时间在流逝：只有现在才是真实

图 12.5　时间之矢：心理的时间之矢，热力学的时间之矢

时间是一个因素，因为时间标记。现在的时刻消失在过去，我们走向未来。如果把每一个瞬间都看作一张快照，如图 12.6 所示，你会发现每一个瞬间都是静止的，就像照片一样，现在和现实都嵌在时间流中。如果没有时间这样的概念，就没有变化，那么宇宙就会是那些无法改变或运动的冻结的快照之一。因为有了运动和变化，才有了时间，每时每刻都有许多新的事情发生。我们也是用某种周期的运动来标度和计算时间，如用地球的运动周期表示年和日，月球的运动表示月，钟表表示时间(图 12.7 是爱因斯坦用过的时钟)。可以说时间是运动的产物。这些组成时间流中的快照并不独立存在于我们的宇宙中，时间将快照以链的形式连接在一起，按特定的顺序连续地排列，类似于将不同的静止图像连接在一起，构建成电影

一样。或者时间安排下一个快照依赖于前一个快照，即宇宙中的每一刻都取决于它之前发生了什么。这就是与时间相关的因果关系。所以著名魔幻现实主义作家 Gabriel Garcia Marquez 说：“生命的真谛不是你活过多少，而是你能记住和描述多少。(Life is not what one lived，but what one remembers and how one remembers it in order to recount it.)”

图 12.6　时间是空间维度的快照，现在、现实嵌在时间流中

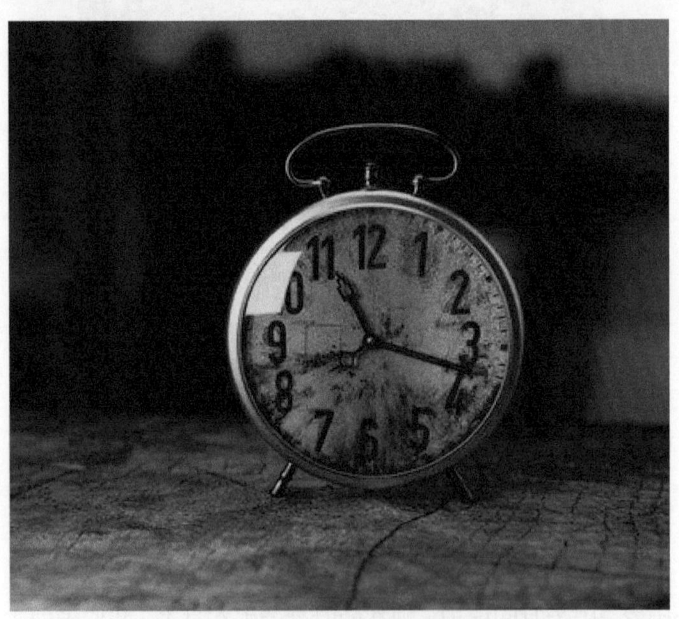

图 12.7　爱因斯坦的时钟

宇宙中的一切物质都是在不停运动和变化的，每时每刻都有许多各种各样的事件发生，各种各样的物体产生和消亡。时间的本质就是这些运动和变化的描述和记忆。时间概念以两种重要的方式把它们联系起来：一是时间将这些事件快照以链的形式连接在一起，按特定的顺序排列，并将这些快照像连接在一起，构建成历史；二是时间以一种因果关系的方式，安排这些快照或事件，即下一个快照联系于或者依赖于前一个快照。这意味着宇宙中的每一刻都取决于它之前发生了什么。例如，你不能一会儿坐在沙发上看电

视，一会儿又完成一次旅行。

爱因斯坦对事件的理解和认识最深刻，他提出相对论后，彻底颠覆了我们对时间和空间的观念。他提出时间不能独立于空间，必须和空间结合在一起形成所谓的空间-时间的客体；也不能把时间、空间、物质三者分开解释。现在时刻并不具备任何绝对而普遍的意义。“同时”也是相对的。在一个参考系下同时发生的两件事，但如果从另一个参考系观察，它们就可能发生在不同的时刻。我们通常用三个坐标去描述空间一个点的位置，一个事件是发生于某个特定时刻和空间位置的，能有四个坐标来标定这个事件，并且坐标系的选择是任意的。广义上讲，当一个点相对于某坐标系运动时，其运动所形成的直线或线段或曲线就是相对于该坐标系静止的点的时间。相对于某一个时间，静止的点开始运动，速度越快时间越慢，当速度与该时间中运动的点一样时，时间停止，速度超越该点时相当于正回到过去。世界上经历的一切都能被描述成事件的发生。时间“永远向前”，即时间的增量总是正数。在相对论中，时间和空间坐标没有真正的差别。时间与空间一起组成四维时空(图 12.8)，构成宇宙的基本结构。相对论认为，时间的流动是不真实的，但是时间本身却是和空间一样真实存在的。

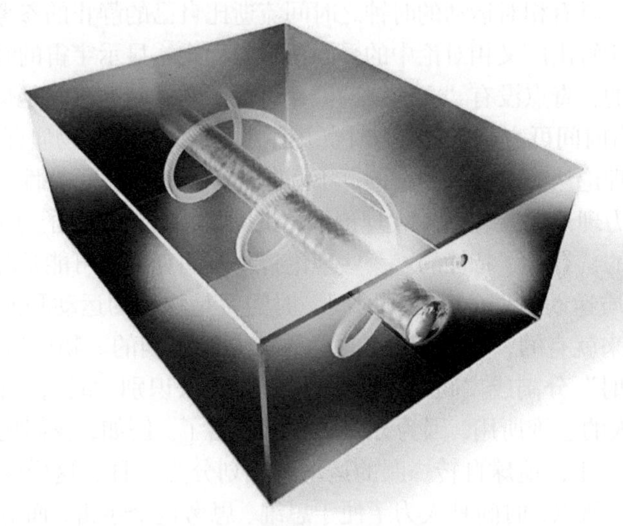

图 12.8　四维时空中的时间

所以，物理学认为时间是第四维度，时间与宇宙的另一个基本部分——空间，有着惊人的相似之处，两者都有可能是更大统一体的一部分。将我们穿越时间的旅程分割成静态快照的逻辑也可以应用于空间，比如将一个固体切片得到一个平面，将一个平面切片得到一条直线，将一条直线切片得到一个点。这使我们认识到时间和空间密切相关的可能性。事实上，现代物理学认为，就像空间一样，时间也可以被认为是我们可以移动的另一个维度。图 12.9 就是描述时空平面上的运动。物理学使用时空平面来更好地描述运动。在每一种运动中，时间都是一个基本的实体。如果我们把时间当作第四个维度，它在数学上就会变得更简单、更清晰。可以把时间和空间想象成苹果和橘子，都是水果，但是它们的味道不同。

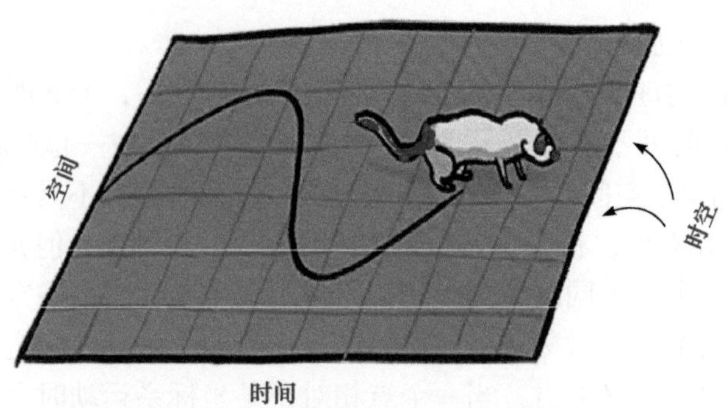

图 12.9 描述时空平面上的运动

根据相对论，时间与空间在测量上都不是绝对的，观察者在不同的相对速度或不同时空结构的测量点，所测量到的时间和空间都是不同的。广义相对论预测质量产生的重力场将造成扭曲的时空结构，并且在大质量(例如黑洞)附近的时钟的时间流逝比在距离大质量较远的地方的时钟的时间流逝要慢。现代物理实验已经证实了这些相对论关于时间所做精确的预测，并已经应用于全球定位系统。此外，狭义相对论中有“时间膨胀”效应，即在观察者看来，一个具有相对运动的时钟之时间流逝比自己的静止的参考系的时钟之时间流逝慢。根据霍金所解出广义相对论中的爱因斯坦方程式，显示宇宙的时间有一个起始点，是由大爆炸开始的，奇点没有“之前”一说，讨论在此之前的时间是毫无意义的，宇宙大爆炸“之前”没有时间可言。而物质与时空并存，只有能变化的物质存在，时间才有意义。

现代的物理理论认为时间是连续的、不间断的，也没有量子特性。也有一些未被证实的理论如量子重力理论、弦理论、M 理论等，试图将相对论与量子力学结合起来的理论，预言时间是间断的，有量子特性的。一些理论猜测普朗克时间可能是时间的最小单位。

人类根据物质运动来划分、区别时间。时间就是物质的运动和能量的传递过程的标度。时间不是本来就有的，宇宙中的“时”本来是没有间的。物质运动需要耗费“时”，但是如果不把“时”分割成“间”，我们的思维就无法识别“时”，只有把时分割成“时间”后，才能被人的思维所用，因为分割后可以命名了。例如，我们把地球绕太阳一周的运动过程划分为一年，地球自转一圈的运动过程划分为一日，这样的划分便于思维使用数字符号来计算。所以，时间是人为了便于思维、思考这个宇宙，而对物质运动进行的一种划分。间是人为的划分，怎么分都可以。

时间和物质一样是一种客观存在。时间的概念是人类认识、归纳、描述自然、运动和演化的结果。时间的概念随着认识的不断深入涵盖了一切有形与无形的运动，被用来描述一切运动过程的统一属性，涵盖了运动过程的连续状态和瞬时状态，其内涵得到了不断的丰富和完善。

时间和不可逆与熵、序，热力学第二定律紧密联系，为使时间倒流可逆，就必须违反热力学第二定律，让熵自动减少，物质自动变得有序，就必须克服无限大的熵垒。物理学还有一些另外的垒，如光速，它是信号传递速度的极限和垒；0K 是温度和运动能达到的极限。光速这个垒对和时间相关的因果关系很重要。

时间是物理学中的七个基本物理量(长度 m(米)，时间 s(秒)，质量 kg(千克)，热力学温度 K(开尔文)，电流单位 A(安培)，光强度 cd(坎德拉)，物质的量 mol(摩尔))之一。

对于生命体，时间可以用来表达生物体的生、长、死亡的序列。按照薛定谔的说法，生命是用大分子的有序来避免小分子的无序，因此，生命和序、熵关联，生命中伴随着序和熵及竞争的演化。因此生命和时间关联，生命有寿命，即有时间限制。非晶物质类似生命，是序、能量和熵竞争的产物，因此也和时间关联。对人类来说，时间是冷酷的魔鬼，它只让有故事(时间的产物)的人“活”下来。牛顿讲了运动的故事，爱因斯坦讲了时间和空间的故事，霍金讲了时间的历史，因此时间对他们很偏爱，让他们永远活在人的群体中。正如具体的某个、某种非晶物质会随时间衰亡，但是非晶物质及其特性会随宇宙永存。

时间不仅是整个宇宙的一部分，也是我们日常生活的一部分。如图 12.10 所示，我们或许不能定义和理解时间，但是我们能够深切地感受到它。物理学家们正努力解决这些让人头疼的时间特性。我们不能停止时间来研究它，我们也不能对同一事件进行重复的时间测量。但是，正如人类的好奇心所要求的那样，对知识的探索一直存在。但“时间是什么?”这个问题的研究远没有结束。时间还有许多令人惊讶的特性有待研究。这是个人类理解这个世界永恒的话题和课题。非晶物质是研究、认识时间的模型体系之一。

图 12.10 我们能感觉到现在

对非晶物质来说，时间是描述其运动、结构和性能的演化、时效、动力学规律、物理性能的重要物理参数。非晶物质的定义也是依赖于实验室时间尺度的，非晶和时间密切关联：玻璃转变过程和时间关联；非晶物质的形成和时间关联；非晶物质的稳定性、其他性能都和时间相关；非晶物质的动力学是时间的函数；正因为非晶物质和时间密切有关，甚至依赖于时间，即非晶物质可以表示为：glass(t)，所以非晶物质能够记忆过去，会衰变或者衰老(aging)，导致其性能的退化。地质上玻璃相中熵或序的演化还可以用来表征地质的年龄[4]。

研究非晶和时间的关系对深刻认识非晶物质本质，对非晶材料的性能调控、非晶材料的应用都具有重要和现实意义。

12.3 从时间域认识非晶物质

经典物理把物理世界描绘成可逆的、静态的。从时间域看非晶物质，其和时间相关的特点是随机性、非平衡、亚稳性、暂时性、时效性、记忆效应、稳定性、随时间演化的复杂性、不可逆性等。甚至非晶物质的定义也取决于时间尺度。非晶物质中粒子排列堆积的随机性，使得在描述其系统时必须要引入时间，才有可能有过去和未来的区别，才可能有不可逆性。因此，认识研究非晶物质要考虑时间、不可逆性、随机性这些要素，这会导致新的物质观。这也使得凝聚态物质不再是机械论中描述的那种被动的实体，而自发地与动力学(dynamics)联系起来，和熵、时间联系起来，这会带来深刻的变化。

首先，从时间域看，固体非晶物质和过冷液体是同样的，只是其动力学时间尺度不同而已。非晶物质实际上是一群在不断运动的原子或分子的强关联造成的密堆积。这些组成粒子在温度、压力下的平均运动时间尺度不同，每个组成粒子的时间尺度也不同。在非晶物质中，所有原子以一定时间尺度在变化和运动着(扩散或跳出笼子结构组成新笼子)。不同非晶物质，同一非晶物质在不同温度和压力下，以及同一非晶物质中的不同组成粒子在相同的条件下的运动规律及运动时间尺度是大不一样的。比如通常的过冷液态在室温下的平均弛豫时间大约是 1 s；室温下非晶玻璃的弛豫时间长达年的尺度。这些玻璃物质的组成粒子之所以有如此巨大的时间尺度，是因为它们具有不同微观相互作用的结果。但是，从时间域看，由不同的无序粒子组成、动力学时间尺度不同的凝聚态物质是同样的。图 12.11 形象地说明从时间域看非晶、软物质和液体都是一样的由粒子组成的无序体系，不同的只是动力学时间尺度。图中的玻璃杯(代表非晶固体)，杯中的水(代表典型液体)，还有水中生长的植物(代表软物质)用常规的眼光看是不同物态，但是从时间域看，它们都是微观无序体系，其组成粒子都在运动，都和时间相关，只是在于它们组成粒子运动的时间尺度差异巨大罢了。如果以万亿年为观察时间尺度，玻璃杯和植物也是和水一样在流动。如果用极短的时间尺度(和水中粒子的运动时间尺度相当)看，水中粒子也是不动的，水和玻璃、植物一样也都是固态。

图 12.11 从时间域看，照片中非晶玻璃花瓶、软物质(植物)和液体(水)都是一样的，只是时间尺度不一样而已

其次，从时间域看，非晶物质中组成粒子的时间尺度是不相同、不均匀的。如图 12.12 所示，非晶物质是由时间尺度不同的粒子组成的[5]，从而导致了其结构和动力学的不均匀性。结构和动力学的不均匀性决定了非晶物质的各种特性，因此，粒子时间尺度的不同是非晶物质形成各种特征和特性的原因之一。

此外，非晶物质的特性是时间、熵、温度、能量的函数。图 12.13 示意一个由 N 个原子组成的非晶系统在确定状态下的平均弛豫时间 τ 的意义，该非晶体系每个原子的弛豫时间(原子的活动能力)为 t_i，(i = 1→N)，非晶物质平均弛豫时间 τ 是每个粒子弛豫时间的平均：$\tau = \sum_1^N t_i / N$ 。可以用本征弛豫时间 τ 来表征非晶物质：非晶态≡τ，即可以用弛豫时间参量表征非晶态。图 12.14 就是用 τ 代表的非晶态随温度(或者压力)的演化，即 $\tau(T)$ 的曲线。实际上，非晶体系弛豫时间随温度(在很宽的温度范围内)满足经验公式：$\tau = \tau_0 \exp[\Delta E(T)/RT]$。在材料学家的眼里，随着温度的降低，液态变得越来越黏稠，最后变成固态非晶。在物理学家的眼里，这种转变是体系的本征弛豫时间随温度的演化：从液态短时间尺度到低温下非晶态巨大的时间尺度，其过程如图 12.14 所示，该图给出非晶物质在不同状态、主要温度转变点的时间尺度。即非晶物质可以用时间来表征。

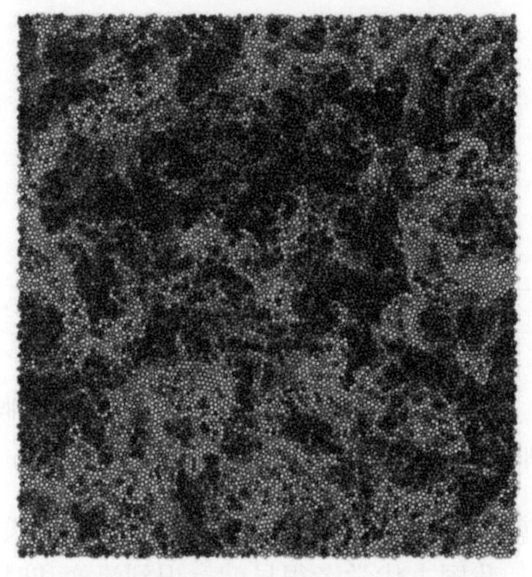

图 12.12　非晶物质中粒子的动力学不均匀性，即粒子时间尺度不均匀性的分布，颜色代表时间尺度的不同[5]

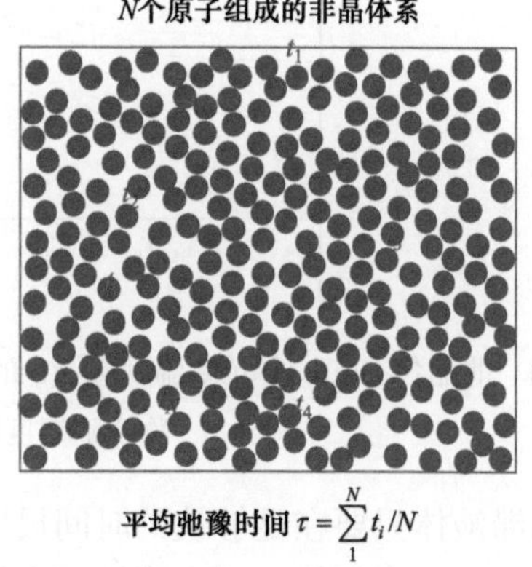

图 12.13　图示一个由 N 个原子组成的非晶系统在确定状态下的平均弛豫时间 τ 的意义，t_i 是第 i 个粒子的弛豫时间

固体和液体流变的区别可以用一个无量纲数 D，即 Deborah 数来表征：$D = \tau/t_0$，这里 τ 是体系的本征弛豫时间，t_0 是观察时间。如果观察时间足够长，或者被观察的体系弛豫时间非常小，就会看到这个物体是在流动，即是液态。相反，如果一个体系的 τ 远大于观察时间，就很难直观感觉到该物体的流动，这个体系就是固体。所以一个体系是非晶固态还是液体是和时间尺度相对的，取决于观察时间，取决于我们的观察时间尺度。自然界中有很多非晶态体系既像固体也像液体即软物质的例子。用弹性模型的思想来说就是：在足够短的时间尺度或者高频条件下黏滞液体可以被看成是“流动的固体”，或者说

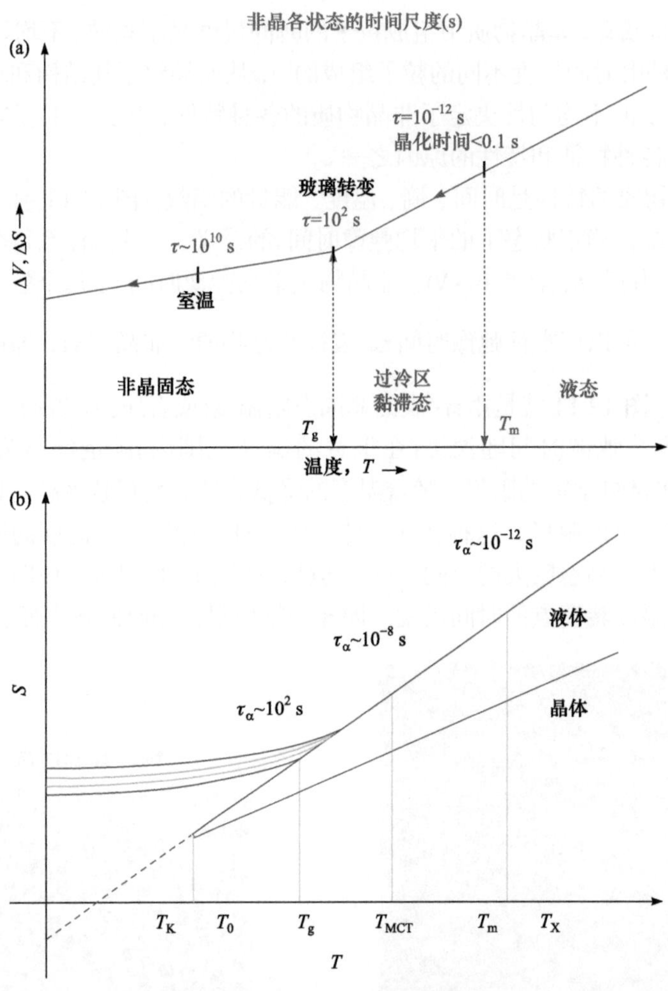

图 12.14　非晶各态(a)，各转变温度点[5](b)的时间尺度。非晶态和时间、温度、能量的关联，以及非晶物质随温度的演化，即τ随温度的演化

任何黏滞液体只要在足够快的时间尺度去探测就会有类似固体的特征。如果用足够长的时间去观测一个固体，这个固体都会发生流变。我国古代学者很早就意识到流变和时间的相对性。正如苏轼在《前赤壁赋》写道："盖将自其变者而观之，则天地曾不能以一瞬；自其不变者而观之，则物与我皆无尽也。"

软物质之父，诺贝尔奖获得者 de Gennes 曾指出，我们对于颗粒这种耗散的非平衡态体系每一件事都尚待理解，整体认知水平就如同 20 世纪 30 年代我们对固体物理的了解一样。像沙子之类的所谓颗粒物质(granular materials)可谓无所不在。在常规时间尺度，沙子既像固体，在没有外界干扰的时候能保持静态，形成沙丘之类的景观；沙子也像液体，在外力作用下能够流动，可以用做沙漏记录时间(见图 12.15，沙漏代表时间流逝)。沙子体系是个和时间相关的非平衡态的多体耗散系统。如果从时间域看，沙子也是非晶态物质。

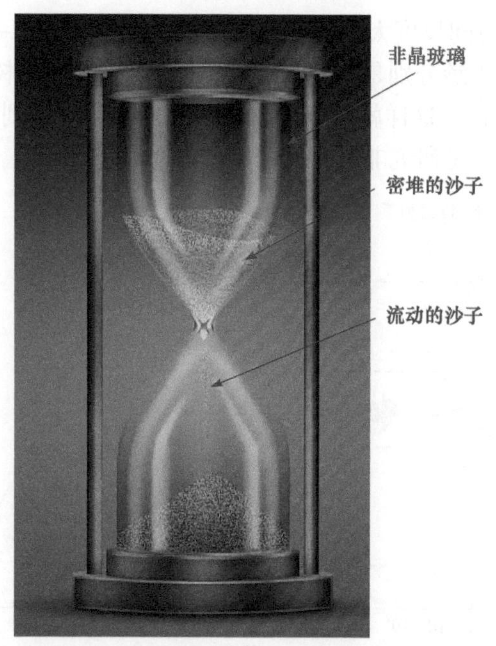

图 12.15　记录时间的沙漏。固定的沙子和正在流动的沙子从时间域看都是非晶态

对于很多非晶体系，它们在高温下短时间内对应力的响应也可以在低温长时间条件下观察到，这就是所谓的“时温等效”原理[6]。非晶体系的状态是温度 T 和时间 t 的函数。

基尔霍夫在 *On the goal of the natural science* 书中说：科学的最终目的是把一切现象归结为运动。科学帮助我们去组织经验，它导致一种思想的节省、节俭。而运动本身是和时间密切相关的。引入时间，可以把非晶物质研究简化，把更多类似的无序体系纳入非晶体系，这便于以后发展普适的非晶体系研究理论和范式。

从时间域看，非晶的形成或者玻璃转变的定义和时间有关。通常，玻璃转变定义为：如果在实验室时间尺度，组成体系粒子的运动观察不到了，这时就认为体系发生了玻璃转变，从液体转变成非晶态。即玻璃转变温度 T_g 是时间的函数 $T_g(t)$，或者说玻璃转变取决于观察时间。时间是除了温度和应力以外影响玻璃转变的第三个因素。

对于一个体系的玻璃转变，既可在较高的温度下、较短的时间内发生，也可以在较低的温度下、较长时间内发生。因此，升高温度与延长时间对于玻璃转变、α弛豫以及材料黏弹性都是等效的。即非晶物质的时间-温度等效(time-temperature superposition，TTS)原理[7]。因此，根据该原理，对于状态是温度 T 和时间 t 的函数的非晶体系，有两种方法可以实现对其的研究观察(图 12.16)：一种方法是可以在特定温度下观察非晶物质的长期表现，因为非晶态时间尺度很长，这要耗费大量的时间，有时甚至无法实现；另一种方法是利用时间和温度的等效性，在不同温度下观察相同的时间从而获得更宽时间范围内非晶物质的属性。通过把在不同温度下获得的较窄时间或频率范围内的曲线叠加到某个参考温度下的曲线上，这样就得到了系统在该参考温度下的主曲线，从而可以对非晶系统在很长的时间尺度内的行为做出预测。举个例子说明这个方法：比如要研究一棵树一百年的生长，我们可以从这棵树种子发芽开始观察研究，到几十年后长成大树，到百年后死亡。这种方法研究的时间尺度太长，超过人的时间尺度，人的一生甚至无法实现；一种等效的方法是用 100 棵年龄分别是 1 岁，2 岁，…，99，100 岁的树，同时观察研究这 100 棵树的 1 年时间内的生长，这样就可以在 1 年时间内研究观察到这类树的一生的演化。因此时间和温度等效原理是研究非晶物质的重要思想和方法。

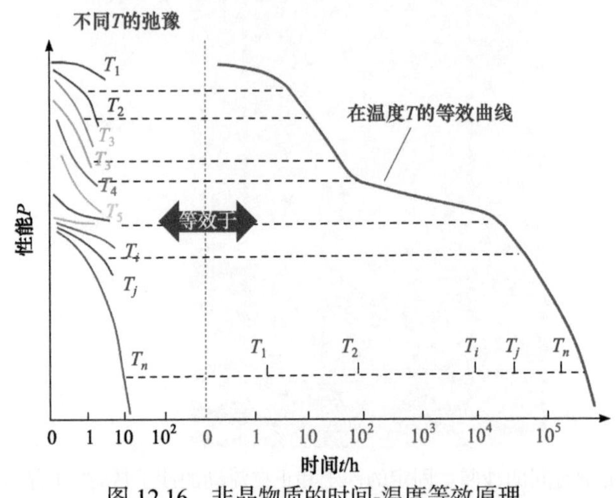

图 12.16 非晶物质的时间-温度等效原理

关于非晶物质中玻璃转变与观察时间关联性的实验研究还非常少，这主要是因为非晶体系具有非常高的流动势垒，只有在高温下才能在短时间内观察到均匀流动现象，或者玻璃转变现象。所以玻璃转变与观察时间关联性的实验往往引人注目。例如，澳大利亚昆士兰大学 Parnell 教授从 1927 年开始进行了一项实验，他将一些黏度在 2×10^8 Pa · s 的黏稠沥青放入一个下端带口的漏斗，然后观察沥青的流动，实验发现需要经过大约 10 年的时间才会有一滴沥青滴下[8](实验见图 12.17)。由于每个液滴掉落的时间太长，具有很大的随机性，如果能亲眼见证一次，就好比被大奖砸中一般。2000 年 11 月第 8 颗滴落的时候，相机竟然坏了。2014 年，由于更换容器，无意碰断了第 9 颗液滴。第 10 颗，预计在 2020 到 2030 间滴落。截至目前，实验还在进行，已经进行了 92 年。可见这样的长时间实验之难！焦耳观察温度计玻璃管的弛豫随时间的变化用了 38 年，都是少有的非晶物质随时间演化研究的实验范例。如何研究超长时间尺度下非晶物质的演化、运动规律，在实验、理论和意志上都是一个挑战。

对于黏度更大的非晶合金，硅化物玻璃体系，想观察到其室温下的流动则需要更长的时间或更精密的设备，而这一时间尺度远超过了我们能够接受的实验观察时间。例如，室温下对流动单元激活能为 1.3 eV 的 Zr 基非晶合金以 80%屈服强度的应力进行单轴保压试验，经过 5 h 的保压，样品只发生了区区 0.2‰的不可逆均匀流动变形[9]。所以要研究非晶合金中的玻璃转变和时间的关系，可行的途径是利用时间-温度等效原理，降低 T_g(或玻璃转变激活能)，或者提高温度来进行。如图 12.18 所示，通过研制 T_g 很低(接近室温)的 Sr 基非晶合金，该非晶合金可以在室温附近发生温度或者应力导致的玻璃转变或均匀流变。因此利用该模型体系可以研究非晶合金在室温附近的流变行为、玻璃转变随时间的演化[10-11]。

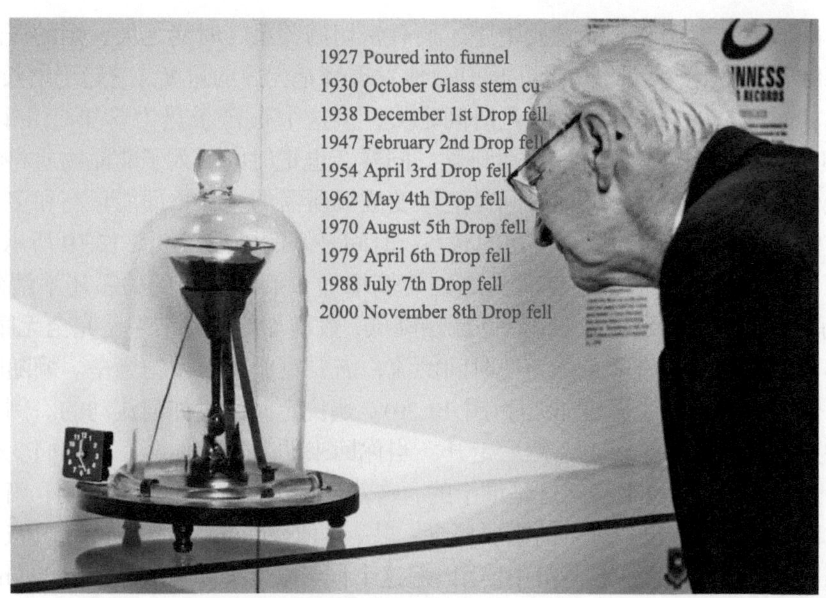

图 12.17　澳大利亚昆士兰大学 Parnell 教授的沥青滴漏实验及装置，目的是研究非晶物质流变和时间的关系

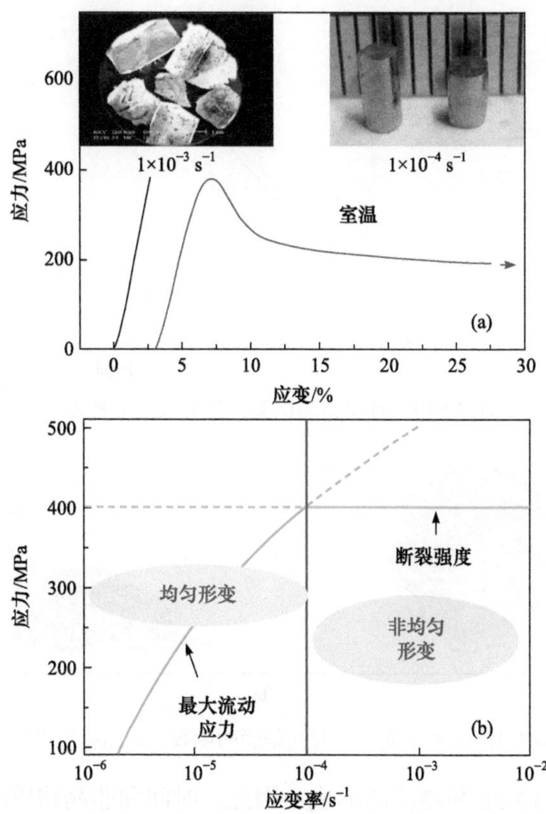

图 12.18　Sr 基非晶合金 T_g 接近室温，可以在室温附近均匀流变，是研究非晶物质玻璃转变随时间演化的模型体系[11]

从时间域看，时间和非晶物质中序或熵有密切的关系。时间之矢、熵的概念可以追溯到路德维希 · 玻尔兹曼(1870 年)的时代，他发现熵是无序的量度，它趋于增长。玻尔兹曼曾提出，时间是由熵引起的。熵是时间之矢，熵这个来自于热力学第二定律的物理量，把演化、时间引入物理学和生命科学，同样，也把时间引入了非晶物质科学。熵是能量完全消失后的一种状态，而时间是能量变成熵所需的过程，即能量高和多，其变成熵的时间就会长些。时间和熵有密切的联系，时间是熵的函数，如图 12.19 所示。但是我们不能区分是熵使时间流动还是时间之矢使熵增加，熵和时间的关系还不清楚。如图 12.20 所示，熵增加，导致序减弱，状态能量降低，熵增加的最终结果是完全无序和均匀。时间的不可逆性和熵紧密联系，为使时间倒流，需要克服无限大的熵垒。熵随时间增加而增加，使事物或物质变得更加无序(图 12.20)。熵决定时间是如何流动的。例如，如果你把文件整齐地堆放在桌子上，然后走开，当你回来的时候，你会发现它们变得乱七八糟，这时你不必惊讶，也不必问这是谁干的，这就是熵，宇宙中的基本法则！熵和时间一样，都是看似平常，却很难理解的重要概念。冯 · 诺依曼(John von Neumann)说过："没人知道熵到底是什么，如果你在争辩中使用'熵'这个词，你每次都会赢。(nobody knows what entropy really is，and if you use the word 'entropy' in an argument，you will win every time.)"

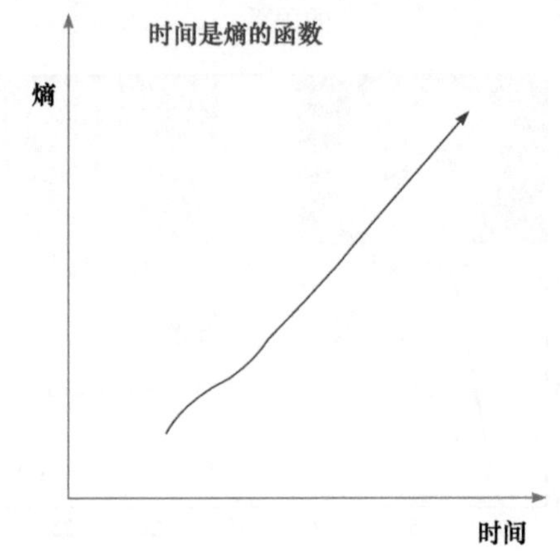

图 12.19 时间和熵相关，其关系是个难题

图 12.20 熵增加的最终结果是无序，时间是熵的函数，非晶物质也是时间和熵的函数

能量和熵的竞争导致非晶物质的形成，因此，时间和非晶物质的序或熵应该有密切的关系。非晶物质是序的函数，因此也是时间和熵的函数，熵因此是描述非晶物质的有效物理量。经验发现，一个非晶体系的本征弛豫时间 τ 随温度的变化与体系的构型熵有关

联关系，即著名的 Adam-Gibbs 公式：

$$\tau = \tau_0 \exp[C/TS_c(T)] \tag{12.1}$$

式中，$S_c(T)$是非晶的构型熵。这个公式不仅把热力学、动力学、构型联系起来，也把时间和熵及序联系起来。构型熵 S_c 增大，导致非晶平均本征弛豫时间增大，或者一个体系越无序，其本征弛豫时间会更大。所以，通过非晶物质中熵和序的演化，可以表征时间。例如，根据陨石玻璃中有序晶化相的多少，可以估算陨石的年龄。很多星球上如月球、火星上都有上亿年的非晶玻璃，可以根据测量其熵变估算该行星的地质年龄。

根据 Adam-Gibbs 公式，通过调控 S_c 也可以调控本征弛豫时间，从而就可以调控非晶材料的性能。实际上，如本书前面所论述，非晶物质也是熵或者序调控得到的材料，通过熵的调控可以调控非晶的力学、物理性能，以及稳定性。

从时间域看，非晶体系的时间跨度最大，时间又是表征非晶体系的敏感参数。图 12.21 是一个体系从液态到非晶态的时间尺度变化和结构变化的比较。可以看出，从液态到非晶态，直到理想非晶态，其结构的变化很小，而其动力学时间尺度的变化从 10^{-15}～10^{10} s，有 20 多个量级的变化。可见非晶化过程以及非晶物质的性能、特征，相对时间和动力学远比其结构敏感。时间、动力学是描述非晶体系的最佳方式之一。

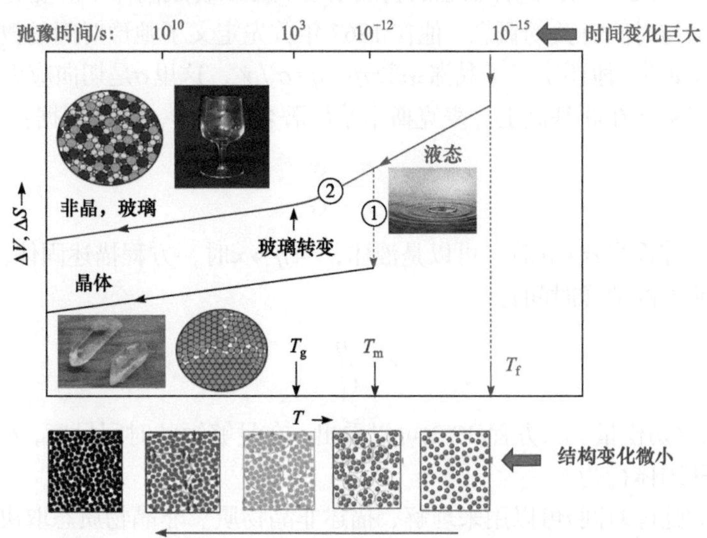

图 12.21　一个体系从液态到非晶态的时间尺度变化和结构变化的比较

从时间域看，非晶物质是已知最稳定的物质之一。非晶玻璃可以记录久远的历史和时间。非晶玻璃、琥珀是时间和地质历史的最佳记录簿。古生物、古气候和环境可以被非晶物质(如琥珀，硅化物玻璃)冰封于时间之河，使得亿万年后我们仍然能得以了解。非晶体系随时间的演化需要克服能垒ΔE，$\tau = \tau_0 \exp(\Delta E/k_B T)$。如果一种非晶态物质具有足够高的势垒，其稳定性会很高，其随时间演化的时间尺度就会超长，如非晶硅化物玻璃、琥珀等非晶物质可以在大自然严酷的环境下稳定存在亿万年。薛定谔在《生命是什么》书中指出：生命的信息载体 DNA 是非晶态物质。生命也是靠无序、稳定物质 DNA，保留、遗传和进化了生命的信息，非晶信息载体 DNA 一代一代和时间抗争，使得生命得以延续，生命的相关信息得以保存。月球尘土中的非晶玻璃是月球几十亿年前火山活跃期形成的。这些 30 亿年前的非晶玻璃是人类知道的最稳定、最古老的物质之一。因此，可以说非晶物质是时间面前的强者！

12.4 非晶物质和时间的关系

本节具体总结非晶物质定义、形成、转变、演化、动力学、稳定性、性能等和时间的关系。

12.4.1 非晶物质定义和时间的关系

从非晶物质定义来说，非晶态是液态的流动，因某种原因(如急冷、高压)变得极其困难，其原子、分子的运动在实验室时间尺度上被禁锢了，即在实验室尺度观察不到其粒子的运动了。因此非晶物质的定义和时间是密切关联的，而且这个时间尺度是相对的[12]。非晶态的一个广泛接受的定义是在 T_g 温度点的黏滞系数的量级是 10^{12} Pa · s[13]，包含时间量纲。在这个黏滞系数的量级，即 $T_g(10^{12}$ Pa · s)，物质从一个容器中流出来的时间尺度 t 大约是 10^9 s(约 30 年)，这种状态的物质基本上可以看成固体了。麦克斯韦最早提出了应力应变关系与时间有关的概念，他在 1867 年首先定义了弛豫时间的概念，也称为麦克斯韦弛豫时间 τ[14]。他还定义了黏滞系数 η：$\eta=\sigma/\dot{\gamma}$，这里 σ 是切向应力，$\dot{\gamma}$ 是和时间相关的剪切应变率。在此基础上，麦克斯韦给出著名的固体、液体判据：

$$\dot{\gamma}=\frac{\sigma}{\eta}+\frac{\dot{\sigma}}{G} \tag{12.2}$$

可以看出该方程当 $\dot{\sigma}=0$ 时，可以是液体，当 $\eta\to\infty$ 时，方程描述固体。从方程(12.2)可以推出麦克斯韦的弛豫时间 τ:

$$\tau=\frac{\eta}{G_\infty} \tag{12.3}$$

式中 G_∞ 是瞬态剪切模量。从方程(12.2)可以看出，在足够短的时间尺度，$t<\tau$，任何液体都表现出弹性和固体行为。

麦克斯韦的弛豫时间 τ 可以用来理解、描述非晶物质。非晶物质态取决于观察时间 t 和麦克斯韦弛豫时间 τ 的比较。对于一个体系，$t<\tau$，就是非晶态，非晶物质的定义取决于时间尺度，如图 12.22 所示，两个观察者的时间尺度不一样，对同一条件下的非晶体系的认定也不一样。所以，非晶物质与液体的区别可以用一个称为 Deborah number 的无量纲量 D 来界定[15]：

$$D=\tau/t_0 \tag{12.4}$$

式中，τ 为弛豫时间，t_0 为观察时间。对于一个非晶体系，当 $D\gg 1$ 时，对于我们来说就是非晶态的固体。反之，当 $D\ll 1$ 时，它就是具有流动性的液体。

总之，非晶物质的定义具有时间相对性。这是非晶物质动力学特征所导致的时间相关性。

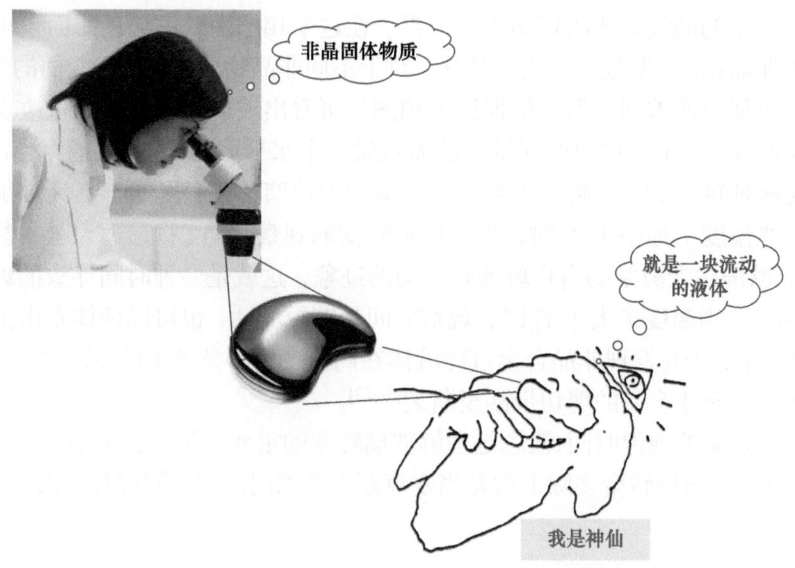

图 12.22　观察者时间尺度不同，非晶物质的定义和 T_g 不同

12.4.2　时间和玻璃转变的关系

玻璃转变是特定时间尺度下原子平动自由度的冻结过程 (动力学骤停过程)，运动是和时间相关的，因此玻璃转变和时间相关。这表现在其特征玻璃转变温度 T_g 和时间有关，即 $T_g = T_g(t)$。图 12.23 是玻璃转变和温度、应力、时间的相图，实验表明玻璃转变不仅与应力和温度有关[16-20]，时间因素等价于应力与温度，也是影响玻璃转变的重要参数。因此，不仅存在由温度和应力时间决定的玻璃转变点 T_g 和 P_g，也存在由时间决定的玻璃转变点 t_g。图 12.23 实际上是一个包含观察时间、温度和应力三个参量的 3D 玻璃转变相图

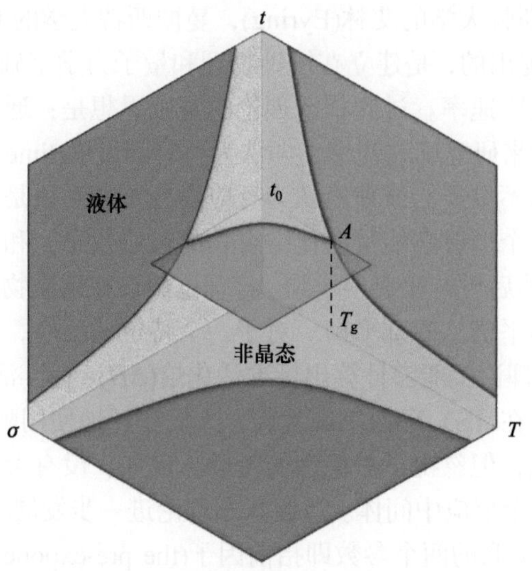

图 12.23　包含观察时间、温度和应力三个参量的 3D 玻璃转变相图的示意图。深色曲面包围、靠近原点的区域代表非晶区，其他部分为液体区[17]

的示意图。图中的曲线形式决定相图的边界。在这个相图中，由深色曲面包围靠近原点的区域代表非晶相区，其他部分为液体区。对于不同非晶物质体系，相变面的形状、数值等具体细节可能有所差别。但是根据这个相图，可看出玻璃转变可以通过改变温度、外加应力甚至时间来实现。通过时间轴上的 t_0 点做一个水平截面，t_0 代表通常情况下 100～1000 s 的观察时间尺度[13]，则 A 点对应的温度即为玻璃转变温度 T_g。在无外加应力作用的情况下，当温度 T 远小于 T_g 时，发生玻璃转变的观察时间 t 将远远大于 t_0 甚至趋近于无穷(例如，欧洲古老教堂的窗户玻璃有流动的迹象，这就是一种时间导致的玻璃到液体的转变)。另外，当温度 T 大于 T_g 时，观察时间足够短的话，也可以使体系由液态转变为非晶态。事实上，研究发现非晶合金过冷液体在高应变速率条件下(等效于短时间尺度)也会产生在固体状态才会有的剪切带甚至断裂[21-22]。

麦克斯韦定义的弛豫时间 τ 概念是理解玻璃转变的重要参量。在玻璃转变 T_g 附近，τ 为 100～1000 s。玻璃转变实际上就是当麦克斯韦弛豫时间 τ 和冷却时间 dT/dt 相当的时候，即：

$$\left|\frac{\mathrm{d}\ln T}{\mathrm{d}t}\right|_{T_g} \sim \frac{1}{\tau(T_g)} \tag{12.5}$$

这时，体系就被认为已经被凝固冻结成非晶态，类似两个速度相同并行的列车上的乘客感觉不到对方的运动一样。这个公式表明玻璃转变发生在某个温度，在此温度下，液态在实验室尺度内任何一个平动自由度都不能达到平衡态。玻璃转变之后，从实验室尺度看，绝大部分组成粒子的运动(振动除外)都停止了。所以这时体系变成固态。

和时间相关的、解释和描述玻璃转变的理论模型有：弹性模型[12,23-24]和过渡状态理论(transition state theory，TST)[25]。弹性模型在第 8 章介绍过，即非晶物质的玻璃转变可以用弹性模量来描述，而非晶物质的弹性模量是和时间相关的，这里不再赘述。过渡状态理论是 1935 年由普林斯顿大学的艾林(Eyring)，曼彻斯特大学的 Meredith Gwynne Evans 和波拉尼(Polany)同时提出的，是建立在统计物理和量子力学基础上的模型。该模型用于解释基元化学反应的反应速率。过渡状态理论的基础思想是：通过研究建立在势能平面上的马鞍点处的化合物来研究反应速率，即认为：时间尺度(time scale) ≈ ΔE^*(能垒)，而该化合物形成的细节并不重要。该理论认为反应物分子并不只是通过简单碰撞直接形成产物，而是必须经过一个形成高能量活化络合物的过渡状态，和达到这个过渡状态所需要的活化能(激活能)，然后再转化成生成物。该理论假设在反应物和活化的过渡态化合物之间有一种特殊的化学平衡，即准平衡。对于一个特定的反应，如果用经验的方法可以测定速率常数的话，该理论就能够计算出标准活化焓(ΔH)，标准活化熵(ΔS)，以及标准活化吉布斯自由能(ΔG)。在 TST 理论出现之前，人们广泛地使用阿伦尼乌斯(Arrhenius)定律确定反应能垒的能量，但忽视了对机理的考虑。比如，没有考虑到从反应物到产物的转化是涉及一个还是几个反应中间体。过渡状态理论进一步发展了 Arrhenius 定律，给出了和 Arrhenius 定律相关联的两个参数即指前因子(the pre-exponential factor)(A)和活化能(E_A)的合理解释。TST 理论也符合我们的生活常识：越是困难的事情，其解决的势垒越大，需要的时间越长；同样，再难的事情，只要等待足够长的时间，都能解决。

过渡状态理论可用于描述非晶物质中和时间关联的玻璃转变、局域流变、稳定性以及弛豫等现象[26-28]。该理论还可以研究一个体系原子迁移、断键的时间演化过程。图 12.24 是能量势图中非晶物质元激发过程(弛豫或流变)和等待时间 t 的关系。图中公式 $\Delta t=\left[\nu\cdot\exp\left(-\frac{E_A}{k_B T}\right)\right]^{-1}$ 是根据过渡态模型得到的非晶物质在两个势井之间跃迁的等待时间，及时间和激活能 E_A 的关系[28]。即由过渡态模型可以得到发生玻璃转变的时间和能垒的关系：

$$\text{时间尺度(time scale)} \leftrightarrow \text{能垒}(\Delta E^*) \tag{12.6}$$

即玻璃转变能垒越高，其发生所需要的时间越长。

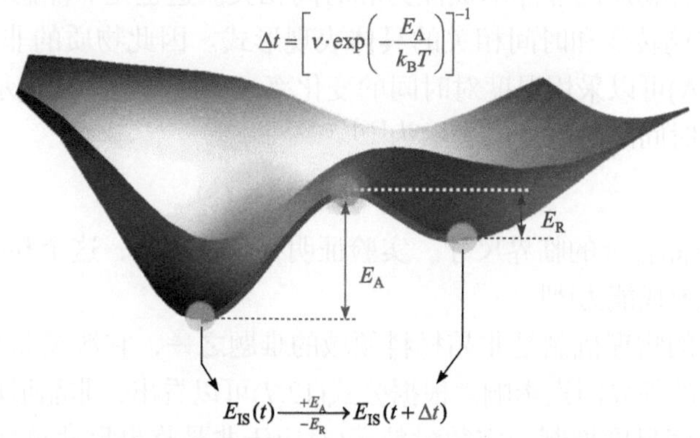

图 12.24　能量势图中非晶体系元激发过程(弛豫或流变)和等待时间 t 的关系[26]

图 12.25 是根据过渡态理论得到的在不同时间尺度下冻结得到的非晶物质的不同能量状态，和实验得到的结果和趋势符合[26]。图 12.26 就是根据过渡态理论得到的一个能量势垒 0.5 eV，前置系数 1000 s^{-1} 的一个动力学过程。过渡态理论能定量地给出玻璃转变的能垒大小以及和时间的关系，也证明和描述了时间和玻璃转变的关系。

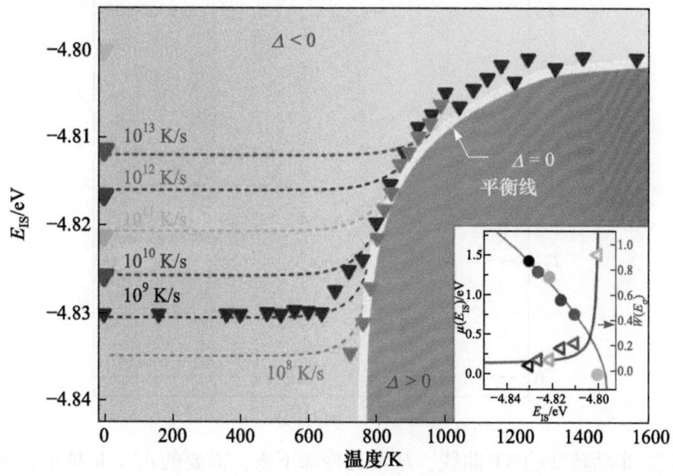

图 12.25　根据过渡态理论得到的在不同时间尺度下冻结得到的非晶物质的不同能量状态[26]

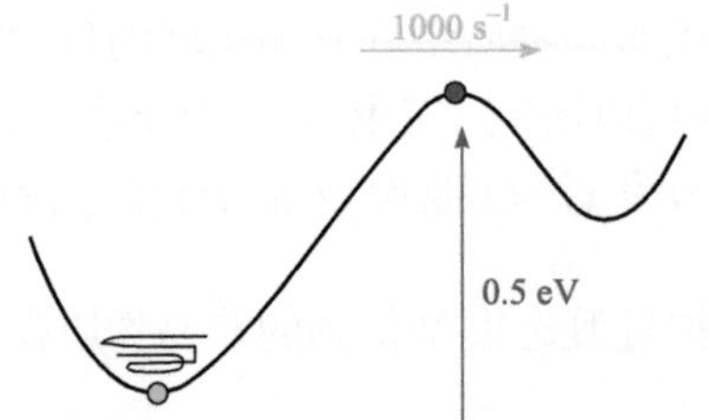

图 12.26 根据过渡态理论得到的能量势垒 0.5 eV，前置系数 1000 s^{-1} 的一个动力学过程[26]

12.4.3 时间和非晶形成能力的关系

大多数非晶物质是通过液态的快速凝固形成的，因此非晶物质的形成取决于冷却速率，$\mathrm{d}T/\mathrm{d}t$，即一种物质的非晶形成能力和时间相关。这也是非晶态本质、非晶物质和时间相关，并且玻璃转变和时间相关的具体表现形式。因此物质的非晶形成能力(glass-forming ability，GFA)可以采用温度对时间的变化率——冷却速率来表示。对于合金体系，其非晶形成能力和时间的关系可以表示为[29]

$$10/R^2(\mathrm{cm}) \sim \mathrm{d}T/\mathrm{d}t(\mathrm{K/s}) \tag{12.7}$$

式中 R 是获得的非晶合金的临界尺寸。实验证明在合金体系，这个和时间相关的关系式能较好地反映非晶形成能力[30]。

非晶形成能力的物理机制是非晶材料领域的难题之一，它涉及非平衡态热力学和动力学以及各种复杂的外界因素影响。根据公式(12.7)可以看出，非晶形成能力从时间角度看，是在特定的时间尺度抑制一定数量粒子(对应于非晶临界尺寸)的平移运动的难易程度。图 12.27 给出这个关系式的物理意义。$\mathrm{d}T/\mathrm{d}t$ 实际是 3 T 曲线鼻尖处的斜率。所需要的临界斜率 $\mathrm{d}T/\mathrm{d}t$ 越小，即不碰触到图中蓝线所需要的时间越大，该体系非晶形成能力越强。这反映了时间和非晶形成的密切关系。

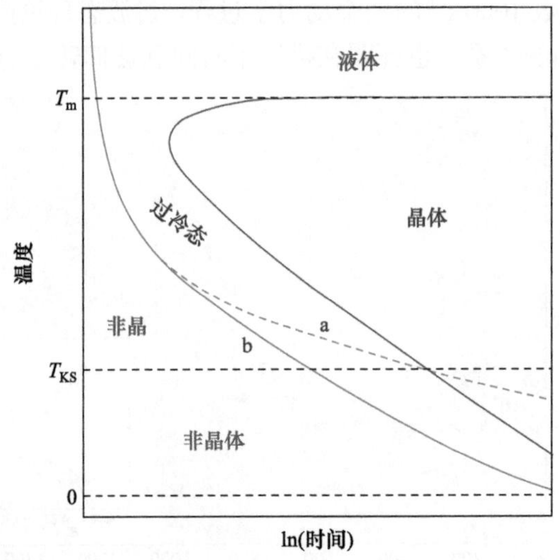

图 12.27 时间-温度-非晶转变的 3T 曲线，从液态冷却下来，需要的 $\mathrm{d}T/\mathrm{d}t$ 越小，即不碰触到图中蓝线所需要的时间越大，非晶形成能力越强[31]

12.4.4　时间和非晶动力学的关系

动力学就是非晶物质中粒子的运动，运动需要在空间和时间中进行，因此时间是表征动力学的重要参数。动力学和时间有如下关系：首先，非晶物质中各微观局域的动力学时间尺度不同。大量实验和计算机模拟证明，在一个非晶体系内，不同的区域动力学本征弛豫时间不同。图 12.28 是非晶物质的非均匀示意图。非晶物质在微米、纳米尺度上存在动力学非均匀性，表现为不同区域的本征弛豫时间 τ_i 不一样，有的时间尺度相差很大。这种空间和时间的不均匀性导致非晶物质的各种特性。

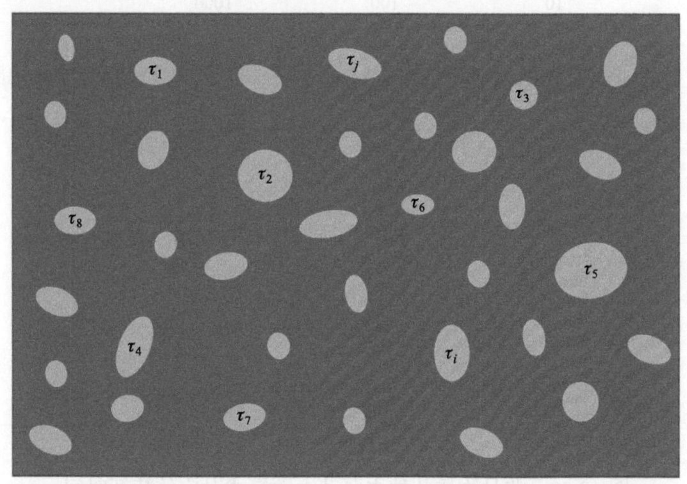

图 12.28　非晶物质的非均匀示意图。非晶物质在微米、纳米尺度上存在动力学非均匀性，表现为不同区域的本征弛豫时间 τ_i 不一样，有的时间尺度相差很大

对于一个非晶体系，通过应力弛豫实验，利用 Maxwell 单元模型，可以把非晶体系简化为 N 个 Maxwell 单元与 1 个弹簧并联构成，其中弛豫时间 τ_i 是第 i 个 Maxwell 单元的本征弛豫时间，$\tau_i = \eta_i/E_i$。$H(\ln\tau)$是非晶体系τ的对数分布函数。由于弛豫时间τ与能垒 E_a 满足 Arrhenius 关系：$\tau=\tau_0\exp(E_a/KT)$；同时非晶物质的激活能分布近似为 Gaussian 函数。因此，非晶中弛豫时间满足对数正态分布，即[32]：

$$H(\ln\tau) = k\exp\left(-\frac{(\ln\tau - \ln\tau_m)^2}{s^2}\right) \tag{12.8}$$

其中 τ_m 是最概然弛豫时间，s 表示弛豫时间谱的宽度，k 为指前因子。图 12.29 是非晶合金 $Pd_{40}Ni_{10}Cu_{30}P_{20}$ 体系在 380 K 时($T_g = 580$ K)，不同流变区域本征弛豫时间τ的分布[32]，即弛豫时间谱 $H(\ln\tau)$。非晶体系弛豫时间谱对理解非晶动力学和时间的关系、结构特征、非均匀性、性能演化非常重要。如非晶体系为什么有一定的塑性，非晶材料的塑性等力学性能能够调节的原因就是因为这种动力学非均匀性的存在。

非晶物质各种动力学模式(包括α、β、快β、玻色峰)都和时间尺度有关，不同模式的主要区别在于其本征时间尺度的不同，不同模式特征时间尺度相差很大。如图 12.30 所示，几种主要的非晶物质动力学模式如α、β、快模式、玻色峰时间尺度不同，而且是量级的差别，可以用特征时间来表征不同的动力学弛豫模式。

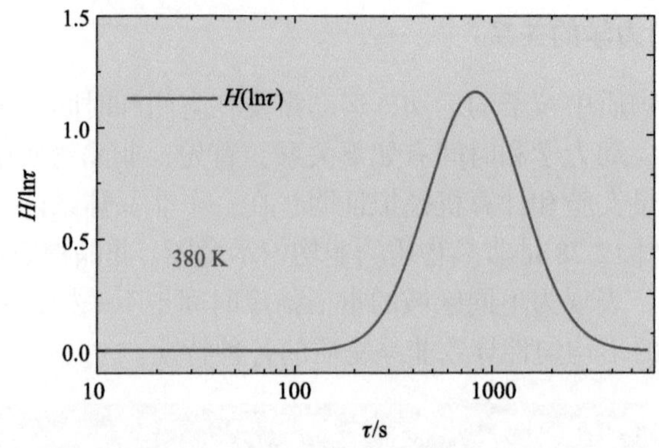

图 12.29　非晶合金 $Pd_{40}Ni_{10}Cu_{30}P_{20}$ 体系在 380 K 时(T_g = 580 K)，不同流变区域本征弛豫时间τ的分布[32]

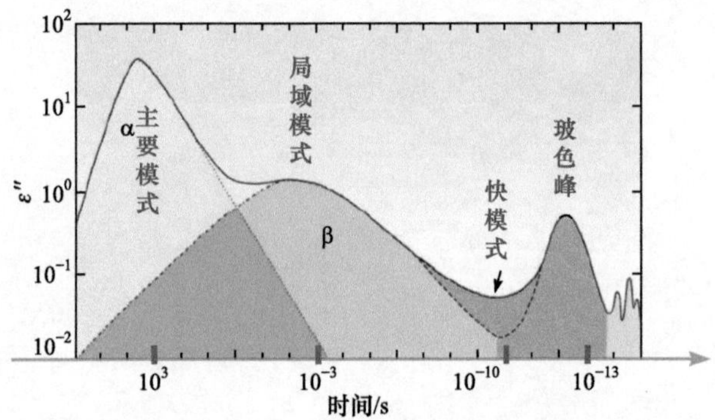

图 12.30　非晶物质几种主要动力学模式对应的特征时间

再看一个例子，图 12.31 是快动力学模式 NCL 和退火时间的关系，该模式的演化受退火时间的控制，NCL 的斜率随退火时间变化[33]。

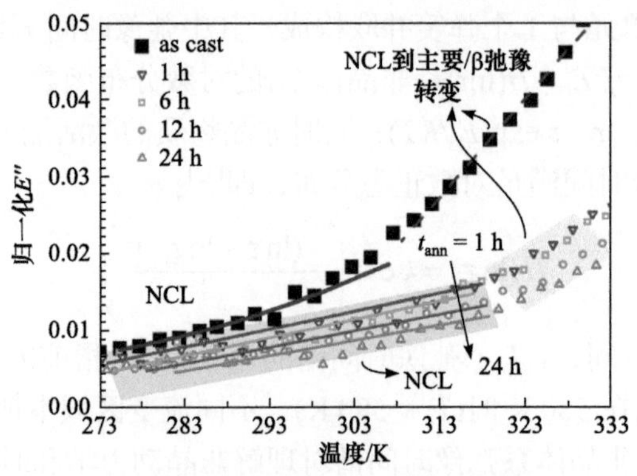

图 12.31　NCL 和 aging 时间的关系[33]

即使在超慢时间尺度下，非晶物质的动力学行为、流变单元、流变和时间的关系仍然密切。采用芯轴缠绕方法(图 12.32 上)研究超慢动力学行为。将非晶条带以螺旋方式紧密缠绕在不锈钢芯轴上，并固定两端，在一定温度 T 等温一定时间 t 之后取出并释放条带。释放后的条带变成螺旋弹簧状，随着等温时间 t 的延长，其外径 D 逐渐减小。在一

定温度 T 等温 t 时间后，由释放的条带的外径 D 可以得到其应变 $\varepsilon_T(t)$。约化的应变 $\varphi_T(t)=\dfrac{\varepsilon_T(t)}{\varepsilon_i}$ 作为表征流动过程的参量，表征流动、动力学和时间的关系。从图 12.32 下可以看到缓慢动力学和时间，流变单元和时间有明确的关系[34]。

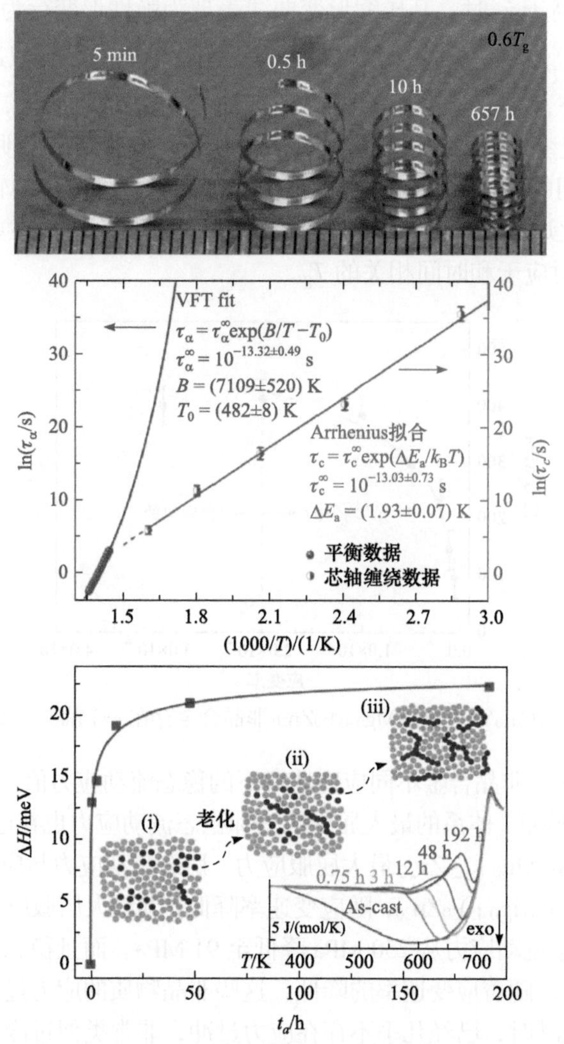

图 12.32　非晶合金极其缓慢的动力学弛豫和时间的关系[34]

非晶体系具有丰富的动力学行为，这和体系中各粒子动力学本征时间尺度不同密切相关。非晶物质的非均匀性的诸多行为都可以用弛豫时间来描述。

12.4.5　时间和流变及力学性能的关系

非晶物质的流变、在外场(包括力场、温度场等)下的形变，非晶材料的力学性能和测量观测时间尺度，外场作用时间(如应变速率、温升速率、冷却速率、加载速率等)有密切关系。下面的实例能直观地证明时间和流变、形变及力学性能的关系。

我们以 SrCaYbMgZn 非晶合金体系为例。其中的 $Sr_{20}Ca_{20}Yb_{20}Mg_{20}Zn_{20}$、$Sr_{20}Ca_{20}Yb_{20}Mg_{20}Zn_{10}Cu_{10}$、$Sr_{20}Ca_{20}Yb_{20}(Li_{0.55}Mg_{0.45})_{20}Zn_{20}$ 三个典型成分的局域流变的激活能相比常规非晶合金非常低，分别为 0.79 eV、0.75 eV 和 0.52 eV。因此可以通过准静态压缩实验研究其流动行为和作用时间的关系。如图 12.33 所示，这些非晶材料都存在一个临界应变速率 $\dot{\gamma}_g$，当应变速率高于 $\dot{\gamma}_g$ 时，其压缩形变曲线表现为脆性形变行为(固态脆断行为)。但是，当应变速率低于 $\dot{\gamma}_g$ 时，这些非晶材料表现为完全不同的、类似过冷液态的均匀形变行为：体系类似液态，有了应力过冲现象，然后进入稳态流动阶段，发生了大于 50%的超塑性变形，整个流变过程没有出现裂纹或者剪切带。实验结果说明，非晶材料的流变、力学行为和作用时间的密切关系，一个体系由非晶态到过冷液体的转变可以通过改变应变速率(作用时间)来实现[17]。随着观察时间的延长，非晶体系可以在更低的应力作用下发生玻璃转变，即 $\dot{\gamma}_g$ 对应于和时间相关的 T_g。

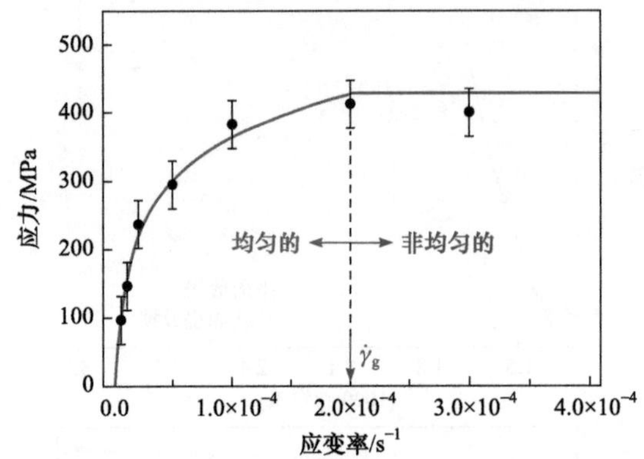

图 12.33 $Sr_{20}Ca_{20}Yb_{20}(Li_{0.55}Mg_{0.45})_{20}Zn_{20}$ 非晶合金存在一个临界应变速率 $\dot{\gamma}_g$ [17]

表 12.1 给出了两种非晶合金不同应变速率下的稳态流动应力值。从表中的数据可以看出，随着应变速率的降低，体系的最大屈服应力和稳态流动应力也在逐渐降低。图 12.34 是非晶 $Sr_{20}Ca_{20}Yb_{20}(Li_{0.55}Mg_{0.45})_{20}Zn_{20}$ 最大屈服应力、稳态流动应力与应变速率的关系。对于非晶 $Sr_{20}Ca_{20}Yb_{20}(Li_{0.55}Mg_{0.45})_{20}Zn_{20}$，随应变速率降低，其最大屈服应力从 412 MPa 逐渐降低至 97 MPa，而稳态流动应力从 250 MPa 降低至 91 MPa。而且稳态流动应力与应变速率呈非线性关系。此外，随着应变速率的降低，这些非晶物质的应力过冲现象越来越弱，当应变速率为 $5\times10^{-6}\ s^{-1}$ 时，已经几乎不存在应力过冲，非常类似过冷液态的流变行为[17]。其他非晶体系也有类似的现象，只是需要的时间尺度更长，难以直接观察而已。

表 12.1 $Sr_{20}Ca_{20}Yb_{20}Mg_{20}Zn_{20}$ 和 $Sr_{20}Ca_{20}Yb_{20}(Li_{0.55}Mg_{0.45})_{20}Zn_{20}$ 非晶合金不同应变速率下的最大屈服应力与稳态流动应力

	$Sr_{20}Ca_{20}Yb_{20}Mg_{20}Zn_{20}$		$Sr_{20}Ca_{20}Yb_{20}(Li_{0.55}Mg_{0.45})_{20}Zn_{20}$	
	σ_{max}/MPa	σ_{flow}/MPa	σ_{max}/MPa	σ_{flow}/MPa
$2\times10^{-4}\ s^{-1}$	—	—	412	250
$1\times10^{-4}\ s^{-1}$	—	—	382	202
$5\times10^{-5}\ s^{-1}$	—	—	294	183

续表

	$Sr_{20}Ca_{20}Yb_{20}Mg_{20}Zn_{20}$		$Sr_{20}Ca_{20}Yb_{20}(Li_{0.55}Mg_{0.45})_{20}Zn_{20}$	
	σ_{max}/MPa	σ_{flow}/MPa	σ_{max}/MPa	σ_{flow}/MPa
$2\times10^{-5}\ s^{-1}$	—	—	235	157
$1\times10^{-5}\ s^{-1}$	—	—	143	110
$5\times10^{-6}\ s^{-1}$	—	—	97	91
$1\times10^{-6}\ s^{-1}$	475	366	—	—
$5\times10^{-7}\ s^{-1}$	389	330	—	—

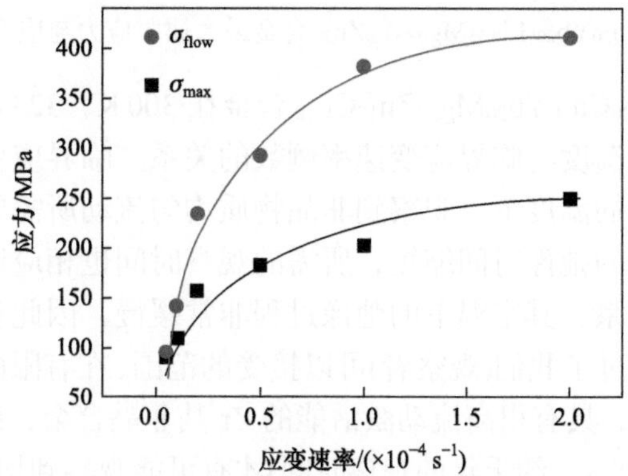

图 12.34　Sr 基非晶合金最大屈服应力、稳态流动应力与应变速率的关系。证明时间和非晶强度、流变的关系[17]

图 12.35 是实验测得的非晶 $Sr_{20}Ca_{20}Yb_{20}(Li_{0.55}Mg_{0.45})_{20}Zn_{20}$ 合金最大屈服应力与应变速率的关系。可以看出最大屈服应力与应变速率呈倒数关系。实验说明通过降低应变速率，同样使得通常表现出脆性断裂的非晶材料获得了流动能力。而应变速率其实是一个反映了测量时间的量，因为当体系发生一定量的均匀流动变形时，它的倒数与应力的作用时间或者说观察时间是成正比的，降低应变速率就相当于延长了观察时间。应力与观察时间之间的关系是非线性的。根据稳态流动理论，应力σ与应变速率$\dot{\gamma}$之间的关系为[35-36]

$$\dot{\gamma} = 2c_f\nu_D \exp\left(-\frac{\Delta G^m}{k_B T}\right)\sinh\left(\frac{\sigma V}{2\sqrt{3}k_B T}\right) \tag{12.9}$$

其中ν_D为德拜频率，ΔG^m为与缺陷迁移相关的激活能，V为激活体积，k_B为玻尔兹曼常量。当给定温度为室温时，ν_D、ΔG^m和V均为常数。因此公式(12.9)可以简化为

$$\dot{\gamma}^{-1} = \dot{\gamma}_0^{-1}\sinh^{-1}(a\sigma_{max}) \tag{12.10}$$

其中$\dot{\gamma}_0^{-1} = 2c_f\nu_D\exp\left(-\frac{\Delta G^m}{kT}\right)$，$a = \frac{V}{2\sqrt{3}kT}$。该公式对图 12.35 中的非晶应力$\sigma$与应变速率数据点进行了很好的拟合(见图中红色线)。

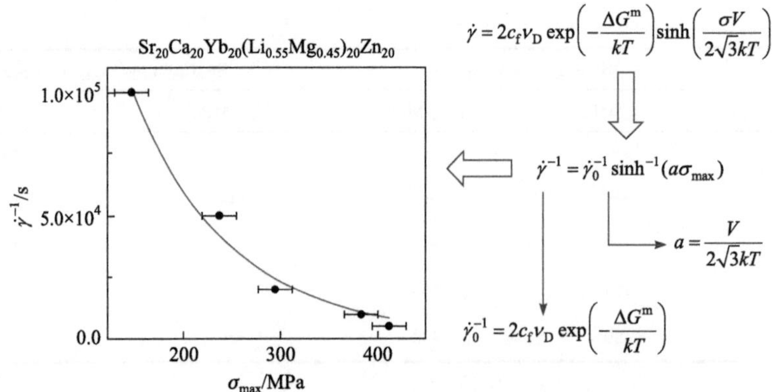

图 12.35 非晶 $Sr_{20}Ca_{20}Yb_{20}(Li_{0.55}Mg_{0.45})_{20}Zn_{20}$ 合金最大屈服应力与应变速率呈倒数关系[17]

图 12.36 是非晶 $Sr_{20}Ca_{20}Yb_{20}Mg_{20}Zn_{10}Cu_{10}$ 合金在 300 K，323 K 和 343 K 三个不同温度下的临界应变速率、温度与临界应变速率倒数的关系。临界应变速率随着温度的升高而增大，或者说在更高的温度下，观察到非晶物质均匀流动所需要的观察时间更短。这是因为温度升高，体系的弛豫时间缩短，所需的观察时间也相应地缩短。对于具有很高玻璃转变温度的非晶体系，其室温下的弛豫过程非常缓慢，因此观察其室温下的流动所需要的观察时间远远超过了我们(观察者)可以接受的范围，在有限的实验时间内几乎无法观察其流动行为。例如，具有很高流动激活能的 Zr 基非晶合金，只有当应变速率低于约 $10^{-10}\,s^{-1}$ 时(对应于约 10^{10} s，约千年的观察时间)才有可能观察到均匀流变行为。

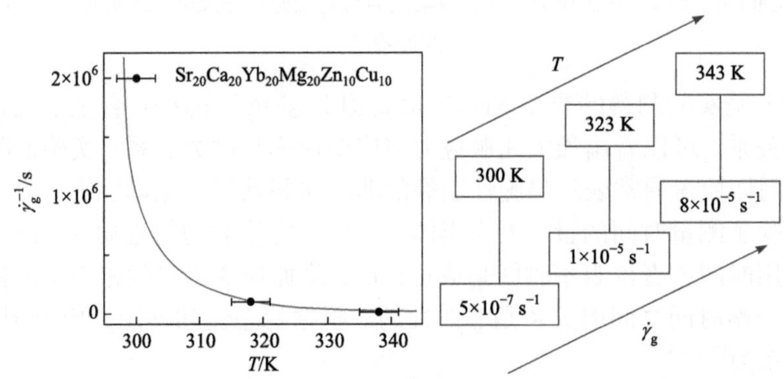

图 12.36 非晶 $Sr_{20}Ca_{20}Yb_{20}Mg_{20}Zn_{10}Cu_{10}$ 临界应变速率的倒数和温度的关系[17]

非晶材料的塑性、强度等力学性能也和时间因素相关。我们都有直观的感觉，从几米高的跳台跳入水中，水对人的反作用表现出液态行为，人不会受伤；但是从几百米甚至更高的高空落入水中，水对人的作用和水泥地面是一样的。这时水表现为固体行为。这是作用时间不同造成的，或者等价地说，水对落体的力学行为受作用时间影响。

非晶材料力学和流变性能相对时间的测试实验进一步证实了其力学性能和时间的关系。将非晶合金条带在室温下缠绕在玻璃棒上，然后把固定好的条带在室温中放置足够的时间，条带解开后发现在室温下发生了永久变形[36]。具有不同 T_g 的不同的非晶合金体系：$Ce_{70}Al_{10}Ni_{10}Cu_{10}$、$Ce_{68}Al_{20}Cu_{10}Co_2$、$La_{75}Ni_{7.5}Al_{16}Co_{1.5}$、$La_{68}Al_{20}Cu_{10}Co_2$、$La_{60}Al_{20}Co_{20}$、

$Pd_{40}Ni_{10}Cu_{30}P_{20}$ 和 $Zr_{65}Cu_{17.5}Ni_{10}Al_{7.5}$，在相同的缠绕件下，预加应变 ε_i 均为 0.943%，24 h 后，如图 12.37 所示，其条带的变形情况明显不同，$Ce_{70}Al_{10}Ni_{10}Cu_{10}$ 的 T_g 最低，因为它的流变单元激活能 E_{FU} 最低，发生了最明显的塑性变形。$Pd_{40}Ni_{10}Cu_{30}P_{20}$ 的 T_g 在这六个成分里面是最高的，它的塑性形变最不明显[37]。所以，非晶物质的 T_g 以及流变和时间相关，即：$T_g \leftrightarrow$时间。具有不同 T_g 的非晶材料对时间的响应不一，容易流变的体系在相同时间，流变、变形更大。

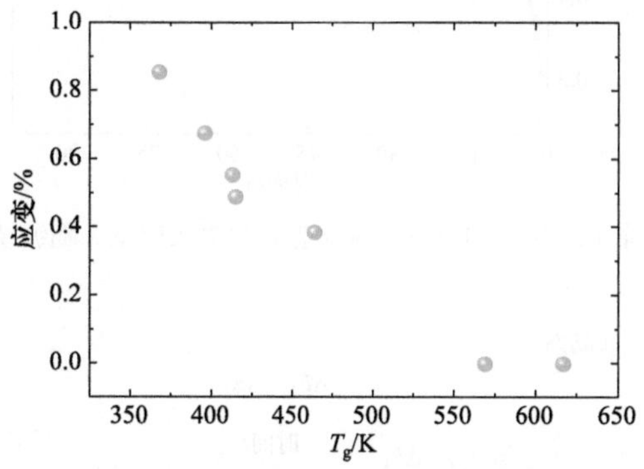

图 12.37　具有不同 T_g 的非晶体系在相同 24 h 下的不同永久形变[37]

非晶物质的力学性能及流变与时间相关的微观原因是其基本单元的激活能 E_{FU} 依赖于时间。流变单元的激活、非晶的塑性与时间相关[36]。如图 12.38 所示是模型非晶体系 $La_{75}Ni_{7.5}Al_{16}Co_{1.5}$ 缠绕造成的永久应变 ε 和缠绕时间 t 的关系[37]。缠绕时间很短时，该非晶合金只表现出很小的应变，随着时间增加，应变 ε 迅速增加。但是当缠绕时间增加到 30 h 后，应变 ε 增加速率逐渐降低，最终达到一个稳定值 0.635%。应变 ε 随缠绕时间 t 的变化趋势说明非晶中流变单元的激活是依赖于时间的。有着高(低)激活能的流变单元需要更长(短)的时间才能得以激活。所以对于短的缠绕时间，只有少量具有较低 E_{FU} 的流变单元才能激活，对应小的应变 ε。随着缠绕时间 t 的增加，越来越多具有较高 E_{FU} 的流变单元得以激活，条带表现出更大的应变 ε。其塑性流变和时间的关系是

$$\varepsilon(t) = \varepsilon_0/[1 + c(t)] \tag{12.11}$$

其中 ε_0 是饱和应变量，$c(t)$是流变单元的有效浓度。如图 12.38 中红线所示，塑性流变和时间的方程(12.11)可以很好地拟合应变 ε 和缠绕时间 t 之间的关系，这表明非晶的塑性形变是与流变单元的浓度和激活时间紧密相关的。非晶应变 ε、时间 t 和温度 T 之间的关系是[37]

$$\Delta\varepsilon(t) = \int_0^{+\infty} p(E)\theta(E,T,t)\,\mathrm{d}E \tag{12.12}$$

其中 $\Delta\varepsilon(t) = \varepsilon_0 - \varepsilon(t)$，$\varepsilon(t)$是依赖于缠绕时间的应变，$\varepsilon_0$ 是饱和应变，$p(E)$是能量在 $E \sim E+\mathrm{d}E$ 范围内通过所有激活事件产生的总的物理量变化，$\theta(E, T, t) = 1-\exp(-t/\tau) = 1-\exp[-\nu_D t\exp(E/kT)]$是特征退火函数，$\nu_D = 10^{13}\ \mathrm{s}^{-1}$ 是德拜频率。流变单元激活能 E_{FU} 表现出宽的分布，只有 $E_{FU} < E_c$ 的流变单元才能得以激活，对弛豫事件或者塑性有贡献，E_c 是流变单元临界激活能。即只有实验时间 $t > \tau$ 的流变单元才能被激活，并对塑性形变有贡献。这是因为非晶物质的流变激活能和时间关联，随着时间增加，流变的能垒会逐渐减小和坍塌，

流变的概率会增大，如图 12.39 所示。流变会变化，即：激活能和时间关联。

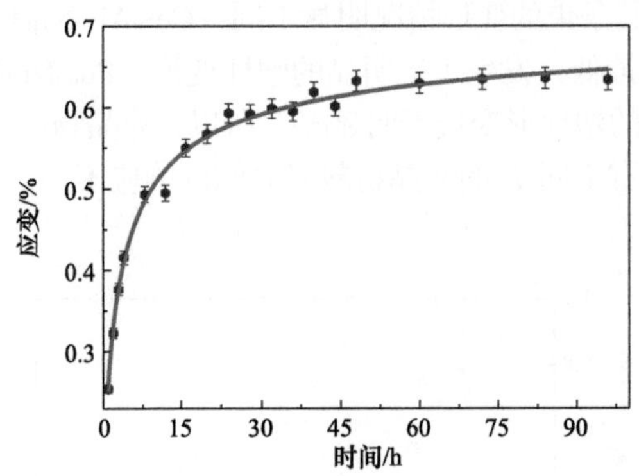

图 12.38 模型非晶体系 $La_{75}Ni_{7.5}Al_{16}Co_{1.5}$ 缠绕造成的永久应变 ε 随缠绕时间 t 之间的关系[37]

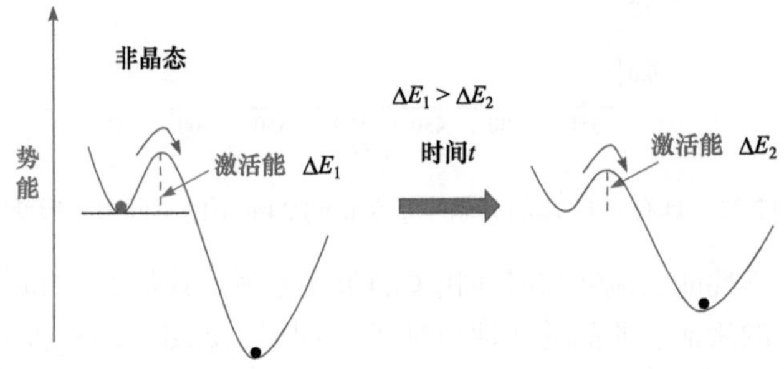

图 12.39 非晶流变能垒随时间的坍塌示意图。随着时间增加，流变的概率会增大，势垒减小

非晶物质的弹性模量也是和时间(频率)相关的[39-40]。在高频率或者瞬时作用情况下，模量会增大，即物质的弹性模量和测量时间有关。瞬时和高频下的模量称为瞬态模量。甚至液态在超高频率或者瞬时作用情况下，也有体弹和切变模量。直观的想象是液体在瞬时情况下，测量时间小于液体的本征弛豫时间，原子也来不及流动，会有类似固体的行为，因此有模量。非晶物质弹性模量和频率的关系式为[40]

$$K_{\varpi} = K_{\omega=0} + \mathrm{i}\omega\eta_{\mathrm{K}}(\omega) \tag{12.13}$$

$$G_{\omega} = G_{\omega=0} + G\mathrm{i}\omega\eta_{\mathrm{G}}(\omega) \tag{12.14}$$

式中ω是频率，η_{K} 和η_{G} 分别是体黏滞系数和切向黏滞系数。对于液体，当$\omega = 0$ 时，$G_{\omega=0} = 0$，液体的切变模量消失；当$\omega \to \infty$时，$\lim_{\omega\to\infty} G(\omega) = G_\infty$，这时液体变得像固体一样，$G_\infty > 0$。$G_\infty$和 K_∞分别是频率趋向无穷大时的瞬态切变和体弹模量。非晶物质的模量和其特征、性能有密切的关联[41]。量子力学告诉我们，频率(时间的倒数)和能量是直接相关的，$E = h\omega$。式中 h 是普朗克常量，ω是频率。频率就是变化，是时间的倒数，物质的变化都和频率或时间相关。这意味着非晶物质的性能和特征与时间、频率、能量有非常本质和深刻的关联。

12.4.6 时间和稳定性

生命体的稳定性即寿命问题(图 12.40)，亚稳的生命体都有生老病死。非晶的稳定性

也即非晶“寿命”问题，非晶物质随时间在不停地演化、衰变，最终会导致非晶性能和特征的丧失，所以非晶物质稳定性问题就是非晶随时间的演化快慢。即便在非晶物质 T_g 温度点以下，物理时效(physical aging)会影响其各种物理、力学和化学性能(如图 12.41 是非晶合金电阻随时间的演化)，乃至其使役寿命[42-46]。非晶物理时效随时间的演化过程很复杂，不但是非线性的，而且是非指数关系，此外，还有记忆效应，即时效过程不仅与非晶状态有关，而且还与达到某个状态的路径、方式有关[47-48]。

图 12.40　人可以看成一个非晶体系，人随时间的演化过程即稳定性或寿命问题

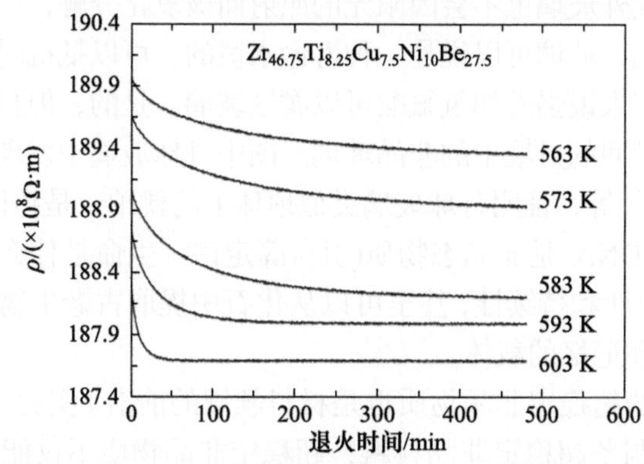

图 12.41　Zr 基非晶合金电阻不同温度下(低于 T_g)随退火时间的明显变化[46]

一些非晶物质非常稳定，虽然是亚稳态，其随时间的演化微乎其微，如琥珀、氧化物玻璃，但是这些非晶物质并不是不随时间演化，只是演化的时间尺度超长，难以观测。可以特殊利用这些可以对抗时间、超稳定的非晶材料。例如，放射性废物处理是核能安全利用中难度最大、技术含量最高的。放射性废液玻璃固化是放射性废物处理的重要方法(图 12.42)。这种方法是在 1100℃或更高温度下，将放射性废液和玻璃原料进行混合熔解，冷却后形成非晶玻璃。由于玻璃体浸出率低、强度高，能够有效包容放射性物质并形成稳定形态，因此放射性废液玻璃固化是目前最先进的废液处理方式。其核心技术与难点在于，需要找到包容率高、稳定性好的玻璃固化配方，形成的玻璃体能包容放射性物质千年以上，需要耐 1150℃以上高温且年腐蚀速率小于 15 mm 的熔炉。此项技术需要自动化、远距离操作系统设备，目前仅有少数发达国家掌握了相关技术。处理产生的非晶玻璃体将被深埋于地下数百米深的处置库，以此达到放射性物质与生物圈隔离的目标，为实现核能彻底安全利用提供坚实保障。

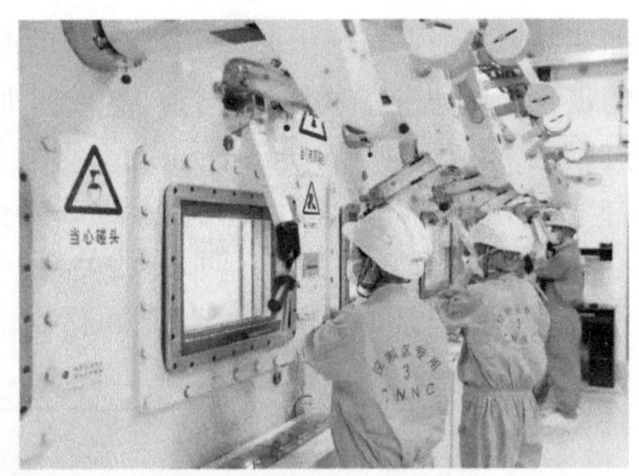

图 12.42 放射性废液玻璃固化处理放射性废物(图片来自国家原子能机构)

因为玻璃是一种脆性材料，非晶玻璃物质在我们的印象里非常脆弱，容易破碎和损坏，但实际上玻璃却是一种非常强大的物质，在自然界之中几乎没有任何物质可以将其稳定性破坏，唯有时间能使其衰老。撞击会致使玻璃制品损坏，但对于玻璃本身而言，这只是改变了玻璃的形状而已，并没有使玻璃物质破坏。非晶玻璃的主要成分是石英砂、硼砂、硼酸、碳酸钡、石灰石等，食物链中的“分解者”们(如细菌)也没有分解这些物质的能力，玻璃不会被生物降解，此外玻璃也不会因阳光的照射而被氧化分解，可以说在自然界中没有任何物质可以破坏玻璃，玻璃可以说是一种寿命永恒的、可以抵抗时间的材料，非晶玻璃在时间面前是强者。有人说强酸如氢氟酸可以腐蚀玻璃。是的，但自然界中没有氢氟酸。图 12.43 是嫦娥五号带回的月壤中的非晶玻璃。图中月球玻璃中发现的保存完好的其他不稳定物质如纯铁，He 气等，证明月球玻璃类似地球上的琥珀，是超稳定的容器。

生命的信息载体 DNA 是非晶态物质(引自薛定谔《生命是什么》)，DNA 也非常稳定，有近乎神奇的稳定性和持续性，甚至可以从化石中提取古老生物的 DNA。所以，DNA 成为生命信息、遗传和记忆的载体。

探索能对抗时间的超稳定非晶物质也是材料领域的前沿。实验证明通过动力学调控、非晶制造等方法可以制备超稳定非晶材料，超稳定非晶物质不仅能保持性能稳定、长寿命，而且还具有其他独特的性能。

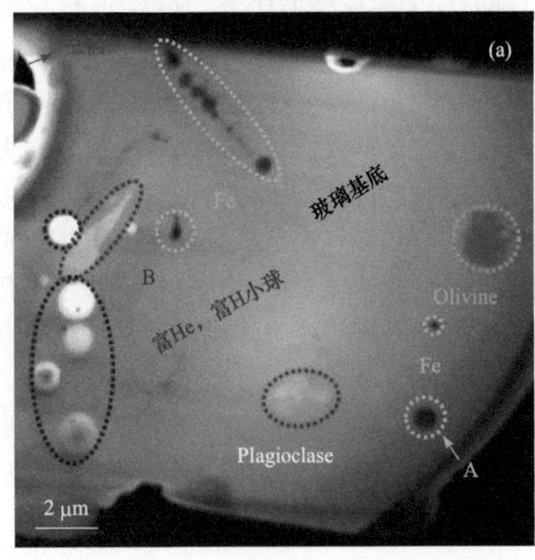

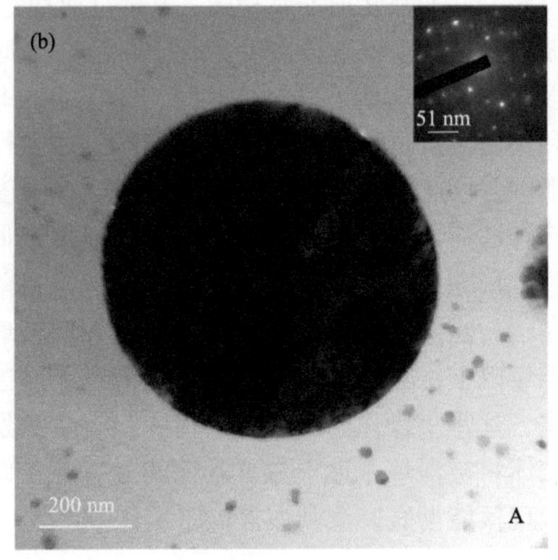

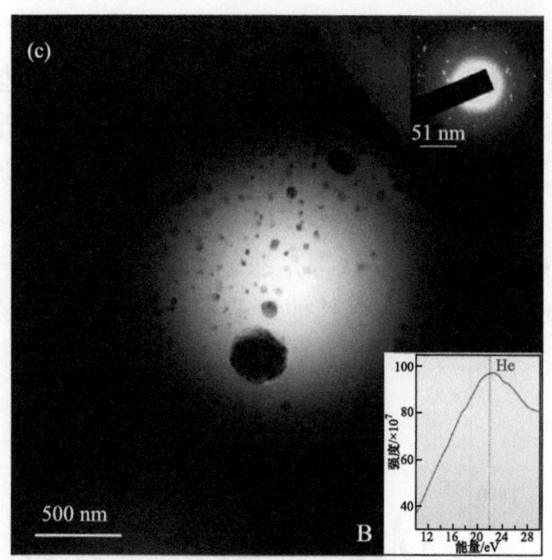

图 12.43　月球玻璃中发现的保存完好的其他不稳定物质如纯铁，He 气等，证明月球玻璃是超稳定的容器

例如，一些超稳定的非晶物质有逆时效(anti-aging)效应，即年轻化效应[49]。图 12.44 是 $Cu_{50}Zr_{50}$ 常规非晶态和 $Cu_{50}Zr_{50}$ 超稳定非晶态的弛豫时间 τ 随退火温度 T_a 的变化趋势(弛豫测量温度 $T_{h,0}=476\,K$)。可以看出对常规非晶态物质，随着温度的升高，其本征弛豫时间升高；而对于超稳定非晶态，随着温度的升高，其本征弛豫时间反而降低，即发生反向时效[49]。总之，这些现象都说明非晶物质的稳定性是与时间相关的。

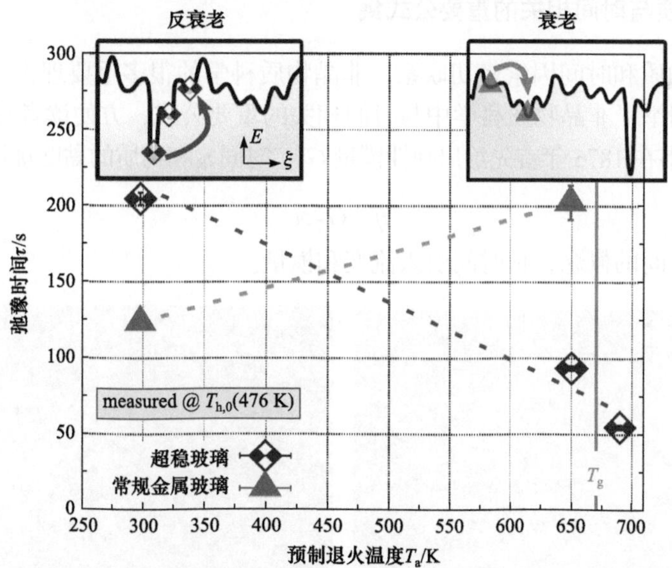

图 12.44　$Cu_{50}Zr_{50}$ 常规非晶态(三角符号)和 $Cu_{50}Zr_{50}$ 超稳定非晶态(空心金刚石)的弛豫时间 τ 随 T_a 的变化[弛豫测量温度 $T_{h,0}$(=476 K)][49]

12.4.7　时间和非晶物质非平衡复杂性的关系

非晶物质是远离平衡态的物质，其在随时间演化过程中会表现出奇特的性能和现象，

如耗散结构，自组织临界现象，振荡、混沌等现象，形成新的时空有序态，甚至生命现象。会呈现出不可预测性(混沌)与随机性，有序和无序错综复杂地交织在一起。例如，非晶物质在应力作用下的流变过程中会产生锯齿现象，如图 12.45 所示。这种塑性流变行为就是一种混沌动力学行为[50]。根据初始条件不同，非晶物质的塑性流变行为也可以表现为自组织临界现象[51-52]。非晶合金在断裂过程中，在断面上产生振荡现象，产生一些奇特的周期性条纹，如图 12.46 所示。这些都是非晶物质在非平衡条件下随时间演化产生的新奇现象[53-54]。类似的例子很多，本书其他章节有详细介绍。

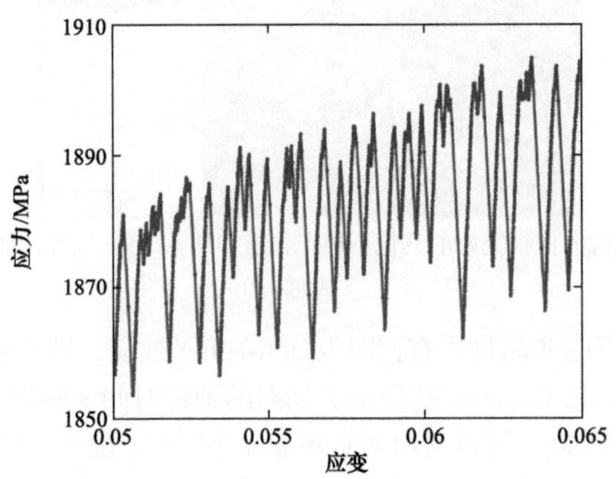

图 12.45　非晶合金应力应变曲线中的流变锯齿行为[50]

12.4.8　非晶物质与时间相关的重要公式集

因为非晶物质和时间因素密切联系，非晶物质科学的很多重要理论、公式与时间有关，本节总结列举了非晶物质科学中与时间相关的重要公式，方便读者对比和分析。

(1) 麦克斯韦在 1876 年首先给出弹性模量 G_∞、时间 τ_R 和物质的黏度 η 的数学关系式[55]：

$$\eta = G_\infty \tau_R$$

首次提出弛豫时间的概念，把时间引入流变和模量。

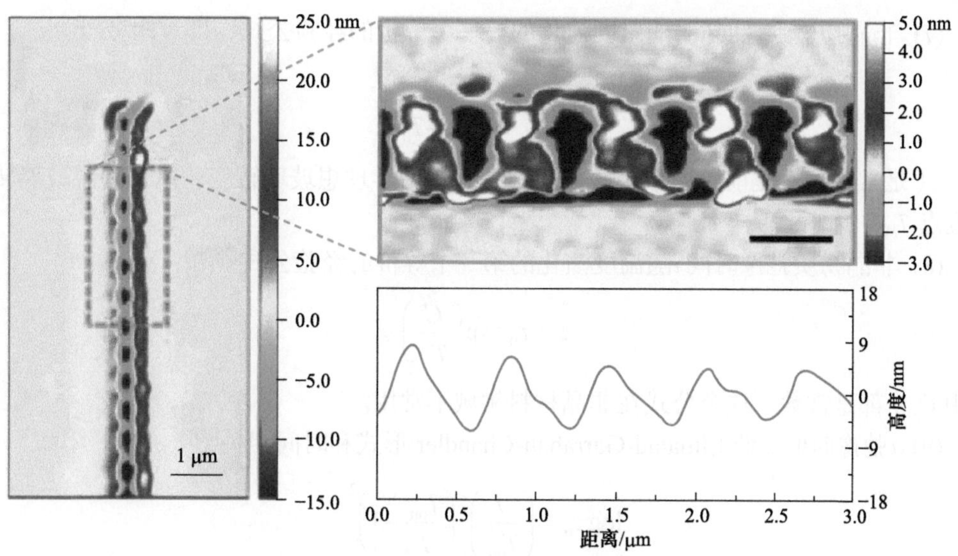

图 12.46　非晶合金断面上的周期性振荡条纹和现象

(2) 非晶物质的切变模量 G 与时间 t 的关系：

$$G(t) = \mu e^{-t/\tau}$$

式中μ为瞬时切变模量，τ为本征弛豫时间。

(3) 非晶物质模量和时间另一个等价的关系式：瞬时和高频下的模量，也称为瞬态模量，其中体弹模量 K 和频率ω的关系式为[56]

$$K_{\varpi} = K + \mathrm{i}\omega\eta_{\mathrm{K}}(\omega)$$

切变模量 G 和频率ω 的关系式为[56]

$$G_{\omega} = G_{\omega=0} + G\mathrm{i}\omega\eta_{G}(\omega)$$

(4) 玻璃转变温度 T_{g} 和弛豫时间τ的关系式：

$$\left|\frac{\mathrm{d}\ln T}{\mathrm{d}t}\right|_{T_{\mathrm{g}}} \sim \frac{1}{\tau(T_{\mathrm{g}})}$$

这个关系式把玻璃转变和冷却速率、弛豫时间联系起来，说明非晶物质形成的时间相对性。

(5) 合金体系非晶形成能力(一般用临界冷却速率 $\mathrm{d}T/\mathrm{d}t$ 表征。得到的非晶材料的临界尺寸为 R)和时间的关系[29]：

$$\mathrm{d}T/\mathrm{d}t\,(\mathrm{K/s}) = 10/R^2(\mathrm{cm})$$

(6) 非晶物质弛豫时间τ随温度演化的经验公式[57]：

$$\tau = \tau_0 \exp[\Delta E(T)/RT]$$

式中 R 是气体常数，$\Delta E(T)$是和温度相关的激活能，$\tau_0 = 10^{-13}$ s 是典型的微观时间(microscopic time)尺度，对应于体系在 T_{g} 温度的弛豫时间。

(7) 非晶物质弛豫时间τ随温度演化的另一个等价的经验公式，即 VFT 公式：

$$\tau = \tau_0 \exp\left(\frac{A}{T - T_0}\right)$$

式中 A 是常数，τ_0 是前置系数。该公式引入了动力学理想玻璃转变，以及理想玻璃转变温度点 T_0。

(8) 非晶物质弛豫时间τ随温度演化的第三个等价的经验公式[58-59]：

$$\tau = \tau_0 \exp\left(\frac{C}{T^n}\right)$$

式中 C, n 都是常数。这个公式在非晶材料领域不常用。

(9) α弛豫时间τ_α的 Elmatad-Garrahan-Chandler 形式和时间相关[60]

$$\log \tau_\alpha = \left(\frac{J}{T_{\rm on}}\right)^2 \left(\frac{T_{\rm on}}{T} - 1\right)^2$$

$T_{\rm on}$ 是慢动力学的起始温度，J 是激活能标度的参数。

(10) 非晶物质的本征弛豫时间τ和体系的构型熵的关系——Adam-Gibbs 公式：

$$\tau = \tau_0 \exp[C/TS_{\rm c}(T)]$$

式中，$S_{\rm c}(T)$是非晶物质的构型熵。

(11) 非晶物质的本征α弛豫时间 τ_α 的模耦合理论公式：

$$\tau_\alpha(T) \propto (T-T)c^{-\gamma} \quad 或 \quad \tau_\alpha\left(\frac{1}{\phi}\right) \propto \left(\frac{1}{\phi} - \frac{1}{\phi_{\rm c}}\right)^{-\gamma}$$

(12) 描述α弛豫的 KWW 公式与时间有关。对于一个非晶体系具体的弛豫过程，加一个小的扰动，如电场、应力等，它们的响应函数 $\Phi(t)$通常可以用与时间相关的扩展指数弛豫函数来有效地描述，即：

$$\Phi(t) = \Phi_0 \exp\left[-\left(\frac{t}{\tau}\right)^\beta\right]$$

式中 $\Phi(t)$是响应函数，$\Phi(t) = [\sigma(t) - \sigma(\infty)]/[\sigma(0) - \sigma(\infty)]$ 是响应函数，σ 是响应变量(如应力的响应变量为应变)，τ 是特征弛豫时间，扩展指数 β $(0 < \beta < 1)$是形状因子。

(13) 非晶物质的弛豫行为通常可用中间散射函数(intermediate scattering function)来描述。中间散射函数与密度和时间的关系如下：

$$F(q,t) = \frac{1}{N}\left\langle \rho_{-\boldsymbol{q}}(0)\rho_{\boldsymbol{q}}(t)\right\rangle = \frac{1}{N}\left\langle \sum_{ij} {\rm e}^{-{\rm i}q\cdot r_i(0)} {\rm e}^{{\rm i}q\cdot r_j(t)}\right\rangle$$

该函数给出了体系中粒子在波矢 $\boldsymbol{q}$ 所给定的空间尺度内的所有动力学信息。当公式中的求和部分有 $i=j$ 时，公式退化为该函数的非相干部分，又称为非相干散射函数(incoherent intermediate scattering function)或自散射函数(self-intermediate scattering function，SISF)，通常标记为 $F_{\rm s}(\boldsymbol{q}_{\rm p},t)$或者 $F_{\rm s}(q,t)$，它表征两点密度-密度关联随时间的演化关系，即：

$$F_s(\boldsymbol{q}_p,t)=\frac{1}{N}\left\langle\sum_{j}^{N_p}\exp\left[\mathrm{i}\boldsymbol{q}_p(\boldsymbol{r}_j(t)-\boldsymbol{r}_j(0))\right]\right\rangle$$

其中 $\boldsymbol{q}$ 为波矢，其波数通常对应于体系结构因子主峰的位置。自散射函数 $F_s(q,t)$可直接从散射实验得到。均方位移中平台持续的时间代表着笼效应的作用时间尺度。

(14) 高分子非晶物质α弛豫时间 τ_α 和散射矢量 Q 有如下的关系：

$$\tau_\alpha \sim Q^{-2/\beta}$$

Q 和 τ_α 的关系受α弛豫峰型或者β控制。

(15) 脆度参数值 m 的大小反映了液体的弛豫对温度变化的敏感程度。其定义为

$$m=\left.\frac{\mathrm{d}\log\langle\tau\rangle}{\mathrm{d}(T_g/T)}\right|_{T=T_g}$$

其中 $\langle\tau\rangle$ 为平均α弛豫时间。m 值实际上就是弛豫时间 τ 对 T_g/T 曲线在 T_g 点的斜率。

(16) 非均匀非晶体系的动力学关联长度 ξ 和弛豫时间 τ 的关系：

$$\tau=\tau_0\exp[D(\xi/\xi_0)]$$

式中 D 是常数。

(17) RFOT 理论认为时间尺度 τ_α 和空间关联尺度 ξ_C^ψ 之间的关系：

$$\tau_\alpha \sim \exp\left(\xi_C^\psi/T\right)$$

其中结构弛豫激活能正比于 ξ_C^ψ (ψ 为未知指数)。

(18) 非晶物质形成的前驱体——过冷液体中原子已经相当稠密，原子单独运动很困难，在空间上开始相互关联，即形成集体协同运动(collective motion)。粒子不再做布朗运动，斯托克斯-爱因斯坦关系失效。过冷液态扩散系数和弛豫时间的关系变成

$$D\propto(\tau/T)^{-06\sim0.9}$$

液体动力学由简单液体的 Arrhenius 关系过渡到过冷液体的非 Arrhenius 关系。

(19) 非晶物质及液态中扩散 D(平动)的时间尺度：

$$\tau=\left\langle l^2\right\rangle_{\mathrm{av}}/6D$$

(20) 对于β弛豫，其弛豫时间 τ_β 符合 Arrhenius 关系：

$$\tau_\beta=\tau_{\beta0}\exp(E_\beta/RT)$$

式中 E_β 是 β 弛豫激活能，R 是气体常数。

(21) 非晶物质局域表观弛豫激活能谱模型中，激活能与弛豫时间的关系：

$$p(E)=-\frac{1}{kT}\frac{\mathrm{d}\sigma(t)}{\mathrm{d}\ln t}$$

其中 $p(E)$是能量范围在 $E\sim E+\mathrm{d}E$ 的能垒数目，$E=kT\ln(\nu_0 t)$，其中 ν_0 近似取作 Debye 频率 10^{-13} s。$\Delta\sigma(t)=\sigma_U-\sigma(t)$表示应力随时间的相对变化。

(22) NCL 对频率 f 的敏感性是幂率关系：$\sim f^\lambda$。

(23) Ngai 耦合模型的核心方程：

$$\tau_\alpha(T)=\left[t_c^{-n}\tau_0\right]^{1/(1-n)}$$

或者，

$$\tau_0=(\tau_\alpha)^{1-n}(t_c)^n$$

其中 $1-n$ 是描述α弛豫的 KWW 方程 $\varphi(t)=\exp[-(t/\tau_\alpha)^{1-n}]$ 的系数，t_c 是体系从不关联(短时)到关联(长时)的起始时间。

(24) 时效和弛豫时间 τ 的关系 Narayanaswamy-Moynihar 方程[41]：

$$\tau=\exp\left(\frac{x\Delta h^*}{RT}+\frac{(1-x)\Delta h^*}{RT_f}\right)$$

式中 Δh^* 是有效平衡激活能，$T>T_g$，x 是和非晶物质种类及性能相关的常数，一般在 $0.1<x<0.5$。在退火时效情况下，弛豫时间和退火温度 $T(t)$、有效温度 $T_f(t)$ 相关。

(25) Deborah 数的无量纲量 D：

$$D=\tau/t_o$$

式中 τ 为弛豫时间，t_o 为观察时间。当 $D\gg 1$ 时，对于观察者来说非晶态是固体；当 $D\ll 1$ 时，是具有流动性的液体。

(26) 非晶物质流变激活能 E_A 和时间的关系，或者说在两个势井之间跃迁，克服激活能需要等待时间 Δt：

$$\Delta t=\left[\nu\cdot\exp\left(-\frac{E_A}{k_BT}\right)\right]^{-1}$$

(27) 非晶相长大动力学：非晶晶化体积分数 $x(t)$ 和时间 t 的关系，即 Johnson-Mehl-Avrami(JMA)方程：

$$\chi(t)=1-\exp[-k_T(t-t_0)^n]$$

其中 $\chi(t)$ 是 t 时间后的转变分数；t_0 是孕育时间；k_T 是温度 T 的速率常数；n 为指数(不一定为整数)，通过 n 值的大小可以预测其转变方式。

(28) 在特定的温度 T 和压力 P 下，体系的某个性质 Q

$$Q(t_o\ll\tau,T,P)=Q_G(T,P)$$

$$Q(t_o\gg\tau,T,P)=Q_L(T,P)$$

$Q_G(T,P)$，$Q_L(T,P)$ 分别是非晶态和液态的性质。

12.5 超长时间尺度下非晶物质的运动

在远低于 T_g 的温度下，非晶物质中的粒子是否就完全冻结不动了呢？答案是否定的。现代的科学实验和计算机模拟都证明组成非晶物质中的粒子是运动的[37,61-65]，只是运动的时间尺度远超过常规时间尺度，难以在实验室的时间尺度内观测到其粒子运动而已。

随着更多先进研究手段的使用和研究的不断深入，如同步辐射光源的 X 射线光子关联谱(X-ray photon correlation spectroscopy，XPCS)，可对非晶物质的弛豫动力学过程进行直接观测，已经把非晶物质弛豫动力学的研究推向了原子尺度，并观测到非晶物质中超长时间尺度丰富的运动行为，而且这些运动特征和宏观性能、弛豫动力学密切关联。随着工作的深入，必将会发现非晶态在超长时间跨度下更丰富的行为和特征。目前发现的超长时间尺度下非晶物质的运动的特征如下。

(1) 粒子运动极其缓慢，超长时间尺度。如图 12.47 是对一块 1050 mm × 1050 mm × 0.7 mm 的工业硅酸盐玻璃——大猩猩玻璃($T_g = 620$℃)进行长达一年半的室温测量结果，实验观测到约十万分之一的尺寸变化，即在室温环境下观察到极为缓慢的流动[56]。得到的该玻璃室温黏滞系数是 10^{22} Pa · s，对应的结构弛豫时间在万年的量级。此外，沥青滴漏实验证明，非晶态沥青看上去虽是固体，但实际上是黏性极高的液体，它在室温环境下流动也极为缓慢。

(2) β 大于 1 的压缩指数弛豫行为。一般情况下，在 KWW 方程中，其弛豫指数 $\beta < 1$。如图 12.48 所示，XPCS 直接观测到非晶合金原子尺度的弛豫过程的 $\beta > 1$，即压缩指数弛豫[66-68]，这说明非晶物质弛豫过程微观上与粒子间内应力有关，在局域内应力作用下某些粒子的扩散或弛豫会加快，类似在成熟的水果中挤出种子颗粒一样的粒子运动。

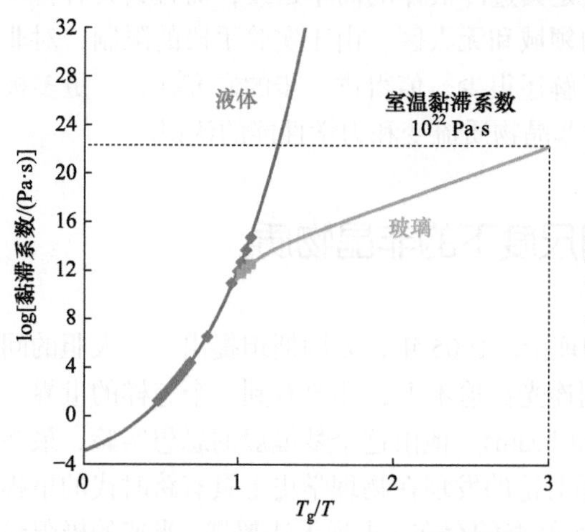

图 12.47　大猩猩玻璃($T_g = 620$℃)黏滞系数随温度的实验测量[61]。外推到室温得到的黏滞系数是 10^{22} Pa · s，对应的结构弛豫时间在万年的量级

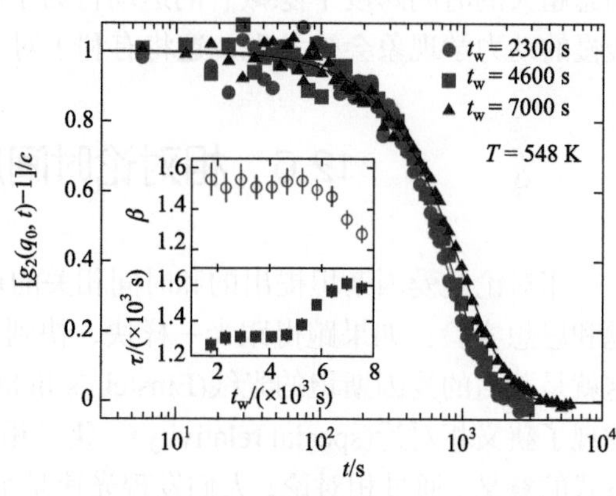

图 12.48　XPCS 实验测量的 $Pd_{43}Cu_{27}Ni_{10}P_{20}$ 非晶合金在不同温度下的关联函数和弛豫指数 β，从图中插图看到 β 在 1.2～1.5[65]

(3) 原子弛豫表现出时快时慢的间歇性行为。XPCS 测量还发现微观上的非晶原子弛豫表现出时快时慢的间歇性行为，如图 12.49 所示，完全不同于宏观测量的物理性质随时间的稳定演化[68]，非晶合金体系在不同温度下约化应变随时间 t 的演化明显地分为两个阶段，在大约前 10 min 的短时间内，流动很快，然后进入更为缓慢的长时间过程，弛豫指数 β 在 1 的上下波动，说明弛豫有快慢的间歇性行为[69]。

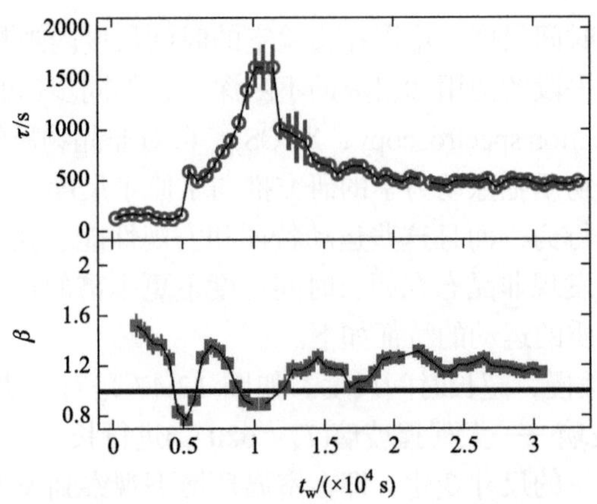

图 12.49 弛豫时间 τ 和弛豫指数 β(在大于和小于 1 之间变化)随测量过程的间歇性行为[68]

(4) 非晶态结构弛豫模式有分裂现象。当温度降低至 T_g 以下时，应力弛豫曲线出现一个“肩膀”，弛豫逐渐分裂为快弛豫和慢弛豫两个过程。随着温度的进一步降低，这种分裂愈发明显。这两种弛豫模式表现出不同的动力学特征。在非晶合金和其他非晶物质中，远低于玻璃转变温度下，都观察到动力学模式的退耦，这意味着在动力学时间尺度极慢的非晶态也存在多种动力学模式[65,69]。

非晶态在超长时间尺度下的行为不仅仅是其过冷液体的简单延续，而且其具有自身的独特性和复杂性，是一个有待开发的新的领域和无人区。由于实验手段的限制，对非晶态超大的时间跨度下隐藏着的运动行为了解还很少，值得进一步的研究探索。更多极缓慢的动力学现象会被发现，这将有利于对非晶物质流变和力学性能的认识。

12.6 相对论时间尺度下的非晶物质

相对论是爱因斯坦提出的和时间相关的理论。1905 年，爱因斯坦提出一个大胆的问题和思想实验：如果跑得跟光一样快，快到连光都追不上，那会看到一个怎样的世界？这就是著名的爱因斯坦的光线(Einstein’s light beam)。他由这个梦境般的思想实验，最终发现了狭义相对论(special relativity)。狭义相对论的发现在物理学史上具有跨时代的里程碑式的意义。通过相对论，人们发现光速是个神奇的存在，永远无法超越。光速的极限给了科学家很多的想象空间。人们开始思考以光速运动的世界是什么样的，光速下物体会发生什么。从前看似已经尽善尽美的经典物理大厦突然在光速极限下迎来了开疆扩土的契机。这也是科学上发现极限的重要意义，如绝对零度不能达到，违反热力学第二定律需要克服极限熵垒等极限的发现都引发了革命性的进步。

在非晶物质世界，光速遇到非晶物质会发生什么？如果非晶物质在相对论条件下会不会有不一样的表现？非晶物质在近光速条件下运动会发生什么有趣的、奇异的物理现象？非晶物质和相对论的相遇会有着一个怎样的世界？本节就这个好奇的问题进行介绍和探讨。

以模型体系非晶 B_2O_3 为例，考察在观察者参照系中，在狭义相对论时间尺度下(接近光速)，相对论时间延缓(time dilation)效应对非晶物质动力学黏度以及玻璃转变的影响[70-71]。

Deborah 数，无量纲量 D：$D=\tau/t_0$，t_0 是观察时间，τ为弛豫时间。由麦克斯韦公式，τ可以表示为$\tau=\eta/G_\infty$[38]。根据定义，在 T_g 温度点，$D=1$，$\eta(T_g)=10^{12}$ Pa · s[72]。从这些公式可以得到

$$D_{T_g}=1=\frac{\eta(T_g)}{tG(T_g)} \tag{12.15}$$

或者可写成

$$\frac{\eta(T_g)}{G(T_g)}=t \tag{12.16}$$

对于非晶 B_2O_3，已知在 T_g 附近的切变模量 $G(T_g)$，这样得到在静止条件下(即 $v/c=0$，这里 v 是非晶体系的速度，c 是光速)$t=141$ s[70]。

如果是在相对论条件下，即当一个非晶形成体系以接近光速(c)的速度 v 通过一位静止的观察者，观察者观察到的非晶体系行为及玻璃转变是什么样子的呢?

在相对论条件下，新的观察时间 t 可表示为

$$t=t_0/\gamma \tag{12.17}$$

式中 t_0 是静止观察时间，$t_0=141$ s，γ是洛伦兹因子：

$$\gamma=\frac{1}{\left(1-\frac{v^2}{c^2}\right)^{1/2}} \tag{12.18}$$

代入公式(12.16)，得到[70]

$$\frac{\gamma\eta(T_g)}{t_0}=G(T_g) \tag{12.19}$$

该式给出玻璃转变温度随非晶物质速度或者γ的变化。考虑到密度也都要受到相对论效应的影响，需要乘个因子γ^2(因为质量和体积都受到相对论影响)，这样得到[70]：

$$\frac{\eta(T_g)}{\gamma t_0}=G(T_g) \tag{12.20}$$

图 12.50 是根据以上公式得到的非晶 B_2O_3 玻璃转变温度 T_g 随非晶速度的变化。可以看到，随着体系速度接近光速，对于观察者，非晶 B_2O_3 的 T_g 单调升高得很快，这意味着任何一个液体在 $v\to c$ 时，都变成了非晶固态(对静止观察者来说)[70]。

根据 Angell Plot 可以得到黏滞系数随温度的变化[73-74]：

$$\log_{10}\eta(T)=\log_{10}\eta_\infty+(12-\log_{10}\eta_\infty)\left(\frac{T_g}{T}\right)\exp\left[\left(\frac{m}{12-\log_{10}\eta_\infty}\right)\left(\frac{T_g}{T}-1\right)\right] \tag{12.21}$$

式中脆度 m，无限温度的黏滞系数η_∞受相对论效应影响可忽略，这样得到体系黏滞系数与温度的曲线随接近光速的速度运动的变化，见图 12.51。从图中可以看出，黏滞系数随

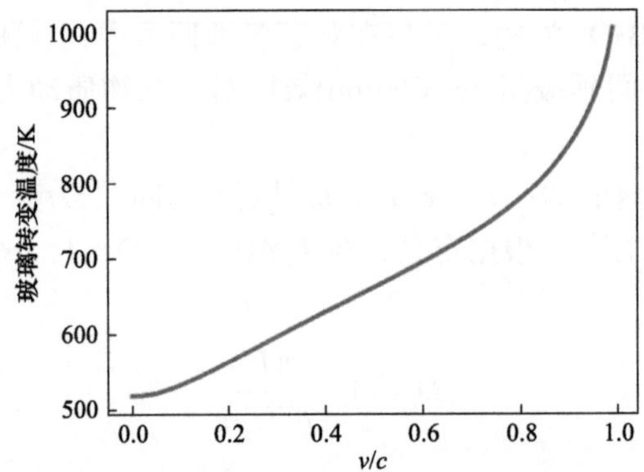

图 12.50　非晶 B_2O_3 玻璃转变温度 T_g 随非晶速度的变化[70]

$v \to \infty$，趋向极限[70]。这意味着任何液体当其速度越来越快，就越像固体，当其以接近光速运动时，对静止观察者来说任何液体、在任何温度都变成了非晶固体。

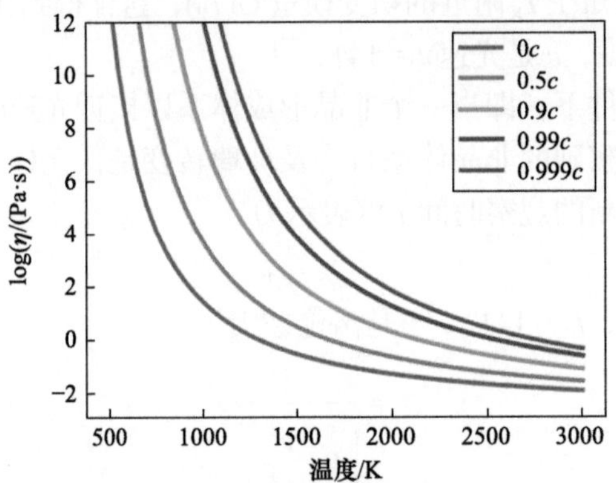

图 12.51　非晶 B_2O_3 黏滞系数随温度变化的曲线随体系以接近光速的速度运动的变化。黏滞系数随 $v \to \infty$，趋向极限[70]

另外，当一个观察者以接近光速 c 的速度 v 通过一个静止的非晶形成体系时，观察者观察到的非晶体系行为及玻璃转变又是什么样子的呢?

这时，新的观察时间 t 如下：

$$t = t_0 \gamma \tag{12.22}$$

非晶形成体系在 T_g 的切变模量 $G(T_g)$为

$$\frac{\gamma \eta(T_g)}{t_0} = G(T_g) \tag{12.23}$$

图 12.52 给出以不同速度 v 运动的观察者看到的非晶形成体系 T_g 的变化。高速飞行观察者发现 T_g 会随着他的飞行速度下降，当其速度达到 $v = 0.44c$ 时，T_g 会突然降到零[70]，如图 12.52 所示。这表明当观察者以接近光速通过地球时，他看到的所有非晶固体都是液体。

以上说明相对论效应(高速、超快时间尺度)对 T_g 和非晶物质状态有明显的影响，这也是非晶态物质不同于晶体的特征之一。

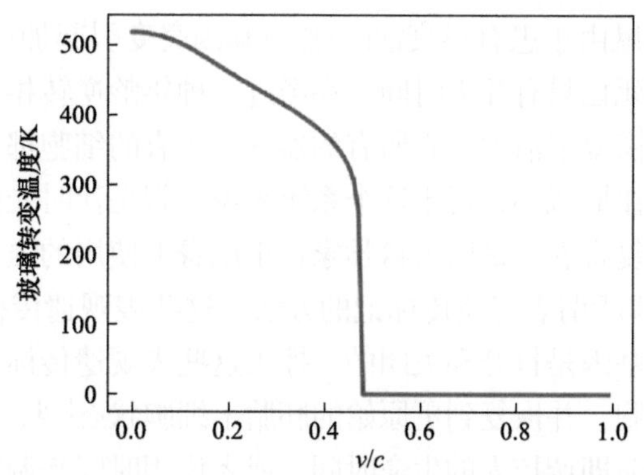

图 12.52　以速度 v 运动的观察者看到的体系 T_g 的变化[70]

12.7　非晶物质的时间调控

非晶物质的特征、结构和性能都和时间密切相关，因此，可以通过和时间相关的方法来调控非晶物质的结构、能量状态以及物理和力学性能。

从时间域看，时间和非晶物质的序或熵有密切的关系。时间是由熵引起的，熵是时间之矢。所以，熵调控某种意义上等价于时间调控。物理学家薛定谔说："自然万物都趋向从有序到无序，即熵值增加。而生命需要通过不断抵消其生活中产生的正熵，使自己维持在一个稳定而低的熵水平上。生命以负熵为生。"所以，负熵代表着系统的活力，负熵越高就意味着系统越有序，生命体在不断进行的吃、喝、呼吸以及(植物的)同化，是新陈代谢，是一个对抗熵增的过程，一个随时间演化的过程。所以薛定谔说"生命以负熵为生"。这是朴素的熵定律，在自然界中无处不在，是最基本也最重要的一个法则，曾被列为"推动宇宙的四大定律"之一。熵增定律却从未被违反。非晶物质序的演化会影响其性能，而序的演化和时间相关，因此，可以通过时间参量来调控序的演化，从而达到调控非晶材料性能的目的。

诺贝尔化学奖获得者普里高津曾提出：要对抗熵增或者时间，需要引入一个非常重要的理论：耗散结构。耗散结构是一个远离平衡态的非线性的开放系统，这个系统可以是物理的、化学的、生物的乃至社会和经济的系统，系统通过不断地与外界交换物质和能量，当系统内部某个参量的变化达到一定的阈值时，通过涨落，系统发生突变即非平衡相变，使得原来的混沌无序状态转变为一种在时间上、空间上或功能上的有序状态。耗散理论也意味一个系统的熵、特性是可以用时间调控的，这种熵的调控(等价于时间调控)甚至会带来重要的突变。

但是对于一个孤立系统，其熵一定会随时间增大，当熵达到极大值时，系统就会达到最无序的平衡态，所以孤立系统绝不会出现耗散结构。要调控系统的熵或者时间尺度，必须从系统外的环境流向系统注入负熵流，通过调制熵或时间，能够抵消系统自身的熵增。正如管理学大师彼得 · 德鲁克所说："管理要做的只有一件事情，就是如何对抗一个部门的熵增。这样这个部门的生命力才会增加，而不是随时间增加默默走向死亡。"

一个体系的衰变、衰老实际上是一场和熵、时间的战争。在圣地亚哥索尔克生物研究所(Salk Institute)基因表达实验室里，一只黑色小鼠弓背趴着，除了眼睛眨动之外，一动不动。这只三个月大的小鼠由于患有早衰症(一种由基因突变引起加速衰老的疾病)，它的器官正在衰竭，看起来离死亡只有几天时间。在经过一种年龄逆转相关的治疗后，这只小鼠变得活泼起来，并完全恢复了活力，它所有的器官，所有的细胞都变年轻了。能使衰老、濒死的动物恢复活力，让熵减小，对于这个系统来说，就是让时光倒流。实验室里这些衰老的小鼠，之所以能恢复青春，是因为科学家在小鼠身上使用的强大疗法，被称为“重编程”。这是一种重置人体所谓表观遗传标记的方法，这些表观遗传标记是细胞内的化学开关，它决定细胞内哪些基因是打开和关闭的。擦去这些表观遗传标记，细胞就忘记了它曾经是皮肤细胞还是骨细胞，并恢复到更原始的胚胎干细胞状态[75]。这意味着，将来有可能实现编辑年龄，调控寿命即调控人的生命时间，或者说用时间来调控生命的特征和活力。

我们来观察一块非晶物质。非晶物质中有数目庞大的粒子(10^{23} 数量级)。从动力学观点来看，因为存在着无法消除的粒子间的相互作用，即键合作用。非晶物质在变老吗？如果我们只考虑单个的非晶中的粒子(例如，对于非晶合金，粒子是原子)，它们在地质时间尺度是稳定的，肯定没有变老。然而从统计描述的观点来看，在此非晶系统中存在着自然时间秩序，老化是非晶物质整体的属性。随着老化，非晶体系性能会改变。也可以说，一个非晶体系的性质和序或熵是可以通过时间来调控的。下面是一些通过时间调控非晶体系和物质的例子。

在非晶材料中，如非晶合金中，其动力学缺陷——流变单元、熵、性能随时间有一致的演化规律。因此，在非晶材料中可以通过时效(aging)和回复(rejuvenation)来编辑熵、能量状态和性能。非晶物质在一定温度和压力下会自发有序化，向平衡态过渡；非晶态也可以通过温度、应力等不同方式实现回复。回复就是使得非晶体系的能量提高。可以通过时效和回复来改变非晶体系的熵和本征弛豫时间，从而改变、调控非晶物质的某些性能。

时效是典型的非晶物质随时间的性能衰变现象。对于高分子非晶材料，其时效和本征弛豫时间 τ 的关系可以用 Narayanaswamy-Moynihar 方程描述[42]：

$$\tau = \exp\left(\frac{x\Delta h^*}{RT} + \frac{(1-x)\Delta h^*}{RT_{\mathrm{f}}}\right) \tag{12.24}$$

式中 Δh^* 是有效平衡激活能 $T > T_g$，$T_f(t)$ 是有效温度，$T(t)$ 是退火温度，x 是和非晶种类及性能相关的常数，一般在 $0.1 < x < 0.5$。方程(12.24)给出非晶本质弛豫时间，以及某些性能是如何随时间衰变的规律。

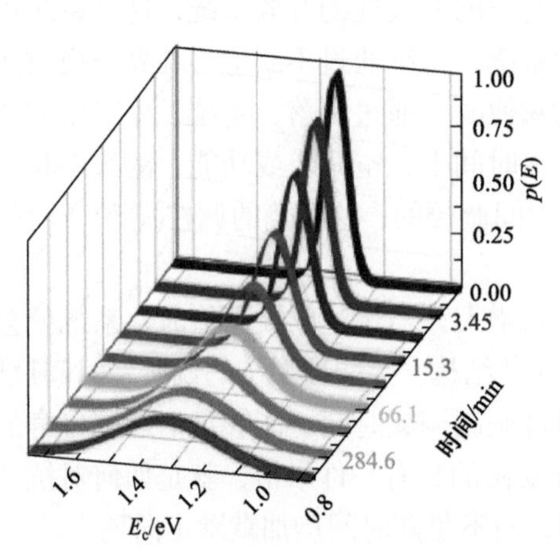

图 12.53 非晶物质流变单元数量(曲线包围的面积)和激活能在某个固定温度下随时间的演化[76]

有各种手段可以实现非晶物质的回复，即时效的反过程，能提高非晶系统的熵，改变非晶的本征弛豫时间，通过回复和时效这两个效应的合理调控，可以有效通过时间调控非晶材料的性质。图 12.53 是流变单元数量、激活能在某个固定温度下随时间的演化[76]。可以看到流变单元数量、其激活能的演化会导致非晶性能和熵的变化，可以通过时间调控流变单元乃至改变非晶的形变模式和力学性能。

另一个例子是图 12.54 示意地以固定的应变卷曲非晶材料，调控时间来改变其性能和流变的卷曲方式示意图。在不同作用时间 t_i 下，非晶合金 $La_{55}Ni_{20}Al_{25}$ 的应力恢复过程会发生不同变化；在相同的其他条件下，时间可以造成塑性应变、强度大小的不同，可以根据作用时间的长短实现对性能的调控[37,77]。通过控制退火时间也可以优化非晶材料的力学性能，这也是非晶材料改性常用的方法[78]。

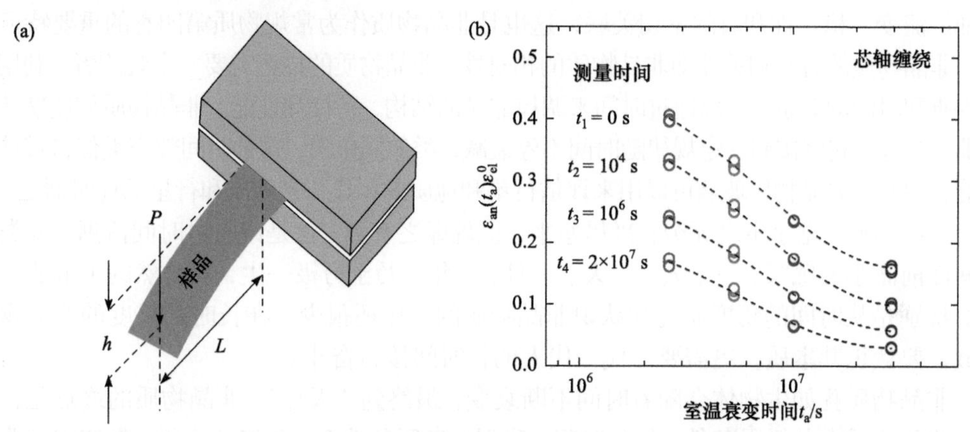

图 12.54　(a)非晶合金卷曲方式示意图；(b)非晶合金 $La_{55}Ni_{20}Al_{25}$ 在不同卷曲时间 t_i 下的应力恢复过程的变化，说明时间对性能的调控[77]

在自然条件下，一种由稀土元素铈作为主要组元的非晶材料随时间会持续且不中断地自发氧化，自发改变颜色，其表面颜色几乎每周一变。这是由于铈的化学活性，所以在室温下有高的氧化速率，钇掺杂可以加快该金属材料在自然条件下的变色，实现了时间对其变色速率的调节，如图 12.55 展示了该非晶材料的颜色随时间的变化规律。可随时间自发改变颜色的稀土基非晶合金有潜在的功能应用。

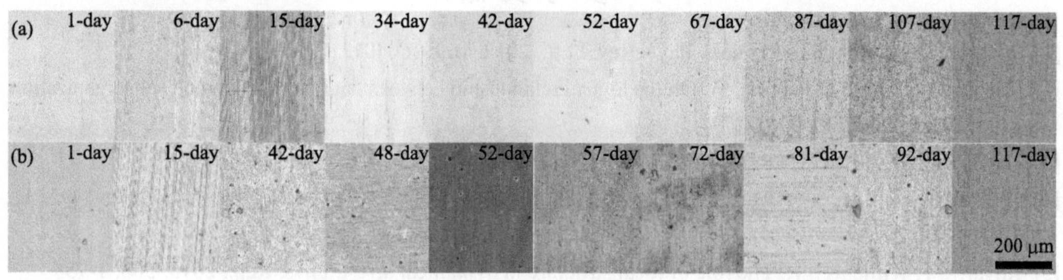

图 12.55　(a)$Ce_{69}Al_{10}Cu_{20}Co_1$ and 和(b)$(Ce_{0.69}Al_{0.10}Cu_{0.20}Co_{0.01})_{95}Y_5$ 二种非晶合金在常规条件下随时间 1～117 天的颜色变化

12.8　小结和讨论

时间和决定论自从苏格拉底时代以来一直是西方思想的核心。时间也是一个描述、理解非晶物质的重要参数，是熵主导的非晶物质哲学思想的核心之一。没有时间，非晶物质科学就没有意义。很多非晶物质的规律都和时间相关。一方面，对一个非晶体系，在特定的温度和应力条件下，其状态可以用平均本质弛豫时间 τ 来有效表征：$\tau = \tau_0 \exp[\Delta E(T)/RT]$，或者 $\tau = \tau_0 \exp\left(\dfrac{A}{T-T_0}\right)$。另一方面，非晶物质的平均本质弛豫时间 τ 和我们的观察时间 t_c，决定了非晶的玻璃转变和非晶状态，以及定义。此外，非晶物质的流变势垒随着时间会慢慢坍塌，即流变能垒是时间的函数。这充分证明非晶物质的性质、特征、流变、稳定性和时间密切关联，这也是非晶物质作为常规物质第四态的重要特征。

非晶物质的时间相关性即非晶物质的相对性。非晶物质的描述需要一个观测者。利用非晶物质和时间的关系，可以通过时间来调控非晶的结构、特征和性能。非晶物质如玻璃从形成那一刻起，它就按照一定规律随时间不停衰减，类似同位素，这种时间效应类似自带计时功能。因此，非晶物质玻璃可以用来评估行星和地质的年代，是地质和行星的计时器之一。

天高地迥，觉宇宙之无穷；兴尽悲来，识盈虚之有数。这是诗人对时间流逝，人类在时间面前渺小的感叹。一个人，一天、一月、一年，乃至穷极一生，对自然的了解非常有限。特别是从时间的角度研究和认识非晶物质的工作还很少。在长时间尺度的非晶物质领域，要认识其本质，更需要一代一代人的长时间接力奋斗。

非晶物质犹如生物体会随着时间不断衰变，最终到“灭亡”。非晶物质的终点是什么呢？非晶物质在其极限条件，如长时间、高温、高压条件下，会怎样演化、衰变呢？非晶物质将如何从无序转变到其最终状态的呢？如何才能提高非晶的“寿命”或者说稳定性呢？非晶物质的终结态是晶态还是超稳非晶态？非晶物质在高温、高压下会转变成晶体，这时其动力学特征、时间特征会消失，能量、熵会达到最稳定的有序的状态。

下一章(第 13 章)，我们就将讨论非晶物质在特殊条件下(温度、压力下)的演化及晶化过程和规律(即非晶物质终结的过程和规律)，考察晶体和非晶物质的关系及互相转变，探讨控制非晶稳定性及寿命的规律，以及用什么办法可以提高非晶物质的稳定性和寿命。

参考文献

[1] Wilczek F. Quantum time crystals. Phys. Rev. Lett., 2012, 109: 160401.

[2] Hoelzer G A, Smith E, Pepper J W. On the logical relationship between natural selection and self-organization. J. Evol. Biol., 2006, 19: 1785-1794.

[3] Hawking S W. A Brief History of Time. New York: Bantam Book, 1988.

[4] 李春来, 欧阳自远, 刘东生. 黄土中微玻璃陨石和微玻璃球的发现与意义. 中国科学, B 辑, 1992, 11: 1210-1224.

[5] Royall C P, Williams S R. The role of local structure in dynamical arrest. Phys. Rep., 2015, 560: 1-75.

[6] Olsen N B, Christensen T, Dyre J C. Time-temperature superposition in viscous liquids. Phys. Rev. Lett., 2001, 86: 1271-1274.

[7] Berthier L, Ediger M D. Facets of glass physics. Phys. Today, 2016, 69: 40-46.

[8] Edgeworth R, Dalton B J, Parnell T. The pitch drop experiment. European Journal of Physics, 1984, 5: 198-200.

[9] Ke H B, Wen P, Peng H L, et al. Homogeneous deformation of metallic glass at room temperature reveals large dilatation. Scripta Materialia, 2011, 64 : 966-969.

[10] Zhao K, Xia X X, Bai H Y, et al. Room temperature homogeneous flow in a bulk metallic glass with low

glass transition temperature. Appl. Phys. Lett., 2011, 98: 141913.
[11] Zhao K, Jiao W, Ma J, et al. Formation and properties of Sr-based bulk metallic glasses with ultralow glass transition temperature. J. Mater. Res., 2012, 27: 2593-2600.
[12] Dyre J. Colloquium: the glass transition and elastic models of glass-forming liquids. Rev. Mod. Phys., 2006, 78: 953-972.
[13] Angell C A, Ngai K L, McKenna G B, et al. Relaxation in glassforming liquids and amorphous solids. J. Appl. Phys., 2000, 88: 3113-3157.
[14] Lamb J. Viscoelasticity and lubrication: a review of liquid properties. J. Rheol., 1978, 22: 317-347.
[15] Reiner M. The deborah number. Physics Today, 1964, 17: 62-63.
[16] Trappe V, Prasad V, Cipelletti L, et al. Jamming phase diagram for attractive particles. Nature, 2001, 411: 772-775.
[17] Gao X Q, Wang W H, Bai H Y. A diagram for glass transition and plastic deformation in model metallic glasses. J. Mater. Sci. Tech., 2014, 30: 546-550.
[18] Pusey P N, Megen W V. Observation of a glass transition in suspensions of spherical colloidal particles. Phys. Rev. Lett., 1987, 59: 2083-2086.
[19] Leutheusser E. Dynamical model of the liquid-glass transition. Physical Review A, 1984, 29: 2765-2774.
[20] Wang W H. Correlation between relaxations and plastic deformation, and elastic model of flow in metallic glasses and glass-forming liquids. Journal of Applied Physics, 2011, 110: 053521.
[21] Johnson W L, Lu J, Demetriou M D. Deformation and flow in bulk metallic glasses and deeply undercooled glass forming liquids—a self consistent dynamic free volume model. Intermetallics, 2002, 10: 1039-1046.
[22] Fu X L, Li Y, Schuh C A. Homogeneous flow of bulk metallic glass composites with a high volume fraction of reinforcement. Journal of Materials Research, 2007, 22 : 1564-1573.
[23] Wang J Q, Wang W H, Bai H Y. Extended elastic model for flow in metallic glasses. J. Non-cryst Solids, 2011, 357: 223-226.
[24] Wang J Q, Wang W H, Liu Y H, et al. Characterization of activation energy for flow in metallic glasses. Phys. Rev. B, 2011, 83: 012201.
[25] 罗渝然. 过渡态理论的进展. 化学通报, 1983, 10: 1-14.
[26] Fan Y, Iwashita T, Egami T. Energy landscape-driven non-equilibrium evolution of inherent structure in disordered material. Nature Commu., 2017, 8: 15417.
[27] Aquilanti V, Coutinho N D, Carvalho-Silva V H. Kinetics of low-temperature transitions and a reaction rate theory from non-equilibrium distributions. Philos Trans A Math Phys Eng. Sci., 2017, 375: 20160201.
[28] Wang Y J, Zhang M, Liu L, et al. Universal enthalpy-entropy compensation rule for the deformation of metallic glasses. Phys. Rev. B, 2015, 92, 174118.
[29] Lin X H, Johnson W L. Formation of Ti-Zr-Cu-Ni bulk metallic glasses. J. Appl. Phys., 1995, 78: 6514 -6519.
[30] Wang W H, Dong C, Shek C H. Bulk metallic glasses. Mater. Sci. Eng. R, 2004, 44: 45-89.
[31] Zanotto E D, Mauro J C. The glassy state of matter: its definition and ultimate fate. J. Non-cryst Solids, 2017, 471: 490-495.
[32] Jiao W, Wen P, Peng H L, et al. Evolution of structural and dynamic heterogeneities and activation energy distribution of deformation units in metallic glass. Appl. Phys. Lett., 2013, 102: 101903.
[33] Wang Z, Ngai K L, Wang W H. Understanding the changes in ductility and Poisson's ratio of metallic glasses during annealing from microscopic dynamics. J. Appl. Phys., 2015, 118: 034901.
[34] Luo P, Lu Z, Li Y Z, et al. Probing the evolution of slow flow dynamics in metallic glasses. Phys. Rev. B, 2016, 93: 104204.
[35] Spaepen F. A microscopic mechanism for steady state inhomogeneous flow in metallic glasses. Acta Metallurgica, 1977, 25: 407-415.

[36] Bletry M, Guyot P, Blandin J J, et al. Free volume model: high-temperature deformation of a Zr-based bulk metallic glass. Acta Materialia, 2006, 54: 1257-1263.

[37] Lu Z, Jiao W, Wang W H, et al. Flow unit perspective on room temperature homogeneous plastic deformation in metallic glasses. Phys. Rev. Lett., 2014, 113: 045501.

[38] Gibbs M R J, Evetts J E, Leake J A. Activation energy spectra and relaxation in amorphous materials. J. Mater. Sci., 1983, 18: 278-288.

[39] Frenkel J. Kinetic Theory of Liquids. New York: Dover Publications, 1955.

[40] Zwanzig R, Mountain R D. High-frequency elastic moduli of simple fluids. J. Chem. Phys., 1965, 43: 4464-4471.

[41] Wang W H. The elastic properties, elastic models and elastic perspectives of metallic glasses. Prog. Mater. Sci., 2012, 57: 487-656.

[42] Hodge I M. Physical aging in polymer glasses. Science, 1995, 267: 1945-1947.

[43] Luo Q, Zhang B, Wang R J, et al. Aging and stability of Ce-based bulk metallic glass with glass transition temperature near room temperature. Appl. Phys. Lett., 2006, 88: 151915.

[44] Bi Q L, Lü Y J, Wang W H. Multiscale relaxation dynamics in ultrathin metallic glass-forming films. Phys. Rev. Lett., 2018, 120: 155501.

[45] 汪卫华, 罗鹏. 金属玻璃中隐藏在长时间尺度下的动力学行为及其对性能的影响. 金属学报, 2018, 54: 1479-1489.

[46] Aji D P B, Johari G P. Decrease in electrical resistivity on depletion of islands of mobility during aging of a bulk metal glass. J Chem. Phys., 2018, 148: 144506; Struck L C. Physical Aging in Amorphous Polymers and Other Materials. Amsterdam: Elsevier, 1978.

[47] Scheror G W. Relaxation in Glass and Composites. New York: Wiley, 1986.

[48] Lüttich M, Giordano V M, Floch S L, et al. Anti-aging in ultrastable metallic glasses. Phys. Rev. Lett., 2018, 120: 135504.

[49] Maxwell J C. On the dynamical theory of gases. Philos. Trans. R. Soc. London, 1867, 157: 49-88.

[50] Sun B A, Yu L P, Wang G, et al. Chaotic dynamics in shear-band-mediated plasticity of metallic glasses. Phys. Rev. B, 2020, 101: 224111.

[51] Sun B A, Yu H B, Jiao W, et al. Plasticity of ductile metallic glasses: a self-organized critical state. Phys. Rev. Lett., 2010, 105: 035501.

[52] Sarmah R, Ananthakrishna G, Sun B A, et al. Hidden order in serrated flow of metallic glasses. Acta Mater., 2011, 59: 4482-4493.

[53] Xi X K, Zhao D Q, Pan M X, et al. Periodic corrugation on dynamic fracture surface in brittle bulk metallic glass. Appl. Phys. Lett., 2006, 89: 181911.

[54] Wang Y T, Xi X K, Wang G, et al. Understanding of nanoscale periodic stripes on fracture surface of metallic glasses. J. Appl. Phys., 2009, 106: 113528.

[55] Zwanzig R, Mountain R D. High-frequency elastic moduli of simple fluids. J. Chem. Phys., 1965, 43: 4464-4471.

[56] Brush S G. Theories of liquid viscosity. Chem. Rev., 1962, 62: 513-548.

[57] Walther C. Ueber die auswertung von Viskositätsangaben. Erdoel. Teer., 1931, 7: 382-384.

[58] Avramov I. Viscosity in disordered media. J. Non-Cryst. Solids, 2005, 351: 3163-3173.

[59] Elmatad Y S, Chandler D, Garrahan J P. Corresponding states of structural glass formers. J. Phys. Chem. B, 2009, 113: 5563-5567.

[60] Welch R C, Smith J R, Potuzak M, et al. Dynamics of glass relaxation at room temperature. Phys. Rev. Lett., 2013, 110: 265901.

[61] Ruta B, Baldi G, Chushkin Y, et al. Revealing the fast atomic motion of network glasses. Nat. Commun.,

2014, 5: 3939.

[62] Mauro J C, Uzun S S, Bras W, et al. Nonmonotonic evolution of density fluctuations during glass relaxation. Phys. Rev. Lett., 2009, 102: 155506.

[63] Richert R. Physical aging and heterogeneous dynamics. Phys. Rev. Lett., 2010, 104: 085702.

[64] Cangialosi D, Boucher V M, Alegría A, et al. Direct evidence of two equilibration mechanisms in glassy polymers. Phys. Rev. Lett., 2013, 111: 095701.

[65] Ruta B, Chushkin Y, Monaco G. Atomic-scale relaxation dynamics and aging in a metallic glass probed by X-ray photon correlation spectroscopy. Phys. Rev. Lett., 2012, 109: 165701.

[66] Giordano V M, Ruta B. Unveiling the structural arrangements responsible for the atomic dynamics in metallic glasses during physical aging. Nat. Commun., 2016, 7: 10344.

[67] Evenson Z, Ruta B, Hechler S, et al. X-ray photon correlation spectroscopy reveals intermittent aging dynamics in a metallic glass. Phys. Rev. Lett., 2015, 115: 175701.

[68] Luo P, Li M X, Jiang H Y, et al. Temperature dependent evolution of dynamic heterogeneity in metallic glass. J. Appl. Phys., 2017, 121: 135104.

[69] Luo P, Wen P, Bai H Y, et al. Relaxation decoupling in metallic glasses at low temperatures. Phys. Rev. Lett., 2017, 118: 225901.

[70] Wilkinson C J, Doss K, Palmer G, et al. The relativistic glass transition: a thought experiment. J. Non-cryst. Solids: X, 2019, 2, 100018.

[71] Palmer R G. Broken ergodicity. Adv. Phys., 1982, 31: 669-735.

[72] Angell C A. Relaxation in liquids, polymers and plastic crystals - strong/fragile patterns and problems. J. Non-Cryst. Solids, 1991, 13: 131-133.

[73] Mauro J C, Yue Y, Ellison A J, et al. Viscosity of glass-forming liquids. Proc. Natl. Acad. Sci., 2009, 106: 19780-19784.

[74] Allan D C. Inverting the MYEGA equation for viscosity. J. Non-Cryst. Solids, 2012, 358: 440-442.

[75] Hayasaki E. Has this scientist finally found the fountain of youth? MIT Tech. Rev., 2019 (https: //www. technologyreview. com/s/614074/scientist-fountain-of-youth-epigenome/)

[76] Zhao L Z, Xue R J, Li Y Z, et al. Revealing localized plastic flow in apparent elastic region before yielding in metallic glasses. J. Appl. Phys., 2015, 118: 244901.

[77] Lei T J, DaCosta L R, Liu M, et al. Shear transformation zone analysis of anelastic relaxation of a metallic glass reveals distinct properties of α and β relaxations. Phys. Rev. E, 2019, 100: 033001.

[78] Schmelzer J W P, Tropin I T V. Glass transition, crystallization of glass-forming melts, and entropy. Entropy, 2018, 20: 103.